U0813940

清江隔河岩水利枢纽工程与地质

QINGJIANG GEHEYAN SHUILI SHUNIU GONGCHENG YU DIZHI

主　编　徐瑞春

副主编　石伯勋　黄纪幸　喻可忠

中国地质大学出版社

ZHONGGUO DIZHI DAXUE CHUBANSHE

图书在版编目(CIP)数据

清江隔河岩水利枢纽工程与地质/徐瑞春主编．—武汉：中国地质大学出版社，2010．1
ISBN 978-7-5625-2307-9

…
Ⅰ．①清…
Ⅱ．①徐…
Ⅲ．①水利枢纽-工程地质-研究-湖北省
Ⅳ．①TV632．63

中国版本图书馆 CIP 数据核字(2009)第 194319 号

清江隔河岩水利枢纽工程与地质
QINGJIANG GEHEYAN SHUILI SHUNIU GONGCHENG YU DIZHI

主　编　徐瑞春
副主编　石伯勋　黄纪年　喻可忠

责任编辑：方　菊　郭金楠　谌福兴　　选题策划：张晓红　　责任校对：戴　莹

出版发行：中国地质大学出版社(武汉市洪山区鲁磨路 388 号)　　邮政编码：430074
电话：(027)67883511　　传真：67883580　　**E-mail**：cbb @ cug．edu．cn
经　销：全国新华书店　　**http**：//www．cugp．cn

开本：787mm×1092mm 1/16　　字数：860 千字　　印张：33．625
版次：2010 年 1 月第 1 版　　印次：2010 年 1 月第 1 次印刷
印刷：武汉中远印务有限公司　　印数：1—800 册

ISBN 978-7-5625-2307-9　　定价：130．00 元

如有印装质量问题请与印刷厂联系调换

《清江隔河岩水利枢纽工程与地质》编写成员名单

主　　编　徐瑞春

副 主 编　石伯勋　黄纪辛　喻可忠

编写人员　徐瑞春　石伯勋　黄纪辛

喻可忠　罗玉华　张同发

徐同海　王正波　黄　华

序

清江位于湖北省境内，在长江三峡出口右岸宜都市汇入长江。清江流域是我国著名的岩溶强烈发育地区，72%的流域面积为碳酸盐岩(石灰岩)所覆盖，整个流域没有岩浆岩、火山岩出露。亚洲最大的岩溶洞穴(腾龙洞)就发育在清江。流域内雨量丰沛，年径流量达 $135\times10^8m^3$，蕴藏着丰富的水力资源。自20世纪50年代以来，水利部长江水利委员会就开始普查和研究清江水力资源的利用和洪水灾害的防治工作，到了20世纪60年代，开始较系统的勘察、水文测流和水力资源规划工作，1986年完成《清江流域补充规划报告》。报告中明确指出，清江干流恩施市以下河段(80%以上的水力资源集中在恩施市以下的干流河段)为开发重点，并以三级开发最为有利。自下而上为：高坝洲水利枢纽(设计蓄水位80m)、隔河岩水利枢纽(设计蓄水位200m)、水布垭水利枢纽(设计蓄水位400m)，这三个水利枢纽工程均是岩溶强烈发育的石灰岩坝址。

此外，清江流域较大支流有25条，根据水利部长江水利委员会的规划，可建设大、中、小水电站511座(包括清江上游大龙潭、姚家坪等)，总装机600MW以上，年发电量 $20\times10^8kW\cdot h$。其中姚家坪、大龙潭(已建成)、招徕河(已建成)、马水河(已建成)、老渡口(已建成)等大、中型电站的库、坝址也都是强岩溶化坝址。这些工程皆由长江三峡勘测研究院完成前期勘察研究工作。

从1987年12月15日隔河岩水利枢纽开始建设至2007年7月22日水布垭水电站第一台机组并网发电，历经20年，清江干流上的三个大型梯级水电站开发完成。

在前期勘察和建设过程中，开展了大量流域基础地质研究工作，居全国领先地位，清江流域基础地质研究包括以下8个方面：①清江形成及演化史；②清江流域岩溶研究；③清江流域断裂活动性与地壳稳定性研究；④清江流域旅游资源研究；⑤清江流域古地理岩相及矿产资源研究；⑥清江流域环境地质研究；⑦清江流域古地应力及现今地应力场研究；⑧清江流域河谷地貌研究。

在坝址勘察过程中，特别针对岩溶地区工程地质问题的特点，创新工作思维、研究工作方法。在岩溶地区建坝要比在其他任何岩类地区建坝都要复杂得多，因为它不仅有卸荷带问题、边坡稳定问题、岩体质量问题、地下洞室问题、剪切带问题、区域地壳稳定问题(抗震问题)等，而且还要特别勘察研究水库和坝址的渗漏问题。在解决这些问题之前，地质人员必须要查清楚坝址区岩溶发育的规律和强度。在解决这些问题时，还要进行长期地下水动态和水化学动态的观测，掌握大气降雨与地下水的动态平衡关系，并需要在坝区建立一个小型气象站，以观测雨量、蒸发量、气温与风向等气象数据。一次暴雨就要动员大量人员进行钻孔地下水(包括1孔多层地下水位的观测)、泉水及地表水流的观测，以确定钻孔水位与大气降雨的反应敏感程度等；进行连通试验时，要连续观测一周或者半个月甚至更长时间，对泉水的观测还要建立专门的观测站(一般观测一个水文年)。所以地质人员在岩溶地区工作是十分艰辛的。

在一个岩溶强烈发育的流域,顺利地一次性成功建设三个大型水利枢纽工程是一个重大贡献。这三个大型水利枢纽工程的地质条件各具特色,积累了丰富的在岩溶地区建坝的经验,也丰富了我国水利水电工程地质学的理论宝库。值此长江水利委员会长江勘测规划设计研究院三峡勘测研究院建院五十周年之际,中国地质大学出版社出版了《长江三峡水利枢纽工程地质研究》、《清江隔河岩水利枢纽工程与地质》、《清江水布垭水利枢纽工程地质研究》和《清江高坝洲水利枢纽工程地质研究》等大型水电工程系列地质丛书,对流域工程地质勘察工作进行系统总结,这对现代和以后水电站建设都是一件大好的事情,对促进我国水电事业按照科学发展观来开发也是一个贡献。

中国工程勘察大师徐瑞春同志作为清江流域水电梯级开发勘察和研究的地质技术总负责人,自始至终完整、系统地参加了清江水电梯级开发建设的全过程,在整个勘察与建设过程中,徐大师带领大家对遇到的大量地质难题,都妥善给予了解决。在施工建设期,积极推进设计与地质的有机结合,使设计方案最大限度地适应地质条件。清江流域三大枢纽在整个建设期和运行期没有出现任何地质事件,清江水电梯级开发进展十分顺利。徐瑞春大师为清江水电开发事业做出了不可磨灭的贡献。

郑守仁

2009 年 9 月

目录

第一章

综　述

隔河岩水利枢纽工程坝型为混凝土重力拱坝，坝高151m，库容$31.2\times10^{8}m^{3}$，水库水域面积$72km^{2}$，装机容量$120\times10^{4}kW$，设计年发电量为$30.4\times10^{8}kW\cdot h$。是一个具有发电、防洪、航运等综合效益的大型水利水电工程。坝基岩体为我国著名的岩溶强烈发育的寒武系石龙洞组灰岩，坝址工程地质条件和水库渗漏条件均十分复杂。在工程实践中不仅较好地解决了工程建设中遇到的地质问题，并且揭示了一些在灰岩地区建坝具有普遍指导意义的重要规律与创新。

一、河间地块分水岭中央地段存在“弱岩溶化地块”的论证

该观点已纳入新修编《水利水电工程地质勘察规范》(GB50287—2007)。

隔河岩坝址不仅存在坝基和绕坝渗漏，更为突出的是位于隔河岩大坝右侧的罗家坳河间地块的水库岩溶渗漏问题(图1-1)。水库渗漏问题一度成为隔河岩工程建设规模的控制条件。

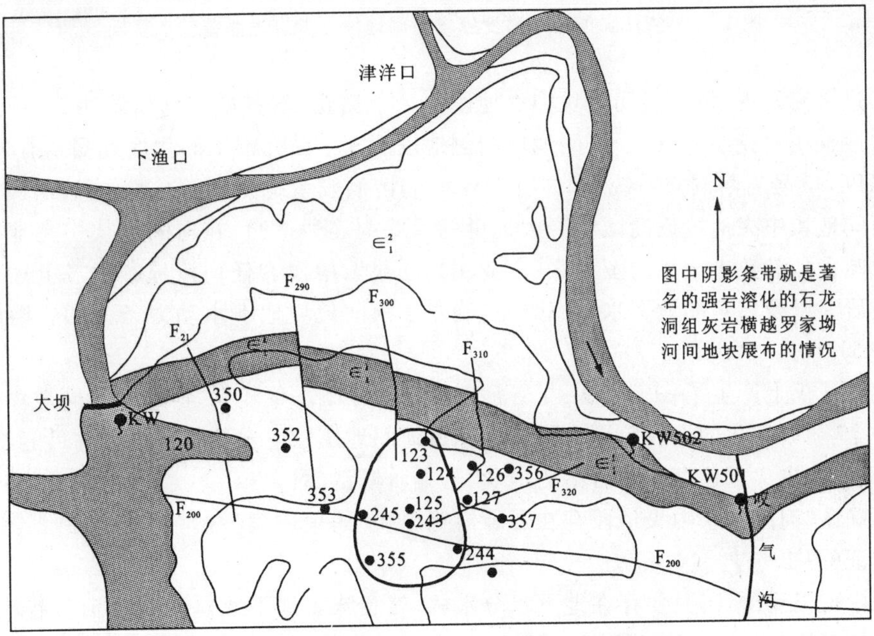

图1-1　罗家坳河间地块平面示意图

该工程在1969年国家审查时，因水库渗漏问题，将建设规模由原定的正常蓄水位200m降至160m，装机由原定的120×10^4kW降至60×10^4kW。可以看出，岩溶问题成为清江流域水资源利用的重大障碍，使水资源效益得不到充分发挥。

罗家坳河间地块存在地下水分水岭，但分水岭的高程只有135m，低于200m正常高水位65m。按照当时的规程规范和判断渗漏标准，是会发生水库渗漏的(图1-2)。

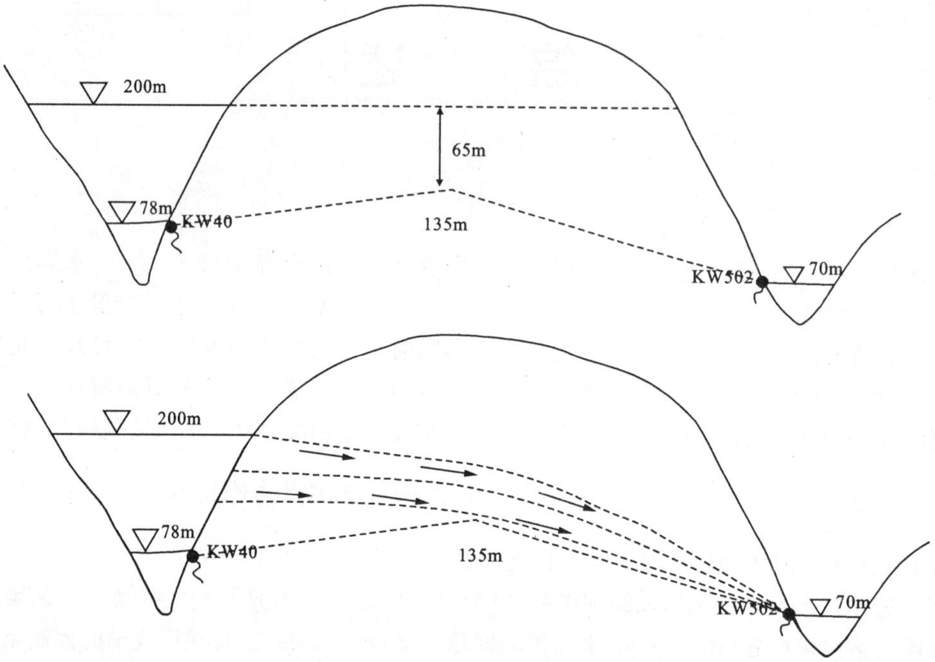

图1-2 清江隔河岩水库罗家坳河间地块可能发生渗漏的示意图

但经过研究发现，位于河间地块中央地段的7个钻孔，没有揭露到岩溶洞穴，压水试验岩体的透水性也相对较小；而位于河间地块两侧地段的9个钻孔都不同程度地揭示有岩溶洞穴，库外有KW502号岩溶洞穴系统，库内有KW40岩溶洞穴系统。人工追索：岩溶洞穴的规模由河岸向河间地块中央地段逐渐减小。大剂量的示踪剂连通试验：在河间地块中央地段的钻孔中投入数吨食盐和数十千克的萤光素(工业用)，在泉水中没有任何反应。通过上述大量的勘探和地质研究以及多年的地下水动态观测，确立了河间地块地下水动力条件和岩溶的发育强度(图1-3)。

由此在认识上产生了一个飞跃：尽管河间地块的地下水位较低，但由于河间地块的中央地段存在一个“弱岩溶化的地块”，因此可以排除沿河间地块发生岩溶管道渗漏的可能，并最终建立了“河间地块中央部位存在弱岩溶化地块”的地质模型(图1-4)。

为了确认“河间地块中央地段存在弱岩溶化地块”的地质模型的可靠性，在理论上做了进一步的论证(图1-5)。

从图中可以看出：①只要存在地下水分水岭，就意味着地下水是向两侧河谷排泄；②又可以将分水岭两侧的排泄通道比做是地下的两条暗河，它们相背而流，由河口向河源，流量逐渐减小，到达分水岭的端点，总有一点趋近于零。这与渗流条件也是吻合的。这就是“灰岩河间

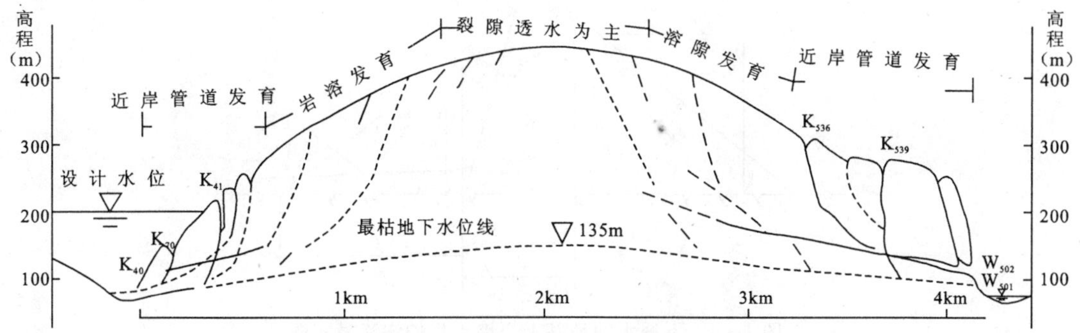

图 1-3　河间地块地下水动力条件及岩溶发育强度示意图

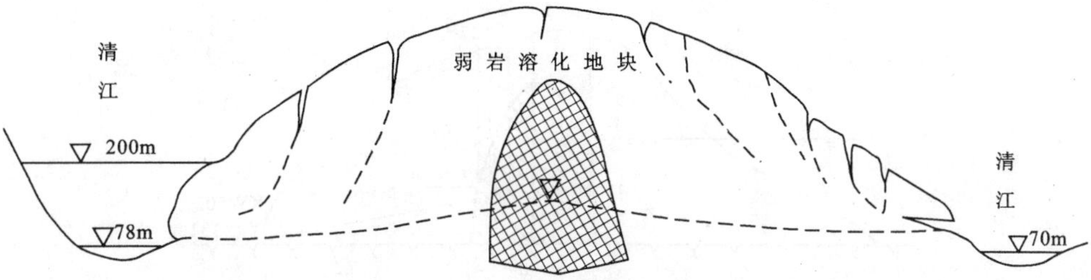

图 1-4　河间地块中央地段存在弱岩溶化地块的地质概化图

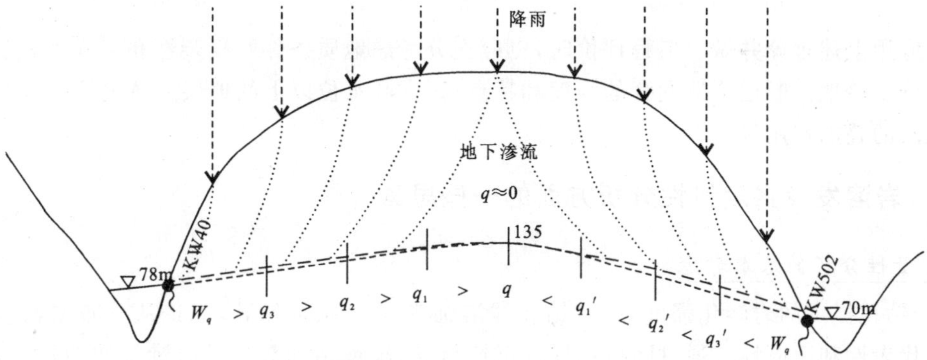

图 1-5　河间地块中央地段存在弱岩溶化地块的地质概化图

地块中央地段存在一个弱岩溶化地块”的原因和条件。

后经国家多次审查与论证，同意隔河岩水利枢纽正常高水位提高到 200m，装机由原审定的 60×10^4kW 提高到 120×10^4kW，使这一梯级水资源得以充分利用，工程效益明显。

隔河岩水电站已正常运行了 15 年，没有发现任何水库外漏的迹象。其渗透型式完全符合不透水地基心墙堆石坝的渗流图型。即河间地块存在的“弱岩溶化地块”相当于堆石坝中的黏土心墙(图 1-6、图 1-7)。

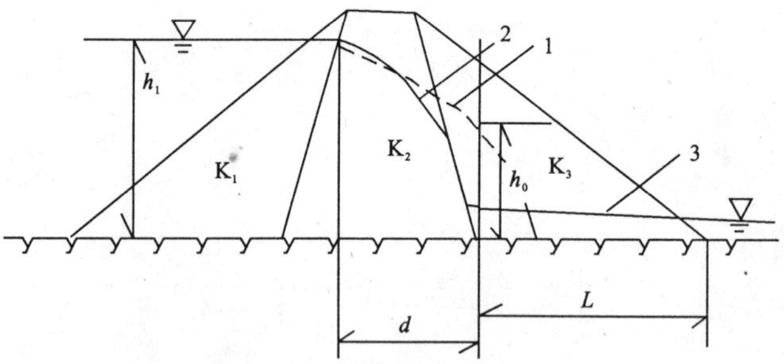

图 1-6　不透水的地基上心墙土坝的渗流模式图

1. 基本抛物线；2. 心墙的浸润线；3. 下游坝壳的浸润线

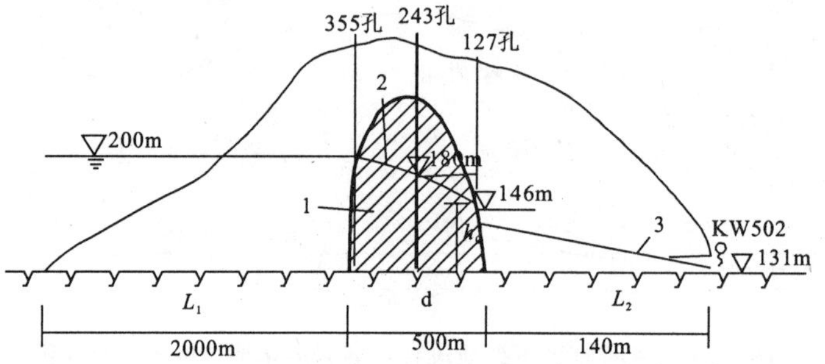

图 1-7　库水作用下的罗家坳河间地块实测渗流图

1. 裂隙型岩体分布区；2. 裂隙型岩体浸润线；3. 溶隙、岩溶管道型岩体浸润线

在应用上述理论并做出工程评价时，也应充分考虑地质条件的复杂性和多样性，比如河间地块或分水岭地段断层构造发育的强度和特点；正常高水位以上的地层岩体的覆盖厚度；有无古水文网的叠加作用等。

二、岩溶发育强度量性分析方面的一些思索

1. 量性分析的基本考虑

(1)钻孔提供的岩溶化强度参数(钻孔线溶蚀率 h)。坝址钻孔，无论从分布或密度上看，均具有代表性和适应性。通过随机抽样的反馈信息，坝址钻孔数量足以满足线溶蚀率的误差不超过 1×10^{-4} 的标准，因而可以从微分和的角度将线溶蚀率看作是体积率(h_i)，进而求出一定范围内灰岩中的洞穴体积。

(2)地面、勘探平洞和各类工程揭示的洞穴，为某区域预测洞穴量级中的已知部分。

(3)由前两项考虑建立某区域存在洞穴(体积)的经验表达式：

$$V=W\times n_i-W_i$$

式中：V 为洞穴预报值，m^3；W 为可岩溶化岩体体积，m^3；n_i 为岩溶体积率，%；W_i 为已揭示的洞穴体积，m^3。

2. 按区选取指标

在进行具体定量化分析中，必须先进行岩溶化程度的分区，按分区选取不同的 n_i 和 W_i 两个指标。

上述定量分析、预测各层帷幕所遇洞穴对施工起到了指导作用，施工证明上述定性定量分析具有一定的指导意义。

三、“变岩溶化岩体为裂隙性岩体”的理念

该理念已被纳入新修编《水利水电工程地质勘察规范》(GB50287—2007)。岩溶化岩体和裂隙性岩体是两种截然不同的工程岩体，所谓岩溶化岩体是指岩体中发育有形态各异、大小不等、相互之间似通非通的岩溶洞穴的岩体。有人将这种岩体叫做“洞穴状岩体”。洞穴中有不同状态的充填物，有的呈松散状；有的呈半松散状；有的呈密实状；有的呈半充填、半空洞状态，且充填物的性质极其复杂。又有人将这种岩体称为“脓胞岩体”。这两种岩体都是岩溶化过程的产物，完全破坏了原岩体的结构与构造，而成为一种新的岩体——“岩溶化岩体”。

岩溶化岩体作为帷幕岩体时，会发生大量的坝基渗漏和绕坝渗漏，增大岩体的透水性。通过常规的灌浆进行帷幕岩溶洞穴系统的堵、截、灌或用高压灌浆的方法来固化洞穴充填物等是很困难的，需要多次对充填物进行劈裂，效果还不一定很好，在高水头作用下充填物时有被冲刷潜蚀的可能性，将导致发生岩溶洞穴渗漏。用灌浆的方法封堵帷幕中的岩溶洞穴系统有些可以成功，但很大一部分是不能成功的。隔河岩工程坝基顺河断层发育，经过追索，沿断层走向的溶蚀率高达 50%，在进行灌浆试验时，有些孔段灌浆量非常大，且长时间灌注仍达不到标准，经调查发现沿溶蚀的顺河向断层外流严重，因此沿断层走向挖了很多竖井堵截，以防止灌浆时浆液顺断层外流，实际结果并不理想，基本上很难堵住浆液外流，加之洞穴沉积物十分复杂，很难固化，严重影响了帷幕形成，最后采用在幕体范围内(幕前 15m，幕后 10m)全面实施“变岩溶化岩体为裂隙性岩体”，工程进展十分顺利，将已经滞后两年的工期赶回来了。在岩溶地区全面实施“变岩溶化岩体为裂隙性岩体”是可靠也是有效的。

所谓“变岩溶化岩体为裂隙性岩体”，就是将所查明的幕体范围内的岩溶洞穴，在实施灌浆之前进行全面的清挖和封堵(低标号的微膨胀混凝土)，使之变为可灌、易灌的“裂隙性岩体”，从而大大简化灌浆工艺的难度。

这一理念目前在全国水利水电工程界已被接受和应用。下面举两个强岩溶化的坝址在实施这一方法时反馈的信息。

(1)四川绵阳江油市境内的武都水库是四川绵阳地区的大型水库。坝高 120.34m，正常蓄水位 658m，库容 $5.72\times10^8m^3$，电站装机 150MW。大坝坐落在泥盆系中统白石铺群观雾山组(D_2gn)地层上，左岸防渗帷幕接头为泥盆系下统驿铺群(D_2pn)泥岩、砂页岩地层；右岸防渗帷幕接头段为志留系上、中统罗惹坪群+纱帽群(S_{2-3})砂页岩地层。

建坝岩体为泥盆纪石灰岩，在左、右岸及河床岩溶都强烈发育，据统计：钻孔遇洞率 48.28%；钻孔线溶蚀率，河床为 1.57%，左岸 10.52%，右岸为 8.25%。两岸大小溶洞数量达 600 个以上。

武都水库大坝岩溶管道渗漏是本工程主要工程地质问题。为解决此问题，在历次武都水库技术咨询会或审查会中，按徐瑞春大师提出的“变岩溶化岩体为裂隙性岩体”的地质基础理

论，经武都水库施工实践，效果十分明显。

在武都水库大坝建基、防渗帷幕设计过程中，针对岩溶洞穴发育情况，设计单位提出追踪清挖岩溶洞穴的施工处理方案，即分布在大坝范围内的岩溶洞穴，必须追踪至大坝应力场以外，或防渗帷幕上、下游以外地段。通过挖除岩溶洞穴充填物、洞穴清挖与冲洗验收、混凝土回填等工序的实施，将"岩溶化岩体变为裂隙性岩体"，经施工处理的地基是实在和可靠的。

(2)猫跳河窄巷口水电站于1972年工程竣工，已运行38年，建成后岩溶渗漏严重，初期渗漏量$20m^3/s$，分别于1972年、1980年两次进行库内渗漏处理，取得一定效果，目前仍有$17m^3/s$的渗漏量。是我国目前尚在运行的岩溶坝址岩溶渗漏量最大的一个工程。最近国电公司准备处理，由贵阳勘察设计研究院作勘察设计方案。工程处理分两期。一期重点解决坝基及近坝库岸渗漏稳定问题，二期重点解决左岸岩溶管道集中渗漏问题，实施"变岩溶化岩体为裂隙性岩体"。

四、"变害为利"的观点

岩溶洞穴往往沿断层、层间剪切带等结构面发育，这些结构面又往往是抗滑稳定和防渗的关键因素，将抗滑稳定、防渗、洞穴回填三者有机结合起来处理，会起到一举多得的效果。隔河岩工程优化设计地下置换工程，充分利用天然洞穴回填所起的抗滑作用，大约节省10%的地下置换工程量；五峰龚家坪水库大坝利用坝基岩体中的岩溶洞穴系统作为排水洞，不仅节省了大量渗控工程量，而且提高了大坝的安全度。

五、确立了碳酸盐岩类型岩石(体)的风化分带标准和特征

在碳酸盐岩分布区经常能看到溶沟、溶槽等溶蚀岩体(石牙地貌)，而没有受溶蚀裸露地表的岩体仍呈新鲜状，与碎屑岩、火成岩的风化特征不一致，没有明显的全、强、弱、微的风化分带特点。经过野外观察(包括大量的勘探)我们确立了碳酸盐岩类型岩石(体)的风化分带标准和特征，见图1-8。该分带标准已被纳入新修编的《水利水电工程地质勘察规范》(GB50287—2007)中。

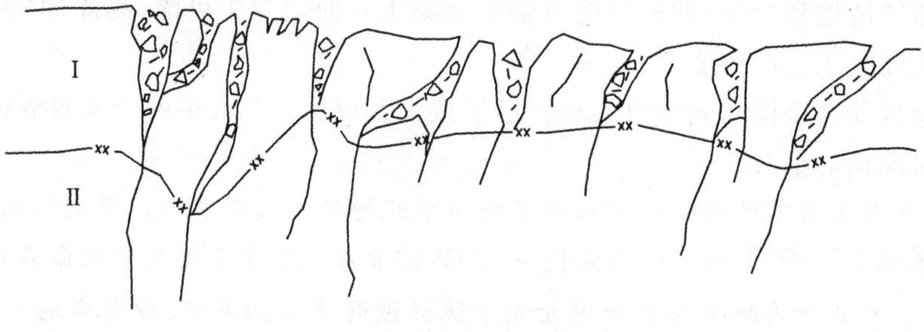

图1-8 碳酸盐岩类型岩石(体)的风化特征及其分带

Ⅰ带：强烈溶蚀充泥带，发育深度一般位于地表下10m左右深度，沿断层、裂隙等强烈溶蚀，呈溶沟、溶槽等宽缝，一般宽几厘米至2.0m不等，最宽达10余米，呈上宽下窄的形状，缝间多数充填黏土和碎石。而溶缝间的岩体仍呈新鲜状，见图1-9。风化严重者呈块石夹泥土、碎石状。

图 1-9　溶蚀风化带特征

Ⅱ带：裂隙性溶蚀带，位于Ⅰ带之下，溶蚀作用已大为减弱，裂隙两侧大多有数毫米的溶蚀迹象，一般仅在裂面附黄色泥钙质物，或在缝隙中充填黏土等。

六、在水库地震方面，建立了“气爆型”水库地震的类型

在隔河岩水库蓄水之前，只有岩溶塌陷地震一说，而忽略了灰岩地区的另一种自然现象，气爆型地震在隔河岩水库是很明显的。什么是气爆型水库地震？当岩溶洞穴处于封闭状态时，库水抬升过程中逐渐压缩洞穴中的空气使其成为“高压气团”，当压缩到一定程度时，洞穴周围岩体中的裂隙被撕开，所以这种地震多呈现“砰”的一声接着就是“嘶拉”的声音而终止；当库水下落时，库水一旦低于洞穴高程，洞穴呈现“真空”状态，出现“火罐”效应，而使上部岩土体塌陷，故称岩溶塌陷地震。

七、以石灰岩碎块石为主体的滑坡堆积体中可发育一定规模岩溶系统

在水库滑坡研究过程中，发现以石灰岩碎块石为主体的滑坡堆积体中可发育具有一定规模的岩溶洞穴体，隔河岩水库杨家槽滑坡在滑坡体中发育有一定规模的岩溶洞穴体系，形成一个天然的排水廊道，对滑坡的稳定性起重要作用。关于这一现象国内外很少有报道。通过这一发现，提供了一个重要的信息，在以灰岩块石为主体的滑坡堆积体中可以发育有一定规模的岩溶系统，这对滑坡的总体稳定性有好处。

八、创建了一整套的施工地质工作方法

通过隔河岩枢纽工程的实践，形成了一套系统而完整的施工地质工作方法，包括自身检验、原位复测（开挖后的地形地质测绘）、地质跟踪、开挖过程中的地质信息反馈、地质宏观预报、现场值班、仓位验收、浇注前的全面地质控制，参与重大地基处理方案的研究，优化设计地质边界条件的认定（包括几何参数和强度参数）等。上述方法在三峡、水布垭、彭水等工程中得到广泛的应用，避免了很多地质灾害事件的发生。

九、岩体中方解石脉的成因及其工程意义

1978 年，隔河岩工程开始对罗家坳河间地块开展大量的地质勘探工作，以便最后确定是否存在库水通过罗家坳河间地块向库外漏水。其中最深一个钻孔深达 630m，是当时国内水电工程单个钻孔深度最大的钻孔。对这个钻孔进行了 7 天的详细地质素描，发现钻孔除表层裂隙受到风化溶蚀外，中深部裂隙均为方解石充填。正确地认识方解石的成因具有重要的工程意义。委托中国地质大学（武汉）进行研究，运用电子探针扫描法与硫同位素分析方法进行测试与鉴定。

扫描法测得方解石形成温度 384～275℃，压力为$[5.43 \sim 6.32(\pm 1.53)] \times 10^8$ Pa。硫同位素分析，测得的 δS^{34} 为 67%，其值接近陨石值，且 δS^{34} 值变化范围不超过 10%，说明硫源均一。热液在高温源中或在运移过程中发生过硫化物的均一作用，δS^{34} 值变小，故可知为深源，没有生物还原作用的介入。

两种方法所得结论是一致的，说明清江流域方解石脉的成因与热液活动有关。方解石的热发光年龄为$(3.6 \pm 0.285) \times 10^5$ 年，说明方解石脉形成于中更新世时期，这一作用实质上是对岩体进行了一次天然“灌浆”，其工程意义也就不言而喻。

十、变高陡边坡为低矮边坡的论点

在水利水电工程建设中，经常遇到高边坡问题，往往成为工程建设的难点。在水利水电工程实践中，我们发现，为建设一个大型水利水电工程要开挖很多的道路，有时还要形成很多大大小小的平台，但这些道路和平台往往都是孤立进行，而互不联系。如果这些道路与平台工程与改造和改善高边坡的总体稳定性有机地联系起来，就会产生“变高边坡为低矮边坡”的理念（也可以用开挖“大马道”的形象概念来理解这个问题），并把这一理念作为施工总体布置方案的指导思想，在这方面隔河岩工程和下板地工程不同程度的应用了这一理念并取得良好效果。这也是一个工程哲学问题。

第二章 区域地质构造和地震活动性

清江流域规划表明(徐瑞春,1999),流域内及边缘地区的地质构造、地震活动、活动断裂与地壳稳定性,对流域水利资源梯级开发具有重要而深远的意义。

清江流域及其周缘地区,大地构造归属于扬子准地台的二级单元八面山台褶带(黄汲清等,1980;湖北省地矿局,1990),该台褶带展布于鄂西南、湘西北地域,北部与鄂西—鄂中褶皱断块区相邻,西部与四川台坳盆地毗连,而清江流域的河口地段则展布在江汉盆地边缘。

根据构造体系划分,清江流域主要展布在新华夏系第三隆起带的中南段,只有河口地段展布在新华夏系第二沉降带的江汉沉降区边缘(李四光,1973)。流域内基本上展布在川东—鄂西南新华夏系北北东向构造带及其北延。中、下游地区,受其北侧黄陵地块阻挡,折转为近东西向构造,但与北北东向构造带同属新华夏系第三隆起带,东西向构造主要包括长阳复背斜、五峰背斜、渔洋向斜及与其匹配的天阳坪、渔洋关、仙女山、松园坪等断裂。中、上游地区,北北东向构造带主要由半峡大背斜、白果坝大背斜、齐岳山大背斜、四川境内的方斗山大背斜,以及它们之间的宽缓向斜所组成,并同生了一系列北北东向断裂,如齐岳山断裂、建始断裂、恩施断裂、杨柳池断裂、龙王冲断裂等。区域内褶皱属典型的"隔挡式"褶皱组合形态,即背斜紧闭,向斜平缓开阔。这种褶皱格局由地壳上部的盖层沿上地壳下部的基底滑动而形成,即整体地壳变动事件发生在岩石圈表部,是一种表层滑脱,与深部构造关系甚弱,因而有利于地壳的整体稳定性。

第一节 区域地质建造环境

清江流域以沉积岩建造为主,分布有震旦系到下第三系地层,而在流域外东北东缘的黄陵地块可见到前震旦系变质岩、岩浆岩的出露。根据地质建造系统与构造环境变迁的组合关系,清江流域及其边缘大致可分为3个大的构造层,即前震旦纪结晶基底构造层,震旦纪—三叠纪构造层和中新生界上叠构造层。每个构造层的地层岩性组合及其空间分布,记录了地质时期区域地质环境的变迁过程,并成为活动断裂及评价地壳稳定性的基础资料。另一方面,岩石物性差异对地壳稳定性评价也有一定影响,因此将清江流域区域地质建造系统划分为变质岩建造、岩浆岩建造、碳酸盐岩建造、薄层泥页岩建造、砂岩和砾岩建造等几种类型(图 2-1-1)。

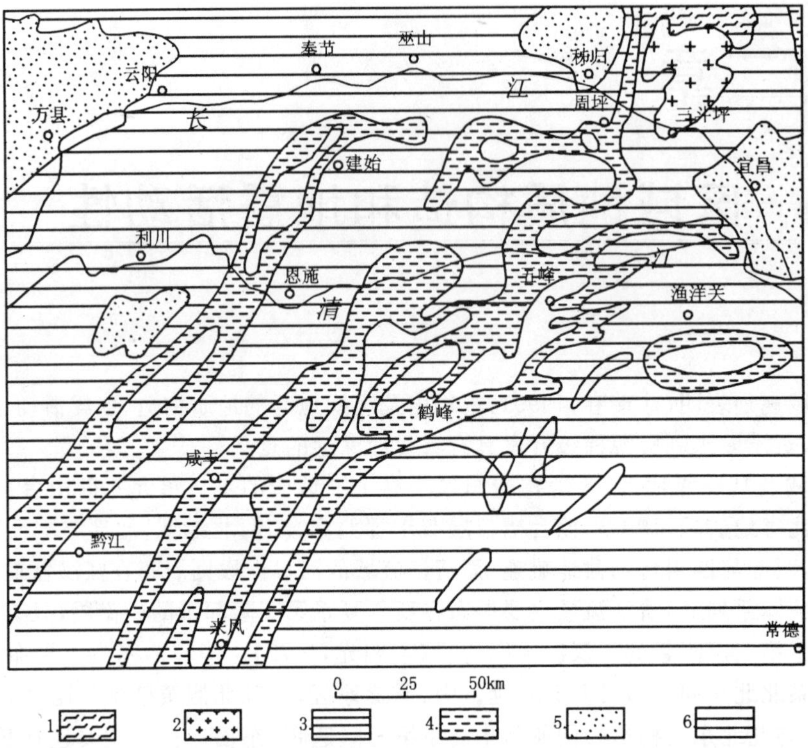

图 2-1-1　清江流域区域地质建造分布图

1. 变质岩建造；2. 岩浆岩建造；3. 碳酸盐岩建造；4. 泥页岩建造；5. 砂砾岩建造；6. 第四纪松散堆积建造

一、岩石建造

清江流域岩石建造主要有碳酸盐岩、泥页岩、砂砾岩，极少变质岩和岩浆岩。

1. 碳酸盐岩建造

其在清江流域内分布最广，约占流域面积的 72%，可分为薄层灰岩、厚层灰岩及白云岩、白云质灰岩，前者主要为震旦系上统、二叠系和三叠系下、中统大冶群和嘉陵江组；后者主要为寒武系、奥陶系。清江中、上游除了局部地段出露寒武系、奥陶系之外，广泛出露着三叠系、二叠系；清江中、下游地区主要出露震旦系、寒武系和奥陶系。清江干流三个大的水利枢纽坝址所在的地层层位分别为：隔河岩坝址建于寒武系中统灰岩之上，高坝洲坝址建于寒武系中统灰岩之上，水布垭坝址建于二叠系下统灰岩之上。

2. 薄层泥页岩建造

主要为志留系、泥盆系上统、石炭系和二叠系部分地层，其中夹有多层软弱泥岩，为易于发生山体滑坡、崩落及地面扰动的岩性组合。这套岩层在清江流域的分布仅次于灰岩，且常与灰岩呈夹层或互层分布，主要出露在清江中、下游地区，清江中、上游地区在恩施盆地以西至屯堡一带分布较广，其他地段均呈狭长条带状展布。

3. 砂砾岩建造

主要出露于侏罗纪和白垩纪—早第三纪形成的盆地之中，如利川南侧的侏罗纪盆地、建始白垩纪盆地、恩施白垩纪盆地等，均展布在清江中游地区；河口地区则可见到下第三系砂砾岩出露，并与江汉盆地连成一片。

二、区域构造格架

清江流域沉积盖层的褶皱变形属于新华夏构造体系的组成部分，但受到其东北边缘黄陵地块的抵制，区域构造形迹的走向发生很大的扭动变形（马宗晋，1964），即有北北东向、北东向（含联合弧形）和东西向褶皱带（图 2-1-2）和相应的断裂系。

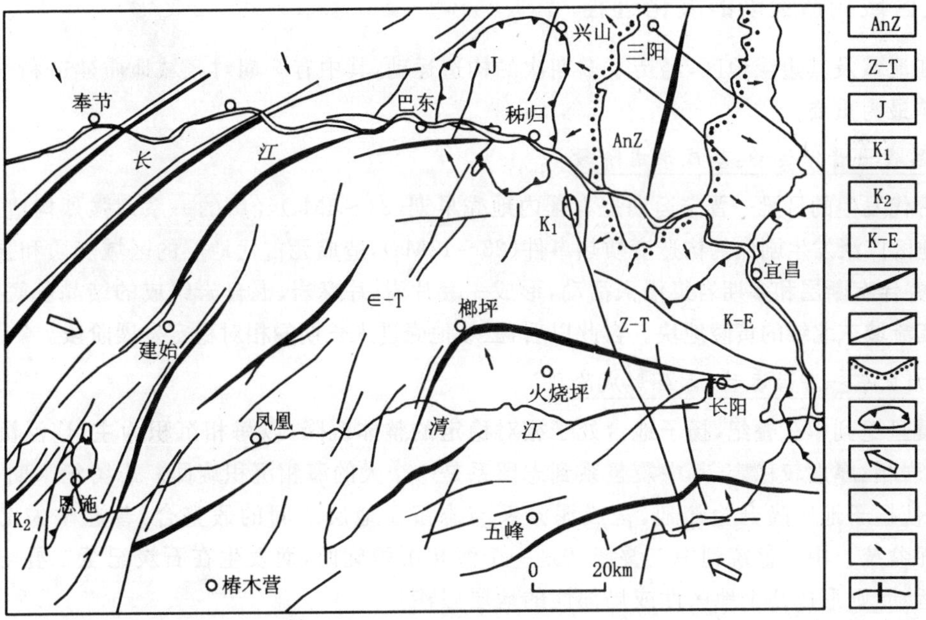

图 2-1-2 清江流域燕山运动的构造应力作用示意图

1. 前震旦系结晶岩；2. 震旦系—三叠系；3. 侏罗系；4. 下白垩统；5. 上白垩统；6. 白垩系—下第三系；7. 背斜轴；8. 断裂；9. 结晶边界；10. 盆地边界；11. 区域应力作用方向；12. 局部应力作用方向；13. 抵制反作用力和隆起派生侧应力作用方向；14. 隔河岩枢纽位置

1. 北北东至北东向构造带

北北东至北东向构造带为清江流域最重要的构造带，也是清江流域构造格架的主体，属于新华夏系第三隆起带的中南段，主要由北北东向褶皱和断裂组成，部分由北东至北东东向弧形复式褶皱带及相伴生的压性、压扭性断层带组成。由于北北东向褶皱带与东西向褶皱带呈弧形过渡，故也称为新华夏联合弧或八面山弧形构造带（李四光，1973）。构造带的总体展布特征表现为：①从北向南，北北东向构造带呈“喇叭”状逐渐散开；②褶皱组合特征为比较典型的侏罗山式，背斜相对较紧闭，局部倒转并伴生有区域性的大断裂；向斜相对较平缓开阔，伴生断裂规模较小。根据背斜和区域性断裂的组合关系，北北东向构造自西向东可分为3个相互平行的二级构造带，即齐岳山褶皱带、中央复式褶皱带和新华—半峡—鹤峰褶皱带。

2. 东西向构造带

近东西向构造带主要分布在清江下游的长阳—五峰一带，由东西向长阳复背斜、五峰复背斜和渔洋关断层等组成。它们本属于新华夏系的组成部分，但由于黄陵背斜的抵制与局部应力场的变化而扭转呈近东西向。

3. 北北西向断裂带

北北西向断裂带分布在流域东部，包括仙女山断层带、松园坪断层。这些断层带大致形成于燕山运动早期，但有燕山运动晚期均表现为伸展型张性断陷，而它们在后期的活动对清江大型水电工程建设有一定影响。

三、区域构造运动的演化进程

清江流域及其边缘地区，经历了多期次的构造运动，其中有5期对区域地质建造和构造格架的影响最为重要。

1. 吕梁—晋宁运动：基底形成阶段

元古代发生的吕梁—晋宁运动是本区内地壳早期(23～8Ma)经历的一系列强烈构造运动，使扬子地区广泛发生剧烈的构造变质热事件(23～12Ma)，造成元古代地层的区域变质和强烈褶皱隆起，并伴有断层和多期岩浆侵入活动，形成一套片岩、片麻岩、混合岩组成的结晶基底，如出露在清江流域东北缘的黄陵地块。自此以后，区域地壳进入长期的相对稳定发展阶段。

2. 加里东—海西运动：盖层形成阶段

从震旦纪到中三叠纪，扬子地台处于相对稳定的整体沉降，以海相沉积为主，广泛沉积碳酸盐岩，岩相、厚度较稳定，其中震旦系到志留系是一个大的海相沉积旋回。志留纪末期，加里东运动，使扬子地区隆升为陆地，构成泥盆系与志留系地层之间的假整合，普遍缺失上志留统—下泥盆统。中泥盆统到中三叠统又是一个海相沉积旋回，而发生在石炭纪至二叠纪期间的海西运动，则形成几个地区性或局部性的地层假整合。

3. 印支运动：地壳隆坳阶段

印支运动(晚三叠世)使区域建造和构造格架发生明显变化。中三叠世末的扬子地区整体海退，中、上三叠世出现区域性沉积间断，晚三叠世广泛出现陆相沉积，古地理面貌发生重大变化，晚三叠世以后的沉积建造只存在于局部凹陷区。与此同时，黄陵地块基底隆起，并在西侧形成了侏罗纪坳陷盆地，即秭归盆地。该阶段初步形成了基底构造隆坳格架，并使扬子地台，逐步进入活化的构造变动阶段。其大地构造的动力学背景主要表现为：中国东部的南华亚板块与华北亚板块开始逐步拼接碰撞(袁登维等，1996)，秦岭造山带基本定型。

4. 燕山运动：盖层构造格架形成阶段

燕山运动的动力学背景主要表现为：亚洲大陆相对太平洋板块向南扭动的同时，兼有近东西向的碰撞挤压，因此形成中国东部北北东向的新华夏系构造带。燕山运动早期，清江流域及其边缘在北西西—南东东向的区域应力场控制下，清江下游地区发育了一些北西西向、近东西向的张性、张扭性破裂，形成一些角砾岩，它们包含在后期的压性片状构造岩之中，如天阳坪断裂和渔洋关断裂的片状构造岩中，有的即可见到砾径数厘米的棱角状砾石，它们由钙质胶结而成。但是，下游地区这种作用方式的持续时间比较短暂，因为在其北侧的黄陵背斜下元古界结晶岩系，根基扎得比较深，结晶基底面埋深达 14km 左右，对其周缘沉积盖层的褶皱变形产生强大抵制与干扰作用。另外，黄陵背斜西缘的侏罗纪秭归盆地，在燕山运动初期为一应力薄弱区域，不同方向的应力作用在此汇集，从而影响了其周缘地区的构造变形。据马宗晋的研究（湖北省地矿局，1990），北西西—南东东向的区域主压应力，在结晶基底黄陵背斜的抵制下和秭归盆地的弱应力区的影响下，区域应力作用方向发生分解和产生新的合成，并在黄陵背斜南侧形成了近南北向压应力作用的局部应力场，它从燕山运动中期开始，一直持续到燕山运动末期，从而导致形成了近东西向的长阳复背斜及其弧形构造，而燕山运动初期发育的北北西向天阳坪断裂、近东西向渔洋关断裂的角砾岩带，也被挤压形成片状构造岩。这种局部应力场的变化，自清江河口向西至榔坪一带，再往西又恢复到区域应力场的总体格局（图 2-1-2），形成了一系列北北东走向的箱状褶皱形态及其伴生断裂。

5. 喜马拉雅运动：变形调整阶段

喜马拉雅运动时，印度板块向北部的欧亚板块强烈俯冲挤压，形成地球上最为壮观的喜马拉雅造山带。在清江流域（南北构造带以东），这种俯冲碰撞在清江流域转化为北偏东斜向挤压，并与东部太平洋板块运动相叠加。喜马拉雅运动具有多期次的构造变形，而且在清江流域及其边缘主要表现为隆升及稳定的节奏性变化，因此形成了多级夷平面。另外，构造运动还使白垩系—下第三系红层发生轻微变形，断裂继承性活动明显，但活动方式和性质发生较大变化与调整。构造应力场主要表现为北偏东向的挤压，使天阳坪断层挤压逆冲，并使古生代地层逆冲在白垩系红层之上。而清江上游的建始、恩施、咸丰等北北东向断裂，则普遍发生左旋剪切滑动，并向红层扩展，形成脆韧性剪切网络。

第二节　新构造运动

清江流域自元古代以来，经历了多期的构造变动和海陆变迁，至燕山运动奠定了区域内的构造格架，嗣后经历了喜马拉雅运动和新构造运动，形成了今日之面貌。由于清江流域的新构造运动与其周缘地区基本上连成一体，因此在分析流域内的新构造运动特点时，必然也要涉及到周缘的一些地区。

一、新构造运动的形迹

新构造运动是在喜马拉雅运动的基础上发展起来的，它对喜马拉雅运动塑造的构造形态与地貌形态呈现出一定的继承性，但它又区别于喜马拉雅运动，因此它不仅对老的形态进行了改造，而且还塑造了一系列新的形态。即是说，在分析新构造运动的形迹时，既要分析其自身塑造的形迹，也要分析其对老形迹的继承性与改造。尽管清江流域的新构造运动形迹丰富多彩，但仍可归纳为下列几方面。

1. 地貌类型与地貌形态

地貌类型与地势高低是内、外营力联合作用的结果，其变化除了反映外营力的差异之外，也蕴含着内营力的差异。在清江下游和河口地区所形成的低山、丘陵与阶地，反映了新构造运动的上升幅度较弱；清江中游和上游地区所展布的海拔 1 000m 以上的中山地形，则反映了新构造运动的上升幅度较强。但是，地貌类型与地势高低所反映的新构造运动隆升幅度的差异，应该在同一地貌发育期的基础上进行对比分析。同一地貌发育期的齐岳山和火烧坪，虽然都属于中山地形，但前者的山顶面海拔 1 800m 左右，后者近 2 000m，两者高程之差似乎反映新构造运动隆起幅度的变化。

地貌形态、坡地形态与坡度的变化，除了受岩性、岩层产状与构造裂隙等的制约之外，还受新构造运动的影响。前者的制约作用一般表现为局部变化，后者的影响则表现为趋势性变化。清江流域极少见到锥状山的发育，反映了流域内新构造上升运动并不很强烈，但坡地形态的阶梯现象很普遍，这些则反映了新构造运动具有比较激烈和相对稳定的时序变化进程。在马棚岭—火烧坪以东，山坡两侧明显不对称，一般西坡较陡，东坡较缓，这种现象非常普遍，因此它反映了新构造上升运动具有自马棚岭—火烧坪往东逐渐减弱之趋势。

2. 剥夷平面

清江流域的剥夷平面发育良好，分布很广，尤其在清江中、上游，高层状的剥夷平面几乎盘踞全境。全流域内剥夷平面可分为三期五级，各级的基本状况综合列于表 2-2-1 中。

表 2-2-1　清江流域剥夷平面综合对比表

地文期		代号	海拔高度(m)	形成时代	分布状况	形态特征
鄂西期	云台荒亚期	y_1	1 800～2 000	早第三纪中期（4 000 万年前）	展布在都镇湾以西的清江中、上游地区，包括火烧坪、马棚岭、云台荒、磨天岭、麻山、齐岳山等地	沿山脉呈条带状展布，个别兀立于群山之中。前者山顶面波状起伏，相对高度数十米至百余米；后者山顶面平坦，或呈浑圆状
	召凤台亚期	y_2	1 400～1 600	早第三纪渐新世末期（2 500 万年前）	广泛展布在召凤台、三里坝—长潭河一带，在火烧坪以东也有所发育	召凤台、建始、恩施等地山顶面波状起伏，呈浑圆状。火烧坪以东，兀立在中山地形中，山顶面平坦，有的山顶面上兀立着数十米至百余米高的蚀余锥状峰，如仙女山、峨嵋山的山顶面上即可见到
山原期	周家脑亚期	y_3	900～1 200	晚第三纪中新世末期（10Ma 前）	在龙潭坪—大堰一带发育良好。建始—椒园一带分布也很广	主要为岩溶台原面、高原面组成，地面呈波状起伏，相对高度数十米至百余米。火烧坪—马棚岭以西，该级剥夷平面比周围山势低，呈古宽谷底面形态，并具波状起伏之特征
	王家坪亚期	y_4	600～800	第三纪上新世末期（2.5Ma 前）	主要展布在清江下游，中、上游流域内也有所发育	清江下游呈片状展布，剥夷平面向东倾斜；中、上游地区，该级面以波状起伏的古宽谷底面的形态出现
峡谷期（云梦期）		y_5	200～500	第四纪早更新世末期（0.7Ma 前）	清江下游发育较好，中、下游主要展布在主流和大支流河谷两侧	清江下游呈片状展布，逐渐向江汉盆地倾斜，并与云梦期剥蚀面连成一体。中、上游地区表现为形态完好的古宽谷底面

一般认为，鄂西期和山原期剥夷平面为喜马拉雅运动地壳处于相对稳定时形成的，峡谷期剥夷平面则是新构造运动期间地壳相对稳定时成生的(袁登维，1964；马杏垣等，1989；陈志明等，1993)。虽然前两期剥夷平面的形成时代较早，但它们的保存状况与变形，均受新构造运动的制约或影响，并反映了新构造运动的某些属性和特点。

3. *岩溶地貌的层状现象*

清江流域岩溶地貌很发育，分布非常广，但各地的形态特征与分布高度有所差异，而且同一类岩溶地貌形态，其高度分布往往呈现出明显的层状现象，并反映了新构造运动的属性与某些特点。例如，岩溶台原和高原不仅从清江下游往中、上游逐渐升高，而且其高程还具有陡变之特征，这种陡变大约可分为三个阶梯，阶梯面分别代表了周家脑亚期、王家坪亚期和峡谷期的三级剥夷平面。岩溶丘陵、溶蚀洼地、溶斗、盲谷、干谷等的层状分布也很明显，这些地貌形态彼此组合在一起，但在不同层状地面的发育有所差异，而各级层状面的高程又分别与相应的剥夷平面协调，即是说在各级剥夷平面发育时，这些地貌形态也逐渐发育形成，其中分布于岩溶山原、岩溶高原、岩溶台原上的丘陵顶面则是代表了当时形成的剥夷平面。

溶洞在清江流域的发育很普遍，依其形态特征及其与构造裂隙的相关性，可分为穹形溶洞和裂隙状溶洞两类。穹形溶洞为地壳处于相对稳定时流水对可溶性岩层进行溶蚀、侵蚀形成的，溶洞底面近于水平。穹形溶洞底面的分布高度可分为八层，它们分别可与河漫滩和阶地对比。招徕河—盐池河一带，沿河蚀壁、河蚀崖至少发育四层穹形溶洞，洞底面的相对高度分别为 5m、10m、25m 和 50m，它们分别比这一带的河漫滩和阶地面低一些，但若以溶洞顶面的高程计算，则与相应的河漫滩、阶地的高度相近。裂隙状溶洞为流水沿着可溶性岩中的构造裂隙进行侵蚀、溶蚀而形成，其形态受裂隙所制约，垂向深蚀较强烈，层状分布不明显，但有的裂隙状溶洞则将上下几层穹形溶洞串连在一起，这种现象表征了新构造运动的间歇性隆升作用。

4. *陡崖与断层崖*

清江流域的陡崖与断层崖发育良好，屡见不鲜。陡崖多展布在河谷的边坡，尤以上层坡较为多见，陡崖的发育除了反映地壳运动的隆升作用之外，还与构造裂隙、节理的密集分布，河流的强烈下切等因素相关，但有的陡崖则是沿着构造裂隙发生重力滑塌作用而形成。清江中游的茅坪南侧，即河流右岸的双古墓一带，可见到两级阶梯状陡崖，它们分别发育于海拔 1 000m 和 700m 剥夷平面之下。断层崖为断裂快速垂向错动所塑造的，若断裂的垂向差异错距不大，沿断裂则难以形成断层崖，因此不是所有的断裂都可见到断层崖的发育，即使同一断裂，在不同地段断层崖的发育状况也差异悬殊。在清江流域内，以北北西向的仙女山断裂和北北东向的恩施东断裂的断层崖发育最好，延伸比较长远。

综观流域内的陡崖与断层崖可以看出，它们的高程分布具有明显的层状特点，大致可分为五层，并分别与五级剥夷平面相协调，即最高一层陡崖和断层崖发育于鄂西期云台荒亚期之后，反映了地壳运动经过相对稳定阶段形成剥夷平面之后，即进入一个显著的隆升阶段，并形成了陡崖和断层崖。以此类推，各级剥夷平面之下都分别出现了相应的陡崖和断层崖，但是各级陡崖和断层崖的相对高度不一，其中以鄂西期两级剥夷平面之下的陡崖和断层崖的相对高度最大，往往达到 200～300m，但保存极差，只有个别地点有所保留。山原期两级剥夷平面之下的陡崖和断层崖的相对高度一般为 100～200m，发育良好，分布很广。峡谷期剥蚀面之下的陡崖和断层崖的相对高度 20～50m，发育较差，只有少数地点和个别断裂可见到。但是，重力滑塌作用所形成的陡崖——滑塌崖，往往不受地壳变动的制约，而具有较大的随机性，甚至形成了多级阶梯状现象，所以应该根据区域地壳运动特征与个别地点的特殊情况综合分析，才可能比较合理地论述清江流域内的新构造运动特征。

5. 侵蚀三角面与断层三角面

清江流域的侵蚀三角面与断层三角面分布很广，发育良好，前者分布在古宽谷和现代河谷的边坡，后者沿断裂展布。三角面为地壳运动与外营力联合作用所塑造的地貌形态，其高度与坡度受地壳隆升幅度和强度的制约，也受岩性和流水侵蚀、剥蚀作用的影响。清江流域三角面的高程分布具有明显的层状现象，它们大致可分为五层，各层的高度可与相应层次的陡崖、断层崖对比，而且也以周家脑亚期之下的三角面分布最为普遍，但是河谷中不同时代的侵蚀三角面有的似乎呈现连续过程，阶梯状波折现象不明显，但在大三角面中仍然套合着一系列具有层状展布的小三角面，这种现象从都镇湾至恩施天桥的中游河段屡见不鲜。大三角面套合的层状小三角面，实质上也是新构造运动间歇性隆升的表现。

6. 古宽谷与谷中谷现象

清江流域的古宽谷一般发育在海拔 1 400～1 600m 的鄂西期召凤台亚期剥夷平面之下，在此剥夷平面及其之上尚未见到。古宽谷底面表征了地壳运动处于相对稳定阶段，并在流水的片状剥蚀和线状侵蚀过程中形成，它们与剥夷平面可以对比。清江流域内王家坪亚期古宽谷面海拔高度 600～800m，谷底面宽可达 20～30km，谷长达 100～200km，以火烧坪至磨天岭之间发育最为良好。峡谷期古宽谷面，谷底宽数千米至 10 多千米，长数十至 100 多千米，谷地形态比较完好，谷底面呈波状起伏，相对高度达数十米以上。这两期的古宽谷面，往往与活动断裂有一定联系，如天阳坪断裂、渔洋关断裂等，分别控制着峡谷期与王家坪亚期古宽谷面的发育。它们的谷底面海拔高程分别为 200～300m 和 500～600m。

在古宽谷面之下，往往都有现代河谷的发育，它们都套合在古宽谷之中而成为谷中谷，这种现象反映了新构造运动的稳定与隆升的相间变化，如清江干流的中、上游谷地，九湾溪古宽谷中套合的 V 形谷，黑炭河谷地中所发育的谷中谷现象等，均反映了新构造运动的间歇性隆升。

7. 水系分析

清江流域的水系，总体上呈自西而东收拢的树枝状，但在中游河段，干流两岸的一级支流都大体呈平行状展布，因此中游河段略呈羽状水系之图像。这种水系图式，除反映新构造运动上游隆升较强、下游隆升较弱的总趋势之外，还说明了下列一些特点：①中游河段(山花—鱼峡口)一级支流之所以呈平行状展布，主要受一些北北东向活动断裂所控制；②山花—鱼峡口之间地势相对较低，主要为海拔 1 000m 的岩溶高原和低于海拔 1 000m 的北北东向古宽谷，从而为现代水系的发育提供地形条件的雏形；③山花—鱼峡口两侧为海拔 2 000m 左右的磨天岭和火烧坪，它们都属于鄂西期的最高一级剥夷平面，并向东西两侧剥夷平面递新，反映了清江流域内新构造活动具有波状变化的特点，因此在其中游的一级支流，便呈现羽状水系之图像。

8. 阶地

清江河口与长江交汇处的宜都，可见到七级河流阶地的发育，它们排列有序，形成了一个完整的阶地序列剖面(图 2-2-1)。清江下游的长阳河段，七级阶地主要展布在河流左岸，但在同一剖面上尚未发现一个完整的阶地序列图式，因此只能将该地段的阶地发育状况给予综合表示(图 2-2-2)。清江中游的招徕河—盐池一带，高漫滩与七级阶地发育良好，其中 T_0 至 T_4 属于基座型，T_3 至 T_7 为侵蚀型。在龙王冲西南约 1km 处的 T_4 阶地上(相对高度 90～110m)，可见到数米厚的砾石层覆盖，砾石成为石英砂岩，砂岩与下伏的志留系砂页岩截然而异，砾石砾径 10cm 左右，个别砾径达 20～30cm，磨圆度甚好，为河流相沉积，依据其高程时代与古气候效应分析，应属于中更新世早期的基座阶地。在恩施盆地，清江河谷发育了一级高漫滩和七级阶地，其中 T_0～T_4 属于基座型，具二元结构，发育良好，分布最广；T_5～T_7 属于侵蚀型阶地，零星分布。

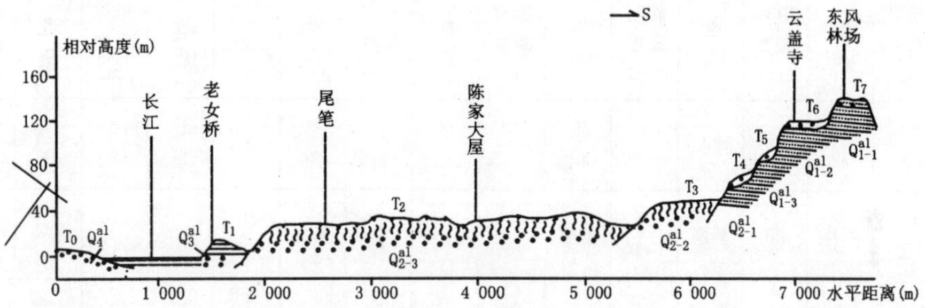

图 2-2-1　清江河口(宜都)第四系与阶地剖面示意图

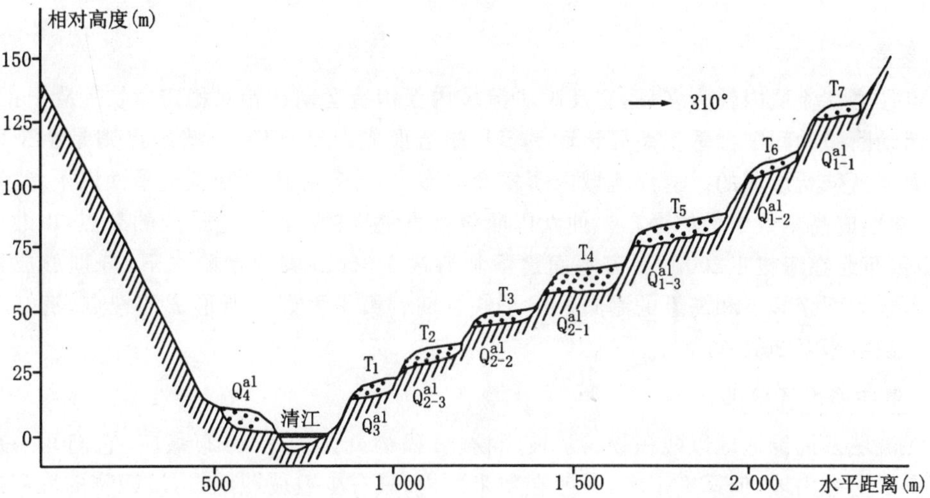

图 2-2-2　清江长阳河段阶地剖面综合示意图

综合清江河谷各地段的阶地特点(表 2-2-2)可以看出：①阶地的层序及其组成物质(冲积物)的古气候效应表明，T_0 形成于全新世，T_1 形成于晚更新世，T_2～T_4 形成于中更新世，T_5～T_7 形成于早更新世。②T_4 基座阶地与早更新世末期的峡谷期(云楚期)剥蚀面和古宽谷底面的高程，往往只差异数米至10多米，因此有时导致将这两级面混淆成一体。③在河口地段$T_0 \sim T_3$阶地属于堆积型，$T_4 \sim T_7$为基座型；在长阳县城附近全都转变为基座型；招徕河以西的中、上游河段，$T_0 \sim T_4$阶地为基座型，$T_5 \sim T_7$阶地属于侵蚀型（目前尚未发现基座型），反映了清江河谷自西而东的溯源侵蚀与新构造运动隆升的变化。④各级阶地从清江河口经长阳县城至招徕河一带，相对高度呈现升高的趋势，尤其T_3以上各级阶地的升高现象较为明显，但在上游的恩施河段，阶地的相对高度反倒降低，这是新构造运动间歇性隆升与侵蚀基准面变化的一种表现。

表2-2-2　清江干流不同河段河流阶地对比表

河段	$T_0(Q_4)$		$T_1(Q_3)$		$T_2(Q_{2-3})$		$T_3(Q_{2-2})$		$T_4(Q_{2-1})$		$T_5(Q_{1-3})$		$T_6(Q_{1-2})$		$T_7(Q_{1-1})$	
	相对高度（m）	性质	相对高度（m）	性质	相对高度（m）	性质	相对高度（m）	性质	相对高度（m）	性质	相对高度（m）	性质	相对高度（m）	性质	相对高度（m）	性质
河口（宜都）	8～10	堆积	15	堆积	30～35	堆积	40～45	堆积	60～70	基座	90	基座	110～120	基座	140	基座
津洋口—王家河	10～12	基座	20	基座	35～40	基座	50	基座	65～70	基座	80～90	基座	110～120	基座	130～140	基座
招徕河—盐池河	10～12	基座	20	基座	35～40	基座	50～60	基座	90～110	基座	150～160	侵蚀	200～210	侵蚀	250～260	侵蚀
恩施盆地	6～8	基座	5～12	基座	35	基座	50	基座	90～100	基座	140	侵蚀	180	侵蚀	200	侵蚀

9. 裂点

裂点在清江流域内较为多见，它反映了流域内新构造运动在相对稳定后快速隆升的过程，特别是活动断裂的间歇性垂直差异错动更容易塑造形成裂点，但有一些裂点则是由于两侧岩性软硬差异悬殊所形成的。清江流域内所发育的裂点，分布在山原期剥夷平面以下者，落差比较大，并常形成高悬数十米的瀑布。仙女山断裂垂直差异错动所塑造形成的裂点，以北段较为多见，庙包西北在海拔1 200m剥夷平面之下和海拔1 000m剥蚀台阶之下，分别形成了相对高度数十米的两级裂点和高悬的瀑布。但是峡谷期剥夷平面以下所形成的裂点，清江流域内一般只见到数米至20m的落差。

10. 第四系发育状况

清江流域及周缘地区以残积物、残-坡积物、坡积物最为发育，分布最广，它们几乎覆盖了各级剥夷平面和山坡，但厚度不大，一般在数米之内，只有少数坡麓地带，坡积物的堆积达到数十米，如鸭子口西北侧的杨家槽边坡地带，坡积物的厚度约40～60m。值得注意的是，重力崩塌、滑塌作用的堆积物，仍是坡积快速堆积的一种特殊类型，并可在坡麓的重力作用下蠕滑形成褶曲，如仙女山东麓狮子岩第四系碎屑物的褶曲现象（图2-2-3）（谢广林，1992），即是重力构造的一种表现，并非新构造运动的产物。上述现象，反映了清江流域及其周缘地区在新构造时期仍以隆升为主。

清江河谷冲积物的发育状况表明，从河口至上游的恩施一带，冲积物的结构、厚度、各组的

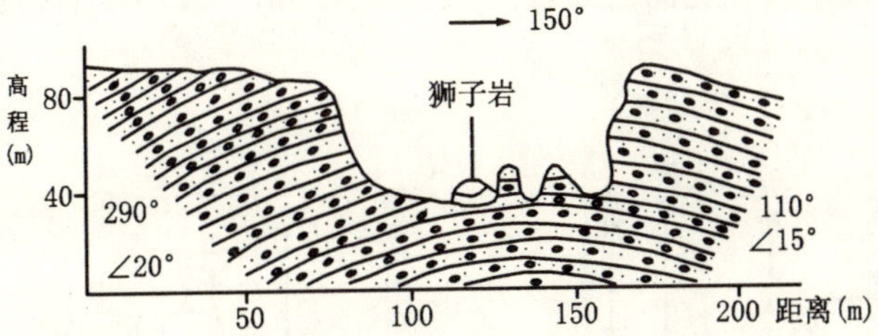

图 2-2-3　仙女山东麓狮子岩第四纪坡积物的褶曲示意图

接触关系、砾石的形态、砾组等均呈现一定的变化：①Q_4～Q_2 中期各组的厚度在河口宜都一带超过 20m，长阳县城附近为 10m 左右，招徕河以西的中上游河段各组的厚度均小于 10m。②Q_4～Q_2 各组冲积物在清江河口和长阳县城一带可见到二元结构，Q_2 各组冲积物上覆的网纹红土发育良好，但招徕河以西一般只见到底部的砾石层。③清江河口宜都一带，Q_4～Q_2 中期各组呈上叠(假整合)接触，Q_2 早期至 Q_1 各组呈内叠接触，但长阳县城及其中、上游，各组均呈内叠接触。④河口地带，冲积物砾石层的分选性较好，砾径大小差异不大，磨圆度良好，但往上游有所变异，例如中更新统下组砾石层，在河口宜都一带砾石砾径一般为 10～20cm，往上游至盐池河和恩施等地增至 20～30cm，砾石磨圆度则由Ⅲ～Ⅳ级(以Ⅳ级的磨圆度最好)降至Ⅱ～Ⅲ级。⑤在恩施盆地和来凤盆地中，可见到全新统漫滩相冲积物超覆于上更新统冲积物之上。上述这些现象，除了反映清江流域的新构造运动自东而西的间歇性隆升逐渐增强之外，还说明了一些局部异常变动之特点。

清江流域洞穴堆积物和冲-洪积物常有所见。前者与洞穴的层状分布协调一致，反映了新构造运动的间歇性隆升；后者往往与断裂的垂直差异错动或者因地势陡变而形成。另外，从五峰县城南侧，往东经白鹿庄、长乐坪至谢马台，在海拔 700～900m(相对高度 110m)的一些剥蚀平台上，常常覆盖 3～5m 厚的砾石层，砾石形态多姿，产状紊乱，大小混杂，小者 10cm 左右，大者达 130cm，一般为 30～60cm，值得注意的是，少数砾石具有良好的磨光面，个别砾石可见到刨蚀洼坑和擦痕，这些现象可能反映了海拔 2 000m 以上的北风垭—壶瓶山北坡，在中更新世早期可能有冰川堆积物。但是，上述三类第四系堆积物在清江流域内仅是一种局部现象，目前尚难以总结其规律性变化与新构造运动的相关性。

二、新构造运动的主要类型

根据清江流域新构造运动的地质、地貌形迹，可以初步分析出下列几种新构造运动类型。

1. 拱曲隆起与波状运动

清江流域及其周缘地区的新构造运动主要表现为大面积的间歇性的拱曲隆起，但各地的隆起幅度有所差异，其中磨天岭—瞿塘峡和马棚岭—火烧坪—西陵峡，形成了两个拱曲隆起轴，它们呈北北东向展布。拱曲轴一般由最高一级的海拔 1 800～2 000m 的剥夷平面组成，拱曲轴两侧剥夷平面的级数递增，高程递减，并向南东东或北西西向倾斜；地势逐渐降低，依次由中山递变为低山、岩溶台原、丘陵。拱曲轴两翼不对称，东翼剥夷平面倾斜较缓且逐渐变化(图 2-2-4)，西翼倾斜较大且变化较快，上述两个拱曲轴之间为相对低坳地带，主要为海拔

1 500m左右和 900～1 200m 的岩溶山原、岩溶高原以及 600～800m 的溶岩台原所盘踞，它们与拱曲隆起轴一起组成了隆拗相间的地貌波（杨怀仁，1987），反映了新构造的波状运动。

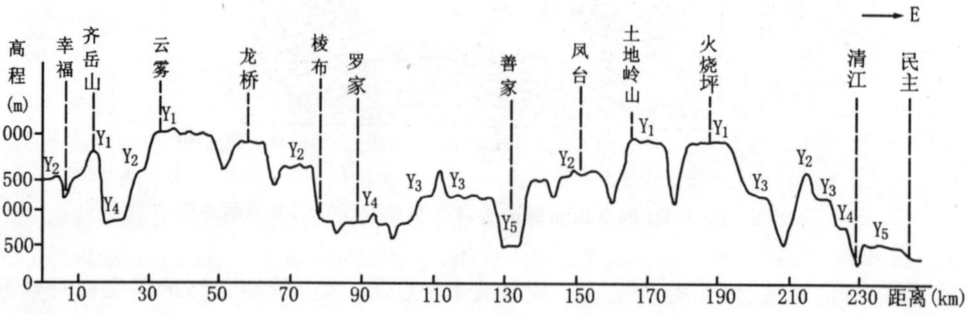

图 2-2-4　齐岳山—火烧坪剥夷平面变化图

2. 掀斜运动

清江下游，丘陵和冲积阶地广泛发育，丘陵顶面（相当于云梦期剥蚀面）和各级阶地面明显向江汉沉降中心倾斜，反映了新构造的掀斜运动，并呈北西西—南东东方向掀斜。例如红花套一带，50m 和 70m 阶地面以 1°～2°倾角向南东东倾斜，冲谷与河谷支流也向南东东流去，地层由中更新统依次递新为上更新统、全新统，同一统、组的厚度则向南东东方向增大。中更新世早期的阶地在红花套的相对高度为 70m，向东延续 30km 以后降至 60m，而其组成的冲积物厚度则由 10m 增至 20m。

3. 拗折运动

早更新世时，鄂西清江流域的拱曲隆起与江汉沉降拗陷之间所发生的拗折运动，大致位于清江河口的红花套一带，但在中更新世以后迁移至董市—松滋一带。

4. 断裂活动

燕山运动及其以前所发育且具一定规模的断裂，它们在新构造时期的活动往往与地震活动、地壳稳定性和工程建筑密切相关，所以将作为重点另行讨论。

5. 翘起运动

典型的翘起运动发生在天阳坪断裂西段和梁山断裂，这两条断裂均呈北西西延伸。新构造早期，北侧相对断陷，南侧断隆翘起，并沿断裂塑造了许多巍峨壮观的构造地貌形态，如断层崖、断层三角面、裂点、坡积裙等。南盘的翘起运动造成了地形自断裂边缘向南南西降低，山原期剥夷平面向南南西倾斜（图 2-2-5），河流穿过断裂时则形成高挂的悬谷。南盘的翘起运动不仅造成两盘的地貌反差较大，而且造成北盘的剥夷平面向断裂边缘倾斜，北盘的同级剥夷平面自北而南逐渐降低，河流向南奔流，而与断裂走向平行的河流则明显向南摆动，并保存了峡谷期的古宽谷形态。

6. 断陷运动与断陷盆地

断陷运动和断陷盆地是构造变形的敏感指示计，蕴涵着丰富的地球动力信息，也是研究断裂活动与地下深部构造活动的佐证（丁国瑜等，1991），因此将列一节专门讨论。

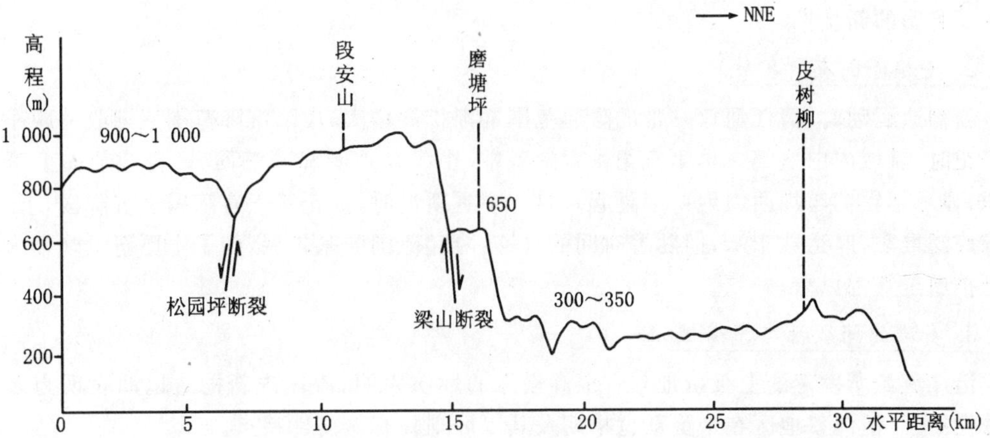

图 2-2-5　梁山断裂活动引起南南西盘的翘起与两盘剥夷平面的倾斜变形剖面图

7. 第四纪断裂与裂隙

红花套、宜都、长阳等地，第四纪断裂与裂隙有所发育。红花套白丰溪的第四纪断裂发育于白垩系与中更新统下组组成的60～70m 阶地之中，走向北偏东，属于正断层性质，形成数厘米宽的断层泥和数十厘米宽的破碎带，值得注意的是沿着断层面，河流相砾石产状发生急剧的变化，砾石的 *AB* 面倾角陡且与断层面近于平行，而远离断层面的砾石 *AB* 面平缓且倾向北西，显然前者为断裂错动的动力作用所致，后者则为流水动力作用所致。宜都县城东侧中树砖瓦厂附近，中更新统上组网纹红土中，发育了两组第四纪裂隙，一组走向北东(30°)，一组走向北西(330°)，倾角都在80°左右。前者垂直擦痕发育，具有压性特征；后者阶步发育，具有张性特征。

清江流域内尽管第四纪断裂和裂隙极其少见，但现有的资料似乎表明：①第四纪断裂主要发育于隆起与沉降区的过渡地带，且形成于早、中更新世，晚更新世与全新世尚未发现。②第四纪裂隙除了发育于过渡地带之外，在隆起区内也有所见，如仙女山断裂北段的老林河一带，即可见到许多沿破碎带扩张发育的新裂隙，已成为现今的滑塌地裂缝(谢广林，1992)。另外，1961年宜都4.9级地震及震区发育的地裂缝，也可以认为是现代构造运动作用所产生的一种新裂隙。③第四纪断裂与裂隙的规模都比较小，它们的长度一般在数十米之内，而断裂的断距多在数十厘米之内。这些断裂与裂隙除了新构造运动的塑造之外，重力作用、坡地的蠕滑、地下喀斯特洞穴的塌陷边缘等也可导致其发育成生，因此它们的成因与动力作用应根据实际情况进行具体分析。

三、新构造运动的基本特征

清江流域及其周缘地区，新构造运动的基本特征可以归纳于下。

1. 在继承性的基础上具有明显的新生性

流域内新构造运动的总体轮廓继承了喜马拉雅运动的特点，隆起与沉降、断陷与拗陷等，基本上都继承了喜马拉雅运动的形式与空间布局，但是运动方式与区域应力场有所变化，隆起与沉降的中心有所迁移，并成生了一些新的构造运动类型，塑造了崭新的构造地貌形态，从而显示了鲜明的新生性。

2. 隆起范围有所扩展

新构造运动时，清江河口一带的隆起范围逐渐扩展增大，拗陷沉降范围逐渐收缩减小。晚第三纪时，流域内白垩纪—早第三纪发育的各中、小型盆地明显萎缩回升，普遍缺失上第三系堆积，显示了它们与鄂西山地一起隆起。早—中更新世时，红花套—宜都属于沉降区，下、中更新统广泛堆积，厚达数十米，但随着时间的推移，隆起范围向东扩展，到了中更新世晚期隆起范围已扩展至宜都以东。

3. 多次的间歇性与振荡性

清江流域所发育的七级阶地与一级高漫滩的性质表明，流域内新构造运动表现为多次的间歇性抬升，但河口地区在中更新世早期及其以后则具有振荡性特点。

4. 以整体差异运动为主，块体差异运动仅表现在上地壳

新构造运动时各组断裂的活动，似乎将流域分割成为大小不一的断块块体。实质上，这些断裂大多数仅切割到上地壳底部，因此块体的差异运动仅表现在上地壳，或者只牵动到中地壳顶部，而流域内仍以整体性的差异运动为主。例如，第四纪时仙女山断裂的活动虽造成两侧的显著差异，但是断裂的活动分割主要表现在上地壳，中、下地壳仍然连成一体。显然，新构造时期，断裂活动的分割作用并未破坏清江流域整体差异隆升运动的格架，而只是对其进行修饰与改造。

5. 新构造运动强度属于中等水平

清江流域的新构造运动强度与中国东部其他地区对比，并不强烈，而是属于中等水平，以山原期第一亚期剥夷平面进行计算，上新世至第四纪时，流域内的隆起幅度为 1 000m 左右；若以山原期第二亚期剥夷平面进行计算，则第四纪时流域内的隆起幅度为 500m 左右；上述数值仅仅是流域内的总体状态，个别地区可能超过此数值，但多数地区的隆升量比此数值小，而且彼此之间并非完全呈一渐变过程，因为活动断裂的分割和差异运动常常造成隆升的突变现象，致使隆起幅度的变化复杂化。

6. 新构造运动早期与晚期的差异

清江流域新构造早期的运动方式、类型和强度与晚期有较大的差异。早更新世时，在间歇性隆起的背景下，兼具波状运动和断块调整运动。早期的间歇性隆起造成了王家坪亚期、峡谷期剥夷平面和三级侵蚀阶地或基座阶地的发育，基座阶地只见于清江河谷的宽谷段和个别的红岩盆地中。波状运动造成拱曲隆起与相对拗陷的相间展布，地貌表现为条带状山脉、喀斯特山原与古宽谷、喀斯特台原的相间展布，而且自拱曲轴部向两翼的剥夷平面级数递增，高程依次降低。另外，这时期断裂活动比较显著，引起了区域内的断块调整运动，造成区域内新构造变动和构造地貌形态的复杂化。中更新世及其以后进入新构造运动晚期，流域内多数断裂活动明显减弱，只有一部分断裂的活动比较显著，并控制一些小型的第四纪盆地的发育与成生。

7. 第四纪时期的二次相对沉降运动

第四纪时，清江流域及其邻区发生两次较显著的相对沉降运动，一次在中更新世初期，一

次在全新世初期。中更新世初期的相对沉降运动涉及范围相当广泛，即使在隆起区也表现出相对沉降的一些特征，如在宽谷地段和一些中小型盆地中，可见到较厚的中更新统下组河流相堆积物，尤以来凤盆地表现最为显著，中更新统下组冲积物厚达 20m 左右。全新世初期的相对沉降运动主要发生在一些中型断陷盆地中，如来凤盆地、恩施盆地等形成了一些相对开阔的河漫滩平原，并在其后缘可见到全新统超覆于上更新统之上。上述现象虽与古气候的波动和多雨有一定联系，但主要受区域性新构造运动的相对沉降所制约。

四、新构造环境的总体评价

综合上述的研究结果，可对清江流域的新构造环境提出几点评价意见。

(1)清江流域位于中国东部的北北东向巨型重力梯级带上，但流域内并不存在着北北东向切割下地壳的断裂，块体内部的新构造变动相对比较平稳。

(2)清江流域内虽然断裂比较发育，但切割到中地壳内的为数极少；地震资料也表明，流域内的震源深度一般为 8～16km，即上地壳底面附近为一个能动层和震源层，因此只有那些切割到上地壳底面的活动断裂才可能具备孕育强震的能力。

(3)北北东至北东向断裂和北北西向断裂为清江流域内两组重要发震构造，但不同地段、不同部位的孕震能力差异较大。一般而言，在较强烈的活动地段，两组活动断裂的交汇处、活动断裂的两端，活动断裂控制的断陷盆地及其边缘，都可能孕育着强震。近几百年来清江流域的地震活动情况表明，北北东向断裂产生的最大地震为 6 级左右，北北西向断裂产生的地震为 5 级左右。目前清江流域的地震活动趋势、应变积累与能量释放等情况表明，今后百年内地震活动强度估计难以超越上述水平。

(4)清江流域规模较大的断裂在新构造运动早期活动比较显著，中更新世以后多数断裂活动不明显或者比较微弱，这些断裂一般难以成为强震的孕震构造，但它们的蠕滑对重大工程具有重要的影响。

(5)清江流域新构造运动早期隆起幅度和断裂活动强度较大。河谷下切较强烈，断层崖、侵蚀崖及其他陡崖发育。它们主要展布在山原期周家脑亚期剥夷平面之下的山地与河谷的上层坡，且陡崖边缘又常有大量的小断裂和裂隙，因此，它们在外营力作用下易于发生崩塌与滑塌，常常可造成一定的危害。

(6)清江流域新构造运动的隆升、碳酸盐类地层的广泛分布和裂隙的密集发育，造成地下水以垂直循环为主，地下喀斯特裂隙和洞穴普遍发育，并溶蚀扩张至侵蚀基准面以下，因此不仅常常造成地表的塌陷，而且对水库工程和水库诱发地震都会产生一定的影响。

五、构造应力场

清江流域及其邻区，新构造运动的应力场与喜马拉雅运动的应力场差异较大。喜马拉雅运动的应力场表现为近南北向的挤压、近东西向的拉张，但水平向应力作用较弱，褶皱运动不明显，主要表现为断块调整运动(李坪等，1965)，造成一系列北北东向、北北西向断裂呈张扭性活动，形成一套断层角砾岩，控制着白垩—早第三纪盆地的继续断陷和堆积了一套陆相碎屑物。但是，北西西向的天阳坪断裂则表现为压性、压扭性活动，形成压性、压扭性结构面，在天阳坪断裂普遍可见到古生界逆冲于白垩系之上。

据马杏垣等的研究，新构造时期清江流域主要在北西西—南东东向的区域主压应力控制之下(丁国瑜等,1991;马杏垣等,1989;马杏垣等,1987)。值得注意的是,根基深达下地壳的黄陵背斜环形构造,对区域应力场具有重要的抗阻和干扰作用,从而造成局部应力场环绕黄陵背斜周围发生急剧的变化。

鉴于新构造运动经历的时间比以前各期构造运动短暂,新构造变动主要呈大面积的构造地貌变形,第四系的构造变形很小,新生的断裂、裂隙极其少见,因此在分析清江流域的新构造应力场时,主要根据构造地貌形态、不同走向断裂的活动力学性质与它们的配套,并根据地貌年代学与地文期进行综合分析。

前述的新构造运动类型表明,黄陵背斜西南在晚第三纪—早更新世,发生了北北东向的拱曲隆起,而拱曲轴所反映的应力作用与褶皱轴具有等价性质,它们的垂直方向表征了应力作用方向。但是,在椭圆形黄陵背斜的抗阻下,周缘产生了放射型的反作用力,并导致了局部应力场的变化,虽然这与北西西—南东东向的区域应力场不同,但却围绕着椭圆形的黄陵背斜抵柱发生右行旋转。另外,黄陵背斜隆起所派生的侧压,更进一步增强了局部应力场变化的复杂性。总之,这些变化造成断裂活动力学性质的改变,但与拱曲隆起轴平行的走向断裂,似乎仍表现为以压性活动为主。

第三节 主要断裂及其活动性分析

清江下游地区,西起茅坪,东至河口,区域内以近东西向的长阳复背斜为主体,背斜轴由震旦—寒武系组成,两翼明显不对称,北翼倒转褶皱发育,并在高家堰及其以东断坳形成白垩纪盆地,南翼次级褶皱发育,北东东向至近东西向的背斜轴与向斜轴相间展布,但远离长阳复背斜轴,次级褶皱显得愈宽展。区域内的褶皱变形开始发育于燕山运动早期,定型于燕山运动中期,属于中国东部新华夏系的组成部分,但由于受其北部黄陵背斜的抵制和干扰,造成褶皱轴呈现近东西向展布,而在黄陵背斜以西,褶皱轴急转为南南西—北北东向,从而造成长阳复背斜轴呈大角度的弧形弯转。显然,黄陵背斜以南,自燕山运动早期以来,局部应力场就发生了很大的变化,并改变了新华夏系不同走向断裂的力学性质及组合配套关系。

清江下游地区,主要发育了北北西向、北西西向和近东西向三组断裂。这些断裂的规模大小、力学性质的差异很大,虽然它们具有相同时序的演化进程,但局部应力场的变化,造成同一时期、同一断裂的不同地段的力学性质具有很大的差异,其中仙女山断裂、天阳坪断裂不同地段的力学性质差异极为明显。新构造时期上述三组断裂的活动状态、活动力学性质、活动强度、活动方式各有所不同,即使同一组的不同断裂其活动性也有所差异,因此下面将对其中规模较大的几条断裂进行剖析。

一、仙女山断裂带(F_1)

1. 概述

仙女山断裂带位于长江三峡黄陵背斜西南缘,距三斗坪大坝最近点约 20km,距隔河岩大坝最近点约 15km。该断裂带北起秭归县的风吹垭,南至五峰县的渔洋关,全长 93km,呈 335°

～350°走向，横切长阳复背斜和清江河谷。

MSS 和 TM 卫星图像上，仙女山断裂带的线性瞩目，在周围数十千米范围内以其影像最为鲜明，反映了该断裂带的电磁波效应比较强烈。该断裂带的线形总体上比较平直，局部呈舒缓波状。北段主干断裂东侧，有一条北北西走向的弱线性影像，断续展布在仙女山东坡，并延伸过长江，它与主干断裂平行，两者相距 2km 左右。中段花桥场—都镇湾一带有几条平行分支断裂，伴随主干断裂断续延伸；渔洋关以南 4km 范围内，也有几条隐晦的线性依主干断裂走向断续南延，显示主干断裂南端的分叉现象。

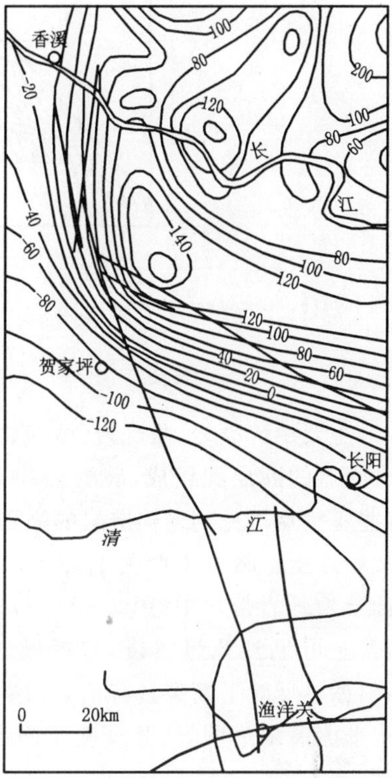

图 2-3-1 仙女山断裂带北段航磁 ΔT_a 异常梯度带图

（据湖北省地矿局物探队）

地球物理资料表明，沿仙女山断裂带布格重力异常与区域重力异常并没有出现陡变的梯级带，断裂带两侧 20km 范围内，布格重力异常值从东至西，大约由 $-75\times10^{-5}\,m/s^2$ 增至 $-100\times10^{-5}\,m/s^2$，地壳厚度大约从 38km 逐渐增厚至 40km 以上（马杏垣等，1989）。但是，航磁 ΔT_a 异常图和磁性体下界面（居里面）深度图表明，沿仙女山断裂带呈现出一定梯级异常变化，贺家坪以北航磁 ΔT_a 梯度异常显著（图 2-3-1）。显然，该断裂带北段可能切割至上地壳的底面，其切割深度大约 10～15km；南段航磁 ΔT_a 异常梯度趋近零，切割深度应较浅。

2. 断裂带的基本特征

仙女山断裂带的构造岩不同地段的差异较大，因此，依据其结构面的特征、线形的延续性，传统上将其分为北、中、南三段，彼此呈右行左列式展布。

（1）北段：指狭义的仙女山断裂。

该段北起风吹垭北，南经周坪、黑槽子、林河至庙包东南侧，长约 21km。走向 340°～350°，断面倾向西偏南，倾角 70°～80°，切错寒武系—二叠系和白垩系。构造岩宽 5～10m，两侧为数十米宽的破碎带，王家岔南侧断裂破碎带宽达 100 多米。构造岩主要由角砾岩、片状构造岩、糜棱岩、构造透镜体和碎裂岩组成，破劈理发育，并可见到四期方解石脉穿插。

周坪东北，断裂东盘下白垩统粉砂岩、泥质粉砂岩在主断面边缘发生拗折挠曲（图 2-3-2），片理、页理极其发育，并呈片状剥落，显示了该断裂在早白垩纪仙女山断陷盆地形成之后，一度发生强烈的挤压逆冲。

（2）中段：又称都镇湾断裂。

该段北起花桥场，南经鲁家湾、白咸池、青林口、马中岭、都镇湾的将军山，长 40km，走向 335°～345°，北部断面倾向西，南部倾向东，倾角 70°以上，切错长阳复背斜的震旦系及寒武系—二叠系，并使复背斜轴呈右旋错动 4km（徐瑞春等，1992）。构造岩带宽 10m 左右，最宽处

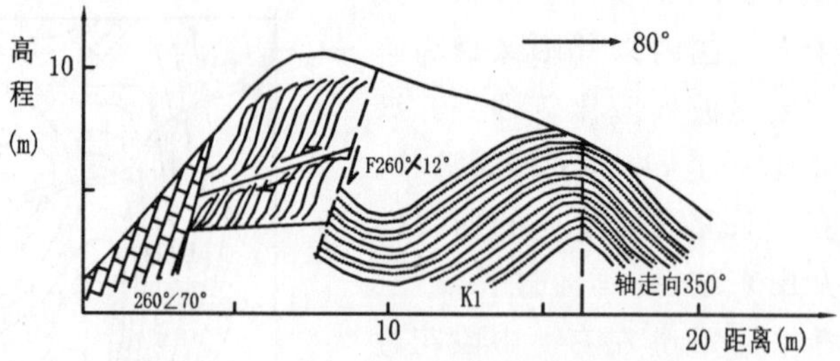

图 2-3-2　周坪东北仙女山断裂的片状构造岩与下白垩统的拗折挠曲现象

达 20m，主要由碎裂岩、角砾岩、糜棱岩、片状构造岩和含碎屑的断层泥组成，破劈理和方解石脉发育，有些露头点可见到老构造岩的强烈破碎、风化和形成粉碎土。将军山西侧剖面上，可见到糜棱岩穿插于角砾岩带之中(图 2-3-3)。该段结构面上，普遍可见到几组擦痕，包括倾斜和水平擦痕，倾斜擦痕反映了断裂具有正断和逆冲的变化，但以水平擦痕最为明显，并反映了断裂的右行平移错动。

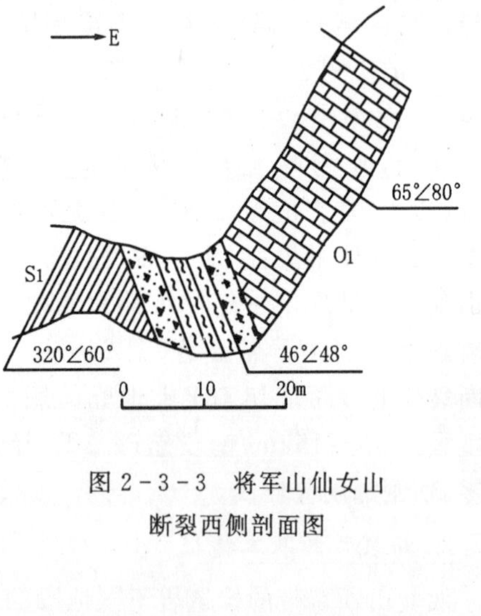

图 2-3-3　将军山仙女山断裂西侧剖面图

(3)南段：又称桥沟断裂。

该段北起将军山西侧，南经晓溪、官家大淌、桥沟至渔洋关南侧，长 35km。走向 340°～355°，断面倾向东，倾角≥80°，主要切错寒武系和奥陶系。构造岩带宽 10～30m，为角砾岩、碎裂岩和方解石脉组成。在晓溪桥南侧结构面显露清晰，角砾岩带的新破裂面发育，裂隙中充填着一些泥质碎屑物，厚 10～20cm。镜下鉴定表明，碎屑物具角砾岩结构，含隐晶质灰岩、生物碎屑灰岩、细粒方解石集合体及粗粒方解石碎屑，胶结物为含铁的泥质，呈棕红色，形成于中更新世期，碎屑物中反映了既有断裂快速错动形成的放射状断口和楔形坑，也有蠕滑产生的研磨坑。在桥沟北约 1km 处，断裂构造岩为 12m 宽的方解石脉，切错寒武系白云质灰岩，并包溶有寒武系岩块。沿方解石脉带边缘，可见到倾斜阶步和水平擦痕，前者显示了东盘断陷的正断性质，后者显示了断裂右行平移错动。该方解石脉带后期再次发生破裂，并有数厘米宽的新方解石脉穿插其间。

综合对比上述三地段的构造岩特征，可以得出如下几点认识：①北段包含着几种不同性质的构造岩，岩类和成分比较复杂；南段的构造岩性质、岩类和成分比较单一；②北段的构造环境变动与应力作用变化比较复杂，但主要形成压性构造岩兼具明显的右旋滑动，水平擦痕发育；南段的构造环境变动与应力作用变化较小，并形成了以张扭性为主体的构造岩；③中段北部的构造岩性质、岩类、成分、变动环境与应力作用趋近于北段，中段南部则与南段比较接近，这两者之间似乎以长阳复背斜轴为中和面，中和面以北主要形成压扭性构造岩，以南主要形成张扭性构造岩。

3. 显微构造分析

对仙女山断裂带的构造岩进行显微分析，可进一步论证断裂带的基本特征与变形环境，也是宏观构造分析的辅助手段之一。

(1)糜棱岩的显微构造。

糜棱岩只发育于断裂带的北段和中段，沿主断面呈带状分布。糜棱岩面理由透镜状、肠状的方解石脉和基质呈定向排列而成(图 2-3-4)(吴树仁，1994)，方解石脉中的方解石发生晶内滑移形成 *e* 双晶和扭折带。糜棱岩面理的拉长方解石，在 *AB* 变形面上，长短轴之比为 5∶1，最大可达 10∶1。大多数残斑与糜棱岩面理一致，其中少数残斑形成典型的方解石"鱼"状构造，"鱼"的拖尾指示右旋剪切。残斑拖尾全由碎基组成，这主要是由于在递进剪切变形过程中，较强硬碎斑的旋转滞后于碎基。在糜棱岩形成之后，又形成与糜棱岩面理相交(交角 10°～25°)的一组压溶缝合线。这组缝合线局部与糜棱岩面理一致，因此，缝合线既加强糜棱岩面理又切割糜棱岩面理。由糜棱岩的剪切指向和方解石脉中的扭折带确定出早期变形的挤压方向为 5°，而由压溶缝合线确定出晚期变形的挤压方向为 70°。

图 2-3-4 周坪东侧仙女山断裂之糜棱岩呈良好的定向排列
(镜下鉴定素描，据吴树仁)

(2)碎裂岩的显微构造。

仙女山断裂带中以各类碎裂岩和角砾岩最为常见。角砾岩中砾石含量 50%～90%，角砾成分与断层两盘基岩有关，一般为灰岩碎块。大多数角砾具有压扁和弱定向排列，这是碎裂流动和摩擦滑动的结果。碎斑岩和碎粒岩是角砾岩进一步研磨、碎裂圆化的结果，其中大于 2mm 的碎斑含量为 10%～40%。在透镜体化带和碎裂岩化灰岩中，各种微裂隙与方解石脉极为发育。微裂隙以近于平行断层走向为主，最大密度可达 8 条/mm。有的裂隙连续性好，有的连续性差，且只限制在一定的矿物内。前者常位于变形较强带中，后者分布于变形较弱且矿物与介质之间韧性差较大的岩石中。

(3)变形方解石脉的显微构造。

仙女山断裂带中发育了不同方向的方解石脉，根据脉体的充填交切关系和变形特征分析，至少可分出 4 期充填愈合作用(图 2-3-5)。早期方解石脉受燕山运动中、晚期和喜马拉雅运动两次构造变形的叠加，脉体变形复杂。燕山运动中、晚期普遍发育两组 *e* 双晶和扭折带群。喜马拉雅运动期间，由于方解石脉已普遍发生过晶内滑移，从而出现变形硬化，加之变形条件和方式发生变化，使方解石脉更易于发生压溶和微破裂而不易于形成新的 *e* 双晶。因此利用方解石脉中 *e* 双晶百分率估算的差异应力，可以代表燕山运动中、晚期构造变形的应力大小。根据不同剖面 6 个薄片变形脉的系统观测，发现有两个薄片两组 *e* 双晶的百分率高于 50%，不能用于估算差异应力。另外 4 个薄片中两组 *e* 双晶的百分率小于 40%，由一组和二组 e 双晶率所估算的应力值相关较大，结合宏观变形分析，取其平均值较为合适。计算结果表明，早期方解石脉变形的差异应力为 180～240MPa；第二期方解石脉大多利用燕山运动中、晚期所形成的微裂隙空间充填，变形程度相对较弱，大多只发育一组 e 双晶，两组 e 双晶百分率小于 30%。由 e 双晶百分率所估算的差异应力是 80～120MPa。第三期方解石脉极少变形，只在局部发现少量 e 双晶；晚期方解石脉则完全未变形。

周坪东北采集的标本镜下鉴定结果，可分为两期方解石脉，早期的脉晶粒为等轴状或短轴状，其中约一半的晶粒发育双晶，双晶纹稀疏平直；第二期脉为垂直脉壁的细长条状，变形迹象不明显，根据显微形貌统计分析，其成生时代应为中更新世中期。其反映的断裂活动，既有快速错动形成的平直擦痕，也有蠕滑形成的裂而不破现象。

晓溪桥的标本为强烈破碎的灰岩，为椭球形球粒状灰岩，碎裂之前已发生韧性变形，含有三期方解石脉，第一期变形十分强烈，全部晶粒都发育双晶，且多数为两组，双晶纹密集，并多发生弯曲。第二期方解石脉发生较强变形，脉中大部分晶粒发育双晶，少数晶粒具两组双晶，双晶纹平直，较密集，可清楚看到它切穿第一期脉。第三期脉以不规则形式充填在灰岩裂隙中，变形迹象不明显。

图 2-3-5　周坪东侧仙女山断裂四期方解石石脉的穿插关系
（显微构造素描，据吴树仁）
①早期方解石脉；②第二期方解石脉；③第三期方解石脉；④晚期方解石脉；⑤灰岩

(4)压溶显微构造。

仙女山断裂带的碎裂岩、糜棱岩和方解石脉中普遍发育了压溶显微构造，主要表现为压溶缝合线和压溶劈理。压溶缝合线常沿物质界面和晶体界面发育，这是易溶物质（方解石）发生溶解、迁移和沉淀，难溶物质（沥青和黏土等）保持相对富集而呈现的不规则物质边界。易溶物质的迁移主要通过裂隙扩散、晶界扩散和流体扩散来完成，其沉淀场所常常是低应力作用域和局部引张区或近于垂直缝合线的张裂隙，但沿物质界面比穿越界面更易于形成压溶缝合线。在周坪剖面的糜棱岩中，压溶缝合线平行于早期糜棱岩面理，分布密度达 9 条/mm，而在角砾岩中分布密度为 1～3 条/mm。压溶劈理形成机制与缝合线相似，只是由于沿压溶面所分布的出溶和难溶物质较均匀，并且出溶速度相似，致使残留的难溶物质沿压溶面平行分布而形成压溶劈理。有时压溶缝合线与压溶劈理沿走向交替出现。利用压溶缝合线估算岩石缩短应变的方法，计算了仙女山断裂带不同地段的压溶缩短应变，在北段测量了 2 个糜棱岩薄片 10 个视域，其线应变 $e=-0.5\sim-0.62$；在中段测量了 5 个薄片 20 个视域，线应变 $e=-0.07\sim-0.11$。由于压溶构造切穿糜棱岩面理、角砾岩和早期方解石脉中的 e 双晶，由此确定其挤压方向为 70°左右。

(5)变形矿物的位错构造。

对仙女山断裂带有代表性剖面上的变形方解石脉进行透射电镜观测，包括对 4 件第二期方解石脉的每个样品进行 15～18 个视域的观测，其结果发现：①自由位错的组合形式主要是位错缠结而未见位错壁，这是方解石在低温塑性变形条件下，位错滑移运动过程中遇到杂质等障碍物而导致局部位移密度的增加，并相互缠结在一起；②各样品中的位错分布比较均匀，密度变化范围为 260～455 条/cm^2，利用公式：$\sigma_1-\sigma_3=48.3\mu\rho^{0.5}$，所估算的差异应力为 78～103MPa，这个结果与用 *e* 双晶百分率所估算的结果相同。

(6)微观变形机制。

根据微观变形特征，仙女山断裂带形成发展过程中涉及到的主要变形机制有：①微破裂和碎裂流及其摩擦滑动，形成微裂隙、碎裂岩与断盘的位移；②晶内滑移，形成糜棱岩和方解石 *e* 双晶及其扭折带；③构造压溶作用，形成压溶缝合线和压溶劈理。这些现象在燕山运动构造变形期间，北段以微破裂和晶内滑移为主，摩擦滑动次之；中段以脆性破裂作用及其伴生的摩擦滑动为主，碎裂流和晶内滑移次之。在喜马拉雅运动期间，整个仙女山断层带则以构造压溶和摩擦滑动为主，晶内滑移和碎裂流次之。

4. 伴生、派生构造

仙女山断裂带除了主干断裂之外，还伴生和派生了一系列次级构造，并与其他方向断裂呈现独特的交切关系。

(1)伴生构造。

在主干断裂两侧常常伴生一些平行分支或入字形分支断裂，而且有些地段相当密集。北段在神天观—老林河—王家岔—庙包之间，平行分支断裂密集成带，在不到 1km 宽的横剖面上，初具规模者有近 10 条，它们的走向大致与主干断裂平行，多数倾向西，个别倾向东，倾角一般为 65°～75°。这些平行分支断裂短者 1～2km，长者 5km 左右，在分辨率较高的 1∶10 万的 TM 卫星图像上，至少可分辨出其中两条的线性影像。它们与主干相伴，控制着一系列崩塌、滑塌体的发育，造成老林河一带屡屡发生崩塌、滑塌现象。

中段在鲁家湾—青林口—柏树包之间，平行分支断裂发育，规模较大者主要有五条，短者 4km，长者 10km 左右，彼此间距 400～800m，整个横剖面宽达 2.5km。TM 卫星图像上，除主干断裂呈现出醒目的线性影像之外，各分支断裂的影像时隐时显，断续延伸。

中段在杨溪—木溪—笔架山之间，除了平行分支断裂之外，尚有入字形分支断裂与主干断裂交汇。木溪东侧的剖面上可见四条相距较近的分支断裂，它们与主干断裂平行，倾向有东有西，但都呈现出张扭性错动性质，并形成 5m 宽左右的角砾岩。笔架山附近，中段南端与南段北端呈入字形交汇，并造成了该地段的强烈破碎与分支断裂的复杂化。

南段的渔洋关附近，虽然野外地质工作难以发现分支断裂的形迹，但在 1∶10 万的 TM 卫星图像中，则显示了几条弱线性影像，短者 2～3km，长者 5～6km，它们与主干断裂的弱线性影像等量齐观，并分别与主干断裂呈入字形交汇或平行展布。这些线性影像可能是南端的分支断裂，而其弱线性影像则可能是电磁波的弱效应与断裂形迹渐趋减弱所致。

综观全带的分支断裂可以看出，它们不仅与主干断裂同期伴生，而且主要展布在北段、中段和南段的端部附近，显示了这些地段的破碎与应变效应的敏感现象。但是，它们的规模比较小，晚期的活动性也不明显。

(2)派生构造。

仙女山断裂带的派生构造，基本上都展布在北段，主要是由于主断裂两盘的错动所派生的。王家岔南侧，主断裂西盘的下滑，引起奥陶系中—上统薄层状灰岩形成了肠盘状构造，宽达 100 多米，并产生了一系列逆掩小断裂(图 2-3-6)。

周坪东北，仙女山断裂切错了下白垩统细砂岩、砂砾岩，并由于两盘的运动派生了一系列次级构造：①熊家沟—王家沟一带的主断裂两盘，在下白垩统中发育了许多小断裂，依其走向

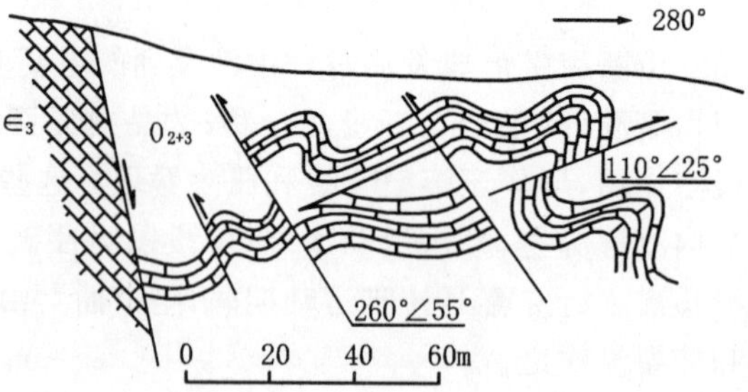

图 2-3-6　王家岔南侧仙女山断裂西盘派生的肠盘状构造

分为北西西、北西、北北东和北东向四组。北西西向断裂规模较大，长数千米，结构面呈压性；其他三组规模较小，呈张性、张扭性，其中北西向断裂常将下白垩统砂砾岩中的砾石切割成两半，砾石切错面上擦痕发育良好。②熊家沟—王家沟一带的主断裂东盘，在相距 2km 范围内，主干断裂边缘的下白垩统粉砂岩形成一系列牵引褶曲，褶曲轴走向南东东，并向南东东倾伏；两褶曲轴的间距为数十至 300m；褶曲轴两翼岩层倾角 15°～40°，但靠近北西西向派生断裂附近，岩层倾角可达 50°～70°。

上述现象，不仅反映了早白垩世以后仙女山断裂两盘运动所产生的派生构造，而且说明早白垩世以后，曾一度发生较强烈的右行水平位错，以致在下白垩统中派生了一系列牵引褶曲和断裂。

(3)与其他断裂的交切关系。

在仙女山断裂带附近，展布着一些北北东、北西西和近东西向断裂，它们与仙女山主干断裂呈现不同形式的交切关系。

北北东向的九湾溪断裂，在王家岔附近与仙女山断裂相互交切，增强了这一地段岩层的破碎，但交切点南、北的构造地貌景观截然不同。交切点以南，两断裂夹持的地块断隆，形成海拔 970m 的鳍脊状山峰；交切点以北，两断裂之间相对断陷，形成海拔 300 多米的楔形断裂谷。两者对比，地貌反差达 600m 以上，成为鲜明的地貌对照。

王家岔以南，北北西向仙女山断裂带继续向南延伸，并截切了北西西向天阳坪断裂带，限制了天阳坪断裂带的西延。即天阳坪断裂带延伸至仙女山主干断裂边缘时，便已终止。

白咸池以南，沿仙女山断裂带及其两侧，可见到一些近东西向断裂，规模一般比较小，它们都被仙女山断裂所切割，有的在仙女山主干断裂两侧还发生位错。在渔洋关附近，由于已进入仙女山断裂带的南端，断裂形迹时隐时显，且在渔洋关断裂带的交切点附近多被第四系所覆盖，地表地质工作难以判定它们的交切关系。然而，在 1∶10 万的 TM 卫星图像上，断裂的线性影像表明，这两条断裂带似乎呈现相互交切关系。

5. 断裂带的成生与演化进程

(1)燕山运动早期与中期。

仙女山断裂带成生于燕山运动早期，定型于燕山运动中期。这时期，北西西—南东东向主压应力作用的新华夏构造体系应力场，在黄陵背斜和秭归盆地的抵制、干扰下，区域应力作用方向发生分解和产生新的合成，形成了近南北向作用的局部应力场，导致黄陵背斜与秭归盆地南侧的长阳复背斜呈北西西向延伸，而横切长阳复背斜的仙女山断裂则呈张扭性错动，形成了一套碎裂岩和断层角砾岩，并控制着早白垩纪仙女山断陷盆地的发育，堆积了厚达 380m 的陆相碎屑物①。

(2)燕山运动晚期。

燕山运动晚期，黄陵背斜的强烈隆起诱导了仙女山断陷盆地由负向转为正向隆升，并派生了比较强烈的侧向压应力，呈北东方向作用于仙女山断裂带上，导致主断裂形成了一套厚 1～5m 的片状构造岩或糜棱岩，穿插于碎裂岩、角砾岩带之中，呈压扭性(梅应堂等，1990)，右行平移错动形迹显著。但是，这种现象只表现在仙女山断裂北段和中段北部，南段的压扭性质已不明显。

(3)喜马拉雅运动早期。

喜马拉雅运动早期在近南北向的区域应力场作用下，北北西向的仙女山断裂带理应呈右旋的张扭性错动。事实上，由于受到黄陵背斜继续隆起及其派生侧压的影响，该断裂带的北段和中段北部仍然呈右旋的压扭性错动，并形成了构造透镜体带，穿插于角砾岩带和片状构造岩带之中，透镜体中含有早期角砾岩成分。在北段根据透镜体的排列，可以确定其受力方向为70°左右。显然，这种局部应力场的变化，包含了黄陵背斜隆起派生侧向应力的合成作用。值得注意的是，这些构造透镜体在长阳复背斜轴以南至今尚未见到其踪迹。

(4)喜马拉雅运动晚期。

喜马拉雅运动晚期，区域应力场的主压应力呈北东东向，导致仙女山断裂带的构造岩产生了一系列破劈理，这些破劈理切错了角砾岩和糜棱岩，有的可见到方解石脉沿破劈理发育。周坪东侧和王家岔南侧可见到一系列小逆掩断层，分别切错片状构造岩或主断面边缘的破碎带，也应属于此期的产物。

(5)新构造运动时期。

新构造运动时期，在近东西向区域应力场控制下(丁国瑜等，1991；马杏垣等，1989)，仙女山断裂带的活动除个别地点形成小于 1m 宽的含碎屑断层泥之外，主要造成老构造岩的进一步破碎与风化。周坪东侧，断层角砾岩与片状构造岩再次破碎和强烈风化后，形成了粉土状碎屑物，结构疏松。晓溪桥南侧，该断裂带南段的活动产生了一些新裂隙，裂隙中充填数厘米至10cm 宽的碎屑亚黏土，呈蜂窝状，含角砾岩与生物碎屑，这是后期沿裂隙充填的堆积物，并非断层泥，但新裂隙的发育则反映了断裂最新一期的活动。

新构造时期仙女山断裂带所成生的构造岩，有关单位曾进行多次年龄测定。综合这些年龄测定结果(表 2-3-1)可以看出：①测定的最老年龄约 200×10^4a，最新为 15×10^4a 左右；②不同地段断裂活动的年龄差异较大，北段为$(15\sim200)\times10^4$a，中段为$(48\sim90)\times10^4$a，南段为$(54\sim150)\times10^4$a 以上；③同位素年龄测定，不同方法往往获得不同的年龄段，同一采样地点，不同的采样部位其测定结果也有所差异；④中更新世以后，断裂活动一般难以成生新的构造岩，因此极其难以采集到晚更新世—全新世的构造岩，也就难以获得其相应的年龄。

总之，仙女山断裂带的构造岩可分为上述 5 期，但主要表现在断裂带北段和中段北部；南段的演化进程并没有这样复杂，其构造岩只能概略地分为 3 期，即燕山运动期的张扭性断层角

① 湖北省地质矿产局区域测量队，1987，《1∶20 万巴东地质图及区域地质调查报告》。

砾岩，喜马拉雅运动期的张性方解石脉，新构造运动期的张扭性裂隙及其充填物，或者方解石脉边缘出现不规则的充填碎屑物。上述南北分期的差异，似乎以长阳复背斜轴为中和面。即是说，黄陵背斜隆起及其派生的侧压应力（局部应力场），主要影响到长阳复背斜北翼，对复背斜轴南翼的影响明显消弱。

表 2-3-1　仙女山断裂带年龄测定表 *

采样地点	测试样品（矿物）	测试方法	同位素年龄（$\times 10^4$a）	测试年月	采样单位	测试单位
荒口黑崖屋、沟口	断层泥（石英）	TL	199±20	1988/07	中国科学院地质研究所	中国科学院地质研究所
	断层泥（方解石）	ESR	＞150	1988/05	中国科学院地质研究所	国家地震局地质研究所
	方解石脉	U系	＞35±0.0	1990/03	中国地质科学院	北京大学考古系
	灰色断层泥（石英）	TL	14.3±1.50	1987/03	长江水利委员会三峡勘测大队	中国社会科学院考古研究所
	灰色断层泥（石英）	TL	25.6±2.2	1987/04	长江水利委员会三峡勘测大队	中国社会科学院考古研究所
	紫红色断层泥（石英）	TL	36.1±3.0	1987/11	长江水利委员会三峡勘测大队	中国科学院地理化学研究所
荒口、偏岩屋	断层泥（石英）	TL	21.0±1.06	1984	长江水利委员会三峡勘测大队	中国科学院地质研究所
	断层泥（石英）	TL	14.8±1.20	1987/03	长江水利委员会三峡勘测大队	中国社会科学院考古研究所
荒口南公　路	断层泥（石英）	TL	＞100		地质矿产部环境研究所	中国科学院地质研究所
	断层泥（石英）	TL	101.3±8.11		地质矿产部环境研究所	中国科学院地质研究所
周坪、柯家岭、羊圈湾	断层泥（石英）	TL	77.58±3.87	1988/07	中国科学院地质研究所	中国科学院地质研究所
	断层泥（石英）	ESR	＞150	1988/05	中国科学院地质研究所	国家地震局地质研究所
	断层泥（石英）	TL	32.9±3.5	1987/03	长江水利委员会三峡勘测大队	中国社会科学院考古研究所
	断层泥（石英）	TL	17.2±1.5	1987/11	长江水利委员会三峡勘测大队	中国科学院地理化学研究所
下青林口	方解石脉	TL	48.0±4	1986/08	国家地震局地震研究所	国家地震局地质研究所
笔架山	方解石脉	TL	86.9±5.4	1987/06	国家地震局地震研究所	国家地震局地质研究所
晓溪桥南	方解石	TL	＞150	1995/12	国家地震局地震研究所	国家地震局地质研究所
桥沟北	方解石	TL	54.81±4.17	1995/12	国家地震局地震研究所	国家地震局地质研究所

*：据长江水利委员会三峡勘测大队，长江三峡工程坝区及外围主要断裂活动性研究，1990 年 10 月。

测试方法：TL 为热释光法；U 系为铀系法；ESR 为电子自旋共振法。

6. 构造地貌分析

仙女山断裂带的活动，影响了两侧地貌发育的差异，并沿着主干断裂塑造了一系列构造地貌形态，因此这些地貌现象便成为分析断裂活动的重要形迹。现综合分析如下。

（1）地貌景观的对比。

主干断裂两侧的地貌景观差异明显。长阳复背斜以北，断裂东侧为海拔 1 400～1 500m 的中山地形，坡地陡峻，山峰挺拔，多呈锥状形态；西侧中山地形的海拔高度虽与东侧差不多，但山体多呈浑圆状，平顶山也较为多见。在长阳复背斜，断裂东侧的中山地形海拔高度普遍低于 1 500m，坡地陡峻、陡崖和锥状峰发育；断裂西侧，普遍为海拔 1 500～2 000m 的中山地形，山峰呈浑圆状，山顶面波状起伏，山脉呈北西西向延伸，明显受构造线所控制。长阳复背斜以南，断裂两侧都发育着岩溶高原、岩溶台原地形，海拔高度 1 000m 左右，但东侧的高度略比西侧低一些。

(2)剥夷平面的对比。

主干断裂两侧同期剥夷平面的高程不一。北段，山原期第一亚期(周家垴亚期)剥夷平面海拔高程，在断裂东侧为 1 100～1 200m，西侧 1 000m 左右；中段，在白咸池一带，山原期周家垴亚期剥夷平面的海拔高程，断裂东侧为 1 000m，西侧为 1 150～1 200m。南段，山原期周家垴亚期剥夷平面的海拔高程，断裂东侧为 900～1 000m，西侧为 1 100～1 150m(图 2-3-7)。值得注意的是，断裂北段东侧，同期剥夷平面自仙女山向南南东方向倾斜；西侧的同期剥夷平面则自上雾岩向北北东方向倾斜。中段和南段的同级剥夷平面除了断裂活动造成断差之外，主要表现为自西向东倾斜，而南段东侧自唐家堰至段字山的周家垴亚期剥夷平面则呈北东东方向翘起。总之，断裂两侧同级剥夷高程的对比结果，显示了自中新世末期以来断裂的垂直错距约 200m。

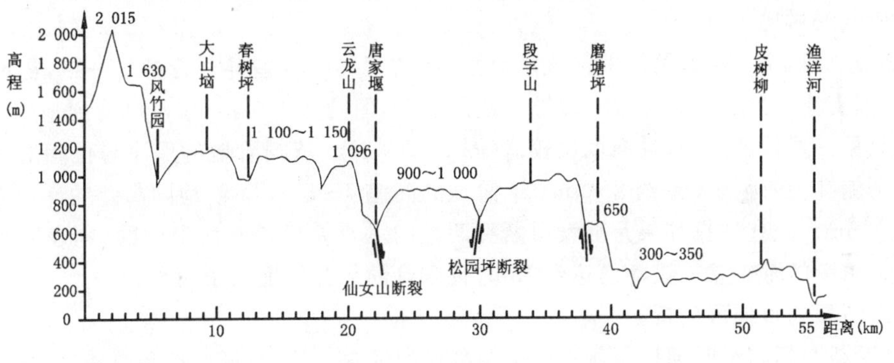

图 2-3-7　仙女山断裂带南段两盘剥夷平面高程对比图

(3)断层崖。

沿主干断裂断层崖发育，尤以北段最为多见，中段次之，南段极其少见。槐树坪—老林河一带，断层崖巍峨挺拔，连绵 5km，青林口以南断层崖连续延伸 2.5km，并可分为三级阶梯状断层崖。综合全带断层崖的发育状况，可以得出如下几点认识：①山原期周家垴亚期剥夷平面形成之后发育的断层崖分布最广，以槐树坪和望高山一带最为典型，断层崖的相对高度约 100m。②山原期王家坪亚期剥夷平面形成之后发育的断层崖，往往承续在前一期之下，而组成了阶梯状现象，此级断层崖的相对高度一般为 50～60m。③峡谷期古宽谷面形成之后发育的断层崖，主要沿主干断裂北段和中段零星展布，相对高度 20～30m，有的地点仅数米高。总之，断裂活动所塑造的断层崖，在本带中主要以周家垴亚期之后形成的断层崖发育最好，后两期断层崖往往承续在周家垴亚期之下，以致组成了阶梯状断层崖的构造地貌景观。这三级断层崖叠加起来的高度接近200m，与周家垴亚期剥夷平面在断裂两侧的高差所反映的中新世末期以来的断距相当。

(4)水系对比。

断裂带及其两侧的水系，基本上都属于树枝状水系，只有在中段两侧，一些顺构造线发育的支流才形成了羽状水系。这些河流跨越主干断裂时并未出现趋势性的同向扭动变形，这表明在水系发育时期(主要在第四纪时期)主干断裂的水平错动不明显，或者由于断裂的左旋位错与右旋位错交替进行所致。但是，北段断裂东侧，许多近东西河谷两坡明显不对称，北谷坡缓，南谷坡陡，河流向南摆动，这种现象可延续至白咸池一带，并显示了北段东盘呈现自北向南的掀斜运动。

(5)谷地形态与裂点。

横跨主干断裂的河流，由于断裂两盘的差异错动，往往造成较大的落差和形成不同的谷地类型，尤以北段表现最为突出。杨林溪在仙女山断裂西侧之河段，谷底宽阔达500m以上，河漫滩与阶地发育，但穿过仙女山断裂时谷底宽仅数十米，流水湍急，形成了狭窄的槽形谷，以至与其上游连成一个典型的瓶状谷。近东西向的周坪河穿过仙女山断裂时，接连发育了数级裂点，纵剖面陡降，在短短4km距离内落差超过350m，比降达到1/12，并在狭窄的V形谷中再套一个槽形谷，而断裂西侧的上游河段则成为悬谷，谷地形态呈U形，谷底宽阔，发育了数级侵蚀或基座阶地。上述这些不协调现象，仍是在峡谷期古宽谷面形成之后，由于仙女山断裂的活动，而导致谷地形态的倒置异常。

(6)阶地的对比。

断裂带北段，主干断裂两侧的河流阶地性质、高度均有所差异。花桥场一带，由南向北奔流的九湾溪支流，可见到六级基座、侵蚀阶地的发育，但两侧不对称，东侧可见到基座阶地的发育，西侧只见一些侵蚀阶地，且高度比较低(图2-3-8)。依据阶地的层序与位相对比结果可以看出，两侧T_1阶地的高差约2～3m，T_2阶地的高差7～8m，T_3阶地的高差约10m，T_4阶地的高差达15m。这些数据如果是仙女山断裂两盘的垂直差异错动所引起的，则表明中更新世早期以来，两盘的垂直差异错动已达到15m，且东盘的上升幅度大于西盘。

(7)沿断裂的负地形分析。

主干断裂在第四纪时期控制着一些小型盆地的发育，以花桥场盆地和白咸池盆地较典型。花桥场盆地发育于志留系砂页岩之中，盆地底宽300～1 000m，长3.5km，底部覆盖数米厚的全新统冲积物或残—坡积物，边坡上展布数级基座阶地或侵蚀阶地，为一个典型的侵蚀—构造盆地。白咸池盆地发育于寒武系灰岩和志留系页岩之中，盆地底宽100～250m，长2.2km，覆盖着数米厚的残坡积物，盆地边坡还发育着数级剥蚀台地，为一个溶蚀、侵蚀—构造盆地。

在南段，沿主干断裂岩溶盆地、溶蚀洼地、溶斗、落水洞和盲谷呈串珠状展布，它们均发育于寒武系—奥陶系灰岩之中。洞坪—九里坪盲谷长近6km，谷底宽1 00～300m，有泉水出露和落水洞的发育。白果淌岩溶盆地和杨家淌岩溶盆地之间，以相对高度60m的分水岭串联，实际上，它们在早期均属于同一地貌形态——波立谷，后期进一步发育分解为两个盆地。这些负向地貌形态中普遍堆积着中更新统—全新统红土及碎屑物，说明它们在此期间仍有所发展，因此它们也可作为断裂活动的旁证。

(8)沿断裂的崩塌与滑塌。

断裂带内崩塌、滑塌现象屡见不鲜，尤以北段为甚。老林河一带崩塌、滑塌现象极为严重，

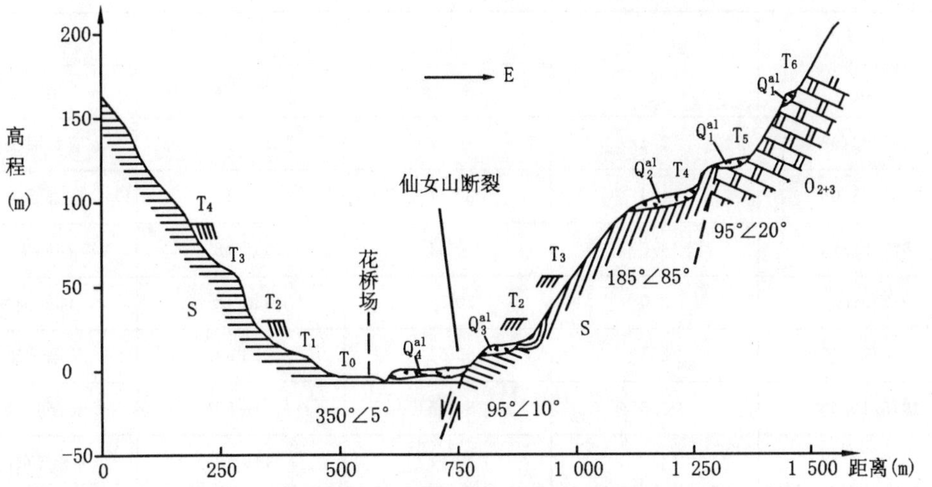

图 2-3-8　花桥场附近仙女山断裂两侧阶地对比图

文字记载和现代均有所闻，现今仍可见到一巨大崩塌堆积体，宽 250m，长 350m，相对高度近 100m，由杂乱无章的巨大岩块（大者直径达 20～30m）堆积而成。在这个崩塌—滑塌体东侧，可见几条北北西向的平行分支断裂及其形成的崩塌—滑塌陡崖。据当地居民反映，1967 年 7 月，沿着这些平行分支断裂出现滑动，其中一条断裂形成 20cm 宽的地裂缝，并且西盘下滑数厘米。另外，在东侧尚有一条平行分支断裂，其西盘向下滑动，断崖高 20m，连续延伸 1 000m，断崖下海拔高度 600m 的山体明显向下滑动，而滑塌体底部又为河谷底面所顶托，向下位移滑动的空间已被堵塞。老林河的崩塌、滑塌现象，断续向北延伸至槐树坪一带，过了峨嵋山以后，在周坪的东北又有所显示。显然，沿断裂崩塌、滑塌的屡屡发生、此起彼落现象，除了断裂裂隙、重力、气候、水文等因素的影响之外，似乎还与断裂的现代活动有一定联系（谢广林，1988）。

总之，断裂活动所塑造的构造地貌形态表明，晚第三纪—第四纪时主干断裂具有较明显的垂直错距。

7. 断裂的活动性分析

（1）地震活动。

据秭归县志记载，公元 100 年（汉永元十二年）秭归县东南曾发生过一次地震，造成“山崩填溪水，压死百余人”。该次崩塌填溪水发生在老林河一带，并形成一个相对高度近 100m 的崩塌堆积体，呈圆锥状，锥峰距离崩塌崖逾 100m，它与重力崩塌体紧紧依偎于崩塌崖之下的形态截然而异，说明这是在震动力作用下，岩块被抛出一定距离堆积而成。崩塌体上游，河流被堵塞并改道，废弃河道和河水侵蚀壁现今仍清晰可辨。但是，这次地震的有感范围较小，崩塌体的形成又与断层崖相关联，因此究竟是地震引起山崩，还是崩塌导致震动，尚待于今后的进一步考证。此后，文字记载中，沿仙女山断裂带尚未见有强震（$M \geqslant 4.75$ 级）的报道。

地震台网记录较为完善的 1961—1994 年底，仙女山主干断裂两侧各 15km 的地带内，共发生 $M_S \geqslant 2$ 级地震 14 次（表 2-3-2），以宜都潘家湾的 4.9 级地震最大，另有三次 $M_S > 3$ 级地震分别发生在秭归周坪和长阳西。

表 2-3-2 1961—1994 年仙女山断裂带 $M_S \geq 2$ 级地震目录表*

日期	震级 M_s	害中位置		
		纬度	经度	地点
1961/03/08	2.3	30°18′	111°09′	宜都潘家湾
1961/03/08	4.9	30°17′	111°12′	宜都潘家湾
1972/03/13	3.3	30°54′	110°48′	秭归周坪
1972/03/21	2.0	30°54′	110°48′	秭归周坪
1974/10/07	2.1	30°54′	110°54′	长阳贺家坪
1975/10/05	2.3	30°35′	110°55′	长阳贺家坪
1989/10/18	2.0	30°57′	110°42′	秭归东南
1991/04/17	3.7	30°30′	110°54′	长阳西
1993/05/30	2.6	30°31′	110°49′	长阳西
1993/05/31	2.2	30°23′	110°56′	长阳西南
1994/12/06	2.1	30°33′	110°52′	长阳西
1994/12/13	2.0	30°20′	110°52′	长阳西南
1994/12/30	2.2	30°33′	110°52′	长阳

*:据湖北省地震局地震目录。

1961 年 3 月 8 日宜都潘家湾 4.9 级地震,发生在仙女山断裂带南段,震中与主干断裂相距 13km。震源深度 14km。极震区的房屋大量掉瓦,群丰卫生所屋顶瓦片几乎全部掉落,墙壁出现裂缝;老龙坪、侯家、柏竹坪等地产生一些地裂缝,分为北北西向和近东西向两组,规模最大者长 5m,宽 0.04m。Ⅶ度区等震线长轴走向为北北西向,Ⅵ度区等震线长轴走向为近东向。这些现象反映了该次地震受北北西向仙女山断裂带、松园坪断裂与近东西向渔洋关断裂所控制。

1972 年 3 月 13 日秭归周坪 3.3 级地震,震中位于主干断裂东侧约 2.5km,震源深度 8km,极震区烈度Ⅴ度,震中区震感较强,Ⅴ度与Ⅳ度等震线长轴呈北北西向,与仙女山主干断裂的走向一致。

1991 年 4 月 17 日长阳西 3.7 级地震,震中位于主干断裂西侧 3km,震感比较强烈,个别房屋有极少量掉瓦。极震区裂度Ⅴ度,Ⅴ度与Ⅳ度等震线长轴为北北西向,与主干断裂走向一致。推测震源深度 10km 左右。

三十多年来,仙女山断裂带的地震活动似乎有如下特点:①沿带地震活动的频度不高,震级较小,主要为有感的弱震;②这些弱震的震源破裂方向多呈北北西向,显示了主干断裂活动的控制作用;③这些弱震的震源深度一般都小于 15km,它们与主干断裂的切割深度相协调;④全断裂带的地震活动呈现时起时伏现象,其中地震活跃期为 1～6 年,平静期为 11～14 年(图 2-3-9);⑤地震活动先从南段开始,而后迁移至北段,再迁移至中段。这几点认识仅仅是仙女山断裂带地震活动的一些现象，目前尚不可能总结其规律性变化。

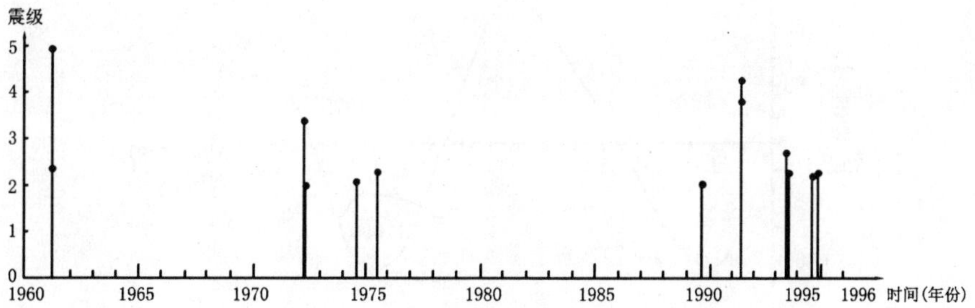

图 2-3-9　1961—1994 年仙女山断裂带地震活动时序进程图

(2)形变测量。

跨仙女山主干断裂的形变测量有：周坪台的定点形变测量及青林口等四条剖面的大地水准测量。周坪台的定点形变测量包括室内水准和基线，1977 年底开始观测，精度较高，水准观测中误差 0.011mm。青林口水准测线 1981 年起开始施测，点位稳定，线路观测精度 $M_{\Delta}=\pm0.44$mm/km。荒口水准测线分新旧两线，旧线 1986 年开始观测，1991 年被毁；新线 1992 年布设观测，精度 $M_{\Delta}=\pm0.42$mm/km。青岭垭水准测线和石桥坡水准测线位于隔河岩库区内，1992 年布设观测，精度 $M_{\Delta}=\pm0.32$mm/km。后三条测线布设较晚，观测不到五年，且断裂两侧变化多在误差范围之内(只有石桥坡测线 W_1 点，1993 年施测结果大于误差精度)，因此其数据难以说明断裂的运动状态。

1979 年秭归核桃坪 5.1 级地震前，距震中约 37km 的周坪台定点形变观测出现了异常变化(秦兴黎，1982)。早在 1978 年 6 月 25 日，跨断裂的短水准形变量便超过 2 倍均方差，西盘上升量大于东盘，但 1978 年 10 月至 1979 年元月底西盘则反转为下降。1979 年 2 月至 5 月期间，断裂西盘又出现一次快速上升和快速下降的交替变化，虽然此期间的升降幅度不及前期大，但速率从 0.25mm/min 增至 0.4mm/min，为正常运动速率的 2.5～4 倍。5 月 22 日发生地震之后，西盘又反弹转为上升，并一直持续到震后二十多天方恢复正常(图 2-3-10)。

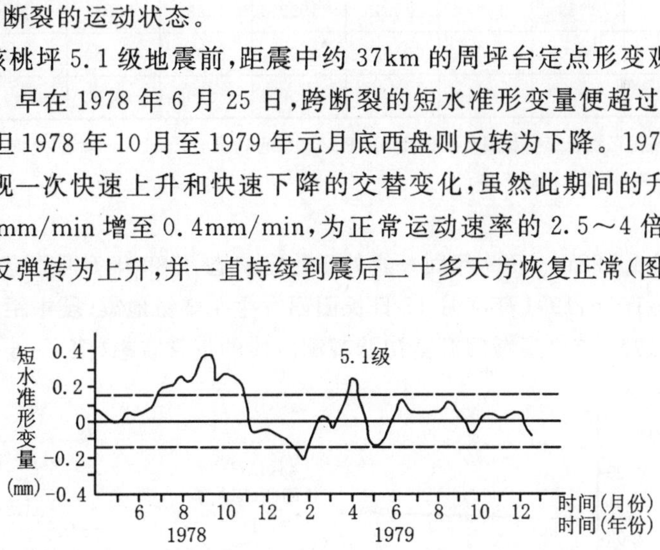

图 2-3-10　周坪台显示的仙女山断裂西盘高程变化曲线

与此相对应，周坪台跨断裂的北西向短基线也有一定的异常变化。以往该短基线的年变化值为 −180～+200μm，冬季缩短，夏季伸长，但 1979 年 1 月与 1978 年 1 月对比缩短值减少

110μm;1979 年 3 月基线转为伸长,比 1978 年提前一个月,至 5 月份基线伸长比 1978 年 5 月增加 60μm,显示了断裂的右旋平移错动加大(图 2-3-11)。

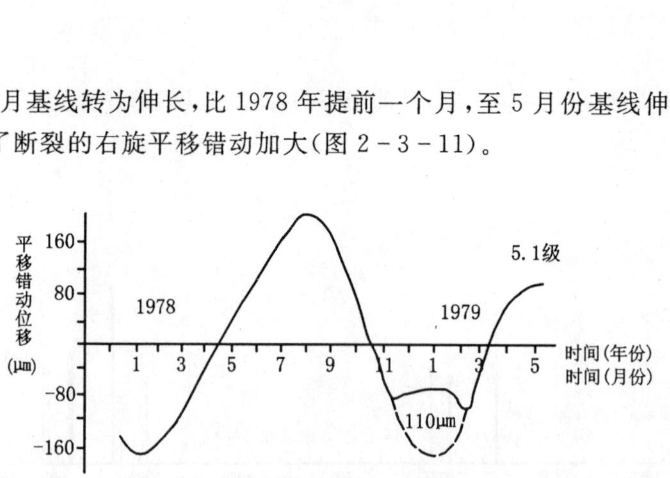

图 2-3-11 周坪台短基线显示仙女山断裂两盘平移错动变化曲线

1979 年 6 月至 1994 年期间,周坪台定点形变观测结果,显示了仙女山断裂带北段基本上处于平稳蠕滑过程(表 2-3-3),西盘一直表现为下降,最大下降速率为 0.11mm/a,多年平均下降速率为 0.062mm/a;平移错动以右旋为主,最大平移速率为 0.17mm/a,多年平均速率为 0.056mm/a,其中 1984 年和 1989 年两次呈现左旋平移错动。

表 2-3-3 1978—1994 年仙女山断裂西盘水平扭动量及垂直升降量简表* (单位:mm)

时间(年份)	1978	1979	1980	1981	1982	1983	1984	1985	1986	1987
水平扭动	0.16	0.14	0.17	0.12	0.12	0.04	−0.01	0.04	0.02	0.00
垂直升降		−0.03	−0.10	−0.05	−0.10	−0.08	−0.09	−0.11	−0.03	−0.05
时间(年份)	1988	1989	1990	1991	1992	1993	1994	累计量	年平均量	
水平扭动	0.00	−0.01	0.03	0.02	0.01	0.02	0.08	0.95	0.056	
垂直升降	−0.05	−0.03	−0.10	−0.05	−0.05	−0.06	−0.02	−1.00	−0.062	

注:*:张众服,三峡地区地壳形变观测与变化趋势分析,1995 年 10 月。
"—"号为西盘下降,或表示左旋平移。

青林口水准测线 1981—1989 年间一直处于稳定状态,1989 年 6 月西盘明显下降,至 1990 年 9 月下降幅度近 1mm,1991 年 4 月 17 日长阳西发生 4.2 级地震(震中距主干断裂约 3km),震后西盘回升,至 1995 年已逐渐回升至初始观测阶段的正常状态(图 2-3-12)①。

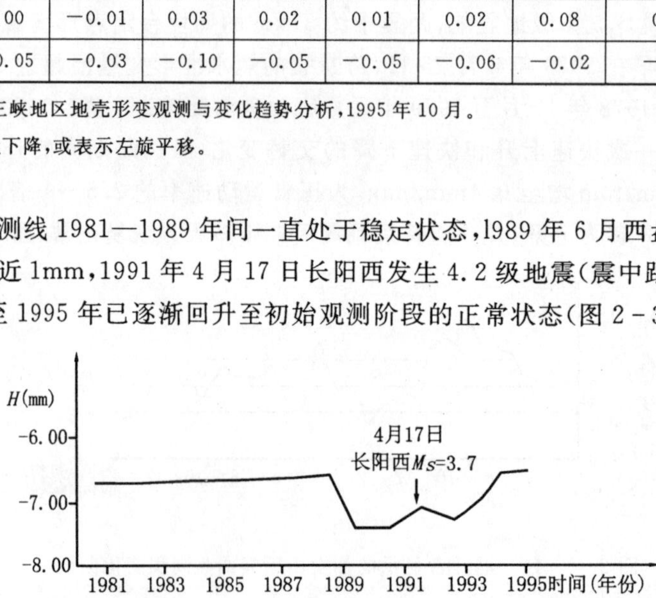

图 2-3-12 青林口测线仙女山断裂西盘 W_1 点高程变化图

① 张众服,1995,三峡地区地壳形变观测与变化趋势分析。

总之，上述形变测量结果表明：①主干断裂附近发生 $M_S>4$ 级地震时，断裂错动便出现异常现象；② $M_S>5$ 级地震的孕震区虽距仙女山主干断裂数十千米，而且仙女山断裂也不是其发震构造，但在震前一年左右，即可诱发仙女山主干断裂的异常错动；③ $M_S>4$ 级地震震前数个月内，主干断裂的活动速率为正常速率的 2.5～4 倍以上；④震前数个月，主干断裂两盘升降或平移错动的习性往往改变，并常呈现反弹现象；⑤ $M_S>4$ 级地震发震一年以前，仙女山主干断裂两盘的垂直升降错动或平移的左右旋错动，往往发生交替变化现象。

8. 断裂活动习性小结

根据仙女山断裂带的活动形迹与时序变化，可以初步分析其活动习性如下。

(1)新构造时期主干断裂两盘都呈上升状态，但上升幅度不一致，北段和中段北部东盘上升幅度大于西盘，中段南部和南段东盘上升幅度小于西盘，全断裂连成一体，两盘呈同向差异上升的剪式错动(谢广林，1991)。

(2)新构造时期主干断裂南、北段活动的力学性质不一致，北段主要呈压性错动，南段则以张性错动为主，两者之间似乎以长阳复背斜为其中和面。

(3)新构造时期主干断裂的活动具有明显的节奏性特征(谢广林，1993)，即有时两盘错动比较激烈，有时相对稳定。这种节奏性变化与区域内的新构造节奏性运动相联系。因此从阶地的级数与高漫滩的发育来看，主干断裂的活动至少经历 8 次时强时稳的节奏性变化。

(4)依据断层崖的高度和断裂两侧同级剥夷平面、同级阶地的高程差异，可以初步确定中新世末周家垴亚期剥夷平面形成以后，主干断裂的垂直错距约 200m，上新世末王家坪亚期剥夷平面形成以后，第四纪的垂直错距 70～90m，中更新世早期 T_4 阶地形成之后，垂直错距为 15m，晚更新世至全新世为 2～3m。假定断裂匀速错动(事实不是如此)，则早更新世以来断裂平均垂直错动速率为 0.024～0.038mm/a，中更新世早期以来为 0.03mm/a，晚更新世—全新世为 0.02～0.03mm/a。但是，主干断裂的水平错距，由于形迹的同向变化趋势性不明显，现尚难以作出估算。

(5)第四纪时北段的活动强度比较大，并具有自北向南减弱之趋势，因此根据主干断裂的活动特征，可将其划分为三个活动地段，它们与老构造的分段基本一致，但北段与南段的活动习性差异较大，中段则介于两者之间。

(6)新构造时期主干断裂两盘的错动关系除了总趋势之外，在时序进程中还往往出现交替现象，即有时东盘上升幅度大，有时西盘上升幅度大；两盘的平移错动有时呈右旋，有时呈左旋。这种现象在现代形变测量中也有所反映。这种现象丁国瑜称之为断裂的"旷动"(丁国瑜，1982)。

(7)第四纪时，主干断裂的活动方式以平稳的蠕滑为主，相对稳定的持续时间较长，黏滑方式虽时有发生，但时间比较短暂。

二、松园坪断裂(F_2)

1. 概述

松园坪断裂位于清江下游及其支流渔洋河之间，北起清江左岸五岭山南坡，往南穿过清江经庙沱、三水洞、松园坪、天院老、岩屋冲、周家冲至栗树垴南侧，全长约 30km。地质构造上，松园坪断裂展布在长阳复背斜南翼，呈北北西向延伸，横切次级的近东西向洛雁山—郭家岭向斜、鄢家垴—北风涯背斜。主要切错寒武系、奥陶系和志留系，在洛雁山—郭家岭向斜中切错泥盆系、石炭系和二叠系，并造成向斜轴呈右旋平移错动。

松园坪断裂在平面上的展布线形比较平直，走向稳定在 345°～350°之间，北端凉水井附近和南端栗树垴附近，呈平缓的弧形转弯，走向分别偏转至 330°和 150°(图 2-3-13)。该断裂与一些近东西向断裂交切，或限制一些近东西向断裂的延伸，但南段和北端主断裂两侧 2～3km 范围内，分别展布着一些规模较小的平行分支断裂，长度为几千米至十几千米，有的与主断裂共生，有的则属于主断裂伴生构造。

TM 卫星图像中，松园坪断裂呈一浅色线，线性影像明朗，但两侧的色彩、图斑、纹理差异不大。北段，线性两侧影像呈现一定的地貌反差；南段沿线为一负地形带，三角面时断时续，排列整齐，阴影明显。

2. 断裂的基本特征

松园坪断裂的构造岩，各地点的显露情况与岩性特征均具有较大的差异。

清江左岸五岭山南坡，松园坪断裂切错寒武系上统，形成数十米宽的破碎带，穿插着 2m 宽的角砾岩带，角砾岩壁可见到 4～5cm 厚的方解石脉，还可见到一组倾向北西、倾角 30°的倾斜擦痕，显示了西盘向南斜冲①。

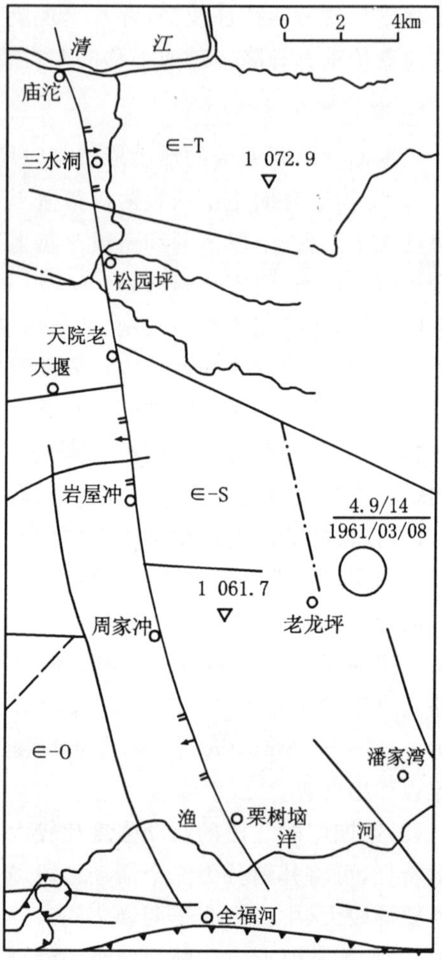

图 2-3-13 松园坪断裂展布图

三洞水附近，断裂切割二叠系灰岩和志留系页岩，形成近 10m 宽的构造岩带，主要为片状构造岩，并有近 1m 宽的角砾岩带和 1m 余宽的方解石脉。片状构造岩中含有角砾，砾径一般小于 10cm。方解石脉穿插于片状构造岩之中，而一些细小的方解石脉则穿插于角砾岩之中。断层面倾向北东东，倾角 80°左右，并可见到水平和倾斜三组擦痕，两组倾斜擦痕叠加在水平擦痕之上，显示了断裂的逆冲性质。此外，在构造岩带两侧还形成了 20～30m 宽的破碎带。

松园坪附近，断裂切错奥陶系与志留系，形成数十米宽的破碎带，其间夹有 25～30cm 宽的角砾岩带和糜棱岩带，而奥陶系灰岩破碎带中还形成 1m 宽的蚀变带。断面上见到倾斜擦痕，显示了断裂两盘的右旋扭动性质。

① 湖北省地震局，1988，《清江隔河岩水利枢纽工程地震综合研究报告》。

岩层冲一带，松园坪断裂发育于寒武系之中，形成了宽达10m左右的方解石脉带，断续出露达3km以上。方解石结晶良好、晶体完整，没有明显的变形破坏，呈纯白色，只在其边缘含有灰岩杂质而呈灰白色。方解石脉体与灰岩接触面参差不齐，并夹有灰岩角砾。两侧寒武系灰岩破碎显著，主破裂面倾向西，倾角达80°～85°。

栗树垴附近，寒武系上统白云质灰岩与奥陶系下统结晶灰岩呈断层接触，而在其南侧断裂则发育在奥陶系之中，形成了1～1.5m宽的角砾岩带，角砾岩为钙质胶结，并有再次破碎现象。断裂两侧同向裂隙发育，并有方解石脉充填，方解石脉壁上擦痕、阶步发育，显示了断裂西盘的北移与右旋错动特征。

地球物理资料表明（袁登维，1996；陈学波等，1994），松园坪断裂在重力场、磁场中均未见到异常，人工地震测深通过该断裂时，也没有出现明显波速变化，显然该断裂只切错到沉积盖层，而未达到结晶基底面。松园坪断裂属于典型的脆性变形，对构造岩中方解石原生包裹体进行测温的结果，亮晶方解石平均温度为117～144℃，胶结物方解石平均温度为115℃，压力为18～23MPa（吴树仁，1995）。因此，根据地下增温梯度的变化推算，断裂扩张形成的方解石脉，当时应处在地下3.8～4.8km之间。再结合岩层的厚度和其所切错的地层进行推算，估计松园坪断裂的切割深度大约为5～8km。

松园坪断裂在燕山运动初期发育成生，呈左旋扭动，形成了一套断层角砾岩，但角砾岩的规模较小，宽度一般在1m之内。燕山运动中、晚期，松园坪断裂主要在近南北向的主压应力作用之下，呈右旋的张扭性错动。喜马拉雅运动时，区域应力场的主压应力作用方向为近南北向，而位于黄陵背斜南侧的松园坪断裂北段，则遭受北北东向的局部压应力作用，呈现右旋的压扭性错动，形成一套片状构造岩和厚度小于0.5m的碎屑状糜棱岩，在片状构造岩和碎屑状糜棱岩中，包含有早期形成的角砾。但是，断裂南段则表现为右旋的张扭性错动，形成了一套宽达10m左右的方解石脉，显示了南段在这期间张扭破裂相当显著，并且分割了早期成生的角砾岩带。

3. 断裂的活动性分析

新构造运动时期，松园坪断裂的活动状态可从下列诸方面进行分析。

(1)沿松园坪断裂构造地貌形态发育较差，但可以天院老为界，分为南北两段，它们的构造地貌特征呈现出一定差异。北段断层崖有所发育，在三洞水一带可分为上下两级，上级断层崖位于海拔550m剥蚀平台之下，崖高40～50m；下级断层崖位于海拔350m剥蚀平台之下，崖高20～30m。这两级断层崖断续延伸2km左右，但都不陡峻挺拔，而且零星展布，尤其20～30m断层崖，似乎是流水和重力作用的产物。松园坪以南，洞湾一带展布在海拔300m之下的断层崖连续性较好，但崖高也仅30～50m。南段，沿断裂形成了一些断层三角面，断续展布10多千米，相对高度一般在100m之内，且不陡峻，坡度角一般为30°～40°。

(2)沿松园坪断裂形成了一个负地形带，但南北两段的负地形形态各异。北段松园坪断裂东侧发育了一个近南北向的古宽谷，谷底面海拔300～360m，宽1～2km，长达8km左右，由于后期流水的剥蚀、侵蚀作用，谷底面已呈波状起伏。南段，岩溶盆地、坡立谷盆地、溶蚀洼地等沿断裂呈串珠状展布（图2-3-14），这些负地形形态规模大小不一，长1～2.5km，宽0.2～1km，它们大多展布在断裂西侧，与北段的负地形（古宽谷）展布在断裂东侧遥相对应。但是，松园坪断裂并没有严格控制这些负地形形态的边界，而往往从负地形中纵穿而过，反映了负地形形态主要是由于流水沿着断裂破碎带进行侵蚀、剥蚀、溶蚀而形成的。

(3)松园坪断裂沿带的地貌特征与剥夷平面的发育状况,南北两段差异较大。北段,断裂两侧展布着近东西向延伸的条带状中山、低山和谷地,两侧的地貌形态差异不大,剥夷平面的高程变化也不大(图 2-3-15)。断裂南段,两侧均展布着岩溶台原,台原面与剥夷平面向南西倾斜,断裂东侧周家垴亚期剥夷平面比西侧高数十米至近百米(图 2-3-16),显示了中新世以后南段有所活动。

(4)松园坪断裂北段,有一近南北向的清江二级支流从该断裂东侧穿流而过,河道蜿蜒曲折,河谷中发育着相对高度 15～20m、35～40m、50m、65～70m 四级阶地,它们基本上都位于断裂东侧,未见到阶地的位错现象,阶地的牵引变形也不明显。另外,该二级支流的再次级支流(清江的三级支流)呈近东西流向横穿过松园坪断裂时,两侧谷地形态变化不大,只有大湖垴谷地穿过断裂时形成悬谷,而且这些三级支流在断裂两侧也没有出现横向的同步摆动变形。显然,上述现象表明,中更新世以来,松园坪断裂北段的活动已不明显。

(5)对松园坪断裂中的方解石脉进行热释光法(TC)年代测定结果,不同地点方解石脉形成的年代差异较大。从表 2-3-4 中仍可看出,断裂北段在中更新世仍有所活动,致使方解石脉充填于断裂裂隙中,但南段断裂的活动与方解石脉的形成时代,似乎都在早更新世及其以前。

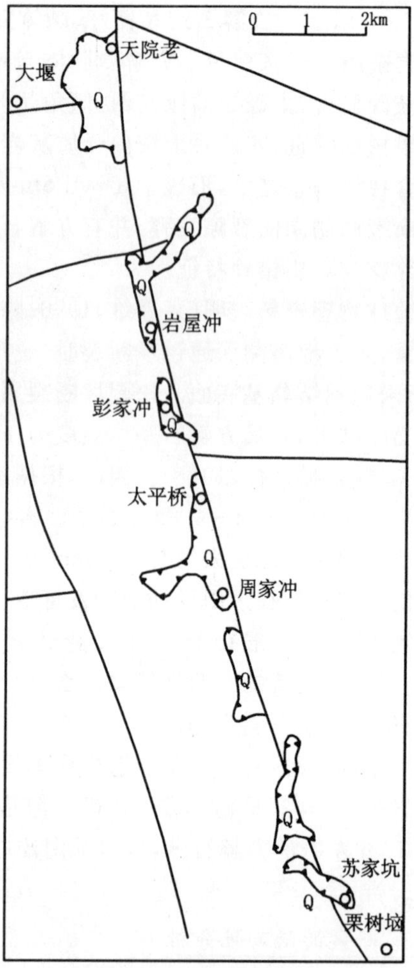

图 2-3-14 沿松园坪断裂南段发育的岩溶盆地展布形势图

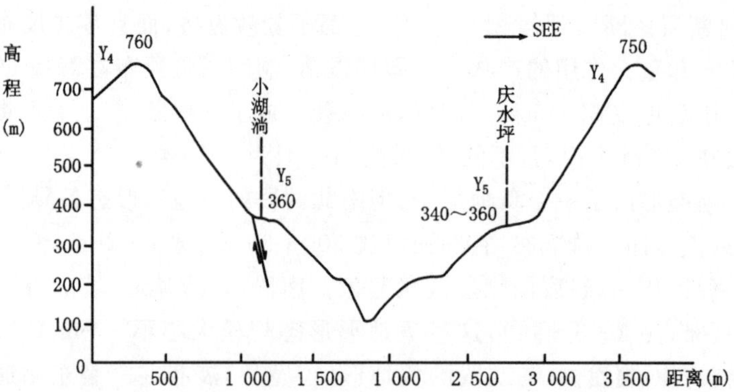

图 2-3-15 松园坪断裂北段两侧剥夷平面对比图

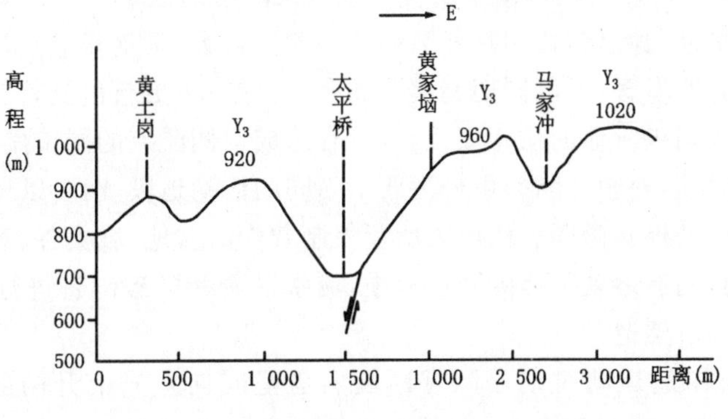

图 2-3-16　松园坪断裂南段两侧剥夷平面对比图

表 2-3-4　松园坪断裂年龄测定表(湖北省地矿局,1990)

采样地点	测试样品	测试方法	测试年龄($\times10^4$a)	测试时间(年/月)	采样单位	测试单位
庙沱	方解石脉	TL	34.7±2.2	1987/06	国家地震局地震研究所	国家地震局地质研究所
黄家湾	方解石脉	TL	74.0±4.4	1987/06	国家地震局地震研究所	国家地震局地质研究所
苏家坑	方解石脉	TL	125.3±7.1	1987/06	国家地震局地震研究所	国家地震局地质研究所
岩屋冲	方解石脉	TL	>150	1995/12	国家地震局地震研究所	国家地震局地质研究所

注:TL 为热释光法。

(6)1991 年,在松园坪断裂北段的蔡家崖和邓家坳布设了两条水准测线①,每条测线埋设四个观测标志点,从 1992 年 4 月起每月观测一次,测试精度 $M_{\Delta}=\pm0.32$mm/km,至 1994 年底蔡家崖水准测线变化不大,反映了该地段断裂相对稳定;但是邓家坳水准测线有所变化,复测结果断裂东盘下降,西盘上升,年速率接近 0.10mm,这与上述分析的北段西盘相对隆升、东盘相对下降的新构造时期活动习性相一致。

(7)1961 年 3 月 8 日,宜都潘家湾曾发生 4.9 级地震,震源深度 14km。该地震虽距松园坪断裂仅 7km,极震区长轴也与松园坪断裂近于平行,但松园坪断裂并非其发震构造。因为:①松园坪断裂切错深度仅 5～8km,而该地震震源却发生在上地壳底界面附近;②松园坪断裂南段断面倾向西,而该地震则位于断裂南段东侧;③中更新世以来,松园坪断裂南段活动迹象不明显,一般难以积累 5 级左右地震的应变能和发生强震。松园坪断裂北段中更新世以来活动很微弱,现代仪器也仅记录到几次小于 2 级的微震。

4. *活动特征的几点认识*

综合上述,对松园坪断裂的活动特征可以初步获得以下几点认识。

(1)新构造时期,松园坪断裂的活动很微弱。若以北段王家坪亚期剥夷平面之下 40～50m 高的断层崖计算,则第四纪时其活动速率为 0.017～0.021mm/a;若以南段周家垴亚期剥夷平

① 张众服,1995,三峡地区地壳形变观测与变化趋势分析。

面在断裂两侧位错 40～100m 计算，则中新世末期以来的活动速率为 0.004～0.01mm/a。

(2)新构造运动早期与晚期，松园坪断裂的活动差异较大，早更新世及其以前，该断裂的活动比较明显，断层崖有所发育，两侧同期剥夷平面有所位错；中更新世及其以后，该断裂的活动比较微弱，既没有造成同级阶地的位相变化，也没有造成两侧溪流的同步摆动变形。

(3)新构造运动时期，松园坪断裂可分为两个不同的活动地段，两者以天院老为界，北段略有活动的显示，南段活动极其微弱。南段之所以控制着岩溶盆地、坡立谷、溶蚀洼地、溶斗等的串珠展布，主要是在新构造运动整体隆升过程中，流水沿着断裂破碎带进行剥蚀、侵蚀和溶蚀而形成，并非断裂活动所塑造。

(4)整体来看，新构造运动时期松园坪断裂两盘呈同向差异上升的剪式错动(谢广林，1991b)。北段西盘的隆升略大于东盘，南段东盘的隆升略大于西盘，其枢纽点位于天院老北侧。这种形式主要表现在新构造运动早期，而晚期则不甚明显。

(5)新构造运动早期，松园坪断裂具有时强时弱的节奏性活动特点，但晚期则不明显。实质上，在该断裂活动的整个进程中，主要表现为平稳的蠕滑，而且活动很微弱，因此难以积累较大的应变能和产生强震。

三、天阳坪断裂带(F_3)

1. 概述

天阳坪断裂带位于清江左岸长阳县东北部，展布在长江干流与清江流域的分水岭附近，西起狗头寨，往东经天阳坪、铜宝山、高家堰、彭家口、观音寺至鄢家坨以东，地表出露长度近 60km，再往东倾伏于第四系之下，并可能延伸至白洋一带。

该断裂带位于黄陵背斜与宜昌断陷盆地南侧，斜切长阳复背斜北翼，切错了古生界岩层，控制着宜昌白垩纪盆地的西南边界，走向北西西—南东东，倾向南南西，西段倾角 40°～50°，中段、东段倾角达 60°～80°。

MSS 和 TM 卫星图像上，该带的主干断裂线性影像醒目，连续性较好，有几条平行分支的线性影像展布在西段和东段，而且西段还可见到数条北北西线性影像与其交切。

2. 断裂带的基本特征

天阳坪断裂带的基本特征可以归纳如下。

(1)在平面图形上，天阳坪断裂带的展布总体上呈北西西向的波状延伸，但不同地段几何图形差异较大，依据其结构大致可以分为三段(图 2-3-17)。西段：位于铜宝山以西，由三条大致平行的断裂组成，带宽 1～2km，长约 22km，其间与一些规模较小的北北西向断裂交切，西端延伸至狗头寨、方家湾西侧，被规模较大的北北西向仙女山断裂带所截。中段：铜宝山—彭家口，长约 16km，由单一的主干断裂呈波状延伸。东段：彭家口—鄢家沱，长达 20km 以上，再往东隐伏于第四系之下，由入字分支的白氏坪断裂、主干断裂及北侧的近于平行分支断裂组成，带宽 1.5～2km。

(2)天阳坪断裂带两侧地层的褶皱变形显著，并常出现地层的倒转现象，但不同地段地层变形有所不同。西段七里坪—天阳坪一带，寒武系、奥陶系、志留系组成的倒转褶皱强烈变形带宽近 10km[图 2-3-18(a)]，主干断裂两侧地层均倾向南南西，南侧倾角为 20°～35°，北侧倾角 40°～50°。中段铜宝山一带，褶皱倒转的倾角比较大，主干断裂两侧的地层倒转变形带宽

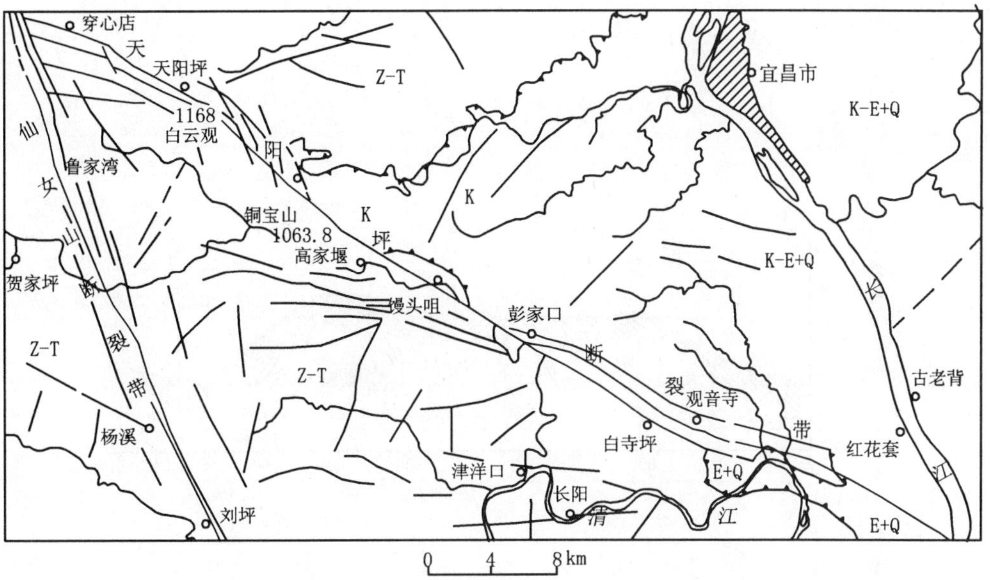

图 2-3-17　天阳坪断裂带的平面展布图(单位:m)

小于 5km,主要造成断裂北盘岩层呈叠瓦状构造[图 2-3-18(b)]。东段白氏坪—覃家屋场一带,在白氏坪断裂北侧寒武系倒转叠置于奥陶系之上,倒转变形带宽约 2km,主干断裂两侧岩层倾向南南西,倾角均达 70°以上[图 2-3-18(c)](袁登维等,1996)。从三个地段的对比结果可以看出,西段遭受强烈的近南北向构造应力作用,往东近南北向的压应力作用逐渐减弱。

(3)天阳坪断裂带边缘,白垩系的破裂错动与褶曲变形,时有所见。西段主干断裂北缘的红岩子—白云观一带,白垩系下统石门组中发育了两组近垂直的剪切节理,一组走向 320°,一组走向 40°,它们的锐角平分线为正南北向,反映了白垩纪晚期断裂带西段已在近南北向的主压应力作用之下。但是,红岩子—白云观一带的白垩系则褶曲形成一个平缓的背斜,背斜轴走向 10°,两翼不对称,东缓西陡,东翼红岩倾向 100°,倾角 10°,西翼红岩倾向 280°,倾角 18°。断裂带中段的馒头咀—假浪口一带,白垩系中也发育了一个轴向 10°的平缓背斜,两翼岩层倾向相反,倾角 8°～10°。在馒头咀和断裂带东段的罗马溪、琵琶溪和观音寺等地,白垩系中发育了一些北偏东的近于直立压性结构面,主要为破劈理,以致在白垩系砾岩中形成数米宽的破裂带。显然,断裂带边缘白垩系的构造变形表明,天阳坪断裂在经历了燕山运动中期、晚期和喜马拉雅运动期的近南北向主压应力作用之后,新构造运动时期可能遭受近东西向的主压应力作用。

(4)地球物理资料表明(陈学波等,1994),沿天阳坪断裂带布格重力异常与区域重力异常均没有出现陡变的梯级带,但该断裂带却处于航磁 ΔT_a 异常梯级带中,尤以断裂带西段异常梯度更为陡峭(图 2-3-19)。航磁 ΔT_a 异常梯级带的陡变现象,反映于该断裂带切错至结晶基底面以下。磁性基底最小埋深图表明(图 2-3-20),断裂两侧基底面埋深差异较大,北侧埋深 0～4km,南侧埋深小于 5km,断裂两侧基底面呈现出明显的位错。另一方面,在沉积盖层中,天阳坪断裂表现为南倾的逆冲性质,而基底面却显示为北倾的正断性质。但是,该断裂

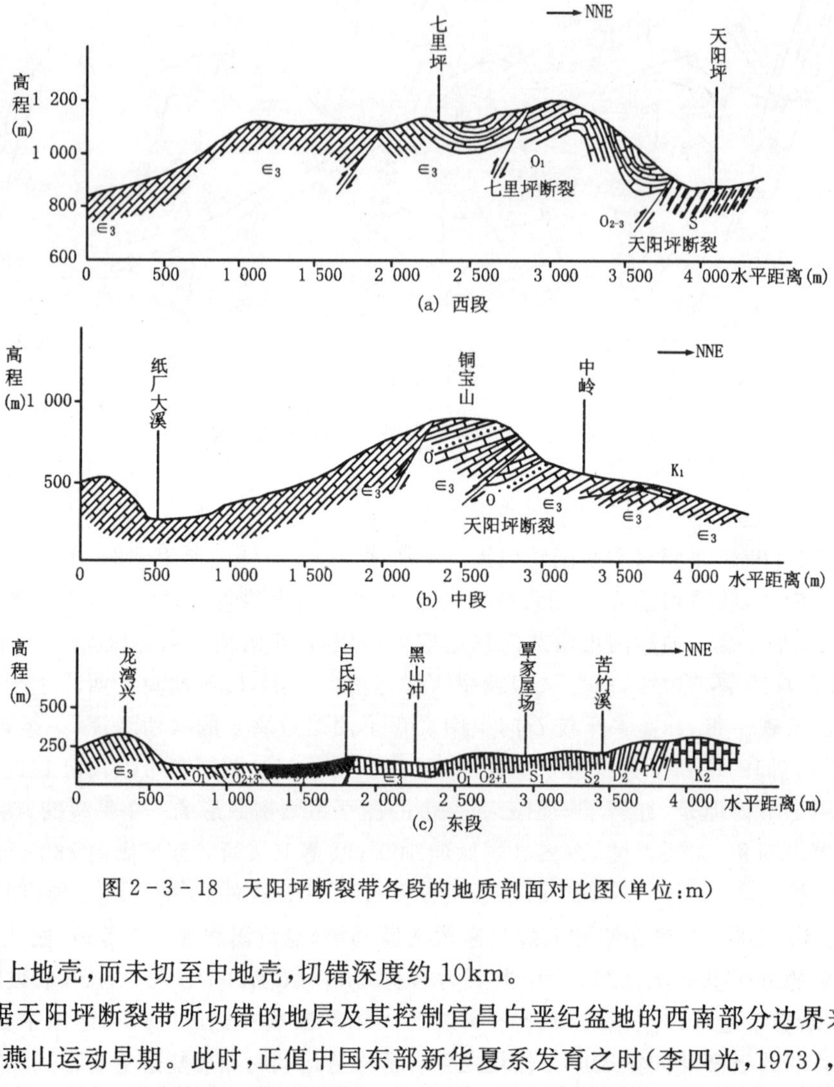

图 2-3-18　天阳坪断裂带各段的地质剖面对比图(单位:m)

带只切错到上地壳,而未切至中地壳,切错深度约 10km。

(5)根据天阳坪断裂带所切错的地层及其控制宜昌白垩纪盆地的西南部分边界来看,断裂带应成生于燕山运动早期。此时,正值中国东部新华夏系发育之时(李四光,1973),区域主压应力场为北西西—南东东向,因此北西西走向的天阳坪断裂带表现为张性错动,形成了一套断层角砾岩带。但是,对于天阳坪断裂带来说,此时段比较短暂,因为结晶基岩裸露的黄陵背斜,对其周缘沉积盖层的褶皱变形具有强烈的抗阻、干扰作用,以致在燕山运动中期与晚期,该断裂在近南北向局部压应力场作用之下,呈压性为主的错动,形成一套片状构造岩和糜棱状碎屑岩,并使早期成生的角砾包含在片状构造岩之中和被挤压呈定向排列。嗣后,在近南北向主压应力作用的喜马拉雅运动中,北西西向的天阳坪断裂带继续呈压性为主的错动,从而造成断裂带形成了一系列压性结构面。

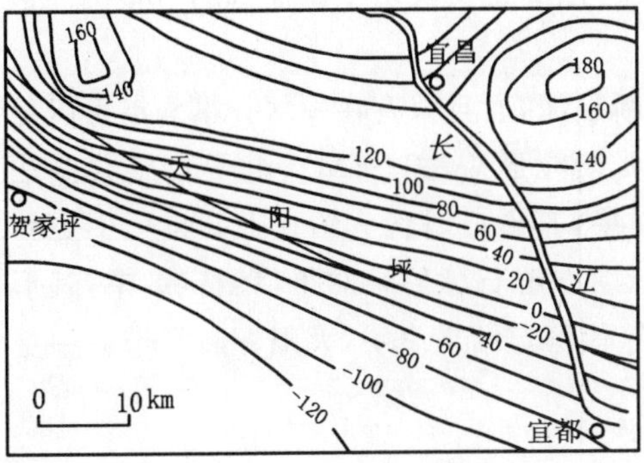

图 2-3-19　天阳坪断裂带的 ΔT_a 异化极平面图(单位:m)

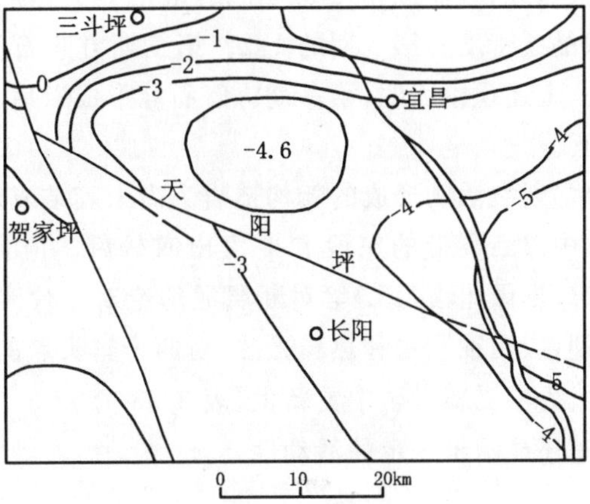

图 2-3-20　天阳坪断裂带磁性基底埋深图(单位:m)

3. 构造岩与显微构造分析

天阳坪断裂带的构造岩与显微构造特征,可以综合归纳如下。

(1)主干断裂所形成的构造岩宽度并不大,一般为 5m 左右,宽者不及 10m,但引起两盘岩层的挤压破碎带宽往往达到数十米至百余米,构造岩带中以压碎岩和片状构造岩为主体。西段天阳坪南侧,主干断裂形成了一套糜棱状压碎岩与片状构造岩,宽近 10m,倾向南南西,倾角 40°左右,两侧岩层的牵引变形与破碎带宽达 150m,而在狗头寨—楼木岭之间,则可见到片状构造岩中蕴含有棱角尖锐的砾石,砾径 1～2cm,砾石 *AB* 面多呈相同的排列倾向。中段馒头咀西南侧,天阳坪主干断裂的压碎岩带宽 5～6m,上寒武统灰岩被挤压破碎呈菱块状和糜棱状,破劈理面倾向南南西,倾角 70°左右。东段观音寺南侧,主干断裂形成的片状构造岩宽 5m,倾向南南西,倾角 75°左右,片状构造岩由棱角状砾石与钙质胶结而成,砾石成分有灰岩、砂岩等,大小不一,但砾石具有一定排列方向,*AB* 面多倾向南南西。此外,在白岩铺等地及一些平行分支断裂中也可见到断层角砾岩的发育,而高家堰、曾家咀、孙家湾等地的片状构造岩和角砾岩裂隙中,则夹有 10～20cm 宽的断层泥,还有一些观察点上可见到垂直和水平两组擦痕,前者显示了断裂的逆冲,后者显示了断裂的左旋平移错动。

(2)对天阳坪断裂带的孙家湾、偏岩、曾家咀、高家堰、天阳坪五个地点的断层泥进行了显微构造分析,砂、粉砂与黏土的比例分别占 22.17%、45.5%、32.31%;显微镜下,断层泥的碎斑、霏细与碎屑呈弥散状结构;电镜扫描结果,既有层状结构、蜂窝状结构,又有钟乳状结构和显微定向排列①。断层泥的表面可见到撞击、楔入痕迹和研磨坑、弧形擦痕等现象,前两者是断裂两盘快速错动形成的,后两者则是稳定滑动的结果。断层泥中的石英颗粒表面也可见到撞击坑、鳞片状刻蚀结构和平行线状擦痕,这又进一步证实了两种运动方式的存在。

(3)白岩铺、孙家湾、偏岩等地的片状构造岩和断层角砾岩中,可见到三期方解石脉相互穿

① 长江水利委员会三峡区勘测大队,1990,长江三峡工程坝区及外围主要断裂活动性研究。

插，镜下鉴定结果表明，天阳坪断裂带构造岩中穿插的三期方解石脉①，第一期强烈变形，部分晶粒被压碎，双晶纹密度达 48 条/mm。第二期方解石脉轻微变形，但穿插了第一期方解石脉，双晶纹密度为第一期的 1/2。第三期方解石脉无变形迹象，但多切割第一期、第二期方解石脉。上述现象表明，第一期方解石脉形成以后，天阳坪断裂带又经历了压性错动与张扭性错动过程。

(4)断裂活动形成的新构造岩为尚未胶结成岩的断层泥，而且只有在一部分露头点可以见到，其中以断裂带的东段和中段出露较好。应用石英颗粒形貌法(SEM)、电子自旋共振法(ESR)、热释光法(TL)等对断层泥的绝对年代测定结果，其形成时代大约在上新世至中更新世时期，应用铀系法和热释光法，对两个露头点的第三期方解石脉的绝对年代测定结果，其形成时代为早更新世至中更新世(表 2-3-5)②。上述年代测定结果表明，天阳坪断裂带在中更新世时还显示出一定的活动性。

表 2-3-5　天阳坪断裂带年龄测定表*

采样地点	被测物	测试方法	年龄(×10^4a)	测试时间	采样单位	测试单位
高家堰	断层泥(石英)	TL	23.3±1.16	1988/07	中国科学院地质研究所	中国科学院地质研究所
		ESR	37.5±7.5	1988/05	中国科学院地质研究所	国家地震局地质研究所
高家堰公路旁	方解石脉	U系	>50	1988/04	西安地质学院	中国科学院地质研究所
天阳坪	断层泥	SEM	N_2—Q_1	1988/04	国家地震局地质研究所	国家地震局地质研究所
邓家冲(孙家湾)	断层泥	SEM	Q_1—Q_2	1988/04	国家地震局地质研究所	国家地震局地质研究所
	断层泥	SEM	N_2 晚期—Q_2，Q_2 可能有频率不高的活动	1988/05	国家地震局地质研究所	国家地震局地质研究所
	断层泥	SEM	N_2 晚期—Q_1，Q_2 可能有频率低的活动	1988/05	国家地震局地质研究所	国家地震局地质研究所
	断层泥	SEM	Q_2—Q_3	1990/03	中国地质科学院	北京大学地质系
曾家咀	断层泥	SEM	N_1—Q_1，Q_2	1986/08	国家地震局地震研究所	国家地震局地质研究所
偏岩	断层泥	SEM	N_2—Q_2	1986/08	国家地震局地震研究所	国家地震局地质研究所
白氏坪	方解石脉	TL	159.25±8.89	1987/06	国家地震局地震研究所	国家地震局地质研究所

*：长江水利委员会三峡区勘测大队，1990，长江三峡工程坝区及外围主要断裂活动性研究。

测试方法：TL 为热释光法；U 系为铀系法；ESR 为电子自旋共振法；SEM 为石英颗粒形貌法。

4. 断裂带的活动性分析

新构造运动时期，天阳坪断裂带的活动状态，可从下列诸方面获得一些认识。

①② 长江水利委员会三峡区勘测大队，1990，长江三峡工程坝区及外围主要断裂活动性研究。

(1)天阳坪断裂带塑造的构造地貌形态并不那么巍峨壮观，中段和东段沿带主要形成坡度40°～60°的断层坡，有些地段展布着坡度40°左右的断层三角面。但是，西段可见到断层崖的发育，其中狗头寨一带位于海拔900m之下的断层崖绵延1km，断层崖陡峭挺拔，相对高度100～150m。穿心店—东湾一带，断层崖零星分布，断续延伸近10km，主要展布在海拔1 100m之下，断崖的相对高度在百米之内，也不及前者陡峭。上述现象表明，西段的断层崖可分为上下两层，它们分别发育于周家垴亚期和王家坪亚期剥夷平面之后。

(2)主干断裂两侧的地貌类型与形态呈现一定差异。西段主干断裂两侧均为岩溶山原，但在中间的断桥—天阳坪—东湾一带形成了一个宽500～800m、长6km的构造盲谷。中段西南侧为坡度陡峭的中山、低山地形，东北侧为水系较密集的低山、丘陵地形，两侧地貌反差较明显，但这是两期地貌类型所显示的差异。东段两侧虽都属于低山地形，但其中展布着两条古宽谷，谷底面海拔200m左右，它们与峡谷期(云梦期)剥蚀面的发育时代相当，并在主干断裂和两条平行分支断裂控制之下，从而形成了两谷夹一隆的构造地貌格局(图2-3-21)，显示了东段在峡谷期古宽谷面形成之前仍具有一定的活动。

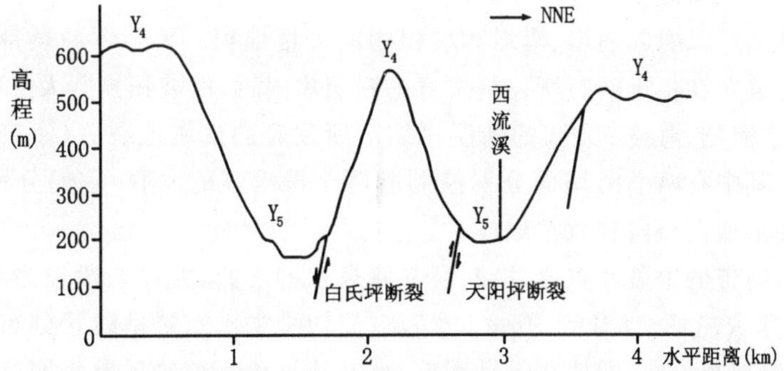

图2-3-21　天阳坪断裂带东段两谷夹一隆的构造地貌剖面与主断裂两侧剥夷平面对比图

(3)断裂两侧同期剥夷平面的对比结果表明，西段周家垴亚期剥夷平面在主干断裂两侧的高差达150m左右(图2-3-22)，东段王家坪亚期剥夷平面在断层带两侧高差约50m(图2-3

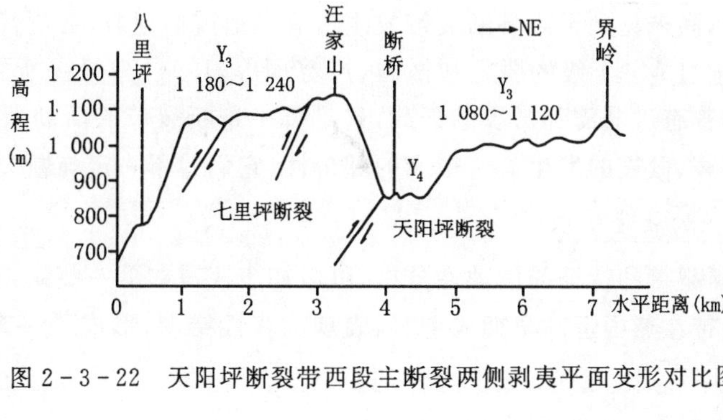

图2-3-22　天阳坪断裂带西段主断裂两侧剥夷平面变形对比图

-21)。值得注意的是，西段主干断裂两侧周家垴亚期剥夷平面均呈向南南西倾斜，显示了该断裂在周家垴亚期剥夷平面形成之后，其活动仍具有向北逆冲之性质，从而造成了该级剥夷平面的倾斜变形。

(4)天阳坪断裂带两侧，水系与谷地形态的差异也很显著。高家堰以西，主干断裂北侧水系呈北西至北东流向，南侧则呈南西至南东流向，只有天阳坪—东湾之间的鸡羊沟上游呈宽谷，穿过天阳坪断裂后流向南东，并呈峡谷而组成了瓶状谷。高家堰及其以东，水系均穿过天阳坪断裂并向南奔流，但在偏岩以东，由于两谷夹一隆的构造地貌变化，水系上游沿古宽谷发育时河谷宽阔，横穿断隆山地时形成峡谷，以至呈现出瓶状谷之特征。但是，河流穿过断裂时没有形成裂点，断裂两侧的水系也没有呈现同步的扭动变形。因此，上述现象表明，峡谷期剥夷平面形成之后，天阳坪主干断裂虽具有一定的活动性，但只控制着断裂带两侧水系的分野和谷地形态的变异现象，从而表明中更新世以来断裂的活动比较微弱。

(5)天阳坪断裂带控制发育的和跨断裂带的水系，都属清江水系的二级、三级、四级支流，发育时代比较晚，都在峡谷期剥夷平面之后，即在中更新世及其以后形成，河流阶地不发育，只在少数河段可见到剥蚀-侵蚀阶地，且相对高度都不大，因此根据断裂两侧阶地的位相变化来分析断裂的活动状态，尚需今后进一步研究。

(6)断裂的活动可以引起崩塌、滑塌和坡积物的大量堆积。天阳坪断裂带西段的崩塌、滑塌时有所见，主要展布在主干断裂所控制发育的断层崖附近，而坡积物则大量堆积在断层坡的下层坡。在狗头寨南侧，海拔 900m 的断层崖之下所发育的滑塌地裂缝(谢广林，1988)，似乎成为新的滑塌面，其中有两个滑塌面分别控制着两个滑塌体的发育，它们分别下滑 50～60m 和 30～40m，从而形成两级阶梯状滑塌体。

(7)天阳坪断裂带的中段和东段，沿断裂常有泉水的出露，尤以东段较为多见，如彭家口、向家凹、老林坡、覃家屋场、观音寺、郑家冲等，它们均沿主干断裂呈线状分布，这些泉水水温(30℃左右)和流量都很稳定，即使在干旱季节，也常流不歇。这些现象表明，天阳坪断裂带在新构造运动时期呈张性活动状态，从而致使该带成为地下水的集中场所和产生了一系列上升泉，但是地下水的汇集深度不大，因此尚未见到大于 40℃的温泉出露。

(8)1981 年以来，长江水利委员会三峡勘测研究院在断裂带东段鄢家沱一带，每年都进行跨断裂的水准测量①。施测结果，1986 年以前断裂两盘基本没有变化；1987—1994 年期间，主干断裂北盘相对南盘呈趋势性下降，但下降量每年仅 0.045mm，小于观察精度 $M_{\Delta}=\pm 0.34$mm/km，所以可以认为断裂在近 20 年内基本不活动。

(9)文字历史中，尚未见到天阳坪断裂带发生过有感地震的记载；在现代仪器观测以来，天阳坪断裂带也未发生过 $M\geqslant 1$ 级的弱震和微震(严尊国等，1994)。但在断裂带西端与仙女山断裂带交汇处附近，曾有过弱震和微震的记载，这是哪一条断裂带的活动所引发的，现尚难以作出定论，更何况弱震、微震的发生具有很大的随机性，它们并不一定与断裂的活动相联系。

5. 断裂活动习性的初步认识

通过对天阳坪断裂带的特征与活动性分析，可以初步获得如下一些认识。

(1)天阳坪断裂带在燕山运动早期成生时，表现为张性错动，形成了一套宽度不大的角砾

① 张众服，1995，三峡地区地壳形变观测与变化趋势分析。

岩带，嗣后在燕山运动中期、晚期和喜马拉雅运动时期一直表现为以压性错动为主，形成了一套糜棱状压碎岩和片状构造岩。新构造运动早期，断裂带西段似乎仍以压性活动为主，但东段断层泥石英颗粒热释光测年与显微构造分析结果[①]，则显示了从中更新世以来，东段的活动呈拉张为主兼具左旋平移错动，这与构造地貌现象和主干断裂北侧白垩系岩层的近南北褶曲变形迹象相吻合。

(2)新构造运动时期，主干断裂两侧均呈隆升状态，形成隆升的地貌类型，这是断裂两盘呈同向差异上升的一种活动类型(谢广林，1991b)。但是，断裂的活动不是匀速的，而是表现为时强时弱、时动时静，从而呈现出节奏性错动的特征(谢广林，1993)，并造成沿断裂带断层崖、断层三角面的层状分布和断裂两侧水系的变异。

(3)新构造运动时期，断裂两盘的垂直错动与活动强度，可从两侧同期剥夷平面的高差加以推算。在西段天阳坪一带，周家垴亚期剥夷平面在断裂两侧的高差达150m左右，假若其呈匀速错动(事实不是如此)，则年平均的错距为0.015mm/a。在东段白氏坪一带，王家坪亚期剥夷平面在断裂两侧的高差为50m左右，年平均错距为0.02mm。

(4)新构造运动时期，天阳坪断裂的活动状态表明，它具有承继的习性，并仍然可以分为三个不同的活动地段。西段的活动造成主断裂两侧剥夷平面的逆倾向变形，并引起了崩塌、滑塌作用。东段的活动则形成了两谷夹一隆的构造地貌格局，并沿断裂带出露了一系列上升泉。中段为介于两者之间的过渡地段。

(5)新构造运动早期与晚期，天阳坪断裂带的活动性质与方式具有很大的差异。中更新世以前主要呈压扭性活动，黏滑与蠕滑交替进行，从而使其成生的断层泥结构复杂化；中更新世及其以后，断裂带东段和中段主要表现为左旋的张扭性活动，并呈平稳的蠕滑方式错动，因此，近代的文字记载和仪器记录中，尚未发生过$M>1$级的弱震和微震。

四、渔洋关断裂带(F_4)

1. 概述

渔洋关断裂带位于清江下游，在清江水系南界分水岭北侧数千米处。该断裂带西起桂花树北侧，往东经渔洋关、曾家坪(全福河南)、潘家包至龙潭河南侧，全长约30km。地质构造上，渔洋关断裂带位于长阳复背斜南翼、仁和坪向斜北翼，为一走向断裂，呈近东西向延伸，主要切错寒武系、奥陶系和志留系，倾向南，倾角60°～80°，破碎带发育良好。

TM卫星图像中，主干断裂呈一浅色线，其中切错山咀并形成三角面者，线性影像比较清晰，其他地段则比较隐晦，以致全断裂的线性影像呈现时断时续现象。但是，从图像中可以看出，主干断裂两侧线性分异很明显，北侧北北西向线性影像清晰，南侧近南北向线性影像被近东西向线性影像所限制。

2. 断裂带的基本特征

渔洋关断裂带的基本特征归纳如下。

(1)平面上，渔洋关主干断裂呈平缓的波状延伸，中部全福河一带略呈现向北凸出的弧形(图2-3-23)。主干断裂边缘平行分支断裂发育，尤其在渔洋关附近，两条较大的分支断裂

---

① 长江水利委员会三峡区勘测大队，1990，长江三峡工程坝区及外围主要断裂活动性研究。

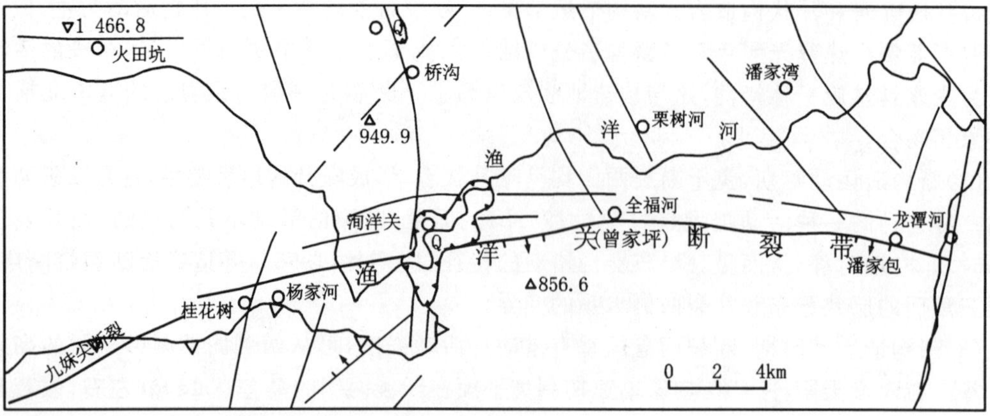

图 2-3-23 渔洋关断裂带展布图(单位:m)

与主干断裂一起,组成宽达 2km 左右的破裂带。

渔洋关以东,主干断裂限制了其他方向断裂的延伸,有些近南北向、北北西向断裂虽与其分支断裂交切,但均未切错主干断裂。然而主干断裂东端却被北北东向龙潭河断裂所截。渔洋关附近,断裂带与仙女山断裂带南端相互交切,但交切处为第四系所覆盖。渔洋关以西,主干断裂与北北东向桂花树断裂交切,但再向西延伸,则与北东东向的九妹尖断裂呈斜列式展布。

渔洋关断裂带的切割深度不大,重力场与航磁异常场中沿断裂带均未出现梯度异常带;只在磁性基底最小埋深图中显示了南北两侧有所断差。人工地震测深结果表明,该断裂切错到基底界面,断差达 1km 左右,南侧深,北侧浅(袁登维等,1996;陈学波等,1994)。

(2)渔洋关主干断裂形成的构造岩,不同地点显露情况有所差异。杨家河北面,主干断裂切错寒武系与奥陶系,形成 10m 宽的片状构造岩带,并夹有构造透镜体,倾向 160°,倾角 50°～60°,而片状构造岩中则含有角砾石。

渔洋关附近,断裂切错奥陶系和志留系,形成了 3m 宽的糜棱岩与碎裂岩带,糜棱岩带包含有早期成生的断层角砾岩,断裂倾向 190°,倾角 50°(图 2-3-24)。在渔洋关西侧的王家冲一带,沿断裂可见到泉水的出露。渔洋关东南(唐家冲北侧 200m 处)的志留系中,形成了宽近 100m 破碎带,砂页岩强烈破碎,破碎面走向 250°,倾角近于 90°,与砂页岩产状(倾向 130°,

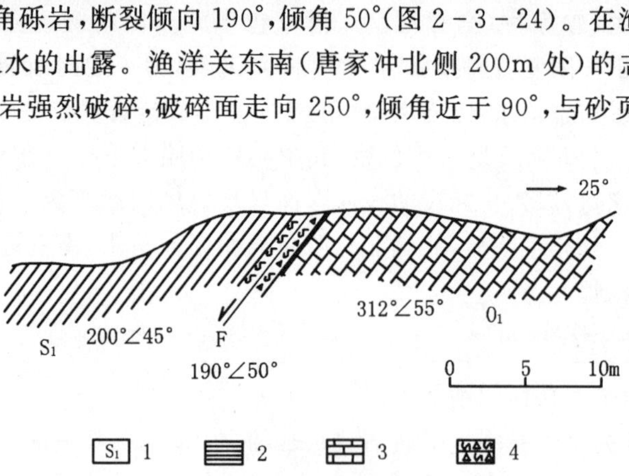

图 2-3-24 渔洋关西侧的断裂剖面图

1. 志留系下统;2. 页岩;3. 灰岩;4. 断层角砾岩

倾角 20°)截然而异,并在破碎带中可见到 0.2～2m 宽断层角砾岩带,其中的破劈理也很发育,显示了破劈理的成生晚于角砾岩带。

渔洋关—全福河之间的分水岭一带,断裂的逆冲错动,造成下奥陶统推压在中奥陶统之上,而其平行分支断裂则是中奥陶统推压在下志留统之上(图 2-3-25)。这一带,主干断裂与分支断裂的错动,造成奥陶系、志留系的倒转和地层交替的重复变化,并形成了叠瓦状构造。全福河郭家坪东侧,断裂切错下奥陶统和下志留统,形成数米宽的构造岩带,为含砾糜棱岩和断层泥,两侧岩层比较破裂,构造岩带倾向 170°,倾角 70°～80°(图 2-3-26)。

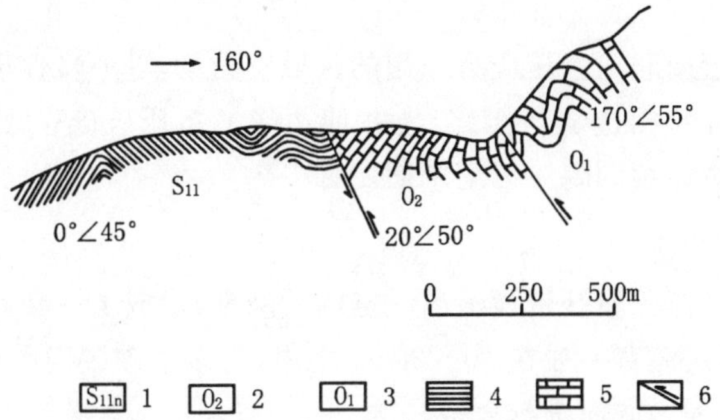

图 2-3-25 分水岭一带渔洋关断裂剖面图

1. 志留系下统龙马溪组;2. 奥陶系中统;3. 奥陶系下统;4. 页岩;5. 灰岩;6. 断层

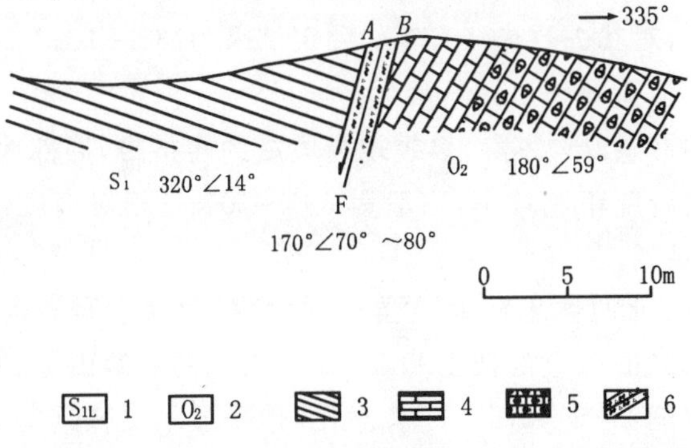

图 2-3-26 全福河东(郭家坪)的渔洋关断裂剖面图

1. 志留系下统龙马溪组;2. 奥陶系中统;3. 页岩;4. 灰岩;5. 龟裂纹灰岩;6. 断层角砾岩

潘家包附近,主断裂切错奥陶系,形成近 100m 宽的破碎带,其中糜棱状压碎岩宽 10m 左右,含有砾径小于 10cm 的角砾,并有后期发育的方解石穿插其间,主断面倾向 180°,倾角 80°。但是,潘家包北侧约 400m 处的奥陶系中又出现了一条宽约 10m 的片状构造岩带,倾向北,倾角 75°左右,片状构造岩的破劈理具有扩张和滑动现象,其中有的扩张达 10cm,并充填着钙质胶结的泥砂碎屑物。潘家包一带两条构造岩带的对比表明,糜棱状压碎岩带为渔洋关的主干断裂,片状构造岩带为其平行分支断裂,而且两者的倾向相反。

总之,渔洋关断裂带的构造岩以压碎岩、片状构造岩和糜棱岩为主,有的露头点可见到角砾岩和断层泥,但角砾往往包含在糜棱状压碎岩或片状构造岩之中,断层泥则沿着破裂面充填形成。另外,有些露头点可见到水平擦痕和断裂边缘的牵引褶曲,表明该断裂曾一度兼具右旋平移错动，整体上却以压性错动为主。

(3)渔洋关断裂带所处的区域地质环境表明，它应属于长阳复背斜、仁和坪向斜的同生构造，发育成生于燕山运动时期。燕山运动初期，渔洋关断裂带在新华夏系北西西—南东东向的主压场控制之下(李四光，1973)，表现以张性为主兼具右旋扭性错动，形成了一些断层角砾岩。但是，此时段很短暂，随着应力作用的加强，特别是其北部黄陵背斜的强烈抵制作用，造成长阳复背斜与仁和坪向斜呈弧形转弯为东西向，这表明黄陵背斜以南，燕山运动中期与晚期已表现为近南北向的主压应力作用，使近东西向的渔洋关断裂形成了一套糜棱状压碎岩，并包含了初期成生的角砾岩。

喜马拉雅运动时，近南北向主压应力作用的区域应力场，进一步促使渔洋关断裂压性构造岩的发育，成生了一套片状构造岩与压碎岩，并使边缘的挤压破碎带逐渐加宽和方解石脉发育。这些现象，似乎一直持续到晚第三纪末期。

3. 断裂带的活动性分析

新构造运动时期，渔洋关断裂带显示出一定的活动性，形成了一套尚未胶结或钙质胶结的断层泥，但规模较小，断层泥宽一般在10～20cm之内，且多沿破裂面扩张充填而形成。此外，断裂的活动性还可从下列诸方面进行分析。

(1)在渔洋关附近采集的构造岩进行镜下显微分析结果，方解石脉的变形程度可以分辨出三期：第一期变形十分强烈，全部晶粒发育双晶，多数晶粒的双晶纹发生弯曲，脉体破碎；第二期脉变形强烈，脉中大部分晶粒发生双晶，双晶纹密集平直，脉体完整；第三期脉以团块状充填，在裂隙中未发生变形，对其进行热释光年代测定结果为$(38.84\pm3.15)\times10^4$a，与袁登维等报道的测定年代36×10^4a(袁登维，1996)基本接近。

(2)沿断裂构造地貌形态发育不好，多表现为坡麓的转折带，局部地段可见到断层三角面的断续展布，但三角面的坡度角比较小，一般为30°～40°，且相对高度仅为数十米至百余米。其他断裂地貌形态尚未见到。

(3)断裂带控制着南、北两侧不同地貌类型的发育，北侧盘踞着海拔500m以上的岩溶台原；南侧展布着海拔500m以上的低山和1 000m以上的岩溶山原；断裂带中相对断陷，形成海拔340m的古宽谷(图2-3-27)。三者对比，似乎显示出在这些地貌类型发育过程中，

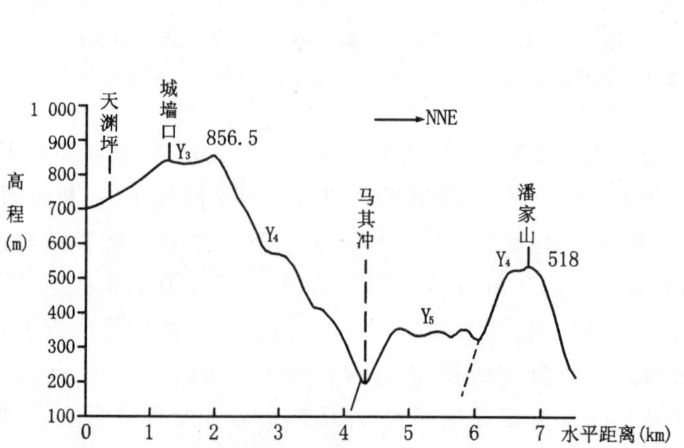

图2-3-27　潘家山—城墙口之间渔洋关断裂带的构造地貌剖面图

渔洋关断裂带具有一定活动性，从而控制着三种地貌类型的分野边界。断裂带两侧，王家坪亚期剥夷平面的高程相差 40～50m，南高北低，似乎显示了晚第三纪末期以来断裂带两侧的垂直位错。

(4)断裂带从渔洋关第四纪盆地底下横穿而过，盆地中相对高度 5m 的河漫滩发育良好，并可见到相对高度 15m、30～35m、50m、60～65m、75～80m、95～100m、120～130m 的七级阶地的发育，其中 T_1～T_4 阶地属于基座型，形成于晚更新世—中更新世时期；T_5～T_7 阶地上仅有砾石的零星分布，形成于早更新世时期。这些阶地在断裂两侧均有所分布，但是同级阶地的位相变化不大，反映了第四纪时断裂并没有明显的错动。

(5)曾家坪(全福河)盆地为渔洋关断裂带控制发育的侵蚀构造盆地，南北宽 600m，东西长 1.2km，其中可见到晚更新世和中更新世的 T_1、T_2 阶地，但盆地的变形不明显，盆地南缘主干断裂通过地段也没有明显的活动迹象，但盆地底面微微向北倾斜，似乎反映了主断裂南盘隆升而引起的牵引变形。渔洋关盆地底下被断裂带拦腰所截，主断裂南北两侧的盆地形态虽变化不大，但南侧边缘盆地宽仅 500m，北侧宽达 1 000m，似乎又显示了南盘的隆升略大于北盘。

(6)穿越断裂带的溪谷，大多流向北，它们都属于渔洋河的二级、三级支流，形成于中更新及其以后。这些溪谷形态在断裂南、北两侧差异不大，基本上都呈 V 形谷，穿越断裂时也没形成裂点和瀑布，反映了断裂两盘的差异隆升幅度很小。另外，溪流穿过断裂时，扭动变形的同步性较差，有的溪流向西拐，有的向东拐，说明该断裂的平移位错不明显。

(7)在渔洋关断裂带可见到一些泉水的出露，王家冲、大洞湾等泉水流量和水温稳定，不受季节性变化的影响，它们都属于断层泉，显示了新构造运动晚期断裂具有张性活动之迹象。但文字历史中，沿断裂带未见到强震和有感地震的记载(熊继平等，1986)，现代仪器测定也未记录到 $M \geqslant 2$ 级的弱震。

4. 活动特征的几点认识

综合上述的分析结果，对渔洋关断裂带的活动特征可以得出如下几点认识。

(1)新构造运动时期，渔洋关断裂带的活动很微弱，两盘的错距不明显，同一地文期剥夷平面、同一级阶地的高度位相变化不大，水系及其他地貌形态的水平扭动变形也不明显。若以断裂带两侧王家坪亚期剥夷平面的高差作为其断距，则晚第三纪末期以来活动速率为 0.02mm/a左右，仅为仙女山断裂带活动速率的 2/3～1/2。

(2)新构造运动时期渔洋关断裂带的活动虽很微弱，但早期与晚期仍有所差异。中更新世以前断裂带的活动有所显示，断裂两侧形成不同的地貌类型，沿断裂带则形成峡谷期的古宽谷面，但它们之间逐渐过渡，断裂的微弱活动并没有成为陡变的分界线。中更新世及其以后，断裂带的活动更显微弱，除了年代测定、泉水出露、侵蚀构造盆地与水系的微小变化之外，几乎难以见到其他活动迹象。

(3)新构造运动时，渔洋关断裂带主要呈张性微弱活动，并沿一些老破裂面扩张错动，致使有些地点形成 10～20cm 宽的含碎屑断层泥，有些地点出露泉水，但这些露头点比较少。

(4)新构造运动时，渔洋关断裂带两盘差异错动不明显，两侧隆升和剥蚀的差异不大，而主要表现为平稳的蠕滑方式，难以积累应变能。因此渔洋关断裂带至今尚未见到发生强震和弱震的记载。

五、西湾断裂(F_5)

1. 概述

西湾断裂位于清江南岸，桃子岭—牛公山背斜北翼。该断裂西起黄家坳，往东途经老竹园、上西湾、巴山坳、高面坡，终止于牛公山北坡，长约28km(图2-3-28)。断裂形迹地表显露较差，只有较少地点可见到露头。在1∶10万的TM卫星图像上，巴山坳以西，断裂的线性影像比较清晰，并可见到断裂活动塑造的一些构造地貌形态；巴山坳以东，断裂的线性影像比较隐晦，只有一些地段呈现阴暗的线性影像。

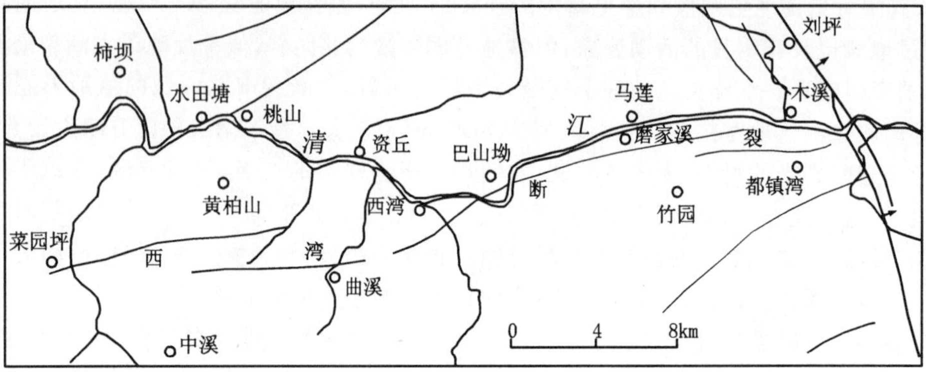

图2-3-28 西湾断裂平面展布图

2. 断裂的基本特征

西湾断裂总体上呈舒缓波状的东西向展布，其中西段线形比较平直，具右旋平移错动①；中段为北东东向延伸，线形呈舒缓波状；东段(巴山坳以东)略呈向北凸出的平缓弧形。该断裂东段、中段，切错奥陶系—志留系，西段切错志留系—三叠系。

桃子岭东北，该断裂切错奥陶系灰岩，形成数十米宽的破碎带，主断面走向北东东，倾向南南东，倾角80°左右。片状构造岩宽约10m，碎裂岩宽20m以上，破劈理极为发育，具绿泥石化现象。另外，还有1m宽的角砾岩带穿插于碎裂岩之中。构造岩带西北盘的志留系页岩，遭受强烈挤压，形成了肠盘状褶皱，这是由于南盘的逆冲而引起的变形。

对桃子岭东北的构造岩进行镜下鉴定结果可以看出，至少有三期方解石脉充填于裂隙之中。第一期方解石脉变形强烈，脉中方解石晶粒之间界限不清，晶粒发育了密集的双晶纹；第二期方解石脉切断了第一期脉，但变形较弱，只有少数晶粒发育了稀疏平直的双晶纹；第三期为细脉状或团块状，充填在裂隙中的细粒方解石，未显示变形迹象。

在海拔659m的高面坡北坡，断裂两盘的下奥陶统灰岩产状差异较大，南盘岩层倾向南，倾角10°～20°；北盘岩层倾向北，倾角达25°～35°(图2-3-29)。

---

① 湖北省地质矿产局，1984，1∶20万恩施幅、五峰幅地质图及调查报告。

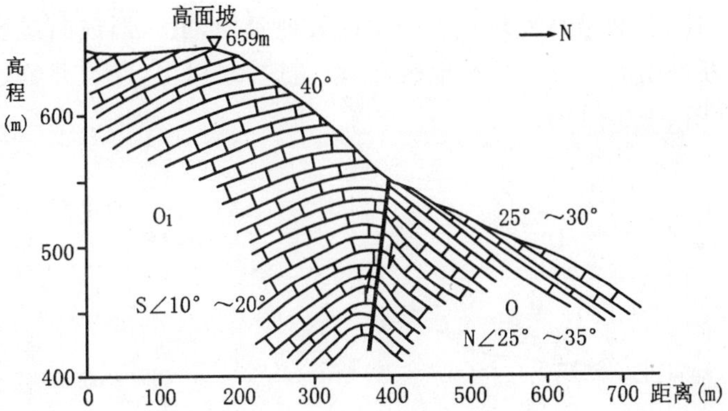

图 2-3-29　高面坡北坡西湾断裂剖面图

地球物理资料表明①,该断裂的展布位置,没有任何异常梯度现象,包括重力、航磁等,沿断裂都呈现在平缓的重力场和磁场之内,显示了该断裂只错断沉积盖层,切割深度推测为数千米。

西湾断裂为一条与褶皱轴大致平行的走向断裂,与其交切且具一定规模的断裂尚未发现。该断裂西端和东端却分别出现了一些平行分支断裂,它们与主断裂呈并列式展布,但西端被限制在黑炭河断裂以东,东端却被限制在仙女山断裂以西。

根据西湾断裂所发育的构造岩及不同性质岩类的穿插关系,其演化进程大致可分为三期:早期呈压性,以压碎岩为代表,大致形成于燕山运动中、晚期;第二期也呈压性,以片状构造岩为代表,穿插于早期压碎岩之中,形成于喜马拉雅运动时期;第三期呈张性,以角砾岩为代表,穿插于压碎岩之中,形成于新构造运动时期。

3. 断裂的活动性分析

新构造运动时期,西湾断裂在近东西向的区域应力场控制下(丁国瑜等,1991;马杏垣等,1989),表现出一定的活动性,但活动水平不高,因此断裂的活动形迹也不明显。现将一些现象综合归纳如下。

(1)新构造时期,西湾断裂成生的新构造岩极其少见,主要是沿着断裂破碎带成生了一些新破裂面,有的破裂面一直在发展扩大,以至形成数米宽的地裂缝。在桃子岭东北约 2km 处,可见到 1m 左右宽的角砾岩带穿插于碎裂岩之中,角砾成分为奥陶系灰岩,砾石呈棱角状,大小混杂,砾径一般小于 10cm,钙质胶结,基质为紫红色泥质黏土,并有方解石脉穿插,据热释光法年龄测定结果,方解石脉形成年代为$(21.60\pm1.62)\times10^4$a,据此推测角砾岩带应是早更新世—中更新世发育形成的,并反映了西湾断裂呈张性错动。

(2)西湾断裂两侧地貌景观差异不大,基本上都属于同一地貌类型,但断裂活动的构造地貌形迹仍有所显示。西段,断裂穿插在岩溶山原与砂页岩中高山地形之中,虽然断裂两侧的地貌形态与高程差异不大,但断裂却控制了 3km 长的岩溶干谷的发育,并可见到断层三角面断

① 据湖北省地质矿产局地球物理勘探队重力磁力资料。

续展布。中段（土地岭—巴山坳），两侧地貌反差比较大，断裂西北侧为海拔350m的峡谷期台原面，东南侧为海拔500～600m的王家坪亚期剥夷平面（图2-3-30），并沿断裂形成绵延3km的断层坡。东段，断裂沿高面坡—牛公山的坡地延伸，虽未形成断层崖，但两侧坡地形态和坡度差异较大，断裂南侧（上层坡）坡地较陡，坡角达40°以上，断裂北侧（中、下层坡）坡地较缓，坡角25°～30°（图2-3-29）。

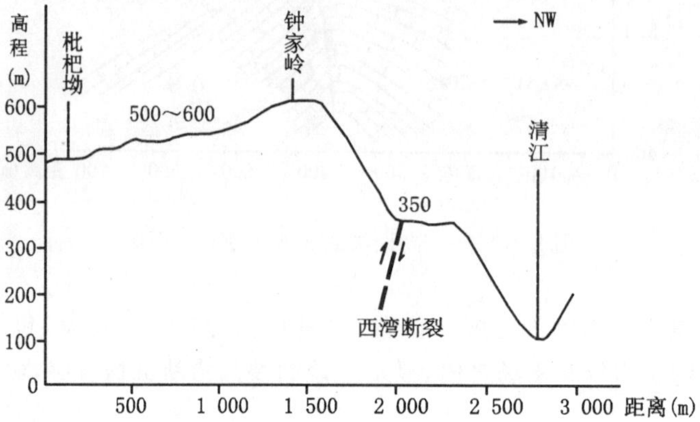

图2-3-30　西湾断裂中段控制着两侧不同期剥夷平面的发育

（3）在西湾断裂展布的范围内，清江南岸的支流都横跨该断裂，但它们并没有呈现同向的趋势性摆动，水平扭动形迹不明显，因此不可能表明该断裂在第四纪时的平移错动状态。但是，河流横跨断裂时，纵剖面比降较大，流水湍急，谷地形态为狭窄的V形谷，与其上游的U形谷呈现倒置现象，显示了该断裂在第四纪时的垂直差异错动而导致两侧谷地形态的差异。

（4）1993年10月，该断裂南侧曾发生三次微震，震级 M_S 分别为1.3、1.7和1.0级①，震中位于巴山坳南—麻池东北，它们重叠在同一地点，距该断裂1.8km。但在此前后的三十多年中，仪器均未记录到沿断裂发生弱震、微震活动。

总之，西湾断裂的活动既未造成两侧地貌景观、类型的显著差异，也未导致两侧同级剥夷平面、同级阶地的位错；既未塑造出巍峨的断层崖、断层三角面，也未造成河流的同向扭动和裂点的发育，因此其活动性显然比较微弱。

4. 几点认识

综合西湾断裂显露的构造形迹与活动形迹，可以初步得出如下几点认识。

（1）西湾断裂自燕山运动成生以来，经历了三期活动，燕山期与喜马拉雅期为压性错动，新构造运动期呈张性错动。

（2）新构造运动时期西湾断裂两盘呈同向差异上升（谢广林，1991b），其中南盘的上升量略比北盘大一些。

（3）西湾断裂的规模虽不大，但依据其活动性仍可分为两个地段：西段（巴山坳及其以西）活动形迹有所显示，并一直持续到中更新世以后，但活动强度不大；东段（巴山坳以东）活动相

① 据湖北省地震局地震目录。

当微弱，而且在中更新世以后活动形迹不明显。

(4)第四纪时西湾断裂主要表现为平稳的蠕滑与稳定两种方式交替进行，它难以形成较大的应变积累，孕育 $M \geqslant 4.75$ 级地震的可能性极小，因此可以认为它不是一条强震的孕震断裂。

第四节　地震活动和地震危险性分析

一、区域地震活动概况

我国是一个多地震的国家，但不同地区地震活动性差异较大。有关专家以板块、块体的划分为格架，从地震的多寡、强度大小、大小地震比例的 b 值、地震的重复间隔以及岩石圈的结构、构造和现今地球动力状态等多种因素考虑，将我国大陆划分为六大地震区，其中东南区要比其他五个区的地震活动性弱得多。但在东南地震区内各地的地震活动性差异也较大，区内东南沿海二级区地震活动性强，西部二级区地震活动性最弱。清江流域则位于我国东南地震区的西部二级区内。另外，清江流域及附近地区虽有几次中强地震发生，但没有形成一定规模的地震带，因此认为清江流域及附近地区地震活动的整体水平是较低的。

根据清江流域内地震活动图像以及活动断裂的展布位置，将清江流域的附近地区也作为研究范围，其位置为东经 108°25′～111°32′，北纬 29°38′～31°07′，东西长约 300km，南北宽 165km，面积 49 500km^2。

隔河岩坝址区 300km 半径范围内，早在公元前 143 年就有地震史料记载，但较系统、较完整的记载是公元 14 世纪以后。据历史资料记载，清江流域内没有发生过 5 级以上的地震。1959 年以前两次强震均发生在清江流域的附近地区(表 2-4-1)。1959 年以后随着地震台网的建立，在清江流域及附近地区记录到较多的地震，除清江流域北侧邻近的秭归龙会观于 1979 年 5 月 22 日发生 5.1 级地震外，在清江流域内记录的最大震级为 1961 年 3 月 8 日宜都潘家湾的 4.9 级，其余均为超微震、微震及弱震活动。据不完全统计，在清江流域及其附近的地区 0.1～0.9 级地震 151 次，1.0～2.9 级地震 307 次，3.0～4.9 级地震 8 次，包括 5.1 级地震在内，清江流域及其附近地区发生 2.0 级以上地震约 56 次(表 2-4-2)，其中清江流域内有 26 次。

表 2-4-1　清江流域的附近地区历史强震表(1959 年以前)

编号	时　间	北纬(°)	东经(°)	地　点	震级(级)	烈度(度)	震源深度(km)
1	1856/06/10	29.7°	108.8°	咸丰大路坝	6.25	Ⅸ	8
2	1931/07/01	30.0°	109.0°	利川—清平	5	Ⅵ	13

表 2-4-2　清江流域及其附近地区 $M \geqslant 2$ 级地震表(1959—1994)

编号	时　间	北纬(°)	东经(°)	地　点	震级(级)	精度
1	1959/05/12	30°56′	109°13′	奉节	2.3	
2	1960/01/03	30°34′	109°20°	恩施—奉节	2.0	
3	1960/06/16	29°55′	110°00′	鹤峰	3.0	
4	1961/03/08	30°18′	111°09′	宜都潘家湾	2.3	
5	1961/03/08	30°17′	111°12′	宜都潘家湾	4.9	
6	1961/12/15	30°23′	109°13′	恩施西北	3.1	
7	1962/10/21	29°56′	111°08′	石门—五峰	2.3	
8	1962/12/04	29°44′	111°14′	石门西北	2.6	
9	1964/01/10	31°03′	108°58′	云阳	2.1	3
10	1964/11/18	30°16′	108°25′	石柱	2.1	2
11	1965/09/12	30°05′	110°02′	鹤峰北	2.2	2
12	1965/09/28	30°04′	108°56′	利川西南	3.3	
13	1965/09/29	30°05′	108°52′	利川西南	3.0	
14	1965/09/29	30°05′	108°52′	利川西南	2.1	
15	1965/09/29	30°05′	108°52′	利川西南	2.0	
16	1965/10/01	30°05′	108°52′	利川西南	2.0	
17	1965/10/20	30°25′	108°29′	利川西	2.0	
18	1966/03/02	30°20′	108°34′	利川西	2.1	2
19	1967/07/14	30°13′	108°51′	利川	2.1	
20	1967/08/03	30°17′	108°49′	利川	3.4	
21	1968/11/10	30°02′	108°59′	利川毛坝西	2.3	
22	1970/06/19	30°36′	110°18′	巴东野三关	2.0	
23	1972/03/13	30°54′	110°48′	秭归周坪	3.3	1
24	1972/03/21	30°54′	110°48′	秭归周坪	2.0	1
25	1973/06/08	30°07′	111°18′	五峰仁和平	2.1	
26	1974/02/12	30°20′	109°03′	利川东北	2.1	
27	1974/02/12	30°21′	109°10′	利川东北	2.5	
28	1974/02/12	30°26′	109°10′	利川东北	2.9	
29	1974/10/07	30°34′	110°54′	贺家坪	2.1	1
30	1975/10/05	30°35′	110°55′	贺家坪	2.3	
31	1976/02/07	29°55′	108°30′	利川—石柱	2.2	
32	1976/02/27	30°47′	109°45′	秭归茅田	2.0	
33	1977/03/07	30°59′	110°35′	秭归泄滩	2.2	1
34	1977/03/23	30°59′	110°35′	秭归泄滩	2.4	1
35	1977/03/23	30°59′	110°35′	秭归泄滩	2.1	1
36	1979/01/01	31°00′	110°23′	巴东	2.1	1

续表 2-4-2

编号	时　间	北纬(°)	东经(°)	地　点	震级(级)	精度
37	1979/05/22	31°06′	110°28′	秭归—巴东	5.1	1
38	1983/10/30	30°20′	111°27′	宜都	2.2	1
39	1984/09/29	30°20′	108°40′	利川汪家营	2.3	2
40	1988/08/01	30°07′	110°40′	五峰	2.1	2
41	1989/10/18	30°57′	110°42′	秭归东南	2.0	2
42	1991/04/17	30°30′	110°54′	长阳西	3.7	1
43	1992/05/19	30°58′	111°14′	宜昌西	2.2	1
44	1992/08/28	31°01′	110°52′	秭归	2.0	1
45	1992/08/31	30°58′	111°20′	宜昌北	2.6	1
46	1993/04/06	30°16′	108°25′	石柱东北	2.4	2
47	1993/05/06	30°16′	108°30′	石柱东北	2.6	3
48	1993/05/30	30°19′	110°58′	长阳西南	2.6	2
49	1993/05/31	30°23′	110°56′	长阳西南	2.2	2
50	1993/07/30	30°29′	111°09′	长阳西南	2.4	2
51	1993/09/24	30°44′	109°11′	奉节	2.4	3
52	1993/11/04	30°32′	109°33′	恩施北	2.1	2
53	1994/04/01	30°49′	109°24′	奉节	2.0	2
54	1994/12/06	30°33′	110°52′	长阳西	2.1	2
55	1994/12/13	30°20′	110°52′	长阳西	2.0	3
56	1994/12/30	30°33′	110°52′	长阳西	2.2	2

说明：1985 年以前震中误差，Ⅰ类≤10km，Ⅱ类≤25km，Ⅲ类 50km；
1986 年以后震中误差，Ⅰ类≤5km，Ⅱ类≤15km，Ⅲ类 30km。

清江流域地震活动无疑与地壳稳定程度密切相关。自新构造运动以来，清江流域一直表现为整体性地壳抬升运动，清江下游的长阳一带为弱隆起区，清江中游和上游为中等隆起区，且有由西向东逐渐降低的特征，至清江流域以东，则为第三纪—第四纪时期形成的江汉沉降盆地。另外，清江流域内从西向东也具有不同的断裂展布格局，清江上游为北北东—北东东向断裂带，断裂规模较大，具一定的活动性；清江中游主要展布有规模较小的北东向断裂，断裂活动迹象不突出；清江下游则展布有北北西向断裂带，第四纪以来断裂具有明显的活动性。因此清江流域内地震活动在其上游、下游一带表现突出，不仅微震、弱震密集，而且沿活动断裂带也曾发生过几次中强地震。水库工程区以西的仙女山断裂，历史上虽没有发生较强地震的记载，但近代活动较明显，1961 年曾在该断裂带的南段东侧发生过中强地震，1972 年和 1991 年分别在断裂的北段和中段发生过 M_S＝1.9～3.0 级的小震，微震也时有发生，表明该断裂也为现今的孕震构造，但孕震水平不高。隔河岩水库建成后沿仙女山断裂水淹长度增加近 1km，水深增加近 100m，水库蓄水已有 15 余年的时间，除发生岩溶型水库地震外，尚未发生沿断裂带诱发地震的迹象。而隔河岩(库坝区)又处于清江中下游地段，据历史地震及现今台网的记录微震都极少，表明近坝区范围地震活动极其微弱，中强地震多分布于坝区外围 80km 以远的地区。波及到坝区的烈度大约只有Ⅲ度。说明现今基本处于不活动状态。

二、地震危险区划分

1. 地震带划分

1990 年出版的第三代全国烈度区划中，将本区划分为我国大陆地震活动较弱的华中地震区内的江汉地震带。根据区域上地震活动在空间上的非均匀性和地质构造环境，又将其划分为 5 个地震亚带，即安康—房县 NNW 向地震亚带，兴山—黔江 NNE 向地震亚带，常德 NNE 向地震亚带，秭归—渔洋关 NNW 向地震亚带和远安—钟祥 NNW 向地震亚带。在这 5 个亚带中，仅秭归—渔洋关地震亚带呈 NWW 向展布于清江中下游地区，其他各带均展布在清江外围地区。

2. 地震危险区划分

根据本区地震地质条件，本区划分有 6 个地震危险区。见图 2-4-1。

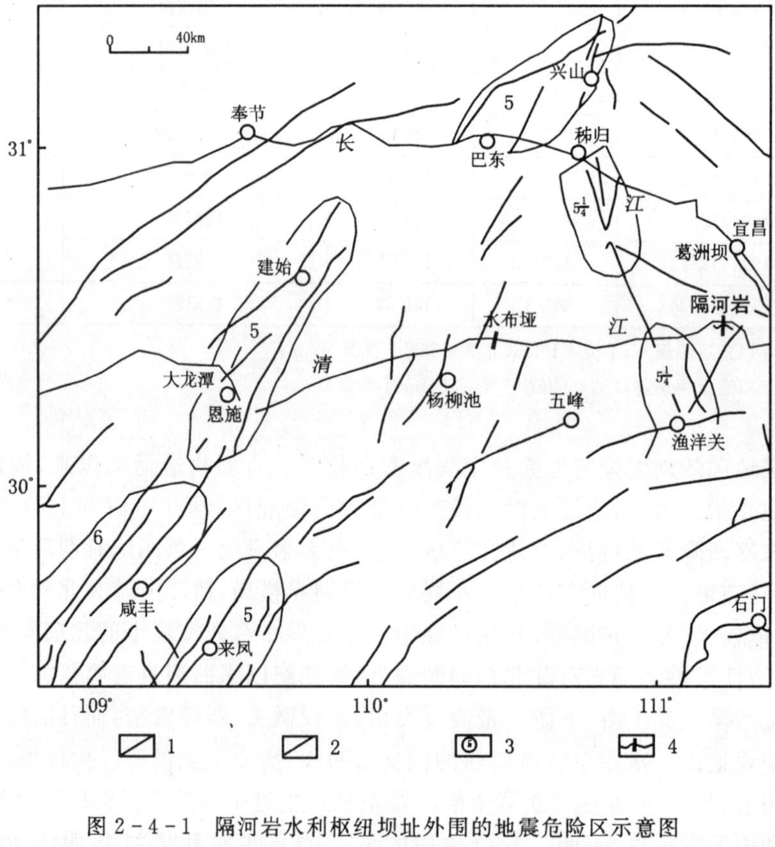

图 2-4-1 隔河岩水利枢纽坝址外围的地震危险区示意图

1. 主要断裂；2. 断裂带；3. 地震危险区及震级；4. 隔河岩坝址

(1)恩施—建始5级地震危险区。

范围大体包括恩施及建始盆地，西以恩施西断裂和建始断裂为界，东以恩施东断裂为界。断裂长，规模较大，是两断坳盆地形成的控制性构造。建始断裂位于正负磁场交接带，新构造运动时期有明显活动，历史上本区虽没有破坏性地震记载，但近年在该断裂带及其邻近地区有数次2级地震发生。同时在断裂带的南北地带发生过中强地震，为此预计在未来的100年内5级地震可能延至本区。

(2)巴东—兴山5级地震危险区。

其范围南起巴东，北至高桥及新华断裂南端，包括牛口断裂、高桥断裂等。新华断裂中更新世有明显活动，并在与高桥断裂交汇带上，1991年发生5.1级地震。同时该处位于正负均衡重力异常区和居里面隆起与凹陷交接带上。依据现代地震活动和地质构造条件，确定未来100年内发生5级地震的可能是存在的。

(3)秭归5.25级地震危险区。

南起仙女山断裂北段的南端，北至秭归，东至天阳坪、新滩以东。区内包括仙女山断裂北段，天阳坪断裂尾段及九湾溪断裂。

仙女山和九湾溪断裂新构造运动时期活动明显，在天阳坪断裂、仙女山断裂及九湾溪断裂交汇地带的秭归石柱形成集中应力场，同时本区位于正负均衡重力异常区和居里面隆起凹陷交接带上。近二十多年来区内微震时有发生。因此本区具备发生5.25级地震的地质构造背景。预计今后100年内发生5级左右地震的可能性很大。

(4)都镇湾5.25级地震危险区。

南起仙女山断裂南端的渔洋关以南，北至都镇湾的清江以北。区内主要包括都镇湾断裂(仙女山断裂中段)、仙女山断裂(即北段)和渔洋关东西向断裂及与都镇湾断裂同组的松园坪断裂。新构造运动时期，这些断裂均有不同程度的活动，1961年曾发生4.9级地震，为此本区具备发生5.25级地震的条件，预计今后100年内有发生5.25级地震的可能。

(5)黔江—宣恩6级地震危险区。

南起咸丰以南，北至宣恩，区内的断陷盆地受断裂控制，同时本区位于重力异常区和居里面隆起凹陷边缘，新构造运动时期有明显活动，历史上在该区发生过6.25级地震，近年小震有沿带分布的趋势。基于区域内地震活动的周期性特点，目前虽处于第二活跃期的中期，但早期已发生6.25级地震，估计在未来100年内不会有太大的地震发生，从高估计，不会超过6级。

(6)来凤5级地震危险区。

该区南起湖南的龙山，北至湖北的来凤以北，其范围大体包括龙山、来凤盆地。区内NNE向断裂发育，盆地两侧基本上为断裂围限。本区南段晚更新世有明显轻微活动，近年发生数次3级左右的有感地震，同时该区处于重力异常区与居里面凹陷区的边缘，因此具备发生5级地震的地质构造背景。

三、地震危险性分析

重要的建设工程场址区一般需要进行地震安全性评价，分析地质构造条件和地震活动性，确定潜在震源区，给出潜在震源区地震活动性参数，拟合适合本地区的地震动随震级、距离的衰减关系式，计算出给定的地震动概率分布结果，为工程的设计和施工提供依据。

1. 潜在震源区

圈定的潜在地震危险地区不含时间尺度，只说明未来有可能发生破坏性地震的地区。

（1）潜在震源区划分的依据。

清江流域及附近地区潜在震源区的划分，主要依据地质构造条件和地震活动特征。某一地区与已发生强震地区的地质构造条件相同或相似，那么这一地区也具有发生强震的可能性；地震活动具有重复性的特点，即某一地区在历史上曾发生过强震，那么今后仍有可能再次发生强震。另外，近些年来出现的地震震中密集共轭条带等活动图像，也是划分潜在震源区的依据之一。

（2）潜在震源区划分方法。

潜在震源区的划分既要确定其范围边界，又要评定其震级上限，以便判定地震活动空间分布的不均一性，反映单位面积的地震发生概率。

划分潜在震源区，首先依据活动断裂的长度、宽度，并充分考虑断裂的特殊部位，如拐点、交汇点等作为区别不同潜在震源区的震级上限。其次，依据历史地震资料，也往往将地震活动条带、最新剪切构造网络以及地球物理异常区的范围和边界划为潜在震源区的范围和边界。

对潜在震源区震级上限的选取主要有三种方法：①在已发生地震最大震级的基础上，再增加 0.5～1.0 级作为震级上限。②依据本地区震级和断裂活动段长度的经验关系式推算出最大震级，如 $M=3.3+1.5\lg l$。③依据地震地质条件、地震活动性分析，特别是对本地区中长期地震预测结果，判定潜在震源区的震级上限。对上述几种方法应进行综合评价，然后再做出判断。

（3）潜在震源区的划分。

根据上述依据和方法，清江流域及附近地区大体可划分出下列三个潜在震源区①②。

1）建始—利川潜在震源区：本区发育有北北东至北东向断裂，如齐岳山断裂、建始—恩施断裂等，这些断裂长度均超过 100km，断裂具多期活动性，取样测定（TL、ESR 和 U 系法）结果断裂在 Q_1～Q_2 期间有明显活动。地球物理资料表明，该区位于重力异常带的正、负均衡交替部位和地壳厚度向西倾斜的陡坡带上。该区 1931 年 7 月 1 日曾发生 5 级地震，1959 年以来利川附近微震、弱震频繁发生，形成了北东向震中密集条带以及北东、北西震中密集共轭条带，地震密度值相对较大，等值线具有方向性特征。基于上述分析，建始—利川潜在震源区定为 6 级区。

2）咸丰—黔江潜在震源区：本区主要展布着一系列北东向断裂，如咸丰断裂、黔江断裂、郁江断裂，这些断裂多数超过 100km，活动明显，TL、SER 法测定结果在 Q_2 有活动。该区和建始—利川潜在震源区一样，有着共同的地球物理场特征。1856 年 6 月 10 日在区内的咸丰大路坝曾发生 6.25 级地震。因此，咸丰—黔江潜在震源区定为 7 级区。

3）秭归—潘家湾潜在震源区：本区主要展布着一系列北北西向断裂，如仙女山断裂、松园坪断裂，新构造时期具较强的活动性，TL、SEM、ESR 等方法测定结果在 Q_1～Q_2 有活动。近些年来形变测量表明仙女山断裂仍具一定的活动性，垂直速率 0.07～0.1mm/a，水平速率 0.12mm/a。本区位于重磁异常带和地壳厚度陡变带上。1959 年以来，沿断裂地震活动频繁，

---

① 国家地震局地震研究所，湖北省清江姚家坪水利水电枢纽工程场址地震安全性评价报告，1994 年 4 月。

② 国家地震局地震研究所，湖北省清江大龙潭水利水电枢纽工程场址地震安全性评价报告，1994 年 6 月。

1961 年 3 月 8 日在松园坪断裂东侧发生一次 4.9 级地震，1972 年 3 月 13 日在仙女山断裂北段的周坪发生 3.3 级地震。微震、弱震震中密集成带，并多沿断裂展布。在仙女山断裂北段、中段以及松园坪断裂西侧地震密度值较大，密度等值线展布方向与断裂走向一致。仙女山断裂长度(l)为 90km，据经验关系式计算得出震级(M)为 6.2 级。综合上述分析结果，秭归—潘家湾潜在震源区定为 6.5 级区。

2. *地震活动性参数*

地震活动参数是地震危险性分析的重要依据之一，具有工程意义的参数有以下几项。

(1)起算震级(M_0)。

起算震级(M_0)指对工程场地能够造成影响的最小震级。根据清江流域震级与震中烈度关系的统计，3.9～4.7 级地震造成的烈度为Ⅵ度，能够引起轻度破坏，为确保地震危险性评定中破坏性地震计算的可靠性，清江流域的起算震级取 4 级。

(2)b 值。

震级-频度关系式 $\lg N = a - bM$ 是地震危险性分析中最基本的关系。根据清江流域及邻区 $M \geqslant 4.75$ 地震活动资料得出的 b 值介于 0.79～0.81 之间，采用 1970 年以来，$M \geqslant 1.5$ 级地震资料统计，得出现今地震的 b 值约 0.80。

(3)年平均发生率(v)。

地震年平均发生率(v)是反映某一研究区内未来地震活动水平的重要参量，利用震级-频度关系式 $\lg N = a - bM$ 可以推算出年平均发生率，但由于清江流域及邻区 4 级以上地震记录时间较短，不适宜直接估算地震年平均发生率(v)，而采用综合评定的方法，得出各地震小区 4 级以上地震年平均发生率①：清江上游区位于鄂西地震小区，$v = 0.057$；清江下游区位于江汉洞庭盆地外围区，$v = 0.097$。为如实反映地震活动时空分布的不均匀性，还需将地震年平均发生率(v)合理地分配到各相应的潜在震源区中。

3. *地震动衰减规律*

地震动衰减规律是地震危险性分析的一个重要组成，影响地震动衰减规律的因素较多，如震级、震中距离、震源深度、震源断裂的性质、破裂方式、地震波传播路径以及介质条件、地形地貌特征等，其中主要影响因素是震级和震中距离。因此，通常将地震动衰减规律表示为震级和震中距离的函数形式。在工程设计中，地震动衰减规律主要是研究地震烈度、峰值加速度的衰减规律。

(1)地震烈度衰减规律。

地震烈度衰减规律主要与不同地区的地壳介质性质、地质构造条件有密切的联系，无论是椭圆模型还是圆模型，其表达式通常为

$$I = a_0 + a_1 M + a_2 \ln(R + R_0) + \sigma$$

式中，M 为震级；R 为震中距；R_0 为反映震源体大小尺度的常数；a_0，a_1，a_2 为回归常数；σ 为回归分析中不确定性的随机变量；I 为烈度。

根据我国地震烈度的分布特征，等震线的形状通常为椭圆形，因此采用椭圆长短轴联合衰减模式，并得出华中南地区地震烈度衰减规律(胡聿贤，1988)

① 湖北省地震局，清江杨家槽滑坡地震安全性评价报告，1994 年 4 月。

长轴　　$I=4.600+1.212M-1.393\ln(R+15)$　　($\sigma=0.56$)

短轴　　$I=3.354+1.160M-1.153\ln(R+7)$　　($\sigma=0.51$)

清江流域及邻区的研究区内烈度衰减规律(平均土质)为

长轴　　$I=3.9382+1.5397M-1.6576\ln(R+18)$

短轴　　$I=3.6096+1.5397M-1.6909\ln(R+14)$　(方差 $s=0.640$)

上式的衰减特征及回归数据拟合情况如图 2-4-2、图 2-4-3 所示。

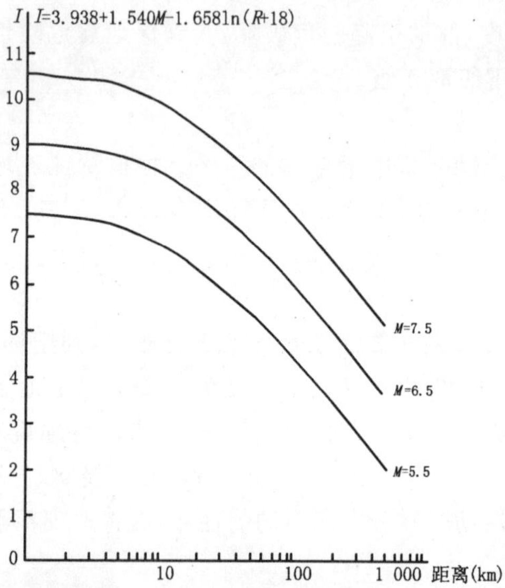

图 2-4-2　研究区烈度衰减规律(长轴)

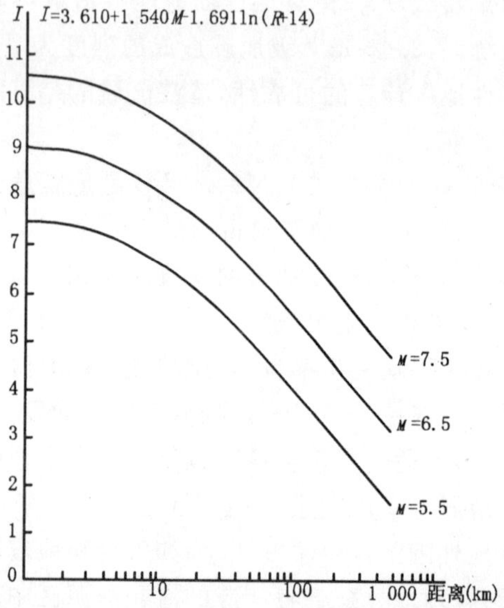

图 2-4-3　研究区烈度衰减规律(短轴)

(2)峰值加速度衰减规律。

由于清江流域及邻区缺少强震记录,无法用统计回归的方法确定地震动衰减关系,因此地震工作者多采用胡聿贤教授提出的转换方法(胡聿贤,1988),利用参考地区的烈度、加速度衰减规律和研究区的烈度衰减规律,估计研究区地震动峰值加速度衰减规律。参考地区地震动峰值加速度衰减规律表达式为

$$\lg Y=d_1+d_2M+d_3M^2+d_4\lg[R+R_0(M)]+\sigma_{YR}$$

$$R_0(M)=d_5\exp(d_6M)$$

式中,Y 为地震动参数;M 为震级;R 为距离;d_1,d_2,d_3,d_4,d_5,d_6 为常数;σ_{YR} 为方差。

以美国西部的地震烈度和基岩水平加速度峰值的衰减规律作为参考,其规律为

$$I=5.867+1.5M-2.1\ln(R+25)\quad (s=0.274)$$

$$\begin{cases}\lg a=-1.822+1.448M-0.052M^2-2.018\lg[R+R_0(M)]\\ R_0(M)=0.182e^{0.707M}\\ \sigma=0.272\end{cases}$$

然后再依据清江流域及邻区的研究区地震烈度衰减规律进行转换,并回归分析,得出研究区的

基岩加速度峰值衰减规律为

长轴 $\lg a = -0.4539 + 1.3835M - 0.0525M^2 - 2.1392\lg[R + R_0(M)]$

$$R_0(M) = 0.541e^{0.641M}$$

短轴 $\lg a = -1.4382 + 1.4255M - 0.553M^2 - 1.9512\lg[R + R_0(M)]$

$$K_0(M) = 0.182e^{0.707M}$$

其衰减特征及拟合情况如图 2-4-4 和图 2-4-5 所示。

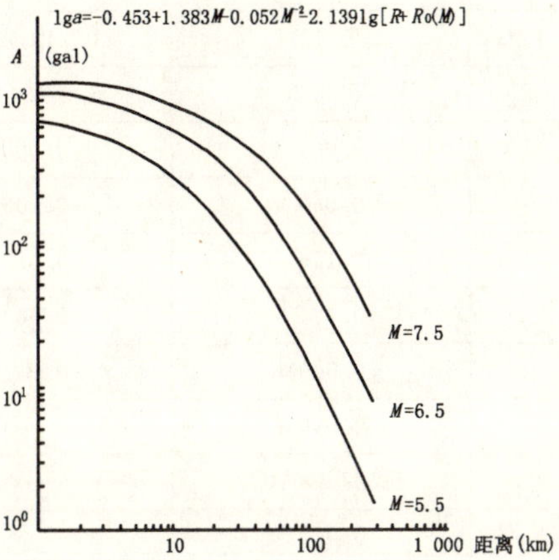

图 2-4-4 研究区基岩峰值水平加速度衰减规律(长轴)

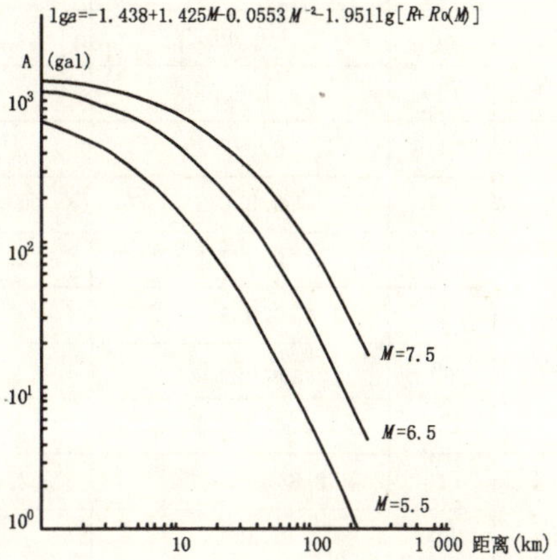

图 2-4-5 研究区基岩峰值水平加速度衰减规律(短轴)

(3)地震危险性概率分析。

假定未来地震的发生具有年平均发生率 v 的均匀泊松过程,则统计区未来 t 年内发生 K 次地震的概率 P_m 为

$$P_m = \frac{(v \cdot t)^K}{K!} e^{-vt}$$

震级-频度关系式为

$$\lg N(m) = a - bM$$

地震危险性的估算,最终可归纳为求场址 i 年中地震动 Y 超过给定值 y 的概率:

$$P(Y \geqslant y) = 1 - \exp\left[1 - \sum_{i=1} \int_{A_i} \int_{\theta} \sum_{j=1} \nu_{iM}; P(Y \geqslant y_i \mid E_i) f_i(\theta) \mathrm{d}\theta \mathrm{d}A_i / A_i\right]$$

式中,$P(Y \geqslant y)$为地震动参数 Y 大于或等于某一给定值 y 的概率;$f_i(\theta)$为第 i 个潜在震源区的方向函数;θ 为可能的主破裂方向;A_i 为第 i 个潜在震源区的面积;$P(Y \geqslant y_i \mid E_i)$ 为第 i 个潜在震源区 E_i 内发生特定事件时,场址地震动参数 Y 超过某一给定值 y 的概率;ν_{iM} 为第 i 个潜在震源区第 j 震级的年平均发生率。

采用上述原理和方法,分析各潜在震源区的地震活动参数和研究区的地震动衰减规律,湖北省地震局分别对清江流域内几个工程场址进行了地震安全性评价[中华人民共和国地震行业标准《工程场地地震安全性评价工作规范及条文说明》(DB001—94)自 1994 年后执行],其结果如表 2-4-3、表 2-4-4、表 2-4-5 所示。

表 2-4-3　场址烈度的超越概率表

场址	t(a)	I(级)			
		Ⅳ	Ⅵ	Ⅶ	Ⅷ
马渡河	1	0.020 5	0.004 92	0.918×10^{-3}	0.103×10^{-3}
	50	0.645	0.219	0.045	0.514×10^{-2}
	100	0.874	0.389	0.088	0.010
杨家槽	1	0.106	0.248×10^{-1}	0.327×10^{-2}	0.149×10^{-3}
	50	0.996	0.715	0.151	0.742×10^{-2}
	100	1.000	0.917	0.275	1.478×10^{-2}
大龙潭	1	0.037 3	0.007 7	0.001 2	0.000 1
	50	0.850 5	0.318 8	0.060 2	0.006 5
	100	0.977 7	0.536 0	0.116 7	0.013 0
姚家坪	1	0.039 4	0.007 0	0.001 0	0.000 1
	50	0.866 0	0.295 5	0.049 3	0.004 9
	100	0.982 0	0.503 6	0.096 1	0.009 8
隔河岩	1	$8.846\ 2\times10^{-3}$	$2.093\ 7\times10^{-3}$	$3.527\ 4\times10^{-4}$	
	50	0.358 7	0.099 5	0.017 5	
	100	0.588 8	0.189 1	0.034 7	

表 2-4-4　若干超越概率水平下工程场址的烈度值表

场址	概率标准(P)	50 年			100 年			
		63.2%	10%	2%	63.2%	10%	2%	1%
马渡河	烈度	4.0	5.6	6.4	4.5	5.9	6.7	7.0
杨家槽	烈度	5.12	6.16	6.72	5.49	6.42	6.91	
大龙潭	烈度		5.8					7.2
姚家坪	烈度		5.7				6.8	7.0

表 2-4-5　场址 *t* 年内基岩水平峰值加速度超越概率表

场址	t(a)	超越概率						
		10	20	40	60	80	100	120
		基岩水平峰值加速度(cm/s^2)						
马渡河	1	0.936×10^{-1}	0.134×10^{-1}	0.355×10^{-2}	0.133×10^{-2}	0.635×10^{-3}	0.367×10^{-3}	0.125×10^{-3}
	50	0.993	0.605	0.163	0.064	0.032	0.018	0.623×10^{-2}
	100	0.999	0.844	0.299	0.125	0.063	0.036	0.012 4
杨家槽	1	0.483×10^{-1}	0.200×10^{-1}	0.748×10^{-2}	0.362×10^{-2}	0.181×10^{-2}	0.894×10^{-3}	0.138×10^{-3}
	50	0.916	0.636	0.312	0.166	0.866×10^{-1}	0.437×10^{-1}	0.688×10^{-2}
	100	0.993	0.867	0.526	0.304	0.166	0.856×10^{-1}	0.137×10^{-1}

4. 场址区的基本烈度

1988 年 3 月，湖北省地震局对隔河岩水利枢纽及杨家槽滑坡(1996 年 4 月)等场址的 200km 范围内，进行区域地震活动特征分析。虽然清江流域内仅有一次 4.9 级地震，但周围地区发生 4.75 级以上地震有 50 余次，其中 6 级以上有 4 次，最大震级为常德 6.75 级，这些地震均分布在长江中下游地震区之内，分属于鄂西地震小区、川东地震小区、江汉—洞庭地震小区和南秦岭地震小区。根据未来 100 年地震活动趋势估计，清江流域各场址主要受周围地震小区的中强地震影响。

根据近场区内发生中强地震的可能性较大及可能发生最大地震烈度效应和外围邻近地震危险区发生预测震级对坝址的影响，湖北省地震局在 1992 年的地震综合评价中，确定隔河岩坝址的地震基本烈度为Ⅵ度。

5. 几点认识

(1)清江流域内历史记载和仪器记录中均没有 5 级以上地震，几次中强地震都发生在其附近地区，归属于我国大陆地震活动较弱的区带，因此清江流域地震活动的总体水平是较低的。

1959 年以来，仪器记录到的微震、弱震主要分布在清江上游区和下游区，并具有条带状展布特征，在时间序列上又可划分出不同的地震活跃幕，而清江中游区地震稀少，是相对平静的地带。

(2)清江流域及附近地区和我国大陆东部一样，存在着约 300 年的地震活动周期，未来 100 年内则处于地震应变能剩余释放阶段，在清江流域及附近地区发生 6 级以上地震的可能性不大，但沿仙女山断裂带和建始—恩施—黔江、郁江断裂带，仍具有发生 5～6 级地震的构造条件。由于在清江中下游河段已修建和将要修建的大型水利水电工程，其场址内没有活动性较强的断裂通过，历史上也没有中强地震的记录。因此，在未来 100 年内这些场址遭遇的最大地震烈度为Ⅵ度。

(3)根据潜在震源区内地震活动参数计算和地震衰减规律分析，湖北省地震局先后对清江流域几个重大工程场址区进行了地震危险性评价，给出了姚家坪、杨家槽、马渡河等场址若干超越概率水平下工程场址的烈度值；以及水布垭、姚家坪、大龙潭、杨家槽和马渡河等工程场址的基岩水平峰值加速度，若采用 50 年 10%概率标准则其基本烈度为Ⅵ度，五个场址基岩峰值加速度分别为 $36.6cm/s^2$、$39.5cm/s^2$、$44.8cm/s^2$、$75.2cm/s^2$ 和 $50.7cm/s^2$。

(4)根据地震成因分析，清江隔河岩库区内曾发生过水库诱发地震。需要注意的是，清江上游拟将兴建的姚家坪、大龙潭等水电工程，不仅需要研究断裂活动对坝址稳定性影响，还要探讨水库诱发地震的可能性，以便采取必要的措施，以确保大坝的安全。

第二章 水库工程地质与环境地质

第一节 自然地理及地质条件

一、自然地理条件

清江发源于鄂西南利川西部都亭山西麓，自西向东，干、支流流经恩施土家族自治州的利川、咸丰、恩施、宣恩、建始、巴东、鹤峰七县市和宜昌市的五峰、长阳、宜都三县市，于宜都市陆城镇注入长江，干流全长423km，总落差1 430m，流域总面积为17 000km^2。

清江干流分为上游、中游和下游三段：上游，发源地至恩施城，长153km；中游，恩施城至长阳县资坵镇，长160km；下游，资坵镇至宜都市入长江口，长110km。隔河岩水库处在清江干流的中、下游。

清江隔河岩水库区地处鄂西山区东部，行政上隶属宜昌市长阳土家族自治县管辖。隔河岩大坝距清江河口61km。

1. 气象水文

(1)气象。

库区地处中纬度亚热带，属季风性山地湿润气候，总的特点是冬少严寒，夏无酷热，雾多湿重，雨量充沛。年平均气温为16～17°C。7～8月为炎热夏季，受夏季季风控制，雨量充沛，气候湿热，月平均气温27°C，最高气温41°C。12月至次年2月为冬季，气候干冷，最低气温可达－14.8°C。每年5月至9月为雨季，年平均降雨量因地域的不同在1 100～1 500mm之间。

库区内气候具如下特征。

1)立体气候显著。清江流域，由于地形起伏较大，海拔高差悬殊，一般可达1 000m以上，从而导致水、热条件的重新分配，使气象要素垂直分布远远超过水平方向的地域分布，形成四个垂直气候带：较低河谷温热气候带(高程300m以下)，低山丘陵冬暖湿润气候带(高程300～800m)，温和湿润的中山气候带(高程800～1 200m)，温凉潮湿的高山气候带(高程1 200～2 000m)。因而立体气候特征明显，垂直差异突出。

库区主要处在低山丘陵冬暖湿润气候带与温和湿润的中山气候带，年平均气温 11.5～17℃，最冷月气温 0～5.5℃，全年无霜期 225～285d。

2)四季差异。清江流域高山区冬季长，春季短，无夏秋；中山区冬季长，夏季短；低山区冬季长，秋季短。库区内因为受地形和气候要素影响，一般年内春季气温多变，初夏多雨，伏秋多旱，冬季干燥。

3)年际气候变化。区内属季风气候区，但由于各年季风起止时间、强弱程度及影响时间长短的不同，导致降水和气温的年际变化有较大的差异。年际间农业气候条件的变化亦为显著，连绵阴雨、洪涝、低温冷害、冰雹、大风等自然灾害常有发生。

库区内气象特征要素见表 3－1－1。

表 3－1－1　有关气象资料表

市县名	年平均气温（℃）	极端最高气温（℃）	极端最低气温（℃）	年降水量（mm）	日照时数（h）	年无霜期（d）
长阳县	14.0	41.2	－12.5	1 338	1 571.0	240

库区主要气象因素有暴雨、冰凌、大风和雾，经计算设计百年一遇三日暴雨量为 425.3mm，一日暴雨量为 318.8mm，冰凌期为 110d/a，雪线高程一般为 1 000m。

(2)水文。

本区属温湿季风气候，温和多雨，四季分明。年平均降雨量 1 100～1 500mm。降雨多集中在 7、8 两月，约占全年降雨量的 50％，日降雨量可达 100～300mm。区内受自然气候、地形地貌、地理条件和地质构造的影响，地表水系较发育，但大都为山区溪流型沟谷，均属清江支流。两岸发育的平洛河、覃家河、东流溪、腰站河、曲溪、淋湘溪、白炭河、黑炭河、小溪、招徕河的规模相对较大，为常年性河流；其他多为季节性小溪流。区内河流水位涨落及流量大小与区内降水关系密切，洪水季节与枯水季节相差达数倍甚至数十倍，具有山区溪流季节性暴涨暴落的特点。

2. 地形地貌

(1)区域地貌。

清江流域处于我国第二阶梯向第三阶梯过渡地带，属云贵高原区的东北端中低山区，北部属巫山山脉，是清江与长江三峡地区的分水岭，分水岭海拔高度为 1 000～1 900m；西部与乌江以齐岳山为分水岭，海拔高度为 1 500～2 000m；南部与澧水的分水岭海拔高度为 1 000～1 500m；东部河口靠近长江一带的地势比较低而平坦，在宜都一带，海拔高度在 200m 以下。因此，总体地势为西高东低。

根据地貌的成因、形态及组合特征，将地貌单元划分为以下四大单元。

1)剥蚀构造地貌：该地貌单元在本段分布较少，主要分布在清江下游碎屑岩段，为丘陵垅岗地形，地势较开阔，地面起伏不大，多为浑圆形低矮的残丘，沟谷宽缓，绝对高程 200～500m，相对高程 50～100m。

2)侵蚀构造地貌:分布于中下游的碎屑岩段,由震旦系砂岩、白云岩、页岩及下寒武统的粉砂岩、页岩及志留系、泥盆系的砂岩、页岩组成,水系分布多与构造线方向一致,河谷深切,坡降大,谷坡陡峻,呈狭窄的“V”字形。在背斜核部,一般为横向谷,背斜两翼为纵向谷。背斜两翼的谷坡一般为顺向坡,坡度与地层产状近于一致,一般为30°左右。

3)溶蚀构造地貌:主要分布于长阳背斜近核部及南北两翼寒武系、奥陶系、二叠系、三叠系白云岩、灰岩地层分布区,峰丛和槽谷连续呈脉状展布,主槽和主要沟谷及脉状峰丛主要受构造控制并与构造线走向一致,河谷多呈“U”字形,两岸山坡陡峻,相对高差可达800~1 000m。其他沟谷一般呈“V”字形,谷坡一般达30°~45°,峰顶一般较窄,纵观成峰,侧观成岭。河谷两岸可见多层岩溶洞穴。

4)溶蚀-侵蚀构造地貌:主要分布于长阳背斜南、北两翼奥陶系碳酸盐岩及志留系、泥盆系碎屑岩地层分布区,山顶海拔高度一般1 300~1 500m,沟谷底为520~700m,相对高差多在500~700m,属构造侵蚀溶蚀低中山—中山峡谷地貌区。在软弱夹层和不同地层交界面有岩溶发育。

(2)河谷地貌。

隔河岩水库从库尾到库首,河床坡降0.125%,两侧为海拔600~1 600m的中低山地带,相对高差500~1 400m。库区河谷形态随地质结构的复杂变化呈现多样性,大致可分为三类。

1)“V”形及“U”形峡谷,主要发育于碳酸盐岩中,是最为普遍的河谷形态。河床宽多为50~100m,两侧岸高一般300~500m,有些横向谷河岸高差更大,如半峡达800~1 000m;谷中谷的现象亦很普遍,这是由于晚近期地壳上升,河谷下切,河床两侧多发育100~200m的陡坡或峭壁,构成了现代河床,其上一般为缓坡与平台相间的早期河谷。

2)宽缓型谷,主要发育在以页岩为主的志留系地层中,如半峡背斜东西两翼、石板沱、西湾及马连一带等河段。其河谷开阔,两侧为中缓边坡。

3)不对称谷型,如鸭子口一带,其右岸为奥陶系碳酸盐岩地层,形成陡坡及悬崖,平均坡度在40°以上;左岸是志留系砂页岩地层,坡度缓,多为20°~30°,两岸明显不对称。

库区河谷阶地总体不甚发育,仅在志留系构成的宽缓河谷区有零星分布。如半峡背斜西翼邹家沟至盐池河段,发育有四级阶地;又如招徕河、水田坝、资坵西及都镇湾等处见有一级至二级基座及堆积阶地;在都镇湾东的周衙坪一带发育有四级阶地,分别高出江面20m、25m、65m、90m。

二、地质条件

1. 地层岩性

库区内出露的主要地层为震旦系—白垩系地层,除缺失志留系上统、泥盆系下统和侏罗系中统、上统外,自元古界震旦系至新生界均有出露。主要岩性为滨海至浅海相的碳酸盐岩类岩石,少数地方发育有陆相沉积岩。第四系仅在洼地、沟谷中及山坡局部发育,以残坡积、冲洪积为主,呈不规则片状、条带状间断分布。

库区内出露的各时代地层岩性详见表3-1-2。

表 3-1-2 清江隔河岩库区地层岩性简表

界	系	统	组	代号	厚度(m)	岩性描述
新生界	第四系			Q		主要为坡积物、崩积物、冲积物。 坡积物:黏土、壤土含碎石黏壤土; 崩积物:碎块石、碎块石夹土; 冲积物:砂砾石层及含砾黏土层
	第三系	下统	分水岭组	E_1	>150	为砖红色砂岩与杂色砾岩呈不等厚互层,中下部夹有不连续的灰岩,与上覆第四系地层呈不整合接触
中生界	白垩系	上统	罗镜滩组	K_2	160	浅红、砖红色块状石英砂岩夹厚层砾岩,砾岩成分主要为灰岩、砂岩和硅质岩,与上覆老第三系(E)地层呈不整合接触
	三叠系	下统	嘉陵江组	T_1j	125~600	上段:灰色、肉红色微晶灰岩夹微晶白云质灰岩;中段:灰色、浅灰色微晶白云质灰岩、白云岩夹灰岩;下段:灰色薄至中厚层微晶灰岩,底部灰色、微带红色结晶灰岩
			大冶组	T_1d	300~882	上部为灰色薄层夹中厚层微晶灰岩和薄层灰岩夹泥灰岩;中部为灰色薄层微晶灰岩夹黄绿色页岩;下部为灰色薄层—中厚层泥质灰岩夹黄绿色页岩,或两者不等厚互层
上古生界	二叠系	上统	大隆组	P_2d	3.4~6	深灰、灰黑色薄层、极薄层灰岩夹炭质页岩或互层
			长兴组	P_2c	11~98	上部为灰色薄层—中厚层微晶灰岩夹燧石层或燧石透镜体;中部为中—厚层含燧石结核灰岩;下部为灰色薄至中厚层含燧石条带或燧石结核微晶灰岩
			龙潭组	P_2l	56~81	上部为灰、浅灰色薄至中厚层泥灰岩,顶部炭质页岩夹煤层;中部为深灰色、灰色薄层微晶灰岩夹条带状硅质页岩;下部为灰黑色硅质页岩夹炭质
		下统	茅口组	P_1m	58~77	深灰色含燧石结核生物碎屑灰岩、瘤状灰岩、泥灰岩,上部为薄层硅质岩
			栖霞组	P_1q	100~253	上部为深灰色厚层灰岩、瘤状灰岩夹有页片状炭泥质灰岩;中部为灰色中厚层灰岩夹薄层叶片状泥质灰岩;下部为灰黑色中厚层含燧石团块灰岩
			马鞍组	P_1ma	6~38	上部为石英砂岩、灰黑色砂岩夹炭质页岩;下部为黑色叶片状炭质页岩,其中夹有透镜状煤层
	石炭系	上统	黄龙群	C_2h	0~67	上部为微红色结晶块状灰岩,含生物碎屑微晶灰岩;下部为浅灰色厚层结晶灰岩、微晶白云岩,含硅质条带和团块,局部具角砾状白云质灰岩
		下统	岩关组	C_1y	0~41	上部为土黄色粉砂质黏土岩夹薄层石英砂岩,底部为灰白色厚层细粒石英砂岩夹页岩;下部为土黄色、青灰色中厚层细晶白云岩夹灰绿色页岩、粉砂质页岩,底部为褐黄色铁泥质风化壳

续表 3-1-2

界	系	统	组	代号	厚度(m)	岩性描述
古生界	泥盆系	上统	写经寺组	D_3x	10～79	顶部为深灰色薄层含磷铁质细粒石英砂岩;上部为灰色、黄褐色中厚层生物碎屑灰岩夹泥质灰岩;中部为灰色、黄灰色薄层钙质黏土层、钙质页岩夹生物碎屑灰岩及泥质灰岩;下部为灰色页岩、紫红色中厚层含铁细粒石英砂岩夹少量薄层泥质灰岩;底部为结晶灰岩、紫红色赤铁矿层
			黄家磴组	D_3h	20～30	上部为灰绿色页岩夹铁质砂岩;中部为紫红色薄至中厚层石英砂岩;下部为灰绿色页岩、粉砂岩
		中统	云台观组	D_2y	25～81	上部为浅灰色薄至厚层细粒石英砂岩,夹黄绿色、紫红色页岩,石英砂岩具有交错层理;下部为灰白色、肉红色或浅黄色厚层夹中厚层石英砂岩,底部含少量砾石并夹硅质粉砂质页岩
下古生界	志留系	中统	纱帽组	S_2sh	91～333	上部为灰黄色薄层至中厚层粉砂岩、细砂岩;中部为中厚层粉砂岩、细砂岩夹页岩;下部为中厚层细砂岩、粉砂岩夹页岩
		下统	罗惹坪组	S_1lr	485～1 058	顶部为粉砂质黏土岩夹粉砂岩;上部为黄绿色、土黄色粉砂质页岩夹粉砂岩;下部为灰绿、黄绿色粉砂质页岩夹薄层泥质-黏土质粉砂岩。顶部及中部夹有灰色中厚层细晶灰岩或生物碎屑灰岩
			龙马溪组	S_1l	276～731	灰绿、黄绿色页岩与粉砂质页岩互层,底部为黑色页岩或砂质页岩
	奥陶系	上统	五峰组	O_3w	4～5	黑色、紫灰色炭质页岩和硅质板状页岩互层,底部有一层极细的黄绿色页岩
			临湘组	O_3l	9～20	灰绿、褐黄色薄至中厚层泥质灰岩,青灰色瘤状灰岩
		中统	宝塔组	O_2b	11～20	灰绿色、灰色中厚层龟裂纹灰岩,间夹薄层瘤状灰岩
			庙坡组	O_2m	2～5	灰黑色、黄灰色炭泥质页岩,局部为深灰色灰岩夹页岩
			牯牛潭组	O_2g	28～35	灰绿色、暗紫色中厚层瘤状灰岩、青灰、褐灰色灰岩
		下统	大湾组	O_1d	41～72	上部为灰绿色、灰色薄层瘤状灰岩夹黄绿色页岩;中部为紫红色中厚层瘤状泥灰岩,局部为结晶灰岩;下部为灰、青灰色薄层泥质瘤状灰岩夹绿色页岩,或者两者互层
			红花园组	O_1h	13～70	灰、深灰色中至厚层状结晶灰岩、生物碎屑灰岩,底部含少量燧石
			分乡组	O_1f	22～60	灰色中厚层结晶灰岩、生物碎屑灰岩夹黄绿色页岩
			南津关组	O_1n	126～165	上部为深灰色、灰色中厚层至厚层致密结晶灰岩、白云质灰岩和生物碎屑灰岩,局部夹泥质条带和燧石团块;下部为灰色、深灰色微晶灰岩和浅灰色厚层结晶白云质灰岩,含少量燧石结核,底部为泥质条带灰岩与灰绿色页岩互层

续表 3-1-2

界	系	统	组	代号	厚度(m)	岩性描述
下古生界	寒武系	上统	三游洞组	$\in_3 sh_2$	247～704	为灰色、深灰色厚至巨厚层块状白云质灰岩、白云岩，局部为灰质白云岩和角砾状灰岩
			黑石沟组	$\in_3 sh_1$	247	上部为灰白色、浅灰色厚层致密微晶白云质灰岩、白云岩夹灰色灰岩和泥质白云岩，局部具缝合线构造；下部为灰、浅灰色中至厚层状白云岩、白云质灰岩与结晶灰岩互层，底部夹薄层泥质白云岩和泥灰岩
		中统	上峰尖组	$\in_2 qh_3$	216～366	上部为灰色薄层至中厚层白云岩、泥质白云岩、硅质灰岩夹薄层泥灰岩；中部为浅灰色中至厚层致密条带状灰岩、硅质灰岩和鲕状、豆状、碎屑状白云质灰岩，局部夹薄层灰绿色页岩及砾岩，含少量燧石；下部灰、灰带红色薄层至中厚层致密微晶白云岩、泥质白云岩、薄层泥质灰岩夹角砾状灰岩
			红溪组	$\in_2 qn_2$	60～72	上部为深灰色、灰褐色粗—细晶灰岩或硅质白云岩；中部为深灰色厚层夹薄层条带状白云质灰岩夹薄层泥灰岩，局部为厚层含硅质白云质灰岩；下部为灰、深灰色致密白云质灰岩、条带灰岩
			平善坝组	$\in_2 qn_1$	40～60	上部为灰、深灰色薄层泥质条带灰岩、灰岩或薄层灰岩与泥灰岩互层；下部为灰绿、灰黄色薄层至中厚层泥质条带灰岩
		下统	石龙洞组	$\in_1 sh$	53～108	上部为灰色、深灰色厚层灰质白云岩，结晶白云岩，局部有角砾状白云岩；下部为薄至中厚层灰质白云岩、白云质灰岩夹泥质条带灰岩、钙质页岩及鲕状灰岩
			天河板组	$\in_1 t$	97	灰色、深灰色薄层至中厚层泥质条带灰岩夹钙质页岩和薄层灰岩
			石牌组	$\in_1 sp$	295	上部为灰色、黄绿色薄层状粉砂岩夹微晶生物碎屑灰岩、鲕状灰岩；中部为灰绿色粉砂质页岩夹少量粉砂岩，页理清晰光滑，含绢云母；下部为灰绿色、黄绿色砂质泥质页岩夹薄层钙质粉砂岩
			水井沱组	$\in_1 s$	116～202	上部为深灰色薄层炭质灰岩与含炭质白云质灰岩互层；中部为黑色或深灰色微晶灰岩与炭质页岩互层；下部为黑色、黑灰色炭质页岩、硅质页岩
元古界	震旦系	上统	灯影组	$Z_2 dn$	425	上部为灰白色厚层至巨厚层白云岩夹白云质灰岩，局部夹燧石结核条带；中部为灰白色厚层至块状白云岩，顶部有厚 28m 的角砾状白云岩；下部为灰白色、灰色中厚层至薄层状白云岩夹燧石条带，顶部为厚层角砾状白云岩
			陡山沱组	$Z_2 d$	197	上部为黑褐、灰黑色薄至中厚层含炭泥质白云岩，底部为黑色薄层灰岩与黄绿色薄层白云岩互层；中部为黑色、黑灰色薄至中厚层灰岩夹黄色白云质条带；下部为灰色、灰黑色中至薄层状白云岩、灰黄色泥质白云岩、硅质、炭质页岩、灰岩，含燧石结核
		下统	南沱组	$Z_1 n$	196	灰绿色冰碛含砂泥砾岩，层次不清，砾石大小不一，砾径一般 2～5cm，成分有花岗岩、灰岩、石英岩、片岩等，基底式胶结

2. 地质构造

库区属扬子准地台八面山台褶带长阳台褶束。燕山运动Ⅰ、Ⅱ幕奠定了本区近东西向地质构造的基本格局。自白垩纪早期，在燕山运动Ⅲ幕的作用下，江汉一带形成盆地，天阳坪—红花套一线之北部和东部地区沉积了一套巨厚的陆相洪冲积层，该线之西南则处于相对上升区，接受剥蚀；至晚白垩世中期，在燕山运动Ⅴ幕的作用下，江汉盆地进一步下降，西部山地进一步抬升，在盆地内部及其边缘的一些冲沟中(胥家冲—鄢家沱一带)形成了一套棕红色陆相碎屑岩——含砾石英砂岩；至早第三纪末期，在喜山运动Ⅱ幕的作用下，本区表现为明显的差异性升降运动，其上升幅度明显要高于东部的江汉平原和西部的鄂西山地；第四纪时期，本区构造运动相对减弱，以整体的间歇性上升运动为主，抬升幅度略有差异，以天阳坪断裂为界北部相对下降，南部相对上升，从现今天阳坪断裂两侧的地壳垂直形变测量资料来看，仍保留了这种差异性上升的构造运动格局。

(1)褶皱。

库区展布的褶皱主要为东西向褶皱。

1)长阳复背斜：该背斜轴线近东西走向，为区内规模最大的构造形迹，它东起宜都，西经长阳、榔坪至杨柳池、官店口一带。全长130km，宽5～10km。在榔坪以东，背斜轴总体为南东东向，榔坪以西转北北东—北东向，形成向北西凸出、平面呈“S”形的弧形褶皱。其核部主要由震旦系组成，两翼为寒武纪—志留纪地层。背斜东段核部地层产状较平缓，倾角在15°左右，两翼较陡，倾角一般在30°～45°，呈宽阔的箱型褶皱；背斜西段则逐渐变窄，由北向南，核部倾角由20°～30°变为70°～80°，两翼倾角变化为20°～40°，形成伞状褶皱。

2)都镇湾—长乐坪褶皱群：分布于都镇湾—白溢—长乐坪一带。该褶皱群总体上呈北东东向，为新华夏系向区域性东西向构造过渡的地带。它由许多次级构造组成，其中较大者有西湾背斜、白溢向斜、长乐坪背斜等。背斜主要由寒武—志留系组成，向斜主要由泥盆系—三叠系组成。一般背斜比较开阔平缓，轴部地层倾角5°～ 8°，两翼倾角10°～ 20°，但西湾背斜北翼较陡，达45°，呈向北斜歪之势；向斜比较狭窄，倾角25°～ 45°，为长条状褶皱。

3)马鞍山—柳树店褶皱群：由两个背斜及两个向斜组成。背斜核部为寒武系，向斜核部为三叠系或志留系，翼部均由奥陶系—二叠系组成。这些褶皱一般长约50～60km，宽2～4km，呈南东东向线状排列，枢纽呈起伏，轴面自北向南有所偏转，其中马鞍山—落雁山向斜及石羊山背斜为轴面近直立的对称褶皱，而燕坪老向斜及梁山—肖家隘背斜为轴面向南倾斜的斜歪褶皱。

(2)断裂。

库区所处大地构造位置，属扬子准地台的八面山台褶带的东北部。在构造体系上，为新华夏系鄂西隆起带的南段。该隆起带属我国东部新华夏系第三隆起带的一部分，其构造格局定型于距今约1.4×10^{8}a的侏罗纪末的燕山运动第Ⅲ幕。新华夏系主体构造呈北北东向展布，由于受基底北西西向构造的牵制及区域性东西向构造带的联合作用等因素的影响，使这一在中生代生成的褶皱在西南侧成为向北西凸出的弧形构造。该弧形褶皱带由一系列低序次的褶皱构成，并伴随有断裂构造。在上述褶皱带形成的同时，库区还发育有与之同向及配套的断裂构造。

1)北北西向的都镇湾断裂：此断裂在区域上称仙女山断裂。其北起荒口，南至渔关，南北向延伸长约80余千米，自北而南主干断裂依次为仙女山断裂、都镇湾断裂和桥沟断裂。

断层总体走向北西 330°～ 340°。高桥以北，总体倾向南西，局部倾向北东；高桥以南倾向北东，倾角 60°～ 80°。断层切割了震旦系至白垩系地层及东西向褶皱。它是与燕山期东西向长阳复背斜同期形成的横向转化剪切构造，构成黄陵断块的西南边界，喜马拉雅期仍有多幕走滑运动，导致主干断裂具有 10～30m 的复杂构造角砾岩带。第四纪时期仍有活动，经测年鉴定仙女山段 17×10^4a、都镇湾段 48×10^4a 有过明显活动；周坪形变观测沿短基线、短水准资料反映，西盘下降速率 0.06mm/a，水平扭动，顺扭速率 0.06mm/a；青林口跨断裂位移和形变网监测顺扭年速率 0.03mm，垂直位移不明显，活动轻微。沿断裂带时有小地震发生。1961 年宜都潘家湾发生过 $M_S=4.9$ 级地震，1991 年长阳都镇湾发生的 4.1 级地震都与该断裂有关。

2)北北东—北东向的盐池河断裂：又叫龙王冲断裂，其北起椰坪，向南经过二家坪、盐池河，在赵家湾一带与杨柳池断层复合，全长约 25km，走向北东 25°。主要发育于下古生界地层中。主断裂倾向东或南东，倾角 55°～ 70°，为一压性断裂。

3)东西向的西湾断裂：其西起板桥沟之西的土地岭，东至高面坡，总长约 12.5km。断层走向 60°～ 80°，大致沿西湾背斜核部延伸，稍具弧形弯曲。断层倾向南东，倾角 85°～ 89°，地层断距为 240m 左右。构造岩带宽约 8～10m，主要由角砾岩、透镜体、断层泥等组成，具明显的压性特征，沿断层带有零星泉水出露。

3. 水文地质

(1)地表水类型及水文地质特征。

库区内地处中低山区，地表水系较发育。水库两岸发育的平洛河、覃家河、东流溪、腰站河、曲溪、淋湘溪、白炭河、黑炭河、小溪、招徕河的规模相对较大，为常年性河流；其他多为季节性小溪流，雨季易形成山洪，旱季溪水干涸。

(2)地下水类型。

根据库区地下水的赋存条件，可将库区地下水划分为以下三种类型。

1)基岩裂隙水。该类型地下水主要赋存于震旦系下统南沱组含砾石英砂岩、冰碛砾岩、志留系与泥盆系的砂页岩节理裂隙中。此类地下水水量小，分布不均，主要接受大气降水补给，多以下降泉的形式向溪沟中排泄。

2)岩溶水。该类型地下水主要赋存于震旦系、寒武系、奥陶系、二叠系、三叠系的碳酸盐岩地层中。一般而言，区内震旦系灯影组白云岩、寒武系水井沱组炭质微晶灰岩、上峰尖组泥质白云岩，以及奥陶系中、上统地层中，岩溶不甚发育，为溶隙-裂隙水，含量相对较少；奥陶系下统南津关组灰岩、寒武系下统石龙洞组灰岩，上统三游洞群白云质灰岩等，岩层厚度大，受仙女山断裂带发育影响强烈，岩溶系统发育规模较大。以溶隙-洞穴水为主，水呈管状及脉状分布，局部水量丰富，补排关系复杂，多以泉水形式集中排泄，单个泉点流量大且稳定。

3)第四系孔隙水。第四系碎石土孔隙潜水：主要赋存于常年性河流的冲积物(砂、卵石)中，补给条件较好，水量丰富。

第四系黏性土孔隙水：主要赋存于山体斜坡及山涧洼地的黏土及亚黏土中，黏性土局部含碎石，该类地下水的水量小。

4. 岩溶

(1)岩溶类型。

本区可溶碳酸盐岩广布,出露区约占整个库区的3/4。该区属亚热带季风气候区,四季分明,雨水充沛,地处长江中下游暴雨中心区域。区内断裂构造发育,水系纵横贯通,地表及地下径流畅通,具备了发育岩溶的良好条件。区内岩溶地表形态主要为溶沟、溶槽、溶蚀洼地、岩溶漏斗等,地下岩溶形态主要为落水洞、溶洞及暗河等。

1)溶沟、溶槽。区内发现较多的溶沟、溶槽,多发育斜坡地段,主要沿高、中倾角裂隙及层面发育,一般宽0.5~2m,深1~3m,沟槽面较陡,断面呈"U"形或"V"形,底部大多裸露,部分有黏土夹碎石充填,规模一般较小,延伸较短,仅少数延伸长,成为地表水的排泄场所。

2)溶蚀洼地。区内溶蚀洼地形态不一、大小不等,多表现为浑圆形、椭圆形、长条形或不规则形。四周被峰丛或溶丘包围,底部为黏土含碎石碎屑充填,其内常叠加溶蚀漏斗、落水洞。峰洼比高差一般为100~200m。主要分布于大堰、龙潭坪、大龙坪、野三关等由寒武系上统、奥陶系下统灰岩、白云质灰岩组成的地区。大气降水及地表水汇集于洼地后沿落水洞转入地下,以地下暗河的形式排泄。

3)落水洞。区内落水洞形态不一,多呈竖井状、溶隙状,主要沿断裂面形成。平面上常呈长条形、漏斗形或不规则形。深度不等,一般可见深度10~30m,多分布于溶蚀漏斗底部或溶蚀洼地边缘和溶蚀槽谷中,其下常与暗河或岩溶管道相连。

4)溶洞。区内地下溶洞规模大小不一,一般洞径3~5m,大者10~20m,洞口多呈穹形、扇形或不规则形,常成为暗河或局部地段地下水的排泄通道。

5)岩溶管道系统。区内发现管道系统5个,为三友坪、枝柘坪、渔泉湾、龙潭坪、灰溪坪,分布于河谷两岸,出口洞径5~10m,洞内有地下水流出,一般流量较大,流量大小受季节性影响明显。

(2)岩溶发育的控制因素。

地下岩溶洞穴是地下水作为营力对可溶岩作用改造的结果。影响二者相互作用强度的因素对地下岩溶洞穴的发育特征均具有一定的控制作用。如气候决定的降雨和植被,构造类型、构造部位及构造所决定的地下水边界类型和裂隙介质的导水性,地表水系的切割程度及与其相关的地下水径流交替强度,岩石类型及其所决定的溶蚀难易程度,这些因素都在不同程度上以直接或间接的形式对岩溶洞穴的形成起到控制作用。

1)构造。褶皱构造的核部及转折端常是岩溶发育的部位,特别是背斜核部,在两翼边界作用下往往形成地下水相对集中的地带,而且在核部一般形成宽度长度较大的裂隙,并使层面裂隙张开,边界条件和介质渗透性的共同作用形成轴向地下水强径流通道,且其地表易剥蚀出槽谷等负地形,有利于地表水流汇集,提供集中渗入补给条件。

2)岩性及岩层组构。岩性不同的岩石在地下水作用下的可溶性不同,一般来讲,成分愈纯的碳酸盐岩其岩溶洞穴愈发育。

岩组类型一般通过影响水流的相对集中程度,在局部形成地下水强径流地段而控制洞穴的形成部位。如隔河岩坝区右岸,许多比较大的洞穴都出现在石龙洞组灰岩与其上覆隔水层的交界处;水布垭地段,也多是沿不透水的软弱夹层的接触带顺层分布在其上的灰岩中。

3)自然地理。清江流域属亚热带潮湿气候区,降雨量和气温对岩溶洞穴的形成有利。

4)地下水系统边界条件。地下水系统的边界条件控制地下水补给、径流、排泄的总体格架。因此，一般控制岩溶发育的总体特征，其控制作用主要表现在两个方面。

其一，控制大型暗河或管道的总体走向。地下水总是从补给区指向排泄区，而洞穴作为地下水运动过程控制改造而成的通道，一般也总是从地下水的补给区指向排泄区。

其二，通过四周边界的组合使地下水流场在有些部位相对集中，形成有利于岩溶发育的强径流通道，形成岩溶发育的优势部位。如向斜、背斜集水构造的核部总是大型暗河或管道通道经常出现的场所。

(3)岩溶形成的水动力模式。

岩溶洞穴发育演化的过程是可溶岩在地下水作用下的分异过程。在地下水边界和介质的控制下，地下水能否形成高度汇集的强径流带或强径流区，是能否形成大型岩溶洞穴或暗河管道的关键。那些由于边界和介质的作用存在强径流带的岩溶地下水系统，一般能够形成大的岩溶洞穴。相反，那些地下水在系统内平均分布的岩溶水系统很少能发育大的洞穴和暗河。因此，根据地下水径流在空间上的分布情况，可把岩溶发育的水动力场划分为汇集型和弥散型。

地下水汇集型：基本特点为边界或介质的作用形成强径流区，有利于岩溶的分异和演化。常见形式为边界汇水(典型例子见大龙坪、偏岩子)，边界和介质共同汇水(典型例子见白果坝、半峡)，介质汇水(典型例子见隔河岩左岸和右岸)。

地下水弥散型：基本特点为不存在地下水强径流区，不利于大型洞穴的发育。常见形式为边界的形态和介质的水力特征均不利于地下水汇集(典型例子见津洋口附近茅坪清江北岸)。

(4)岩溶发育规律。

本区岩溶具有裸露型和埋藏型、垂直状和水平状、贯通式或单独个体等多种形态类型，是可溶碳酸盐岩经水长期作用(溶蚀及冲蚀)的结果。本区岩溶的发育亦符合岩溶发育的一般规律，即岩溶的发育与分布受到构造、岩性及岩层组构、自然地理、地下水系统边界条件、径流条件等诸多因素的综合影响与制约，使得本区碳酸盐岩分布区各可溶性地层之间以及同一可溶性地层内的岩溶存在很大的差异和不均一性。

根据本区岩溶受诸多因素影响和制约所表现出的发育程度的很大差异和不均一性，可归纳为以下发育特征和分布规律。

1)由于寒武系三游洞、黑石沟、石龙洞，奥陶系南津关、红花园以及二叠系的茅口、栖霞等岩组的石灰岩地层岩质较纯，单层较厚，在其他条件相同或相似情况下与其他碳酸盐岩地区相比较，则上述各层的岩溶发育程度要强烈得多。上述地层不仅发现的岩溶数量多，规模大，而且还发育有岩溶通道系统；寒武系上峰尖组、水井沱组，奥陶系大湾组，震旦系陡山沱组等碳酸盐岩地层含较多泥质或炭质且单层厚度一般较小，岩石可溶性差和透水性较差，故岩溶不发育；其他各碳酸盐岩地层一般含少量泥质或其他杂质以及岩性组合较为复杂，其可溶性和透水性介于前两类地层之间。

2)本区岩溶具有沿断裂和沿层面发育的特点。

3)河谷地带水流的侵蚀作用和卸荷作用强烈，地下水活动加强，交替频繁，常形成一定宽度的强烈卸荷与强烈溶蚀带。远离河谷的强岩溶地带，则易形成埋藏很深的较大规模的岩溶通道系统。

4)在近河谷地带，沿主要可溶性地层顶部集中发育岩溶的现象相当明显。

第二节 库岸滑坡、危岩体

一、滑坡、危岩体分布及发育规律

1. 滑坡、危岩体分布

水库两岸分布滑坡、危岩体、变形体 57 个，总体积 26 493.5×10^4 m^3。其中水库（除库尾）滑坡、危岩体 44 个，体积 23 915×10^4 m^3；库尾（水布垭坝区）滑坡、变形体 13 个，体积 2 578.5×10^4 m^3（见图 3-2-1）。

其中滑坡、变形体 52 个，体积 24 817.5×10^4 m^3；危岩体 5 个，体积 1 676×10^4 m^3。所有滑坡、危岩体、变形体均分布在距离隔河岩大坝 23km 以远的水库干、支流两岸，近坝地段无滑坡、危岩体分布。

2. 滑坡、危岩体发育规律

本区滑坡的形成主要受地形、岸坡结构、岩性和气候四个因素的控制。

(1)地形条件。

从库岸滑坡的分布特点来看，在河谷深切狭窄、岸坡陡峻的河谷边坡地段，滑坡发育，分布密集。反之，在河谷开阔、岸坡和缓的河谷边坡地段滑坡不甚发育。如石板溪至资坵库段，河谷宽仅数十米（苞王沱、石板溪页岩展布区除外），由灰岩组成的岸坡高达 400～1 000m，30km 的库段分布大中型滑坡 22 处，占全库段滑坡总数的 65%，线密度 0.72 处/km（包括两岸）。

(2)岩性组合。

地层岩性一方面制约着地形地貌的形态，同时滑坡的形态与发展及其活动方式也受控于软弱岩石。在滑坡发育的岸坡地段，往往岸坡下部为页岩或泥灰岩构成的缓坡，由坚硬灰岩或石英砂岩构成的岸坡上部则形成陡崖。水库中段右岸渠溪至孙家坡、湾底至塔池河等边坡地段，岸坡下部为三叠系下统大冶组（T_1d）下部薄层泥质灰岩夹页岩，岩性较软，易风化剥蚀而形成缓坡。岸坡上部主要为岩性较坚硬的三叠系下统嘉陵江组（T_1j）中至厚层灰岩、白云质灰岩组成，形成数百米至近千米的陡崖。

在岩层走向与河谷正交或斜交，页岩与灰岩地层构成的边坡坡段，也往往在页岩、砂岩、泥岩一侧形成缓坡，在坚硬灰岩一侧形成垂直于河谷走向高达百余米乃至数百米的陡崖。水库中上段的青鱼洞滑坡、谢家湾滑坡、茅坪滑坡和水库尾部的大岩淌滑坡均属此种情况。滑体均位于砂页岩、泥灰岩一侧缓坡上，东侧或西侧由二叠系下统栖霞组（P_1q）和茅口组（P_1m）灰岩，或者上统长兴组（P_2c）含燧石灰岩构成的陡崖。

松散堆积土石层和基岩岩体的变形破坏及其滑移方式也明显与岩性相关，松散堆积层滑坡往往沿其底部的页岩、炭质页岩软弱层面倾向或者层面的视倾角方向失稳下滑，如茅坪滑坡、沿乡溪滑坡等。基岩岩体均沿页岩和炭质页岩软弱结构面下滑。如覃家田滑坡和岩松坪滑坡等，它们分别沿三叠系下统大冶组下部薄层灰岩夹页岩的页岩界面与泥盆系上统黄家蹬

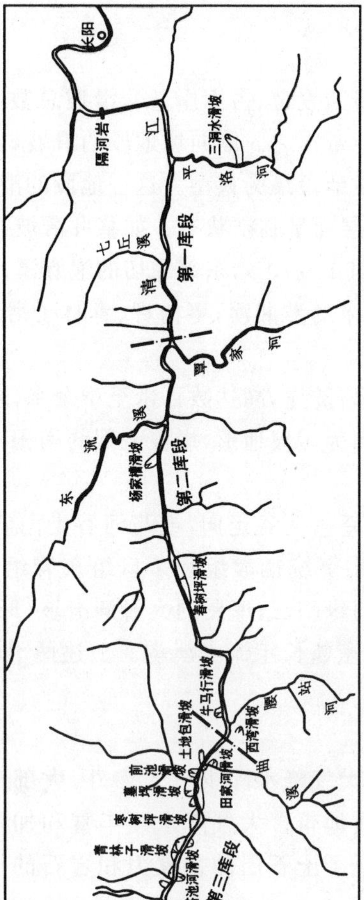

图 3-2-1 清江隔河岩水库滑坡、危岩体分布示意图

组(D_3h)的砂页岩界面顺层面倾向下滑。

(3)岸坡结构。

基岩滑坡以岩层倾向河床的顺向岸最为发育，占库岸基岩滑坡总数的75%。堆积层滑坡则以斜向和横向谷坡相对发育。顺向坡地带次之。顺向坡地段的滑坡，往往一侧临崖，一侧临溪，前缘临江，以清江左岸资坵至偏山岸坡地段最为典型。这一地段的滑坡，背后临崖，东侧或西侧临溪，岩层倾角30°～40°，倾角缓，岩层面呈临空状态。如墓坪滑坡，滑体后缘为三叠系下统大冶组薄层泥质灰岩形成的陡崖(坡角50°～70°)，东邻深切的泡麻溪；淋湘溪滑坡后缘为二叠系上统长兴组灰岩陡崖，西邻深切近百米的淋湘溪；枣树坪、青林子滑坡西侧和东侧均临长年流水溪沟。

逆向坡地段的滑坡，后缘或两侧为灰岩陡崖，高达数百米至千余米，岩层倾角缓，在裂隙切割下易于沿层面产生崩塌解体。岸坡下部为缓坡地形，岸坡上部的崩积碎块石堆积其上，为嗣后的滑坡形成奠定了物质基础。

斜向或横向谷坡地段的滑坡，一侧为垂直河谷走向，或与河谷走向斜交的陡崖，另一侧邻溪，前缘邻江。如茅坪滑坡，东侧为二叠系下统栖霞组和茅口组灰岩组成的陡崖，高1 500m以上，西侧以深切百余米的茅坪溪为界，前缘临江；库尾的大岩淌滑坡(38号)西侧为石炭至二叠系下统白云质灰岩和灰岩组成的陡崖，东邻长年流水溪沟。上述两滑坡的地质结构与岸坡结构完全类似长江新滩滑坡。

(4)气候条件。

水库区内，降水量充沛，雨量集中。大气降水除少量入渗外，大部分形成面流冲刷改造边坡，并携带大量的土石碎屑堆积于缓坡地带。大气降水还丰富和加强了地下水对堆积黏土层和基岩软弱带的溶滤软化，从而降低了土石层的黏聚力和岩石的抗剪度而导致边坡的失稳。

综上所述，水库区滑坡的形成与所在岸坡的地形、岩性、岸坡结构，降雨量等诸因素密切相关，它们共同制约着滑坡的形成与发展。

二、滑坡类型及特征

1. 基岩滑坡

按其岩体活动方式，划分为基岩顺层滑坡和基岩切层滑坡两类。

基岩顺层滑坡一般发育于河谷深切，岩层倾向河床且倾角缓的陡崖地段。如天池口滑坡，岩层倾向白炭河，倾角10°～14°，岸坡倾角40°～45°；窑湾滑坡，岩层倾角17°，临江坡角达70°；基岩切层滑坡往往发育于逆向坡一侧，前缘边坡高陡、岩体沿倾向河床的缓倾断裂面滑移座落形成。如杨家槽滑坡上部基岩座落体的形成即属此种情况。也有形成于顺向坡岸一侧的情况，如春树坪滑坡，地层倾向清江河床，且倾角较陡，一般情况下岸边稳定性较好。而该滑坡岩体是在倾向清江河床的缓倾角断裂结构面临空的情况下，沿裂面下滑而形成的。

基岩顺层滑坡带多为软弱页岩或泥岩组成，带宽0.5～2.4m，滑床(滑动底界面)为坚硬的灰岩或砂岩。如天池口滑坡，滑带为二叠系上统大隆组(P_2d)炭质页岩与薄层灰岩组成，滑体北侧底界面(滑床)二叠系上统长兴组燧石灰岩层面上保留有倾向白炭河河床的大片擦痕；窑湾滑坡和岩松坪滑坡分别发育于二叠系上统龙潭组(P_2l)页岩、泥灰岩、炭质页岩以及泥盆系上统(黄家磴组、写经寺组)砂页岩互层的层位中,滑带为页岩或泥灰岩。

2. 堆积层滑坡

物质组成特点:该类滑坡主要由第四系崩坡积土夹碎块石或碎块石夹土组成,分布于岸坡陡崖下,或者横向谷坡的陡崖一侧。结构松散,局部具架空结构,亦有个别由河谷阶地砂砾黏土层滑移堆积而成。如覃家田滑坡中上部,滑坡物质以河流冲积砂砾石与崩坡积或洪积物混杂为其特点。

结构特点:在平面上,滑体物质具有明显的分带性。滑体前缘与后缘,往往堆积碎石或巨大块石,具架空现象;在斜坡地带,一般以碎块石夹土为主,局部为土夹碎块石;在空间上,据杨家槽滑坡与覃家田滑坡钻孔以及坑槽和公路开挖剖面揭露,表层0~2m为黏土、亚黏土或者壤土夹碎石碎屑。向下多以碎块石夹土为主,亦有局部以黏壤土为主夹碎块或者灰页岩碎屑,在深部的黏土含灰页岩碎屑多为滑带层位。

三、滑坡、危岩体的规模分级与综合分类

1. 水库滑坡、危岩体的规模分级

水库57处滑坡、危岩体、变形体按规模分级:大于1 000×10^4m^{3}的滑坡、危岩体,6个;(100~1 000)×10^4m^{3}的滑坡、危岩体,31个;小于100×10^4m^{3}的滑坡、危岩体,20个。

2. 水库(除库尾)滑坡、危岩体的综合分类

水库(除库尾)44处滑坡、危岩体(根据其稳定性、危害性、重要性)可分为三类(见表3-2-1)。

第一类(Ⅰ):稳定性很差。此类只有1个滑坡和1个危岩体,即青鱼洞滑坡和渔辛寺危岩体。该类滑坡危岩体在水库蓄水以前的自然状态下,已处于不稳定状态,水库形成后将加剧其变形过程,必然导致滑体的全面解体,已无勘察和监测的必要,滑体上的居民及其公共设施均应撤出。

第二类(Ⅱ):规模大或居民点集中或稳定性差,失稳危害大。此类共有10个滑坡和2个危岩体,一旦失稳,对水库都可能构成重要事件。

$Ⅱ_1$(最重要的)亚类:属于此类的有杨家槽、茅坪、覃家田、枣树坪、墓坪5个滑坡和白岩、康岩屋2个危岩体。

$Ⅱ_2$(重要的)亚类:属于此类的有沿乡溪、西湾、三洞水、青林子、塔池河5个滑坡。

第三类(Ⅲ):稳定性相对较好或危害不十分严重。此类共有28个滑坡和2个危岩体。

3. 库尾滑坡、变形体概况

隔河岩水库库尾滑坡、变形体13处,体积2 578.5×10^4m^3。因库尾滑坡变形体处于库尾段,其受库水的影响有限。但由于处在水布垭坝址区,对水布垭的建设以及坝区的施工、运行,关系重大。因此,将库尾滑坡、变形体单独列出,见表3-2-2。

表 3-2-1 清江隔河岩水库滑坡综合分类表

重要性分类			名称	规模（×$10^4 m^3$）	居民 户	居民 人	地质勘察研究程度	监测
第一类（Ⅰ）	稳定性很差		青鱼洞滑坡	210	14	51	稳定性很差，不作研究	只作地质巡视
			渔辛寺危岩体	50	渔桃公路通过			
第二类（Ⅱ）	规模大稳定性差或居民点集中失稳危害大	$Ⅱ_1$（最重要的）	杨家槽滑坡	880	近千人		均进行了地质勘探。杨家槽滑坡进行了防护方案研究与治理	均布设了地表形变监测网与埋设了倾斜仪进行监测。白岩危岩体地表裂缝布置裂缝计监测
			茅坪滑坡	2 350	72	230		
			白岩危岩体	1 500				
			覃家田滑坡	611	3	12		
			康岩屋危岩体	108				
			枣树坪滑坡	2 424	49	121		
			墓坪滑坡	2 124	12	51		
		$Ⅱ_2$（重要的）	沿乡溪滑坡	750	14	60	沿乡溪滑坡、西湾滑坡、三洞水滑坡、塔池河滑坡进行过地质勘察，青林子滑坡做过地质调查	沿乡溪滑坡布设了地表形变监测网，其余滑坡靠地质巡视及当地居民的群测群防
			西湾滑坡	107	200余人			
			三洞水滑坡	1 200	数百人			
			青林子滑坡	960	31	123		
			塔池河滑坡	400	28	123		
第三类（Ⅲ）	稳定性相对较好或危害性不十分严重		春树坪滑坡	520	23	122	该类滑坡在水库蓄水前进行了一般性地质调查，无重大变形者，不进行深入研究 天池口滑坡、淋湘溪滑坡、前池滑坡在水库运行期出现局部变形，相继进行了地质勘探与稳定性研究	目前靠当地居民的群测群防
			牛马行滑坡	120	8	26		
			田家河滑坡	72	8	34		
			土地包滑坡	60	9	32		
			前池滑坡	284	数十人			
			龙湾滑坡	350	12	42		
			长安寺滑坡	140	8	28		
			淋湘溪滑坡	1 200	29	97		
			偏山滑坡	970	30	130		
			谢家湾滑坡	120	14	68		
			天池口滑坡	3 200	40	170		
			石板沱滑坡	200	17	62		
			上石板沱滑坡	135	4	11		
			田家屋场滑坡	75	5	16		
			锁凤湾滑坡	240	6	25		
			芭王沱滑坡	270	10	49		
			窑湾滑坡	50	7	30		
			小花坪滑坡	75	11	37		
			大花坪滑坡	180	15	56		
			岩松坪滑坡	870	45	198		
			大河坡滑坡	280	8	37		
			张家口滑坡	112				
			孙家坡滑坡	90	3	15		
			糖铺子滑坡	60	5	20		
			覃家屋场滑坡	80	6	23		
			四杨溪滑坡	260	16	66		
			渔峡口滑坡	150	5	25		
			小台子上滑坡	60	5	19		
			青林子危岩体	10				
			风洞危岩体	8				

表 3-2-2 隔河岩水库库尾(水布垭坝区)滑坡、变形体统计表

滑坡、变形体名称		前缘高程(m)	后缘高程(m)	体积($\times 10^4 m^3$)	类型	稳定性	主要特征	处理措施	监测布置
大岩淌滑坡		205～210	430	588	基岩微顺层型	基本稳定	平面形态呈一长形的喇叭形,圈椅状地形特征明显,由主滑体及东、西两级次滑体组成,结构较复杂。滑体厚度一般 25～40m,最厚约 64.8m。下伏基岩为泥盆系地层,属视顺向坡结构	整治包括地表防渗排水、地下排水、护岸等措施。在 3 号路上下布置 4 排抗滑桩,共 69 个,桩间距 10m,桩径3.5m,锚固段 9m,地下设排水廊道,包括 4 条排水支洞和 1 条排水主洞,线路总长 1 229.4m	内观:3 号,4 号试验桩内设渗压计。没有布置外观
台子上滑坡		205～210	488	780	基岩斜顺层型	基本稳定	滑体后缘圈椅状地形特征不明显;滑体厚约 35～40m,最厚约 53m,滑体物质组成主要为半解体大块体的大块石、块石夹碎石、碎屑土,滑床岩体为志留系纱帽组地层,属视顺向坡结构	由于 3 号路的修建,使台子上滑坡前缘局部复活,在滑坡前缘设置挡土墙及护岸。地下设排水廊道,包括 3 条支洞、1 条主洞,线路总长 1 007.7m	内观:测斜孔 9 个,渗压计 14 个。外观:监测标墩 10 个,毁坏 1 个,临时监测点 8 个
大桥斜坡堆积体		215	405	89	堆积层	基本稳定	滑体周边有明显的滑坎,滑坡后缘呈不规则弧形特征,平均厚约 21m,最厚 64m。可分为主滑坡区、下滑区及后部牵引溯源区。主要为块石、碎石夹黄色黏土,下伏基岩为志留系砂页岩	前缘护岸,在 3 号公路内侧作高挡墙、土锚、格构梁,梁间植草坪护坡	没有布置
古树包滑坡	后部牵引溯源区	430	490	33.6	堆积层	治理后稳定	滑体周边有明显的滑坎,滑坡后缘呈不规则弧形特征,平均厚约 21m,最厚 64m。可分为主滑坡区、下滑区及后部牵引溯源区。主要为块石、碎石夹黄色黏土,下伏基岩为志留系砂页岩。为视顺向坡	在后缘采用地面砼格构梁+普通砂浆锚杆的方式进行加固,格构锚在 400m 高程以上,分三块布置,砼格间种草护坡	外观:变形监测点 18 个。目前还没有布置内观
	上滑体	295	430	120				上滑体中前部 339～340m、370m 高程布置 2 排 27 个抗滑桩,桩径 3m,间距 7～10m。上滑体东侧做挡土墙,地表做格构梁	
								下滑体进行压脚,地表做格构梁,格构之间植草护坡	
	下滑体	220	295	19.9				地表滑坡四周设有排水沟,7 条横向排水沟,地下设有排水洞,2 条排水支洞,1 条排水主洞,线路总长 719m	

续表 3-2-2

滑坡、变形体名称		前缘高程(m)	后缘高程(m)	体积($\times10^4m^3$)	类型	稳定性	主要特征	处理措施	监测布置
五姓坡变形体		350	442	8.4	堆积层	稳定性差	待勘察	未进行勘探	没有布置
庙王沟滑坡		220～225	306～325	124	堆积层	局部不稳	待勘察	未处理	没有布置
瓦屋场滑坡		196～203	280～287	30	堆积层	局部不稳	平面上呈一"靴状",呈陡—缓—陡的地形特征。滑体厚11.2～24.2m,物质为棕黄色黏土夹碎石碎屑及块石夹少量黏土层。由于房建引起1号公路大范围的变形	周边设有排水沟,设1排抗滑桩及扶壁柱	3个测斜孔,在抗滑桩中布设渗压计及钢筋计
打磨沟变形体		226	297	7.6	堆积层	稳定性差	平面似喇叭状,变形体厚一般10～15m,平均约12m,变形体裂缝发育,周边裂缝接近贯通,成弧形,在2002年雨季变形体前缘发生了崩滑	在地表设有排水沟,在已崩滑部分的前缘地表设砼格构梁,格构之间植草坪	3个测斜孔,在抗滑桩中布设渗压计及钢筋计
郑家坡崩塌体		240～242	285～287	6.3	堆积层	稳定性差	后缘呈圈椅状明显,平面上呈喇叭状。平均厚约11m,后部还存在大量的第四系巨厚残坡积层堆积体,面积为7 566m^2,厚度平均约17m,体积约13$\times10^4m^3$,为块石、碎块石夹黏土层	周边设有排水沟,1号公路加高挡土墙	没有布置
丁家坡不稳定斜坡		220	315	4.2	堆积层	稳定性差	待勘察	未进行勘探	没有布置
马岩湾	马岩湾滑坡	200～205	200～205	170	堆积层	临界稳定	由东西两区构成,滑体一般厚20～30m,最厚47m,马岩湾滑坡前缘呈弧形凸出,滑体中部凸起,两侧低缓。物质主要为块石、碎石夹黏土及砂、页岩大块体、块石、碎石夹黏土。西侧为一深槽	周边设有排水沟,在高程320～325m和300m高程共布置2排37个抗滑桩,设1条排水洞	内观:测斜孔3个,内设渗压计3个。试验桩2-9、2-14桩内设钢筋计,渗压计。未布置外观
	马岩湾后缘堆积体	385	540	200	堆积层	局部不稳定	物质成分主要为黄色黏土夹灰岩、砂岩块石、碎块石		

续表 3-2-2

滑坡、变形体名称		前缘高程(m)	后缘高程(m)	体积($\times10^4m^3$)	类型	稳定性	主要特征	处理措施	监测布置
沈家坡	沈家坡变形体	325	390	19	堆积层	稳定性差	2号公路开挖出现上东宽西窄的拉裂缝,外侧坡体有明显下沉现象。由页岩、砂岩碎石组成,西侧下部有架空状的砂、页岩块石	在405～415m高程处已布置完成34个抗滑桩,每个抗滑桩上加预应力锚索,锚固段8～10m。在地表布置有排水沟	内观:4个测斜孔;在13号抗滑桩内设渗压计。没有布置外观
沈家坡	沈家坡变形体堆积体	325	480	49	堆积层	稳定性差	前临公路边坡及大沟,北侧以黄花包至砂包岭为界,南侧被闹子岭陡坡环抱;平均厚约12m,体积$49\times10^4m^3$		
水井坪	水井坪滑坡	260～270	400～410	91	堆积层	稳定性差	平面上呈一"喇叭"形。滑体一般厚10～25.5m,最厚30m,滑坡分为滑体上部和滑体下部两部分,物质成分主要为碎块石层。下伏基岩为志留系砂页岩,为斜向坡	设抗滑桩、土锚及排水洞	没有外观,在抗滑桩中布设渗压计及钢筋计,周边设排水沟
水井坪	水井坪滑坡后部堆积体	410	510	65	堆积层	稳定性差	厚约15～25m,从410～438m高程地表坡度为37°,高程438m以上公路盘旋而上,地表坡度21°。438m高程以上,地表相对平缓,居住有较多的新移民		

第三节 典型滑坡

一、茅坪滑坡(含白岩危岩体)

1. 茅坪滑坡概况

茅坪滑坡位于清江左岸，下距隔河岩大坝 66km，上距水布垭坝址 25km。茅坪滑坡(含白岩危岩体)体量巨大，其稳定性变化对大坝和水库安全运行存在潜在危害，因此受到高度重视。

滑坡前缘高程 150～160m，后缘高程 570m，滑体一般厚 35～65m，最厚 86m，体积 2 350×$10^4$$m^3$。

滑体上层以灰岩块石为主的块石碎石土层，为二叠系下统栖霞组的灰岩、炭质泥灰岩破碎而成，为强透水层，结构较松散，一般厚 30～40m；下层以页岩、黏土岩碎屑土为主，该层上部为二叠系下统马鞍组页岩、煤层、石英砂岩与石炭系中统黄龙组白云质灰岩破碎而成(含有少量具层序的石英砂岩大块体)，该层下部为泥盆系上统写经寺组页岩、黏土岩、泥灰岩破碎而成，底部滑动带物质多为紫红色黏土夹碎石碎屑。为弱透水层，该层结构较松散，厚 20～30m。

茅坪滑坡为顺层基岩滑坡。滑床基岩为泥盆系黄家磴组砂页岩。

2. 茅坪滑坡地表变形迹象的发展过程

1993 年 5～6 月，前缘临江平台上多间民房墙体出现细小的裂缝，粮站大院内地表出现一条长 10m、宽 2～3mm 的地表裂缝；当年 9～12 月份，房屋墙体上的裂缝和粮站地面裂缝均有扩展，茅坪街又新出现多条地面裂缝，临江一带的房屋墙体也出现新的裂缝，特别是平台临江房屋有下沉与错位现象。

1994 年，除临江平台上茅坪街地表裂缝与墙体裂缝继续发展外，滑体中段也出现地表裂缝和房屋墙体开裂现象。如 4 号孔处出现一条地表裂缝，穿过 4 号孔并向两端延伸。1994 年 9 月 21 日，在 4 号孔进行倾斜仪观测时，因滑动面处的变形过大，探头下到孔深 47.5m 处被卡。

1995 年初，滑体变形明显，整个茅坪小村房屋普遍开裂、变形，地面出现大量裂缝，已无法居住，春节前农民全部迁出。滑坡体上的水田已无法储水，水从裂缝处向下渗漏，裂缝用土石填实后又被拉开。

1996 年地表变形更加明显，原有的地裂缝与墙体裂缝继续扩展。滑体中段的 4 号孔处，7 月上旬暴雨后，西侧一家农户的房屋墙体的裂缝加宽到约 30cm，地基下沉 10～20cm。

1997 年以后，滑体上地表与房屋墙体裂缝继续呈发展的趋势。

2002 年 8 月 24 日凌晨 1 时 15 分，位于清江隔河岩水库左岸的白岩危岩体发生了一次 6×$10^4$$m^3$的岩崩，巨大的灰岩块石从相对高差 200m 的崖壁倾泻而下，呈舌形堆积在处于其下方的茅坪滑坡上段 520～560m 高程一带。岩崩发生后至 8 月 26 日，由于受崩塌下来的块石冲击，滑体中、上段地表出现了许多新的变化：高程 485m 一带出现一条长数十米的地裂缝，地裂缝呈跌坎状，跌坎高 1m；高程 460m 处覃好满的一幢土木平房已严重开裂并向后倾斜，屋前场地西侧见地裂缝，缝宽 3～5cm，向坡外下座 20～30cm，屋后 3m 的陡坎处，土石体向外挤出；高程 470m 处一座砖窑垮塌掉了一半；高程 400～520m 范围内，地表出现较多宽 1～3cm 的地裂缝。

3. 茅坪滑坡深部变形监测成果

在 1993 年初水库蓄水以前，利用 1、2、3、4 号小口径钻孔埋设倾斜仪，对深部的变形进行监测。几年来监测结果表明，各孔均有滑面存在：1 号孔的滑移面位于孔深 63～64.5m 处，2 号孔的滑移面位于孔深 35～36 m 处，3 号孔的滑移面位于孔深 63～64m 处，4 号孔的滑移面位于孔深 47～48.5m 处。

4. 茅坪滑坡地表变形监测成果

茅坪滑坡上布设位移监测点 8 个（图 3 - 3 - 1），即 EJ8、EJ9、EJ10、EJ11、EJ12、EJ13、EJ14、EJ15。自 1993 年 3 月至 2004 年 8 月，历时 11 年的滑坡地表变形监测结果表明，滑体上 8 个监测点向清江方向累计平面位移量已达 1 116.58～2 747.1mm，滑体上各监测点累计位移量见表 3 - 3 - 1。

表 3 - 3 - 1　茅坪滑坡 1993 年 3 月至 2004 年 8 月各监测点累计位移值表

点　名	平面位移（mm）	垂直位移（mm）	空间位移（mm）	备　注
EJ8	2 747.1	185.5	2 753.3	
EJ9	1 911.6	24.1	1 911.7	
EJ10	1 265.08	217.6	1 283.66	
EJ11	1 180.29	100.0	1 184.52	
EJ12	1 418.68	548.4	1 521.88	
EJ13	1 113.34	85.1	1 116.58	
EJ14	1 275.4			
EJ15	2 547.84			

注：平面位移向清江方向为正，垂直位移下沉为正，空间位移向清江方向为正。

茅坪滑坡监测点平面位移、垂直位移、空间位移过程曲线见图 3 - 3 - 2、图 3 - 3 - 3、图 3 - 3 - 4。

从茅坪滑坡监测点位移过程曲线可以看出，滑坡的变形已经历和正在经历的有三个变形阶段，即缓慢变形阶段、匀速变形阶段、轻微加速变形阶段（表 3 - 3 - 2）。

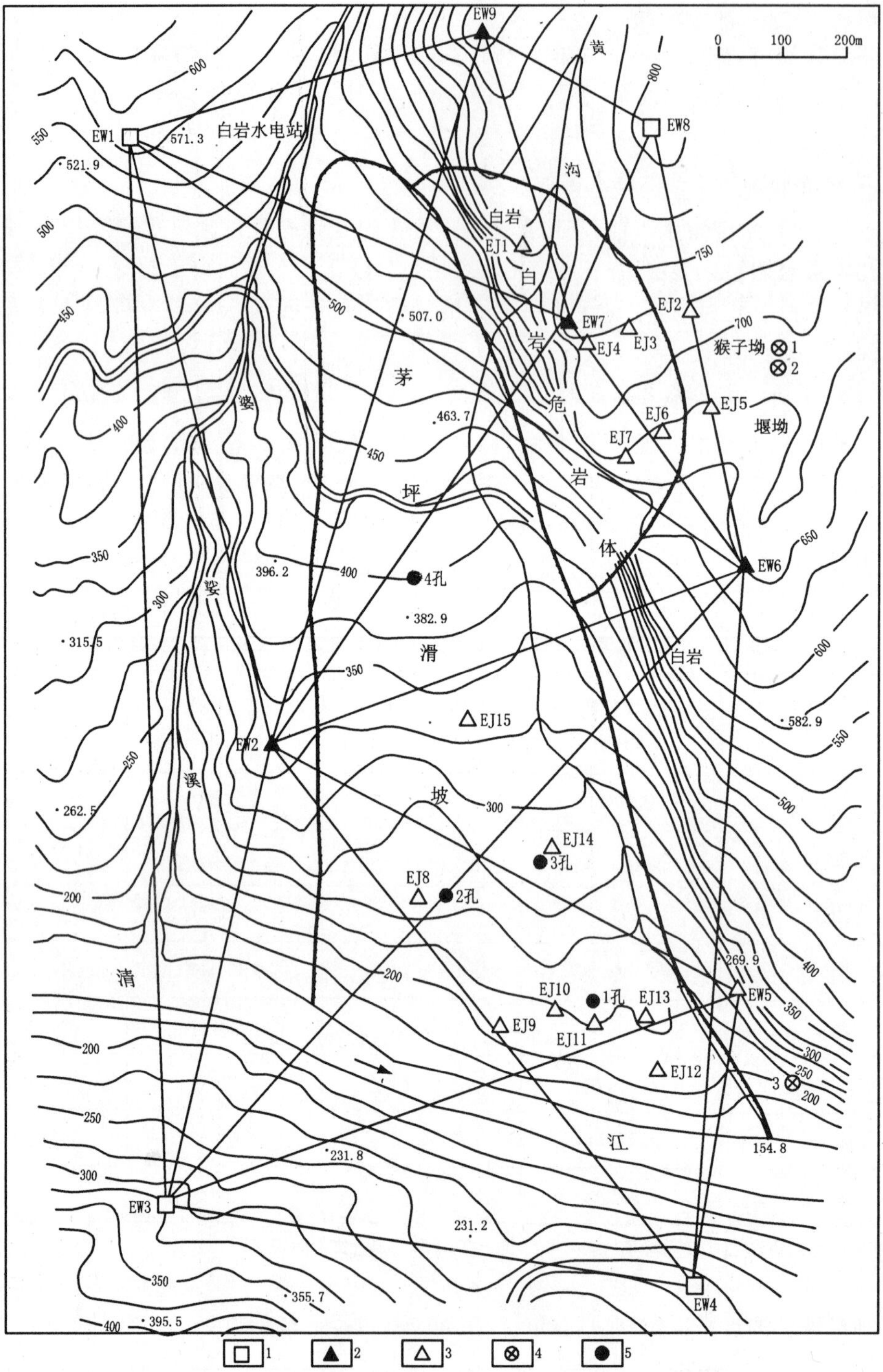

图 3-3-1　茅坪滑坡(含白岩危岩体)监测布置图(单位:m)

1. 固定点;2. 监测网点;3. 监测点;4. 水准点;5. 埋设倾斜仪的监测孔

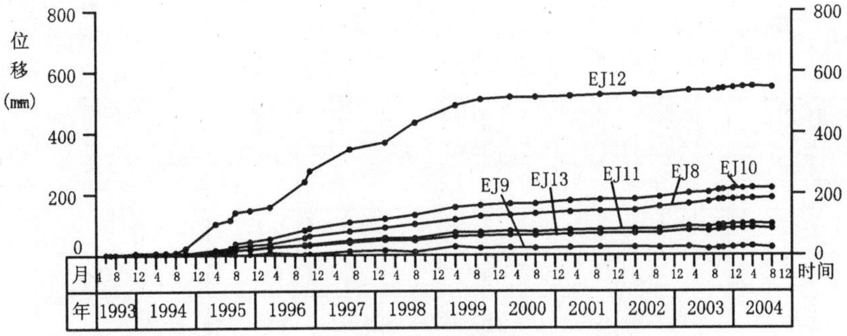

图 3-3-2　茅坪滑坡监测点平面位移过程曲线图

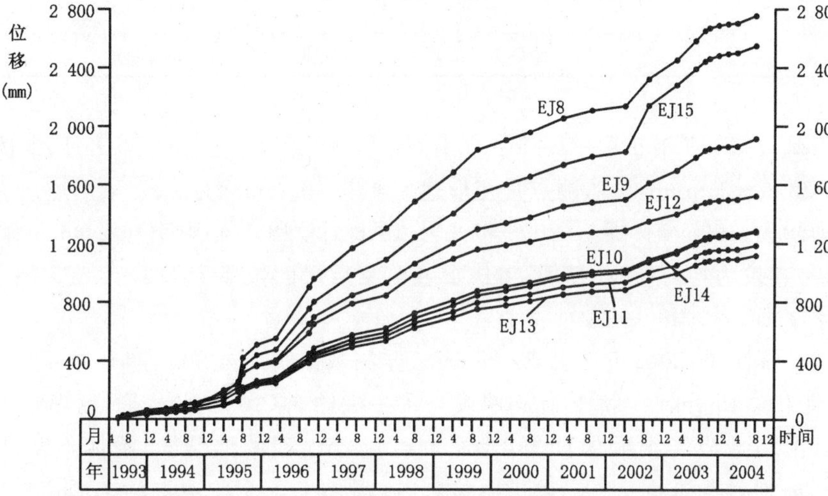

图 3-3-3　茅坪滑坡监测点垂直位移过程曲线图

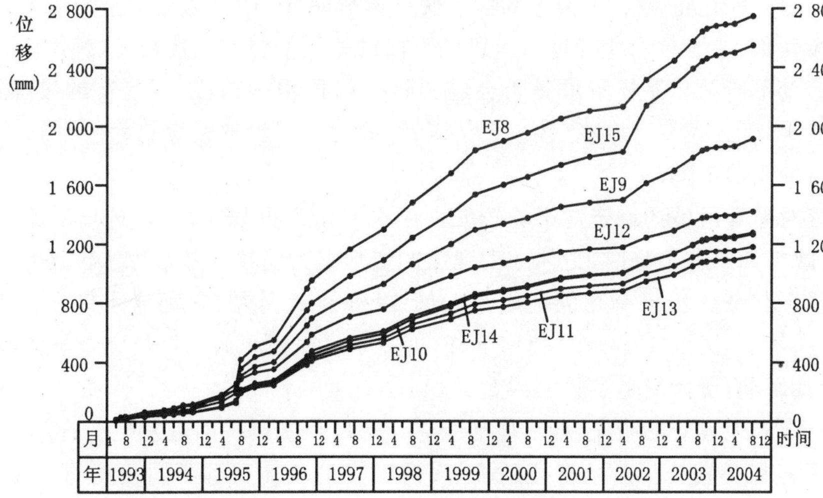

图 3-3-4　茅坪滑坡监测点空间位移过程曲线图

表 3-3-2 茅坪滑坡各变形阶段监测点平面位移与月变形速率表

点 名	缓慢变形阶段（1993 年 5 月—1995 年 7 月）		匀速变形阶段（1995 年 8 月—2002 年 8 月 23 日）		轻微加速变形阶段（2002 年 8 月 24 日—？监测成果至 2004 年 8 月）	
	平面位移（mm）	月变形速率（mm/月）	平面位移（mm）	月变形速率（mm/月）	平面位移（mm）	月变形速率（mm/月）
EJ8	255.0	9.4	1 875.5	22.3	616.6	24.7
EJ9	187.3	6.9	1 309.3	15.5	415.0	16.6
EJ10	136.8	5.1	864.7	10.3	263.58	10.5
EJ11	123.9	4.6	805.2	9.6	251.19	10.0
EJ12	208.2	7.7	968.1	11.5	242.38	9.7
EJ13	123.1	4.5	754.6	9.0	235.64	9.4
EJ14	130.9	4.8	867.7	10.3	276.8	11.1
EJ15	214.0	7.9	1 608.2	19.1	725.64	29.0

缓慢变形阶段：1993 年 5 月—1995 年 7 月，变形较为缓慢，至 1995 年 7 月，滑体上各监测点平面位移 123.9～255mm，各监测点月变形速率 4.5～9.4mm/月。

匀速变形阶段：1995 年 8 月— 2002 年 8 月 23 日，除 1995 年雨季和 1996 年雨季有突变外，变形速率一直较为均匀，在此期间，滑体上各监测点平面位移 754.6～1 875.5mm，各监测点月变形速率 9.0～22.3mm/月。

轻微加速变形阶段：2002 年 8 月 24 日—？（监测数据统计至 2004 年 8 月 4 日）。2002 年 8 月 24 日凌晨 1 时 15 分，白岩危岩体边缘发生了一次约 $6\times10^4m^3$ 的岩崩，崩塌解体后的灰岩大块石对茅坪滑坡造成了很大的冲击，地面上可见新出现的地裂缝，滑体上部增加了 $6\times10^4m^3$ 的载荷，岩崩对滑体的变形产生了明显影响，滑体上 8 个监测点的变形速率有所增大。在此期间，滑体上监测点平面位移 235.64～725.64mm，月变形速率 9.4～29.0mm/月。特别是 EJ15、EJ8、EJ9 三个监测点，由坡上到坡下变形速率明显增大，这三个监测点处在茅坪滑坡的上段和下段西部，是否预示着滑体由上段及下段的西部最终滑入清江，这种可能性较大。

快速加速变形阶段。茅坪滑坡是否会经历这一阶段滑入清江，还有待继续监测与观察。由于滑坡规模大，如果失稳，其危害性极大。因此，应对茅坪滑坡失稳的危害性予以高度重视，研究切实可行的防治方案。

库水消落对茅坪滑坡的稳定性影响较大。在水库运行过程中，通过现场勘察与调查当地居民，普遍反映在库水位下降时，滑体上表现出的变形尤为明显。从水库水位运行资料与滑体的变形迹象联系起来分析也有相同的结论。如 1995 年 7 月初，隔河岩水库在 190m 水位运行，其后水位连续 17 天以 0.76m/d 速率下降，创造了水库蓄水后高水位连续下降幅度和速率的高记录，受其影响，滑体发生了较大的变化。

一是在此期间地表变形明显，如滑坡前缘靠江边的煤炭码头附近发生土石体滑动，土石体严重地阻塞了运煤公路；滑体中、上段的 20 多户农户的墙体受到不同程度的拉裂，部分呈危房；灌溉农田水沟多处开裂，致使流水渗入地下或流向它处。

二是地表形变监测成果表明，在 1995 年 7 月份，库水从高水位大幅消落后，1995 年 8 月

25 日的监测数据较 1995 年 7 月 12 日的位移增加值有非常明显的增大(见表 3-3-3)。

表 3-3-3 1995 年 7 月库水位大幅度消落前后茅坪滑坡监测点平面累计位移值表

点 名	1995/04/29	1995/07/12	1995/08/25	1995/11/28	备 注
EJ8	177.3	255	416.8	504.7	单位:mm
EJ9	130.5	187.2	305.7	368.5	
EJ10	97.3	136.8	214.9	258.3	
EJ12	171.2	208.2	284	330.1	
EJ14	96.2	130.9	206.4	251.8	
EJ15	154.7	214	355.5	434.9	

三是从变形阶段看,1995 年 7 月库水位大幅度消落以前,滑体以缓慢变形为特点发展,但经历了 7 月库水位大幅度消落后,滑体的稳定性出现了一次明显的降低,滑体的变形由初始缓慢变形阶段进入了匀速变形阶段。

从滑体在此期间出现的变化可以看出,库水消落、滑体中地下水向外排泄时对滑体稳定性的影响是明显的。从地表出现的变形迹象、地表变形监测数据、变形阶段的演进三个方面看,都表明了库水消落对滑体稳定性的影响。库水消落幅度与速率越大,对滑体稳定性的影响也会越大。

5. *白岩危岩体概况与地表变形监测结果*

白岩危岩体位于茅坪滑坡东侧。危岩体顶面呈缓倾河床的层面坡,顶面高程 650～780m,崖脚高程 430～600m,壁高 150～250m。危岩体主要为栖霞灰岩组成,下伏马鞍煤系地层。危岩体体积 1 500×$10^4$$m^3$。

白岩危岩体主要因沿底部采煤出现采空区而引起岩体变形拉裂而形成。危岩体下伏的煤层一般厚 1.5～2.5m。解放前即有私人沿煤层采煤,但规模很小,对危岩体的稳定性没有产生大的影响。1975 年后,陆续有白岩煤矿、茅坪煤矿、村办煤矿和龙窝煤矿在此采煤(4 个煤矿设计年生产能力 4×10^4t)。后经对煤洞的调查,采空区主要集中分布于危岩体范围内。

白岩危岩体出现明显变化是 1989 年 5 月,当年人们发现在白岩顶部距崖壁 200m 处,出现了一条长 100m、宽 0.5m 的裂缝。1990 年 5 月该裂缝长增长到 150m,1991 年 7 月该裂缝长又增长到 300 余米。1992 年底,该区已形成了长 700m、宽 120～250m、体积约 1 500×$10^4$$m^3$的危岩体。

1989 年 5 月开始发现白岩危岩体的变形较为明显,1993 年初布设了地表变形监测网。危岩体上布置了 7 个监测点,其中 4 个监测点(EJ1、EJ3、EJ4、EJ7)位于大裂缝内侧的主变形区,3 个监测点(EJ2、EJ5、EJ6)位于大裂缝外侧的次变形区。

自 1993 年 3 月至 2004 年 8 月,11 年的监测数据表明,主变形区的监测点平面位移量 390.1～576.0mm,垂直位移量 247.4～501.6mm,空间位移量 461.9～691.8mm;次变形区的平面位移量 66.79～120.5mm,垂直位移量 14.1～46.8mm,空间位移量 77.14～128.4mm(表 3-3-4、图 3-3-5、图 3-3-6、图 3-3-7)。监测点位移的方向指向西侧的临空方向。

表 3-3-4　白岩危岩体 1993 年 3 月—2004 年 8 月各监测点累计位移值表

危岩体位置	点名	平面位移(mm)	垂直位移(mm)	空间位移(mm)	备注
主变形区(即大裂缝的内侧)	EJ1	576.0	383.1	691.8	
	EJ3	431.6	396.6	586.1	
	EJ4	392.87	501.6	637.14	
	EJ7	390.1	247.4	461.9	
次变形区(即大裂缝的外侧)	EJ2	120.5	44.1	128.4	
	EJ5	66.79	38.6	77.14	
	EJ6	102.11	46.8	112.33	

注:平面位移向清江上游临空面方向为正,垂直位移下沉为正,空间位移向临空方向为正。

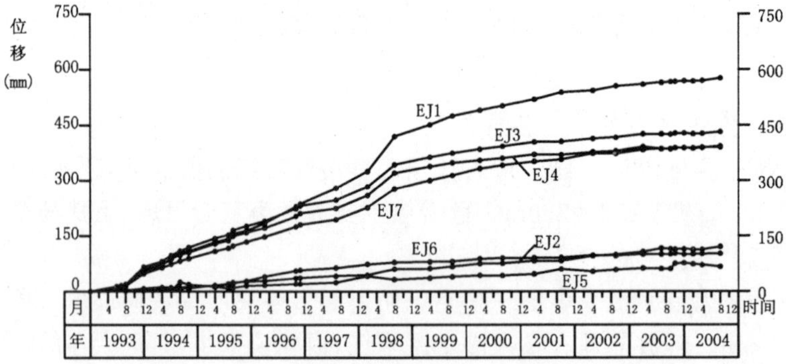

图 3-3-5　白岩危岩体监测点平面位移过程曲线图

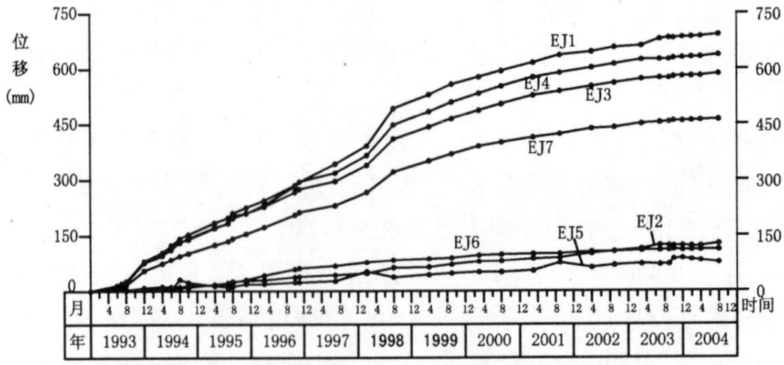

图 3-3-6　白岩危岩体监测点垂直位移过程曲线图

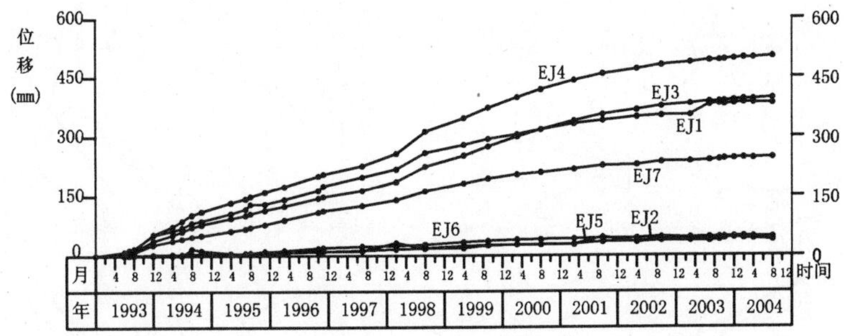

图 3－3－7　白岩危岩体监测点空间位移过程曲线图

白岩危岩体在 2002 年 8 月 24 日凌晨 1 时 15 分发生了一次约 $6\times10^4m^3$ 的岩崩，巨大的灰岩块石从相对高差 200m 的崖壁倾泻而下，堆积舌处于茅坪滑坡上段 520～560m 高程一带。早期煤洞进一步变形导致上覆岩体的进一步拉裂，是这次崩塌的主要原因。这一次崩塌进一步说明，白岩危岩体将不定期地继续下崩，直至下崩岩体的范围预测与下伏大量煤洞最后掌子面处为止。由此可以推断，茅坪滑坡将接受大量的载荷物质，后果是危险的。

6. 茅坪滑坡和白岩危岩体对枢纽工程及水库运行存在潜在危害

因茅坪滑坡、白岩危岩体的体积巨大，仍继续变形，危岩体无定时地向下崩落。自勘察以来记录到的崩塌就有 10 余次，2002 年 8 月 24 日一次下崩 6×10^4 余立方米。因此，茅坪滑坡如失稳，将会形成库中坝，对下游隔河岩大坝的安全运行和上游水布垭工程施工、运行均会产生严重的危害。因此，对茅坪滑坡和白岩危岩体要加强监测预报，并采取一定的防护治理，以保证工程和水库运行的安全。

二、墓坪滑坡

1. 墓坪滑坡概况

墓坪滑坡位于清江左岸，距隔河岩大坝 45km。滑坡前缘高程 121m，后缘高程 485m，体积 $2\,124\times10^4m^3$。因滑坡东侧有一座资坵大桥，其稳定性变化也极为重要。

墓坪滑坡上层主要为土夹灰岩块石碎石，厚约 20～40m；下层主要为灰岩大块石或似基岩块体，厚约 30～40m。

滑体范围内的东侧为徐家台变形体，前缘高程 175m，后缘高程 330m，体积 $90\times10^4m^3$。物质组成主要为土夹块石碎石，厚约 20～30m，结构松散。该变形体稳定性很差，蓄水以前地表便有变形迹象。

2. 墓坪滑坡地表变形监测成果

墓坪滑坡东侧布置了 7 个监测点（见图 3－3－8），其中 4 个监测点（BJ1、BJ2、BJ3、BJ5）位于变形体后缘以外，3 个监测点（BJ4、BJ6、BJ7）位于变形体范围以内。1993 年 3 月至 2004 年 3 月，11 年监测数据表明，变形体外围监测点变形小，位移量 43.6～78.6mm；变形体内 BJ4、

BJ6、BJ7监测点的变形较大，位移量523.0～2 065.8mm（表3-3-5）。监测点位移的方向指向清江方向。

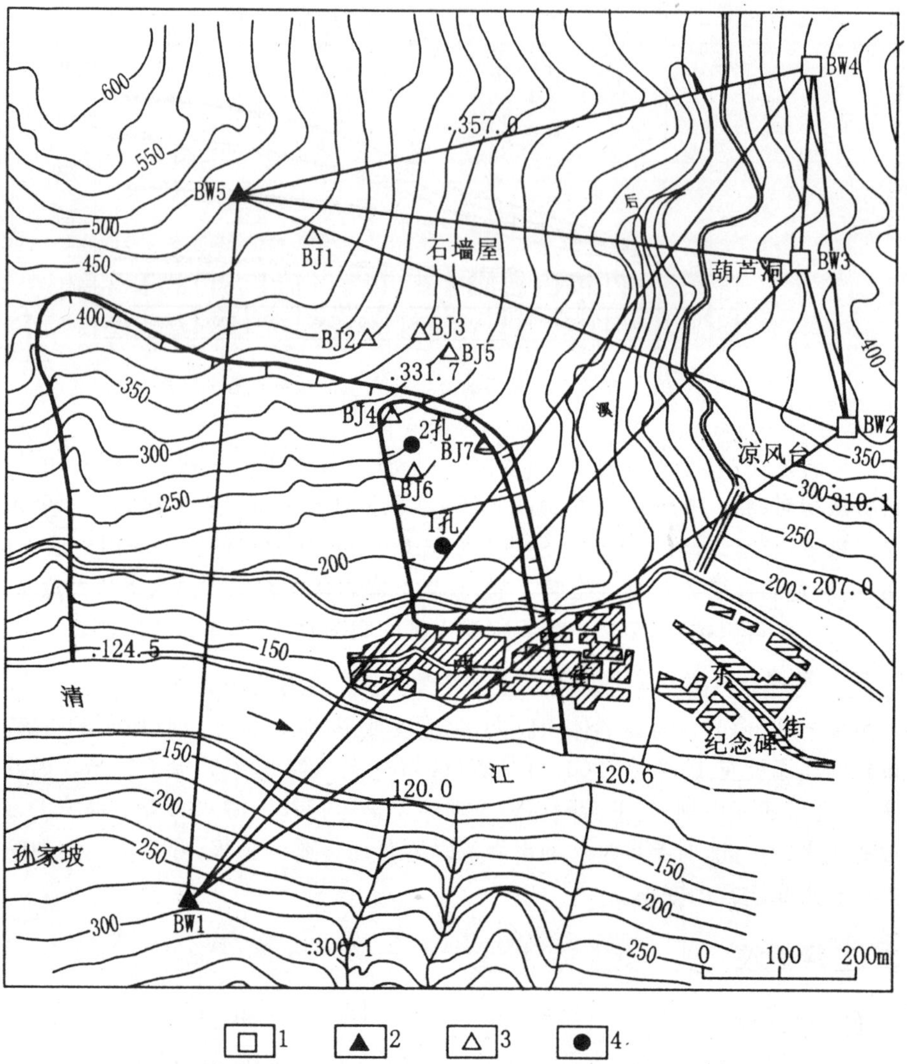

图3-3-8　墓坪滑坡监测点布置图（单位：m）

1. 固定点；2. 监测网点；3. 监测点；4. 埋设倾斜仪的监测孔

表3-3-5　墓坪滑坡1993年3月—2004年3月各监测点累计位移值表

点　名	BJ1	BJ2	BJ3	BJ4	BJ6	BJ7	备　注
平面位移（mm）（向清江方向）	43.6	78.6	52.0	523.0	2 065.8	531.2	

注：平面位移向清江方向为正。

各监测点平面位移过程曲线见图 3－3－9。

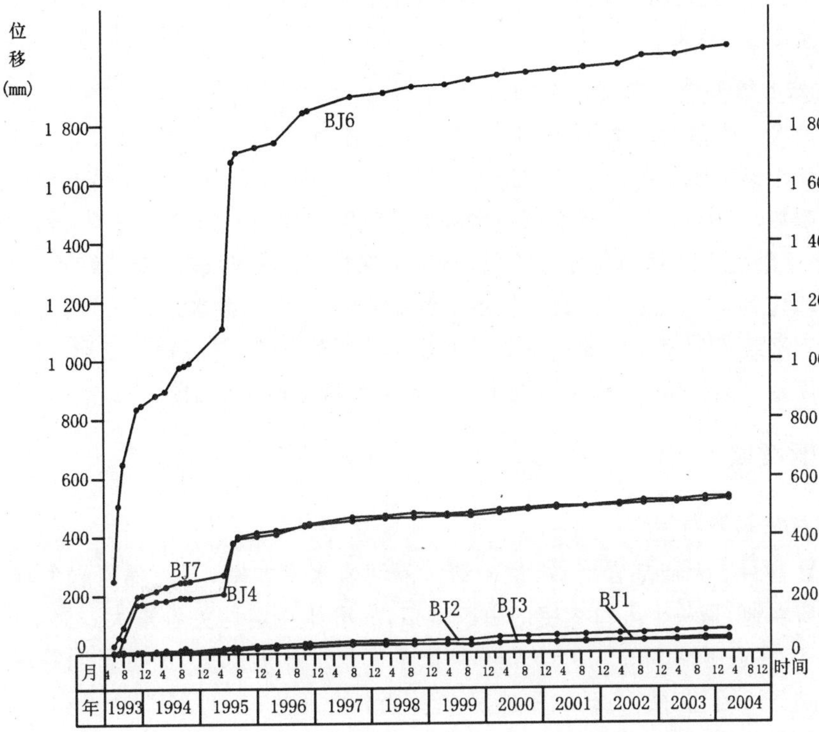

图 3－3－9　墓坪滑坡各监测点平面位移过程曲线图

从墓坪滑坡监测点位移过程曲线可以看出，滑坡的变形已经历和正在经历的为两个变形阶段，即跳跃式快速变形阶段和平缓式匀速变形阶段(表 3－3－6)。

表 3－3－6　墓坪滑坡各变形阶段监测点平面位移与月变形速率表

位　置	点　名	跳跃式快速变形阶段(1993 年 5 月—1995 年 7 月)		平缓式匀速变形阶段(1995 年 8 月—2004 年 3 月)	
		平面位移(mm)	月变形速率(mm/月)	平面位移(mm)	月变形速率(mm/月)
滑体范围内	BJ4	375.9	13.9	147.1	1.4
	BJ6	1 675.4	62.1	390.4	3.7
	BJ7	378.2	14.0	153.0	1.5
滑体外围	BJ1	16.4	0.6	27.2	0.3
	BJ2	22.7	0.8	55.9	0.5
	BJ3	14.7	0.5	37.3	0.4

跳跃式快速变形阶段：1993 年 5 月—1995 年 7 月。这个阶段变形有两个特点：一是具跳跃式变形，二是变形明显。跳跃式变形有两次，一次发生在 1993 年 7 月—11 月，另一次发生在 1995 年 5 月—7 月。变形明显表现在这一阶段变形量较大，月变形速率也较大。滑体上各

监测点平面位移量375.9～1 675.4mm，各监测点月变形速率13.9～62.1mm/月。

平缓匀速变形阶段：1995年8月— 2004年3月。这一阶段的变形特点是平缓、均匀，月变形速率小，但变形一直延续。在此期间，滑体上各监测点平面位移量147.1～390.4mm，各监测点月变形速率1.4～3.7mm/月。

3. 墓坪滑坡的稳定性

从墓坪滑坡各监测点监测成果看，水库蓄水运行后，墓坪滑坡的一部分，即墓坪滑坡东部的徐家台变形体出现了明显的变形。变形经历了两个变形阶段，即跳跃式快速变形阶段和平缓式匀速变形阶段，至1995年7月变形速率较大的跳跃式快速变形阶段结束，此后，进入了变形速率小、变形平缓的平缓式匀速变形阶段，至今仍保持了这一阶段的变形特点。目前看，墓坪滑坡总体是稳定的，东侧的$90\times10^4m^3$的徐家台变形体，水库蓄水运行后，经历了一个由跳跃式快速变形到平缓式匀速变形的过程。目前徐家台变形体稳定性尚可，变形速率小，变形均匀、平缓，在水库蓄水运行阶段，徐家台变形体对资坵大桥未产生大的影响。

三、杨家槽滑坡

1. 杨家槽滑坡勘察与治理

杨家槽滑坡是一个大型基岩滑坡，位于清江隔河岩水库左岸，下距隔河岩大坝23km，现为鸭子口新镇所在地，是一个人口稠密的山区城镇，故滑体稳定性关系重大。为此，曾进行了详细的地质勘察，完成了$0.8km^2$的1∶500地面及库水下地形测量，进行了同等深度的工程地质测绘；完成了8个直径为2m、总进尺224.3m的竖井；小口径勘探孔24个、总进尺1 593.97m；1个进尺262.3m的勘探平洞。同时，还进行了滑带土的物理力学试验；测定滑带中的炭化木年龄；对滑坡体的稳定性进行三维有限元分析计算。由于勘测手段齐全，成因分析合理，对滑体所作的稳定性综合分析的结论可信，使滑坡防治经费大为降低，取得了明显的经济效益和社会效益。

(1)滑坡成因分析。

滑坡前缘高程130m，后缘高程570m，体积$880\times10^4m^3$。滑坡中部有一基岩隔离带，将滑坡分为上滑体和下滑体。

杨家槽滑坡所在的岸坡地段为逆向坡，地层倾向山里，倾角30°～50°，岩性组合为上硬下软，即岸坡上段由石炭—二叠系的坚硬灰岩、白云岩等组成；岸坡地形呈上陡下缓的特点。

在清江河谷下切岸坡再造过程中，大都受冲刷、侵蚀、风化等缓慢而有序的边坡造形[图3-3-10(a)～(c)]。在软、硬岩层的结合处，即地形上陡缓相接部位，易于产生应力集中，软岩受压变形，导致硬岩应力调整和局部崩塌坠落[图3-3-10(d)～(e)]。

距今2.4×10^4a左右，早期上硬下软的坡型已不适应稳定的要求，终于发生了一次大规模的崩塌滑坡事件，杨家槽滑坡形成[图3-3-10(f)]。杨家槽滑坡事件的发生，由于受到局部的地形地质条件的控制与制约，大约在2.4万年以前，该河段的河谷边坡形态较陡[图3-3-10(c)]。河谷边坡的头部开始下坠[图3-3-10(d)]，其东侧大部分因受下伏岩块的阻挡未能全部坠下而残留下来，成为上滑体的组成部分(即基岩已经脱离母体并有相当的位移，有明显的变形，但未完全摔碎，仍然保持了原岩的基本结构)。但在滑体的西侧发育有一条断层沟，使岩体不断下坠崩塌，成为杨家槽滑坡的物源之地。在下冲时，下部的泥盆系砂页岩被压在下

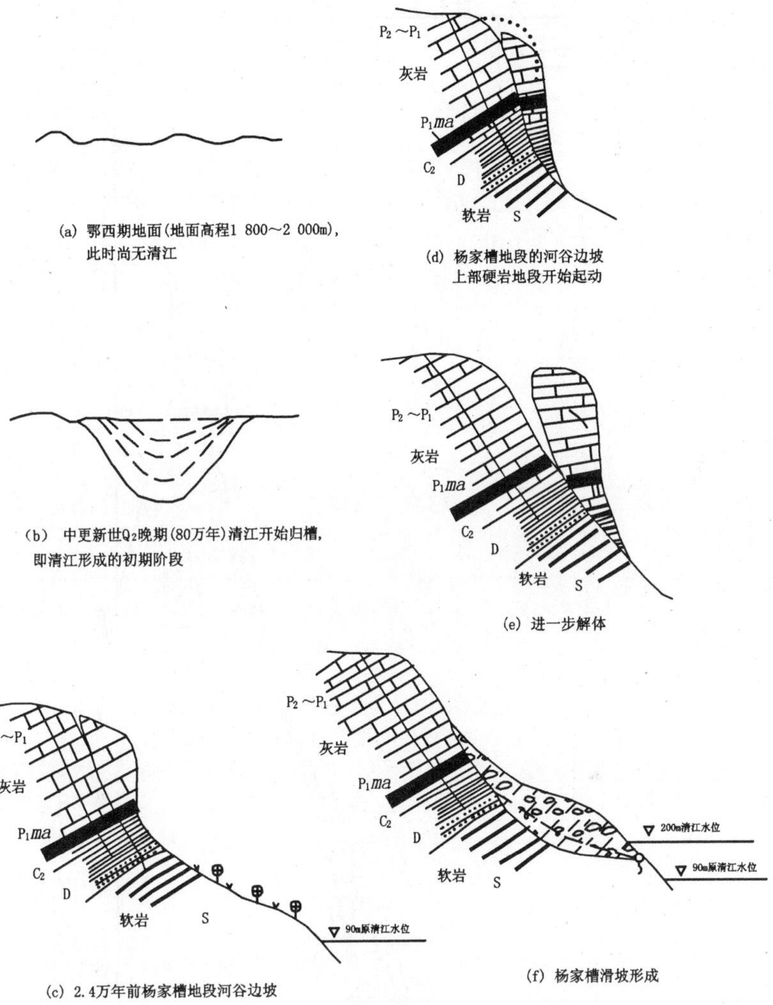

图 3-3-10　杨家槽滑坡形成模式图

面，上部灰岩成了现今滑坡上部的块石碎石层。

(2)滑体基本地质结构。

滑体的物质组成有明显的成层性和物质成分上的差异，自上而下可分为三层(图 3-3-11)。

第一层：黏土夹碎石层，不连续分布于滑体地面局部地段，厚度一般为 1～3cm。该层多为黄色黏土，含有少量的灰岩或砂岩的碎石和碎屑。

第二层：灰岩块石碎石层，一般厚 30～40m。该层多为灰岩块石碎石，部分夹有结构较松散的灰岩碎屑或碎屑土。

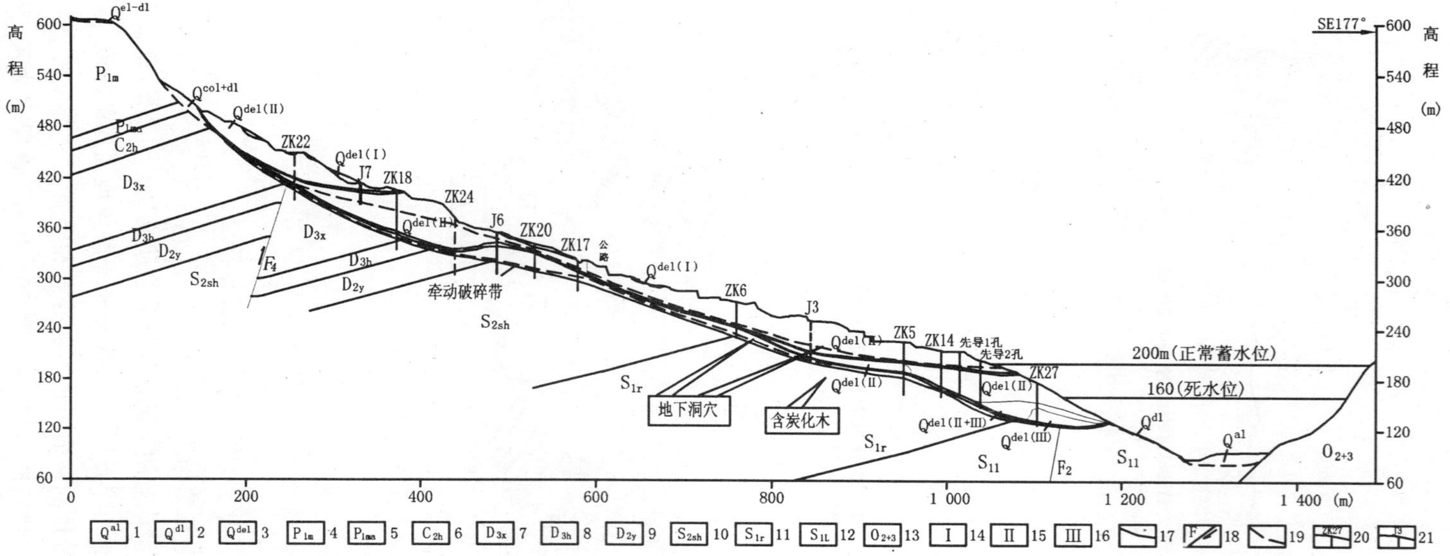

图 3-3-11　杨家槽滑坡地质剖面图

1. 冲积;2. 坡积;3. 滑坡堆积;4. 二叠系下统茅口组;5. 二叠系下统马鞍组;6. 石炭系中统黄龙群;7. 泥盆系上统写经寺组;8. 泥盆系上统黄家磴组;9. 泥盆系中统云观组;10. 志留系中统纱帽组;11. 志留系下统罗惹坪组;12. 志留系下统龙马溪组;13. 奥陶系中、上统;14. 滑坡第一层物质;15. 滑坡第二层物质;16. 滑坡第三层物质;17. 滑动带;18. 断层;19. 地下水位线;20. 钻孔及编号;21. 竖井及编号据2号和3号竖井揭示，在该层下部有较大的岩溶洞穴发育，如3号竖井在井深29m处，发现有洞径为0.4～0.7m的洞穴系统；2号竖井在井深14～17.3m处见一个洞径达3.3m、深39.5m的大洞穴系统，并与3号井的洞穴连通。洞内钟乳石发育，长者高达3～4m。

第三层：碎石碎屑土层，分布连续，主要为泥盆系砂页岩破碎碾磨而成，一般厚3～15m。物质组成以土为主，夹有砂页岩碎石碎屑，并含有少量块石，结构较密实。该层岩性软弱，而下层位相对坚硬，在滑动过程中，必然在软层的顶、底部位形成滑带，即中滑带和底滑带。中滑带为紫红色土夹碎石碎屑，一般厚1～2m，土的含量稍多，夹有碎屑，结构稍密；底滑带为灰色或灰黄色土夹碎石碎屑，一般厚1～3m，土的含量稍多，夹有碎石碎屑，并含有少量块石，结构较密实。该层透水性很差，为相对隔水层(据1号竖井揭露，其底部有较多的炭化木，经C^{14}测龄为2.4万年)。

第三层下伏志留系页岩，受滑体滑动时冲击，在原地面表层往往形成4～10m牵动破碎影响带。该层岩性单一，均为灰绿色页岩碎石碎屑。

(3)滑体稳定性分析评价。

隔河岩水库校核洪水位204.70m，设计洪水位202.80m，正常水位和死水位分别为200m和160m，防洪限制水位192.20m。隔河岩水库1993年4月开始蓄水运行，至今最高库水位曾达到201.99m。滑体被库水淹没的最大深度为72m。

1)从监测资料分析稳定性。共有4个钻孔埋设有倾斜仪和渗压计，其中有3个钻孔是在滑坡体内(2号孔、5号孔、7号孔)。监测结果显示，位于滑体前缘的7号孔，1993年11月观测时，在孔深37.5m处*A*向(垂直清江方向)的水平位移大约10mm，探头卡在孔内，后改成固定式倾斜仪，测得相对水平位移年均约0.8mm，变形量微小；2号孔和5号孔测得年均位移量分别为1.5mm和3.2mm，变形量也很小。

在杨家槽滑坡下滑体上共有6个监测点：AJ7、AJ8、AJ9、AJ10、AJ11、AJ12。杨家槽滑坡监测自1992年10月首次至1998年3月累计位移量见表3-3-7。

表3-3-7　杨家槽滑坡位移监测数据表

位　置	监　测　点	*x*方向(滑坡主方向)水平位移(mm)	*y*方向水平位移(mm)	垂直位移(mm)
下滑体	AJ7(航运站楼房顶，滑坡前缘)	−4.0	1.5	−0.3
	AJ8(派出所楼房顶)	−0.3	4.2	1.2
	AJ9(民房顶，滑坡中部)	0.9	3.2	2.4
	AJ10(信用社楼房顶，滑坡中部)	0.3	−0.8	1.2
	AJ11(建行房顶，滑坡中部)	2.63	1.59	1.78
	AJ12(商场楼房顶，滑坡中部)	2.68	3.01	1.00
隔离带	AJ13(滑坡中部坡地基岩上)	1.8	−3.4	
上滑体	AJ14(上滑体平缓台面)	4.6	−3.5	
	AJ15(滑坡后缘公路旁)	18.3	−7.0	

注：1.*x*方向水平位移(主滑方向)向下滑为正，*y*方向水平位移向下游为正；2.垂直位移下沉为正；3.AJ11为1992年10月首次至1994年10月累计位移量，AJ12为1992年10月首次至1994年3月累计位移量，其余测点为1992年10月首次至1998年3月累计位移量。

表 3-3-7 的数据是经过 5 年观测而得，可以认为杨家槽滑坡位移量很小，基本上处于稳定状态。从上述的观测结果看，滑坡的稳定性较好。

2)从地质宏观性状看稳定性。通过大量的勘探获得了一系列重要的滑体特性。

滑带：共有两个滑带和一个牵动带即中滑带、底滑带与牵动带。从宏观性状看，这两个滑带剪切作用并不强烈，仅仅表现为一个 1～3m 厚的剪磨碎裂带。其中粉砂、粗砂、砾石约占总成分的 50%～60%，土的颗粒占 40%～50%，更重要的是滑带尚未形成主剪切面。因此，各滑带均具较高的强度(表 3-3-8)。另据滑带矿物鉴定，其成分以活动性较弱的水云母、高岭石等黏土矿物为主。

表 3-3-8　滑带土物理力学试验成果统计表

滑体	部位	直剪反复抗剪强度指标							三轴抗剪强度指标						
		土样(组)	试样状态	含水量(%)	峰值		残余值		土样(组)	试样状态	含水量(%)	峰值		残余值	
					c_d (kPs)	φ_d (°)	c_r (kPa)	φ_d (°)				c_{cu} (kPs)	φ_{cu} (°)	$c_{cu'}$ (kPa)	$\varphi_{cu'}$ (°)
上滑体	中滑体	2	扰动	33.3～60.2	10.7～1.0	29.4～22.0	11.0～8.1	27.6～14.5	1	扰动	29.9	84.5	16.4	15.9	39.0
	底滑体	3	扰动	44.4～27.1	8.4～7.5	24.6～19.6	15.3～8.2	17.5～8.8							
		1	原状	13.3	34.8	21.4	9.9	13.2							
下滑体	中滑带	6	扰动	47.9～26.7	10.4～3.0	26.6～19.4	18.2～3.4	22.5～9.2	3	扰动	14.3～9.3	78.7～23.4	23.8～12.8	14.0～10.9	34.0～24.2
									3	原状	35.4～9.6	67.2～50.6	14.4～9.0	61.9～43.3	18.6～12.0
	底滑带	7	扰动	33.3～22.5	10.1～1.8	34.9～20.2	10.7～4.9	31.8～18.9	3	扰动	12.3～11.4	91.4～26.6	17.6～12.0	63.2～31.0	24.1～17.0
	牵动带	6	扰动	30.3～21.9	13.4～4.0	32.6～22.6	14.0～4.8	30.1～20.0	6	扰动	18.4～8.1	119～9.4	24.5～14.7	97.0～5.4	32.3～23.7

滑体中的洞穴系统：3 号竖井在井深 29m 处见 0.4～0.7m 的洞穴；2 号竖井在井深 14～17.3m 处揭示一个洞径 3.3m、洞深 39.5m(人可以进去的深度)的大地下洞穴系统。

在滑体中揭示出这样大的洞穴系统有三个方面的意义：这种现象是很少揭示的，它对碳酸盐岩区滑坡研究有一定的指导意义；滑体地下排水条件好；岩溶洞穴完整，洞穴沉积物发育，说明这个洞穴形成时间较长，滑体形成后没有经过大的变动。

可以看出，杨家槽滑坡总体稳定性较好。

3)滑体三维稳定性计算分析。对滑体三维稳定性研究，采用三维极限平衡计算，设定滑动方向后用平行于滑动方向的平面和垂直于滑动方向的平面将滑体切割成长、宽均为 10m 的棱柱状。其顶面为坡面，底面为滑带。然后单独分析每个柱体的受力状态，根据不同方向上力和力矩平衡方程即可求出稳定安全系数。

三维极限平衡分析时，选取 1—1′、F—F′和这两剖面的夹角平分线为三个代表性的方向。

在综合研究滑带土的力学性能和试验资料基础上，确定了在滑体稳定性计算中的强度参数(表 3-3-9)。作用力以自重和水压力及地震(Ⅵ)的组合为主。

表 3-3-9　滑体稳定性计算力学参数表

部　位	c(kPa)		φ(°)	
	饱和	非饱和	饱和	非饱和
中滑带	15	20	20	23
底滑带	15	20	23	25
牵动带	15	20	23	25

三维极限平衡计算结果(表 3-3-10)表明,库水位 165m 滑坡的稳定性高于库水位 200m 时的稳定性,且同一滑动方向以底滑带为界的滑体的稳定性高于以中滑带为界的滑体的稳定性。同种情况下,三维计算结果比二维推力传递系数法计算的结果稳定系数要高。这正体现了三维作用的效果。计算结果也再次表明了杨家槽滑坡稳定性较好的结论是有科学依据的。地质宏观评价的结论在三维计算结果中得到了较好的印证。三维计算的稳定系数高于二维计算的结果,其主要原因在于地形的约束作用。

表 3-3-10　三维极限平衡分析成果(安全系数)表

库水位(m)	滑动方向	以中滑带为界的滑体		以底滑带为界的滑体	
		零度地震	Ⅵ度地震	零度地震	Ⅵ度地震
200	1—1′线	1.407	1.341	1.444	1.377
	1—1′与 F—F′夹角平分线	1.497	1.424	1.743	1.649
	F—F′线	1.382	1.318	1.460	1.391
165	1—1′线	1.492	1.426	1.516	1.449
	1—1′与 F—F′夹角平分线	1.571	1.499	1.683	1.603
	F—F′线	1.532	1.464	1.577	1.506

(4)结论。

通过对杨家槽滑坡的深入研究,挖了 8 个竖井、1 个平洞和 24 个钻孔的勘探以及大比例尺的地形地质测绘与填图。不仅全面准确地查明了滑坡的几何形态及物质组成,而且取得了滑带大量的物理力学参数,为稳定性分析计算提供了必要的参数。特别是揭示了杨家槽滑坡滑体中的完整岩溶洞穴系统,成了天然的可利用的地下排水通道,这是石灰岩区滑体所具有的特殊条件,使滑坡的稳定性较其他物质组成的滑坡稳定性要好。但是,这并不表明灰岩块石形成的滑坡体都有这种条件,即使具有岩溶洞穴系统并成为地下通道,也要因情况而定,在勘探时务必注意这一特点。

综合多年来的监测结果、地质宏观分析和本区具体的地形地质条件,以及三维稳定性计算结果分析,杨家槽滑坡总体稳定性较好,但相比较而言滑体的前缘稳定性稍差,可能发生局部的变形滑带,故建议对滑体前缘应采取适当的防护措施。

杨家槽滑坡防护治理工程 1998 年 10 月动工,2001 年 6 月竣工验收。杨家槽滑坡经过勘察研究,变全面防护治理为完善地表、地下排水系统和滑体前缘的局部防护,取得了很好的经济效益和社会效益。

2. 杨家槽滑坡地表与深部变形长期监测成果

杨家槽滑坡在水库蓄水运行以前的 1992 年 10 月即建立了地表变形监测系统和滑体深部的变形监测系统(见图 3-3-12)。

(1)滑体地表变形监测成果。

1992 年 10 月,在杨家槽滑坡外围和滑体上建立了监测网点,滑体上布设了 10 个监测点:上滑体 2 个监测点(AJ14、AJ15),下滑体 6 个监测点(AJ7、AJ8、AJ9、AJ10、AJ11、AJ12),基岩隔离带 1 个监测点(AJ13),滑坡后缘外围 1 个监测点(AJ16)。

1999 年 4 月和 7 月,在杨家槽滑坡体上又增设了 4 个地表变形监测点:下滑体后部 2 个监测点(AJ19、AJ20),下滑体前部 2 个监测点(AJ21、AJ22)。

杨家槽滑坡 1992 年 10 月—2004 年 3 月累计位移量见表 3-3-11。

表 3-3-11 杨家槽滑坡 1992 年 10 月—2004 年 3 月各监测点累计位移量表

位 置	测点编号与位置	x 方向(主滑向)水平位移(mm)	y 方向水平位移(mm)	垂直位移(mm)	备 注
上滑体	AJ14(上滑体的平台上)	−7.1	−1.4		1993/05—2004/03 测值
	AJ15(滑坡后缘公路旁)	−38.9	−2.4		1993/05—2004/03 测值为公路局部变形
隔离带	AJ13(滑坡中部裸露的基岩上)	−0.8	−0.5	1	1993/05—2004/03 测值
下滑体	AJ7(临库边、航运站楼房顶)	1.4～1.1	−2.2		1993/05—2004/03 测值
	AJ8(滑体中前部派出所楼顶)	−2.9	7.7	−2.7	
	AJ9(滑体中部民用房顶)	−3.6	9.9	−5.1	
	AJ10(滑体中部信用社楼顶)	−11.0	−0.1	−7.1	
	AJ11(滑体中部建行楼房顶)	2.6	1.6	1.8	1993/05—1994/10 测值
	AJ12(滑体中部供销社楼顶)	2.7	3.0	1.0	1993/05—1994/03 测值
	AJ19(局部表层变形土体上)	662.5	14.1	152	2000/03—2004/03 测值为局部表层土体变形
	AJ20(下滑体后部)	2.4	6.8	5.8	2000/03—2004/03 测值
	AJ21(下滑体前部)	4.5	3.1	−7.6	2000/03—2004/03 测值
	AJ22(下滑体前部)	−5.1	1.9	−4.6	2000/03—2004/03 测值
外围	AJ16(滑坡后缘外围基岩上)	−11.3	7.7		1993/05—2004/03 测值

注:x 方向水平位移(主滑方向)向下为正,y 方向水平位移向下游为正,垂直位移下沉为正。

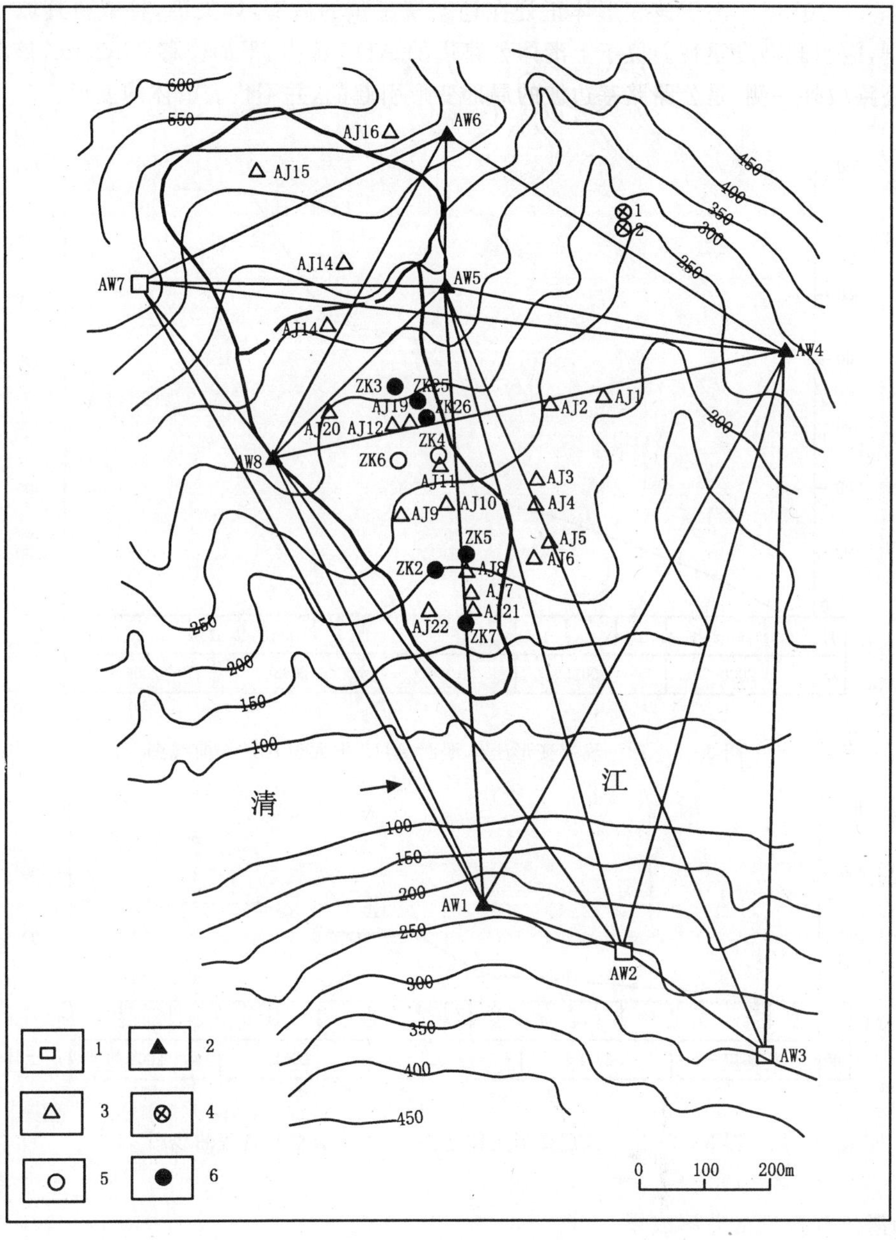

图 3-3-12　杨家槽滑坡监测点布置图(单位:m)

1. 固定点;2. 监测网点;3. 监测点;4. 水准点;5. 钻孔;6. 埋设倾斜仪的监测孔

表 3-3-11 为 11 年观测数据，滑体上测点的位移量很小，滑坡的稳定性是好的，无滑动变形的迹象，滑体处于稳定状态。

滑体范围内位移量较大的监测点说明：位于下滑体后部兽医站浅层变形土体上的 AJ19 监测点，自建立该监测点的 2000 年 3 月起，至 2004 年 3 月，该监测点向坡下累计平面位移量 662.7mm（见图 3-3-13），累计垂直位移量 152.2mm（见图 3-3-14），该监测点的变形反映的是杨家槽滑坡下滑体后部表层局部的变形，即兽医站浅层变形土体。该变形体厚约 5～7m，体积约 $2.5\times10^4 m^3$。由于该变形体正处在杨家槽集镇的后部，如失稳，将威胁其坡下居民的生命安全，应引起高度重视。位于上滑体公路边的 AJ15 测点，平面位移 38.9mm，该监测点由于位于公路坡外一侧，是公路路基边坡的局部变形引起的，并不代表滑体的变形。

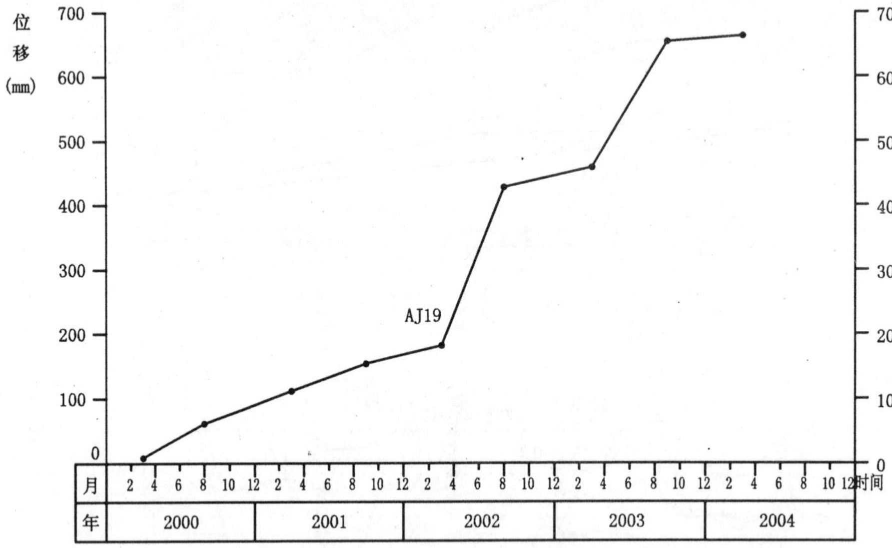

图 3-3-13 浅层变形土体地面 AJ19 平面位移过程曲线图

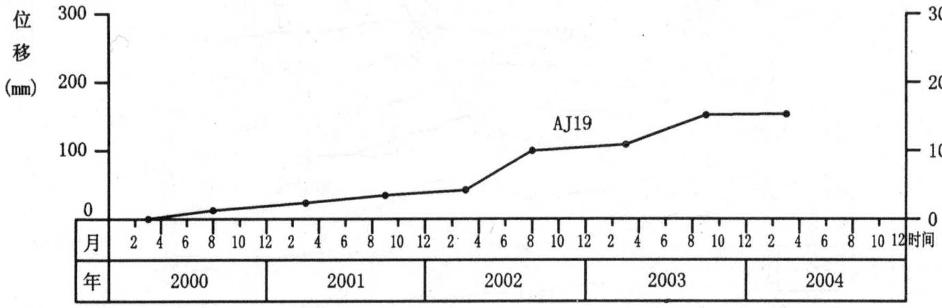

图 3-3-14 浅层变形土体地面 AJ19 垂直位移过程曲线图

(2)滑体深部变形监测成果。

勘测期间共利用 4 个小口径钻孔埋设倾斜仪，其中 3 个孔（2 号孔、5 号孔、7 号孔）埋设在滑体内；施工期间又在滑体内的 4 个钻孔内埋设了倾斜仪（8 号孔、23 号孔、25 号孔、26 号孔）。仪器埋设情况见表 3-3-12。

表 3-3-12　杨家槽滑坡钻孔倾斜仪埋设情况表

位　置	埋设钻孔倾斜仪(孔号)	孔口高程(m)	埋设时间	备　注
勘测期	2 号孔	224.96	1992/07/09	监测杨家槽滑坡总体的稳定性
	5 号孔	224.14	1991/09/30	
	7 号孔	198.33	1992/10/21	
施工期	8 号孔	209.20	1999/01/01	
	23 号孔	208.58	1999/02/27	
	25 号孔	307.27	2000/01/01	监测浅层土体的变形与滑坡总体的稳定性
	26 号孔	288.40	2000/01/08	

2 号孔、5 号孔两个监测孔位于杨家槽下滑体临江缓平台上，相距 50m，分别于 1991 年下半年和 1992 年下半年开始监测，至 2002 年 7 月，两孔位移量均很小，两孔垂直位移曲线表明无滑动迹象。

7 号孔位于滑体的临江地带，该监测孔 1992 年 10 月—1993 年 11 月为全孔活动式监测，1993 年 11 月因在孔深 37.5m 探头被卡后改为固定式。1994 年 1 月—1997 年底的监测成果表明，相对位移小于 10.19mm，且随库水的涨落呈现出相同的规律，即涨水时向坡里呈微小的位移，消落时向坡外呈微小的位移，此特点表明 7 号孔处的滑体总体稳定性是好的。

8 号孔位于滑体临江地带，至 2002 年 7 月，变形量很小，垂直位移曲线表明无滑动迹象。

滑体深部钻孔倾斜仪监测成果表明，滑体总体稳定，除 25 号孔、26 号孔代表局部浅层土体变形外，滑体内其余钻孔的垂直位移曲线表明无滑动迹象。25 号孔 2001 年 9 月 24 日测斜仪探头只能放到 5.5m 深处，位移达 122.8mm，该孔还能继续观测。26 号孔孔深 0.5～7.0m 相对水平位移测值(见表 3-3-13)，至 2002 年 7 月 20 日，*A*—*A* 向最大相对位移为 81.1mm。26 号孔 8 月份观测探头只能放到孔深 5.0m 处，该孔不能进行全孔正常观测。

表 3-3-13　26 号孔 *A*—*A* 向孔深 0.5～7.0m 相对水平位移测值表(单位：mm)

孔深(m)	2001/02/19	2001/12/02	2002/05/18	2002/06/28	2002/07/20	备注
0.5	4.5	8.0	11.0	5.7	5.7	
1.0	4.5	7.9	11.2	5.5	5.5	
1.5	1.0	1.6	2.9	1.2	1.2	
2.0	0.5	0	0.6	2.5	2.5	
2.5	1.2	0.5	0.6	3.6	3.6	
3.0	0.8	0	1.6	4.5	4.5	
3.5	2.6	1.8	10.9	13.1	19.1	
4.0	6.4	8.8	21.5	26.3	27.3	
4.5	13.4	22.6	41.8	59.2	79.2	
5.0	18.7	34.2	50.7	73.1	81.1	
5.5	9.5	15.3	18.2	18.2	18.2	
6.0	4.9	6.4	6.7	6.7	12.7	
6.5	2.4	1.8	1.0	1.0	1.0	
7.0	1.4	0.1	0.7	0.7	0.7	

3. 滑体洞穴沉积物完整性检验

2号竖井在井深14～17.3m发育有洞穴系统，洞穴走向135°，勘测期间曾实测长度39.5m，向两端由于洞径狭小，人员无法进入而未实测。实测段洞穴呈大厅与瓶颈状串接延伸，高1～4m，宽0.5～5m，有地下水流。洞穴内，洞穴沉积物极为发育，石钟乳、石笋琳琅满目，石幔、石柱比比皆是，石柱最粗直径可达70cm，多呈棕黄色，部分呈乳白色。

为了验证滑体的稳定性，地质人员于1999年8月18日由2号竖井进入滑体中的洞穴系统，对该洞穴沉积物进行了完整性检验。经检验，洞内发育的钟乳石、石幔、石柱、石笋均无任何裂纹或破损，各种洞穴沉积物仍非常完整。

滑体中洞穴沉积物完整，表明滑体没有发生过任何变动，滑体稳定。

4. 杨家槽滑坡的稳定性

1998年10月—2000年6月，对杨家槽滑坡进行了工程处理(包括地表排水、地下排水、前缘加固支护工程等)。经过施工揭露与检验，滑体的基本结构、滑体的岩溶发育程度、滑体的透水性、中滑带与底滑带的物理力学性状与前期勘测成果基本一致。临近水库边缘一带中滑带的边界条件与力学性状有所改善，底滑带炭化木再一次的年龄测定值22 000a，进一步验证了滑坡发生的时间久远。

杨家槽滑坡地表变形监测与滑体深部变形监测的资料表明，位移量均很小，均在观测系统误差范围之内，无滑动变形迹象；对滑体洞穴沉积物的检验也表明，洞穴周壁无任何裂纹或破损，滑体没发生任何变动。杨家槽滑坡总体稳定性较好。

但杨家槽下滑体后缘兽医站—供销社一带，有一浅层变形土体。变形土体面积约7 000m^2，厚约3～5m，体积约$2.5\times10^4m^3$。该变形体于20世纪80年代即开始变形，一直持续到现在。变形均发生在每年雨季，主要表现在土体缓慢下沉。后缘地裂缝将公路拉裂，形成10～30cm的跌坎，在铺柏油路以前该段公路每年要垫石渣才能保证车辆顺利通行。土体变形的主要原因为大气降水，由于该处坡上有几个方向的汇水汇聚到变形体的后缘处，汇水从地裂缝灌入土体，引起土体变形。2000年1～3月，在变形土体范围内增设了地表监测点AJ19和土体深部的25号孔、26号孔倾斜仪监测孔。深部监测仪测得土层滑动面处在孔深5m处，地表监测数据表明，2000年3月至2004年3月，地表平面位移662.7mm。现场见到变形土体向西侧推挤，供销社后的两层砖墙楼房，墙体出现宽2～3cm的裂缝，后面高约2.5m的石砌挡土墙出现明显的变形和裂缝。由于该变形体处在杨家槽集镇的后面山坡上，该处居民多，变形体如失稳，将威胁该处居民的生命安全。该处变形应引起有关部门的高度重视，采取减载措施，进行长治久安的防护治理。

四、沿乡溪滑坡

1. 沿乡溪滑坡概况

沿乡溪滑坡距隔河岩坝址69km，前缘高程150m，后缘高程540m，体积$750\times10^4m^3$。滑体上有福利院、电站宿舍及公路交通，其稳定性能变化也极为重要。

沿乡溪滑坡为基岩顺层滑坡。滑体物质组成自上而下可分为两层：第一层为土夹碎石层，厚1～3m；第二层为灰岩块石层，厚10～60m。

水库1993年4月10日蓄水运行至1994年8月底，最高运行水位179.83m；1994年9月运行水位开始涨升，由 160 余米涨升至当年的最高水位 193m，而后缓慢降落。沿乡溪滑坡在经历 1994 年 9 月份以后的这一次库水位的涨落过程中就开始出现了变形，部分房屋墙体开裂，地表开始出现小的地裂缝。在以后 1996 年最高水位 201.99m 和 1998 年最高水位 203.94m运行后，滑体的变形明显加大。滑体上部的福利院两层楼房和滑体前缘的东村电站四层的宿舍楼开裂严重；滑体两侧边缘的地裂缝也明显加长，地裂缝已大部分相连；滑体中部的十万伏高压电线塔发生倾斜。滑体中部通过的桃—渔公路变形极为明显，滑体内的公路明显下跌，与滑体外围的公路形成跌坎。到目前为止，滑体内侧与外侧跌坎的最大高度约 2m。为便于车辆通行，每年都要对其两侧跌坎填土，以缓坡连接滑体内、外侧的公路。

2. 沿乡溪滑坡地表变形监测成果

沿乡溪滑坡地表变形监测网是 1996 年 9 月建成的（见图 3-3-15），在滑体上布置了 4 个监测点（FJ2、FJ3、FJ4、FJ5），分布于滑体的前部、中部和后部。自 1996 年 10 月—2004 年 3 月，8 年监测数据见表 3-3-14，各监测点平面位移、垂直位移、空间位移过程曲线见图 3-3-16、图 3-3-17、图 3-3-18。从沿乡溪滑坡监测点位移过程曲线可以看出，滑坡的变形已经历和正在经历的有三个变形阶段，即缓慢变形阶段、快速变形阶段和平缓匀速变形阶段（见表 3-3-15）。

表 3-3-14　沿乡溪滑坡 1996 年 10 月—2004 年 4 月各监测点累计位移值表

点　名	平面位移 (mm)	垂直位移 (mm)	空间位移 (mm)	备　注
FJ2	2 374.8	1 271.5	2 693.8	
FJ3	412.0	172.2	446.5	
FJ4	1 309.1	126.5	1 376.8	
FJ5	1 458.7	320.5	1 493.5	

注：平面位移向清江为正，垂直位移下沉为正，空间位移向清江为正。

表 3-3-15　沿乡溪滑坡各变形阶段监测点平面变形与月变形速率表

点　名	快速变形阶段 (1996 年 10 月—1999 年 3 月)		平缓匀速变形阶段 (1999 年 4 月—2004 年 4 月)	
	平面位移 (mm)	月变形速率 (mm/月)	平面位移 (mm)	月变形速率 (mm/月)
FJ2	1 881.5	62.7	493.3	8.1
FJ3	302.3	10.1	109.7	1.8
FJ4	992.4	33.1	316.7	5.2
FJ5	1 084.4	36.1	374.3	6.1

缓慢变形阶段：1995 年 1 月—1996 年 9 月，由于沿乡溪滑坡 1995 年初出现变形时尚未建立监测系统，地表监测系统 1996 年 9 月才建立，缺乏滑坡变形初期的监测资料，分析认为，滑坡缓慢变形阶段应在此期间完成。

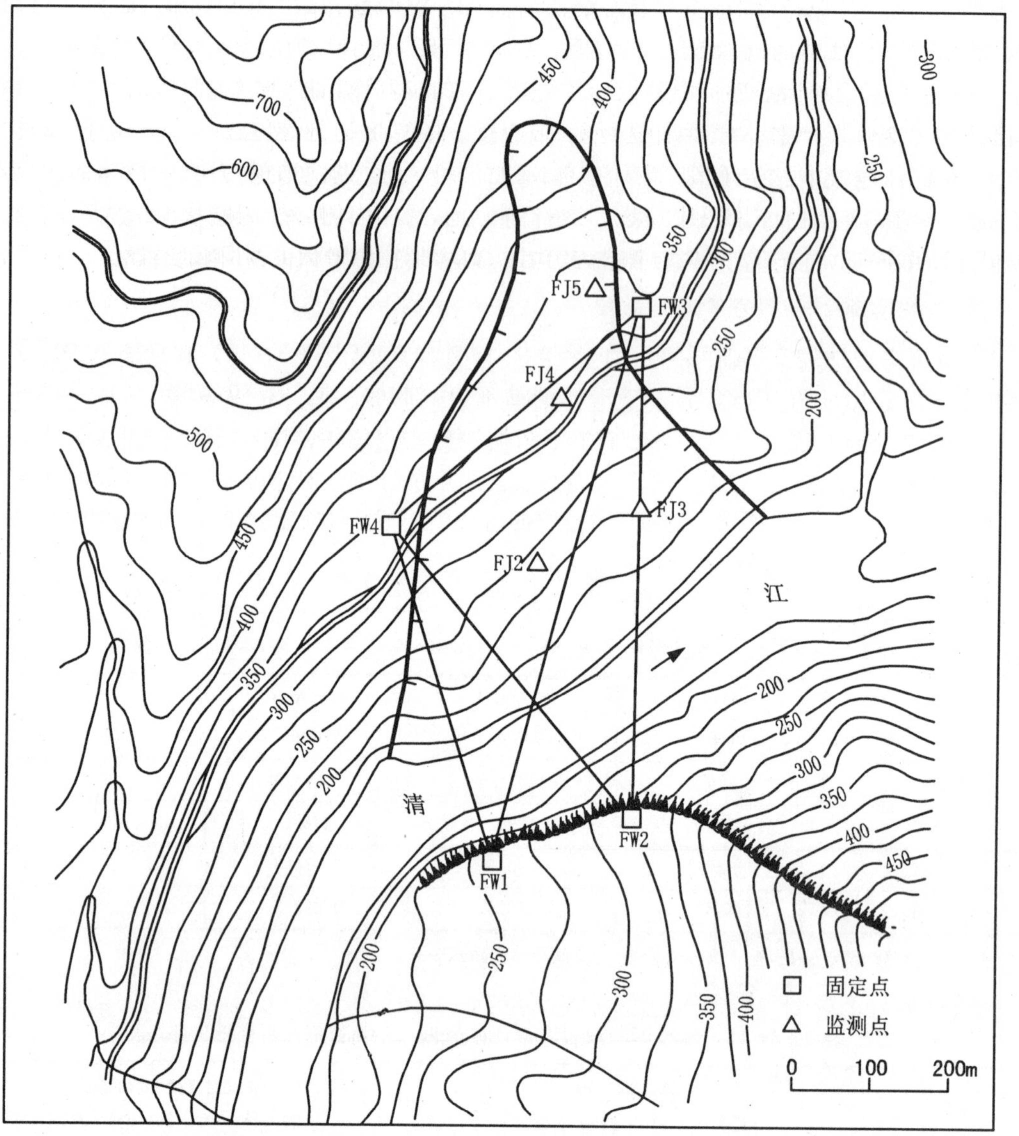

图 3-3-15　沿乡溪滑坡监测网点布置图(单位:m)

快速变形阶段:1996 年 10 月—1999 年 3 月。这一阶段变形量较大,月变形速率也较大。滑体上各监测点平面位移量 302.3～1 881.5mm,各监测点月变形速率 10.1～62.7mm/月。

平缓匀速变形阶段:1999 年 4 月—2004 年 4 月。这一阶段的变形特点是平缓,月变形速率小,但变形一直延续。在此期间,滑体上各监测点平面位移量 109.7～493.3mm,各监测点月变形速率 1.8～8.1mm/月。

3. 沿乡溪滑坡的稳定性

沿乡溪滑坡在隔河岩水库蓄水运行的最初 16 个月,因水库运行水位在低于 179.83m 运

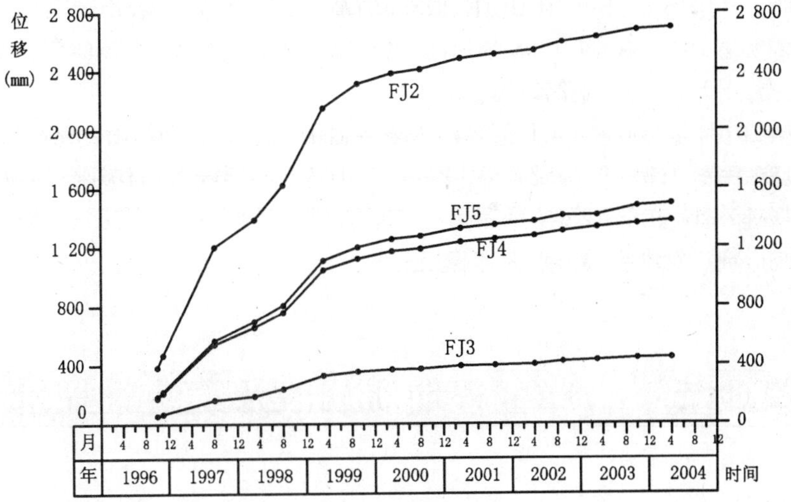

图 3－3－16　沿乡溪滑坡监测点平面位移过程曲线图

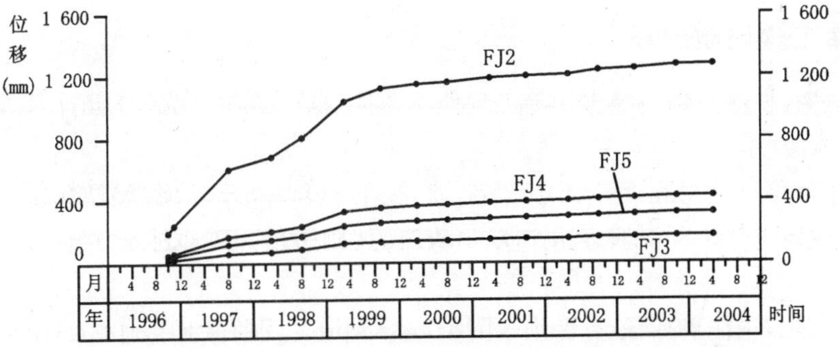

图 3－3－17　沿乡溪滑坡监测点垂直位移过程曲线图

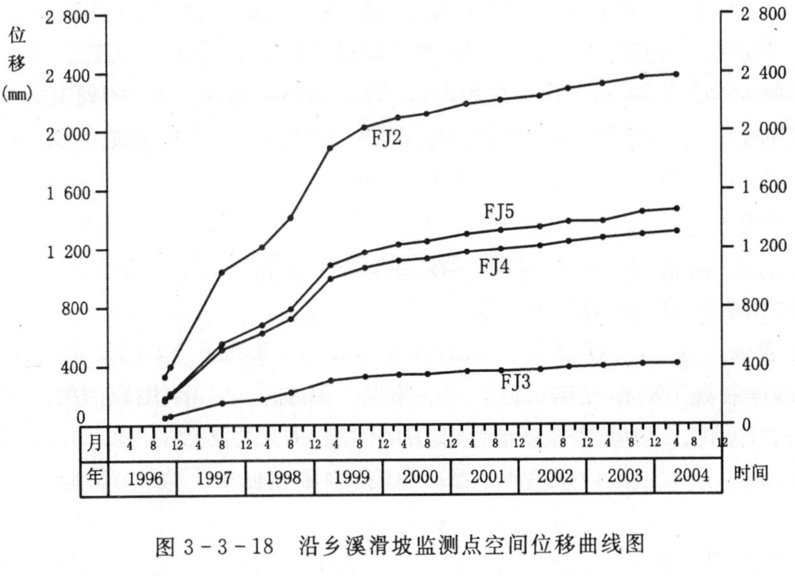

图 3－3－18　沿乡溪滑坡监测点空间位移曲线图

行，滑体无变形。自经历了1994年10月193m的高水位运行后，滑坡出现变形迹象，后又经历1996年最高水位201.99m和1998年最高水位203.94m运行后，滑体的变形明显加大，滑体上的居民迁出，十万伏高压线路改道。

从1996年10月至2004年4月沿乡溪滑坡各监测点监测成果看，沿乡溪滑坡变形经历了快速变形阶段和平缓匀速变形阶段，至1999年3月变形速率较大的快速变形阶段结束。此后，进入了变形速率小、变形平缓的平缓匀速变形阶段，至今仍保持了这一阶段的变形特点。目前看，这种变形特点对沿乡溪滑坡总体稳定有利。

第四节　水库工程地质分段及稳定性评价

清江隔河岩水库长91km，正常蓄水位200m，相应库容31.2×10^8 m^3，水域面积67.94km^2。

一、水库工程地质分段

依岸坡结构、岩性及岸坡稳定性等工程地质条件，自下游往上游分为五个库段。

(1)第一库段(Ⅰ)。

坝址至都镇湾，长16km，两岸均为寒武、奥陶系灰岩、白云岩、泥灰岩组成，未见滑坡及大的危岩体，岸坡稳定性好。根据岩层产状与清江的切割关系，又可划分为纵向谷坡与横向谷坡两个亚段。

$Ⅰ_1$亚段：灰岩横向谷库段。大坝—沿市口，长4km。河谷走向近南北，谷宽120～180m。左岸谷坡高300m，坡角38°～50°；右岸谷坡高240～340m，坡角40°～70°。该库段大部分由寒武系上统白马洞组与黑石沟组灰岩、白云岩组成，岩层走向与河谷正交，岸坡稳定性很好。

$Ⅰ_2$亚段：灰岩纵向谷坡段。沿市口—都镇湾，长12km。清江在该库段流经马鞍山向斜北翼，河谷平直狭窄，谷底宽80～120m，为清江隔河岩水库第三峡——沿市口峡。左岸(北岸)为顺向坡，谷坡高400～500m。均为灰岩组成，岩层倾角一般40°，大于地面坡角，部分地段岩层倾角与地面坡角一致(即层面坡)，稳定性也很好；右岸为逆向坡，谷坡下部为灰岩组成的陡崖，高100～200m。谷坡中上部为砂页岩缓坡，岸坡稳定。

(2)第二库段(Ⅱ)。

都镇湾—上西湾，长25km。该库段，清江流经近东西向的西湾背斜与资坵向斜之间，根据岩性与谷坡结构关系可分为三个亚段。

$Ⅱ_1$灰、页岩纵向谷库段：都镇湾—巴山，长17km。河流流向与岩层走向基本一致，为典型的走向河。两岸谷坡不对称，左岸(北岸)为志留系—泥盆系砂页岩组成的缓倾逆向坡，岸坡稳定条件较好；右岸(南岸)为奥陶系灰岩组成的顺向坡，谷坡高达数百米。岩层倾角55°～60°，一般大于地面坡角，或与地面坡角基本一致。除春树坪滑坡(2号)等局部地段稳定性稍差外，稳定性均很好。

$Ⅱ_2$灰岩横向、斜向谷库段：巴山—王家套，长5km。该段清江蠕回曲折，横穿或斜穿西湾背斜。两岸为奥陶系灰岩组成的陡崖，即清江隔河岩水库第二峡——巴山峡。岩层走向与河流正交或斜交，稳定性很好。

$Ⅱ_3$页岩横向谷库段：王家套—上西湾，长 3km。河谷宽阔，两岸均为泥盆—志留系砂页岩组成，右岸谷坡较平缓，阶地较发育，岸坡稳定性好。左岸谷坡相对较陡，除蔡庄坪局部地段稳定性较差外，余者稳定性好或较好。

(3)第三库段(Ⅲ)。

上西湾—康岩屋，长 13km。该库段，清江流经资坵向斜北翼，属典型的走向河谷。北岸主要由二叠系厚层至薄层灰岩组成的顺向坡，岩层倾角 10°～20°，其间偶夹页岩和炭质页岩软层。滑坡及危岩体相当发育，分布密度大，滑坡 15 处，危岩体 3 处，线密度 1.38 处/km，线模量 $771.15\times10^4 m^3/km$，是稳定性最差库段；南岸（右岸）主要为灰岩组成的逆向坡，滑坡不甚发育，除渠西口—孙家坡地段稳定性较差外，大部分稳定条件较好。

(4)第四库段(Ⅳ)。

康岩屋—岩松坪，长 22km。该库段，清江横切北北东向渔峡口向斜及沿乡溪和磨子庄等近南北向倾伏背向斜，为横向—斜向谷坡。按稳定条件又可分为左右岸两个亚段。

$Ⅳ_1$ 左岸亚段：康岩屋—石板溪，长 22km。该库段滑坡、危岩体较为发育，滑坡 13 处，危岩体 2 处，线密度 0.68 处/km，线模量 $280.14\times10^4 m^3/km$，余者稳定现状均好。

$Ⅳ_2$ 亚段：白炭河口—岩松坪(南岸)，长 22km。该段分布有天池口滑坡等 5 个大型滑坡，线密度 0.23 处/km，线模量 $210\times10^4 m^3/km$。除青鱼洞、天池口等滑坡地段稳定性较差外，余者稳定性尚好。

(5)第五库段(Ⅴ)。

岩松坪—水布垭，长 15km。该库段，清江横穿长阳复背斜(即半峡背斜)，为横向谷坡。中段半峡为寒武系—奥陶系灰岩组成，长 5km。岸坡高陡，雄伟壮丽，未见滑坡，危岩体发育。除大河坡、台子上、大岩淌三个滑坡地段稳定性稍差外，余者大部分库岸稳定性好或较好。

二、水库岸坡稳定条件分类及稳定性评价

根据库岸工程地质条件及现今稳定状况，大体可划分为：稳定条件好、稳定条件较好、稳定条件较差和稳定条件差四种类型(见表 3-4-1)。

(1)稳定条件好库岸坡段。

包括$Ⅰ_1$、$Ⅰ_2$、$Ⅱ_1$、$Ⅱ_2$、$Ⅱ_3$、$Ⅲ_3$、$Ⅴ_2$ 七个岸坡段，累计段长 103km。这些库岸主要为灰岩、灰岩夹页岩及砂岩、页岩组成的横向谷坡，少数为横向及逆向或顺向坡。滑坡不甚发育，仅发育滑坡 6 处，总方量 $3\,227\times10^4 m^3$。线密度 0.13 处/km，线模量 $71.71\times10^4 m^3/km$。这些滑坡多为松散土石层组成，现状稳定性较好。此外，沿岸 200m 高程谷坡上下断续分布第四系土石层，水库蓄水后将存在塌岸现象，以$Ⅱ_1$ 岸坡段北岸最为突出。

(2)稳定条件较好库岸坡段。

包括$Ⅳ_2$、$Ⅴ_1$、$Ⅴ_3$ 三个岸坡段，累计段长 42km。库岸主要由页岩、砂岩、灰岩及灰岩夹页岩组成，横向谷坡。滑坡较为发育，共分布滑坡 19 处，累计方量 $7\,478.5\times10^4 m^3/km$。线密度 0.45处/km，线模量 $178\times10^4 m^3/km$。滑坡分布地段现今稳定性均较好。水库蓄水后，滑坡分布地带及第四系松散堆积层地段，一般稳定性较差，存在产生崩塌、塌岸，甚至产生一定规模的塌滑。

表 3-4-1　清江隔河岩水库库岸稳定性评价

岸坡段号	岸坡段位置	岸　别	岸坡长 (km)	岩　性	谷坡结构	滑坡、危岩体						稳定性评价	
						数量(处)	体积 (×10⁴ m³)	线密度 (处/km)	线模量 (×10⁴ m³/km)	稳定现状		蓄水前	蓄水后
										发展中 (处)	稳定性差 (处)		
Ⅰ₁	大坝到沿市口	左右岸	8	灰岩	横向谷坡							好	好
Ⅱ₂	巴山至王家套	左右岸	10	灰岩	横向谷坡								
Ⅱ₃	王家套至上西湾	左右岸	6	砂页岩	斜向谷坡	2	227	0.33	37.83				
Ⅲ₃	孙家坡至白炭河口	右岸	11	灰岩、灰岩夹页岩	逆向谷坡	1	400	0.09	36.36				
Ⅴ₂	招徕河至盐池河	左右岸	10	灰岩	横向谷坡								
Ⅰ₂	沿市口至都镇湾	左右岸	24	灰岩	左岸顺向坡，右岸逆向坡	1	1 200	0.04	50				
Ⅱ₁	都镇湾至巴山	左岸	17	页岩、砂岩	逆向坡	1	880	0.059	51.76				
		右岸	17	灰岩	顺向坡	1	520	0.059	30.59				
Ⅴ₁	岩松坪至招徕河	左右岸	10	砂岩、页岩	横向谷坡	1	280	0.1	28			较好	较好
Ⅴ₃	盐池河至水布垭	左右岸	10	砂岩、页岩	横向谷坡	13	2 578.5	1.3	257.85				
Ⅳ₂	白炭河口至岩松坪	右岸	22	灰岩、页岩、砂岩	横向谷坡	5	4 620	0.23	210		1		
Ⅳ₁	康岩屋至石板溪	左岸	22	灰岩、页岩、砂岩	横向谷坡	15	6 163	0.68	280.14		1	较差	较差
Ⅲ₂	上西湾至孙家坡	右岸	2	灰岩夹页岩	斜向至逆向谷坡	3	274	1.5	137				
Ⅲ₁	凉风台至康岩屋	左岸	13	灰岩夹页岩	顺向谷坡	14	9 351	1.08	719.31		2		

(3)稳定条件较差和条件差库岸坡段。

1)包括Ⅲ$_2$、Ⅳ$_1$两个岸坡段，累计段长24km。库岸由灰岩、页岩、砂岩及灰岩夹页岩组成，斜向—横向谷坡及逆向谷坡。滑坡较为发育，共分布滑坡16处，危岩体2处，累计方量6 437×10^4m^3，线密度0.75处/km，线模量268.2×10^4m^3/km；Ⅲ$_2$岸坡段除2个松散堆积层滑坡外，300m高程以下(仅零星出露基岩)绝大部分崩坡积土石层堆积。结构松散，岸坡多较陡。水库蓄水后，存在滑坡复活以及第四系土石层塌岸，甚至产生新的滑坡条件；Ⅳ$_1$岸坡段，分布滑坡13处，危岩体2处。除渔峡口镇的白岩危岩体稳定性差外，余者现今稳定性均较好。水库蓄水后，大多数滑坡淹没于库水位下30～54m，存在部分复活失稳下滑的可能性。

2)清江左岸Ⅲ$_1$岸坡段，长13km。岸坡由灰岩夹页岩组成，顺向谷坡。库段滑坡危岩体相当发育，共分布滑坡11处，危岩体3处，累计方量9 351×10^4m^3，线密度1.08处/km，线模量719.31×10^4m^3/km。青鱼洞和青林子滑坡处于蠕变发展阶段，尤以渔辛寺危岩体变形十分明显。水库蓄水后，分布于这些地段的滑坡大多数淹没于库水下数十米，位于库水下的岸坡松散堆积体，其稳定性将不同程度地转化，不排除部分失稳乃至牵动整体复活的可能性。尤其是青鱼洞滑坡及渔辛寺危岩体，在库水作用下，将可能失稳。

(4)稳定条件差。

目前无稳定条件差岸坡段。

第五节　水库影响区

一、圈定水库影响区的原则

水库影响区和水库淹没区是两个不同的概念。前者是指在水库运行期间，由于水库蓄水涨落运行而引起临库边坡及近岸地段水文地质条件、工程地质条件的改变，并由此而产生滑坡变形、坍岸、浸没、孤岛、溶蚀洼地水情灾害加重等区域。

水库影响区的圈定，是以近岸地段的城镇、居民点、公共设施、工矿企业、学校等为主要对象，并主要依据如下原则：

(1)临岸地段及近岸地段的地质背景、地质结构、水文地质特征；

(2)临岸地段滑坡、危岩体的成因类型、物质组成、几何边界条件；

(3)临岸地段库边广泛分布第四系堆积物的物质组成、几何边界条件；

(4)临岸地段近期的变形与变化特征；

(5)临岸地段及近岸地段稳定性变化与环境变化受水库蓄水影响。

二、水库影响区的类型

水库影响区有如下五种类型。

(1)滑坡影响区——未被库水完全淹没的滑坡体受库水浸泡、涨落运行的影响而产生稳定性变化的区域。库内有33个滑坡圈定为滑坡影响区。

滑坡影响区是水库影响区最主要、最重要的组成部分。滑坡影响区一般范围大，规模大，人口密集。有的滑坡影响区上还有学校、工矿企业和城镇，因此，滑坡影响区对工程和水库运行都极为重要。在水库运行期间，应重点做好滑坡影响区的研究工作。

33处滑坡名称：茅坪、墓坪、杨家槽、沿乡溪、三洞水、春树坪、牛马行、西湾、土地包、田家河、孙家坡、枣树坪、湾底、青林子、塔池河、龙湾、长安寺、淋湘溪、偏山、谢家湾、青鱼洞、天池口、锁凤湾、上石板沱、巴王沱、覃家屋场、四杨溪、窑湾、小花坪、大花坪、岩松坪、小台子上、大河坡。

其中茅坪、墓坪、杨家槽、沿乡溪是最为重要的4处滑坡。

(2)坍岸——土质岸坡受库水风浪冲刷而产生坍塌。在库边广泛分布的第四系堆积物中，有38处圈定为坍岸。

坍岸数量多，但范围小，人口少，其上无学校、城镇。对工程和水库运行无大的危害，主要是对其上的居民产生影响。

(3)浸没——土质岸坡近库水面地段因毛细现象引起地面潮湿而产生影响。在临近正常蓄水位的第四系堆积物中，有12处圈定为浸没。

浸没数量少，人口少，其上无学校、城镇。对工程和水库运行无危害，主要是对其上的居民产生影响。

(4)孤岛——成库后被库水包围形成独立的小岛。在水库蓄水运行后，四周被库水包围的小山包成为孤岛，在库汊中有3处圈定为孤岛。

孤岛数量少，人口少。对工程和水库无危害，但影响居民生产生活。

(5)溶蚀洼地水情灾害加重——因水库蓄水可能对洼地的排水产生影响而加重灾情。近岸地段岩溶洼地内高程略高于水库蓄水位，库水抬高后可能减弱洼地暴雨后的排水速度，使洼地排水时间延长，加重洼地的水情灾害。在库内有2处圈定为洼地水情灾害加重。

该类影响区未确定实物指标，仅留待水库运行检验。

依据水库影响区圈定的原则，分别于1987年4～6月、1990年4月对清江隔河岩水库两岸进行了水库影响区的圈定，共圈定了88处(进行了实物指标的登记，并进入了概算、预留了移民安置经费)，共747户，3 019人。

三、水库运行11年对影响区的三次检查

1993年4月10日，隔河岩水库下闸蓄水，坝前抬高水头120余米，库水位一般在160～200m间运行，最高水位达到203.94m。

1. 勘测期间预测性圈定的水库影响区实际变化情况

(1)勘测期间圈定的33处滑坡影响区，按其变形程度可分为三类。

第一类，变形较为严重，但经过11年的变形调整目前已趋于稳定的有3处(青鱼洞滑坡、墓坪滑坡、沿乡溪滑坡)。

第二类，变形严重，目前仍在发展中的1处(茅坪滑坡)。

第三类，变形轻微或局部变形较严重的22处。

(2)勘测期间圈定的38处坍岸，有28处发生变形。

(3)勘测期间圈定的12处浸没，有9处发生影响，但多数以库岸变形的形式产生影响。

(4)勘测期间圈定的3处孤岛，已全部成岛。

(5)勘测期间预测的2处岩溶洼地水情灾害加重，尽管水头较大仍无明显影响。

2. 水库运行11年库岸稳定性的三次检查

(1)第一次检查(1995年5～9月)。

除勘测期间圈定的88处水库影响区以外，又发现有29处不同程度的库岸变形，共计有农户222户，共888人。

(2)第二次检查(2000年10～12月)。

除勘测期间圈定的88处水库影响区和第一次检查(1995年5～9月)确定的29处库岸变形外，又发现45处有不同程度的库岸变形和3处生存环境变化，共计有农户97户、4个单位，共428人。

(3)第三次检查(2004年7～9月)。

除勘测期间圈定的88处水库影响区和第一次检查(1995年5～9月)确定的29处库岸变形以及第二次检查(2000年10～12月)确定的45处库岸变形、3处生存环境变化外，又发现25处有不同程度的库岸变形和4处生存环境变化，共计有农户118户、6个单位，共449人。

四、水库运行11年库岸稳定性的总体评价

隔河岩水库蓄水运行11年以来，通过三次库岸稳定性的检查，结果表明，库岸总体稳定，水库运行总体平静。但库岸分布的第四系松散堆积物仍出现较多的小规模的塌岸变形。

1. 水库库岸岩质边坡

水库两岸岩质边坡稳定，在水库蓄水运行11年间，无大的岩质边坡失稳，仅有零星的崩石滚落。

2. 水库滑坡、危岩体

勘测期间水库库区有57个滑坡、变形体、危岩体。根据地质结构与水库工作状态确定有33个滑坡影响区(指库水位以上未被淹没的滑坡部分)，经过11年的水库运行考验，圈定的33个滑坡影响区有26处发生变形。其中青鱼洞、沿乡溪、茅坪、墓坪4个滑坡变形严重，青鱼洞、墓坪、沿乡溪3个滑坡通过水库运行，变形调整趋于结束，现已趋于稳定，唯有茅坪滑坡仍变形较大。此外，又新增了1处石板沱滑坡影响区(现整个水库共有27处滑坡发生不同程度的变形)。

库尾水布垭坝址下游13个滑坡、变形体由于对工程有影响及所处位置的重要性，特别是在泄洪雾雨作用下对滑坡的影响很大，已全面地采取了工程防治措施。

对有变形的27处滑坡，已大部分做了勘察并做出了今后可能的发展演变趋势的评价，有的做了处理。

茅坪滑坡历时11年的监测结果表明，滑体上监测点累计平面位移量1 116.58～2 747.4 mm，垂直位移量24.1～548.4mm，滑坡变形经历了缓慢变形阶段、匀速变形阶段，现正发展到轻微加速变形阶段。茅坪滑坡自从受到2002年8月24日$6\times10^4m^3$的岩崩冲击后，已从匀速变形阶段发展到轻微加速变形阶段。茅坪滑坡如失稳，将可能形成库中坝，对下游隔河岩大坝的安全运行和上游水布垭工程施工、运行均会产生严重的危害。因此，对茅坪滑坡和白岩危岩体要加强监测预报，应采取必要的防护治理，以保证工程和水库运行的安全。

3. 水库两岸库边松散堆积物

隔河岩水库库岸线长(干支流总长 560km),库坡两岸松散堆积物分布广泛,这些松散堆积物结构松散,易于变形。水库运行期间,资坵对岸长约 3km 库边坍塌严重,库边一条通往黄柏山的公路多处坍塌坠入清江,公路改道;覃家田滑坡的临江地段,长约 2km 的地段坍塌严重,是最早出现塌岸的地段,当时,长阳通往五峰的一段县级公路塌落达 1m 左右。虽然库边松散堆积物易于出现这类坍塌变形,但总体而言,该类坍岸范围小,规模小,涉及到的居民少,对工程及水库运行无大的危害,仅对其上居民产生影响。在隔河岩水库影响区三次检查中,多属此种情况。

五、水库库岸稳定性变化原因分析

清江隔河岩水库自 1993 年 4 月蓄水运行以来,至今已运行 11 年多,库水位过程曲线见图 3-5-1。隔河岩水库校核洪水位 204.7m,设计洪水位 202.8m,正常水位 200m,死水位 160m,防洪限制水位 192.2m。

水库蓄水运行以来,历年最高运行水位:1993 年为 179.83m,1994 年为 193 m,1995 年为 195.06m,1996 年为 201.99m,1997 年为 196m,1998 年为 203.94m(长江流域发生了全流域性的特大洪水,为了与长江错峰,减轻对荆江大堤的压力,隔河岩水库超蓄),1999 年为 194.46m,2000 年为 199.96m,2001 年为 187.05m,2002 年为 199.76m,2003 年为 196.18m。

水库临库地段及近岸地段第四系坡积物的稳定性发生变化,与水库长期蓄水运行和库水的反复涨落密切相关。库水的直接作用与间接作用,改变了库周一定范围内的水动力场和岩土体的软化作用,是产生水库库岸变形的主要因素。

库水对松散堆积体岸坡有直接作用和间接作用两种。

直接作用:库水对堆积体的荷载。库水对堆积体的浮托力,库水对堆积体的浪击。

间接作用:水淹部分土石体容重的增加。水淹部分土石体力学强度的降低,库水升降尤其是骤然降落,增加土石体中孔隙水压力。

(1)直接作用对堆积体稳定性的影响分析。

库水对堆积体的荷载——在库水上升时,对堆积体起侧向推力的作用,有利于堆积体的稳定。

库水对堆积体的浮托力——使堆积体重心偏移。为达到新的平衡土石体会产生水平位移,不利岸坡稳定。

库水对堆积体的浪击——使堆积体临岸发生崩塌,不利于岸坡稳定。

(2)间接作用对堆积体稳定性的影响分析。

水淹部分土石体容重的增加——坡体下部加重。有利于岸坡稳定。

水淹部分土石体力学强度的改变——一般使土石体力学强度降低。不利于岸坡稳定。

库水升降尤其是骤然降落增加土石体中孔隙水压力——孔隙水压力增大。不利于岸坡的稳定。

库水在地下岩溶通道中升降产生气爆与塌陷——水的作用力诱发地震和地表的变化。不利于岸坡稳定。

(3)水淹部分土体力学强度降低、不利于岸坡稳定。

库水淹没土体会导致其力学强度降低,在研究隔河岩库区塔池河滑坡粉质黏土不同含水

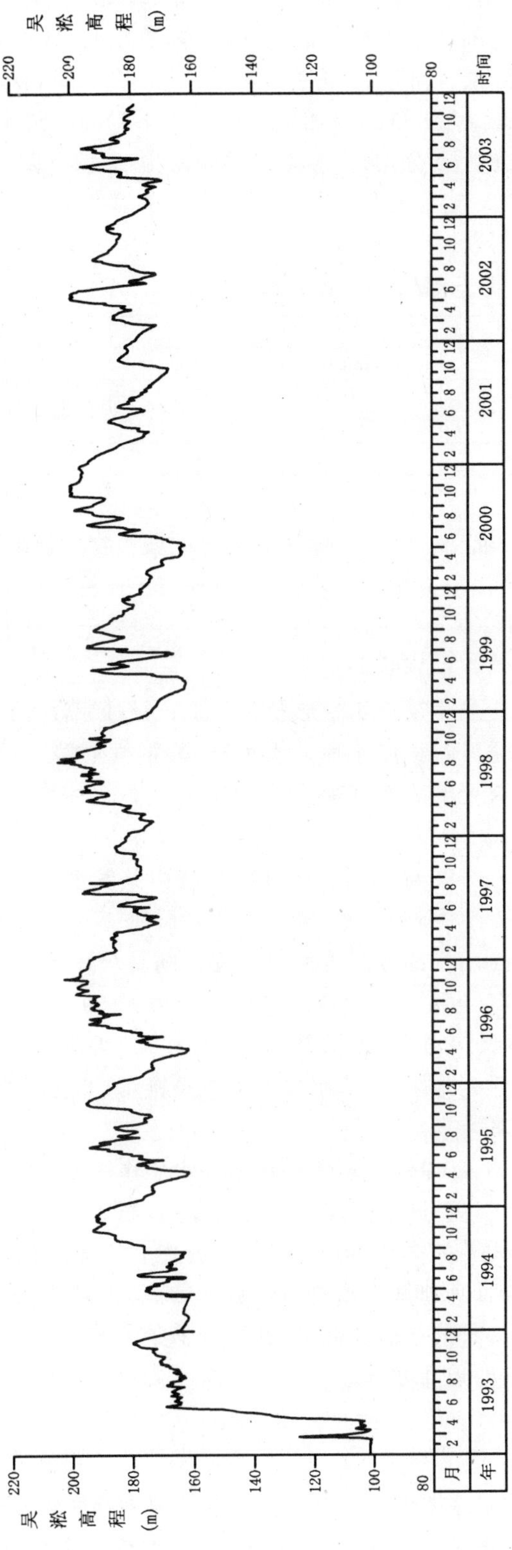

图 3-5-1 清江隔河岩水库水位过程曲线图

量的力学强度试验中，其试验成果表明，土体强度随含水量的增加而降低。表 3－5－1 是粉质黏土的试验成果，试验时筛除了 2mm 以上的颗粒。试验成果显示，随着含水量增加，土的强度值降低，即凝聚力、内摩擦角分别明显降低。由于试样中筛除了 2mm 以上的颗粒，又是重塑土样，试验值显得普遍偏低，但是土样随着含水量的增加强度值随之下降的趋势是明显的。据试验成果可知，土样中含水量增加了 7.6 个百分点，相应土样的凝聚力（c）值下降了 38kPa、内摩擦角（φ）下降了 2.4°。

表 3－5－1　土的不同含水量的力学强度试验成果表

土样名称	试样序号	含水量（%）	力学强度		备　注
			c(kPa)	φ(°)	
粉质黏土	1	26.0	57	15.2	为 2mm 以下的重塑土样
	2	29.6	35	13.8	
	3	33.6	19	12.8	

从库坡堆积物的成因、物质组成与结构上来看，多为库岸边坡上的坡积物。物质多为碎石夹土或土夹碎石，一般厚约 2～5m，受库水浸泡力学强度降低，导致库坡土体稳定性降低，从而引起土体地面和其上建筑物出现变形迹象。

（4）库水在地下岩溶通道中骤升产生气爆的影响分析。

虽然不属库水直接浸泡引起的，但其上的房屋近年变形较为严重。经过综合分析认为，土体变形导致房屋拉裂严重，其原因与水库涨升过程中水库诱发地震（岩溶气爆型）的影响有一定的关系。由于土体自身稳定性差，加之又受到岩溶气爆震动，故这一类的土体变形都显得特别严重，对其上的房屋拉裂影响较大。

隔河岩水库蓄水以前的 1959 年 6 月—1993 年 4 月共 33 年间，区内共发生地震 37 次，年发震频度的多年平均值为 1.1～1.2 次/a。

隔河岩水库蓄水以后的 1993 年 4 月 10 日（即隔河岩枢纽工程下闸蓄水）—1995 年 12 月 31 日，区内共发生地震 1 666 次（$0 \leqslant M_L \leqslant 2.0$ 级 415 次，$2.0 < M_L \leqslant 3.0$ 级 30 次，$3.0 < M_L \leqslant 4.0$ 级 3 次），最大震级为 1993 年 5 月 30 日 18 时 03 分发生的 $M_L = 3.3$ 级地震。

自隔河岩水库蓄水后，区内发生的一系列地震，与库水位变化关系密切，其发震的频度、震中分布、宏观现象等都具备水库诱发地震的特点。

从地震机制上看有：①裂隙岩体压密型：库岸浅层岩体松动圈在水压作用下有岩块的再压密或滚动作用。②岩溶型地震：又可分为气爆型与陷落塌陷型。气爆型，当地下岩溶洞穴处于封闭状态时，库水抬升过程中逐渐压缩洞穴中的空气，使其成为“高压气团”，当压缩到一定程度时，洞穴周围围岩中的裂隙被撕开，所以这种地震多呈现“砰”的一声，接着就是嘶拉的声音而终止；陷落塌陷型，当库水下落时，库水一旦低于洞穴高程，洞穴呈现真空状态，出现“火罐”效应，而使其上部岩土体陷落塌陷，而呈岩溶塌陷型地震。

六、滑坡影响区的实践意义

滑坡影响区是水库影响区中最关键和最主要的部分，因为，一是滑坡影响区较其他影响区范围与规模都大得多；二是涉及人口众多，滑坡上一般住有一个村民小组或几个村民小组，有的滑体上有学校、城镇。而其他类型的影响区居民户少，大多仅 1～3 户居民；三是滑坡的稳定性至关重要。因为滑坡变形或一旦失稳，危害严重，特别是像茅坪滑坡和杨家槽滑坡，涉及的人口从200多人到近千人。还有墓坪滑坡涉及资坵大桥的安全，沿乡溪滑坡涉及一个福利院和东村电站职工宿舍楼的人身安全及公路交通的安全。因此，滑坡勘察研究、监测预报、移民安置都极为重要。

勘测期间和水库运行初期，依据影响区圈定的原则，在库内滑坡中，圈定了35个滑坡影响区。其意义在于：圈定出的滑坡影响区必然引起当地政府的高度重视；另规定，划定的影响区内不准建设新村、新移民点以及兴建新房等；圈定的滑坡影响区进行了实物指标的调查，并落实预留影响区的移民安置经费。

(1)滑坡影响区的移民安置分两步走。

将35处滑坡影响区分为两类，即必须搬迁的一类和暂不搬迁留待蓄水后观察一类。前者为第一步，后者为第二步。

1)蓄水前影响区内的居民房屋、公共设施等必须搬迁：该类滑坡主要表现稳定性差，在水库蓄水以前有明显的变形迹象，蓄水以后预测将会出现较大的变形或失稳。如青鱼洞滑坡影响区等。

2)蓄水前影响区内的居民和公共设施可暂不搬迁，留待蓄水后观察：该类滑坡总体稳定性尚好。但无法排除可能出现的变形和局部失稳，因影响区居民户多，应加强观察，一旦滑体出现变形，要立即组织搬迁，避免造成严重的社会影响。

(2)最重要的滑坡影响区水库蓄水前即建立监测系统进行监测预报。

杨家槽滑坡、墓坪滑坡、枣树坪滑坡、覃家田滑坡和茅坪滑坡规模大，居民多，滑体稳定性关系重大，在水库蓄水以前就进行了地质勘探，并在滑体上埋设观测墩，进行地表变形监测和钻孔埋设倾斜仪进行深部变形监测，为滑坡影响区移民安置或防护治理提供科学依据。

沿乡溪滑坡在水库蓄水运行两年后，根据其稳定性变化，在滑体上布置了地表变形监测网进行监测预报。

(3)水库运行期变形量大的滑坡影响区及时采取撤迁安置。

在水库运行期，有些滑坡影响区变形量大，变形发展也快，工程治理代价大。故采取撤迁安置，如茅坪滑坡和沿乡溪滑坡等。茅坪滑坡前缘高程150m，后缘高程570m，体积$2\,350\times10^4m^3$，整个滑坡圈定为影响区，共234人。水库蓄水运行的第二年即开始出现变形，变形发展较快，于是，影响区居民全部迁出。

(4)水库运行期前缘局部变形的最重要的滑坡采取工程治理。

杨家槽滑坡现已成为一个现代化的新型城镇，基建费用已花掉数千万元，在滑体上的居民上千人。新镇址是未经正规地质勘察而定下来的。后经清江地质大队勘测认定为滑坡时，地方政府和居民极为关注，尤其是水库蓄水后滑坡前缘临库边出现局部变形时，当地居民极为恐慌。为安定民心，长江水利委员会清江地质大队进行了滑坡治理前的地质详勘工作。经过详细勘探与科学研究，基本查清了滑坡的形成年代、形成机制、物质组成与滑带特性等，并在滑体内发现了一个规模较大的地下岩溶洞穴系统，洞穴沉积物齐全、完整。这个洞穴系统常年过水，成为天然的地下排水通道，对滑坡的长期稳定起着重要作用。结合模拟计算分析，探讨滑坡形成演化模式与过程，进而评价滑坡现今稳定性好，只需进行局部治理。工程治理已于2000年6月完成，消除了不良社会影响，并节省了大量的治理经费。

(5)通过对滑坡影响区勘察选择“安全岛”。

西湾滑坡分布高程 165～370m，体积 $107\times10^4m^3$。滑坡 1995 年 5 月出现变形迹象，有的房屋已成危房。经过详细的地质工作，查明了滑坡的成因类型、物质组成与分布特点。依据其地质背景、地质结构选择了四处“安全岛”。滑坡影响区的居民不外迁，就地安置，充分利用了当地的土地资源，也减轻了当地政府的外迁安置压力，社会效益和经济效益明显。

(6)通过对滑坡影响区的勘察与稳定性研究避免了大搬迁。

通过对滑坡影响区的勘察与稳定性研究，避免了大搬迁的有天池口、塔池河、春树坪、三洞水、淋湘溪、枣树坪滑坡。

如天池口滑坡，前缘高程 145m，后缘高程 518m，体积 $3\ 200\times10^4m^3$。滑体上居住有三个组的村民及一所小学校，约数百人。该滑坡在水库蓄水前被部分(临库滑坡平台部位)圈定为滑坡影响区。水库蓄水运行以来，临库陡坡严重坍岸区出现六处小规模的坍塌，滑体下段轻微变形区有 34 栋居民房屋墙体出现不同程度的裂缝裂纹。经过地质勘探，查明第一序次滑体稳定性好，变形主要出现在第二序次滑体范围内，变形范围与滑坡影响区大致相当。目前变形也已趋缓和，故滑坡影响区以外的居民户可不进行搬迁。影响区范围内的居民户是否搬迁视情况而定。

隔河岩水库在勘察期间就已确定了明确的滑坡影响区的概念，并有了一整套科学的勘察与移民实施安置计划。尽管这里有两万余人属于水库移民安置人口，隔河岩水库已运行 11 年，没有出现任何移民安置事件，库区人民安居乐业。

第四章

枢纽工程地质条件①

第一节　河谷地貌

坝址处在近南北向峡谷的尾段，谷底宽 110～120m。高程 200m 坝轴线处河谷宽 635m，110～120m 高程以下谷坡陡立，以上右岸陡，左岸缓。两岸山体高出河水面 300m 以上。枯水期河水位一般高程 78～79m，水深 1～3m。河床覆盖层一般厚 8～15m，最厚 19.6m(75 孔处)，以中部和右侧较厚。左侧覆盖层很薄或为基岩裸露，基岩面高程一般为 60～64m，最低高程 55.26m(69 孔处)，无明显深槽。峡谷出口地形开阔，右侧西寺坪发育较完善的Ⅰ、Ⅱ级阶地见图 4-1-1。

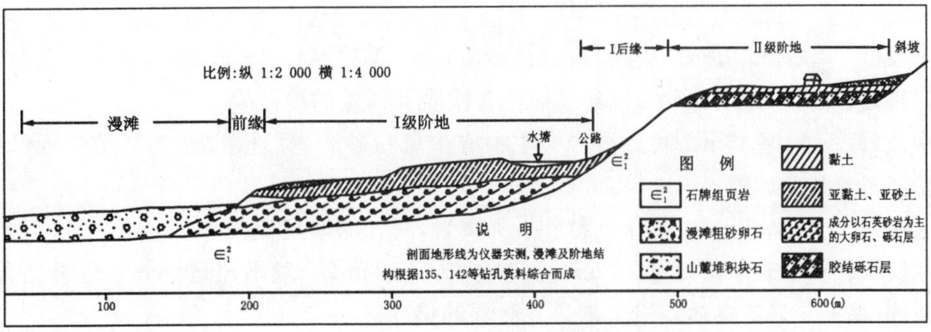

图 4-1-1　西寺坪阶地实测剖面图

Ⅱ级阶地：高出枯水位 45m，高程 123m，为基座阶地。其上有厚约 6m 的堆积物，上部为粉砂质黏土，下部为含泥的巨砾(以石英砂岩为主)。

① 引自《湖北省清江隔河岩水利枢纽初步设计工程地质勘察报告》，1987.4

Ⅰ级阶地：高出枯水位19m，高程97m，下伏基岩面高程72～85m，为堆积阶地。下部为含泥的砂砾石层，厚10～12m，前缘部位多为钙质胶结砂砾石层（即广义的江北砾石层），上部为粉砂质黏土层，厚7～9m。清江属山区性河流，水位变幅可达20余米，实测最大流量18 600m^3/s，最小流量29m^3/s，枯丰水量相差640倍。因而Ⅰ级阶地前半部常遭洪水冲刷而略低于后半台面，并显示出一个高5～7m的冲刷陡坎。后期冲刷平面高程一般在90m左右，其上并堆积一层薄的粉砂。

河漫滩：一般高出枯水位1～5m，主要为砂砾石层，厚2～20m。

第二节　地层岩性及岩石的化学成分

一、地层岩性

坝址出露地层主要为下、中寒武统的海相碳酸盐岩及碎屑岩建造。可见总厚度1 700余米。

下统（$\in_1$）：分为水井沱、石牌、石龙洞、平善坝四组。

1. 水井沱组（$\in_1^1$）

假整合于震旦系灯影组灰岩之上。总厚130～265m。为黑色钙质粉砂岩、炭质页岩、薄层炭质灰岩含铁质结核，分布于坝址下游左岸。

2. 石牌组（$\in_1^2$）

总厚209m，是良好的隔水层，为坝址防渗的可靠依托，也是右岸引水式明厂房的基础岩体。

下段（$\in_1^{2-1}$）：厚106m。灰绿、黄绿色砂质页岩，单层厚0.2～2.5cm，含少量云母，具杂色微细层理，顶部夹有两层厚约3～4cm褐色含铁质及钙质的粉砂岩。

中段（$\in_1^{2-2}$）：厚45m。灰色页岩为主夹有少量粉砂岩，页理清晰、光滑稍含云母细片，风化后呈淡黄色片状碎屑。

上段（$\in_1^{2-3}$）：厚58m。灰绿色粉砂岩夹页岩，两者的厚度比为6∶1～12∶1，可视为不等厚的互层状。粉砂岩单层厚2～10cm，页岩厚0.5～2cm，一般不超过1cm。也常见有薄层灰岩透镜体，偶夹灰岩疙瘩体。沿页岩多发生层间错动。

3. 石龙洞组（$\in_1^3$）

总厚度153.6～185m。为坝基岩体。

下段（$\in_1^{3-1}$）：厚67～75m，底部5m为薄层白云质灰岩与砂质页岩互层。下部为灰色薄层微晶含泥质、硅质及白云质条带灰岩，间夹薄层鲕状灰岩，此层厚度变化较大，薄者3～8m，厚者30余米，中上部主要为深灰色厚层白云质灰岩，上部为2～5m厚层状粗粒鲕状灰岩，顶部为厚0.4m的砾状灰岩及厚0.4～0.7m的疙瘩状泥灰岩。疙瘩状泥灰岩，岩性软弱易风化，沿此层多发生层间错动。

中段($\in_1^{3-2}$):厚35～50m。深灰色薄层条带状灰岩。条带为深灰色泥灰岩。上部成层较厚,单层厚3～4cm,泥质条带灰岩和细粒鲕状灰岩互层,下部成层较薄,单层厚2～3cm,泥质条带较多。顶部为厚0.1～0.8m的疙瘩状泥灰岩,性软易风化,沿此层也常见层间错动。

上段($\in_1^{3-3}$):厚51.6～60m,深灰色厚层或块状微晶含泥质、硅质、白云质斑纹灰岩。斑纹为泥灰质,略呈层状分布,新鲜者为深灰色,风化后为紫褐色,下部偶夹细粒鲕状灰岩。

本组沉积后,具有一次间断,顶面受侵蚀凹凸不平,凹槽中常有铁质结核、黄铁矿晶体与页岩透镜体分布。

4. 平善坝组($\in_1^4$)

一般厚40m。假整合于石龙洞组之上,分为六段。

一段($\in_1^{4-1}$):厚1～4.2m。灰绿色、黄绿色板状砂质页岩夹泥质页岩及灰岩透镜体。

二段($\in_1^{4-2}$):厚1～8m。深灰色厚层、粗粒鲕状灰岩,含橙黄色泥质条带,上部多为致密灰岩。

三段($\in_1^{4-3}$):厚2～9m。灰绿色页岩,含少量砂质、黄铁矿晶体或条纹及云母片,风化后呈黄绿色碎片。富含雷氏三叶虫化石。

四段($\in_1^{4-4}$):厚3～9m。灰、深灰色薄层条带致密状灰岩。条带为橙黄色泥灰岩,泥灰质比较集中时,具瘤状构造。

五段($\in_1^{4-5}$):厚4～10m。灰绿色钙质页岩,上下部富含灰岩疙瘩体。

六段($\in_1^{4-6}$):厚12～22m。灰、深灰色薄层条带灰岩,条带为泥灰质。上下部为薄层灰岩与泥灰岩互层,顶部为橙黄色含灰岩疙瘩体的泥灰岩,并夹有灰岩透镜体。

中统($\in_2$):坝址见红溪灰岩和上峰尖组。

(1)红溪灰岩($\in_2^1$):厚约60m。

下段($\in_2^{1-1}$):厚10m。深灰色中厚层及厚层微晶-致密白云质斑纹灰岩。顶部有一层厚约0.2～0.4m的细粒鲕状灰岩。

中段($\in_2^{1-2}$):厚20m。下部为深灰色厚层夹薄层微晶条带状白云质灰岩。条带为紫褐色、深灰色泥灰岩。上部为深灰色厚层微晶含硅质白云质灰岩夹薄层板状硅质灰岩。缝合线发育,沿缝合线多有紫褐色泥,是本段岩层最突出的特点。

上段($\in_2^{1-3}$):厚23m。深灰色中厚层及厚层微—细晶硅质白云岩及白云质灰岩。

(2)上峰尖组($\in_2^2$):坝区可见厚200m左右。下部以泥灰岩为主,厚度较大,是良好的相对隔水层,也是坝址防渗的重要依托。

下段($\in_2^{2-(1+7)}$):厚80～90m。为泥灰岩、页状泥灰岩、白云岩、砂质白云岩、灰岩等相互成层(见图4-2-1)。根据实测资料,泥灰岩、页状泥灰岩厚36.3m,占此段地层总厚的41.4%;白云岩厚19.7m,占此段总厚度的22.5%;灰岩厚31.55m,占此段总厚的36%,此段岩层软弱层薄,又成互层状,揉皱发育。

中段($\in_2^{2-8}$):厚30m左右。以斑纹状灰岩为主。

上段($\in_2^{2-9}$):厚度大于50m,以白云岩为主夹泥灰岩。

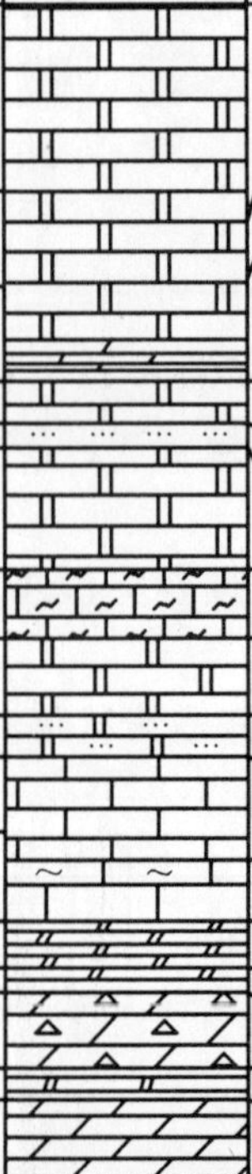

地层代号	厚度 分段厚度(m)	分层厚度(m)	柱状 1:500	岩性	备注
$\in_2^{2-7}$	15.35	7.50		白云岩	有层间错动厚度偏小
		4.31		白云岩	
		2.14		白云岩	
		1.40		泥灰岩	
$\in_2^{2-6}$	22.35	1.45		灰质白云岩	
		1.00		砂质白云岩	
		6.10		含白云质灰岩	
		2.50		含白云质灰岩	
		3.20		厚层灰岩	
		1.50		砂质白云岩	
		3.50		厚层灰岩	
		3.10		致密灰岩	
$\in_2^{2-5}$	12.00	1.80		泥质白云岩	
		0.95		薄层泥灰岩	
		3.30		角砾状泥灰岩	
		1.10		砂质白云岩	
		3.45		薄层泥灰岩	
		1.40		叶片状泥灰岩	
$\in_2^{2-4}$	7.60	1.20		白云质灰岩	
		3.10		白云岩	
		0.80		白云质鲕状灰岩	
		0.80		含白云质灰岩	
		1.20		白云岩	
		0.50		斑纹灰岩	
$\in_2^{2-3}$	8.20	1.40		含白云质灰岩	
		2.00		角砾状泥灰岩	
		3.30		薄层泥灰岩	
		1.50		极薄层页片状泥灰岩	
$\in_2^{2-2}$	9.75	4.50		含白云质灰岩	
		0.30		薄层泥灰岩	
		3.15		含白云质灰岩	
		0.90		纯灰岩	
		0.90		泥灰岩	
$\in_2^{2-1}$	11.30	1.90		泥质白云质灰岩	红溪灰岩顶面有F_{27}断层经过地层厚度偏小
		0.35		薄层泥灰岩及页岩	
		1.20		泥质白云质灰岩	
		0.30		条带灰岩	
		1.40		薄层泥灰岩	
		4.85		砂质白云质灰岩	
		1.30		薄层泥灰岩含燧石	

纯灰岩厚31.55m占整个层厚度36.0%;泥灰岩厚36.30m占整个层厚度41.4%;白云岩厚19.70m占整个层厚度22.5%.

图4-2-1 上峰尖组$\in_2^{2-1}$—$\in_2^{2-7}$岩性柱状

二、岩石的化学成分

从表 4-2-1 可以看出，石灰洞组灰岩、红溪灰岩的下段氧化钙含量较高，与氧化镁的比值大，有利于岩溶发育。上峰尖组下段氧化钙含量较低，与氧化镁的比值小，SiO_2 含量高，抗溶蚀能力强。石龙洞组中段条带灰岩与上下段灰岩相比，CaO 含量较低，与 MgO 的比值也较小，从化学成分看，石龙洞组灰岩各段岩石的可溶性也是不一致的。

表 4-2-1　各组岩石化学成分分析成果表

地层		石龙洞组			红溪灰岩		上峰尖组	
		$\in_1^{3-1}$	$\in_1^{3-2}$	$\in_1^{3-3}$	$\in_2^{1-(1+2)}$	$\in_2^{1-3}$	$\in_2^{2-(1+7)}$	$\in_2^{2-8}$
试件组数		5	2	3	1	1	2	2
成分含量比率(%)	CaO	24.66~39.31	24.96~25.94	27.7~32.85	26.35	18.96	17.51~20.91	24.06~27.32
	MgO	2.38~9.37	2.91~11.48	2.93~5.47	3.25	15.65	7.88~16.33	5.14~12.07
	泥	0.33~10.05	1.48~10.05	0.75~8.0	8.29~6.18	0.42~7.79	0.8~9.07	1.41~6.35
	SiO_2	7.49~21.53	17.45~22.06	18.51~38.12	19.54	19.54	44.95	17.74
$\frac{CaO}{MgO}$比值		4.5~20.69	2.17~8.9	6.55~9.8	8.16	1.21	1.28~2.22	2.26~4.68

第三节　地质构造

坝区在构造上处于长江中下游东西向构造带的西段，长阳复背斜的南翼。燕山运动奠定了区域的基本构造骨架，新华夏系对本区也有影响。坝区最发育的北北西组扭性断层，是区域应力场在坝区的早期产物。随着应力的增大和次级褶皱的产生，引起了局部应力的变化，而导致坝区地层呈北东东向伸展，走向北东 70°左右，倾向南东，倾角 25°～30°，构造应力分析见表 4-3-1。

表 4-3-1　隔河岩坝区构造应力分析表

编号	体系名称		压性结构面及方向	张性结构面及方向	扭性结构面及方向	压应力方向	图像
1	区域性东西向构造体系	区域应力场	构造线：长阳复背斜，津洋口向斜，两河口背斜，坝区同方向的小背向斜与陡立岩层带及逆断层，如 F_{260} 等，方向为北西西 280°左右	北北东组走向 0° ～ 20°，倾 NW，倾角∠75°～85°的正断层	(1) 北北西组 330°～350°/SW∠70°～80°；(2) 北东组：30°～50°/NW ∠70° 平推断层	北东 10° 南西 190°	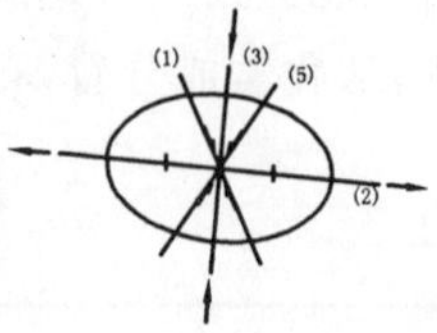
		局部应力场	构造线，坝区岩层走向 70°±，同方向的层间错动及北东东组逆断层，如 F_{320}、F_1 等	复合在北北西组：330°～350°、SW∠70°～80°	复合在北北东组 10°～20°/NE∠70°，同时产生北西西组扭裂面	北西 340° 南东 160°	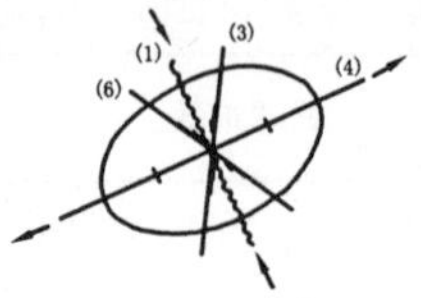
2	新华夏系		构造线：坝区北北东向的小背向斜及北北东的陡立岩层带，方向北东 10°～20°，又如花桥甘子坪逆掩断层	复合在北西西组断层上	分别复合在北北西组及北东东组断层上	南东 110° 北西 290°	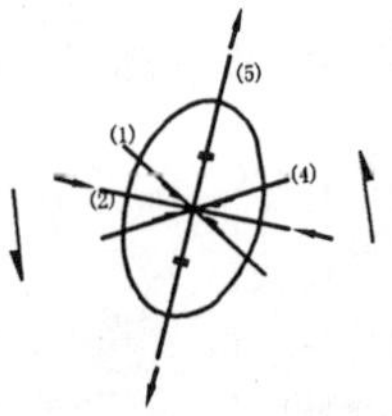

坝区除断裂较发育外，尚有褶皱及陡倾岩层带分布，致使岩体结构复杂。

一、断裂构造

包括断层、裂隙、层间剪切破碎泥化带或层间错动面等。

1. 断层

坝址地面调查，见有大小断层 307 条。两岸平洞中揭露有小断层数十条。断层的数量虽多，但方向性明显，以北北西和北西西两组最发育。北北西组规模一般都较大，以平移顺扭为主，剖面上显正性。平面展布具等距性，顺河分布，溶蚀强烈，坝基不能避开。如 F_8、F_{10}、F_{12}、F_{13}、F_4、F_{18} 等。北西西组断层规模及性质变化较大，近于垂直河岸分布，坝基易于避开。规模较大的有 F_3、F_{68}、F_{29}、F_{32}、F_{174}、F_{260} 等，其余规模较小。平面分布有密集出现的特点。其他各组断层一般都不甚发育。唯有北北东组的 F_{16}、F_{180} 两断层正位于右岸坝基下，规模较大，溶蚀也较强。直接对坝基稳定或防渗工程有影响的断层计 30 条(表 4-3-2)。其他建筑物除分别遇到上述某些主要断层外，还将遇到 20 余条。建筑物的基础及围岩，是一个断裂发育的岩体，断层具有以下不利因素：

表 4-3-2　坝区主要断层的性质及其与工程关系表

部位		编号	基本性状	溶蚀程度	工程意义
左岸	重力坝段	F_8	走向 355°，倾向南西，倾角 75°～80°。断层带为方解石胶结的角砾岩与糜棱状角砾岩，胶结甚紧密。破碎带宽 0.32～3.5m，最大铅直厚 5.41m。断层带内微细方解石密集	据 42 孔揭示，断层上盘影响带内发育溶洞，洞径 4.54m。91 孔在断层下盘影响带内发育洞径 8.53m 的溶洞。均为黏土及碎块充填，因此溶蚀很强烈	对左坝肩的稳定有一定影响，又是绕坝渗漏管道，应予封闭与加固
		F_{198}	走向 355°，倾向南西，倾角 70°。浅部地层断距约 3m，向深部变小，甚至地层无差异反应	据 175 孔揭示，在断层上盘影响带发育洞径 4.18m 的溶洞。可见溶蚀是严重的	处在左坝肩下，应予补强
	左岸拱座	F_{10} F_{10-1}	走向 340°～350°，倾南西，倾角 65°～84°。水平地层断距 10～32m。破碎带宽 0.3～4m，为角砾岩或糜棱角砾岩，大部分胶结较好，局部胶结较差，并具断层泥。据 14 孔揭露，断层上盘影响带岩层陡立，倾角 50°～60°，方解石脉密集，影响最大铅直厚 36.42m	地表溶蚀呈槽状，并发育有 K_{421} 竖井与 K_9 溶洞。K_{421} 竖井、5 号平洞与 E_{10} 溶蚀洞穴相通。据 5 号平洞追索 5.0m，见大小溶洞 5 个，溶蚀长达 11.2m，线溶蚀率 22.4%，如果考虑溶蚀充泥段，溶蚀长 28.2m，线溶蚀率 56.4%，9 号平洞追索 120m，溶蚀长 31.8m，线溶蚀率 26.5%，3 号平洞追索 73m，溶蚀长 34m，线溶蚀率 46.6%；又据 177 孔揭露 F_{10} 上盘发育三个洞穴，洞径 6.36m、9.76m、1.76m。溶洞形态呈狭缝式串珠状，均为黏土及碎石充填，可见溶蚀极为强烈	断层位于左岸坝肩及拱座一带，且平行岸边分布，沿断层溶蚀极为严重，对拱座稳定与坝基防渗极为不利，应予慎重处理
		F_{25}	走向 350°，倾南西，倾角 80°。破碎带宽 0.25～0.5m，为方解石与红色粉砂岩充填与胶结的角砾岩，胶结甚好，影响带裂隙发育	沿断层走向断续溶蚀成沟	位于左岸岸边，对边坡稳定与拱座有一定的影响。
		F_8	走向 80°，倾南西，倾角 27°，属层间错动。发生在 9 号平洞主洞洞深 116m，至主洞终止尚未减弱。断面平直，延伸稳定，错动面见糜棱岩，厚约 0.1～0.2cm，最厚达 1cm。影响带厚 0.4～0.85m，为碎裂岩，方解石胶结较好，面内充泥，呈泥膜形式出现，厚不足 2mm	在倾向上与东西高倾角裂隙交汇，沿交汇线溶蚀成长达 110m 的大型水平溶洞（其中长 61.30m 已由 9 号平洞追挖暴露，其余仍属天然洞穴）	位于左坝基拱座部位，对坝基拱座稳定有重要影响，应作补强处理
	河床坝基	F_{32}	走向 300°～310°，倾南西，倾角 35°～50°。据 174、155、154、171、153、156、173、69、24 等孔揭露，断面较平直，呈舒缓波状延伸。断层带为碎裂岩、角砾岩或糜棱角砾岩，厚 0.3～1.2m，为泥钙质与方解石胶结，胶结甚好。断层上盘岩层往往变异，并出现挠曲，有时地层重复。地层断距 5m	据左岸大 1 孔揭示，孔深 20m，高程 98.54m，见一管道式溶洞，且与Ⅰ号岩溶通道相通	位于河床坝基下，由于倾角较缓，应注意对坝基稳定的影响
		F_{12}	走向 350°，倾北东或南西，倾角 70°～75°。地表所见，断面平直，光滑具拖痕。地层水平断距 21～41m，地层铅直断距 35m，断层带为方解石胶结的角砾岩或糜棱角砾岩，胶结甚紧密，宽度 0.3～0.5m，河床揭露该断层的钻孔有 76、21、24、169、106、34 等孔，断层角砾岩铅直厚一般 2.55～4.89m，最大 7.49m	揭露的断层带均未见溶洞，仅见溶蚀风化现象与溶蚀晶洞，特别是 76 孔 4.89m 角砾岩就处于基岩面，也未见溶洞，但断层带透水性较大，ω 为 0.012～0.24L/(min·m·m)	由于断层错位，使断层东盘的石龙洞灰岩抬高 35m，河床坝基"石龙洞灰岩"厚度变薄，应注意基础的不均一性问题，对断层本身也应采取补强措施
河床		F_{26}	走向 350°，倾南西，倾角 83°。据 68、170 孔揭示，断层带为角砾岩与碎裂岩，为方解石及泥钙质胶结。断面上见褐红色泥膜厚 1mm。并见倾角 20°的擦痕。断层两盘泥质条带风化呈浅灰黄色	在高程 −13.84～−15.57m 仍见溶蚀风化现象	位于河床坝基下，对坝基稳定有一定影响
		F_{44}	走向 350°，倾南西，倾角 80°。据 20 孔揭露，断层带厚 1.1m，为角砾岩，角砾大小一般 6～12cm，方解石胶结较坚硬，方解石脉呈网状分布	地表断层带，未见明显溶蚀	位于河床右岸与其他断层平行切割坝基岩体，对坝基稳定有一定影响

续表 4-3-2

部位		编号	基本性状	溶蚀程度	工程意义
河床	河床坝基	F_{172}	走向 340°左右，倾南西，倾角 80°。据 76、106 号孔揭露断层厚 1.07～2.32m，为方解石胶结的角砾岩，胶结较好。断层上下盘点影响带厚 4.64m，有时上盘显挠曲现象	位于河床右坝基，两个钻孔揭露未见溶洞但断层带透水性较大，ω 值 0.19L/(min·m·m)	位于河床右岸坝基下，与其他断层平行切割岩体，对坝基稳定有一定影响
		F_{13}	走向 345°，倾南西，倾角 80°。地层断距 7～41m，由北向南逐渐加大。据平洞揭示，破碎带宽 0.3～1.3m，可分三带：中心为定向排列的劈理带，厚约 4cm，并见塑性泥充填。角砾岩带：厚 0.3～0.35m，为方解石及泥钙质胶结。块状岩带：块体尺寸为 5～15cm	岸边沿断层见有小规模的溶蚀洞穴存在。河床据 13、25、57 孔揭露未见溶洞，但断层透水性较大，ω 值为 0.02～0.1～0.48L/(min·m·m)	右岸谷坡高程 110m 以下，被 F_{13} 切割的三面临空岩体是不稳定的，应予以挖除，挖除后仍应对断层进行补强处理
右岸	右岸拱座	F_{205}	走向 340°～350°，倾南西，倾角 85°。地表呈一张口裂缝，缝宽 0.2～0.4m，黏土充填。157 号孔在高程－4.98～－8.93m 揭露断层为角砾岩及碎块岩，厚 3.95m	地表为一溶槽	位于右岸坝肩下游岸坡处，对边坡稳定是不利的，应当挖除
		F_{16}	走向 15°～35°，倾南东，倾角 50°～70°。据平洞揭露，断层在走向上稍弯曲，在倾向上亦呈波状起伏变化。地层水平断距 54m，垂直地层断距 25～35m，显反扭。构造岩存在不对称性，上盘破坏强烈，宽度较大，2～3m，胶结甚差，下盘轻微。角砾岩厚 0.8m，胶结较好。部分地段充泥长达 17m，厚可达 4cm。断面平直光滑，可见两组擦痕	沿断层溶蚀强烈，有如下特点：①断层穿越 $\in_1^{3-2}$ 薄层泥质条带灰岩，溶蚀较弱，而在 $\in_1^{3-3}$ 层溶蚀极为强烈。②溶蚀洞穴沿断层分布，线溶蚀率 58%。长轴平行断层走向，溶蚀宽度依破碎带宽度而定，最大洞穴（K_{1-1}）宽 4m，体积大于 300m^3。③呈狭缝式串珠状排列，内充黏土、灰华，有时见河流砾石与粗砂	正位于右岸坝基下，对坝基、拱座都有重要影响，必须很好加以处理
		F_4	走向 0°～340°，倾南西，倾角 70°～75°。据平洞揭露，断层呈右型雁行式展布。断层带为泥钙质及方解石胶结的角砾岩，宽 0.75～2.00m。断层带下盘较上盘宽度大，性状差，沿断面有 1～8cm 黏土充填，断面具擦痕	沿断层溶蚀随高程不同而异，86m 高程溶蚀较微，100m 高程溶蚀加剧，揭露大小洞穴 7 个，沿断层下盘呈狭缝式串珠状分布，线溶蚀率 49.6%，溶空总体积为 214.30m^3	该断层正位于右坝肩，顺江同向切割右坝肩岩体，对坝基拱座都有重要影响，必须加以处理
		F_{180}	走向 25°～30°，倾北西，倾角 80°～85°。据 4 号平洞、2 号支洞揭露，断层带宽 0.75～1.2m，方解石及泥钙质胶结，胶结较差，沿断层面有 1～8cm 的黏土充填。断层带两盘岩石显风化，泥质条带呈褐黄色。该断层在 100m 高程上无反应，说明在 100m 高程以上，121m 高程以下，F_{180} 就终止于 F_{16}。并为 4 号平洞沿 F_{180} 断层溶洞灌水从 100m 高程平洞 F_{16} 的溶洞 K_{1-1}、K_{1-4} 流出所证实	沿断层溶蚀严重。据 4 号平洞、2 号支洞揭示，沿断层发育溶洞三个（其中一个是主洞的），线溶蚀率 39%。如 K_1 长 10m，宽 0.7～1.5m，呈狭缝形溶空体积 45.75m^3，内充大量塑性泥	正位于右岸坝肩基础下，对坝基、拱座都有重要影响，必须加以处理
	重力坝基	F_{173}	走向 355°，倾北东，倾角 75°。破碎带宽 0.3～1.5m，为方解石及泥钙质胶结的角砾岩	溶蚀强烈，已成宽大狭缝。溶蚀高度一般 2.5～5m，最高 13～14m	位于右岸坝基下，对拱座有影响，由于溶蚀与地表相通，必须处理
		F_{66}	走向 350°，倾角近于直立。沿断层走向稍有弯曲。无钻孔揭露，但有地层断距 5～6m		位于右岸坝基下，对拱座有影响，应作适当处理
	左岸接上峰尖	F_3	走向 280°～300°，倾南西，倾角 75°～80°。地表沿断层角砾岩广布，出露宽度 10 余米。据 96、97、102、112、128、129、236 等孔揭示，构造岩为角砾岩，局部可见糜棱岩，角砾岩成分为灰质白云岩、灰岩及泥灰岩。砾径 0.1～0.6cm，最大 2～5cm，为次棱角状，方解石及泥钙质胶结，胶结尚好。角砾岩厚一般 4～13m，最大 44.6m（102 号孔），最小 0.6m（129 号孔）	断层带无明显溶蚀洞穴，有时仅见晶洞。断层带透水性各孔不一，102 号孔六段压水，ω 值一般 0.05～0.10L/(min·m·m)，最小为 0.01L/(min·m·m)。96、97、129 孔 ω 值均小于 0.01L/(min·m·m)，129 孔 ω 值为 0.013～0.019L/(min·m·m)	位于库内，断层使上峰尖组与“石龙洞灰岩”接触，有利于左岸帷幕向上游封闭，线路短。但仍须注意对断层带的处理

续表 4-3-2

部位		编号	基本性状	溶蚀程度	工程意义
防渗帷幕线路	左岸接上峰尖泥灰岩	F_{145}	走向 295°,倾南西,倾角 60°～72°。地表表现为 $\in_2^{2-8}$ 地层与 $\in_2^{2-(1+7)}$ 层为断层接触,延伸较直,两盘岩层陡立,揉皱、倒转。构造岩为角砾岩和糜棱岩,角砾成分为灰岩及泥灰岩,砾径 1～3cm,泥钙质胶结尚好。地层明显重复出现		位于库内通过左岸防渗帷幕线路
		F_{68}	走向 290°～310°,倾南西,倾角 19°～25°。断面清晰平直,且具近东西向扭动的水平拖痕,呈闭合状。角砾岩带宽 2～5m,铅直厚 5.47m(96 孔),砾径 0.2～0.5cm,大者 3cm。角砾细小、均一,成分多为泥质灰岩、泥灰岩等,泥钙质胶结尚好。上盘地层具揉皱、陡立、倒转、超复的特点,为一典型逆掩断层	无明显溶蚀形迹,构造岩透水性也很小,96 孔一般压水 ω 值=0.000 2L/(min·m·m)	位于库内,通过左岸防渗帷幕线路,断层性状较好,影响不大
	左岸接石牌页岩	F_7	走向 345°,倾南西,倾角 70°～80°。断层带为方解石胶结的角砾岩,宽 1.5～2.1m,断层两侧岩层有明显的拖拽现象	地表沿走向溶蚀成 1～3m 的溶槽	位于库内,对左岸的防渗帷幕有影响,应予处理
		F_{108}	走向 285°,倾南西,倾角 55°。断层带为方解石胶结的碎裂岩及角砾岩,角砾成分为细粒鲕状灰岩和泥质条带灰岩,砾径小者 0.2～0.5cm,大者 1.2cm	地表形成溶槽,宽 0.6～1.5m 为黏土充填。断层带透水性较大,ω 值为 0.096L/(min·m·m)	位于左岸防渗帷幕线上,对防渗帷幕的形成有一定影响,应作处理
		F_{133}	走向 65°,倾北西,倾角 80°。该断层位于花溪湾倒转背斜北翼约 15m,属纵张性质的断层	沿断层地表溶蚀成溶槽,为黏土及碎块充填。	位于左岸花溪湾缺口地段,对花溪湾缺口帷幕的形成有影响
		F_{425}	走向 300°,倾北东,倾角 70°。断层延伸平直,地形上呈沟槽及断壁出现,地层水平断距 20m,构造形迹明显	据 203 孔揭露,高程 153.09～156.72m 为一洞径 5.13m 的溶洞。部分充填粉砂岩卵石及塑性泥	位于左岸花溪湾帷幕缺口地段,对封闭这一缺口有较大的影响
	右岸接石牌页岩	F_{18}	走向 330°～350°,倾南西,倾角 50°～80°。据 229 孔揭示,构造岩为角砾岩、块状岩、碎裂岩组成,角砾成分,条带灰岩、粗粒鲕状灰岩组成。由砖红色粉砂质、泥钙质与方解石胶结。砾径一般 0.2～0.6cm,断层带厚 0.75m	地表呈一 0.2m 的裂缝,两侧见明显溶蚀现象,构造岩透水性较大,ω 值为 0.077L/(min·m·m)	位于右岸坝肩以东,对防渗帷幕及引水隧洞都有重要影响,应予处理
		F_{80}	走向北北西,倾南西,倾角 80°。地层断距 15m。据 231 孔揭示,沿断层已成岩溶塌陷带,岩层杂乱无章,倾角 55°～85°由泥钙质页岩、粗粒鲕状灰岩及条带灰岩组成,并见紫红色泥钙质页岩及紫红色黏土岩充填	严重溶蚀,已成塌陷,断层带透水性较小,ω 值为 0.005L/(min·m·m)	位于右坝肩以东,对防渗帷幕有重要影响,应予处理
		F_{74}	走向 320°～340°,倾南西,倾角 70°～85°。地层断距 8m。据 231 孔揭示,沿断层已形成塌陷,为紫红色泥钙质及粉砂质胶结的角砾岩,角砾为灰岩、泥灰岩,砾径 0.2～1cm,最大 4cm,部分具层理现象。岩层倾角不一,倾角 40°～70°	溶蚀应该是严重的,故形成塌陷,但断层带透水性不大,ω 值为 0.005L/(min·m·m)	位于右坝肩以东,对防渗帷幕有重要影响,应予以处理
		F_{50}	走向 280°,倾南西。倾角 66°。据 104 孔揭露,断层带为角砾岩,砾径 0.1～0.4cm,由压碎岩粉与方解石充填与胶结,微裂隙极为发育	沿断层溶蚀后,为后期红色粉砂岩充填。断层带透水性不大,ω 值为 0.002L/(min·m·m)	位于右岸坝肩以东,对防渗帷幕有一定影响,应予处理
		F_{20}	走向 324°,倾南西,倾角 72°。局部见方解石胶结的角砾岩,胶结甚好	地表沿断层溶蚀成溶沟	位于右岸坝肩以北,对防渗帷幕有影响,应予注意

1)断层带是一个软弱结构面,即使经过再胶结,强度也往往低于完整岩石。而大多数断层在近岸地段有不同程度的溶蚀和充泥。

2)导致基础岩体的不均一性。河床 F_{12} 由于水平扭动位移甚大,断层东侧的“石牌页岩”向南推移达 72m,F_{13} 断层使断层东侧的“石牌页岩”在坝基下抬高 10～40m,使得比较均一的岩体变为不均一。

3)断层在不同条件下组合,使基础岩体及围岩出现不稳定结构。

4)断层使溶蚀和透水性增加。

因此,各建筑物应根据断层的性状和组合关系以及出现的部位,采取不同的措施,妥善处理。

2. 裂隙

坝区主要构造裂隙有五组。

第一组:走向 280°～300°,多倾北东,倾角 60°～80°。

第二组:走向 5°～20°,倾北西或南东,倾角 70°～80°。

第三组:走向 310°～320°,多倾北东,倾角 60°～80°。

第四组:走向 40°～70°,倾北西或南东,倾角 60°～70°。

第五组:走向 340°～350°,倾北东或南西,倾角 60°～80°。

以第一组最发育,第二组和第三组次之。其余两组较少。裂隙长一般 5～10m。12 号平洞揭示,右岸坝肩岩体中北东组裂隙则较其他各组发育。地表裂隙多被溶蚀成小沟槽。深部除位于性状较坏的断层和大溶洞附近,往往被溶蚀扩大填泥外,大都为方解石胶结。“石龙洞灰岩”中缓倾角裂隙少见,约占裂隙总数的 6%。但在“石龙洞灰岩”与“石牌页岩”接触带以及“石牌页岩”中常见有反倾向的缓倾角裂隙。

岸边剪切裂隙,主要见于陡崖地段,多在构造裂隙的基础上发育而成。充填有黏土及岩石碎屑。据平洞揭示,岸剪裂隙带发育宽度一般不超过 10m。

3. 层间错动

层间错动是构造形迹的另一个重要表现形式。它出现的频率及其破坏程度在不同的岩组中不尽一致。灰岩中多沿软弱的薄层产生,延伸长度不大,多为滑面,一般无充泥。页岩中多沿泥质页岩产生,其密度大,填有糜棱岩粉已泥化。

与工程关系密切的层间剪切破碎泥化带或层间错动面主要有 201、401、301、302 四条。

(1)201 层间剪切破碎泥化带:发生在“石牌页岩”与“石龙洞灰岩”的接触界面处。左岸 7 号平洞揭露由一系列密集发育的层间错动面组成。最密处 15～25 条/m,并伴生小的逆冲面及劈理带,错动面普遍夹灰白色软泥,厚 1～5mm,有滑感,可沿临空面塑性流出。整个构造泥化带厚度大于 4～6m。在宏观上形成一个较连续的剪切破碎泥化带。大 4 孔在孔深 38.35～44.80m 穿越该带。并在“石牌页岩”12.17m 的孔段中共见 9 条层间错动面,除两条有局部泥化外,其余未泥化。深部有性状变好的趋势。

右岸 14 号平洞沿 201 剪切破碎泥化带追索近 80m,主要显示在“石龙洞灰岩”与“石牌页岩”界面处,存在一个比较连续的剪切带,厚 40～60cm,以高密度的劈理为主,伴随有一层厚 1～5mm 塑性泥,厚者 1cm,个别厚达 2cm,局部地段泥化带也有消失的现象(图 4-3-1)。

(2)401 层间剪切破碎泥化带:发生在“平善坝页岩”第一段中。左岸 11 号平洞追索,分布稳定,性状差。由一系列的层间剪切而组成,尤以顶、底面为严重。在厚近 2m 的页岩中共见 6

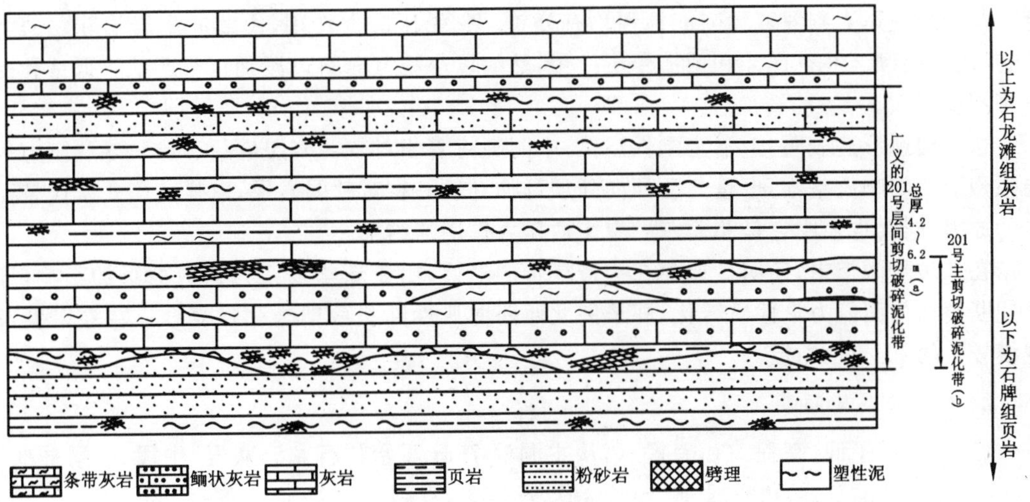

图 4-3-1　14 号平洞揭示 201 号层间剪切破碎泥化带综合示意柱状图

说明：(a)广义的 201 号层间剪切破碎泥化带，包括石龙洞组灰岩下部 4～6m 厚的灰岩与页岩互层岩组（其中页岩的劈理化和泥化是断续的和石牌组页岩顶部一层厚 0.1～0.2m 的页岩，其中以石龙洞组底部一层（厚 0.1～0.2m）鲕状灰岩上下剪切破坏明显而连续。

(b)201 号主剪切破碎泥化带大体上以石龙洞组灰岩底部一层鲕状灰岩为中心厚约 0.4～0.6m（包括其下部 0.1～0.2m 和上部 0.1～0.2m 的页岩）。鲕状灰岩上下一般厚 0.1～0.2m 的页岩，大都劈理化，并伴随有一层厚 1～5mm 的塑性泥（局部地段有消失的情况）

条泥化面，单层破碎泥化带厚 0.5～26cm。

(3)301 层间错动面：主要发育在 $\in_1^{3-1}$ 段顶部疙瘩状泥质灰岩中，错动面平直，有黄色糜棱岩，遇水易软化，沿错动面有方解石充填，错动面上下劈理较发育。但据平洞在深部揭示（如 10 号平洞主洞掌子面处及 1 号、3 号下支洞），一般性状好，沿错动面上下无变异，但与断层相交后，错动面处的疙瘩状泥质灰岩的性状显著变坏，呈黄色，较破碎，有时还可见到软化泥。总的来看，连续性差，深部仅在断层两侧性状才有变异。

(4)302 层间错动面：发生在 $\in_1^{3-2}$ 顶部疙瘩状泥质灰岩中，左岸大 2 孔（孔深 15.05～15.60m）揭露疙瘩状泥质灰岩的底部有剪切破碎的角砾岩，沿剪切面有方解石充填，上下泥灰岩条带成黄色。右岸 2 号平洞 2 号支洞及 47、28、90 等孔一带在 87～113m 高程均见有错动，顺层溶蚀强烈，成为一个溶蚀软弱结构面。

另在左岸 9 号平洞深 120～160m 遇 F_8 层间错动面，走向 80°，倾南东，倾角 27°。规模较大，性状也较差。沿错动面见有厚 2～4cm 糜棱岩，在错动面下盘局部可见压碎岩，最厚达 0.85m，一般 0.4m 左右。并沿错动面有溶蚀，充填有塑性泥，位于左岸坝基下，应该注意其对坝基稳定有影响。

二、陡倾岩层面

陡倾岩层面，是具有弹塑性岩层在压应力作用下形成的，并伴生有压性结构面及压扭性断层。坝区可见揉皱陡倾带、岩层陡立带及局部岩层陡倾带三种类型。

1. 揉皱陡倾带

主要发育在上峰尖组以泥灰岩为主的地层中，呈北西西向展布，带宽约 50 余米，延伸稳定。从坝址左岸直到罗家坳河间地块均有分布。它受压应力作用，由北向南岩层陡立、揉皱、倒转，变至陡倾。并有逆冲和逆掩断层产生，然后以小型背向斜过渡到正常产状。据钻孔揭露发育深度不大。

这一构造形迹表明，上下为刚性岩体，中间夹持着相对软弱岩层（泥灰岩）是导致应力集中与强烈形变的物质基础，也是北北西向断层延伸到这一相对软弱岩层，以揉变形式所代替而消失的原因，同时也表明它是北北东—南南西压力作用的结果。

在揉皱陡倾带中，还明显地存在构造复合的形迹，由于新华夏系构造应力场的影响，导致早期断裂结构面的力学性质转化，即早期北西西向压性断裂后期与张性复合。在左岸发育有规模较大的 F_3 正性断层。

2. *局部岩层陡倾带*

右岸 10 号平洞（高程 100m）揭示，从主洞深 75m 开始，“石龙洞灰岩”中段，岩层陡倾，走向 45°～50°，倾南东，倾角一般 40°～50°，最高达 65°，直到主洞 183.7m 终。

岩层尚未完全恢复正常。北东方向长 100 余米，宽约 50m。陡倾岩层带内发育有以 F_{16} 为代表的相互平行的北东向断层。分布于高程 120～80m 间，埋深地下 50～100m，由于变形强烈，$\in_1^{3-2}$ 段的泥质条带风化显黄色。

3. *花溪湾背斜北翼地层陡立带*

位于花溪湾倒转倾伏背斜北侧，F_1 断层以北，岩层陡立，走向北东 10°～40°，倾北西，倾角 60°～75°。陡立岩层带向北东延伸达 600 余米后恢复正常，影响宽度约 50 余米。属于花溪湾倒转倾伏背斜的伴生产物。

三、褶皱

在坝区岩层褶皱中，尚有次级小型褶皱构造，加在坝区岩层之上。其规模较小，远离坝址，与工程无关。唯有左岸花溪湾倾伏倒转背斜规模较大，并与左岸防渗线路的选择有密切关系。

花溪湾倒转倾伏背斜，位于坝址西北 400～800m 的花溪湾一带。轴线北西西 280°左右，轴长 850m。南翼岩体产状正常，与坝址基本一致。北翼岩层倒转陡立，走向北东 60°～80°，倾南东，倾角 60°～70°，向西倾伏，是一个发育较完善、形态完整而强烈的次级褶皱构造。随着岩层的倒转，在倒转翼距背斜轴 60～100m 处有规模较大的 F_1 逆断层，走向 75°，倾南东，倾角 40°～50°。断层面呈舒缓波状延伸，破碎带宽 3～5m，陡倾岩层北延数百米后变为正常。由于背斜北翼倒转和陡立，褶皱深度较大，使“石牌页岩”在北翼急骤下降达 200m，以高程 200m 计，“石牌页岩”在背斜北翼形成一个长达 800 余米的缺口，导致了全线接“石牌页岩”防渗方案的工程量骤增。

第四节 岩 溶

区域广布碳酸盐类岩石。自中生代后期，燕山运动褶皱成山后，白垩纪前，鄂西山地的碳酸盐岩古剥蚀面曾遭受古岩溶化作用。白垩系红色岩系沉积至今，经历三个岩溶发育时期。

鄂西期：始于白垩系沉积后至早第三纪末。东部湖盆边缘的斜坡及洼地的古岩溶，均为红色岩系覆盖或填充。西部鄂西山地经历长期剥夷平及岩溶化作用。资坵以上的鄂西高原尚残存高程 1 500～2 000m 的古剥蚀面，发育大型槽谷洼地及干涸岩溶洞穴。

山原期：始于晚第三纪初至末期。受新构造运动影响，本区大面积自西向东掀斜式间歇性上升，形成两个亚期的岩溶化剥蚀面：第一亚期为残丘洼地罗列、波状起伏的古地面；第二亚期为大型槽谷洼地及岩溶洞穴发育的古地面。在资坵以上的中游山地，两亚期分布高程分别为 1 000～1 200m 及 800m；都镇湾至向家山一带为 650～700m；花桥分水岭为 450～500m 及 300～350m（如赤土坪、洛家坪等大型槽谷洼地）。

峡谷期：始于第四纪初至今，仍大面积掀斜式间歇性上升，形成深切峡谷及五级阶地和现代水系格局。岩溶发育具有多层性特征。

岩溶发育强度从空间上自上而下或河谷岸边排泄区至分水岭，有减弱趋势。

古岩溶在白垩纪—早第三纪湖盆影响范围内均已填充成岩。据勘探揭露，未见新老岩溶叠加复活现象，对坝址及水库渗漏已无影响。

水库区岩溶主要在三游洞组白云质灰岩中最发育，其次为石龙洞组、红花园组、南津关组灰岩、白云质灰岩。

坝址主要分布“石龙洞灰岩”，水平出露宽 380 余米，上下均有页岩分布。未发现穿透页岩形成的岩溶通道。仍为独立的岩溶系统。现将其类型、规模以及控制因素分叙如下。

一、岩溶类型及规模

所见岩溶类型有：溶沟、溶槽、溶蚀裂隙、落水洞、溶洞、溶蚀洼地以及岩溶通道等，并有古岩溶塌陷分布。

1. 溶沟、溶槽

主要顺坡沿高倾角裂隙和断层形成，以厚层斑纹灰岩中最发育，一般溶蚀深 2～5m，少数可达 8m 以上。

2. 溶蚀裂隙

沿裂隙或层面裂隙溶蚀，深部主要分布在断裂及岩溶洞穴附近。沿 $\in_1^{3-2}$ 条带灰岩层面溶蚀，多呈串珠状，溶蚀宽几毫米至数厘米。垂直岸坡方向，右岸 4 号平洞揭露发育深 15m。左岸 3 号平洞可达 30～40m。为黏土充填。

3. 落水洞

左岸杨家坪溶蚀洼地分布有 K_{29}、K_{20} 等，右岸丁家湾溶蚀洼地有 K_{41}，谷坡上有 K_{70} 等。规模最大的是 K_{41}，垂直深度达 77m，其次是 K_{20} 深 35m，K_{29} 深 20m，K_{70} 深 22.5m。两岸还见有一些罈子状的或缝隙状的深数米至十余米的垂直溶洞。部分已为黏土充填。

4. 溶洞

主要指埋藏于地下的各种形态的岩溶洞穴。如左岸的 K_9、K_{23} 号平洞中的环形洞以及沿 F_{10} 断层溶蚀的大狭缝。11 号平洞中的 11K_9 垂直大竖井，9 号平洞中的东西和南北向水平岩溶洞穴，大 3 孔在孔深 17.8m 高程 89.57～88.67m 所遇近水平洞穴等。右岸的 K_{59}、K_{40} 及 10 号、4 号、12 号平洞中沿 F_4、F_{16}、F_{180} 以及 F_{173} 溶蚀的串珠状大狭缝等。两岸平洞揭露不同规模的岩溶洞穴有 45 个,见表 4-4-1。

表 4-4-1　两岸坝肩平洞揭露溶洞数量统计表

岸别	层位	洞穴数量(个)				合计
		<5m³	5~10m³	10~50m³	>50m³	
左岸	$\in_{1}^{3-3}$	4	1	4	6	15
	$\in_{1}^{3-2}$	/	/	/	/	/
右岸	$\in_{1}^{3-3}$	4	1	7	4	16
	$\in_{1}^{3-2}$	7	1	4	2	14
共计		15	3	15	12	45

注:由于右岸断裂发育,为查明沿断层的溶蚀程度,平洞沿断层追索,溶洞常见于断层带上。

坝址有 129 个钻孔进入"石龙洞灰岩",进尺计 10 773.88m,除去充填良好的古岩溶,有 46 个钻孔遇岩溶洞穴 109 个,洞穴累计深度 158.03m,钻孔岩溶率为 1.46%(其中右岸钻孔岩溶率 1.15%,河床钻孔岩溶率 0.229 6%,左岸钻孔岩溶率 2.73%),见表 4-4-2。

表 4-4-2　坝区小口径钻孔岩溶率统计表

项目 / 层位 / 位置	层位	岩层厚度(m)	洞穴数(个)	洞穴长度(m)	钻孔岩溶率(%)	洞穴数(个)				钻孔数(个)	遇洞孔数(个)
						0.1~1(m³)	1~5(m³)	5~10(m³)	>10(m³)		
左岸	$\in_{1}^{3-3}$	1 274.68	25	56.09	4.40	12	9	4		36	18
	$\in_{1}^{3-2}$	1 189.53	12	7.11	0.597	10	2				
	$\in_{1}^{3-1}$	1 446.6	16	43.63	3.016	7	6	2	1		
	$\in_{1(合)}^{3}$	3 910.81	53	106.83	2.73	29	17	6	1		
河床	$\in_{1}^{3-3}$	526.28	2	0.76	0.144	2				52	9
	$\in_{1}^{3-2}$	783.63	6	4.03	0.514	4	2				
	$\in_{1}^{3-1}$	1 747.49	3	2.23	0.127 6	2	1				
	$\in_{1(合)}^{3}$	3 057.4	11	7.02	0.229 6	8	3				
右岸	$\in_{1}^{3-3}$	1 411.87	25	24.99	1.77	18	7			41	19
	$\in_{1}^{3-2}$	1 117.19	11	13.35	1.19	9	1	1			
	$\in_{1}^{3-1}$	1 276.61	8	5.44	0.426	6	2				
	$\in_{1(合)}^{3}$	3 805.67	44	43.78	1.15	33	10	1			

说明:1. 此表为现代岩溶洞穴统计,未统计充填红层的古岩溶
　　2. 左岸远离坝址的花齐湾地段的 201、202、203、204 等孔岩溶洞穴未统计在内

5. 溶蚀洼地及槽谷

左岸坝肩下游有杨家坪槽谷,沟底高程为 140~200m,沿谷底一线发育有落水洞如 K_9、K_{20} 等。右岸高程 260m,有一半封闭的小型溶蚀洼地,面积约 6 000m²,发育有 K_{41} 大落水洞。

6. 岩溶通道

根据实测和连通试验结果,坝址有 10 个岩溶通道,其中有 7 个发育在"石龙洞灰岩"中。左岸有Ⅰ、Ⅲ、Ⅸ、Ⅺ号;右岸有Ⅱ、Ⅳ、Ⅵ号(见表 4-4-3)。

表 4-4-3　石龙洞组灰岩各岩溶通道说明表

通道编号	位　置	长度(m)	方向	出口高程(m)	连通试验地下水流速(m/d)	地下水流情况	发育层位	各连通洞穴发育情况	控制因素
Ⅰ	K_{29}—238 孔—K_{20} {K_{42}、K_2、K_1}	800	北西西向，290°～300°	78.50～79.50	312	终年有水流出，最小流量 1L/s，雨后骤增	$\in_1^{3-1}$（上部）	地形地貌为一线状溶槽，沿线落水洞很多，较大的有 K_{29}、K_{20}，出口以 K_2 为最大，从现在发现的落水洞情况看，通道为阶梯状	受北西西组长大裂隙及层面控制
Ⅲ	5 号平洞 3 号支洞 K_{12}—3 号平洞中的环形洞—W_{691}		近东西，近南北	78.6		环形洞西北角点小厅，终年见有滴水，雨后出口有水流出	$\in_1^{3-3}$	已发现较大洞穴，洞穴总长 200 余米，已有 160m 可以进人，出口为溶隙	主要为近南北向和近东西向断层或长大裂隙发育和控制
Ⅸ	9 号平洞洞深 52.9～59.90mK_{10}—W_{785}	220	一支近东西，另一支近南北	79.05	550	见有小股水流	$\in_1^{3-3}$	已发现较大溶洞，洞穴总长 170m，人均可进人，出口为裂隙	北北西组裂隙或小断层及近东西向高倾角裂隙与层间错动面的交线控制
Ⅺ	237—191—183—11 号平洞的 K_9—K_3（大 3 孔）—W_{786}	>450	北西西	79.60	400	雨季在 K_9 竖井中见有小水流，雨后出口有流水	$\in_1^{3-3}$	11 号平洞见一大竖井（K_9），深 22m 和大 3 孔揭示的三支顺层倾斜溶洞（总长 40m）连通，191 孔压水，183 孔水位上涨；237 孔投萤光素 191 孔见到；191 孔投萤光素，河边 W_{786} 出来（沿线的 182 孔有风吹出）	主要受北西西向长大裂隙控制
Ⅱ	K_{40}	>130	北西西—北东向	82.50		雨后有大股水流出（目估最大流量 0.5m^3/s）	$\in_1^{3-3}$	为一地下长廊，人可进入约 100 余米	北西西向断层和北东东向断层控制
Ⅳ	1 孔—90 孔—2 号平洞斜支洞—W_{681}	270	近南北—近东西	78.94	840	雨后有水流出	$\in_1^{3-3}$	在 2 号平洞 2 号支洞见一层面溶蚀洞穴的大溶洞（高 2.5m，顺层溶蚀长 10～15m，宽 3～5m）	主要为层面控制
Ⅵ	K_{49}、K_{70} > W_{682}	260	北东—北西西	78.83	928～2160	雨后有水流出	$\in_1^{3-2}$～$\in_1^{3-1}$	除地面所见 K_{49}、K_{70} 两落水洞外，未见其他洞穴	主要是层面和北西组，北东组长大裂隙控制

Ⅰ号岩溶通道:地面反映为一线形槽谷,并在 K_{20} 落水洞以上分为两支。沿谷底一线广布落水洞有 K_{57}、K_{50}、K_{29}、K_{28}、K_{27}、K_{23}、K_{22}、K_{24}、K_{20}、K_{19},出口为 K_2 和 K_{42}、K_1 等。其中规模较大者有 K_{29}。洞口高程 207m,垂直洞深 20m,后转为水平发育,水平延伸长 40m;K_{20} 洞口高程 106m,阶梯状向下发育深达 35m,K_2 高程 78.5m,其余各洞规模很小或已被淤死。通道总长 800m 左右,大雨后地面水多聚集在 K_{20} 转入地下流。观其全貌,Ⅰ号通道可谓"洼地连成线。暗河下边见"。出口 K_2 终年有水流出,最小流量 1L/min,雨后骤增。

Ⅲ号岩溶通道:由 3 号、5 号、9 号平洞揭示,以环形洞为主体的一个岩溶洞穴系统。洞穴总长 200m 左右,其中环形洞长约 100m,洞高一般 2～4.5m,最高 21m,低者仅 0.5m,宽一般 1～2m。环形洞西北角点的小厅与 5 号平洞 3 号支洞的 K_{21} 溶洞以水平状管道相连,长约 40m,在环形洞南东角点灌水,经清江河边的 KW_{691} 流出,出口为一溶隙。

Ⅸ号岩溶通道:由 9 号平洞揭示,由两支组成。一支洞深 52.9～59.9m 处,呈北北西向展布,长 20m,串珠状近水平溶洞,北高南低,上宽下窄,两端均为溶缝和溶管。狭缝状宽一般 0.5～1m,井状洞段直径 2.5～4.5m,高一般 5～7m,最高 18m。底板高程最低 86m,水从清江河边 W_{785} 溶缝泉流出。另一支见于 9 号平洞洞深 100m 处,为近东西展布的长 105m 的水平管道状溶洞,洞宽 0.3～1m,洞高 1～4.5m,底板高程 98～96m,此支与近南北向支可能以溶蚀裂隙相连。

Ⅺ号岩溶通道:由 11 号平洞和大 3 孔揭示,11 号平洞在打穿"平善坝页岩"进入"石龙洞灰岩"时遇一个深达 22m、洞径 1～2m 的埋藏大竖井($11K_9$),从 $11K_9$ 中灌水经大 3 孔(孔深 17.8m,高程 89.63m,揭示一个近水平的岩溶洞穴,其共分三支,总长 50 余米,此洞下为厚约 4m 的顺层溶蚀破碎带),从清江河边 KW_{786} 溶缝流出。流经 240 余米,出口高程 79.6m,与Ⅲ号岩溶通道组成了左岸坝前岩溶强烈发育区(图 4-4-1)。

Ⅱ号岩溶通道:即 K_{40}。洞口高程 81.56m,是右岸岸边发育的最大的近水平岩溶洞穴。可见长 150 余米。两侧及上下溶隙甚多,岩体溶蚀风化破碎严重。总体呈北西西向,部分洞段北东向,洞高 0.5～10m,宽 1～3m。洞尾系一水潭,洞底高程 75m 左右,呈一侧"虹吸管式"。雨后洞口有水流出。在洞口上游 10 余米,一般枯水位以下,雨后亦见有水涌出,似为其低一级排水点并可能与丁家湾洼地的 K_{41} 大落水洞相通。

Ⅳ号岩溶通道:从 1 孔和 90 孔灌水均从 W_{681} 流出,水流畅通,流速较快,流经 200 余米。仅在 2 号平洞 3 号斜支洞追索有一顺层溶蚀洞穴,洞高 2m,由于距岸边较近已与清江沟通,洞内长期充水,枯水期水位一般 84m 左右。

Ⅵ号岩溶通道:从发育在山坡上的 K_{70} 和 K_{49} 分别灌水后,均从河边的 KW_{682} 流出,流经 240 余米。这一带地面坡度亦大,曾沿 KW_{682} 布置 6 号平洞追索未发现大的岩溶洞穴。可能为裂隙状通道。

结合地下水等水位线图分析,它们几乎组成左右岸遥相对应,分别发育于"石龙洞灰岩"下段与中段之间以及上段的两大岩溶系统。而又以左岸Ⅰ号通道为主组成的岩溶系统及右岸Ⅱ号(K_{40})为代表的岩溶系统规模最大。

7. *古岩溶塌陷*

为第四纪以前形成的岩溶,塌陷后为红层或方解石充填,胶结良好。"石龙洞灰岩"中,左右岸各见有两处。

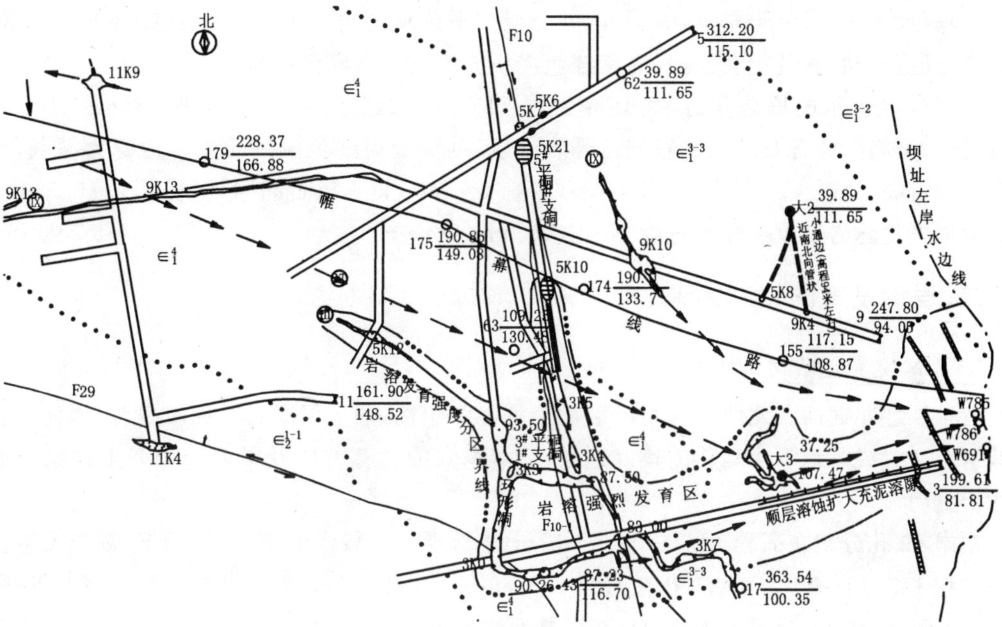

大3孔(φ=1000)孔深17.8～24.2m,高程89.67～84.27m段岩体溶蚀破碎(井壁)素描图

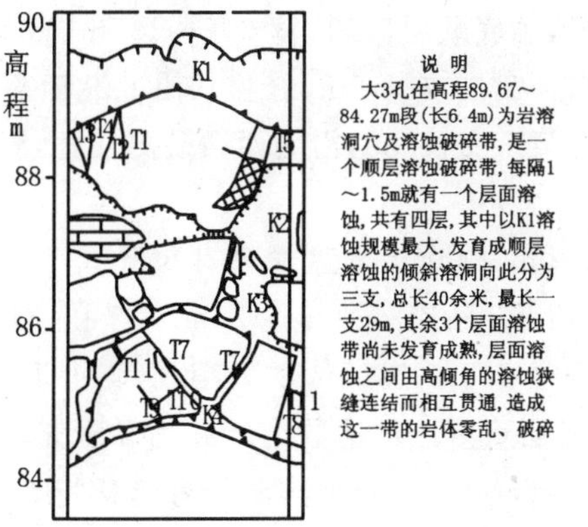

5号平洞1号支洞(高程15m)和3号平洞1号支洞(高程81.7m)揭示F_{10}在不同高程上溶蚀及其贯通情况地质剖面图

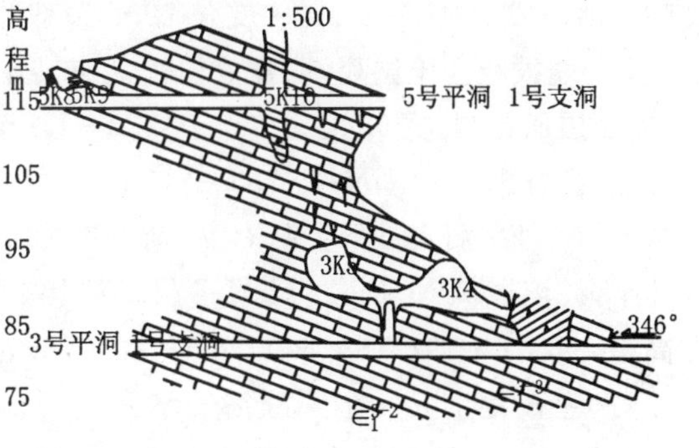

图 4-4-1 左岸坝前岩溶强烈发育区洞穴展布图(单位:m)

(1)丁家湾塌陷:发生在右岸$\in_1^{3-3}$中,致使平善坝组页岩下塌陷,产状紊乱,塌陷角砾岩为紫红色泥质充填,胶结良好。

(2)90孔一带的塌陷:发生在右岸,为一埋藏的古构造岩溶塌陷,2号平洞揭露呈南北向分布,长约90m,宽约20m,由灰岩大块石堆砌,并为方解石所充填,胶结紧密。方解石脉且有溶蚀孔洞。塌陷的高程(据平洞揭露)上限不超过100m,下限(钻孔分析)约70m。

(3)葬水井塌陷:位于左岸,沿F_3溶蚀,致使"平善坝页岩"、上峰尖组泥灰岩下陷塌落,地面反映层位及产状紊乱相互穿插,为紫红色泥质充填胶结良好已成岩。

(4)174孔揭示的塌陷角砾岩:埋藏深度115.17~119.05m,分布高程18.62~14.74m。规模很小,塌陷由方解石胶结良好的角砾岩组成,见少量褐红色泥钙质膜。角砾为深灰,灰肉红色灰岩组成,角砾大小不均,大者10cm,一般1~4cm,见方解石晶洞,洞径0.2~0.5cm。压水试验塌陷角砾岩带单位吸水量为0.043L/(min·m·m)。

二、岩溶发育的控制因素

1. 岩溶发育受结构面的控制

由于坝址北北西及北西西两组断裂后期均显张扭性,加上层间错动面较发育,因而沿它们及其组合交线成为地下水运移的良好途径,岩溶洞穴的发育方向及平面分布受上述结构面的控制十分明显。

左岸49孔分别在高程187.30~145.37m,连续遇4个较大的溶洞,即沿F_7断层发育。42孔在高程175.88~171.34m,1孔在高程155.69~158.99m等处揭示的溶洞则发育在F_8断层附近。3号、9号和5号平洞揭露,F_{10}断层其线溶蚀率分别为46.6%、26.5%、56.4%。9号平洞揭示的Ⅸ号岩溶通道的东支也是沿北北西断层和长大裂隙发育而成。3号平洞和9号平洞揭示的环形洞,南北向洞穴沿F_{10-1}和近南北向长大裂隙形成,东西向通道是沿北西西向长大断裂而成。大2孔钻进水从9号平洞中的$9K_8$、$9K_4$小溶洞中流出,系北北西向裂隙在高程95m左右形成的一个小岩溶管道。Ⅸ号岩溶通道西支洞是沿近东西向长大裂隙与f_8层间错动面的交线发育而成。大3孔在孔深17.8m(高程89m)处揭示的岩溶洞穴是沿层面及两组构造裂隙溶蚀而成,共分三支:第一支长29m,顶部圆形,洞底顺层倾斜,宽0.5~1.5m,高1.0~2.0m;上游端被亚沙土淤死,发育方向由北东转南东。第二支长9m,缝隙状沿北北西裂隙发育,洞底受层面控制,宽0.8~1.0m,高1.0~1.5m。第三支长9m,沿北西西裂隙发育,洞底板受层面控制,宽1.0~1.5m,高1.5~2.0m。

右岸,10号平洞1号下支洞沿F_4断层追索45.75m,顺断层下盘发育有狭缝式串珠状的洞穴7个,线溶蚀率49.6%。12号平洞1号上支洞顺F_{173}断层溶蚀长达25m。46孔、31孔分别在高程196.26~192.76m、226.86~223.05m有洞径3.5m、3.81m的大溶洞,均沿F_{18}断层发育。4号平洞揭示F_{180}断层,线溶蚀率为39%,顺断层直溶蚀可达数十米并为黏土充填。10号平洞2号支洞上支洞沿F_6断层追出地面,线溶蚀率为58%。单个溶洞体各可达近300m^3。2号平洞2号支洞斜洞段302层间错动的溶蚀高达2m。坝基下47孔、28孔、90孔分别在高程97.19~88.21m、112.94~112.43m、92.64~94.64m段揭示的洞穴也均系沿302层间错动面形成。实测k_{40}溶洞系统,主要沿北西西和北东断裂及层面发育而成。岩溶洞穴分布与断裂展布呈现了一个较为一致的图像。

2. 岩性及地层组合对岩溶发育的控制作用

"石龙洞灰岩"由于氧化钙含量较高，结晶程度较好，因而岩石抗溶蚀能力低，加之该层的厚度大，地表分布广，有利于岩溶的发育。

但由于各段岩性条件的差异，岩溶发育程度也就不尽一致。"石龙洞灰岩"第三段（$\in_1^{3-3}$）为厚层质纯的斑纹灰岩，岩溶发育规模也大。第二段（$\in_1^{3-2}$）为薄层条带灰岩，岩溶发育就较弱，规模也小，而上部成层较厚，泥质条带较少，下部成层较薄，泥质灰岩条带较多，因而$\in_1^{3-2}$的上部又比下部较发育。第一段（$\in_1^{3-1}$）下部主要为条带灰岩，底部又有一层厚5m左右的灰岩与页岩互成岩组，岩溶就不发育；而中上部主要为中厚层白云质灰岩，岩溶发育。见图4-4-2。可清楚看出"石龙洞灰岩"的第三段岩溶洞穴主要集中在上部并以小溶洞为主，第一段岩溶洞穴主要集中在中上部。

此外，还有其他一些有利于岩溶化作用的因素。"石龙洞灰岩"顶部的侵蚀面上富集有黄铁矿晶体及条纹，黄铁矿氧化后生成硫酸。其反应式：

$$4FeS_2+15O_2+4H_2O \longrightarrow 8H_2SO_4+4Fe(OH)_3$$

硫酸和碳酸盐作用，生成石膏和二氧化碳。其反应式为：

$$H_2SO_4+CaCO_3 \longrightarrow CaSO_4+CO_2\uparrow+H_2O$$

石膏比碳酸盐更易溶解。二氧化碳的生成，增强了水的侵蚀性。显然黄铁矿的存在起着加速岩溶化的作用。

由于"石龙洞灰岩"上覆有"平善坝页岩"，大气降雨后，入渗水流沿北北西向断裂和层面运移，受"平善坝页岩"的阻隔而富水。富水到一定程度，地下水开始起压。水的侵蚀活动能力增强，适应了一个更有利的岩溶化环境，易于形成洞穴。随之洞穴的形成，具有良好的消水能力，相应的吸水能力就加大，为地下水的集中活动场所。此时的岩溶化作用则以水流的机械冲蚀作用为主，加之岩体失稳，应力调整等作用，规模就会越来越大。如Ⅱ号、Ⅺ号岩溶系统及Ⅸ号岩溶系统的西支，12号平洞沿F_{173}溶蚀的大溶洞（$12k_6$）、k_{41}大落水洞等，均发育在石龙洞组灰岩的第三段、"平善坝页岩"覆盖的区域。

3. 径流条件对岩溶发育的影响

坝址两岸由于地形和"石龙洞灰岩"裸露面积以及构造断裂展布形式的不同，造成地下水的补给、径流、排泄条件亦有差异。因此岩溶发育程度、形式及规模、两岸及河床也就有所不同。左岸杨家坪溶蚀洼地，汇水面积大，大气降雨的入渗条件好，地下水较丰富，岩溶较发育，其地下水的运移方式，主要向东排泄清江。在运移过程中，分别受到F_7、F_8、F_{10}的拦截，部分地下水沿上述断层向南运移，沿断层形成南北向通道，继续向南运移受到平善坝页岩的阻隔，地下水富集产生有压流，溶蚀作用加剧，因而在这一带形成了具有一定规模的岩溶洞穴系统。右岸地形较陡，"石龙洞灰岩"除在丁家湾溶蚀洼地一带地形较平坦，出露面积较大外，多呈带状分布，受水面积小，降雨入渗条件较差。在k_{41}大落水洞尚未完全形成之前，地面水的流动和入渗曾主要沿F_{16}、F_4、F_{180}等断层运移，因而造成上述断层溶蚀十分严重。随着丁家湾溶蚀洼地k_{41}大落水洞的形成，沿断层运移的地面水和地下水，就显著减小，导致了沿断层溶蚀作用的减弱或终止，部分溶洞渐被淤死。右岸近南北向断层没有左岸那么发育，规模也较小，地下水的运移则主要是沿层面进行，因而右岸顺层溶蚀相对较发育。如沿302层间错动面的溶蚀较

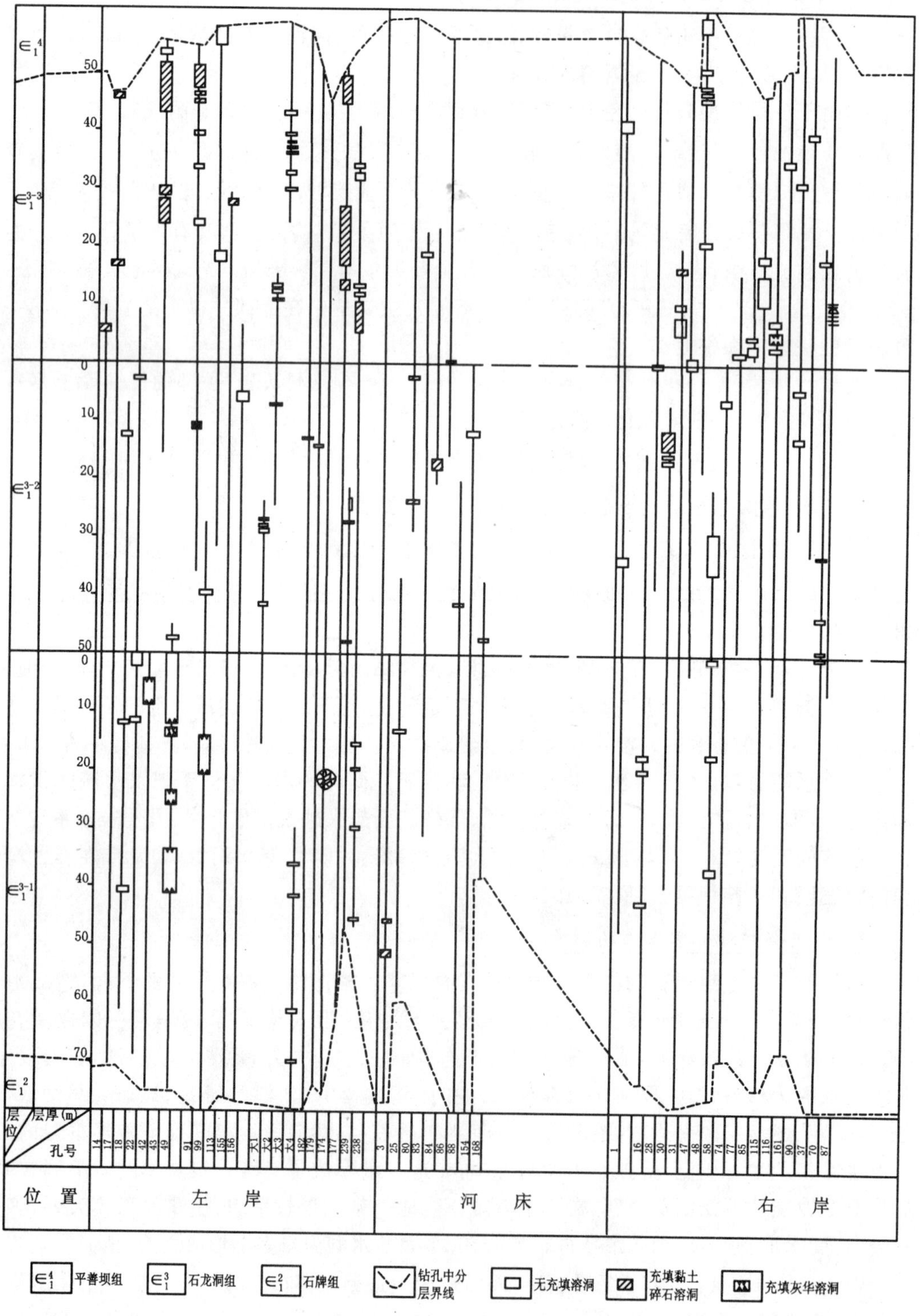

图 4-4-2　坝址钻孔石龙洞灰岩各段岩溶洞穴发育强度示意图

普遍，还有其他一些顺层溶蚀的洞穴就是例证。

由于两岸构造格架分布的特殊性，左岸岸边等距分布有 F_7、F_8、F_{10}，对于地下水的运移起着分流、减压的作用。右岸由于河床 F_{12}、F_{13} 两断层的顺扭平移，使石牌页岩在靠右侧形成一个高达 50m 的陡坎，这个地质结构的边界条件，地下水的流网形态不是一个完整型，因而河床岩溶发育就可能较两岸为弱。据河床钻入“石龙洞灰岩”中的 52 个钻孔统计，只有 9 个孔遇有 11 个规模很小的洞穴(表 4-4-4)，也证明河床岩溶较弱。

表 4-4-4　河床钻孔岩溶洞穴统计表

钻孔编号	遇洞次数	洞穴顶板高程(m)	洞穴底板高程(m)	垂直高度(m)	层位	洞穴描述
3	2	26.25	25.87	0.38	$\in_1^{3-1}$	黄色泥质及方解石充填
		21.72	20.26	1.46	$\in_1^{3-1}$	黄色泥质及方解石、灰华、碎石充填
25	1	46.66	46.27	0.39	$\in_1^{3-1}$	黏土充填
80(斜孔)	2	−17.61	−18.06	0.45	$\in_1^{3-3}$	充填河沙
		−53.80	−54.14	0.34	$\in_1^{3-3}$	充填河沙
83(斜孔)	1	75.98	75.32	0.66	$\in_1^{3-3}$	充填黏土
84(斜孔)	1	41.07	39.51	1.56	$\in_1^{3-2}$	充填黄色黏土
86	1	3.67	3.57	0.10	$\in_1^{3-3}$	无充填
88	1	52.26	53.06	0.20	$\in_1^{3-2}$	掉钻 0.20m
154	1	63.30	62.12	1.18	$\in_1^{3-2}$	充填砂、灰岩碎屑
169	1	47.29	46.99	0.30	$\in_1^{3-2}$	无充填

注：河床 2 号钻孔在孔深 17m 处见一长达 1.1m 的大裂隙，附近岩石溶蚀强烈未统计，因资料不确切。

综上所述，坝址石龙洞灰岩岩溶发育强度，具有以下特点：

(1)近岸地段比河床发育。左岸比右岸发育。但由于右岸坝肩，断裂较密集，溶蚀还是较强的。两岸高程 80m 以上发育较强，以下随深度减弱。

(2)两岸地下水排泄清江及区域性的间歇性上升，岩溶发育具有一定的成层性，高程 170～190m、120～140m、80～100m，不仅见有近于水平的溶洞，沿断层溶蚀较强，规模也较大；成为强岩溶发育带，两带之间以沿断裂溶蚀扩大的形式连通。

(3)石龙洞灰岩的下段与中段之间以及上段岩溶发育较强。

第五节　水文地质条件

坝区透水层(或含水层)有石龙洞灰岩、红色灰岩;隔水层有石牌页岩、平善坝页岩;相对隔水层有上峰尖组以泥灰岩、白云岩为主。透水层与隔水层或相对隔水层相间分布。各含水层间一般无水力联系,是一个具有多层水文地质结构岩体。

石龙洞灰岩为强透水岩体,两岸岩溶通道的排水口均位于清江枯水位一带。左岸主要排水口为Ⅰ号岩溶通道的出口 k_2,右岸为Ⅱ号岩溶通道的出口 k_{40}。枯水季节两排水口流量甚小(前者实测最枯流量 1L/min)或近于枯竭。雨后,特别是暴雨后,两排水口的流量骤增,最大流量可达 0.5～$1m^3/s$。谷坡和山上石龙洞灰岩分布区无泉水露头。长期观测资料表明,两岸谷坡近岸地段数百米的范围内地下水位较低,左岸沿坝轴线一线钻孔地下水位的坡降大约为3‰。为地下水补给河水。左岸主要消水洞有 k_{29}、k_{20} 等。右岸有 k_{41} 等。上述情况表明石龙洞灰岩岩溶较发育,消水能力大。

勘探试验资料表明,石龙洞灰岩的透水性极不均一。左岸公路的四个大口径钻孔,除大 3 孔有溶蚀裂隙与清江河水相通,造成大量漏水外,其余 3 个孔分别深入到清江河水位以下 5～8m,未见河水入渗,孔内是干的。说明裂隙无溶蚀时,灰岩透水性微弱。另外两岸打了 13 个勘探平洞,左岸最低平洞高程 81.81m,右岸最低平洞高程 79.64m。各平洞所见地下水的活动,主要沿溶隙或溶蚀小管道滴水,或呈小股水流。大部分平洞无地下水活动。上述情况说明石龙洞灰岩是一个统一的含水岩体,但透水或富水程度极不均一。

钻孔压水试验成果表明,见表 4-5-1。石龙洞灰岩因裂隙发育,透水性普遍较大。单位吸水量 $\omega>0.01L/(min \cdot m \cdot m)$ 试段在河床钻孔有 193 段,占 66.6%;两岸钻孔有 403 段,占 58.1%。$\omega>0.1L/(min \cdot m \cdot m)$ 试段河床占 49.7%,两岸占 28.4%。河床 88 孔作两段抽水试验,同时进行相应的压水试验。第一段为 $\in_1^{3-2}$ 条带灰岩(孔深 22.7～48.88m)$k=7.35m/d$ [$\omega_{平均}=0.087L/(min \cdot m \cdot m)$];第二段为 $\in_1^{3-1}$ 厚层灰岩(孔深 48.88～79m),$k=7.72m/d$ [$\omega_{平均}=0.15L/(min \cdot m \cdot m)$]。河床及两岸(或近岸至远岸)岩体透水性随深度增加有减弱的趋势。

从渗透剖面图 4-5-1 可以看出:左岸 191 孔以远"石龙洞灰岩"的透水性已明显减弱。右岸坝肩 200m 高程以外,虽然"石龙洞灰岩"逐渐向北抬升,埋藏也较浅,除浅层透水性较大外,其下部仍存在相当大的微透水或相对隔水岩体。

河床和近岸地段,从左岸 175 孔和 179 孔间经河床至右岸坝肩 200m 高程处,表层大体上存在一个厚 15～45m 的严重透水带[$\omega>0.5L/(min \cdot m \cdot m)$],其下透水性相对减弱,但仍较大。反映出透水层或微透水与弱透水层间互出现的特点。河床钻孔压水试验时,稳定水位常出现稍低于河水位的现象,这可能是由于岩体透水性的差异,导致压力水头损失不同的结果。

从防渗角度看,在坝基范围内,帷幕以作到石牌组页岩为宜,坝体以外的帷幕则可考虑利用石龙洞龙岩下部存在的相对隔水岩体。对河床及岸边存在的表层严重透水带,从保证坝基

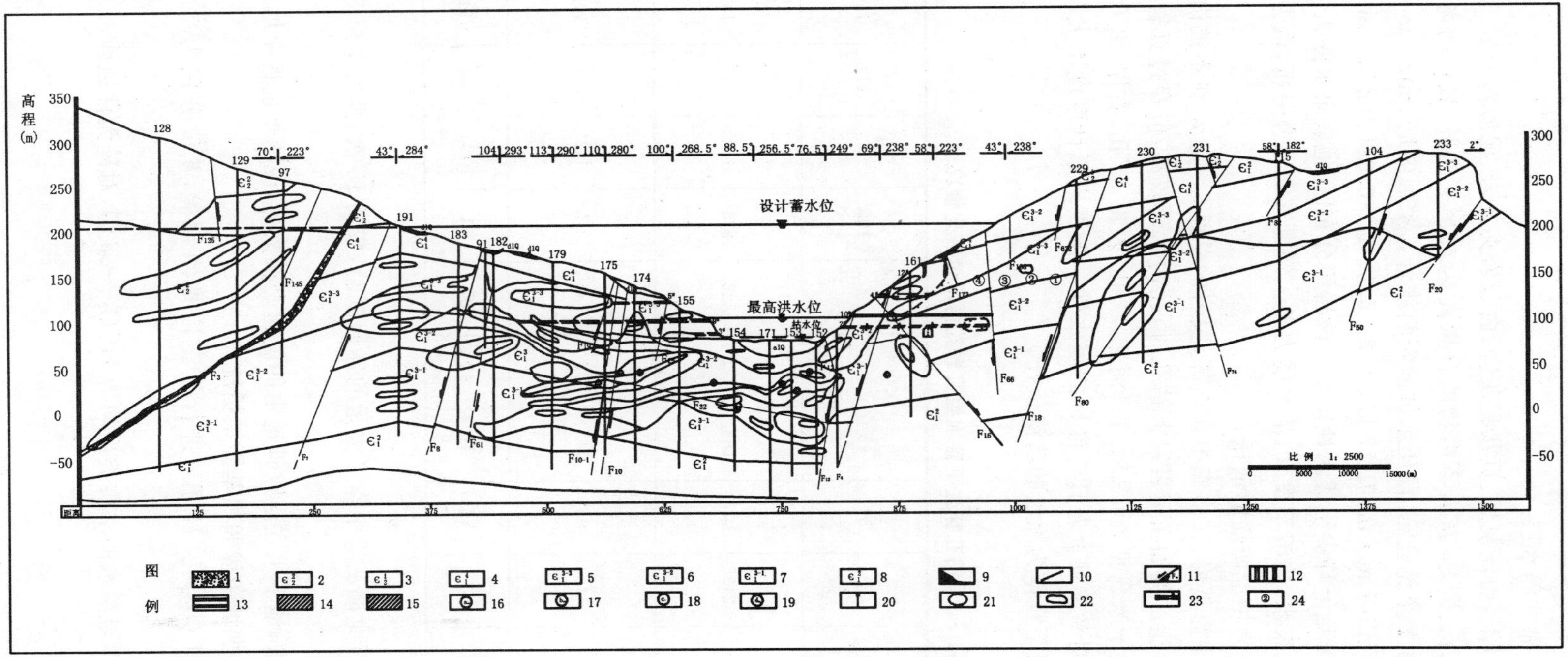

图 4-5-1　清江隔河岩水利枢纽左岸接上峰尖泥灰岩右岸接石牌页岩防渗线路渗透剖面图

1. 第四系冲积及坡积层；2. 上峰尖组：以泥灰岩为主夹灰岩；3. 红溪灰岩：深灰色中厚层条带状白云质斑纹灰岩；4. 平善坝组：页岩与灰岩互层；5. 石龙洞组第三段深灰色厚层斑纹灰岩；6. 深灰色厚层灰岩及薄层条带状灰岩，顶部疙瘩状灰岩；7. 石龙洞组第一段灰绿色粉砂岩夹砂质页岩；8. 石牌组薄层粉砂岩夹页岩；9. 隔水层；10. 地层界线；11. 断层及编号；12. 严重透水区：岩石单位吸水量在 0.5L/(min·m·m)；13. 中等透水区岩石单位吸水量在 0.05～0.5L/(min·m·m)之间；14. 微透水区：岩石单位吸水量在 0.01～0.05L/(min·m·m)之间；15. 极弱透水区：岩石单位吸水量小于 0.01L/(min·m·m)；16. 无线电透视岩溶异常点及编号；17. 无线电透视岩溶或低电阻岩层异常点及编号；18. 无线电透视低电阻岩层异常点及编号；19. 无线电透视岩溶或破碎状异常点及编号；20. 钻孔及编号；21. 岩溶塌陷角砾岩；22. 古岩溶充填黏土质粉砂岩；23. 平洞及编号；24. 机组引水隧洞及编号稳定来看，则应考虑进行固结灌浆。

石牌页岩厚度大，是可靠的隔水层。

上峰尖组总厚200m以上，由泥灰岩、页状泥灰岩、白云岩夹灰岩、泥质白云岩、豆状灰岩、角砾状灰岩等组成。泥质白云岩、泥灰岩不溶物的含量高达45%～50%，氧化钙与氧化镁比为1∶2，抗溶蚀能力强。据7个钻孔72段压水试验资料统计，$\omega<0.01$L/(min·m·m)有55段，占76.4%；$\omega>0.01$L/(min·m·m)有17段，占23.6%。$\omega>0.01$L/(min·m·m)又多集中在表层或断层附近。可见上峰尖组透水性很小。该岩组分布区，地表泉水露头多，分布高程高，又多季节性表层裂隙泉水，岩溶不发育，消水能力差。经勘察和综合分析，认为该岩组为良好的相对隔水层，可以作为坝址防渗的依托。

平善坝组第一、三、五段为页岩，又多集中在下部，页岩的总厚9～18m，在不被构造破坏的条件下，具有较好的隔水性能。例如在页岩以上钻孔时，孔内水位较高，但穿过页岩进入石龙洞灰岩后，水位突然下降数十米。见表4-5-1。河床40孔，左岸65孔，右岸78孔、52孔还发现承压水。上述情况表明平善坝页岩具有良好的隔水性。但页岩累计厚度不大，易受断层切错而破坏其整体性，因而不宜作为坝址的防渗依托。

表4-5-1 钻孔穿过平善坝组页岩孔内水位变化情况表

水位 / 孔号 / 层位	100	24	37	59	46	64	87	105	96	114	116	120
平善坝页岩钻进保持的水位高程(m)	249.85	165	212	107	168	125	223	271	181	245	192	110.42
穿过平善坝页岩时钻进中保持的水位高程(m)	221.60	123	145	95	147	83	136	210	171	147	101	79.15
下降水位差(m)	18.25	42	67	12	21	42	87	61	10	148	91	31.32

坝址谷坡近岸地段在石龙洞灰岩中作了大量的连通试验，成功15次，其中左岸8次，右岸7次。见表4-5-2。

从表4-5-2可以看出，地下水在溶隙管道中的流速是很大的，说明坝址近岸地段溶隙的贯通性甚好。因此，应作好坝址防渗和坝基固结措施。

河床覆盖层：有2个孔(53孔、71孔)进行了三段抽水试验，k值分别为103.4m/d、181.4m/d、231m/d。

坝址区清江河水和两岸岩溶水的水质类型均为HCO_3—Ca型，对砼无侵蚀性。

表 4-5-2　坝址石龙洞组灰岩连通试验成果表

岸别	通道编号	投放试剂位置	观察位置	试剂	地下水连通状况 流经时间(h)	水平距离(m)	流速(m/d)	试验时间	备注
左岸	Ⅰ	K_{20}	KW_{42}	萤光素	23.0	300	312.0	1969/01	
	Ⅸ	9 号平洞 K_{11-1}	W_{785}	萤光素	4	91	550	1978/07	
	Ⅸ	大 2(K_4)	9 号平洞 K_7、K_9	钻探水	0.16	20	2 880	1978/09/04	
	Ⅸ	11 号平洞 K_9	大 3 孔 W_{786}	萤光素	14	240	400	1978/04/13	
	Ⅺ	大 3 孔(K_1)	W_{786}	钻探水	0.6	45	1 851	1978/11	
	Ⅰ	大 1 孔(K_3)	地面 K_2	萤光素	2.0	50	600	1978/09	
	Ⅺ	191 孔	W_{786}	萤光素 1 000g	42	>400	229	1981/06/12 下午 4 时投放	
	Ⅰ	238 孔	Ⅰ号岩溶通道出口 K_2	萤光素 1 000g	29	540	450	1981/10/28 上午 9:30 投放	
右岸	Ⅳ	1 孔	W_{681}	萤光素	6	210	840	1968/10	
	Ⅵ	K_{49}	W_{682}	萤光素 60g	5.5	210	928	1969/01	
	Ⅵ	K_{70}	W_{682}	机油	2	80	960	1969/01	将原投 K_{49} 萤光素带出
	Ⅵ	95 孔	W_{682}	萤光素	1	80	2 112	1970/08	
		12 号平洞 1 号支洞 K_6	10 号平洞 2 号支洞上支 K_{1-4}	萤光素 100g	0.5	>110	5 280	1980/06/25	沿裂隙近于垂直流动
		4 号平洞 2 号支洞 K_1	10 号平洞 2 号支洞上支 K_{1-4}	萤光素 60g	0.08	25	7 200	1979/12	沿断层垂直流动
		4 号平洞 2 号支洞 K_2	10 号平洞 2 号支洞上支 K_{1-4}	萤光素 60g	0.05	20	7 200	1979/12	沿断层垂直流动

第六节　岩石的风化特征

枢纽范围内主要分布的岩石有厚层灰岩、薄层灰岩夹薄层泥灰岩页岩等。不同性质的岩石形成了不同的风化类型，其状态也极为复杂。经过勘探资料分析和施工期验证，其风化类型归纳如下。

一、溶蚀风化型

主要发育在广泛分布的灰岩区，即$\in_1^3$的厚层斑纹灰岩和白云质灰岩。它们一般不具颗粒风化的特点，但具有可溶性。因而沿断层及裂隙在表层多形成疏密不一的溶沟、溶槽，而形成溶蚀破坏状。这种溶蚀风化现象主要表现在左右两岸拱座和重力墩部位及消力池左右导墙，具有表层向深部逐渐减弱的特点。可明显分为两带，见图 4-6-1。

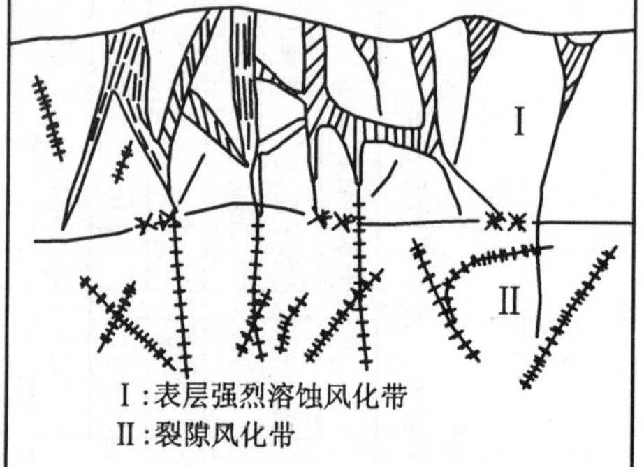

图 4-6-1　灰岩风化分带

Ⅰ带：表层强烈溶蚀风化带，该带各种结构面——断层、裂隙、剪切裂隙等被强烈溶蚀成宽缝，一般宽 0.1～2m 不等，呈上宽下窄的喇叭状，多数充填黄色黏土夹少量碎石。这些溶缝在一定深度内纵横交错，其间所包围的岩层已被溶缝分隔成互不相连的孤立状，无岩体联结，严重者成为溶蚀块石。该段发育深度一般在 5～20m。

Ⅱ带：裂隙性风化带，处于Ⅰ带以下，以裂隙风化为主，溶蚀风化已大为减弱，裂隙两侧大多有 1～2mm 的风化迹象，可见明显的地下水活动痕迹，当其风化裂隙密集时，岩体的结构已明显遭破坏，力学强度大为降低。

二、层状风化型

是灰岩类岩石中又一风化类型，这类风化主要指石龙洞组薄层条带灰岩与薄层泥灰岩互层的风化现象。由于泥灰岩性软，加之在褶皱过程中沿泥灰岩均有不同程度的层滑、剪损现象；而上下灰岩相对刚度较大，又有透水裂隙存在，故在边坡临空带、地表露头处、深部洞穴周围及断层两侧，泥灰岩常受不同程度的风化，而上下灰岩呈新鲜和半新鲜状，成为一种典型的层状风化特征。

1. 条带状风化

根据大坝及护坦消力池层状风化特点及泥灰岩条带的风化强弱程度，可分为以下三区。

Ⅰ. 泥灰岩薄层密集分布且全部风化，大部风化呈褐黄色，部分呈土状，一般厚 0.3cm，层面上多见厚 2mm 的泥膜、部分软化。断层周围及交汇处多见风化呈塑性泥状。部分条带灰岩沿层面卸荷张开 0.2～0.5cm。

Ⅱ. 泥灰岩薄层部分或大部分显风化状，圈入此区中的条带灰岩中的泥灰岩薄层，尚存 50％的泥灰岩条带呈半新鲜状，为浅黄色及褐黄色，就整个岩体条件而言，好于Ⅰ区。

Ⅲ. 泥灰岩薄层显风化状，风化呈浅灰黄色，部分呈半新鲜状，零星为新鲜状。

上述三个类型不是垂直关系。不同类型的存在，与下列因素有关：①与原岩泥灰岩条带的集中程度有关；②受剪切损伤有关；③河床与近岸地段与卸荷作用有关；④与周围的地质环境有关。

2. 夹层状风化

岩层在褶皱过程中发生了一系列的层间剪切破坏，综合分析，坝基及消力池护坦共见七个分布稳定、剪切作用明显的剪切带，其中 201 号、401 号、403 号、405 号四个剪切带发生在页岩并多出现在与灰岩接触带处。发育最完善，大都成为剪切破碎泥化带，一般情况下，大都沿其发生不同程度的深风化，则 201 号剪切破碎泥化带的深风化最为明显，一般比页岩的风化深度要大数米至 10m。301 号、302 号、406 号三个剪切带发生在灰岩中，厚 0.7～7m 不等，顶底均见两个泥化面，且分布连续，其带内泥灰岩多风化呈褐黄色。

三、碎裂状风化型

主要是指页岩的风化类型。即石牌组($\in_1^2$)页岩，该组仅分布消力池 F_{12} 断层以东，5 排以北至下游围堰。由于页岩中的裂隙非常发育，裂隙密度大，线密度达 10 条/m。层理发育，并多发育层间剪切破碎带。岩体块度小，抗风化能力弱，风化后呈浅灰黄色和褐黄色。页岩的风化具有明显的垂直分带性（图 4－6－2），且分布于消力池右导 5～右导 9 坡脚部分。

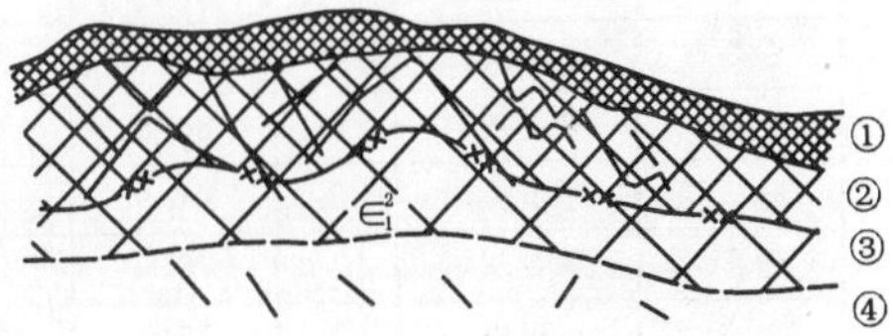

图 4－6－2　$\in_1^2$ 页岩裂隙性风化垂直分布图
①风化碎屑岩带（全风化带）；②块体风化带（强风化带）；③围限块体裂隙风化带（弱风化带）；④局部裂隙风化带（微风化带）

(1)碎屑状风化带（相当于全风化带），在母岩表层数 10cm 至数厘米页岩风化，呈土状，黄色土状夹有细小的褐黄色页岩碎片，呈疏松状。

(2)块体风化带（相当于强风化带），岩体普遍呈浅黄、褐黄；裂隙全部风化，岩石被切成菱形小块和层状碎裂状结构，岩体本身全部为浅黄色，断层及长大裂隙带内弃填塑性泥，两侧岩石呈明显风化状。

(3)构造围限风化带，断层及裂隙两侧有强风化特征，岩体结构已明显损伤，但其间所围限岩体一般保持新鲜状，由于裂隙密集，一般块度较小。

(4)局部裂隙风化带，仅沿部分裂隙轻微风化，岩石基本保持新鲜。

第七节　岩体(石)物理力学性质

为了研究岩体(石)的物理力学特性，先后进行了室内岩石及现场岩体强度与变形以及弹性参数的测定。

一、各类岩石的物理力学特性

岩石的物理性质及抗压强度见表 4-7-1 至表 4-7-7。

表 4-7-1 岩石的物理性质及抗压强度室内试验成果表

地层代号	岩石名称	级数	抗压强度(MPa)		软化系数	相对密度	容重 (g/cm³)	吸水率	备注
			干	湿					
$\in_1^2$	泥质页岩	1	12.3	17.1					
$\in_1^2$	粉砂岩	4	81.7	54.1	0.66	2.71	2.66	0.35	
$\in_1^{3-1}$	薄层灰岩	3	72.2	56.1	0.91		2.70	0.33	
$\in_1^{3-1}$	厚层灰岩	8	89.7	71.8	0.80	2.73	2.65	0.33	
$\in_1^{3-1}$	鲕状灰岩	5	93.1	80.4	0.86		2.59	0.31	
$\in_1^{3-2}$	泥质灰岩	5	67.1	49.1	0.73		2.67	0.24	
$\in_1^{3-2}$	薄层灰岩	4	82.3	67.9	0.82	2.72	2.69	0.25	
$\in_1^{3-3}$	斑纹灰岩	11	69.9	67.5	0.96	2.74	2.68	0.31	
$\in_1^{4-1}$	砂质页岩	3	28.5	29.0			2.65	1.30	
$\in_1^{4-2}$	鲕状灰岩	3	118.3	84.3	0.71		2.68	0.27	
$\in_1^{4-3}$	泥质页岩	6	20.6	12.6	0.52		2.63	1.92	湿抗压 1 组
$\in_1^{4-4}$	薄层灰岩	1	86.6	68.7	0.82	2.78	2.69	0.27	
$\in_1^{4-5}$	钙质页岩	3	21.0	24.9			2.67	1.00	湿抗压 2 组
$\in_1^{4-6}$	薄层灰岩	1	70.0	50.6	0.72	2.77	2.68	0.20	
$\in_1$	灰岩	1	76.3	55.1			2.70	0.31	

表 4-7-2 构造岩抗压强度室内试验成果表

断层编号	地层代号	组数	抗压强度(MPa)		软化系数	备注
			干	湿		
F_{12}	$\in_1^{3-1}$	1	78.0	55.4	0.70	21 孔
F_{12}	$\in_1^{2-3}$	1	1.1			34 孔
F_{29}	$\in_1^{3-3}$	1	75.0	70.8	0.94	43 孔
F_{10}	$\in_1^{3-2}$	1	40.7	49.9	1.23	
	$\in_1^{3-2}$	1	79.0	37.8	0.54	
	$\in_1^{3-2}$	1	69.4	30.4	0.43	
	$\in_1^{3-3}$	1	30.8	57.8		
	$\in_1^{3-3}$	1		45.4		
	$\in_1^{3-3}$	1	62.4	56.1		
	$\in_1^{3-3}$	1	49.6	49.7		
	$\in_1^{3}$	1	26.6	31.2		右岸水边
	$\in_1^{3-3}$	1	93.4	58.6		
	$\in_1^{3-1}$	1	61.1	50.9	0.99	
	$\in_1^{4-2}$	1	53.6	46.7	0.87	
	$\in_1^{4-2}$	1		82.2		

表 4-7-3　岩体现场变形试验成果表

岩石名称		试验地点	编号	试验方法	最大压力（MPa）	加荷方向	变形模量 GPa	弹性模量 GPa
石龙洞组	薄层灰岩夹页岩	14 号洞	E_{14-2}	刚性承压板法	4.0	与岩层斜交	7.9	17.9
			D_{14-1}	狭缝法			20.5	44.0
	条带灰岩	2 号洞	$E_{Ⅱ-1}$	柔性承压板法	5.0		23.4	35.4
	F_{16}断层影响带岩石		$E_{Ⅱ-2}$		5.0		15.6	22.1
	F_{16}断层角砾岩		$E_{Ⅱ-3}$		5.0		14.5	26.3
	条带灰岩	5 号洞	E_{V501}	刚性承压板法	4.0		36.0	37.7
			E_{V502}		4.0		36.0	38.0
		2 号洞	E_{d2}	狭缝法	4.5		20.4	24.7
		5 号洞	E_{dH501}		4.0	与岩层平行	13.3	19.5
		7 号洞	$E_{d\perp-3}$		6.0	与岩层垂直	5.64	9.13
			E_{d11-4}		5.0	与岩层平行		23.6
石牌组	灰岩、粉砂岩夹页岩	14 号洞	E_{14-1}	刚性承压板法	3.3	与岩层斜交	2.05	4.16
					4.0		2.21	5.06
	页岩		E_{14-3}		3.3		0.79	2.08
			E_{14-4}		4.0		0.23	0.90
	201 号层间剪切破碎泥化带	7 号洞	E_{7-1}		2.3　14		0.06	0.38
			E_{7-3}		3.3　08		0.32	0.78
			E_{7-4}		2.8　62		0.17	0.64
			$E_{d\perp-1}$	狭缝法	3.5	与岩层垂直	上部 4.23，下部 1.93	上部 5.24，下部 2.80
			E_{d11-2}		3.5	与岩层平行	4.18	7.50
平善坝组	页岩	11 号洞	E_{VH-1}	刚性承压板法	4.0	近于垂直岩层(69°)	0.99	1.37
			E_{VH-2}		4.0		1.14	1.73
			E_{H11-1}		4.0	近于平行岩层(8°)	4.56	14.95
			E_{H11-2}		4.0		8.16	20.45
			E_{H11-2}	柔性承压板法	4.0		8.8	11.73

表 4-7-4 岩体变形试验成果表

岩石名称	试验地点	试验方法	编号	洞深(m)	内压力 p(MPa)	单位抗力系数 K (×10³kg/cm³)		变形模量 E (GPa)	
						平均值	最小值	平均值	最小值
石龙洞组中段条带灰岩	2号洞	橡皮塞法		3.90	0.8	2.369	1.641	31.05	21.08
				5.19	0.4	2.329	1.623	30.44	20.82
				6.49	0.5	2.285	1.597	29.82	20.63
				7.79	0.6	2.241	1.572	29.20	20.38
				9.09	0.7	2.204	1.552	28.59	20.12
				10.39	0.8	2.155	1.526	27.96	19.94
				11.69	0.9	2.108	1.500	27.37	19.75
				各级平均值		2.242	1.573	29.21	20.39
石龙洞组下段厚层灰岩	8号洞	金属垫法			0.50	2.789	1.920	36.20	25.60
					0.10	2.837	1.963	36.87	25.60
					0.15	2.827	1.977	36.68	25.70
					0.20	2.675	1.844	34.77	23.98
					0.25	2.608	1.786	33.91	23.21
					0.30	2.560	1.681	33.24	21.87
				各级平均值		2.716	1.863	35.28	24.23

表 4-7-5 砼与岩石及页岩的现场抗剪强度试验成果表

岩层	类别	试验地点	编号	抗剪强度							
				峰值		摩擦值		比例值		屈服值	
				f	c (MPa)	f	c (MPa)	f	c (MPa)	f	c (MPa)
石龙洞灰岩	砼/石龙洞组条带灰岩	左5号平洞	f_{501}	1.66	0.12	1.08	0.6	0.8	0.5		
平善坝组页岩	砼/平善坝组页岩	左11号平洞	f_{11-1}	0.92	0.3	0.92	0.16			0.52	0.23
401	层间剪切破碎泥化带	左11号平洞	401-1							0.22	0.025
石牌页岩	页岩本身	右14号平洞	14-1	0.73	0.13					0.54	0.07

表 4-7-6 两岸拱座同一高程,地震法测定岩体动力弹性参数对比表

地面位置	高程(m)	左岸		右岸	
		v_p(m/s)	E(MPa)	v_p(m/s)	E(GPa)
上游断面	150	3 630	27.2	2 100	9.10
	130	4 240	37.4	3 600	27.00
	110	4 270	32.6	4 610	40.10
下游断面	130	4 560	40.6	3 510	23.30
	110	4 000	25.7	4 150	38.70

表 4-7-7　坝址钻孔声波测试综合成果表

位置	地层代号	类型	钻孔编号	实测点数(个)	低组波速范围(v_p)(km/s)	低组波速所占比率(%)	低组平均纵波速(v_p)(km/s)	岩体完整性系数	动弹性模量(E_d) GPa	高组波速范围(v_p)(km/s)	高组波速所占比率(%)	高组平均纵波速(v_p)(km/s)	波速范围 v_p (km/s)	岩体完整性系数(I)	动弹性模量(E_d)(GPa)
左岸	$\in_1^{3-2}$	岩体	155、191、177、156、179、182、175、174	943	2.31～4.61	41.64	3.28	0.28	16.33	4.61～6.49	58.36	5.55		0.801	72.03
		断层	179、175、174	31									2.75～5.66	0.40	25.04
		302 号夹层	155	12									2.75～5.45	0.36	22.32
	$\in_1^{3-1}$	岩体	155、191、177、174、156、182、175、179	1 182	2.52～2.45	18.44	3.39	0.30	17.44	4.45～6.38	81.56	5.71		0.85	76.24
		断层	182、175、174	116	2.80～3.60	27.59	3.18	0.26	15.35	4.80～6.00	72.41	5.58		0.81	72.81
		301 号夹层	156、155、191、182、179、174、177	26									2.70～5.65	0.54	41.16
		201 号夹层	156	16									4.60～5.35	0.68	52.25
	$\in_1^{2-3}$	岩体	156	42									2.03～5.08	0.76	34.20
河床	$\in_1^{3-2}$	岩体	171、169、173	275	1.95～4.38	43.25	2.98	0.23	13.48	4.38～6.00	56.75	5.13		0.69	56.72
		断层	169、173	9									2.56～4.11	0.24	14.02
	$\in_1^{3-1}$	岩体	171、169、173	717	2.11～4.45	22.17	3.25	0.28	16.03	4.45～6.12	77.83	5.57		0.81	72.55
		裂隙密集带	171、169	45									2.70～6.00	0.60	46.47
		断层	171、169	27	169 孔较差，173 孔一个点 v_p=3.41								2.11～6.12	0.60	46.54
		301 号夹层	171、173、169	11	169 孔最差，v_p 分别为 2.40、2.14、2.35，余者较好								2.14～5.75	0.49	33.07
		201 号夹层	173、171	45									2.75～5.26	0.54	41.16
	$\in_1^{2-3}$	岩体	173、171	82	2.10～3.81	43.90	2.59	0.27	9.48	3.81～4.84	56.10	4.26		0.73	31.87
右岸	$\in_1^{3-2}$	岩体	158.161	96	2.54～4.33	7.30	3.08	0.25	14.40	4.33～6.12	92.70	5.35		0.75	60.54
	$\in_1^{3-1}$	岩体	161、158、157	1 146	1.90～4.36	12.65	3.44	0.31	19.19	4.36～6.38	87.35	5.66		0.83	74.91
		断层	158、157	29									2.22～5.88	0.36	22.56
		裂隙密集带	158	16									5.77～6.12	0.93	83.34
		301 号夹层	158、157、161	5									2.88～6.12	0.77	68.19
		201 号夹层	161、157、158	38									2.03～5.56	0.55	41.52
	$\in_1^{2-3}$	岩体		17									2.16～4.17	0.38	14.4

注：1. 实测点数少于 50 个者未分组，均计算其平均值，左岸$\in_1^{3-2}$低组上界按 4.40km/s 计算应占 41.01%。
2. "波速范围"一栏为未分组的所有波速范围。

二、试验成果的初步分析及其应用

1. 坝基岩体石龙洞灰岩的主要力学性质

通过上述试验可以清楚看出石龙洞灰岩基本的力学强度特性，除与岩石本身的组织结构有关外，还受岩溶、构造、风化等因素控制。

(1)石龙洞灰岩基本力学特性及强度。石龙洞灰岩为坝基主要受力岩体，岩性较均一，强度较高。湿抗压强度以薄层条带灰岩为低，但仍有 41.9MPa，鲕状灰岩最高湿抗压强度达 80.4MPa。

新鲜较完整的薄层条带灰岩变形模量为 23～36GPa，可以满足大坝对地基强度的要求。但在断裂及溶蚀较强的地段采用动力法测得的弹性参数是较低的。

(2)混凝土与基础建基面均为石龙洞灰岩，河床部位大坝坐落在薄层条带灰岩上，两岸坝体主要坐落在厚层斑纹灰岩上。条带灰岩与混凝土胶结面有较高的抗剪断强度，具有脆性破坏特征。考虑到坝基岩体裂隙较发育并有溶蚀现象，建议坝基岩石与大坝砼接触界面的摩擦系数采用 0.65。

(3)影响坝基岩体强度的地质因素。试验证明，岩溶化、构造破坏、风化等作用对坝基岩体强度有重要的影响，并导致岩体强度的明显降低。F_{16}断层破碎带变形模量为 14.5GPa，介于两断层间部分风化岩石(可视为断层影响带)变形模量为 15.6GPa。为了解两岸拱座岩体的均匀性，在两岸拱座地段 7 个钻孔中用地震法测定岩体动力参数。试验表明，沿拱座方向，左岸高程 130m 以下，右岸高程 120m 以下，岩体中地震波接近于或大于砼的地震波速(一般砼 v_p =4 200m/s)，动力弹性模量为 31.4MPa 以上。右岸高程 140m 以上，28 孔以东，90 孔和 1 孔之间的岩体，地震波速 v_p 小于3 400m/s，最小为 2 100m/s，比混凝土的波速约低 50%(为低波速区)。相应的动力弹性模量低 77%。经 12 号平洞(高程 146.85m)证实，在洞深 10.5～15m 和 35～42m 分别遇有较大洞穴，并为黏土碎石所充填，洞深 75～81.8m 还遇有一个无充填的岩溶洞穴。岩溶洞穴导致了岩体动力弹性参数的降低。此外，在洞深 120～132m 还有被红层充填的古岩溶。

2. 页岩的力学特征

石牌页岩及平善坝组中的页岩变形模量均较小，并且有非常明显的各向异性和不均质性。页岩的抗剪强度也较低，具塑性破坏的特征，剪切位移大，有较明显的屈服极限段。

401 层间剪切破碎泥化带，剪切强度极低，说明页岩的力学特征是很差的。

201 层间剪切泥化带，也有明显的各向异性，变形模量低，对大坝的抗滑稳定和沉陷都应予注意。

三、各类岩石的主要力学参数建议值

各类岩石的主要力学参数建议值见表 4-7-8 至表 4-7-10。

表 4-7-8　各类岩石抗压强度建议采用值

岩石名称	灰岩	泥质灰岩	粉砂岩	钙质页岩	泥质页岩
抗压强度(MPa)	50.0	40.0	30.0	20.0	10.0

表 4-7-9　各类岩石变形特征参数建议采用值

岩石类别	变形特性参数					泊松比
	$E_{变}$(GPa)		$E_{弹}$(GPa)		K_0 (GPa)	
	垂直	水平	垂直	水平		
石龙洞组灰岩(微风化)	15～20		20～25		0.12～0.16	0.26
石龙洞组灰岩(弱风化)	7～10		10～15			
石龙洞组灰岩断层影响带	5		10		0.056～0.08	
平善坝组页岩	0.90	2.5	2.5	3.5		0.3
石牌组页岩	0.80	2.0	2.0	3.0		0.3
石牌组页岩断层交汇影响带	0.05	0.1	0.15	0.2		0.4

表 4-7-10　各类岩石以及与砼胶结面的抗剪强度建议采用值

岩性	岩石类别	抗剪强度参数	
		f	c(MPa)
石龙洞灰岩	砼/石龙洞灰岩胶结石	0.65	0.2～0.3
	石龙洞灰岩本身	0.65～0.70	0.2～0.3
平善坝页岩	砼/平善坝页岩胶结面	0.50	0.05
	层面	0.50	0.05
石牌页岩	石牌页岩本身	0.50	0.05
	层面	0.50	0.05
	401 层间剪切及 201 破碎泥化带	0.20	0.01

第五章 主要建筑物工程地质条件及基础处理

第一节 大坝[①]

隔河岩水利枢纽是清江流域三个梯级中第一个开发的大型骨干水电工程，下接高坝洲上连水布垭(半峡)。其大坝为不对称斜拱重力拱坝(上重下拱)，最大坝高151m，采用坝身式溢洪道，为新型的收缩射流－消力池联合消能。

大坝基础坐落在一个地质条件复杂、工程地质问题多、岩溶化程度高的层状石灰岩上。其坝址区顺河断裂发育，并有较大规模的断层交汇带，沿断层溶蚀强烈，性状变得更差；直接对大坝抗滑稳定有重要影响的性状差分布稳定的缓倾角断层、剪切带、层面剪损风化带、层面剪损溶蚀带就有十余层。作为坝基主要岩体的石龙洞组第二段薄层条带灰岩，易于层面拉开，并出现深远的顺层风化。近岸地段在外营力的作用下，其条件变得较为复杂。但是，由于前期地质勘察工作充分，与大坝稳定有关的重大地质问题，在勘察期已全部查出，同时完成了大量的岩石力学试验，提出了不同边界组合下的地质力学模型二十余种；相应的基础处理设计也在勘察设计阶段完成。在工程建设中未出现任何大的地质异常现象。在整个施工期除系统详实的正常施工地质工作外，还特别加强了宏观地质预报工作，仅就大坝及消力池地质问题就发出了30份地质简报。尽管这里高边坡多，地下洞室多，空间问题复杂，但整个施工期间未发生任何地质事件，所以工程建设一直很顺利。

在工程建设中，为配合优质快速施工及其优化设计，在地下置换工程中，地质上提出“变害为利”的观点，即充分利用天然洞穴回填所起的抗阻抗滑作用。据初步统计，利用回填天然洞穴大约节省了10％的置换洞开挖，在地下置换工程中有29％是直接利用勘探平洞完成的，还有31％勘探平洞为工程所间接利用。由此看来勘探平洞不仅起到了早期查明坝址地质问题的作用，也有利于设计、施工人员从地面到地下了解工程的地质条件，在某种意义上看，也为地下置换工程和实现“变岩溶化岩体为裂隙性岩体”以及为帷幕工程快速高质钻灌一并作了早期的工作准备。

---

① 引自《湖北省清江隔河岩水利枢纽大坝及消力池竣工工程地质报告》。

大坝基坑于1988年1月开挖，自当年12月13日正式开仓浇筑第一仓——第15坝段上块砼，到1994年2月5日最后一仓——第30坝段高程203m基础验收，大坝建基面覆盖砼完毕。整个施工过程中，对所有覆盖砼的建基面均进行了施工地质编录，大坝及消力池地基地质编录面积11.3万m^2。大部分建基面还进行了声波测试和地质录像，共验收仓位817仓次。整个施工地质工作包括自身检验、原位地质复测、地质宏观预报、开挖过程中的地质信息反馈、地质跟踪、质量监督、现场值班、仓位验收、浇筑前的仓面地质控制，参与重大地基处理方案的研究、优化设计的地质边界条件的认定(包括几何参数与强度力学参数的研究)等。

大坝基础岩体在多方面的共同努力下，各种地质缺陷基本得到妥善处理，两岸拱座不稳定块体深层处理方案与地质上提供的边界条件相吻合，经过补强与处理后的地基已得到加强，消力池两侧边坡也得到了相应的加固处理。建基面的整修清理，由于验收小组的高度重视和严格把关，质量是可靠的。

一、地质概况

大坝建于近SN向峡谷出口段，枯水期水宽120～145m，高程200m坝线处河谷宽545m，沿坝线弧线宽625m。110～120m高程以下谷坡陡立，以上右陡左缓，为不对称型峡谷。

大坝基础岩体主要为石龙洞组灰岩，厚度大，强度高，是建坝的良好岩体。但由于构造断裂发育，并有一些明显而严重的断层交汇带，左右岸拱座岩体的岩溶化程度较高，地表溶沟溶槽及岩溶洞穴发育。上段厚层灰岩见多条深远的顺层溶蚀充泥面，中段($\in_1^{3-2}$)薄层条带灰岩中泥灰岩薄层抗风化能力差，易风化软化，故河床岩体透水性大。左岸重力坝段部分为平善坝组页岩与灰岩互层岩组和红溪灰岩；此外，上述各层均有连续性好的层间错动带。消力池尾端有部分石牌页岩。这些构成了建坝岩体的基本地质特征。

(一)地层岩性

大坝及消力池护坦基础岩体大部分为寒武系下统石龙洞组灰岩，仅消力池尾端见部分石牌页岩，左重力坝段为平善坝组和红溪灰岩。其岩性特征分述如下。

寒武系下统($\in_1$)：在坝基及消力池基础范围内有石牌、石龙洞、平善坝三组。

石牌组($\in_1^2$)：总厚209 m，为页岩、粉砂岩或二者互层，根据岩性及组合特点可分为三段，中、下段分布在坝基及消力池基础以外，在此不予叙述。下面仅就与工程关系密切的上段地层予以阐述。

上段($\in_1^{2-3}$)：厚58m，灰绿色粉砂岩夹页岩，两者的厚度比为2∶1～5∶1，可视为不等厚的互层状。粉砂岩组合层厚40～80cm，单层厚4～9cm；页岩组合层厚15～40cm，单层厚0.5～2cm(最厚不超过5cm)，其中常见有薄层灰岩及细粒鲕状灰岩，层厚可达10～30cm，有时夹有灰岩透镜体与灰岩疙瘩体，沿页岩多发生层间剪切破坏。为F_{12}断层东侧护坦5排(护$_5$)尾部以北消力池护坦的基础岩体。

石龙洞组($\in_1^3$)：总厚142～175m，为灰岩，是大坝及F_{12}断层西侧消力池护坦的基础岩体。根据岩性岩相的不同分为三段。

下段($\in_1^{3-1}$)：厚52～81m，底部厚4m左右为薄层白云质灰岩与砂质页岩互层，多具层间剪切面(即广义201号剪切破碎泥化带)。下部厚约32.5m，为深灰色薄层泥质条带灰岩，这两层约占本段地层厚度的49%。中部厚约23.5m，为深灰色厚层白云质灰岩，顶部为一层厚6.5m的厚层斑纹灰岩，此层占本段地层厚度的32%。上部厚约14m，为深灰色细粒鲕状灰岩夹薄层条带灰岩，近顶部为一层厚4m的块状粗粒鲕状灰岩，此层占本段地层厚度的19%。顶部为一层厚0.2m的疙瘩状泥灰岩和一层厚0.5m的砾状泥质灰岩，沿其疙瘩状泥灰岩上下及砾状泥质灰岩底面多有层间剪切形迹（即301号剪切面）。该段地层主要为F_{12}断层西侧消力池护坦1排（护$_1$）以北和F_{12}断层东侧消力池护坦0排至5排（护$_0$—护$_5$）的基础岩体，其次是10坝段中、下块、11坝段下块及上块东半部、12坝段下块东半部的基础岩体。

中段（$\in_1^{3-2}$）：厚42～50m，深灰色薄层条带灰岩，条带为深灰色泥灰岩，极易风化，风化后呈浅黄色、浅灰色及黄褐色。上部灰岩单层厚3～6cm，泥灰岩条带单层厚0.1～0.5cm，呈线条形。下部灰岩单层厚2～4cm，泥灰岩条带较多，产出频率较高，单层厚0.1～1.5cm，呈条带形，顶部为厚0.5～0.8m的疙瘩状泥灰岩与薄层灰岩或薄层斑纹状灰岩互层，其间所夹疙瘩状泥灰岩性软，易风化，此层中层间剪切破坏明显，即常说的302号层间剪切面。此外，本段整个地层中也常沿泥灰岩条带发生剪切破坏，构成本段岩层中存在较多的层间剪切泥化软弱面，在地质编录过程中已测得35条，这类层间剪切泥软化面的连续性、延伸性虽不及302号层间剪切面，但其性状较302号层间剪切面要差得多，在局部地段对基础稳定性的影响也是很大的。该段地层为9坝块、13～18坝块的基础岩体，7、8、10、11、12，19、20坝块的部分基础岩体，以及F_{12}断层西侧大坝与消力池护坦连接段和消力池护坦0～1排（护$_0$—护$_1$）的基础岩体。

上段（$\in_1^{3-3}$）：厚40～51m，深灰色中厚层，厚层至块状微晶含泥质、硅质、白云质斑纹灰岩。上部与下部斑纹密集，顺层展布，夹细粒鲕状灰岩。中部斑纹杂乱，稍稀且具缝合线构造。斑纹新鲜者为深灰色，风化后为紫褐色。

本组沉积后，具有一次沉积间断，顶面受侵蚀凹凸不平，凹槽中常有铁质结核、黄铁矿晶体与页岩透镜体分布。

该段地层为2～6和21～27坝块的基础岩体，以及1、7、8、19、20、28坝块部分基础岩体。

平善坝组（$\in_1^4$）：平均厚度35.44m，为灰岩与页岩互层。与下伏石龙洞组呈假整合接触，分为六段：一、三、五段为页岩，累计厚14.1m，占该层总厚的40%；二、四、六段为灰岩。

该组地层主要为29坝块的基础岩体，其次为28、30、1坝块部分基础岩体和右坝头的衔接岩体。

一段（$\in_1^{4-1}$）：厚2～3.4m，平均厚2.7m，为灰绿色、黄绿色板状砂质页岩夹泥灰岩及灰岩透镜体。全层剪切破坏严重，故又称401号剪切破碎泥化带。

二段（$\in_1^{4-2}$）：厚3.6～4.5m，平均厚4.05m。深灰色粗粒鲕状灰岩，含橙黄色泥质条带，上部多为致密灰岩。

三段（$\in_1^{4-3}$）：厚5.8～6.2m，平均厚6m。灰绿色页岩含少量砂质、黄铁矿晶体及云母片，风化后呈黄绿色碎片。沿该层顶部与底部常遭剪切破坏，称为403号剪切破碎泥化带。

四段（$\in_1^{4-4}$）：厚4～5.2m，平均厚4.6m。灰、深灰色薄层条带致密状灰岩，条带为橙黄色泥灰岩，泥灰质比较集中时，具瘤状构造。

五段（$\in_1^{4-5}$）：厚5～5.8m，平均厚5.4m。灰绿色钙质页岩，上下部含灰岩疙瘩体。顶部常遭受剪切破坏，成为405号剪切破碎泥化带。

六段（$\in_1^{4-6}$）：厚10.8～14.57m，平均厚12.69m。灰、深灰色薄层条带灰岩，底部黄铁矿晶体较为集中。条带为泥灰岩，单层厚0.4～1.5cm。上下部为薄层灰岩与泥灰岩互层，薄层灰岩单层厚1～4cm。顶部厚0.15～0.6m为橙黄色含灰岩疙瘩体的泥灰岩，质地软弱，多沿此层发生剪切破坏，即常说的406号层间剪切面。

寒武系中统($\in_2$)：与坝基有关的仅“红溪灰岩”。

“红溪灰岩”($\in_2^1$)：厚60m左右，是30坝块的部分基础岩体和左坝头的衔接岩体，可分三段。

下段($\in_2^{1-1}$)：厚17m，深灰色中厚层及厚层微晶-致密白云质斑纹灰岩，顶部有一层厚0.2～0.4m的细粒鲕状灰岩。该层底部1～2m及中部7～8m处，见厚5～15cm的泥质条带集中分布，并局部沿其发生剪切破坏。

中段($\in_2^{1-2}$)：厚20m，下部为深灰色厚层夹薄层微晶条带状白云质灰岩，条带为紫褐色、深灰色泥灰岩。上部为深灰色厚层微晶含硅质、白云质灰岩夹薄板状硅质灰岩，缝合线发育，部分沿其多有紫褐色泥膜。

上段($\in_2^{1-3}$)：厚23m，深灰色中厚层及厚层微—细晶硅质白云岩及白云质灰岩。

(二)地质构造

大坝基础与消力池护坦地段，岩层走向NE70°～80°，与河流近于正交，倾向上游，倾角一般25°～30°，因局部构造因素影响，倾角可变大到35°～40°，也可变小到20°～25°，局部地段出现微小褶皱。在大坝与消力池护坦范围内，编录实测构造形迹有：断层、裂隙及层间错动带。

1. 断层

大坝及消力池护坦部位，勘探时期所揭露的断层已被施工开挖所证实，但增加了较多的裂隙性断层。坝基编录实测大小断层(包括裂隙性断层)312条，其中左重力坝段19条，另f_{230}、f_{245}、f_{253}三断层从外围延至该部位，左重力坝基岩体共受22条断层切割。升船机室(27坝段)16条，另由重力墩方向延入3条(f_{230}、f_{173}、f_{240})，该部位也共受19条断层切割。重力墩坝段28条，另F_{10}、f_{164}、f_{173}三断层自左拱座延入此部位，本地基共有31条断层切割。左拱座基础30条，另从溢流坝段延入5条(f_{123}、f_{136}、f_{142}、f_{145}、f_{147})，共有35条断层切割。河床溢流坝段有154条，另从右拱座部位延入2条(f_{174}、f_{189})，共受156条断层切割。右岸拱座基础发育有38条，另从溢流坝段延入4条(f_3，f_4、f_7、F_{13})，从右重力坝段延入7条($F_{69-支}$、f_{201}、f_{202}、f_{203}、f_{204}、f_{205}、f_{206})，该部位基础共受49条断层切割。右岸重力坝基有27条，另F_{180}断层从右拱座坝基延入此部位，该段坝基共受28条断层切割。

消力池护坦部位编录时，实测大小断层196条(表5-1-2)。

大坝各部位及消力池护坦共有断层508条，现将主要断层的性状列入表5-1-1和表5-1-2。上述508条断层按走向可分为6组。

(1)NNW组：走向340°～355°，倾SW为主，倾角70°～80°，可见90条，占断层总数的18%。

(2)NWW组：走向271°～300°，倾NE为主，倾角60°～70°，可见109条，占断层总数的22%。

(3)NNE组：走向1°～30°，倾NW为主，倾角65°～80°，有86条，占断层总数的17%。

(4)NW组：走向301°～330°，倾NE为主，倾角70°～85°，有98条，占断层总数的19%。

(5)NEE组：走向61°～90°，分高及中低倾角两组，高倾角组倾向NW，倾角70°～80°，中低倾角组倾向SE，倾角25°～50°，共见70条，占断层总数的14%。

(6)NE组：走向30°～50°，倾NW为主，倾角65°～75°，见有52条，占断层总数的10%。

表 5-1-1　大坝主要断层特征统计表

位置	断层编号	产状			规模		基本性状	工程意义
		走向(°)	倾向	倾角(°)	带宽(m)	断层断距(m)		
右岸重力坝	F_{173}	325～350	NE	75～84	0.1～1.5	0.5	断面不连续，断续错列相连。在建基面上破碎带不明显，在12号平洞为一深大溶蚀狭缝	构成整体稳定纵向切割面
	F_{69}支	60	SE	26	0.01～0.02		断面平整，有错动阶坎，稍切层，呈闭合状，断续充填泥钙质	
	F_{69}	40～60	SE	30～37	0.1～0.5		断面切层发育，有一定的起伏度，断层带主要为泥软化物，面附大量黄色泥钙质及灰华物，面上裂隙发育	
	f_{205}	30～55	NW	60～70	0.02～0.05		面起伏弯曲夹黄色泥钙质，沿面有溶蚀充泥	
	f_{210}	330	NE	85	0.03～0.08	0.3	闭合状，局部充填方解石	
右岸拱座坝段	F_{199}	325	NE	72			断面间夹有1～3cm黏土状物质，延伸连续，见水平擦痕	
	f_{200}	330	NE	78	0.005～0.02		面平直充填方解石，面见褐色氧化膜，见水平擦痕，显反扭	
	F_{180}	28	NW	79	0.3～0.5	5～8	岩体挤压破碎，并发育充填黄泥的深度很大的长条形溶槽	构成纵向切割面
	F_{16}	30～40	SE	45～52	0.4～0.9		断层带疏松破碎与F_{16-1}、F_{16-2}相交带溶蚀充泥	
	F_{16-1}	35	SE	60～65	0.2		构造岩破碎疏松，并风化严重，呈褐红色	
	F_{16-2}	20～35	SE	50～55	0.1		断面间夹泥化的紫红色薄片状泥钙质	
	F_4	350	SW	50～75			断面弯曲，有一层2～5cm黄色泥钙质胶结角砾岩，倾角从坝址到坝踵由75°变缓到50°，导致1号、2号、3号置换洞向上游方向撒开	构成块体稳定纵向切割面
	f_{26}	60～70	SE	35～40			面平光滑，连续性好，充填0.5～2cm泥钙质，间夹数毫米塑性黏土	

续表 5-1-1

位置	断层编号	产状			规模		基本性状	工程意义
		走向（°）	倾向	倾角（°）	带宽（m）	断层断距（m）		
溢流坝段	F_{33}	278～293	NE	66～77	0.5～3.0		面呈波状光滑，带中灰岩出现倒转，顺面溶蚀充泥 5～20cm	
	F_{13}	0	W	65～72	0.5～2.0	25～30	带内错开，分布角砾岩，糜棱岩，碎裂岩，方解石脉	
	f_{86}	344	SW	50	0.02～0.2		方解石胶结角砾岩及块状岩，风化严重	
	f_{46}	60	SE	40	0.1～0.2		稀泥夹薄层灰岩碎块石，局部有渗水	
	f_{12}	340	SW	70	0.1～0.4	21～45	面平直光滑，方解石胶结的角砾岩坚硬，有出水点	
	f_{36}	0～20	E—NW	70～75	0.75～1.5		方解石胶结的灰岩角砾及碎块角砾	
	f_{26}	292	NE	74	0.1～0.2		面张开宽度 0.2～10cm，最宽处充填稀泥	
	F_{26}	5	NW	80	0.5～0.8	3～4	破碎带为方解石和以方解石胶结为主的构造角砾岩	
	f_{70}	25	NW	52				
	f_{66}	355	SW	80		<0.2	面粗糙，充填方解石胶结角砾岩，见晶洞	
	F_{19}	12	NW	52	0.1		面平直光滑，充填方解石胶结角砾岩	
	f_{103}	10	SE	75	0.02～0.06		方解石充填，胶结完好	
	f_{106}	330	SW	75		5.00	方解石胶结完好的角砾岩，两盘泥质条带显黄色风化	
	f_{101}	300	NE	70	0.015		面较平直，稍粗，见溶蚀晶洞	
	f_{123}	288	NE	70			断面平直光滑，有方解石充填	
	f_{136}	308	SW—NE	85	0.02～0.1	0.5	面微呈波状，方解石胶结角砾岩，面见泥膜	
	f_{142}	320	NE	74	0.2	0.1	断面波状，充填方解石及黏泥，并发育两个溶洞	
	f_{146}	70	NW	60	0.04		断面弯曲，充填方解石	
	f_{35}	304	NE	70	0.02～0.2		断面张开并渗水，两盘岩石风化严重	
	f_{113}	345	NE	85			裂隙性断层	
	f_{92}	5	SE	85	0.1		方解石晶体及方解石胶结的角砾岩，两旁泥钙质条带风化	
	f_{95}	287	NE	66	0.01～0.05		面较平直，分布方解石及灰质，呈不明显角砾岩状展布，有出水	
	F_{32}	272	SW	24	0.1		带内为灰岩碎石，部分条带风化呈土状	

续表 5-1-1

位置	断层编号	产状			规模		基本性状	工程意义
		走向（°）	倾向	倾角（°）	带宽（m）	断层断距（m）		
左岸拱座坝段	F_{25}	340	SW	80～85	0.15～0.35		方解石胶结的角砾岩，沿其溶蚀严重，有溶洞，并顺其有充泥	
	F_{25-1}	330	SW	75～80			断面溶蚀强烈充填灰华物及黏土条带	
	F_{10}	345	SW	79	0.2～0.5	数十米	角砾岩分布断面两侧，微细裂隙密集，分布串珠状溶缝，红色糜棱岩呈透镜状分布，并风化呈粉末	
	F_{10-1}	356	SW	65	1.2～1.5	5	平面直，粗糙，方解石脉胶结角砾岩，烈隙呈网纹状和树枝状	
	f_{152}	330～340	NE	80			面弯曲光滑，面附厚 0.5～1cm 的褐黄色泥钙质	
	f_{153}	60	NW	85			方解石及少量泥质充填，胶结尚好	
	f_{164}	320	NE	77			面平直，张开，充填塑性泥，并发育一溶洞	
左岸重力墩坝段	f_{164}	320	NE	77	0.05～0.5		面平直张开，内充塑性泥，与 F_{25}、f_8 交汇部位岩石破碎，显顺扭。沿断面溶蚀强烈	
	f_{227}	313	SW	77			面微波起伏、粗糙，其近水平擦痕，显反扭，分布方解石附泥质	
	f_{236}	315	SW	80			断面平直，延伸性好，呈细缝状，面附黄色泥钙质，性软	
	f_{235}	310	NE	80～85			断层呈线状延伸，面粗糙，附黄色粉末状，泥钙质	
	f_{224}	287	NE	60	0.01～0.05		断面光滑，波状起伏，见水平擦痕，充黄泥及方解石脉，两侧岩石风化溶蚀	
	f_{173}	283～294	NE	65～75			断面微弯、粗糙，局部溶蚀严重，充泥宽 1～15cm	
	f_{171}	327	NE	81	0.03～0.05		面平直，附褐黄色氧化膜及泥钙质，内充填黏土和碎石	
	f_{230}	300	SW	75	0.2～0.6	0.2～0.3	断面缓波状，充泥钙质胶结细粒灰岩角砾，附泥钙质及方解石	
	f_{215}	305	SW	75	0.005～0.01	0.8～2.0	褐黄色铁质，泥灰色塑性泥，断面全风化，呈褐黄色，显正性	
	f_{222}	320	NE	87	0.005～0.01	0.25～0.4	页岩碎片及棕黄色铁质泥膜，显正性	

续表 5-1-1

位置	断层编号	产状			规模		基本性状	工程意义
		走向(°)	倾向	倾角(°)	带宽(m)	断层断距(m)		
左岸重力墩坝段	f_{216}	300	SW	73	0.05～0.15	0.5～0.8	碎裂状角砾岩，部分为顺走向排列，灰色塑性泥胶结的糜棱岩	
	f_{217}	285	SW	81	0.005～0.15	0.25～0.3	页岩碎片及褐黄色铁质氧化膜，显正性	
第一级垂直升船机坝段	f_{240}	295	NE	75	0.01	0.25	充填黄色塑性泥，面有溶蚀呈麻面状，树枝状	
	f_{253}	300	NE	70～75			较平直，稍粗，具擦痕，分布钙质，宽度小于1cm	
	f_{247}	276	NE	72			较平直，稍粗，具擦痕，分布钙质，宽度小于1cm	
	f_{244}	350	NE—SW	74～80			面平光滑，方解石或黄色风化膜充填	
	f_{245}	90	N	76			方解石黄泥，碎裂岩充填	
	f_{243}	290	NE	73	0.1		充填完好的方解石	
左岸得力坝段	f_{260}	75	NW	65			面平光滑，附1cm厚的黄色泥钙质薄片	
	F_8	5	NW	76	0.5～1.2	2～3	灰岩段为杂色，角砾岩由泥钙质及方解石胶结，胶结紧密。页岩段为糜棱岩，部分已泥化	

表 5-1-2 消力池护坦基础主要断层特征统计表

分块编号	断层编号	产状			规模		基本性状	工程意义
		走向(°)	倾向	倾角(°)	带宽(m)	断层断距(m)		
0—5	f_{17}	274	SW	35	0.01		微弯，较光滑，分布泥质，性状较差	
0—4	f_{18}	80	SE	38	0.1～0.3		断面弯曲，光骨，分布塑性泥	
1—3	f_{23}	294	NE	75	0.02～0.03		平直，分布泥钙质，断层旁侧岩石风化明显	
2—3	f_{40}	324	SW	74	0.02～0.3		面平直，光滑，局部有碎裂岩，具风化显疏松状	
4—1	f_{64}	303	NE	52	0.2～0.4		分布方解石，部分夹有黏土，碎块石，部分为碎块岩，性状差	
6—5	f_{93}	65	NW	78	0.1～0.2		方解石胶结的灰岩角砾，有溶蚀	
6—1	f_{83}	303	NE	52	0.05～0.1		面微弯，粗糙，分布方解石胶结的角砾岩	

续表 5-1-2

分块编号	断层编号	产状			规模		基本性状	工程意义
		走向(°)	倾向	倾角(°)	带宽(m)	断层断距(m)		
7—2	f_{111}	305	NE	65	0.3～0.4		分布泥钙质方解石，呈疏松状	
7—3	f_{113}	295	NE	51	<0.01		面平直，光滑，附黄色泥钙质及方解石	
7—4	f_{116}	302	NE	83	0.01		断面平直，分布方解石及角砾岩	
坎1	f_{145}	290	NE	76～83	0.03～0.05		部分见黄泥，分布方解石及少量方解石胶结角砾岩，溶蚀较严重	
8—6	f_{139}	300	NE	82	0.03～0.05		断面平直、光滑、顺扭，局部附泥分布方解石	
0—6	f_{10}	15	SE	40～51	0.15～0.35		沿面分布方解石和风化褐色岩带宽5～15cm，破碎岩宽10～20cm	
2—8	f_{45}	40	SE	55	0.02～0.05		断面平直，分布方解石胶结的角砾岩	
4—9	f_{62}	0	E	75～80	0.1～0.25		面微弯，粗糙，分布方解石，部分呈束状分布	
7—8	f_{132}	60	SE	35～45	0.1～0.2		分布碎裂砂质页岩及糜棱岩，大部分已泥软化为黏土夹碎石	
坎8	f_{150}	310	NE	45	0.02～0.03		断面平直，断续分布页岩碎石夹少量的灰色黏十	
7—8	f_{125}	345	SW	80	0.05～0.08	1.3～1.5	分布糜棱岩，碎斑岩、方解石及泥膜	
右护$_9$	f_{161}	322	NE	70	0.03～0.05		分布碎片、碎块，遇水软化	
7—7	f_{100}	0	E	50	0.05～0.07		分布碎裂岩、岩屑，部分泥软化呈塑性泥状	
7—2	f_{88}	300	NE	75	0.015～0.04		分布方解石，局部增宽，有碎裂岩，断层张开0.2～0.5cm	
7—8	f_{129}	340～350	NE	45～50	0.03～0.08	0.3	分布碎裂砂页岩，部分已软化成黏土夹碎石	
8—7	f_{141}	340	NE	55	0.01		断面平直，粗糙，分布方解石及泥	
右护$_5$	f_{82}	0	E	69	0.3～0.4		断面弯曲，附泥膜，构造岩为碎裂岩	
3—5	f_{55}	280	NE	75	0.05～0.2		呈雁行式排列，为碎裂岩带，并且泥化	
5—7	f_{79}	75	SE	33	0.02		断面弯曲，分布角砾岩，局部泥软化	
左护3—护6—6	F_{33}	278～293	NE	66～77	0.5～3.0		面平直光滑，方解石胶结的角砾岩坚硬、有出水点	
护0—8—防6	F_{12}	340	SW	70	0.1～0.4	21～45	面平直光滑，方解石胶结的角砾岩坚硬、有出水点	
护01—9—护4—9	Tf_{47}	0	E	70～75	0.75～1.5		方解石胶结的灰岩角砾及碎块角砾	
右6—护8—右护1	F_{13}	0	W	65—72	0.5～2.0	25～30	带内错开分布角砾岩，糜棱岩，碎裂岩，方解石脉	

现将大坝和消力池护坦基础岩体中的断层特征及工程地质意义归纳如下。

1)NNW 组最发育,NWW 组、NNE 组相对发育,NW 组、NEE 组次之,NE 组少见。大坝岩体中,以 NEE、NWW、NNW 及 NNE 四组最发育。而消力池护坦岩体中则以 NWW、NW 及 NNW 三组最发育,见图 5-1-1。

2)大坝及消力池护坦断层的基本特征,从表 5-1-3、表 5-1-4 看出:大坝及消力池护坦基础中的断层,均以高倾角为主,分别占各自部位断层总数的 73%与 71%,中倾角次之,分别占各自部位的 23%与 26%,缓倾角较少,仅分别占各自部位的 4%与 3%。

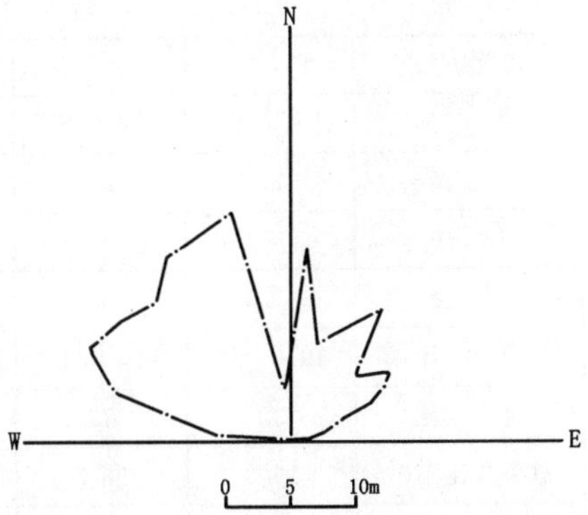

图 5-1-1　消力池护坦断层走向玖瑰图

表 5-1-3　大坝建基面断层综合统计表

<table>
<tr><td colspan="2">断层方位</td><td colspan="2">1°~30°</td><td colspan="2">31°~60°</td><td colspan="2">61°~90°</td><td colspan="2">271°~300°</td><td colspan="2">301°~330°</td><td colspan="2">331°~360</td><td colspan="2" rowspan="2">总合计</td><td rowspan="2">占总条数比率(%)</td></tr>
<tr><td colspan="2">倾　向</td><td>SE</td><td>NW</td><td>SE</td><td>NW</td><td>SE</td><td>NW</td><td>NE</td><td>SW</td><td>NE</td><td>SW</td><td>NE</td><td>SW</td></tr>
<tr><td rowspan="7">按倾角分类</td><td rowspan="2">高</td><td>11</td><td>26</td><td>3</td><td>9</td><td>7</td><td>19</td><td>53</td><td>11</td><td>33</td><td>11</td><td>13</td><td>30</td><td rowspan="2">226</td><td rowspan="6">309</td><td rowspan="2">73</td></tr>
<tr><td colspan="2">37</td><td colspan="2">12</td><td colspan="2">26</td><td colspan="2">64</td><td colspan="2">44</td><td colspan="2">43</td></tr>
<tr><td rowspan="2">中</td><td>7</td><td>10</td><td>4</td><td>7</td><td>12</td><td>12</td><td>3</td><td>2</td><td>4</td><td>1</td><td>0</td><td>8</td><td rowspan="2">70</td><td rowspan="2">23</td></tr>
<tr><td colspan="2">17</td><td colspan="2">11</td><td colspan="2">24</td><td colspan="2">5</td><td colspan="2">5</td><td colspan="2">8</td></tr>
<tr><td rowspan="2">缓</td><td>0</td><td>0</td><td>0</td><td>1</td><td>8</td><td>0</td><td>1</td><td>2</td><td>0</td><td>1</td><td>0</td><td>0</td><td rowspan="2">13</td><td rowspan="2">4</td></tr>
<tr><td colspan="2">0</td><td colspan="2">1</td><td colspan="2">8</td><td colspan="2">3</td><td colspan="2">1</td><td colspan="2">0</td></tr>
<tr><td>小计</td><td>18</td><td>36</td><td>7</td><td>17</td><td>27</td><td>31</td><td>57</td><td>15</td><td>37</td><td>13</td><td>13</td><td>38</td><td colspan="2" rowspan="3"></td><td rowspan="3"></td></tr>
<tr><td colspan="2">合　计</td><td colspan="2">54</td><td colspan="2">24</td><td colspan="2">58</td><td colspan="2">72</td><td colspan="2">50</td><td colspan="2">51</td></tr>
<tr><td colspan="2">所占全方位数率(%)</td><td colspan="2">17.4</td><td colspan="2">7.8</td><td colspan="2">18.8</td><td colspan="2">23.3</td><td colspan="2">16.2</td><td colspan="2">16.5</td></tr>
<tr><td rowspan="6">按性状分类</td><td>泥　化　物</td><td colspan="2">10</td><td colspan="2">11</td><td colspan="2">21</td><td colspan="2">18</td><td colspan="2">14</td><td colspan="2">16</td><td>90</td><td rowspan="6">309</td><td>29</td></tr>
<tr><td>胶结好的角砾岩</td><td colspan="2">5</td><td colspan="2">2</td><td colspan="2">1</td><td colspan="2">0</td><td colspan="2">0</td><td colspan="2">3</td><td>11</td><td>4</td></tr>
<tr><td>方　解　石</td><td colspan="2">36</td><td colspan="2">22</td><td colspan="2">22</td><td colspan="2">35</td><td colspan="2">23</td><td colspan="2">30</td><td>168</td><td>54</td></tr>
<tr><td>胶结差的角砾岩</td><td colspan="2">1</td><td colspan="2">0</td><td colspan="2">0</td><td colspan="2">2</td><td colspan="2">1</td><td colspan="2">0</td><td>4</td><td>4</td></tr>
<tr><td>泥　钙　质</td><td colspan="2">1</td><td colspan="2">4</td><td colspan="2">5</td><td colspan="2">7</td><td colspan="2">9</td><td colspan="2">4</td><td>30</td><td>10</td></tr>
<tr><td>其　　它</td><td colspan="2">0</td><td colspan="2">0</td><td colspan="2">0</td><td colspan="2">3</td><td colspan="2">3</td><td colspan="2">0</td><td>6</td><td>2</td></tr>
</table>

从断层物质性状来看,大坝基础岩体中的断层物质性状与消力池护坦部位有较大差异。坝基岩体中断层有 29%为泥软化物充填,71%的断层为性状好的方解石胶结的角砾岩充填;而消力池护坦部位的断层为泥软化物充填的占 43.3%,断层物质胶结差的占 9.79%,由方解石胶结的角砾岩充填的占 47%,断层物质为泥软化物和胶结甚差性状较坏的占 53%,这一情况的出现,与岩性有很大关系,因消力池护坦基础有较大部分为石牌页岩,页岩本身性软,断裂过程中,易碾碎形成泥软化物,故消力池护坦部位断层性状往往较坝基中的要差。

表 5-1-4　消力池护坦断层综合统计

断层方位		1°～30°		31°～60°		61°～90°		271°～300°		301°～330°		331°～360°		总合计		占总条数比率(%)
倾向		NW	SE	NW	SE	NW	SE	NE	SW	NE	SW	NE	SW			
按倾角分类	高	23		20		5		26		39		26		139		70.9
	中	8		6		6		9		9		13		51		26.0
	缓	1		2		1		2						6		3.1
	小计	10	22	18	10	3	9	28	9	29	19	18	21			
合计		32		28		12		37		48		38			196	
占总条数比率(%)		16.3		14.3		6.1		18.9		24.5		19.9				
按性状分类	软化物	16		5		7		14		27		16		85		43.3
	构造岩胶结好	5		12		5		2		6		7		37		19
	方解石钙质	9		10				19		7		10		55		28
	构造岩胶结差	2		1				2		8		6		19		9.7

3)从断层破碎带的宽度看，一般都小于1m，占断层总数的95%～97%，且集中在0.25m之内，占破碎带小于1m断层数的86%，而大于1m的仅占断层总数的3%～5%。

4)从工程地质意义看，NNW组断层一般规模大，溶蚀强烈，以平移顺扭为主，剖面上显正性，平面展布具等距性，顺河分布，横切坝基及消力池护坦基础岩体，构成本部位的控制性断层。左重力坝段基础岩体中有F_8，左拱基中有F_{10}、F_{10-1}、F_{25}，河床溢流坝14、16坝块基础岩体有F_{26}、F_{19}断层，11、12坝块基础岩体中有F_{12}、F_{13}断层，并延到消力池护坦右侧，右拱基中有F_4断层顺坡分布，并倾向河床，倾角从坝址75°向上游变缓到50°。这些断层严重地破坏了建基岩体，造成各建筑物部位的主要工程地质问题。

NWW、NW组，常以裂隙性断层密集出现，并多见沿其溶蚀，形成溶缝与溶洞，且多充填有黄色塑性泥，代表性断层有f_{164}、f_{171}、f_{172}、f_{173}、f_{215}、f_{216}、f_{217}、f_{227}、f_{230}、f_{236}、f_{253}等，这类断层对左岸重力墩和一级升船机坝段的基础岩体破坏极大。此外，该组断层中还有最大一条F_{33}断层，它从左导3下河斜切至13坝块左下角进入坝基，继切至9坝块，规模大，沿其普遍溶蚀充填黄色高塑性泥，给护坦及9～13坝块的基础岩体造成了较大破坏。

NEE组，所见不多，其产状与地层的走向和倾向基本一致，只是倾角稍大，为30°～45°。面平直，延伸较远，沿断面普遍溶蚀充泥，有的沿走向与倾向溶蚀扩大成溶洞及落水洞。代表性断层有分布在左拱基的f_8，右拱基的f_{194}，右重力坝基的F_{69}和$F_{69-\text{支}}$，给坝基造成了严重的影响。

NNE组的F_{16}、F_{16-1}、F_{16-2}、F_{180}断层正位于右岸拱座，规模大，F_{16}断层系列与F_{180}断层对倾相切，其间与附近岩体十分破碎，溶蚀充泥颇为严重，风化强烈，岩石性状很差，导致右岸拱座基础由断层交汇破碎岩体组成，构成右岸拱座的主要工程地质问题。这已被施工开挖所验证。

2. 裂隙

在坝基地质编录中，实测长大裂隙4 634条，护坦消力池基础地质编录中，实测长大裂隙4 334条(灰岩区3 712条，页岩区622条)，两地共测得长大裂隙8 968条，其特征见表5-1-5、表5-1-6、表5-1-7。这些裂隙按走向分为六组。

表 5-1-5　大坝基础岩体裂隙统计表

裂隙方位		1°～30°		31°～60°		61°～90°		271°～300°		301°～330°		331°～360°		总合计		占总条数比率(%)
倾　向		NW	SE	NW	SE	NW	SE	NE	SW	NE	SW	NE	SW			
按倾角分类	高	601		471		500		736		833		519		3 660	4 634	79
	中	106		150		183		212		135		75		861		19
	缓	4		24		76		7		2		0		113		2
	小计	185	526	125	520	162	597	863	92	720	250	255	339			
合　计		711		645		759		955		970		594				
占总条数比率(%)		15		14		16		21		21		13				
按充填物分类	泥　质	30		55		92		66		43		26		312	4 634	6.7
	泥钙质	43		54		86		119		120		47		469		10
	钙　质	595		506		521		685		693		446		3 446		74.5
	其　他	43		30		60		85		114		75		407		8.8

表 5-1-6　消力池护坦灰岩中裂隙统计表

裂隙方位		1°～30°		31°～60°		61°～90°		271°～300°		301°～330°		331°～360°		总合计		占总条数比率(%)
倾　向		SE	NW	SE	NW	SE	NW	NE	SW	NE	SW	NE	SW			
按倾角分类	高	299		671		471		552		621		267		2 881	3 712	77.6
	中	42		156		133		228		175		49		783		21.1
	缓	1		3		31		9		4		0		48		1.3
	小计	98	244	95	735	100	535	754	35	722	78	176	140			
合　计		342		830		635		789		800		316				
占总条数比率(%)		9.2		22.4		17.1		21.3		21.5		8.5				
按充填物分类	泥　质	0		9		10		18		11		2		50	3 712	1.4
	泥钙质	16		31		71		105		87		30		340		9.2
	钙　质	307		768		524		599		617		264		3 079		82.9
	其　他	19		22		30		67		85		20		243		6.5

表 5-1-7　消力池护坦页岩中裂隙统计表

裂隙方位		1°～30°		31°～60°		61°～90°		271°～300°		301°～330°		331°～360°		总合计		占总条数比率(%)
倾　向		SE	NW	SE	NW	SE	NW	NE	SW	NE	SW	NE	SW			
按倾角分类	高	41		53		42		15		170		134		455	622	73.2
	中	14		14		16		10		45		61		160		25.7
	缓	0		1		1		0		3		2		7		1.1
	小计	27	28	19	49	12	47	23	2	164	54	159	38			
合　计		55		68		59		25		218		197				
占总条数比率(%)		8.8		10.9		9.5		4		35		31.8				
按充填物分类	泥　质	31		16		12		7		86		69		221	622	35.5
	泥钙质	5		13		5		3		9		12		47		7.6
	钙　质	9		27		18		5		51		51		161		25.9
	其　他	10		12		24		10		72		65		193		31

(1)NW 组：走向 310°～320°，多倾 NE，倾角 60°～80°。

(2)NWW 组：走向 280°～300°，多倾 NE，倾角 60°～80°。

(3)NEE 组：走向 60°～80°，倾 SE 者为中倾角，倾角 30°～45°；倾 NW 者为高倾角，倾角 70°～80°。

(4)NNE 组：走向 5°～25°，倾 NW 或 SE，倾角 60°～80°。

(5)NNW 组：走向 330°～350°，倾 NE 或 SW，倾角 60°～80°。

(6)NE 组：走向 40°～60°，倾 SE 或 NW，倾角 60°～80°。

以上各组裂隙特点归纳为如下三点。

1)以 NW、NWW 组最发育，NEE、NNE 两组次之，NNW 与 NE 两组相对减少，这是裂隙发育状态的总特征，但在不同的部位，裂隙往往又以某些组为主。如在左岸重力墩部位，就以 NW 组最发育；而在河床溢流坝段及右岸拱座部位，则以 NW、NWW、NNE、NEE 四组发育；在消力池护坦灰岩区，又以 NWW、NW、NE 三组最发育；页岩区则 NW 组最发育。大坝消力池各部位裂隙发育状态详见图 5-1-2。

2)裂隙以高倾角为主，在坝基岩体中，高倾角的占坝基岩体中裂隙总数的 79%，中倾角的占 19%，缓倾角的只占 2%；在消力池护坦灰岩区，高倾角的占该区裂隙总数的 77.6%，中倾角的占 21.1%，缓倾角的占 1.3%；消力池护坦页岩区，高倾角的占该区裂隙总数的 73.2%，中倾角的占 25.7%，缓倾角的占 1.1%。上述情况表明，页岩中的中倾角裂隙稍有增加，而缓倾角裂隙稍有减少。

3)新鲜状态下，灰岩中的裂隙绝大多数为方解石及钙质夹泥质充填，性状好，占坝基和消力池灰岩区裂隙总数的 87.9%，泥质充填的仅占 4.3%；页岩中的裂隙多呈闭合状，但性状明显变坏，泥质充填的占页岩区裂隙总数的 35.5%，方解石及钙质夹泥质充填的只占 33.4%。

3. 剪切带

剪切破坏是坝基岩体中存在的又一重要构造形迹。与大坝、消力池护坦地基有关的自下而上有 201 号、301 号、302 号、401 号、403 号、405 号、406 号等剪切带。另外，在石龙洞组第二层薄层条带灰岩中，沿泥灰岩条带常有局部剪切风化带，如 g_5、g_6、g_9、g_{10} 等。在石龙洞组第三层厚层斑纹灰岩中，也常有层面剪损溶蚀充泥带，如 g_1～g_4、g_{31}～g_{34}、g_{38}、g_{39} 等。现将它们的类型、性状特征及成因分述如下。

(1)剪切带的分类与性状特征。

分布在坝基岩体中的剪切带，根据它们的成因、岩性、构造和工程地质性质可分为三大类型。

Ⅰ类　沉积—构造型剪切带。依其岩性组合，此类剪切带又可分为两个亚类。

1)$Ⅰ_1$ 亚类：发生在页岩中的层间剪切带。如前述 201 号、401 号、403 号、405 号即属此类剪切带。此类剪切带性状最差，大都成为层间剪切破碎泥化带。该类各剪切带性状特征如下。

a. 201 号层间剪切破碎泥化带

系指石牌组页岩顶部与石龙洞组底部灰页岩互层岩组段，具有一个相当厚度的剪切破碎区，命名为广义的 201 号层间剪切破碎泥化带，其总厚 4～6m。沿石牌组页岩与石龙洞组灰岩分界的标志层鲕状灰岩及其上下附近 0.1～0.2m 的页岩所发生的剪切破坏尤为严重，称为狭义 201 号剪切带，其厚约 0.4～0.6m。

右岸 14 号平洞沿 201 号剪切破碎泥化带追索近 80m，主要显示在石龙洞组灰岩与石牌组页岩界面处，存在一个比较连续的剪切带，厚 40～60cm，以高密度的劈理为主，伴随有一层厚 1～5mm 塑性泥，厚者 1cm，个别达 2cm，局部地段泥化带也有消失的现象，见图 5-1-3。

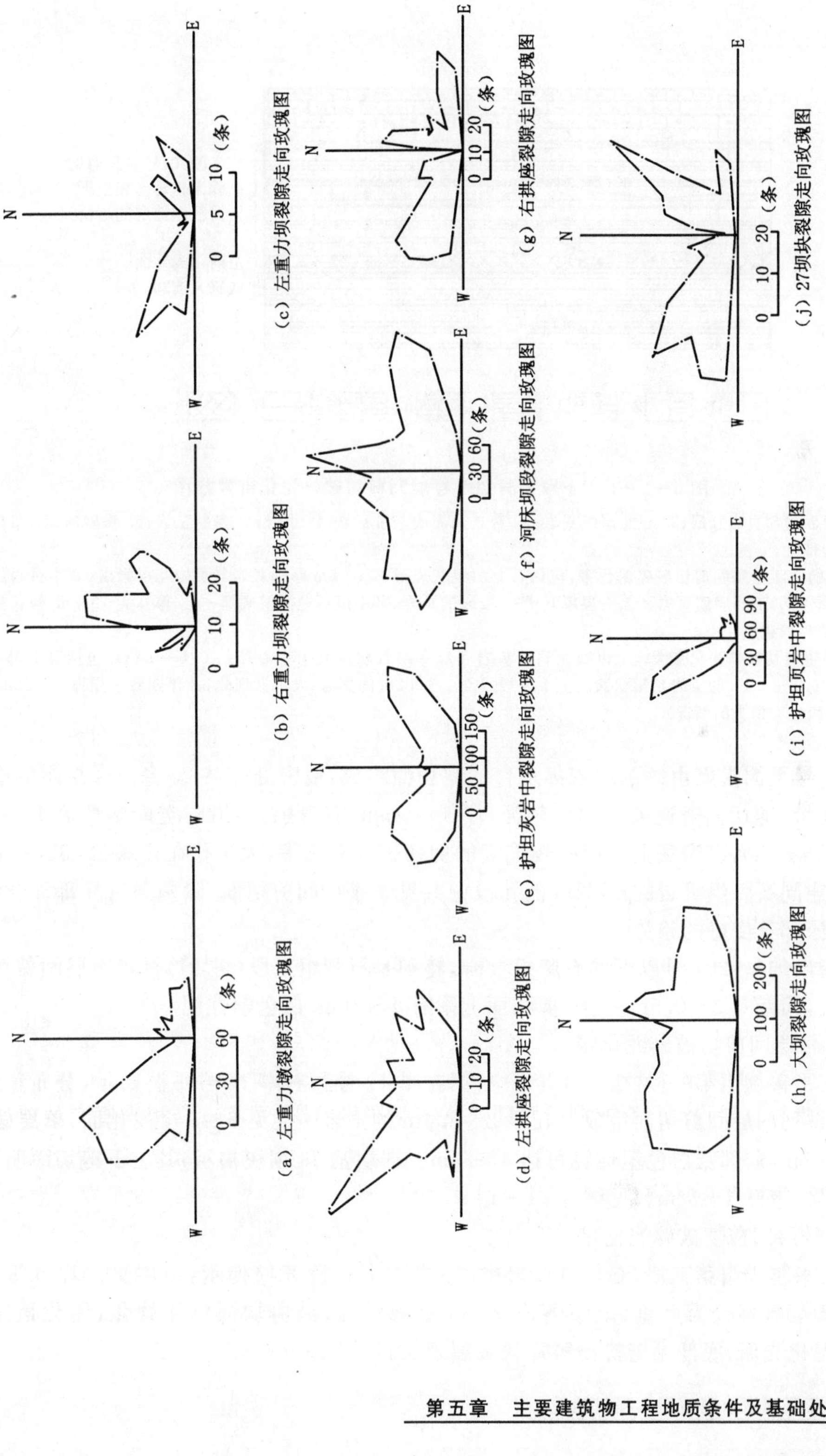
（a）左重力墩裂隙走向玫瑰图
（b）右重力坝裂隙走向玫瑰图
（c）左重力坝裂隙走向玫瑰图
（d）左拱座裂隙走向玫瑰图
（e）护坦灰岩中裂隙走向玫瑰图
（f）河床坝段裂隙走向玫瑰图
（g）右拱座裂隙走向玫瑰图
（h）大坝裂隙走向玫瑰图
（i）护坦页岩中裂隙走向玫瑰图
（j）27坝块裂隙走向玫瑰图

图 5-1-2　走向玫瑰图

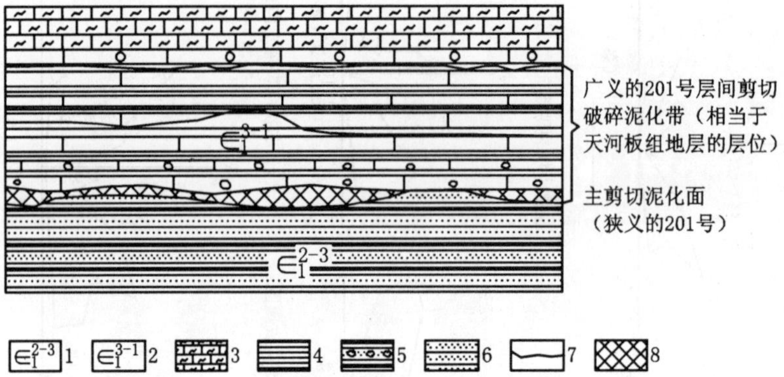

图 5-1-3　14 号平洞 201 号层间剪切破碎泥化带素描图

1. 石牌组，粉砂岩与页岩互层；2. 石龙洞组灰岩；3. 灰岩及泥质条带灰岩；4. 页岩；5. 鲕状灰岩；6. 粉砂岩；7. 塑性泥软化带；8. 劈理带

说明：①广义的 201 号层间剪切破碎泥化带，包括石龙洞组灰岩下部 4～6m 厚的灰岩与页岩互层岩组（其中页岩的劈理化和泥化是断续的）和石牌组页岩顶部一层厚 0.1～0.2m 的页岩，其中以石龙洞组底部一层（厚 0.1～0.2m）鲕状灰岩上下剪切破坏明显而连续

②201 号主剪切破碎泥化带大体上以石龙洞组灰岩底部一层鲕状灰岩为中心厚约 0.4～0.6m（包括其下部 0.1～0.2m 和上部 0.1～0.2m 的页岩），鲕状灰岩上下一般厚 0.1～0.2m 的页岩，大都劈理化，并伴随有一层厚 1～5mm 的塑性泥（局部地段也有消失的情况）

左岸 7 号平洞揭露由一系列密集发育的剪切面组成，最密处 15～25 条/m，并伴生小的逆冲面及劈理带，剪切面普遍夹灰白色软泥，厚 1～5mm，有滑感，可沿临空面塑性流出，整个构造泥化带厚 4～6m，在宏观上形成一较连续的剪切破碎泥化带，大 4 孔在孔深 38.35～44.80m 穿越该带，连同石牌组页岩的 5.72m 的孔段中共见 9 条层间剪切面，除两条有局部泥化外，其余未泥化，深部有变好的趋势。

还要指出的是：201 号以下的石牌组页岩，特别是石牌组上段（$\in_1^{2-3}$）页岩中层间剪切滑动面密度很大，间距 0.2～0.5m 一条，剪切面上附有 1～2mm 白色塑性泥。

b. 401 号层间剪切破碎泥化带

发生在平善坝组第一段（$\in_1^{4-1}$）页岩中，据左岸 11 号和右岸 18 号平洞揭示，分布稳定、性状差，由一系列的层间剪切面组成。在厚 2～3.4m 的页岩中共见 6～8 个泥化面，单层破碎带厚 0.5～2.6cm，局部灰白色塑性泥可达 4～5cm。据坝基 29 坝块揭示，其上下剪切面明显，灰色及黄色泥化带厚 1～3cm。见图 5-1-4。

c. 403 号层间剪切破碎泥化带

发生在平善坝组第三段（$\in_1^{4-3}$）页岩中，左岸重力坝段开挖揭示：该层页岩厚 5.8～6.2 m，顶底部剪切破坏较为严重，上下各有 2～3 个剪切面，沿剪切面已泥软化，泥化最厚 2～3cm，并具泥化光面，底部见有挤压鳞片状破裂现象，见图 5-1-5。

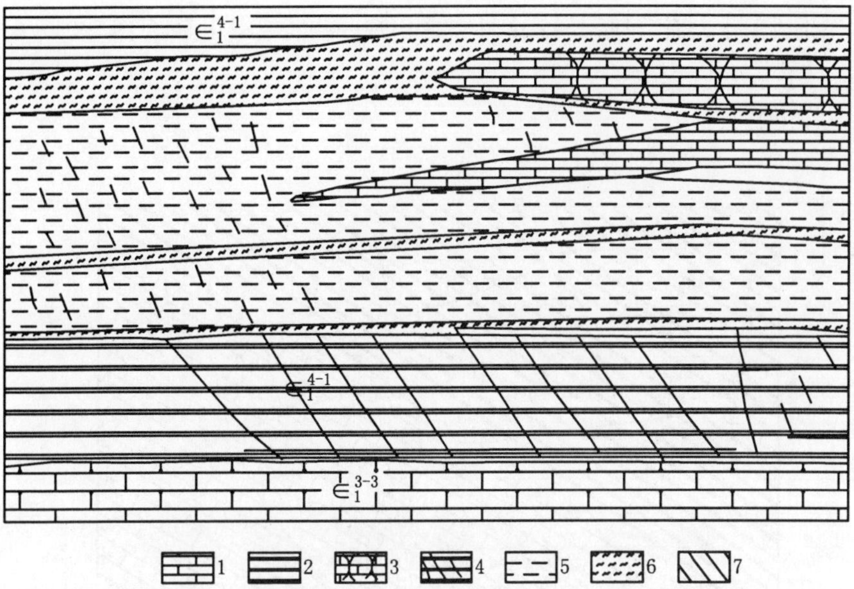

图 5-1-4　11 号平洞 3 号试验支洞 401 号层间错动面素描图

1. 深灰色薄层灰岩；2. 页岩；3. 灰岩挤压呈香肠状；4. 页岩挤压呈菱块状；5. 页岩挤压呈云片状；6. 泥化带；7. 裂隙密集带

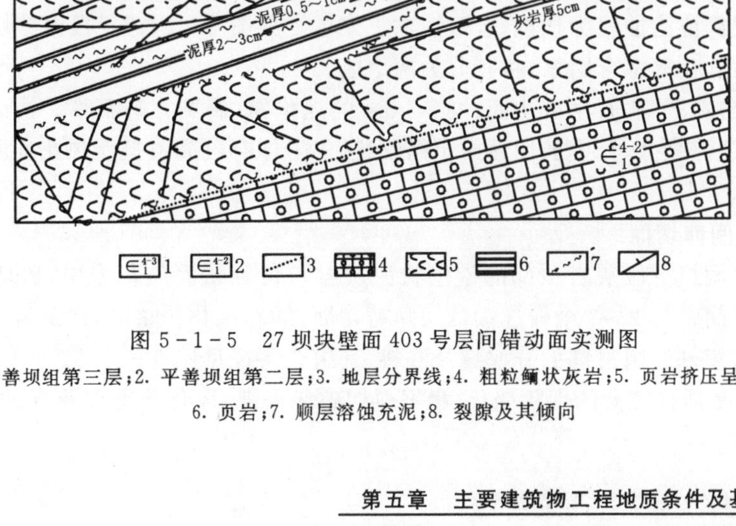

图 5-1-5　27 坝块壁面 403 号层间错动面实测图

1. 平善坝组第三层；2. 平善坝组第二层；3. 地层分界线；4. 粗粒鲕状灰岩；5. 页岩挤压呈鳞片状；
6. 页岩；7. 顺层溶蚀充泥；8. 裂隙及其倾向

d. 405 号层间剪切破碎泥化带

发生在平善坝组第五段($\in_1^{4-5}$)页岩中，页岩厚 5～5.8m，最厚 10m，据 11 号平洞和左岸重力坝基础开挖揭示，该层出现多个剪切破裂面并显泥膜，沿该层页岩顶部见一个连续稳定的剪切破裂面，并具有泥化或泥化光面，泥厚 1～2cm，中部常出现一些断续泥化面，见图 5-1-6。

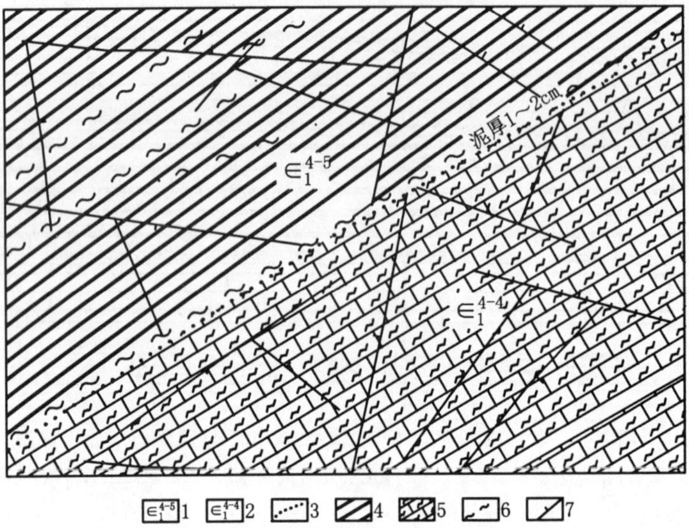

图 5-1-6　28 坝块壁面 405 号层错动面实测图

1. 平善坝组第三层；2. 平善坝组第四层；3. 地层分界线；4. 页岩；5. 薄层条带灰岩；6. 层面溶蚀充泥；7. 裂隙及其倾向

2) I_2 亚类：发生在灰岩中的层间剪切带。如前述 406 号、301 号、302 号即属此类剪切带。其性状较 I_1 亚类相对要好，大都成为层间剪切面。该类各剪切带性状特征如下。

a. 406 号层间剪切面

发生在平善坝组第六段($\in_1^{4-6}$)薄层条带灰岩顶部的 0.15～0.6m 的疙瘩状泥灰岩中，两岸上坝公路、18 号平洞及左岸重力坝揭示：该剪切带分布稳定，其中可见不连续的层间挤压面在近地表及断层部位溶蚀较为严重，有溶蚀黏土充填。见图 5-1-7。根据剪切破坏程度、风化状态及有无泥软化等综合因素，将其分为两个区。

Ⅰ区：剪切破坏严重，有主剪切面。3～5mm 的泥化物，偶见方解石膜。

Ⅱ区：剪切破坏轻微，无主剪切面或呈网纹状，仅岩体有破裂痕迹及风化现象，夹层抗剪强度有所降低。

b. 301 号层间剪切面

发生在石龙洞组下段灰岩顶部的疙瘩状泥灰岩和角砾状泥质灰岩中，剪切带厚约 0.7m 左右，微风化，其间常具 2～3 个较连续的层间剪切面，局部风化严重时，泥灰岩呈土状，具泥软化物。综合右岸坝基及阻滑键的开挖编录资料，其组合特征见图 5-1-8。

301 号剪切面具有较大的性状变化，根据剪切破坏程度、风化状态以及有无泥化等综合因素将其分为三区。

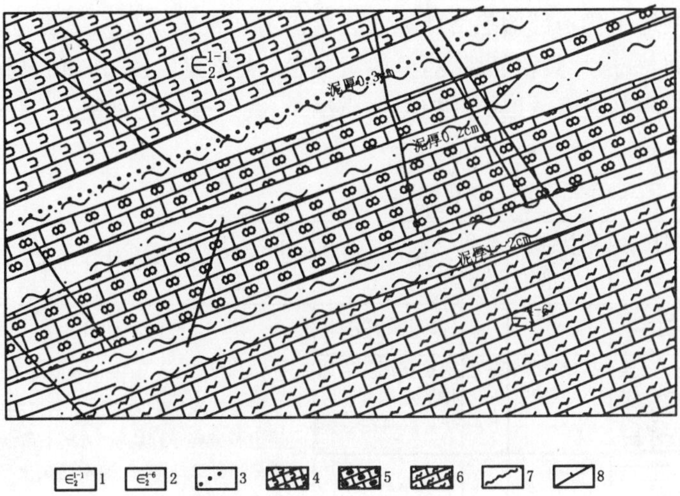

图 5-1-7　29 坝块壁面 406 号层间错动面实测图

1. 红溪组第一层；2. 平善坝组第六层；3. 地层分界线；4. 白云质斑纹灰岩；5. 片状泥灰岩；6. 条带灰岩；7. 顺层溶蚀充泥；8. 裂隙及其倾向

层位	夹层柱状 1:20	剪切面多发生部位	厚度 (m)	岩　性	综　合　描　述
$\in_1^{3-2}$				簿层条带灰岩	
301号剪切带 $\in_1^{3-1}$				疙瘩状灰岩	厚0.54～0.73cm，由角砾状及疙瘩状泥灰岩组成，从性状看，风化不明显，略显风化，呈浅黄灰色及浅灰黄色，夹层上下两个剪切面，上面光滑平整稳定，厚0.5～1.5cm，局部风化严重呈土状。下面不连续厚1cm，一般新鲜，部分泥钙质风化
				角砾状泥灰岩	
				疙瘩状灰岩	
$\in_1^{3-1}$				粗粒鲕状灰岩	

图 5-1-8　301 号剪切面在 1 号阻滑键柱状图

Ⅰ区：剪切破坏严重，在一定范围内形成连续平直的主剪切面，沿此面一般有泥化（泥厚几毫米至几十毫米）。

Ⅱ区：剪切破坏明显，显风化状，尚未形成一定范围内的连续平直、光滑的主剪切面，但裂隙已首尾相接，剪裂面上显泥化，厚度数毫米至泥膜。

Ⅲ区:剪切破坏轻微,宏观上剪裂隙不连接贯通,剪裂面上有泥膜,抗剪强度比未受构造破坏的原岩有所降低。

c. 302 号层间剪切面

发生在石龙洞组中段顶部的疙瘩状泥灰岩中。剪切带厚 0.7～0.9m,其间常具 1～2 个较连续的层间剪切面,一般均具明显风化,呈浅黄灰色、浅灰黄色,泥钙质物风化呈土状,有的已泥软化。根据左岸坝基及阻滑键的开挖与地质编录,其组合特征见图 5-1-9。

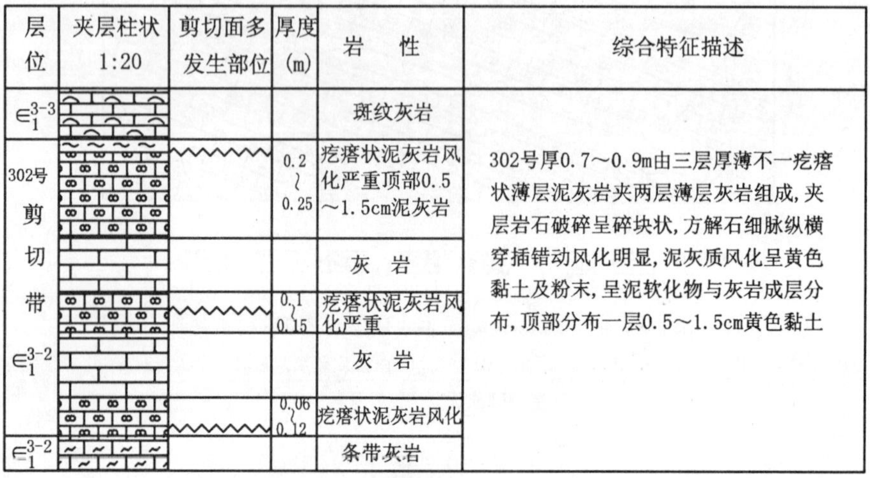

图 5-1-9 302 号剪切面在 5 号阻滑键综合柱状图

2 号平洞的 2 号支洞及 47、28、90、213、160、163、214 等孔在 87～114m 高程间均发现沿其有明显的溶蚀,成为典型的溶蚀充泥面,并伴随有水平洞穴与垂直洞穴发育。

302 号剪切面也具较大的性状变化,根据剪切破坏程度,风化特征,有无泥软化及溶蚀状态等因素,将其分为三个区。

Ⅰ区:沿剪切面普遍有溶蚀,其溶蚀厚一般 0.1～2.65m,溶蚀地段有不同程度松散堆积物充填。

Ⅱ区:剪切破坏明显,剪切面显风化状,在一定范围内,尚未形成连续、平直、光滑的主剪切面,但裂隙已首尾相接,剪切面上普遍有泥化(泥厚数毫米至泥膜)。

Ⅲ区:剪切破坏轻微,宏观上剪切裂隙不连接,剪裂面上有泥膜,仅反映在抗剪强度上较原岩有所降低。

Ⅱ类 构造—风化型局部剪切风化带。如前述 g_5、g_6、g_9、g_{10} 即属此类剪切带的典型代表。石龙洞组第二层和第一层的上下部,尤其是第二层中,由于含有大量的泥灰岩条带或薄层,沿泥灰岩条带或薄层常发生局部剪切破坏和风化作用,形成软弱控制性结构面,其剪切带的发育程度主要取决于泥灰岩条带或薄层出现的密度及延伸稳定程度,由于泥灰岩条带或薄层其单层一般成层性不稳定,所以沿其发生的剪切破坏和风化岩体分布的范围一般不大,但其工程地质意义十分重要。现就代表性剪切带的性状简述如下。

1)g_5 局部剪切风化带。

发生在石龙洞组第二层($\in_1^{3-2}$)上部，由于泥灰岩条带集中，顺其剪切破坏，见有较连续的剪切面，泥灰岩条带已风化呈土状，厚度约20cm。

2)g_6 局部剪切风化带。

发生在 g_5 以上约3m的层位中，因泥质条带集中，又顺其遭受层间剪切破坏，具有较连续的剪切面，其上下泥质条带风化呈土状，厚约15cm。

3)g_9 局部剪切风化带。

总厚23～29cm，沿其泥灰岩条带剪切溶蚀风化而成。泥灰岩条带密集出现，有26层之多，最薄0.1 cm，一般0.2～0.5cm，最厚1.2cm，其中灰岩单层厚一般1～3cm，厚者2～4cm，由于剪切作用，形成较连续的剪切面，沿其有泥化。伴随溶蚀风化作用，使泥灰岩条带风化呈黄褐色黏土状或可塑状，灰岩呈碎片状。

4)g_{10}局部剪切风化带。

发生在 g_9 局部剪切风化带上部，厚10～15cm，剪切带连续稳定。剪切面明显，较平直。泥化现象普遍，泥灰岩条带风化呈黄色黏土及土状。但剪切带规模较 g_9 局部剪切风化带要小。g_{10}与 g_9 之间的岩体中，其泥灰岩条带也常具风化现象，并有断续短小的剪切面，形成破碎岩体带，对坝基岩体的完整性影响颇大。

Ⅲ类　构造—溶蚀型层面剪损溶蚀充泥带。石龙洞组第三层($\in_1^{3-3}$)厚层斑纹灰岩中，虽不存在沉积原岩软弱夹层，但也有沿层面发生剪切破坏的现象，使原生层面产生轻微剪损，并顺其溶蚀充泥（后生），成为不利的弱面。如前述 g_1～g_4、g_{31}～g_{34}、g_{38}、g_{39}，即属此类剪切带的代表。现就代表性的层面剪损溶蚀充泥带的性状简述如下。

1)g_1 层面剪损溶蚀充泥带。

g_1 距302号夹层5.2m，112～94m高程充泥厚0.3～1cm，以下充泥厚1～3cm，延伸稳定，至80m高程左右消失。

2)g_2 层面剪损溶蚀充泥带。

g_2 距 g_1 8.05m，自114m高程开始延伸到93m高程以下，面微弯，光滑，具不明显的擦痕，倾角约40°。除在98m高程处溶蚀充泥增厚外，其余充泥厚度均小于2cm。

3)g_3 层面剪损溶蚀充泥带。

g_3 距 g_2 5.5m，127～105m高程溶蚀充泥厚度2～35cm，以下充泥厚度小于2cm。

4)g_4 层面剪损溶蚀充泥带。

g_4 距 g_3 1.25m，面平直，风化与溶蚀较严重，沿面充泥厚2～8cm，在108m、98m高程部位与近EW向裂隙性断层交汇处，溶蚀充泥增厚，达30cm。

5)g_{31}层面剪损溶蚀充泥带。

走向87°，倾向SE，倾角33°。上、下附近岩体风化呈黄色，沿面充填0.2～0.5cm厚的泥钙质物，局部溶蚀充泥。

6)g_{32}层面剪损溶蚀充泥带。

面凹凸不平，内充0.5cm厚的泥钙质膜及褐红色泥钙质氧化膜，局部溶蚀充泥。

7)g_{33}层面剪损溶蚀充泥带。

面凹凸不平、粗糙，具褐红色铁锰质氧化膜，沿面充填0.5～1.5cm厚的黏土，形成顺层溶蚀充泥带。

8)g_{34}层面剪损溶蚀充泥带。

面弯曲、较连续，沿面普遍溶蚀充泥，充泥厚 1～5cm，面上附有褐黄色泥钙质及灰华物，近 F_{10} 断层附近，其性状更差。

9) g_{38} 层面剪损溶蚀充泥带。

走向 70°，倾向 SE，倾角 28°。该层面溶蚀充泥带自 9 坝块前缘壁面 F_{16} 断层上盘，经 8、9 坝块坝踵处分界点继续向北东方向延伸，至 121.5m 高程帷幕灌浆平洞洞口北侧 F_{180} 断层而终止。延伸连续稳定，面光滑，普遍溶蚀充泥，充泥厚度不等，一般 5～10cm，最厚 30cm 以上，性状颇差。

10) g_{39} 层面剪损溶蚀充泥带。

走向 60°～70°，倾向 SE，倾角 20°～27°，自库内经 8 坝块前缘壁面 128m 左右高程往上沿北东方向延伸至 F_{180} 断层而尖灭。在坝基范围内，顺走向长 40～45m，顺倾向宽 5～7m。其性状南北两段明显不同，南段（8 坝块前缘壁面 131m 高程以下至坝轴线段）性状相对较好，沿面仅见 1 到数厘米的泥软化物；北段（坝轴线至 F_{180} 断层）性状很差，且正位于坝基，形成溶蚀高度 0.5～1.2m 的倾斜溶洞，充满黏土夹碎石。

(2) 剪切带的成因。

坝基岩体中的剪切带是地质历史的产物。它的生成与该区的沉积环境、沉积物质、成岩条件、构造作用、地下水活动紧密相关，而沉积环境又取决于地壳运动的方式。从隔河岩地区出露的地层、岩性岩相等来看，寒武纪时期，该区地壳运动是以高频率、低幅度振荡式的下沉为特点，故而形成一个复杂多变的古地理沉积环境。在这一沉积环境中所形成的沉积物的岩性岩相、层次厚薄相差较大，成岩作用好、岩性坚硬、层次较厚的灰岩、鲕状灰岩、钙质粉砂岩等与成岩作用差、岩性软弱、层次较薄的页岩、疙瘩状泥灰岩等相间分布，使得坝基岩体夹有多层薄层原生软岩和多而密的原生软弱层面。这些原生的软岩和原生软弱层面是坝基岩体中剪切带形成的物质基础。

一种地质现象的产生，是多种地质因素在特定条件下综合作用的结果。剪切带的形成还与构造作用、地下水活动密切相关。在构造应力作用下，该区岩层产生强烈挤压褶皱，在褶皱过程中，一方面沿原生的软硬岩石接触面或软岩内部发生层间错动，使原生软弱岩石接触面和原生层面遭到剥离和拉开，破坏其联结作用，同时，使得原生的软硬岩石相互产生碾磨，破坏其结构、构造（尤以软岩破坏更强烈）。碾磨而成的粉末物质和破坏了的原生矿物的分解、转化，再伴随其他外营力作用，原生软岩中的一部分物质就沿层间错动面产生泥化、软化，从而形成了坝基岩体中的剪切带。由于起主导作用的地质因素不同，而所形成的剪切带又表现出三种不同的类型。因褶皱产生层间错动，使原生软岩遭到破坏而形成了沉积—构造型剪切带；沿层间错动面产生风化，则形成了构造—风化型局部剪切风化带；地下水沿层间错动面频繁活动，产生溶蚀作用，并析出次生泥充填于溶蚀空间，而形成了构造—溶蚀型层面剪损溶蚀充泥带。

(三) 岩石的风化特征

大坝基础范围内主要分布岩石有厚层灰岩、薄层灰岩夹薄层泥灰岩、页岩等，不同性质的岩石形成了不同的风化类型，其风化状态也极为复杂。大坝总面积 37 717m^2，其中（$\in_1^{3-2}$）薄层条带灰岩面积 14 770m^2（集中分布于 8～19 坝块），均具不同程度的风化，占总面积 39%。护坦总面积 29 000m^2，风化面积 4 530m^2，占其总面积 16%。经过前期勘探资料分析和施工验证，其风化类型归纳如下。

1. 溶蚀风化型

主要发育在广泛分布的灰岩区，即($\in_1^3$)的厚层斑纹灰岩和白云质灰岩。它们一般不具颗粒风化的特点，但具有可溶性，因而沿断层及裂隙在表层多形成疏密不一的溶沟、溶槽，而形成溶蚀破坏状。这种溶蚀风化现象主要表现在左右两岸拱座和重力墩部位及消力池左右导墙，具有表层向深部逐渐减弱的特点。可明显分为两带，见图 5－1－10。

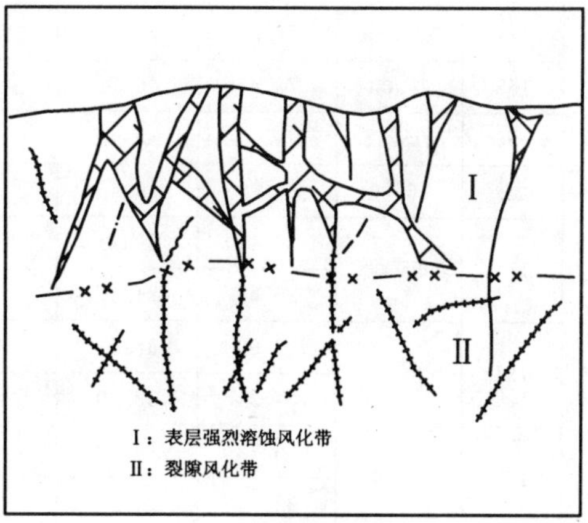

图 5－1－10　灰岩风化分带

Ⅰ带：表层强烈溶蚀风化带，该带各种结构面——断层、裂隙、剪切裂隙等被强烈溶蚀成宽缝，一般宽 0.1～2m 不等，呈上宽下窄的喇叭状，多数充填黄色黏土夹少量碎石。这些溶缝在一定深度内纵横交错，其间所包围的岩层已被溶缝分隔成互不相连的孤立状，无岩体联结，严重者成为溶蚀块石。该段发育深度一般在 5～20m，分布于左岸重力墩及左右拱座，施工中已作清挖处理。

Ⅱ带：裂隙性风化带，处于Ⅰ带以下，以裂隙风化为主，溶蚀风化已大为减弱，裂隙两侧大多有 1～2mm 的风化迹象，可见明显的地下水活动痕迹，当其风化裂隙密集时，岩体的结构已明显遭破坏，力学强度大为降低，该带分布于两侧岸河床。

护坦风化好于大坝，只在 301 号上下部位的薄层泥灰岩条带不同程度地风化，其他地方呈零星状风化，部分呈新鲜状。

(1)条带状风化。

根据大坝及护坦消力池层状风化特点及泥灰岩条带的风化强弱程度，可分为以下三区。

Ⅰ. 泥灰岩薄层密集分布且全部风化，大部风化呈褐黄色，部分呈土状，一般厚 0.3cm，层面上多见厚 2mm 的泥膜，部分软化。断层周围及交汇处多见风化呈塑性泥状。部分条带灰岩沿层面卸荷张开 0.2～0.5cm。大坝及消力池风化面积最小的 27m²，最大的数百平方米。大坝风化面积为 1 840m²，消力池面积 200m²，分别占其风化面积的 12.5%和 4.4%。

Ⅱ. 泥灰岩薄层部分或大部显风化状，圈入此区中的条带灰岩中的泥灰岩薄层，尚存 50%的泥灰岩条带呈半新鲜状，为浅黄色及褐黄色，就整个岩体条件而言，好于Ⅰ区，大坝风化面积 8 670m²，消力池风化面积 2 820m²，分别占其大坝及消力池风化面积的 58.7%和 62.3%。

Ⅲ. 大坝及消力池风化面积 4 260m² 和 1 510m²，分别占其风化面积的 28.8%和 33.3%。泥灰岩薄层显风化状，风化呈浅灰黄色，部分呈半新鲜状，零星为新鲜状。

上述三个类型不是垂直关系，不同类型的存在，与下列因素有关：①与原岩泥灰岩条带的集中程度有关；②与受剪切损伤有关；③河床与近岸地段与卸荷作用有关；④与周围的地质环境有关。钻孔揭露的风化特征见表 5－1－8。

表 5-1-8　坝基钻孔中$\in_1^{3-2}$风化特征统计表

部位	孔号	建基面高程(m)	风化高程(m)		风化区段厚(m)	风化特征
			顶板	底板		
左岸拱座坝段	174	110.30	74.89	74.26	0.63	条带风化呈浅黄色、褐黄色
	155	74.00	72.97	66.75	6.22	条带风化呈浅黄色并有植物根，可见风化深度大
	156	113.15	105.78	101.93	3.85	条带多风化呈浅灰黄色
	大$_2$	86.00	86.00	79.45	6.55	泥灰岩条带受到构造破坏
河床坝段	171	55.0	33.45	29.11	4.34	条带风化呈浅黄色
			25.63	24.15	1.48	条带风化呈浅黄色
	154	55.0	39.90	37.32	2.56	条带风化呈浅黄色
			34.24	33.30	0.94	条带风化呈浅黄色
	176	55.0	25.72	25.08	0.64	泥灰岩条带风化呈浅黄色
			22.74	20.14	2.60	泥灰岩条带风化呈浅黄色
	172	55.0	48.68	47.88	0.80	泥钙质多风化呈浅灰黄色
	254	55.0	54.10	10.89	43.21	属强风化带，大部分泥质条带风化呈土状
	88	55.0	50.53	49.14	1.39	泥质条带风化呈黄色
			46.17	42.84	3.33	泥质条带风化呈黄色
			40.29	39.24	1.05	泥质条带风化呈黄色
			29.04	28.56	0.48	泥质条带风化呈黄色
	320	55.0	52.76	52.75	0.01	部分条带风化呈土状
			49.61	8.28	41.33	部分条带风化呈土状和塑性泥状
	318	55.5	50.93	48.43	2.50	条带风化呈土状
			45.63	43.93	1.70	大部分条带风化呈土状，部分呈塑性泥
			27.73	20.93	6.80	条带风化呈土状
	321	56.0	55.78	54.08	1.70	部分条带拉开风化呈土状
			53.88	51.74	2.14	部分条带拉开风化呈土状
			50.78	42.69	8.08	部分条带拉开风化呈土状
			41.73	40.83	0.90	大部条带风化呈土状
			39.83	35.65	4.18	大部条带风化呈土状
			31.07	28.72	2.35	部分条带拉开见塑性泥
			22.82	19.66	3.16	部分条带拉开见塑性泥
右岸拱座坝段	160	100.0	100.0	97.72	2.28	条带风化呈浅灰黄色
			93.88	92.59	1.29	条带风化呈浅灰黄色
	161	131.20	97.66	97.15	0.51	泥灰岩风化呈灰褐色及灰黄色

(2)夹层状风化。

岩层在褶皱过程中发生了一系列的层间剪切破坏，经前期和施工期综合分析，坝基及消力池护坦共见七个分布稳定、剪切作用明显的剪切带，其中201号、401号、403号、405号四个剪切带发生在页岩中，并多出现在与灰岩接触带处。发育最完善，大都成为剪切破碎泥化带，一般情况下，大都沿其发生不同程度的深风化，而201号剪切破碎泥化带的深风化最为明显，一般比页岩的风化深度要大数米至10余米。301号、302号、406号三个剪切带发生在灰岩中，厚0.7～7m不等，顶底均见两个泥化面，且分布连续，其带内泥灰岩多风化呈褐黄色。

(3)碎裂状风化型。

主要是指页岩的风化类型。即石牌组($\in_1^2$)页岩，该组仅分布消力池F_{12}断层以东，5排以北至下游围堰。由于页岩中的裂隙非常发育，裂隙密度大，线密度达10条/m。层理发育，并多发育层间剪切破碎带。岩体块度小，抗风化能力弱，风化后呈浅灰黄色和褐黄色。勘探资料及施工期开挖剖面揭示，页岩的风化具有明显的垂直分带性(图5-1-11)，且分布于消力池右导5至右导9坡角部分。

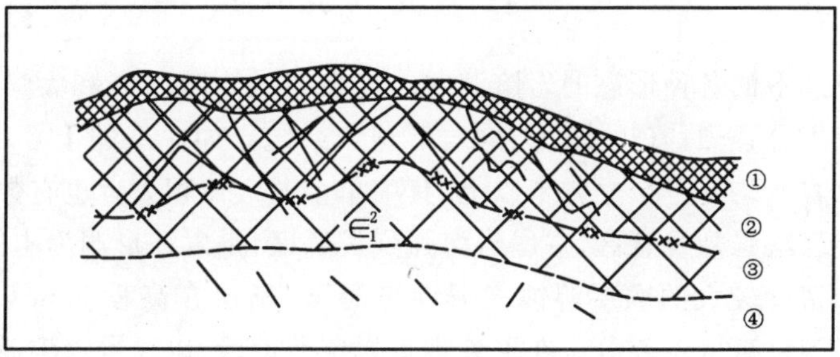

图5-1-11　$\in_1^2$页岩裂隙性风化垂直分布图

①风化碎屑岩带(全风化带)；②块体风化带(强风化带)；

③围限块体裂隙风化带(弱风化带)；④局部裂隙风化带(微风化带)

Ⅰ. 碎屑状风化带(相当于全风化带)，在母岩表层数十厘米至数厘米页岩风化呈土状，黄色土状夹有细小的褐黄色页岩碎片，呈疏松状。

Ⅱ. 块体风化带(相当于强风化带)，岩体普遍呈浅黄色、褐黄色；裂隙全部风化，岩石被切成菱形小块和层状碎裂状结构，岩体本身全部为浅黄色，断层及长大裂隙带内充填塑性泥，两侧岩石呈明显风化状。

Ⅲ. 构造围限风化带，断层及裂隙两侧有强风化特征，岩体结构已明显损伤，但其间所围限岩体一般保持新鲜状，由于裂隙密集，一般块度较小。

Ⅳ. 局部裂隙风化带，仅沿部分裂隙轻微风化，岩石基本保持新鲜。

(四)岩溶

坝址石龙洞组灰岩水平出露宽380m，上下均有页岩分布，为独立的岩溶系统。关于坝区岩溶发育的控制因素与特点在初步设计报告中均有详尽的叙述与论证，经坝基、护坦消力池及两岸边坡的开挖检验，过去勘测成果中的叙述与论证的结论是正确的。现仅就施工地质编录实测的岩溶洞穴与岩溶地质问题予以分述。

1. 溶沟、溶槽

主要由地面沿高倾角裂隙和断层溶蚀形成。石龙洞组灰岩中以斑纹灰岩与厚层灰岩中最发育，薄层条带灰岩次之，一般溶蚀深度 5～20m，最深可达 30m，沿断层形成的溶沟溶槽更为严重，左岸拱座的 F_{10} 及重力墩 f_{164}、右岸拱座的 F_{180} 等断层形成的溶蚀大狭缝自地面向下达 40m。

2. 顺层溶蚀

顺层溶蚀是石龙洞组灰岩中又一常见岩溶现象，具有上宽下窄的特点，顺层溶蚀深度可达 30～50m。由岸边向山体内延伸可达 40～60m，且大都充泥。护坦右侧边坡 g_7，从 55m 高程顺坡延至 100m 高程以上，其溶蚀充泥厚 5～20cm。大都见于 $\in_1^{3-3}$ 段厚层斑纹灰岩中，当集中出现顺层溶蚀时，则构成顺层溶蚀充泥带，如左岸拱座的 g_1、g_2、g_3、g_4，右岸拱座的 g_{38}、g_{39}，由此而造成左岸和右岸拱座的重大地质缺陷。$\in_1^{3-2}$ 段薄层条带灰岩也具顺层溶蚀现象，但其规模远不及前者。如河床 15 下坝块 Tb_2 顺层溶蚀深度大于 2m，宽 5cm 左右，为黄色塑性泥充填。

3. 溶洞

土要指埋藏于地下的各种形态的岩溶洞穴。经多年的岩溶研究和大量的勘探，证明石龙洞组灰岩岩溶发育十分强烈，有规模巨大的地下洞穴系统。如左岸的Ⅰ号和右岸的Ⅱ号地下岩溶系统其洞穴总容量均有万余立方米以上，其中单个洞穴体积大者也有数千立方米。此外，左右两岸各有一个岩溶强烈发育区，左岸岩溶强烈发育区，是以环形洞为主体的伴随有数十个相对较小的洞穴和密度较大的顺层溶蚀充泥缝与沿 F_{10} 断层在高程 70m 以上大部溶空所组成。右岸的岩溶强烈发育区主要分布在平善坝页岩覆盖地段，以Ⅳ号岩溶通道为骨干，形成庞大的地下网络岩溶系统，主要发育在($\in_1^{3-3}$)段上部岩体。还有 F_4、F_{16}、F_{180} 断层交汇处形成大的顺层溶蚀带，以及伴随 302 号剪切带形成的溶空狭缝与一些规模较小的岩溶洞穴所组成。这两大岩溶系统不同程度地进入两岸拱座，如在左岸重力墩下块一线形成了一系列大小不一的溶洞群。大坝建基面实测岩溶洞穴统计及溶洞分布情况见表 5-1-9、表 5-1-10。

表 5-1-9 坝基岩溶洞穴统计表

位置 部位	位置 坝块	溶洞编号	洞口高程(m)	规模 洞径(m)	规模 洞深(m)	规模 体积(m^3)	发育层位	发育形态	充填特征	控制因素	清理程度
左岸重力坝	28坝块	K_{106}	148	1～3×5～7	3～5	48	$\in_1^{3-3}$	三角形竖井	黏土及碎石碎片	f_{266}与f_{265}交汇处发育	清干净
		$11K_3$	147	1～3×10	>10	>200	$\in_1^{3-3}$	长条形	黏土及碎石	F_8与f_{264}交汇处发育	已清干净
		K_{107}	148	1.6	2	4	$\in_1^{3-3}$	小溶洞	黏土及碎石	沿F_8发育	坝外
		K_{108}	148	1.2	2	2.3	$\in_1^{3-3}$	圆形	黏土及碎石	沿F_8发育	坝外
		K_{109}	143	1.0	1	0.78	$\in_1^{3-3}$	圆形	黏土	沿F_8发育	已挖干净

续表 5-1-9

位置		溶洞编号	洞口高程（m）	规模			发育层位	发育形态	充填特征	控制因素	清理程度
部位	坝块			洞径（m）	洞深（m）	体积（m^3）					
升船机	27坝块	K_{105}	140.5	0.8×2	0.5	0.8	$\in_1^{3-3}$	小洞状	黏土及碎石	沿裂隙发育	已清干净
		K_{104}	141	2×5	2～2.5	20	$\in_1^{3-3}$	椭圆形	黏土及碎石	沿裂隙发育	已清干净
		K_{97}	140	3×2	2	12	$\in_1^{3-3}$	竖井状	黄泥充填	沿 f_{240} 发育	
		K_{98}	139.5	1×1.3	1	1.0	$\in_1^{3-3}$	扁圆竖井状	黄泥充填	沿 f_{240} 发育	
		K_{99}	139.5	0.5×2.5	0.5～1.5	1.25	$\in_1^{3-3}$	长条形槽状	黄泥充填	沿裂隙发育	
		K_{100}	139	1～3.5×32	5～7	480	$\in_1^{3-3}$	槽沟状	黄泥充填	沿裂隙发育	基本满足验收条件
		K_{101}	140	1.2×1.5	4.5	5.0	$\in_1^{3-3}$	扁形状	黄泥充填	沿裂隙发育	清挖干净
		K_{102}	139	1.5×6	2.5～5	30	$\in_1^{3-3}$	长条形	黄泥充填	沿 f_{240} 断层发育	清挖干净
		K_{103}	139	0.3～1×8	2～5	15	$\in_1^{3-3}$	竖井状	黄泥充填	沿裂隙发育	基本清挖干净
		$11K_2$	139	1.2×1.5	11	15.5	$\in_1^{3-3}$	竖井状	黄泥夹碎石	沿 f_{240} 断层发育	已清挖见底
		K_{902}	141	2×5	8	80	$\in_1^{3-3}$	竖井状	黏土及碎石	沿 f_{240} 断层发育	坝基内的已清挖干净
左岸重力墩	26坝块	K_{90}	137			2	$\in_1^{3-3}$	槽沟状	黏土及碎石	沿裂隙发育	
		K_{95}	134	0.5×14	1～3	15	$\in_1^{3-3}$	缝隙状	黏土及灰华物	沿 f_{235} 断层发育	
		K_{93}	136	2×3	5	7.8	$\in_1^{3-3}$	圆形斜井状	碎石及黏土	沿裂隙发育	
		K_{94}	138	0.4×0.8	3	0.96	$\in_1^{3-3}$	长缝状	黏土充填	沿 f_{235} 断层发育	
		K_{92}	139	2	3	9	$\in_1^{3-3}$	竖井状	黏土及灰华物	沿裂隙发育	基本清干净
		K_{91}	139	2.5×4	>11.5	115	$\in_1^{3-3}$	竖井状	黏土、碎石及灰华物	沿裂隙交汇带发育	清挖至设计高程沙浆管
		K_{96}	132	1～2×8	8	96	$\in_1^{3-3}$	串珠状	黄泥充填，洞有水流	沿 f_{173} 断层发育	满足验收条件
	25坝块	K_{75}	131.5	1.5×2	1.5	4.5	$\in_1^{3-3}$	椭圆形	黏土充填	沿 f_{231} 断层发育	清除干净
		K_{76}	131.8	0.5×1.8	1	0.9	$\in_1^{3-3}$	椭圆形	黏　土		清挖干净
		K_{77}	131	0.3	>0.6	0.1	$\in_1^{3-3}$	小狭缝	黏　土		未彻底清干净
		K_{78}	133	0.2×0.5	2	0.1	$\in_1^{3-3}$	竖井状	黏　土	沿裂隙发育	满足验收条件
		K_{79}	133	0.2×2	3	1.2	$\in_1^{3-3}$	呈缝隙状	黏土夹碎石	沿裂隙发育	满足验收条件
		K_{80}	134.5	0.4×0.6	>2	0.48	$\in_1^{3-3}$	竖井状	碎石及石碴	沿 f_{238} 断层发育	清干净
		K_{81}	135	0.2～0.4×1	0.5～0.8	0.36	$\in_1^{3-3}$	长条形	灰华物	沿 f_{227} 断层发育	清干净
		K_{82}	134	1.5～2.5×6	4～6	60	$\in_1^{3-3}$	椭圆形	碎石及泥	沿 f_{227} 断层发育	基本清干净
		K_{83}	133	0.1～0.5×5	3	3	$\in_1^{3-3}$	马蹄状	黏土充填	沿 f_{238} 断层发育	未清干净

续表 5-1-9

位置		溶洞编号	洞口高程(m)	规模			发育层位	发育形态	充填特征	控制因素	清理程度
部位	坝块			洞径(m)	洞深(m)	体积(m^3)					
左岸重力墩	25坝块	K_{84}	132.5	1.2	3.5	4.0	$\in_1^{3-3}$	圆形竖井	黏土及碎石	沿 f_{236} 与 f_{238} 发育	
		K_{85}	132.5	0.2~0.6×2	4	3.2	$\in_1^{3-3}$	长条形	石　碴	沿 f_{277} 发育	少量未清干净
		K_{86}	132	0.3×6	>2	3.6	$\in_1^{3-3}$	呈缝状	黏　土	沿 f_{277} 发育	
		K_{87}	135	1.5	2	1.2	$\in_1^{3-3}$	圆形漏斗	石　碴	沿裂隙发育	清除干净
		K_{88}	135	1	2.5	2.0	$\in_1^{3-3}$	竖井状	黏土、石碴及灰华物		清除干净
		K_{89}	136	1.5	3.5	6.2	$\in_1^{3-3}$	竖井状	黏土及碎石	沿裂隙发育	清除干净
	24坝块	K_{73}	129	0.3×1.0	1	0.3	$\in_1^{3-3}$	条状	黏　土	沿裂隙发育	满足验收条件
		K_{72}	131			0.3	$\in_1^{3-3}$	垂直状	黏　土	沿裂隙发育	满足验收条件
		K_{74}	130	1~2×34	3~11	710	$\in_1^{3-3}$	深大宽缝	以塑性黏土为主，夹碎石	沿 f_{164} 发育	基本清除干净
		K_{71}	125	0.25×1.5	1.2	0.45	$\in_1^{3-3}$	长方形	石碴及泥	沿断层发育	未清干净
		$5K_{7-3}$	122	0.7×1.2	5	4.2	$\in_1^{3-3}$	纺锤形	石碴及泥	沿断层发育	未清干净
		$5K_{7-1}$	123	1.2	6	6.8	$\in_1^{3-3}$	不规则状	充　泥		未见底
		$5K_{7-2}$	122.5	0.25	5.5	0.27	$\in_1^{3-3}$	竖井状	充　泥	沿裂隙发育	未清挖见底
		$5K_{7-4}$	122.5			<0.2	$\in_1^{3-3}$	管状	空　洞	沿 F_{10} 发育	
		K_{70}	132	1×0.5~2	2.5	6	$\in_1^{3-3}$	"Z"字形	黏　土		未清干净
		K_{69}	131	0.2~0.3×2	>2	>1.2	$\in_1^{3-3}$	狭缝形	黏　土	沿裂隙发育	未清干净
		K_{68}	128	0.2~0.5×1.5~2	1.5	1.2	$\in_1^{3-3}$	长方形	黏　土	沿裂隙发育	
	23坝块	K_{66}	127	8~10	5~7	250	$\in_1^{3-3}$	漏斗状	黏土及碎石	沿裂隙及小断层发育	未完全清干净
		K_{65}	126	0.2	>3.0	>0.5	$\in_1^{3-3}$	缝隙状	空　洞	沿 NW 向裂隙发育	
		K_{63}	126	3×0.8	1	2.4	$\in_1^{3-3}$	长条形	泥及碎石	沿裂隙发育	清除干净
		K_{67}	126.5			1.0	$\in_1^{3-3}$	竖井状	泥及碎石		清挖干净
		K_{62}	126	0.8	3	1.5	$\in_1^{3-3}$	竖井状	灰华物	沿裂隙发育	大部挖除
		K_{61}	126	0.5×2	1	1	$\in_1^{3-3}$	长条形	黏土及碎石		清干净
		K_{60}	125	4.5	>0.5	>8.0	$\in_1^{3-3}$	圆　形	黏土及碎石		基本清挖干净
		K_{59}	125	1~4×10	5	125	$\in_1^{3-3}$	长方形	黏土及碎石	沿裂隙发育	尚未完全清除干净
		K_{58}	125.5	0.6×2	0.5~0.8	0.7	$\in_1^{3-3}$	长条形	碎石及灰华物		已清干净
		K_{57}	121.5	0.5~1×6	1.5~3	12	$\in_1^{3-3}$	长条形			
		K_{56}	124.5	3~4	2~3	18	$\in_1^{3-3}$	竖井状	泥软化物		清除干净

续表 5-1-9

位置		溶洞编号	洞口高程(m)	规模			发育层位	发育形态	充填特征	控制因素	清理程度
部位	坝块			洞径(m)	洞深(m)	体积(m^3)					
左岸重力墩	23坝块	K_{64}	126	1×3	1	3	$\in_1^{3-3}$	长方形	黏土及碎石	沿裂隙发育	清干净
		K_1	124		0.5～1.0	<10	$\in_1^{3-3}$	长条形	黄色黏土充填	沿 g_2 发育	已挖除
		K_2	124		3	<10	$\in_1^{3-3}$	长条形	黄色黏土充填	沿 g_2 发育	尚未清除见底
		K_3	125		0.5～1.0	<10	$\in_1^{3-3}$	长条形	黄色黏土充填	沿 g_2 发育	已挖除
		K_4	127		12	<10	$\in_1^{3-3}$	长条形	空 洞	沿 F_{10} 发育	
		K_5	125.5		10.5	<10	$\in_1^{3-3}$	长条形	空 洞	沿 F_{10} 发育	
		K_6	124.5		9.5	<10	$\in_1^{3-3}$	长条形	空 洞	沿 F_{10} 发育	
		K_7	122		28	<10	$\in_1^{3-3}$	长条形	黄色黏土充填	F_{10} 与 f_{10} 交汇	挖除深 2.5～3m
		$5K_1$	123.5		9	12	$\in_1^{3-3}$	竖井状	黏土碎石	裂 隙	基本清挖干净
		$5K_4$	123.5		9	3	$\in_1^{3-3}$	竖井状	黏土碎石	裂 隙	基本清挖干净
左拱座	22坝块	K_8	121		27	<10	$\in_1^{3-3}$	长条形	黄色黏土充填	F_{10} 与 f_{10}	挖除深 2.5～3m
		K_9	114		20	14	$\in_1^{3-3}$	圆锥形	碎石与灰华充填	沿 g_2 发育	清除深 7m
		$5K_5$	113.5		26.7	164	$\in_1^{3-3}$	竖井状	壁面附泥钙质,无充填	沿 F_{10} 发育	清挖见底
		$5K_3$	108		6.5	21	$\in_1^{3-3}$	竖井与狭缝	黄色塑性黏土	沿 F_{10-1} 发育	
		K_{23}	121	1～3×2～6	14	50	$\in_1^{3-3}$	不规则竖井	黏土碎块石	沿 Tf_{10} 发育	已清除到底
	21坝块	$15K_{11}$	109		6	<2	$\in_1^{3-3}$	竖井状	局部充泥	沿 Tf_{10} 发育	
		K_{10}	107		>2	>2	$\in_1^{3-3}$	马蹄形	充填泥	沿裂隙发育	
		$15K_8$	111		10	5	$\in_1^{3-3}$	椭圆形	少量黏土充填	沿裂隙发育	
		K_{11}	108		2.0	1.5	$\in_1^{3-3}$	狭缝状	局部充填灰华与黏土	沿裂隙发育	
		K_{14}	98		6	<1	$\in_1^{3-3}$	圆柱状		沿裂隙发育	
	20坝块	K_{12}	92		>3.0	6	$\in_1^{3-2}$	井槽状	碎石黏土充填	沿小断层发育	
		K_{13}	93		1.5	<3				沿 302 号剪切带发育	
		K_{15}	92			<1	$\in_1^{3-3}$	圆形	黄色黏土	沿 g_2 发育	
		$9K_4$	94		19	200	$\in_1^{3-3}$	管状	少量碎石黏土充填	沿 F_{25} 发育	
		K_{16}	91			<1	$\in_1^{3-3}$	椭圆形	充填黏土及碎石	沿 g_2 发育	
	19坝块	K_{17}	84		>1.2	2	$\in_1^{3-3}$	椭圆形	充填黏土及碎石	沿 F_{25} 发育	
		K_{18}	75～77		>8.0	>11	$\in_1^{3-2}$	宽缝隙状	充填黏土及碎石	沿 F_{25} 发育	
		K_{19}	71		2.0	<1.0	$\in_1^{3-2}$	长椭圆形	无充填	沿小断层发育	
		K_{20}	69		>2.0	<1.0	$\in_1^{3-3}$	长椭圆形	无充填	沿小断层发育	

续表 5-1-9

位置		溶洞编号	洞口高程(m)	规模			发育层位	发育形态	充填特征	控制因素	清理程度
部位	坝块			洞径(m)	洞深(m)	体积(m^3)					
右拱座	9坝块	$2K_4$	100		20	200	$\in_1^{3-2}$	长椭圆形	充填少量黏土	沿 F_{16} 发育	
	8坝块	K_{21}	117		>3.0	<5	$\in_1^{3-2}$	长缝状			
		K_{22}	112		10	22	$\in_1^{3-2}$	不规则方形	充填黏土	沿 F_{16} 发育	
		$10K_1$	108		11	11	$\in_1^{3-2}$	狭缝状	黏土及碎石	沿 F_4 发育	挖除干净
	7坝块	$4K_2$			14	18.5	$\in_1^{3-3}$		黏土灰华	沿 F_{180} 发育	未挖干净
		$4K_7$			2	3	$\in_1^{3-2}$		黏土灰华	沿 F_{180} 发育	未挖干净
		K_{24}		0.7		0.7	$\in_1^{3-2}$	椭圆形竖井状	碎　石	沿 F_{4-1} 发育	
		K_{25}		1.6	1	0.3	$\in_1^{3-2}$	圆　形	黏土充填		
		K_{26}		0.5	1.6	0.3	$\in_1^{3-2}$	圆形竖井	碎石堆积		
		K_{27}	130	1	1.5	1.2	$\in_1^{3-2}$	圆形洞	黄　泥	发育在 F_{16} 破碎带中	未清完
		K_{28}	142	0.5~2×3~4	>10	>47	$\in_1^{3-2}$	长条状	泥钙质及灰华物含黏土	沿 F_{16} 及302号剪切带发育	部分清挖尚不彻底
		K_{29}	144	0.5~1×0.3	0.5~2	<0.2	$\in_1^{3-3}$	小槽状	黏土为主	沿 f_{200} 发育	清挖干净
		K_{30}	143	0.5~1×3.5	0.6~0.8		$\in_1^{3-3}$	长条状	黏土为主		清挖干净
		K_{31}	143~151	0.5~2×10	2~5	25~30	$\in_1^{3-3}$	狭缝状	无充填	沿 f_{200}、f_{199}、f_{209} 交汇发育	满足验收条件
		K_{32}	146	0.2	0.5	0.1	$\in_1^{3-3}$	圆形小洞	黏土充填		
		g39K	131~135	4~6×27~31	0.5~1.2	150~180	$\in_1^{3-3}$	扁平狭缝状	黏土夹卵石及碎石	沿剪切层面发育	清挖干净
右岸重力坝	6坝块	K_{39}	150	0.2~0.6×2	>5	>4	$\in_1^{3-3}$	狭长缝	黏土及灰华物	沿裂隙与 F_{69} 面发育	
		K_{33}	150	2.5	5	24.5	$\in_1^{3-3}$	漏斗状	黏　土	沿 F_{180} 断层呈串珠状发育	
		K_{34}	150	0.3×0.8	1	0.24	$\in_1^{3-3}$	扁平状	黏　土	沿 F_{180} 断层呈串珠状发育	尚未见底
		K_{35}	151	0.6~×1.8	3	3.24	$\in_1^{3-3}$	竖井状	黏　土	沿 F_{180} 断层呈串珠状发育	尚未见底
		K_{36}	151	1×2.5	>1.5	>3.75	$\in_1^{3-3}$	长条形	黏　土	沿 F_{180} 断层呈串珠状发育	尚未见底
		K_{37}	150	0.6×1	1.2	1.2	$\in_1^{3-3}$	椭圆形	黏　土	沿EW向结构面发育	清除干净
		K_{38}	151	0.5×3	1.5	2.25	$\in_1^{3-3}$	长条狭缝　状	黏　土	沿EW向结构造面	清除干净
		K_{881-2}	147~151	>1×7	>0.5~2.5	>15	$\in_1^{3-3}$	不规则状	黏土及碎　石	沿 f_{199}、F_{69} 面发育	清除干净

续表 5-1-9

位置		溶洞编号	洞口高程(m)	规模			发育层位	发育形态	充填特征	控制因素	清理程度
部位	坝块			洞径(m)	洞深(m)	体积(m^3)					
右岸重力坝	5坝块	K_{44}	163	0.3～0.5×2	>1	>0.8	$\in_1^{3-3}$	长条形	黏土及碎石	沿裂隙发育	清干净
		K_{41}	161	1.2	>1	>1.2	$\in_1^{3-3}$	圆形洞	灰岩及页岩碎块	沿 F_{69} 面发育	满足验收条件
		K_{42}	160	1.2×1.5	>1	>1.4	$\in_1^{3-3}$	椭圆洞	灰页岩碎块	沿 F_{69} 面发育	满足验收条件
		$12K_2$	148～156	0.5～3.0×8～12	2.5～14	>120	$\in_1^{3-3}$	深大狭缝状	黏土、碎石及灰华物	沿 F_{173} 发育	已清至回填的砼面
		K_{45}	166	2～3×4	1～3	24	$\in_1^{3-3}$	圆形洞	黏土及碎石	沿 f_{208} 发育	清除干净
		K_{46}	164	1～2×3～4	>8	>48	$\in_1^{3-3}$	竖井状	黏土	沿 f_{207} 与 f_{208} 相交处必发育	适当清挖满足验收条件
右拱座	4坝块	K_{40}	152～163	2×4	12	>100	$\in_1^{3-3}$	树枝状或串珠状	塑性黏土夹少量碎、卵石	沿 F_{69} 发育穿越 F_{69} 阻浆键	已清干净
		K_{55}	163	0.9×5	>10	>45	$\in_1^{3-3}$	长条形	黏土及碎石	沿 F_{69} 发育	已清干净
		K_{48}	174	1.5	3	4.5	$\in_1^{3-3}$	漏斗状	黏土	沿裂隙发育	
		K_{47}	173～174.5	0.2×3	1.5	0.9	$\in_1^{3-3}$	沟槽状	黏土	沿裂隙发育	
		K_{49}	173	0.3	>2	0.14	$\in_1^{3-3}$	圆形洞		沿裂隙发育	
		K_{43}	173～162	1.2×2.4	>1.5	>15	$\in_1^{3-3}$	漏斗状及长条状	黏土及碎石	沿裂隙发育	
		K_{50}	171～173.5	2×2	>2	>8	$\in_1^{3-3}$	椭圆洞	黏土及碎石	沿裂隙发育	
		K_{52}	168	0.4×4	0.5	0.8	$\in_1^{3-3}$	狭缝状	未充填	沿裂隙发育	
		K_{51}	169	>4×6	1.5～2	>48	$\in_1^{3-3}$	狭缝状	黏土	沿 F_{69} 发育	已清干净
		K_{53}	165	0.6	>1.5	0.42	$\in_1^{3-3}$	竖井状	黏土及碎石		
		K_{54}	163	0.8×1.3	>1～1.5	>1.56	$\in_1^{3-3}$	竖井状	黏土及碎石	沿裂隙发育	

表 5-1-10　坝基岩溶洞穴分布情况统计表

部　位	坝　块	溶洞数(个)			所占比率(%)
		个　数	部位小计	总　计	
右岸重力坝	4	11	25	130	19.23
	5	6			
	6	8			
右　拱	7	12	16		12.3
	8	3			
	9	1			
左　拱	19	4	19		14.6
	20	5			
	21	5			
	22	5			
左岸重力墩	23	21	54		41.53
	24	11			
	25	15			
	26	7			
升船机上闸门首	27	11	11		8.5
左岸重力坝	28	5	5		3.84

从大坝岩溶洞穴统计表及分布情况表可以看出：

(1)整个坝基共计有岩溶洞穴 130 个，主要发育在左右两岸，即 69m 和 100m 高程以上，河床 10～18 坝块及消力池护坦建基面均无岩溶洞穴发育。

(2)整个坝基左岸岩溶洞穴最为发育。在重力墩部位共测溶洞 54 个，占 41.53%，集中发育在 F_{10} 及走向北西的裂隙性断层上(如 f_{164}、f_{227} 等)。拱座次之，除沿断层外，部分沿 302 号层间剪切带及 g_2 层间剪损充泥带发育，由此构成了左岸拱座岩溶洞穴强烈发育区。这些溶洞属Ⅲ、Ⅸ、Ⅺ三个岩溶通道的岩溶洞穴。

(3)右岸重力坝发育 25 个洞穴，占 19.23%。拱座次之，属Ⅳ号岩溶系统的主干洞穴，部分属分支上的小洞穴，集中分布在 F_{180}、F_{69}、f_{123}、f_{208}、f_{205} 等断层上。

坝基及护坦消力池部位，勘探期间，部分钻孔揭露有岩溶洞穴，经基坑开挖，大部分已挖除，尚存部分钻孔的岩溶洞穴在建基面以下不同深度。左岸原有 11 个钻孔揭露岩溶洞穴 35 个，仅存 3 个钻孔，5 个洞穴。右岸原有 13 个钻孔，揭露 33 个洞穴，挖除后仅存 5 个钻孔，13 个洞穴；河床原有 4 个钻孔，揭露 6 个洞穴，挖除后剩 2 个钻孔，3 个岩溶洞穴。分布于建基面以下的岩溶洞穴，大多充填黏土，最大洞高 1.56m。各钻孔岩溶洞穴分布情况见表 5-1-11。

表 5-1-11　坝基建基面以下钻孔岩溶洞穴统计表

项目 位置	孔号	建基面高程(m)	洞穴高程(m)		垂直高度(m)	层位	洞穴描述
			顶板	底板			
4 坝块	163	158	112.27	111.67	0.60	$\in_1^{3-2}$	无充填
			111.31	110.76	0.55	$\in_1^{3-2}$	无充填
			107.89	107.79	0.10	$\in_1^{3-2}$	无充填
			79.61	79.21	0.4	$\in_1^{3-2}$	无充填
			103.12	102.72	0.4	$\in_1^{3-2}$	沿裂隙发育,部分有黏土及碎块充填
			82.67	82.47	0.2	$\in_1^{3-1}$	沿裂隙发育,洞内有紫红色砂质泥灰岩
6 坝块	28	151	103.46	130.27	0.19	$\in_1^{3-3}$	沿裂隙发育,洞内有紫红色黏土岩
			136.19	135.98	0.21	$\in_1^{3-3}$	充填紫红色黏土岩
			112.94	112.27	0.6	$\in_1^{3-2}$	顺层发育,洞内有黏土
8 坝块	47	133	38.21	37.19	1.02	$\in_1^{3-2}$	沿裂隙发育,充填黏土砾石
			14.03	13.91	0.12	$\in_1^{3-2}$	沿裂隙发育
9 坝块	160	100	50.62	51.22	0.60		
8 坝块	322	133	107.33	105.88	1.45	$\in_1^{3-3}$	充填灰黄色灰华物
11 坝块	25	55	46.67	46.28	0.39	$\in_1^{3-1}$	充填黏土
			38.44	38.35	0.09	$\in_1^{3-1}$	充填黏土
			36.78	36.73	0.05	$\in_1^{3-1}$	充填黏土
12 坝块	84	56	41.07	39.51	1.56	$\in_1^{3-2}$	充填黄色黏土
15 坝块	88	55	53.26	53.06	0.20	$\in_1^{3-2}$	
22 坝块	174		18.62	14.74	3.88	$\in_1^{3-1}$	古岩溶塌陷角砾岩
27 坝块	182	148	89.49	89.09	0.4	$\in_1^{3-2}$	无充填
28 坝块	91	142.1	133.49	132.27	1.22	$\in_1^{3-3}$	洞内充填黄泥,页岩碎片,沿裂隙发育
			97.03	96.68	0.35	$\in_1^{3-3}$	顺层发育
			94.46	93.93	0.53	$\in_1^{3-3}$	顺层发育
护坦	3	55	26.25	25.87	0.38	$\in_1^{3-1}$	黄色泥质及方解石充填
			21.72	20.26	1.46	$\in_1^{3-1}$	黄泥及方解石,灰岩碎屑
	169	54	47.29	46.99	0.30	$\in_1^{3-1}$	浅黄色灰华物

4. 岩溶通道

石龙洞组灰岩中确定七个岩溶通道,分布于左岸有Ⅰ、Ⅲ、Ⅸ、Ⅺ四个,右岸有Ⅱ、Ⅳ、Ⅵ三个,见表5-1-12。埋于左岸拱座基础下的有Ⅲ、Ⅸ、Ⅺ三个,Ⅰ、Ⅵ两个岩溶通道分别分布于护坦左右岸边坡。

表 5-1-12　石龙洞组灰岩各岩溶通道说明表

通道编号	连通线路	长度(m)	方　向	出口高程(m)	连通试验地下水流速(m/d)	地下水量变化情况	发育层位	各连通洞穴发育情况	控制因素
Ⅰ	K_{871} → K_{29} → K_{20} ← 238孔；K_{20} → 186孔(导洞＋498) → K_{42} → K_1、K_2；大$_1$孔 → K_2	2 300	NW-NWW 290°～330°	79.5 ～ 78.5	312 ～ 460	终年有水流出，最小流量 1L/s，雨后骤增，大于 $1.0m^3/s$	$\in_1^{3-3}$ ～ $\in_1^{3-1}$	距江边 2.3km 以外的堰边溶蚀洼地中，有 K_m 溶洞，人可进入 210m；杨家坪处为一线状溶槽，沿线落水洞很多，有 K_{29}、K_{20} 等，导流隧洞处有四层溶洞高程分别为 95m、90m、74m、70m，90m 与 95m 高程相连通可进入 160m；74m 高程处可进入 27m；出口 K_2，人可进入 12m，通道呈阶梯状	受北西、北西西组断层裂隙及层面控制
Ⅱ	K_{41} → $18K_1$ ← 206K；$18K_1$ → 223孔 → K_{40}；K_{884} → $165K_2$ → 引支K → K_{881} → K_{40} ← 216孔	总长 1 200	NWW 与 NE	78.00		大雨后，出口 K_{40} 流量 $1m^3/s$	$\in_1^{3-3}$	K_{40} 为一水平地下长廊，人可进入 150m，K_{40} 落水洞深达 77m，其间有 $18K_1$，地下大厅发育高程 140m 上下，其溶积达 3 000m^3，K_{881} 大洞穴体积也达 3 000 余立方米，是一个庞大的地下网络系统	北西西、北东东向断层及层面控制
Ⅲ	329孔→328孔→导流洞 0＋342 处 K_{12}→327孔 →5号平洞3支洞 K_{12}→3号平洞长方形洞→KW691	380	近 EW 近 SN	78.60		环行洞，西北角小厅终年见有滴水，雨后有水流出	$\in_1^{3-3}$	已发现较大洞空穴总长 200 余米，已有 160m，人可以进入，出口为溶隙	主要受近南北向和近东西向断层或长大裂隙控制
Ⅳ	1孔→90孔→2号平洞斜支洞→KW681	270	近 SN 近 EW	78.94	840	雨后有水流出	$\in_1^{3-3}$	在2号平洞2号支洞见沿层面溶蚀的大溶洞(宽 2.5m，顺层溶蚀长 10～15m，高 3～5m)	主要受层面控制

续表 5-1-12

通道编号	连通线路	长度(m)	方向	出口高程(m)	连通试验地下水流速(m/d)	地下水量变化情况	发育层位	各连通洞穴发育情况	控制因素
Ⅳ	K886→K49→K65→K62↘KW682；K70→$2K_7$↗KW682	360	NE与NWW	78.83	928～5 337	雨后有水流出	$\in_1^{3-2}$～$\in_1^{3-1}$	K_{886}、K_{49}、K_{70}均为地表出露的洞穴，其中以K_{886}规模较大，顺层发育，人可以进去50余米，K_{49}、K_{70}为竖井状落水洞，K_{886}在厂房坡195m平台顺层溶蚀长60余米	主要是层面和北西组、北东组长大裂隙控制
Ⅸ	导洞0+401m处→9平洞洞深52.9～59.9m处K_{10}→KW_{785}，另一支是由9号平洞中的管状水平洞组成	260	一支近EW 一支近SN	79.05	330	有小股水流	$\in_1^{3-2}$～$\in_1^{3-3}$	在导流隧洞左壁见一直径约1m的溶洞，9号平洞中发现大洞穴，洞穴总长170m，人可进人，出口为裂隙	北北西组裂隙或小断层及东西向高倾角裂隙与层间错动面的交线控制
Ⅺ	237孔→191孔→183孔→11号平洞K_9→导洞0+368m→K_3(大$_3$孔)→KW786	>450	NWW	79.60	400	雨季在K_9见水流，雨后出口有流水	$\in_1^{3-2}$～$\in_1^{3-3}$	11号平洞见一大竖井(K_9)深22m，导流隧洞左壁见洞径1m×2m溶洞，大$_3$孔揭示三支顺层倾斜溶洞(总长40m)，191孔压水使183孔水位上涨，137孔投萤光素在191孔见到，191孔投萤光素在河边KW_{786}出现(沿线上183孔有风吹)	主要受北西西向长大裂隙控制

(五)水文地质

大坝基础及消力池地段透水岩体为石龙洞组灰岩,隔水岩体为石牌组页岩。而石牌页岩厚度大,隔水性能良好,是坝址防渗的可靠依托。

石龙洞组灰岩为强透水层,两岸岩溶通道的排水口,均位于清江枯水位一带,谷坡石龙洞组灰岩分布区无泉水露头,说明石龙洞组灰岩岩溶发育,吸水能力强。大气降雨后,很少有地表径流,主要是地下运移,地下水位低,水力坡降2%左右。经大量连通试验,地下水在岩溶通道中流速较快,说明地下岩溶洞穴贯通性好,消水能力强。

石龙洞组灰岩的透水性是很不均一的。当有溶蚀裂隙时,岩体透水性就大,裂隙无溶蚀时,灰岩透水性微弱,如左岸公路上的四个大口径钻孔,除大3孔有溶蚀裂隙与清江河水相通造成大量漏水外,其余3个孔分别深入到清江河水位以下5~8m,未见河水入渗,孔内是干的。另外,从两岸勘探平洞及阻滑键平洞所见,地下水的活动,主要是沿溶隙或溶蚀小管道滴水,或呈小股水流,大部分平洞无地下水活动,说明石龙洞组灰岩的透水性和蓄水程度是很不均一的。

钻孔压水试验资料表明,石龙洞组灰岩因裂隙较发育,河床岩层面卸荷拉开,岩石透水性普遍较强。据河床坝段16个钻孔资料统计(见表5-1-13),其建基面岩石的透水性较强,向深部有逐渐减弱的趋势;两拱座钻孔压水共209段,单位吸水量 $\omega > 0.01$L/(min·m·m)有152段,占73%。消力池共压水102段,$\omega > 0.01$L/(min·m·m)有84段,占82%。故反映了河床坝基岩体透水性大于两岸拱座而小于护坦消力池。

表5-1-13　河床大坝溢流段钻孔压水试验统计表

部位	建基面以下埋深(m)	单位吸水量[L/(min·m·m)]											备注
		压水段数	<0.01		0.01~0.05		0.05~0.10		0.10~1.0		>1.0		
			段	%	段	%	段	%	段	%	段	%	
大坝溢流段	0~10	24			2	8.3	2	8.3	18	75	2	8.3	共有16个钻孔压水资料的统计
	11~20	23	2	8.7	3	13	2	8.7	15	65	1	4.3	
	21~30	23	1	4.3	2	8.7	4	17.4	16	69.5			
	31~40	26	7	27	3	11.5	2	7.7	14	54			
	41~50	21	3	14	2	9.5	1	4.7	15	71			
	51~60	21	3	14	2	9.5	3	14	12	57	1	4.7	
	61~70	17	3	17.6	6	3.5	2	11.7	6	35			
	71~80	17	8	47	2	11.7	2	11.7	5	29			
	81~90	17	5	29	5	29	3	17.6	4	23			
	91~100	16	7	44	8	50	1	6					
	101~110	14	8	57	4	28.6	1	7	1	7			
	111~120	6	4	67	2	33							

石龙洞灰岩的透水形式有两种:一种是以陡倾角断裂面为主要渗透空间——溶隙透水,即指两岸山体石龙洞灰岩的透水形式;另一种是以卸荷拉开的层面为主要渗透空间——层状透

水，即河床薄层条带灰岩的透水形式。这从大坝及消力池建基面上实测出水点已得到了证实。两处共测得出水点 63 个，见表 5-1-14，它们主要分布在 54～55m 高程。

表 5-1-14　大坝及消力池建基面出水点统计表

部　位	沿断面		沿裂隙		沿层面		合计	总流量 (L/s)	备　注
	(个)	(%)	(个)	(%)	(个)	(%)			
大　坝	7	16.3	12	27.9	24	55.8	43	29.493	
消力坝	2	10	3	15	15	75	20	8.127	
合　计	9	14.29	15	23.81	39	61.9	63	37.71	

从表 5-1-14 中可以看出，其出水点多沿层面溢出，占 61.9%，沿裂隙溢出的占23.81%，沿 F_{12}、F_{26} 等断层溢出的占 14.29%。坝基内主要集中分布在 13～17 坝块轴线一带，其余零星分布。消力池地段主要分布于 301 号剪切带两侧，如靠下游围堰的防$_6$ 至防$_8$ 一线，即 F_{12} 断层附近。

综上所述，石龙洞组灰岩为一强透水岩体，具有吸水能力强、消水快、透水性和蓄水性很不均一的特点，又具有如上所述的两种不同的透水形式，给坝基防渗与坝基稳定带来了极其严重的影响。但经坝基固结灌浆和帷幕灌浆的处理，其坝基岩体的透水性明显降低。从整个坝基固结灌浆后的 473 段压水试验成果看，ω 值小于 0.05L/(min·m·m)的有 429 段，合格率为 90.7%。可见，经固结灌浆后，使坝基岩体由强透水变为微透水了。

(六)岩石的物理力学性质

大坝建基岩石有石龙洞组下段($\in_2^{3-1}$)厚层夹薄层灰岩，中段($\in_1^{3-2}$)薄层条带灰岩，上段($\in_1^{3-3}$)厚层斑纹灰岩。29 坝块平善坝组($\in_1^4$)灰页岩互层，消力池护坦尾部有石牌组上段($\in_1^{2-3}$)粉砂岩夹页岩。上述建基岩石中分布有 201 号、301 号、302 号、401 号、403 号、405 号、406 号剪切带及产生在石龙洞组中段($\in_1^{3-2}$)薄层条带灰岩中对工程影响较大的局部层间剪切泥化带(g_5、g_6、g_9、g_{10}等)和产生在石龙洞组上段($\in_1^{3-3}$)斑纹灰岩中的局部剪损溶蚀充泥带(如 g_1～g_4)。初始设计、技术设计勘测期间对上述建基岩石和其中发育的剪切带均进行了大量的以现场试验为主的物理力学试验与测定，施工前期又对坝基范围内的主要剪切带的物理性质、水理性质、矿化成分进行了分析。为了使所选定的物理力学指标更接近客观情况，地质、设计、科研单位紧密配合，共同商讨，深入研究，对各类建基岩石、剪切带，主要断层面给定了较为合理的物理力学指标。

1. 物理性质、水理性质

各类建基岩石、剪切带、主要结构面的物理性质、水理性质见表 5-1-15。

2. 力学性质

各类建基岩石、剪切带、主要结构面的力学性质如下。

(1)各类岩石、剪切带的抗压强度见表 5-1-16。

表 5-1-15 各类岩石剪切带物理、水理性质指标表

地层代号	岩石名称	物理性质指标				水理性质指标			多孔性指标
		相对密度	容重(g/cm^3)			软化系数	吸水率(%)	饱水率(%)	孔隙率(%)
			天然	干	湿				
$\in_1^2$	泥质页岩								
$\in_1^2$	粉砂岩	2.71	2.66			0.66	0.35		
$\in_1^{3-1}$	薄层灰岩		2.70			0.78	0.33		
$\in_1^{3-1}$	薄层灰岩	2.73	2.65			0.80	0.33		
$\in_1^{3-1}$	鲕状灰岩		2.59			0.86	0.31		
$\in_1^{3-2}$	泥质灰岩		2.67			0.73	0.24		
$\in_1^{3-2}$	薄层灰岩	2.72	2.69			0.83	0.25		
$\in_1^{3-3}$	斑纹灰岩	2.74	2.68			0.97	0.31		
$\in_1^{4-1}$	砂质页岩		2.65				1.30		
$\in_1^{4-2}$	鲕状灰岩		2.68			0.71	0.27		
$\in_1^{4-3}$	泥质页岩		2.63			0.61	1.92		
$\in_1^{4-4}$	薄层灰岩	2.78	2.69			0.79	0.27		
$\in_1^{4-5}$	钙质灰岩		2.67				1.0		
$\in_1^{4-6}$	薄层灰岩	2.77	2.68			0.72	0.2		
	灰 岩		2.70				0.31		
$\in_1^{3-1}$	F_{12}构造岩					0.71			
$\in_1^{3-3}$	F_{29}构造岩					0.94			
$\in_1^{3-2}$	F_{10}构造岩					0.48			
$\in_1^{3-2}$						0.44			
$\in_1^{3-1}$						0.83			
$\in_1^{4-2}$						0.87			
$\in_1^{4-1}$	401 号夹层	2.74		2.62	2.65			1.00	2.67
$\in_1^{4-3}$	403 号夹层	2.78		2.59~2.60	2.65	0.33		1.78~1.87	4.72~4.93
$\in_1^{4-5}$	405 号夹层	2.77		2.62	2.65~2.66	0.75		1.39~1.49	3.72~3.96
$\in_1^{4-6}$	406 号夹层	2.74		2.53~2.61	2.59~2.64	0.93		1.01~2.25	2.69~5.78

表 5-1-16 各类建基岩石单轴抗压强度综合建议值表

岩性 抗压强度	鲕状灰岩	厚层灰岩(含厚层斑纹灰岩)	薄层灰岩	泥质灰岩	粉砂岩	钙质页岩	泥质页岩
kg/cm^2	800	600	500	400	300	200	100
MPa	78.4	58.8	49.0	39.2	29.4	19.6	9.8

(2)各类岩石、层面剪切带、主要结构面的抗剪强度指标建议值及采用值见表 5-1-17。

5-1-17 各类岩石、层面、剪切带、断层面强度参数

项目	岩性	建议值 抗剪断 f	建议值 抗剪断 c (kg/cm²)	建议值 抗剪断 c (MPa)	设计采用值 抗剪断 f	设计采用值 抗剪断 c (kg/cm²)	设计采用值 抗剪断 c (MPa)	设计采用值 摩擦 f	设计采用值 摩擦 c (kg/cm²)	设计采用值 摩擦 c (MPa)	附性
砼与岩石	砼与薄层条带灰岩	1～1.2	10～12	0.98～1.176	1.2	12	1.176				
	砼与页岩	0.6	1	0.098							
岩石本身	平善坝组页岩	0.6	1	0.098							
	石牌组页岩	0.6	1	0.098							
	弱风化薄层条带灰岩	0.8	8～10	0.78～0.98							
岩石层面	页岩层面	0.5	0.5	0.049							
	薄层条带灰岩层面	1.0	10.0	0.98							
软弱夹层	201号层间剪切破碎泥化带	0.25	0.2	0.019 6							
	401号层间剪切破碎泥化带	0.25	0.2	0.019 6							
	301号 Ⅰ区：剪切破坏严重	0.30	0.6	0.058 8	0.30	0.6	0.058 8				
	301号 Ⅱ区：剪切破坏明显	0.35	0.9	0.088 2	0.35	0.9	0.088 2				
	301号 Ⅲ区：剪切破坏轻微	0.45	1.5	0.147	0.45	1.5	0.147				
	302号 Ⅱ区：剪切破坏明显	0.40	0.9	0.088 2	0.40	0.9	0.088 2				
	302号 Ⅲ区：剪切破坏轻微	0.50	1.5	0.147	0.50	1.5	0.147				
	g_1 层面剪损溶蚀充泥带	0.40	1～1.5	0.098～0.147	0.40	1.5	0.147				g_3、g_4 采用值同 g_1
	g_2 层面剪损溶蚀充泥带	0.40	1～1.5	0.098～0.147	0.40	1.5	0.147	0.147			
	g_9 局部剪切泥化带	0.35	0.6～0.8	0.058 8～0.078	0.34	1.0	0.098				
	g_{10} 局部剪切泥化带	0.35	0.6～0.8	0.058 8～0.078	0.40	1.50	0.147				
断层	g_8 缓倾断层	0.50～0.40	1～1.5	0.098～0.147	0.45	3.0	0.294				F_{10}以东
	F_4 陡倾断层	0.20	0.10	0.009 8	0.20	0.10	0.009 8				
	F_{10} 陡倾断层				0.60	2.0	0.196				
	F_{25} 陡倾断层				1.0	7.0	0.686				
	F_{16} 陡倾断层				0.6	2.0	0.196				有限元计算采用值
	F_{173}				0.6	2.0	0.196				
	F_{29}				0.6	2.0	0.196				
	F_{180}				0.6	2.0	0.196				

注：1. 本表仅适用于剪摩公式；

2. 对有些断层未做试验，其采用值系根据断层的性质、构造岩的抗压强度试验成果而拟定的。

(3)各类岩石、剪切带变形特性参数地质建议值见表 5-1-18。设计采用值见表 5-1-19、表 5-1-20。

表 5-1-18　各类岩石剪切带变形参数地质建议值表

岩性		变形性质						
		变形模量		弹性模量		单位抗力系数		泊松比
		$\times 10^4$ kg/cm²	GPa	$\times 10^4$ kg/cm²	GPa	$\times 10^3$ kg/cm³	$\times 10^6$ kN/m³	
新鲜石龙洞组灰岩($\in_1^3$)		20	19.6	25	24.5	1.2～1.6	11.76～15.68	0.25
石龙洞组中段微风化泥灰岩条带		10～15	9.8～14.7	15～20	14.7～19.6	0.8～1.2	7.8～11.7	0.25
石龙洞组中段弱风化泥灰岩条带		7～10	6.86～9.8	10～15	9.8～14.7	0.5～0.8	5.4～7.8	0.27
石龙洞组中段强风化泥灰岩条带集中		2～3	1.96～2.94	7～10	6.86～9.8	0.15～0.23	1.47～2.25	0.3
灰岩中的断层带及角砾岩带		1～2	0.98～1.96	3～5	2.94～4.9	0.07～0.15	0.68～1.47	0.35
平善坝组页岩		0.8～1.0	0.78～0.98	2～3	6.86～9.8			0.35
石牌组页岩		0.5～0.7	0.49～0.687	2～3	6.86～9.8			0.35
软弱破碎、石牌组页岩		0.15～0.3	0.15～0.29	0.5～1	0.49～0.98			0.4
石牌组页岩中的断层带		0.05～0.10	0.05～0.10	0.2～0.3	0.2～0.29			0.4
301 号剪切面	Ⅰ区	0.2	0.20	0.8	0.78			0.4
	Ⅱ区	0.8～1.0	0.78～0.98	1.5～2	1.47～1.96			0.35
	Ⅲ区	3	2.94	9	8.82			0.3
301 号剪切面	Ⅱ区	0.8～1	0.78～0.98	1.5～2	1.47～1.96			0.35
	Ⅲ区	3	2.94	9	8.82			0.3
201 号剪切破碎泥化带		0.05～0.10	0.05～0.1	0.2～0.3	0.2～0.29			0.4
401 号剪切破碎泥化带		0.05～0.10	0.05～0.1	0.2～0.3	0.2～0.29			0.4

表 5-1-19　有限元稳定计算各类岩石、软弱夹层变形参数设计采用值表

岩性		变形模量($\times 10^4$ kg/cm²)	泊松比	计算厚度(m)
石龙洞组灰岩(上、下段)		18	0.25	
薄层条带灰岩	建基面(5～6m)	左岸 4,右岸 6	0.25	
	内　部	左岸 8,右岸 13		
石牌页岩		0.6	0.35	
f_8		0.02	0.40	0.015
F_{10}		1.5	0.35	2
F_{25}		7	0.30	0.5
F_4		0.02	0.40	0.08
F_{16}		0.6	0.35	1.5
F_{173}		0.6	0.35	0.8
F_{29}		0.6	0.35	0.8
F_{180}		0.6	0.35	1.0
201 号剪切面		0.08	0.40	0.50
301 号剪切面		0.8	0.40	0.7
302 号剪切面		1.9	0.40	1.5
g_9、g_{10}		0.02	0.40	0.2
g_1、g_2、g_3、g_4		0.02	0.40	0.1

表 5-1-20　拱坝稳定分析岩体变形参数设计采用值表

高　程 (m)	变形模量（$\times 10^4 kg/cm^2$）			泊松比
	左　岸	右　岸	河　床	
180	15	18		0.25
170	15	18		0.25
160	15	18		0.25
150	15	18		0.25
131	15	18		0.25
121	15	18		0.25
112	13	15		0.25
93	6	13		0.25
70	6	13		0.25
55	6	13		0.25
53			6	0.25

3. 剪切带的物化特性

为研究坝基下几个主要剪切带的物化稳定性，先后在左岸 15 号平洞内采取了 g_1、g_2、g_3、g_4 层面剪损溶蚀充泥带及缓倾角断层 f_8 的充泥物及断层物、右岸 18 号平洞内采取了 401 号、403 号、405 号、406 号剪切破碎泥化带的泥化物进行了水理、物理及矿化成分的分析。其成果分别见表 5-1-21、表 5-1-22、表 5-1-23。

表 5-1-21　剪切带泥软化物的物理性质指标表

软弱夹层号	天然含水量(%)	相对密度	界限含水量		塑性指数	粒度大小(mm)						土定名	
			液限(%)	塑性(%)		>0.25	0.25～0.10	0.10～0.05	0.05～0.005	<0.005	<0.002		
						所占比率(%)						按流塑性	按粒度分
g_1	7.28												
g_2	60.23	2.73	57.8	26.1	31.7	11	3	8	40	38	25	高液限黏质土	粉质黏土
g_3	81.79												
g_4	68.87	2.74				7	3	5	35	50	35		黏土
g_9	34.12	2.70	53.6	22.7	30.9			9	51	40	25	高液限黏质土	粉质黏土
g_{10}	7.10	2.73				4	2	9	56	29	20		重粉质壤土
301 号	37.07	2.70	49.7	23.7	26.0	6	1	6	42	45	29	高液限黏土	黏土
302 号	27.15	2.72				11	4	8	37	40	27		黏土
f_8	22.84												
201 号	15.26	2.74				31	8	8	33	20	13		重(中)壤土
401 号	10.54	2.73	27.7	15.2	12.5	8	3	6	40	43	30	中液限黏质土	黏土
403 号	9.53	2.75	29.3	16.0	13.3	11	5	7	38	39	21	中液限黏质土	黏土
405 号	14.76	2.75			14	3	9	32	42	28			黏土
406 号	12.49												

表 5-1-22　剪切带泥软化物化学成分表

软弱夹层号	pH值	水溶盐(%)	化学成分							$CaCO_3$(%)	游离氧化物		
			SiO_2(%)	Fe_2O_3(%)	Al_2O_3(%)	CaO(%)	MO(%)	K_2O(%)	Na_2O(%)		SiO_2(%)	Fe_2O_3(%)	Al_2O_3(%)
g_1	8.6		16.26	4.60	8.76	37.30	2.58	2.55	0.85	64.28	0.92	1.95	0.39
g_2	8.66	0.069	46.04	7.18	18.84	13.60	3.11	3.09	0.89	20.95	4.76 0.45*	4.43 0.27*	2.48 0.06*
g_3	9.67	0.074	46.05	9.89	25.10	5.98	3.44	3.55	2.75	8.10	4.52 0.44*	5.78 0.19*	2.40 0.05*
g_4	8.48	0.068	37.32	7.81	20.59	15.36	2.86	3.27	1.93	25.36	3.99 0.38*	5.38 0.19*	2.06 0.05*
g_9	8.22	0.062	66.46	6.27	17.39	2.12	1.88	2.86	2.24	1.81	4.56	3.82	2.56
g_{10}	8.88	0.126	28.23	3.22	11.53	29.37	2.86	4.16	0.79	40.48	0.78	2.62	0.33
301号	7.61	0.057	63.37	6.89	19.80	2.16	2.58	3.45	1.00	1.04	3.08	3.78	1.79
302号	8.90	0.049	34.01	5.59	18.06	19.89	3.04	3.35	1.87	34.90	2.25	3.57	1.33
f_8	8.93	0.009	43.02	3.52	13.62	20.32	1.96	2.12	0.76	32.61	2.65	1.97	1.16
201号	8.61	0.077	55.93	6.00	24.36	3.78	3.05	5.56	1.07	2.22	1.31	0.17	0.38
401号	8.54	0.344	55.16	4.12	25.56	4.16	3.76	5.40		3.67	1.30	0.18	0.44
405号	8.88	0.081	47.69	7.20	20.61	8.96	4.54	5.23	1.01	14.17	1.28	1.44	0.46
406号	8.64		29.94	3.28	16.11	28.88	2.24	3.50	0.77	46.55	1.25	1.42	0.48
403号	8.80	0.132	52.42	6.73	26.25	5.48	5.78	5.79	0.96	5.97	1.26	0.47	0.47

说明：表中注有“*”符号的数值，系夹层上或下的岩层中的含量值。

表 5-1-23　剪切带及其上、下岩层的矿物成分表

夹层	比表面(m^2/g)	交换量($me^2/100$土)	矿物成分		备注
			泥软化物	上岩层或下岩层	
g_1	42.9	9.74	方、伊、高、石(少)	(上)、方(石、长-微)	方—方解石
g_2	132.0	26.76	伊、石、高、绿、方	(下)、方(石-微)	石—石英
g_3		25.88	伊、高、石、绿、方	(上)、方、白(少)(石、长-微)	伊—伊利石
g_4	200.2	24.90	伊、方、石、高(微)	(上)、方、白(少)、(石-微)	高—高岭石
g_9	100.1	17.91	石、伊、高、绿(方、长-微)	(上)、方、白(少)	云—云母
g_{10}	54.9	10.67	方、伊、高、绿、石	(上)方、石、伊、高(长混-少)	绿—绿泥石
301号	114.4	20.86	伊、石、高、绿(微)	(下)、方、石、伊、高(长混-少)	白—白云石
302号	65.8	7.61	方、伊、高、石	(下)、方、(石伊-少)、(长、高-微)	长—长石
f_8	101.8	18.41	石、方、(伊、长、绿、混-少)	(上)、方、白(少)、石(微)	混—混合矿物
201号	52.60	11.05	伊和云、石、绿、高(长、方、白-少)	(岩)石、伊、绿、长、方、白	少—少量
401号	104.7	9.85	伊、高、石、绿、方、长(微)	(下)、伊、石、高、绿(长、方-少)	微—微量
403号	100.8	10.89	伊、绿、高、石、方	(下)伊、石、绿、方、白、长、混	
405号	134.2	11.92	伊、绿、高、石、方、长(微)	(下)伊、石、绿、方、白、长、混	
406	55.4	10.02	方、石、伊、高、绿(白、长-少)	(上)、方(石、长-少)	

(1)水理及物理性质。

表 5-1-21 所列成果表明:①除 406 号剪切带外,其余天然含水量均较高,大多处于流塑状态。②黏粒含量高,尤其是小于 2μ 的粒级(胶粒)含量高,占黏粒(小于 5μ)含量的 50%~70%,因而具有一定的胶体特性——分散性高、水稳性差、比表面积大、水化膜厚等特点。

(2)化学成分。

从表 5-1-22 中看出,化学成分具有如下特点。

1)碳酸钙含量较高,与原岩的物质组成有关。这些碳酸钙可能主要以方解石结晶而单独存在,在 X 射线衍射谱线中,3.04Å 左右为它的特征线。它们的变化主要受水的 pH 值和 CO_2 的控制。这些剪切带的 pH 值大多高于 8.5,偏碱性,所以在地下水中它们是比较稳定的(通常是 pH=7~8.5 时,水中仍有少量的溶解)。而少数剪切带(如 g_9、301 号、302 号等)的碳酸钙含量较低,这可能与剪切面上裂隙和溶沟溶槽发育、地下水运行通畅而被水冲蚀带走有关。

2)软化、泥化物中,氧化铁的含量较高,这可能与剪切带周围分布有铁质矿物有关,如 g_3、405 号剪切带上、下岩石多有黄铁矿晶体分布或风化成紫红色及黄褐色斑状。这些氧化铁主要又以游离氧化铁形式存在,一般占总含铁量的 50%以上,最高达 81%,由于长期处于湿润状态,它们可能主要以饱水凝胶或溶胶无定形状存在,所以在 X 射线衍射线谱中很难发现氧化铁的特征谱线。此外,氧化铁还受环境的氧化还原条件的影响。剪切带含水量高,处于湿润或渍水的缺氧条件,可以还原成亚铁,在较高的 pH 值的 $CaCO_3$ 存在下,亚铁易于形成 $Fe(OH)_2$ 和 $FeCO_3$ 沉淀(在条件适宜时,又可氧化成高铁),因此,若蓄水后渗透水的 pH 值不改变,保持目前水介质条件,铁的溶解随水带走的可能性不大。除游离氧化铁外,剪切带中还含有一定数量的游离 SiO_2 和 Al_2O_3,在湿润条件下,这些胶体的陈化作用进展较慢,难以脱水和结晶,与无完形游离氧化铁类似。

(3)矿物成分。

剪切带泥化物中的矿物组成的主要黏土矿物是伊利石、高岭石(7.1Å 在热处理后仍保留)和绿泥石(14.3、4.73Å 左右)。灰岩碎屑主要由方解石、石英及少量的云母、长石组成。以上 X 射线衍射鉴定结果与经表面和阳离子交换量测定结果大致相符,见表 5-1-23。

由上可知,剪切带泥软化物并不存在对剪切带工程性质有严重危害的物质成分。

二、坝基处理

(一)大坝地基处理

大坝共分 30 个坝块,1~6 坝块为右岸重力坝段,7~10 坝块为右岸拱座坝段,11~18 坝块为河床溢流坝段,19~22 坝块为左岸拱座坝段,23~26 坝块为左岸重力墩坝段,27 坝块为一级垂直升船机坝段,28~30 坝块为左岸重力坝段,各坝段地基地质条件复杂,且各部位不尽一致。右岸重力坝段受 F_{69} 断层溶空充泥面和沿其发育的岩溶洞穴的影响,坝基岩体为低波速岩体;右岸拱座地基受 F_4、F_{16}、F_{180} 三条大断层的切割,成为断层交汇破碎岩体;河床坝段地基系石龙洞中段($\in_1^{3-2}$)薄层条带灰岩,顺河向、横河向断层发育,薄层灰岩中的泥灰岩条带风化、泥软化严重,风化、泥软化下延到建基面以下 50m 的深度,成为薄层、风化、泥软化严重透水岩体;左岸拱座地基部分为石龙洞中段($\in_1^{3-2}$)地层,Ⅲ、Ⅸ、Ⅺ号岩溶通道又均在此部位通过,使得左岸拱座地基成为薄层风化、泥软化、洞穴较多的岩体。同时,地基岩体中还发育有多个夹层，构成了不同高程的滑移面；重力墩受 F_{10} 和 NW 及 NWW 向断层的切割，以及沿上述断层的溶蚀，墩基岩体较为破碎，整体性尚差；一级垂直升船机坝块下块地基中，11 号岩溶通道上延至建基面，岩溶十分发育，破坏了地基岩体的完整性；左岸重力坝段建基岩体部分为平善坝组地层，岩性极不均一，加之 F_8 断层横穿 29 坝块地基，恶化了该部位的建基岩体。总之，整个地基的地质条件是极其错综复杂的，不利的地质因素是较多的。由于地质条件复杂，其地质缺陷也表现在多方面：有空间问题，有平面问题，有浅层问题，有深部问题，有局部问题，有整体问题等等。施工中根据地质缺陷的不同性质，采用了灵活多样的方法，对地基中存在的地质缺陷均一一进行了补强加固处理。虽处理的方法很多，但总的来讲，可归纳为三种：一是地面普遍开挖；二是小规模的局部深挖抽槽；三是深层置换处理。现分述如下。

1. *地面普遍开挖*

(1)基坑形态开挖。

两岸谷坡陡立，为岸剪裂隙强烈发育带，沿断层和层面溶蚀充泥普遍；谷坡以上石龙洞灰岩分布区，地表溶沟溶槽发育，溶蚀深度 10～15m，且大多为黏土充填；河床岩体层面拉开明显，裂隙发育，泥灰岩条带风化严重，且风化深度大。根据上述地质条件，对大坝地基必须首先进行普遍地面开挖处理。

重力拱坝基础部分的开挖分别按结构边线（即坝轴线）上游外延 2m、下游外延 5m 左右作为基础开挖轮廓边线。重力墩部位结构边线上下游外延数与重力拱坝相同。两岸重力坝段上下游开挖边线与结构边线相同。22 坝块及重力墩上游段为挖除平善坝地层，则沿 $\in_{1}^{3-2}$ 顶面采取顺层开挖。28～30 坝块基础为挖除页岩段，则沿平善坝灰岩段顶面顺层开挖。上下游开挖边坡随部位、岩性不同而不同，上游重力拱坝段为垂直坡，坡高超过 20m 时，设 5m 宽的马道。重力墩及两岸重力坝段开挖边坡为 1∶0.5 的坡比，边坡高差 15～20m 时，设一级 5m 宽的马道。下游的开挖边坡为永久性边坡，基本为顺向坡，1～4 坝段 401 号剪切带在坡面临空，故顺 401 号开挖，29、30 坝块分别顺 403 号与 406 号开挖。两岸重力坝段临空剪切带以下的边坡，两岸拱座及重力墩灰岩边坡的坡比一律为 1∶0.5，各坡面之间以变坡连接。河床坝段两侧以扭面与消力池开挖边坡和消力池护坦基础连接，升船机坝段下游为垂直坡。对上下游边坡上因开挖形成的危岩体、不稳岩体，采取局部挖除的办法予以挖除。

在首次普遍的地面大开挖时，将左右两岸 150m 高程以下拱座部位采用非全径向开挖，本次开挖结束后，两岸拱座的坝头和坝脚部位的铅直开挖深度及开挖所到高程见表 5-1-24。

从表 5-1-24 中看出，属左拱坝的 20、21、22 三个坝块的下游部位的铅直开挖深度仅 3～6m，属右拱的 7、8 两坝块下游部位其铅直开挖深度也仅 4～12m；由于开挖深度过小，在左拱部位沿 F_{25}、F_{25-1}、F_{10}、F_{10-1}、f_{164} 断层溶蚀形成的近地表的溶沟溶槽及洞穴、沿 g_1～g_4 形成的层面剪损溶蚀充泥带、沿薄层条带灰岩中的 g_9、g_{10} 等局部剪切面形成的风化、泥软化岩体都大多尚未挖除；在右拱部位沿 F_4、F_{16}、F_{16-1}、F_{180} 断层交汇处形成的岩溶洞穴、顺层溶蚀充泥带及沿泥灰岩条带形成的风化、泥软化岩体也都大多还残存在建基面上，故首次非全径向开挖所形成的两岸拱座的建基面不能成为最终建基面。后经设计、地质人员共同商定，对左拱 150m 高程以下、右拱 115m 高程以下又进行了第二次全径向的开挖，经第二次开挖后，基础轮廓才基本形成，利用岩体才初步确定。现若按 80m 高程（指原始地面高程）以下为河床坝基开挖时，除覆盖层外，其基岩铅直下挖深度 6～12m，挖至高程为 54～55m。80m 高程以上为两岸坝基开挖时，其坝踵一线铅直下挖深度、下挖所到高程、两岸边坡相应水平后退距离见表 5-1-25。

表 5-1-24 非全径向开挖深度及高程表

块坝编号	部位				备注
	坝踵		坝趾		
	铅直开挖深度(m)	开挖所到高程(m)	铅直开挖深度(m)	开挖所到高程(m)	
17	22.5～34.0	55～60.0	9～13	55～64	
18	34～36.5	60～70	9～25	64～77	
19	22.0～36.5	70～92	14～25	77～98	
20	10.5～22	92～112	6～14	98～113	
21	10.5～15	112～126	3～6	113～120	
22			3	120～126	
11	26.5～41	55～65	13～17.5	58～66	
10	38～41	65～86	13～30	66～89	
9	16.5～38	86～120.5	13～30	89～120	
8	13.5～16.5	120.5～136.5	12～13	120～135	
7	11.0～13.5	136.5～150	4～12	135～150	

表 5-1-25 两岸坝基沿坝轴线开挖的情况表

部位	坝块编号	挖至高程(m)	铅直开挖深度(m)	边坡水平后退距离(m)	备注
右岸拱座坝基	11	55.0～62.0	26～43	48～53	含溢流坝段的11坝块
	10	62.0～69.0	43～55	35～48	
	9	69.0～100.0	33～55	25～35	
	8	100.0～135.0	15～33	25～43	
	7	135.0～146.0	12～15	40～43	
右岸重力坝基	6	146.0～155.0	12～20	35～40	
	5	155.0～157.0	20～27	35～56	
	4	157.0～174.0	18～27	49～56	
	3	174.0～180.0	18～22	36～49	
	2	180～184.0	22～28	30～36	
	1	184～190.00	28～30	12～30	
左岸拱座坝基	17	55.0～60	23～34	61～63	含溢流坝段的17、18两坝块
	18	60～63	34～40	63～64	
	19	63～73	37～40	64～70	
	20	73～90	28～37	68～70	
	21	90.0～105.0	24～28	68～79	
	22	105.0～113.0	24～28	79～127	
重力墩地基	23	113.0～119.0	28～38	110～127	
	24	119.0～127.5	27～38	87～110	
	25	127.5～131.5	27～38	87～88	
	26	131.5～132.5	38～41	74～88	
升船机地基	27	132.5～134	41～47	56～74	
左重力坝基	28	134～163.0	30～47	39～56	
	29	163～180.0	24～30	22～39	
	30	180～182.0	13～24	2～22	

(2)初始建基面的处理及最终建基面形成。

在基坑形态开挖过程中形成的初始建基面上,一般都残留有程度不同的地质缺陷,不能成为最终建基面,须经进一步处理后,才可作为最终建基面。对初始建基面采取了如下处理方法。

1)全仓面人工整修。初始建基面上一般都留有一定厚度的保护层,同时也存在有零星松动、凸出的尖棱岩块,块度不大的临空岩体,断裂切割而成的条形岩块,爆破裂隙密集的岩块。对上述所留保护层及不利岩块都利用钢钎、风镐撬除,进行全仓面的普遍人工整修工作。

2)锚固处理。对于初步建基面上出现的较大临空体、孤立体、贴坡体等不易用人工排除的不利岩体,则采取锚筋、锚桩进行锚固处理,详见表5-1-26。

表5-1-26　坝基锚固处理明细表

锚　固　部　位	锚筋规格(mm)	锚筋数量(根)	锚固深度(m)
4 坝块右上角斜坡段上	32	2	2～5
6 坝块坝脚处 F_{180} 断层上盘	26	6	4
6 坝块坝头 F_{69} 支断层面上	26	126	1
8 坝块上坝块 F_{16-1} 与 F_{180} 断层交汇处	28	4	4
9 坝块上坝块南北向壁面上1号、2号、3号不稳岩体	28～32	14	2.5～5
10 坝块中块右上角	28	4	2.5～5
11 坝块中块右上角	32	3	2.5
19 坝块中块右上角	28	3	2.5～3
19 坝块中块的右上角及左下角	28	11	2.5～3
21 坝块上块的左上角	26	8	3
22 坝块中块的右上角	28	8	3～3.5
23 坝块下块右上侧	32	4	3
29 坝块下块右下角	32	3	3
9 坝块 F_4 上盘不稳岩体	锚桩	3	9

3)沿断(夹)层局部深挖。对泥软化严重、性状较差的断(夹)层采取了局部深挖处理,局部深挖的深度系根据断(夹)层与初始建基面所构成夹角的大小和所处部位不同而不同,分如下三种情况。

第一,当断(夹)层与初始建基面构成的夹角大于零度、小于或等于30°时,若位于两岸拱座部位,则挖至断(夹)层面以上的上覆完整岩体铅直厚度达到3.0m为限,河床部位达到2.5m为限,重力墩部位达到2.0m为限。见图5-1-12。

第二,当断(夹)层与初始建基面构成的夹角大于30°、小于或者等于60°时,两岸拱座部位以挖至断(夹)层面以上的上覆完整岩体的铅直厚度为断(夹)层厚度的1.5倍为限,若断(夹)层厚度较小时,其上覆完整岩体的铅直厚度也要不小于2.0m。河床部位,挖至上覆完整岩体的铅直厚度为断(夹)层厚度的1.2倍为限,重力坝段部位,挖至上覆完整岩体铅直厚度等于断(夹)层厚度即可,若位于河床及重力坝段部位的断(夹)层厚度过小时,其上覆完整岩体铅直厚度也应不小于1.5m。见图5-1-13。

第三,当断(夹)层与初始建基面构成的夹角大于60°、小于或者等于90°时,系按砼塞的要求而确定局部深挖的尺寸和形态,即在两岸拱座部位时,应挖至上覆完整岩体铅直厚度为断

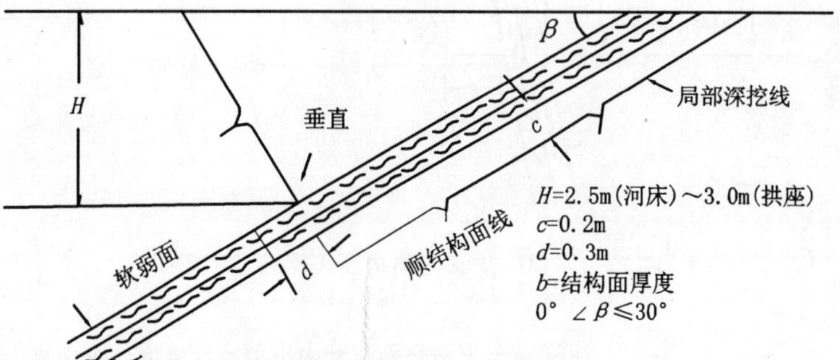

图 5-1-12　缓倾角结构面表层处理示意图

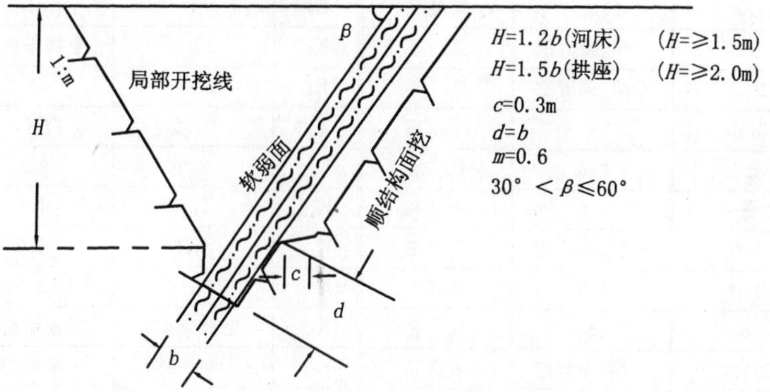

图 5-1-13　中倾角结构面表层处理示意图

(夹)层厚度的 1.5 倍，断(夹)层厚度较小时，其上覆完整岩体铅直厚度也要达到 2.0m。河床部位挖至上覆完整岩体铅直厚度为断(夹)层厚度的 1.2 倍。重力坝段部位挖至上覆完整岩体铅直厚度等于断(夹)层厚度即可。若位于河床及重力坝段部位的断(夹)层厚度较小时，其上覆完整岩体铅直厚度也应大于 1.5m。见图 5-1-14。

4)岩溶洞穴的清挖回填处理。初始建基面上出露有 130 个岩溶洞穴，成为主要地质缺陷之一。这些岩溶洞穴大多充填黏土和碎块石，对坝基承载力和不均匀变形都有着不同程度的影响。为此，根据它们的类型、规模大小，充填物性状好坏和所处部位不同，而一一进行了不同深度的清挖回填。详见表 5-1-27。

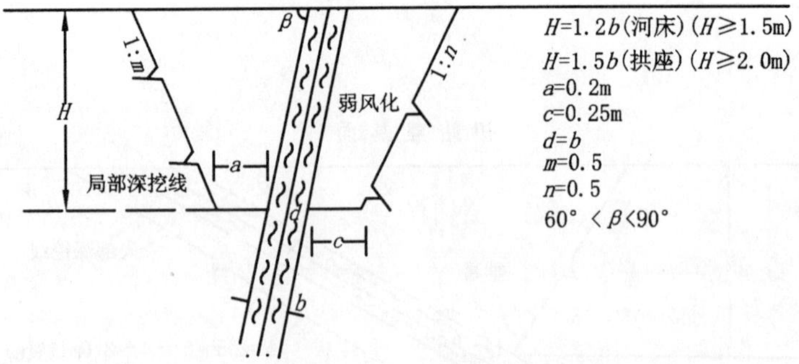

图 5-1-14 陡倾角结构面表层处理示意图

表 5-1-27 二次开挖形成的初始建基面中出露溶洞清挖程度表

编号	发育深度(m)	清挖深度(m)	清挖程度	编号	发育深度(m)	清挖深度(m)	清挖程度
$5K_1$	24	13	未见底	$5K_4$	24	13	未见底
$5K_5$	26.70	26.70	见 底	$5K_3$	6.50	6.50	缝隙段未清
$15K_8$	10.0	空洞、未清挖	见 底	$9K_4$	19.0	19.0	见 底
$15K_{11}$	6	空洞、未清挖	见 底	K_1	1	1	见 底
K_2	30	3	未见底	K_3	1	1	见 底
K_4	12	空洞、未清挖	见 底	K_5	10.5	空洞未清挖	见 底
K_6	10.5	空洞、未清挖	见 底	K_7	28.0	3	未见底
K_8	27.0	3	未见底	K_9	20.0	7.00	未见底
K_{10}	2.0	2.0	见 底	K_{11}	2.0	2.0	见 底
K_{12}	>3.0	3.0	未见底	K_{13}	1.5	1.5	见 底
K_{14}	6.0	空洞、未清挖	见 底	K_{15}	不详	1.0	未见底
K_{16}	不详	1.0	未见底	K_{17}	>1.2	1.2	未见底
K_{18}	8	8	见 底	K_{19}	空洞>2.0	未清挖	未见底
K_{20}	>2.0	空洞、未清挖	未见底	K_{21}	空洞>3.0	未清挖	未见底
K_{22}	10	10	见 底	K_{23}	10	10	见 底
$10K_1$	11	11	见 底	$4K_2$	14	14	见 底
$4K_7$	9	9	见 底	$2K_4$	20	20	见 底
K_{24}	1.5	1.5	见 底	K_{25}	1	1	见 底
K_{26}	1.6	1.6	见 底	K_{27}	不 详	1.5	未清完
K_{28}	>10.0	5.0	未清完	K_{29}	0.5~2.0	0.5~2.0	见 底
K_{30}	0.6~0.8	0.6~0.8	见 底	K_{31}	2~5.0	4.0	见 底
K_{32}	0.5	0.5	见 底	K_{881-1}	>10.0	10.0	未见底
K_{881-2}	>10.0	10.0	未见底	K_{881}	>30.0	未清挖	未见底
K_{33}	不 详	5	未见底	K_{34}	不 详	1	未见底
K_{35}	不 详	3	未见底	K_{36}	不 详	1.5	未见底
K_{37}	1.2	1.2	见 底	K_{38}	1.5	1.5	见 底

续表 5-1-27

编号	发育深度(m)	清挖深度(m)	清挖程度	编号	发育深度(m)	清挖深度(m)	清挖程度
K_{39}	>5.0	空洞、未清挖	未见底	$12K_2$	不详	5.0	未见底
K_{40}	12	12	见 底	K_{41}	>1.0	1.0	见 底
K_{42}	>1.0	1.0	见 底	K_{43}	不 详	2.5	未见底
K_{44}	>1.0	1.0	见 底	K_{45}	不 详	3.0	未见底
K_{46}	>7.8	3.5	未见底	K_{47}	不 详	4.0	未见底
K_{48}	3.0	3.0	见 底	K_{49}	>2.0	2.0	未见底
K_{50}	不 详	4.0	未见底	K_{51}	不 详	5.0	未见底
K_{52}	1.0	1.0	见 底	K_{53}	1.5	1.5	见 底
K_{54}	1.5	1.5	见 底	K_{55}	>10.0	5.0	未见底
K_{56}	2.6~3.0	2.0~3.0	见 底	K_{57}	1.5~3.0	1.5~3.0	见 底
K_{58}	0.5~0.8	0.5~0.8	见 底	K_{59}	不 详	5.0	见 底
K_{60}	0.5~1.0	0.0~1.0	见 底	K_{61}	1.0	1.0	见 底
K_{62}	不 详	3.0	未见底	K_{63}	1.0	1.0	见 底
K_{64}	1.0	1.0	见 底	K_{65}	不 详	空洞>3.0	未见底
K_{66}	不 详	5~7	未见底	K_{67}	1.0	1.0	见 底
K_{68}	1.5	1.5	见 底	K_{69}	>2.0	2.0	未见底
K_{70}	不 详	2.5	未见底	K_{71}	不 详	1.2	未见底
$5K_{7-1}$	115m 高程	6.0	见回填砼面	$5K_{7-2}$	115m 高程	5.5	见回填砼面
$5K_{7-3}$	115m 高程	5.0	见回填砼面	$5K_{7-4}$	115m 高程	5.5	见回填砼面
K_{74}	11.0	11.0	见 底	K_{75}	1.5	1.5	见 底
K_{76}	1.0	1.0	见 底	K_{77}	>0.6	0.6	未见底
K_{78}	>2.0	2.0	未见底	K_{79}	>3.0	3.0	未见底
K_{80}	2.0	2.0	见 底	K_{81}	<1.0	全部清挖	见 底
K_{82}	>4~6	4~6	未见底	K_{83}	>3.0	3.0	未见底
K_{84}	3.5	3.5	见 底	K_{85}	4.0	4.0	基本见底
K_{86}	>2.0	2.0	见 底	K_{87}	2.0	2.0	见 底
K_{88}	2.5	2.5	见 底	K_{89}	3.5	3.5	见 底
K_{90}	>3.0	3.0	基本见底	K_{91}	>11.5	11.5	未见底
K_{92}	>3.0	3.0	基本见底	$g_{39}K$	水平长 26.0	26.0	完全清挖
K_{93}	>5.0	5.0	基本见底	K_{94}	>3.0	3.0	未见底
K_{95}	>3.0	3.0	基本见底	K_{96}	>8.0	8.0	基本见底
K_{97}	>2.0	2.0	未见底	K_{98}	1.0	1.0	见 底
K_{99}	1.5	1.5	见 底	K_{100}	5~7	5~7	基本见底
K_{101}	4.5	4.5	见 底	$11K_2$	>11.0	11.0	基本见底
K_{102}	5.0	5.0	见 底	K_{103}	>5.0	5.0	见 底
K_{104}	2.5	2.5	见 底	K_{105}	0.5	0.5	见 底
K_{106}	>5.0	5.0	基本见底	K_{107}	不 详	2.0	未见底
K_{108}	不 详	2.0	未见底	$11K_3$	>10	完全清挖	见砼面
K_{109}	1.0	1.0	见 底	K_{902}	>15	空洞、未清挖	基本见底
K_{72}	2.0	2.0	见 底	K_{73}	不 详	1.0	未见底

5)预埋灌浆管进行回填灌浆。为使岩溶洞穴回填密实和避免陡倾角断裂面在固结灌浆时漏灌,在重要部位的岩溶洞穴底部和主要陡倾角断裂面上还预埋了一定数量的灌浆管和砂浆管,进行回填灌浆处理。详见表5-1-28。

表5-1-28 坝基预埋灌浆管明细表

预埋位置	洞穴及结构面编号	预埋数量(套)	预埋位置	洞穴及结构面编号	预埋数量(套)
坝块右上角	K_{40}	1	21坝块下块	F_{52}	4(1砂)
7坝块上块	$g_{30}K$	1	22坝块上块	F_{10}	4
7坝块下块	$4K_2$	2	22坝块下块	f_{154}	6(2砂)
7坝块下块	F_{16}	1	23坝块上块	f_{173}	2
8坝块上块	F_{180}	4	23坝块中块	F_{10}	4
9坝块上块	1号~6号贴坡体	13	23坝块下块	溶洞群	8(1砂)
9坝块上块	F_{180}	1	24坝块上块	F_{173}	4
9坝块上块	F_{16}	2	24坝块中块	f_{224}	2
9坝块下块左下角	裂隙带	7	24坝块下块	F_{10}、洞穴	5
10坝块中块	F_{33}	9	24坝块下块	f_{227}、K_{71}	1(砂)
12坝块上块右上角	F_{12}	5	25坝块中块	f_{231}	2
14坝块上块	F_{26}	7	25坝块中块	f_{235}	4
18坝块上块	f_{142}	6	25坝块下块	f_{227}、洞穴	4
18坝块中块	f_{136}	1	25坝块下块	K_{82}	1(砂)
19坝块上块	K_{19}、K_{20}	2(砂)	26坝块中块	K_{95}	2
19坝块下块	f_{123}	4	26坝块下块	K_{94}	1
20坝块上块左上角	K_{15}、K_{16}、K_{17}	6(3砂)	26坝块下块左下角	K_{92}	1
20坝块中块左上角	f_{164}	2	26坝块上块	f_{173}、K_{96}	1(砂)
20坝块中块右下角	f_{158}	5	26坝块下块	K_{91}、K_{93}	2(砂)
20坝块下块右下角	K_{12}、f_{123}	5(2砂)	27坝块下块	$11K_2$、K_{100}、K_{101}	3
21坝块上块右下角	f_{164}	5	27坝块下块	K_{102}、f_{240}	2(砂)

6)重点扩挖、抽槽处理。对初始建基面出露面积较大的溶蚀破碎区、断层交汇带、强风化岩体区和主要断层还进行了扩大范围的挖除与抽槽,采用砼填塘、恢复建基面形态的置换处理,其扩挖、抽槽部位、规模见表5-1-29。

7)设置钢筋网。在溶蚀下延深度大的溶洞群地段、风化面积和厚度均大的风化岩体区、岩性不均匀的部位、相邻坝块建基面高差过大的部位,还设置了不同类型的钢筋网。详见表5-1-30。

表 5-1-29　坝基重点扩挖、混凝土填塘部位明细表

扩挖位置	地质缺陷	扩挖规模		
		长 (m)	宽 (m)	深 (m)
5 坝块	$12K_2$ 溶洞附近岩体破碎	14	8	7
6 坝块脚至 8 坝块头	F_4、F_{16}、F_{180}断层交汇带	62	7	4～15
10、11 坝块	F_{33}断层溶蚀充泥带	40	4～13	2～4
11 坝块坝头	F_{13}断层下盘 301 号夹层风化破碎	25	2～3	1.5
12 坝块坝头	F_{12}与 f_{16}间 302 号夹层风化破碎	18	7	1.5
13 坝块脚至 15 坝块中块	薄层条带灰岩风化、泥软化严重	65	4～38	2～2.5
20、21 坝块中部	F_{25}与 f_{164}交汇处，岩体溶蚀充泥	32	1.5～2	2.5～3
22 坝块左下角	f_{164}溶蚀充泥严重，岩体破碎	10	5	5～10
23 坝块近坝脚	$5K_1$、$5K_4$、K_{58}等溶洞群	16	8	3～8
24、25 坝块的坝脚	f_{227}和沿其的洞群充泥严重	42	4～11	7～9
27 坝块下块	f_{173}、f_{240}相交，溶蚀充泥、岩体破碎	35	5～16	5～11
28 坝块坝脚	$11K_3$ 溶洞规模大，溶蚀充泥	25	17	2～6
28 坝块坝头	401 号夹层破碎、性软	4～14	2～10	0～4

表 5-1-30　坝基最终建基面铺设各类钢筋一览表

位　置	铺设面积 (m^2)	铺　设　原　因	说明
4 坝块近坝轴线	85	F_{69}断层充泥厚，以防不均匀变形	底层钢筋
16、17 两坝块	3 200	岩体风化深度大，承载力不足，并仓	
19、20 两坝块中块分缝线	50	302 号夹层风化破碎严重	
23 下块坝脚一带溶洞群	600	残存松软溶洞充填物	
27 坝块中、下块	1 360	岩体破碎、残存松软溶洞充填物	限裂钢筋
29 坝块右半侧	420	灰、页岩相间分布，岩性软弱，不均一	
23 坝块上块	110	f_{173}抽槽宽度大、槽底残有黏土	陡破钢筋
24、25 两坝块中块	200	f_{164}抽槽宽度大，槽底有黏土	
4 坝块与 3 坝块 5 坝块分缝	45	建基面高差过大	
9 坝块上块，7、8 坝块中下部	690	F_4、F_{16}、F_{180}联合抽槽，造成建基面高差过大	
9 坝块下块左侧	24	相邻坝块建基面高差过大	
10、11 坝块下块分缝线	110	相邻坝块建基面高差过大，301 号破碎	
13、14、15 坝块坝脚附近	250	深挖风化岩体，形成建基面高差大	
左右集水井周边	220	建基面高差大，周边岩体破碎	
▽60 灌浆廊道出口齿槽周边	345	建基面高差大，岩体破碎	
18 坝块左上角一带	25	302 号风化破碎，深挖后高差大	
22 坝块上块和 22、23 下块	1 254	沿 F_{10}破碎岩体深挖形成建基面高差过大	
27 坝块与 26、28 坝块相邻处	365	清挖洞群形成深坑，导致建基面高差大	
28、29 坝块分缝线处	300	页岩岩性软弱，建基面高差大	
合　计	9 653		

2. 地基深层处理

地基深层处理包括阻滑键、置换洞及传力柱的设置与开挖、常规及深层固结灌浆、深部岩溶洞穴的回填、勘探平洞及大口径、小口径钻孔的回填等项目的处理，现分述如下。

(1)阻滑键、置换洞与传力柱的设置及开挖。

1)地基稳定程度简述。技术设计勘测阶段中，地质人员提出

一是左岸以 F_8、右岸以 F_{173} 为侧向切割面，以 302 号、f_8、201 号、301 号为底滑面的总体抗滑稳定问题。

二是左岸以 F_{10}、右岸以 F_4 为侧向切割面，底滑面左岸为 302 号、f_8，河床为 301 号、201 号，右岸为 301 号拱坝部分的整体抗滑稳定问题。并提出了总体及拱坝部分整体抗滑稳定分析时，各结构面的力学参数建议值(见表 5-1-31)。

表 5-1-31　坝基总体及拱坝部分整体抗滑稳定分析结构面力学参数建议值表

<table>
<tr><th rowspan="3">组合面
类　型</th><th rowspan="3" colspan="2">组合面
编　号</th><th colspan="3">力学参数地质建议值</th><th rowspan="3">备　注</th></tr>
<tr><th rowspan="2">f</th><th colspan="2">c</th></tr>
<tr><th>kg/cm²</th><th>MPa</th></tr>
<tr><td rowspan="4">侧向切
割　面</td><td colspan="2">F_8</td><td>0</td><td>0</td><td>0</td><td rowspan="12">①F_8—302 号—f_8—201 号—301 号—F_{173}(大块体)
②F_{10}—左 302 号—f_8—河 301 号—河 201 号—右 301 号—F_4(中块体)
③上式中首尾符号为侧向切割面，中间符号为底滑面</td></tr>
<tr><td colspan="2">F_{173}</td><td></td><td></td><td></td></tr>
<tr><td colspan="2">F_{10}</td><td>0</td><td>0</td><td>0</td></tr>
<tr><td colspan="2">F_4</td><td>0</td><td>0</td><td>0</td></tr>
<tr><td rowspan="8">底

滑

面</td><td colspan="2">f_8</td><td>0.4</td><td>1</td><td>0.098</td></tr>
<tr><td colspan="2">201 号</td><td>0.25</td><td>0.2</td><td>0.019 6</td></tr>
<tr><td rowspan="3">301 号</td><td>Ⅰ</td><td>0.30</td><td>0.6</td><td>0.059</td></tr>
<tr><td>Ⅱ</td><td>0.35</td><td>0.9</td><td>0.089</td></tr>
<tr><td>Ⅲ</td><td>0.40</td><td>1.5</td><td>0.147</td></tr>
<tr><td rowspan="3">302 号</td><td>Ⅰ</td><td></td><td></td><td></td></tr>
<tr><td>Ⅱ</td><td>0.40</td><td>0.9</td><td>0.089</td></tr>
<tr><td>Ⅲ</td><td>0.50</td><td>1.5</td><td>0.147</td></tr>
</table>

三是左拱座和右拱座分别存在 17 个及 3 个可能滑移小块体，左右拱座均存在抗滑稳定问题，同时也提出了各块体组合面的力学参数建议值(见表 5-1-32)。

设计部门根据上述地质力学模型，曾对坝基进行过平面拱圈、整体抗滑、坝肩可能滑移块体的稳定分析。在平面拱圈稳定分析中，分别拟定底滑面为水平(切割岩层)和底滑面为斜面(沿岩层层面)进行了稳定性计算，当底滑面为水平时，侧向切割面和底滑面的抗剪断强度 f 值均取 1.2，c 值均取 1.2MPa；当底滑面为斜面时，侧向切割面的抗剪断强度 f 值仍取 1.2，c 值仍取用 1.2MPa，而底滑面的抗剪断强度 f 值则取 1.1，c 值则取 0.98MPa，经计算，两种滑移情况的剪摩安全系数都能满足大于 3.5 的要求。

表 5-1-32　左右拱座滑移小块体组合面力学参数建议值表

部位	可能滑移块体编号	滑移块体组成		组合面力学参数地质建议值					
		侧向切割面	滑移面	侧向切割面			滑移面		
				f	c kg/cm²	c MPa	f	c kg/cm²	c MPa
左拱座	1	F_{10}左岸临空面	301号				0.3～0.4	0.6～1.5	0.059～0.147
	2	F_{25}左岸临空面							
	3	F_{10}、F_{25}							
	4	F_{10}左岸临空面	302号				0.4～0.5	0.9～1.5	0.089～0.147
	5	F_{25}左岸临空面							
	6	F_{10}、F_{25}							
	7	F_{10}左岸临空面	f_g				0.4～0.5	1～1.5	0.098～0.147
	8	F_{25}左岸临空面							
	9	F_{10}、F_{25}							
	10	F_{25}左岸临空面	g_9				0.35	0.6～0.8	0.059～0.078 5
	11	F_{25}左岸临空面	g_{10}				0.35	0.6～0.8	0.059～0.078 5
	12	F_{10}左岸临空面	g_1				0.4	1.0～1.5	0.098～0.147
	13	F_{25}左岸临空面							
	14	F_{10}、F_{25}							
	15	F_{10}左岸临空面	g_2				0.4	1.0～1.5	0.098～0.147
	16	F_{10}左岸临空面	g_3						
	17	F_{25}左岸临空面	g_4						
右拱座	1	F_4右岸临空面	301号	0.20	0.1	0.009 8	0.3～0.5	0.6～1.0	0.059～0.098
	2	F_4、F_{173}	302号				0.4～0.5	1.0～1.5	0.098～0.147
	3	F_{16}、F_{180}	F_{16}、F_{180}组合交线						

整体稳定分析中，拟定左岸以 F_8、F_{10}、F_{25}，右岸以 F_4、F_{16}、F_{173}、F_{18}，河床以 F_{12} 断层为侧向切割面，拟定左岸以 301 号、302 号，右岸以 201 号、301 号，河床以 301 号夹层为底滑面，可组

合成大、中、小 14 个可能滑移块体。各可能滑移块体组合面的力学参数按表 5-1-17 所列数据取值，经计算，大、中组合块体的剪摩安全系数都能达到 $K_c \geqslant 3.5$ 的要求，仅小组合块体的剪摩安全系数未满足规范要求，见表 5-1-33。但若按拱系统分担 20%水载荷进行计算，其剪摩安全系数就可满足 3.5 的要求，故整体抗滑稳定也是安全的。

表 5-1-33　整体稳定分析拟定的滑移块体及分析结果表

组合情况	滑移块体编号	滑移块体组成	安全系数		说　明
			剪摩	纯摩	
小组合	(1)	F_{10-1}—301 号—F_{12}	2.6	1.82	①滑移块体组成栏内，首尾的字符表示侧向切割面，其余为底滑面 ②F_8、355° ├SW∠75°～80° F_{10}、355° ├SW∠65°～70° F_{25}、345° ├SW∠65°～87° F_{173}、355° ├NE∠75° F_4、340°～360° ├SW∠70°～75° F_{16}、15°～35° ├SW∠50°～70° F_{180}、25°～30° ├NW∠75°～85° F_{12}、350° ├SW∠75°～85° ③底滑面走向 77°，倾角 27° ④“不滑”表示合力指向水库 ⑤纯摩为剪摩的 0.8 倍，不计 c 值
	(2)	F_{25}—301 号—301 号—F_4	3.14	2.19	
	(3)	F_{10-1}—301 号—301 号—F_4	2.72	1.9	
中组合	(4)	F_{25}—301 号—301 号—301 号—F_{16}	11.45		
	(5)	F_{10-1}—301 号—301 号—301 号—F_{16}	11.23		
	(6)	F_8—301 号—301 号—301 号—301 号—F_{16}	不滑		
	(7)	F_{10-1}—301 号—201 号—201 号—201 号—201 号—F_{173}	不滑		
	(8)	F_8—302 号—301 号—301 号—301 号—F_{16}	69.7		
	(9)	F_8—302 号—301 号—301 号—301 号—301 号—F_{173}	12.0		
	(10)	F_8—301 号—301 号—301 号—301 号—301 号—F_{173}	不滑		
	(11)	F_8—302 号—301 号—201 号—201 号—201 号—F_{173}	不滑		
	(12)	F_8—301 号—301 号—201 号—201 号—201 号—F_{173}	不滑		
大组合	(13)	F_8—302 号—301 号—301 号—201 号—201 号—201 号—201 号—F_{18}	8.3		
	(14)	F_8—301 号—301 号—301 号—301 号—201 号—201 号—201 号—201 号—F_{18}	17.1		

坝肩稳定分析中，拟定左拱部位以 F_{25}、F_{10}、F_{10-1} 断层为侧向切割面，以 g_1、g_9、g_{10} 剪切面、f_8 缓倾角断层和 302 号夹层为底滑面，可构成 13 个不同类型的可能滑移块体，拟定右拱部位以 F_4、F_{16}、F_{173} 断层为侧向切割面，以 301 号、302 号夹层为底滑面，可构成 4 个不同类型的可能滑移块体。各块体的具体组合、各组合面力学参数取用值以及计算结果见表 5-1-34。从表 5-1-34 中可看出，左拱部位的②、⑤、⑥、⑦、⑨、⑪、⑫、⑬号八个块体和右拱部位的①、③、④号三个块体的剪摩安全系数未能满足 $K_c \geqslant 3.5$，表明左、右拱座均存在抗滑稳定问题，对存在的不稳块体必须作深层处理后，才能保证拱座的稳定。

2）坝基深层处理工程量的确定。如前所述，坝区两岸拱座部位缓倾角夹层较多，断层发育且溶蚀严重，岩溶作用强烈，易产生较大的压缩变形和剪切变形，影响拱推力的传递和扩散。因此，提高底滑面的抗剪强度，调整载荷作用的方向，加大侧滑面压力将是增加拱座稳定性的

表 5-1-34　左、右拱滑移块体、块体结构面力学参数采用值及分析结果表

部位	滑移块体编号	滑移块体组成	垂直侧面力(t)	垂直底面力(t)	滑动力(t)	侧向切割面产状 倾向(°)	侧向切割面产状 倾角(°)	底滑面产状 倾向(°)	底滑面产状 倾角(°)	侧向切割面面积(m²)	底滑面面积(m²)	采用的力学指标 抗剪断 f 侧面	抗剪断 f 底面	抗剪断 c(kPa) 侧面	抗剪断 c(kPa) 底面	摩擦 f 侧面	摩擦 f 底面	安全系数 抗剪断	安全系数 摩擦	要求砼抗剪或传力面积(m²) 底面	侧面	下游面	备注
左拱座	①	$F_{25}-g_1$	3 850	82 010 81 000	18 140 16 450	260	75	167	27	800	1 170	1.0	0.4	0.7	0.15	0.8	0.32	6.06 6.61	1.62 1.72				双滑
	②	F_{25}－302 号	3 040	160 300 160 600	40 600 39 070	260	75	167	27		1 870	1.0	0.444		1.16		0.355	2.29 2.38	1.40 1.46	146			单滑
	③	$F_{25}-g_{10}$		447 400 445 300	43 850 37 300	260	75	167	27		3 910	1.0	0.40		1.5		0.32	5.42 6.35	3.26 3.28				单滑
	④	$F_{25}-g_9$		548 100 549 000	52 550 52 790	260	75	167	27		4 570	1.0	0.35		1.0		0.28	4.52 4.51	2.92 2.91				单滑
	⑤	$F_{10}-f_8-g_1$	49 160 58 060	550 900 560 100	129 300 125 800	260	75	167	27	1 990	5 590	0.6	0.4	2.0	1.1		0.32	2.72 2.86	1.55 1.65	290			双滑
	⑥	$F_{10}-f_8$－302 号	40 230 54 890	637 600 639 200	146 200 147 600	260	75	167	27	1 990	6 290	0.6	0.41	2.0	1.05		0.33	2.68 2.72	1.57 1.61	343			双滑
	⑦	$F_{10}-g_1$－302 号	29 950 44 610	683 000 684 600	139 500 140 900	260	75	167	27	2 510	6 630	0.6	0.41	2.0	1.4		0.33	3.16 3.20	1.72 1.76	137			双滑
	⑧	$F_{10}-g_1-g_{10}$	0 588	963 100 959 800	113 800 106 500	260	75	167	27	2 510	8 670	0.6	0.40	2.0	1.5		0.32	4.53 5.30	2.71 2.89				双滑
	⑨	F_{10}－302 号－302 号	16 110 30 760	729 800 731 300	137 900 139 300	265	75	167	27	3 560	7 030	0.6	0.41	2.0	0.97		0.33	3.25 3.29	1.80 1.84	98			双滑
	⑩	F_{10}－302 号$-g_{10}$		1 012 000 1 009 000	114 700 105 700	265	75	167	27		9 070		0.4		1.16		0.32	4.45 4.81	2.82 3.05				单滑
	⑪	$F_{10-1}-f_8$－302 号$-g_{10}$		1 082 000 1 075 000	176 000 169 200	265	75	167	27		9 559		0.4		1.15		0.32	3.08 3.19	1.97 2.03	207			单滑
	⑫	F_{10-1}－302 号－302 号－302 号		810 500 806 100	211 600 214 600	265	75	167	27		7 560		0.411		0.965		0.33	1.92 1.88	1.26 1.24	984			单滑
	⑬	F_{10-1}－302 号－302 号$-g_{10}$		1 092 000 1 085 000	190 600 183 500	265	75	167	27		9 600		0.4		1.14		0.32	2.87 2.96	1.83 1.89	337			单滑
右拱座	①	F_4－301 号	85 680 117 700	661 200 660 400	114 700 131 200	250	75	165	27	7 359	4 800	0.22	0.3	0.1	0.8	0.176	0.24	2.21 1.98	1.51 1.37	234	660		双滑
	②	F_{16}－301 号$-F_4$		226 300 226 500	63 900 65 000	0	70	160	27		6 410		0.366		1.635		0.29	7.89 7.33	3.71 3.46				单滑
	③	F_{173}－302 号$-F_{16}$		502 000 498 000	135 000 133 000	85	75	170	32		3 390		0.40		0.9		0.32	1.54 1.60	1.11 1.11	280 410		(F_{16}) 72F_{16} 不处理	单滑
	④	②＋③ (F_{173}－302 号)		502 000 498 000	95 000 96 000	85	75	170	32		3 390		0.4		0.9		0.32	2.43 2.39	1.69 1.66				单滑

说明：①表中上排数字为基本组合情况Ⅱ的，下排数字为基本组合情况Ⅰ的。②滑移块体组成栏内，前面第一个字符代表侧向切割面，其余字符为底滑面；右拱部位中的后面F_4、F_{16}为临空面。③垂直侧面力栏内无数字时，表示单面滑动，有数字时则表示双面滑动。

重要手段。在考虑拱座深层处理时，曾研究过大口径锚桩、预应力拉锚、帷幕前移方案，最后确定以阻滑键、置换洞及传力柱为主的综合处理方案。即沿不稳块体底滑面骑缝开凿平洞，切断底滑面，回填混凝土形成阻滑键，增加其阻滑力，对影响稳定和基岩传力的断层，在深部开挖平洞与斜井，回填混凝土形成传力洞(置换洞)和传力柱，使拱坝推力传向基岩深部，以保证左、右两岸拱座的稳定。回填的混凝土均为 R_{28}250 号，抗剪断强度采用 $f=1$，$c=3$MPa，轴心抗压强度为 14.5MPa。

对拱座滑移块体分析表明，左岸稳定受 302 号、f_8 的控制，一些滑移块体共同涉及到 302 号夹层和 f_8 断层的处理，当用上述性能的砼对 302 号夹层置换 984m^2、f_8 断层置换 290m^2 后，其余块体就均能满足剪摩安全系数大于 3.5 的要求。右岸拱座稳定受 301 号、302 号夹层和 F_4 断层、F_{16}断层的控制，当对 301 号夹层置换 234m^2、302 号置换 280m^2(下游临空面 F_{16}处理 72m^2)或 410m^2(下游临空面 F_{16}不作处理)、F_4 置换 660m^2 后，右岸拱座即可满足稳定条件。因此，左岸拱座选定⑤号块体($F_{10}-f_8$)、⑫号块体($F_{10}-302$ 号)、右岸拱座选定①号块体(F_4-301 号)、③号块体($F_{173}-302$ 号$-F_{16}$)对其组合面用混凝土作深层置换处理。表 5-1-33 所列“要求砼抗剪或传力面积”，是取混凝土抗剪断强度 $f=1.0$，$c=3$MPa；混凝土与夹层力学参数用面积加权平均法求出，按刚体平衡法计算，要求满足剪摩安全系数大于 3.5 的要求时所得。

第一，左岸选定处理的⑤号块体($F_{10}-f_8$)为双面滑动块体。侧滑面 F_{10}的原抗剪断强度 f 值为 0.6，c 值为 2.0MPa，底滑面 f_8 的原抗剪断强度 f 值为 0.4，c 值为 1.1MPa，当对底滑面 f_8 用混凝土置换 290m^2 后，底滑面抗剪断强度 f 值可由 0.4 提高到 0.43，c 值由 1.1MPa 提高到 26kPa；剪摩安全系数由 2.72 提高到 3.5，达到了稳定条件。

第二，左岸选定处理的⑫号块体($F_{10-1}-302$ 号)为沿底滑面 302 号单面滑动体，底滑面 302 号原抗剪断强度 f 值为 0.411，c 值为 9.65kPa，当对底滑面 302 号置换 984m^2 后，底滑面抗剪断强度 f 值可由 0.411 提高到 0.49，c 值由 9.65kPa 提高到 47.4kPa，剪摩安全系数由 1.88 提高到 3.5。经置换处理，满足了稳定要求。

第三，右岸选定处理的①号块体(F_4-301 号)为双面滑动块体。侧滑面 F_4 的原抗剪断强度 f 值为 0.22，c 值为 1kPa，底滑面 301 号原抗剪断强度 f 值为 0.3，c 值为 8kPa，当对底滑面 301 号置换 234m^2、对侧滑面 F_4 置换 660m^2 后，其侧滑面的抗剪断强度 f 值可由原来的 0.22 提高到 0.29，c 值由原来的 1kPa 提高到 27.8kPa，其底滑面的抗剪断强度 f 值可由原来的 0.3 提高到 0.34，c 值由原来的 8kPa 提高到 22.5kPa，剪摩安全系数由原来的 1.98 提高到 4.25。也达到了稳定条件。

第四，右岸选定处理的③块体($F_{173}-302$ 号$-F_{16}$)为单面滑动块体。底滑面 302 号原抗剪断强度 f 值为 0.4，c 值为 9kPa，当对底滑面 302 号置换 280m^2、下游临空面 F_{16}置换 72m^2(或者对 302 号置换 410m^2、下游临空面 F_{16}不作处理)后，底滑面的抗剪断强度 f 值可由原来的 0.4 提高到 0.45，c 值由原来的 9kPa 提高到 339kPa，剪摩安全系数由原来的 1.54 提高到 3.5，达到了稳定要求。

另外，左岸 $F_{25}-g_9$、$F_{25}-g_{10}$ 两块体虽剪摩安全系数分别为 4.51 与 5.42，不存在抗滑稳定问题，但 g_9、g_{10}夹泥厚 10cm，风化严重，不能满足拱座变形稳定的要求，也拟定对其置换处理。

3)对选定处理块体阻滑键、置换洞、传力柱的设置。阻滑键、置换洞、传力柱的设置、尺寸大小，是依上述选定处理块体达到自身稳定时，所要求混凝土置换不稳块体组合面面积的多少来确定的。阻滑键的布置，应满足整个拱座沿各块体组合面和选定处理块体本身的抗滑稳定要求及每个分块需要置换的面积(表5-1-34)。传力洞、传力柱的总面积应满足传力及沿侧向面的抗剪断强度要求。阻滑键、传力柱的方向,应依据块体合力方向和块体组合面的产状而定。为有利处理结构的整体性和受力均匀,传力柱应联成"H"形,阻滑键应联成"井"形。依上述原则,阻滑键、置换洞、传力柱的布设如下。

第一,左岸拱座⑤号块体($F_{10}-f_8$)阻滑键的布置。对本块体的深层处理,布置了4条断面3.5m×3.5m的阻滑键切断 f_8 断层,阻滑键方位、底板高程、尺寸见表5-1-35。

表5-1-35 f_8 阻滑键结构特性表

处理面的名称	阻滑键编号	方位(°)	底板高程(m)	长(m)	宽(m)	高(m)
f_8	1号	90	95	37	3.5	3.5
	2号	90	102	32	3.5	3.5
	3号	180	95~102	11.2	3.5	3.5
	4号	F_{10}、f_8棱线	95~102	11.4	3.5	3.5

第二,左岸拱座⑫号块体($F_{10-1}-302$号)阻滑键的布置。布置了6条阻滑键和5条连接洞对本块体进行深层置换处理。阻滑键、连接洞的方位、底板高程、结构尺寸见表5-1-36。

表5-1-36 左岸拱座302号阻滑键结构特性表

处理面的名称	阻滑键编号	方位(°)	根据地	结构尺寸		
				长(m)	宽(m)	高(m)
302号	1号	90	83.0	57.0	3.7	3.5
	2号	90	89.3	50.7	3.7	3.5
	3号	90	95.7	50.0	3.7	3.5
	4号	90	102.0	45.5	3.7	3.5
	5号	180	83~102	29.4	3.7	3.5
	6号	190左右	83~102	22.8	3.7	3.5
	1号连接洞	350	83.0	7.5	3.5	3.5
	2号连接洞	350	89.3	6.5	3.5	3.5
	3号连接洞	350	95.7	5.5	3.5	3.5
	4号连接洞	350	83.0	6.0	3.5	3.5
	5号连接洞	350	89.3	3.0	3.5	3.5

第三,g_9、g_{10}软弱面的阻滑键布置。g_9、g_{10}层间剪损面夹泥较厚,风化严重,设置3条阻滑键进行处理。其中1号阻滑键断面为3m×3m,用以处理 g_9,2号、3号阻滑键断面为3m×5m,用以处理 g_9 和 g_{10}。具体布置见表5-1-37。

表 5-1-37　g_9、g_{10} 阻滑键结构特性表

处理面的名称	阻滑键编　号	方　位(°)	底板高程(m)	结　构　尺　寸		
				长(m)	宽(m)	高(m)
g_9、g_{10}	1号	80	70.0	35.0	3.0	3.0
	2号	80	75.0	35.0	3.0	3.0
	3号	80	80.0	33.0	3.0	5.0
	连接洞	350	顺层	8.0	2.5	3.5

第四，右岸拱座①号块体(F_4—301 号)为双面滑动块体，计算表明沿 F_4、301 号棱线滑动。需对侧滑面和底滑面同时进行处理。为此，设置了 3 条阻滑键切断 301 号，两条置换洞、两条传力柱置换 F_4 断层。具体布置见表 5-1-38。

表 5-1-38　右拱座 301 号阻滑键结构特性表

处理面的名称	阻滑键编　号	方　位(°)	底板高程(m)	结　构　尺　寸		
				长(m)	宽(m)	高(m)
301号	1号	70～75	86～91	26	6	5
	2号	70～75	70.5～75.5	12	6	5
	3号	70～75	86～91	30	6	5
F_4	1号传力柱	250～260	86～128	5	4	43.5
	2号传力柱	250～260	75.5～86	5	4	10.9
	1号置换洞	340～350	86～91	38	4	5
	2号置换洞	340～350	99.5～104.5	47	4	5

第五，右拱座③号块体(F_{173}—302 号—F_{16})阻滑键布置。设置 4 条 3.5m×3.5m 的阻滑键切断 302 号，设置 3 条 4m×6m 的传力洞穿过 F_{16} 断层，设置 2 条 2m×2.5m 的岩溶置换洞处理 302 号溶蚀区。处理结构布置、方位、高程、尺寸见表 5-1-39。

4)左右拱座深度处理洞室的实施。在左右拱座深层处理洞室掘进过程中，见到某些块体组合面的性状、产状有些变化，又按变化了的参数进行补充计算，以补充计算成果为依据，对左右拱座深层处理结构进行了适当调整，以调整后的深层处理结构为实施依据。

第一，f_8 阻滑键的实施。在 f_8 阻滑键施工掘进中，发现 F_{10} 断层东侧的 f_8 沿断面溶蚀宽度有些变窄，面具薄层方解石，部分断面咬合较好，倾角也略有变陡，故地质人员认为 F_{10} 以东的 f_8 的抗剪强度可适当提高一些。设计中根据地质人员的这一建议，将 f_8 的 f 值由原取的 0.4 提高到 0.45，c 值由原取 11kPa 提高到 120kPa 后，重新进行稳定计算；只需置换 190m^2 即可。故将原拟设置的 1 号、3 号、4 号阻滑键取消，原拟布的 2 号阻滑键改为 1 号阻滑键，在 1 号阻滑键下游增设一条 2 号阻滑键。1 号阻滑键长 48.5m(其中 f_8 置换段长 26.5m，破碎岩体追索段长 22.0m)，平均宽 4.58m，平均高 3.45m，底板高程 100.0m；2 号阻滑键长 25.0m，平均宽

3.0m,平均高 3.0m,底板高程 104.0m。见图 5-1-15。

表 5-1-39　右拱座 302 号、F_{16} 置换洞键结构特性表

处理面的名称	阻滑键编号	方位(°)	底板高程(m)	结构尺寸		
				长(m)	宽(m)	高(m)
302 号	1 号阻滑键	195	110～121	19.4	3.5	3.5
	2 号阻滑键	195	110～121	18.3	3.5	3.5
	3 号阻滑键	260	110	30.0	3.5	3.5
	4 号阻滑键	265	121	24.4	3.5	3.5
F_{16}	1 号传力洞	100	119	12.0	4.0	6.0
	2 号传力洞	120	133	10.0	4.0	4.0
	3 号传力洞	120	138	12.0	4.0	6.0
302 号	1 号岩溶置换洞	195	90～110	43.4	2.0	2.5
	2 号岩溶置换洞	80	110	32.0	2.0	2.5
	交通洞			69.0	2.0	2.5

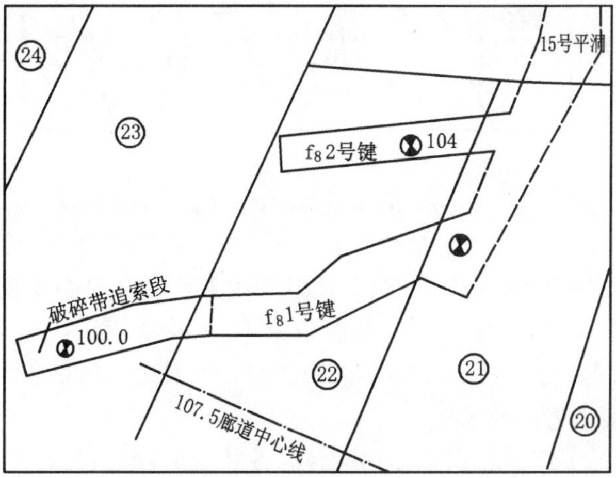

图 5-1-15　f_8 置换洞实施平面示意图(单位:m)

1 号阻滑键置换 f_8 的面积 115.87m^2,2 号阻滑键置换 f_8 的面积 87.5m^2,15 号勘探平洞扩挖切断 f_8 的面积 67.6m^2,5K_5、15K_8、15K_9、15K_{9-1}天然溶洞切断 f_8 的面积约 10.0m^2,共计置换 f_8 的面积为 280.97m^2,已超出提高 f_8 力学参数后要求置换 190m^2 的面积。

第二,左拱 302 号阻滑键的实施。在左拱 302 号阻滑键的施工中,发现 302 号夹层性状有变好的趋势,302 号阻滑键开挖完毕后,见有断层 16 条,长大裂隙 30 余条之多,这些断层和有关裂隙对 302 号均有一定的差距,南盘往往下掉 0.5～3.0m,在 302 号的倾向上形成有阶梯状小陡坎,这对 302 号夹层的抗滑稳定十分有利,经分析,302 号夹层的抗剪断强度 f 值可由

0.41 提高到 0.5，c 值可由 96kPa 提高到 200kPa(取 302 号的 c 值为 120kPa，薄层条带灰岩的 c 值取 700kPa，按所占面积加权平均求得)，经稳定计算，只需对 302 号置换 600m^2 即可满足剪摩安全系数 3.5 的要求。因此，实施中省略了 1 号键、2 号键西段，6 号键南段，增补了 7 号键与连接洞。见图 5-1-16。

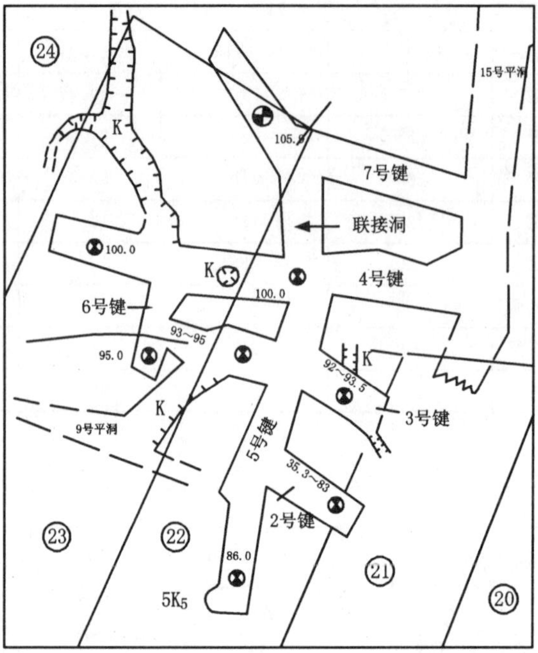

图 5-1-16　左 302 号阻滑键实施平面示意图(单位:m)

所开挖的 2 号、3 号、4 号、5 号、6 号、7 号阻滑键置换 302 号夹层的面积为 581.41m^2，15 号勘探平洞主洞及 2 号支洞切断 302 号的面积为 46.1m^2，15K$_5$、15K$_9$ 和 4 号阻滑键中的 K$_1$ 等天然溶洞切断 302 号的面积约 40.0m^2，总共置换 302 号夹层的面积为 667.51 m^2，超出 302 号 f 值、c 值提高后要求置换的面积。

第三，g$_9$ 阻滑键的实施。g$_9$ 向山体内延伸时性状变好，泥化夹层明显变薄，故将原设计阻滑键长度共缩短 30m，详见表 5-1-40。实际置换 g$_9$ 的面积为 250.25m^2。因施工需要，在左拱座下游开凿了一个施工竖井和一条施工交通洞，竖井井口高程 103.5 m，井底高程 83.0m，长 2.5 m，宽 2.2m，深20.5m。施工交通洞底板高程 80～83m，方向 30°，长 20.0m，宽 2.0m，高 2.0m。详见图 5-1-17。

第四，右拱座 F$_4$ 置换洞、传力柱及 301 号阻滑键的实施。在空间上，开挖了三层洞室，高程 87.5m 层：由 F$_4$ 一号置换洞和 301 号夹层一号阻滑键组成；高程 100m 层：由 F$_4$ 二号置换洞和 301 号夹层二号阻滑键组成；高程 115m 层：由 F$_4$ 三号置换洞和施工交通洞组成。301 号各高程的阻滑键均与相应高程的 F$_4$ 置换洞相联，且近正交，F$_4$ 不同高程的三层置换洞又通过 F$_4$ 传力柱相互联通。见图 5-1-18。F$_4$ 断层 1 号、2 号、3 号置换洞及 1 号、2 号、3 号传力柱共置换 F$_4$ 断层面 747.3 4m^2，与要求置换的面积 660m^2 已超出 87.34m^2。301 号夹层 1 号、2

号阻滑键、渗破试验洞共置换 301 号夹层面约 182.46m²，基本与要求置换的面积 $234m^2$ 一致。

表 5-1-40　g_9 阻滑键省减工程量表

阻滑键编号	原设计键长(m)	减少的键长(m)	实际开凿键长(m)
g_9^1 号	31	20	11
g_9^2 号	30	5	25
g_9^3 号	28	5	23
g_9^4 号	7.6(斜长)		7.6(斜长)
g_9^5 号	7.6(斜长)		7.6(斜长)

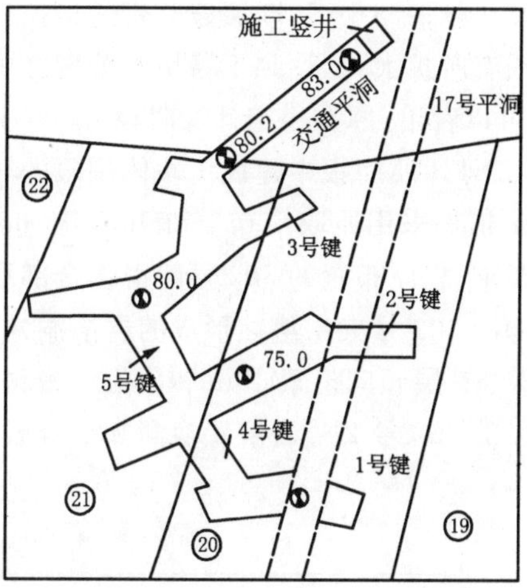

图 5-1-17　g_9 阻滑键实施平面示意图(单位:m)

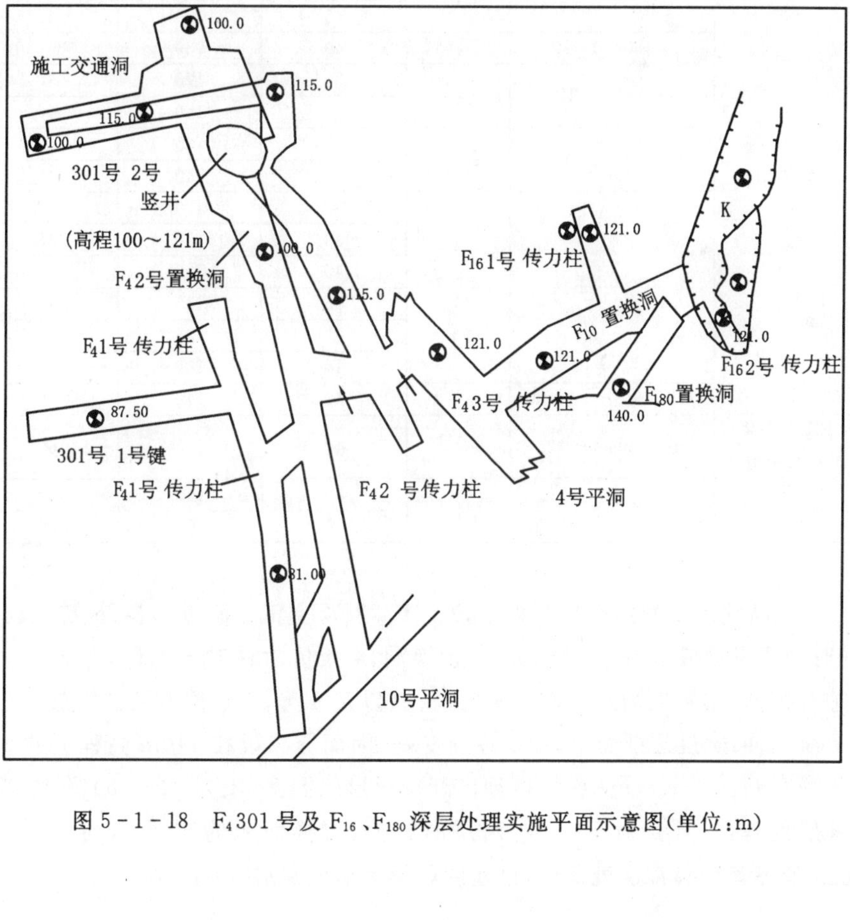

图 5-1-18　$F_4$301 号及 F_{16}、F_{180}深层处理实施平面示意图(单位:m)

第五，右拱座 F_{16}、F_{180} 断层、302 号夹层处理洞室的实施。经 82.5m、121.5m 高程灌浆平洞及 4 号平洞中 F_{16} 断层破碎带的追挖表明，原技术设计报告提到的陡倾岩层带在空间分布的范围有所扩大，已达到不稳块体范围之中，岩层产状变化较大，详见表 5－1－41。从表 5－1－41 可以看出，原在稳定计算时，将 302 号产状取走向 80°、倾角 32°，是偏安全的。为此，地质上在 15 号地质简报中建议该块体围限的 302 号几何参数改用走向 65°倾角 37°力学参数不变，f 值、c 值仍采用原取用 0.4 和 9kPa，经重新稳定计算后，302 号夹层不需深层处理，即可达到稳定要求，故原布置的 302 号阻滑键全部取消，未予实施。302 号岩溶置换洞的设置是为了处理深部沿 302 号夹层溶蚀形成的岩溶洞穴，实施过程中，于 10 号平洞的 2 号支洞南东壁开洞，沿 302 号夹层倾向追索 10m 和附近一带钻孔资料查对，302 号夹层附近未有发现岩溶洞穴，故原布设的 302 号 2 号岩溶置换洞和 1 号岩溶置换洞未实施洞段也全部取消了。

表 5－1－41　F_{173}－302 号块体中岩层产状变化表

位　置	桩　号	地层	产　状		
			走向(°)	倾向(°)	倾角(°)
121.5 灌浆洞	0＋20～0＋60	$\in_1^{3-3}$	65	155	38
	0＋60～0＋83	$\in_1^{3-2}$	45	135	40
		302 号	60	150	30
			45	135	45
	0＋80～0＋99	$\in_1^{3-2}$	40	130	38～50
	0＋99～0＋120	$\in_1^{3-2}$	80	170	30
			70	160	40
	0＋120～0＋133	$\in_1^{3-2}$	35	125	42
			50	140	42
	0＋132～0＋144	$\in_1^{3-2}$	30	120	39
			30	120	48
			45	135	36
			25	115	45
			60	150	42
			48	138	49
	0＋143.5～0＋156	$\in_1^{3-2}$	50	140	40
121.5 灌浆洞排水洞	0＋000～0＋22	$\in_1^{3-2}$	40	130	60
F_{16} 置换洞	掌子面	$\in_1^{3-2}$	60	150	50
			60	150	54

鉴于 121m 高程的 4 号勘探平洞揭示，F_{10}、F_{180} 断层交汇处附近，岩石破碎，又位于拱座受力部位，同时距建基面较近，故布置了一条置换洞、4 条传力柱对 F_{16}、F_{180} 断层作适当深层处理。经实施开挖的 F_{16} 置换洞及尾端溶洞的清挖、以及 1 号、2 号传力柱的实施，查明 F_{16} 断层破碎带向下游延伸，宽度逐渐变窄，性状逐渐变好，因而原布设在 140m 高程上的 3 号、4 号两条传力柱未预实施。对 F_{16}、F_{180} 深层处理已开挖成形的洞室(图 5－1－18)，最终对 F_{173}－302 号块体的深层处理，主要是对 F_{16}、F_{180} 断层的置换，置换面积约 490m^2，而 302 号仅置换了 24m^2，左右拱座不稳块体深层处理中，已实施的洞室特性见表 5－1－42。

表 5-1-42　左右拱座不稳块体各组合面处理洞室特性、处理面积汇总表

块体名称	置换面名称	处理体名称	处理体编号	方位(°)	底板高程(m)	结构尺寸			已置换面积(m^2)		
						长(m)	宽(m)	高(m)	各洞键置换面积	溶洞勘探平洞切断面积	合计
F_{10}～f_8	f_8	阻滑键	1号	80	100	48.5	4.58	3.45	115.87	77.60	280.97
			2号	80	104	25.0	3.0	3.0	87.50		
F_{10}～302号	302号	阻滑键	2号	300	85.8～88	9.0	3.68	3.0	33.12	86.10	667.51
			3号	290	92～95.0	21.0	4.5～5.4	3.1～3.9	89.80		
			4号	280	99.5～100	40.0	4.09	3.46	122.70		
			5号	190	86～100	37.0	3.97	3.40	146.89		
			6号	190	95～99	10.0	4.50	4.35	44.90		
			7号	280～335	105.9	31.0	2.5～4.5	3.50	128.00		
			联接洞	190	100～105.9	9.0	3.0	3.5	16		
F_{25}～g_9	g_9	阻滑键	1号	90	70	13.5	3.25	2.92	43.88		250.25
			2号	60～80	75	23.3	3.15～3.34	3.3～4.4	77.25		
			3号	80	80	24.0	3.10	1.8～3.0	74.40		
			4号	150	70～75	5.0	3.2	3.0	16.5		
			5号	150	75～80	9.0	3.2	3.0	38.22		
			施工洞	30	80～83	24.0	2.5	2.5			
			施工竖井	铅直	83～103.5	2.5	2.2	20.50			
F_4～301号	F_4	置换洞	1号	350	87.0	42.0	3.20	4.10	197.40	97.60	977.39
			2号	350	100.0	66.50	4.10	3.90	299.25		
			3号	330～340	115.0	42.0	2.9～3.1	3.5	144.59		
			1号	70	87～100	4.10	3.2	13.00	43.05		
			2号	90	100～115	4.10	3.2	15.00	43.05		
			3号	360	115～121	4.10	3.2	6.0	20.00		
	301号	置换洞	1号	75	87.0	20.50	3.6	3.7	73.80		
		传力柱	2号	80	100.0	15.0	3.90	4.10	58.65		
			施工洞	85	115.0	18.0	3.0	3.0			
F_{173}～302号	F_{16}	阻滑键	1号	55～70	121.0	24.0	4.0	4.0	100.0	300.0	514.0
			1号	340	121.0	10.0	2.0	2.0	20.0		
			2号	150	121.0	5.0	2.0	2.0	10.0		
	F_{180}	置换洞	1号	30	140.0	10.0	2.0	6.0	60.0		
	302号	岩溶置换洞	1号	70～340	100.00	12.0	2.0	2.5	24.0		

综上所述，为处理两岸拱座不稳块体而最终开挖成形的洞键总长为478m(不包括溶洞、破碎岩体追挖的92m和交通洞及竖井60m)，其中利用原勘探平洞扩挖成阻滑键、置换洞140m，占洞键总长的29.29%；利用原勘探平洞作为开挖阻滑键时的交通洞长150m，占洞键总长的31.38%。

5)两岸拱座回填加固处理。两岸拱座100～130m高程范围内，是拱坝受力的主要部位。此高程间坝后岩体风化破碎，顺坡向断层和岸剪裂隙发育，右岸有F_4、F_{205}，左岸有F_{25}等，对拱座传力及消力池边坡稳定均不利，加之两岸100m高程施工道路的扩挖，造成岩体单薄，经分析计算，不能满足拱座局部稳定要求，故采用坝后回填混凝土及锚固措施进行处理。

坝后混凝土回填范围50m左右，混凝土厚3～10m，混凝土标号250号。左岸设置4ϕ36的钢筋混凝土锚桩，共48根，间排距3m，锚桩长9m，伸入基岩7m，混凝土内埋深2m。右岸采用35～40m深度的预应力锚索穿过F_4断层，锚固在深部的稳固基岩上，共71索，间距4m，锚索主体由14×7ϕ5钢绞线组成，每索张拉吨位不低于200t。

(2)常规及深层固结灌浆。

因坝基岩体中断层、裂隙发育，溶蚀、风化等地质作用，以及开挖卸荷回弹、爆破影响等，使坝基岩体受到了一定程度的破坏和损伤，加之坝基所受压应力较大(4～7MPa)，故对坝基表层岩体进行了全面的固结灌浆处理。固结灌浆的目的在于改善坝基岩体的整体性和均匀性，提高坝基岩体的承载能力，因此，对整个坝基表层岩体除了进行常规的全面固结灌浆外，对两岸拱座还进行了全面的深孔固结灌浆处理，尤其是发育在该部位的断层、夹层、断层交汇带等处，还进行了深层加固处理。

本工程主体工程开工前，在位于左拱下的9号平洞、右拱下的4号平洞内进行了灌浆试验。根据灌浆试验成果，结合国内工程的经验，本工程固结灌浆孔的孔排距，一般情况下为3m×3m，呈梅花形布置。河床坝段高151m，坝基应力较大，除进行常规固结灌浆外，还在其上下游分别扩大一定范围的深层固结灌浆孔2～3排，在拱座下游端，固灌范围外延10～20m。固灌孔的孔深根据地质条件、构造特点、应力差异、所处部位不同而不同，详见表5-1-43。另外，为了检查固灌质量，评价固灌效果，全坝基以浇筑分块为单位，分别布置了钻灌工程量的5%～10%的压水试验检查孔；按建筑部位分别布置了5～7组灌前、灌后弹性波对比测试检查孔。

坝基固结灌浆是在施工块与相邻块都有混凝土盖重时，按分序加密的原则进行的。固灌孔分为两序。混凝土盖重在河床坝段为2m，拱座坝段为2～4m，两岸重力坝段为3m，页岩基础部位为3m。当灌浆孔深大于8m时，采取自上而下分段钻灌。灌浆应力在设计盖重条件下，接触段为0.3MPa，随着孔段加深和盖重增加，灌浆压力相应提高，据不完全统计，最高达1.8MPa。当施工块所布检查孔压水试成果$\omega \leqslant 0.05$L/(min·m·m)的孔段数大于80%和其余孔段的ω值不大于0.07L/(min·m·m)时，才视为固灌合格，否则，进行补灌，直至合格。

表 5-1-43　固灌孔孔深布置情况表

坝段	部位		灌浆孔孔深(m)				
			一般情况下		特殊情况下		
			孔深	因素	孔深	因素	范围
河床坝基	帷幕轴线		8	应力较大	15～35	兼起辅助防渗	幕前两排孔
河床坝基	帷幕轴线以下	$\frac{1}{3}$坝宽区域	6	应力相对较小			
河床坝基	帷幕轴线以下	$\frac{1}{3}$坝宽～坝址	8	应力相对较大	12	应力大	坝趾附近数孔
拱坝坝基	两岸拱座、重力墩		10～18	承受较大推大	25～30	地质缺陷处理	沿断、夹层
拱坝坝基	拱座下游端固灌范围处延区域		10～18	承受较大推力	25～30	地质缺陷处理	沿断、夹层
全坝基	断层及交汇带、裂隙密集带、夹层、岩溶强烈区		15～25				

根据上述原则，对整个坝基共设计 4 071 个固结灌浆孔，灌段总长 49 483m。实际施工钻灌的 4 000 个孔，灌浆段总长 49 278.7m，计 7 546 段，共注入水泥量 4 293.95t，注入砂浆量共 891.11t。经 185 个钻孔、473 段压水试验检查，ω 值小于 0.05L/(min·m·m)的有 429 段，占 90.7%，ω 值大于 0.05L/(min·m·m)的 44 段，占 9.3%，详见表 5-1-44。

(3)勘探平洞及揭示的深洞、大口径、小口径钻孔的清理回填。

勘测期间，在坝基范围内不同高程开挖有 2 号、4 号、10 号、12 号、17 号、3 号、9 号、15 号、5 号、11 号十个勘探平洞，总进尺 3 648.07m，直接位于坝基下的有 2 154m 左右，位于坝基轮廓线以外的有 1 494.07m。上述 10 个平洞共揭示溶洞 233 个，直接位于坝基下的 129 个。对位于坝基的 2 154m 的平洞，除基坑开挖时挖掉 546m 左右外，仍存留有 1 608m 的勘探平洞，存留的这部分勘探平洞和坝基以外大坝轮廓线附近的勘探平洞及直接位于坝基下的 129 个溶洞，除坝基排水、大坝监测需要，少部分未回填外，都进行了清挖、200 号混凝土回填。两岸拱座下的勘探平洞清挖回填范围为坝基上下游各外延 10～15m 后，再按 45°扩散到深度为 40～50m 止。留作监测和排水的洞段，系按永久建筑物的要求进行混凝土衬砌。为保证回填质量，在勘探平洞及溶洞顶部预埋了回填灌浆管路，回填后进行回填灌浆。各平洞回填长度、回填混凝土量见表 5-1-45。

表 5-1-44　大坝坝基固结灌浆处理情况明细表

部位	坝基固结灌浆工作量								固结灌浆质量检查工作量						固结灌浆质量评定
	设计工作量		实际完成工作量						压水试验检查孔(个)	压水试验段数(段)	压水试段总长(m)	单位吸水量ω值[L/(min·m·m)]		合格率(%)	
	孔数(个)	灌浆段长(m)	孔数(个)	灌浆段长(m)	灌浆段数(段)	注入量(kg)		单位注入水泥量(kg/m)				ω<0.05的段数	ω>0.05的段数		
						水泥量	砂量								
右岸重力坝(1~6)	227	2 645	219	2 589	397	31 320.3		12.10	11	32	145	30	2	93.8	优良
右岸拱座坝段(7~10)	577	9 807	580	9 657	1 704	442 215	330 220	45.79	27	97	471	96	1	98.96	优良
河床拱座坝段(11~18)	1 661	16 956	1 634	17 479.7	2 256	1 078 428		61.70	77	170	721	138	32	81.18	合格
左岸拱座坝段(19~22)	539	9 501	492	8 822	1 542	920 955	364 212	104.39	21	67	324	64	3	95.52	优良
左岸重力墩坝段(23~26)	851	7 849	863	7 964	1 234	1 802 595	196 677	226.34	39	76	359	72	4	94.74	合格
一级升船机坝段(28~30)	57	810	57	810	133	4 018	3	4.96	3	11		11		100	优良
左岸重力坝段(28~30)	159	1 924	155	1 957	280	14 423		7.37	7	20	89.5	18	2	90	优良
合计	4 071	49 483	4 000	49 278.7	7 546	4 293 954.3	891 109	87.14	185	473	2 109.5	429	44	91.7	

表 5-1-45　勘探平洞回填明细表

平洞编号	底板高程(m)	回填长度(m)	混凝土回填方量(m^3)	回填灌浆方量(m^3)
17号	70	100	400.0	
3号	81.81	100	2 317.7	250
9号	94.05	482.20	7 542.6	1 249.25
15号	101.66	185.50	>1 000.0	
5号	115.10	246	4 663.6	483.75
11号	148.63	坝基内全部挖除		
2号	86.78	368.5	3 460.8	921.25
10号	99.79～101.43	277.5	1 735.1	693.75
4号	120.95	250	1 000.0	
12号	146.85	176.6	1 854.0	441.5
合　计		2 186.3	>23 973.8	>4 039.5

4个大口径钻孔，仅大$_2$号孔位于18坝块下块左侧部位，上部111.65～86m高程的25.65m孔段已随基坑开挖挖除，下部86～71.76 m高程的14.24m孔段存留在坝基之中，对存留的孔段采用乌卡斯冲击钻冲击清理的办法，进行了清挖回填。

坝基范围内，打54个小口径勘探钻孔，仅位于河床坝基的小口径钻孔在早期已封孔回填，而位于两岸坝基的小口径钻孔绝大部分未进行封孔回填，施工过程中也未专门处理。

3. 地基处理评价

由于建设单位精心的管理，设计单位精心的设计，施工单位精心的施工，地质单位充分的前期工作和详实的施工地质工作，其坝基地质缺陷都得到了相应的处理，坝基岩体的工程地质条件也随之得到了明显的改善。但有些地质缺陷处理得不够彻底，如107m高程灌浆廊道北侧、9坝块上块70～100m高程f_{194}、F_{180}之间、10号勘探平洞口F_4断层上盘等处的破碎松动岩块尚未完全挖除；勘探平洞回填顶拱也有脱空现象；右岸301号1号阻滑键口至上游5m左右布设的三根锚桩过短，锚头未进入稳固新鲜岩体中。而这些处理不够彻底的部位，通过固结灌浆和回填灌浆也得到了相应的补救。固灌检查孔压水试验资料表明坝基岩体透水性明显减弱，大坝蓄水位到正常蓄水位后，其坝基水平位移、沉陷量、沉陷差、渗流量、扬压力等都在设计允许值之内，大坝工作状态也很正常，这说明坝基处理的效果是好的。

(二)消力池地基处理

1. 基础开挖

消力池顺水流方向布置，溢洪道中心线(NW7°)略偏左岸，呈不对称不规则长方形，由护坦、尾坎及左右岸边墙等组成。100m高程以下为箱状消力池，护坦底板结构上游宽133.0m，尾端宽112.0m；长168.5m，其中池长153.5m(包括与大坝连接段长29.5m)，尾坎防冲板15m。上游与大坝河床(11～18)坝段衔接，下游过围堰后与第二级消力池相接。原地形高程：河床中部65m，左岸坡脚70～75m，右岸坡脚70m，河床170孔与172孔之间为冲刷浅槽，高程

54～55m。竣工建基面高程一般54～55m，下游尾坎防冲板为一低矮陡坎与护坦连接，而西侧较高，约59～65m。

消力池左侧为低矮岩壁。基础开挖前临河坡面岩石裸露陡峻，直插江底，而110m高程以下是缓坡。坡面总体走向SN，但过下游尾坎后渐转向300°～320°。

右侧边坡走向近SN，过尾端后转向NE30°～40°，边坡十分陡峻，最大坡高达125m（消力池底板55m至坡顶180m），原自然坡下陡（坡角70°）上缓（20°～40°），下游段还呈微倒崖的挺肚凸状坡。其竣工工程边坡有100m、115m、130m、150m和180m等高程，宽5～9m，高15～20m不等的马道平台，180m大平台宽50余米。边坡剖面形态是直立多级梯状。边坡尾端接厂房工程边坡。

清江于1987年12月15日截流后，消力池护坦随河床坝段一起进入土石方开挖。消力池上游30m和右半部开挖于1988年10月，1990年1月相继完成，消力池左半部的开挖，于1991年2月完成。基础开挖深6～22m，河床中部稍浅，除覆盖层全部挖完外，基岩挖深在不同部位有所不同，河床中部3～7m，两岸坡脚处5～20m，而护0～4块、1～4块是冲刷浅槽，低于设计建基面高程，没有基岩可挖，仅将浅槽内的河床冲积物砂卵石清除干净。

左岸边坡上游段60m是1988年6月随大坝一起先行开挖的，下游段则因隧道局左岸平洞施工而滞后，剩余部分于1991年2月全部完成，左岸100m施工道路随之一起形成，施工路宽10余米，边坡后退5～10m，上游左护1至左护3则后退10～15m，坡脚下挖深16～21m。施工路至120m老长火公路边坡后退10余米，公路宽10余米。老长火公路上接原地形缓坡，施工期没有大的改观。人工边坡角70°～80°。

右岸边坡开挖自1988年11月1日开始打预裂孔，至1989年底115m、100m平台及壁面基本形成。为保证1990年汛期右护坡的安全稳定，1990年2月对导墙下游段的页岩坡脚喷护了砼临时保护层，1990年9月底形成14号平洞涵洞箱，铺平了高程100m施工道路。此间在形成边坡的同时，对下游的V-1号危岩倒坡体也已挖除。100m平台以下页岩坡段大部挖到新鲜岩石，但右护9、右护10壁面在64～72m高程以上至100m平台的坡形仍保留原有地形，80～100m高程还堆积了部分施工弃碴。导墙边坡后退：中间6～12m，上游及下游段10～20m，坡角处挖深10～20m，115m平台以上边坡后退较少，约5～8m。人工边坡角灰岩70°～80°，下游底板页岩45°。

边坡开挖均采用预裂爆破成形，对因地形地质存在的超挖地方用手钻进行光面整治。其预裂爆破参数为ϕ100快速钻，孔距0.8～1m，线装药密度250g/m，堵孔长度1.5cm，ϕ75手风钻孔距0.45m，线装药密度100g/m，马道保护层开挖预留3m保护层，采用分层爆破，单耗0.3～0.4kg/m^3，剩余20cm用风镐和人工撬挖。

消力池护坦开挖方式是按规范要求进行的，即预留保护层，再用手风钻浅孔火炮分层剥除保护层至建基面高程，局部范围在风钻孔底部加了软垫层，以减少爆破影响深度。但仍存在装药量过大，以致造成建基面炮窝密集、岩石松动的现象，也有局部因爆破孔过浅或过深，使建基面欠挖或超挖。

2. 建基面的形成及处理

建基面按设计高程进行开挖形成雏形，在最终建基面上留有保护层，用人工风镐将其剥去，然后进行必要的整修和处理，达到最终建基面验收标准，这样既满足了设计断面尺寸，又保证了建基面岩体完整性不因开挖爆破受到明显影响。

基础下挖到设计高程后，仍有地质缺陷残留在建基面上的部位，需要进行地质缺陷的基础处理。其内容包括：①强风化破碎岩体；②沿层面溶蚀充泥带；③活动块石；④岩溶洞穴；⑤断层破碎带等。护坦底板部分仓位的基础地质缺陷处理见表 5-1-46。

表 5-1-46 护坦底板部分仓位地质缺陷处理表

地质缺陷成因		分布位置	处理方式
断层破碎带		坎 6、坎 7、护 8～7、护 6～7、护 5～7、右护 5、左护 3、护 2～1、护 2～9	槽挖
卸荷裂隙密集区		护 3～4、护 4～4	清除松动块石
层间剪切带	201 号	右护 5、护 5～9、护 5～8	清除软弱岩石及破碎岩块
	301 号	护 1～7、护 1～6、护 1～5、护 1～2	
条带风化严重区		护 2～7、护 2～6、护 2～5、护 2～4、护 2～3、护 2～2	掏挖泥软化物及其碎裂松动岩石
断层交汇带		护 1～7、护 2～7、护 3～9、右护 5、右护 6	挖除交汇带破碎松动岩石

对性状差破碎带宽度明显的倾角大于 45°的断层均以槽挖方式进行处理，其槽挖深度按下式计算：

$$H=(1.5\sim2.0)B$$

式中：H 为深度，m；B 为破碎带宽度，m。

对倾角小于 45°的断面处理，按上覆完整岩体不小于 1m 的三角形槽挖。对既是地质缺陷体，整体性较强但又不能挖除的岩块，则采取锚固处理，如护 1～8 由一层面裂隙与北东向小断层及 F_{12} 构成的活动岩块，对挖除它又涉及到 F_{12} 的再次槽挖，这样既没有时间，也没有必要，因而结合砼盖板的锚桩布置，进行了锚固处理。

层面溶蚀充泥带一般是先将夹层连同上覆岩体作三角形槽挖，然后沿层面掏挖一定的深度。在层面上附有大量的黄色泥钙质，又出露在建基面上的，处理办法是用钢刷刷除或用钢钎凿毛，如护 3～4、护 2～4。

对建基面上出露的溶洞充填物进行了清除，如护 4～5 块沿一裂隙发育的溶洞泉，内充塑性黏土，有清水翻出，流量约 10～12L/(min · m · m)，验收前要求将泉水用排水管引到仓中排水沟内。

为了消力池护坦底板砼盖板的抗浮稳定，设计上采用了锚桩锚固砼盖板及封闭帷幕与排水孔的综合处理方式。此外，为更好地降低砼底板扬压力，在每一排中间设置一道排水沟与护坦廊道相通。

对建基面起伏较大的地段，设计上还采取了结构处理，如护 1～9 块陡坎加铺了陡坡钢筋，右护 1 铺设了底层钢筋。

锚桩每结构分块一般 9～16 根，锚桩长 9.3m，伸入基岩 7m(ϕ132mm)，设计抗拉强度 80t/根。锚桩布置：靠上游布置多于下游。为了加固左拱，在左护 0-1～护 0-3、按排间距 2m 布置锚桩，此处相应加密。仓中有地质缺陷的地方，在原设计的基础上重新调整了锚桩的位置或增补了锚桩的数量，如护 1-8、护 4-5 等块。底板锚桩总计 1 078 根。

防渗帷幕孔，总孔深 6 589.96m，其中基岩段长 6 048.03m，砼段 541.93m。单孔深左岸

21.6～22m，基岩段20～20.1m，砼段1.6～1.9 m；坎1至坎8深21.6～22m，基岩段20～20.1m，砼段1.6～1.9m；右岸深22～60m，基岩段20.4～55m，砼段1.6～5m。

排水孔总孔深2 744.64m，其中基岩段2 393.37m，砼段351.27m。单孔深左岸15.6～52m，坎1至坎8一般5.6～16.0m，右岸16～29m。

单孔下游浅，往上游方向逐渐加深。

3. 两侧边墙的加固处理

(1)加固处理。

为了保证两岸边墙的稳定，设计人员对100m施工公路以下护坦导墙，采取了以锚桩为主的锚固处理，同时在每一结构分块内，顺坡面布设排水沟，在不同部位不同高程有针对性地铺设了墙背钢筋和陡坡钢筋。

左岸导墙布置锚桩518根，单根进入基岩深7～9m。为了左岸拱座加固的需要，左护1至左护3在其底板加密了锚桩，其壁面上增加锚桩长度，排间距3m×2m，左护4至左护9锚桩，排间距(3～4)m×3m。左护5因岩石破碎，锚桩孔无法形成，设计上针对此情况于76.5m、82.0m高程分别布设四条水平锚桩洞，洞长7.3～16.5m，左护3壁面F_{33}断层破碎带作了适当挖除。同时，设计上还对左护1高程61～67m的后缘陡坎铺设了陡坡钢筋，导墙在55～90m高程顺坡面基岩均布置了墙背钢筋。

1号岩溶通道布设了排水管。

左岸100m施工公路以上的壁面，作喷护砼处理，其左护1至左护3为左岸抗力体。

右岸导墙布置锚桩246根，单根进入基岩深7m。为右岸拱座加固的需要，右护1至右护4锚桩数量在原设计的基础上相应加密了一些。右护5之后锚桩布置：壁面导墙各3排，每结构分块15根，右护9、10壁面改重力式后，靠重力砼维持边墙的稳定。另外，导墙1、3、6、7、8在不同高程还加铺了陡坡钢筋。

100m平台以上壁面考虑到F_4断层之外的边坡稳定和右拱稳定的需要，在右拱后部边坡上对其还布有系统锚杆与预应力锚束，其目的是使F_4两侧岩体成为一个整体，保持整个边坡和右拱的稳定。预应力锚束穿过F_4面，总计78束，单根长37.5m；布置在右护1至右护3壁面在100～130m高程，与浇筑砼形成右拱抗力体。

(2)排水洞的布置。

右岸F_4之外的边坡存在严重的稳定问题，由F_4与层间剪切弱面组成的块体，经计算与宏观地质判断均是不稳的，设计上对此边坡采取了结构处理，于坡内在F_4断层东侧布置三条南北向排水洞，高程分别为74m、100m、121m，以降低地下水对F_4之外坡体的静动载荷，三条洞上下连成一体构成坡内全排水系统。高程74m与高程100m用ϕ100mm间距2.0m的垂直排水孔串通，形成强大的排水幕，以切断右岸渗流水进入护坦板下。上述三条排水洞的水流分别以自流方式和深井泵抽排至下游河道。

4. 地基处理评价

(1)护坦底板。

护坦底板主要问题是砼板的抗浮稳定问题，对基础岩石的抗压强度要求不高，针对这一特殊情况采取了基础下挖，局部地质缺陷处理以及基础验收整修，最后采取结构处理。总的看来，其底板的基础处理大多数是合乎要求的，能够满足抗冲刷、防渗、抗浮的要求。但由于施工时间紧迫，浇筑仓位大多数是处在四周高的环境中，高处的地表水源源不断向仓中涌来，基础验收时一般都是抽干了的，而在浇砼时，因抽水设备相继拆除以及不够重视，导致砼赶水浇筑的局面，这样对砼浇筑质量会有一定的影响。此外，局部仓位也没有完全按验收小组的意见进行基础整修就开始浇筑砼。

(2)左岸边坡。

整个边坡大部地方基础处理是较好的，地质缺陷已基本挖除。壁面整修一般满足要求，尤其对下列三处存在的问题采取了不同处理方式。

1)左护3壁面F_{33}断层的槽挖不够彻底，仅将表部的碎石清理了一些，但其坡内的松散体基本没有挖除。设计上曾设想利用17号勘探平洞往下游方向打一水平传力柱穿过F_{33}断层的处理方案，以起到加固拱座与保护边坡稳定的双重作用。尽管这个方案未能实施，但砼墙断面尺寸较大，同时还铺设了陡坡钢筋，其边墙稳定得到了改善。

2)左护5壁面的1号岩溶通道附近的岩溶塌陷破碎贴坡岩体尚有部分残留在建基面上，虽然在76.5m、82.0m高程分别布设了四条锚桩洞，但锚桩洞进入新鲜完整岩石的洞段所占比例甚小，因此，其锚固效果是否达到要求尚不清楚。而对岩溶通道所布的排水管和贴坡破碎岩体处所铺粗密陡坡钢筋是有利于边墙稳定的。

3)尾端施工公路以下至防冲板有一凸向河床的三角形岩体，经水力学试验验证，岩体的存在对径流量很大的消力池及下游水力学条件存在不利影响。设计方后来在1993年发电后的枯水期予以挖除。在尾端岩体挖除后，河床到坡顶的岩体将成为一高陡边坡，这对本来就十分破碎且遭受多次人为扰动的边坡岩体来说，又会产生新的卸荷回弹，甚至导致威胁交通隧洞正常运行的边坡变形。因此，设计方采取了延长左岸护坡至加粗墩的加固处理，使得边坡的稳定有了保证。

(3)右岸边坡。

导墙整修是按基础验收标准进行的，一般满足要求，80%以上达到了优良仓位，100m平台外侧壁面上的块体进行了相应的清挖与锚固。但为了整个边坡的稳定，对F_4之外的块体进行了稳定校核处理，坡内布置的三条排水洞已经贯通，已在运行。100m平台以上壁面布设的系统锚杆与预应锚束也已竣工。不稳定的贴坡岩体、破碎松散岩体、倒坡岩体已全部挖除，边坡大为改观。针对边坡结构采取的工程处理措施已全部实施，其边坡的稳定性和安全可靠性得到了加强，特别在如下几处的处理更为明显。

82.5m廊道施工支洞洞脸边坡上由施工产生的挺肚凸起地质体已削除，符合边坡长期稳定的要求。此外，消力池右侧外延端灌浆洞下游洞脸壁面的贴坡凸起体，结合边坡的整治已清除，其稳定性有了改善。

右护1挡水墙处的破碎松动大块体，在右拱抗力施工中已考虑到了对其的加固处理。验收大坝9坝块下块87m高程以上的仓位时，发现2号平洞8号支洞北侧顺100m施工公路后侧坡面坡脚发育几条拉张裂缝，切穿301号层面，宽5～10cm，张缝之外的岩体已有位移。地质人员一致坚持此处的不稳定予以挖除，以保拱座稳定，但经现场研究决定不予挖除，而是采取结构处理措施。地质人员意见在《清江隔河岩枢纽9坝块下块高程87～94m不稳定体地质情况简报》中有详细叙述。

在右岸一定范围内对山坡表面采取了砂浆喷护，设置纵横交错排水沟的处理措施，以减少雨水及雾雨的下渗量，从而保护右岸整个边坡在各种加固措施处理的情况下，能够长期稳定运行。

三、各建筑物地基工程地质条件及评价

大坝由左岸重力坝段、右岸重力坝段、拱座坝段、溢流坝段、左岸重力墩坝段以及升船机坝段6个部分组成，共计30个坝段，见图5-1-19。

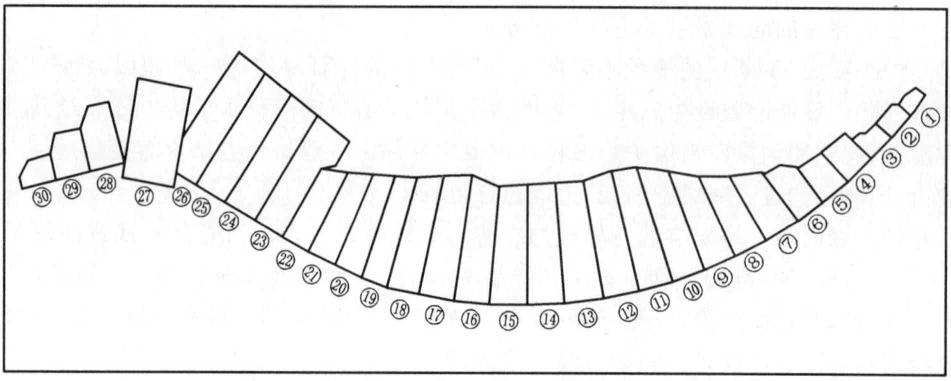

图5-1-19 大坝建基面分段位置图

大坝轴线长653.45m，坝块单宽17～24m，上宽下窄，坝块纵向长：河床75～80.5m，左拱56～74m，右拱38～78m，左岸重力墩75～85m，升船机64m，左岸重力坝17～41m，右岸重力坝12～38m，其坝块长度随建基面高程增加而减少。建基面下挖深：⑦～㉒坝段12～55m，重力墩6～37m，升船机26～42m，左岸重力坝20～44m，右岸重力坝10～32m；河床两岸边坡后退23～65m。

大坝开挖始于1987年初，自1988年12月13日，河床坝段开仓浇筑砼，至1994年2月5日全部覆盖建基面，共验收仓位396个。所有覆盖砼的建基面均进行了地质素描与基础地质验收，其地质编录总面积55 908m^2，其中平面面积37 717m^2，上游壁面面积11 128m^2，坝块间纵向壁面面积5 817m^2，坝后缘壁面面积1 246m^2。

消力池护坦布置在河床溢流坝段下游，由左导墙、护坦底板及右导墙三个部分组成。见图5-1-20。第一级消力池长168.5m，以下接下游围堰与第二级消力池相连，两岸100m施工公路以下消力池宽175～185m，其护坦底板结构宽112.0～133.0m，施工公路以上为两岸边坡。

消力池护坦开挖始于1988年元月，自右岸边坡上游段开始，1990年元月11日护坦底板护7-8、护8-8块开仓浇筑砼，至1991年5月9日护坦底板浇完，1992年5月16日左导墙竣工，1992年7月17日导墙形成。该部共验收仓位421个，地质编录总面积47 046m^2。

大坝建基岩体除两岸重力坝肩部分分布平善坝组灰页岩和右重力坝肩尚有红溪灰岩、上峰尖泥灰岩外，河床坝段、两岸拱座、重力墩、升船机部位均是石龙洞组灰岩，即$\in_1^{3-3}$厚层斑纹灰岩、$\in_1^{3-2}$薄层条带灰岩以及$\in_1^{3-1}$中厚层灰岩。薄层条带灰岩主要分布在河床坝段，出露面积14 770m^2，按泥质条带风化程度分Ⅰ、Ⅱ、Ⅲ区，其中Ⅰ区：1 840m^2，Ⅱ区：8 670m^2，Ⅲ区：4 260m^2。$\in_1^{3-1}$中厚层灰岩则分布在F_{12}以东⑪和⑩坝段北侧建基面上。

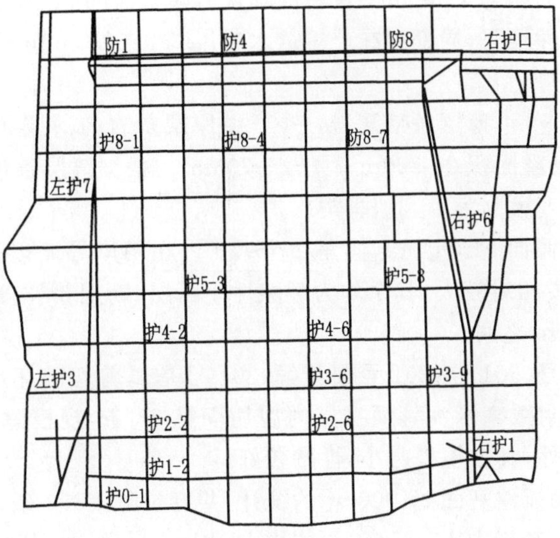

图 5-1-20　消力池护坦建基面地质编录分块位置图

岩层走向一般 70°～80°，倾向 SE，倾角 27°～30°，局部产状有些变陡，岩体不同部位受构造影响不同，其完整性有较大差异，主要构造形迹有层间剪切面和剪切带及层内剪切面、断层、小断裂及裂隙。

层间剪切面有 301 号、302 号，其剪切现象明显，面上附泥钙质膜，属剪切破坏严重而明显的Ⅰ、Ⅱ区。406 号出露在左岸㉙坝段西侧壁面上，发生在平善坝第六段薄层条带灰岩顶部的疙瘩状泥灰岩中，性状相对较好，沿剪切面有泥膜。

剪切带有 401 号、403 号、405 号，发生在页岩层中，因上下均为刚度较大的灰岩，其页岩层在褶皱过程中普遍被挤压搓碎，并经后期风化发育多条泥化条带，整个页岩层表现为剪切破碎，在剖面上甚而有泥化带、糜棱岩带、裂隙密集带及碎裂岩带的构造分带，因而剪切带性状差。

层内剪切面见 40 条，其规模比层间剪切面(带)要小得多，其中 g_1、g_2、g_5、g_6、g_7、g_8、g_9、g_{10} 规模相对较大，面光滑平整，具明显的剪切现象；而 g_{38}、g_{39} 则沿层溶蚀严重，并呈狭缝平扁状顺层溶洞，充填黏土泥化物；对这些性状较差的剪切面均作了基础处理。其余剪切面规模一般甚小，有些被挖除。

断层共见 309 条，长度在 50m 以上 43 条，100m 以上 19 条，断层破碎带宽一般 5～10cm，少部分 10～50cm，极少数 1.0m 以上。多为陡倾角，缓倾角仅见 f_8、f_{194} 等；小断层以方解石泥钙质充填为主，大断层为构造岩充填胶结，沿断层具不同程度溶蚀；发育方向以顺河向和横河向为主。

岩体裂隙发育，据大坝建基面 37 717m^2 的统计，共有裂隙 4 634 条，平均 12.3 条/100m^2；且以构造裂隙为主，爆破裂隙较少，局部的爆破裂隙是沿原有构造裂隙追踪贯通而成，或以炮窝为中心呈放射状；裂隙以中陡倾角占绝对优势，为 4 521 条，占裂隙总数的 97.6%，缓倾角裂隙 113 条，占 2.4%，且多为层面裂隙。

岩溶除河床外，两岸 80m 高程以上溶洞较发育，建基面上揭露岩溶洞穴 130 个，总体积 3 973.87m^3。岩溶分布面积为 795.3m^2，仅占大坝灰岩建基面的 2.1%。

河床近岸地段透水性较强，局部存在严重透水带[ω>0.5L/(min·m·m)]，但其透水性随深度增加有减弱的趋势。

消力池建基岩体为$\in_1^{3-2}$薄层条带灰岩，$\in_1^{3-1}$中厚层灰岩与薄层条带灰岩，$\in_1^{2-3}$薄层粉砂岩夹页岩，底板灰岩出露面积 25 300m^2，页岩 3 700m^2。根据薄层条带灰岩及剪切带斑纹灰岩中的泥质灰岩风化程度可分为Ⅰ、Ⅱ、Ⅲ类。

地基岩层走向 70°，倾向 SE(上游)，倾角 27°～30°。在两岸导墙以下共见断层 197 条，其中 F_{12}、F_{18}、F_{33}、f_{36}等规模相对较大，其余均为裂隙性小断层，断层带宽度除上述 4 条断层大于 0.3m 外，其余在 3～20cm 之间。

层间剪切带见 201 号、301 号，201 号较新鲜；301 号是属剪切破坏严重与风化明显的Ⅰ、Ⅱ区，剪切面连续光滑，附数毫米泥钙质。层内剪切面见 23 条，规模除 g_6、g_7、g_8、g_9、g_{19} 较大且有溶蚀充泥性状较差外，其余规模甚小，性状较好。

裂隙发育，据护坦底板建基面 29 000m^2 的统计，共有裂隙 4 334 条，其中灰岩 3 712 条，页岩中 622 条，平均 100m^2 灰岩中 14.67 条，页岩中 16.81 条，灰岩中裂隙充填方解石及泥钙质，粉砂质页岩中以泥质充填为主。裂隙以中陡倾角为主，占裂隙总数的 98.7%，缓倾角裂隙仅见 55 条，占 1.3%。

所见溶洞不多，在左导墙沿 1 号岩溶通道岩溶发育强烈，此外，右护壁面上见有 6 号岩溶通道，底护 4～5 块见一溶洞泉。

综上所述，大坝及消力池岩体工程地质条件差异较大，夹层断层溶洞等分布具不均一性，因此建筑物的不同部位工程地质条件不尽完全一致。现将各建筑物的竣工工程地质条件分述如下。

(一)大坝左岸拱座(19～22)坝段

左岸拱座部位是由多岩溶洞穴，多勘探平洞、工程平洞、施工平洞组成的洞穴发育群，这些平洞溶洞上下贯通，左右相连，平面平行或异面平行交叉展布，构成了左拱特殊的地质环境，即基础上部为碎裂状斑纹条带灰岩结构，下部是各种平洞溶洞相互贯通交叉而成的岩柱、岩墙、岩块地质分离体，尚有数条缓倾角结构面(302 号、f_8、g_2、g_3 等)平卧于坝基下，与纵向结构面(F_{10}、F_{25})构成不稳定块体，造成该部位地质条件复杂。

1. 建基面形态

坝块长 45～73m，单块宽 15～20m，建基面高程上游 66～112m，下游 80～123m，基础下挖深 12～39m，边坡后退 61～65m，为全径向开挖部位。边坡走向 NNE，倾向河床，为上缓下陡的两级斜坡，下坡段坡比 1∶1.2，上坡段坡比 1∶1.6，拱座前踵后趾均为陡坡壁面过渡到自然坡。此外还有高程 107m 廊道出口齿槽及 F_{10} 防渗井齿槽，均分布在㉑～㉒坝段上块，高程 107m 廊道齿槽以南是沿$\in_1^{3-3}$灰岩顶部挖成的倾 SE 的灰岩层面建基面。

2. 建基岩体及其局部地质缺陷处理

建基岩体主要是石龙洞组$\in_1^{3-3}$厚层斑纹灰岩，⑲～⑳坝段下块见$\in_1^{3-2}$薄层条带灰岩，斑纹与条带均具不同程度的风化，沿 g_9、g_{10} 两侧泥灰岩条带风化明显，为Ⅰ区，其余条带风化为Ⅱ区。

岩体中沿薄层条带与斑纹灰岩层面明显剪切溶蚀充泥的剪损面 6 条，这可构成左拱抗滑稳定的滑移面与顺河断层切割面一起组成左拱滑移块体。除 g_{31} 规模较小性状较好外，其余 5 条规模大，性状差，最具工程意义的是 g_2、g_9。g_2：产状走向 70°～75°，倾向 SE，倾角 28°～30°，面光滑平整连续，面上附黄色泥钙质，面间夹 1～2cm 的黄色黏土，面上盘的岩石受挤压剪切，岩石被压碎，局部呈架空结构，性状较差，从㉙坝块轴线延至㉒坝块外。g_9：产状走向 70°，倾向 SE，倾角 25°～30°，是由极薄层灰岩与黏土条带组成的，呈黏土包碎石状，性状软弱，变形模量低，厚 10cm 以上。

302 号层间剪切面自⑲坝块右上角往⑳坝块左下角延伸，厚 50～90cm 不等，由薄层疙瘩状泥灰岩夹中厚层灰岩组成，剪切面连续具明显剪切位移迹象，是左拱块体滑移的控制面。

左拱部位共见 31 条断层，其中以 F_{10}、F_{10-1}、F_{25}、f_8、f_{164}、f_{128} 规模较大。F_{10}、F_{10-1}、F_{25} 为走向 340°～350°，倾 SW，倾角 70°～80°的陡倾断层，是左拱块体滑移的侧向切割面，f_8 为一顺层发育的缓倾角断层，是左拱块体可能滑移的滑动面，f_{164}、f_{123} 是平行坝轴线，走向 290°～320°，倾 NE 的陡倾断层，这 6 条断层性状较差，沿断层溶蚀风化强烈，破碎带均有一定的宽度。F_{10}、F_{25}、F_{10-1} 宽 0.3～1.2m 方解石泥钙质胶结的构造岩，沿断层溶蚀率高，有些呈狭缝状，有些则为泥化及灰华物充填。基余断层规模较小，一般长 15～40m，破碎带宽度 1～15cm。

建基面揭露溶洞 19 个，其中 16 个分布在 $\in_1^{3-3}$ 厚层斑纹灰岩之中，3 个分布在 $\in_1^{3-2}$ 薄层条带灰岩中（规模甚小）。建基面以下溶洞总体积约 494.5m³，规模较大者有 $9K_4$、$5K_5$、K_{23}、$5K_3$、K_9、K_{18}，其单个体积分别为 200m³、164m³、50m³、21m³、14m³、11m³，其余均小于 10m³，洞内充填泥软化物及碎石夹黏土。

建基面内共编录裂隙 537 条，以陡倾角为主，缓倾角仅见 15 条，占裂隙总数的 2.8%。大多数为方解石泥钙质胶结，裂隙一般长 5～9m，大于 10m 者较少。局部地方因施工爆破原因，见有沿构造裂隙追踪贯通的裂隙，呈张开状，缝宽在 1cm 以内。

5 号、9 号、11 号岩溶通道在开挖后的建基面上未见集中出水点，沿有些裂隙面有渗水现象，说明上述三个岩溶通道经过施工在平洞回填砼基础处理后改变了原来的径流途径。施工期间建基面上的施工用水经过消水溶洞有一股水流到 15 号勘探平洞内沿 $15K_3$ 流出山体到护坦河床。

3 号岩溶通道的水在⑱号坝段轴线上游壁面上排泄。针对上述地质问题，对建基面及基础岩体进行了综合基础处理，建基面揭露的岩溶洞穴均进行了清挖回填砼，F_{10}、F_{10-1}、f_{164}、f_{123} 断层破碎带作了抽槽处理，张开缝隙及溶蚀缝隙预埋了灌浆管。如沿 f_{164} 预埋灌浆管 9 根，影响拱座稳定又出露在建基面附近的破碎松动岩体大部分已挖除，残留在建基面上的局部不稳定岩体预埋了锚筋，如㉒坝段高程 107m 廊道齿槽北侧一活动块体预埋了 8 根 3.5m 长的锚筋。对可能滑移块体的滑移面作了深层处理，即沿滑移面布设阻滑键，使其置换砼后的块体抗滑安全系数 $K_c \geqslant 3.5$。对基础进行普遍固结灌浆，坝基内勘探平洞回填了砼。

3. 评价

左岸拱座基础岩体均为石龙洞组灰岩，就岩体本身而言，是建坝的良好岩体，但由于断层发育，剪切面多，各种洞穴分布密集，给拱座稳定与变形带来了复杂的工程地质问题。经过基础处理，工程地质条件有了改善。

通过施工与地基处理，进一步查明了各种结构面的空间分布与性状好坏，根据揭露的最新资料，对302号剪切带的工程地质分区重新进行了划分。302号夹层面受NWW断层切割形成了很多小陡坎，沿倾向方向上其面呈波状起伏，考虑到滑移面的爬坡角及沿陡坎滑移将切断部分岩石，其力学参数较原先设计采用值有所提高，经计算，并与有关单位研究，f 值可由原来的0.411提高到0.5。对 f_8 断层，考虑到其断面的变陡及其向山里延伸逐渐变好，断面闭合等有利因素，f 值由原来的0.411提高到0.45，这为阻滑键的设计优化，减少砼置换面积提供了地质依据。

竣工地质条件进一步证明，勘察期间提出的块体稳定问题是左拱主要工程地质问题之一，确定块体滑移面，侧向切割面的地质边界条件是正确的。

根据调整后的力学参数进行优化设计，对302号、f_8 阻滑键减少砼置换面积是合理的（302号置换面积从 $984m^2$ 减到 $750m^2$，f_8 置换面积从 $290m^2$ 减到 $190m^2$）。但因施工中置换的砼未达到设计要求，据302号夹层4号、5号阻滑键取样测试，大部分试样的抗压强度为100～$150kg/cm^2$，最低者仅 $60kg/cm^2$，与设计的 $250kg/cm^2$ 抗压强度相差甚远，这些砼埋在坝下无疑是把人造弱岩作为了拱座坝基。由于低强砼抗压强度、抗剪性能远小于设计指标，于是设计上采用了挖除低强砼，重新回填 R_{28}、250号砼的处理措施，并在下游增设一条阻滑键。尽管如此，其302号阻滑键仍存在一定的问题，如置换面积欠缺。据统计，302号有效抗滑面积（包括溶洞、15号平洞，增设的7号阻滑键）仅有 $645m^2$，离要求置换的最小面积 $750m^2$ 尚欠 $105m^2$，而且还有少部低强砼（4号 F_{10} 西侧，5号南端）未挖除。因而拱座抗滑稳定是否得到足够的保证，尚不十分清楚。

各种平洞在开挖期间，因上下轮番轰炸对岩体损伤较大，破坏了基础岩体的完整性，造成地下一定深度的松弛带，对这些基础及平洞处理的好坏也是影响拱座运行安全稳定因素之一。

5号、9号、11号等岩溶通道，勘察期间常年有水流入清江，施工期间的建基面施工用水部分通过岩溶通道上的消水溶洞汇集于地下，径流方向东偏南。大坝帷幕基础固结灌浆形成后，将截住地下水向南坝基的运移，这势必造成对基础岩体的静动水压力及扬压力，也可能使幕后地下水抬高。应加强对地下、地表水的疏排，减少地下水对基础岩体的不利作用，作好帷幕地下水长期观测工作。

(二)大坝右岸拱座(⑦～⑩)坝段

右岸拱座是由几条主要大断层相互交叉切割组成的破碎岩体区，断层破碎带及其交汇区规模大，性状差，对变形会带来较大影响，由层间错动面与纵向切割面构成的3个块体是影响右拱座稳定的关键块体。上述两个问题是右拱座存在的两个主要地质问题。右岸拱座结构面贯通性好，切割面滑移面明显，块体轮廓清楚，基础岩性不均，可以看出，右岸拱座工程地质条件十分复杂。

1. 建基面形态

坝块长38～78m，左长右短，宽17～23m，上宽下窄，建基面高程从河床至坡上64～149m，基础下挖深15～45m，边坡后退23～61.5m，10坝段是缓坡，高程64～71m；⑧～⑨坝段为走向约340°倾河床的陡坡；⑦～⑧坝段前部为中等倾角的斜坡，后部抽有NE向深宽大斜槽，槽深8～10m。总之建基面形态极不规则。

2. 建基面岩体与地质缺陷处理

建基岩体：F_{180} 南东侧为石龙洞组 $\in_1^{3-3}$ 厚层斑纹灰岩，分布在⑦～⑧坝块上块；F_{180} 北西为$\in_1^{3-2}$薄层条带灰岩及$\in_1^{3-1}$中厚层、厚层灰岩；$\in_1^{3-1}$中厚层、厚层灰岩主要分布在⑩坝段中下块，F_{16}、F_{180}之间于⑦坝段下块有一少部分$\in_1^{3-3}$厚层斑纹灰岩。厚层灰岩一般新鲜完整，薄层条带灰岩的泥钙质条带厚0.2～0.5cm，薄层灰岩单层厚2～3cm，具明显的挤压揉皱，泥钙质条带风化严重。呈黄色粉末状，沿层面发育剪损溶蚀现象。

岩层产状大部分与坝区一致，产状为：走向70°，倾向SE，倾角28°～30°，但在F_4、F_{16}、F_{180}断层交汇带内，产状变异较大，为走向40°～50°，倾向SE，倾角35°～45°。主要构造有断层、剪切面及裂隙。

断层共见32条，发育方向按走向分三组：①NE20°～40°；②NNW340°～350°；③NWW290°～300°。规模较大者有F_4、F_{16}、F_{180}、f_{194}、F_{33}断层。F_4断层走向340°，倾向SW，倾角60°～70°，上缓下陡，破碎带一般宽0.3～0.5m，为方解石胶结角砾岩、糜棱岩及碎裂岩，胶结疏松，沿断层普遍溶蚀呈空缝及充泥，断面力学强度低，是右拱座不稳定块体纵向切割面。F_{16}：走向30°～40°，倾向SE，倾角45°～52°，断层带宽0.4～0.9m，为方解石泥钙质胶结的角砾岩、碎裂岩，胶结疏松，呈碎块碎片状，沿主断面夹1～2cm的黏土，是右拱不稳定块体的纵向切割面。F_{180}：走向25°～40°，断层陡峻两边倾斜，以倾NW为主，断层带宽0.3～1.0m，由角砾岩、糜棱岩及碎裂岩组成，泥钙质、方解石胶结疏松，沿断层溶蚀强烈，分布多个串珠状溶洞，如$4K_7$、$4K_2$等，充填泥软化物。上述三个断层是张扭作用下形成的，断层之间发育较多的次一级小断层结构面如F_{4-1}、F_{4-2}、F_{16-1}、F_{16-2}等，均与三断层呈小锐角相交或平行主断面发育。由于三个断层的相交挤压错动，且交角甚小，又相向对倾，造成了断层交汇岩体破碎区。交汇区内微细裂隙繁多，岩体呈碎裂碎片状，岩层产状变陡，风化软化现象普遍，基础岩体软弱，岩体质量较差。f_{194}产状走向60°～70°，倾向SE，倾角30°～40°，切层发育，面光滑连续，充填泥钙质，厚0.5～2cm，面间夹数毫米的塑性泥。F_{33}：走向280°～300°，倾向NE，倾角70°，带宽0.1～1.0m，为灰岩碎裂岩及碎块岩，块石间夹泥，主要分布在10坝块，然后斜穿护坦到左导墙。其余小断层规模较小，一般长20～50m。在上述断层交汇的⑦～⑧下坝块，岩体完整性差，变形模量低，而F_{180}断层南东盘岩体厚度大，完整性好，所以右拱基础岩体质量及完整性极不均一。

层间剪切面有301号、302号。301号分布在⑨下坝块和⑩坝块中块，由厚0.5～0.7m的疙瘩状泥灰岩及角砾状泥质灰岩组成，剪切面明显，但性状相对较好。302号分布在7～8下块F_{180}、F_{16}之间，产状较陡，由厚0.4～0.7m疙瘩状泥灰岩夹中厚层灰岩组成，剪切面附泥钙质，疙瘩状泥灰岩风化呈黏土包碎石，泥灰岩有炭化现象，顺剪切面见片状糜棱岩，性状较差。上述两剪切面是右拱不稳定块体的控制滑移面。

层内剪切面共有10条，其中g_7、g_8规模较大，从建基面⑩坝段下块延出坝体，面光滑附泥钙质。g_5、g_6已挖除。g_{88}有较严重溶蚀充泥，g_{38}沿层面溶蚀呈扁平狭缝状溶洞，规模大，性状差，充填黏土夹砂卵石、碎石，其余规模甚小。

建基面上溶洞发育16个，总体积约521.9m³，单个体积以$2K_4$、K_{22}、$4K_2$、$10K_1$、K_{28}、K_{31}、g_{39k}规模较大，分别为200m³、22m³、18.5m³、11m³、47m³、30m³、180m³，其余均小于5m³，这些溶洞主要沿断层发育，尤其大溶洞是沿F_4、F_{16}、F_{180}等大断层发育的，而g_{39k}则沿剪切面溶蚀发育呈顺层扁平状溶洞，洞内充填泥软化物及碎石。位于⑦坝块坝线外部的K_{881-1}，规模甚大，堆积碎块石。

裂隙共测得539条，以中陡倾角为主，缓倾角仅见22条，占裂隙总数的4%，方解石充填为主，有些具溶蚀现象，少部分裂隙在施工爆破影响下有追踪张开现象。

右拱座建基面处在一个较为复杂的地质环境之中。施工过程中，对各种地质问题均作了妥善处理，尤其是 F_4、F_{16}、F_{180} 交汇带内的破碎松动低强岩体作了深挖回填，并在其抽槽底部建基面铺设了底层和陡坡钢筋，并沿 F_{180} 断层预埋了 7 根灌浆管。⑨坝块纵向壁面上块的危险块体，虽然有些块体未按地质意见处理，但大多也作了必要的基础整修与补强措施，如部分明挖和设置结构锚筋、骑缝灌浆管等。建基面上的所有溶洞、溶缝都进行了清挖回填砼，坝前、坝后的溶洞也按要求作了适当清挖，如 K_{881-1}、K_{28} 作了较为彻底的清挖回填工作，使坝基应力范围的地质缺陷得到了处理。拱座滑移块体的滑移面(301 号、302 号)，切割面(F_4、F_{180})进行了深层置换砼处理，处理后抗滑稳定安全系数要求达到 $K_c \geqslant 3.5$。基础底部进行了普遍的固结灌浆，对施工中的质量问题也作了妥善的补强处理，如 4 号平洞灌浆试验脱空段重新回填砼。这些处理措施的实施使得拱座稳定有了基本的保证。

3. 评价

右岸拱座是一个由断层交汇破碎疏松低强岩体造成的变形稳定问题和由结构面组合块体造成的抗滑稳定问题并存的部位。基础岩体虽为石龙洞组灰岩，但由于断层的强烈切割交汇形成的断层带及其交汇区岩性软弱，变形模量低，易于产生不均匀变形。此外，尚有结构面构成的滑移块体危害大坝安全，所以右拱地质条件较为复杂。经过基础和深层处理，工程地质条件有了很大的改善，但局部还存在一些问题：一是⑨坝段上块纵向壁面 72～104m 高程贴坡岩体，仍有残留在建基面之上的，未作彻底处理。二是⑨坝段下块 87m 高程以上 F_4 之外的块体是一个不稳定的块体，结构处理未完全按现场技术协调会与基础验改意见进行，仅打 3 根 9m 长的锚桩，显然未穿过 F_4 面，其锚固效果达不到预期的目的。三是 301 号夹层 1 号阻滑键与 F_4 断层 1 号置换洞的顶拱回填灌浆管，在大坝施工过程中大部分被堵塞，顶拱能否灌好也不清楚。而且部分变形监测仪的电线被钻孔打断，使其不能发挥作用，洞键工作状态如何尚不十分清楚。

从右拱竣工地质条件看，勘测期间对右拱的地质评价和块体结构面的确定与施工开挖的情况基本相符，大的断层结构面、层间剪切面以及岩体结构均在拟定的范围内，按照地质人员长期坚持的意见，挖掉 F_4、F_{16}、F_{180} 断层交汇带是保证右拱稳定的重要措施之一。通过右拱地质缺陷的处理，较好地解决了质量与工期，拱座结构形态与地质缺陷处理的矛盾。断层交汇带的地质缺陷处理较为彻底，满足基础地质处理要求。

(三)溢流(⑪～⑱)坝段

河床溢流坝段是由(⑪～⑱)坝段共 8 个坝段组成的，布置在原清江河谷中，基础岩体是层状多风化条带状薄层灰岩，主要工程地质问题是顺河向断层发育导致的渗透性与层状风化条带产生的压缩变形问题。

1. 建基面形态

坝块长 75～80.5m，宽 17～24m，上宽下窄，建基面中部平坦，两侧为缓坡接左右岸拱座建基面。建基面高程：河床中间 55m，起伏差 0.5m，左侧 55～80m，右侧 55～64m，分布在⑬、⑯下坝块的集水井高程约 51m，在⑮、⑯下坝块处有一不规则的浅坑，坑深 1～2m。

2. 建基岩体

F_{12} 以西为石龙洞组 $\in_1^{3-2}$ 薄层条带灰岩，坝轴线以南外侧为 $\in_1^{3-3}$ 厚层斑纹灰岩；F_{12} 以东，南部是$\in_1^{3-2}$薄层条带灰岩，北部是$\in_1^{3-1}$中厚层、厚层灰岩。薄层条带灰岩中的泥钙质条带均呈不同程度的风化，按风化程度分为三个区类。根据河床溢流坝段统计，其中Ⅰ区面积1 840m^2，Ⅱ区8 670m^2，Ⅲ区4 260m^2，分别占风化总面积的12.5%、58.7%、28.8%，且风化深度大，建基面以下一般风化深度25～35m，最大47m。各风化区分布位置详见《湖北省清江隔河岩水利枢纽大坝及消力池竣工工程地质报告》。此外沿层面有卸荷回弹现象，拉裂呈张缝，在护15下填塘及两个集水井壁面均可见到。

断层共见157条，规模较大者有F_{88}、F_{26}、F_{12}、F_{13}、F_{19}、F_{188}、f_{16}、F_{26}、f_{106}、f_{136}，$Tf_1(f_{101})$、$Tf_{47}(f_{36})$、f_{142}、F_{32}，其中F_{12}、F_{13}、F_{26}、f_{19}、f_{36}顺河向展布，破碎带宽度较大，一般0.3～1.0m，带内构造岩胶结较疏松，可以构成坝下渗流的通道；F_{33}、F_{32}、f_{101}、f_{36}、f_{16}、f_{106}、f_{26}、f_{136}斜切河床，走向NW—NWW，以F_{33}规模最大，为碎块石夹泥，宽0.2～1.2m；F_{188}平行坝轴线，断层带宽0.2～0.4m，充填方解石及方解石胶结的角砾岩，断层张开。其余断层规模甚小，长度在50m以下。

层间剪切面有301号、302号两夹层。其中302号主要分布在F_{12}以西坝轴线前缘附近，301号分布在F_{12}以东建基面上。301号：65°～72°，倾向SE，倾角26°～30°，发生在$\in_1^{3-1}$顶部疙瘩状泥灰岩中，泥灰岩风化明显，主剪面上见黄色泥软化的泥膜，厚1～3mm，沿剪切面部分溶蚀充泥厚1～1.5cm，在与断层交汇的地方，剪切带性状变差，如与F_{13}相交处，岩体破碎成碎块，泥灰岩风化呈黄色黏土状。302号：发育在$\in_1^{3-2}$顶部疙瘩状泥灰岩及顺层展布的斑纹灰岩中，沿错动面见方解石及泥钙质薄片，疙瘩状泥灰岩中的泥钙质条带已全部风化呈土状，在与断层裂隙交汇处泥化现象更为严重。

层内剪切面有10条，一般规模较小，沿层面剪切发育而成，充填泥膜，厚0.3～5cm。

基坑见42个出水点，流量较小，一般在2L/s以下，多数是沿层面流出的，少数沿裂隙断层流出。这些涌水来源，大多是因编录基坑低于四周而导致周围的施工用水和裂隙渗水，通过这些泉水点涌向基坑。

建基岩体裂隙发育，编录裂隙2 151条，以中陡倾角为主，缓倾角仅见69条，占裂隙的3.2%。裂隙长一般5～9m，大于10m者很少，充填物以方解石胶结为主，泥质充填者较少，一般胶结紧密。

未见岩溶洞穴，但沿断裂、层面有溶蚀现象。

综上所述，由于各种不同结构面对岩体的高密度、多序次的割切，使得建基岩体块度小，完整性差，以及沿薄层条带的风化、软化与开挖卸荷回弹、层面拉开等，在这些综合因素的作用下，基础岩体承载力低，抗压强度小，变形模量不大，在大坝载荷作用下，建基岩体易于产生压缩变形。

3. 建基面整修与地基局部处理

针对上述地质问题，施工中采取了相应的结构处理，基础清挖与基础补强，经验收基本符合整修要求。⑭、⑮下坝块薄层条带灰岩风化严重，采取了深挖填塘及铺设陡坡钢筋，⑯、⑰坝段因薄层条带灰岩风化普遍，建基面上铺设了并仓钢筋网，⑪下坝块F_{33}、F_{13}、301号交汇区破碎岩体在大范围内进行挖除回填砼，使其地基有了较大改善；但由F_{13}、301号及f_7围限的孤立块石未挖除，采用3根锚筋锚固处理。为补强顺河向断层并防止库水的渗透和帷幕的顺利形成，在其断层明显溶蚀呈空缝状的地方，布设了骑缝灌浆管，如F_{12}、F_{26}等断层，均布置了一定数量的灌浆管。为铲除上游坝轴线附近建基面上的302号夹层，也尽可能地降低了建基面高程，把302号铲挖至坝轴线之外。对F_{12}破碎带也进行了槽挖处理，溶蚀充泥面均进行了适当的掏挖。设计上对基础进行了普遍固结灌浆处理，这对提高基础岩体完整性及抗压强度有明显的效果。在⑬下坝块进行了灌浆前后的声波测试，检测结果表明：①纵波速度大于4.30km/s的孔段通过灌浆处理后，波速有明显的提高，一般提高率为5%～10%；②低速带岩体灌浆后纵波速度提高率一般为9.3%～21%；③灌浆处理后仍有一些孔段存在纵波速度(v_p)小于4.0km/s或小于等于灌前纵波速度(v_p)的，这说明有些地段灌浆效果较差。

4. 评价

河床坝段F_{12}以西，基础岩体单层厚度薄，泥钙质条带风化明显，沿薄层条带灰岩层面卸荷张开，断裂发育，岩体抗压强度较低，变形模量小，地质条件复杂；F_{12}以东，由于F_{12}、F_{13}断层皆平移顺扭，造成石牌页岩向南平推数十米，致使建基岩体$\in_1^{3-1}$灰岩的厚度变小，且因扭动作用，岩体完整性差。由这些地质作用产生了众多地质缺陷，但经过处理后，工程地质条件有了明显改善，地基的强度、岩体的完整性均得到提高，从竣工地质条件看，勘测期间所作的评价与施工开挖的情况基本相符。

对建基面上的局部地质缺陷大多按地质意见作了处理，建基面的基础验收，除⑪下坝块60.5～62.5m高程缓坡段地质方面持保留意见外，其余仓位均已签字验收。

(四)左岸重力墩(㉓～㉖)坝段

大坝左岸150m高程以下为拱坝。在坝址处河谷不对称，左缓右陡，左岸地形在120m高程以上为缓坡，不能构成拱座抗力体。为弥补地形的不足，保持与右岸相应高程上的拱座抗力体，需在左岸设置重力墩。重力墩由(㉓～㉖)坝段共4个坝段组成，基础岩体为溶蚀程度不一的厚层状灰岩，由于建基面开挖深浅差异和不同部位溶蚀程度的不同，造成岩性、地质条件不甚均一。其主要工程地质问题是北西向陡倾结构面发育，沿其大的结构面强烈溶蚀，并形成地下岩溶通道，导致地基岩石不均、完整性差异较大。

1. 建基面形态

坝块长75～85m，单块宽一般22m，建基面高程114～141m，南低北高，总体倾向SE。基础下挖深：坝轴线30～37m，坝趾6～12m，㉓和㉖坝块前部沿灰岩层面形成倾向SE的建基面，㉔、㉕坝块下块沿EW向结构面抽成宽浅槽，深4～7m，宽8～14m；㉓中下坝块东侧为陡倾面与㉒坝块相连，㉖中上坝块西侧为陡坎与㉗坝块相连，并对建基面上发育规模较大的溶洞挖成深度不等的坑槽；㉓下坝块建基面极不规则，正负地形相间出现。

2. 建基岩体

建基岩体：均为石龙洞组$\in_1^{3-3}$厚层斑纹灰岩，其岩性一般新鲜，但沿层面及斑纹具不同程度的风化，在断层和裂隙面附近，风化程度加剧，尤其是在基础浅挖的下块岩石强烈溶蚀风化，表现为溶蚀缝隙围限的岩石呈孤立状，洞穴、溶缝相互贯通。

断层实测编录32条，其中f_{217}、f_{222}、f_{230}、f_{173}、f_{240}、f_{224}、f_{235}、f_{164}、f_{236}、f_{227}、F_{10}等规模较大，这些大的断层，除F_{10}走向345°～350°外，其余多为走向300°～320°方向的断层。横切坝基穿越重力墩的断层f_{164}、f_{173}、f_{230}三条，长度在100m以上。f_{230}宽2～5cm，方解石胶结，性状较好；f_{164}、f_{173}沿走向岩溶发育强烈，并溶蚀形成宽大深狭缝和落水洞，成为地下岩溶通道；F_{10}自㉓中坝块中部往北西345°方向延伸进入㉔下坝块北东角出坝趾，宽0.4～1.0m，为方解石胶结的角砾岩，一般胶结紧密，在主断面上附泥膜。其余规模较小，长 20～45m。

建基面上揭露大小溶洞 55 个，总体积 1 587.82m^3，单个体积较大者有 K_{66}、K_{59}、K_{56}、K_{74}、K_{96}、K_{91}、K_{95}、$5K_1$，分别为 250m^3、125m^3、18m^3、710m^3、96m^3、115m^3、15m^3、12m^3，其余规模均小于 10m^3，这些溶洞大都沿结构面发育，尤其是沿强烈溶蚀的断层带分布，一般充填黏土碎石，其溶洞在建基面上分布很不均一，几乎都分布在坝基下块，这是由于重力墩下块普遍开挖较浅，其建基面还部分处在强烈溶蚀风化带中的缘故。

重力墩㉓、㉔上坝块初始建基面形成时，在厚层灰岩顶部与$\in_1^{4-1}$页岩接触处，普遍存在风化球状的含黄铁矿泥灰岩层，性状较差。

据㉓下坝块实测资料，建基面发育 12 个溶洞，分布面积 172.5m^2，占建基面 538m^2 的 32%。其建基面仍在强烈溶蚀风化带中，以致给基础整修带来极大麻烦。仅洞穴就清挖长达 3 个月之久。

地质编录裂隙 860 条，以高倾角为主，计 736 条，占总数的 85.5%，缓倾角 4 条，占 0.5%，充填物以泥钙质及方解石充填为主，共 701 条，占 81.5%，裂隙性状一般较好，仅少数为泥软化物充填或溶蚀张开。

3. 建基面整修与地质缺陷处理

建基面开挖形成后，需要进行严格的基础整修，以保证基础岩体质量和建基面平面尺寸、轮廓、高程等满足设计要求。其建基面整修是在初验、地质素描及终验过程中进行的。

对建基岩体中存在的地质问题和缺陷均作了基础清挖、结构处理和补强措施。重力墩后部由于设计开挖较浅，使其设计建基面上存在大量的溶洞和顺断层强烈溶蚀深大宽缝，地质条件很差，对重力墩受力不利。针对这种情况，基础验收小组在现场协调会上作出沿强烈溶蚀风化带抽槽和溶洞逐个清挖的处理方案，并辅以必要的补强措施。如沿 f_{164} 溶蚀宽大深缝跨坝块的溶洞清挖方量达 710m^3，挖深一般 3～8m，最深在 11m 以上，K_{66} 挖深 5～7m，清挖溶洞充填物 250m^3，K_{91}、K_{96} 分别清挖深 11.5m^3 与 8m^3。对这些处理难度较大的地质缺陷，建设部门投入了大量的人力，并花费了较长的时间，这样使得坝段下块地质缺陷处理较为彻底，其他部位沿断层的溶蚀以及溶蚀破碎带也作了局部的槽挖和清理工作，如㉓中坝块下游分缝处的抽槽，东侧破碎岩体的挖除，在溶洞缝隙清挖后，基础验收又采取了补强处理，如在 K_{96}、K_{91}、K_{95}、K_{66}、K_{56}、K_{173}、K_{164} 分别布置砂浆管和灌浆管，以提高基础岩体的完整性和砼回填与基础岩体整体性。

位于㉓和㉔坝段上游沿灰岩与页岩接触面形成的初始建基面上，存在一层厚 0.2～0.3m 的含黄铁矿的泥灰岩风化层，其黄铁矿在地下水作用下，易于氧化成硫酸，对大坝砼产生侵蚀破坏。因此对其黄铁矿球状风化层采收了预裂爆破，这样既保证了风化层的全部挖除，又保证了建基岩体的完整性。建基面上的所有松动岩块、浮碴、水垢、裂隙密集带等在基础验收之前均作了相应的处理，沿层面溶蚀充泥也作了适当的掏挖，暴露在建基面上的结构面若附有黄色泥软化物时，其处理办法是用钢刷刷除并凿毛。通过上述基础处理的建基面整修后，地基满足验收条件。此外，地基还进行了普遍的固结灌浆处理，设计部门对横切坝块性状较差的断层在建基面上铺设了底层限裂过缝钢筋，如 f_{164}、f_{173} 等，㉓下坝块布设了底层钢筋，㉓中坝块东侧和㉖中坝块西侧还布设了陡坡钢筋，这些处理措施的实施，使得建基岩体的完整性大为提高，工程地质条件有了明显的改善。

4. 评价

建基岩体为石龙洞组厚层灰岩，在没有遭受严重破坏的部位，岩体完整性好，强度高。但由于断层切割溶蚀等地质作用以及开挖较浅，坝段下块及局部地段岩溶发育、岩体破碎，工程地质条件较差。经过对岩溶洞穴的逐一清理，断层结构面的结构补强，其基础岩体条件有了明显改善，可以满足坝基强度要求。尤其是回填了砼的岩溶洞穴起到了锚桩的作用，对抗力体重力墩的抗滑十分有利。

建基面竣工地质条件表明，NW 向陡倾结构面极其发育，其下岩溶通道就是追踪这些陡倾结构面发育而成的，并沿这些结构面发育串珠状落水洞与地表相通，构成地表地下排水系统，如 11 号岩溶通道沿 f_{173}、9 号岩溶通道沿 f_{164}、f_{227} 发育。在平善坝盖板挖除后，其接触面下的灰岩中岩溶洞穴千疮百孔，这表明地下水沿灰岩顶部南移受阻后，不得不改变流向，沿结构面向河床排泄，这就是造成岩溶发育和地下管道流垂直河床的重要原因。

建基面地质缺陷处理再次说明，在地质条件复杂的地段，基础开挖不按地质人员的意见进行，想利用减少开挖深度来达到节约工程投资，加快施工进度，其结果将是事与愿违的。

(五)升船机(㉗)坝段

船闸布置在左岸，于重力墩与左岸重力坝段之间通过，所在的坝基部位为船闸一级垂直升船机，其地基为裂隙性厚层状灰岩，岩性质地均一，但下块受断层切割、岩溶化作用，地质条件又变得较为复杂。

1. 建基面形态

坝块总长 63.5m，宽 34m，结构上分上中下三块，长分别为 24.3m、17.7m、21.5m。建基面由前后两个平台组成，中间为一高 7～8m 的陡坎。前平台长 23m，建基面高程 133.4～134.2m，地形较为平坦；后平台长 39m，建基面高程一般 141.1～141.5m，其后平台中间抽有 EW 向宽浅槽，深 2～3m，宽 6～8m，槽北沿 K_{100}、f_{240} 掏挖深 5～7m，宽 2～6m 的台阶形沟槽至坝趾外。建基面西侧为陡坎上升到㉘坝块，东侧中部是矮坎下降到㉖上坝块，建基面坝前趾后均为人工开挖陡坡。

2. 建基岩体

建基岩体，为石龙洞组 $\in_1^{3-3}$ 厚层斑纹灰岩，岩石一般新鲜完整，质地良好。但沿断层裂隙有溶蚀风化现象，在断层交汇带及强岩溶地段，岩石性状变差，完整性变差，结构破碎，呈裂隙块体或碎裂块状块石及裂隙围限的松散孤石块石。

岩层产状：走向 65°～70°，倾向 SE，倾角 25°～27°，其主要构造有断层、裂隙。

穿越建基面和在其上出露的大小断层共 20 条，规模以 f_{240}、f_{173}、f_{253}、f_{230} 四条较大，长度超过 50m，其他规模较小，长度在 25m 以下。f_{240}：走向 330°，倾向 SW，倾角 85°，自㉖上坝块往 NW 方向延伸至坝后缘壁面上继续朝前发育，无明显构造岩，沿断层强烈溶蚀，宽 0.2～1.0m，建基面以下可见溶蚀深 4～7m，全为黏土充填，在闭合处断面附泥钙质。f_{173}：走向 285°～295°，倾向 NE，倾角 65°～75°，横穿坝基；宽 0.1～0.2m，为泥钙质胶结的角砾岩，泥钙质风化呈黄色或泥状，沿断面溶蚀强烈，分布多个串珠状大溶洞，如 $11K_2$、K_{100} 等，断层工程性状很差。f_{253}：走向 290°，倾向 NE，倾角 70°～75°，面弯曲断续状延伸，无构造破碎带，断面呈闭合状，见宽 0.3～0.6cm 的泥膜及方解石，性状较好。f_{230}：走向 EW，倾向 N，倾角 84°，面呈波状弯曲，充填 1cm 宽的泥膜及方解石，工程性状较好。f_{224} 虽规模较小，但具明显的错距，水平错距约 2.5m，呈顺扭，而断层性状较好，面附泥膜或为硬性结构面。

编录裂隙 178 条，长一般 6～8m，大于 10m 的长大裂隙较少。裂隙以高倾角占绝对优势，占总数的 90%以上，缓倾角仅见 1 条。充填物以方解石充填胶结为主，占总数的 77.6%，裂隙性状一般较好，仅沿少数裂隙溶蚀强烈。

建基岩体上发育溶洞 11 个，均分布在下块，总体积约 660.55m^3，单个体积以 K_{104}、K_{97}、K_{100}、K_{102}、K_{103}、$11K_{20}$、K_{902} 规模较大，分别为 20m^3、12m^3、480m^3、30m^3、15m^3、15.5m^3、80m^3，其他规模较小，均小于 5m^3。溶洞发育深一般 2～5m，最深 11m，以充填黏土物质为主，溶洞多沿断层呈串珠状集中分布。

11 号岩溶通道分布在坝基下块，沿 f_{173} 发育，其上展布的落水洞是连通地下地表的通道，为地表水快速下渗提供了条件，如 $11K_2$、K_{100} 等，施工期的施工用水有一部分经消水溶洞集中到岩溶通道内，排泄到河床，如紧临㉗坝段的 K_{96} 溶洞是一个消水能力很强的落水洞，左岸坝肩的相当一部分施工用水经此溶洞汇集于 11 号岩溶通道。

3. 建基面整修与地质缺陷处理

砼浇筑前，对建基面上的所有松动岩石、不稳定岩块、岩溶洞穴、断层破碎带均进行了妥善处理，经验收基本满足设计及地质要求。对较大地质缺陷处理的方式有如下几种。

(1)沿断层溶蚀破碎带的槽挖，如在下块沿 f_{173} 断层破碎带抽了一横跨坝基的东西向长槽，槽深 2～3m，宽 6～8m；沿 f_{240} 溶蚀带抽近南北向深槽，上宽 4～6m，下宽 0.5～2m，深 5～7m。

(2)对建基面揭露的溶洞逐个清挖，一般要求将洞内充填物清除干净，见到硬岩石，如 K_{101}、K_{104}。对洞挖难度较大的溶洞则采取分段清挖、分段回填的方法进行，如 K_{100} 溶洞分两段前后累计清挖时间达 3 个月之久。若受条件限制，不能清挖见底的溶洞，由验收小组现场根据有关技术要求确定最低清挖深度，一般清挖深度不得小于洞径的两倍。

(3)为满足船闸对基础岩体强度、变形特性的要求，对建基面上游南东角的页岩全部铲挖至坝外，使建基面均为强度高且均一的灰岩。

(4)平台中间陡坎上的松动岩块大部已撬除，建基面上的炮窝、水垢、不稳岩石等分别进行了清挖、清理。

据统计，㉗坝块地质缺陷处理方量为 2 090.1m^3，其中基础松动岩石 369m^3，断层夹层槽挖 200m^3，溶洞及其溶蚀破碎带清挖槽挖 1 521.1m^3。

此外，施工中建基面的中、下块普遍铺设了底层钢筋，上块作了 3 排的基础固结灌浆，沿陡坡布设了一定数量的陡坡钢筋。另外，还沿断层溶缝、溶洞布置了 2 根砂浆管和 3 根灌浆管。

经过上述地质缺陷和基础结构处理，基础岩体强度整体性进一步加强，断层带的工程地质条件也有了明显的改善，可以满足坝基对岩体强度的要求。

位于坝基下游的东西向人工开挖陡坡，高 18～20m，其上结构面发育，岩石溶蚀风化强烈，岩体破碎，属不稳定坡段(施工期曾发生倒坡岩体垮塌)，考虑到船闸渡槽的地基稳定，已将坝基与开挖临空陡坡用砼回填连成一体。

4. 评价

船闸坝基岩体为石龙洞组灰岩，一般强度高，完整性好，而受到断层切割岩溶化强烈作用的部位，其地质条件变得较为复杂，地基工程性状局部恶化。就整个坝基来说，中、上块结构面不发育，未见强岩溶现象，岩体完整；下块断层切割交汇严重，岩溶发育强烈，岩体完整性相对较差。因此中、上块工程地质条件明显好于下块。工程地质条件较差的下块经过基础整修、地质缺陷处理和结构补强后，其岩体条件有了明显改善，可以满足建基岩体强度要求。

竣工地质条件进一步证明了勘测期间的结论，即沿 11 号岩溶通道岩溶发育，地质条件较差，岩溶通道所经过的建基面需要妥善处理和采取结构措施。

(六)左岸重力(㉘～㉚)坝段

左岸重力坝段由㉘、㉙、㉚三个坝段组成，布置在船闸左侧。基础岩体为灰岩、页岩和泥灰岩，因各坝段建基面高程差异较大，其建基岩体各有所异。形成的最终建基面情况是：平面一般为灰岩，页岩则多数出露在纵向陡坡壁面上，而㉚坝段主要坐落在灰岩上，西侧陡坡 198m 高程以上是泥灰岩。地质编录工作断续进行，延续时间较长，于 1994 年 2 月 5 日验收第㉚坝段 201～203m 高程段，至此整个大坝建基面覆盖完毕。

1. 建基面形态

坝块长 17～41m，单块宽 22m，基础下挖深 20～44m，建基面陡坡顺河流方向呈台阶状，从左至右逐级下降，由三级平台三级陡坎组成，台面高程分别为 141～148m、164m、182m，台面宽分别为 16～28m、6～9m、16m，各平台相应为㉘、㉙、㉚坝块地基。下两级平台不甚规则，建基面起伏大，平台中有陡坎，坎中有凸起体，沿断层溶洞甚至掏挖成较大规模负地形；㉘坝块上游沿灰岩顶层面形成倾斜建基面，高程从 147m 降到坝轴线处 141m，㉘坝块西侧陡坡包括两个次一级低矮陡坎，坎缘分别为 153m、158m 和 163m 高程。整个建基面四周均为人工开挖陡坡。

2. 建基岩体

基础岩体为石龙洞组$\in_1^{3-3}$厚层斑纹灰岩和$\in_1^4$平善坝组灰岩、页岩互层，180m 平台以上为红溪$\in_2^1$厚层夹薄层灰岩。石龙洞组灰岩分布在㉘坝块，平善坝组灰岩、页岩分布在㉘坝块西侧壁面和㉙坝块，红溪灰岩主要分布在㉚坝块建基面上，㉚坝块西侧壁面 198m 高程以上为上峰尖组泥灰岩。灰岩一般较完整，但沿灰岩、页岩界面处，风化强烈，石龙洞组灰岩中岩溶发育，页岩一般破碎疏松，呈碎裂状，完整性较差。

岩石产状：灰岩走向 65°～70°，倾向 SE，倾角 25°～27°；页岩走向 75°～85°，倾向 SE，倾角 25°～26°，产状属正常，页岩中具揉皱现象，其产状有些变异；㉚坝段的红溪灰岩产状倾向 180°～190°，倾角 24°～28°。构造形迹有断层、裂隙及层间剪切带。

编录断层 17 条，规模大，具有工程意义的 F_8 断层，是构成大坝整体抗滑稳定左坝肩的纵向切割面，其产状：走向 355°，倾向 SW，倾角 70°～80°，断层带宽 0.5～1.2m，灰岩段为泥钙质方解石胶结的角砾岩，胶结紧密，工程性状较好；页岩段为糜棱岩，已泥软化，其性状软弱；断层显正性，地层断距 2～3m。f_{269} 裂隙性断层断面平直，方解石充填胶结，溶蚀充泥严重，溶蚀充填宽度 0.3～0.5m。f_{271} 断层沿断面见断层泥，并有多个出水点，显逆性，将 406 号错动 0.8m，两侧的 406 号夹层风化泥软化严重。规模较大的 f_{253}、f_{230} 自㉗坝块往西经㉘坝块终止于 F_8 上，其断面呈闭合状，局部有溶蚀，性状较好，为硬性结构面。其他断面规模甚小，除 f_{265} 有较严重的溶蚀外，一般性状较好。

层间剪切带有 401 号、403 号、405 号，其带内岩石破碎，裂隙发育，结构疏松，上下主剪切面上附泥化物，而带中未见明显的泥软化条带，但与 F_8 断层交汇处，剪切带风化泥软化严重，为黏土夹碎石或泥化糜棱岩。406 号剪切面位于 180m 高程平台处，剪切不甚明显，性状较好，局部在与断层交汇处，工程性状变得较差。

层内剪切面 g_{40} 分布在第㉚坝块 $\in_2^{1-1}$ 厚层灰岩中，面平直不连续，局部有错动迹象，性状较好。

分布在㉚坝段坝头西侧壁面 198～201m 高程上的古海沟，为多棱角的灰岩角砾，胶结较好，海沟凹凸不平，有风化现象，上下为 $\in_2^{2-(1+7)}$ 与 $\in_2^{1-1}$ 地层接触，其间缺失 $\in_2^{1-2}$ 和 $\in_2^{1-3}$ 地层。

地质编录裂隙 132 条，一般长 6～9m，大于 10m 的长大裂隙共 13 条，裂隙以陡倾角为主，共 111 条，占总数的 84%，未见缓倾角裂隙，充填物灰岩中以方解石为主，页岩中以泥质为主。

溶洞发育 5 个，总体积约 $255m^3$，其中 3 个在建基面内（K_{106}、$11K_3$、K_{109}），两个在建基面下游外侧（K_{107}、K_{108}），规模以 $11K_3$、K_{106} 较大，单个体积分别为 $200m^3$、$48m^3$，溶洞均沿断层发育，充填黏土夹碎块石。

$11K_3$ 是 11 号平洞揭露的连通地表的大溶洞，其洞底高程 139m。$11K_3$ 也是 11 号岩溶通道上发育的又一庞大的岩溶洞穴，据平洞钻孔资料：$11K_3$ 溶蚀破碎塌陷区体积达 2 300 余立方米，塌陷带内为碎石块石黏土混杂堆积物。

3. 建基面整修与地质缺陷处理

初始建基面形成后，其上存在含黄铁矿风化泥灰岩层，溶洞破碎充填物，断层溶蚀充泥带以及页岩疏松碎块石等地质缺陷。建基面整修与地质缺陷处理中，对不同部位有针对性地进行了全面的清挖、掏挖、凿毛、撬除等工作，经基础验收基本满足要求。

大的地质缺陷处理有：①$11K_3$ 溶洞清挖，从建基面往下挖深 7～9m，溶洞的充填物基本清除干净，清挖方量达数百立方米；②F_8 进行了适当地槽挖；③位于㉘坝块上块石龙洞组灰岩顶部的黄铁矿风化层全部用浅层预裂爆破予以挖除；④所有的页岩松动块石都进行了全面的清理，灰岩层面上的黄色泥钙质也用钢刷予以刷除。

此外，对㉙坝块平面上的页岩顺灰岩顶部挖成倾斜上游的建基面，以减少页岩直接作为建基岩体。但由于开挖不当，造成 F_8 东侧体积达 300 余立方米的粗粒鲕状灰岩不稳定岩块埋于坝基下，岩块四面临空，底下是页岩软层，这对坝基侧向稳定极为不利。

除基础地质缺陷处理之外，设计上还采取了结构处理措施，如贴坡填塘，边坡保护，建基面上铺设陡坡钢筋及底层钢筋，增加基础断面尺寸，基础固结灌浆等。经过这些处理措施，地基完整性和大坝稳定性有了提高。

4. 评价

基础岩体差异较大，工程地质条件较差，竣工地形高差大，起伏不规则，建基面既存在断层岩溶对坝基岩体完整性的破坏，以致带来的变形及稳定问题，也存在由岩石本身造成的不均一性问题。由于大坝高度已相对较低，一般地基的承载力能够满足强度要求，主要是侧向建基边坡基础的抗倾倒。但经过地质缺陷和结构处理，其坝基岩体条件得到很大改善，基础的整体性、稳定性也有了进一步的提高。

竣工地质条件表明，勘测期间对 F_8、$11K_3$ 所作的地质评价是正确的，勘测资料与实际开挖情况吻合，仅古海沟向东有所变动。

(七)右岸重力(①～⑥)坝段

右岸重力坝段呈圆弧状布置在右拱座的右侧，由(①～⑥)坝段6个坝块组成，基础岩体为岩溶发育的厚层状灰岩，结构疏松破碎的互层状的灰、页岩仅出露在1号坝段坝肩及坝肩纵向壁面上。主要工程地质问题是岩溶发育导致的地基不均和坝肩页岩破碎造成的地基承载力差以及纵向切割面与层间剪切面组合的块体带来的抗滑稳定性问题。经基础和结构处理，这些问题已得到妥善解决。

1. 建基面形态

①～⑥坝块长分别为12m、16m、18m、25m、27m、36m，宽分别为17m、20m、18m、22m、20m、20m，建基面从右至左为不规则五级倾斜平台，逐级降低，台坎高6～15m，其中②坝段的平台陡坎低矮，约3～4m。建基面形态极不规则，由设计结构和地质缺陷处理所挖成的正负地形相间出现，溶洞断层处多为负地形。建基面总体倾向SW，南低北高，东高西低，高程从⑥坝段南西角146m到①坝段坝肩203m。基础下挖深10～32m，由坝址到坝踵深度逐渐加大。①～③坝段前部沿石龙洞灰岩顶部界面形成建基面，多倾SW，后部相对平缓，建基面上沿北北西抽有沟槽，并分布北西方向三级陡坎，③号坝段坝趾后有一凸起开挖岩体，高程182m。④坝段大部沿F_{69}面形成倾斜上游的建基面，南东坝轴线处为高6～8m的凸起体并过渡到上游陡坡，东侧为6～15m的高陡坎；⑤坝段后侧抽一东西向槽，西侧中部沿F_{173}槽挖成坑，深5～6.5m，剩余部位沿F_{69}面形成建基面，西侧为陡坎与⑥坝段相接；⑥坝段微倾SW，上游SW角沿F_{69}支面形成，并沿溶洞挖成浅坑，下游NW向沿F_{180}抽成宽浅槽，槽宽4～5m，深3～4m，长16m。坝轴线外侧均为人工开挖陡坡。

2. 建基岩体

坝基主要坐落在石龙洞组$\in_1^{3-3}$厚层斑纹灰岩之上，①号坝段坝肩部分为互层状的灰页岩。岩石一般坚硬，但受断层的破坏及其沿这些断层带的强烈溶蚀，岩体完整性变差，岩体结构部分呈裂隙块状，部分为层块状，沿层面及斑纹具不同程度的风化。有些附较厚的泥钙质及黄色粉末状物质。

建基面内共有断层27条，多数为裂隙性断层，性状好，规模小，工程意义不大。规模大，性状差，具工程意义的断层有F_{180}、F_{173}、F_{69}。F_{180}自⑦坝段下块斜穿⑥坝段NW向延出坝外，产状：走向25°～30°，倾向SE，倾角75°～85°，属正性，断层带宽0.5～1.0m，其内有方解石泥钙质胶结较差的角砾岩、灰华物、黏土等，沿断层强烈溶蚀，断面普遍充泥分布多个串珠状溶洞，工程性状很差，是构成右坝肩不稳定块体的切割面。F_{173}纵贯坝基，产状走向355°～18°，倾向NE，倾角75°～80°，正性，断面不连续，呈羽状错列相连。据12号勘探平洞揭示，坝基下沿断层溶蚀强烈，并呈宽大狭缝的空洞，该断层也是构成右坝肩的不稳定体的纵向切割面。从建基面揭露的情况来看，性状较勘探平洞的要好，断面多为硬性的闭合状。F_{69}自坝下游顺④、⑤坝段建基面斜插上游坝轴线之外，其产状走向40°～55°，倾向SE，倾角28°～38°，断层顺层切层发育，倾角及走向不甚稳定，断面光滑有一定的起伏度，见方解石胶结的角砾岩，沿断层普遍溶蚀，充填大量黏土，其上发育各种形态的溶槽、溶缝、落水洞，对右重力坝基的抗滑稳定和压缩变形及防渗帷幕的形成均有重大影响。此外，在第②坝段16m宽的建基面上，见12条裂隙性断层呈北北西向展布，间距1.0～4.0m，多为碎屑岩及紫红色钙质粉砂岩充填，性软，工程地质条件较差。

地质编录裂隙 256 条，长一般 6～9m，大于 10m 者较少，发育方向以北北东 10°～20°为主，北东 50°～60°、北西 320°～330°方向次之，倾角以高倾角为主，占总数的 76%，缓倾角仅见 3 条；充填物有方解石、泥钙质、泥质及其他混合物，分别占裂隙总数的 44%、21%、25%、10%。裂隙分布具不均一性，在断层密集区，裂隙平行断层发育或与断层呈小锐角相交。

401 号层间剪切面出露在坝轴线外侧和坝肩，对坝基的影响不大。其剪切带剪切明显，风化严重，上下界面凹凸不平，并有次生灰岩，剪切带有多条软化条带，结构疏松，岩石破碎。

建基面揭露岩溶洞穴 26 个，其中 16 个在建基面内，10 个则在建基面外侧的大坝受力范围，总体积大于 473.32m^3，单个体积以 K_{40}、K_{55}、K_{51}、K_{43}、$12K_2$、K_{45}、K_{46}、K_{881-2}、K_{33}为大，分别为 100m^3、45m^3、48m^3、10m^3、120m^3、24m^3、48m^3、15m^3、24.5m^3，其他规模均小于 10m^3，溶洞充填以黏土为主，大多沿断层发育。

4 号岩溶通道从大坝下游穿越④坝块后，在坝前分为两支，一支向引支 K 发育，另一支朝 K_{881}发育，其岩溶通道上发育有规模大、数量多的溶洞，如 K_{881}引支 K_1 和 165 防渗齿槽揭露的庞大岩溶洞穴等。在坝基范围内岩溶系统主要沿 F_{69} 断层发育，属其系统的溶洞有 $12K_2$、K_{43}等，岩溶系统成为右岸坝肩的主要地下排水通道。

3. 建基面整修与地质缺陷处理

建基面整修是逐仓逐块进行的，按照基础整修的技术要求，对建基面上的浮渣、松动块石、炮窝、水垢，层面上的黄色泥钙质、溶洞充填物、断层破碎带等予以清除，经过基础验收满足验收条件。

大的地质缺陷处理是在基础验收之前进行的。初始建基面形成后，根据开挖出来的地质情况和多年的勘测资料，提出了地质缺陷处理意见，即《隔大坝第 25 号地质简报》。在此基础上，施工单位按照该《简报》意见和现场确定的范围，对建基面及基础岩体进行了严格的处理。其处理结果是：F_{69} 断层面之上的岩体铲至坝外，沿 F_{173} 溶蚀破碎带槽挖至 12 号平洞回填的砼，F_{180} 抽槽延出坝后 6～8m（F_{180} 还进行了深层置换处理），K_{881} 清挖到坝轴线外侧，同时对建基面上暴露的所有溶洞（如④坝段的密集溶洞群）逐一清挖见底，据统计①～⑥坝块地质缺陷处理4 870.8m^3，其中基础缺陷 2 273m^3，断层夹层槽挖清理 886.8m^3，溶洞及其溶蚀破碎带掏挖清挖 1 711m^3。此外，对不能挖除的局部活动岩体预埋了锚筋，如 F_{180} 南盘由一裂隙切割的岩体预埋 6 根加固锚筋；在⑥坝段上游处的 F_{69} 支光滑倾斜面上布设了 126 根锚筋，以阻止砼沿断面的滑动破坏。设计上对基础还进行了普遍的固结灌浆。经过上述地质缺陷的处理，建基岩体基本为均一的坚硬岩体，在采取结构处理措施后，其地基可以满足坝基强度和抗变形及抗滑稳定的要求。

4. 评价

竣工地质条件表明：勘测期间对右岸重力坝基的评价是正确的，地质资料是准确的，即④～⑥坝段地基为厚层灰岩，但工程地质问题较多，如溶洞断层破碎溶蚀带，不宜作为坝基岩体的地质缺陷范围较广；①～③坝段建基面在石龙洞组厚层灰岩界面处形成，由于 401 号的错动和页岩的阻水作用，其下的岩体风化严重，岩石完整性较差。经过对建基面的全面整修和基础岩体地质缺陷的彻底处理以及地基的加固后，坝基的稳定、抗变形均可得到基本的保证。

建基面上岩溶洞穴、断层破碎带经过清挖、抽槽回填后，起到了阻滑桩的作用，把地质缺陷变成了有利于大坝抗滑稳定的锚桩，实为大坝部位“变害为利”的典型。

(八)消力池护坦

1. 建基面形态

消力池护坦底板宽 135～150m,长 168.5m,建基面分 11 排,每排 8～9 块。连同两侧导墙,底板浇筑仓位共 114 块,单块宽 13～14m,长 15～15.5m,护坦盖板砼厚约 4m。建基面总体上呈微向下游倾斜的平面,高程 54～55m,下游方向有一东西向槽坎,深 1～1.5m,宽 9m,槽北为一小陡坎与防冲板相连,坎高 1～5m,防冲板建基面向东倾斜,东侧高程为 55～56m,西侧高程 59～65m,底板两侧为导墙陡壁。

2. 建基岩体

F_{12}以西建基面从上至下为石龙洞组$\in_1^{3-2}$薄层条带灰岩,灰岩单层厚 2～3cm,厚者达 5cm 以上,泥质条带厚 0.2～0.5cm;$\in_1^{3-1}$含泥质条带斑纹的厚层白云质灰岩夹少量细粒鲕状灰岩与薄层泥质条带的硅质白云质灰岩夹少量细粒鲕状灰岩,$\in_1^{3-1}$底部的薄层白云质灰岩与砂质页岩互层的岩性出露在防冲板尾部。F_{12}以东从上至下为石龙洞组$\in_1^{3-1}$薄层泥条带的硅质白云质灰岩夹少量细粒鲕状灰岩及底部薄层灰岩与页岩互层;$\in_1^{2-3}$的粉砂岩夹页岩,两者厚度比为 6∶1～2∶1,可视为不等厚的互层状。F_{12}两侧岩性不对称,沿斑纹及条带具不同程度的风化,有较明显风化的面积约 4 530m^2,占基坑编录面积 29 000m^2 的 16%。根据风化程度可将风化条带及斑纹分为Ⅰ、Ⅱ、Ⅲ类,其中Ⅰ类 200m^2,Ⅱ类 2 820m^2,Ⅲ类 1 510m^2,分别占风化面积的 4.4%、62.3%、33.3%。Ⅰ类风化严重,条带及斑纹大部分风化呈土状及粉末状,少部分断续可见泥化现象。Ⅲ类风化轻微,相对新鲜,Ⅱ类介于Ⅰ、Ⅲ类之间。

消力池揭露断层 196 条,其中 186 条就分布在护坦底板上。高倾角 139 条,占 71%;中倾角 51 条,占 26%;缓倾角 6 条,占 3%。方解石及其胶结的构造岩胶结较好的断层 92 条,占 47%;泥软化物充填及其胶结较差的断层 105 条,占 53%。发育方向,以 NW 组最发育,NNW、NWW 次之,NE 组又次之。断层在建基面上呈集中带状分布,F_{12}、F_{13}之间,与F_{12}、F_{13}平行的小断层分布密集,是受F_{12}、F_{13}两断层顺扭作用产生的;NW 组分布在护坦F_{12}以西 6～8 排及F_{33}断层两侧的 0～2 排。其他地方稀疏,规模较大的断层有F_{12}、F_{33}、F_{13}、Tf_{47}(f_{36}),断层带宽 0.3～0.8m,局部达 1m 以上,F_{12}纵贯护坦,破碎带宽 0.6～1.5m,带内构造岩极为破碎,胶结疏松,水平断距 70m 以上,两侧影响带内岩石挤压破碎,泥钙质条带泥化明显。Tf_{47}(f_{36})大部分地方为方解石胶结的角砾岩,胶结较好,但与F_{13}相交处岩石破碎。F_{33}斜穿上游护坦,为碎块石夹泥,F_{13}陡倾,消失于右导墙坡脚页岩中,破碎岩石,胶结差,性状也差。F_{12}、F_{13}、F_{33}均有溶蚀现象,对两侧岩体完整性破坏较大。除上述 4 条断层外,其余规模较小,为裂隙性小断层,宽 3～10m,此外,F_{32}虽然延伸较远,但断层面闭合切层发育,无明显破碎带宽度,对岩体完整性影响不大。

建基面上见有两个层间剪切带,即 201 号、301 号。201 号:倾向 170°～175°,倾角 28°～30°,为薄层灰黑色的灰、页岩互层,剪切带厚 3～5m,单层厚 1～5cm,无明显泥化面,仅见一个软弱层面,软弱层厚 2mm,为软化物、泥膜或风化较强的页岩薄片,整个剪切带性状相对较好。301 号:倾向 165°～170°,倾角 25°,厚 0.5～0.8m,为疙瘩状泥灰岩,普遍风化呈黄褐色,上下界面有泥软化充填,性状较差。

岩体中还见有沿薄层泥灰岩条带剪切发育的层内剪切面 20 条。其中g_6、g_7、g_8、g_9、g_{19}规模大，性状差，尤以 g_7、g_{19} 两条性状最差，沿剪切面普遍溶蚀充泥，厚 3～10cm，其他规模甚小，性状较好。

水文出水点 20 个，流量均小于 1L/s，沿层面流出 15 个，沿断层裂隙流出 5 个，涌水是因四周较高、编录仓位相对较低而造成的，在编录护 4～5 块时，大股水流向仓中涌来，需要 $60m^3/h$ 抽水泵两台，才能保证基坑的正常地质编录，这说明岩石透水性较强。

护坦底板编录裂隙 4 334 条，其中灰岩中 3 712 条，页岩中 622 条，陡倾角裂隙占 77%，中倾角占 22%，缓倾角占 1%，灰岩中裂隙以方解石充填为主，胶结紧密，页岩中裂隙以泥质及泥软化物充填为主，是岩石中的弱面。

3. 基础整修与地质缺陷处理

对建基面表层的松动块石、浮渣，层面上的泥钙质均进行了清除与整修，大的不稳定体采取了适当挖除与锚固相结合的处理措施，如护 1～8 块内 F_{12}、层面裂隙与 NE 向小断层构成的活动块体未挖除，经设计单位研究，同意调整锚桩位置，对其进行加固处理；护 4～5 块右上角欠挖部位增加一根锚桩，护 1～9 块的凸起岩体在其表面铺设了陡坡钢筋，对断层破碎带及页岩松动岩块均进行了槽挖与挖除，溶蚀充泥面进行了掏挖。总之，验收的 114 块护坦底板除个别仓位外，均达到了基础验收条件。

4. 评价

护坦底板岩性不对称，构造发育不均一，断层呈集中带状分布，F_{12} 以东岩体完整性差，岩性软弱，强度低，尤以页岩段更为突出，建基面上页岩呈较疏松碎块石。F_{12} 以西，岩体相对完整，岩性较坚硬。总体上讲，岩体质量 F_{12} 以西好于 F_{12} 以东。同时考虑到上覆砼盖板建筑物，对基础抗压强度要求不高，其地基能够满足抗压强度要求。而抗抬稳定是护坦的主要工程地质问题，但盖板砼浇筑大多数仓位是在砼赶水或仓中全淹水时浇筑的，这对砼与建基面的黏结强度很不利，因此，盖板抗抬稳定很大程度是决定锚桩的锚固效果。此外，护坦底部基岩未进行固结灌浆处理，基础整体性差，对抗抬稳定及防渗均有一定的影响。

从竣工地质条件看，勘察期间对护坦的评价与施工开挖的情况基本相符，大的结构面如 F_{12}、F_{33}、301 号、201 号等均在所预测的范围内，河床透水性大是因卸荷裂隙发育所致，这也得到证实。

（九）消力池左岸边坡

1. 建基面形态

消力池左岸边坡走向近 SN，过下游尾端后渐转向 NW320°～300°，由两级平台三级陡壁组成，其中 55m 高程为消力池底板，100m 平台为左岸施工公路，宽 10 余米，120m 平台宽是 10 余米的老长火公路，高程 130～140m 为 15°～25°的天然缓坡。120m 以下坡面陡峻坡角 70°～75°，倾河床，其中 100m 以下壁面为消力池导墙，边坡长约 180m。

2. 建基岩体

左导墙壁面从上至下为石龙洞组 $\in_1^{3-2}$ 薄层条带灰岩，灰岩单层厚 2～3cm，条带单条厚 0.2～0.5cm，条带分布密集连续性好，风化明显，大多呈黄色，局部呈粉末状及黏土；其下为 $\in_1^{3-1}$ 含泥条带及斑纹的厚层白云质灰岩夹细粒鲕状灰岩与薄层泥质条带的硅质白云质灰岩夹薄层鲕状灰岩，此层中沿岩性面有剪损溶蚀现象，泥钙质条带风化较明显。施工公路以上壁面上游段还有少部分$\in_1^{3-3}$厚层斑纹灰岩。

岩层产状：走向70°，倾向SE，倾角28°～30°，产状稳定正常。大小断层共见15条，从护坦底板往上延伸贯穿整个导墙的仅5条，即F_{33}、F_{32}、f_{64}、f_{74}、f_{111}，其中F_{33}、f_{64}、f_{74}破碎带较宽，性状较差，对岩石破坏强烈。F_{33}从左护3底延至顶部施工公路，走向300°，倾向NE，倾角80°，宽2～4m，为疏松状的碎块石及碎裂岩、糜棱岩夹大量黏土软化物，在断层带内发育数条与主断层平行的小断层及裂隙，将岩石切割得支离破碎，碎块石呈架空结构（图5-1-21）。f_{64}走向315°，倾向NE，倾角63°，从左护6底板往左护5壁面延伸，断层带在坡下底板宽约5～15cm，在左护5壁面与1号通道相交处变宽，带内为黏土夹碎石及方解石胶结的碎裂岩，与1号岩溶通道相交的地方因溶塌作用，断层带物质为碎块石及黏土呈松散结构，宽1～2m，两侧岩体十分破碎（图5-1-21）。f_{74}走向330°，倾向NE，倾角70°，断层带宽3～5cm，见溶蚀充泥。与左护5壁面1号岩溶通道相交处，断层性状变差，破碎带加宽（图5-1-21）。F_{32}虽延伸到坡顶，但断层闭合，性状较好，在左护2壁面76m高程沿断面有水流出。其余断层规模较小。

层间剪切带301号从左护2坡脚延往坡上到护6顶，剪切带由上下主剪切面控制，面间泥灰岩风化，岩性软弱破碎，主剪面上泥膜及黏土充填，与F_{33}相交处性状更差。

层间剪切带见3条，即g_8、g_9、g_{19}，规模均较大，从导墙脚延往120m平台，均是沿岩性界面剪切发育的，尤以g_{19}性状最差，层面上普遍溶蚀充泥，在100m高程平台后侧壁面，见厚0.5～1m黏土团块，左导5壁面上的1号岩溶通道多个串珠状出水点，就是沿此剪切面流出的。由于该面的剪切及北西向断层的切割，溶洞的塌陷，造成左护5壁面附近的岩体破烂不堪。g_8、g_9虽延伸较远，但泥软化物充填不多，仅见沿面有泥钙质膜及少量渗水现象。

岩溶及水文：1号岩溶通道位于左导5壁面的70～82m高程，出水点沿g_{19}出露线分布，流量一般$1m^3/s$，最大可达$2m^3/s$，岩溶通道在近岸地段是水平管状，向坡内变为倾斜的管道穿过导流隧洞顶部而呈大洞穴向山里方向发育，管道所经过的地方，有溶洞塌陷体，混杂堆积块石、碎石、灰华物、河沙及黏土等物质。在导墙其他部位沿裂隙有水渗出。

壁面编录裂隙457条，其中高倾角290条，中倾角136条，缓倾角31条，分别占裂隙总数的63.4%、29.8%、6.8%。充填物以方解石为主，计284条，占62.1%，其余为泥质、泥钙质等充填，计173条，占37.9%。

3. 基础整修与地质缺陷处理

导墙壁面基础整修是每上升浇筑一仓整修一次。整修的原则是将壁面松动块石、砂浆、断层破碎带、溶蚀充泥及其有关的地质缺陷予以清除，对出水点布设排水管，裂隙预埋灌浆管。大的地质缺陷处理是在基础整修前进行。对F_{33}断层破碎带进行了适当槽挖，但其破碎带大部分还留在坡面上，对该断层的处理没有按要求彻底挖除。

左护5壁面70m以上高程段及其相邻段的断层溶蚀塌陷破碎贴坡岩体仅仅削了一点表面松散体，其建基面上大量破碎岩体未得到妥善处理。为了导墙的稳定，设计人员于76.5m、82.0m高程布置4条锚桩洞。成洞的结果表明，进入新鲜完整基岩的洞段所占比例甚小，大部分洞段在松散、破碎岩石中。由此认为在如此复杂破碎地质体中仅仅靠这样的4条锚桩洞来维持边墙的稳定是值得怀疑的，况且，4条锚桩洞也没达到(91)长隔设枢纽字4～81号通知所规定各进入新鲜完整基岩10m的要求。现将4条锚桩洞的地质资料列于表5-1-47。

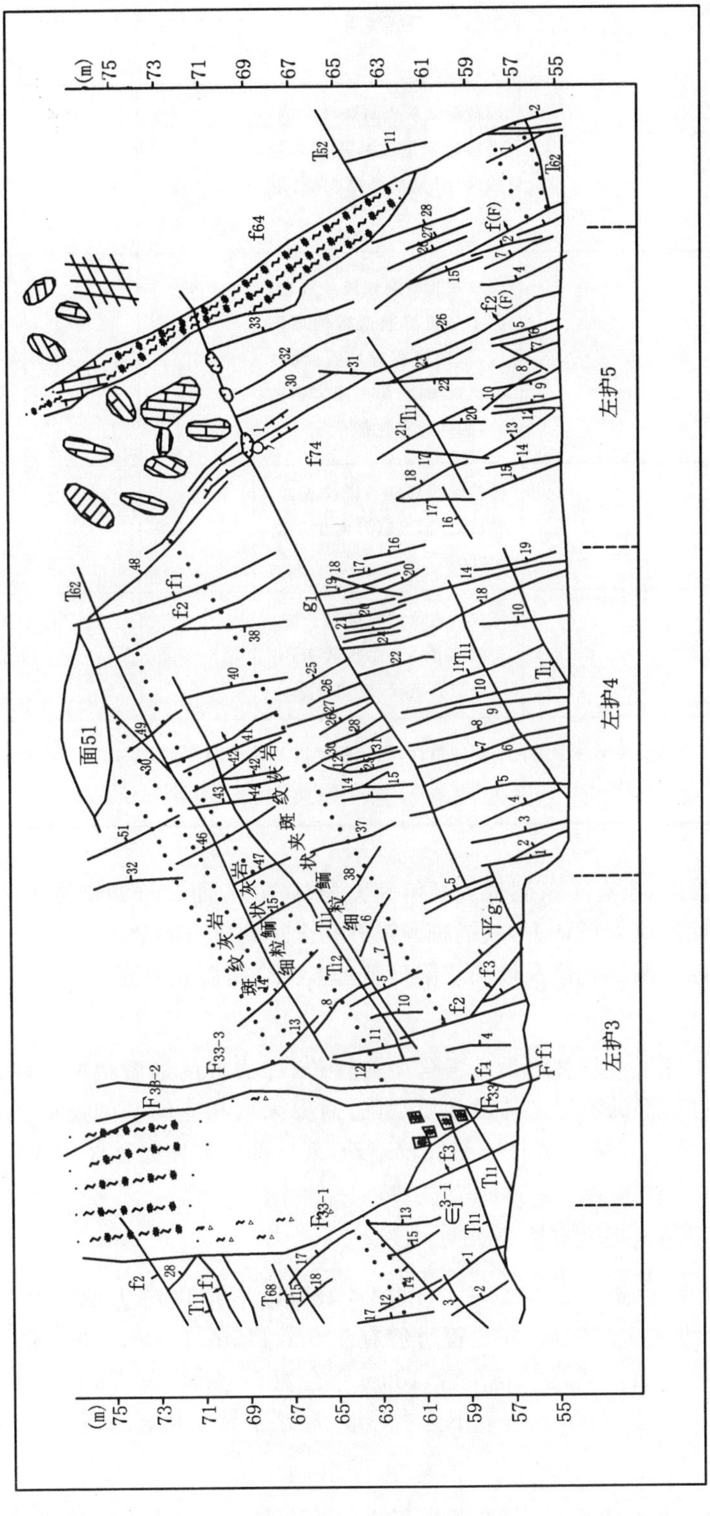

图 5-1-21　消力池护坦左护 3～5 壁面地质素描图

比例尺 1：300

表 5-1-47　左护 5 壁面锚桩洞地质情况表

锚桩洞编号	高程(m)	洞进尺(m)	断面尺寸(m^2)	地质描述	围岩分类(洞段长 m)		
					Ⅰ	Ⅱ	Ⅲ
1号	76.5	11～14	2.5～3.8×2.0～2.5	细粒鲕状灰岩与斑纹灰岩，沿层面及斑纹具不同程度的风化，见两条断层，性状差	6～8		5～7
2号	76.5	7	3～4.5×4～6	斑纹灰岩与细粒鲕状灰岩，为1号岩溶通道溶蚀塌陷区，沿内堆积碎块石、河沙黏土灰华物，洞壁面岩石破碎，洞体稳定性差	7		
3号	82.0	16	2.0×1.9～2.3	粗粒鲕状灰岩与斑纹灰岩，洞口处岩石破碎，向里逐渐变好	3.5～4.5	3.5	7
4号	82.0	9.3	1.8～2.3×1.8～2.4	斑纹灰岩及细粒鲕状灰岩，有两条断层，性状较差，f_3以外岩石破碎，内侧完整	5.5～7.5		2.0～4.0
说明：围岩分类是根据锚桩洞揭露地质情况并考虑岩石的完整性、风化程度以及结构面等因素临时确定的相对分类标准，是对围岩的宏观分类，Ⅰ为松动破碎风化岩体；Ⅱ为相对新鲜完整岩体；Ⅲ为新鲜完整岩体							

从表 5-1-47 可以看出，没有 1 条洞进入新鲜完整岩体 10m，而 2 号洞全在Ⅰ类松动破碎风化溶蚀岩石区内，因此地质人员认为，其锚桩洞没有完全达到应有的效果。

除上述两处外，其他地方基础整修及地质缺陷处理基本符合基础验收要求。

4. 评价

从竣工地质条件看，验证了大坝技术设计报告中的评价，即边坡的地质状况较好，边坡不存在整体稳定问题，但仍有局部的不稳定体及地质缺陷，需要采取相应的基础处理、结构处理及护坡的排水工作。除左导 3、左导 5 岩体完整性较差外，其他部位岩体完整性均较好。

(十)消力池右岸边坡

1. 建基面形态

右岸边坡走向近 SN，过护坦尾端后转向 NE30°～40°，以下接厂房边坡。坡长 230～260m，边坡十分陡峻，最大坡高达 125m，其工程边坡有 100m、115m、130m、150m 和 180m 等高程，有宽 5～10m、高 15～29m 不等的马道平台，180m 平台宽 50 余米，是直立多级梯坎状边坡。其余边坡坡角约 70°～75°。100m 高程以下为右导墙，导墙下游端页岩坡角 40°～45°。

2. 岩体结构

边坡岩体从上至下为石龙洞组$\in_1^{2-3}$薄层条带灰岩，$\in_1^{3-1}$厚层含条带斑纹灰岩与薄层条带灰岩，石牌组上段$\in_1^{2-3}$薄层粉砂岩夹页岩。薄层灰岩厚2～3cm，条带宽0.2～0.5cm，沿泥质条带、斑纹均有较明显的风化溶蚀，严重者沿层面溶蚀充泥，砂岩夹页岩呈碎裂状碎块石风化，地表处风化为黏土碎石状。右护9、护10壁面64～72m高程以上的导墙砼堆在松散的第四系人工堆石及河床冲积层上。

石牌砂页岩从导墙尾坎延至右护5底板，使边坡岩体在这段成为上硬下软、头重脚轻的不利坡体结构。

边坡结构面的发育特征如下。

断层主要有以下三组。

NNW组：走向0°～340°，倾向SW，倾角65°～75°，代表断层有F_4、F_{205}等，断层特征见表5-1-48。该组断层与边坡平行顺坡产出，特别是其性状差，线溶蚀率高达56%，溶空或充泥严重，它与同产状的长大裂隙构成了对边坡稳定性的关键控制面。

表5-1-48　消力池右岸边坡主要断层性状表

项目 编号	断层产状			基本特征
	走向(°)	倾向	倾角(°)	
F_4	0～340	SW	75	一般宽0.3～0.5m，构造角砾岩及碎裂岩胶结疏松，沿断层普遍溶蚀呈空缝或灰华物充填，主断面夹泥及泥软物
F_{205}	340～350	SW	80～86	张开裂隙状，宽20～40cm充填黏土，断距不明显，大部已挖除，仅在301号夹层2号阻滑键洞口还出露一部分
F_{17}	0～30	SE	50～75	角砾岩一般胶结良好，但地面见0.1～0.5m溶蚀缝隙状
F_{16}	15～35	SE	50～70	面弯曲，沿面溶蚀，最宽可达2～3m，见部分地段充泥，与F_{180}相交处岩石极为破碎，串珠状溶洞溶缝分布其上
f_2(V号危岩体地质图编号)	315	NE	75～80	裂隙性小断层，但地面见有一定张开，呈充泥张缝
f_4(V号危岩体地质图编号)	310	NE	65～70	裂隙性小断层，地面见有一定张开，溶蚀或充泥

NNE组：走向20°，倾向SE，倾角60°～65°，代表性断层有F_{17}、F_{16}等，其断层性状见表5-1-48。此组断层走向与边坡线近平行，其反倾坡里，而该组的一些小断层和长大裂隙则倾坡外构成不利的顺坡切割。

NW组：走向310°，倾向NE，倾角65°～80°，代表断层有f_2、f_4裂隙性小断层，与边坡线成30°～40°的锐角相交产出。

此外右导墙页岩建基面上见11条小断层，这些断层内充填泥软化物及页岩碎石，规模不大，对边坡无甚大影响，但对页岩完整性、强度有一定影响。

导墙壁面上见 5 条断层，均为方解石胶结的小断层，性状较好。

裂隙：其发育方向与上述三组断层的方向一致而相伴产出。近平行岸坡的裂隙——即与 F_4、F_{17} 同产状的这两组十分发育，有的长达 40m，成为对边坡极不利的控制因素。右导墙地质编录裂隙 607 条，其中高倾角占裂隙总数 73.6%，中倾角占 16.8%，缓倾角占 9.6%，以方解石泥钙质充填为主，胶结良好。这些裂隙对导墙边坡无甚大影响。

岸剪带经勘探平洞、阻滑键、排水洞及地面调查，F_4 外侧为强烈溶蚀风化岸剪带，以 F_4 一线附近明显形成了宽达 50 余米的岸剪卸荷带。

顺层剪切弱面：主要是层间剪切破碎泥化带，201 号、301 号、302 号等。在 $\in_1^{3-1}$ 薄层泥质条带灰岩见有两条顺层剪损溶蚀充泥面 g_6、g_7，充泥厚 5～30cm，从右导 2 墙脚经 6 号勘探平洞到 100m 平台排水支洞口顺层往后侧山顶延伸至地表。这些弱面与顺坡向的断裂构成的块体对边坡危害极大。

3. 基础整修与地质缺陷处理

基础整修主要是针对右导墙的，在砼浇筑过程中进行了坡面表部处理。所浇筑的导墙仓位，经验收基本符合整修要求，但位于右护 4、右护 5 壁面分界处的 6 号平洞尚未进行处理，洞内的淤泥也未清除。右护 9、右护 10 导墙改为重力式后，64～72m 高程以上地基为松散第四系堆积物，基础整修与验收未进行，其稳定校核是由设计承担的。

地质缺陷处理是在右导墙及 100m 平台施工公路上进行的。导墙坡面上的松动贴坡岩体及不稳定块石大部分已挖除，少部分不能挖除的预埋了锚筋及骑缝灌浆，100m 平台外缘的四个不稳定体，其中 1 号、3 号块体已按地质要求挖除浇筑砼，2 号块体大部已挖除，马道内侧少部残留部分用锚筋进行了锚固（$\phi=32$mm，$L=3.5$），4 号块体未作任何处理。此外在 301 号夹层、2 号阻滑键洞口由 F_{205} 切割的贴坡岩体已与坡内岩体脱裂，但未处理，现已浇到抗力体砼内。位于边坡下游端的 V－1 号、V－2 号危岩体已按地质要求挖除。100m 以上边坡挖成了多级平台，使其高陡边坡变为低矮边坡。改善了边坡的结构形态，并喷护砼锚筋，右护 1～3 高程 100～130m 还布置预应力锚束，其他坡段布置了系统锚杆，如图 5－1－22 所示。这些综合处理措施有利于边坡稳定。

4. 评价

由上述工程地质条件可知，右岸边坡是由各种纵横交错的结构面切割的坡体，边坡完整性差，存在不利于边坡稳定的条件，尤其是 F_4 及顺坡向结构面与剪切弱面构成的块体对边坡稳定的威胁极为严重。

边坡岩性上部是石龙洞组灰岩，下部是石牌组砂页岩。由于消力池的普遍下挖，人为增加坡高近 20m，页岩出露长度向上游延伸近 30m，占导墙长度的一半，从岩性组合上讲也是不利于边坡稳定的。

竣工地质条件清楚地表明：大坝运行期间消力池右岸 F_4 之外的山体将承受巨大的水压力。在各种力的综合作用下，经计算和宏观地质判断：F_4 断层至河床临空面的岩体是不稳定的。因此，对边坡采取的综合处理方案，即变高陡边坡为低矮边坡，F_4 东侧的排水幕，边坡预应力锚束、砼喷护、抗力体等加固措施的实施，进一步改善了边坡结构形态和应力状态，为边坡的长期稳定提供了保证。

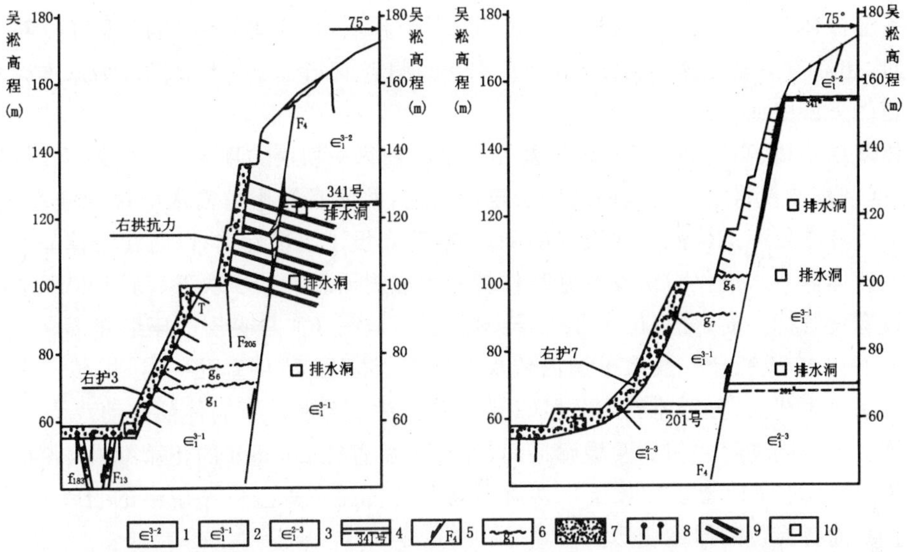

图 5-1-22　清江隔河岩大坝消力池右岸边坡工程处理剖面图

1. 薄层斑纹白云质灰岩；2. 厚层斑纹白云质灰岩；3. 薄层砂页岩；4. 层间剪切带；5. 断层；6. 剪损溶蚀面；7. 砼；8. 铺柱；9. 预应力锚条；10. 边坡排水洞

四、大坝消力池安全监测

(一)变形监测

大坝水平位移采用正、倒垂线法，视准线法。以倒垂线为基准，在两垂线间用精密导线法等方法监测坝体的径、切向位移(施工期用三角交会法补充)。垂直位移主要用精密水准和流体静力水准施测。水准路线起讫于大坝两端和电站厂房附近的三座“水准工作基点”。两层相邻廊道间的高程，用高程垂直传递仪传递。

坝体内共布设有 6 条正、倒垂相结合的垂线，监测基础的水平位移和坝体的径向、切向水平位移和挠度，同时，作为精密导线和弦矢导线的起讫点。倒垂编号为 $IP_1 \sim IP_6$，对应的正垂编号为 $PL_7 \sim PL_8$。在倒垂 IP_4 附近布设有 IP_{4-1} 倒垂，以组成倒垂组。IP_4 倒垂埋设在 301 号夹层下盘，IP_{4-1} 埋设在 301 号夹层的上盘，用以监测 301 号夹层水平方向的错动。

坝体内还布设有 5 条精密导线。高程 203.5m 廊道设有一条弦矢导线，起讫于倒垂 IP_1、IP_6；在高程 145m 廊道、高程 60m 基础廊道、右岸高程 121.5m 和左岸高程 107.5m 灌浆平洞各设一条测角量边导线，分别讫于 $IP_2 \sim IP_6$，$IP_3 \sim PL_{右}$，$IP_5 \sim PL_{左}$ ($PL_{右}$、$PL_{左}$ 为设在两岸灌浆平洞吊物井内的正垂线)，以监视坝顶、拱顶、基础径向和切向的水平位移。

在升船机坝段左边重力坝顶布设有视准线一条，以监测重力坝顺水流方向的水平位移。视准线的端点是一端固定在左岸岩体上，另一端为 IP_7。

在坝体下游面高程 100m 以上同高程上埋设 10 个固定搪瓷觇牌，并以坝下游两岸的 T_{14}、T_{15}

为测站点，对各觇牌进行前方交汇观测，以便当垂线尚未安装完毕时，监测坝体的水平位移。

坝体高程60m灌浆廊道及三条横向廊道内布有一套流体静力水准仪，共长310m，测点15个，用以监测基础的垂直位移和坝基平面倾斜。在高程85m、高程105.5m、高程122m廊道两端各布有一套流体静力水准仪，总长170m，共21个测点，用来监测拱座的垂直位移。高程145m廊道内也布有一套流体静力水准仪，长420m，测点15个。（以上流体静力水准仪均安装在所在廊道的下游壁面上）

在坝体基础廊道、高程203.5m廊道及左岸重力坝每一坝块的坝顶上，各设垂直位移点一个，以便用精密水准仪将工作基点的高程引至廊道内，并能直接用精密水准仪观测坝顶、坝基的垂直位移。并在每一流体静力水准仪的测点处，都布设了水准标志，以防在流体静力水准仪检修期间或流体静力水准仪尚未安装好时作精密水准观测。在⑮坝块下、高程60m基础排水廊道内埋设有钢管标一对，分别位于301号夹层上下，监测301号夹层的压缩变形。在左岸高程107.5m、右岸高程82.5m灌浆平洞内依次布有钢管标、三维倒垂孔一对，用精密水准仪测量和三维倒垂线观测法，分别监测302号、301号的压缩变形和上下岩体的错动。

在坝体上下不同高程的相邻两层廊道间，通过预留直径800mm的正垂线孔，各布有一套高程垂直传递仪，共布12套。以便上下两廊道高程的传递和垂直位移观测的自动化，同时监测坝体垂直方向各部位的伸缩变形。

(二)应力应变监测

在坝体典型部位布置了5个监测剖面和4个监测截面及一些零星测点，共安装仪器661台，对重力拱坝进行应力应变监测。

1. 拱冠梁监测剖面(即⑮坝块坝顶高程206m至建基面高程55m)

该剖面处大坝高151m(最大的坝高段)，坝体应力和变形综合反映在这个剖面上。据计算，降温时，高程180m上游面最大压应力达5MPa，且在下游面的下部局部区域内出现拉应力，拱坝的径向变位达60mm，为大坝最重要的监测剖面。为能了解拱向和梁向坝体受力情况，在基础面高程70m、高程112m、高程131m，布有七向应变计组。高程175m系拱向应力为主，则布设的是五向应变计组，应变计组旁配有无应力计。此外，还设有混凝土接缝、裂缝、温度、钢筋应力等观测设施。

2. 左右岸建基面监测剖面

该两监测剖面分别位于左右U形壁面上，由于混凝土与基岩接触区域的应力条件复杂，而且在升温时，上游面高程112～150m局部区域出现较大拉应力(左岸拉应力为449～951kPa，右岸拉应力为210～900kPa)，故该两剖面的监测设施是把混凝土与基岩当成整体，重点监测应力应变情况。

3. 四分之一拱圈监测剖面

这两个监测剖面分别位于⑪、⑱坝块，因左右地形不对称，故各选一个监测剖面。该区域既存在压应力，又存在拉应力，⑱坝块最大剪应力1.13MPa，降温时，⑪坝块下游出现拉应力24～118kPa，⑱坝块升温时，上游建基面附近也出现拉应力。因而在高程131m以下布设监测拱向和梁向的应力应变的七向力应变计组，在封拱高程布五向应变计组和两向应变计组。另还按常规布有测缝计、混凝土温度计、上游水温计。

4. 高程 70m 监测截面

位于河床底部，该区域在降温时，拱冠梁下游面与右坝肩分别出现 113kPa 和 142kPa 的拉应力，压应力在 1.7～3MPa，最大剪应力 1.4MPa。在该截面上布设了七向应变计组、测缝计、钢筋计，以监测该区域实际受力情况。

5. 高程 112m 及高程 131m 监测截面

这两个截面位于应力最复杂的区域，在升温时，左岸上游面产生拉应力 449～523kPa，右岸上游面产生拉应力 339～635kPa，左岸拱向应力下游面为 2.7MPa，升温时，左岸梁向应力下游面为 3.428MPa，故在该两个截面上布设应变计、混凝土温度计、裂缝计、多点位移计重点监测应力应变。

6. 拱顶监测截面

位于封拱线以下约 5m 的区域，主要监测封拱区域的实际受力情况，了解不同封拱高程处的应力分布。

7. 零星监测点

在重力墩布有三组应变计组，每个缝上布有三个测缝计。在底孔、表孔、闸墩、廊道等处布有少量钢筋计。在拱坝部位距监测剖面与截面超过 20m 时，布有单向或两向应变计及少量温度计。

(三)渗压、渗流监测

为能准确地确定坝基上的扬压力，了解基础防渗帷幕和排水孔的运行效果，校核设计采用值是否合理，掌握绕坝渗流的规律，设置了扬压力、绕坝渗流等监测设施。

1. 扬压力监测

在大坝基础设置了 4 条观测全断面(河床坝段 3 条、重力墩坝段 1 条)，在升船机坝段设置了 1 条观测断面。同时在一些坝段内也布置了一定数量的零星测点，以便纵横对应，左右间也能形成若干观测断面，了解大坝三向渗流情况。每个观测断面一般布设 4 个测点，最多的达 10 个测点。扬压力观测一般在基础廊道内进行，一般均采用钻孔式测压管，但护坦、重力墩部位，采用的是 U 形测压管及渗压计。

2. 绕坝渗流监测

在两岸不同高程的灌浆及排水平洞内共设置 87 个测压管，测点一般都是帷幕前后各一个成对布置。在灌浆平洞与大坝结合部位设置有量水堰，测绕坝渗流量。在大坝基础廊道内，坝体排水与基础排水分开量测，在排水沟入集水井处设置水堰，共设有 20 个量水堰。

在溢流坝段基础中布有 3 个测点，观测 301 号夹层、F_{12}断层的渗流情况。在左右岸不同高程灌浆平洞内，分别布设有 8 个及 10 个测点，对 F_{10}、F_8、F_4、F_{16}、F_{173}、F_{18}等断层及 302 号夹层进行渗流观测。

(四)基岩监测

1. 左右拱座阻滑键、置换洞、传力柱监测

对阻滑键、置换洞、传力柱进行柱体和洞体混凝土应力、混凝土自身体积变形、混凝土体与岩壁的接合情况、混凝土的温度变化、阻滑键的拱轴向力、水流向力和剪应力、夹层的错动、断层的拉、压应力等项目的观测。

左右岸阻滑键、置换洞、传力柱中埋设的监测仪器种类、数量见表5-1-49。

表5-1-49 左右拱座深层处理结构体监测仪埋设统计表

部位		高程(m)	仪器名称、数量(个)					备注
			应变计	压变力计	测缝计	位错计	应力计	
左岸	f_8 断层1号键	100	11	2	2	3		
	f_8 断层2号键	108	5	1	2	2		
	302号夹层2号键	89			1	2		
	302号夹层3号键	94			2	6		
	302号夹层4号键	102	10	2	4	3		
	302号夹层5号键		5	1				
	302号夹层7号键	107				2		
	g_9 夹层2号键	75				4		
	g_9 夹层3号键	80			2	4		
右岸	301号夹层1号键	87.5	5	1		2		
	302号夹层2号键	100	5	1	2	1		
	F_4 断层1号置换洞	87.5	5	1	2	2		
	F_4 断层2号置换洞	100	5	1		2		
	F_4 断层3号置换洞	115	11	1		2	2	
	F_4 断层2号传力柱	109	5	1			1	
合计			67	12	17	35	3	
总计			134					

2. 勘探平洞的监测

左岸5号、9号勘探平洞揭示 F_{10}，左岸4号、10号勘探平洞揭示 F_4、F_{16} 较为彻底，利用这几个勘探平洞对上述控制拱座稳定的几条断层进行了安全监测，其仪器埋设种类及数量见表5-1-50。

表5-1-50 左右岸勘探平洞监测仪埋设统计表

数量 仪器种类 部位		高程(m)	表面测缝层(套)	测缝计(个)	D.S.J断层位错仪(台)	备注
上部	左5号勘探平洞	115	1	9	4	D.S.J断层位错仪用于 F_{10} 及 F_{10-1}
	右4号勘探平洞	120	2	12	2	D.S.J断层位错仪用于 F_4
	小计		3	21	6	
下部	左9号勘探平洞	94		12		
	右10号勘探平洞	99		21		
	小计			33		
合计			3	54	6	

(五)水力学监测

1. 消力池地段的监测

在消力池地段布有点脉动仪，以监测左右导墙的动载荷特征。布有底流速仪，用以监测入池、出池的底流速。布有掺气仪，用以量测消力池水流的掺气浓度。设有水尺，以测水面和波动。试运行期，还增设了监测池后水下冲刷地形、流态、水舌轨迹、雾化程度、雾化范围的装置。详见表 5－1－51。

表 5－1－51　消力池护坦水力学监测仪器埋设数量表

仪器名称	规格	单位	数量	备注
脉动压力传感器		个	14	含一个面脉动
底部流速仪探头		个	5	钢铸造加工
掺气仪探头		个	4	
差压传感器		个	5	
水尺		m		碎贴坡岩体

2. 表孔部位的监测

对中孔(第四孔)和边孔(第七孔)进行坝面压力、流速、脉动、空化噪声、掺气量、掺气浓度、空腔压力、水面线、宽尾墩压力、流速、脉动特性等全面监测，中孔埋设仪器 42 个，边孔埋设仪器 43 个。试运行期，布设有水面线、闸门开度、过流能力、水舌轨迹、雾化程度和范围、流态监测的装置。

3. 深孔部位的监测

埋设仪器 40 个。在左边第一孔(即四孔)进行掺气量、压力分布、空腔压力、掺气浓度、流速、脉动压力、空化噪声等监测。试运行时，还设有水舌轨迹、流态、雾化等监测的装置。表孔及深孔监测仪器埋设详细情况见表 5－1－52。

表 5－1－52　大坝表孔、深孔监测仪器埋设统计表

数量　仪器名称 部位	脉动压力传感器(个)	高频水听器(个)	掺气仪探头(个)	底流速仪(个)	差压传感器(个)	热线风速仪(套)	掺气量测架(套)	水尺(m)
表孔	16	9	9	9	9	7	4	70
深孔	5	5	4	4	4	7	2	30

(六)振动监测

1. 大坝地震及振动监测

在库区设有 5 个地震台，对地震进行监控。在⑭坝块坝基及坝顶各设有一台强震仪，以监测发生地震时大坝的振动情况。在⑭坝块的高程 206m、高程 169m、高程 145m、高程 122m、高

程 85m、高程 60m 各布有一个速度计及低频加速度计，沿⑦、⑩、⑭、⑱、㉑坝块的坝顶各布有一台速度计及加速度计，在①、②、⑯、㉚坝块的坝顶各布有一台速度计，在⑩、⑫、⑯、⑱坝块的 145m 高程上各布有一台速度计，以测定坝体微振动态。另设了若干弱振仪，以进行定时激振观测。

2. 消力池底板振动监测

在护 2～3 块底板表面及底板以下 50cm 分别埋设有 9 个加速度计和 9 个动应变计(顺水流方向三点，横向两点)，对护坦板进行振动监测。

五、大坝基础处理总的评价

1. 主要结论

大坝地基中的主要断层 F_8、F_{10}、F_{10-1}、F_{25}、F_{33}、F_{12}、F_{13}、F_{69}、F_{173}及 F_4、F_{16}、F_{180}断层交汇带按所在建筑物部位的重要性分别用了地面槽挖和深挖，固灌和铺设表层钢筋处理，对抗滑稳定有重要影响的地方，还进行了专门的深层置换(F_4、F_{180})处理；对控制大坝稳定的缓倾角断层(f_8)、主要剪切带(302 号、301 号)、层面剪损风化带(g_{10}、g_9 等)、层面剪损溶蚀带(g_1、g_2、g_3、g_4等)按大坝抗滑稳定的需要，设置了必要的阻滑键；建基面共见岩溶洞穴 130 个，其出露面积约 795.3m^2，占大坝建基面的 2.1%，所见洞穴在进行清理后回填砼，勘察期间由平洞揭示的深部较大的 65 个岩溶洞穴也都作了砼回填。

地基仓位验收中，岩体声波 v_p 达到 4 000m/s 者为合格，因开挖爆破造成的松动层达不到 4 000m/s 者一律重新清理；因地质缺陷达不到者均采取补强处理。据不完全统计，超越建基面的局部挖除(包括断层交汇带、溶沟、溶槽的挖出，小断层密集带、断层带、薄层风化条带等)就有 3.6 万余立方米，铺设底层钢筋 22 处耗量＞1 100t，锚筋 196 根，临时补的加密固结灌浆孔 132 个，砂浆管 8 个；消力池右侧高陡边坡除设有常规的系统锚杆外，还布置有预应力锚束，左侧还设有锚桩洞等加固措施；整个大坝地基设有常规(一般孔深≤10m)和深层(孔深 25～35m)固结灌浆孔 3 979 个，总灌深 95 232m(砼 46 008m，基岩 49 224m)。通过上述处理，地基的完整性及其总体强度得到了较大提高。大坝运行期间地基可以满足要求。

2. 存在问题

大坝地基地质条件较复杂，在总体坝基处理上，不是采用一次性挖除的方案，而是以结构所需建基面的形态成型的，所以留在坝基中的地质缺陷较多，对这些地质缺陷设计上是采取表层与深部处理相结合的方案来强化地基的整体性和完整性，期望这些处理达到弥补天然的缺陷而满足大坝安全运行的要求。从大坝基础处理手段来看，除大口径锚桩未使用外，几乎现行的所有补强手段都用上了，这与当初地质方面所设想的基础处理方案有较大的区别，地质是从挖除与大口径锚桩处理为主。现行的基础处理方案，任何一次补强措施存在问题都可能导致较严重的后果。因而对所有补强与处理结果都应认真检查并作出可靠度的评定。在这些方面，地质部门不掌握资料，无法作出评价。

前述地质工作所得出的主要结论，是在依据所有处理都能较好达到预期效果的条件下作出的，因而补强后，地基状态的真实情况如何？应由施工单位、设计单位和监理单位作出评价。但有一点是可以肯定的，大坝地基中不存在可能对大坝稳定有潜在影响较大的地质隐患未暴露和查出。

第二节　引水式电站厂房①

一、工程地质条件

(一)地形地貌及第四系地质

1. 河谷地貌

隔河岩水利枢纽位于清江中游沿市口至西寺坪南北向峡谷出口。两岸山体高程 400m。谷坡不对称，右岸陡，左岸缓。江面宽 110～120m，枯水位一般 78～79m。左岸坝上游 600m 处有支流倒鱼溪，右岸上游 300m 处有松溪沟近垂直清江分布。峡谷出口地形较开阔平缓，阶地发育，但不对称，左岸只有晒鼓坪Ⅰ级阶地，右岸西寺坪、覃家湾一带Ⅰ～Ⅴ级阶地均有分布，Ⅰ、Ⅱ、Ⅲ级较平坦完整，保存较好，其余零星分布(见图 5-2-1)。

引水式电站厂房位于右岸西寺坪上游端至松溪沟之间，进水口在松溪沟北坡高程 140～180m 坡段，为岩溶十分发育的顺向坡，坡角 25°～33°，沟底高程 94～96m。引水洞山体比较雄厚，厚度 20～90 余米，但岩溶发育。引水洞出口是一高陡人工边坡，走向呈 NEE 的微圆弧形展布，坡角上部灰岩段成 4 级 15m 高的直立坡，每级间一般设 4～5m 宽的马道，部分宽为 10～15m。下部页岩缓坡区成 45°坡至厂房，每 10m 高设 2.5～3m 宽的马道。整个边坡均作了砼锚护处理，新兴边坡总体雄伟壮丽。主厂房在西寺坪Ⅰ、Ⅱ级阶地上游端。页岩缓坡间，地形平缓开阔，地面高程 90～97m，基岩面 73～80m。右挡墙横跨清江—古河道口，它是晚更新期清江Ⅱ级阶地形成前的一个分岔河道，宽 50m 左右，河底基岩面高程 73～75m。古河道与近期清江间有 40～50m 宽的基岩小岛，高出古河床 15～18m，地面在Ⅱ级阶地内侧为一线槽状地形，见多个堰塘呈串状分布，在覃家湾沟底还有地下水露头，水量丰富。

2. 第四系

坝区的五级阶地主要分布于右岸西寺坪、覃家湾一带，均为二元结构的堆积基座阶地(见图 5-2-2)。根据区域地层对比，Ⅰ级阶地为全新世；Ⅱ、Ⅲ级阶地为晚更新世；Ⅳ、Ⅴ级阶地为中更新世。

(1)Ⅲ级阶地及堆积物(alQ_3^1)。台面高程 123～128m，堆积物厚 6～8m，上部为黄褐色黏土、粉质亚黏土，结构密实，多有铁锰氧化膜或网纹，厚 2～3m 不等，下部为含泥巨砾层，砾径 30～60cm，大砾石含量大于 50%，分选差(以石英砂岩砾石为主)，磨圆度较好，砂岩、白云岩砾石风化强烈。

(2)Ⅱ级阶地及堆积物(alQ_3^2)。台面高程 95～98m，基岩面高程 73～85m，堆积厚 10～23m。高程 90m 以下为较均质的含泥质巨砾石层含砂，砾径 25～30cm，大砾石含量大于 40%(以石英砂岩，砂岩、白云质砾石为主)，砾石磨圆度好，风化强烈，分选差，多呈微胶结半胶结

---

① 引自《湖北省清江隔河岩工程蓄水前阶段验收文件汇编(二)》，1994 年。

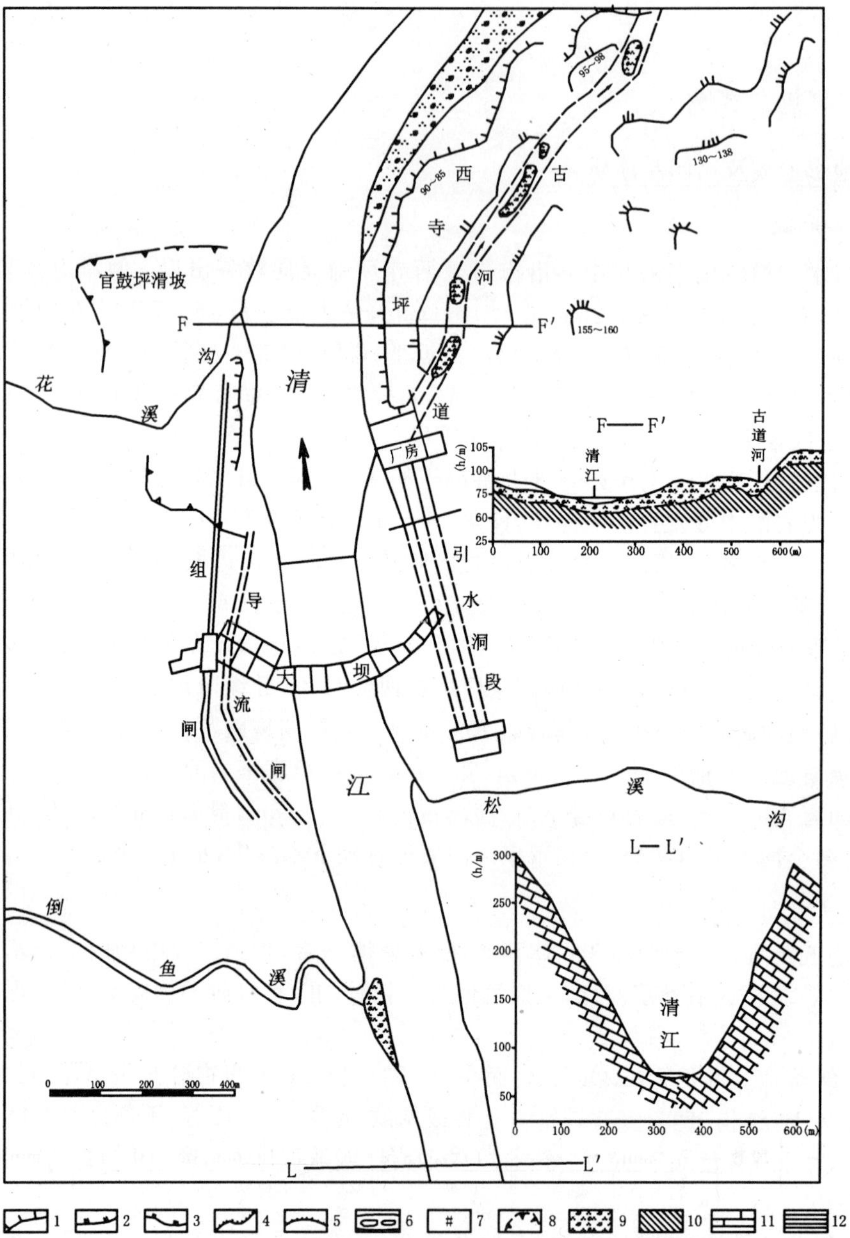

图 5-2-1 清江隔河岩水利枢纽工程河段河谷地貌图

1. Ⅰ级阶地(高程 90～93m);2. Ⅱ级阶地(高程 95～98m);3. Ⅲ级阶地(高程 120～127m);4. Ⅳ级阶地(高程 130～138m);5. Ⅴ级阶地(高程 155～160m);6. 古河道区近期塘堰带;7. 古河道中地下水露头;8. 滑坡;9. 砂卵石层;10. 黏土、亚黏土层;11. 灰岩;12. 页岩

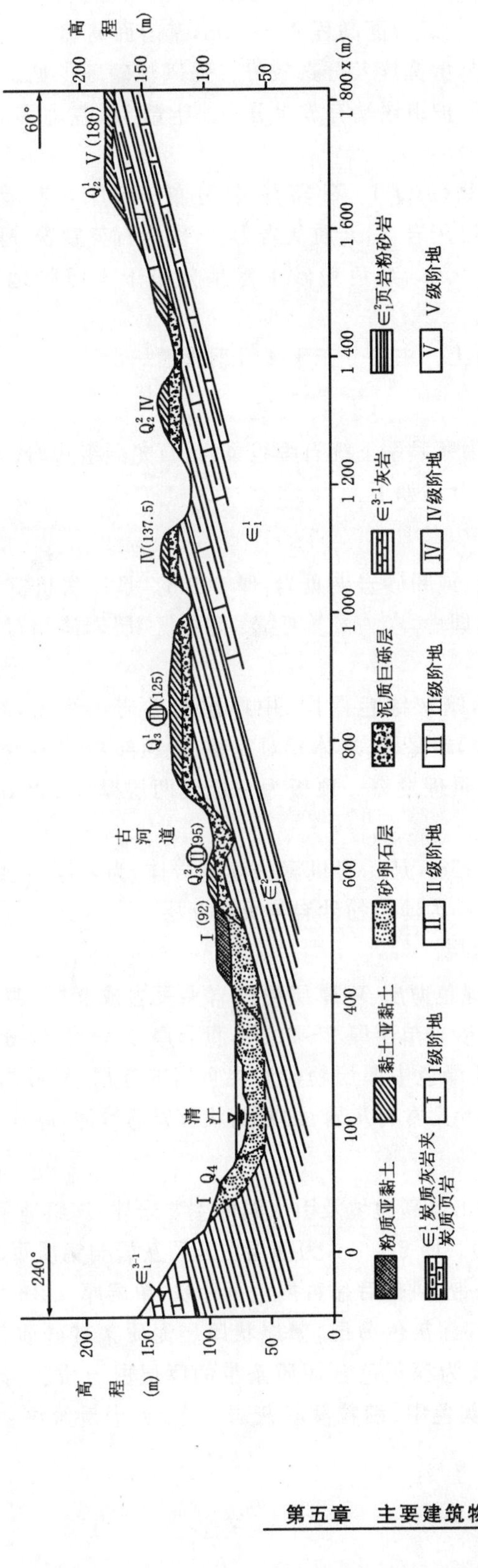

图 5-2-2　清江隔河岩水利枢纽组西寺坪阶地剖面图

状，但很不均一，一般下部1～3m和靠近江边一带胶结较好。右挡土墙古河道部位上部6～8m以黄褐色亚黏土、粉质亚黏土为主，夹有泥质细砂和淤泥质粉砂透镜体，细砂有半胶结现象。土层中多有铁锰膜或花纹，并见有厚1～3cm铁锰短脉。

(3)Ⅰ级阶地及堆积物(alQ_4^2)。台面高程90～93m，基岩面高程72～74m，堆积物厚18～20m，下部10～12m为砂卵石层，磨圆度及分选较好。强风化砂砾少见。阶地外沿一带，多为胶结—半胶结，但不均一，在电厂护坦尾端有零星分布。上部7m左右多为棕褐色粉砂质亚黏土或粉质土，结构较松软。

(4)近代河床、河漫滩堆积物(alQ_4^2)。砂卵石层，分布于河床及河漫滩，高出枯水位1～5m，厚2～20m不等，卵石成分以灰岩、白云质灰岩为主，次为石英砂岩，砾径一般3～10cm，分选及磨圆度好，含砂量15%～20%。杂色粉砂土零星分布于Ⅰ级阶地与漫滩间，厚0.5～1.5m，最厚2m不等，结构疏松。

(5)崩坡积、块石、块石碎石土。主要分布于4号钢管槽一带。

(二)地层岩性

电站厂房区出露地层主要为寒武系下统石牌组页岩、石龙洞组灰岩、平善坝组灰页岩互层和中统红溪组灰岩，其岩性特征分述如下。

1. 石牌组($\in_1^2$)

为页岩、粉砂岩与页岩互层，或粉砂岩夹页岩，厚209m。是厂房机窝、压力钢管段的建基岩体。根据岩性特征分为三段，即$\in_1^{2-1}$、$\in_1^{2-2}$、$\in_1^{2-3}$，除$\in_1^{2-1}$层岩体相对完整外，其余均为碎裂状结构，十分破碎。

(1)下段($\in_1^{2-1}$)。厚50m，暗灰绿色厚层、中厚层粉砂岩夹页岩，粉砂岩单层厚15～70cm，含云母细片和杂色微细层，较坚硬，岩体相对完整，近顶部6～8m含黄铁矿晶粒，局部晶粒密集。页岩含炭质和云母片，页理发育。顶板为一层或两层厚5～20cm的扁球状灰岩，鲕状灰岩，表面富集有黄铁矿薄壳。

(2)中段($\in_1^{2-2}$)。厚90～115m，是厂房机窝的建基岩体，为灰绿色页岩，岩性单一，页理清晰、光滑，含少量云母细片，上部为薄层粉砂岩与页岩互层。

(3)上段($\in_1^{2-3}$)。分上下两层。

($\in_1^{2-3-1}$)：厚26～30m，灰绿色薄层、中厚层粉砂岩夹页岩或互层，两者的厚度比为6∶1～12∶1，可视为不等厚互层，粉砂岩单层厚2～20cm，页岩厚0.5～1.5cm，最厚不超过5cm。

($\in_1^{2-3-2}$)：厚25～29m，灰绿色中厚层粉砂岩夹页岩或互层，粉砂岩单层厚10～15cm，最厚30cm，页岩单层厚0.5～2cm。常有灰岩、细粒鲕状灰岩透镜体，厚5～50cm不等。

2. 石龙洞组($\in_1^3$)

总厚150～175m，是引水洞出口高边坡及引水洞的主要岩体，该组地层分上中下三段。

(1)下段($\in_1^{3-1-1}$ 天河板组)。厚5～6m，为薄层白云质灰岩与钙质页岩互层，灰岩单层厚1～4cm，页岩新鲜的似泥钙质条带，风化后显黄褐色页片状，单层厚0.3～2cm。

($\in_1^{3-1-2}$)：厚55～70m，下部深灰色薄层，薄层状厚层泥质条带硅质、白云质灰岩夹细粒鲕状灰岩，厚30～35m；上部主要为深灰色含泥质条带的厚层白云质灰岩夹少量细粒鲕状灰岩，厚18～20m；近顶部10m以灰色中、细粒鲕状灰岩为主，夹少量斑纹灰岩。顶板为0.4～0.8m的砾状、疙瘩状泥质灰岩。

(2)中段($\in_1^{3-2}$)。厚35～45m,深灰色薄层泥质条带灰岩。上部灰岩单层厚3～4cm,时有细粒鲕状灰岩。泥质条带新鲜呈暗灰色,单层厚0.1～0.3cm,连续性较差;下部灰岩单层厚2～3cm,泥灰质条带,单层厚0.1～0.5cm,最厚2cm,连续性较好,条带密集。顶板见厚0.2～0.8m的疙瘩状泥灰岩。

(3)上段($\in_1^{3-3}$)。厚46～55m,灰色厚层至块状微晶含泥质斑纹硅质、白云质灰岩,岩性较均一,下部夹细粒鲕状灰岩。中部斑纹稀少,混乱且具缝合线构造,其余部位显顺层展布特征。新鲜斑纹为暗灰色,风化后呈紫褐色。

本组沉积后有一个间断期,顶面被侵蚀凹凸不平,凹槽中常有铁质结核、黄铁矿晶粒及页岩透镜体充填。

3. 平善坝组($\in_1^4$)

一般厚38～44m,为灰岩与页岩互层,与下伏石龙洞组呈假整合接触。分六段,其中一、三、五段为页岩,累计厚18m左右,约占总厚的40%。

(1)一段($\in_1^{4-1}$)。厚2～4.5m,以灰绿色板状页岩、砂质页岩为主,夹薄层粉细砂岩及泥质灰岩透镜体。

(2)二段($\in_1^{4-2}$)。厚4～5m,灰色厚层粗粒鲕状灰岩,含泥质条纹,上部为泥质条带致密灰岩。

(3)三段($\in_1^{4-3}$)。厚3.5～6m,灰绿色页岩,砂质页岩,顶部有灰岩疙瘩体。含黄铁矿晶粒及云母细片,富含雷式三叶虫化石。

(4)四段($\in_1^{4-4}$)。厚4.5～7m,深灰色薄层泥质条带致密灰岩,含少量黄铁矿晶粒,灰岩单层厚1～4cm,多呈瘤状,泥灰质条带含泥量高,单层厚0.3～2.5cm,连续性好,易风化。

(5)五段($\in_1^{4-5}$)。一般厚4.3～7m,最厚11m。灰绿色钙质页岩,含灰岩疙瘩体,岩性单一均质。

(6)六段($\in_1^{4-6}$)。厚16～18m,深灰色薄层泥质条带灰岩,岩性均一,含黄铁矿晶粒,底部较多。灰岩单层厚1～4cm,泥灰质条带单层厚0.4～1.5cm,连续性一般较好。顶部为厚15～60cm的疙瘩状泥灰岩,具页片特征,质地软弱。

4. 中统红溪组($\in_2^1$)

厚约60m,是引水洞进口边坡及进水闸段主要岩体。建筑物区只有一、二段。

(1)一段($\in_2^{1-1}$)。厚13～16m,深灰色厚层、中厚层斑纹状白云质、硅质灰岩,呈致密微晶结构,单层厚0.4～1m。层面平直,中下部10m左右泥质斑纹多成条带分布。

(2)二段($\in_2^{1-2}$)。厚度大于30m,底板为厚1～1.5m的薄层板状条带灰岩,抗溶蚀力强,有明显阻水性,见多个地下水露头。下部6m左右为厚层硅质斑纹灰岩,其上均为薄层板状硅质、白云质灰岩夹中厚层灰岩、细粒鲕状灰岩,质地坚硬性脆。单层厚一般1～4cm,厚者10～20cm。层理发育,层面平直,且较普遍地充有灰紫色铁锰质薄膜。

(三)地质构造

坝区地质构造处于长阳复式背斜南翼,主期构造骨架形成于燕山早期,后又被晚期构造运动改造破坏,具有多期活动特征。电站厂房区岩层走向北东70°～90°,倾向S至SE,倾角25°～32°,局部陡倾达40°～60°。构造运动所留下的痕迹主要有断层、裂隙、层间剪切带。

1. 断裂构造

断层在不同方位出现情况见表5-2-1。

表 5-2-1 电站厂房区断层在几个典型方位出现情况一览表

断层方位		270°～290°		300°～320°		340°～355°		0°～30°		60°～80°		合计	其他
倾向		NE	SW	NE	SW	NE	SW	NE	SW	NE	SW		
断层数(条)	进水口段	6	1				4			1	1	13	缓倾角断层有：进水口 F_{229}、F_{215}；引水洞 F_{69}；厂房 f_{31}；中倾角 F_{376}、F_{379}、F_{378}
	引水洞段						2	1			1	4	
	出口边坡及厂房			5	10	11	7				3	36	
	小计	6	1	5	10	11	13	1		1	5	53	

不难看出，厂房区断层以走向 340°～355°及 300°～320°两组最为发育，占总条数 28.3%、45.3%，其次是走向 270°～290°，占总条数 13.2%；北东向断层不发育。断层倾角以陡倾为主。缓倾角断层仅 F_{229}、F_{69}、F_{236}三条；中倾角有 F_{378}、F_{379}、F_{376}三条。

(1)北西西断裂构造。

以 F_{229}为代表的缓倾角断层和以 F_{15}为代表的陡倾角断层，主要分布在引水洞进口段。

1)F_{229}逆断层。分布于进水口边坡及进水渠护坦，走向 270°～290°，倾向 SE，倾角 24°～35°。断层面大部分顺层展布，局部微弯曲切层。在 4 号引水洞进口及西侧边坡断层上盘岩体产状成 52°～60°的陡倾带，构造岩较少，以裂面接触为主，有少许泥钙质和糜棱岩透镜体，胶结良好。与之平行发育的还有 F_{236}。

2)F_{15}平移逆冲断层带。分布在整个进水渠护坦段，由多条走向 280°～290°，倾向 NE，倾角 80°左右断裂面组成或斜列展布，宽 8～10m。断层面平直，多有近水平擦痕，显右行位移。构造岩很少见，以泥钙质为主，局部有零星细角砾或方解石细脉。地表串珠状溶沟、溶槽、缝隙状落水洞十分发育。此外，还有系列近平行断层在进水口 100m 的范围内集中分布，间距 10～20m 不等，主要有 F_{14}、F_{228}、F_{227}、F_{237}、F_{238}、F_{232}、F_{156}、F_{224}、F_{225}等。

(2)北东东断裂构造。

1)F_{236}逆断层。在进水口边坡和闸基，走向 70°～75°，倾向 SE，倾角 35°～40°。面弯曲波状起伏。沿断层两侧岩体风化强烈，发育有 K_{40}、K_{41}、K_{42}、K_{44}四个缝隙状落水洞，并有较多灰华及黏土碎石充填。断层面有较多倾向方向擦痕。

2)F_{387}、F_{388}、F_{389}平移性逆冲断层。均分布在厂房区石牌页岩中。走向 70°～80°，倾向 NW，倾角 65°～80°，多呈斜列延伸，面较平直，构造岩无胶结，主要是页岩碎屑及条带状泥粉、塑泥和断续方解石脉或碎块，显反扭性错位。

(3)北北西向断裂。

1)F_{18}正断层。南起松溪沟北坡，经进水口、引水洞，消失于厂房机窝，全长 600m，横切石牌组中上段页岩、粉砂岩，石龙洞组灰岩，平善坝组灰岩页岩互层到红溪组灰岩。断层延伸方向和纵深断面均为多条断层斜列并夹持一些大小不等的岩块构成(见图 5-2-3、图 5-2-4)。构造岩带在石龙洞组灰岩中大部分为紫红色次生泥灰岩，掺杂零星角砾和灰岩碎块，无明显主断层面(见图 5-2-4、图 5-2-5)。在石牌页岩中，构造岩均未胶结，一般宽 5～20cm，最宽 60cm 并具以下分带性：

a. 上盘严重碎裂破劈理带；

b. 碎粒、碎屑塑泥网状混杂岩带；

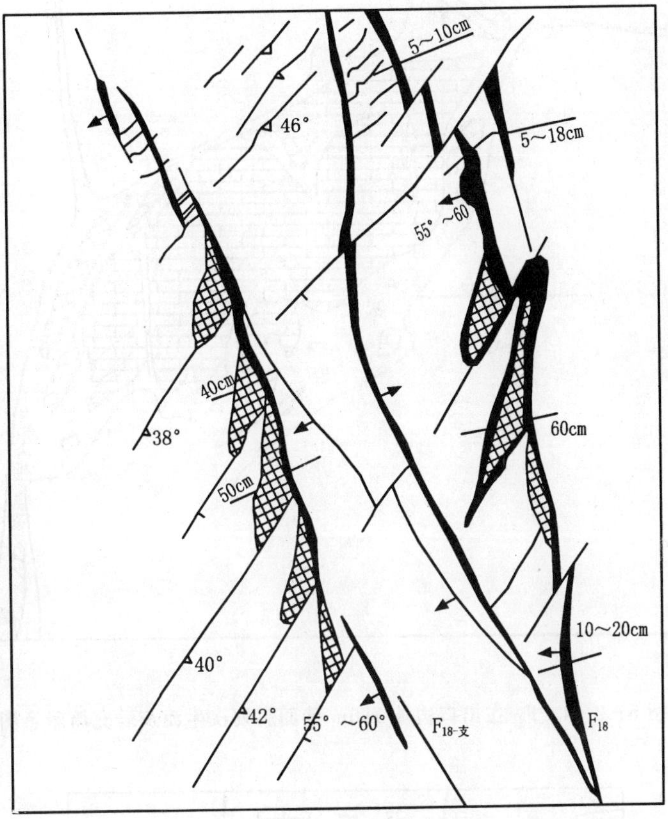

图 5-2-3　F_{18}在 3 号钢管槽页岩中平面展布示意图

c. 鳞片劈理带；

d. 泥粉糜棱塑泥带。

大多数部位只有后三带。在平善坝灰岩与页岩互层以上，未发现有紫红色次生泥灰岩。沿断层溶蚀洞穴发育，多处见有 10～30cm 的角砾岩带，呈棱角状次棱角状，略具定向构造，由泥钙质和方解石紧密胶结。根据岩层界线位移判别为顺扭性正断层，垂直断距 3～5m。大量近水平擦痕，为后期平移活动痕迹。同性状的次级断层还有 F_{632}。这组断层在石牌页岩中也十分发育，如 F_{219}、F_{220}、F_{382}等。不同的是构造岩未胶结，以碎屑、碎块塑泥为主。

2)F_{378}、F_{379}、F_{373}中等倾角正平移断层，均分布在石牌页岩中，走向 330°～360°，倾向 SW，倾角 40°～60°。断层面微波状起伏，并有大量近水平擦痕。据岩层界线显示，为反扭性正断层，垂直断距 1.5～3m 不等。构造岩均未胶结，宽 5～25cm 不等，最宽 80cm。糜棱塑泥一般厚 1～5cm，最厚 10 余厘米。构造岩有以下三带：

a. 碎粒、碎屑塑泥网状混杂带；

b. 断续鳞片劈理带；

c. 泥粉糜棱塑泥带。

其中后两带较为多见。

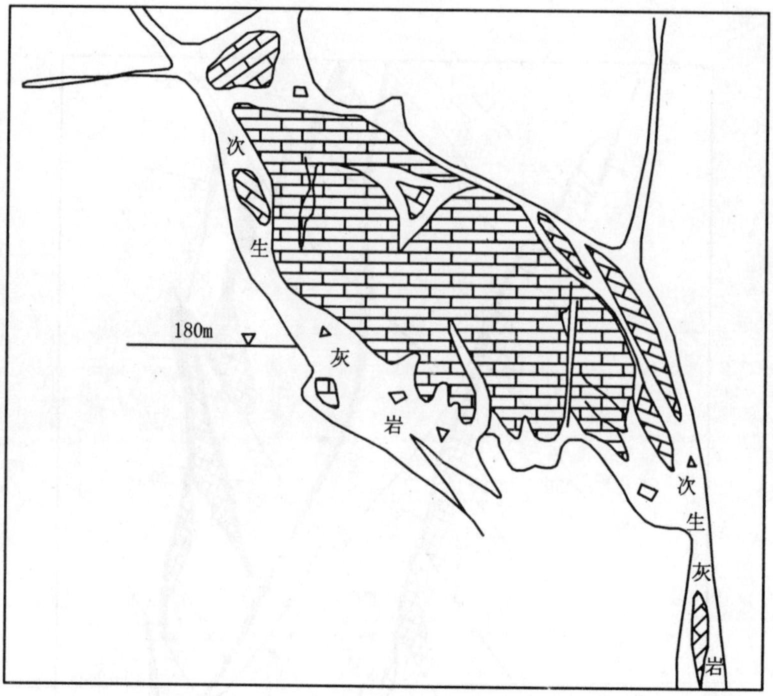

图 5-2-4　F_{18}在出口边坡 180m 壁面斜列次生泥灰岩充填示意图

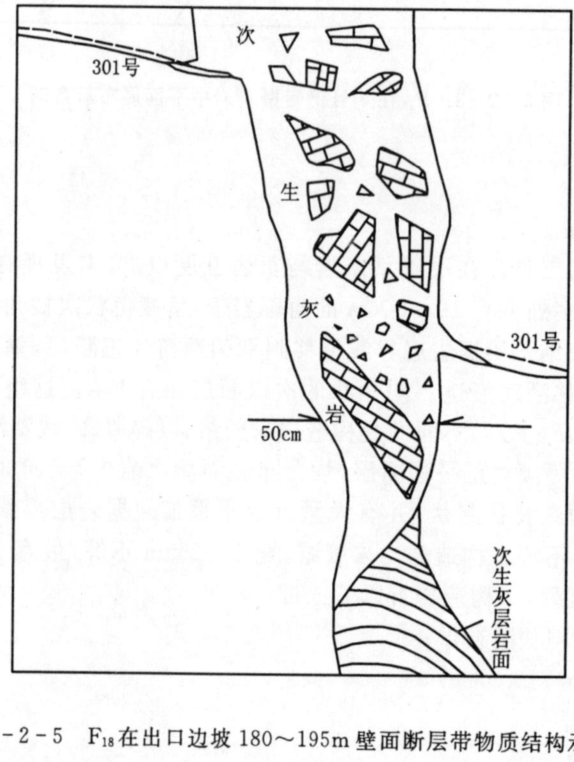

图 5-2-5　F_{18}在出口边坡 180～195m 壁面断层带物质结构示意图

(4)北西向断裂构造。

F_{364}、F_{365}等压扭性平移断层，走向310°～320°，倾向NE，倾角70°～80°。该组断层十分发育，主要分布在石牌页岩中，其他岩性中少见。该组断层规律性强，方向稳定，面较平直，普遍有近水平擦痕并具明显的等距特征。间距一般10～20m，长度60～120m，显右行平移性。构造岩均为未胶结的碎粒、碎屑及糜棱塑泥带，宽度5～20cm，最宽40余厘米。

(5)北北东向断裂构造。

F_{180}正断层，穿过右坝肩至引水洞，走向20°～30°，倾向NW，倾角80°左右，断层带主要为角砾岩组成，宽0.8～2m，角砾大小混杂，呈棱角状，方解石胶结紧密。沿断层溶蚀强烈，洞穴、溶沟、溶槽发育。该组断层不甚发育，以短小裂隙性居多。

各断层性状见表5-2-2。

表5-2-2 电厂引水洞断层统计表

断层编号	产状			断层规模			断层性质	发育部位	特征描述	工程意义
	走向(°)	倾向	倾角(°)	长(m)	宽(cm)	断距(m)				
F_{69}	60～80	SE	34～38	>150	一般20最大可达100～200		逆断层		为顺层破碎溶蚀带，局部切层。沿断面多溶蚀充泥，岩体风化成棕黄色，形成碎裂岩体。其块度为5cm×10cm～30cm×40cm，断面上见有大量擦痕指示上盘上升。此断层向南西方向，溶蚀加强	直穿2号、3号、4号洞
f_{103}	253～275	NW—NE	40～45	>150	5～100				面弯曲长大，沿面溶蚀，$18K_1$支溶洞均位于此断层上盘，局部溶蚀不连续，为方解石和泥质充填	
F_{18+2}	350～360	SW	50～72	>100	30～60		正断层	1号进口至2号0+110	面波状起伏，由两个断面组成，呈透镜状，沿面分布有宽0.5～1.0cm的方解石及泥钙质，其风化较严重	
F_{632}	355	SW	65～70	>200	5～10		正断层	顺3号右壁发育	由两断面左斜列式组成，而凸凹不平，为方解石脉和紫红色粉砂岩。断面不连线，宽度变化较大	
F_{18-1}	345～350	SW	65～70	>200	5～20最大80		正断层	顺2号左壁发育	面弯曲，宽度变化较大为紫红色粉砂岩充填，并可见砂岩层理。局部可见砂岩胶结的灰岩角砾，胶结较差。角砾砾径一般为0.3～0.5cm。此外在上盘砂岩中局部见磨圆较好的卵石，卵石呈扁平状，以灰岩为主，块径为3～3.5cm	
F_{18}	330～355	SW	60～75	>200	100～200		正断层	从3号洞进口经1号洞至2号出口	面波曲状，产状变化大，为三个平行断面组成间距0.4～0.6m，断面主要为方解石，此外，还有黄色黏土厚0.5cm。断面上可见倾向北、倾角15°的斜擦痕，指示此断层为顺扭。断面之间为碎裂岩块，块径为0.3mm，最大0.4m，为紫红色粉砂岩及方解石胶结，胶结良好	

续表 5-2-2

断层编号	产状			断层规模			断层性质	发育部位	特征描述	工程意义
	走向(°)	倾向	倾角(°)	长(m)	宽(cm)	断距(m)				
f_{189}	360	SW	67～70	60	3～10	1	正断层	2号洞进口	面较平直长大,破碎带沿主断面有宽0.5～3cm的呈鳞片状,局部为塑性泥	
f_{104}	320～341	SW	60～80		2～20	1～1.5		1号洞	断面平直,发育为碎裂岩,沿面分布有宽1cm的红色砂岩	
f_{115}	310	NE	68～65	>70		1	反扭		面平直,充填方解石及泥钙质,宽1～3.0cm,局部为宽10～25cm的角砾岩和碎裂岩带,风化呈土黄色,此断层错断F_{18}	
f_{104}	306	SW	74	50	5～15			1号洞0+176	断面平直,发育为紫红色粉砂岩,砂岩可见层理,胶结尚好。沿上断面连续分布有1～2cm的黄泥。局部见有塑性泥	
f_{110}	310	NE	75			0.45			面平直长大,为破碎带。由破碎泥质条带、塑性泥及方解石组成	
f_{107}	295～315	NE	70～80		15～20	1.0～1.80	逆断层	142.5～141.5护坦	由三个断层面呈斜列式或平行组成。间距2～4cm,沿断面溶蚀强烈,溶沟溶槽呈串珠状发育,内充填黏土及灰华,有较多胶结或半胶结的砂砾石。其成分有石英、石英岩、灰质白云岩,白云质灰岩、灰岩,燧石磨圆度很好。溶沟宽达10～200cm,部分呈溶洞及落水洞和竖井状分布	发育于进水渠底板,对工程无重大影响
F_{18}	350～355	SW	75～80		10～30cm局部40～50cm	4～4.5	正性	由北向南穿进	面粗糙弯曲,带中为方解石胶结的角砾岩,角砾为灰岩,砾径0.3～0.5cm,最大1～3cm,棱角状沿面溶蚀,黏土及碎石充填,局部呈两个平行面延伸。断层走向变化较大,局部走向为5°～10°	斜穿3号引水洞进口,进入护坦内。该断层对3号洞以外岩体影响较大
F_{223}	285～290	NE	65～70		1～3		压扭性	180壁面	呈波状,泥钙质充填,裂面上见大量倾角30°的斜擦痕及擦坎,有溶蚀洞穴及溶缝	
F_{227}	280	NE	68		3～5		逆断层	闸基	面粗糙,有大量的倾向东,倾角5°～10°的斜擦痕及溶坎,断层带中有1～3cm的浅黄色泥钙质及方解石	
F_{228}	288	NE	76		5～20			闸基及护坦	总体延伸较直,面粗糙,见倾向北,倾角5°～10°的擦痕。在高程141.30m进口护坦上,沿断层面上盘有大量磨圆度好的砂卵石及粗砂,其成分复杂,主要为灰岩、石英砂岩、白云质灰岩,砾径0.5～1.5cm不等,半胶结状。除此之外,黏土、黄泥充填较多,局部有溶蚀缝隙	与F_{239}在进口护坦相交呈X形,对进水口影响不大,向东南到F_{15}断层

续表 5-2-2

断层编号	产状			断层规模			断层性质	发育部位	特征描述	工程意义
	走向(°)	倾向	倾角(°)	长(m)	宽(cm)	断距(m)				
F_{229}	90~110	SW	24~35		0.15~0.40		逆性		面平直,多沿层面延伸,面上见紫褐色泥钙质和糜棱岩,溶蚀小洞穴零星分布。充填黏土和细砂砾,呈胶结和半胶结状,砾径0.3cm,大者0.5~1.5cm,其成分复杂,磨圆度好。4号洞口断层上盘岩体陡倾50°~60°	本区的控制性断层,对边坡的稳定有较大影响
F_{236}	70~75	SE	35~40		5~20		逆性	闸基	面粗糙,沿断层面溶蚀洞穴发育,有K_{40}、K_{41}、K_{44}等落水洞,多以黏土及灰华充填,面上见紫褐色泥钙质物,风化强烈。面上还见有倾向东南、倾角30°的斜擦痕	对边坡有较大影响,是本区的控制性断层
F_{237}	286	NE	75~80		<10			高程170m平台	面粗糙沿断层面发育串珠状溶洞有K_1、K_{1-1}、K_{1-2}、K_{1-3}、K_{1-4}、K_2等,多为黏土及灰华充填	对高程170m平台前缘边坡有影响
F_{238}	72	NW	85		3~5			170m平台	面粗糙弯曲,断层带中主要为方解石,局部沿断层溶蚀成小溶沟和小溶洞	发育于170m平台中部,对边坡稳定不构成大的影响
F_{239}	15~20	NW	72~85		0.70~10	1.0~2.50	正性	1号洞进口处	面粗糙微弯曲,带中为方解石及方解石胶结的角砾岩,沿主断面局部溶蚀呈缝隙,小洞为黏土及灰华充填。在高程160~170m壁面红溪组$\in_2^{1-2}$第二层底部薄层条带灰岩断距大于1.5m。F_{239}断距1.5~2.0m	发育1号洞洞脸边坡及180m以上边坡,对进口边坡稳定影响较大
F_{240}	355~10	SW	65~80		破碎带宽40cm,主面宽5~15cm	2.0	逆性	闸基及护坦	总体较直,带中为方解石及方解石胶结的角砾岩,面粗糙,局部有溶蚀、小洞穴。向北将f_2错断,断距2.0~2.1m,显顺扭	发育于闸基及进口护坦,对边坡有影响
F_{241}	335~350	SW	60~82		5~8	>3.0	正性	闸基及护坦	面较平直,带中为浅灰黄色泥钙物。在F_{241-1}、F_{241-2}与主断面交汇处,有方解石胶结的角砾岩。宽10~15cm,角砾呈棱角状,砾径一般1~1.5cm,最大可达2~3cm。在高程138.5~160m壁面坡脚处,将$\in_1^{4-6}$与$\in_2^{1-1}$界线错断,断距大于3m,向南到F_{229}断层	发育于边坡和闸基,对边坡稳定有影响
F_{245}	302	NE	72		3~5			东侧174m平台	沿面溶蚀成狭缝状,有串珠状小洞穴及溶洞,为黏土、方解石及灰华充填	对安装平台东侧壁稳定有影响
F_{372}	315~320	SW	65~70		5~15		压扭性	左导墙及4号尾水护坦	面弯曲,呈斜列式,构造岩为页岩碎片、碎粒塑性泥,泥宽0.5~2cm,局部劈理发育	

续表 5-2-2

断层编号	产状			断层规模			断层性质	发育部位	特征描述	工程意义
	走向(°)	倾向	倾角(°)	长(m)	宽(cm)	断距(m)				
F_{374}	310～325	SW	70～80		5～20		压扭性	4号机副厂房	微弯曲,断层上盘岩体为弱风化,构造岩为页岩碎片、碎屑,破碎宽度变化大,最宽达30cm,泥宽0.5～2cm	
F_{18}	330～350	SW	55～80		10～40		正性	4号机窝到2号钢管槽	面弯曲,呈斜列状,上下盘时有明显拖引褶皱,构造岩多呈锯齿状透镜体,或由平行的两个构造面组成。构造岩为劈理、糜棱状页岩碎屑及塑性泥,部分有明显分带特征,多有近水平擦痕,塑性泥宽1～3cm,最宽5cm	
F_{386}	340～350	SW	65～85		10～35		张扭性	4号钢管槽	面微弯曲,南段分两支,面破碎粗糙,构造岩由碎裂岩、页岩碎屑及塑性泥组成,局部劈理发育,泥宽0.5～3cm	
F_{385}	340～350	NE	70～83		5～15		张扭性	尾水护坦	面微弯曲,南段分两支面破碎粗糙,构造岩由碎裂岩、页岩碎屑及塑性泥组成,局部劈理发育,泥宽0.5～3cm	
F_{382}	340～350	NE	60～85		5～30 最大 60		张扭性	机窝及护坦	面微弯曲,呈斜列分布,面粗糙,构造岩主要为碎裂状页岩碎屑及塑性泥,部分段显分带特征,构造岩带最宽达60cm,泥宽0.5～2cm,最宽达3cm	
F_{383}	340～350	NE	65～85		5～20 最大 60		张扭性	尾水护坦	面微弯曲,结构岩面破碎,宽度较大,最宽60cm,泥厚0.5～1.5cm	
F_{384}	340～350	NE	75～80		5～20		张扭性	尾水护坦	面微弯曲,构造岩由碎裂状页岩碎屑、局部方解石脉及塑性泥组成;宽0.5～3cm,最宽4cm,有近水平擦痕	
F_{381}	335～355	NE	65～87		5～30		张扭性	尾水护坦	面微弯曲,构造岩由碎裂状页岩碎屑、局部方解石脉及塑性泥组成,宽0.5～3cm,最宽4cm,有近水平擦痕	
F_{390}	350～355	NE	65～87		5～30		张扭性	机窝及副厂房	面微弯曲,破碎,构造岩带由碎裂岩、碎屑、断续方解石脉组成。在1号机副厂房及1号钢管槽下游侧坡体严重卸荷强裂,裂缝宽1～5mm	
F_{380}	350～355	NE	75～85		5～30		张扭性	安Ⅰ及正面坡	面微弯曲,南段分为两支,北段构造岩规模较大,碎裂岩劈理、塑性泥发育,方解石脉断裂分布,泥宽0.1～1.5cm	
F_{377}	340～10	SE、WN	65～70		5～40		张扭性	安Ⅰ及正面坡	面弯曲,南东段由两条平行结构面组成。为宽1～1.5m的碎裂岩带夹泥厚0.5～5cm不等,北西段一般宽3～5cm,泥宽0.5～1cm	
F_{376}	300～315	NE	70～75		10～20	0.15～0.20	顺扭平移	右挡墙	构造岩为碎块、碎屑和塑性泥,断层两侧风化宽0.3～0.4m	

续表 5-2-2

断层编号	产状			断层规模			断层性质	发育部位	特征描述	工程意义
	走向(°)	倾向	倾角(°)	长(m)	宽(cm)	断距(m)				
F_{378}	330～360	NE	50～65		5～25	1.5～3.0	正平移	右挡墙	面微波状起伏，并有大量近水平擦痕，构造岩多为碎块、碎屑及鳞片状、劈理塑泥带	
F_{379}	330～335	NE	45～70		15～50	1.0	反扭	1号机窝护坦	面波状起伏，有大量近水平擦痕，构造岩为碎块、碎片及鳞片状、劈理塑性泥带，宽 10～25cm，局部宽达 50cm，泥宽 1～2cm，最宽 5cm	
F_{373}	310～335	SW	53～65		10～30		顺扭平移	4号及左导墙	面波状，时有台坎，具擦痕。面总体延伸较直，构造岩为碎块、碎片，局部见糜棱状塑泥带，泥宽 0.5～1cm，最宽 3cm，顺扭平移	
F_{360}	290～305	NE	60～75		5～20		压扭性	右挡墙护坡	多由两个面组成，微弯曲，具近水平擦痕。构造岩为碎屑、碎片及塑性泥，泥宽 0.5～2cm	
F_{364}	290～315	NE	70～80		5～30		压扭性	右挡墙及护坦	面较平直，普遍有近水平擦痕，构造岩为碎粒、碎屑及鳞片塑泥带，泥带宽 1.5～3cm	
F_{365}	300～310	NE	70～80		10～40		反扭性	右挡墙及护坦	总体较直，局部微弯，具近水平擦痕，含黄铁矿晶粒，带中为碎块、碎片及塑性泥，泥宽 0.15cm，方解石脉断续充填	
F_{366}	300～316	NE	60～85		5～20	0.4～0.7	逆冲	尾水护坦	面微波状弯曲。具近水平擦痕，构造岩为碎屑、碎块，塑泥带泥宽 0.5～3cm，最宽 4cm，并有断续方解石脉。南东段为两个平行裂面，间距 0.3～0.6m，北西段为斜列式	
F_{367}	290～310	NE～SW	70～85		5～30		压扭	尾水护坦	该断层面呈扭曲状，向两个方向倾斜，顺扭；反扭不同程度有位移 5～15cm。面上具近水平擦痕。构造岩为碎屑及塑泥带，泥宽 0.5～3cm	
F_{368}	280～310	SW	70～85		5～40		压扭性	机窝及护坦	面微波状，总体平直，显顺扭，具近水平擦痕。带中为碎块、碎屑及糜棱状塑性泥。泥宽 0.3～3cm，局部成胶结状和断续方解石脉	
F_{369}	310～330	NE	60～85		5～20		压扭性	机窝及护坦	面弯曲，局部反倾，面上具水平擦痕，结构面破碎。构造岩为碎块、碎屑及泥粉，泥宽 0.5～1cm	
F_{370}	290～320	NE	70～85		10～30		压扭性	左导墙护坦	面微弯曲，局部直，南段由 2～3 个面组成，间距 0.2～0.4cm，结构面破碎，页岩碎屑、碎片及鳞片劈理塑性泥，充填泥宽 0.5～2cm	

续表 5-2-2

断层编号	产状			断层规模			断层性质	发育部位	特征描述	工程意义
	走向(°)	倾向	倾角(°)	长(m)	宽(cm)	断距(m)				
F_{371}	300～350	SW	70～85		5～30	0.2～0.3	压扭性	机窝及钢管槽	面弯曲,呈斜列式,钢管槽段有明显顺平移拖引褶皱,断距20～30cm。构造岩为碎粒、碎屑及塑性泥,泥宽0.5～2cm	
F_{391}	350～10	NE、SW	70～80		5～10		张扭性	安Ⅰ及正面坡	面较平直、粗糙。构造岩带破碎,由碎屑、塑性泥组成,泥宽0.1～1.5cm	
F_{375}	316～330	SW	65～75		5～10		压扭	安Ⅰ	微弯曲,由碎屑、糜棱塑泥组成,泥宽0.5～3cm,具近水平擦痕,显顺扭	
F_{387}	75～285	NE	60～70		1～5	0.1～0.6	逆冲	尾水护坦	面平直,有方解石脉断续充填,主要为塑泥碎屑,泥宽1～3cm,显反扭性	
F_{388}	70～80	NW	70～80		2～15		逆冲	尾水护坦	面平直,有方解石断续充填,主要为塑泥碎屑,泥宽1～2cm,呈斜列式首尾相接	
F_{389}	65～80	NW	65～75		2～10		逆冲	3号、4号副厂房	面平直,方解石断续充填,见塑泥碎屑,泥宽0.5～2cm,沿两个面平行分布	
F_{220}	340～10	S、SW	60～65		10～20	2.5	正性	上镇礅	面微弯曲,构造岩由碎块、碎屑及塑性泥组成,泥宽2～4cm,风化强烈	
F_{219}	34～355	SW	50～60		5～25	2～3	正性	上镇礅	面微弯曲,构造岩由碎块、碎屑及塑性泥组成,泥宽2～4cm,风化强烈	
F_{395}	355～18	E	40～45		5～30		正性	侧坡	面微弯,构造岩为碎块、碎屑及塑性泥,泥宽1～3cm,劈理发育	
F_{396}	300～320	NE	60～70		20～35		压扭性	侧坡	由两个结构面组成的一个破碎带,宽0.20～3.5m,构造岩为碎块、碎屑,呈胶结状,穿插一些网状塑性泥,主面泥宽1～4cm不等	

2. 剪切带

剪切破裂构造从电站引水洞进口至厂房机窝均有分布,根据不同岩性剪切破坏程度分为两大类:第一类发生在页岩中的层间剪切泥化带,性状最差,多有破碎泥化面或塑泥条带,如201号、401号、403号、405号及石牌页岩中的剪切带(g)。第二类是发生在灰岩中相对软弱泥灰岩、疙瘩状泥灰岩和泥质条带集中处。性状相对较好,大都成不很连续的剪切破碎面,如301号、302号、406号等。勘测成果中,对其性状、位置以及对建基岩体的影响均有详细论述。经施工开挖验证基本无误。现分述如下。

(1)201号层间剪切破碎泥化带。位于石牌组页岩顶部与石龙洞组底部天河板灰页岩互层段,发育着十多个较连续分布、性状差的层间剪切破碎泥化面,即为广义的201号层间剪切破碎泥化带。总厚4～6m。经引水洞出口边坡及201号置换洞施工开挖揭露,主剪切破碎泥化面分布在石龙洞组灰岩与石牌组页岩接触处0.5～1m的范围内,为一连续的剪切带,以高密度劈理为主,伴有厚0.5～1cm塑泥,最厚达3cm,有时呈两三个剪切破碎泥化面,其余规模就相对较小。在“天河板组灰页岩互层”中的剪切破碎面一般规模很小,也不连续,只是一些断续微细裂面。整个出口高边坡揭露201号剪切破碎带长250余米，仅在1号、2号引水洞出口201号置换洞内；“天河板”顶面有一个1 200余平方米剪切破碎面较连续分布，面平直，普遍具擦痕，成为201号置换洞开挖较完整的洞顶面，其余部位尚无此面。

(2)301号层间剪切破碎带。位于石龙洞组灰岩下段($\in_1^{3-1-2}$)顶部的疙瘩状泥灰岩、泥质灰岩中。剪切带厚0.5～0.7m，其间具多个不连续剪切面，局部溶蚀风化严重，呈土状，部分见泥软化物。整个301号剪切带因受构造破坏，溶蚀风化程度差异大、性状变化较大，综合起来分以下三区。

Ⅰ区：剪切破坏严重，在一定范围内主剪切面连续，断裂构造发育，溶蚀风化严重。沿此面一般有泥化物。

Ⅱ区：剪切破坏明显，在一定范围内无连续主剪切面，有一个或多个破裂面，具风化色变和泥膜。

Ⅲ区：剪切破坏轻微，剪切破裂面不明显或断续分布，在抗剪强度上比未受构造破坏的原岩有所降低。

(3)302号层间剪切破碎带。位于石龙洞组中段($\in_1^{3-2}$)顶部疙瘩状泥灰岩中，剪切带厚0.7～0.9m。据右岸2号平洞及47、28、90、213、160、163、214等钻孔在87～114m高程揭示，均发现有明显溶蚀充泥，并伴有洞穴发育。现经4条引水洞开挖证明勘探资料准确。该部位岩层陡倾受构造破坏较严重，沿剪切破碎面溶蚀风化强烈，在3号、4号引水洞中多有土状风化物及溶蚀缝隙充泥，4号洞还有涌水渗水溶蚀缝隙(地面施工用水)，总体上302号剪切带在引水洞以4号洞溶蚀风化最强，性状最差，其次是3号洞，1号、2号洞相对较好。

(4)401号层间剪切破碎泥化带。位于平善坝第一段($\in_1^{4-1}$)页岩中，在2～3m页岩中，发育着一系列的层间剪切破裂面，其中以顶、底部最为发育。剪切面均有泥膜或塑泥，塑泥条带单个厚0.3～0.5cm，最厚1cm。据4条引水洞中揭示，主剪切带多集中于近顶部0.5～0.6m处，见6～8个剪切泥面，中、下部较稀疏。

(5)403号层间剪切破碎泥化带。发育于平善坝组第三段($\in_1^{4-3}$)页岩中，该层页岩厚3.5～6m，以顶、底部剪切破碎面最为发育，上下各有2～3个剪切破碎面，有泥膜或塑泥条带，单个厚0.2～0.5cm。在引水洞中主剪切带集中于顶板处。

(6)405号层间剪切破碎泥化带。发育于平善坝组第五段($\in_1^{4-5}$)页岩中。页岩厚4.25～7m，最厚11m。有多个剪切面，一般呈断续分布，以顶部一个连续性稍好，有塑泥条带或泥膜。

(7)406号层间剪切破碎带。发育于平善坝组第六段($\in_1^{4-6}$)条带灰岩顶部0.2～0.6m的疙瘩状泥灰岩或泥质条带中。该剪切带分布稳定，为一系列不连续的剪切裂面，风化强烈，一般为明显的带状强风化，有泥膜光面。在断层带左右两侧多有不同程度的土状或塑泥条带。

根据剪切破坏程度、风化状态及有无泥软化综合因素，将其分为两个亚类。

Ⅰ类：剪切破坏严重，形成一定范围内较连续主剪切面，沿此面有泥膜光面或塑泥条带。

Ⅱ类：剪切破坏轻微，无主剪切面，仅岩体有混乱破碎痕迹及强风化现象，夹层抗剪强度有所降低。

(8)g_1层间剪切破碎溶蚀面。发育于红溪组灰岩($\in_2^{1-2}$)底部薄层板状灰岩顶面。为一层厚5～20m、连续分布，且大部溶蚀风化充泥面。经进口边坡及进口引水渠护坦揭示，均被溶蚀成串珠状小洞穴或溶缝，洞穴中灰华物甚多，并多处有出水、消水洞穴，性状差，是进口边坡主要控制性滑面。

(9)石牌组页岩上段($\in_1^{2-3-1}$)、($\in_1^{2-3-2}$)薄层、中厚层粉砂岩与页岩互层中的层间剪切破碎泥化带。该层位的层间剪切面十分发育，$\in_1^{2-3-1}$ 有 6～8 个，$\in_1^{2-3-2}$ 有 8～10 个，均以中上部较发育，多呈断续零散分布。单个长度 10～50 余米，最长 80m，厚度 0.2～0.5cm 不等，均充有浅灰色塑泥或泥膜、方解石细脉，间距 1～5m 不等。

(10)石牌页岩中段($\in_1^{2-2}$)的层间剪切破碎泥化带。主要分布于该层上部 20～25m 段，多发育在断层间的局部岩体中，延伸短，稀密不定，单个厚度 0.3～1cm，均为塑泥或方解石脉充填。

此外，在石龙洞组第二段薄层条带灰岩、平善坝组第六段灰岩及红溪组第二段薄板状灰岩中，还见有一些面不连续、但性状较差的层间错动面。

3. 裂隙

(1)引水洞进口区。

1)进口高边坡。进口闸基基坑周边坡为红溪组第二段($\in_1^{2-2}$)薄层板状灰岩和第一段($\in_2^{2-1}$)厚层灰岩夹薄层条带灰岩。裂隙按走向分类有以下几组，见图 5-2-6。

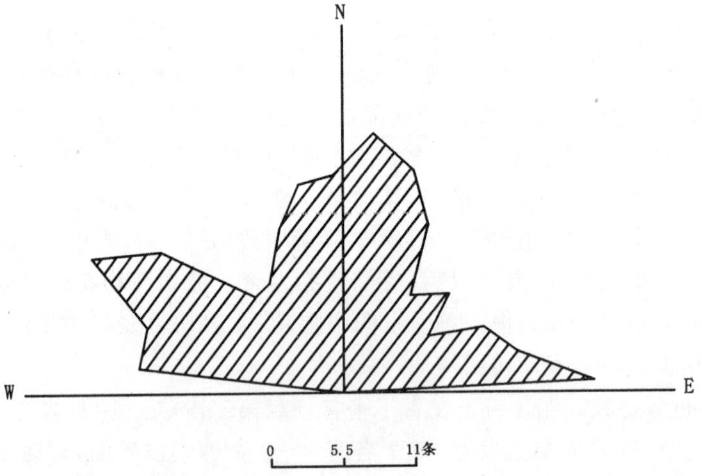

图 5-2-6　电站引水洞进口(高程 138.50～180m)边坡裂隙走向玫瑰图

a. 北西组。走向 290°～310°，以倾向 NE 为主，倾向 SW 次之，倾角 65°～80°。该组最发育。

b. 北北东组。走向 5°～30°，倾向 NW 和 SE，倾角 70°～80°。发育。

c. 北东东及北西西(或近东西)。走向 270°～280°或 80°～90°，倾向 NE 或 NW，倾角 60°～80°。发育。

d. 北北西组。走向 340°～350°，倾向 NE 和 SW 兼有，倾角 70°～80°不等。该组比较发育。

2)进口段(闸基、护坦)。闸基、护坦建基岩体为红溪组第一段和第二段灰岩。地质素描实测长大裂隙 366 条，按其走向分类有以下几组，见图 5-2-7。

a. 北北东组。走向 5°～20°，以倾向 NW 为主，倾角 65°～80°。该组裂隙最发育。

b. 北西组。走向 280°～310°，倾向 NE 为主，倾向 SW 次之，倾角 70°～85°。该组裂隙发育。

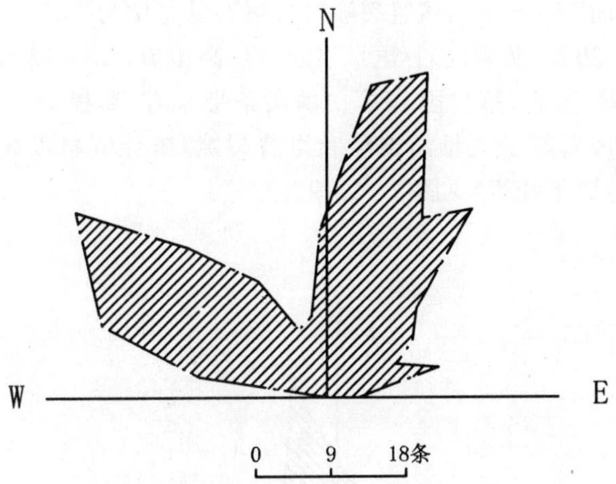

图 5-2-7 电厂引水洞进口段裂隙走向玫瑰图

c. 北东组。走向 30°～40°,倾向 NW,倾向 SE 次之,倾角 70°～85°。该组不太发育。

(2)电厂引水洞段。电厂引水洞群建基岩体主要有平善坝组($\in_1^4$)灰岩页岩互层、石龙洞组($\in_1^3$)灰岩。裂隙以 3 号洞为代表,实测裂隙 985 条,按其走向分类有以下几组,见图 5-2-8。

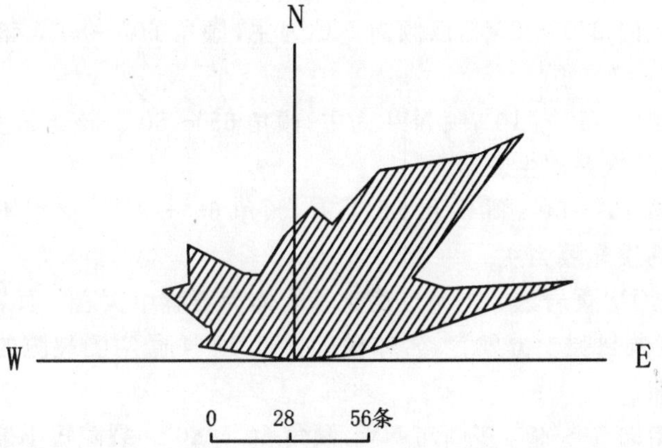

图 5-2-8 引水洞段裂隙走向玫瑰图

1)北东东组。走向 70°～80°,倾向 NW 和 SE,倾角 60°～85°。该组裂隙较发育,裂面平直。

2)北东组。走向 30°～50°,倾向 NW 为主,SE 次之,倾角 70°～85°。该组裂隙最发育,以方解石脉充填为主。

3)北西组。走向 300°～320°,倾向 NE 或 SW,倾角 60°～80°。该组裂隙不太发育。裂面微波状多有水平擦痕。

4)近南北组。走向 350°～10°,该组裂隙以方解石脉充填为主,部分为次生灰岩。

(3)引水洞出口高边坡(灰岩区)。电厂引水洞口高边坡 128m 以上的灰岩区,主要有石龙洞组第一段($\in_1^{3-1}$)厚层灰岩,第二段($\in_1^{3-2}$)薄层条带灰岩,高程 180m 以上间杂有溶塌角砾岩。人工高边坡的形成揭露了大量的裂隙和岸剪裂隙,统计资料以高程 165～180m 壁面为例,按裂隙走向分类有以下几组,见图 5-2-9。

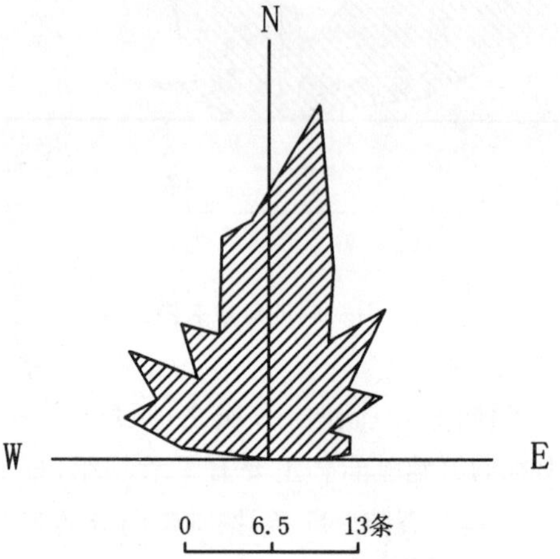

图 5-2-9　电站引水洞出口边坡(高程 165～180m)裂隙走向玫瑰图

1)北西西组。走向 275°～300°,以倾向 NE 为主,倾角 60°～80°。该组较发育,裂面微弯曲,方解石充填。

2)近南北组。走向 350°～10°,倾 NW 为主,倾角 65°～80°。该组最发育,裂隙宽,面粗糙,以方解石充填为主,其次是次生灰岩。

3)北东组。走向 40°～50°,倾 N 和 SE 兼有,倾角 65°～85°。该组不太发育,裂隙短小粗糙,裂面破碎,以泥钙质充填为主。

(4)引水洞出口厂房页岩区。电站厂房建基岩体为石牌组页岩。页岩层理页理发育,易风化卸荷变形,裂隙及微裂隙十分发育,岩体破碎。据 1～4 号实测裂隙的统计资料(图 5-2-10),有以下五组裂隙。

1)北北东组。走向 5°～20°,多倾向 NW,倾角 60°～80°。裂隙短小破碎,该组比较发育。

2)北东东组。走向 70°～80°,倾向 NW,倾角 70°～85°。裂隙长大,面平直,多有方解石脉,该组最发育。间距一般 10～15cm,最密 5cm。

3)北北西组。走向 330°～350°,倾向 NE,倾角 55°～75°不等。裂隙长大微弯曲,面较破碎多有泥膜,比较发育。

4)北西组。走向 300°～320°,倾向 NE 或 SW,倾角 60°～80°。裂隙较长大,面平直多有泥膜,该组发育。

5)北西西组。走向 275°～295°,倾 NE 为主,倾角 60°～85°。裂隙长大、面平直、光滑,多有方解石脉,该组发育。

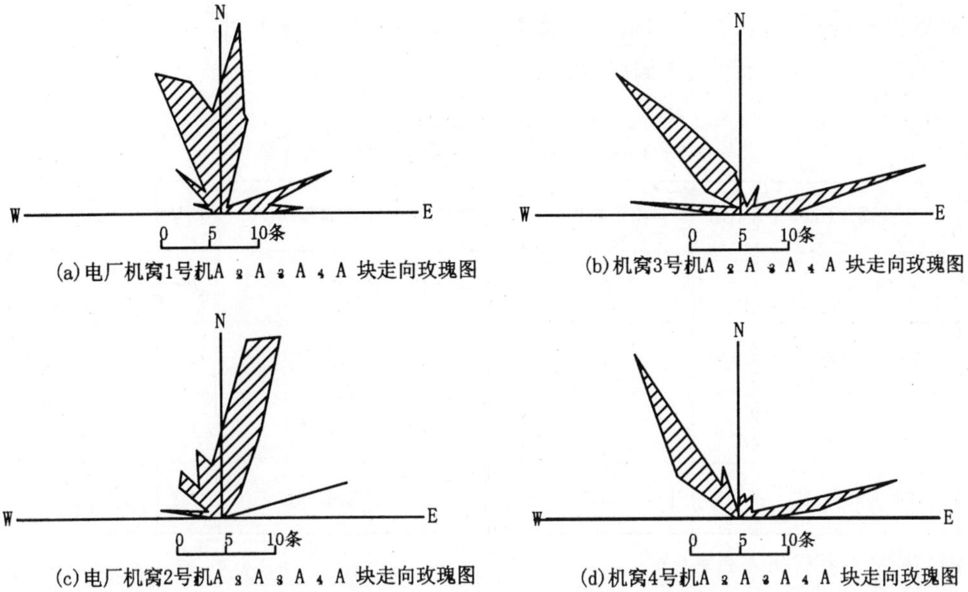

图 5－2－10　电站厂房裂隙走向玫瑰图

(四)水文地质

电站进水口及引水洞段为裂隙性透水层(或含水层),石龙洞组灰岩上有平善坝页岩,下有石牌组页岩隔水后,两个含水层间基本上无水力联系。引水洞出口边坡缓坡段至厂房机窝段均为巨厚的不透水层石牌组页岩,水文地质条件简单。

勘探压水试验表明,石龙洞组灰岩透水性普遍较大,岩石单位吸水量 ω 为 0.01L/(min·m·m)的试验段数占总试验段数的 60%以上,以 $\in_1^{3-3}$ 最强,$\in_1^{3-2}$、$\in_1^{3-1}$ 次之,详见表 5－2－3。石牌页岩透水性极微弱,据 73 段压水试验资料统计,均为微透水和极微透水岩体。岩石单位吸水量均小于 0.05L/(min·m·m),其中极微透水试段 $\omega<0.01$L/(min·m·m),占总试验段的 89%,可见其是本区良好的隔水层。

表 5－2－3　电站厂房区段钻孔压水试验成果统计表　(段数单位:个)

透水级别 / 层位	压水段数	较强透水 $\omega=1\sim0.1$ L/(min·m·m)		中等透水 $\omega=0.1\sim0.05$ L/(min·m·m)		微透水 $\omega=0.05\sim0.01$ L/(min·m·m)		极微透水 $\omega<0.01$ L/(min·m·m)	
		段数	(%)	段数	(%)	段数	(%)	段数	(%)
$\in_1^4$	79	15	19	11	14	22	28	31	39
$\in_1^{3-3}$	158	71	45	16	10	30	19	41	26
$\in_1^{3-2}$	156	45	29	26	16	46	30	39	25
$\in_1^{3-1}$	215	40	19	31	14	64	30	80	37
$\in_1^2$	73					8	11	65	89

据勘探成果及施工期揭示，石龙洞灰岩分布区地表水入渗条件良好，地面无地下水露头，地下水主要通过Ⅱ号岩溶通道排入清江，部分由Ⅵ号岩溶通道排泄。Ⅱ号岩溶通道口长年有水，暴雨后出水量骤增，达 0.5～1m³/s。大量钻孔水位长期观测表明，地下水位在 77～125m 高程，详见表 5-2-4，低于引水洞底板。

表 5-2-4　引水隧洞段主要钻孔地下水位表

孔号	水位高程(m)	孔号	水位高程(m)	孔号	水位高程(m)	孔号	水位高程(m)
229	94.97	46	86.77	37	77.17	95	79.28
164	78.10～83.75	117	79.27	1	77.24	47	77.90
165	80.26～102.33	73	78.19	50	94.32	227 *	125.25
163	76.01～87.7	48	78.09	161	78.04		

注：227 孔为最高洪水位时所测地下水位。

4 条引水洞和 406 号及两个阻滑键洞开挖，均不同程度拦截了Ⅱ号、Ⅵ号岩溶通道及“红溪组灰岩”含水层的部分水流，造成短期小规模涌水。水流主要来源于地面施工用水，大气降水的入渗，水量大小与地面来水量密切相关，对降雨十分敏感。一般以小股水流、细流和滴水形式出现。施工期没有出现大的涌水问题，仅在暴雨后施工支洞Ⅱ号岩溶通道有过短暂集中涌水，雨后很快消失，Ⅵ号岩溶通道水量不大。406-1 号阻滑键沿 F_{18} 断层溶缝亦出现过短暂涌水。

另一方面，Ⅱ号岩溶通道在引水洞 170～190m 之间，以 F_{69} 缓倾角断层岩溶系统为主体，从 206 公路到江边 K_{40}，水流畅通，排水能量大，是右岸地下水的主要排泄通道。Ⅵ号岩溶通道在引水洞 370～380m 间的带状垂直岩溶系统中，为缝隙性连通，排泄条件较差，未见大股水流。该通道可能通过 301 号夹层强烈溶蚀风化带与 F_4 岩溶系统相连。

进水口“红溪组灰岩”(含水或透水层)原无地下水露头，施工期在边坡沿 g_1 层状溶蚀缝穴有零星渗水和线状滴水，水量与地面来水有关。大量施工用水、大气降水主要在 F_{236} 沿线 K_{16}、K_{19}、K_{20} 及 g_1 沿线 K_{13}、K_{14}、K_{15}、K_{17}、K_{18}、K_{22} 排泄。

引水洞出口边坡及厂房基坑石牌组页岩区均无地下水露头，仅在尾水护坦 268 孔高程 59m 处有裂隙性承压水涌出，流量约 2L/min；116 排水廊道桩号 145m 底板($\in_1^{3-1}$)灰岩中有一裂隙性承压水，涌水量 0.5～1L/min。另外在右挡土墙一带古河床底板，高程 73～75m 多处有孔隙水流出，见表 5-2-5。

经试验，本区地下水为重碳酸钙型水，对砼无侵蚀性。

(五)岩溶

有关坝区岩溶发育的特征及其规律，在初步设计、技术设计报告中已有详尽的叙述和论证，这里主要就施工开挖揭示的岩溶地质问题予以补充说明。

表 5-2-5 电站厂房主要水文点统计表

所在工程部位	水文点编号	发育桩号（m）	发育层位	出水类型		与结构面的关系	备注
				类型	流量		
3号引水洞	13	0+26～0+29 顶	$\in_1^{4-6}\in_2^{3-1}$	局部小股水流	大量滴水	F_{18}与 406 号相交处	
	17($3K_3$)	0+218～0+220 顶右	$\in_1^{3-3}$	小股至大股水流	15L/s	F_{632} 与 NWW 断层相交	对降雨敏感
	19(W_1)	0+304 正洞顶	$\in_1^{3-2}$ 下部	小股水流	0.5L/s	F_{632}与 g 面相交	对降雨敏感
	20(W_2)	0+340 洞顶	$\in_1^{3-1}$	大股至小股水流	10L/s	F_{632}与 g 面相交	对降雨敏感
	42	0+414～出口	$\in_1^{3-1}$	筛状滴水		卸荷带影响	
4号引水洞	23($4K_1$)	0+16～0+19 洞顶	$\in_2^{1-2}$	小股流水	滴水	进口沿 g 面流出	对地面施工水及降雨敏感
	26(W_2)	0+87～0+92 顶右		小股流水	大量滴水	NNE 向裂隙性断层	
	30	0+175～0+177 顶	$\in_1^{3-3}$	小股流水	大量滴水	F_{69}断层带	对地面施工水及降雨敏感
	33(KW_4)	0+238～0+247 左壁	$\in_1^{3-3}$	大股流水	3～5L/s	沿 302 号及 3 个 g 面	对 180m 平台施工水敏感
尾水护坦	268 孔	护坦 1 排 12 块	$\in_1^{2-1}$	裂隙承压	2L/min	裂隙性承压	
出口 116 排水洞	W	116 排水洞 0+145	$\in_1^{3-1}$	裂隙承压	0.5～1L/min	裂隙性承压	
电厂右挡墙		右挡 3～6 块外侧	古河床底板	孔隙水	1～5L/min	孔隙自流	
1 号引水洞	K_{49}	0+367 右顶边	$\in_1^{3-1}$	溶洞水	大量滴水	沿 NEE 长大裂隙	对地面施工水敏感

引水洞出口高边坡及引水洞通过的地层，主要是坝区岩溶最发育的石龙洞组灰岩，其中四条引水洞穿越洞长各 283～305m，占洞长的 71%，进水口段均在红溪组灰岩（$\in_2^1$）中。出口高边坡揭露溶洞 6 个[201 号 K、K_{902}、K_{903}、K_{886}（195K_4）、K_{885}、180K]，最深 50 余米；引水洞拦截岩溶地下水通道两个，揭示古岩溶塌陷角砾带两处，新近期岩溶洞穴大小 52 个，主干洞穴一个；进水口段顺层岩溶带一处，消水洞穴 10 余处。大面积揭示了浅层强溶蚀风化带，沿断层、长大裂隙发育的溶沟、溶槽、缝隙状落水洞及小洞群呈串珠状星罗棋布，消水性特强。所见岩溶地质问题如下。

1. *古岩溶洞穴及古岩溶塌陷*

（1）古岩溶洞穴。指第四纪前，第三纪、白垩纪的岩溶洞穴，洞穴全部充填满，并已胶结成岩。主要见于石龙洞组灰岩中，沿 F_{18}、F_{632} 等断层、长大裂隙或在古溶塌区溶蚀发育而成。多见宽 0.1～2m 的红色次生泥灰岩，部分显层理或交错层理，局部有 1～3m 的洞穴。此外，在 F_{15} 及 206 灌浆廊道揭示的溶洞中还见有杂色砾岩、砂砾岩。成分复杂，磨圆度、分选性好。有的胶结紧密，有的呈半胶结状态，并见零星松散状砂卵石。

（2）古岩溶塌陷。见于丁家湾古岩溶塌陷及施工支洞与 1 号引水洞相交处，4 号引水洞外侧桩号（0+262～0+292）段。以丁家湾古岩溶塌陷规模最大，面积 $2.5\times10^4m^2$，分布在高程 180～270m 石龙洞组灰岩中。塌陷岩体可分为以下三带。

Ⅰ带：溶塌角砾岩带，为大小不一，形状极不规则的角砾岩、块状角砾岩。角砾呈棱角状，有零星溶蚀面，块径 0.5cm×1cm、1cm×4cm、12cm×20cm、50cm×80cm 不等，最大 0.6m×2.5m。胶结物均为红色次生泥灰岩，呈基底式胶结。分布零乱，在平面、剖面上亦不规则。

Ⅱ带：大整体式岩块塌体，保持原岩倾斜方向，倾角陡缓变化较大，部分层面拉开充填有 0.3～10cm 次生泥灰岩，其中有较多宽窄不等的溶塌角砾岩穿插于块体间。最大块体面积达 200 余平方米。

Ⅲ带：塌区边缘岩体影响带，大部分边缘存在，局部不明显。影响带宽 10～30m 不等。岩层产状微向塌区倒斜，层面及长大裂隙有不同程度的拉张缝，充填有次生泥灰岩，平面上沿塌区显圆弧状。

引水洞中两个古岩溶塌体范围小，无明显分带特征。

2. 新近期岩溶

(1)溶沟、溶槽。在地表主要表现为沿裂面溶蚀成沟槽，一般宽 0.5～1m，最宽者 2m，一般深 8～12m，最深 15m。内充黏土夹碎石。

(2)落水洞、缝隙状落水洞。在本地段主要平行于西边岩或近岸部位，垂直性小，落水洞群发育。出口高边坡有 K_{43}、K_{885}、K_{49}、K_{8}、K_{81}、K_{46}、K_{77}、K_{44}、K_{70}、$2K_{7}$ 等，引水洞中在桩号 0＋320～0＋380 段也有相应的落水洞群呈带状发育，规模不大，但深度大，消水性好，最大深度达 80m，以不规则井状为主，其次为缝隙状。洞口及部分洞段有黏土、碎石土充填。引水洞进口地段以缝隙状、顺层深蚀缝隙落水洞为主。

(3)溶洞。出口高边坡有 201K、$195K_{4}$(K_{885})，引水洞内有 18K 和引水洞施工支洞 K。形态各异，主要沿断层、裂隙性断层或断层与各种构造结构面交汇处发育。规模以 18K 和沿 F_{69} 发育的引支 K 最大，18K 总体积 6 000m^3，引支 K 5 777m^3。除此之外，还有庞大的中小岩溶洞穴网络系统，如 K_{881}、K_{41} 等，主干洞穴局部充填有黏土、碎石块石土。

(4)地下岩溶通道。Ⅱ号地下岩溶通道，是沿 F_{69} 缓倾角断层溶蚀发育为主体(包括 K_{881}、18K、引支 K 及 K_{40} 等)的岩溶洞穴系统。洞穴带分布宽达 120～140m，呈不规则网络状，高程 230～280m。分布于石龙洞组灰岩($\in_1^{3-3}$)近顶地带，是右岸地下水排泄的主要通道。Ⅵ号地下岩溶通道，由近平行于西边岩(岸剪带后缘)落水洞群和引水洞桩号 0＋320m～0＋380m 段的带状洞群经缝隙状的溶洞沟通组成的岩溶通道，消水性好。由引水洞揭示出的该通道，主要展布在引水洞下的石龙洞第一段上部灰岩中，估计沿 301 号向岸坡强烈溶蚀风化带顺层溶蚀，与 F_4 岩溶洞穴系统连通。

(5)顺层溶蚀带。分布于引水洞进口段红溪组灰岩中的 g_1 和 F_{236} 缓倾断层带。顺层岩溶洞穴十分发育，普遍有厚 5～25cm 充泥带，沿线还有断续缝隙状落水洞 10 余个，规模不大，但消水性好。该顺层溶蚀充泥带因在基坑边坡多临空或浅埋，从而构成进口段边坡稳定的控制性滑面。

3. 引水洞岩溶洞穴分布特征

石龙洞组灰岩 $\in_1^{3-3}$ 段，以 F_{69} 缓倾角洞穴为主体，系统性强。溶洞总体积 12 413m^3，占总洞穴体积的 80.3%，其中大部分均分布在该层顶部；$\in_1^{3-1}$ 段洞穴呈井状、缝隙状，总体积 3 000m^3，占总洞穴体积 19.4%，部位偏顶部，属次强发育层位；$\in_1^{3-2}$ 中仅有一个小洞穴，体积 20 余立方米，还是古岩溶洞穴，为泥灰岩充填，是岩溶不发育层位。各岩溶洞穴统计见表 5-2-6。

表 5-2-6-A　电厂引水洞进口区溶洞统计表

溶洞编号	溶洞规模			溶洞体积(m^3)	发育部位	充填物特征	备注
	长(m)	宽(m)	深(m)				
K_1	2.5		1.5		▽170m 平台	沿 F_{237} 呈串珠状发育，除 K_1 外，还发育有 K_{1-1}、K_{1-2}、K_{1-3} 等，一般规模不大，均以灰华和黏土充填	$\in_2^{1-2}$
K_2	3.0	0.5～1.80			▽170m 平台	沿 F_{237} 断层发育，洞口椭圆形，深度不详，黏土及灰华充填	$\in_2^{1-2}$
K_3	2.10	1.5	1.8	5.67	▽170m 平台	沿 f_1 面发育，不规则状、无充填，仅有少许灰华物	$\in_2^{1-2}$
K_4	2.60	0.80	1.2～1.5	2.91	▽170m 平台	沿 f_1 面发育，不规则状，洞内有水，黏土充填	$\in_2^{1-2}$
K_5	1.60	1.50	1.60	3.84	▽170m 平台	沿 f_2 面发育，方形，洞内有水，黏土充填	$\in_2^{1-2}$
K_6	1.4	0.80	1.10	1.23	▽170m 平台	沿 f_2 面发育，不规则状，黏土充填	$\in_2^{1-2}$
K_7	6.0	0.6～1.0	2.00	9.6	▽170m 平台	沿 F_{18} 面发育，不规则的长条状，或狭缝状，两头呈葫芦状，充填黏土	$\in_2^{1-2}$
K_8	8.00	0.60			▽170～180m 斜坡	沿 F_{27} 发育，狭缝状，黄泥及黏土充填	$\in_2^{1-2}$
K_9	2.50	0.8～1.0			▽170～180m 斜坡	沿 F_{18-1} 面发育，狭缝状，黏土充填	$\in_2^{1-2}$
K_{10}	6.0	0.3～0.8			▽170m 平台	沿 F_{18-1} 面发育，狭缝状，黏土充填	$\in_2^{1-2}$
K_{11}	5.0～6.0	0.6～0.8	>2.0	8.5	▽170m 平台	呈狭缝状和树枝状沿 Tf_{24} 发育，黏土充填	$\in_2^{1-2}$
K_{12}	2.50	0.5～0.8			▽160m 平台	沿 g_1 呈串珠状发育，由数个小溶洞组成，局部狭缝状，有水流出，黏土及灰华充填	$\in_2^{1-2}$
K_{13}	7.0	2～3.5	0.8～1.20	21	4 号闸基底板	呈一不规则的三角形，沿 g_1 和 F_{243} 交汇处发育而成，有两个直径约 0.3～0.5m 的落水洞，冲洗水由此洞口向洞内排泄，洞壁上有大量的溶蚀灰华、黏土、黄泥等，溶蚀规模较大。该溶洞对 4 号闸基底板有一定影响	$\in_2^{1-2}$
K_{14}	2.5～3.0	0.3～0.5	可见深 0.8～1.0	1.2	4 号闸基底板	沿 g_1 面发育，顺层而溶蚀，洞壁面有大量灰华及黏土、黄泥，洞内见一直径 0.3m 的落水洞，冲洗水由洞口向洞内排泄	$\in_2^{1-2}$
K_{15}	0.5	0.2～0.30	0.80	0.1	3 号闸基底板	呈三角形，沿 F_{18-1} 上盘发育，黏土充填	$\in_2^{1-2}$
K_{16}	0.5～0.8	0.50	>10.0	3.5	3 号闸基底板	沿 F_{236} 与 F_{227} 两断层交汇处发育，不规则的长条形，洞内有方解石及溶蚀灰华、顺 F_{234} 面上盘（同岩层倾向一致）溶蚀，施工用水向洞内排泄	$\in_2^{1-1}$

续表 5-2-6-A

溶洞编号	溶洞规模			溶洞体积(m^3)	发育部位	充填物特征	备注
	长(m)	宽(m)	深(m)				
K_{17} (K_{48}、K_{49})	0.45～0.60	0.2～0.30	0.1～0.50	0.04	▽141.20m 护坦	沿 g_1 呈串珠状和狭缝状发育，黄泥充填	$\in_2^{1-2}$
K_{18} (K_{15})	3.0	0.5～1.0	1～1.50	2.81	▽141.20m 护坦	沿 g_1 面与 F_{241} 交汇处发育。扁豆状，见大量的灰华，棕黄色黏土充填	$\in_2^{1-2}$
K_{19} (K_{41})	4.0～4.50	0.3～0.5	>10.0	>17	2 号闸机底板	沿 F_{236} 断层面发育，串珠状，洞内有黄泥及灰华，施工用水由洞口向洞内排泄，该溶洞主要顺层发育而成	$\in_2^{1-1}$
K_{20}	1.5～1.80	0.5～1.20	>10.0	>14.30	2 号闸机底板	沿 F_{234} 断层面发育(也沿层面顺层发育)，呈一不规则的半圆形，中间有直径约 20～30cm 的小溶洞，洞内充填黄泥和灰华，建基面上的施工用水由洞口向洞内排泄	$\in_2^{1-1}$
K_{21}	0.30	0.30	0.50	0.045	4 号闸基底板	沿 F_{229} 断层发育，呈半圆形，有水流出，流量约 0.5～1.5L/min，无充填	$\in_2^{1-1}$
K_{22}	1.50	1～1.2	>10.0	>16.5	▽141.2m 护坦	沿 g_1 面发育，圆形，中间有一小溶洞，洞口直径约 15～30cm，洞围为灰华和黄泥，施工用水向小洞口内排泄	$\in_2^{1-1}$
K_{23}	0.50	0.30	>10.0	1.5	▽141.2m 护坦	沿 g_1 与 f_2 交汇处发育，半圆形，洞内见灰华和黄泥，施工用水部分由洞口向排泄	$\in_2^{1-1}$
K_{24}	3.0	0.8～1.20	>5.0	>15.0	▽141.2m 护坦	沿 F_{228} 发育，葫芦状，宽窄不均，黏土充填，有少许碎石	$\in_2^{1-1}$
K_{25}	2.0	0.80	>5.0	>8.0	▽141.2m 护坦	沿 f_9 裂隙型断层发育，椭圆形，黏土及碎石充填	$\in_2^{1-1}$
K_{26}	14.0	0.5～0.8	>10.0	>91.0	▽141.2m 护坦	沿 F_{13} 断层发育，狭缝状和串珠状，由三个溶洞组成，一般可见深 1.5～2.0m，黏土及灰华充填，溶蚀规模较大	$\in_2^{1-1}$
K_{27}	2.50	0.2～0.4	1～5.0	2.25	▽141.2m 护坦	沿裂隙 T_{20} 发育，狭缝状和扁豆状，黄色黏土充填，壁面有灰华	$\in_2^{1-1}$
K_{28}	1.0	0.70	0.8～5.0	0.45	▽141.2m 护坦	沿裂隙 Tf_{16} 发育，三角形，黏土充填	$\in_2^{1-1}$
K_{29}	7.0～8.0	2.5～3.0	0.5～10.0	108.28	▽141.2m 护坦	沿 F_{15} 面发育，呈不规则的四边形。洞内见胶结或半胶结砂卵石，部分未胶结，呈松散状。卵石粒径 0.5～1.5cm，最大 4cm，磨圆度好，卵石为砂岩、石英砂岩，灰岩多	$\in_2^{1-1}$

续表 5-2-6-A

溶洞编号	溶洞规模			溶洞体积(m^3)	发育部位	充填物特征	备注
	长(m)	宽(m)	深(m)				
K_{30}	1.50	1.0	1.0	1.5	▽142.1m 护坦	沿 F_{15} 断面发育，椭圆形，洞内黏土及碎石充填，溶蚀面见胶结或半胶结的砂卵石，少部分呈松散状，磨圆度好，卵石粒径 0.5～1.5cm，卵石为灰岩、砂岩、石英砂岩等	$\in_2^{1-2}$
K_{31}	12.0～13.0	0.5～1.5	0.5～1.0	9.4	▽142.1m 护坦	沿 F_{f5} 发育，串珠状，由 5 个大小不等的溶洞组成，大的达 $4m^3$，小的 1～$1.5m^3$。黄泥及黄色泥钙质胶结的角砾岩充填，见大量灰华，并见有胶结和半胶结的砂砾石。砾石为灰岩、砂岩、石英砂岩，砾径 0.5～1.5cm，分选性及磨圆度好，有少许次棱角状碎块石，呈松散状	
K_{32}	10.0～11.0	0.5～1.8	>5.0	>57.75	▽142.1m 护坦	大量的灰华及砂卵石、黄泥、卵石为石英砂岩、砂岩、灰岩，粒径 0.5～1.5cm，磨圆度好。该溶洞沿 F_{15} 断层发育，规模较大	$\in_2^{1-2}$
K_{33}	10.0～11.50	0.5～2.0	0.5～0.8	8.7	▽142.1m 护坦	黄泥和砂卵石充填、砂砾石呈胶结和半胶结状，少部分呈松散状，砾石为灰岩、砂岩、石英砂岩，粒径 0.5～1.5cm 磨圆度好，溶洞呈狭缝状沿 F_{15} 层发育，宽窄不均	$\in_2^{1-2}$
K_{34}	10～12.0	0.2～1.30	>0.5	41.25	▽142.1m 护坦	沿 F_{238} 断层呈狭缝状发育。黄泥、灰华充填	$\in_2^{1-2}$
K_{35}	5.0～7.0	0.8～1.50	1.50	11.21	▽142.1m 护坦	沿 F_{15} 发育，呈长条形。黄泥、黏土及灰华充填	$\in_2^{1-2}$
K_{36}	4.0	2.0～2.20	>10.0	>84	▽142.1m 护坦	沿 F_{15} 发育，由两个落水洞组成，大者 0.3m×0.5m，小的 0.2m×0.2m。大的灰华、黏土充填，溶蚀规模大。在该洞处发育 F_{228}、F_{15} 等大断层，洞外能听到洞内的流水声	$\in_2^{1-2}$
K_{37}	1.5～1.80	1～1.3	0.5～0.8	1.23	安装平台	沿断层 f_{11} 发育，圆形，少许黏土充填	$\in_2^{1-2}$
K_{38}	12.0	0.3～1.50	10.0～15.00	135	安装平台	沿 F_{245} 断层发育，狭缝状，极不规则，黏土充填，局部无充填	
K_{39}	2.50	0.6～1.20	>8.0	18.0	安装平台	沿断层 f_{10} 发育，由多个小溶蚀洞穴，呈串珠状相连而成，洞壁见大量的灰华和黄色黏土充填	$\in_2^{1-3}$～$\in_2^{1-2}$
K_{40}	1.2～1.50	0.8～1.20	0.3～0.50	0.54	安装平台	沿 F_{229} 断层发育，圆柱状，棕黄色黏土充填，少许灰华	$\in_2^{1-2}$
K_{41}	2.0～2.50	1.0～1.50	>8.0	22.5	安装平台	沿 Tf_{16} 发育而成，一葫芦状，黄色黏土充填	$\in_2^{1-2}$
K_{42}	2.0	1.20	>5.0	12.0	安装平台	沿 f_8 发育而成，不规则的圆形，灰华和黏土充填	$\in_2^{1-2}$
K_{43}	2～3.5	0.3～0.50	0.5～1.0	0.77	安装平台	沿 g_1 面发育，圆形，黏土及灰华充填	$\in_2^{1-2}$
K_{44}	1.5～2.5	1.0～1.20	0.5～0.8	1.43	安装平台	沿 g_1 面发育，葫芦状，黄色黏土充填	$\in_2^{1-2}$
K_{45}	0.8～1.5	0.8～1.20	3.5～4.0	4.31	安装平台	发育于 F_{229} 上盘，呈竖井状，与地表沟槽相通，无充填，洞壁上见灰华和钟乳石	$\in_2^{1-2}$
K_{46}(K_{31})	1～1.2	0.15～0.25	0.5～0.8	0.14	东▽158m 平台	沿 g_2 而溶蚀面成，呈不规则的槽状，灰华、黏土充填	$\in_2^{1-2}$

续表 5-2-6-B

引洞编号	洞穴编号	发育桩号(m)	发育高程(m)	发育层位	规模				洞穴形态	充填物	控制因素	洞穴主方向	与其他洞穴关系	工程意义	说明
					长(m)	宽(m)	高(m)	体积(m^3)							
1号引水洞	1号 K_1	0+365～0+369(右壁)	110以上	$\in_1^{3-1}$	10	2～6	>70	2 500	平面上为扁圆形，剖面上呈竖井状	周壁有少量灰华及黄泥，底板为碎石、黏土	顺NWW向断层(如f_{107})发育	290°	与地表K_{49}相通	对1号洞的右壁的稳定有影响	按设计要求回填砼
	1号 K_2 ($18K_{13}$)	0+128～0+137(下大半洞)	126～146	$\in_1^{3-3}$～$\in_1^{4-2}$	>15	1～4	20	600	平面上呈狭槽状，剖面上为斜井	周壁有少量灰华，底板充黄泥及少量页岩碎片	顺NWW向断面f_{103}溶蚀发育	260°～290°	与$18K_1$引支K_1为同一系统	对该洞段稳定有重要影响	基本上按要求回填砼
	1号 K_3	0+111～0+116	137.5	$\in_1^{3-3}$	1.5～2.0	0.5～1.0	0.3～1.0	3.0	由4个串珠状溶洞组成，单个成椭圆形	黄泥夹少量碎块石	顺一条NE向断层发育	60°	可能与1号K_2有联系		
	1号 K_4	0+118.5(底板)	137	$\in_1^{3-3}$	2	0.5	>1	1	洞口为椭圆形	充泥	沿一裂隙发育	NE			
	1号 K_5	0+119(底板)	136.5	$\in_1^{3-3}$	0.4	0.4	0.25	<1	洞口为圆形	泥夹碎块	沿一裂隙发育				
	1号 K_6	0+335(底板)	130	$\in_1^{3-1}$	2	1	>0.5	>1	洞口为两个椭圆形串珠状洞	充泥	沿一NW向断层发育	NW	此洞为消水点		

续表 5-2-6-B

引洞编号	洞穴编号	发育桩号(m)	发育高程(m)	发育层位	规模				洞穴形态	充填物	控制因素	洞穴主方向	与其他洞穴关系	工程意义	说明
					长(m)	宽(m)	高(m)	体积(m^3)							
1号引水洞	1号K_7	0+336(底板)	129.5	$\in_1^{3-1}$	2	1	>0.5	>1	洞口为椭圆形	充泥	沿一NW向断层发育	NWW			
	1号K_8	0+370(底板)	129	$\in_1^{3-1}$	3	0.5~1.5	>1.0	4.0	洞口为葫芦形	充泥及块石	沿f_{107}及层间错动面交汇处发育	NW	与1号洞K_1连通井消水		
	1号K_9	0+364(底板)	>142	$\in_1^{3-1}$	5	1	>3	>15	洞口椭圆形	黄泥及块石	沿NWW向断层溶蚀发育	NWW			
	1号K_{10}	0+376~0+378(右壁~顶板)	137~141	$\in_1^{3-1}$	5	2	1.0	10	洞口为细长形	灰华及少量泥	沿NW向断层发育	NWW			
	1号K_{11}	0+356.5(右底)	130	$\in_1^{3-1}$	1	0.5	0.5	<1	洞口为狭长形	有少许黏土	沿层面裂隙溶蚀	NE			
	1号K_{12}	0+372~0+377(左壁、顶板)	136~141	$\in_1^{3-1}$	5~7	2~3	1.0	10~15	洞口为狭长形	黄泥为主,少量碎石	沿NW向断层发育				
	1号K_{13}	0+375(底板)	130	$\in_1^{3-1}$	2	1	0.5	1	洞口为椭圆形	黄泥	沿NWW断层发育				

续表 5-2-6-B

引洞编号	洞穴编号	发育桩号(m)	发育高程(m)	发育层位	规模				洞穴形态	充填物	控制因素	洞穴主方向	与其他洞穴关系	工程意义	说明
					长(m)	宽(m)	高(m)	体积(m^3)							
1号引水洞	1号 K_{14}	0+147～0+149(底板)	136.5	$\in_1^{3-3}$	10	1.0～1.5	0.5～1.0	10	洞口为狭长形	少量黏土	沿层面裂隙溶蚀发育	NEE			
	1号 K_{15}	0+129(底板)	139	$\in_1^{3-3}$	2	1.5	0.5～1.0	2～3	洞口呈浑圆形	充泥	沿裂隙交汇带发育		可能与1号 K_2 相遇		
	1号 K_{16}	0+10(顶～右壁顶)	150～159	$\in_2^{1-2}$	2	1.5	3～4	9～12	洞口为椭圆形	充黄泥	洞顶受层面控制	SN			
	1号 K_{17}	0+0～0+3(左壁)	149	$\in_1^{1-2}$	4	0.3～0.5	0.5～0.8	2～3	洞口为狭长形	泥钙质及少量灰华	沿层面发育	NEE			
2号引水洞	2号 K_1 ($18K_{1支}$)	0+138～0+144(左壁)0+132～0+139(右壁)	136～156	$\in_1^{3-3}$～$\in_1^{4-2}$	20	1～3	15～20	600	平面上呈香肠状,剖面上为蘑菇状	黏土夹少许页岩碎片	受NWW断层 f_{103} 控制	NWW	1号 K_2 延伸段,并通过上部狭缝与 $18K_1$ 处	对洞段稳定有重要影响	基本上按要求回填砼
	2号 K_2	0+186～0+193(左)	135～140	$\in_1^{3-3}$	8	0.5～1.0	1～2	10	弯曲	黏土	受 F_{69} 断层影响	NNE—NE			回填
	2号 K_3	0+332～0+334(左壁底)	137～140	$\in_1^{3-1}$	3.0～3.5	1.0～3.0	8.0～9.0	37	平面上呈斜方形,纵剖面为蘑菇形	黏土夹碎石		NEE			回填

续表 5-2-6-B

引洞编号	洞穴编号	发育桩号（m）	发育高程（m）	发育层位	规模				洞穴形态	充填物	控制因素	洞穴主方向	与其他洞穴关系	工程意义	说明
					长（m）	宽（m）	高（m）	体积（m^3）							
3号引水洞	3号 K_1	0+181～0+185（左底）	136～140	$\in_1^{3-3}$	4～2	4～1	3	12	洞口呈三角形	黏土夹碎块石	沿 F_{69} 及SN向断层发育	SN			
	3号 K_2	0+190～0+192（左顶）	144～146	$\in_1^{3-3}$	>10	2	2	40	洞口呈圆形，似一斜卧的圆管	黏土，并多次涌入引水洞内	顺 F_{69} 断层发育	NEE	与引支K有联系		
	3号 K_{2-1}	0+178～0+184（顶）	147	$\in_1^{3-3}$	4	1	>1	>4	洞口扁平狭长形	黏土	沿NW断裂发育	NW	与3号 K_2 有联系		
	3号 K_3	0+218～0+220（顶）	146	$\in_1^{3-3}$	2.5	1.5	20	30	洞口为三角形		沿 F_{632} 与NEE向断层发育		与 $165K_2$ 相遇常年有水		
	3号 K_4	0+314（左壁上部）	142～146	$\in_1^{3-2}$	>3	2	>3	>20	洞口似圆形，沿3号洞左壁发育	紫红色粉砂岩	顺近洞向断层发育	NNW			
	3号 K_5	0+318～0+324（洞左侧）	125～148	$\in_1^{3-1}$	7	1～3	23	350	平面上长条形，洞面上呈竖井状	黄泥充填为主，少许灰华堆积	径向断层，受横洞向裂隙影响	NEE	不消水		清挖回填砼
	3号 K_{5-1}	0+312～0+314（右底）	132～135	$\in_1^{3-1}$	4	0.5～2	>3	15	垂直漏斗型	黏土夹碎块石	顺横洞向裂隙性断层发育	NEE	消水		清挖回填砼

续表 5-2-6-B

引洞编号	洞穴编号	发育桩号(m)	发育高程(m)	发育层位	规模				洞穴形态	充填物	控制因素	洞穴主方向	与其他洞穴关系	工程意义	说明
					长(m)	宽(m)	高(m)	体积(m^3)							
3号引水洞	3号K_6	0+386～0+387(右底)	135	$\in_1^{3-1}$	2	1	0.3～0.5	<1	洞口呈椭圆形	黏土	受层面裂隙控制				
	3号K_7	0+381～0+384(右壁中部)	135	$\in_1^{3-1}$	5	1	1	5	洞口呈狭缝状	黏土					
	3号K_8	0+334(左底)	131.0	$\in_1^{3-1}$	1	0.6	<1	>1	洞口呈椭圆形,往里狭缝状	黏土及少许灰华	受顺洞向断层控制	NNW	消水		
	3号K_9	0+339～0+334(左壁下部)	<133	$\in_1^{3-1}$	4	2	>1	>10	洞口近于长方形,洞壁内为狭缝	泥钙质及方解石,紫红色粉砂岩充填	受F_{632}等同向断层控制	NNW	施工中作为排水洞用		验收中要求灌浆,但未作处理
	3号K_{10}	0+335(左壁)	135	$\in_1^{3-1}$	4	0.5		1	狭缝状	黏土					
	3号K_{11}	0+336(底)	130.5	$\in_1^{3-1}$	1	0.5		0.5	椭圆形	黏土	受NNE断层控制	NNE			
	3号K_{12}	0+347(右壁中部)	136	$\in_1^{3-1}$	0.8	0.4		<1	椭圆形		受层面控制				
	3号K_{13}	0+430～0+432(右底)	127～128	$\in_1^{3-1}$	3	0.5	>0.5～1.0	1	狭缝状	黄泥及少量碎石	受NW向裂隙控制	NW			
	3号K_{14}	0+430(左底)	126～128	$\in_1^{3-1}$	1	0.5	>0.5	>0.5	狭缝状	黄泥少量碎石	受近洞向断层控制				

续表 5-2-6-B

引洞编号	洞穴编号	发育桩号(m)	发育高程(m)	发育层位	规模				洞穴形态	充填物	控制因素	洞穴主方向	与其他洞穴关系	工程意义	说明
					长(m)	宽(m)	高(m)	体积(m^3)							
3号引水洞	3号 K_{15}	155～0+170(左底)	137～124.85	$\in_1^{3-3}$	>10	5	3～12	400	竖井,水平洞	黄泥,且见有少量页岩碎片	受 F_{69} 断层控制	SN	与 $18K_1$ 等洞连通	对1号洞左侧稳定有影响	竖井下部未作处理
	3号 K_{16}	0+135～0+170(左壁底)	138	$\in_1^{3-3}$	3	1		<1	狭缝状						
	3号 K_{17}	0+145(右底)	137.5	$\in_1^{3-3}$	2	1.5	2.0	6	洞口近椭圆形	黄泥	受横洞向断层控制		与 $18K_1$ 相通		
	3号 K_{18}	0+195(左底)	135	$\in_1^{3-3}$	1	0.5	0.5	<1	椭球状	黄泥					
	3号 K_{19}	0+343(顶)	142	$\in_1^{3-1}$	0.5		<1	洞口为圆形		受顺洞向断层控制					
	3号 K_{20}	0+132～0+133(底)	138	$\in_1^{3-3}$	2	1.5		3	往下狭缝状	黏土夹少量块石	受NE向断层控制		可能与 $18K_1$ 相通		
	3号 K_{21}	0+135(底)	137	$\in_1^{3-3}$	1	0.5		<1	洞呈圆形	黏土	受NE向断层控制				
	3号 K_{22}	0+138(底)	137	$\in_1^{3-3}$	1	0.5		<1	洞口呈圆形	黏土	受NE向断层控制				

续表 5-2-6-B

引洞编号	洞穴编号	发育桩号(m)	发育高程(m)	发育层位	规模 长(m)	规模 宽(m)	规模 高(m)	规模 体积(m^3)	洞穴形态	充填物	控制因素	洞穴主方向	与其他洞穴关系	工程意义	说明
4号引水洞	4号 K_1(2个)	0+18(右顶) 0+19(左顶)	153~159	$\in_2^{1-2}$	0.8	0.8	>5.0	10	洞口呈圆形,洞顶竖直向上发育	灰华物	沿断面发育		左洞呈股流,右洞少许清水		
	4号 K_2	0+6.5(右壁顶)	150	$\in_2^{1-2}$	0.8~1	0.7~0.8	>2	2	洞口呈椭圆形,垂直洞壁向里发育	灰华黏土	沿断面发育		自此溶洞流出清水		
	4号 K_4	0.129~0+132(底板)	<137	$\in_1^{3-3}$		0.3~0.6	20	80	.狭缝状	溶蚀黄泥	沿NE向裂隙性断层发育	NE35°	与引支 K_1 相遇		
	4号 K_3	0+119~0+132(底板)	115~137	$\in_1^{3-3}$		0.3~0.6	20	80	狭缝状	黏土及碎块石	顺NE向长大裂隙发育	NE15°~30°	与引支 K_1 相通,引支 K_1 见有4号引洞		
	4号 K_5	0+312~0+314(底)	<131	$\in_1^{3-1}$	2	0.8~2.0	>2	4	漏斗状、上大下小	黏土卵石	受层间错动面影响		大量清水		

续表 5-2-6-B

引洞编号	洞穴编号	发育桩号(m)	发育高程(m)	发育层位	规模				洞穴形态	充填物	控制因素	洞穴主方向	与其他洞穴关系	工程意义	说明
					长(m)	宽(m)	高(m)	体积(m^3)							
4号引水洞	4号K_6(5个)	0+370～0+38(右侧)	129～133	$\in_1^{3-1}$	10	0.5～0.8	0.5～0.8	15	不规则狭缝	黏土	顺层间错动面发育				
	4号K_7	0+375(底)	129	$\in_1^{3-1}$	5	0.2～0.7	72.0	3	洞口呈哑铃状,向S发育,狭缝状		轴向裂隙控制		清水点		
	4号K_8	0+358～0+364	130	$\in_1^{3-1}$	6	4	0.3～0.7	12	溶蚀坑,呈三角形	黄泥	受两条NE向断层控制				
引支洞3号洞4号洞	引支K 引支K_1 引支K_4	0+115～0+185	80～150	$\in_1^{3-3}$～$\in_1^{4-2}$	>250	6～10 最宽>30	3～5 最高达30m以上	5 800	洞穴网络状,其中最大的一个大厅35m×25m	黏土碎块石及页岩碎片	F_{69}断层	近SN	与$18K_1$、K_{361}等洞穴通	对3号、4号洞的长期稳定有影响	回填砼5 000 m^3以上
3号4号洞	$18K_1$ $18K_{1-1}$	0+135～0+170	120～160	$\in_1^{3-3}$ $\in_1^{4-2}$	60	5～12	40	4 829	呈葫芦状,含3个落水洞	黏土及灰岩块石,页岩碎片	f_{103}(主) F_{69}(次)	EW	与引支K相通、同属2号岩溶通道	对2号、3号及4号洞稳定有影响	回填大部分

(六)岩石的风化特征及物理地质现象

1. 岩石的风化特征

坝区地层岩性类别繁多,有灰岩、泥灰岩,也有泥钙质条带灰岩、页岩、粉砂岩。由于不同岩性抵抗外营力侵蚀能力不同,加之受地形、构造及岩溶的影响,使得该区风化类别错综复杂。经前期勘探资料分析和施工开挖验证,其风化类型主要如下。

(1)溶蚀风化型。主要分布在水洞石龙洞组($\in_1^3$)灰岩及进口段红溪组($\in_2^1$)灰岩中。因灰岩、白云质灰岩都具可溶性特征,因而沿断层、裂隙及层面在地表形成洼地、溶沟、溶槽等破碎地貌;深部除形成洞穴及地下岩溶通道外,沿岩体裂隙还存在轻度溶蚀风化。这种溶蚀风化具有表层向深部及近岸向山内逐渐减弱的趋势。可分为以下两带。

Ⅰ带:表层强烈溶蚀风化带,该带中的各种结构面——断层、裂隙、岸剪裂隙及层面等均被强烈溶蚀成溶沟、溶槽、宽缝等,宽0.1～2m不等,呈上宽下窄的不规则喇叭状空缝,多数为黏土碎石充填。其间所包围的岩体已被溶缝分割成不相连或联结力微弱的孤立体。该带发育深度一般5～25m,最深30m,分布于206公路壁面、180拌和楼壁面,进水口边坡及引水洞施工支洞处。

Ⅱ带:裂隙溶蚀风化带,发育于Ⅰ带以下岩体,以裂隙风化为主,溶蚀风化已大为减弱。裂隙面多有1～2mm的轻度溶蚀风化膜,有明显的地下水活动痕迹。当风化裂隙密集时,岩体力学强度显著降低。此风化带在引水洞出口边坡150～165m壁面十分明显。

(2)层状风化型。是灰岩类岩体中又一种风化类型,这类风化是石龙洞组薄层条带灰岩、疙瘩状泥灰岩的风化特征。由于泥灰岩、泥灰质条带易风化矿物含量高,性软弱,上下灰岩相对强度高,抗风化力强,在构造作用过程中,沿泥灰岩软面多有不同程度的层间剪切破坏,故在深部洞穴周围,断层两侧泥灰岩、疙瘩状泥灰岩、泥灰质条带的顺层风化强烈,上下灰岩呈新鲜和半新鲜状态,软层则显示一种典型的层状或条带状风化特征。

1)条带状风化。根据引水洞段泥质条带灰岩的风化强弱程度大致可分为三类。

Ⅰ类:泥灰质条带密集,延伸性好,单层厚度相对较大的强风化带,大部分风化成土状或褐黄色软岩夹灰岩瘤状体。在平善坝组($\in_1^{4-4}$)段地表大部分具此特征。

Ⅱ类:泥灰质条带或薄层状,部分或大部分显风化状态、半风化状态(50%泥灰质条带呈半新鲜状),为褐黄色、浅黄灰色。断层交汇处有塑泥或短塑泥条带、土状条带。此类在3号、4号引水洞条带灰岩($\in_1^{3-1-2}$)中局部存在,$\in_1^{3-2}$、$\in_1^{4-4}$、$\in_1^{4-6}$层中较普遍。

Ⅲ类:泥灰岩薄层或泥灰质条带,显风化状,呈浅黄灰色,部分呈半新鲜状、新鲜状,此类在引水洞中$\in_1^{3-1-2}$层中较为普遍,出口边坡壁面也有分布。

2)夹层状风化。岩层在褶皱过程中发生了一系列层间剪切破坏,其主要剪切破碎带有301号、302号、406号。这三个夹层都分布连续,夹层两侧泥灰岩风化后呈褐黄色、黄灰色。其影响深度较大,夹层性状明显变差。201号、401号、403号、405号发育在页岩中的剪切破碎泥化带,由于页岩不透水,封闭条件较好,夹层状风化深度相对较小,风化程度也不如前者。

(3)碎裂状风化型。主要指页岩、粉砂岩的风化类型,即石牌组($\in_1^2$)和平善坝组($\in_1^{4-1}$、$\in_1^{4-3}$、$\in_1^{4-5}$)页岩。由于页岩中的裂隙密度大,层理、页理也很发育,并多有层间剪切破碎带,岩体块度小,抗风化能力弱,风化强弱具有明显的垂直分带性。各带特征如下。

Ⅰ. 碎屑状风化带(相当于全风化带):地表面 10～20cm 的页岩,为褐黄色已无原岩结构的疏松碎屑和土状物质。

Ⅱ. 碎裂状风化带(相当于强风化带):风化裂隙十分发育,岩体被切割呈碎裂小块,保持一定的原岩结构,普遍风化呈淡黄、黄褐色。沿断层带、岸剪张缝、剪切带有松散碎屑、黏土及塑泥物质。此带主要分布在出口高边坡东端 F_{396} 断层以东和 3 号钢管槽 F_{229} 断层以西 4 号管槽一带,$\in_1^{2-2}$、$\in_1^{2-3}$ 页岩与粉砂岩互层中。风化厚度 5～10m,最厚 26m。

Ⅲ. 块状、碎裂状风化带(相当于弱风化带):沿断层、裂隙两侧有数毫米至数厘米的淡黄色强风化物,风化裂隙发育,岩体呈碎块状结构,但裂隙间岩块一般保持新鲜状态。此带厚度 1～3m 不等,主要分布于西Ⅱ带之下及Ⅰ、Ⅱ级阶地基座、河床部位。

Ⅳ. 局部裂隙性风化带:岩体新鲜,仅沿部分裂隙面有轻微色变和毛发状风化裂隙发育,可视为新鲜岩体。

2. 物理地质现象

(1)离位体、危岩体是自然边坡形成过程中坡前部分岩体发生严重变形的重要标志。主要分布在自然边坡拐弯突出段。其中具一定规模的危岩体有 5 处,离位体有 3 处。它们在人工边坡开挖中大多已被挖除处理,剩余两个规模较大者,即Ⅴ-3 号离位体和Ⅴ-4 号危岩体。分布在人工边坡西端自然边坡一侧,其体积分别为 $0.4\times10^4 m^3$ 和 2 余万立方米。值得提出的是,以 F_{624} 断层和岸坡围限的Ⅴ-4 号危岩体,经 201 号置换洞、121 号排水洞、116 号排水洞等揭示,该块体早期有过明显的向后倾复位移座滑变形。整个 F_{624} 断层面反映呈上窄下宽的架空状。下盘岩体受其影响形成了宽 10 余米的拉裂带,带中岩体十分破碎,拉裂面张开经后期溶蚀风化,多充填黏土或无充填(图 5-2-11)。块体北端的 4 号钢管槽揭示,覆盖在坡面上的崩坡积物中含大量灰岩块石,块石体积数方至数十立方米,乃至百余立方米。大块石层面产状近同正常岩层,只是倾角变陡至 55°～60°,局部可达 70°。坡积物与基岩接触带见厚 5～20cm 的构造塑性泥,在已开挖的 4 号管槽中出露最低高程 100m 左右,表现出上部 3 000 余立方米的崩坡积体,早期有过滑移变形。受其影响,3 号、4 号管槽间以外部分,120m 高程以上页岩层面发生了明显弯曲变形,倾角缓至 8°～12°(见图 5-2-12)。

(2)岸剪裂隙带。所谓岸剪裂隙带是指坡前原有的构造裂面在边坡侧向卸荷作用下产生拉裂变形,后期又经各种外营力改造作用,从而形成自坡前向坡里有规律的岩边剪切裂隙带。从平面上看,这种卸荷作用影响主要取决于边坡几何形态。在这里,位于自然坡拐弯突出段灰岩坡脚向坡后可达 70 余米,其中发育严重带宽 50 余米;而自然直线坡段宽一般 30～40m,其中严重带宽仅 20 余米。严重带(以下简称Ⅰ带)和轻微带(以下简称Ⅱ带)不同之处在于前者岸剪裂隙发育密度大,一般每 10m 见 4～5 条,密时达 8 条之多,张开宽 0.2～1m 不等;后者线密度每 10～15m 见 1～2 条,张开宽度 0.05～0.4m。在剖面上表现为上宽下窄,前深后浅。但处在不同溶蚀风化带中的岸剪裂隙发育亦有差异。经开挖揭示初步查明处在地表强烈溶蚀风化带中的岸剪裂隙发育深一般 25～30m,轻微带深 10～15m;而在强裂隙性溶蚀风化带中发育深分别为 10～20m、5～10m,如图 5-2-13 所示。各带特征见表 5-2-7。

不难看出,无论是离位体、危岩体,还是岸剪裂隙带都是自然坡体中存在的隐患,也是开挖边坡值得注意的重要工程地质问题。

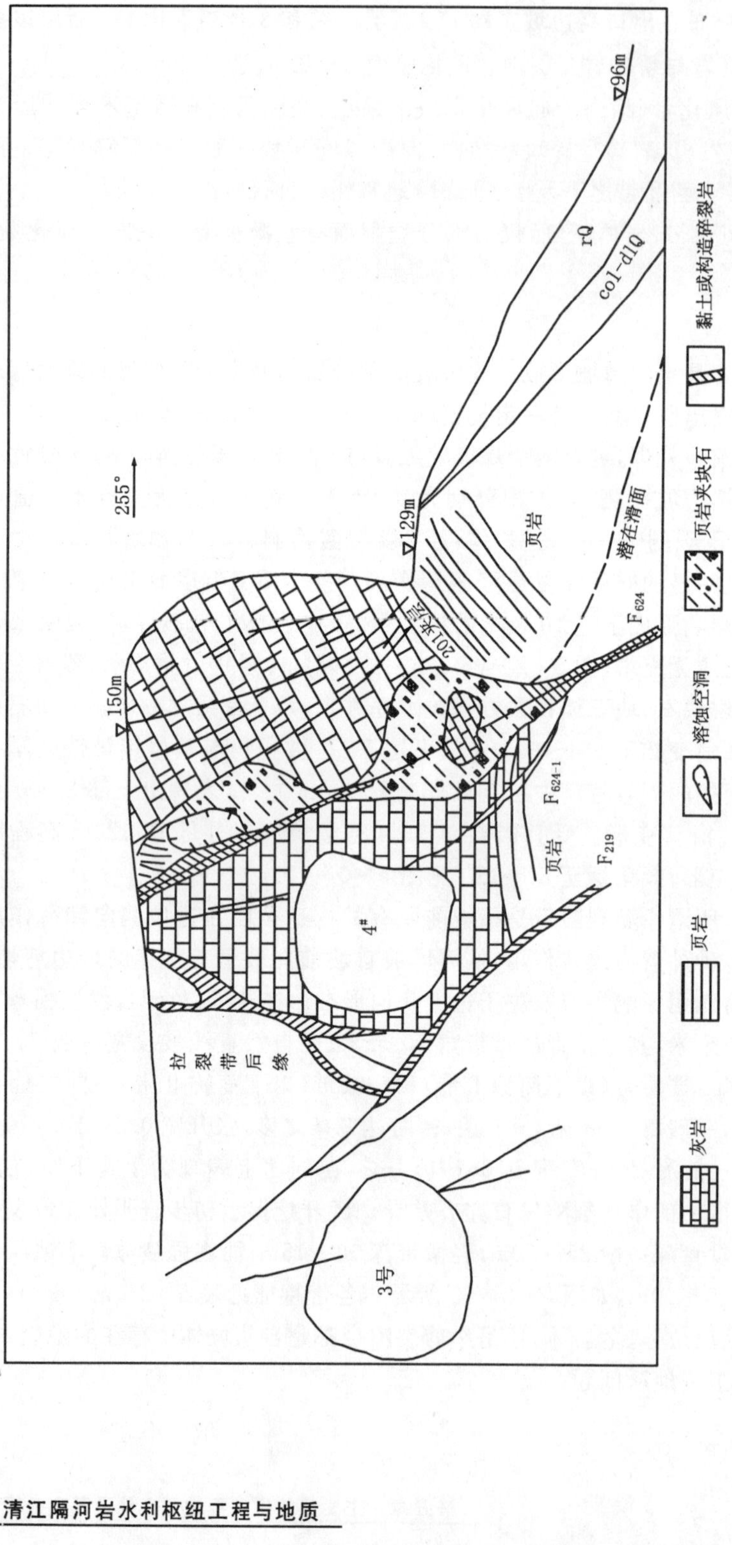

图 5-2-11　4 号引水洞出口洞边坡岩体结构示意图

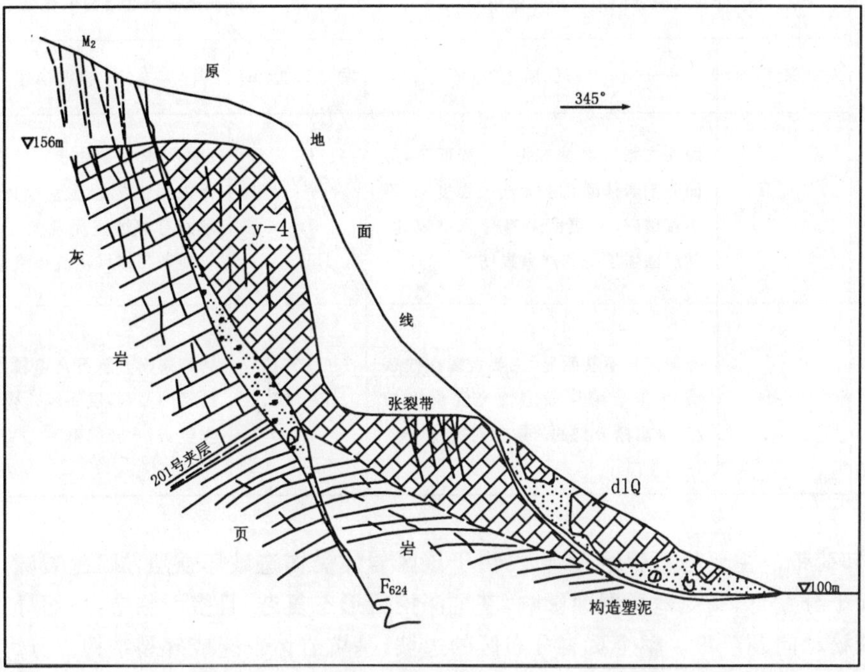

图 5-2-12　4 号引水洞出口段外侧轴向岩体结构特征示意图

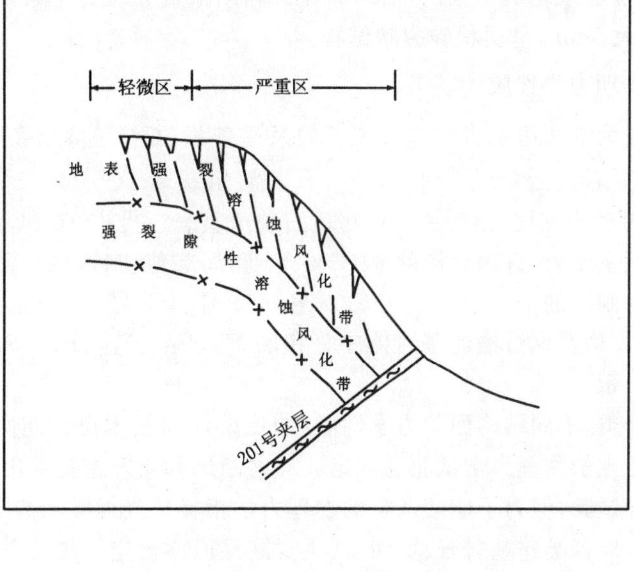

图 5-2-13　岸剪裂隙发育垂直分带示意图

表 5-2-7　岸剪裂隙垂直分带特征一览表

岸剪裂隙发育带别	处在地表强烈溶蚀风化带中		处在强裂隙性溶蚀风化带中	
	发育深度(m)	特征描述	发育深度(m)	特征描述
严重带(Ⅰ)	25～30	裂面多张开溶蚀充泥，上宽下窄，裂面分割岩体间几乎无连接强度，岩石不仅破碎，且层面多遭受严重风化，其层面强度受到严重损伤	10～20	坡前岩体呈碎块状或碎裂状结构，裂面成网状发育，大多裂面中充填的方解石有溶蚀充泥现象。层面中的泥钙质条带多风化成褐黄色
轻微带(Ⅱ)	10～15	裂面张开不甚明显，主要表现在浅表层，大部裂隙层面溶蚀充泥深度较浅，被溶槽分割的岩体相对完整	5～10	构造裂面方解石充填较好，但见较多的溶蚀晶洞，层间风化仅在局部地段发生，岩石较完整

(3)卸荷带。主要指石牌组页岩区，由于该区岩体受构造破坏强烈，断层、裂隙、层面、页理等结构面十分发育，又受地形剥蚀影响，基坑深挖后形态复杂，且多面临空，从而导致建基岩体表层卸荷松动问题严重。整个页岩分布区的边坡，基坑岩体普遍成碎裂结构。分为两个区。

Ⅰ区：分布在厂房正侧坡(台阶式陡坡)及钢管槽多面临空的槽间部位，沿层面及原有的构造裂面均有明显卸荷松弛变形。这种表现为整个软岩坡面的变形，一般说来，从坡脚向坡后宽3～5m，深1～4m。重者后缘张裂宽达0.3～5cm或滑塌解体，此带在安装车间侧坡及钢管槽间体曾多次出现，最大滑塌解体达3 000m^3。

Ⅱ区：分布于缓坡或基坑平缓区，沿裂面、层面、断层面松弛，一般深1～2m。见各种裂面张开1～3mm，最大5mm，呈层状碎裂状结构。

(七)岩石的物理力学性质

引水洞进口段为红溪组灰岩($\in_2^{1-1}$、$\in_2^{1-2}$)及平善坝($\in_1^{4-6}$)薄层条带灰岩；引水洞段有：平善坝组灰岩与页岩互层($\in_1^{4-1}$～$\in_1^{4-6}$)，石龙洞组灰岩($\in_1^{3-1}$～$\in_1^{3-3}$)及石牌组第三段($\in_1^{2-3-2}$)页岩与粉砂岩互层；钢管槽至厂房段石牌组页岩($\in_1^{2-1}$～$\in_1^{2-3}$)层均有分布。

控制性结构面主要有：进水口段的g_1、F_{229}、F_{18}和局部剪切带，风化层面(红溪组第二层薄层灰岩层面)，引水洞段的201号、301号、302号、401号、403号、405号、406号和F_{69}、F_{18}以及古溶塌角砾岩带，厂房及钢管槽建基岩体中分布的F_{18}、F_{219}、F_{220}、F_{378}、F_{379}、F_{373}和存在于页岩中的局部剪切泥化带。

为查明不同岩类、不同结构面的力学性能，初步设计和技术设计期间，有针对性地作了大量的以现场试验为主的物理力学试验与测定。有些断层和新开挖揭露出来的层间剪切溶蚀充泥带未作物理力学试验，但为了能使选定的物理力学指标更接近实际情况，地质、设计、科研紧密配合，共同商讨，对各类建基岩石、剪切带、主要断层面亦给定了较为合理的指标。而有些断层虽未给定，我们根据现场实际和构造岩性质、充填物等，亦将类比给出，仅供参考。具体情况见表5-2-8～表5-2-11。

表 5-2-8　各类岩石、层面、剪切带、断层面强度设计参数值表

项目	岩性	建议值		
		抗剪断		
		f	c	
			kg/cm^2	MPa
砼与岩石	砼与薄层条带灰岩	1～1.2	10～12	0.98～1.176
	砼与页岩	0.6	1	0.098
岩石本身	平善坝组页岩	0.6	1	0.098
	石牌组页岩	0.6	1	0.098
	弱风化薄层条带灰岩	0.8	8～10	0.78～0.98
岩石层面	页岩层面	0.5	0.5	0.049
	红溪组第二层薄板灰岩(进口区)	1.0	10.0	0.98
软弱夹层	210 号层间剪切破碎泥化带	0.25	0.2	0.019 6
	401 号层间剪切破碎泥化带	0.25	0.2	0.019 6
	301 号层间剪切破碎泥化带	0.35	0.9	0.088 2
	302 号层间剪切破碎泥化带	0.40	0.9	0.088 2
	g_1 层面溶蚀充泥带(进口区)	0.25	0.2	0.019 6
	石牌组页岩局部剪切泥化带	0.25	0.2	0.019 6
	403 号层间剪切破碎泥化带	0.25	0.2	0.019 6
	405 号层间剪切破碎泥化带	0.25	0.2	0.019 6
	406 号层间剪切破碎泥化带	0.35	0.9	0.088 2
断层	F_{18} 陡倾断层(进口区)			
	F_{229} 缓倾断层(进口区)			
	F_{236} 缓倾断层(进口区)			
	F_{69} 缓倾断层(引水洞区)			
	溶塌角砾岩(引水洞区)			
	F_{18} 陡倾角断层(页岩区)	0.35	0.9	0.088 2
	F_{219} 陡倾断层(引水洞出口页岩区)	0.6	1	0.098
	F_{220} 陡倾断层(引水洞出口页岩区)	0.6	1	0.098
	F_{378} 陡倾断层(引水洞出口页岩区)	0.6	1	0.098
	F_{379} 陡倾断层(引水洞出口页岩区)	0.6	1	0.098
	F_{373} 陡倾断层(引水洞出口页岩区)	0.6	1	0.098

表 5-2-9 断层、层间剪切带变形性质设计参数值表

部位	代号	变形性质						泊松比
		变形模量		弹性模量		单位抗力系数		
		×10⁴ kg/cm²	GPa	×10⁴ kg/cm²	GPa	×10³ kg/cm³	×10⁶ kN/m³	
引水洞进口区	F_{229}	0.8～1.0	0.78～0.98	1.5～2.0	1.47～2.0			0.35
	F_{236}	0.8～1.0	0.78～0.98	1.5～2.0	1.47～1.96			0.35
	F_{18}	0.8～1.0	0.78～0.98	1.5～2.0	1.47～1.96			0.35
	$\in_2^{1-2}$ 层面	7～10	6.86～9.80	10～15	9.8～14.7	0.5～0.8	5.4～7.8	0.27
	g_1	0.05～0.10	0.05～0.10	0.2～0.3	0.20～0.29			0.4
引水洞区	201 号	0.05～0.10	0.05～0.10	0.2～0.3	0.20～0.29			0.4
	301 号	0.8～1.0	0.78～0.98	1.5～2.0	1.47～1.96			0.4
	302 号	0.8～1.0	0.78～0.98	1.5～2.0	1.47～1.96			0.4
	401 号	0.05～0.10	0.05～0.10	0.2～0.3	0.20～0.29			0.4
	403 号	2.93		4.72				
	405 号	1.43		1.93				
	406 号	6.74		7.40				
	F_{69}	0.8～1.0	0.78～0.98	1.5～2.0	1.47～1.96			0.35
	F_{10}	0.8～1.0	0.78～0.98	1.5～2.0	1.47～1.96			0.35
	溶塌角砾岩	1～2	0.98～1.96	3～5	2.94～4.90	0.07～0.15	0.68～1.47	0.35
引水洞出口厂房区	F_{18}	0.05～0.10	0.05～0.10	0.2～0.3	0.20～0.29			0.35
	F_{219}	0.05～0.10	0.05～0.10	0.2～0.3	0.20～0.29			0.35
	F_{220}	0.05～0.10	0.05～0.10	0.2～0.3	0.20～0.29			0.35
	F_{378}	0.05～0.10	0.05～0.10	0.2～0.3	0.20～0.29			0.35
	F_{379}	0.05～0.10	0.05～0.10	0.2～0.3	0.20～0.29			0.35
	F_{373}	0.05～0.10	0.05～0.10	0.2～0.3	0.20～0.29			0.35
	g 页岩层面	0.05～0.10	0.05～0.10	0.2～0.3	0.20～0.29			0.35

表 5-2-10 各类建基岩石单轴抗压强度综合设计参考值表

抗压强度 \ 岩石名称	鲕状灰岩	厚层灰岩（含厚层斑纹灰岩）	薄层灰岩	泥质灰岩	粉砂岩	钙质页岩	泥质页岩
kg/cm²	800	600	500	400	300	200	100
MPa	78.4	58.8	49.0	39.20	29.4	19.6	9.8

表 5-2-11　各类岩石变形性质设计参考值表

岩性	变形性质						泊松比
	变形模量		弹性模量		单位抗力系数		
	$\times 10^4 kg/m^2$	GPa	$\times 10^4 kg/m^2$	GPa	$\times 10^3 kg/m^3$	GPa	
新鲜石龙洞灰岩	20	19.6	25	24.5	1.2～1.6	11.76～15.68	0.25
微风化泥灰岩条带	10～15	9.8～14.7	15～20	14.7～19.6	0.8～1.2	7.8～11.76	0.25
弱风化泥灰岩条带	7～10	6.86～9.8	10～15	9.8～14.7	0.5～0.8	5.4～7.8	0.27
强风化泥灰岩条带	2～3	1.96～2.94	7～10	6.86～9.8	0.15～0.23	1.47～2.25	0.3
灰岩中的断层带及角砾岩带	1～2	0.98～1.96	3～5	2.94～4.9	0.07～0.15	0.68～1.47	0.35
平善坝页岩	0.8～1.0	0.78～0.98	2～3	1.96～2.94			0.35
石牌页岩	0.5～0.7	0.49～0.68	2～3	1.96～2.94			0.35
软弱破碎石牌页岩	0.15～0.30	0.15～0.29	0.5～1.0	0.49～0.98			0.4
石牌页岩中的断层破碎带	0.05～0.10	0.05～0.10	0.23～0.30	0.20～0.29			0.4

二、引水洞进口

(一)工程地质特征

早期的进口区成北高南低斜坡地形，坡面为倾角 30°～35°的岩层层面。坡脚处松溪沟底高程 94～96m，层面坡顶高程 200～230m。自然坡稳定状况良好，无不良地质现象。岩层产状除 4 号引水洞轴线以西局部成走向 330°～310°，倾向 SW，倾角 47°～56°外，其大部分走向 270°～280°，倾向 SW，倾角 23°～30°。出露地层主要有红溪灰岩第一段厚层夹薄层白云质灰岩，第二段薄板状白云质灰岩以及闸基持力层范围内的平善坝灰、页岩互层。灰岩致密坚硬，但岩溶化程度较高，地表溶沟、溶槽发育，深 5～15m。强裂隙溶蚀风化带深 12～15m。页岩质地软弱，且多受层间挤压而破碎。

大小断层有 F_{18}、F_{229}、F_{15}、F_{242}、F_{241}、F_{245}、F_{228}、F_{224}、F_{225} 等 40 余条，按其走向大致可分为三组。

(1)近南北组。走向 345°～355°或 5°～10°，倾向 SW 或 NW，倾角 75°～85°。本组特征是：断面弯曲，除 F_{18} 外，一般破碎带宽 5～40cm，方解石及其角砾岩充填，沿断面断续小规模溶蚀，且多发生在与其他结构面交汇处。

(2)NW 组。走向 300°～315°，倾向 NE，倾角 75°～80°。断面较直，破碎带宽 10～100cm，少数超过 1m。大部分沿断面溶蚀成狭缝，或串珠状溶洞，有的发育成消水洞，无充填或少量黏土、灰华充填。其位于引水渠上的 F_{15} 断层系列中见较多的钙质胶结，具较好磨圆度的细砂砾。

(3)近东西组。走向 270°～290°，倾向 SW，倾角 25°～45°。以 F_{229}、F_{236} 为代表的顺坡向缓倾断层和部分倾角 75°～80°的陡倾裂隙性断层。该组断面一般平直光滑，多沿层面溶蚀，充泥厚 1～20cm，并发育成一定规模的溶洞。

其中前两组最发育，后者不甚发育。断层统计见表 5-2-2。裂隙主要发育走向 5°～10°，倾向 NW，倾角 70°～80°；走向 310°～320°，倾向 SW，倾角 65°～75°和走向 35°～45°，倾向 NW，倾角 60°～70°三组。灰岩中的裂隙多充填方解石，页岩中多为泥质充填。建基岩体中的灰岩多呈块状、似块状，少许成碎块状；页岩则多为层状碎裂结构。

层间错动面多发生在平善坝组页岩中，对闸基边坡稳定有较大影响的主要有 g_1、406 号两条，其性状前已叙述。

该区地下水位近于清江河水位，施工期大坝围堰上游水位 94～104m。由于基础岩体岩溶化、裂隙化，地表降水难以形成地表面流，而是以地下管道流的形式迅速排入沟谷，从而对该区施工不至于造成太大影响。

建基面揭示溶洞一般体积小于 $1m^3$，少数十至数十立方米，其分布状况详见表 5-2-6。

(二)基础开挖与边坡岩体的变形

1. 基础开挖情况

设计引水洞进口高程 142.5m。闸基开挖最低高程 138.5m，沿 NE75°方向开挖成长 112m，轴向宽 27.5m 的长方形基坑。上游与敞开式引水渠衔接，建基面高程 141.3～142.3m。基坑边坡成直立台坎式坡形，在高程 160m、170m 留宽 5m 马道，其中正向 170m 平台宽 12m。右设闸系统安装车间，基础岩面高程 158～174m。两台 300t 临时施工用塔式门机设置在正向 170m 平台。闸身及安装车间均浇至 206m 高程，且在安装间一侧与外围 206m 公路以工作栈桥连接。

该区开挖大致可以分为三个阶段。

第一阶段：1989 年 10 月份以前，因大坝右坝肩和大坝右拌和系统以及大坝上游围堰的施工，首先在 180m、140m 高程形成两条宽 10m 的公路。

第二阶段：1989 年 10 月 8 日正式开工，即从 180m 高程逐挖至 160m，与此同时，两条 406 号阻滑键开挖施工。

第三阶段：1990 年 4 月 8 日开始 160m 以下开挖，至建基面，相继四条引水洞进口打通。至 1990 年 12 月底，基础开挖基本结束。

开挖多采用 ϕ100mm 快速钻进行边线预裂，YQ100～150mm 潜孔钻松动爆破，建基面底板预留 2～3cm 保护层，由手风钻造孔分层开挖，余留 20cm 用人工撬挖，风镐整修。主要爆破参数：①预裂爆破，线装药密度 250g/m，一次起爆小于 25kg；②毫秒微差梯段爆破，单耗药量 0.35～0.55kg/m^3，一次起爆药量小于 100kg；③保护层开挖单耗药量 0.3～0.4kg/m^3。

2. 施工期边坡岩体的变形情况

施工期边坡岩体的变形(破坏)主要反映在整个正向边坡。这种表现为顺层错裂的单面滑体，一般情况下，表部坡缘部分在开挖过程中就已自行脱落，而整个边坡岩体的变形，从开挖到闸身混凝土上升至 160m 高程的过程中，大致经历了渐变变形、扩展跳跃变形、变形减缓和边坡基本稳定四个阶段，各阶段的变形情况见表 5-2-12 和图 5-2-14。不难看出，该边坡岩体变形中的几个显著特点。

(1)边坡自上而下，自东向西 ，变形由大到小。这表明表层溶蚀风化明显强于深部，且整个边坡岩体的强烈溶蚀风化主要表现在向西倾斜的 g_1 面以上。

(2)边坡岩体变形量随坡高增大而增大。

表 5-2-12　进口洞脸边坡变形情况一览表

日期	施工进展情况	变形特点	变形阶段
1989 年 10 月～1990 年 8 月 10 日	边坡正常下挖、四条引水洞上游掌子面远离进口洞脸	表现为沿 P_1 面以上各溶蚀风化弱面缓慢渐变位错，主要发生在 1 号、2 号脸 160m 高程以上，位移量级多在毫米至数毫米	渐变变形阶段
1990 年 8 月初～1990 年 12 月底	406 号阻滑键回填未完成，基坑到 12 月初已全部挖至设计位置，9 月 14 日，1 号、3 号洞在洞脸未作任何处理的情况下相继打通进口，11 月初 2 号、4 号洞又相继从进口全断面开洞，10 月中旬，160m 高程挡墙施工结束，170m 平台一台 300t 门机于 10 月上旬安装使用，12 月底闸基浇至 142m 高程	上部变形扩大至厘米级，160m 高程以下变形区扩展，其中：8 月 10 日发现 2 号、3 号洞间（图 2-1 中②区）沿 F_{229} 断层和 g_1 部分段发生毫米级错开；9 月 15 日发现 3 号洞脸以西部分层面相继开裂错位，位移量一般 0.3～0.5cm（图 2-1 中③区）；10 月 22 日以后，2 号、3 号洞脸间 145m 高程以下（图 2-1 中④区）和 3 号洞进口右壁面约 5m 段的两层而发生错位 0.3～0.5cm，最大发生在 2 号洞脸附近达 1.2cm，12 月 7 日相继发现 3 号、4 号洞间柱体上的张缝已发育成网状，160m 高程挡墙分缝，见其裂开数毫米	扩展跳突变形阶段
1991 年 1 月～1991 年 3 月	闸基从 142m 高程上升，1 号、3 号进口洞段衬砌工作加紧进行，2 号、4 号引水洞爆破远离洞口	新裂缝不再发生，旧裂缝变形已不显著发展，肉眼难以断定，向稳定趋势发展	变形减缓阶段
1991 年 3 月以后	闸基已上升到 160m 高程几乎无爆破影响，4 条引水洞进口段相继衬砌完毕	变形量在极其微小的范围内变化	边坡基本稳定阶段

(3)地下洞室在进口段的开挖爆破对边坡的岩体变形有着较大影响，也是造成其他裂面张开的主要原因。

(4)层间位移变形到一定程度后易自行稳定，当受到其他外力的作用影响（如爆破运动、施工用水的强烈渗透等），其位移以跳跃式的方式移动。

(5)据武汉工业大学监测资料，坡后两个 406 号阻滑键埋设的应力应变计显示，整个开挖施工过程中其反映量级较小。其中 1 号阻滑键最大拉应变值仅为 100×10^{-6}，2 号阻滑键最大拉应变值约 70×10^{-6}。可位于坡壁的 406 号夹层测得最大位移达 0.5～1.2cm，尤其在 406 号夹层上临近部分层面最大可达 1～2cm，这表明从坡外向坡里亦有一渐变变形过程，说明即使处在裂隙性强烈溶蚀风化带中的风化层面，仍具有一定的咬合凝聚强度。

(6)1991 年 3 月以后，边坡趋于稳定，表明闸身尤如一条巨宽的贴壁式挡墙发挥了作用。

(三)基础处理

由于进口为顺向坡，经初步设计期查明，对整个闸基区稳定性起控制作用的性状甚差的 406 号夹层不仅在溪沟底埋藏浅（深 10～20m），且还部分在基坑边坡临空；406 号夹层上部又有 2～3 条连续分布的顺向缓倾结构面将在基坑边坡全线临空，基坑边坡大部分和部分基础仍将不同程度地处在地表强烈溶蚀风化带中，并预示着进口边坡可能存在的几种破坏型结构，如图 5-2-15 所示。依据这种情况，基础处理主要有以下几方面。

(1)经计算，406 号夹层取 f 值 0.45 时，其上部岩体在闸基开挖后安全度小于 1。故在坡

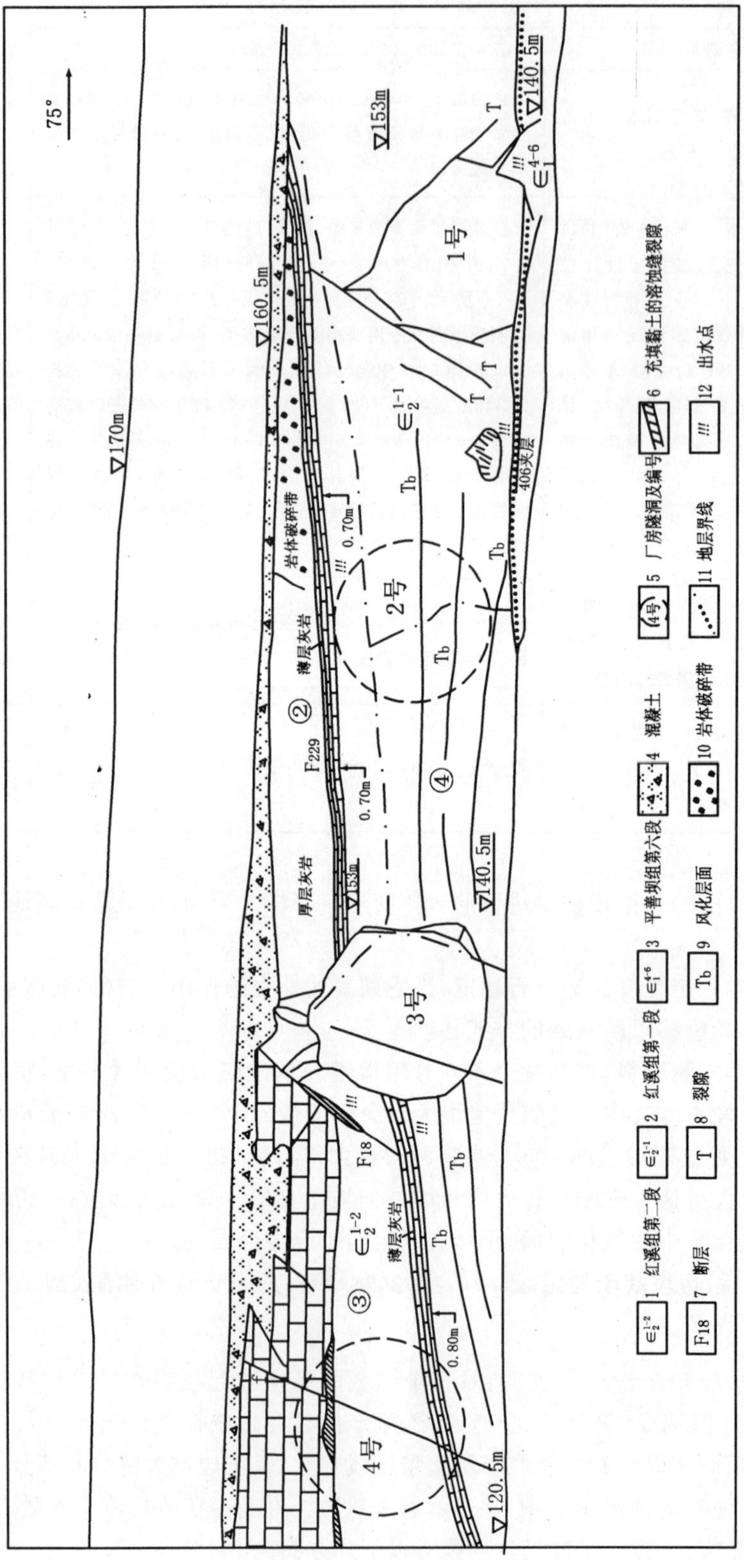

图 5-2-14 引水洞进口边坡高程 160～138.5m 段正向壁面素描图

(1990 年 8 月 15 日绘)

后 160m、140m 高程分别设置 1 号、2 号两条 406 号阻滑键，其中 1 号键长 151m，2 号键长 170m。断面为高 2m，宽 3m 的城门形。开挖时要求沿 406 号夹层追踪，并保证夹层在其倾向一侧壁面出露距底板高不小于 1.5m，然后回填钢筋砼。砼的施工方法是先用人工浇筑，后在其上打孔灌浆。

进口边坡可能出现的破坏形式：
- 层面型
- 剪切带型（临空型、浅埋型）整体型
- 缓倾断面型
- 断裂组合型
- 塌落型（引水洞进口段）

图 5-2-15　技术设计期进口边坡破坏预测模型

(2)开挖坡面保护，采用 ϕ25mm 螺纹钢，间距 2m×2m 梅花形布打系统注浆锚杆。其中上部三排杆长 8m，以下几排 6m，而后衬护 6～10cm 厚砼。

(3)平面建筑基础一般要求挖至次强裂隙溶蚀风化带或弱溶蚀风化带。砼与基岩的连接普遍采用了 ϕ25mm，杆长 1m 的连接筋，其中要求钢筋插入基岩 0.5m。安装平台基础除有些连接筋外，还按边坡壁面要求打了长 8～12m 系统锚杆。

(4)对整个平面地基上提示的所有溶洞或洞穴的要求清理回填砼。一般清深 0.5～1m，个别规模较大者深两余米。除此之外，闸基还实施了基础固结灌浆，孔深 5～8m。

(5)160m 以上各边坡坡脚每间 3m 梅花形布打了两排 ϕ100mm、孔深 8m、$i=0.005$ 的排水孔，以减缓水压边坡的影响。

(6)高程 170～180m 正向壁面在下挖过程中，尚未完全成形，其坡缘部分岩体就已发生严重变形解体，致使本段边坡坡角由原来的 90°改为 1∶0.85 斜坡，相应坡面保护也由原来的系统锚喷支护改浇 0.5～1m 厚的砼。

(7)高程 160～170m 正向壁面，因前缘岩体风化破碎，局部顺层错位明显，尤其在 1 号、2 号引水洞脸。以 F_{229}、g_1 等为代表的软弱层面发生变形错位达 2～3cm，最大 5cm。考虑上部 170m 平台有两台 300t 塔式门机的运行安全，在 160～170m 壁面做了贴壁式肋形挡墙。

(8)由于高程 140m 公路的开挖，造成安装车间上游自然边坡层面大量临空和 4 号引水洞以西岩体单薄。特别是前者，坡面上的溶沟、溶槽十分发育，其临空层面均不同程度遭受风化。为确保该区段边坡岩体稳定，补充在 140m 高程做了两条横重式挡墙，且对安装平台上游自然坡面进行了表部清理回填混凝土和普遍喷护处理。其中溶沟、溶槽清除深一般 0.5～2m，个别最深 5m。

(9)高程 180～206m 近桥墩两侧壁面倾角 70°～75°，坡面岩体不仅破碎，缓倾结构面十分发育，且距安装间基础仅一路之隔。因此，在其东西两侧分别筑起了长 15m、12m 的重力贴壁式挡墙。

(10)对坡面局部成碎裂状结构的岩体进行了挂网锚喷处理（本区仅在侧向 141.3～160m 壁面实施了 160m²）。

(11)坡缘不利楔体，对已松弛的进行了清挖处理，未发生较大变形者，故只进行了加强筋处理。

(12)引水渠段东侧 141.3～160m 壁面，因岩体破碎，开挖起伏差较大，为保证 1 号引水洞进水流线和边坡稳定，该段坡壁除作了常规处理外，还设置了宽 2m 的直立贴壁式护坡墙。

(四)工程地质评价

第一，进口闸基坐落在红溪灰岩和平善坝第六段灰岩上。灰岩厚 18～25m，岩石致密而坚硬。建基岩体虽发育有多个缝隙状落水洞，但已造孔或留口回填灌浆处理；其二，开挖方与实际浇筑砼之比约 5∶2，坡脚松溪沟亦有部分被回填；其三，建基面岩体虽多为强裂隙性溶蚀风化，但所有揭示的小规模洞穴均作了清挖回填砼处理，表部 5～8m 又实施了固结灌浆，其承载能力是可以满足建筑物要求的，坡后两条 406 号阻滑键中埋设的仪器显示，其变形量一直较小，表明闸基区的边坡整体稳定性较好。

三、引水隧洞

引水洞群由 4 条平行、洞线距 24m、洞径 9.5m 的圆形有压隧洞组成。单洞长 446m（包括洞门 2m），全长 1 784m，洞线方位 345°。

洞群布置在右岸岸坡上，进口布置在松溪口北坡，进口高程 142.5m，引水洞在下游西边崖出山与压力钢管相接，出口高程 128m。洞底坡降 3.2%，上覆岩体厚度 25～100m。

引水洞为高水头压力隧洞，设置永久衬砌，帷幕段上游采用钢筋砼衬砌，帷幕段下游采用预应力砼衬砌，其出口段 22m 为钢衬（4 号出口为 42m）。衬砌厚度，进出口为 1.25m，帷幕段 1.5m，一般洞段衬砌厚度 0.9m。

（一）围岩特征

引水洞群所处右岸山体，除 4 号引水洞出口洞段处于Ⅴ-4 号危岩体上，稳定性较差外，山体整体稳定性均较好。洞群部位地层走向与洞线近于正交，倾向上游，倾角 20°～30°，局部岩层（$\in_1^{3-2}$）陡倾，倾角 35°～55°。沿洞出露地层自进口至出口依次为$\in_2^{1-1}$ 灰岩、$\in_1^4$ 灰页岩、$\in_1^3$ 灰岩及$\in_1^{2-3}$ 页岩。灰岩占 75%以上，1 号、4 号洞有近 100m 岩溶角砾岩，其余为灰、页岩互层及页岩洞段。页岩质地软弱，层间错动面和裂隙均很发育，岩体为薄层状碎裂结构。灰岩质比较坚硬，裂面相对稀少，且多为硬性结构面，岩体为厚层、中厚层、层状结构。

洞群洞段编录的大小断层有 F_{18}、F_{632}、F_{69}、F_{229} 等 117 条，其中 1 号引水洞 37 条，2 号洞 27 条，3 号洞 30 条，4 号洞 23 条。

（1）这些断层按走向可分为以下几组。

1）NWW 组。走向 340°～360°，倾向 SW，少数倾 NE，倾角 65°～75°，可见 36 条，占断层总数 31%。代表性断层有 F_{18}、F_{18-1}、F_{632} 等。

2）NNE 组。走向 10°～25°，多倾 NW，倾角 60°～80°，可见 22 条，占总数 19%。

3）近 EW 组。走向 260°～290°，多倾 NW，倾角 75°～80°（其中倾角 35°～45°有 3 条），见 35 条，占断层总数 30%。代表性断层有 F_{69}、F_{229} 及 f_{103} 等。沿该组断层溶蚀强烈，如沿 F_{69} 发育的引支 K、3K_{15} 等，沿 f_{103} 溶蚀发育的 18$K_{1支}$。

4）NW 组。走向 305°～325°，多倾 NE，倾角 70°～80°，可见 14 条，占断层总数 12%。代表性断层为 f_{107}，沿此组断层多有不同程度溶蚀，如沿 f_{107} 发育的 K_{49} 溶洞。

5）NE 组。走向 35°～50°，多倾 NW，倾角 65°～70°，见 11 条，占断层总数 9%。

（2）这些断层按其充填物类型分：

1）方解石及其胶结的角砾岩充填的 34 条，占 29%。

2）塑性泥、泥膜充填的有 23 条，占 20%。

3）由溶蚀黄泥充填的有 18 条，占 15%。

4）红色粉砂岩充填的 16 条，占 14%，主要分布在引支洞上游洞段。

这些断层中，30°～45°中倾角断层有 15 条，占 13%，最具重要意义的有 F_{69}、F_{229}。

主要断层特征见表 5-2-2。

裂隙是洞群地段发育最普遍的结构面. 编录实测裂隙 4 000 条。按走向主要分四组，即 NE、NNE、NEE、NW。其中 NE 组最发育。裂隙大多为陡倾角，根据 3 号引水洞 998 条裂隙统计，倾角大于 60°的占 68.7%，缓倾角（<30°）仅占 4.4%，而对洞室稳定很不利的中倾角（30°～50°）裂隙占 18.1%。裂隙大多是方解石脉充填，占 65%（其中灰岩中高达 88%），泥充填仅占 10%，而页岩中泥质充填占 41%，详见表 5-2-13。

表 5-2-13　3 号洞裂隙性质统计表　（条数单位：条）

岩性	$\in_1^{3-1}$		$\in_1^{3-2}$		$\in_1^{3-3}$		页岩		$\in_1^{4-6}+\in_2^{1-1}$		比率(%)	
	条数	比率(%)	条数	比率(%)	条数	比率(%)	条数	比率(%)	条数	比率(%)	总数	(%)
方解石	262	88	93	59	148	66	22	21	46	47	571	65
泥钙质	7	2	44	28	50	22	12	12	6	6	119	13
塑性泥	8	2	18	11	7	3	42	41	12	12	87	10
无充填	23	8	2	2	20	9	27	26	35	35	107	12

由表 5-2-13 还可以看出，$\in_1^{3-2}$ 及$\in_1^{3-3}$ 岩体中方解石充填的分别为59%、66%，其偏低的主要原因是因为前者风化严重，而后者又临近 $18K_1$ 岩溶系统所致。

洞群地段层间剪切带有 401 号、403 号、405 号、406 号、301 号、302 号及 201 号等。其中具有较大影响的有 201 号、401 号、403 号、405 号及 406 号。201 号性状极差，对出口洞段稳定很不利，在开挖前已作了置换处理。406 号对进口洞段稳定不利，为此开挖前设置了两个 406 号阻滑键。401 号、403 号、405 号是页岩洞段出现塌方的主要结构面。此外，在薄层泥质条带灰岩中（$\in_1^{3-2}$、$\in_1^{4-6}$），发育有层面剪损现象，沿剪损面风化严重，造成一些零星掉块。

洞群地段地下水位高程在 110m 以下，低于引水洞底板 20～30m，洞群在整个施工过程中仅 8 处出现小股水流，其他多是滴水、渗水。共见 42 处出水点，见表 5-2-14。枯水季节洞内大多呈干燥状，雨季洞内约一半呈潮湿状，且集中在断层、裂隙、层间错动面及隧洞进、出口段。

洞群共编录大小溶洞 55 个，总体积 $1.5\times10^4m^3$ 以上，平面展布面积 2 300m^2 以上。洞群洞穴主要集中在两带，一带是发育在$\in_1^{3-3}$ 上部岩体中的 $18K_1$，引支 K 等岩溶系统，所发育的溶洞占总洞穴体积的 80%，见表 5-1-8。另一处是发育在$\in_1^{3-1}$ 中上部岩体中的 K_{49}、$3K_5$、$4K_6$ 等溶洞，约占总体积 17%～18%。

岩层组合是反映围岩特征的最主要方面，为此特对洞群围岩进行以下工程地质分区。

Ⅰ区：1 号 0+0～0+25m，　　2 号 0+0～0+35m

　　　3 号 0+0～0+50m，　　4 号 0+0～0+53m

为$\in_2^{1-1}$ 厚层泥质斑纹白云质灰岩夹薄板状灰岩。顺层溶蚀较强烈，沿薄层岩体均已局部或大部风化呈褐黄色，该段主要发育裂隙有：①NW—NWW 组，面较平直，长大，间距 1.0～1.5m；②NE—NEE 组，面起伏，裂面间距 1.2～1.5m。该段岩体呈层状结构。另外，在 4 号洞进口 F_{229}对进口洞顶和进口边坡岩体起着破坏作用。

表 5-2-14 引水洞出水点统计表

引水洞编号	水文点编号	发育桩号(m)	发育层位	出水类型		与结构面关系	备注
				股流	滴水		
1号引水洞	1	0+367～0+370 右顶左顶	$\in_1^{3-1}$		滴水	沿北西向小断层	(右顶为 K_{49} 大量滴水)
	2	0+373～0+376 左顶	$\in_1^{3-1}$		滴水	沿北西向小断层	
	3	0+386～0+388 右顶	$\in_1^{3-1}$		滴水	沿南北向小断层	
	4	0+400 正顶	$\in_1^{3-1}$		滴水	沿层面裂隙	
	5	0+398～0+420 顶	$\in_1^{3-1}$		滴水	沿北北东断层(3 处)	
	6	0+420(左顶)	$\in_1^{3-1}$		滴水	沿北北东断层	
	7	0+435～0+437(顶偏左)	$\in_1^{3-1}$		滴水	沿北北东向缓倾角断层	
2号引水洞	8	0+46～0+50 左顶	$\in_1^{4-6}$		滴水	沿北北东裂隙	
	9	0+200～0+210 正顶	$\in_1^{3-3}$		大片湿润		
	10	0+318～0+320 顶稍左	$\in_1^{3-2}$		滴水	沿北北东小断层与 NW 裂隙交汇处	
	11	0+393～0+400(稍左)	$\in_1^{3-1}$		滴水	顺 F_{18-1} 面	
	12	0+415～0+418(稍左)	$\in_1^{3-1}$		滴水	顺 F_{18-1} 面	
3号引水洞	13	0+26～29 左、右顶	$\in_2^{1-2}$～$\in_1^{4-6}$	局部小股水流	大量滴水	F_{18}、406 号层间剪切带	
	14	0+30～0+70 顶	$\in_1^{4-6}$		滴水	顺 F_{18} 有 4 处	
	15	0+70～0+90 顶	$\in_1^{4-6}$～$\in_1^{4-5}$		滴水	顺 F_{18} 有 1 处,顺 NE50°裂隙 3 处	
	16	0+100～0+110(顶)	$\in_1^{4-4}$		滴水	顺层面两处	
	17(3 号 K_3)	0+218～0+220 顶稍偏右	$\in_1^{3-3}$	大小股水流		F_{632} 与 NWW 向断层	v=15L/s (1991/03/12)
	18	0+208～0+212 顶稍偏右	$\in_1^{3-3}$		滴水	顺 NWW 断裂隙、F_{632} 及 T_b 交汇区 3 处	
	19(W_1)	0+304 正洞顶	$\in_1^{3-2}$ 下部	小股水流		F_{632} 与层面交汇部位	与降雨有关系 0.5L/s
	20(W_2)	0+340 洞顶	$\in_1^{3-1}$	大股→小股流		F_{632} 与层面交汇部位	对降雨很敏感 10L/s
	21	0+405 顶	$\in_1^{3-1}$		滴水	EW 向裂隙 NE 向断层	

Ⅱ区:1 号 0+25～0+62m,　　2 号 0+35～0+70m

　　3 号 0+50～0+80m,　　4 号 0+55～0+84m

为 $\in_1^{4-6}$ 薄层泥质条带灰岩,条带局部风化且每隔 80～100cm 可见一条风化条带。岩溶不发育,其中 F_{18} 断层在 3 号洞通过处,两侧岩体相对破碎。

Ⅲ区:1 号 0+62～0+144m,　　2 号 0+70～0+145m

　　3 号 0+80～0+149m,　　4 号 0+80～0+149m

为三层页岩($\in_1^{4-1}$、$\in_1^{4-3}$、$\in_1^{4-5}$)与两层灰岩($\in_1^{4-2}$、$\in_1^{4-4}$)互层,洞底及 4 号洞顶页岩多为弱

风化，而洞顶页岩为强风化，呈杂色、土黄色。层间剪切泥化面主要在$\in_1^{4-1}$页岩中发育，泥化面间距 10cm，局部仅 3～5cm。岩体中(尤其是三层页岩)裂隙相对发育，主要发育 NW、NNE 及 NE 三组，裂面平直长大，多充填灰白色泥或泥膜，裂面间距 30～80cm，密者仅 20cm，宽者 1.0m，在这些裂隙中，倾角 30°～45°者约占 25%(据施工现场收集成果)。该区岩体为典型的薄层状碎裂岩体结构。

Ⅳ区：1 号 0＋144～0＋245m，　　2 号 0＋145～0＋250m

3 号 0＋149～0＋252m，　　4 号 0＋149～0＋253m

为$\in_1^{3-3}$厚层斑纹灰岩，也是坝区岩溶最发育的地层。岩体质地坚硬，裂隙稀疏发育，且多为方解石脉充填，完整性好。但有以下洞段，岩体完整性相对较差。①0＋130～0＋150m 发育有大规模的 $18K_1$ 岩溶系统(体积 6 000m^3)且 NWW 组裂隙性断层相对发育，并溶蚀充泥，泥厚达 10～20cm。②0＋175～0＋185m，NEE 张性裂面密集发育，裂面不甚连续，但多溶蚀、充泥、岩体完整性较差。③在支洞附近 F_{69} 断层横穿洞室发育，沿断层普遍溶蚀充泥、泥厚 15～20cm 以上，沿 F_{69} 断层发育引支 K(5 700m^3 以上)、$3K_{15}$ 等溶洞，大大地破坏了围岩的整体性。④1 号洞 0＋165～0＋235mF_{18}断层及其下盘为紫红色钙屑填隙岩溶角砾岩，它由紫红色的钙屑砂岩包裹着不同块度、不同形态的灰岩角砾。属Ⅰ带，即溶塌角砾岩带。岩体呈镶嵌结构(见图 5-2-16、图 5-2-17)。

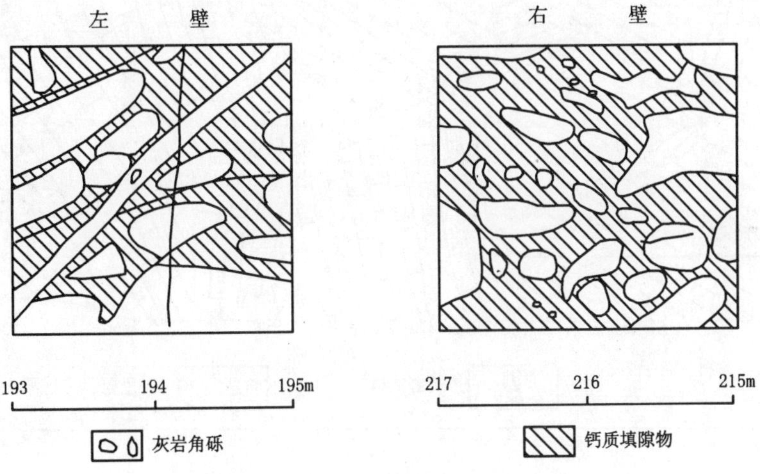

图 5-2-16　1 号引水洞岩溶角砾岩

Ⅴ区：1 号 0＋245～0＋310m，　　2 号 0＋250～0＋310m

3 号 0＋252～0＋300m，　　4 号 0＋253～0＋320m

为$\in_1^{3-2}$薄层泥质条带灰岩，岩体揉皱显著。岩层产状：130°～150°∠35°～55°，泥质条带大都有错动迹象，其条带大部已风化成土黄色。岩溶洞穴不发育，但顺层面有轻度溶蚀或充泥，3 号洞 302 号夹层附近为一个溶蚀充泥带。此外，顺洞向断层、裂隙断层如 F_{632}、F_{18-1}也较发育，间距 1.0～2.0m，而 4 号洞 0＋260～0＋292m 左侧壁为方解石胶结的岩溶角砾岩，为白色粗晶方解石胶结的角砾岩。它处于与正常岩层过渡带，大都与正常岩层可拼接，其中见有一些小

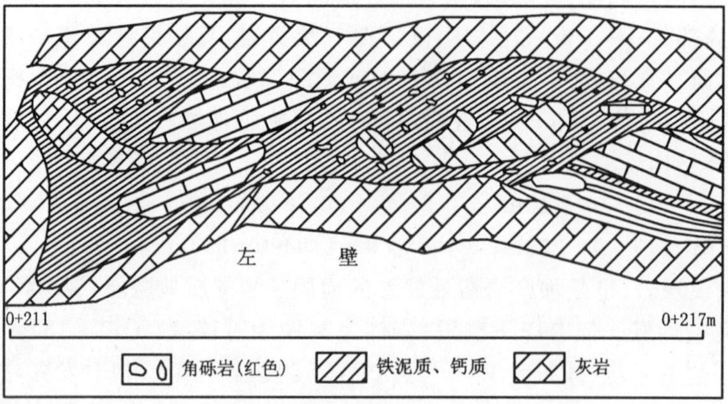

图 5-2-17 1号洞 F_{18} 断层角砾岩示意图

砾径岩块(砾径 0.3～1.0m)。属Ⅲ带:塌区边缘岩体影响带,带中泥质条带已全风化成土状。同时近代岩溶比较发育,普遍有溶蚀充泥(见图 5-2-18)。

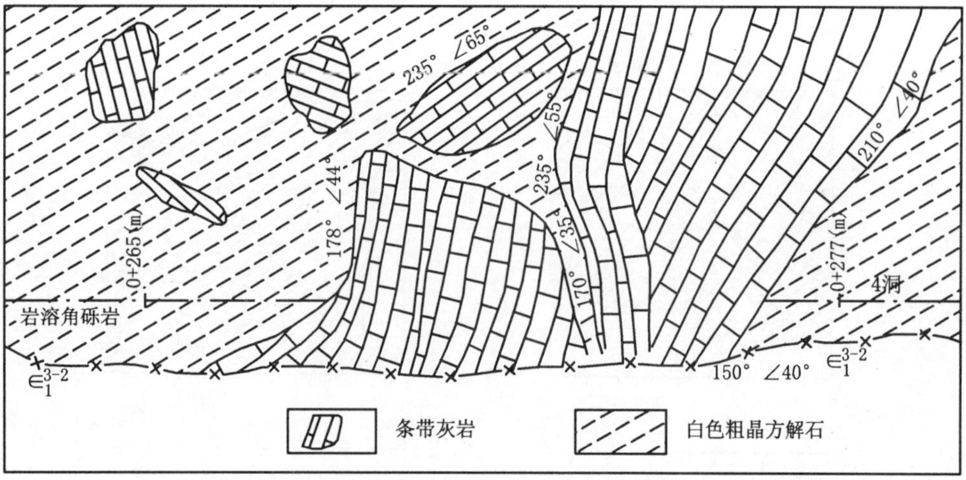

图 5-2-18 4号引水洞底板岩溶角砾岩实测图(1∶50)

Ⅵ区:1号 0+310～0+389m，　　2号 0+310～0+385m

3号 0+300～0+375m，　　4号 0+320～0+390m

为 $\in_1^{3-1}$ 上部厚层、中厚层鲕状灰岩,斑纹灰岩及白云质灰岩。岩体呈弱风化,岩质坚硬。该区裂隙性断层很发育,如1号洞 0+340～0+385m 洞段,NW组断层 f_{107} 发育间距 2.0～3.0m,且沿断层有不同程度溶蚀形成较强溶蚀区。3号洞 0+320～0+350m 为断层密集带,岩体完整性差,4号洞发育有 $4K_6$、$4K_7$ 等溶洞。

Ⅶ区:1号 0+389～0+437m，　　2号 0+385～0+444m

3号 0+375～0+444m，　　4号 0+390～0+444m

为$\in_1^{3-1}$下部薄层灰岩，岩体中泥质条带局部风化成土黄色，溶蚀现象不明显，0＋425m 至出口 2 号、3 号、4 号洞中近 EW 向长大裂隙发育，面充填溶蚀黄泥，局部张开，裂隙间距 1.0～2.0m。4 号洞 0＋430～0＋444m 为严重卸荷、强烈溶蚀带，纵横裂隙交错发育，裂面间距 20～40cm，岩体为薄层状碎裂结构。

Ⅷ区：1 号 0＋437～0＋444m

包括 2 号、3 号洞底板在内均为$\in_1^{3-1-1}$薄层灰岩、页岩互层岩体组成的广义 201 号夹层，发育密集的层间错动面，岩体为薄层状碎裂-散体结构。

(二)洞室开挖

1. 洞群施工概况

引水隧洞的开挖，从时间上和开挖顺序上看经历了三个开挖阶段。

第一阶段(1989 年 4 月至 1989 年 11 月)，为施工支洞开挖阶段。引水洞的施工由于受进、出口明挖的限制，不能直接从主洞开挖，为保证工期，采用支洞开挖。支洞长 161.44m，与主洞相交里程 0＋173m。支洞开挖自 1989 年 4 月开始，历经 7 个月，于 1989 年 11 月完毕。在支洞施工过程中，对 0＋24m 洞顶$\in_1^{4-1}$页岩的塌方采用了挂网、锚喷联合处理；0＋50～0＋60m 洞顶三角体(溶蚀强烈)因裂面局部溶空、块体稳定性很差，采用了花拱架处理；对 0＋70～0＋90m 引支 K 涌碎块石夹泥，作了木排架支护，使支洞得以顺利通过。

第二阶段(1989 年 11 月至 1990 年 6 月)，为 1 号、3 号引水洞开挖阶段。由于洞群为 4 条密集洞室、洞间岩柱仅一倍洞跨，这是规范上所不允许的，也是目前国内所没有的群洞布置方案，见表 5-2-15。地质人员当时之所以同意了这一方案，是考虑到地质工作做得比较深入，主要地质问题清楚，如控制进、出口边坡稳定的 406 号、201 号夹层均事先报告给设计单位，并提前进行了置换。洞群内所遇各层页岩的分布位置已查得比较清楚，主要断裂 F_{18}、F_{69}、F_{229}、F_{624}、F_{632}均已查出，主要天然洞穴如 $18K_1$ 系统、K_{49} 等溶洞均已揭露，上述地质条件在施工前也向承包商介绍清楚。

表 5-2-15　岩柱宽度与开挖直径的关系表

工程名称	岩柱宽度/开挖直径
碧口水电站引水洞岔口管	1.25
碧口水电站引水洞高压管道	1.37
枯溪水电站引水洞	1.09
云峰水电站引水洞	4.40
刘家峡水电站引水洞	1.56
隔河岩水电站引水洞	1.0
白莲河水库交通洞	1.07
可可托海水电站高压管道	1.42
小浪底水库导流洞	2.05
水电部门规范值	＞2
铁道部门规定值	＞2.6

1号、3号洞自1989年11月和1989年10月分别进入主洞开挖，至1990年6月24日全洞开挖完毕。1号、3号洞的开挖在不同洞段采用了不同的开挖方法和支护措施。

(1)一般灰岩洞段。三臂液压台车造孔，采用光面爆破，非电毫秒起爆，全断面一次成型，进尺一般4.0～4.5m。临时支护以喷砼为主，对一些破碎区适量使用Dg40摩擦锚杆锚固，基本保证了洞室的围岩稳定。

(2)灰、页岩互层段。在施工前，地质上就提出洞跨应控制在5.0m内。当1号洞自支洞向上游掘进到0＋140m遇$\in_1^{4-1}$页岩，开挖8m×6m断面、爆破后3h就出现严重塌方。后来对这一段的施工采用正短台阶法开挖，控制进尺，超前支护并加强观测，基本上保证了洞室的顺利通过。

(3)岩溶角砾岩段。指分布在1号洞0＋165～0＋235m洞段，当引支洞进入1号主洞时遇角砾岩，由于采用台车开挖，施工水使紫红色黏土岩软化，爆破后，洞顶出现大范围的塌滑，一度造成停工，后来用喷锚→挂网→再喷钢纤维砼支护才得以控制，支洞口往下游采用短台车施工。约桩号0＋185m再往下游采用台车开挖，控制光爆全断面一次成型。

(4)进口洞段。进口为顺向坡，F_{229}、g_1面及406号夹层等顺坡向结构面均在进口边坡出露，开挖振动不仅对洞室自稳有影响，同时对边坡稳定很不利，为此开挖时利用406号阻滑键先打2m×3m导洞再扩挖以减轻振动，1号、3号洞分别于1990年6月23日和1990年6月24日贯通。

(5)出口洞段。虽然对出口洞段的201号夹层预先作了置换，但出口段上覆岩体薄(距150m平台不足10m)且岸剪裂隙发育，为此在施工中采用减少进尺(2.5m以内)周边孔间距40cm，线装药密度仅为0.2kg/m，爆破后及时喷砼封闭岩面，并布设Dg40(L＝5m)的摩擦锚杆(按间距1.0m布置)。在1号出口还预先打2m×2m导洞，以减少洞室爆破对高边坡的影响。1号、3号洞下游出口分别于1990年5月31日和1990年2月9日顺利贯通。

第三阶段(1990年11月至1992年5月)，为2号、4号洞开挖阶段。

引水隧洞采用错列开挖，即2号、4号洞的开挖必须等到1号、3号洞衬砌完毕才能进行。按1993年7月发电总进度要求，导流洞必须在1992年2月前封堵，1992年4月前必须保证4条洞帷幕上游段的永久衬砌，以确保1992年度汛期渡汛安全。但由于当时1号、3号引水洞开挖工期拖后，特别是欠挖处理迟缓，致使永久衬砌难以展开。1号、3号引水洞衬砌1991年初才开始进行，依此进度，2号、4号引水洞要拖到1991年底或1992年初才能动工，显然难以满足总进度要求，也就是说，导流洞不能按期封堵，1993年发电目标将拖后。为此，引水隧洞开挖和衬砌成为当时隔河岩工程的卡关项目之一。相应地用2号、4号洞提前开挖的方案被提到主要的议事日程上。

(1)提前开挖2号、4号洞方案的研究。武汉水利电力学院、长江科学院分别对提前开挖2号、4号洞方案做了地质力学模型、有限元、离散元等分析。其结论基本一致：①4条洞全断面不衬砌洞群不稳定，也就是说，2号、4号洞全断面开挖或导洞再扩挖均不成立。根据有限元静力稳定计算，最危险的断面，最大拉、压应力分别为3.53MPa(洞顶)、6.27MPa(洞侧)，超过了围岩的允许应力，洞群将承担风险。②就开挖4m×5m断面来说，只要做好邻洞和自身洞围岩的临时支护，洞群稳定尚可保证。实际上按4m×5m断面开挖而不扩挖，并不能解决工期问题。后来，建设单位委托长委会(长江水利委员会)做进一步的研究。长江水利委员会从爆破安全角度出发，提出了全断面滞后砼衬砌的开挖方案。简述如下。

根据《国家爆破安全规程》的规定和隔河岩导流洞的经验，对 1 号、3 号洞监测成果的进一步分析，就 1 号、3 号洞室围岩（临时支护后）的允许质点振动速度可定为：灰岩 10cm/s，页岩 5cm/s。对衬砌后的砼（R_{28}）允许质点振动速度为 20cm/s。

根据类似的工程资料，引水洞导洞开挖时（2.5m×3.0m）质点振动速度按下面公式计算：

$$v = 121.2 \times \left(\frac{Q^{1/3}}{R}\right)^{1.4}$$

式中：v 为质点振动速度，cm/s；Q 为单段起爆药量，kg；R 为质点距起爆点距离，m。

根据计算，Q_{max}=17kg，在 2.5m×3.0m 导洞施工中是完全可以做到的。

类似条件下，对导洞扩挖爆破，质点振动速度公式为

$$v = 62.9 \times \left(\frac{Q^{1/3}}{R}\right)^{1.75}$$

计算结果 Q_{max}=80kg，这在实际施工中，也是可以完全控制的。因此，从爆破振动来看，导洞扩挖方案是可行的。然而根据有限元静力分析，四条洞同时临空状态是不稳定的。

实际上，从国内已有的群洞施工的经验来看（如黄河小浪底），滞后邻洞衬砌的群洞施工方案是加快工期的一种途径。长江水利委员会对开挖滞后邻洞衬砌一段距离的施工方案进行了研究，并提出了滞后邻洞衬砌 30m 的施工方案。

根据砼（R_{28}）$v_{允}$=20cm/s，设在同一断面开挖，算得 Q_{max}=58kg，引水洞断面面积 110m²，按进尺 4～4.5m，单耗 1.3kg/m³，能控制单段最大药量（Q_{max}）在允许范围内。因此说，滞后 1 号、3 号洞砼衬砌的距离不小于一个月的衬砌进尺，能保证衬砌稳定。根据衬砌施工进度，约滞后 30m 距离。

滞后 30m，1 号、3 号洞未衬砌围岩的质点速度见表 5-2-16。

表 5-2-16 爆破震动计算公式

公式来源	长江科学院	苏联萨道夫斯基公式	美国矿务局公式	瑞典郎格福斯公式	日本吉川公式
公式	$v = 121.2 \times \left(\frac{Q^{1/3}}{R}\right)^{1.4}$	$v = 120 \times \left(\frac{Q^{1/3}}{R}\right)^{1.9}$	$v = 1.536 \times \left(\frac{R}{Q^{1/2}}\right)^{1.535}$	$v = 300 \times \left(\frac{Q^{1/2}}{R^{3/2}}\right)$	$v = 100 \times \left(\frac{Q^{3/4}}{R}\right)^{-2}$
计算条件	R=33m Q=50kg	同左	同左	同左	同左
计算结果	5.60cm/s	1.85cm/s	0.14inch/s	1.113cm/s	1.72cm/s

由表 5-2-16 可见，可能产生的最大质点速度为 5.6cm/s（长江科学研究院，简称长科院），也能满足振动要求，无疑这一方案是可行的。实施这一方案有以下要求：一是周边光爆孔采用间隔装药结构，导爆索引爆，线装药密度：灰岩 120～160g/m，灰、页岩互层段 80～100g/m。二是崩落和掏槽爆孔采用连续装药，塑料导爆管引爆，平均单位耗药量：灰岩段 1.3kg/m³，灰、页岩互层段 1.1kg/m³。

对 2 号、4 号洞提前开挖的问题，地质上着重于围岩结构考虑提出以下要求。

1）以下洞段不能提前开挖。

a. 灰岩、页岩互层段。围岩条件差，开挖 2 号、4 号洞使岩柱承载能力减弱，造成邻洞失稳。施工证实，2 号洞在此段开挖 7m×6m 断面时，使 3 号洞右壁及洞顶频频出现坍塌。

b. 4 号洞坝基通过洞段。由于洞顶部 F_{69}溶蚀充泥，又有 165 灌浆洞。4 号洞开挖可能造成重力坝肩出现较大变形。

c. 进、出口洞段。要求在做好洞门和做好 1 号、3 号洞衬砌以后才能挖洞。而对 4 号洞出口段要求采用明挖方案，这样对高边坡稳定有利。

2)加强 1 号、3 号洞的临时支护。1 号、3 号洞在进、出口洞段，$\in_1^{3-2}$ 洞段，$\in_1^4$ 灰页岩洞段及 1 号岩溶角砾岩段，由于暴露时间长，临时支护强度不够，应进行重新补强。对 1 号、3 号洞欠挖处理段应及时做好临时支护。

(2)2 号、4 号洞开挖方法。2 号、4 号洞自 1990 年 11 月开始动工，工作断断续续地进行着，前期以导洞开挖为主，1991 年 4 月以后开挖全面展开，以扩洞开挖为主。

1)2 号洞开挖。1990 年 11 月 5 日开始从支洞向上下游分别以接近全断面开挖 15m，逐步变为上半圆 6m×7m～8m×9m 断面开挖，对进、出口则先挖 2m×2m 导洞，各洞段开挖程序如下：

a. 灰岩洞段。分三步开挖即 6m×7m 导洞→上半圆扩挖→下半圆扩挖，开挖后及时喷砼、局部用 Dg_{40}摩擦锚杆加固。

b. 灰、页岩互层段。分四步开挖：6m×7m 导洞→上半圆左或右错开 10m 进行扩挖→下半圆扩挖。支护以锚、喷挂网联合支护。

c. 出口洞段。预先开挖 2m×2m 导洞，并对 1 号、3 号洞出口段采用三角形格栅支撑和喷砼支护。

2)4 号洞开挖。自 1990 年 11 月 7 日开工以来，洞室开挖主要分小导洞 2m×2m 开挖，上半圆扩挖，下半圆扩挖。各洞段开挖程度如下。

a. 一般灰岩洞段。分三步开挖，即 2m×2m 导洞→上大半圆扩挖→下半圆扩挖。开挖后及时喷砼，局部设置锚杆，0＋250m～0＋415m 右侧壁岩体比较破碎，为保证围岩稳定，扩大支护范围，并采用喷砼，注浆锚杆及钢筋网联合支护。

b. 灰岩、页岩互层段。分四步开挖，2m×2m 导洞→左上 1/4 圆扩挖→上半圆扩挖→下半圆扩挖，临时支护以锚喷为主，局部挂网。

c. 坝基通过洞段。分三步开挖，但因洞顶与坝基岩体靠近，为保证坝基岩体的稳定，加强了光爆的控制。根据对该洞段光爆残留孔观测，残孔率 95％以上，另据振动监测成果，邻洞质点振动速度仅 2～3cm/s。

d. 出口洞段。0＋415m～0＋444m，上覆岩体薄，岩体破碎，开挖采用先在 150 平台及斜面上以盖极梁、台阶梁、锚杆及低压灌浆等措施加强洞顶岩体的完整性，并做好邻洞(3 号洞)的洞门及 4 号洞洞脸下半部的支撑，再在洞内开挖，上半圆采用侧导坑法，格栅支护紧随其后，出口 8.0m 以松动爆破，人工撬挖为主。1992 年 5 月 8 日打通了上半圆，下半圆采用马口跳槽开挖，格栅支护及时与上部合拢，保证了 4 号洞出口段成洞。

2. 开挖过程中的主要工程地质问题

施工过程中出现的地质问题在不同开挖阶段均有所不同。施工中第一、第二阶段出现的问题主要是因为围岩条件差，如页岩中结构面发育，且强度低，岩溶洞穴的涌泥，页岩、角砾岩的坍滑。而在第三阶段，即 2 号、4 号洞开挖期间，不仅有自身围岩条件差引起的坍塌，而且因

2 号、4 号洞开挖(或自身欠挖处理)振动造成邻洞的塌方比较明显。

(1)一般灰岩洞段。包括$\in_1^3$及$\in_2^1$灰岩。1 号、3 号洞施工仅出现少量零星掉块,其中有一定影响的是 3 号洞出口洞脸出现的两次塌顶,方量 1.0～2.0m^3。3 号洞 0+220m 洞顶因切割面比较发育、且层间泥质条带风化较严重,出现坍顶有 2～3m^3。2 号、4 号洞开挖对 1 号、3 号洞有较明显的影响,开挖 2 号、4 号洞进口时,1 号洞顶左侧岩体塌方 1.0～2.0m^3,岩柱间进口洞脸沿 NNE 裂面张开,最宽 5mm。另据变形观测成果,3 号洞 0+5.0m,观测断面一次变形 0.5～0.7mm,并且在 3 号洞右侧壁两层面错位 0.3～0.5cm。2 号洞在支洞上下游开挖时,支洞下游壁 1 号、2 号岩柱出现多条裂缝,宽 2～5mm,1 号洞顶角砾岩局部坍落。

(2)灰岩、页岩互层段。施工中实录的塌方共 11 处,见表 5-2-17,塌方均发生在三层页岩中,不同施工阶段塌方不一。1 号、3 号洞施工阶段,页岩塌方主要因层间剪切面发育,在其他结构面切割下,很易塌方。塌方多发生在爆破后 3～5h,塌方后及时地做好临时支护,围岩基本趋于稳定。随着时间的推移,围岩进一步松弛,临时支护强度也有所降低,使围岩向不稳定趋势发展,2 号、4 号洞的开挖是使 1 号、3 号洞围岩再度失稳的主要诱发因素,此外,因 1 号、3 号洞自身欠挖处理及其他因素引起的塌方也很常见。

表 5-2-17 平善坝组灰页岩互层段塌方统计

洞号	桩号	岩性	形状示意图	成洞时间	塌方时间	方量(m^3)	说明	成因
1 号	0+127m	$\in_1^{4-1}$	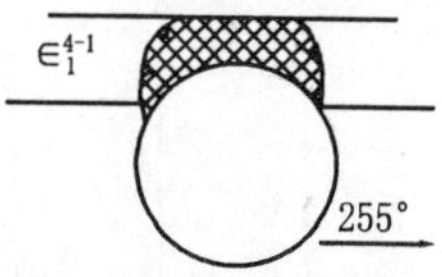	1990/03/17	3h 后	30	人工作业断面为 6m×7m。此段风化严重有滴水	地质缺陷型
3 号	0+124m	$\in_1^{4-3}$	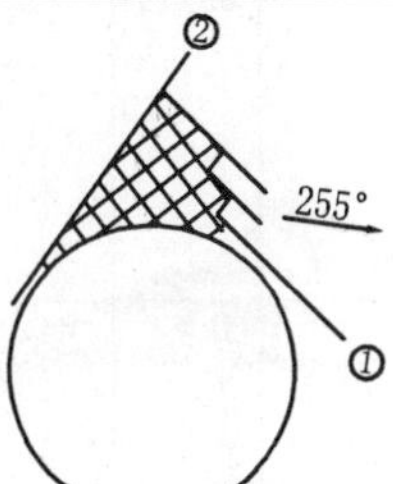	1990/04/30	3～5h 后	40～50	主要控制结构面为:① 330°∠60°;② W∠55°～60°塌顶面为层面控制	地质缺陷型
1 号	0+100m	$\in_1^{4-3}$	形态同 3 号洞 0+124m,高 4.0m,宽 9.0m,长 3.0m	1990/05/07 8:40	9:00～11:00 13:00～15:00	54	结构面为:① 55°∠75°,间距 20～30cm;② 280°∠65°,间距 50cm,放炮后即有零星掉块。塌方体中有一块含有三根超前锚杆	地质缺陷型
1 号	0+97m	$\in_1^{4-3}$	形态同 3 号洞 0+124m	1990/05/19	半小时后	20	控制结构面同 3 号洞 0+124m,但塌方体中含有锚杆与网筋	地质缺陷型

续表 5-2-17

洞号	桩号	岩性	形状示意图	成洞时间	塌方时间	方量(m^3)	说明	成因
3号	0+105~0+115	$\in_1^{4-3}$	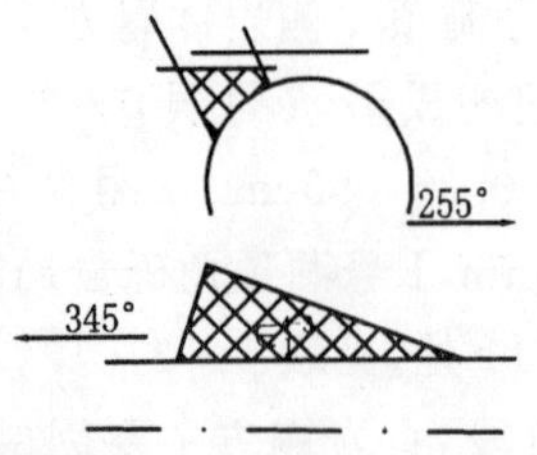	1990/04	1991/10/09	20	当2号洞开挖(6m×7m断面)进入平善坝组后，3号洞$\in_1^{4-3}$岩体频频发生滑塌，当掌子面到0+75m时，此段发生塌方。控制结构面：①270°∠58°~65°；②层面150°∠20°；③20°∠75°~80°	诱发型
1号	0+95~0+110	$\in_1^{4-3}$	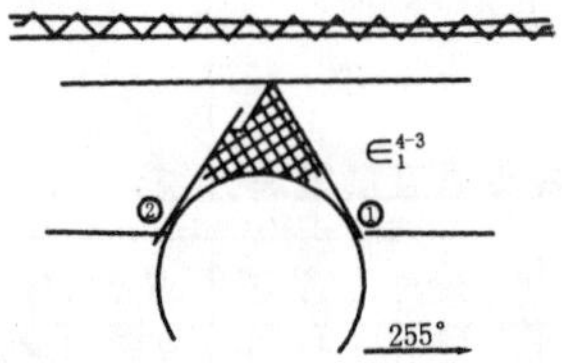	1990/05	1990/11/02	100	1号洞在处理上游0+40~0+70m洞顶欠挖，放炮半小时后发生塌方，控制结构面：①290°∠85°；②25°∠80°	诱发型
1号	0+115~0+120	$\in_1^{4-3}$	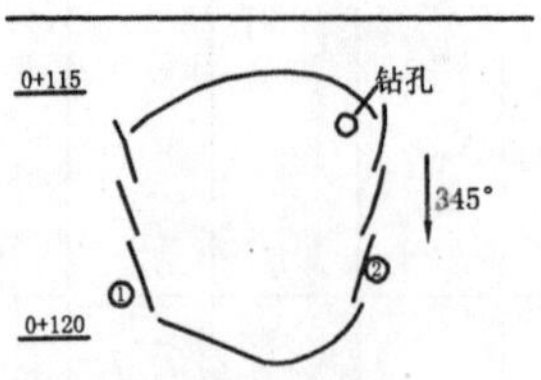洞顶平面示意图	1990/05	1991/05/17 1991/05/19	20	在该段塌方前一个星期，在上覆洞顶围岩钻孔，钻杆的重力及循环水的作用，使围岩在塌方前一直处于下沉状态(据武汉水利水电学院监测结果)。塌方发生后钻杆掉入洞内。塌方体边界为两组结构，为：①SW∠75°；②NW∠80°，塌方体顶部为层面控制	诱发型
3号	0+85	$\in_1^{4-5}$	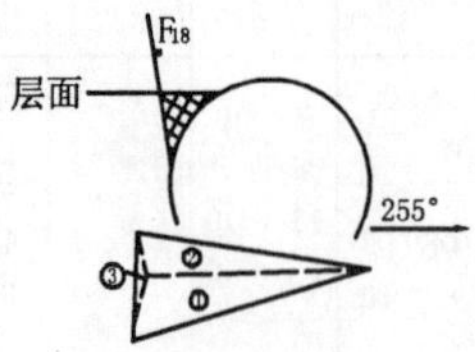	1990/06	1991/08/29	3	2号洞相同断面在8月28日下午5:30、8月29日凌晨两次底板扩挖放炮，塌方使3号洞已扎好的衬砌钢筋砸坏。控制结构面：①F_{18} 27°∠80°；②层面风化呈黄色，夹泥膜；③裂隙垂直洞轴线倾下游，倾角80°方解石充填	诱发型

续表 5-2-17

洞号	桩号	岩性	形状示意图	成洞时间	塌方时间	方量(m^3)	说明	成因
4号	0+87～0+95	$\in_1^{4-5}$	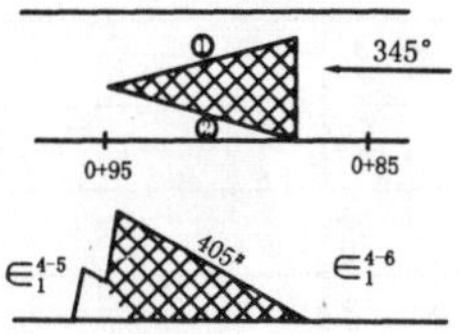	1991/07/23	1991/07/26	40	405号沿面充填黄泥1～5cm；①②结构面平直光滑。在成洞后，此段钻杆较少，且没有穿过405号面，锚杆为砂浆锚杆在塌方体中看到砂浆锚杆根本没注浆。结构面：①35°∠45°；②290°∠70° 405号144°∠30°	诱发型
2号	0+140～0+143	$\in_1^{4-1}$	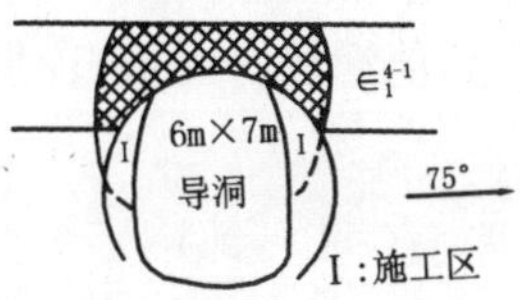	1990/12	1991/07/26	30	在导洞的基础上扩挖Ⅰ区，使顶部$\in_1^{4-1}$塌方，共发生两次，但第二次仅2～3m^3塌方体顶部较薄，顶角似60°倾向下游。此断面上游发育$18K_1$，溶洞岩体风化严重	地质缺陷型
2号	0+112～0+130	$\in_1^{4-3}$	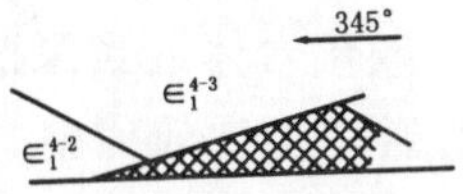	1990/12/16		35	反倾向的缓倾角裂隙(340°∠10°～15°)在洞顶两侧由NNE结构面切割，岩体在掘进过程中不能成洞	地质缺陷型

(3)1号洞岩溶角砾岩。引支洞由于F_{18}断层影响，性状差，当开挖此段时，出现较大规模的塌方，后通过喷→锚→挂网→喷钢纤维砼综合处理保证了围岩的基本稳定。支洞下游洞段，控制爆破，超前支护，施工期较安全。

(4)4号洞岩溶角砾岩。由于仅分布在左侧墙，施工中又加强了临时支护，施工期较稳定。

(5)岩溶发育洞段。勘探期间查明的$18K_1$溶洞要求在开挖前利用18号平洞预先回填砼，以保证隧洞开挖时的顺利。实际上，因工期紧急，当3号洞遇$18K_1$时，并未作好预先回填，致使洞顶的页岩(全风化)出现塌方，延误了工期。3号洞底的$3K_{15}$、4号洞底的$18K_1$两溶洞均为黄泥充填，由于不便于机械施工，给工作带来了一定困难。$18K_1$北东段$18K_{1支}$溶洞横切1号、2号洞，一般宽3～4m，2号洞右顶最宽达6m。该洞段洞顶岩性为$\in_1^{4-2}$灰岩，1号、2号洞间岩柱被溶空充泥。当2号洞6m×7m断面开挖到该段时，使该段洞室跨度增加到3倍，致使1号洞0+126m断面顶拱出现较大下沉(表5-2-18)。

表 5-2-18　1号洞围岩变形收敛值

桩号	岩性	观测日期	顶拱下沉值(mm)
0+126m	$\in_1^{4-2}$	5月1日～6日	1.25
		5月8日～14日	1.30
		5月16日～20日	1.60
		5月23日	0.70
		5月30日	0.50
		6月8日	1.00

在5月下旬回填岩柱间的$18K_{1支}$溶洞后，其围岩收敛变形值已逐步向平稳方向转化。6月8日顶拱再次出现较大下沉，主要与2号洞施工支洞口扩挖有关。

3号洞0+180m洞顶$3K_2$、$3K_{2-1}$两溶洞长期间歇性涌泥，其数量极为有限。3号洞顶$3K_3$、4号洞0+245m左壁W_4为引水洞两处较大出水点，流水量约为3～5L/s，其水源分别来自165m灌浆廊道及180m平台施工用水。此外，其他洞段分布有几处滴水点。所有这些均未产生灾害性破坏。

(三)围岩处理

围岩处理是对存在于围岩中对洞室长期运行有影响的断裂构造和溶洞等所作的加固、补强清挖及置换措施。

引水洞群的围岩处理主要有以下几方面。

(1)全洞段清基处理。由于爆破振动，其建基面松动岩块较多，一般均要作全洞段的表层清理。在清挖过程中，对溶蚀充泥必须掏除，对严重风化岩体适当深挖，对断层破碎带也作了适当的深挖，其深度70～80cm不等，做到清基段的岩体均比较完整。遗憾的是，对洞顶壁均未做任何清基工作，尤其是洞壁偏下部，其建基面松动块石、松动渣及黄泥等均被喷上的砼所盖住，这一点在上游段平善坝灰页岩互层段更明显，即形成所谓的豆渣包子。洞顶尚可，因为在喷砼时，一些松动块被喷砼冲力冲掉。地质人员曾多次向建设等单位呼吁此事的严重性，但考虑到施工期的临时稳定性，只有寄希望于固结灌浆来补偿。

(2)溶洞的处理。溶洞是引水洞群段主要处理项目。溶洞根据不同的规模和特点具有不同的处理要求。

1)狭缝状及其规模小的溶洞，洞宽20～60cm，可见洞深1.0～1.5m，再往下显窄缝，一般小于10cm。部分具消水能力，这类小洞一般对围岩的破坏程度较弱，周围风化范围仅几十厘米。对这类洞穴处理，一般在底板清基过程中作了掏挖处理，掏挖到不能掏为止，对向下有狭缝延伸并有消水能力的预留灌浆孔作灌浆处理。如$3K_9$、$3K_{10}$、$4K_7$等溶洞。对分布在洞顶或洞壁上的溶洞，原则上未作处理，也期待固结灌浆处理。

2)落水洞或管状溶洞，其规模相对较大，一般在几十立方米以上，洞宽2～6m，深度在10m以上，深者(如K_{49})达70m以上。这类溶洞有：1号K_1(K_{49})(0+367～0+370右壁)、2号K_3(K_{44})(0+332～0+334左壁)、3号K_2(0+190～0+192左顶)、3号K_3(0+220顶板)、3号K_5(0+318～0+324底)、3号K_{5-1}(0+312～0+314底)、3号K_{15}(0+155～0+170左底板)、4号K_1(0+18～0+19顶板)，等等。对这些溶洞，除分布在顶板的受施工条件限制未作处理留

待衬砌时作处理外，其他均按要求回填砼处理。其回填砼处理原则是清理到1倍引水洞洞跨为限，如1号引水洞K_1（见图5-2-19），或清到无法清理时为止，如3号引水洞K_5、3号引水洞K_{5-1}等溶洞。其中3号引水洞$3K_{15}$溶洞因受到施工工期限制没有清理到上述范围，如图5-2-20所示。

3）以$18K_1$引支K为主体的岩溶系统。

a. $18K_1$系统。包括$18K_1$、$18K_{1-1}$、$18K_{1支}$等岩溶大洞穴，总体积6 000m^3，横越四条引水洞。$18K_{1支}$分布在1号、2号洞，$18K_1$、$18K_{1-1}$在3号、4号洞，其中$18K_{1支}$与1号、2号洞相交洞宽2～6m，$18K_1$、$18K_{1-1}$与3号、4号洞相交洞宽10余米。

$18K_{1支}$在1号、2号洞顶部消失或呈狭缝状，$18K_1$右洞在3号洞比洞顶高6～8m，而$18K_1$左洞在4号洞比洞顶高10～15m。由于其空间分布特点对其处理有不同要求。

$18K_1$的处理：在技术设计报告中就提出在洞室开挖之前可通过18号平洞预先回填$18K_1$左右洞，这样有利于洞群的稳定。实际上，施工前$18K_1$右洞即3号洞所处部位仅回填了其中的两个大小落水洞（落水洞处理范围以引水洞1倍洞跨为准），所以在3号洞通过$18K_1$右洞时，造成其洞顶强风化状页岩塌落严重，并因此而贻误工期3个月余。由于4号洞开挖较晚，4号洞段的$18K_1$左洞$18K_{1-1}$，均预先作了回填处理：$18K_1$左洞因溶洞顶部高于4号洞顶板，其处理是在4号洞顶位置做一钢筋砼盖板梁，梁厚1.2m。其梁上回填砼（利用高程180m平台上开挖竖井作回填通道），梁下黏土等充填物在4号洞空间范围内的不作清理，待4号洞开挖时一并清除。4号右壁及右底板的$18K_1$，按底板清挖4.0m，岩柱5.0m清挖并回填砼。$18K_{1-1}$的处理也是4号洞顶板以上回填砼。

$18K_{1支}$分布于1号、2号洞段，1号洞右侧墙向墙深处，清挖深度4m时，因考虑施工安全，就回填了砼，1号底板仅挖深1～1.5m，远不满足设计要求，建设单位同意回填。1号、2号洞岩柱，分别从1号、2号洞掏挖，也因安全问题，岩柱间尚留1.0m左右黏土夹碎石未清除，其余段均清到设计要求回填砼。

b. 引支K岩溶系统。引支K的发育受F_{69}断层控制，整体发育趋势为北高南低，体积5 700余立方米，面积1 000m^2，溶洞呈大厅状。其对洞群影响主要有两方面：一是引支K的一部分距3号、4号洞底板仅5～6m，为引水洞的受力层部位，对洞体具有直接威胁；另一是由于引支K空间大，在动静水压力作用下可能引起岩溶洞穴的坍塌，即岩溶塌陷。对此洞的处理，仅对围岩稳定有影响的地方回填体积3 000余立方米，后因1992年防汛要求，对引支K作了全面回填砼。回填总方量4 600m^3。对引支K内部松动块石和黏土，没有作清除处理，仅把这些黏土、碎块石清挖到低处即回填砼。引支K在引支洞部位发育的溶洞主要在引支洞洞顶，在回填支洞时，作适当清洗后一并回填砼。

（3）岩溶角砾岩的处理。

1）1号引水洞紫红色岩溶角砾岩分布在桩号0+165～0+235m洞段，其左侧壁受F_{18}断层控制，岩溶角砾岩强度较低，支洞口施工时曾多次出现坍塌，后采用锚喷及挂网等强支护才得以控制。由于岩溶角砾岩占据洞体四周，采取挖除是不可行的，设计、地质等几方人员协商研究，在设计上作结构处理，以保证洞室稳定。对于分布在岩溶角砾岩左侧F_{18}断层，其泥化软化现象明显，地质人员多次建议须抽槽处理（宽1.0m，深1.5～2.0m）回填钢筋砼。但考虑到施工安全问题，设计人员认为作结构处理可以解决这一问题。

2）4号洞白色方解石胶结的角砾岩，分布于桩号0+260～0+295m左侧壁，发育在$\in_1^{3-2}$

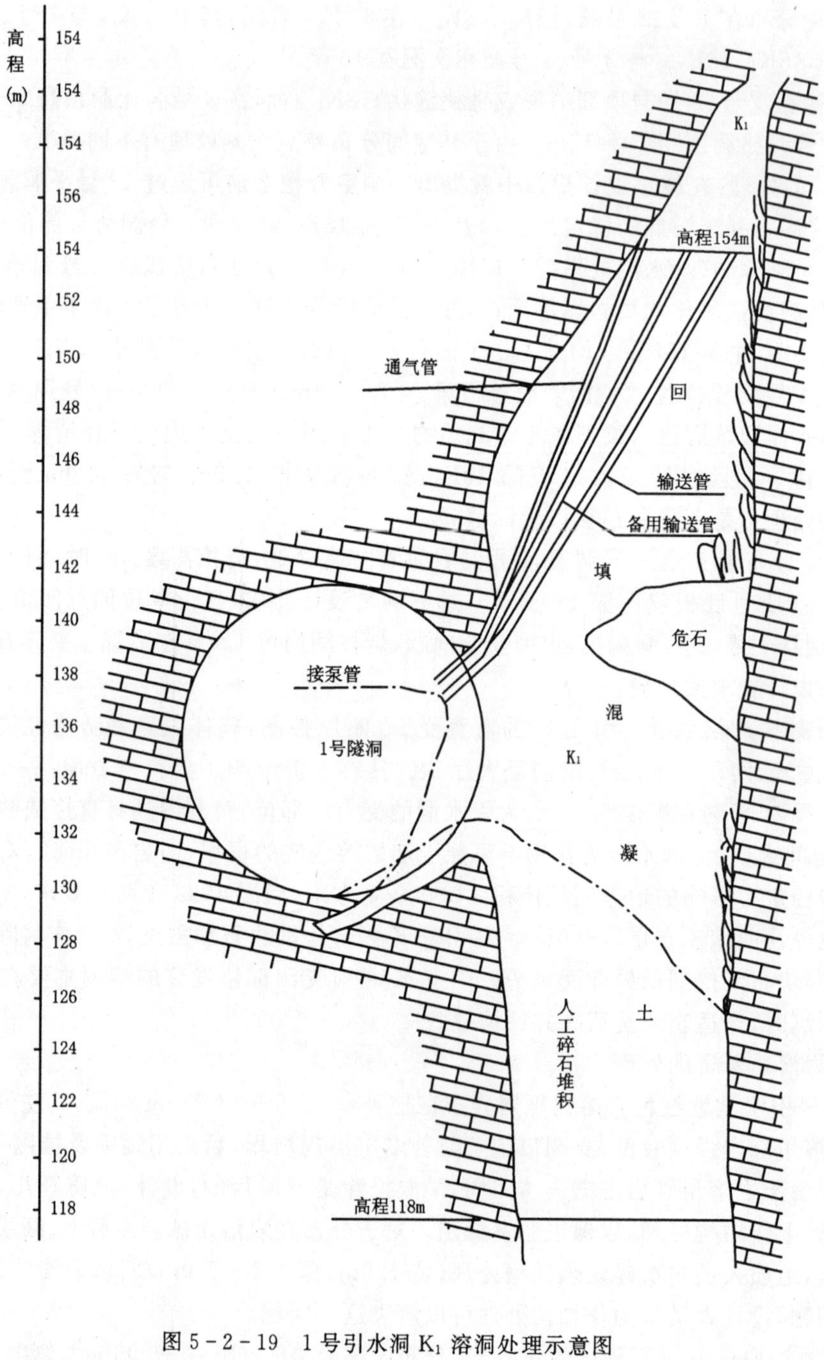

图 5-2-19　1号引水洞 K_1 溶洞处理示意图

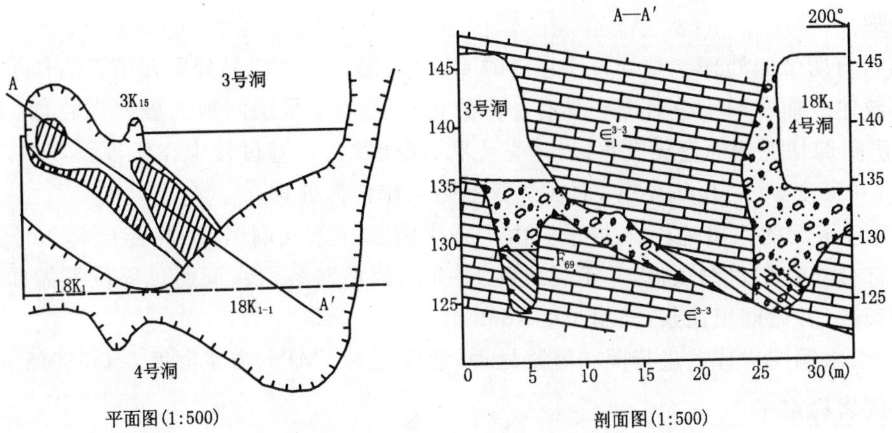

图 5-2-20　$3K_{15}$溶洞回填图

岩体中。该类角砾岩，其角砾普遍较大，并且与正常岩体可拼接，但由于这种角砾岩溶蚀充泥比较严重，其间夹黄泥厚 20～80cm 不等，岩体中条带严重风化成土状，其粗晶方解石也易粉碎，使整个岩体强度较低，与右侧岩体差别甚大。对这类岩体采用挖除办法，也难于实现。后来通过各家协商，在桩号 0＋265m、0＋273m、0＋284m、0＋292m 分别向 4 号洞外侧开挖 4 个深 6.0～8.2m 传力洞，回填钢筋砼，并在 4 号左侧墙下部做纵向钢肋连接成整体，再在结构上作些处理。

(4)断裂构造的处理。断裂构造包括断层、裂隙密集带和层间错动面等不利地质体。

1)断层。

F_{18}断层：是对洞室稳定、洞形态控制作用最大的一条断层。分布在 1 号洞岩溶角砾岩左侧段的处理已在前面叙及，在这里不再重复。F_{18}断层在 3 号洞上游段桩号 0＋80～0＋130m 右侧壁的存在，使右侧壁岩体破碎严重形成裂隙密集带。在施工过程中，沿 F_{18}断面剪切滑移的现象比较明显，使这一洞段的 2 号、3 号间岩柱的岩体松弛比较严重，对岩柱稳定很不利，但未作特殊处理。

F_{18-1}顺 2 号洞左侧分布，在桩号 0＋300～0＋350m 洞段左侧壁，断层处在腰略偏下，F_{18-1}下盘即在腰部及其以下的岩体解体严重，地质人员要求挖除，最后通过协商，设计人员采取结构处理。

F_{69}断层：横穿 2 号～4 号洞体，它以溶蚀强烈、充泥厚为特点，对右岸坝肩，引水洞、帷幕的形成均具有重大影响。但作为一个断层结构面对洞室的影响有以下几处。

2 号洞 0＋185～0＋195m 左壁，F_{69}断层附近，裂隙发育，岩体破碎，加之溶蚀充泥，其成洞条件较差，曾在施工中坍塌，砸坏台车。此段未作清挖处理，而作结构处理。

3 号洞 0＋180～0＋202m 右下壁为 F_{69}断层下盘，岩体破碎，溶蚀充泥，未作清挖处理，也将采取结构处理。

4 号洞 0＋176～0＋185m，洞顶 0＋160～0＋170m 左壁沿 F_{69} 断层均溶蚀充泥，泥厚 10～30cm 不等，其附近岩体破碎，以上均未作掏槽处理，采用结构上补强。

2)裂隙性断层密集带。3 号洞 0＋310～0＋350m 洞段，为北东向断层密集带，方解石脉十分发育，脉宽 10～20cm，局部 30～40cm，因其分布广，设计、地质、监理等方面人员协商，采用结构上处理。

3)层间剪切带的处理。对分布于进口的 406 号、出口的 201 号分别在施工前作了处理，在这里不作叙述。而在洞室中对围岩具有一定影响的是 401 号层间剪切破碎泥化面，其厚 0.6～0.8m，层间剪切泥化面密集发育，岩体呈土状、泥化状。清基过程中在底板及其附近均进行部分掏挖，其深度 20～50cm 不等，而在侧壁上则未作任何处理。

(5)18 号平洞的回填砼。18 号平洞由 1 条主洞加 5 条支洞组成，洞全长 370m。由于 18 号平洞大部分布在引水洞顶板，并距洞顶仅 1～3m，因此对各引水洞通过部位不做回填，其他段均应回填砼，并做回填灌浆，回填长度 283m。

此外，引水洞围岩普遍进行固结灌浆处理，灌浆压力 1MPa，灌浆深度 6.0m(0.5m 洞跨)。

(四)围岩稳定

引水洞内水压力高达 600～960kPa，且地质条件复杂，要开挖成这种密集的洞群，对衬砌的要求较高。衬砌设计即帷幕上游段为钢筋砼衬砌(按限裂设计)，下游段为预应力砼衬砌。根据原武汉水利电力学院非线性有限元计算，预应力衬砌洞段围岩仍将承担大部分内水压力。因此对围岩仍有较高的要求。

(1)围岩变形的特点。

1)灰岩洞段。由于其总体强度较高，层间结合力较好，虽然由结构面组合形成一些可移动块体，但因发育在岩体中的各种裂面多为方解石脉充填，往往不易失稳，见表 5－2－19。而一些顺洞向的长大裂隙和断层对洞形具有较明显影响，如 2 号 0＋320m，由于受 F_{18-1} 断层控制，洞形见图 5－2－21。另外，从原武汉水利电力学院监测成果看，灰岩变形量约 1.8～2.0mm，未超过规范中允许的相对位移量，灰岩洞段空间效应明显，这也说明灰岩洞段是比较稳定的。

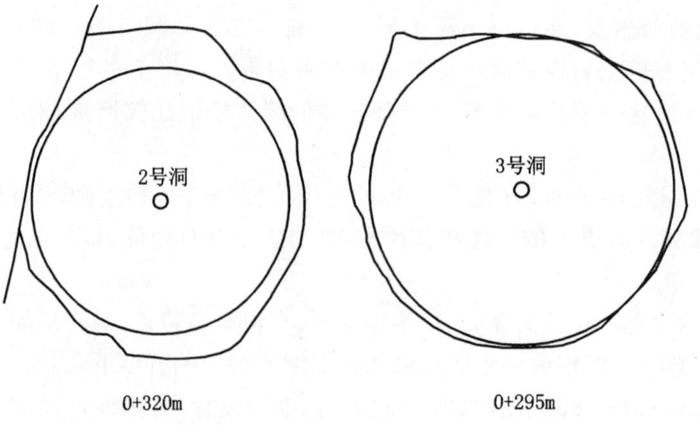

图 5－2－21　灰岩洞段形态图

表 5-2-19　引水洞群主要临空块体统计表

引水洞编号	桩号	层位	结构体形态（实体比例图）	结构特征	说明
1号引水洞	0+45～0+55（洞顶）	$\in_{1}^{4-6}$	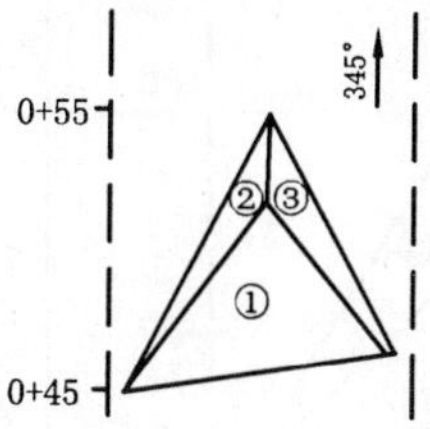	发育在$\in_{1}^{4-6}$薄层条带灰岩中，由以下三组结构面切割而成：①层间裂隙面；②NE5°倾向NW，倾角70°；③NWW倾向NE，倾角75°	
	0+87～0+107（洞顶）	$\in_{1}^{4-3}$	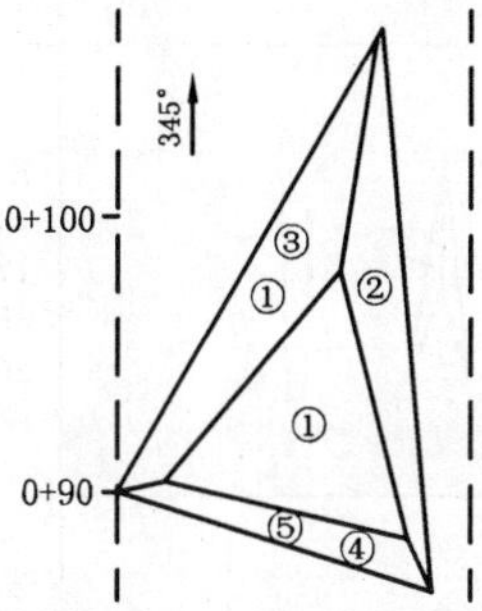	发育在$\in_{1}^{4-3}$页岩中。由于页岩层面①结合力差，在②③④组裂隙的切割下，极易坍落，其产状：①倾向170°，倾角25°，②倾向40°，倾角75°，③倾向255°，倾角75°；④NWW倾向NE，倾角80°	由于1号洞自身欠挖处理，大部分已塌落
	0+437～0+444（洞顶）	$\in_{1}^{3-1-1}$	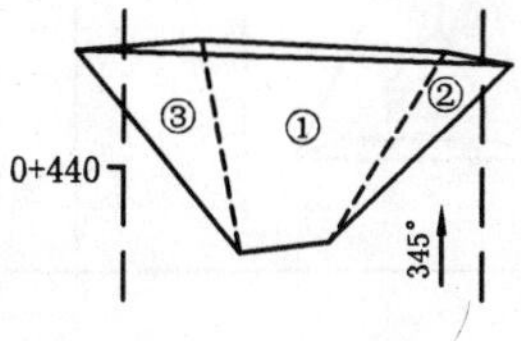	发育在$\in_{1}^{3-1-1}$灰岩，页岩互层岩体中，为倒六面体，主要层间剪切面控制，由于临近洞脸，其洞沿层面张开明显。①倾向60°，倾角25°；②倾向240°，倾角60°；③倾向95°～100°，倾角50°～70°	洞脸加4根锚杆，并加速洞门施工
2号引水洞	0+270～0+280（洞顶）	$\in_{1}^{3-2}$	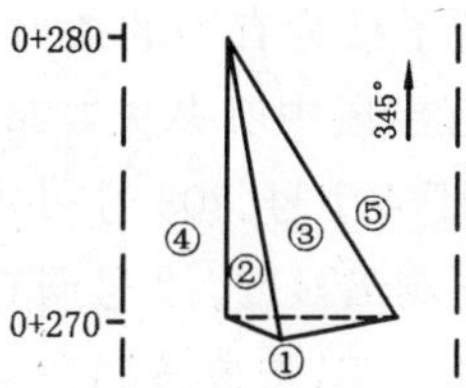	发育在$\in_{1}^{3-2}$薄层条带灰岩中，由三组裂面控制，①倾向5°，倾角74°；②倾向255°，倾角80°（一组裂面）；③倾向45°，倾角35°～50°，面曲，各裂面性状尚可，为方解石及泥钙质胶结	施工中未出现失稳迹象
	0+105（顶板）	$\in_{1}^{4-3}$	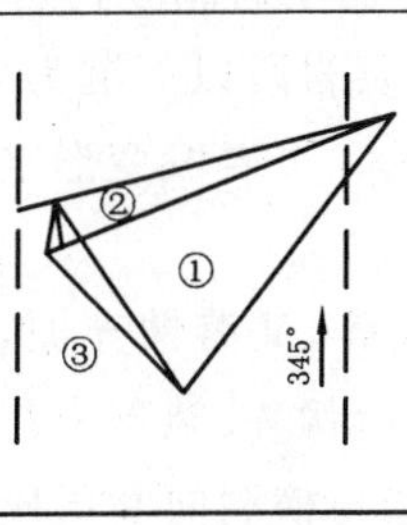	发育在$\in_{1}^{4-3}$页岩中，主要受缓倾角长大裂面①控制，产状分别为：①倾向110°，倾角30°；②倾向330°，倾角70°（$d=1.0$m）；③倾向40°，倾角66°（$d=0.1\sim0.3$m）	局部塌落

续表 5-2-19

引水洞编号	桩号	层位	结构体形态（实体比例图）	结构特征	说明
3号引水洞	0＋118～0＋134（顶板）	$\in_1^{4-3}$	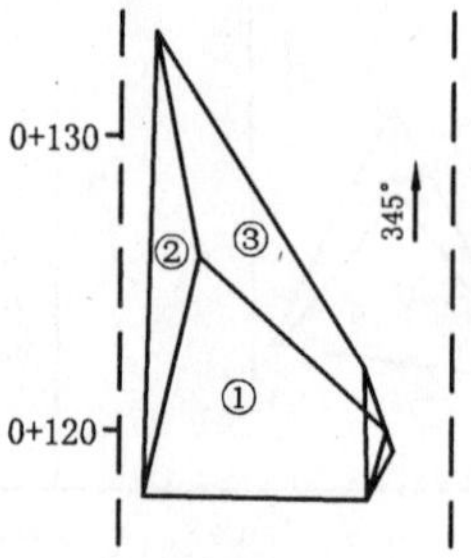	发育在$\in_1^{4-3}$页岩中，主要受层面、顺洞向长大裂隙断层（F_{18}）控制；其产状分别为：①倾向 170°，倾角 25°，多充泥，面平直，湿润；②倾向 260°～240°，倾角 70°，面长大密集对整个右壁破坏严重；③倾向 50°，倾角 75°，面较平直。该块体稳定性差	受 2 号爆破影响，多次塌方
4号引水洞	0＋60（顶板）	$\in_1^{4-6}$	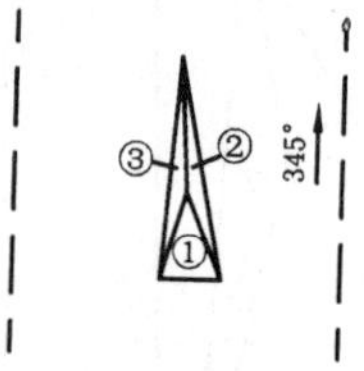	由三组裂面组成，洞顶窄四面体，各组产状：①倾向 175°，倾角 30°；②倾向 65°，倾角 80°；③倾向 260°，倾角 73°	
	0＋85～0＋96（顶板）	$\in_1^{4-5}$	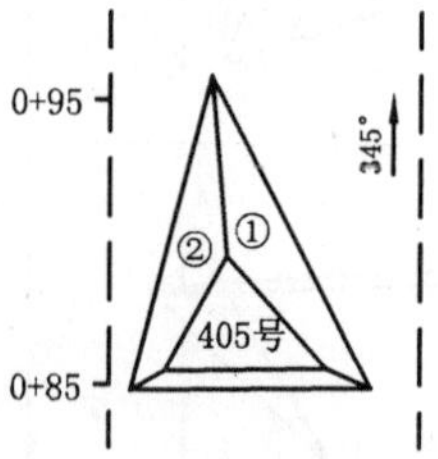	发育在$\in_1^{4-5}$页岩中，主要受 405 号控制。405 号倾向 170°，倾角 25°，沿面充黄泥 1～5cm。①倾向 35°，倾角 45°，面平直光滑充泥；②倾向 290°，倾角 70°，面平直光滑，充泥膜稳定性差	成洞后距掌子面 10m 就出现塌方，现所剩无几

2）灰岩、页岩互层段。整体强度偏低，尤其是页岩中层间结合力差，岩层产状又较平缓（倾角 16°～18°），洞室跨度大，为顺层塌顶创造了极为有利的条件。开挖证实，页岩坍塌最常见，见表 5-2-17。但塌空高度有限，这是因为互层段中所夹灰岩起到了一定的限制约束作用。从失稳后情况看，塌落一般不穿越灰岩，均受控于 401 号、403 号、405 号夹层。灰岩、页岩互层段其他结构面也十分发育，其中以顺洞向对围岩影响最显著。3 号洞 0＋75～0＋125m 洞段右侧，受 F_{18} 裂面均不同程度滑移失稳，尤其是 2 号洞的施工，造成该洞段经常塌方，使 3 号洞右侧围岩完整性受到破坏（图 5-2-22）。此外，4 号洞上游页岩洞段右侧壁为沿结构面失稳后的洞形。

根据原武汉水利电力学院监测成果，页岩段以下沉为主，洞壁反而向两壁岩体内位移。这与页岩段岩体结构及应力特点是相吻合的。页岩段变形空间效应不明显，而时间效应显著，变形量 4～7mm，这说明页岩具有蠕变特点。

3）岩溶角砾段。4 号洞角砾岩虽既破碎，又溶蚀充泥，但主要分布在左侧下部，又是过渡带，其角砾岩内部灰岩仍保持原岩的相似产状，故施工中并未出现失稳。而 1 号洞红色角砾岩最坏段处在支洞交汇部位，它地处 F_{18} 断层与横洞向断层接触部位，其角砾较小，紫红色物质较多，且呈散体状。当遇水时，其强度更加降低，所以出现了支洞口塌方。塌方后，洞顶形态呈穹形状，类似散体塌方形态。支洞下游段，其角砾岩条件变好，失稳多以掉块为主，喷射的砼有局

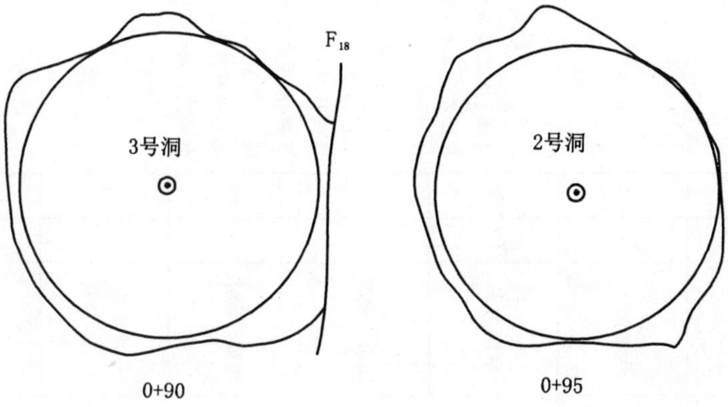

图 5-2-22　页岩洞段形态图

部脱落的。据原武汉水利电力学院监测成果，其变形是 2～4mm，介于灰岩与灰岩、页岩互层之间，空间效应较明显。

(2)围岩稳定性评价。

1)围岩分类。施工期围岩变形特点表明，围岩的稳定主要与岩体结构特征相关，为能对各区围岩作一综合评价，结合洞群实际情况，充分考虑到地质结构，采用了比尼奥斯基的地质力学分类(RMR)，见表 5-2-20。由表可见：洞群以Ⅲ类围岩分布最广，约占总洞段 44%，Ⅱ类占 35%，Ⅳ类占 17%。

1 号岩溶角砾岩根据类比属于Ⅲ或Ⅳ类围岩。

4 号洞出口洞段 0＋430～0＋444m，从岩体结构上来看，围岩属Ⅲ类围岩，从洞口 2m×2.5m 导洞的稳定情况也证实了这点，但是所不同的是，出口洞段上覆岩体很薄，有效厚度不是 8.0m，远小于洞室跨度(12.5m)，成拱条件差，更值得注意的是：它正处在Ⅴ-4 号危岩体上；因此出口洞段的稳定又受到Ⅴ-4 号危岩体的控制。地质人员始终提出出口段以明挖为妥，正是基于这些原因。

2)洞群稳定性。洞群部位对所揭示的各种不利地质条件(如 $18K_1$、引支 K、4 号岩溶角砾岩等)均按设计要求作了处理。虽然围岩中仍可能存在一些未被揭示的溶蚀洞穴或断层破碎带，但围岩中普遍进行固结灌浆，围岩的长期稳定是可以保证的。

然而，这里仍需强调如下几点。

a. 对于洞间岩柱的稳定问题，根据地质条件以岩柱强度比为指标，对引水洞群岩柱岩体进行地质岩体分类见表 5-2-21。表中显示Ⅲ、Ⅳ、Ⅴ级岩体的岩柱强度比接近于或小于 1，只有Ⅰ、Ⅱ级岩体尚可，因此，岩柱的长期稳定应给予重视。

b. 4 号出口洞段的稳定将主要取决于Ⅴ-4 号危岩体的稳定，Ⅴ-4 号危岩体的加固处理应尽快实施。

c. 引支 K 溶洞出水口与清江河水相通，在高程 90m 以下的溶洞未作回填处理，库水位变幅 40m，是否发生气爆，应作些研究。

表 5-2-20　引水洞群 RMR 分类及评分

引水洞号	桩号	地层代号	岩性	围岩类别	1		2		3		4		5		总分	支护要求（适用于10m跨度）
					单轴抗压强度(MPa)	评分	RQD(%)	评分	裂隙间距(m)	评分	裂隙特征	评分	地下水	评分		
1号～4号	0+0～0+25 0+0～0+35 0+0～0+50 0+0～0+53	$\in_{2}^{1-1}$	厚层含泥质斑纹白云质灰岩	Ⅲ	49～58.8	7		10	1～2.0	15	较粗糙，风化	20	滴水～湿润	5	57	Ⅱ类:顶部设局部锚杆，顶部喷 5cm 砼,全断面开挖 Ⅲ类:洞顶和边墙设系统锚杆,并喷 3～10cm 砼，导洞开挖 Ⅳ类:洞顶和边墙设系统锚杆,并喷 10～15cm 砼，必要时设轻型钢拱肋,导洞开挖进尺 1～1.5cm
1号～4号	0+25～0+62 0+35～0+70 0+50～0+80 0+55～0+84	$\in^{4-6}$	薄层泥质条带灰岩	Ⅲ	39.2～49	4		8	0.4～1.0	10	较粗糙，微风化	25	大多滴水	4	51	
1号～4号	0+62～0+144 0+70～0+145 0+80～0+149 0+84～0+149	$\in_{1}^{4-5}$～$\in_{1}^{4-1}$	灰页岩互层	Ⅳ	9.8～39.2	2	<25	5	<0.2	5	平直光滑充泥泥膜	10	湿润为主	10	32	
1号～4号	0+144～0+165 0+145～0+250 0+149～0+252 0+149～0+253	$\in^{3-3}$	厚层灰岩	Ⅱ	58.8～78.4	7		10	1～2.5	20	粗糙弯曲，未风化	30	滴水～潮湿	5	72	
1号～4号	0+235～0+310 0+250～0+310 0+252～0+300 0+253～0+320	$\in_{1}^{3-2}$	薄层泥质条带灰岩	Ⅲ	49	4		8	0.3～0.8	8	面较粗糙，强风化状	15	潮湿～滴水	5	40	
1号～4号	0+310～0+389 0+310～0+385 0+300～0+375 0+320～0+390	$\in_{1}^{3-1}$（上）	厚层—中厚层白云质灰岩	Ⅱ	49～58.8	7		10	1～1.5	15	较粗糙，微风化	25	以滴水为主，小股流	4	61	
1号～4号	0+389～0+437 0+385～0+444 0+375～0+444 0+390～0+430	$\in_{1}^{3-1}$（下）	薄层灰岩	Ⅲ	39.2～49	4		8	0.5～1.0	10	较粗糙，微—强风化	22	滴水	4	48	
1号	0+437～0+444	$\in_{1}^{2-3}$	砂岩夹页岩	Ⅳ	9.8～19.6	2	<25	5	<0.2	5	平直光滑充泥	10	滴水	5	27	

说明:①主结构面垂直洞线顺倾向开挖，倾角 20°～45°，折减 2 分，反之减 10 分；②主结构平行洞线，陡倾角减 12 分。

表 5-2-21　隔河岩工程引水洞群地质岩体分类

岩体分级	抗压强度(MPa)	岩柱根限抗压强度(MPa)	岩柱强度比	弹性纵波速 v_p (m/s)	单位弹性抗力系数(kN/cm^3)	弹性模量(GPa)	岩体块度(cm)	岩体结构特征	坝区地层归类	围岩类别(RMR)
Ⅰ	>50	>10	>3	>5 000	0.98	15～20	100×200～50×50(块体闭合)	厚层灰岩,裂隙由方解石充填	$\in_1^{3-1}$(中上部)$\in_1^{3-2}$、$\in_2^{1-1}$	Ⅱ
Ⅱ	>40	10～8	2～3	4 000～5 000	0.49～0.98	10	50×50(块体闭合)	新鲜完整的薄层条带灰岩,裂隙方解石充填	$\in_1^{3-1}$(下部)、$\in_1^{3-2}$、$\in_2^{4-6}$、$\in_2^{3-2}$、$\in_1^{4-4}$	Ⅲ
Ⅲ	30～20	8～6	1～2	3 000～4 000	0.30～0.49	3～5	30×30～50×50 裂隙水迹明显	薄层条带灰岩,泥质条带具有不同程度的风化,裂隙呈风化状	$\in_1^{3-2}$、$\in_2^{4-6}$、$\in_2^{1-2}$、$\in_1^{4-4}$	Ⅲ
Ⅳ	20±	5～4	<1	2 000～3 000	0.20～0.30	2±	20×20～50×50	泥钙质基底式胶结古岩溶角砾岩或风化严重的薄层条带灰岩	岩溶角砾岩 $\in_1^{4-6}$、$\in_1^{3-2}$、$\in_2^{1-2}$	
Ⅴ	<20	<4	<1	<2 000	<0.20	1	20×20	各类页岩,溶蚀破碎区,顺层溶蚀带	$\in_1^{4-1}$、$\in_1^{4-3}$、$\in_1^{4-5}$、$\in_1^{2}$	Ⅳ

注:①岩柱极限抗压强度(Rt)为岩石抗压强度通过"比尺效应"计算所得;②$GN=\frac{Rt}{P_v \cdot C}$,$P_v=rH$,$C$—应力集中系数;$r$—岩石的容重;$H$—上覆岩体厚。

四、引水洞出口高边坡

开挖前的引水洞出口是一自行稳定的高陡自然边坡。其走向自东向西由 NE70°转向 NE30°，且 SW 端与近 SN 向隔河岩峡谷右岸坡相接。倾 NW，坡面倾斜呈折线形，即 128～177m 高程以下页岩坡 35°～38°，以上灰岩坡由 50°～70°(其中自然边坡转折突出段多呈两级台阶地形，其整体坡角 50°左右)转向 10°～20°。眉缘高程 210～240m，坡顶地面高程 230～270m，坡脚地面高程 90～97m 左右。最大坡高 173m。

开挖边坡位于自然走向 70°坡段，4 条走向 NW345°，开挖断面 ϕ12.5m(圆形)、轴间间距 24m 的引水洞出口临近自然坡向 NE30°方向拐弯处，其中外侧 4 号引水洞出口距自然坡拐弯突出端仅数米。引水洞出口底板开挖高程 122～125m。洞脸边坡走向 75°，与自然坡走向近一致。开挖坡形视岩性不同而异。高程 122～165m 以上灰岩坡按多级直立台阶状开挖，每 15m 坡高留一宽 5m 马道，其整体坡角 72°；下部页岩除 1 号、2 号引水洞洞脸有高 7～10m 直立坡外，其 100m 高程以上按 45°斜坡开挖，且每 10m 坡高留一宽 3～3.5m 马道；100m 高程以下按 62°～71°斜坡开挖，并分别在 93m、84m、73m、66m、54m 高程留宽 2～2.5m 马道。其中侧向 165m、128m 马道留宽 15m，正向 128m 平台 35m。另外对高边坡有较大影响，后期开挖的四条压力钢管槽，开挖成底宽 6.3m，上宽 10～11m，深 3～6m 的梯形断面，其中 1 号管槽东侧边坡高 8～12m。自引水洞出口 128m 高程以 1∶1.8 的坡比开挖至厂房 66m 高程。开挖边坡总体指导思想是，以正向坡长 96m 在自然边坡基础上后退 30～40m，由侧向 45°～55°方向向下游侧自然边坡过渡。过渡方式为，165m 高程以上成凹面向外的二次曲线形，以下成折线形。坡脚机窝开挖高程 53.7m，其中 1 号机东端开挖集水井最低高程 48m。开挖坡顶最大高程 270m，最大坡高 220 余米。由此开挖坡长 250 余米。此外，基坑左右侧边坡坡角一般 60°～70°，坡高 30～50m，其中下游段为第四系坡段坡角 40°～50°。

开挖边坡在实施过程中，出现过五次较大补充开挖。

a. 1988 年 8 月，由于揭示出的 4 号引水洞及以西 180m 高程以上岩体特别破碎，完全处在地表强烈溶蚀风化的岸剪裂隙发育严重带中，人工边坡难以形成，故在正向 3 号洞以西将 150～180m 高程壁面后退 5～7m，处理方量 $2.4\times10^4m^3$。

b. 1989 年 3 月开挖边坡西段，180m 高程以上自然边坡一侧坡面岩体因周边施工影响，发生强烈变形，遂将前一次后退扩展到 180m 以上。处理方量 $1.6\times10^4m^3$。

c. 1989 年 5 月，开挖边坡西端已成形了的边坡，在 206m 平台前缘部分发生沉陷变形解体，根据地质人员建议，结合到Ⅴ号危崖区整治，又将开挖边坡 180m、195m 平台与右坝肩拌和系统基地 180m 大平台和 193m 马道沟通，其上部边坡角亦相应由直立改挖成 1∶0.3 斜坡，开挖方量 $2.2\times10^4m^3$。

d. 1988 年 10 月，由于Ⅳ号危崖区的提出，考虑降低因开挖边坡后退而引起的灰岩坡高增高和 210m 以上强风化古溶塌角砾岩稳定坡角等问题，先后提出实施了降缓 225m 高程以上坡角(45°)和 240m 高程 30m 宽大平台方案，处理方量 $4\times10^4m^3$。

e. 1992 年 7～8 月，开挖边坡下游一侧，120m 高程以下，因 1990 年初机窝右集水井下挖影响，坡面部分岩体发生了强烈变形破坏，使 100m 高程以上页岩坡面无法正常向自然边坡过渡，为此在 120～100m 高程间将开挖边坡进行适当后退处理。处理约 $1\times10^4m^3$。至此开挖边坡才成现今形态，其坡长亦相应延长至 270～300m。紧挨主厂房平行布置了 17m 宽的副厂房，其基础砼面高程 87m。副厂房上游段回填石碴至 100m 高程，并形成一条永久性砼铺面公路。故从边坡运行期看，100m 高程以下边坡问题属临时高边坡问题。

(一)边坡基本地质结构

1. 边坡岩体结构特征

边坡岩体主要有石龙洞第一、第二段灰岩，石牌组第二、第三段粉砂岩、页岩。崩坡积块石、碎石土堆积在坡脚，厚 20 余米。坡脚早期为一宽 50～70m 的古河道，基岩出露最低高程 73m，基岩面见少量胶结砾石层。此外，侧向 180～210m 以上还分布有古溶塌角砾岩。岩层走向 70°～80°，倾 SE，倾角 25°～30°。从岩性看，上下灰、页岩约各占一半；再从强度上看，灰、页岩弹性模量之比高达 15～20，抗剪强度之比亦在 8～12 之间，属于典型的头重脚轻、上硬下软逆向型结构边坡。另一方面，灰岩虽致密坚硬，但岩溶化、裂隙化程度高，表部 10～20m 以内的岩体已遭受强烈溶蚀风化而破碎。对于薄层状结构的岩体，其层面间泥钙质条带较普遍地遭到损伤，岩体多呈似块状，部分呈碎块状。下部石牌组页岩顶部又有 201 号层间剪切破碎泥化带，厚 5～6m，带内发育的 10 余条层间剪切泥化面，性状极差。总之，石牌组页岩的特征可概括为页理发育，多层间剪切泥化面，高、缓倾角裂隙及小破碎带发育，块度小，失水干裂强度低，兼有薄层状碎裂结构岩体。特别是坡面一定深度的页岩体在上部灰岩体的长期作用和卸荷回弹等其他外营力作用影响下，显得特别破碎。180～210m 以上古溶塌角砾岩均遭受不同程度溶蚀风化，尤其 210m 以上多呈松散状结构。坡体中的崩坡积还存在有体积数方，乃至数百方的大灰岩块石，由此可见其岩体结构的复杂性。

2. 边坡断裂构造

(1)断层。经开挖揭示，区内大小断层有近百余条，其中具代表性且对边坡有较大影响的断层仅有 F_{345}、F_{396}、F_{397}、F_{18}、F_{378}、F_{371}、F_{219}、F_{220}、F_{382}、F_{378}、F_{372}、F_{390}、F_{624}、f_8、f_9 等 30 余条。页岩坡体居多。走向北北西和近南北向为主，灰岩中多倾 SWW，倾角 60°～75°，页岩中倾 SW 或 NE 均有，倾角 50°～60°，部分陡倾 70°～80°。走向北西(310°～320°)次之，多倾南西，倾角 50°～70°，走向北东(30°～40°)和近东西向不甚发育，尤其近东西向仅在下部页岩中见少数短小型断层。其性状与分布见表 5-2-2。不难看出，高边坡中的断层多与边坡走向正交或斜交，无深切顺坡断层发育。

(2)裂隙。视岩性不同，其发育状况差异较大。灰岩中的裂隙主要有四组：近南北组(345°～15°)、北东组(30°～50°)、北东东组(70°～80°)和北西组(310°～330°)。以前两组最发育，并多为高倾角，后两组次之，但北东组在侧向边坡顺坡向中等倾角(45°～60°)较发育。多方解石充填，属硬性结构面。在裂隙性溶蚀风化带中，上述裂隙大部断续溶蚀风化，部分溶蚀充泥，其性状明显变差。页岩中主要有北东东(65°～80°)、北西(310°～320°)、北北西(340°～355°)、北东(30°～45°)四组。以北东东组、倾 NW、倾角 60°～75°一组最发育；北北西、北西组次之；北东组一般规模较小，但比较破碎。除北东东组充填较多的方解石薄片外，页岩中的裂隙多为泥质充填，属软弱性结构面。各组裂隙性质见前述。

3. 边坡岩溶水文地质

区内岩溶洞穴较多，其中较大规模有 K_{885}、K_{886}、K_{902}、K_{903}、K_{904}、$201K_1$ 六个，其分布与形态特征见表 5-2-6。一般情况下，岩溶洞穴多沿断层及构造破碎带溶蚀而成。在地表多以溶沟、深槽的形式出现。溶蚀宽0.5～2m，上宽下窄，深8～15m，黏土夹碎石充填。在地下多呈狭缝状，部分发育成一定规模的洞穴。区内地下水位较低，高程100m左右。由于岩体中裂隙化、岩溶化程度较高，即使大气降水亦难形成高水压，而是很快以管道流的形式排泄于清江河谷。大坝蓄水后，由于帷幕阻隔了原向坝上排泄的主要岩溶通道（Ⅱ号、Ⅳ号），必导致地下水位会有所抬高，但考虑到大坝下游和电厂高边坡内设置了多层排水洞和对地表部分集水通道进行了拦截，认为地下水位在原有的基础上不会上升太大。地下水压对边坡稳定性不会造成太大威胁。但地表水的渗透对开挖边坡揭示出的新鲜裂面及整个软岩坡面的风化，乃至泥化、软化作用不可低估。

另外，边坡中的物理地质现象和岩石的风化特征已在基础地质部分作了详细阐述，在此不再赘述。

（二）开挖边坡与边坡岩体的变形

1. 开挖边坡基本情况

边坡正式开挖施工始于1988年3月，至1992年3月基础开始工作已基本结束。开挖采用先预裂再爆破松动方法。各主要部位的施工开挖情况风表5-2-22。边坡施工过程中存在的问题主要有以下几个方面：

表5-2-22　高边坡各主要部位开挖施工情况一览表

起止时间	开挖施工基本情况	备注
1987年3月—1988年2月	右上坝210m高程公路贯通使用，正向和部分侧向210m高程形成宽30～40m大平台	包括侧向坡后的公路隧洞同期完成
1988年3月—1988年10月	高程235～165m坡面开挖	不包括补充开挖
1988年11月—1989年8月	限制165m高程以下开挖阶段，以201号置换体施工为主，其间100m高程以下开挖覆盖层，部分挖至68m高程	
1989年6月—1989年11月	100m高程以下全部挖至设计位置(53.7m)	无任何保护措施
1989年1月—1989年7月	Ⅳ号危崖区240m以上开挖	至1992年12月才进行保护处理
1989年1月	正向第一、第二次后退方案开挖	
1989年8月—1989年底	侧向165～128m高程坡段开挖、正向180m以上马道与大坝右拌和系统180m、183m马道打通	
1990年1月—1990年5月	正向165～128m高程段开挖	
1990年6月—1990年11月	4条压力钢管槽开挖。与此同时，侧向128m以下开挖基本结束	槽间体坡面两侧壁进行了较及时的喷锚
1991年8月—1992年3月	4个压力钢管槽26个桩基基本开挖回填结束	

（1）施工程序混乱。原设计要求自上而下开挖，开挖一级保护一级，并规定201号夹层置换体施工未完成之前，165m高程以下开挖是决不允许的。然而实际施工开挖程序是先在165m高程以上，后201号置换体与100m高程以下同步施工，再165～100m高程开挖。

（2）开挖出来的坡面岩体得不到及时保护处理。包括页岩在内各坡面，从开挖到实施处理一般都要间隔3～6个月，长者达1～2年。造成坡面岩体严重卸荷变形，特别在页岩坡中，其影响宽可达3～5m，深1～4m，反映沿裂面拉开变形。

（3）K_{904}处理不及时。从而造成K_{904}溶洞上部岩体已基本变形解体。

（4）临近开挖边坡两侧自然坡坡面未及时处理。

(5)设计在180～195m、195～210m、210～225m壁面布打266束的长40m、200t预应力锚索实施不及时。

由此不难看出,施工存在的问题之关键是坡面岩体已遭严重破坏,卸荷松动为地表水的入渗提供了有利条件,导致了各种软弱岩体强度的削弱。

2. 施工过程中边坡岩体的变形

施工期的边坡岩体的变形(破坏)是多种多样的,其形式主要取决于自然坡段的稳定度、内部地质结构以及施工开挖影响程度和方式。从宏观上讲,有如下几个。

(1)自然边坡的稳定度从大到小依次为逆向坡、侧向坡、顺向坡。在灰岩与页岩坡高比近于1∶1的条件下,逆向坡和侧向坡均有相当稳定度(包括那些位于坡前的离位体、危岩体)。如在上部灰岩坡未作任何处理的情况下,直接将下部页岩坡角掏至40°～50°,边坡整体变形,肉眼鉴别较小或难以发现。如临近开挖边坡两端自然坡就是如此。

(2)单纯的软岩侧向坡坡角60°,坡高大于10m时,边坡难于稳定,其破坏方式表现为沿310°～320°长大裂面拉裂向外弯曲变形,如厂房基坑左右侧边坡就是例证。

(3)软岩逆向坡按台阶式开挖,即平台宽2～2.5m单坡角62°,坡高7～11m其稳定状况较好。不过近东西向裂隙将岩体切割成薄板状(厚10～20cm),当开挖不及时保护时,坡面一定范围内的岩体松弛,部分地段见薄板弯曲或拉裂变形。

(4)软岩顺向坡稳定性极差,其坡坏方式是以顺层滑动破坏的形式出现。如厂房右集水井下游边坡的变形破坏就是如此。

(5)在岸剪裂隙发育带的下部软岩中大规模掏挖(201号置换洞)洞室可引起上部坡体的变形破坏,其形式是以洞室大规模塌方、上部硬岩坡体下座变形为主。而在同样条件下的灰岩中掏挖引水洞群,上部坡体受到影响较小。

(6)灰岩中开挖揭示出的不利楔形,除近自然边坡地段个别外,一般稳定性较好;而页岩中常常滑出破坏。

另据负责施工期安全监测的武汉工业大学提供的分析资料成果得知(安全监测布置见图5-2-23、图5-2-24),施工期边坡整体变形位移大致经历了变形位移向坡里、变形位移向里—向外波动、变形位移向坡外、变形基本稳定四阶段。

1)向坡里变形位移阶段。1988年10月以前,边坡开挖仅限制在165m以上正常程度开挖。其水平位移朝向坡里6～8mm,垂直位移变化显示整体下沉运动,但其位移量不甚明显。

2)向坡里—坡外变形位移波动阶段。1989年1月以后8月以前。随着边坡下挖水平位移趋向坡外,相对位移4mm,后随施工条件变化(边坡停挖,转而进行201号置换洞开挖施工),边坡变形又转向坡内,因而在201号夹层处理及边坡开挖交叉进行期间边坡变形呈现坡里—坡外波动趋势。但两种趋势叠加结果导致了边坡总体变形减小,其累计向坡里变形6mm左右。在垂直变形位移趋势上看,上部灰岩坡体显示下沉运动,其最大变形出现在1989年1月至1989年3月间,受201号置换洞施工开挖影响,其上部坡体累计下沉达5cm左右,位移速率为5mm/月。

3)向坡外变形位移阶段。1989年8月以后,对201号的处理大部分已完成,下部页岩边坡开始大规模下挖。水平位移趋向坡外,其最大值出现在1989年11月,当时正侧向128m高程以上基本形成,厂房区又全部挖至设计高程,其坡面绝对位移量值达13mm,位移速率5mm/月,而垂直位移显示,上部灰岩以0.5mm/月的速率下沉,页岩则以5mm/月的速率上抬,表现出上部硬岩下沉,下部软岩被挤出变形。

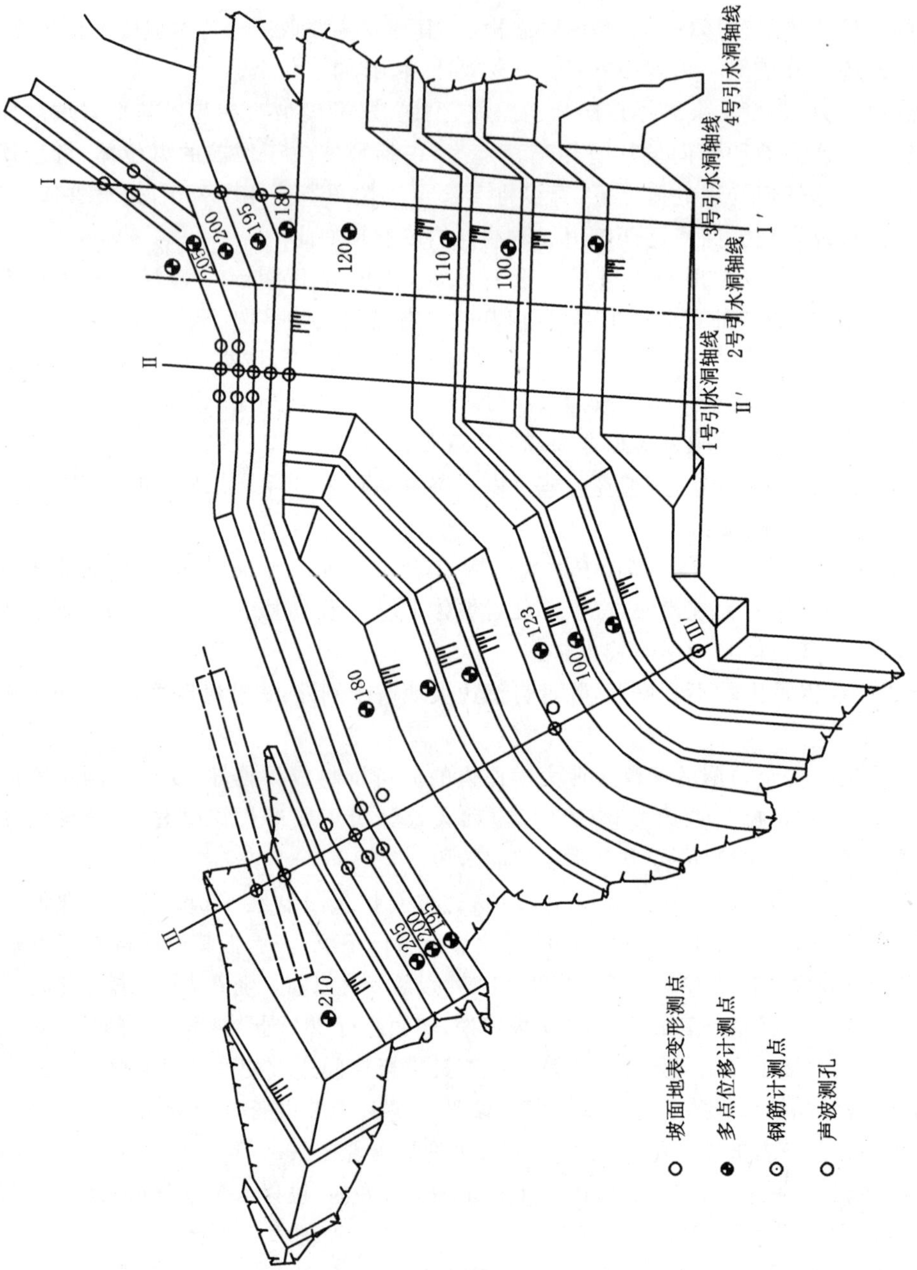

图 5－2－23　施工期边坡监测平面布置图

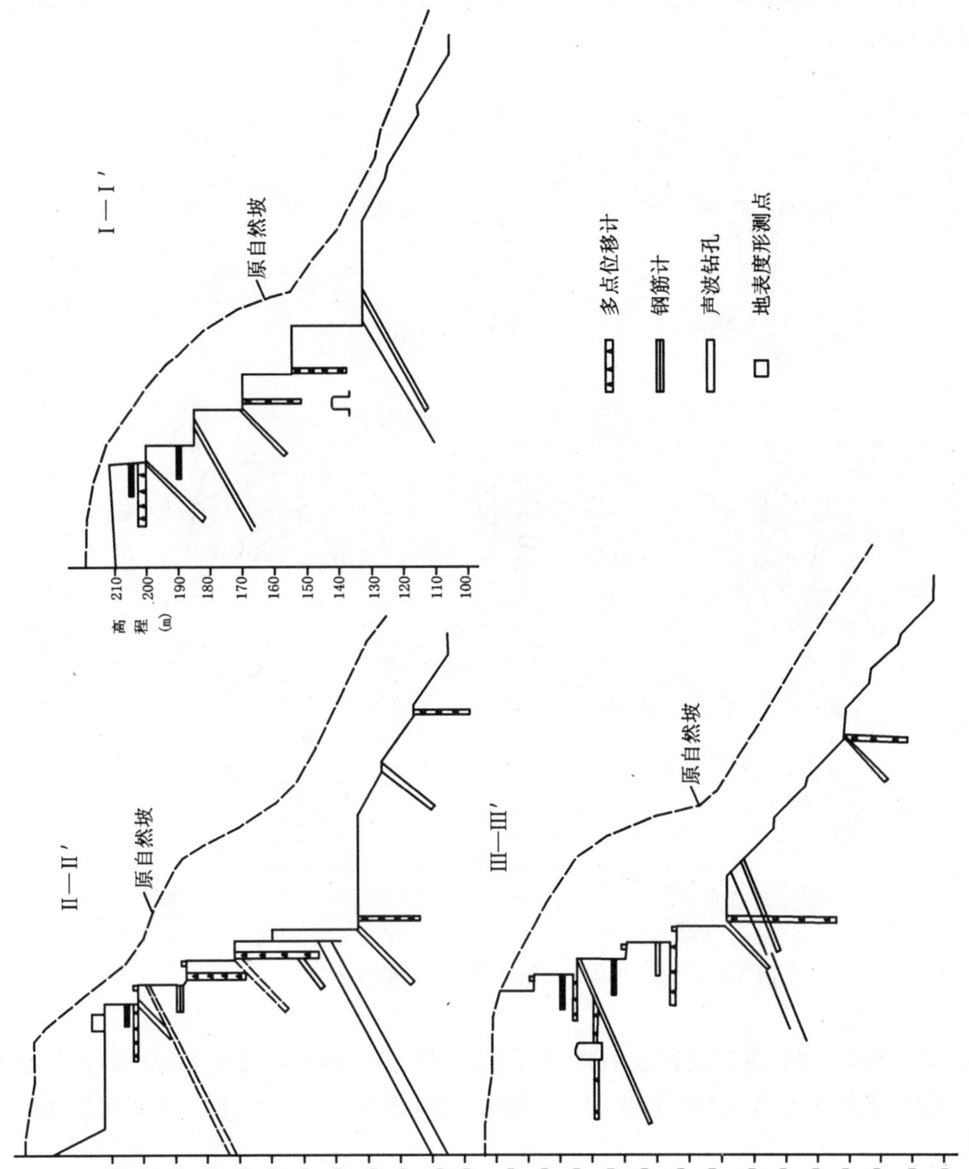

图 5-2-24 施工期边坡监测Ⅰ、Ⅱ、Ⅲ线仪器布置图

4)变形相对稳定阶段。1990 年 3 月以后，随着页岩坡开挖工作量的减小，100m 高程以下砼上升，边坡变形进入相对稳定阶段。

从变形（破坏）机理上讲，其形式主要有以下几种。

a. 弯曲拉裂变形。在开挖较陡的单个坡面上的页岩体，被陡倾（70°～80°）结构面切割成板状。因得不到及时保护，在岸边卸荷作用下，产生向坡外弯曲拉裂变形[图 5－2－25(a)]，使其根部受力条件发生变化，继而产生倾倒破坏。如厂房左侧边坡部分变形和正向 100m 高程以下边坡变形多属此类。

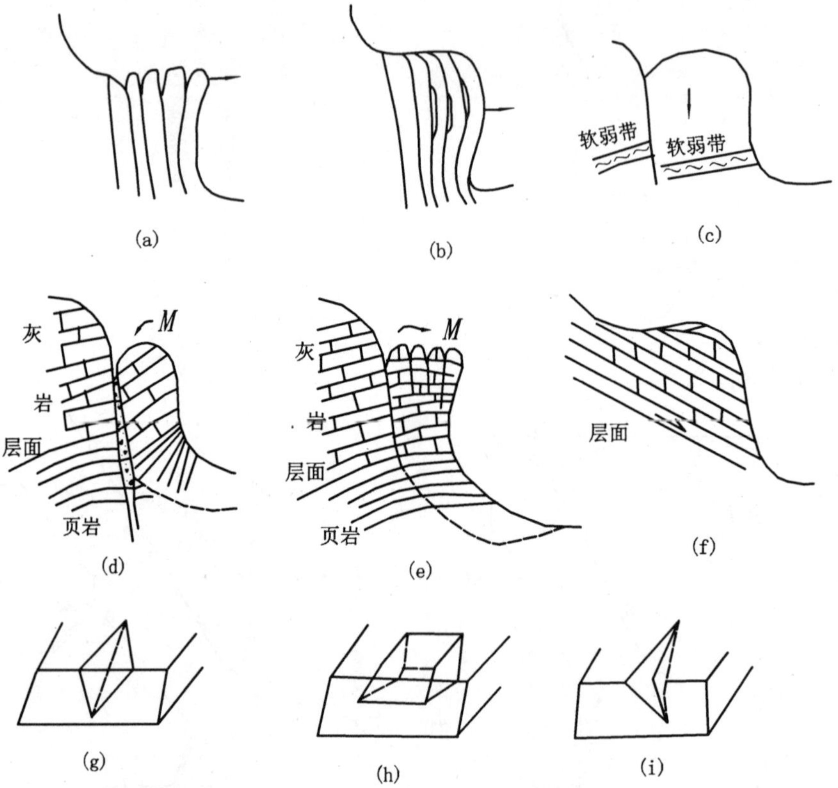

图 5－2－25　几种典型变形破坏形式模型图

b. 薄板溃屈变形。平行发育的顺坡向陡倾结构面将坡缘岩体切割成薄板状。因其自身柔度小，在岸边卸荷作用下，往往在腰部发生拉裂弯曲变形[图 5－2－25(b)]。主要发生在厂房左侧边坡。

c. 均匀沉陷变形。被陡倾结构切割分离，具一定规模的相对完整岩体，其底层存在着平缓软弱层。由于无法承受因开挖引起改变后的上部载荷，从而使上部岩体整体发生下沉[图 5－2－25(c)]。此种情况较少，仅在压力钢管槽段偶见。

d. 向后倾复变形。具一定规模的较完整坚硬结构岩体，因后缘被陡倾结构面切割贯通，在水及各种外营力的作用下，下部结构面周围的软岩遭受泥化、软化乃至流蚀，继而使其强度大大降低，导致下部岩层向坡内弯曲变形。从而使得上部岩体受到一个向坡后旋转的力偶作用，而使其产生向后倾覆变形。同时下部软岩坡面将在上述力偶的作用下，产生鼓出变形[图 5-2-25(d)]。典型的V-4号危岩体及崩坡积物中灰岩大块石层面产状仅倾角变陡就是例证(图 5-2-12)。

e. 向外倾覆变形。具一定规模较完整结构的临空岩体，因坡脚受到扰动开挖，或在其上加载，下部软弱的坡面受力条件就会发生变化。其结果使下部软岩坡面上的层面发生向坡外弯曲变形，导致上部岩体受到一个向坡前方向旋转的力偶作用，而使其向外倾覆变形。下部软岩在受到压缩变形达一定量时，就会发生塑性挤出变形[图 5-2-25(e)]。如 165m 以上边坡开挖产生卸荷回弹而向坡里运动就是例证。而自然边坡V-4号危岩体下盘页岩层面向外弯曲，就是因为V-4号危岩体分离后，其 F_{624} 下盘岩体因临空发生了朝反方向变形的缘故(图 5-2-12)。又如主厂房右侧边坡高程 54～120m 的整个坡面发生强烈变形，亦属此类情况。

f. 顺层变形破坏。顺向边坡段沿层面产生滑动[图 5-2-25(f)]。其坡体稳定性主要取决于层面物理力学性质，多发生在页岩顺向坡段。如厂房集水井下挖过程中，下游侧 48～74m 高程顺向坡，一次性沿层面滑动 3 000 余立方米。

g. 组合式变形破坏。由各种不同结构面切割成的临空不利楔体，其形体多为四面体和五面体[图 5-2-25(g)(h)(i)]。在边坡中分布比较普遍。一般说，灰岩中的不利楔形体多稳定状况较好，页岩中大多滑出破坏。

不难想象，上述各种变形的最终结果都是朝着破坏的方向发展变化。自然坡体虽经历了漫长的地质历史时期的变形改造，但其变形破坏形式亦无外乎上述几种情形。这是由这种特定的岩体结构中特定的变形破坏机制所决定的。所不同的是现代人工开挖代替了早期的河流下切与外营力的长期作用结果和改造形式略有不同(前者自上而下开挖，后者以掏挖坡脚为主)。同时亦可看出，自然稳定坡体中，不同地质结构、地质构造、不同岩性、所处的地质环境不同，其变形破坏形式上的差异和坡体内部应力分布状态亦有所不同。从危岩体、离位体的分布以及岸剪裂隙带的规模大小差异上看，自然坡体内部应力分布状态在突出坡段最复杂。

自然边坡的稳定是坡体内部各点应力相互平衡的重要表现，它是在地壳和各种地质环境相对稳定的情况下完成的。这种平衡反映到长期稳定坡体中，则必须具备以下三个条件。

一是灰岩、页岩坡高、坡角的组合符合稳定条件；

二是页岩风化层的自保作用使其风化厚度基本保持不变，又有茂盛的植被，防止了表面冲刷；

三是灰岩、页岩接触紧密，坡前的页岩在上部灰岩长期作用下得到了进一步的压密。

(三)边坡处理

高边坡的基础处理是借助理论计算并模拟自然边坡形态，结合具体施工过程中存在的地质问题建立起来的。具体主要有以下几点。

(1)由于 1 号、2 号引水洞出口存在着部分页岩直立坡，经计算该段边坡在成形后将会产生较大应力集中(265 号节点应力高达 6.5MPa)。为分散该区段高应力集中，已将高程 125m 以上 1 号、2 号、3 号引水洞出口洞间以及 1 号引水洞出口以东部分洞段所有页岩全部置换成砼。

(2)100m 高程以上各坡面全面实施了 ϕ25mm 系统锚杆。锚杆采用 2m×2m 间距梅花形面置，其中上部 3 排杆长 8m，以下长 6m。对于灰岩壁面进行了喷护厚 10cm 砼，马道及以下页岩坡浇筑厚 10～20cm 砼。

(3)各坡脚，每间隔 3m 布打了 ϕ100mm、孔深 8～15m 的排水孔。除此之外，还在坡体内分别在 180m、150m、116m 高程，距坡面分别为 24～33m、33～44m、70 余米，近平行打了三层排水洞（开挖断面为高 2.5m、宽 2m 的城门形）。洞中每间距 3m 断面顶部布打了三个 ϕ100mm、深 15m 的排水孔。

(4)四条压力钢管上下游端均设置了镇墩。其中，上镇墩基础因岩体破碎，加之要求地基承载力较高，故分别开挖了四个桩基，深至 106～109m 高程。开挖断面为 2.5m×2.5m 的方形。另外，4 号压力钢管槽 77m 高程以上因大部分建基岩体为风化状页岩和部分厚 1～3m 第四系崩坡积物，故 77m 高程以上每水平间隔 7～8m 开挖一个直径为 3m 的圆形桩基，共 10 个，深除 77m 高程 1 号桩 5.78m 外，其余深 15～16m。

(5)整个引水洞出口洞脸浇制了高 17m、厚 2m 的洞门。

(6)壁面揭示的溶洞基本作了回填砼处理，对于像 $195K_4$ 等规模较大者，已在其洞口段进行了衬砌处理。

(7)开挖边坡东端 165～177m 高程，因施工公路开挖，导致了其上 5～7m 的页岩坡角（含 201 号夹层）成 50°～60°，致使开挖边坡与自然边坡接触地段上部岩体发生变形。为保护页岩脚，在自然边坡一侧 20m，开挖边坡 10m 段自东向西分别设置了浆砌块石、扶壁式、重力式挡墙。

(8)150～165m 壁面西端 30m 段，因坡面岩体普遍成碎块状，且强烈熔蚀风化，在实施系统锚喷过程中，大部分无法造孔，故改建了贴壁式肋形挡墙。

(9)对 4 号压力钢管槽 77～100m 外侧段设置了横重式挡墙。

(10)对埋藏在页岩坡下原 14 号勘探平洞，进了全断面砼衬砌，且每间隔一定距离预留了排水孔。

(11)对灰岩边坡中揭示的所有贯穿性断层及长大裂面进行了加强筋补强处理，即在断面上盘距 1～2m 垂直断面上打了 3～8m 锚杆，部分杆长 15m。对揭示出的组合不利楔形体，已松动的作了清挖处理，未松弛变形的进行了加强筋处理。

(12)对灰岩壁面上揭示出碎块、碎裂状结构岩体，实施了挂网处理。

(四)高边坡稳定性评价

厂房基坑周边的一些低坡边因施工后，大都作了挡墙或拆除处理，不存在永久性边坡问题。引水洞出口高边坡不存在大的顺坡向断裂，边坡补充开挖方案的实施，基本保持了原有的灰页岩坡高和坡形，使得原地质人员提出的变高陡为两个相对低矮边坡设想，在开挖边坡中得以基本实现，故从总体上看，施工期的稳定状况较好。

(五)压力钢管段及副厂房基础评价

1 号、2 号、3 号压力钢管基础岩体为新鲜或弱风化状石牌组第二、第三段页岩、粉砂岩，其上镇墩均采取了深桩基处理，且大部桩基至新鲜岩面基础稳定。

4 号槽部分坐落在崩积物和部分强风化页岩上。设计已考虑并实施了桩基处理，但大部桩基底为弱风化岩体，部分为强弱风化岩体，且特别破碎。考虑应力传递到一定深度后会显著减弱，认为可基本满足设计要求。

副厂房基础大部坐落在新鲜页岩之上，已基本满足设计要求。

五、厂房

(一)厂房工程地质条件

厂房建筑物包括副厂房（基础评价见前述）、主厂房（含尾水管）、安装车间、尾水护坦、左导墙、右挡墙等，位于西寺坪上游，清江河Ⅰ、Ⅱ级阶地与页岩自然缓坡交界处。地面高程90～97m。基础开挖顺水流方向(NW345°)长180m，宽150～170m。开挖建基面高程53.7～72m，其中主厂房东端安Ⅱ下部集水井开挖最低高程48m。一般挖深20～45m，最深50m左右。

地层主要有石牌组第二段下部页岩和第一段钙质页岩夹粉砂岩含黄铁矿晶粒，顶部有1～2层厚5～20cm的灰岩扁球体，表面富集黄铁矿薄壳。黄铁矿晶粒主要富含于第一段上部6～8m段，往下则只是零星点缀。建基岩体大部新鲜状，但右挡墙及右挡护坡大部和部分护坦多为弱风化岩体。此外，第十排尾水护坦以下建基岩体部分段为厚0.5～3m胶结半胶结砾石和右挡下游端部分座落在砂砾石层之上，其中右挡11、左挡12地基为厚1.5～1.7m的粉砂质亚黏土。

岩层走向70°～80°，倾SE，倾角25°～30°，层面平直光滑，且较普遍地充有泥膜。大小断层主要有F_{371}、F_{382}、F_{18}、F_{374}、F_{378}等30余条。以走向340°～350°、倾向SW、倾角70°～80°和走向310°～325°、倾向SW或NE、倾角70°～80°最发育，走向60°～80°倾向NW、倾角60°～70°次之。各断层性状及分布见表5-2-2。裂隙以走向70°～80°、倾向NW、倾角60°～70°最发育。裂面平直，延伸长一般大于5m，宽0.1～0.5cm，方解石薄膜充填，线密度5～7条/m；走向310°～320°，倾向SW或NE，倾角70°～80°和走向20°～60°，倾向NW，倾角60°～70°次之。前者延伸长一般3～5m，发育间距0.3～1m，后者短小，但较密集发育破碎。整个建基岩体成碎裂状结构。

(二)基础开挖与基础处理

基础开挖情况见表5-2-22。基坑边坡高20～50m，按台阶式开挖边坡角60°～71°，且在84m、76m、66m、54m高程留宽2～2.5m马道。由于该段边坡属施工期临时边坡。开挖后大部分未实施坡面基础处理，部分已实施处理地段亦不及时，导致正侧边坡严重卸荷变形或解体，特别是主厂房右侧集水井下挖过程中，其下游端高5～30m的顺向坡沿层面破坏体积达3 000余立方米。集水井右侧的54m马道全部和66m大部分、76m部分在当时就已自行脱落，整个54～120m高程边坡均发生了严重卸荷变形解体，其体积达万余立方米，左侧边坡亦发生了不同程度的变形破坏，导致97m高程电厂围堰顶面公路长40m的坡缘出现一系列张缝，其破坏形式见前述。开挖过程中的另一个地质问题是基础岩体发生卸荷回弹，导致了建基面1～2m的范围内，沿层面、裂面普遍拉裂松弛，拉裂宽一般1～3mm，最大达5mm。

在基础处理方面主要有以下几点。

(1)平面基础砼与基岩接触普遍实施了1～1.5m长的连接锚杆。其中主厂房及尾水管基础除此之外，还进行了5～8m的固结灌浆处理。

(2)由于超挖，尾水护坦普遍浇筑砼厚0.6～1m，其中第十排、第十一排局部地段浇筑厚1～2m。

(3)遇有黄铁矿比较富集的建基岩体，大部分进行了10～30cm厚的抗硫酸盐侵蚀砼铺底。

(4)为确保尾水流线的稳定，在宽96m的尾水护坦与清江河相邻的左侧设置导水墙，右侧设置了重力式挡土墙，两墙浇至顶高程100m，其外侧均设了一定厚度的反滤层和墙体排水孔，此外护坦两侧近挡(导)墙6m的范围内，梅花形布打排水孔，孔深3～3.5m。

(三)各建筑物基础工程地质评价

1. 主厂房

主厂房轴线NE75°开挖宽96m，顺水流方向长38m(含下游侧14m的尾水管)。主厂房建基岩面高程53.7m，尾水管建基高程54.7m。建基岩体主要为石牌组第二段新鲜状页岩，但断层、裂隙发育，岩体十分破碎。基础开浇前对一定宽的断层破碎带已作了适当的抽槽处理，沿断层面挖槽宽一般30～50cm，深20～40cm不等；固结灌浆处理深5～8m，这对基础稳定是十分有利的。

2. 安装车间

在主厂房右端，自东向西分设安Ⅰ、安Ⅱ两车间，基础开挖顺水流方向安Ⅱ长52m、宽28m，建基岩面高程48～77m。安Ⅰ紧靠安Ⅱ，基础开挖顺水流方向长40m、宽16m，基础岩面高程77～84m。建基岩体为新鲜状石牌组第二段页岩。由于该建筑物基础开挖成边坡，如前所述，该段边坡在下挖过程中大部分未实施坡面处理，后来部分段进行了喷护处理亦不及时，从而导致了48～120m高程包括安装车间坡面基础在内的整个坡面岩体发生严重松弛变形。基础整修过程中，尽管尽了最大努力挖除松弛岩体，但终因松弛岩带范围太大、太深，无法清至完整岩体。已经松弛了的坡面型基础岩体不仅为地表水的入渗提供了有利条件，且其在地下水的长期作用下势必向着不利方向发展变化。该段边坡110m高程上埋设的钻孔倾斜仪显示，自1992年10月至1993年3月，水平向外位移达2.2cm。可见对于该边坡120m高程以下各平台的保护工作尤为重要。

3. 尾水渠护坦

尾水渠护坦宽96m，长82m，建基岩面高程上游54.7m，下游71m，成逆向13°～15°缓坡地形。其中护坦末端还设有一条宽2.5m的齿槽，建基岩面高程71m。建基岩体主要为石牌组第一段钙质页岩夹粉砂岩，除下游第十排、第十一排见弱风化岩体外，其大部呈新鲜状。岩面大部含黄铁矿晶体，其间断层、裂隙密集发育。在卸荷回弹作用下，表部1～2m的岩体中沿层面、裂隙拉开，且岩体十分破碎。另外第十排、第十一排还有部分为胶结、半胶结砾石。护坦基础处理除要求对表现松动岩块做了清除之外，一般未作特殊处理，仅对富含黄铁矿晶粒的建基面，大都作了10～30cm厚的抗硫酸侵蚀砼铺底处理。

4. 左导墙

全长82m自上而下分6块浇筑。基础宽17～21m，其中导6最窄，仅8m。建基岩面高程54.7～71m。除左导6大部为胶结、半胶结砾石外，其余为石牌组新鲜状页夹粉砂岩，岩体破碎，且断层、裂隙发育。基础处理过程中对揭示出较大规模的断层破碎带作了抽槽处理，但如同护坦一样，对挡2、挡3富含的黄铁矿，仅就表面上出现的黄铁矿薄壳作了适当清挖处理。

5. 右挡墙

右挡墙全长110m，分12块浇筑。连同挡墙护坡基础宽27～45m，基础底面高程73～91m，建基岩体主要为石牌组第二段页岩，其中右挡8、挡9、挡10见胶结、半胶结砾石，挡11部分和挡12全部落在土粉砂质亚黏土层上。基岩多呈弱风化状，褐黄色，且十分破碎。考虑挡墙基础较宽，在基础处理中，除要求将已松弛的岩体清除外，其余未作任何处理。挡11部分和挡12全部基础，考虑两段挡墙高仅6～8m，故在开浇前只在其土面进行适当碾压，其余未实施任何处理。

综上所述，电厂区运行期存在的地质问题主要有两个方面：一是黄铁矿中的硫和硫酸根离子对未作处理的砼基础侵蚀问题有待今后打孔检验；二是安装车间基础岩体因松弛变形，应搞好周边地表隔排水工作，以防地表水的入渗带来不利影响。

第三节 防渗帷幕①

清江隔河岩大坝帷幕工程，自 1990 年 10 月 14 日开始灌注，于 1994 年 8 月 14 日全部灌注完毕。共计灌注 20.61 万 m^2。见图 5－3－1。从运行情况看，绝大部分幕体的质量良好。

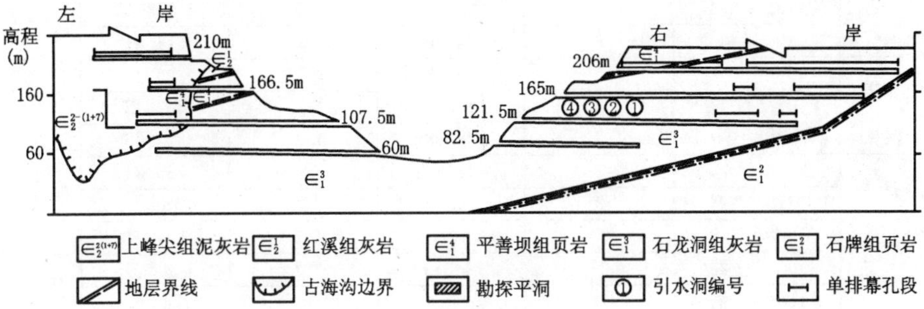

图 5－3－1 大坝帷幕示意图

所有灌注资料，见表 5－3－1，已鉴定的先导孔、物探孔及检查孔等地质资料，见表 5－3－2。

表 5－3－1 大坝帷总注入量统计表

部位	孔数(个)	灌浆长度(m)	灌入总量(kg)	线单耗(kg/m)	面积单耗(kg/m^2)
60 廊道	251	17 580.55	1 572 296.15	89.43	61.4
60 平洞	430	36 693.77	2 665 482.39	72.64	51.93
107.5 平洞	294	14 849.41	1 614 591.75	$\in_1^3$161.85 / 108.73	$\in_1^3$152.77 / 76.67
60～107.5 连接段	73	2 480.0	69 312.7	27.95	49.4
166.5 平洞	136	8 549.77	838 786.1	98.1	85.9
166.5 单端	24	793.42	49 390.56	62.25	15.93
107.5～166.5 连接段	170	4 759.94	370 460.9	77.83	58.11
210 平洞	97	3 984.46	3 510 387.7	88.1	44.8
166.5～210 连接段	113	5 666.06	661 696.06	116.8	182.8
82.5 平洞	244	13 026.86	469 405.9	36.03	20.89
121.5 平洞	384	18 092.43	3 264 477.2	180.43	151.66
82.5～121.5 连接段	37	1 277.41	58 449.7	45.76	57.3
165 平洞	372	16 268.91	1 770 956.22	108.86	82.1
165 幕端	14	521.2	118 175.33	226.74	50.56
121.5～165 连接段	77	3 517.8	258 915.7	73.6	98.96
206 平洞	242	9 494.68	523 216.8	55.11	26.26
165～206 连接段	92	4 021.87	77 934.7	19.38	19.05
引水洞压浆板	53	870.34	50 718.9	58.27	60.96
合计	3 130	162 448.88	14 785 306.36	91.02	71.74

① 引自《湖北省清江隔河岩水利枢纽大坝帷幕竣工工程地质报告》

表 5-3-2　大坝帷幕先导孔、物探孔、检查孔统计表

孔类	部位		设计		地质鉴定		备注
			孔数(个)	进尺(m)	孔数(个)	进尺(m)	
先导孔	左岸	60 平洞	18	2 084.21	12	1 383.12	
		107.5 平洞	3	480.27	2	320.27	
		166.5 平洞	3	187.64	3	186.64	
		210 平洞	10	610	9	661.70	
	河床	60 廊道	6	789.2	4	543.9	
	右岸	82.5 平洞	12	803.57	12	803.57	
		121.5 平洞	12	730.36	12	730.36	
		165 平洞	33	1 331.85	22	1 028.15	
		206 平洞	9	350.0	9	351.81	
物探孔	左岸	60 平洞	5	354.2	0	0	
		107.5 平洞	8	559.5	5	367.42	
	河床	60 廊道	8	592.02	3	229.76	
	右岸	82.5 平洞	3	203.6	2	135.22	
		121.5 平洞	5	186.5	5	186.5	
检查孔	左岸	60 平洞	37	3 124.0	37	3 124.0	
		107.5 平洞	28	1 440.11	27	1 388.87	
		166.5 平洞	12	745.6	12	745.6	
		210 平洞	18	899.6	18	900.4	
	河床	60 廊道	33	2 508.5	29	2 309.5	
	右岸	82.5 平洞	25	1 531.5	17	1 129.5	
		121.5 平洞	33	1 659.0	22	1 172.0	
		165 平洞	33	1 564.7	23	1 128.25	
		206 平洞	19	912.5	13	718.9	
	左右岸连接段		45	2 162.8	29	1 308.82	

从图表中看出:帷幕的边界轮廓基本符合地质上确定的边界,幕体的形成条件也符合勘察期的地质判断。

帷幕的配套工程——外部观测系统已经完成并已获得数据,从所得数据判断,帷幕的工作状态良好。

一、防渗帷幕地段的地质条件

(一)地层岩性

帷幕主要在石龙洞组灰岩及平善组灰岩和页岩互层中形成。底层帷幕大部分进入石牌页岩 5m,右岸帷幕端点接靠“古海沟”沉积物,以泥灰岩、灰岩互层为主的相对隔水岩体。

(1)石牌组($\in_1^2$)。总厚 209m,以灰绿色页岩及粉砂岩为主,幕体大部分进入该层 2～8m,进入最大深度 16m。已将 201 号层间剪切破碎泥化带全部封灌。

(2)石龙洞组($\in_1^3$):为灰岩,总厚 153～185m。是主要建基岩体,岩溶化程度较高,是帷幕封闭的主要岩体。

下段($\in_1^{3-1}$):厚 67～78m,厚度稳定,其岩性自上而下。顶部厚 0.6～0.8m 疙瘩状泥灰岩(即 301 号夹层)、厚 5m 左右的粗粒鲕状灰岩、厚 1m 左右的斑纹灰岩、厚 10～12m 的细粒鲕

状灰岩夹斑纹及条带、厚3m左右斑纹灰岩、厚15～18m含白云质灰岩且下部含有不明显的条带、厚15～17m薄层条带及中厚层条带灰岩、15～17m薄层条带灰岩夹2～3层鲕状灰岩(单层厚0.5～0.8m),最下部为厚5m左右的薄层灰岩与页岩互层即201号层间剪切破碎泥化带的上半部分。

中段($\in_1^{3-2}$):厚35～50m,深灰色薄层条带灰岩,条带为泥灰质,上部单层厚3～4cm,中部条带灰岩和细粒鲕状灰岩互层,下部单层厚2～3cm,泥质条带较多,顶部厚0.1～0.8m为疙瘩状泥灰岩,性软易风化,沿此层常发育成层间剪切带(302号)。

上段($\in_1^{3-3}$):厚51～60m,深灰色厚层块状微晶含泥质、硅质、白云质斑纹灰岩,斑纹为泥灰质,略呈层状分布,新鲜者为深灰色,风化后呈紫褐色,下部偶夹细粒鲕状灰岩。

本组地层沉积后有一次短暂的沉积间断,顶面受侵蚀凹凸不平,凹槽中常有铁质结核、黄铁矿晶体及页岩透镜体分布。

(3)平善坝组($\in_1^4$)。一般厚40m,假整合于石龙洞组之上,分为六段。

一段($\in_1^{4-1}$):厚1～4.2m,灰绿色、黄绿色板状砂质页岩夹泥页岩及灰岩透镜体。

二段($\in_1^{4-2}$):厚1～8m,在帷幕地段一般厚5m,深灰色厚层、粗粒鲕状灰岩,含橙黄色泥质条带,上部多为致密灰岩。

三段($\in_1^{4-3}$):厚2～9m,一般厚6m,灰绿色页岩,含少量砂质,黄铁矿晶体或条纹及云母片,风化后呈黄绿色碎片,含雷氏三叶虫化石。

四段($\in_1^{4-4}$):厚3～9m,灰、深灰色薄层条带致密灰岩,条带为橙黄色泥灰质,泥灰质比较集中时,具瘤状结构。

五段($\in_1^{4-5}$):厚4～10m,在帷幕地段一般7～9m,灰绿色钙质页岩,上下部富含灰岩疙瘩体。

六段($\in_1^{4-6}$):厚12～22m,灰、深灰色薄层条带灰岩,条带为泥灰质,上下部薄层灰岩与泥灰岩呈互层状,顶部为橙黄色含灰岩疙瘩体的泥灰岩。

(4)红溪组($\in_2^1$)。一般厚约60m,岩溶化程度较高。主要分布在左岸166.5～210m连接段,但因“古海沟”冲刷,仅存其下段($\in_2^{1-1}$),厚13～19m,为深灰色中厚层白云质斑纹灰岩。

(5)“古海沟”堆积物。厚80～90m。岩性主要为泥灰岩、页片状泥灰岩、白云岩、砂质白云岩、灰岩等,呈不等厚互层状产出。其中泥灰岩厚36.7m,占此段总厚的41.4%;白云岩类厚19.7m,占22.5%;灰岩厚31.6m,占33%。勘探期间将其作为相对隔水岩体看待,并作为左岸帷幕的接靠岩体。

(二)地质构造

帷幕在单斜岩层中形成,岩层走向多为70°～80°,倾SE,倾角一般25°～30°,局部走向有所偏转,倾角变陡。右岸82.5m及121.5m灌洞0+67～0+305m段,岩层走向大部分为40°～60°,倾SE,倾角多为35°～40°,局部达50°。帷幕轴线大部分与岩层走向夹角极小,仅右岸121.5m及165m灌洞0+386m及0+312m以北段与岩层走向近于正交。与帷幕形成有关的构造问题是:不同规模的断层、层间剪切带和裂隙。

1. 断层

在两岸八条灌洞和河床及帷幕线通过的大坝建基面地段共测到断层、裂隙性断层342条。其中规模较大的有29条,其余均为裂隙性断层或长大的裂隙。延展较长、较深,溶蚀较强并对帷幕形成有重要影响的断层，左岸有 F_{29}、F_7、F_8、F_{10}、F_{10-1}、F_{25}、F_{40}、F_{125}、f_8，河床有 F_{19}、F_{26}、F_{33}、F_{12}、F_{13}，右岸有 F_4、F_{16}、F_{18}、F_{180}、F_{173}、F_{66}、F_{67}、F_{152}、F_{632}、F_{80}、F_{82}、F_{69}、F_{50}、F_{170}、F_{20} 共 29 条。溶蚀较强对帷幕有影响的裂隙性断层左岸 60m 平洞中有 f_1、f_2、f_3，107.5m 平洞中有 f_{12}、f_{14}、f_{16}、f_{18}，210 平洞中有 Tf_{11}、Tf_{14}、Tf_{15}、Tf_{19}；右岸 121.5m 平洞中有 Tf_{23}、f_2、Tf_{54}、f_3、Tf_{56}；165m 平洞中有 Tf_{66}、Tf_3、Tf_7、Tf_8、Tf_{26}；206m 平洞中有 Tf_{12}、Tf_{13}、Tf_{16}。上述断层及裂隙性断层性状见表 5-3-3。从表中可看出，上述断层有如下特点：①断层带内多有方解石及泥钙质胶结的角砾岩、碎裂岩或碎裂块状岩，呈透镜状或囊状分布，一般宽 10～20cm，宽者 2～4m；②沿断层带呈串珠状溶蚀，所形成的溶缝、溶穴单个宽一般 5～20cm，大部为黏土不完全充填；③断层两侧岩体中部分层面剪损拉开，溶蚀填泥（或砂），宽一般 5～15cm，长 10～15m，尤以近岸及河床地段规模较大断层附近常见。

表 5-3-3　帷幕地段主要断层特征统计表

位置	灌浆平洞	断层编号	产状			规模		基本性状	溶蚀程度	工程意义
			走向(°)	倾向	倾角(°)	带宽(m)	断距(m)			
左岸	210平洞	F_{125}(Tf_{18})	30	SE	75	0.03～0.2		断面平滑，带内为碎裂岩及糜棱岩组成，断续溶蚀填泥	串珠状溶缝	沿断层有较大漏量
		f_4	30	NW	70～80	0.01～0.02		断面波状光滑，面附铁锈，带内为碎裂岩组成，具溶蚀，且填泥	地面溶蚀成竖井状溶洞	沿断层有较大漏量
		Tf_{11}	60	NW	65	0.01～0.03		断面波状，面附铁锈及泥膜，带内为碎裂岩组成，沿断面轻微溶蚀	溶缝 1～3mm	沿断层可能有较大漏量
		Tf_{14}	35	SE	55	0.01～0.03		面较平，延伸弯曲，面附褐色泥膜带，内为泥钙质胶结的角砾岩		沿断层可能有较大漏量
		Tf_{15}	25	SE	75	0.01～0.02		断面平滑，面附泥膜，两盘岩层产状明显变异		沿断层及其周围漏量较大
		Tf_{19}	40	SE	60	0.01～0.03		断面波状弯曲，面附紫色泥膜，带内为泥质胶结的角砾岩组成，局部呈串珠状溶蚀，断续填泥	串珠状溶缝	沿断层有较大漏量
	107.5至166.5平洞连接段	F_{171}	327	NE	81	0.03～0.05		面平直，附褐黄色氧化膜及泥钙质，内充填黏土和碎石		
		F_{230}	300	SW	75	0.2～0.6	0.2～0.3	断面缓波状，钙质胶结细粒灰岩角砾，面附泥钙质及方解石	溶蚀充泥	
		F_{244}	350	NW～SW	74～80			断面平直、光滑，沿断层面被方解石或黄色氧化膜充填		
		F_{245}	90	N	76			断层带见碎裂岩，被方解石及黄泥充填		

续表 5-3-3

位置	灌浆平洞	断层编号	产状			规模		基本性状	溶蚀程度	工程意义
			走向（°）	倾向	倾角（°）	带宽（m）	断距（m）			
左岸	166.5	F_{40}	317	SW	70～80	2～3		断层带为碎裂岩及块状岩组成，方解石泥钙质充填。断面光滑且顺扭阶步，见分支（F_{40-1}、F_{40-2}）	沿断层呈网状溶蚀，溶蚀宽1～30cm，局部达1m，充泥，向两壁延伸2.5～2m，溶缝有变窄趋势，下游壁溶缝有水流出Q=0.1～0.2L/s	
		F_{29}	270～280	S～SW	70～80	0.5～5.5	7	以破碎带形式出现，黄色及灰色角砾，多为砾泥岩及白云质灰岩，胶结物多为方解石及泥钙质，少数为泥质，据166.5、210灌浆洞揭露，断层宽0.5m，具有溶蚀现象，正平移断层	地表溶蚀强烈，溶沟宽达5.5m	仅"古海沟"边界地段较大
		F_7	315	SW	69～80	1.5～2.1		断层带主要为块状岩组成，主断带宽10～15cm。碎裂岩呈纺锤形串珠状连续发布，具分支（F_{7-1}），带内近于平行主断面裂隙发育，间距10～20cm，且多填泥，沿带掏挖3～5m，无明显改善	沿断层呈串珠状溶蚀且充泥，两壁见0.2～0.4m溶沟，壁面有灰华，右壁有水浮出Q=0.4L/s	灌注量小，与F_8交汇带灌注量大
	60	F_8	355	SW	75～80	0.32～0.35		断面弯曲不平，方解石胶结的角砾岩及糜棱岩，胶结紧密，地表沿断层溶蚀成宽1m的沟槽。据107.5灌浆洞揭露，左壁为一闭合裂面，右壁裂面宽3～5cm，充填黏土。正平移断层	据42孔、91孔、11号勘探平洞揭示，分别见洞径4.54m，8.5m及10m的溶洞	沿断层普遍灌注量大
		F_{10}	355	SW	65～70	0.3～4	6～32	角砾岩或糜棱角砾岩大部分胶结较好，主断面见断层泥。据14孔揭露，影响带最大垂直厚36.42m，据60灌浆洞揭露，主断面宽0.3～0.5cm，影响带宽3m，未见溶蚀。据107.5灌浆洞揭露断层溶蚀宽1m，上通地表，下通15号勘探平洞的溶洞。正平移断层	断层强烈溶蚀，发育K_{421}竖井与K_9溶洞，5号平洞追索50m线溶蚀率为22.4%，9号平洞追索，溶蚀率46.6%，15K_4溶洞充泥	沿断层及上盘灌浆普遍灌注量大
		F_{10-1}	340	SW	85	1.5		据60灌浆洞揭露，断层宽0.5～1.6m，为三条长大裂隙控制的岩体相对破碎带，沿断层无溶蚀。据107.5m灌浆洞揭露，沿断层溶蚀强烈，见有宽度小于1m的溶洞。正平移断层	沿断层溶蚀强烈	沿断层及上盘灌浆普遍灌注量大
		F_{25}	355～350	SW	65～87	0.25～0.5	1.4	破碎带为方解石胶结的角砾岩，胶结良好，具两个分支构造与主干断面相交。据60灌浆洞揭露，断层面较平直，见倾状角10°斜擦痕，显反扭，主断面宽0.2～0.3m，断层下盘影响带宽3m，上盘无影响带。正平移断层	沿断层断续溶蚀成狭缝或落水洞	沿断层灌浆局部灌注量大
		f_1	300	NE	70	0.03～0.1		面波状，具近水平擦痕，局部为溶缝，充填黏土及碎石，在洞壁和顶板见有5～10cm的溶缝并有流水，左壁溶缝涌水量Q=110L/min	局部溶蚀成宽5～10cm溶缝并涌水，Q=110L/min	已抽槽处理，沿断层局部灌注量大
		f_2	290	NE	68～72	2		主断面平直光滑，见倾伏角25°斜擦痕，局部溶蚀充泥4～8cm，断层带及围岩风化成黄色。断层规模大，性状较差	局部溶蚀充泥4～8cm，顶板有滴水，雨季呈线状流水	已抽槽处理沿断层普遍灌注量大，最大15 622kg/m
		f_3	320～330	NE	80～86	0.005～0.4		面粗糙不平，见倾伏角20°斜擦痕，显反扭，面见黄色氧化膜，局部为方解石的角砾岩，沿断层溶蚀成串珠状溶缝，左顶有滴水	溶蚀成串珠状溶缝，并有滴水	已抽槽处理，沿断层灌浆灌注量大

续表 5-3-3

位置	灌浆平洞	断层编号	产状			规模		基本性状	溶蚀程度	工程意义
			走向(°)	倾向	倾角(°)	带宽(m)	断距(m)			
左岸	107.5m	f_8	280~290	SW	28~37	0.01~0.02		溶蚀充泥，断续见有角砾岩。据107.5灌浆洞揭露，断层溶蚀充泥宽30~50cm，部分充泥宽1cm，沿断层有渗水现象，断层微切层发育，性状很差	沿断层溶蚀强烈，充泥严重	沿断层灌浆普遍灌注量大。已抽槽掏挖处理
左岸	107.5m	f_{12}	300	NE	50~60	1.5~4		断层面波状，主断面溶蚀充泥，宽5~20cm，影响带宽1.5~4m，为碎裂岩及碎块岩	沿断层溶蚀充泥5~20cm	已抽槽处理，沿断层局部灌注量大
左岸	107.5m	f_{14}	300	NE	75~80	1~2		主断面溶蚀充泥宽10~22cm，断层带宽1~2m，见两条主裂面，带内岩体呈碎块岩	断层面溶蚀充泥10~20cm	已抽槽处理沿断层灌浆灌注量较大
左岸	107.5m	f_{16}	300	NE	65~85	2		由三条近平行的断裂而组成，波状，下陡上缓，主断面附近有1cm的紫红色黏土，断层带宽2m，为块状角砾岩及碎裂岩。块状角砾岩，宽0.3m，块状角砾岩大小为5cm×10cm	轻微溶蚀充泥	已抽槽处理，断层灌浆大部分灌注量大与60m灌浆洞f_2为同一断层
左岸	107.5m	f_{18}	330	NE	80~85	1~2		由三条近平行的断裂面组成，面上具近水平擦痕，显反扭，主断面宽1~5cm，充填紫红色泥，断层带宽1~2m，主要为碎裂岩，部分为块状岩，胶结一般		已抽槽处理，沿断层灌浆部分灌注量大
河床		F_{19}	12	NW	52	0.02~0.1		面平直光滑，见方解石胶结的角砾岩，显正性		沿断层灌浆，−5~55m高程间灌注量较大
河床		F_{26}	350	SW	80	0.06	5	断层面平直，面上见1mm的褐红色泥膜，带内为方解石胶结的角砾岩或碎裂岩		沿断层灌浆，普遍灌注量较大
河床		F_{33}	278~293	NE	66~77	0.5~3		主断面舒缓波状，光滑，见倾伏角20°斜擦痕，显反扭逆性。断层角砾岩宽0.1~2m，方解石胶结，断层带宽0.5~3m，由主断面和次生断面组成	顺断层溶蚀，充泥宽5~20cm	帷幕处于F_{33}末端，性状变好，沿断层局部灌注量大
河床		F_{12}	340	SW	70	0.1~0.4	21~45	断层面平直光滑，见近水平擦痕，显正扭正性，断层带为方解石胶结的角砾岩	有出水点，流量Q=0.5~1L/s。	沿断层−20m高程以上灌注量较大
河床		F_{13}	345~360	SW~W	65~72	0.5~2	25~30	断层带为糜棱岩，角砾岩及碎裂岩，方解石胶结为主，少量泥钙质胶结，糜棱岩呈碎片状，泥钙质风化呈黄色	沿断层透水性较大	沿断层−10m高程以上灌注量较大
右岸	82.5~121.5m连接段	F_4	350	SW	50~75	0.4	20	断层带为泥钙质及方解石胶结的角砾岩。据82.5灌浆洞揭露，断层宽0.2~0.3m，沿断层轻微溶蚀，右壁见有直径25cm的溶洞	溶蚀强烈，100m高程线溶蚀率49.6%	沿断层灌浆部分地段灌注量大
右岸	82.5~121.5m连接段	F_{16}	30~40	SE	45~70	0.4~2.7	35	断层面平直光滑，断层带为方解石胶结的角砾岩及碎裂岩，胶结较差。断层面溶蚀充泥。据82.5m灌浆洞揭露，断层带宽0.6~0.12m，溶蚀充泥厚0.1~1.5cm。正平移断层	溶蚀强烈，线溶蚀率58%；K_{1-1}狭缝状溶洞体积大于300m^3	80m高程以上沿断层灌浆，灌注量将会很大

续表 5-3-3

位置	灌浆平洞	断层编号	产状			规模		基本性状	溶蚀程度	工程意义
			走向(°)	倾向	倾角(°)	带宽(m)	断距(m)			
右岸	82.5～121.5m连接段	F_{180}	25～30	SW	70～85	0.75～1.20		断层带宽 0.75～1.20m，方解石及泥钙质胶结，胶结较差	溶蚀严重，4 号洞揭示溶洞三个，线溶蚀率 39%，如 K_1 溶空体积 $45.75m^3$，内充填大量塑性泥。据拱座开挖揭示，溶蚀呈宽大宽槽：30～50cm 充泥，坝基清理中部挖除 105m 高程下性状变好	位于 121.5m 灌浆平洞与大坝廊道连接段，对帷幕的形成有较大的影响
	121.5m灌浆平洞	F_{152}	290	NE	60～70	0.01～0.1		据 121.5m 灌浆平洞揭露，断层溶蚀充泥，并发育 $121K_1$ 溶洞，内有滴水，逆断层	溶蚀较强烈	沿断层灌浆，灌注量将很大
		F_{173}	330～355	NE	55～75	0.3～1.5		方解石或泥钙质胶结的角砾岩。据 121.5m 灌浆平洞揭露，面波状，断距 2m，与 F_{66} 交汇带发育 $121K_2$ 溶洞，宽 0.5～2.5m，内有流水，$Q=5L/s$，正断层	溶蚀强烈，溶蚀呈狭缝状，一般高 2.5～5m，最高 13～14m	$121K_2$ 溶洞已抽槽处理，沿断层灌浆，灌注量较大
		F_{146}	350	SW	70～75		1～1.5	地表断层宽 1.5m，断层面被覆盖，性状不易查清，地层断距 1～1.5m，正断层。建基面仅见一裂缝，规模较小	建基面未见溶蚀	对帷幕形成影响不大
		F_{66}	320～350	NE	80	0.05～0.3	5～6	方解石胶结的角砾岩，面弯曲，据 165m 灌浆洞揭露，断层溶蚀充泥，见灰华。与 F_{69} 交汇带发育 $165K_3$ 大溶洞		
		Tf_{54}	20	NW	65	0.003		充填泥钙质。与 f_3 交汇带发育 $121K_4$ 溶洞，长 8m，宽 2～3.5m，高 4m，有消水痕迹	溶蚀强烈	沿断层灌浆，灌注量大小受充填物限制
		f_3	300	NE	70	0.003		充填泥钙质。与 Tf_{54} 交汇带发育有 $121K_4$ 溶洞，充泥	溶蚀强烈	沿断层灌浆，灌注量大小受充填物限制
		Tf_{56}	270	W	82	0.003		充填泥钙质及泥，沿断层发育充泥溶洞，长 3.5m，宽 1m，高 2m。断层规模较小	溶蚀强烈	沿断层灌浆，灌注量较大
		Tf_{23}	355	SW	60～70	0.003～0.005	2.5	充填泥钙质，面弧形弯曲粗糙，与层间剪切面及 F_{152} 交汇带发育有 $121K_1$、$121K_6$ 溶洞，底板 $121K_6$ 溶洞具有很强的消水能力	溶蚀强烈	$121K_6$ 溶洞已扩挖处理，沿断层灌注量较大
		f_2	320	NE	70	0.003		充填方解石，面较平直，沿断层在底板发育有 $121K_3$ 充泥溶洞，长 7m、宽 2m、深 2m	溶蚀强烈	沿断层灌浆，灌注量大小受充填物限制
	165m灌浆平洞	F_{66}	320～350	NE	80	0.05～0.3	5～6	据 121.5m 灌浆平洞揭露，与 F_{173} 交汇带发育 $121K_2$ 溶洞	溶蚀强烈	$165K_3$、$121K_2$ 均已抽槽处理，沿断层灌浆注量较大
		F_{138}	345	SW	70	0.1～0.3		大部分为方解石胶结的角砾岩，少部分紫红色钙屑粉砂岩胶结，胶结较好，局部见构造块状岩	未见溶蚀	

续表 5-3-3

位置	灌浆平洞	断层编号	产状			规模		基本性状	溶蚀程度	工程意义
			走向(°)	倾向	倾角(°)	带宽(m)	断距(m)			
右岸	165m灌浆平洞	F_{67}	15	NW	70	0.05～0.1		充填方解石及紫红色钙质粉砂岩，局部见宽0.3～0.5m方解石胶结的角砾岩，胶结差，多见晶洞和晶缝，沿断层面微溶蚀充泥，宽0.1～0.2cm	轻微溶蚀	沿断层灌浆，灌注量较大
		F_{632}	10～15	NW	65～80	0.8～1.5		地表溶蚀宽2～3m，深2m以上深槽，主断面宽3～10cm，方解石胶结的角砾岩，断层带宽0.8～1.5cm，为碎裂岩。据165m灌浆平洞揭露，与F_{69-1}交汇带发育有$165K_2$廊道状大溶洞，底板见一深切狭缝，宽0.3～0.7m，深5～11m，强消水	强烈溶蚀，发育有$165K_2$大溶洞，并见一深切狭缝	$165K_2$已抽槽，帷幕上下均作防渗井处理，沿断层灌浆，灌注量仍将很大
		F_{69}	40～66	SE	30～37	0.1～0.5	10	是坝区性状差的断层，断面微切层发育，波状起伏，面较光滑，沿断面普遍溶蚀充泥，断层溶蚀强烈。沿断层及断层交汇带，普遍发育狭缝状及廊道状大溶洞，如K_{881}、$165K_3$、引支K及F_{69}阻浆键溶洞系列。其溶蚀特征有三：①沿走向及倾向溶蚀或廊道状倾斜溶洞；②沿断面普遍充泥，宽10～50cm，或狭缝状溶洞；③与陡倾结构面交汇带易发育直径1～2m的落水洞	强烈溶蚀。发育有K_{881}、$165K_3$引支K及F_{69}溶洞系列	K_{881}已在坝基挖除，$165K_3$已抽槽处理，幕前12～20m处设置有F_{69}阻浆键，将$165K_3$、F_{69}溶洞系列及引支K隔断，沿断层灌浆，灌注量将很大
		F_{69-1}	40	SE	37	0.01～0.03		溶蚀充泥，部分沿断层面充有方解石，断面较平直，断层溶蚀强烈。与F_{632}交汇带发育有$165K_2$廊道状大溶洞和一直径约30cm的管道状充泥溶洞	溶蚀强烈，发育有$165K_2$溶洞	$165K_2$在幕前后设有阻渗井，幕前12～20m处设有F_{69}阻浆键，沿断层灌浆，灌注量将很大
		F_{69-2}	70	SE	30	0.001～0.003		充填泥钙质，局部溶蚀充泥宽5～10cm，断层面平直，见近水平擦痕。F_{69}断层系列性状开始变好		沿断导灌浆，灌注量将较大
		F_{69-3}	70	SE	32	0.02～0.05		充填紫红色钙屑粉砂岩，中间夹有宽0.2～1cm的方解石脉，断层面平整见有明显的斜擦痕，其性状较好		对帷幕形成影响不大
		F_{69-4}	80	SE	22	0.001～0.002		充填紫红色钙质粉砂岩，局部遇水软化成泥，泥化宽0.3～0.5cm，最宽1cm，断面平直光滑	未见溶蚀	对帷幕形成影响不大
		T_{18} (Tf_{10})	20～30	NW	80～85	0.01～0.15		断层为一组右行斜列小断层组合而成，充填红色粉砂岩及方解石胶结的角砾岩，性状大都较好，与F_{69}交汇处性状差	未见近代溶蚀	对帷幕形成影响不大
		F_{50}	280	SW	66	0.01～0.02		地表断层带宽5～6m，为密集裂隙组成，深部(即165m高程)仅为一裂隙，局部有紫红色粉砂岩物质充填，性好	未见近代溶蚀	对帷幕形成影响不大

续表 5-3-3

位置	灌浆平洞	断层编号	产状			规模		基本性状	溶蚀程度	工程意义
			走向(°)	倾向	倾角(°)	带宽(m)	断距(m)			
右岸	165m灌浆平洞	F_{170}	275～295	SW	75	0.8		断层带为方解石胶结的角砾岩，下盘为古岩溶溶塌角砾岩	近代溶蚀轻微	在帷幕形成时有点串漏
		F_{20}	324	SW	72	0.2～0.3		断层带为碎裂块状岩组成，仅主断面上局部见方解石胶结的角砾岩及扁豆状小溶缝	沿断带有溶蚀，溶宽0.2～1cm	有较大的串漏
		Tf_8	290	NE	75	0.03～0.30		断面粗糙，底及右壁宽0.3cm，余者1～30cm，沿断层溶蚀较强烈，有黏土、石碴不完全充填	沿断层发育有 K_6 狭缝状溶洞	有较大串漏
		Tf_{12}	85	NW	80	0.01～0.10		断带为碎裂块状岩组成，局部溶蚀填泥	沿断层溶蚀成洞，宽30～60m，长25m，深100cm	已封堵，深部可能有较大漏量
		Tf_{24}	355	SW	70	0.05～0.15		断面粗糙，带内为方解石胶结的角砾岩，呈透镜状分布，沿断层溶蚀强烈	与 K_5 交汇带发育有 K_3 溶管，具强消水能力	已封堵仍有较大量串漏
		Tf_{26}	305	NE	70～78	0.05～0.10		断面呈弧形，带内主要为碎裂块状岩，具分支，显顺扭，沿其溶蚀填泥0.3～5cm	洞内溶缝有大量线状滴水	有一定量的串漏
		Tf_6	317	NE	64	0.1～0.3		断面微波状，见水平擦痕，带内方解石及紫红色粉砂岩穿插充填	沿断层发育 K_1 溶管	溶管已封堵但仍有一定量串漏
		Tf_7	75	NW	70	0.3～0.5		断面较平直，泥钙质充填，沿断层溶蚀强烈	顶板发育有 K_4，无充填并有水流	有较大串漏现象
		F_{80}	320～15	SW～NW	80	0.8～2.0		条块状角砾岩，钙铁质胶结坚硬，据121.5m、165m及206m灌浆洞揭露，断层位于古溶塌角砾岩中		在古溶塌角砾岩边界地段沿断层灌注量大
		F_{82}	320～350	SW	65～75	0.7	1.4	泥钙质胶结的角砾岩，据121.5m、165m及206m灌浆洞揭露，断层位于古溶塌角砾岩中，断层带均充填紫红色的钙屑粉砂岩		在古岩溶边界地带沿断层灌浆灌注量较大
	206m平洞	Tf_{13}	330	SW	60	0.03～0.10		断面波状弯曲，带内由块状碎裂岩组成，局部溶蚀，断续填泥	沿断带见串珠状溶缝，红色岩屑充填	深部可能有较大串漏
		Tf_{16}	350	SW	70	0.01～0.15		断面粗糙弯曲不平，为块状碎裂岩组成局部溶蚀，多为红色岩屑充填	串珠状溶缝	深部可能有较大漏量

2. 裂隙

两岸8条灌浆平洞及帷幕通过的大坝建基面编录测得裂隙4 193条，按走向分为5组，见表5-3-4。

①280°～310°，多倾NE；②340°～355°，倾NE或SW，但以NE者居多；③1°～10°，倾SE或NW；④30°～40°，倾NW或SE；⑤60°～80°，多倾NW。

从表5-3-4看出：以NE30°～40°组最发育，1°～10°、60°～80°及280°～310°组次之，其他方位相对较少；裂隙多为高倾角，占总数75%，缓倾角裂隙极少，仅占5.4%，且多集中出现在走向50°～90°范围内；未经风化溶蚀的裂隙为方解石充填，占总数的64.1%，处于断层或洞穴

表 5-3-4 灌浆平洞中裂隙性状总表

（裂隙数量单位：条）

性状 \ 走向		270°	280°	290°	300°	310°	320°	330°	340°	350°	360°	10°	20°	30°	40°	50°	60°	70°	80°	90°	合计
各组数量(条)		124	263	250	249	249	201	198	191	223	207	254	236	268	287	210	229	213	198	143	4 193
倾向	方位/数量	N/96	NE/227	NE/233	NE/207	NE/215	NE/149	NE/134	NE/78	NE/145	W/104	NW/102	NW/129	NW/135	NW/154	NW/91	NW/104	NW/120	NW/104	N/120	2 647
	方位/数量	S/28	SW/36	SW/17	SW/42	SW/34	SW/52	SW/64	SW/113	SW/78	E/103	SE/152	SE/107	SE/133	SE/133	SE/119	SE/125	SE/93	SE/94	S/23	1 546
倾角	71°～90°	95	190	186	201	189	160	163	161	179	166	227	190	217	208	130	148	126	139	68	3 143
	45°～70°	25	66	56	46	51	40	32	28	39	33	25	40	42	64	44	59	58	32	43	823
	＜45°	4	7	8	2	9	1	3	2	5	8	2	6	9	15	36	22	29	27	32	227
充填情况	方解石	105	117	161	153	165	145	135	109	144	141	196	173	212	206	125	133	93	109	65	2 687
	泥及泥钙质	17	116	52	67	54	38	39	61	54	53	52	50	41	73	82	74	105	73	55	1 156
	无充填	2	30	37	29	30	18	24	21	25	13	6	13	15	8	3	22	15	16	23	350

附近的裂隙，因风化、溶蚀作用，为泥、泥钙质或无充填(其中：泥及泥钙质充填者占裂隙总数的27.6%，无充填者占8.3%)。

3. 层间剪切带

层间剪切带是帷幕地段岩体中的又一构造形迹。依剪切破坏程度可分为三种类型。

Ⅰ类：层间剪切破碎泥化型。与帷幕关系密切的有201号、401号、403号、405号。201号发育在石牌组顶部与石龙洞组底部灰、页岩互层岩组段，剪切带总厚达10m左右，带内常见剪切面5～9条，密集处达15～25条，普遍夹灰白色软泥，厚1～5mm。401号、403号、405号分别发育在平善坝组第一、第三、第五段页岩内，顶、底部具有多个剪切破碎泥化面或泥软化带及泥膜光面，尤以401号最为严重，在厚2m的页岩中共见6条泥化带，单层破碎泥化带厚0.5～26cm。

Ⅱ类：层间剪切破碎型。与帷幕关系密切的有301号、302号、g_9、g_{10}及406号。前者发育在石龙洞组灰岩第一与第二段和第二与第三段界面及第二段薄层条带灰岩中，后者(406号)发育在平善坝组第六段顶与红溪组界面段。剪切带沿疙瘩状泥灰岩及泥灰岩薄层或条带发育，剪切破碎程度不一。同一剪切带中，部分主剪切面已形成，而另一部分则只形成一些剪裂隙。上述剪切带与断层相交处或出现在洞穴附近时，多沿剪切面发生泥化，厚数毫米或呈泥膜。剪切带风化明显。

Ⅲ类：层间剪损型。发生在厚层灰岩中的层面或薄层条带灰岩中的泥灰岩薄层处。在褶皱变形过程中沿层面产生剪切滑移，层面连接力大为减弱，为后期的地下水活动提供了条件。在厚层灰岩中沿其溶蚀发育成层面溶蚀充泥带，如g_1～g_4等。近岸地段及河床部位的薄层条带灰岩中的薄层泥灰岩大都因层面剪损而成风化状。

(三)岩溶

帷幕绝大部分幕体主要在石龙洞灰岩中形成。石龙洞灰岩是坝址区岩溶发育强烈的岩组。勘察期间对岩溶发育的控制因素及规律、岩溶化程度均有详细的阐述。下面仅就帷幕地段岩体中岩溶发育规律、特征、特点进行论述。

勘察期间在相当于下部三层帷幕岩体中，左岸有3号、9号、5号勘探平洞，右岸有2号、10号、4号及12号勘探平洞。83m高程的3号勘探平洞下游洞沿F_{10}追索73m，线溶蚀率达47.9%，其中$3K_4$、$3K_5$溶空体积均在250m^3以上；94m高程的9号勘探平洞的1号支洞沿F_{10}追索91m，虽大部分无溶蚀，但平洞上游段发育的$9K_7$与环形洞连成一体，溶空体积达700余立方米；115m高程的5号平洞1号支洞全线沿F_{10}追索长200余米，发育洞穴25个，线溶蚀率达60%以上，其中位于幕线上的$5K_5$竖井，深达23m余，溶空体积60余立方米。右岸87m高程2号平洞中的7号支洞沿F_4追索92m，线溶蚀率28%，见洞穴11个，其中$2K_8$呈扁缝状向上延至4号平洞，溶空体积20余立方米；100m高程的10号探洞中的1号支洞，沿F_4追索35m，见洞穴4个，线溶蚀率47%，其中$10K_4$、$10K_5$溶空体积分别为22m^3及112m^3；10号平洞中的2号支洞沿F_{16}追索27m，见洞穴3个，线溶蚀27%，$10K_8$、$10K_{11}$溶穴体积分别有20m^3及25m^3。112m高程的4号平洞中的2号支洞及F_{16}置换洞，分别沿F_{180}(已挖除)及F_{16}追索，几乎全线溶蚀。沿F_{16}所形成的洞穴体积达1 000m^3以上。147m高程的12号平洞见洞穴3个，$12K_3$、$12K_4$溶空体积分别为10m^3及50m^3，其中上游1号支洞沿F_{173}追索，线溶蚀率61%，$12K_2$溶空体积约390m^3。上述基本情况说明：左岸210m高程以下，右岸206m高程以下沿断层，特别是顺河向断层溶蚀强烈，帷幕全部跨越这些断层。同时，勘测期间钻孔揭示，在河床岩溶不发育，两岸 70m 高程以下无明显洞穴存在。

1. 帷幕实际揭示的洞穴情况

(1)灌浆平洞揭示的洞穴情况。60m、80.5m、107.5m、121.5m、165m、165.5m、206m 及 210m 高程的 8 个灌浆平洞共揭示溶洞、溶缝等 41 处，见表 5-3-5。从表中可以看出：①82.9%是在 107.5m、121.5m、165m、166.5m、206m 和 210m 高程灌浆平洞揭示出的。即在相同地层内高程越高洞穴相对较多，高程降低洞穴也相对减少。②除右岸 121.5m 及 165m 和 206m 灌洞中的 K_1、K_2、K_3、K_4、206K 略具规模，单个洞穴体积大于 20～50m^3、206K 大于 18 000m^{3}外，余者多呈溶缝、溶穴状，溶空体积多数不足 1m^3，且分布零散，相互之间难以自行构成统一的岩溶通道系统。但 121K_2 溶洞(0+75～0+80m)不仅为 121.5m 灌洞施工期的主要消水洞，而且还可能是Ⅳ号岩溶通道系统的洞穴；165K_2 及 165m 灌洞 0+0～0+59m 段沿 F_{69}所形成的洞穴，规模甚大，均属Ⅱ号岩溶通道系统西支源头段。其余各岩溶通道大部分处于幕外。Ⅵ号通道位于幕后 45～100m。③这些洞穴均沿断层或裂隙性断层及其交汇带形成。④近岸的几条主要顺河断层(F_{10}、F_{10-1}、F_{25}、F_4、F_{180}、F_{16}等)均处于 107.5m 及 121.5m 灌洞口以外的连接段。沿其形成的岩溶洞穴，大部分已挖除，余者也已回填。

表 5-3-5　206m 及 210m 高程以下帷幕地段岩溶洞穴统计表

位置及编号			发育桩号(m)	规模(m)			充填情况	发育层位	与构造关系	工程处理情况
岸别	部位	编号		长	宽	高(深)				
左岸	107.5 灌浆平洞	K_1	0+28～0+30 底板	2	0.3	0.3	黏土	$\in_1^{3-3}$	沿 f_1 溶蚀而成纺锤状	
		K_2	0+25～0+27 底板	2	0.4	0.5	黏土	$\in_1^{3-3}$	沿 f_2溶蚀而成纺锤状	
		K_{3-1}	0+61～0+61.5 顶板	1.5	0.3	0.3	碎块石及黏土，有滴水	$\in_1^{3-3}$	沿 f_4 发育，扁缝状	按整修要求，均已清理干净
		K_{3-2}	0+71～0+73.5 顶板	2.5	0.3	0.3	碎块石及黏土	$\in_1^{3-3}$	沿 f_4、f_5 交汇带溶蚀扁缝状	
		K_4	0+119～0+121 底板	1	0.2	0.3	黏土	$\in_1^{3-3}$	沿 f_{7-3} 发育，串珠状溶缝	
		K_6	0+294～0+295 下游壁	0.7	0.2	0.2	黏土	古海沟边界	沿 f_{20}(f_1)发育，串珠状溶缝	
		K_5	0+150 (机房壁及底板)	25	0.1～0.6	22	黏土碎石	$\in_1^{3-3}$	沿 f_8 发育，串珠状溶洞及溶缝	底板向下挖深 1～2m 仍有黏土
		溶缝集中带	0+190～0+197 (洞周圈)		单宽 0.1～0.3	72.5	黏土	$\in_1^{3-3}$	沿 f_{12}破碎带发育，串珠状溶缝	沿断层面挖深 1～2.5m，仍有溶缝及黏土
		溶缝集中带	0+211～0+215 (洞周圈)		单宽 0.05～0.15	22	黏土碎石	$\in_1^{3-3}$	沿 f_{14}破碎带发育，串珠状溶缝	沿断层挖深 1～2m，仍有溶缝及黏土
		溶缝集中带	0+236.5～0+242 (洞周圈)		单宽 0.05～0.10	23	黏土碎石，具较强消水能力	$\in_1^{3-3}$	沿 f_{16}破碎带发育，不规则串珠状溶缝	沿断层挖深 1.5～2.5m，仍有溶缝
		溶缝集中带	0+267.5～0+271.5 (洞周圈)		单宽 0.01～0.05	23	黏土矿石	$\in_1^{3-3}$	沿 F_{18} 破碎带发育，不规则串珠状溶缝	沿断层挖深 1.5～3m，仍有溶缝及黏土

续表 5-3-5

位置及编号			发育桩号(m)	规模(m)			充填情况	发育层位	与构造关系	工程处理情况
岸别	部位	编号		长	宽	高(深)				
左岸	60灌浆平洞	K_1	0+26～0+31(顶板)	5～6	0.01～0.03	0.3	无充填,有滴水	$\in_1^{3-2}$	沿 Tf_1 发育,槽状窄溶缝	未进行处理
		K_2	0+43.2(底板)	0.4	0.05～0.2	21.2	黏土	$\in_1^{3-2}$	沿 F_{25} 发育,不规则三角形	掏深 0.8～1.2m 溶缝变小,但有黏土
		溶缝集中带	0+180～0+186(洞周圈)		单宽 0.03～0.1	21.5	大部无充填,局部有稀泥	$\in_1^{3-2}$	沿 f_1 发育,串珠状溶缝,左壁及底有水流出 $Q=110L/s$	沿断层深挖 1～1.5m 仍有溶缝夹泥
		溶缝集中带	0+261～0+269(洞周圈)		单宽 0.01～0.01	22	大部有稀泥线状滴水	$\in_1^{3-2}$	沿 f_2 破碎带发育,串珠状溶缝	沿断层深挖 1～2m 溶缝内仍有黏土
		溶缝集中带	0+321～0+323(洞周圈)		单宽 0.04～0.08	21.5	黏土碎石顶有滴水	$\in_1^{3-2}$	沿 f_3 破碎带发育,串珠状溶缝	沿断层深挖 1～1.5m 溶缝内仍有黏土
	121.5灌浆平洞	K_1	0+13～0+17(右壁及顶)	4	0.1～0.8	7	灰华,有大量滴水	$\in_1^{3-3}$	层面溶蚀与 Tf_{23}、F_{152} 交汇带发育缝隙状溶洞	验收时要求泵压砼回填,是否实施,不清楚
		K_6	0+10.4～0+11(底板)	>4	0.2～0.5	0.8～1.0	灰华,具强排水能力	$\in_1^{3-3}$	沿 Tf_{23} 层面溶蚀交汇带发育,溶管状	验收时要求预埋回填灌浆管。回填如何不清楚
		K_5	0+68.5～0+72.5(底板)	5	1	0.5～1.0	底部有较多石碴,消水力强	$\in_1^{3-3}$	沿 T_6 与 F_{66} 交汇带发育不规则溶缝状	挖深约 2～3.5m 仍呈狭缝状向深部延伸
		K_2	0+76～0+78(两壁及顶)	14	2～4	5～7	无充填,左壁洞中有水流出 $Q=0.5L/s$	$\in_1^{3-3}$	沿 F_{66} 与 F_{173} 及 302 号交汇带发育,溶蚀宽缝,属Ⅵ号通道	右壁挖深 1～3m 变成溶管状
		K_3	0+378～+382(两壁及底)	7	2.0	2.0	黏土	$\in_1^{3-3}$	沿 f_2、T_b 及 Tb_1 交汇带发育,锥状	全部挖除
		K_4	0+389～0+39.4(两壁及底)	4	2	4	黏土,底板排水力强	$\in_1^{3-1}$	沿 Tf_{54}、f_3 交汇带发育,平面成丁字形	底板已全部挖除,下部呈扁缝向深部延伸
		K_7	0+397.5～0+399(右壁中部)	3.5	1.5	3.5	黏土	$\in_1^{3-1}$	沿 Tf_{56}、Tb_2 交汇带发育,缝隙状	挖深 1.5～3m,仍为黏土充填
		K_8	0+396～0+398.5(左壁及底板)	2.5	1	3.5	黏土	$\in_1^{3-1}$	沿 Tb_2 及裂隙发育,斜卧扁缝隙状	挖深 1.5～3m,仍为黏土充填
	82.5灌浆平洞	K_1	0+10(左壁)	1.0～2.0	0.6	0.5	黏土	$\in_1^{3-2}$	沿 F_4 发育,近圆形	按要求整修,已清理干净
		K_2	0+104～0+105(左壁)	0.5	0.4	0.5	黏土	$\in_1^{3-2}$	沿裂隙型断层发育,近圆形	按要求整修,已清理干净
	165灌浆平洞	$165K_1$	0+200～0+202	38	0.5～1.0	1.7～2.0	仅底部有少量黏土充填	$\in_1^{3-3}$	沿 Tf_3 与 302 号交汇带发育,洞顶左壁洞内有水流出 $Q=0.2～0.3L/min$	左壁洞段已挖至溶缝状,右壁洞段埋管封堵
		$165K_2$	0+49～0+59	91	2～3.5	2～5	底部有少量黏土及块石	$\in_1^{3-3}$	沿 F_{69-1} 及 F_{632} 发育,其下与 3 号引水洞 K_2、上与地表 K_{884} 通	幕前后均设阻渗井,幕前 F_{69} 阻浆键也切断此洞

续表 5-3-5

位置及编号			发育桩号(m)	规模(m)			充填情况	发育层位	与构造关系	工程处理情况
岸别	部位	编号		长	宽	高(深)				
右岸	165灌浆平洞	$165K_3$	0+1.5～0+8	>30	1.5～2.0	1.5～8	黏土及碎石断续充填	$\in_1^{3-3}$	沿F_{69}、F_{66}发育，洞底幕后F_{69}、K_{56}及引支K连为一体	均已清挖，砼回填
		K_4	0+360～0+369	4	2	3	无充填	$\in_1^{3-1}$	沿Tf_7发育，洞顶有水流出$Q=1L/s$	补砌时一并回填
		K_5	0+367～0+369	>4	0.3～0.5	0.8	无充填	$\in_1^{3-1}$	沿Tf_{24}与K_5发育于洞底，具强消水能力	挖深1.5m仍呈管状向幕前延伸，强消水
		K_6	0+375～0+376	>1.5	0.3	2	大部无充填，局部见黏土	$\in_1^{3-1}$	沿Tf_8发育于顶及左壁，有滴水	左壁扩挖0.5m，砼回填
左岸	166.5灌浆平洞	$166K_1$	0+4.2～0+8	13	0.3～1.0	1.0～4.0	黏土碎石不完全充填	$\in_1^{4-6}$	沿F_{40}发育于洞周右壁，有水流出$Q=0.1～0.2L/s$	沿断层扩挖0.5～5m底板溶蚀减弱，壁面及顶仍有0.1～0.4m的溶缝及串珠洞穴向外延伸
		K_2	0+68～0+72	>110	0.2～2.0	0.5～4.5	沿F_7发育于洞底及两壁面右壁有水流出$Q=0.4L/s$			
	210灌浆平洞	K_0	-1.5～0+0	1.5	1.2	>7	黏土、石碴不完全充填	$\in_2^{2-(1+7)}$	沿f_4溶蚀而成缝隙落水洞	清挖深3m砼回填
		K_1	0+9.5～0+13	2.0	1.0	>5	灰华及黏土、碎石全面充填	$\in_2^{2-(1+7)}$	沿F_{29}溶蚀狭缝状落水洞	洞顶填自行脱落，洞底呈溶缝状伸向深部
		K_2	0+73	0.2	0.2	0.3	无充填	$\in_2^{2-(1+7)}$	沿f_{14}发育	
		K_3	0+91	0.5	1.5	0.35	无充填	$\in_2^{2-(1+7)}$	沿层面发育	
右岸	206灌浆平洞	$206K_1$	0+208～0+210	>134	1.5～12	0.6～11.5	壁面有灰华，底有黏土	$\in_1^{3-3}$	沿层面与裂隙发育，有地下水流动	上部高于蓄水位，下部呈溶隙状已挖除
		K_2	0+262	0.6	0.4	0.25	黏土充填	$\in_1^{3-2}$	沿Tf_{12}发育	已挖除
		K_3	0+286.7	0.5	0.8	0.4	黏土全面充填	$\in_1^{3-2}$	沿Tf_{13}发育	已挖除回填

(2)钻灌过程中的遇洞情况。在已形成的大坝帷幕中，共收集到3 040个钻灌孔资料，总进尺125 117.19m。据施工单位提供的资料，仅在极少灌、检孔中捕捉到可能是溶穴的信息。60m灌洞末端的195孔(斜孔、倾角70°)，在高程10m左右掉钻24cm，有黏土碎石；60m廊道12坝块的B_{3-1-4}孔在高程-33～-41.2m孔段中发现有黏土、砂和砾石；121.5m灌洞三衬砌段检-16孔在高程109.7m遇到溶洞充填物，且固化差，压水无法阻塞；165m灌洞在回填、固结灌浆时，于洞左壁上部0+328.5m外有一灌孔遇洞，深3m，孔口有风感。另在0+118～0+155m洞段下主排一序孔F_{1-1-59}、F_{1-1-61}、F_{1-1-65}孔灌注时，于高程140.5～150.5m在相邻灌孔中有大量黄泥串出，其中F_{1-1-59}孔灌注时，于二序孔F_{1-2-63}孔串出黄泥约$1m^3$。除此之外，其他部位无明显洞穴信息，说明幕体范围内的岩体中不存在大型岩溶洞穴。

(3)根据钻灌过程中的耗灰量判断出的洞穴信息，我们认为单耗在1 000kg/m以上的孔段内，岩体中应存在洞穴。帷幕全线共有33 134个灌段，据其中下主排一序孔4 901个灌段资料统计，单耗的分布具明显的分区性，单耗大于1 000kg/m者有410段。其中大于7t/m的有46段；大于10t/m者27段；大于20t/m的7段。最大一段单耗近28t/m(121.5m灌洞$G_{1-1-151}$孔，高程95～100m孔段)。此段总耗灰量近140t，若按相关关系从高推算，相当于灌注了洞穴体积约$90m^3$。

从上述看出，帷幕地段岩溶发育程度底层相对较弱，第二、第三、第四层相对较强。实际灌注的洞穴体积从高估算约 4 810m^3（不包括 F_{69} 阻浆缝在内）。与技术设计地质报告中指出的潜在洞穴体积 5 000m^3 基本一致。

2. 几点规律与启示

从前面的叙述中已清楚地看到，顺河向断层溶蚀强烈，帷幕又大部分与其大角度斜交，所以在一般的概念中，隔河岩工程的帷幕形成难度很大，而实践的结果是帷幕形成较为顺利，这是为什么呢？

(1)由于建设、设计、施工单位都接受了地质人员提出的“变岩溶化岩体为裂隙性岩体”的设想，左右两岸分别在四个高程（即左岸 115m、104m、94m、83m 高程，右岸 86m、100m、120m、146m 高程）打了四层勘探平洞，分别在其相应的高程中沿 F_{10}、F_{10-1}、F_4、F_{16}、F_{180} 及 F_{173} 等断层进行追索，并且在勘察期间为帷幕的形成作了必要的准备。帷幕实施前，施工单位又进行了精心的封堵，给帷幕的形成创造了良好的条件，也说明隔河岩工程在建设中充分地利用了勘探期间的勘探平洞，并获得了重大的经济效益（为工程直接利用的勘探洞有 40%～45%）。如果没有勘察期间多层的沿顺河断层进行追索的平洞，而又不能很好地封堵这些断层，帷幕形成的难度是可想而知的！所以说，地质人员提出的“变岩溶化岩体为裂隙性岩体”，对隔河岩工程无疑是一项重大的贡献！

(2)在强岩溶化的地区如何选择岩溶相对较弱的地段布置帷幕，隔河岩工程也是做得比较成功的，左岸帷幕线路从Ⅲ号、Ⅺ号岩溶通道与Ⅺ号岩溶通道之间的相对较弱地段通过，右岸帷幕则在Ⅱ号与Ⅵ号岩溶通道之间的相对较弱岩溶化地段通过，这一条件的实现，当然也必须是以对顺河断层进行事先封堵为前提。这里所说的相对较弱岩溶化地段是指非断层通过区岩体中的溶隙、溶洞相对较少，这一考虑是以进入到很高层次的岩溶化程度分区为根据的。

(四)水文地质

坝址区为单斜构造，地层排列是隔水层或相对隔水层与透水层相间组合，透水层有石龙洞组灰岩、红溪组灰岩，隔水层有石牌页岩，相对隔水层有平善坝组灰页岩互层及上峰尖组下段（即“古海沟”沉积岩组）、白云岩、泥灰岩互层岩体。两透水层被平善坝组相对隔水层隔开，经大量试验观测，各含水层之间一般无水力联系。

帷幕大部分将在石龙洞组灰岩中形成。经长期地下水动态观测，石龙洞灰岩中地下水补、排、运移系统已达到相对稳定平衡的状态。

(1)左岸地下水现代主要排泄通道是Ⅰ号岩溶系统，右岸地下水现代主要排泄通道是Ⅱ号岩溶系统。

(2)大量地下洞室开挖证实，坝基两岸地下水运移主要是地下洞穴系统或与现代排水洞穴系统相沟通的裂隙、断层带仅在雨季时有地下水的微量活动，因而很多地下洞穴仍然无明显的地下水活动和运移。

(3)一旦现代排泄系统被堵塞，将会重新打开某地质时期地下水活动或运移的老通道（尽管这些通道已被堵塞）。最有说服力的是上游碾压砼围堰开始挡水的第一年，当上游水位上升到 88m 高程时，Ⅱ号岩溶通道出口因被土石围堰所封堵，山体地下水排泄不畅，加之上游水头的作用，通过右岸的 2 号勘探平洞中的 K_5 大量向基坑涌水，当将 K_5 封堵后又打通 K_3，大量向基坑涌水；当上游水位达到 99m 高程时，库水通过Ⅲ号岩溶通道向基坑内大量涌水。现将各洞室及河床地段地下水露头列于表 5-3-6 中。从表中看出，泉水点多分布在河床，占水点总数 82%，分布于 60m、166.5m、121.5m 及 165m 平洞中的水点仅 9 个，其流量除 60m 平洞中的 W_1 有 1.83L/s，余者均小于 0.5L/s，河床则相反，不但水点多，且流量大于 0.5L/s 者达 20 个，流量大于 2～7L/s 者有 5 个，充分说明，河床坝基岩体透水性较大。而 206m 及 210m 平洞临近地表，除局部有零星滴水外，无明流出现。

表 5-3-6　206m 及 210m 高程以下帷幕地段泉水点统计表

部位		编号	泉水类型	出露地层	高程(m)	涌水量(L/s)	控制因素	备注
60m 灌洞	0+185m	W_1	溶隙下降泉	$\in_1^{3-2}$	61～64	1.83	沿 f_2 左壁及底溶缝流出	
	0+267m	W_2	溶隙下降泉	$\in_1^{3-2}$	64	0.2～0.5	沿 f_2 于洞顶溶缝流出	
	0+405m	W_3	裂隙下降泉	$\in_1^{3-2}$	65	0.10～0.16	沿 Tf_{14} 于洞左壁溶缝流出	
河床建基面	12 坝块坝轴线上	W_1	裂隙下降泉	$\in_1^{3-2}$	55	1	沿 f_{12} 断层流出	
		W_2	裂隙下降泉	$\in_1^{3-3}$	55	0.5	沿 f_{12} 下盘碎块岩裂隙流出	
		W_3	裂隙下降泉	$\in_1^{3-3}$	55	0.5	沿 f_{12} 下盘碎块岩裂隙流出	
		W_4	裂隙下降泉	$\in_1^{3-3}$	55	0.5	沿 f_{12} 下盘碎块岩裂隙流出	
		W_5	裂隙下降泉	$\in_1^{3-2}$	55	0.5	沿 f_{12} 与 f_{16} 交汇带裂隙流出	
	13 坝块坝轴线	W_6	裂隙下降泉	$\in_1^{3-2}$	55	0.5	沿 f_{46} 流出	
		W_7	裂隙下降泉	$\in_1^{3-2}$	55	0.5	沿 f_{42} 流出	
		W_8	裂隙下降泉		55		沿 302 号顶面流出	
		W_9	裂隙下降泉	$\in_1^{3-2}$	55	0.15	沿 f_{42} 与裂隙流出	
		W_{10}	裂隙下降泉	$\in_1^{3-2}$	55	0.1	沿 f_{49} 与裂隙交汇处流出	
		W_{11}	裂隙下降泉		55		沿 302 号顶面流出	
	13 坝块幕线下 21m	W_{12}	裂隙下降泉	$\in_1^{3-2}$	55	0.7	沿 f_{46} 与层面交汇处流出	
	13 坝块幕线下 2m	W_{13}	裂隙下降泉	$\in_1^{3-2}$	55	0.3	沿 f_{46} 与层面交汇处流出	
		W_{14}	裂隙下降泉	$\in_1^{3-2}$	55	0.67～1	沿 f_{46} 与层面交汇处流出	
		W_{15}	裂隙下降泉	$\in_1^{3-2}$	55	0.03～0.05	沿层面流出	
		W_{16}	裂隙下降泉	$\in_1^{3-2}$	55	0.12～0.17	沿层面流出	
	13 坝块幕线 105～135m	W_{17}	裂隙下降泉	$\in_1^{3-2}$	55	1.2～1.5	沿 f_{56} 与层面交汇处流出	
		W_{18}	裂隙下降泉	$\in_1^{3-2}$	55	5	沿层面流出	
		W_{19}	裂隙下降泉	$\in_1^{3-2}$	55	3	沿层面流出	
		W_{20}	裂隙下降泉	$\in_1^{3-2}$	55	5～7	沿 f_{16} 与层面交汇处流出	
		W_{21}	裂隙下降泉	$\in_1^{3-2}$	55	2～3	沿层面流出	
		W_{22}	裂隙下降泉	$\in_1^{3-2}$	55	2	沿 g_1 层间剪切面流出	

续表 5-3-6

部位		编号	泉水类型	出露地层	高程(m)	涌水量(L/s)	控制因素	备注
河床建基面	14 坝块坝轴线	W_{23}	裂隙下降泉	$\in_1^{3-2}$	55	0.005	沿 f_{62}、f_{64}交汇处流出	
		W_{24}	裂隙下降泉	$\in_1^{3-2}$	55	0.005	沿 f_{62}与层面交汇处流出	
		W_{25}	裂隙下降泉	$\in_1^{3-2}$	55	0.02	沿 f_{62}与层面交汇处流出	
		W_{26}	裂隙下降泉	$\in_1^{3-2}$	55	0.01	沿 f_{26}与 302 号交汇处流出	
		W_{27}	裂隙下降泉	$\in_1^{3-2}$	55	0.008 3	沿层面流出	
		W_{28}	裂隙下降泉	$\in_1^{3-2}$	55	0.008 3	沿层面流出	
		W_{29}	裂隙下降泉	$\in_1^{3-2}$	55	0.008 3	沿层面流出	
		W_{30}	裂隙下降泉	$\in_1^{3-2}$	55	0.008 3	沿层面流出	
	15 坝块幕后 40m	W_{31}	裂隙下降泉	$\in_1^{3-2}$	55	<0.017	沿 g_{23}层间剪切面流出	
	15 坝块幕后 25m	W_{33}	裂隙下降泉	$\in_1^{3-2}$	55	0.13～0.17	沿层面流出	
		W_{34}	裂隙下降泉	$\in_1^{3-2}$	55	0.067～0.083	沿层面流出	
		W_{35}	裂隙下降泉	$\in_1^{3-2}$	55	0.083～0.100	沿层面流出	
	14 坝块幕后 25～30m	W_{36}	裂隙下降泉	$\in_1^{3-2}$	55	0.17～0.30	顺层面流出	
		W_{37}	裂隙下降泉	$\in_1^{3-2}$	55	0.17～0.30	顺层面流出	
		W_{38}	裂隙下降泉	$\in_1^{3-2}$	55	0.17～0.30	顺层面流出	
		W_{39}	裂隙下降泉	$\in_1^{3-2}$	55	0.017～0.030	顺层面流出	
	16 坝块幕后 110m	W_{40}	裂隙下降泉	$\in_1^{3-2}$	55	0.067	沿 F_{119}流出	
	17 坝体幕后 5m	W_{41}	裂隙下降泉	$\in_1^{3-2}$	55	0.67～1.00		
		W_{42}	裂隙下降泉	$\in_1^{3-2}$	55	0.083		
左岸 121.5m 灌浆平洞	0+17	$121K_1$、W1	裂隙下降泉	$\in_1^{3-3}$	123.0	0.03	沿 F_{152}形成溶洞上部裂隙流出	
	0+78	$121K_2$、W_2	Ⅵ号通道源头,溶洞泉	$\in_1^{3-3}$	123.0	0.5	沿 F_{66}、F_{173}交汇带溶洞流出	
左岸 166.5m 灌浆平洞	0+4.2～0+8.0	W_1	裂隙下降泉	$\in_1^{4-6}$	167.0	0.1～0.2	沿 F_{40}溶缝流出,季节变化明显	
	0+68～0+72.0	W_2	裂隙下降泉	$\in_1^{4-6}$	168.0	0.4	沿 F_7溶缝流出,季节变化明显	
右岸 165m 灌浆平洞	0+201～0+202	$165K_1$、W_1	裂隙下降泉	$\in_1^{3-3}$	168.0	0.02～0.03	沿 Tf_3与 302 号发育,左壁有水流出	
	0+360～0+369	$165K_2$、W_2	裂隙下降泉	$\in_1^{3-1}$	168.5	0.5～1.0	沿 F_7溶穴中流出	

(五)地质缺陷的处理

地质缺陷是指灌浆平洞中所揭露的断层破碎溶蚀充泥带、溶洞及帷幕通过处大坝建基面附近的溶洞等。灌前对这些断层及溶洞的清理回填,对帷幕的形成有极重要的意义。

八条灌浆平洞共揭示大小断层269条，绝大部分断层为方解石及方解石胶结的角砾岩充填，沿断层多无溶蚀或溶蚀轻微，性状较好。但左岸走向285°～330°；右岸270°～330°、40°～60°及近SN向断层中有少数断层破碎带宽度较大且顺其溶蚀填泥，部分溶缝还是渗水、涌水及消水的通道，并将成为帷幕施工过程中产生较大串漏的部位。

1. 断层破碎带及岩溶洞穴的处理

(1)左岸60m、107.5m及166.5m灌洞中性状差，需要处理的断层12条。60m灌洞有F_{25}、f_1、f_2、f_3分别位于桩号0+43.2～0+50.8m、0+180～0+186m、0+261～0+269m及0+321.5～0+323m，破碎带宽一般3～40cm，最宽2.0m。带内主要由块状碎裂岩组成，块间有宽1～10cm溶缝，其内为黏土、碎石不完全充填，并有滴水及渗水。沿f_1、f_2有明流，流量以F_1为大，多次实测结果Q=110L/min。

107.5m灌洞中有f_8、F_8与f_{12}交汇带、f_{14}、f_{16}、f_{18}分别位于桩号0+148～0+151.6m、0+190～0+197m、0+211～0+215m、0+236.5～0+242m及0+267～0+271.5m。破碎带宽度除F_8为0.2～0.6m外，其余多有1～2m，宽者达4m。带内主要由块状碎裂岩组成，块体多呈纺锤状或不规则棱形，块径一般5cm×10cm～30cm×50cm，块体间呈串珠状溶蚀且填泥，泥一般宽(厚)1～5cm，宽者30cm，块体多被黏土碎石及稀泥围限，呈孤石状。沿F_{16}于平洞底板右侧发育一溶槽宽3～5cm，长40cm，无充填。衬砌前洞中施工用水均从此处排走，水量较大时还有气爆现象。

166.5m灌洞中有F_{40}、F_7分布于柱号0+4.2～0+6.7m及0+65.5～0+75m，断层带宽1～3m，主要为块状岩及碎裂岩组成，块体间多呈串珠状溶蚀，局部有黏土及碎石充填，右壁溶缝，溶穴中有水流出，其流量分别为0.1～0.2L/s及0.4L/s。

210m灌洞中断层规模小，溶蚀微弱不存在缺陷处理部位。

(2)右岸82.5m、121.5m及165m灌洞见断层126条，性状差者13条，且分布于121.5m及165m灌洞中。

121.5m灌洞中有Tf_{23}、F_{66}与F_{173}交汇带、f_2、Tf_{54}与Tf_3交汇带、Tf_{56}，分别位于桩号0+9.5～0+14m、0+70～0+84.5m、0+375～0+38m、0+385.5～0+394m及0+398～0+399m。断层带宽一般不足1m，但F_{66}除见有20～30cm宽的角砾岩及碎裂岩外，断面两侧还有块状岩宽4～5m。上述断层沿主断面溶蚀较强烈，沿Tf_{23}于洞左上壁形成$121K_1$，洞高4m，宽0.5～1.5m，无充填，有线状滴水；右底发育有$121K_6$水平溶管向上游延伸，直径0.2～0.3m，可探深3.5m，无充填，为施工用水排泄点之一。

沿F_{66}与F_{173}交汇带于洞周围形成$121K_2$，一般宽1～2m，最大宽3～4m，高大于7m，溶空体积达330余立方米。左壁溶洞中有水流出，流量为5L/min，底板右侧向下挖深3m，仍有0.4m×1m的缝隙状落水洞继续向深部延伸，石碴充填，为山体来水及施工用水排泄点之二。

f_2在平洞壁面及顶无溶蚀，但在底板沿断层发育$121K_2$，宽2m，长7m，深2m，黏土充填，其下呈溶隙状。

Tf_{54}、f_3于洞底板中部交汇，沿断层及其交汇带形成$121K_4$，长4m，宽2m，高1～4m。溶空体积30余立方米，大部分有黏土充填，于0+391.5～0+393m，延至底板中部变成0.2m×0.8m溶缝向深部延伸，无充填，为施工用水排泄点之三。

沿Tf_{56}于右壁中部发育成$121K_7$、椭圆状，高2m，宽1m，深3.5m，黏土充填，在底板与

Tb_2 交汇形成 $121K_8$，扁缝状，黏土充填。

165m 灌洞中有 F_{69}、F_{66}、F_{632}、Tf_3、Tf_7、Tf_8、Tf_{24}、Tf_{26}，分别位于桩号 0＋2～0＋32m、0＋3～0＋7m、0＋48～0＋56m、0＋200～0＋205m、0＋362～0＋365m、0＋375～0＋378m、0＋365～0＋378m 及 0＋307～0＋411m。断层带宽大多为 5～30cm，仅 F_{69}、F_{632}的断层带宽有 0.8～1.5m 左右，局部达 2～3m。主要由碎裂块状岩组成，沿断层带内溶蚀强烈，单个洞穴体积大于 $10m^3$。其中 $Tf_3(K_1)$及 $Tf_7(K_4)$有水流，$Q=0.5\sim6.0L/s$，$Tf_{24}(K_5)$具有强消水能力；0＋0～0＋59m 段 F_{66}与 F_{69}交汇带形成的 K_2、K_3 单个体积达 200～$400m^3$，以上并与引支 K 及 K_{881}连为一体。

206m 灌洞虽发育有 206K，其体积大于 $400m^3$，但洞穴处于幕体顶部高程以上 5～10m，不在处理范围内。

上述断层及溶蚀洞缝，均在灌前按《基础渗控工程施工技术要求》第六章第 2、3、7 条中的要求进行了掏挖回填，有消水能力的洞缝还设置了回填输浆管补强。

左岸 F_{10}、F_{25}在高程 72m 一带仍有溶蚀，帷幕将在 21、22 坝块接缝处及 20 坝块右侧横穿断层，83m 高程以上沿断层溶蚀形成并已揭露的岩溶洞穴虽已回填或挖除，为防止隐伏洞穴的大量串漏，保障帷幕顺利建成，分别在幕前 5～7m 高程 102m 及 80m 以下设置了切断 F_{10}、F_{25}溶蚀的防渗斜井，井深分别为 19m 及 7.5m。

另外，5 号平洞中沿 F_{10}发育的 $5K_5$ 竖井深达 29m，处于幕后 3m。107.5m 以上已挖除，下部充填物已掏净全部回填，底部高程 83m。

右岸 F_{69}强烈溶蚀洞穴密集，并与引支 K 及 K_{881}连为一体，为使 165m 高程以下帷幕顺利形成，在 1～4 坝段幕前 10～15m 设置了长 90m 的阻渗键以切断 F_{69}溶蚀带，并在 165m 灌洞中于 F_{632}幕后及幕前 5～8m 处设置了阻渗井，井深分别为 6.2m 及 11m。

2. *勘探平洞及溶洞的处理*

了解坝址工程地质、水文地质条件的勘探平洞，多处被灌浆平洞直接揭露，未直接揭露部分大多在空间上通过断层与灌洞相互沟通，这是浆液串漏的又一场所。

左岸 107.5m 灌洞以下帷幕在 0＋23～0＋28m 下部高程 83m 遇 3 号平洞下游支洞，沿 F_{10}追索 73m 且于幕前 1.5～7m 处沿 F_{10}发育有 $3K_4$、$3K_5$。溶空体积均在 $250m^3$ 以上；0＋33.5～0＋38m 遇 9 号平洞 1 号支洞上游支洞，该洞沿 F_{10}追索 91m 大部无溶蚀，位于幕前 30m 处沿 F_{10}发育有 $9K_7$，同上与 115m 高程的 $5K_3$ 相连(已挖除)，向南与环形洞连为一体，溶空体积达 700 余立方米；0＋99～0＋112m，于高程 95m 遇 9 号平洞与Ⅸ号通道的 $9K_6$ 水平溶管，长约 50m，溶空体积 160 余立方米；0＋293～0＋298m、0＋243～0＋352m 还将在 97m 高程遇 9 号平洞 3 号上游支洞以及 6 号、2 号支洞。另在 60～107.5m 灌洞口连接段 0＋12～0＋19m，于 102m 高程遇 15 号平洞主洞及 1 号支洞；107.5～166.5m 灌洞连接段将在 24 坝段中部遇 5 号平洞主洞及 3 号支洞，支洞末端在幕前 20m 处沿 F_{31}发育有 $5K_3$ 竖井状落水洞，深 12.5m，溶空体积约 $50m^3$。23～27 坝段幕后 5～15m 及 20～50m 范围内建基面及其之下发育有大小岩溶洞穴 60 余个，总的溶空体积达 3 000 余立方米。

右岸 121.5m 灌洞以下帷幕在 0＋0～0＋45m 段于 87m 高程遇 2 号平洞主洞；0＋50～0＋55m 遇 2 号平洞 1 号支洞；0＋91～0＋95m 于 88m 高程遇 2 号平洞 2 号支洞。0＋38.5～0＋96.5m 段于高程 101～101.5m 遇 10 号平洞主洞及 3 号支洞。

165m 灌洞以下帷幕在 0＋5～0＋10m 及 0＋25～0＋53m 段于高程 147～147.5m 分别遇 12 号平洞 2 号支洞及主洞，1 号支洞与主洞交界处沿 f_{17} 发育有 $12K_8$，溶空体积约 $50m^3$（处于幕前 4～5m）。82.5～121.5m 灌洞连接段 0＋0～0＋15m 段于 87m 高程遇 2 号平洞主洞及 7 号支洞，7 号支洞沿 F_4 追索，线溶蚀率 28%，串珠状溶缝发育；0＋26～0＋29m 遇 2 号平洞试验洞；连接段在 0＋0～0＋38m 段于 100m 高程左右遇 10 号平洞主洞及 1 号支洞和 2 号支洞，还将在 0＋11～0＋14m 处遇到沿 F_4 发育的 $10K_1$，溶空体积 $11m^3$。

与 121.5m 灌洞同高程的 4 号平洞在帷幕段岩体完整，已于灌前回填，处于幕前的 2 号支洞基本全部挖除，主洞与 3 号支洞已于 1992 年与 F_{16} 置换洞一并处理回填。

121.5～165m 灌洞口连接段的 12 号平洞口门段已挖除，余下部分处于幕前或 165m 幕线之下。

上述勘探平洞及溶洞大都在灌前按《基础渗控工程平洞施工技术》要求第 2、3、4、6 条所规定的款项要求进行了清挖回填。107.5m 灌洞 0＋293～0＋298m 及 0＋342～0＋352m 段之下的 9 号平洞 3 号、6 号及 2 号支洞因灌前未及时回填就发生过严重的串漏，回填后帷幕顺利形成，可见勘探平洞在帷幕实施前做好回填是保障帷幕顺利形成的重要手段之一。

二、施工检验

(一)主要地质边界的检验

经先导孔、物探孔、钻灌孔、检查孔的全面检验，主要地质边界与勘察期间给定的基本一致。

1. 石牌页岩的检验

石牌页岩的利用是隔河岩坝址防渗工程的命根子。勘察期间给定的埋藏深度，经工程检验无大的出入，仅右岸第二层帷幕 121.5m 灌洞 0＋270～0＋380m 段埋深略有加大，其余地段均在给定的埋深范围之内，石牌页岩得以充分利用。

2. 主要断层及剪切带的检验

无较大断层被遗漏，并基本在给定的位置出现。

(1)第一层帷幕勘察期间给定性状差的断层及裂隙性断层。左岸 60m 灌洞有 f_3、F_8、f_2、f_1、F_{31}、F_{10-1}、F_{10}、F_{25} 共 9 条；层间剪切带有 201 号、301 号和两个层间剪切破碎带 g_9、g_{10}。

河床有 F_{19}、F_{26}、F_{12}、F_{33}、F_{13}、F_{32}，共 6 条断层；层间剪切泥化带有 301 号、201 号及层间剪切破碎带 g_9、g_{10} 等。

右岸 82.5m 灌洞有 F_4、f_1、F_{16}、F_{180}、F_{173}、f_{10}、F_{18}，共 7 条断层及 301 号和 201 号层间剪切破碎泥化带。

(2)第二层帷幕勘察期间给定性状差的主要断层及裂隙性断层和层间剪切带。左岸 107.5m 灌洞有 F_{29}、Tf_{24}、Tf_{25}、F_7、f_{18}、f_{16}、f_{14}、F_8、f_{12}、Tf_8、F_{10-1}、F_{10}，共 12 条，还有溶蚀强烈的坝区性缓倾角断层 f_8、层间剪切带 302 号。

右岸 121.5m 灌洞有 F_4、F_{16}、F_{180}、Tf_{23}、F_{66}、F_{173}、F_{632}、F_{152}、f_{29}、F_{80}、F_{82}、Tf_{11}、Tf_{54}、f_2、f_3、Tf_{55}，共 16 条断层，还有 302 号、301 号及 201 号层间剪切带。

(3)第三层帷幕勘察期间给定性状差的主要断层、裂隙性断层及剪切带。左岸 166.5m 灌洞有 F_{40}、F_7 及层间剪切带 405 号、403 号、401 号。

右岸 165m 灌洞有 F_{69}、F_{66}、F_{632}、Tf_3、Tf_7、Tf_8、Tf_{24}、Tf_{26}，共 8 条断层及 302 号、301 号、201 号层间剪切破碎泥化带。

(4)第四层帷幕勘察期间给定性状差的主要断层。裂隙性断层及层间剪切带有：

左岸 210m 灌洞有 F_{29}、F_{125}及 f_4、Tf_{11}、Tf_{14}、Tf_{15}、Tf_{19}，共 7 条。

右岸 206m 灌洞有 F_{18}、F_{80}、F_{82}、F_{50}、F_{170}、F_{20}及 Tf_{12}、Tf_{13}、Tf_{19}，共 9 条，同时还有 401 号、403 号、301 号、302 号及 201 号层间剪切带。

上述断层与剪切带大都在给定的位置附近出现，其性状也与勘察期的判断一致。但 206m 灌洞之下的 201 号在 0＋335～0＋415m 段，201 号埋深比勘察期间大 7～11m，因勘探孔距过大所致(72m)。

(二)岩溶预测与渗透介质类型的检验

勘察期间对帷幕地段的石龙洞组灰岩作了岩溶发育程度的定量分析预测，其结论是：第一层帷幕为岩溶弱发育区，并特别指出第一层帷幕岩体中无明显洞穴存在，但沿断层和裂隙的轻微溶蚀较普遍，河床及两岸近河地段透水性大。第二、第三、第四层帷幕以沿断层的强烈溶蚀为特征，属岩溶发育区，溶蚀作用主要集中于断层带中，差异溶蚀明显，属不均一透水介质。施工检验结果证明：勘察期间所作结论是正确的。

1. 第一层帷幕

左岸 60m 灌洞仅见 4 处(F_{25}、f_1、f_2、f_3)串珠状溶蚀填泥狭缝；430 个钻灌孔及 34 个检查孔仅 $L_{1-2-125}$孔发现有小规模黄泥层，$L_{1-1-195}$孔在 10m 高程左右掉钻 24cm。

河床大坝建基面仅 F_{12}、F_{13}、F_{33}、F_{26}等几条主要断层局部见宽 2～10cm 的串珠溶缝夹泥；205 个钻灌孔仅 13_{3-1-4}孔在高程－33～－41.2m 孔段见黏土及少量砂和砾石。

右岸 82.5m 灌洞及钻灌孔内均未见到明显的溶蚀现象。

2. 第二、第三、第四层帷幕

左岸 107.5m 灌洞 F_{10}、F_{25}、f_8溶蚀强烈，其中沿 F_{10} 发育有长 6m、宽 1～2m、高 15 的大溶蚀狭缝，在勘察期间分别被 5 号、9 号、15 号勘探平洞所揭示；F_{25}呈长 0.4m、宽 0.2m、深 1.2m 的溶缝；F_8 在 0＋150m 灌浆机房内表现为高 0.1～0.6m 的扁缝填泥。另沿 f_{12}、f_{14}、f_{16}、f_{18}等裂隙性断层带中普遍发育有多条单宽 0.05～0.30m 的填泥溶缝。

左岸 166.5m 灌洞处于 F_8 以西，F_{40}因临近 F_8 而呈洞状溶蚀，缝洞宽一般 1～30cm，局部达 1m，深度大于 3m。F_7 为坝区主要断层之一，又处在浅部，溶蚀应极为强烈，但在灌洞中仅壁面中上部呈串珠状溶蚀，洞缝宽 0.2～0.4m。不过 107.5～166.5m 灌洞连接段处于 F_8 以东、幕后 5～20m 以外的大坝建基面上。溶蚀洞缝密集发育，总的溶空体积 3 700 余立方米。

左岸 210m 灌洞，除在洞顶板沿断层发育一反漏斗溶洞外，其余洞段岩溶微弱。

从上述情况看出，左岸第二、第三、第四层帷幕地段洞穴规模以 F_8 为界，东西差异明显，F_8 以东岩溶发育强烈，F_8 以西溶蚀程度明显减弱。检验结果证明：不仅在规律认识上是正确的，洞穴出现的位置也大都在《帷幕技术设计地质勘察报告》中给出。

右岸 121.5m 灌洞 0＋0～0＋135m 段岩溶强烈发育，沿 Tf_{23}与 F_{152}交汇带发育长大于 4m、宽 0.1～1.0m、高 7m 的溶洞；沿 F_{66}与 F_{173}交汇带发育长 14m、宽 2～4m、高 5～7m 的溶洞。灌洞口外的连接段为 F_4、F_{16}、F_{180}交汇带，溶蚀强烈。0＋360m 以东沿 f_2 发育有长 7m、宽 2m、高 2m 的溶洞，沿 f_3 与 Tf_{54}交汇带发育有长高分别为 4m、宽 2m 的溶洞。

165m 灌洞 0+0～0+59m 段岩溶强烈发育，沿 F_{69} 普遍溶蚀，F_{69} 与 F_{66}、F_{632} 等交汇带形成的洞穴 K_2、K_3 与引支 K 及 K_{881} 大型洞穴系统连为一体(即Ⅱ号岩溶通道)，0+358m 以北沿 Tf_7 发育有长 4m、宽 2m、高 3m 的溶洞；沿 Tf_{24} 形成长大于 4m、宽 0.3～0.5m、高 0.8m 且具强消水的溶管；沿 Tf_8 发育有长大于 1.5m、宽 0.3m 的溶蚀扁缝。

另在上述三层灌洞中，121.5m 灌洞 0+135～0+215m 段；165m 灌洞 0+110～0+171m 及 0+241～0+291m，206m 灌洞 0+340～0+410m 段为“古岩溶填隙”区。121.5m 灌洞 0+215～0+360m、165m 灌洞 0+59～0+83m 及 0+209～0+241m 段为“古岩溶塌陷”区。其边缘现代溶蚀强烈，大漏量集中出现。迄今为止，帷幕灌浆孔单耗大于 20t/m 的仅 6 段，其中 5 段就分别出现在这几个部位，而且均在《帷幕技术设计地质报告》中给出。

(三)岩体透水性的检验

1. 压水试验成果对比

灌前简易压水试验成果见表 5-3-7。

表 5-3-7　大坝帷幕下排Ⅰ序孔灌前压水试验成果统计表

部位	孔数(个)	段数(个)	单位吸水量(kg/m)区间段数(个)及所占比率(%)									
			<0.01		0.01～0.05		0.05～0.1		0.1～1.0		>1.0	
			段数	%	段数	%	段数	%	段数	%	段数	%
60m 廊道	21	402	207	51.4	120	30	29	7.2	44	10.9	2	0.5
60m 平洞	57	1 235	1 144	92.6	67	5.4	10	0.8	13	1.1	1	0.1
107.5m 平洞	43	421	363	86.2	30	7.1	12	2.9	6	1.4	10	2.4
60～107.5m 连接段	6	49	49	100								
166.5m 平洞	20	241	207	86.0	22	9.1	7	2.9			5	2.0
107.5～166.5m 连接段	17	103	100	97.1	3	2.9						
210m 平洞	21	168	122	72.6	33	19.6	9	5.4	3	1.8	1	0.6
166.5～210m 连接段	12	118	108	91.5	5	4.2	1	0.9	3	2.5	1	0.9
82.5m 平洞	30	380	254	66.8	97	25.5	16	4.2	12	3.2	1	0.3
121.5m 平洞	55	560	444	79.3	96	17.1	10	1.8	5	0.9	5	0.9
82.5～121.5m 连接段	4	29	28	96.6			1	3.4				
165m 平洞	49	469	408	87.0	42	9.0	8	1.7	11	2.3		
121.5～165m 连接段	7	67	60	89.5	5	7.5	2	3.0				
206m 平洞	57	443	365	82.4	64	14.4	9	2.1	5	1.1		
165～206m 连接段	12	119	106	89.2	11	9.2			1	0.8	1	0.8
引水洞压浆板	8	24	15	62.5	5	20.8			4	16.7		
合计	419	4 828	3 980	82.4	600	12.4	114	2.4	107	2.2	27	0.6

从表中看出下主排一序孔：$\omega<0.01$ 者，60m 灌洞占 92.6%，82.5m 灌洞占 66.8%，107.5m 灌洞占 86.2%，121.5m 灌洞占 79.3%，166.5m 灌洞占 86.0%，165m 灌洞占 87.0%，210m 灌洞占 72.6%，206m 灌洞占 82.4%。勘察期间相应高程压水试验成果显示：$\omega<0.01$ 者，60m 灌洞占 44%～66%，107.5m 灌洞占 30%～50%，166.5m 灌洞占 43%，82.5m 灌洞占 30%，121.5m 灌洞占 13%～22%，165m 灌洞占 45%。两类成果反映出的岩体透水性相差甚远。

总的特点是勘察期间所取得的岩体透水性大。而灌前的压水试验成果反映岩体的透水性小，但灌注量较大。出现上述矛盾的原因，经分析认为主要受施工工艺和岩体本身的特性控制。

(1)施工工艺灌浆过程中的压水是钻一段，压一段，灌一段，即下一段压水是在上一段已经灌浆的基础上进行的，对周围岩体的渗透空间已有不同程度的封闭作用。而勘察期间的压水试验始终是水，对周围岩体的渗透性能无影响。

(2)岩体类型。一是以陡倾结构面为主要渗透空间的“裂隙透水岩体”；另一类是以层面为主要渗透空间的“层状透水岩体”。

两岸岩体由于上部有较大的盖重，不存在沿层面的卸荷回弹，应以裂隙透水岩体为主，下一段压水受上一段灌浆影响大，见图 5－3－2。透水性必然减弱，造成施工期成果与勘探期成果的明显差异；河床部位即 60m 廊道表层由于卸荷回弹，层面拉开明显，以层状透水为主，浆液主要沿层面运移，上一段灌浆浆液难以灌注到下部灌段的层面中，见图 5－3－3，故两成果差距不大。而－20m 高程以下，由于上部盖重逐渐加大，卸荷回弹作用不明显，透渗空间由层面为主逐渐向裂隙为主过渡，进而出现明显的差异。

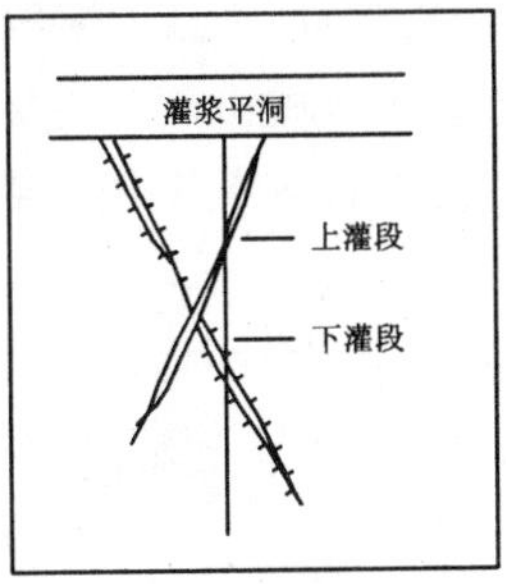

图 5－3－2　相邻灌段互相沟通示意图

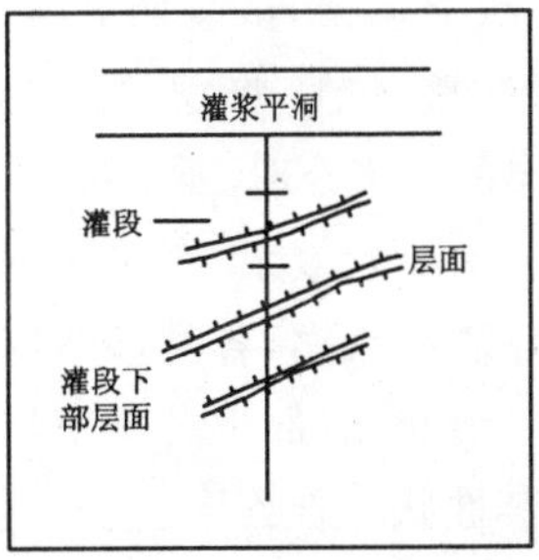

图 5－3－3　相邻灌段彼此不连通示意图

综上所述，灌前压水试验成果的应用有其局限性，对以缓倾结构面为主要渗透空间的岩体能反映客观实际，对以陡倾结构面为主要渗透空间的岩体一般不能反映其真实渗透性能，甚至会出现下段透水能力越强，w 反而越小的反结果。但在以某一组结构面为主导渗透空间的地段，上一段灌注对下一段的影响较小，灌前压水试验成果可作参考。

2. 灌注量与勘察期压水试验成果的对比

在压水试验成果对比中已清楚地看出，灌前的压水试验成果应用有其局限性，严格受渗透空间的控制。但我们发现，依勘察期间压水成果所绘制的渗透断面图与幕体注入量断面图大部分具较好的一致性，仅局部有一定差异。

(1)灌注量与勘察期给出渗透断面图的一致性和吻合性。从勘察期渗透断面图看出，目前已完成的各层帷幕的相应部位，左岸石龙洞岩体的透水性普遍较强，仅 60m 灌洞 0＋260～0＋360m 段下半部有所减弱，河床－20m 高程以上岩体透水性普遍较强，以下有一定减弱，右岸 F_{173}～F_{632} 以西岩体透水性普遍较强，以东有一定程度减弱。与注入量地质剖面图对比，上述透水性分区大部分吻合较好，说明勘察期压水成果一般能反映岩体的相对渗透性能。

(2)灌注量与勘察期给出渗透断面图的差异性。右岸 60m 灌洞 0＋260～0＋360m 段下半部，右岸 F_{18} 以东岩体透水性较弱，而灌注量普遍较大，反映出明显的不相适应性。纵观上述两地段的地质条件：左岸 60m 灌洞部位以沿裂隙性断层溶蚀填泥为特征，右岸为“古岩溶塌陷”边界外围的现代溶蚀填泥带。溶蚀填泥由于密实程度的差异，抗渗破坏能力也相应不同，某一压力下不透水的填泥空间，在更大一些的压力下可能被击穿出现管道式透水，上述不适应地段可能由此引起，因为勘察期的压水试验压力不到灌注压力的一半。

上述说明，岩溶化岩体由于原裂面被溶蚀扩大，并有不同程度不同抗渗性能的物质充填，其渗透性能与纯裂隙岩体有明显的区别，随条件的改变可能产生质的变化。这一观点地质人员已在《帷幕技术设计报告》中提出，并特别指出：“w 值不能作为帷幕设计的唯一标准，帷幕的布置应考虑岩溶发育规律。”

(四)灌浆试验揭示的强岩溶部位帷幕的抗渗性能

灌浆试验场地选择在左岸 28 坝块西侧顺河向断层 F_8 断层带上。该处岩溶十分发育，钻灌孔遇洞率高达 58%，洞穴大部充填黏土夹页岩碎块。

这次试验水泥耗量大，总平均单耗 1 307.9kg/m，还灌入水玻璃 6t。灌注过程中，在试验场附近地面及试验场以东 70 余米的 9 号勘探平洞沿 f_8、f_{30}、f_{32} 等断层多处冒浆，沿 107.5m 交通洞中的 F_8 大量漏浆，试验场下游 200 余米的 5 号勘探平洞中沿 F_{10} 所形成的溶洞中也见微量浆液流出，可见 F_8、f_8、F_{10} 断层及其之间岩体岩溶强烈，连通性好。帷幕施工前对主要顺河向断层如不采取相应的封堵处理，灌浆过程中亦将会出现大量串漏，大大增加帷幕形成的难度。

为检查灌浆试验效果，布置了一个检查平洞和三个检查孔。

从平洞中直接观察，各类渗透空间均得到较充分填充，唯充填物钙化程度较低。其周边虽多有水泥结石分布，内部也可见串珠状水泥结石，但密度小，水泥结石仅占充填物的 6.6%，直观难以判断其性状改善程度。

对代表单排帷幕灌注效果的 J－3 检查孔进行了疲劳压水试验，原定压力 2.5MPa，持续压水时间三天。实施中当压力升到 2.0MPa、持续压水 130min 后，漏量增加到 80L/min，此时充填物已破坏且不存在比例渗透现象，试验只能终止。由此可见，单排帷幕最大承受力不能超过 2.0MPa，渗透稳定性也差，帷幕容易被水压力击穿，帷幕的防渗连续性也欠佳，产生局部管道式渗漏的可能性是存在的。

上述表明，强岩溶部位单排帷幕难以保证充填物的防渗能力满足工程要求，因此，若是单排帷幕，对大漏量较集中部位应慎重对待。

(五)“变岩溶化岩体为裂隙性岩体”的检验

隔河岩坝址岩溶发育程度较高，尤以沿顺河向断层的强烈溶蚀为特征，线溶蚀率高达 50%左右，是历次防渗工程审查会的重点讨论对象，被认为是帷幕形成过程中的最大难点。实际情况也证明了专家们的看法非常正确。勘察期间的大量连通试验、帷幕实施前两岸灌浆试验表明：顺河向断层不同部位的连通性极好，是浆液外漏的主要途径。对此地质人员早就提出“变岩溶化岩体为裂隙性岩体”的设想，并将它作为一项概念应用于勘探工作中。如两岸四层勘探平洞多沿顺河向断层追索，帷幕实施前对这些勘探平洞及其中的岩溶洞穴进行了较为彻底的清理回填，目前总的清理回填量已达 $1\times10^4m^3$ 以上，很大程度上切断了顺河向断层与外界的联系。对关键断层 F_{10}、F_{25}、F_{16}、F_{69}、F_{632}，还专门开挖阻浆键并作进一步拦截；F_4、F_{180}、F_{173}、F_{66}等也结合坝基深层处理和灌浆平洞整修给予了追索封堵。目前可以认为，帷幕灌浆前主要顺河断层与外界的联系已基本切断，幕体范围内沿其发育的洞穴也大部分得到了回填，基本实现了“变岩溶化岩体为裂隙性岩体”。由于上述合理的处理，帷幕的钻灌一直较为顺利，保证了隔河岩工程总体进度安排的如期进行。

隔河岩防渗工程对岩溶的处理给我们一个启示，将岩溶化岩体变为裂隙性岩体应作为一项概念上的转化，而不是作为一般的技术口号就能产生巨大的工程效益；若能将这一设想贯穿勘察、设计、施工的始终，并付诸实施，岩溶地区帷幕的形成就将大为简化。

三、帷幕工程地质评价

帷幕全线，共收集到 3 132 个钻灌孔成果，灌注进尺为 16.25×10^4m，注入总量 1 478.6×10^4kg，平均线单耗 91.02kg/m，面积单耗 71.74kg/m^2。见表 5-3-1。

“面单耗”，其含义为每平方米帷幕面积的注入总重，即将多排灌孔投影到一个剖面上，将所有灌注量叠加除以帷幕面积。即为面单耗(kg/m^2)。我们认为线单耗随灌孔排序的增加而减小，若只用线单耗评价地质条件的好坏，有发生错判的可能性。用两种单耗综合考虑，就能较客观地反映岩体渗透性能，因为同类岩体在一定范围内的可灌入量，在相同压力、水灰比条件下应该较为近似。若各层帷幕均用石龙洞岩体加以对比，107.5m 与 121.5m 灌浆洞的单耗均较近似，若将不同的地层岩性混合考虑，线单耗就有较大差距。纵观各层帷幕单耗，总的趋势(以石龙洞岩体计)是从下至上逐渐有所增大，与勘察期间的预测完全一致。210m 与 206m 灌洞单耗较低，是因两灌洞的岩性所致。

从收到的 33 134 个灌浆段成果，线单耗最大孔段达 47.27t/m，最小者不足 1kg/m。为探讨单耗与渗透介质类型的关系，我们选用了受干扰最小岩性相似的 107.5m 与 121.5m 灌洞下主排Ⅰ及Ⅱ序孔为研究对象，得出单位注入量的量级分布情况，见表 5-3-8、表 5-3-9 及图 5-3-4、图 5-3-5。据此将单位注入量分为八级，并结合坝区岩体透水性的特点、各灌洞地质编录及灌浆试验检查平洞的直接观察和帷幕检查孔岩心鉴定，综合分析，得出八级注入量与渗透介质类型的对应关系。见表 5-3-10。

表 5-3-8　107.5m 及 121.5m 灌浆平洞下主排Ⅰ、Ⅱ序孔单位注入量(kg/m)分级统计表

部位		孔序（单位注入量）	总段数(个)	0～10	10～20	20～30	30～40	40～50	50～60	60～70	70～80	80～90	90～100	100～200	200～300	300～400	400～500	500～600	600～700	700～800	800～900	900～1 000	1 000～2 000	大于2 000
左岸	107.5m灌浆平洞	Ⅰ	455	327	37	7	6	3	0	1	3	2	2	4	7	5	1	4	2	2	3	1	9	29
		Ⅱ	212	174	2	2	2	1	1	1	0	0	1	3	2	5	1	0	1	1	1	1	7	6
		小计	667	501	39	9	8	4	1	2	3	2	3	7	9	10	2	4	3	3	4	2	16	35
右岸	121.5m灌浆平洞	Ⅰ	610	334	44	26	17	8	14	1	7	3	1	25	21	11	7	9	8	3	9	3	19	40
		Ⅱ	479	365	36	11	11	5	5	2	3	1	0	12	9	2	3	1	4	0	1	0	4	4
		小计	1 089	699	80	37	28	13	19	3	10	4	1	37	30	13	10	10	12	3	10	3	23	44
合计			1 756	1 200	119	46	36	17	20	5	13	6	4	44	39	23	12	14	13	6	14	5	39	79
所占比率(%)				68.34	6.78	2.62	2.05	0.96	1.14	0.28	0.74	0.34	0.23	2.50	2.22	1.31	0.68	0.82	0.74	0.34	0.82	0.28	2.22	4.50

表 5-3-9　大坝帷幕下主排Ⅰ序孔单耗(kg/m)大于 1 000kg/m 孔段分级统计表

段数(个) 单耗 / 部位	1 000～2 000	2 000～3 000	3 000～4 000	4 000～5 000	5 000～6 000	6 000～7 000	7 000～8 000	8 000～9 000	9 000～10 000	10 000～20 000	大于 20 000	合计
60m 廊道	13	16		1	2	1						33
60m 平洞	40	15	7	11	6	5	2	3	1	4		94
107.5m 平洞	22	14	7	2	2	6		1	1	3	1	59
60～107.5m 连接段												无
166.5m 平洞	15	5	2	1	3	1						27
166.5m 幕端	1											1
107.5～166.5m 连接段	3	3	1	2		1			1			11
210m 平洞	5	3	1	1	1				1			12
166.5～210m 平洞	3	3	2	2								10
82.5m 平洞	7	3	2									12
121.5m 平洞	18	11	6	1	5	5		4	1	5	5	61
82.5～121.5m 连接段	2											2
165m 平洞	28	11	8	3	2	1			2	3	1	59
165m 幕端	2	1	1	1		1						6
121.5～165m 连接段	2		1							1	1	5
206m 平洞	8		3		1	1	2			1		16
165～206m 连接段	1		1									2
引水洞压浆板			1									1
合计	170	85	43	25	22	22	4	8	7	17	8	411
所占比例(%)	41.5	20.7	10.5	6.1	5.4	5.4	1.0	1.9	1.7	4.1	1.7	

表 5-3-10　单位注入量与渗透介质对应关系表

单位注入量(kg/m)	渗透介质类型	
＜20	方解石充填的裂隙岩体	裂隙岩体
20～50	裂隙岩体	
50～100	局部张开裂隙岩体	
100～400	轻微溶蚀裂隙岩体	溶蚀裂隙岩体
400～1 000	溶蚀裂隙岩体	
1 000～3 000	断层溶隙岩体	断层溶蚀岩体
3 000～7 000	断层溶缝岩体	
＞7 000	断层小规模洞穴岩体	

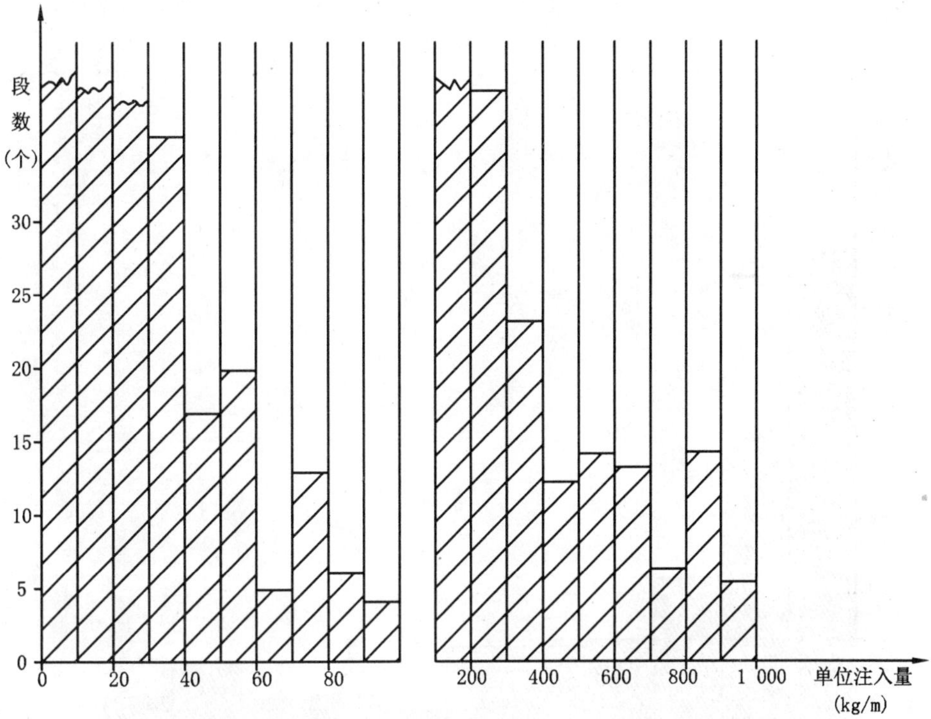

图 5-3-4　单位注入量小于 1 000kg/m 分级直方图

下面就各层帷幕的形成条件和可靠性作出地质评价。

(一)左岸幕端

左岸幕端相对隔水岩体基本可靠,60m 灌洞末端 $L_{1-1-195}$ 斜孔于高程 33～38m 段有涌水,水压力 0.25MPa,流量 50L/min,单位注入量 7 002.7kg/m,注入水玻璃 32kg;高程 0～－5m 段掉钻 24cm,灌浆减压后有黏土及碎石喷出孔口,单位注入量 17 018.87kg/m,紧接下一灌段的单位注入量仍达 7 724.84kg/m,据分析为 F_{29} 断层带。107.5m 灌洞在该段布置了单排灌孔 22 个,其中有三个深入到石牌页岩,余者孔深均达－10m 高程;166.5m 灌洞末端以西约 55m 范围内,渗透剖面显示部分岩体渗透性较强。210m 灌洞在该段布置了单排灌孔 26 个,其中有 12 个灌孔深度达 105m 高程,余者在 162m 高程左右。仅 I_{1-1-88} 孔在高程 162～167m 段单耗 1 030kg/m,其下两个灌段也有 777kg/m 及 689kg/m,应为小断层局部溶蚀所致。幕端各灌孔注入量情况见表 5-3-11、表 5-3-12。

表 5-3-11、表 5-3-12 总体显示,幕端岩体的渗透性较弱,仅一序孔局部出现漏量较大,且主要零星分布在 F_{29} 及古海沟底界与断层的交汇处附近孔段。第Ⅲ序孔 85%以上的灌段单耗在 100kg/m 以下。幕端 54 个灌孔,812 个灌段,线单耗小于 20kg/m 者有 679 段,平均线单耗仅 64.11kg/m,面单耗 23.74kg/m^2。这说明灌注效果较好,岩体内的渗透空间已得到较好充填。

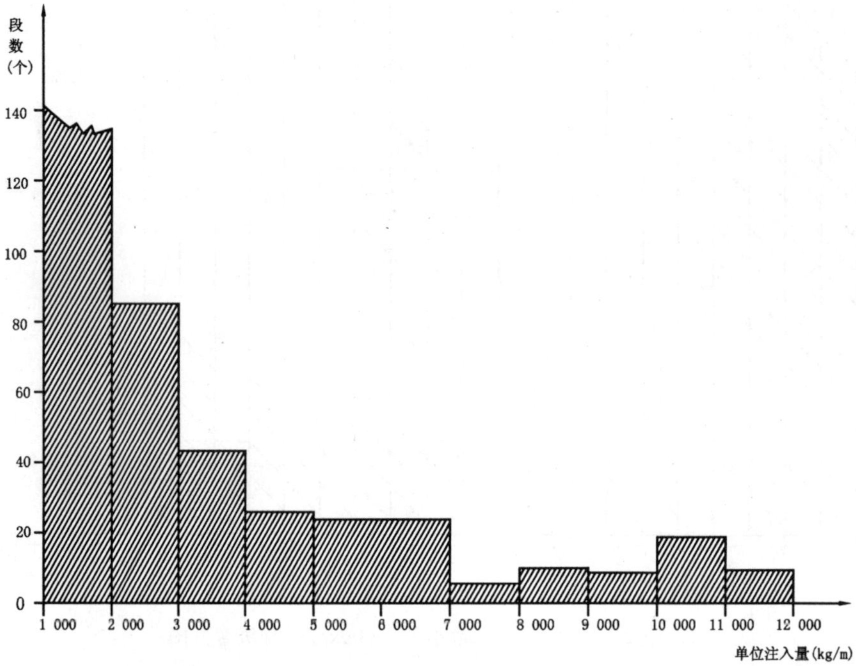

图 5-3-5 单位注入量大于 1 000kg/m 分级直方图

表 5-3-11 107.5m、166.5m 灌浆平洞左岸幕端单位注入量分级统计表

部位	孔序	孔数(个)	段数(个)	单位注入量(kg/m)区间段数(个)及所占比率(%)											
				<20		20~50		50~100		100~400		400~1 000		>1 000	
				段数	%	段数	%	段数	%	段数	%	段数	%	段数	%
107.5m幕端	Ⅰ	8	201	161	80	14	7	7	3.5	8	4	5	2.5	6	3
	Ⅱ	8	161	157	97.5			1	0.6	3	1.9				
	Ⅲ	14	294	294	100										
	小计	30	656	612	93.3	14	2.1	8	1.2	11	1.7	5	0.8	6	0.9
166.5m幕端	Ⅰ	5	60	22	36.7	15	25	12	20	7	11.7	3	5	1	1.6
	Ⅱ	6	28	17	60.7	3	10.7	2	7.1	5	17.9	1	3.6		
	Ⅲ	13	68	28	41.2	29	42.6	9	13.2	2	3				
	小计	24	156	67	42.9	47	30.1	23	14.7	14	10	4	2.6	1	0.7
合计		54	812	679	83.6	61	7.5	31	3.8	25	3.1	9	1.1	7	0.9

表 5-3-12　107.5m、166.5m 灌浆平洞左岸幕端注入量统计表

部位	孔序	孔数(个)	灌浆长度(m)	灌入总量(kg)	线单耗(kg/m)	面积单耗(kg/m^2)
107.5m 幕端	Ⅰ	8	986.32	204 191.47	207.02	
	Ⅱ	8	787.49	5 490.45	6.97	
	Ⅲ	14	1 525.49	3 298.82	2.16	
	小计	30	3 299.3	212 980.74	64.55	26.79
166.5m 幕端	Ⅰ	5	309.18	25 613.08	82.84	
	Ⅱ	6	140.75	12 279.15	87.24	
	Ⅲ	13	343.49	11 498.33	33.48	
	小计	24	793.42	49 390.56	62.25	15.93
二者合计		54	4 092.72	262 371.3	64.11	23.74

(二)左岸 60m 灌浆平洞以下帷幕

幕体以石龙洞灰岩第一段为主，部分为第二段，属弱岩溶化岩体，不存在大型岩溶洞穴，以溶隙介质为主。在该段幕体中通过的有 F_{25}、F_{10}、F_{10-1}、F_8 等顺河向断层和 f_1、f_2、f_3、F_{31} 等与帷幕斜交的北西西向溶蚀夹泥断层，还有 301 号、201 号等剪切带和 F_{32} 缓倾断层。

F_{10} 断层(0＋132m)以东布置三排帷幕，以西布置两排帷幕。下主排进入隔水岩体石牌页岩 5m，灌孔深 110～120m，形成全封闭；上主排在三排帷幕段孔深 35～45m，以封闭 301 号为原则；在两排帷幕段孔深 65～80m，西浅东深，在 F_{10} 幕段加深到 97m 左右。中间排一般孔深 97m。总体灌注情况见表 5-3-13、表 5-3-14。

表 5-3-13　60m 灌浆平洞单位注入量统计表

孔排	孔序	孔数(个)	灌浆长度(m)	灌入总量(kg)	单位注入量(kg/m)
下主排	Ⅰ	57	6 152.64	1 958 518.96	318.32
	Ⅱ	53	5 495.5	271 365.71	49.38
	Ⅲ	107	10 660.84	139 260.13	13.06
	小计	217	22 308.98	2 369 144.8	106.2
上主排	Ⅰ	43	2 581.7	46 628.78	18.06
	Ⅱ	40	2 396.4	20 010.26	8.35
	Ⅲ	73	4 380.38	21 304.03	4.86
	小计	156	9 358.48	87 943.07	9.4
中间排	Ⅰ	14	1 247.43	42 490.34	34.06
	Ⅱ	14	1 237.36	5 649.59	4.57
	Ⅲ	29	2 541.52	27 608.63	0.86
	小计	57	5 026.31	75 748.56	15.07
三排合计		430	36 693.77	2 532 836.43	69.03

表 5-3-14　60m 灌浆平洞单位注入量分级统计表

孔排	孔序	孔数	段数	单位注入量(kg/m)区间段数(个)及所占比率(%)											
				<20		20~50		50~100		100~400		400~1 000		>1 000	
				段数	%	段数	%	段数	%	段数	%	段数	%	段数	%
下主排	Ⅰ	57	1 235	890	72.1	67	5.4	36	2.9	64	5.2	81	6.6	97	7.8
	Ⅱ	53	1 101	994	90.3	31	2.8	18	1.6	29	2.6	18	1.6	11	1
	Ⅲ	107	2 176	2 117	97.3	19	0.9	13	0.6	14	0.6	8	0.4	5	0.2
	小计	217	4 512	4 001	88.7	117	2.6	67	1.5	107	2.1	107	2.4	113	2.5
上主排	Ⅰ	43	532	57	97.2			4	0.8	7	1.3	1	0.2	3	0.6
	Ⅱ	40	505	499	98.8	2	0.4			3	0.6	1	0.2		
	Ⅲ	73	910	902	99.1	3	0.3	1	0.1	3	0.3			1	0.1
	小计	156	1 947	1 918	98.5	5	0.3	5	0.3	13	0.7	2	0.1	4	0.2
中间排	Ⅰ	14	255	241	94.5	5	2	3	1.2	4	1.6	1	0.4	1	0.4
	Ⅱ	14	254	247	97.2	6	2.4			1	0.4				
	Ⅲ	29	522	503	96.4	9	1.7	4	0.8	4	0.8			2	0.4
	小计	57	1 031	991	96.1	20	1.9	7	0.7	9	0.9	1	0.1	3	0.3
三排合计		430	7 490	6 910	92.2	142	1.9	79	1.1	129	1.7	110	1.5	120	1.6

漏量大于 1 000kg/m 孔段递减情况见图 5-3-6。下主排Ⅰ序孔灌注效果明显，已将 81%可灌裂隙灌好，至下主排Ⅲ序孔已将 90%以上单耗大于 100kg/m 具溶蚀的结构面封闭。从单位注入量地质剖面图上看，大漏量孔段分布具明显的不均一性，主要集中分布于几条性状较差的断层带附近及 F_{10}、F_{25}、F_8 三条顺河向断层中。F_{10} 规模大、溶蚀强、性状差，大漏量从上至下沿其呈带状分布，$L_{检-31}$、$L_{检-32}$、$L_{检-33}$ 等检查孔揭示，水泥结石密度大，见表 5-3-15，亦沿其呈带状分布。检查孔进尺 254.8m，见结石 43 处，平均 5.9m 遇一结石。F_{25}、F_8 断层仅在与 301 号交汇带出现大漏量，检查孔也在相应位置遇结石。北西西向的 f_1、f_2、f_3 断层溶蚀较剧，是该灌洞唯一扩挖处理的三个部位，也是仅次于顺河向断层的关键地段。灌注结果为，大漏量沿其集中呈带状分布。F_3 附近小断层密集，彼此交切，形成以 F_3 断层为中心宽达 50m 左右的大漏量带。$L_{检-4}$、$L_{检-5}$、$L_{检-6}$、$L_{检-7}$ 四个检查孔揭示，水泥结石较为密集，检查孔进尺 440m，遇结石 23 个，平均 20m 遇一结石。F_2 断层独立形成大漏量带，长约 50m 洞段，有 60%以上的孔段漏量大，$L_{检-10}$、$L_{检-18}$、$L_{检-19}$、$L_{检-20}$ 四个检查孔均在其影响范围内遇有结石。f_1 断层带注入量相对较小，但检查孔在断层带附近均见有结石。上述断层带普遍漏量大、结石密集，与地质人员预测吻合，两者有很好的一致性，同时也说明幕体范围内结构面被水泥充填完好。301 号剪切带仅局部与断层交汇处出现大漏量。检查揭示，在 f_3 以东洞段水泥结石较为普遍，33 个检查孔，有 14 个在 301 号见结石，说明其渗透性较强，但与外界联系较弱，扩散范围较小。201 号夹层局部出现大漏量，说明局部仍具一定的渗透能力。

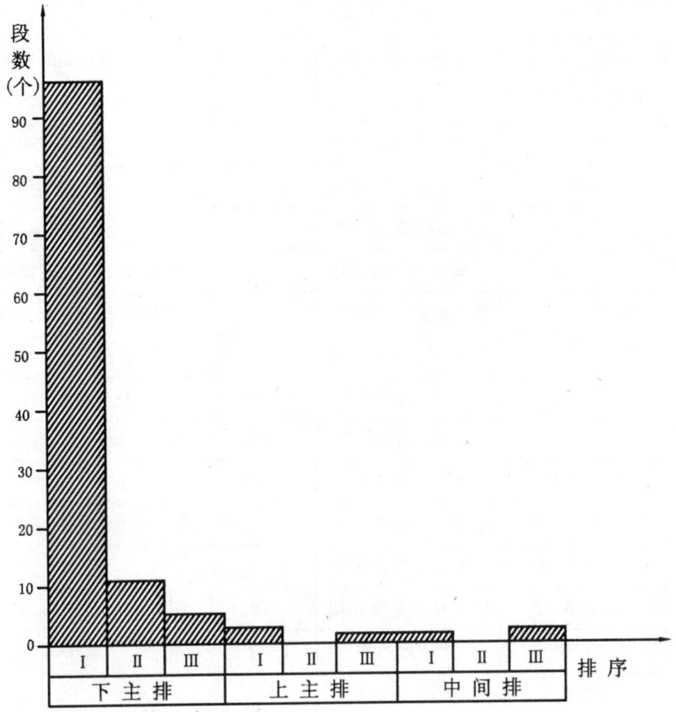

图 5-3-6　60m 灌洞单位注入量大于 1 000kg/m 孔段递减直方图

表 5-3-15　左岸 60m 灌浆平洞检查孔水泥结石统计表

检查孔孔号	终孔孔深(m)	遇结石数(个)	水泥结石			备注
			孔深(m)	产出状态	厚度(mm)	
1	83.0	5	36.1～36.2	沿高倾角裂隙充填	1	位于 Tf_{14} 下盘，$\in_1^{3-1}$ 厚层灰岩中
			51.8	沿中倾角裂隙充填	1	位于 Tf_{14} 下盘，$\in_1^{3-1}$ 厚层灰岩中
			56.0	沿缓倾角裂隙充填	1	位于 Tf_{14} 下盘，$\in_1^{3-1}$ 厚层灰岩中
			61.5	沿破碎岩体充填	1	位于 Tf_{14} 下盘，$\in_1^{3-1}$ 厚层灰岩中
			70.9～73.7	沿高倾角裂隙充填	1	位于 Tf_{14} 下盘，$\in_1^{3-1}$ 厚层灰岩中
2	93.5	2	15.85～16.15	沿高倾角裂隙充填	1	位于 Tf_{13} 上盘断层带中
			64.85～64.95	沿高倾角裂隙充填	1	位于 Tf_{14} 下盘，$\in_1^{3-1}$ 厚层灰岩中
3	93.5	0				
4	110.0	5	42.3～42.5	沿高倾角裂隙充填	1	位于推测断层带上
			57.1～57.2	沿角砾岩面充填	2	位于推测断层下盘 5～13m
			60.8～61.0	沿高倾角裂隙充填	2	位于推测断层下盘 5～13m
			74.2	沿高倾角裂隙充填	10	位于推测断层下盘 5～13m
			70.9～91.2	沿小断层充填	7	位于推测断层下盘 5～13m

续表 5-3-15

检查孔孔号	终孔孔深(m)	遇结石数(个)	水泥结石			备注
			孔深(m)	产出状态	厚度(mm)	
5	110.0	5	52.7	沿高倾角裂隙充填	3	位于 Tf_9 下盘及推测断层交汇带
			64.3	沿高倾角裂隙充填	1～3	位于 Tf_9 下盘及推测断层交汇带
			76.4～76.5	沿中倾角裂隙充填	2	位于推测断层带上
			78.8	沿高倾角裂隙充填	3～5	位于推测断层带上
			88.7	沿高倾角裂隙充填	3～5	位于推测断层带下盘
6	110.0	5	37.7～37.9	沿高倾角裂隙充填	2	位于 f_3 断层带上
			44.8～44.9	沿高倾角裂隙充填	2	位于 f_3、Tf_9 及推测断层交汇带上
			50.2～50.3	沿高倾角裂隙充填	2	位于 f_3、Tf_9 及推测断层交汇带上
			55.8～58.6	沿高倾角裂隙充填	2～3	位于 f_3、Tf_9 及推测断层交汇带上
			94.9	沿高倾角裂隙充填	1	位于推测断层下盘 10m 处
7	110.0	7	26.3～26.4	沿高倾角裂隙充填	1～3	位于 Tf_7 与 301 号交汇带
			27.6～28.3	沿高倾角裂隙充填	1～20	位于 Tf_7 与 301 号交汇带
			31.8～31.9	沿高倾角裂隙充填	1	位于 Tf_7 与 301 号交汇带
			58.6～58.9	沿高倾角裂隙充填	3～5	位于 f_3、Tf_9 交汇带
			60.0～60.2	沿高倾角裂隙充填	1～2	位于 f_3、Tf_9 交汇带
			63.5	沿层面充填	1～3	位于 f_3、Tf_9 交汇带
			88.6	沿高倾角裂隙充填	3	位于 Tf_9 断层下盘 12m 处
8	85.0	1	48.4～48.5	沿高倾角裂隙充填	1～2	位于 Tf_6 断层下盘 10m 处
9	75.0	0				
10	75.0	2	23.5～23.6	沿高倾角裂隙充填	3	位于 F_8 断层带上
			23.8～23.85	沿高倾角裂隙充填	3～5	位于 F_8 断层带上
11	91.0	3	15.8～15.85	沿裂隙充填	1	位于 F_1 断层下盘 5m，推测断层上
			68.9	沿高倾角裂隙充填	1～2	位于 F_{32} 断层上盘 4～8m
			73.2	沿层面充填	2	位于 F_{32} 断层上盘 4～8m
12	81.0	6	21.1	沿中倾角裂隙充填	1	位于 f_1 下盘 5～10m，301 号上下 2.5m
			26.45～26.6	沿高倾角裂隙充填	2	位于 f_1 下盘 5～10m，301 号上下 2.5m
			38.7～38.8	沿高倾角裂隙充填	2	位于 F_{31} 断层上盘 3～8m 处
			44.2～44.27	沿高倾角裂隙充填	2	位于 F_{31} 断层上盘 3～8m 处
			75.25～76.3	沿高倾角裂隙充填	2	位于 F_{32} 断层带上
			77.0～77.15	沿高倾角裂隙充填	2	位于 F_{32} 断层带上
13	77.0	2	25.4	沿层面充填	5	位于 f_1 断层带上
			32.2～32.4	沿高倾角裂隙充填	2～3	位于 f_1 下盘 5m 处
14	71.0	3	25.9～26.0	沿层面充填	2	位于 301 号层间剪切带上
			37.8～38.1	沿高倾角裂隙充填	2～5	位于 f_1 断层上盘 2～3m 处
			67.6	沿高倾角裂隙充填	1～3	位于 f_1 断层下盘 5m 处

续表 5-3-15

检查孔孔号	终孔孔深(m)	遇结石数(个)	水泥结石			备注
			孔深(m)	产出状态	厚度(mm)	
15	77	2	26.9～27.1	沿高倾角裂隙充填	1～2	位于301号剪切面下2m处
			54.0～54.1	沿高倾角裂隙充填	1～3	位于F_{31}下盘5m,f_1上盘10m处
16	76.0	5	32.0	沿中倾角裂隙充填	2	位于F_{31}上盘10m处
			33.1	沿中倾角裂隙充填	1～3	位于F_{31}上盘10m处
			50.6	沿高倾角裂隙充填	1	位于F_{31}与F_{32}断层之间
			61.0	沿高倾角裂隙充填	2	位于F_{31}与F_{32}断层之间
			71.1	沿高倾角裂隙充填	1	位于F_{31}与F_{32}断层之间
17	75.0	3	15.6	沿层面充填	1	位于301号剪切带上
			15.8	沿层面充填	1～2	位于301号剪切带上
			21.54～21.8	沿高倾角裂隙充填	2～45	位于301号剪切面下5m处
18	105.8	2	12.4	沿高倾角裂隙充填	1	位于301号剪切面上4m处
			72.4	沿高倾角裂隙充填	1	位于f_2下盘4m处
19	74.0	2	50.5	沿中倾角裂隙充填	1	位于f_2下盘断层带上
			53.3	沿高倾角裂隙充填	1	位于f_2下盘断层带上
20	109.0	4	32.3	沿高倾角裂隙充填	2	位于f_2断层下盘3～5m处
			34.2～34.5	沿高倾角裂隙充填	1	位于f_2断层下盘3～5m处
			37.0	沿层面充填	1	位于f_2断层下盘3～5m处
			86.3～86.5	沿高倾角裂隙充填	1	位于Tf_6下盘11m处
21	95.0	2	4.3～4.35	沿层面充填	3	位于g_9、g_{10}剪切面上
			6.0	沿裂隙充填	2	位于g_9、g_{10}剪切面上
22	120.0	2	23.9	沿层面充填	1	位于f_{21}、Tf_{22}断层带上
			59.8	沿裂隙充填	1～2	位于F_{32}、f_{133}、f_{135}及Tf_1交汇带附近
23	88.0	5	1.10～1.15	沿高倾角裂隙充填	1	位于Tf_{21}与层间剪切面交汇带上
			5.3	沿层面充填	1	位于Tf_{21}与层间剪切面交汇带上
			6.9	沿高倾角裂隙充填	2	位于Tf_{21}与层间剪切面交汇带上
			51.7～51.8	沿高倾角裂隙充填	5～10	位于Tf_1上盘3m处
			60.2～60.3	沿高倾角裂隙充填	5	位于Tf_1上盘3m处
24	86.0	3	33.4～33.45	沿层面充填	1	位于301号剪切面下2m处
			52.2	沿层面充填	1～2	位于Tf_1下盘2m处
			58～58.3	沿高倾角裂隙充填	3～5	位于Tf_1下盘6m处
25	95.0	1	13.0	沿层面充填	2～3	位于Tf_1上盘7m、F_{25}下盘11m处
26	35.0	2	3.15～3.20	沿裂隙充填	1～3	位于F_{25}断层带上
			25.03～25.05	沿层面充填	8～10	位于F_{25}下盘、301号层间剪切带上

续表 5-3-15

检查孔孔号	终孔孔深(m)	遇结石数(个)	水泥结石			备注
			孔深(m)	产出状态	厚度(mm)	
27	105.0	6	23.95～24.0	沿高倾角裂隙充填	1	位于 F_{25} 与 301 号交汇带上
			33.3～33.5	沿高倾角裂隙充填	1～3	位于 F_{25} 主断面上
			33.7	沿层面充填	1	位于 F_{25} 主断面上
			40.25～40.30	沿中倾角裂隙充填	2～3	位于 F_{25} 主断面上
			40.5	沿高倾角裂隙充填	1～3	位于 F_{25} 主断面上
			42.1	沿高倾角裂隙充填	1～3	位于 F_{25} 主断面上
28	105.0	3	3.5	沿层面充填	2～3	位于 F_{25} 断层上盘 10m 处
			30.5	沿高倾角裂隙充填	2	位于 F_{25} 断层上盘 7m 处
			81.6	沿高倾角裂隙充填	1	位于 F_{25} 断层上盘 3m 处
29	75.0	12	5.3～5.4	沿高倾角裂隙充填	1	位于 F_{10} 下盘 10～12m，F_{25} 上盘
			7.83～7.85	沿层面充填	10～15	位于 F_{10} 下盘 10～12m，F_{25} 上盘
			17.0～17.2	沿高倾角裂隙充填	3～4	位于 F_{10} 下盘 10～12m，F_{25} 上盘
			24.56～24.90	沿高倾角裂隙充填	1	位于 F_{10} 下盘 13m，301 号剪切面下 2～4m
			27.25～27.30	沿高倾角裂隙充填	1	位于 F_{10} 下盘 13m，301 号剪切面下 2～4m
			34.7～35.2	沿高倾角裂隙充填	1～3	位于 F_{10} 下盘 10～15m，F_{25} 上盘
			40.75	沿层面充填	1～2	位于 F_{10} 下盘 10～15m，F_{25} 上盘
			17.4～17.5	沿高倾角裂隙充填	3～4	位于 F_{10} 下盘 10～15m，F_{25} 上盘
			45.0～45.2	沿高倾角裂隙充填	3～8	位于 F_{10} 下盘 10～15m，F_{25} 上盘
			47.85～48.00	沿高倾角裂隙充填	1	位于 F_{10} 下盘 10～15m，F_{25} 上盘
			51.15～51.50	沿高倾角裂隙充填	2～8	位于 F_{10} 下盘 10～15m，F_{25} 上盘
			55.9～56.1	沿高倾角裂隙充填	3～5	位于 F_{10} 下盘 10～15m，F_{25} 上盘
30	75.0	4	2.4	沿高倾角裂隙充填	2	位于 F_{10} 下盘 4m 处
			24.3～24.5	沿高倾角裂隙充填	1～3	位于 F_{10} 下盘 8m、301 号剪切带上
			58.2	沿高倾角裂隙充填	1	位于 F_{10} 下盘 18m，F_{32} 上盘 5～10m
			62.7～62.8	沿高倾角裂隙充填	1	位于 F_{10} 下盘 18m，F_{32} 上盘 5～10m
31	37.0	12	4.2	沿高倾角裂隙充填	1	位于 F_{10}、F_{10-1} 断层带上
			5.60～5.65	沿层面充填	1	位于 F_{10}、F_{10-1} 断层带上
			9.5～10.5	沿高倾角裂隙充填	1	位于 F_{10}、F_{10-1} 断层带上
			22.8～22.9	沿高倾角裂隙充填	1	位于 F_{10}、F_{10-1} 断层带上
			19.6	沿高倾角裂隙充填	2	位于 F_{10}、F_{10-1} 断层带上
			27.4	沿高倾角裂隙充填	1	位于 F_{10}、F_{10-1} 断层带上
			28.4	沿高倾角裂隙充填	1	位于 F_{10}、F_{10-1} 断层带上
			29.8	沿高倾角裂隙充填	1	位于 F_{10}、F_{10-1} 断层带上
			30.50～30.55	沿高倾角裂隙充填	1	位于 F_{10}、F_{10-1} 断层带上
			32.2	沿层面充填	1	位于 F_{10}、F_{10-1} 断层带上
			33.9	沿层面充填	1	位于 F_{10}、F_{10-1} 断层带上
			35.0～35.1	沿高倾角裂隙充填	1	位于 F_{10}、F_{10-1} 断层带上

续表 5-3-15

检查孔孔号	终孔孔深(m)	遇结石数(个)	水泥结石			备注
			孔深(m)	产出状态	厚度(mm)	
32	107.8	19	18.9	沿高倾角裂隙充填	1	位于 F_{10}、F_{10-1}断层带上
			26.1	沿高倾角裂隙充填	1	位于 F_{10}、F_{10-1}断层带上
			26.8～27.3	沿高倾角裂隙充填	1	位于 F_{10}、F_{10-1}断层带上
			40.5～40.8	沿高倾角裂隙充填	1	位于 F_{10}、F_{10-1}断层带上
			42.1	沿高倾角裂隙充填	1	位于 F_{10}、F_{10-1}断层带上
			46.0	沿高倾角裂隙充填	3	位于 F_{10}、F_{10-1}断层带上
			46.25	沿层面充填	1～2	位于 F_{10}、F_{10-1}断层带上
			46.42	沿高倾角裂隙充填	3	位于 F_{10}、F_{10-1}断层带上
			46.87	沿高倾角裂隙充填	1	位于 F_{10}、F_{10-1}断层带上
			53.65～53.70	沿高倾角裂隙充填	1.5	位于 F_{10}、F_{10-1}断层带上
			54.65～54.70	沿高倾角裂隙充填	3	位于 F_{10}、F_{10-1}断层带上
			60.95～61.76	沿高倾角裂隙充填	1	位于 F_{10}、F_{10-1}断层带上
			64.2～64.3	沿高倾角裂隙充填	1～3	位于 F_{10}、F_{10-1}断层带上
			66.27～66.30	沿高倾角裂隙充填	1	位于 F_{10}、F_{10-1}断层带上
			67.1	沿高倾角裂隙充填	3	位于 F_{10}、F_{10-1}断层带上
			67.4	沿高倾角裂隙充填	1	位于 F_{10}、F_{10-1}断层带上
			67.8	沿高倾角裂隙充填	1	位于 F_{10}、F_{10-1}断层带上
			75.1～75.3	沿高倾角裂隙充填	1	位于 F_{10}、F_{10-1}断层带上
			70.8	沿高倾角裂隙充填	1.5	位于 F_{10}、F_{10-1}断层带上
33	110.0	12	8.1～8.5	沿高倾角裂隙充填	2	位于 F_{10}、F_{10-1}断层影响带上
			31.5～31.6	沿高倾角裂隙充填	1	位于 F_{10}、F_{10-1}断层影响带上
			34.4	沿高倾角裂隙充填	1	位于 F_{10}、F_{10-1}断层影响带上
			46.1～46.2	沿高倾角裂隙充填	2	位于 F_{10}、F_{10-1}与 F_{31}交汇带上
			49.36～49.44	沿高倾角裂隙充填	1	位于 F_{10}、F_{10-1}与 F_{31}交汇带上
			49.65～49.75	沿高倾角裂隙充填	8	位于 F_{10}、F_{10-1}与 F_{31}交汇带上
			51.3	沿高倾角裂隙充填	1	位于 F_{10}、F_{10-1}与 F_{31}交汇带上
			60.2～60.9	沿高倾角裂隙充填	1	位于 F_{10}、F_{10-1}断层带上
			61.5～61.6	沿高倾角裂隙充填	1	位于 F_{10}、F_{10-1}断层带上
			73.1	沿高倾角裂隙充填	1	位于 F_{10}、F_{10-1}断层带上
			79.1	沿高倾角裂隙充填	1	位于 F_{10}、F_{10-1}断层带上
			84.4	沿高倾角裂隙充填	1	位于 F_{10}、F_{10-1}断层带上

续表 5-3-15

检查孔孔号	终孔孔深(m)	遇结石数(个)	水泥结石			备注
			孔深(m)	产出状态	厚度(mm)	
34	88.0	15	4.25～4.3	沿高倾角裂隙充填	3	位于 F_{10}、F_{10-1}断层影响带及推测断层
			7.6	沿高倾角裂隙充填	1	位于 F_{10}、F_{10-1}断层影响带及推测断层
			12.35	沿高倾角裂隙充填	1	位于 F_{10}、F_{10-1}断层影响带及推测断层
			20.50～20.65	沿高倾角裂隙充填	1	位于 F_{10}影响带、301 号剪切面上
			28.5～30.6	沿高倾角裂隙充填	1	位于 F_{10}断层影响带上
			44.9～45.0	沿高倾角裂隙充填	1	位于 F_{10}断层影响带及 F_{31}上盘 5m 处
			45.30～45.35	沿高倾角裂隙充填	1	位于 F_{10}断层影响带及 F_{31}上盘 5m 处
			45.48～45.63	沿高倾角裂隙充填	1	位于 F_{10}断层影响带及 F_{31}上盘 5m 处
			46.13～46.18	沿高倾角裂隙充填	1	位于 F_{10}断层影响带及 F_{31}上盘 5m 处
			53.95～55.10	沿高倾角裂隙充填	1	位于 F_{10}断层影响带及 F_{31}上盘 5m 处
			60.35	沿高倾角裂隙充填	1	位于 F_{10}断层影响带及 F_{31}上盘 5m 处
			62.5	沿高倾角裂隙充填	1	位于 F_{10}断层影响带及 F_{31}上盘 5m 处
			62.9	沿高倾角裂隙充填	1	位于 F_{10}断层影响带及 F_{31}上盘 5m 处
			75.85～75.90	沿高倾角裂隙充填	1	位于 F_{10}断层影响带及 F_{31}上盘 5m 处
			76.15～76.20	沿高倾角裂隙充填	1	位于 F_{10}断层影响带及 F_{31}上盘 5m 处
35	40.0	9	1.35	沿层面充填	5	
			4.2～4.3	沿层面充填	1～1.5	
			7.4～7.5	沿层面充填	1	
			9.30～9.45	两处沿层面充填	2～3	
			9.6	沿层面充填	2～3	
			11.2～11.4	三处沿层面充填	2～3	
			27.39～27.45	沿裂隙充填	1	
			27.85～27.89	沿裂隙充填	1	
			30.05～30.55	沿断层面充填	1～5	
36	35	2	10	沿高倾角裂隙充填	5	
			32.3	沿层面充填	2～5	
37	35.1	7	2.6	沿层面充填	1～2	
			13.7	沿层面充填	1	
			14.9	沿层面充填	5	
			15.1～15.3	沿中倾角裂隙充填	2～3	
			17.6～18.0	沿中倾角裂隙充填	2	
			22.35	沿高倾角裂隙充填	5～6	
			28.40～28.85	沿陡倾角裂隙充填	1～2	

上述看出，灌浆量与检查孔中水泥结石分布具良好的一致性，与灌前地质预测吻合较好，幕体中各类渗透空间得到了较充分的填充。

(三)60m 廊道以下帷幕

基础岩体为石龙洞组第二段与第一段地层，前者约占 1/3，均属弱岩溶化地层。以顺层溶蚀风化为主要特征，同时还存在沿各类结构面交汇带的轻微溶蚀。关键部位是在－20m 高程以上的普遍顺层轻微溶蚀风化带及顺河向断层 F_{12}、F_{13}、F_{26}、F_{19} 等断层分布地段。

60m 廊道均布置三排帷幕，下主排灌孔进入石牌页岩 5m 左右，F_{13} 以东灌孔深 105m 左右，以西孔深 130m 左右；上主排以封闭 301 号为原则，F_{13} 以东孔深 32m 左右，以西孔深 50～55m；中间排在 F_{13} 以东孔深 70～80m，以西孔深 90m。其注入量分布情况见图 5－3－7 和表 5－3－16、表 5－3－17。

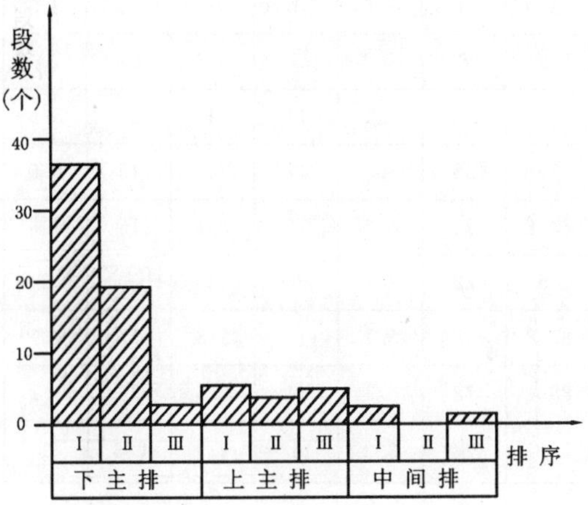

图 5－3－7　60 廊道单位注入量大于 1 000kg/m 孔段递减直方图

表 5－3－16　60m 廊道单位注入量分层统计表

部位		灌浆长度(m)		灌浆总量(kg)		线单耗(kg/m)		面积单耗(kg/m²)	
孔排	孔序	－20m 以上	－20m 以下	－20m 以上	－20m 以下	－20m 以上	－20m 以下	－20m 以上	－20m 以下
下主排	Ⅰ	1 257.95	777.19	545 023.66	61 400.48	433.26	79		
	Ⅱ	1 444.42	828.04	300 965.30	43 769.50	208.36	52.86		
	Ⅲ	2 980.80	1 759.96	151 442.77	29 746.76	50.81	16.90		
	小计	5 683.17	3 365.19	997 431.73	134 916.74	175.51	40.09		
上主排	Ⅰ	728.98	100 039.51		137.23				
	Ⅱ	749.1	61 932.51		82.68				
	Ⅲ	1 418.29	91 479.05		64.50				
	小计	2 876.37	253 450.07		88.11				
中间排	Ⅰ	1 175.10	461.45	63 049.8	7 542.23	53.65	16.34		
	Ⅱ	1 482.60	187.42	2 787.46	2 495.62	18.67	13.32		
	Ⅲ	1 947.95	301.10	74 267.38	3 183.81	38.13	10.57		
	小计	4 605.65	949.97	165 004.64	13 221.66	35.83	13.92		
三排合计		13 165.19	4 315.16	1 424 340.18	148 138.40	108.19	34.33	104.73	19.51

表 5-3-17　60m 廊道单位注入量分级统计表

孔排	孔序	孔数（个）	段数（个）	单位注入量(kg/m)区间段数(个)及所占比率(%)											
				<20		20～50		50～100		100～400		400～1 000		>1 000	
				段数	%	段数	%	段数	%	段数	%	段数	%	段数	%
下主排	Ⅰ	32	544	308	56.6	58	10.7	31	5.7	65	11.9	45	8.3	37	6.8
	Ⅱ	23	461	300	65.1	46	10	26	5.6	54	11.7	15	3.3	20	4.3
	Ⅲ	40	764	600	78.6	78	10.2	33	4.3	40	5.2	10	1.3	3	0.4
	小计	95	1 769	1 208	68.3	182	10.3	90	5.1	159	9	70	4	60	3.3
上主排	Ⅰ	20	142	105	73.9	8	5.6	1	0.7	12	8.5	10	7	6	4.3
	Ⅱ	21	150	106	70.7	8	5.3	5	3.3	21	14	6	4	4	2.7
	Ⅲ	39	273	213	78	22	8.1	11	4	15	5.5	7	2.6	5	1.8
	小计	80	565	424	75	38	6.7	17	3	48	8.5	23	4.1	15	2.7
中间排	Ⅰ	18	327	272	83.2	22	6.7	10	3.1	15	4.6	5	1.5	3	0.9
	Ⅱ	21	301	265	88	22	7.3	6	2	6	2	2	0.7		
	Ⅲ	37	544	467	85.8	28	5.1	15	2.8	17	3.1	15	2.8	2	0.4
	小计	76	1 172	1 004	85.7	72	6.1	31	2.6	28	3.2	22	1.9	5	0.5
合计		251	3 506	2 636	75.2	292	8.3	138	3.9	245	7	115	3.3	80	2.3

从表和单位注入量看出：较大漏量灌段集中分布于－10～－20m 高程以上，以下注入量显著减小，与勘察期岩体透水性分布规律一致；F_{12}、F_{13}、F_{26}、F_{19} 等顺河向断层在－20m 高程以上，只是在与其他结构面交汇带出现大漏量，其余地段性状相对较好。总体反映出：60m 廊道以下岩体中，在－20m 高程以上由于卸荷回弹，顺层面溶蚀风化普遍较强，渗透性好；在－20m 高程以下随埋深增大卸荷回弹逐渐减弱，溶蚀轻微，渗透空间以裂隙为主，渗透能力弱。从表 5-3-16、表 5-3-17 中发现：各排序注入量的变化规律与两岸趋势一致，但递减速度明显减慢。同时还出现：上主排Ⅰ序孔单耗大于 400kg/m 的两级所占比例分别接近和超过下主排Ⅱ序孔；上主排Ⅱ、Ⅲ序孔大漏量所占比例也十分接近；中间排Ⅲ序孔在 14、15、16 坝段还有两段单耗大于 1 000kg/m，七段单耗 400～1 000kg/m，单耗大于 400kg/m 的比例较Ⅰ序孔还高，平均单耗Ⅲ序孔大于Ⅱ序孔。从单位注入量地质剖面上还可看出：在相同位置的上下主排各序孔的单位注入量，有的先大后小，减小幅度小，有的则先小后大。在钻灌过程中还具独特的异常现象，涌水串浆普遍（表 5-3-18），占整个灌孔的 23%左右，最大涌水压力 0.2MPa 与坝前小基坑水位一致，涌水量 90L/min，这说明岩体渗透空间具有很好的连通性。按常规，连通性越好，先灌孔的灌注效果越好，后灌孔注入量的减小速度就越大，但实际灌注情况相反。上述反常现象可能由坝前水头压力引起，因 60m 廊道的灌注是在一定水头作用下进行的。在一定水头作用下，于连通性好的岩体中灌浆，浆液易于流动，造成浆液下移，导致原已灌入幕体中的浆液部分流失，造成后灌孔在相同部位漏量无明显减小，甚至先灌孔将裂面中原充填物扰动，尚未击穿。当灌浆压力解除，在反方向水头作用下，充填物被带出，使不连通的部位相互沟通，造成后灌孔的单位注入量大于先灌孔。

表 5-3-18 60m 廊道异常现象统计表

部位	孔号	孔深(m)	串浆(或涌水)情况
下主排Ⅰ序孔	12_{1-1-6}	10.1~15.1	与 $12W_{-1}$ 串浆
		45.1~50.1	涌水量:80L/min,压力:0.04MPa
	14_{1-1-4}	9.8~14.8	与 $14T_{-1}$ 串浆
		29.8~34.89	与 $14W_{-1}$、$14W_{-2}$、$14W_{-3}$ 串浆
		34.8~39.8	涌水量:20L/min,压力:0.1MPa
	15_{1-1-3}	35.3~40.3	1:1 浓浆灌注有外漏
		90.4~95.4	涌水量:66L/min,压力:0.15MPa
	15_{1-1-7}	12.7~16.72	涌水量:15L/min,压力:0.1MPa
		31.8~36.8	涌水量:3L/min
	16_{1-1-1}	17.25~19.25	涌水量:90L/min,压力:0.06MPa
		59.25~64.25	涌水压力:0.06MPa
	16_{1-1-5}	6.15~8.15	与 16_{1-2-7} 串浆
		9.15~11.15	与 W_{-1} 串浆
		46.15~51.15	涌水量:2.5L/min,压力:0.04MPa
	16_{1-1-9}	38.55~43.55	与 16_{1-2-5} 串浆
	17_{1-1-4}	42.8~47.8	与 17_{1-2-6} 串浆
		62.8~67.8	与 17_{1-2-6} 串浆
下主排Ⅱ序孔	11_{1-2-9}	49.85~54.85	涌水量:35L/min
	12_{1-2-4}	25.1~30.1	与 $12W_{-1}$ 串浆
		60.4~65.4	与 $12W_{-1}$ 串浆
		70.4~75.4	涌水量:30L/min
	12_{1-2-8}	58~63	涌水
		68~73.5	涌水量:30L/min,压力:0.012MPa
		73.5~78.5	涌水量:30L/min,压力:0.005MPa
	13_{1-2-3}	9.94~14.94	与 12_{1-1-9} 串浆
	14_{1-2-2}	75.45~80.45	与 14_{1-1-8} 串浆
	14_{1-2-6}	34.87~39.87	涌水量:60L/min,压力:0.08MPa,单耗:10.7t/m
	15_{1-2-1}	60.5~65.5	涌水量:5L/min
		95.5~100.5	涌水量:5L/min
	15_{1-2-5}	15.4~20.4	涌水量:35L/min,压力:0.03MPa
	15_{1-2-9}	60.5~70.5	与 16_{1-1-1} 串浆
	16_{1-2-3}	25.4~40.4	涌水量:12L/min,压力:0.07MPa
	16_{1-2-7}	21.25~25.25	串浆
	17_{1-2-6}	14.7~19.7	与 L_{1-3-2} 串浆
		34.7~44.7	与 17_{1-1-4} 串浆
		54.7~59.7	与 17_{1-1-4} 串浆
		79.7~84.7	与 L_{1-3-2} 串浆
		89.7~94.7	与 L_{1-3-2} 串浆

续表 5-3-18

部位	孔号	孔深(m)	串浆(或涌水)情况
下主排Ⅲ序孔	12_{1-3-5}	67.4～72.4	涌水量:3L/min
	12_{1-3-7}	14.9～25.2	与12_{1-3-9}串浆
		40.5～45.5	涌水量:5L/min
	13_{1-3-4}	10.54～15.5	与13_{1-2-3}串浆
	14_{1-3-3}	20.2～25.2	与13_{1-2-7}、13_{1-1-3}串浆
		120.4～125.4	涌水量:0.8L/min
	14_{1-3-5}	75.2～80.2	与14_{1-2-6}、15_{1-3-2}、15_{1-1-3}、14_{1-3-2}四孔相串
	14_{1-3-7}	45.1～50.1	与15_{1-1-3}串浆
	15_{1-3-2}	25.7～30.7	涌水量:2L/min,压力:0.01MPa
		51.3～56.2	涌水量:5L/min
		86.7～91.7	涌水量:6L/min,压力:0.05MPa
	15_{1-3-4}	19.4～24.4	涌水量:30L/min
		29.4～39.4	涌水量:2L/min
		85.1～90.1	涌水量:5L/min
		110.3～115.5	与15_{3-3-3}、15_{3-2-2}串浆
	15_{1-3-10}	25.2～30.2	涌水量:1L/min
		30.2～35.2	与16_{1-3-2}串漏严重
	16_{1-2-8}	66.45～71.45	与17_{1-2-2}串浆
	17_{1-3-1}	91.45～96.45	与17_{1-3-3}串浆
		106.45～111.45	与17_{1-3-3}串浆
上主排	12_{2-1-4}	46.1～52.1	涌水量:48L/min
	15_{2-1-1}	10.2～15.2	与15_{1-3-2}串浆
	14_{2-2-8}	15.2～20.2	涌水量:1L/min
	15_{2-2-3}	10.5～15.5	涌水量:10L/min,压力:0.1MPa
		20.5～25.7	涌水量:15L/min
		35.7～40.7	涌水量:3L/min,压力:0.05MPa
	15_{2-2-7}	15.6～20.8	涌水量:10L/min,压力:0.1MPa
		20.8～25.8	涌水量:0.5L/min
	16_{2-2-1}	40.6～45.6	涌水量:10L/min,压力:0.01MPa
	15_{2-3-2}	10.4～15.6	与15_{2-2-3}、15_{3-3-6}串浆,且涌水量:15L/min,压力:0.06MPa
	15_{2-3-6}	25.8～30.8	有微量涌水
中间排	12_{3-1-5}	35.5～40.5	与12_{1-1-2}串浆
	13_{3-1-4}	45.2～50.2	与13_{3-2-6}、13_{2-3-4}串浆
	15_{3-1-4}	20.6～25.6	与15_{3-1-4}废孔串浆
	16_{3-1-7}	25.6～30.6	堵漏
		45.6～50.6	堵漏
	17_{3-1-2}	65.6～75.6	串浆堵漏
		120.6～125.6	串浆
	15_{3-2-6}	20.8～25.8	压水时与15_{3-1-4}相串,涌水量:8L/min,压力:0.1MPa
	15_{3-3-9}	15.2～20.2	与16_{3-3-2}串浆

尽管存在上述异常现象，但各排灌孔按先后次序，大漏量段总的趋势还是明显减少，至中间排大于 1 000kg/m 孔段已减小至 1%以下，钻灌过程中的涌水、串浆现象已极少见，说明涌水空间已基本堵死，帷幕基本形成，尚存异常部位也及时进行了补灌，25 个检查孔中水泥结石主要集中分布在－10m 高程以上幕体内，最厚 4～6cm。见表 5-3-19。压水检查结果全部达到设计标准。

表 5-3-19　60m 廊道检查孔水泥结石统计表

检查孔孔号	终孔孔深(m)	遇结石数(个)	水泥结石			备注
			孔深(m)	产出状态	厚度(mm)	
10检-1	113.2	1	28.9～30.0	沿高倾角裂隙充填	2～4	
10检-2	49.3	3	33.20～33.25	沿高倾角裂隙充填	1	
			35.50～35.75	沿两条高倾角裂隙充填	1	
			43.7～43.8	沿高倾角裂隙充填	1	
11检-1	80.2	17	21.90～22.05	沿高倾角裂隙充填	2	
			22.5	沿层面充填	2	
			23	沿层面充填	2	
			23.4	沿层面充填	2～3	
			27.8～27.9	沿高倾角裂隙充填	1～2	
			29.2～29.3	沿陡倾角裂隙充填	2～3	
			30.9	沿层面充填	1	
			32.25～32.40	沿高倾角裂隙充填	1～2	
			34.9	沿层面充填	1	
			35.2～35.5	沿高倾角裂隙充填	1～2	
			36.15～36.20	沿高倾角裂隙充填	1～3	
			39.9～40.8	沿陡倾角裂隙充填	1～3	
			49.7～49.9	沿高倾角裂隙充填	2～3	
			50.5～50.8	沿陡倾角裂隙充填	2～30	
			68.4～68.7	沿陡倾角裂隙发育的溶洞充填	＞60	
			69.3	沿层面充填	3	
			78.1～78.2	沿高倾角裂隙充填	2	
11检-2	108	6	23.45	沿层面充填	1～2	
			25.50～25.85	沿高倾角裂隙充填	2～3	
			42.4	沿层面充填	4	
			44.10～44.15	沿高倾角裂隙充填	1～2	
			45.7～46.0	沿陡倾角裂隙充填	1	
			46.25～46.35	沿高倾角裂隙充填	1～2	
12检-1	130.4	1	12.00～12.05	沿层面充填	1	

续表 5-3-19

检查孔孔号	终孔孔深(m)	遇结石数(个)	水泥结石			备注
			孔深(m)	产出状态	厚度(mm)	
12检-2	130	3	13.2～13.4	沿高倾角裂隙充填	2～3	
			18.6～18.7	沿层面充填	1～2	
			40.4～40.5	沿高倾角裂隙充填	3	
12检-3	55	0				
13检-1	52	3	11.25～11.3	沿裂隙充填	1	
			18.1～18.2	沿层面充填	1	
			29～29.1	沿高倾角裂隙充填	1	
13检-2	130.1	4	10.1～10.2	沿层面充填	2	
			28.2～28.3	沿层面充填	1	
			50.2	沿层面充填	1	
			52.6～52.7	沿高倾角裂隙充填	1	
13检-3	90	4	7.90～7.95	沿层面充填	1	
			33.30～33.45	沿裂隙充填	4	
			35.25～35.30	沿层面充填	1～2	
			48.50～48.55	沿层面充填	2	
14检-1	55	3	5.15～5.30	沿裂隙充填	1	
			11.8～11.9	沿裂隙充填	1	
			45.9～46.0	沿陡倾角裂隙充填	2	
14检-2	100.2	3	5.5～5.6	沿陡倾角裂隙充填	1	
			14.30～14.35	沿层面充填	1～2	
			36.4～36.5	沿层面充填	1	
14检-3	95.3	1	14.65～14.75	沿裂隙充填	1	
15检-1	130.1	8	54.4～54.5	沿高倾角裂隙充填	2	
			54.7	沿中倾角裂隙充填	1	
			55.0～55.1	沿高倾角裂隙充填	1	
			56.6～56.9	沿陡倾角裂隙充填	2～12	
			57	沿层面充填	1～2	
			57.3～57.4	沿高倾角裂隙充填	1～3	
			61.2	沿层面充填	1	
			112.0～112.1	沿高倾角裂隙充填	1	
15检-2	90.2	3	10.5～10.6	沿裂隙充填	2～4	
			14.1～14.2	沿高倾角裂隙充填	3	
			20.3～20.5	沿缓倾角裂隙充填	1	
16检-1	133	2	60.2	沿层面充填	2～3	
			130.0～130.1	沿高倾角裂隙充填	2	

续表 5-3-19

检查孔孔号	终孔孔深(m)	遇结石数(个)	水泥结石			备注
			孔深(m)	产出状态	厚度(mm)	
16检-2	56	1	11	沿层面充填	1～3	
16检-3	139	3	15.4～15.5	沿裂隙充填	3	
			21.9	沿层面充填	1～2	
			26.3	沿层面充填	2～3	
17检-1	90.6	5	6.07～7.00	沿裂隙充填	1	
			14.25～14.30	沿裂隙充填	1.5	
			16.35～16.60	沿裂隙及层面充填	1	
			23.3	沿层面充填	1	
			84.2～84.4	沿裂隙充填	2	
17检-2	115	3	30.6	沿层面充填	2	
			36.5	沿层面充填	1～2	
			66.5	沿层面充填	1	
17检-3	166.5	1	18.5～18.7	两处沿层面充填	2～3	
18检-1	15.7	2	12.5～12.6	沿裂隙充填	1	
			13.15～13.20	沿裂隙充填	1	
18检-2	19.2	2	13.3～13.4	沿层面充填	2	
			16.45	沿裂隙充填	2	
19检-1	33.9	2	16.7～16.8	沿层面充填	1	
			19.4	沿层面充填	1	
19检-2	35.9	2	14.7	沿层面充填	1	
			16.7～16.8	沿裂隙充填	1～2	
20检-1	30.1	2	16.8～16.9	沿高倾角裂隙充填	3～8	
			21.15	沿层面充填	<1	
20检-2	36	1	30.9～31.0	沿 302 号主剪切面及裂隙充填	1	
22检-1	21.5	4	10.2	沿高倾角裂隙充填	5	
			14.35	沿层面充填	1	
			16.5	沿层面充填	1	
			18.85～18.95	沿高倾角裂隙充填	1～3	
22检-2	16.5	4	12.8～13.0	沿高倾角裂隙充填	1	
			14.30～14.34	沿溶洞充填	40	
			15.80～15.85	沿层间剪切带充填	1	
			16.1	沿层面充填	1	

(四)右岸82.5m灌浆平洞以下帷幕

基础岩体以石龙洞组第一段为主,仅局部为第二段岩体。依岩溶水文地质条件差异可分两段:以 F_{173} 断层为界,其西以顺层轻微溶蚀为主要特征,尤以201号剪切带附近为甚,次为断层密集带的轻微溶蚀。以裂隙溶隙岩体为主;F_{173} 以东则为“古岩溶填隙”区,现代岩溶不发育,为裂隙岩体。

该层帷幕0+96m洞段以西布置三排帷幕,以东为两排帷幕,下主排进入石牌页岩5m,构成全封闭,孔深40～85m不等;上主排在三排段孔深20～30m,两排段孔深30～50m;中间排孔深50～65m。

82.5m灌洞基础岩体渗透性能差异明显。以 F_{173} 断层为界,两区注入量及其分布情况见图5-3-8及表5-3-20、表5-3-21、表5-3-22。

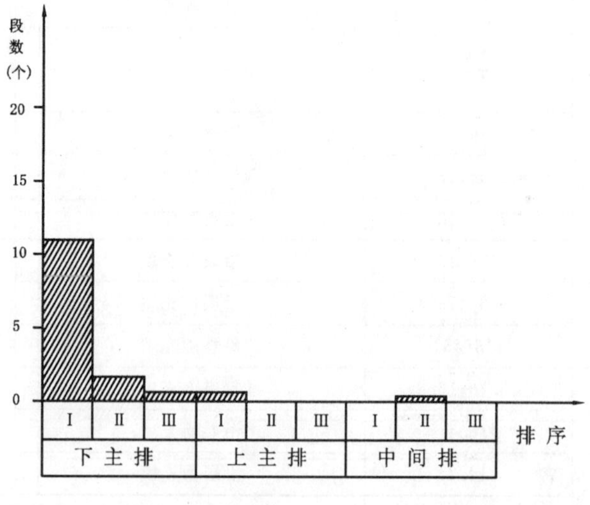

图5-3-8　82.5m灌洞单位注入量大于1 000kg/m孔段递减直方图

表5-3-20　82.5m灌浆平洞 F_{173} 以东单位注入量分级统计表

孔排	孔序	孔数(个)	段数(个)	单位注入量(kg/m)区间段数(个)及所占比率(%)											
				<20		20～50		50～100		100～400		400～1 000		>1 000	
				段数	%	段数	%	段数	%	段数	%	段数	%	段数	%
下主排	Ⅰ	14	132	114	86.4	5	3.8	2	1.5	6	4.5	4	3	1	0.8
	Ⅱ	13	128	123	96.1	2	1.6	1	0.8			2	1.6		
	Ⅲ	27	263	252	95.8	5	1.9	1	0.4	3	1.1	2	0.8		
	小计	54	523	489	93.5	12	2.3	4	0.8	9	1.7	8	1.5	1	0.2
上主排	Ⅰ	6	34	32	94.1			1	2.9					1	2.9
	Ⅱ	3	20	19	95	1	5								
	Ⅲ	5	32	32	100										
	小计	14	86	83	96.5	1	1.5	1	1.5					1	1.5
合计		68	609	572	93.9	13	2.1	5	0.8	9	1.5	8	1.3	2	0.3

表 5-3-21　82.5m 灌浆平洞 F_{173} 以西单位注入量分级统计表

孔排	孔序	孔数（个）	段数（个）	单位注入量（kg/m）区间段数（个）及所占比率（%）											
				<20kg/m		20～50kg/m		50～100kg/m		100～400kg/m		400～1 000kg/m		>1 000kg/m	
				段数	%	段数	%	段数	%	段数	%	段数	%	段数	%
下主排	Ⅰ	16	248	159	64.1	23	9.4	15	6	30	12.1	10	4	11	4.4
	Ⅱ	17	241	182	75.5	19	7.9	8	3.3	18	7.5	11	4.6	3	1.2
	Ⅲ	36	533	481	90.2	22	4.2	13	2.4	11	2.1	5	0.9	1	0.2
	小计	69	1 022	822	80.4	64	6.3	36	3.5	59	5.8	26	2.5	15	1.5
上主排	Ⅰ	14	103	89	86.4	8	7.8	3	2.9	3	2.9				
	Ⅱ	15	97	88	90.7	4	4.1	2	2.1	2	2.1	1	1		
	Ⅲ	30	202	193	95.5	2	1	2	1	3	1.5	2	1		
	小计	59	402	370	92	14	3.5	7	1.7	8	2	3	0.8		
中间排	Ⅰ	12	135	130	96.3	3	2.2	2	1.5						
	Ⅱ	12	137	118	86.1	8	5.9	4	2.9	5	3.7	1	0.7	1	0.7
	Ⅲ	23	251	233	92.8	11	4.4	1	0.4	4	1.6	2	0.8		
	小计	47	523	481	92	22	4.2	7	1.3	9	1.7	3	0.6	1	0.2
合计		175	1 947	1 673	85.9	100	5.1	50	2.6	76	3.9	32	1.6	16	0.8

表 5-3-22　82.5m 灌浆平洞单位注入量分级统计表

部位		孔数（个）		灌浆长度（m）		灌浆总量（kg）		线单耗（kg/m）		面积单耗（kg/m²）	
孔排	孔序	F_{173} 以东	F_{173} 以西	F_{173} 以东	F_{173} 以西	F_{173} 以东	F_{173} 以西	F_{173} 以东	F_{173} 以西	F_{173} 以东	F_{173} 以西
下主排	Ⅰ	14	16	664.67	1 236.65	30 338.96	195 490.17	45.65	158.08		
	Ⅱ	13	17	641.78	1 212.73	8 681.9	96 218.42	13.52	79.34		
	Ⅲ	27	36	1 372.2	2 744.95	12 683.14	47 971.43	9.56	17.48		
	小计	54	69	2 633.65	5 194.33	51 704	339 680.02	19.63	65.39		
上主排	Ⅰ	6	14	172.3	195.3	14 458.17	11 515.23	83.9	58.96		
	Ⅱ	3	15	95.7	501.69	401.94	9 511.16	4.2	18.96		
	Ⅲ	5	30	152.5	643	213.99	9 821.84	1.4	15.28		
	小计	14	59	420.5	2 059.5	15 074.1	30 848.23	35.84	14.98		
中间排	Ⅰ		12		698.27		3 284.21		4.7		
	Ⅱ		12		710.85		12 645.71		17.79		
	Ⅲ		23		1 309.86		16 169.63		12.34		
	小计		47		2 718.98		32 099.55		11.81		
三排合计		68	175	3 054.15	9 972.81	66 778.1	402 627.8	21.86	40.37	12.85	46.97

从表中看出 F_{173} 以东岩体渗透能力总体较弱，仅洞尾“古岩溶填隙区”局部出现大漏量，上层帷幕有 7 个灌孔在该段深入到本层帷幕底部，其灌注结果与该段地质条件吻合，也加大了该段幕体厚度；F_{173} 以西岩体渗透能力较东区相对增大，灌注过程中串漏较普遍，大漏量均出现在断层带、断层交汇带及断层与 201 号交汇区，与地质条件具较好的对应性。按灌注先后次序，大漏量递减很快，下主排已将 93%左右的透水结构面封堵，可以认为绝大部分幕体已充填封闭好。不过局部也有异常现象：中间排Ⅲ序孔在洞口段出现两段单耗 400～1 000kg/m；三个孔有串浆现象。但经检查孔检查水泥结石在大漏量带及其附近密集出现，胶结较好，见表 5-3-23。ω 值合格率 100%。

表 5-3-23 右岸 82.5m 灌浆平洞检查孔水泥结石统计表

检查孔孔号	终孔孔深(m)	遇结石数(个)	水泥结石		
			孔深(m)	产出状态	厚度(mm)
7	72.2	2	5.77～5.80	沿层面充填	7～8
			10.43～10.60	沿陡倾角裂隙充填	1
8	70.8	6	1.82～1.86	沿层面充填	1～3
			1.91～1.96	沿层面充填	1～3
			20.57～20.80	沿裂隙充填	1
			21.13～21.20	沿裂隙充填	1
			24.75～24.80	沿裂隙充填	1
			27.2～27.5	沿裂隙充填	3
9	91.11	0			
10	30.13	3	13.8	沿层面充填	10～15
			15.8	沿层面充填	1
			15.89	沿层面充填	1
11	65.37	5	7.8	沿层面充填	2
			8.85～9.25	沿断层充泥面充填	5
			30.13～30.18	沿裂隙充填	2～3
			30.80～31.07	沿陡倾角裂隙充填	1～2
			33.13～33.23	沿高倾角裂隙充填	3
12	85.6	0			
13	76.46	10	12.3～12.6	沿陡倾角裂隙充填	1～2
			13.4～13.5	沿高倾角裂隙充填	1～2
			14.0～14.2	沿陡倾角裂隙充填	1
			14.6～14.7	沿高倾角裂隙充填	1
			18.35～18.40	沿高倾角裂隙充填	1～2
			17.9～18.0	沿高倾角裂隙充填	1
			25.6～25.7	沿陡倾角裂隙充填	2
			25.95～26.10	沿陡倾角裂隙充填	2～3
			26.15～26.30	沿陡倾角裂隙充填	2
			32.9	沿层面软化泥内充填	3～4
14	76.38	4	29.5～29.6	沿陡倾角裂隙充填	1
			35.9～36.0	沿高倾角裂隙充填	1
			50.15～50.20	沿陡倾角裂隙充填	2
			61.60～61.65	沿陡倾角裂隙充填	5

续表 5-3-23

检查孔孔号	终孔孔深(m)	遇结石数(个)	水泥结石		
			孔深(m)	产出状态	厚度(mm)
15	63.3	4	19.9	沿层面充填	1
			20.2	沿层面充填	1
			37	沿层面充填	1
			49.40	沿中倾角裂隙充填	1
17	80.1	1	44.90～45.05	沿高倾角裂隙充填	1～2
18	60.64	1	13.65～13.75	沿高倾角裂隙充填	2～3
19	70.15	2	18.75～18.85	沿高倾角裂隙充填	3
			20.7～20.8	沿高倾角裂隙充填	3～5
20	66.49	1	5.64～5.74	沿高倾角裂隙充填	3～5
22	42.2	2	11.55～11.60	沿陡倾角裂隙充填	1
			12.9	沿层面充填	2
24					
25	48	1	1.4	沿层面充填	3

(五)左岸107.5m灌浆平洞以下帷幕

帷幕基础岩体为石龙洞组第二段上部及第三段地层，岩溶发育。以沿缓倾的 f_8、302号剪切带的普遍溶蚀、陡倾断层及两者交汇带的强烈溶蚀为特征，属不均一集中渗透介质。主要陡倾断层有 f_{18}、f_{16}、f_{14}、F_8、f_{12}、Tf_{10}、F_{10-1}、F_{10} 等。

该层帷幕在0+324m以东布置两排灌浆孔；以西为单排孔，在与60m灌洞重叠洞段，孔深进入60m灌洞底板下5m，超出60m灌洞末段少数孔进入石牌页岩10m左右，其余孔深120m左右。目前除0+82～0+122m导洞通过段的资料仍未到位外，其余洞段全部完成。灌入量及其分布情况见图5-3-9及表5-3-24、表5-3-25。

表5-3-24　107.5m灌浆平洞单位注入量统计表

孔排	孔序	孔数(个)	灌浆长度(m)	灌入总量(kg)	单位注入量(kg/m)
下主排	Ⅰ	43	2 183.83	945 815.65	433.1
	Ⅱ	44	2 315.18	419 407.27	181.16
	Ⅲ	84	4 233.46	177 831.96	42
	小计	171	8 732.46	1 543 054.88	176.7
上主排	Ⅰ	36	1 797.89	48 729.21	27.1
	Ⅱ	21	1 548.64	9 744.81	6.29
	Ⅲ	56	2 780.42	13 062.85	4.7
	小计	123	6 126.95	71 536.87	11.68
总计		294	14 859.41	1 614 591.75	108.66

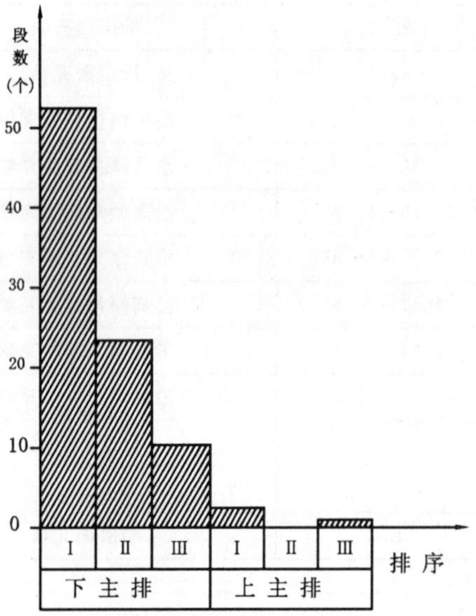

图 5-3-9 107.5m 灌洞单位注入量大于 1 000kg/m 孔段递减直方图

表 5-3-25 107.5m 灌浆平洞 F_{173} 以西单位注入量分级统计表

孔排	孔序	孔数(个)	段数(个)	单位注入量(kg/m)区间段数(个)及所占比率(%)											
				<20		20~50		50~100		100~400		400~1 000		>1 000	
				段数	%	段数	%	段数	%	段数	%	段数	%	段数	%
下主排	Ⅰ	43	421	294	69.8	11	2.6	7	1.7	34	8.1	22	5.2	53	12.6
	Ⅱ	44	450	383	85.1	5	1.1	4	0.9	25	5.6	9	2	24	5.3
	Ⅲ	85	854	810	94.8	3	0.4	7	0.8	16	1.9	7	0.8	11	1.3
	小计	171	1 725	1 487	86.2	19	1.1	18	1	75	4.4	38	2.2	88	5.1
上主排	Ⅰ	36	360	343	95.3	1	0.3	3	0.8	7	2	3	0.8	3	0.8
	Ⅱ	31	311	305	98.1	1	0.3	1	0.3	3	1	1	0.3		
	Ⅲ	56	560	557	99.4					1	0.2	1	0.2	1	0.2
	小计	123	1 231	1 205	97.8	2	0.2	4	0.3	11	1	5	0.4	4	0.3
合计		294	2 956	2 692	91.1	21	0.7	22	0.7	86	2.9	43	1.5	92	3.1

从图表中看出，下主排灌注效果明显，透水性大的 f_{18}、f_{16}、f_{14}、F_8、f_{12}、Tf_{10}、f_8、F_{10-1}、F_{10} 及 302 号剪切带和其交汇区几乎全部被封堵，至上主排Ⅲ序孔仅出现 3 个灌段单耗 100～1 000 kg/m，99.5%以上的灌段单耗小于 20kg/m；从单位注入量地质剖面图看，大漏量(>1 000kg/m)和小漏量(<50kg/m)两极分化，反映出岩体渗透性极不均一，具集中渗透的特点，也说明沿断层溶蚀程度明显增强，与勘察期间结论极为吻合。经 27 个检查孔鉴定，发现 92 处水泥结石，且多集中分布于上述大漏量区及其附近地段，见表 5-3-26。

表 5-3-26　左岸 107.5m 灌浆平洞检查孔水泥结石统计表

检查孔孔号	终孔孔深(m)	遇结石数(个)	水泥结石			备注
			孔深(m)	产出状态	厚度(mm)	
1	110	0				
2	110	1	7.15～7.25	沿高倾角裂隙充填	3～4	位于 F_{29} 与 Tf_{28} 交汇带
4	45	4	5.9	沿层面充填	3～4	沿 f_8 溶蚀张开面充填
			24.0～24.1	沿陡倾角裂隙充填	1	
			28.5	沿高倾角裂隙充填	2～3	
			36.8	沿层间剪切泥化充填	1～2	
5	45.9	9	3.65	沿层面充填	1～2	位于 f_8 断层面下 20cm
			13.25	沿高倾角裂隙充填	3～4	位于 302 号下 3m
			13.4	沿高倾角裂隙充填	3～4	位于 302 号下 3m
			13.7	沿高倾角裂隙充填	3～4	位于 302 号下 3.5m
			13.9～14.0	沿高倾角裂隙充填	3～4	位于 302 号下 4m
			14.25～14.35	沿高倾角裂隙充填	4	位于 302 号下 4.2m
			19.10～19.35	沿高倾角裂隙充填	1～3	位于 60m 灌洞 f_1 断层上盘 10m 处
			19.7～20.1	沿高倾角裂隙充填	1～3	位于 60m 灌洞 f_1 断层上盘 10m 处
			38.42～38.52	沿高倾角裂隙充填	1～2	位于 60m 平洞 f_1 断层上
6	35.8	7	3.5	沿层面充填	1	沿 f_8 断层面充填
			14.75～14.95	沿高倾角裂隙充填	1～2	
			13.65～13.75	沿高倾角裂隙充填	1～3	位于 302 号下 2m
			22.0～22.2	沿裂隙充填	1	位于 60m 灌洞 f_1 断层上盘 2m 处
			31.50～31.55	沿中倾角裂隙充填	1～2	位于 60m 灌浆平洞 f_1 与 Tf_4 交汇带
			33.15	沿裂隙充填	2～3	位于 60m 灌浆平洞 f_1 与 Tf_4 交汇带
			33.45	沿裂隙充填	2～3	位于 60m 灌浆平洞 f_1 与 Tf_4 交汇带
7	51.22	1	41.5～41.6	沿高倾角裂隙充填	1	位于 107.5 灌浆平洞 f_{12} 断层下盘
8	45	2	4.3	沿层面充填	1～3	位于 f_8、F_8、Tf_{11} 及 f_2 交汇带，沿 f_8 充填
			24.3～24.4	沿中倾角裂隙充填	1	位于 F_8、f_{12} 断层下盘 10m 处
9	45	5	3.0～3.1	沿高倾角裂隙充填	1～2	位于 F_8 及 f_8 断层上盘
			3.8～3.9	沿高倾角裂隙充填	3	位于 F_8 及 f_8 断层上盘
			10.3～10.4	沿陡倾角裂隙充填	3	位于 F_8 上盘、f_8 断层面上 40cm
			27.6～27.7	沿高倾角裂隙充填	2～3	位于 F_8 与 60m 灌洞 Tf_{17} 断层交汇带上
			28.4～28.5	沿高倾角裂隙充填	3	位于 F_8 与 60m 灌洞 Tf_{17} 断层交汇带上

续表 5-3-26

检查孔孔号	终孔孔深(m)	遇结石数(个)	水泥结石			备注
			孔深(m)	产出状态	厚度(mm)	
10	51.2	6	8.4～8.5	沿高倾角裂隙充填	1	位于 Tf_{13}、Tf_{14} 及 f_8 断层并汇带
			9.5～9.6	沿高倾角裂隙充填	1	位于 Tf_{13}、Tf_{14} 及 f_8 断层并汇带
			10.8～11.4	沿陡倾角裂隙充填	1～3	位于 Tf_{13}、Tf_{14} 及 f_8 断层并汇带
			15.9	沿 302 号顶面充填	2	沿 302 号顶部溶蚀充泥
			20.4	沿层面充填	1～3	位于 302 号下部 4m 处
			35.7	沿层面充填	2～3	位于 F_8 及 60m 灌洞 f_2 上盘 8m 处
11	51.7	4	3.6	沿高倾角裂隙充填	3～5	位于 Tf_{15} 断层面上
			11	沿陡倾角裂隙充填	1～2	位于 Tf_{15} 与 f_8 交汇带
			19.7	沿高倾角裂隙充填	1	位于 302 号下部 4m、f_{16} 上盘 5m 处
			35.0～35.6	沿高倾角裂隙充填	20	位于 f_{16} 断层下盘
12	51.46	1	11.7～12.0	沿高倾角裂隙充填	1	位于 f_{16} 与 f_8 交汇带
13	30	1	1.25	沿层面充填	3	位于 f_{16} 下盘 8m 处
14	51.14	4	5.8	沿高倾角裂隙充填	1	位于 f_{18} 上盘 7m 处
			6.6	沿裂隙充填	3	位于 f_{18} 上盘 7m 处
			9	沿缓倾角裂隙充填	1	位于 f_{18} 上盘 5m 处
			24.2	沿缓倾角裂隙充填	1～3	位于 f_{18} 与 302 号交汇带上
15	45	5	5.80～5.95	沿中倾角裂隙充填	2	位于 f_{18} 上盘 3m 处
			6.9～7.0	沿陡倾角裂隙充填	3～5	位于 f_{18} 上盘 3m 处
			10.85～11.10	沿高倾角裂隙充填	2～15	位于 f_{18} 上盘 2m 处
			11.58	沿层面充填	1	位于 f_{18} 上盘 2m 处
			15.75～15.80	沿高倾角裂隙充填	1～3	位于 f_{18} 上盘 2m 处
16	50	0				
17	30	2	2.70～2.77	沿中高倾角裂隙充填	1～2	
			6.45	沿中倾角裂隙充填	1	
18	50	2	16.90～17.05	沿高倾角裂隙充填	2～3	
			43.4～43.5	沿高倾角裂隙充填	3～4	
19	35	3	5.10～5.45	沿陡倾角裂隙充填	1～2	胶结较差
			5.90～6.05	沿高倾角裂隙充填	1	胶结较差
			34～34.1	沿高倾角裂隙充填	1	胶结较差
20	50	4	4.3～4.4	沿中倾角裂隙充填	1	
			6.70～6.75	沿高倾角裂隙充填	1	
			26.1～26.2	沿高倾角裂隙充填	1～2	
			27.65～27.85	沿高倾角裂隙充填	10～15	
21	40	2	2.4	沿层面充填	10～15	
			6.7～6.75	沿中倾角裂隙充填	2～3	

续表 5-3-26

检查孔孔号	终孔孔深(m)	遇结石数(个)	水泥结石			备注
			孔深(m)	产出状态	厚度(mm)	
22	20	1	4.4	沿层面充填	1	
23	90	4	14.9～15.2	沿中倾角裂隙充填	1～2	
			70.1	沿层面充填	1	
			75.2	沿层面充填	1～10	
			75.50～75.55	沿高倾角裂隙充填	1～2	
24	53	7	4.80～4.85	沿中倾角裂隙充填	2～3	
			6.0～6.1	沿高倾角裂隙充填	3	
			6.75～6.80	沿高倾角裂隙充填	3～4	
			10.6～10.7	沿高倾角裂隙充填	1～2	
			11.35	沿层面充填	1	
			12.70～12.75	沿高倾角裂隙充填	1	
			21.7～21.8	沿高倾角裂隙充填	3	
25	46	4	2.9～3.0	沿高倾角裂隙充填	3～5	
			5.30～5.35	沿高倾角裂隙充填	2～5	
			8.7～8.8	沿高倾角裂隙充填	6～7	
			11.40～11.45	沿高倾角裂隙充填	2～3	
26	53	2	14.2～14.5	沿高倾角裂隙充填	1～2	
			21.70～21.75	沿中倾角裂隙充填	1～2	
27	53	7	7.7～7.8	沿高倾角裂隙充填	2～3	
			9.5	沿层面充填	1	
			14.7～14.8	沿中倾角裂隙充填	1	
			15.80～15.85	沿中倾角裂隙充填	2	
			21.6～21.7	沿高倾角裂隙充填	1	
			24.1～24.2	沿陡倾角裂隙充填	2	
			25.5～25.6	沿高倾角裂隙充填	2～3	
28	53	4	24.20～24.35	沿高倾角裂隙充填	2～3	
			26.4～26.5	沿高倾角裂隙充填	1～5	
			33.45～33.60	沿高倾角裂隙充填	2	
			32.2～32.3	沿高倾角裂隙充填	2～3	

上述表明，幕体中的渗透空间已得到充分填充，幕体连续可靠。

(六)右岸121.5m灌浆平洞以下帷幕

与82.5m灌洞重叠部分为石龙洞组第一、第二、第三段地层，超出82.5m灌洞末端部分为石龙洞组第一段地层，依岩溶水文地质条件，该层幕体可分四段：0＋135m及其连接段为岩溶发育区；0＋135～0＋210m段为“古岩溶填隙”区；0＋210～0＋360m段为“古岩溶塌陷”区，其边界附近岩溶强烈发育；0＋360m 以东为岩溶发育区。在 0＋287.5m 以西布置两排灌孔；0＋287.5m 之东以单排孔为主，其中 0＋372～0＋405m 布置两排灌孔与 82.5m 灌洞重叠部分均进入 82.5m 灌洞重叠部分均进入 82.5m 灌洞底板以下 5m，超出 82.5 灌洞的部分下主排孔均进入石牌页岩 5m。其灌注情况见图 5-3-10 及表 5-3-27、表 5-3-28。

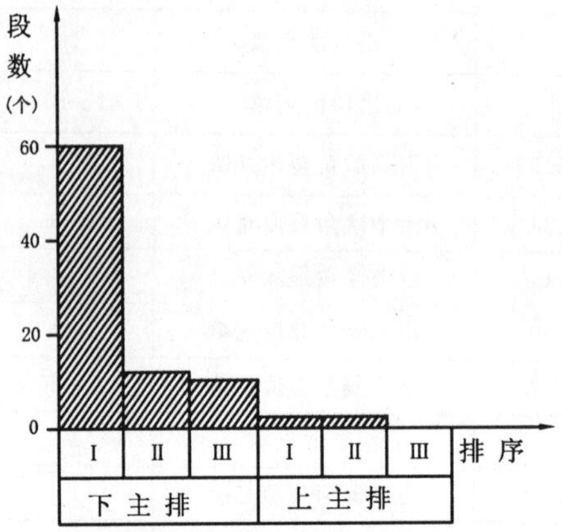

图 5-3-10　121.5m 灌洞单位注入量大于 1 000kg/m 孔段递减直方图

表 5-3-27　121.5m 灌浆平洞单位注入量统计表

孔排	孔序	孔数(个)	灌浆长度(m)	灌入总量(kg)	单位注入量(kg/m)
下主排	Ⅰ	55	2 866.74	2 022 100.39	705.37
	Ⅱ	54	2 822.98	1 013 208.23	358.91
	Ⅲ	109	5 627.75	144 873.83	25.74
	小计	218	11 317.47	3 180 182.45	281
上主排	Ⅰ	36	1 393.68	18 774.46	13.47
	Ⅱ	35	1 306.07	30 159.59	23.09
	Ⅲ	95	4 075.21	35 360.71	8.68
	小计	166	6 774.96	84 294.76	12.44
总计		384	18 092.43	3 264 477.21	180.43

表 5-3-28　121.5m 灌浆平洞单位注入量分级统计表

孔排	孔序	孔数(个)	段数(个)	单位注入量(kg/m)区间段数(个)及所占比率(%)											
				<20		20～50		50～100		100～400		400～1 000		>1 000	
				段数	%	段数	%	段数	%	段数	%	段数	%	段数	%
下主排	Ⅰ	55	560	350	62.5	45	8	26	4.6	49	8.9	31	5.5	59	10.5
	Ⅱ	54	553	457	82.6	29	5.3	15	2.7	30	5.4	11	2	11	2
	Ⅲ	109	1 098	1 021	93	18	1.6	11	1	24	2.2	15	1.4	9	0.8
	小计	218	2 211	1 828	82.7	92	4.2	52	2.3	103	4.6	57	2.6	79	3.6
上主排	Ⅰ	36	267	259	97	2	0.7	1	0.4	3	1.1	1	0.4	1	0.4
	Ⅱ	35	249	239	96	4	1.6	2	0.8	3	1.2			1	0.4
	Ⅲ	95	772	753	97.5	1	0.1	2	0.3	10	1.3	6	0.8		
	小计	166	1 288	1 251	97.1	7	0.5	5	0.4	16	1.3	7	0.5	2	0.2
总计		384	3 499	3 079	88	99	2.9	57	1.6	119	3.4	64	1.8	81	2.3

从图表中可看出，大漏量递减速率很快，下主排Ⅰ、Ⅱ序孔灌注完成后透水结构面已有93%被封堵，效果明显。大漏量多集中分布于0+0～0+120m及0+200～0+310m断层密集强烈溶蚀带和“古岩溶塌陷”体边缘现代强烈溶蚀带及其两者的交汇区。其中G_{1-1-59}、$G_{1-1-151}$、G_{1-195}、G_{1-1-4}、G_{1-1-51}等孔部分孔段在上述洞段的单耗达21 000～27 977kg/m，但效果好、衰减快。到Ⅲ序孔时，在局部个别孔段出现有1 000～1 695kg/m；上主排，仅局部出现少数大于400kg/m的孔段；而第Ⅲ序孔平均单耗只有8.68kg/m。

上述说明灌浆效果明显，水泥结石分布较密集，见表5-3-29。帷幕连续性较好，经压水检验合格率高。但洞口段的检－16孔在高程109.7m遇溶洞，充填物固化差，有压水无法阻塞的现象；从大检-1直观亦如此，经掏挖回填和补灌后检查，w值均小于0.01L/(min·m·m)。

表5-3-29　左岸121.5m灌浆平洞检查孔水泥结石统计表

检查孔孔号	终孔孔深(m)	遇结石数(个)	水泥结石			备注
			孔深(m)	产出状态	厚度(mm)	
4	43.5	4	24.6～24.7	沿高倾角裂隙充填	1	
			25.9～26.2	沿高倾角裂隙充填	2	
			26.8～26.9	沿高倾角裂隙充填	1～2	
			34.6～34.7	沿高倾角裂隙充填	0.5～2.0	
5	43.6	1	27.1～27.2	沿高倾角裂隙充填	1	
6	44.6	0				
7	44.5	9	12.4～12.5	沿高倾角裂隙充填	2～3	
			12.95～13.00	沿高倾角裂隙充填	2～3	
			13.25～13.30	沿高倾角裂隙充填	2～3	
			14.5～15.2	沿陡倾角裂隙充填	1～2	
			15.70～15.75	沿中倾角裂隙充填	3	
			16.2～16.3	沿陡倾角裂隙充填	3	
			17.50～17.65	沿高倾角裂隙充填	10	
			24.4～24.5	沿高倾角裂隙充填	3	
			25.8～26.2	沿陡倾角裂隙充填	1～2	
8	43	7	8.9	沿层面充填	1	
			12.2	沿高倾角裂隙充填	1	
			14.20～14.35	沿高倾角裂隙充填	1～2	
			27.6	沿高倾角裂隙充填	1	
			29.3～29.5	沿高倾角裂隙充填	2～3	
			30.45	沿层面充填	1	
			39.8	沿高倾角裂隙充填	2～3	
9	43.3	1	13.8～14.3	沿高倾角裂隙充填	1	

续表 5-3-29

检查孔孔号	终孔孔深(m)	遇结石数(个)	水泥结石			备注
			孔深(m)	产出状态	厚度(mm)	
10	42.5	4	3.75～3.80	沿中倾角裂隙充填	2～3	
			14.60～14.65	沿层面充填	2	
			14.85～14.90	沿层面充填	1	
			40.25～40.30	沿高倾角裂隙充填	1	
11	43.0	2	11.06～11.11	沿高倾角裂隙充填	3	
			9.90～10.25	沿高倾角裂隙充填	1～3	
12	74.5	6	27.8	沿高倾角裂隙充填	5	
			29.2	沿溶蚀层面充填	5	
			30.6～31.9	沿5条高倾角裂隙充填	1～6	
			40.50～40.55	沿高倾角裂隙充填	1	
			49.00～49.05	沿高倾角裂隙充填	1	
			53	沿溶蚀层面充填	5	
17	70	6	4.4～4.5	沿陡倾角裂隙充填	2	
			5.6～5.7	沿陡倾角裂隙充填	2	
			15.70～15.75	沿高倾角裂隙充填	2	
			17.10～17.15	沿高倾角裂隙充填	2	
			39.15～39.20	沿陡倾角裂隙充填	4	
			42.00～42.05	沿高倾角裂隙充填	1	
18	51	9	5.4～5.6	沿高倾角裂隙充填	3	
			11.2～11.4	沿高倾角裂隙充填	1～3	
			16.2～16.3	沿陡倾角裂隙充填	2	
			23.1～23.2	沿高倾角裂隙充填	3	
			24.5～24.6	沿高倾角裂隙充填	3～4	
			26.8～26.9	沿高倾角裂隙充填	1～2	
			39.0～39.1	沿高倾角裂隙充填	1	
			40.8～40.9	沿高倾角裂隙充填	1～2	
			47.7～47.9	沿高倾角裂隙充填	4	
19	55.4	4	12.20～12.25	沿陡倾角裂隙充填	2	
			24.3～24.4	沿高倾角裂隙充填	1～3	
			24.8～24.9	沿高倾角裂隙充填	1～3	
			43.25～43.30	沿高倾角裂隙充填	1～3	

续表 5-3-29

检查孔孔号	终孔孔深(m)	遇结石数(个)	水泥结石			备注
			孔深(m)	产出状态	厚度(mm)	
20	63	9	19.10～19.15	沿高倾角裂隙充填	2	
			25.7～25.8	沿陡倾角裂隙充填	8～10	
			32.50～32.55	沿高倾角裂隙充填	2	
			33.0～33.1	沿高倾角裂隙充填	3	
			24.85～24.90	沿高倾角裂隙充填	1	
			34.40～34.57	沿高倾角裂隙充填	1～2	
			37.75～34.80	沿高倾角裂隙充填	1	
			38.4	沿层面充填	3	强度极低
			39.2	沿层面充填	1	强度极低
21	62	6	1.5	沿层面充填	5	
			24.3～24.4	沿高倾角裂隙充填	2～3	
			32.2～32.3	沿高倾角裂隙充填	1	
			37.9～38.0	沿高倾角裂隙充填	1	
			40.3～40.6	沿陡倾角裂隙充填	2～5	
			43.75～43.85	沿高倾角裂隙充填	2～3	
22	61	7	1.8～1.9	沿层面和高倾角裂隙充填	3	
			5.6～6.5	沿陡倾角裂隙充填	1～2	
			19.25	沿层面充填	2	
			19.4	沿层面充填	2	
			35.0～35.1	沿陡倾角裂隙充填	2	
			51	沿层面充填	1～2	
			51.5	沿高倾角裂隙充填	3	
23	60	1	36.20～36.28	沿中高倾角裂隙充填	2	
24	59	0				
25	59	1	28.2～28.3	沿层面充填	3	
26	56	1	44.5～44.6	沿层面和陡倾角裂隙充填	3～5	
27	56	2	18.85～18.95	沿高倾角裂隙充填	1	
			30.30～30.35	沿高倾角裂隙充填	3～5	
28	54	1	15.85～18.95	沿高倾角裂隙充填	3	
29	41	3	4.7～5.1	沿溶洞充填	400	
			5.3	沿层面充填	3～8	
			7.1～7.2	沿高倾角裂隙充填	1	

(七)左岸166.5m灌浆平洞以下帷幕

基础岩体在0+0～0+94.5m段，高程125～140m以上为平善坝组地层，属相对隔水岩体。沿层间剪切带、性状差的断层及两者交汇带，局部具溶隙性不均一渗透介质特征；其下部与连接段为石龙洞组第三段地层，沿断层及其交汇带岩溶发育，属溶缝型不均一渗透介质。0＋94.5m以西为“古海沟”内沉积地层，属相对隔水岩体。但岩性复杂，地层揉皱强烈，以局部沿断层及交汇带的轻微溶蚀为特征。

166.5m洞口至0＋120m段布置两排灌孔；0＋120m以西为单排。孔深62.8m，进入107.5m灌洞底板下5m；166.5m灌洞尾端以西55m范围内幕体将在210m灌洞中进行，有12个灌孔深度达105m高程。灌注量分布情况见图5-3-11及表5-3-30、表5-3-31。

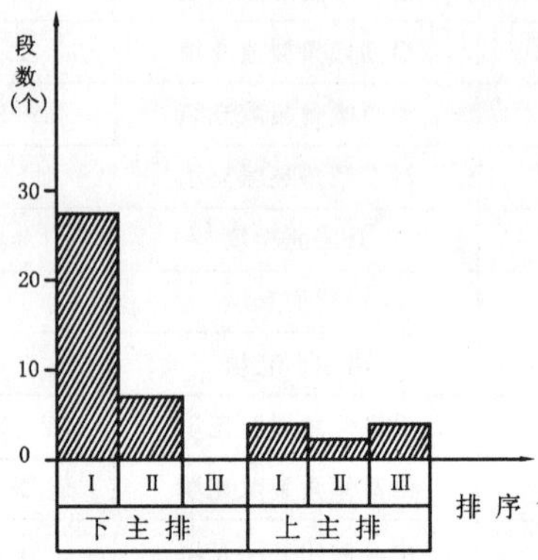

图5-3-11 166.5m灌洞单位注入量大于1 000kg/m孔段递减直方图

表5-3-30 166.5m灌浆平洞单位注入量统计表

孔排	孔序	孔数(个)	灌浆长度(m)	灌入总量(kg)	单位注入量(kg/m)
下主排	Ⅰ	20	1 257.17	461 441.95	367.05
	Ⅱ	20	1 257.44	188 274.2	149.73
	Ⅲ	39	2 451.44	54 011.2	22.03
	小计	79	4 966.05	703 727.35	141.71
上主排	Ⅰ	15	943.52	65 790.15	69.73
	Ⅱ	14	880.4	14 402.5	16.36
	Ⅲ	28	1 759.8	54 866.1	31.18
	小计	57	3 583.72	135 058.75	37.69
二排合计		136	8 549.77	838 786.1	98.11

表5-3-31 166.5m灌浆平洞单位注入量分级统计表

孔排	孔序	孔数(个)	段数(个)	单位注入量(kg/m)区间段数(个)及所占比率(%)											
				<20		20～50		50～100		100～400		400～1 000		>1 000	
				段数	%	段数	%	段数	%	段数	%	段数	%	段数	%
下主排	Ⅰ	20	241	149	61.8	10	4.1	5	2.1	17	7.1	33	13.7	27	11.2
	Ⅱ	20	242	194	80.2	5	2.1	3	1.2	15	6.2	18	7.4	7	2.9
	Ⅲ	39	471	439	93.2	3	0.6	3	0.6	18	3.8	8	3.8		
	小计	79	954	782	82	18	1.9	11	1.1	50	5.2	59	6.2	34	3.6
上主排	Ⅰ	15	183	172	94	2	1.1			2	1.1	3	1.6	4	2.2
	Ⅱ	14	170	157	92.3	4	2.4	2	1.2	4	2.4	1	0.5	2	1.2
	Ⅲ	28	339	328	96.8	2	0.6			1	0.2	4	1.2	4	1.2
	小计	57	692	657	94.9	8	1.2	2	0.3	7	1	8	1.2	10	1.4
总计		136	1 646	1 439	87.4	26	1.6	13	0.8	57	3.5	67	4	44	2.7

大漏量主要分布在性状差的断层“古海沟”边界、层间剪切带及其相互的交汇区，而且以石龙洞第三段岩体中最为显著。下主排Ⅰ序孔单位注入量有27段大于1 000kg/m，有17段分布在0+0～0+94.5m段以下的石龙洞岩体中，最大一段为6 111kg/m，出现在石龙洞组顶面，距F_8仅18m，其他大漏量孔段零星分布在“古海沟”边界、层间剪切带、断层以及它们的交汇带附近，与地质条件具较好的一致性。按灌注先后次序，大漏量递减很快，下主排灌孔已将93%以上的结构面封堵，可以认为绝大部分幕体已形成。但在上述大漏量较集中部位，上主排Ⅰ序仍出现4段单耗大于1 000kg/m的孔段，最大一段为4 246kg/m，这说明单排幕体厚度有限，经上主排的灌注，已将96.8%的薄弱部位增强。经15个孔检查，见水泥结石51处，最厚的结石有0.8cm，见表5-3-32，且密集分布在上述大漏量地段。压水检查结果显示，合格率高，满足设计要求。

表5-3-32　左岸166.5m灌浆平洞检查孔水泥结石统计表

检查孔孔号	终孔孔深(m)	遇结石数(个)	水泥结石		
			孔深(m)	产出状态	厚度(mm)
1	62.8	5	2.8～3.0	沿中倾角裂隙充填	2
			3.8～3.9	沿裂隙充填	1
			10	沿缓倾角裂隙充填	1
			18.2～18.3	沿缓倾角裂隙充填	1.5～2.0
			62	沿中倾角裂隙充填	1～2
2	62.8	1	59.5	沿裂隙充填	1
3	62.8	7	15.2～15.3	沿高倾角裂隙充填	1
			40.5～40.6	沿高倾角裂隙充填	1
			40.90～40.95	沿层面充填	1
			43	沿层面充填	1～2
			47.2～47.3	沿高倾角裂隙充填	1
			50.7～50.8	沿高倾角裂隙充填	1
			54	沿层面充填	1～2
4	62.8	1	51.7～51.8	沿高倾角裂隙充填	1
5	62.8	1	54.5～54.6	沿中倾角裂隙充填	1.5
6	62.8	6	49.6～49.7	沿高倾角裂隙充填	1～2
			50.4～50.6	沿高倾角裂隙充填	1～2
			55.80～55.95	沿高倾角裂隙充填	3～5
			59.00～59.05	沿高倾角裂隙充填	1.0～1.5
			60.10～60.25	沿高倾角裂隙充填	1～2
			60.8～62.8	沿高倾角裂隙充填	1～2
7	62.8	1	24.1～24.2	沿三条高倾角裂隙充填	1～2
8	66	4	53.8～53.9	沿高倾角溶蚀充泥充填	1
			61.20～61.35	沿高倾角溶蚀充泥充填	1～3
			61.75～61.80	沿高倾角裂隙充填	1
			63.4～63.5	沿高倾角溶蚀充泥充填	3～8

续表 5-3-32

检查孔孔号	终孔孔深(m)	遇结石数(个)	水泥结石		
			孔深(m)	产出状态	厚度(mm)
9	60	1	30.6	沿层面充填	3~5
10	60	9	35.8~35.9	沿高倾角裂隙充填	2~3
			37.05~37.15	沿高倾角裂隙充填	2~3
			37.85~38.15	沿高倾角裂隙充填	1~3
			39.1~39.2	沿高倾角裂隙充填	2
			40.3~40.4	沿高倾角裂隙充填	5~8
			45.9~46.1	沿高倾角裂隙充填	2~3
			46.4~46.5	沿高倾角裂隙充填	2~3
			51.6~51.7	沿高倾角裂隙溶蚀充泥	1~2
			53.85~53.95	沿高倾角裂隙充填	1~3
11	63	9	5.1	沿层面充填	1~2
			5.7	沿层面充填	1~2
			25.6~25.7	沿高倾角裂隙充填	1~2
			28.2~28.5	沿高倾角裂隙充填	1~2
			43.0~43.2	沿高倾角裂隙充填	1~2
			43.6~43.8	沿高倾角裂隙充填	1~2
			44.5~44.6	沿高倾角裂隙充填	1~2
			44.7~44.8	沿高倾角裂隙充填	1~3
			55.0~55.1	沿中倾角裂隙充填	1~2
12	63	6	28.4~28.5	沿高倾角裂隙充填	1~2
			29.0~29.1	沿高倾角裂隙充填	1~2
			32.5~32.6	沿高倾角裂隙充填	2~3
			36.0~36.1	沿中高倾角裂隙充填	1~2
			37.1~37.3	沿高倾角裂隙充填	1~2
			37.5~37.8	沿高倾角裂隙充填	1~2

(八)右岸165m灌浆平洞以下帷幕

基础岩体为石龙洞组第一、第二、第三段地层，依岩溶水文地质条件，可分为六段。0+0~0+59m及0+358m以北幕段为岩溶发育区；0+110~0+171m及0+241~0+291m段为“古岩溶填隙”区；0+59~0+83m及0+209~0+241m段为“古岩溶塌陷”区，其边缘及其附近现代溶蚀强烈，均属不均一渗透介质。桩号0+0~0+61m段布置三排帷幕孔，0+61~0+262m及0+300~0+330m段为两排幕孔，0+262~0+300m及0+330至平洞尾端为单排。其孔深与121.5m灌洞重叠段为50m左右，进入121.5m底板下5m；121.5m灌洞末端以北灌孔深50~58m，进入石牌页岩5m，165m灌洞末端以北幕段在210m灌洞中进行，进入石牌页岩5m；引水洞通过幕段，于洞底(压浆板)及洞顶以上两部分分别进行。

单位注入量分布情况见图5-3-12及表5-3-33、表5-3-34。

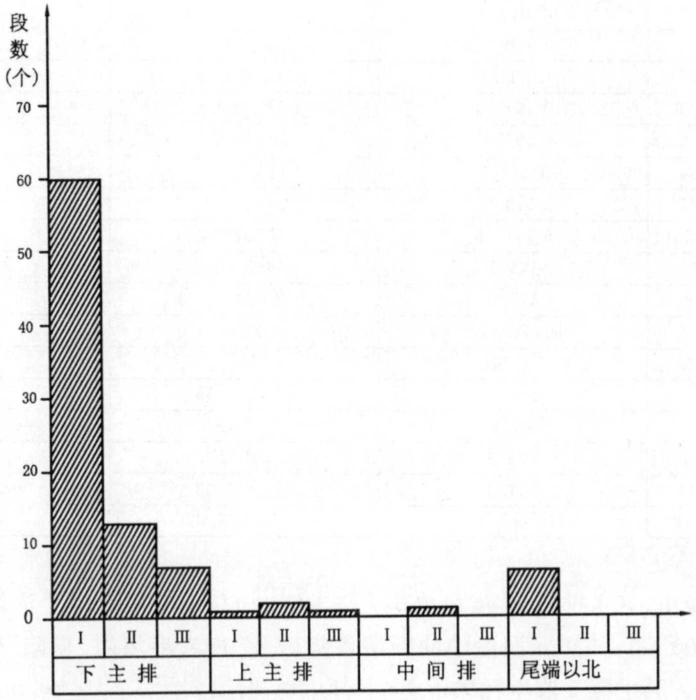

图 5-3-12　165m 灌洞单位注入量大于 1 000kg/m 孔段递减直方图

表 5-3-33　165m 灌浆平洞单位注入量分级统计表

孔排	孔序	孔数(个)	段数(个)	单位注入量(kg/m)区间段数(个)及所占比率(%)											
				<20		20～50		50～100		100～400		400～1 000		>1 000	
				段数	%	段数	%	段数	%	段数	%	段数	%	段数	%
下主排	Ⅰ	49	469	320	68.2	15	3.2	14	3.0	29	6.2	32	6.8	59	12.6
	Ⅱ	49	451	398	88.2	3	0.6	7	1.6	12	2.7	18	4.0	13	2.9
	Ⅲ	98	896	830	92.6	19	2.1	5	0.6	20	2.2	15	1.7	7	0.8
	小计	196	1 816	1 548	85.2	37	2.0	26	1.4	61	3.4	65	3.6	79	4.4
上主排	Ⅰ	35	302	288	95.4	4	1.3	3	1.0	5	1.7	1	0.3	1	0.3
	Ⅱ	34	298	288	96.6	2	0.7	1	0.3	4	1.3	1	0.3	2	0.7
	Ⅲ	67	571	559	97.8	3	0.5			2	0.4	6	1.1	1	0.2
	小计	136	1 171	1 135	96.9	9	0.8	4	0.3	11	0.9	8	0.7	4	0.3
中间排	Ⅰ	6	36	35	97.2					1	2.8				
	Ⅱ	6	36	35	97.2									1	2.8
	Ⅲ	14	92	91	98.9	1	1.1								
	小计	26	164	161	98.2	1	0.6			1	0.6			1	0.6
165m幕端	Ⅰ	8	60	37	61.7	3	5	3	5	9	15	2	3.3	6	10
	Ⅱ	3	20	10	95			1	5						
	Ⅲ	3	25	25	100										
	小计	14	105	81	77.1	3	2.9	4	3.8	9	8.6	2	1.9	6	5.7
总计		372	3 256	2 925	89.8	50	1.5	34	1.0	82	2.5	75	2.3	90	2.8

表 5-3-34　165m 灌浆平洞单位注入量统计表

孔排	孔序	孔数(个)	灌浆长度(m)	灌入总量(kg)	单位注入量(kg/m)
下主排	Ⅰ	49	2 341.4	1 242 645.95	530.77
	Ⅱ	49	2 300.24	215 410.93	93.65
	Ⅲ	98	4 520.1	122 050.23	27.00
	小计	196	9 161.74	1 580 107.11	172.47
上主排	Ⅰ	35	1 493.71	14 501.13	9.71
	Ⅱ	34	1 478.2	24 557.25	16.61
	Ⅲ	67	2 819.65	28 460.16	10.09
	小计	136	5 791.56	67 518.54	11.66
中间排	Ⅰ	6	173.2	932.68	5.39
	Ⅱ	6	177.0	3 518.17	19.88
	Ⅲ	14	444.21	704.30	1.59
	小计	26	794.41	5 155.20	6.49
165m 幕端	Ⅰ	8	300.9	117 152.84	389.34
	Ⅱ	3	98.4	712.28	7.24
	Ⅲ	3	121.9	310.2	2.54
	小计	14	521.2	118 175.33	226.74
总计		372	16 268.91	1 770 956.22	108.86

从图表中可看出，下主排有 79 灌段单耗大于 1 000kg/m，其中有 64 个灌段分布在 0+0～0+160m 及 0+300～0+330m 洞段中的断层密集区及“古岩溶填隙、塌陷”区边界附近 5～163m 高程范围内。其中有 6 段单耗大于 1×10^4kg/m，两段大于 2×10^4kg/m，余者分布零散，反映出该层帷幕岩体渗透性极不均一，部分幕段具集中渗透的特点，与勘察期结论吻合。从灌注先后次序看，灌注效果明显，大漏量递减快，下主排Ⅲ序孔完成后已有 92%的结构面被封堵。但上主排Ⅱ、Ⅲ序孔 $F_{2-2-131}$ 及 F_{2-3-94} 孔在 117～122m 高程的 Tf_{56} 及“古岩溶填隙”区内的 Tf_{48} 与 Tf_{49} 断层交汇处各出现一段单耗 2 432kg/m 及 1 268kg/m 灌段，这两处而且是在 121.5m 幕体范围内，因是单排帷幕，故有些现象出现。同时也再次表明，在强岩溶地段单排帷幕的防渗能力不高，容易被水压力击穿。该层帷幕单排幕体段长度较大。建议在Ⅲ序孔单耗大于 400kg/m 的地段增补一定灌孔，以确保帷幕的稳定和连续性。

引水洞底板下岩体单位注入量普遍较小，上主排完成后，97.4%的结构面已被封堵，见表 5-3-35、表 5-3-36，可以认为幕体已经形成。

表 5-3-35　166.5m 灌浆平洞单位注入量统计表

孔排	孔序	孔数(个)	灌浆长度(m)	灌入总量(kg)	单位注入量(kg/m)
下主排	Ⅰ	8	127.22	19 866.3	156.16
	Ⅱ	5	79.3	415.8	5.24
	Ⅲ	16	252.92	4 698.75	18.58
	小计	29	459.44	24 980.85	54.37
上主排	Ⅰ	8	126.4	24 291	192.18
	Ⅱ	5	79.2	404.1	5.1
	Ⅲ	11	205.3	1 042.95	5.08
	小计	24	410.9	25 738.05	62.64
总计		53	870.34	50 718.9	117.01

表 5-3-36　引水隧洞压浆板单位注入量分级统计表

孔排	孔序	孔数(个)	段数(个)	单位注入量(kg/m)区间段数(个)及所占比率(%)											
				<20		20～50		50～100		100～400		400～1 000		>1 000	
				段数	%	段数	%	段数	%	段数	%	段数	%	段数	%
下主排	Ⅰ	8	24	19	79.2			2	8.3			2	8.3	1	4.2
	Ⅱ	5	15	15	100										
	Ⅲ	16	48	42	87.5	3	6.2	1	2.1	2	4.2				
	小计	29	87	76	87.4	3	3.4	3	3.4	2	2.3	2	2.3	1	1.2
上主排	Ⅰ	8	24	22	91.6	1	4.2			1	4.2				
	Ⅱ	5	15	15	100										
	Ⅲ	11	39	38	97.4	1	2.6								
	小计	24	78	75	96.1	2	2.6			1	1.3				
总计		53	165	151	91.5	5	3	3	1.8	3	1.8	2	1.2	1	0.7

经22个检查孔鉴定见61处水泥结石(表5-3-37)，有33处分布在大于1 000kg/m的孔段内，灌浆量与结石的分布具有良好的一致性，与灌前地质预测基本吻合，幕体范围内的各类渗透空间得到了较好的充填；压水检查结果 ω 值合格率达100%。

表 5-3-37　165m灌浆平洞检查孔水泥结石统计表

检查孔孔号	终孔孔深(m)	遇结石数(个)	水泥结石			备注
			孔深(m)	产出状态	厚度(mm)	
检-1	49.5	3	18.8～19.1	沿倾角50°～60°裂隙充填，结石坚硬	1～2	13;15;18;32未见结石
			25.6～25.8	沿倾角75°裂隙充填，结石坚硬	1.5	
			47.9～48.1	沿填隙物边缘充填，呈斑块状	1～2	
3	49.5	2	22.4～22.5	沿填隙物边缘充填，呈斑块状	1～3	
			45.3～45.5	沿倾角70°裂隙充填，结石坚硬	1～2	
6	49.5	4	15.2～15.5	沿倾角75°裂隙充填，结石坚硬	1	
			24.0～24.2	沿层面充填，呈斑块状，较坚硬	1～2	
			37.3～37.6	沿倾角80°裂隙充填，结石坚硬	1～1.5	
			45.20～45.35	沿倾角70°裂隙充填，结石坚硬	1	
8	49.5	2	4.80～4.85	沿倾角40°裂隙充填，结石坚硬	1	
			14.3～14.4	沿倾角70°裂隙充填，结石坚硬	2～3	
9	49.5	8	7.0～7.1	沿倾角75°裂隙充填，结石坚硬	1～2	
			7.6～7.9	沿倾角75°裂隙充填，结石均坚硬	2～3	
			23.5	沿层面充填，呈透镜状坚硬	2～3	
			26.0～26.1	沿倾角70°～80°裂隙充填	1～2	
			28.9～29.0	沿倾角50°～60°裂隙充填	1～2	
			30.1～30.2	沿倾角50°～60°裂隙充填	1	
			43.9～44.0	沿倾角70°～80°裂隙充填	1～2	
			46.6～46.7	沿倾角70°～80°裂隙充填	1～2	
10	49.6	3	18.4～18.6	沿倾角70°～80°裂隙充填，结石坚硬	1.5	
			33.9～34.0	沿倾角75°～85°裂隙充填，结石坚硬	2	
			38.6～38.9	沿倾角50°～60°裂隙充填，结石坚硬	1.5	

续表 5-3-37

检查孔孔号	终孔孔深(m)	遇结石数(个)	水泥结石			备注
			孔深(m)	产出状态	厚度(mm)	
检一11	49.5	3	12.7～12.8	沿层面充填呈斑块状,强度较低	1～2	
			15.3～15.5	沿倾角>5°裂隙充填,坚硬	1～3	
			34.6～34.8	沿倾角75°裂隙充填,坚硬	1～2	
14	66	4	1.35	沿层面充填,呈斑块状,软硬不均	1～3	
			39.35～39.40	沿倾角80°裂隙充填,结石坚硬	1	
			47.80～48.0	沿倾角70°～80°裂隙充填,呈膜状	1	
			62.1～62.3	沿倾角50°～60°裂隙充填,坚硬	2	
16	61	2	6.10～6.35	沿倾角80°裂隙充填,坚硬	1～1.5	
			27.5～27.7	沿倾角75°裂隙充填,坚硬	1	
17	56	3	28.3～28.5	沿倾角40°～50°裂隙充填,强度较低	1～2	
			39.97～40.00	沿近裂隙充填,坚硬	1.5	
			42.5～42.9	沿倾角80°裂隙充填,坚硬	1	
19	49.5	2	22.6～22.8	沿倾角60°裂隙充填,坚硬	1～2	
			34.3～34.6	沿倾角75°裂隙充填,坚硬	1～3	
20	49.5	4	14.9～15.1	沿倾角40°～55°裂隙充填,呈膜状	1	
			24.6～24.8	沿倾角70°裂隙充填,较坚硬	1～2	
			29.6～29.7	沿倾角80°裂隙充填,坚硬	2	
			44.80～44.95	沿层面充填,呈斑块状	1～1.5	
21	49.5	3	22.35～22.55	沿倾角70°裂隙充填,坚硬	2	
			32.00～32.65	沿倾角40°～50°裂隙充填,较坚硬	1	
			47.4～47.6	沿填隙物呈斑块状充填	1～3	
23	49.5	3	12.5～12.6	沿倾角70°裂隙充填,坚硬	1～1.5	
			21.60～21.75	沿倾角60°～70°裂隙充填,坚硬	2	
			37.50～37.75	沿倾角75°裂隙充填,坚硬	1～2	
25	49.5	1	21.7～21.8	沿倾角83°裂隙充填,坚硬	2	
27	20.8	2	14.60～14.85	沿倾角70°～80°裂隙呈斑块状充填	1～2.5	
			17.0～17.3	沿倾角65°裂隙充填灰白色粉末状	1	
31	49.5	4	11.8～12.0	沿倾角65°～75°裂隙充填,坚硬	1～2	
			21.30～21.54	沿倾角60°～70°裂隙充填,坚硬	1～1.5	
			31.7～32.0	沿倾角70°～80°裂隙充填,坚硬	1.5	
			34.35～34.5	沿层面呈斑块状,软硬不一	1～2	
33	49.5	4	18.33～18.50	沿倾角70°～80°裂隙充填,较坚硬	1～2	
			25.2～25.4	沿倾角60°～70°裂隙充填,较坚硬	1	
			37.85～38.00	沿倾角40°～50°裂隙充填,呈斑块状	1～1.5	
			44.60～44.85	沿层面呈斑块状,强度较低	1～1.5	

(九)左岸 210m 灌浆平洞以下帷幕

基础岩体主要是“古海沟”内沉积地层 $\in_2^{2-(1+7)}$，泥灰岩、页片状泥灰岩占该层总厚度的 41.4%，与白云岩、灰岩及泥质白云岩呈不等厚互层状产出，属相对隔水岩体。0+0～0+15m 洞段，高程 193m 以下为红溪组第一段 $\in_2^{1-1}$，主要为深灰色中厚层白云质斑纹及条带灰岩，坝区内岩溶化程度较高，但该处距河岸较远，离地表深度较大，且上覆相对隔水岩体，$\in_2^{1-1}$ 岩溶化程度相对要弱，属溶缝型不均一渗透介质，以局部沿断层及其相互的交汇带溶蚀而集中渗漏为特征。

210m 灌洞全长 163.7m，洞口 0+0～0+30m 段布置两排灌孔，其余为单排。灌孔深一般 48～52m，进入 166.5m 灌洞底板以下 5m；0+88.5～0+136.5m洞段有 12 个灌孔深入到 105m 高程。灌注量的分布情况见图 5-3-13 及表 5-3-38、表 5-3-39。

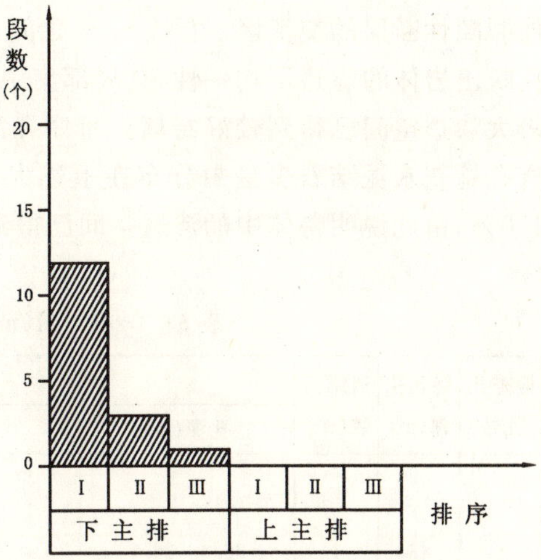

图 5-3-13　210m 灌浆平洞单位注入量大于 1 000kg/m 孔段递减直方图

表 5-3-38　210m 灌浆平洞单位注入量统计表

孔排	孔序	孔数(个)	灌浆长度(m)	灌入总量(kg)	单位注入量(kg/m)
下主排	Ⅰ	21	976.4	261 143.9	267.46
	Ⅱ	20	790.58	67 760.6	85.71
	Ⅲ	41	1 622.02	20 436.7	12.6
	小计	82	3 389.0	349 345.2	103.08
上主排	Ⅰ	4	159.71	294.3	1.84
	Ⅱ	4	156.57	308.8	1.97
	Ⅲ	7	279.18	1 090.4	3.91
	小计	15	595.46	1 693.5	2.84
总计		97	3 984.46	351 038.7	88.1

表 5-3-39　210m 灌浆平洞单位注入量分级统计表

孔排	孔序	孔数(个)	段数(个)	单位注入量(kg/m)区间段数(个)及所占比率(%)											
				<20		20～50		50～100		100～400		400～1 000		>1 000	
				段数	%	段数	%	段数	%	段数	%	段数	%	段数	%
下主排	Ⅰ	21	168	118	70.8	13	7.7	9	5.4	9	5.4	6	3.6	12	7.1
	Ⅱ	20	160	136	85.0	9	5.6	3	1.9	3	1.9	6	3.7	3	1.9
	Ⅲ	41	328	301	91.8	16	4.9	6	1.8	2	0.6	2	0.6	1	0.3
	小计	82	656	555	84.6	38	5.8	18	2.8	14	2.2	14	2.2	16	2.4
上主排	Ⅰ	4	32	32	100										
	Ⅱ	4	32	32	100										
	Ⅲ	7	56	54	96.4			2	3.6						
	小计	15	120	118	98.3			2	1.7						
总计		97	776	673	86.7	38	4.9	20	2.6	14	1.0	14	1.8	16	2.1

从图表中可看出，该层帷幕的注入量普遍较小，大于 400kg/m 的孔段不足总段数的 4%，而大于 1 000kg/m 者仅 16 段，零星分布在“古海沟”底界及 F_7、F_{29}、F_{125} 及 f_4、Tf_{14}、Tf_{15} 或与其他裂隙性断层的交汇区。但 f_4～F_7 之间，高程 168～205m 的幕体范围内的大漏量较为集中，反映出岩体的渗透不均一性，具局部集中渗透的特点。但当Ⅰ、Ⅱ序孔灌注结束后，近 94% 的较大渗透空间已得到较好封堵。Ⅲ序孔灌完后，98% 以上的孔段单耗在 100kg/m 以下，经检查孔检查水泥结石多集中分布在上述大漏量区及其附近地段，见表 5-3-40。压水合格率 100%，由此说明幕体中的渗透空间已得到充分充填，幕体基本连续可靠。

表 5-3-40　210m 灌浆平洞检查孔水泥结石统计表

检查孔孔号	终孔孔深(m)	遇结石数(个)	水泥结石			备注
			孔深(m)	产出状态	厚度(mm)	
1	48	1	26.0～26.1	沿倾角 45°裂隙充填，紧密坚硬	3	检-2；5；11；15 孔未见结石
3	48	1	1.20～1.25	沿倾角 70°裂隙充填，呈膜状	1	
4	47.7	7	17.9	沿层面充填，强度较低	1～2	
			33.5		1～2	
			35.0～35.5	沿 70°～80°裂隙充填，强度较低	1	
			40.7	沿层面充填，强度较低	1	
			42.8～42.9	沿 70°～80°裂隙充填，坚硬	1～2	
			43.8～43.9	沿高倾角裂隙充填，坚硬	1～3	
			46～46.15	沿倾角 70°～80°裂隙充填，坚硬	1	
6	105	5	5.6～7.6	沿倾角 70°～80°裂隙充填，坚硬	3～10	
			13.5	沿层面充填，坚硬	2	
			47.35～47.5	沿倾角 60°裂隙充填，坚硬	1～2	
			51.5	沿层面充填，坚硬	3	
			52.0	沿层面充填，坚硬	2	
7	48	2	43.0～43.3	沿倾角 70°～80°裂隙充填，坚硬	2～3	
			47.55～47.70	沿倾角 70°～80°裂隙充填，坚硬	1～2	
8	48	1	29.50～29.55	沿倾角 30°裂隙充填，结石坚硬	1～2	
9	48	3	22.9～23.0	沿倾角 45°裂隙充填，坚硬	1	
			24.2～24.3	沿倾角 75°裂隙充填，坚硬	25	
			42.0～42.8	沿倾角 80°～90°裂隙充填，坚硬	1～10	
10	48	1	6.0～6.2	沿倾角 60°裂隙充填，结石坚硬	1～4	
11	48	2	23.48～23.58	沿倾角 75°裂隙充填，面积 $2\times5cm^2$	1～2	
			25.58～25.63	沿倾角 75°裂隙充填，面积 $3\times4cm^2$	1～2	

续表 5-3-40

检查孔孔号	终孔孔深(m)	遇结石数(个)	水泥结石			备注
			孔深(m)	产出状态	厚度(mm)	
12	47	4	10.70～10.76	沿倾角 70°裂隙充填,较坚硬,面积 3×5cm^2	1～2	
			18.58～18.73	沿倾角 70°～80°裂隙充填,较坚硬	1～3	
			23.16～23.21	沿倾角 80°～90°裂隙充填,较坚硬	1～3	
			23.41～23.51		1～3	
13	46	6	22.72	沿层面充填,结石坚硬,面积 2×4cm^2	1	
			22.82～22.92	沿倾角 75°裂隙充填,坚硬,面积 4×8cm^2	1～2	
			24.0～24.1	沿倾角 70°裂隙充填,坚硬,面积 2×4cm^2	1	
			31.12～31.20	沿倾角 70°～80°裂隙充填,结石坚硬,面积 2×3cm^2	1～3	
			32.42～32.62		1～3	
			45.93～46.00		2～3	
16	44	4	16.25～16.30	沿 60°～70°裂隙充填,强度较低,局部呈粉末状	1～5	
			16.85～16.90		1～1.5	
			20.3～20.4		1～1.5	
			21.80～21.85		1～1.5	
17	40	2	12.1～12.3	沿倾角 85°裂隙充填,结石呈褐色,中等强度	3～5	
			13.9～13.95	沿倾角 40°裂隙充填,结石呈暗灰色,坚硬	2～3	
18	45	5	8.64～8.69	沿倾角 25°裂隙充填,结石坚硬	3	
			7.83～7.88	沿倾角 55°裂隙充填,坚硬	1～2	
			8.13～8.18	沿倾角 40°裂隙充填,强度较低	2	
			27.30～27.35	沿倾角 70°裂隙充填,坚硬	3～4	
			44.4～44.5	沿倾角 70°裂隙充填,呈膜状,强度较低	1	

(十)右岸 206m 灌浆平洞以下帷幕

206m 灌洞全长 461m。基础岩体:0+0～0+50m 洞段 193～206m 高程间是平善坝组的下部第三段岩组,即页岩($\in_1^{4-3}$)、灰岩($\in_1^{4-2}$)、页岩($\in_1^{4-1}$),为相对隔水岩体,其余洞段为石龙洞组灰岩,岩溶化程度高。但在 0+89～0+225m 洞段为古岩溶塌陷角砾岩分布区;0+225～0+461m 洞段为古岩溶填隙区。角砾岩为紫红色黏土质岩类物质胶结;填隙区内岩体中原始结构面多被黏土质不完全充填。由于这些不透水的胶结、充填物的存在,大大抑制了岩溶的发育,故帷幕基础岩体属不均一溶隙型透水介质,局部具集中渗漏的特点。

该层帷幕大部分为单排,仅在 0+185～0+217m 洞段布置双排。灌孔深度:0+0～0+340m 幕段 39～42m,深入到 165m 灌洞底板下 5m;0+340～0+461m 幕段 5～80m,深入到石牌页岩 3～5m,构成全封闭。

该层帷幕共收集到 1 894 个灌段(实际为 1 999 个灌段,其中在 165m 高程以下的 105 个灌段已列入 165m 幕端)。其注入量分布情况见图 5-3-14 及表 5-3-41、表 5-3-42。

表 5-3-41　216m 灌浆平洞单位注入量统计表

孔排	孔序	孔数(个)	灌浆长度(m)	灌入总量(kg)	单位注入量(kg/m)
下主排	Ⅰ	57	2 218.03	417 891.6	188.41
	Ⅱ	56	2 211.9	34 530.5	15.61
	Ⅲ	110	4 303.66	69 606.6	16.17
	小计	223	8 733.59	522 028.7	59.8
上主排	Ⅰ	5	200.0	330.8	1.65
	Ⅱ	5	200.0	297.6	1.49
	Ⅲ	9	361.1	559.7	1.55
	小计	19	761.1	1 188.1	1.56
总计		242	9 494.68	523 216.8	55.11

表 5-3-42　206m 灌浆平洞单位注入量分级统计表

孔排	孔序	孔数(个)	段数(个)	单位注入量(kg/m)区间段数(个)及所占比率(%)											
				<20		20～50		50～100		100～400		400～1 000		>1 000	
				段数	%	段数	%	段数	%	段数	%	段数	%	段数	%
下主排	Ⅰ	57	443	386	87.1	12	2.7	5	1.1	15	3.4	10	2.3	15	3.4
	Ⅱ	56	444	432	97.3	3	0.7	3	0.7	2	0.4	3	0.7	1	0.2
	Ⅲ	110	855	847	99.1	2	0.2			3	0.4	1	0.1	2	0.2
	小计	223	1 742	1 665	95.6	17	1.0	8	0.5	20	1.1	14	0.8	18	1.0
上主排	Ⅰ	5	40	40	100										
	Ⅱ	5	40	40	100										
	Ⅲ	9	72	72	100										
	小计	19	152	152	100										
总计		242	1 894	1 817	95.9	17	0.9	8	0.4	20	1.1	14	0.7	18	1.0

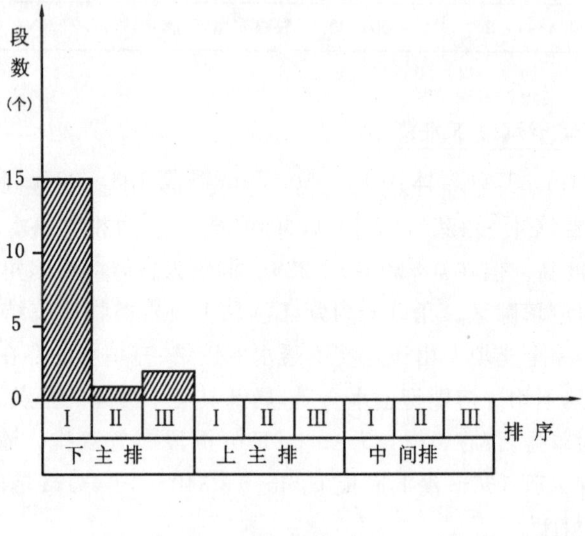

图 5-3-14　206m 灌浆平洞单位注入量大于 1 000kg/m 孔段递减直方图

从图表可看出：小于 100kg/m 的灌段占 97%以上，大于 1 000kg/m 者只有 18 个灌段，有 15 段出现在Ⅰ序孔。而大于 5 000kg/m 者有 5 段，且多分布于填隙区底线附近及 201 号夹层范围内，其中 E_1 - 1 - 239 孔，3～4.5m 孔段(即 201 号)单耗达 12 385.11kg/m。

上述情况反映出岩体的渗透性极不均一，具局部集中渗漏的特点。对 13 个检查孔鉴定，发现 24 处结石，见表 5 - 3 - 43，有 21 处分布于上述大漏量范围内，与勘察期的结论极为吻合。

表 5 - 3 - 43　206m 灌浆平洞检查孔水泥结石统计表

检查孔孔号	终孔孔深(m)	遇结石数(个)	水泥结石			备注
			孔深(m)	产出状态	厚度(mm)	
2	76	9	6.40～6.75	沿 75°裂隙充填灰色结石，强度低	1	检 1；7；11；12；15；16；17；无结石，其余孔由基础分局自鉴
			8.25～8.90	沿 75°裂隙充填灰白色结石，强度低	1～2	
			10.8～11.0	沿 75°裂隙充填灰白色结石，强较低	1～2	
			28.8～29.0	沿填隙物边缘，呈胶状，强度低	1	
			29.25～29.80	沿 75°裂隙充填灰色结石，局部呈粉末状，强度低	1～1.5	
			30.4～30.8		1～1.5	
			36.7～36.9		1～1.5	
			46.12～46.40		1～1.5	
			64.1～64.5	沿水溶洞充填灰绿色结石，坚硬	40	
3	74.5	4	9.0～9.2	沿倾角 70°～80°裂隙充填膜状，结石强度低	1	
			11.9～12.3	沿倾角 85°裂隙充填灰绿色结石，坚硬	2	
			16.7～17.4	与填隙物混合凝结，呈斑块状，有一定强度，单块面积 3cm×5cm～1cm×3cm	1～2	
			19.8～19.9		1～2	
4	71	3	11.4～11.5	沿倾角 50°裂隙充填，结石呈带状，充填黏土钙化厚 0.5～1cm	1～1.5	
			16.65～16.75	沿填隙物充填灰绿色结石，上薄下厚，较坚硬	5～10	
			23.4～23.5		5～10	
5	70.5	5	26.0～26.3	沿 70°裂隙充填灰白膜状结石，强度低	1	
			43.8～44.0	沿倾角 80°～90°裂隙充填斑块状结石，较坚硬	1～3	
			46.4～46.5	沿倾角 50°裂隙充填膜状结石，强度较低	1	
			67.9～68.0			
			68.9～69.0			
6	44.5	1	6.3～6.4	沿倾角 75°裂隙充填斑状结石，面积 2cm×4cm	1	
8	44.5	2	8.6	沿层面充填斑块状结石，面积 3cm×4cm	1～2	
			42.5～42.6	沿 70°裂隙面见斑块状结石，面积 6cm×8cm	1～3	

但该层帷幕绝大部分为单排，据灌浆试验表明："在岩溶强烈发育的岩体中，单排帷幕的连续性与耐久性存在问题。"事实上，该层帷幕已相继在 1993 年 12 月，当库水位升至 175m 和 1994 年 10 月当库水位升至 189m 时，在 165m 灌洞 0+360m 洞顶，沿 $165K_4—W_2$ 和 0+201m 洞顶沿 $165K_1—W_1$ 大量漏水。

(十一)各连接段帷幕

两岸各灌浆平洞洞口间的三角地带帷幕称之为连接段帷幕。除左岸 30 坝段～210m 灌洞口和右岸 1 坝段～206m 灌洞口在地面施工外。余者均在相应的大坝基础廊道中进行。

1.60～107.5m 连接段帷幕(19～21 坝段)

基础岩体为石龙洞组第三段厚层斑纹灰岩及第二段薄层条带灰岩。岩溶化程度高。主要是以沿 F_{25}、f_8 及 302 号强烈溶蚀为特点。但在 F_{25} 下游设有阻渗井,深 8m,以改善该部位岩体的渗流场。该段布设三排灌孔,孔深 26～61m,均深入到 60m 平洞底板以下 5m。各灌段单位注入量的分布情况见图 5-3-15 和表 5-3-44、表 5-3-45。

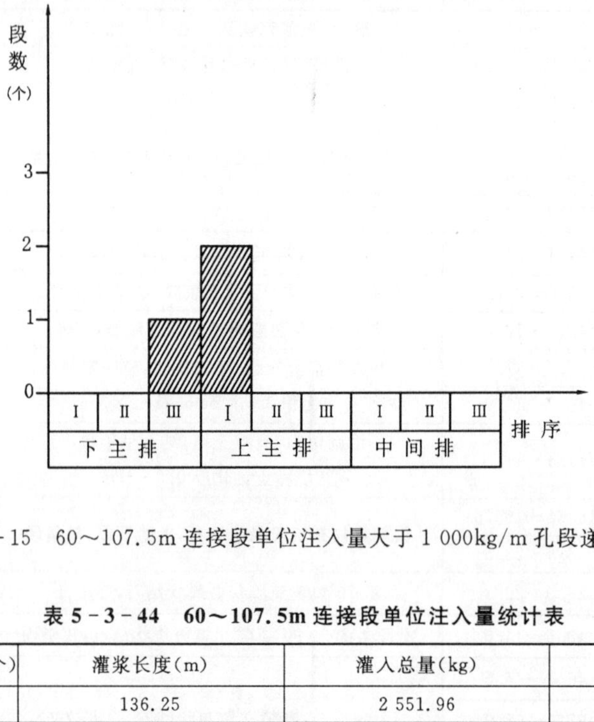

图 5-3-15 60～107.5m 连接段单位注入量大于 1 000kg/m 孔段递减直方图

表 5-3-44 60～107.5m 连接段单位注入量统计表

孔排	孔序	孔数(个)	灌浆长度(m)	灌入总量(kg)	单位注入量(kg/m)
下主排	Ⅰ	6	136.25	2 551.96	18.23
	Ⅱ	6	194.62	13 224.43	67.95
	Ⅲ	12	435.35	16 068.77	36.91
	小计	24	766.22	31 845.16	41.56
上主排	Ⅰ	6	207.63	27 058.34	130.32
	Ⅱ	5	175.94	494.39	2.81
	Ⅲ	11	362.03	5 705.59	15.76
	小计	22	745.6	33 258.32	44.61
中间排	Ⅰ	5	172.09	1 142.68	6.64
	Ⅱ	6	203.4	364.09	1.79
	Ⅲ	12	396.09	724.85	1.83
	小计	23	771.58	2 231.62	2.89
总计		69	2 283.40	67 335.10	29.49

表 5-3-45　60～107.5m 连接段单位注入量分级统计表

孔排	孔序	孔数（个）	段数（个）	单位注入量（kg/m）区间段数（个）及所占比率（%）											
				<20		20～50		50～100		100～400		400～1 000		>1 000	
				段数	%	段数	%	段数	%	段数	%	段数	%	段数	%
下主排	Ⅰ	6	44	40	91			1	2.2	2	4.6	1	2.2		
	Ⅱ	6	39	38	97.4							1	2.6		
	Ⅲ	12	88	85	96.6	1	1.1					1	1.1	1	1.1
	小计	24	171	163	95.3	1	0.6	1	0.6	2	1.2	3	1.7	1	0.6
上主排	Ⅰ	6	40	34	85	3	7.5	1	2.5					2	5.0
	Ⅱ	5	34	34	100										
	Ⅲ	11	71	66	93	1	1.4	1	1.4	2	1.8	1	1.4		
	小计	22	145	134	92.4	4	2.8	2	1.4	2	1.4	1	0.7	2	1.4
中间排	Ⅰ	5	35	34	97.1					1	2.9				
	Ⅱ	6	41	41	100										
	Ⅲ	12	80	80	100										
	小计	23	156	155	99.4					1	0.6				
总计		69	472	452	95.8	5	1.1	3	0.6	5	1.1	4	0.8	3	0.6

从图表中总体看出，单耗较小，平均单耗仅 29.49kg/m。但下排小于上排，而下排Ⅰ序孔又小于Ⅱ序孔，以致上排Ⅰ序孔单耗达 130.32kg/m。按常规，连通性好先灌孔的灌注效果亦越好，后灌孔注入量的减小速度越大，而该段的灌注情况刚好相反，说明岩体中渗透空间的充填物较密实。在 5MPa 压力的反复作用下，充填物被扰动—击穿，使连通性差的部位或空间相互沟通，以致出现后灌孔排的注入量大于先灌孔排。当上下排孔段灌注完成后，岩体中的渗透空间已得到良好地充填，所以中间排各序灌孔 99%以上灌段的单位注入量都小于20kg/m，说明该段帷幕完全形成，经压水检查合格率 100%。

2. 107.5～166.5m 连接段帷幕（即 22～28 坝段）

基础岩体为石龙洞组第三段$\in_1^{3-3}$厚层斑纹灰岩，属岩溶强烈发育的岩体。在 23～27 坝段幕后 5～50m 范围内，建基面及其以下发育有大大小小的溶蚀洞穴 60 余个，总的溶空体积在 3 000m³ 以上（均已回填）。但幕线通过地段无大的构造线和溶蚀洞穴，岩体相对较完整。而沿 f_{230}、f_{244} 及 Tf_6、Tf_7 等多条小断层的局部溶蚀和集中渗漏将不可避免。

该段帷幕布设三排灌孔，孔深 5～52m 不等，以进入 107.5m 灌洞底板以下 5m 为准。全段共 956 个灌段，单耗大于 1 000kg/m 者 23 段，其中下主排 20 段，Ⅰ序孔占 55%；Ⅱ序孔占 40%。具体分布情况见图 5-3-16 和表 5-3-46、表 5-3-47。

从图表中看出，下主排灌注效果明显，大漏量灌段多零散分布在上述小断层带及其附近，且衰减快，与勘察期地质预测吻合较好。上下排灌注结束后，岩体中所有渗透空间均得到了较好充填，以至中间排 208 个灌段的单位注入量均小于 20kg/m，平均单耗仅 1.18kg/m，充分表明该段幕体连续可靠。

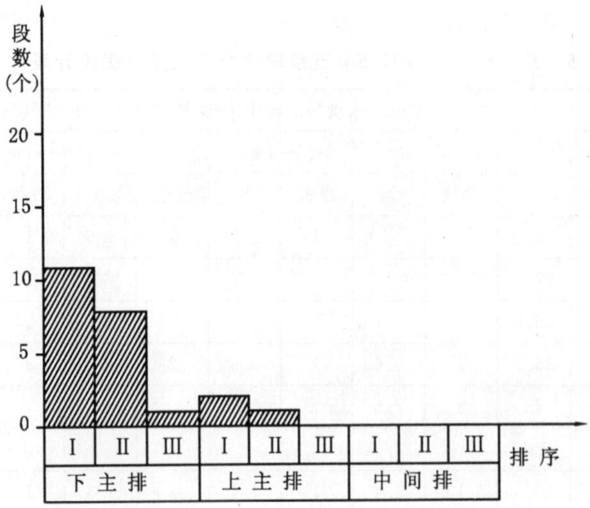

图 5-3-16　107.5～166.5m 连接段单位注入量大于 1 000kg/m 孔段递减直方图

表 5-3-46　107.5～166.5m 连接段单位注入量统计表

孔排	孔序	孔数(个)	灌浆长度(m)	灌入总量(kg)	单位注入量(kg/m)
下主排	Ⅰ	17	509.32	209 942.9	412.2
	Ⅱ	17	469.76	113 927.9	242.52
	Ⅲ	32	867.55	15 268.9	17.6
	小计	66	1 846.63	339 139.7	183.65
上主排	Ⅰ	17	471.54	17 398.2	36.9
	Ⅱ	17	502.87	10 827.4	21.53
	Ⅲ	33	906.42	1 959.0	2.16
	小计	67	1 880.85	30 184.5	16.05
中间排	Ⅰ	14	379.9	396.2	1.04
	Ⅱ	9	246.15	280.4	1.14
	Ⅲ	14	406.41	460.1	1.13
	小计	37	1 032.46	1 136.7	1.1
总计		170	4 759.94	370 460.9	77.83

表 5-3-47　107.5～166.5m 连接段单位注入量分级统计表

孔排	孔序	孔数(个)	段数(个)	单位注入量(kg/m)区间段数(个)及所占比率(%)											
				<20		20～50		50～100		100～400		400～1 000		>1 000	
				段数	%	段数	%	段数	%	段数	%	段数	%	段数	%
下主排	Ⅰ	17	103	83	80.6	1	0.9	1	0.9	2	1.9	5	4.9	11	10.7
	Ⅱ	17	93	78	83.9			1	1.1	2	2.1	4	4.3	8	8.6
	Ⅲ	32	175	170	97.0			1	0.6	1	0.6	2	1.1	1	0.6
	小计	66	371	331	89.2	1	0.3	3	0.8	5	1.3	11	3.0	20	5.4
上主排	Ⅰ	17	94	87	92.6	1	1.1			2	2.1	2	2.1	2	2.1
	Ⅱ	17	100	97	97.0							2	2.0	1	1.0
	Ⅲ	33	183	182	99.5					1	0.5				
	小计	67	377	366	97.1	1	0.3			3	0.8	4	1.0	3	0.8
中间排	Ⅰ	14	75	75	100										
	Ⅱ	9	50	50	100										
	Ⅲ	14	83	83	100										
	小计	37	208	208	100										
总计		170	956	905	94.7	2	0.2	3	0.30	8	0.8	15	1.6	23	2.4

3. 166.5～210m 连接段帷幕

基础岩体在高程 190～198m 以上地段为“古海沟”内沉积物$\in_2^{2-(1+7)}$，以泥质白云岩和泥灰岩居多，呈互层状分布，属相对隔水岩体；高程 170～198m 为红溪组第一段$\in_2^{1-1}$ 层，中厚层状白云质斑纹或条带灰岩，岩溶相对较发育，属溶隙（缝）型透水岩体；高程 162～170m 为平善坝组$\in_1^{4-3}$～$\in_1^{4-6}$ 段地层，以薄层条带灰岩为主夹页岩，属相对隔水岩体。本段以局部沿断层、古海沟底界、层间剪切带及其相互之交汇带的溶蚀而出现较大串漏为特点。

该段帷幕除 29 及 30 坝段 0＋12m 段布设三排灌孔外，其余幕段均为两排，灌孔深 24～67m。三排段灌孔深入到 107.5m 灌洞底板以下 5m；两排段灌孔深入到 166.5m 灌洞底板以下 5m。各排序单位注入量的分布情况见图 5－3－17 和表 5－3－48、表 5－3－49。

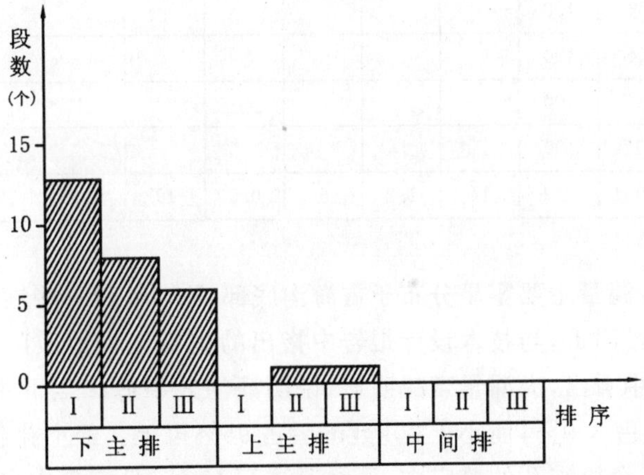

图 5－3－17　166.5～210m 连接段单位注入量大于 1 000kg/m 孔段递减直方图

表 5－3－48　166.5～210m 连接段单位注入量统计表

孔排	孔序	孔数(个)	灌浆长度(m)	灌入总量(kg)	单位注入量(kg/m)
下主排	Ⅰ	12	585.0	363 289.98	621.01
	Ⅱ	12	557.54	151 191.4	271.18
	Ⅲ	26	1 226.98	78 968.4	64.36
	小计	50	2 369.52	593 448.9	250.45
上主排	Ⅰ	11	513.02	29 757.5	58.0
	Ⅱ	12	577.36	20 071.4	34.8
	Ⅲ	24	1 166.44	16 332.1	14.0
	小计	47	2 256.82	66 161.0	29.32
中间排	Ⅰ	4	282.14	502.9	1.78
	Ⅱ	4	270.45	485.46	1.80
	Ⅲ	8	537.13	1 097.8	2.04
	小计	16	1 039.72	2 086.16	2.01
总计		113	5 666.06	661 696.06	116.8

表 5-3-49　166.5～210m 连接段单位注入量分级统计表

孔排	孔序	孔数(个)	段数(个)	单位注入量(kg/m)区间段数(个)及所占比率(%)											
				<20		20～50		50～100		100～400		400～1 000		>1 000	
				段数	%	段数	%	段数	%	段数	%	段数	%	段数	%
下主排	Ⅰ	12	118	92	78.0	3	2.5	3	2.5	2	1.7	5	4.2	13	11.1
	Ⅱ	12	113	92	81.4	2	1.8	2	1.8	5	4.4	4	3.5	8	7.1
	Ⅲ	26	248	220	88.7	6	2.4			7	2.8	9	3.6	6	2.4
	小计	50	479	404	84.3	11	2.3	5	1.1	14	2.9	18	3.8	27	5.6
上主排	Ⅰ	11	104	94	90.4					3	2.9	7	6.7		
	Ⅱ	12	117	111	94.9	1	0.8	1	0.8	1	0.8	2	1.7	1	0.8
	Ⅲ	24	234	228	97.4	2	0.9			1	0.4	2	0.9	1	0.4
	小计	47	455	433	95.2	3	0.7	1	0.2	5	1.1	11	2.4	2	0.4
中间排	Ⅰ	4	56	56	100										
	Ⅱ	4	54	54	100										
	Ⅲ	8	107	107	100										
	小计	16	217	217	100										
总计		113	1 151	1 054	91.6	14	1.2	6	0.5	19	1.7	29	2.5	29	2.5

从图表可看出，大漏量主要零星分布于古海沟底部、F_7、F_{95}和一些性状较差的裂隙性小断层及它们相互的交汇带附近，与技术设计报告中指出的主要工程地质问题极为吻合。再从单位注入量的分级统计中看出，大漏量衰减明显，说明灌注效果好。当下主排灌注完成后，上主排大于100kg/m者仅占3.9%，而小于20kg/m者占95%以上。经上排各序孔灌注完成后，帷幕已全面形成。在10个检查孔的鉴定中，见水泥结石40处，且多集中出现在上述大漏量分布区及其附近范围内，结石多坚硬，与岩面结合较牢固，检查孔压水合格率均在100%，说明幕体连续性好。

4. 82.5～121.5m 连接段帷幕(即 8～9 坝段)

基础岩体主要为石龙洞组第二段$\in_1^{3-2}$，薄层条带灰岩，岩溶强烈发育，主要表现为沿F_{16}、F_{180}及301号、302号和一些层间剪切带的溶蚀与渗漏。但该段在幕5～10m范围内灌前作过临时帷幕；2号、10号勘探平洞中沿F_{16}及302号发育的溶洞均进行了处理回填，它将大大地减小主帷幕的漏浆范围。

该段布设三排灌孔，孔深36.2～62.7m，深入到82.5m灌洞底板以下5～10m，各排序单位注入量见图5-3-18和表5-3-50、表5-3-51。

从图表中可看出，单耗大于100kg/m的灌段主要出现在下主排，且多沿F_{16}、301号、F_{180}分布，大于1 000kg/m者仅4段，沿301号断续分布，与前期地质预测具良好的吻合。但其中有两段分别在下排Ⅲ序孔及上排Ⅰ序孔出现。为301号先被扰动—击穿所致，也表明灌注效果好。当上下排灌注完成后，岩体中的渗透空间已得到较好的充填，所以中间排所有灌段的单耗均小于20kg/m，平均单耗仅3.18kg/m，经压水检查合格率100%，由此表明该段灌注效果好，幕体也应连续可靠。

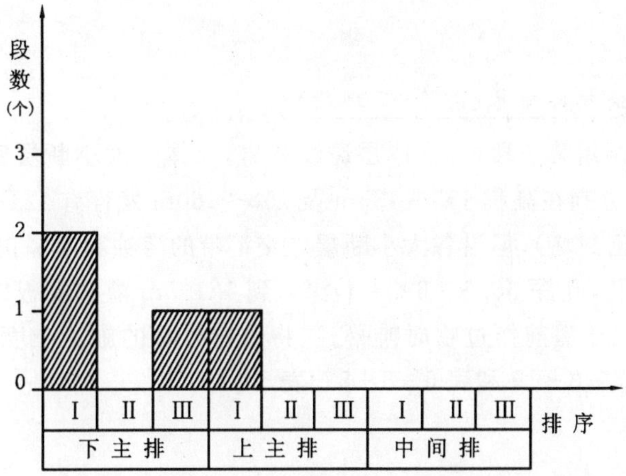

图 5-3-18　82.5～121.5m 连接段单位注入量大于 1 000kg/m 孔段递减直方图

表 5-3-50　82.5～121.5m 连接段单位注入量统计表

孔排	孔序	孔数(个)	灌浆长度(m)	灌入总量(kg)	单位注入量(kg/m)
下主排	Ⅰ	4	142.3	21 343.2	149.99
	Ⅱ	3	96.46	4 449.7	46.13
	Ⅲ	7	214.55	18 581.3	86.61
	小计	14	443.31	44 374.2	100.1
上主排	Ⅰ	2	88.05	8 195.3	93.1
	Ⅱ	2	94.4	3 607.5	38.22
	Ⅲ	4	166.0	727.9	4.39
	小计	8	348.45	12 530.7	35.96
中间排	Ⅰ	4	133.4	400.5	3.0
	Ⅱ	3	96.6	291.1	3.01
	Ⅲ	8	255.65	853.2	3.34
	小计	15	485.05	1 544.8	3.18
总计		37	1 277.41	58 449.7	45.76

表 5-3-51　82.5～121.5m 连接段单位注入量分级统计表

孔排	孔序	孔数(个)	段数(个)	单位注入量(kg/m)区间段数(个)及所占比率(%)											
				<20		20～50		50～100		100～400		400～1 000		>1 000	
				段数	%	段数	%	段数	%	段数	%	段数	%	段数	%
下主排	Ⅰ	4	29	20	69.0			2	6.9	4	13.8	1	3.4	2	6.9
	Ⅱ	3	21	18	85.6	1	4.8	1	4.8			1	4.8		
	Ⅲ	7	44	37	84.1	1	2.3			3	6.8	2	4.5	1	2.3
	小计	14	94	75	79.8	2	2.1	3	3.2	7	7.4	4	4.3	3	3.2
上主排	Ⅰ	2	18	14	77.8	1	5.5			1	5.5	1	5.6	1	5.6
	Ⅱ	2	19	16	84.2					3	15.8				
	Ⅲ	4	33	33	100										
	小计	8	70	63	90.0	1	1.4			4	5.7	1	1.4	1	1.4
中间排	Ⅰ	4	26	26	100										
	Ⅱ	3	19	19	100										
	Ⅲ	8	53	53	100										
	小计	15	98	98	100										
总计		37	262	236	90.1	3	1.1	3	1.1	11	4.2	5	1.9	4	1.5

5. 121.5～165m 连接段帷幕(即 5～7 坝段)

基础岩体为石龙洞组第三段$\in_1^{3-3}$厚层斑纹灰岩，岩体中大小断层密布，沿其局部溶蚀强烈，如F_{173}、F_{69}、F_{152}等分别在高程 115～135m 及 150～160m 发育有 $121K_1$、$12K_2$ 等溶洞，溶空体积达 300～400m^3(已封堵)，但沿各大小断层之交汇带的溶蚀和串漏仍将不可避免。

该段布设三排灌孔，孔深 36.5～69.3m，深入到 121.5m 灌洞底板以下 5～12m。但此段在幕前 5～15m 范围内于灌前作过临时帷幕，这将改善帷幕的施工难度。各排序灌孔的单位注入量分布情况见图 5-3-19 和表 5-3-52、表 5-3-53。

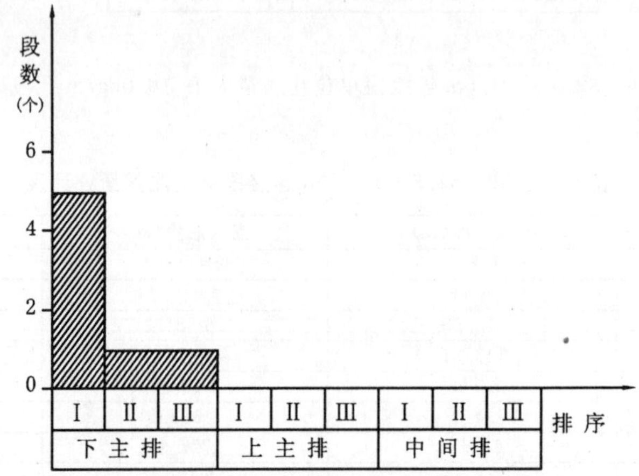

图 5-3-19　121.5～165m 连接段单位注入量大于 1 000kg/m 孔段递减直方图

表 5-3-52　121.5～165m 连接段单位注入量统计表

孔排	孔序	孔数(个)	灌浆长度(m)	灌入总量(kg)	单位注入量(kg/m)
下主排	Ⅰ	7	330.3	224 007.1	678.19
	Ⅱ	6	267.3	12 224.5	45.73
	Ⅲ	13	582.0	17 526.7	30.11
	小计	26	1 179.6	253 758.3	215.12
上主排	Ⅰ	6	270.6	623.7	2.31
	Ⅱ	7	330.5	865.0	2.62
	Ⅲ	13	588.1	1 320.1	2.25
	小计	26	1 189.2	2 808.8	2.36
中间排	Ⅰ	6	268.1	593.4	2.21
	Ⅱ	6	279.1	520.1	1.86
	Ⅲ	13	601.8	1 235.1	2.45
	小计	25	1 149.0	2 348.6	2.04
总计		77	3 517.8	258 915.7	73.6

表 5-3-53　121.5～165m 连接段单位注入量分级统计表

孔排	孔序	孔数(个)	段数(个)	单位注入量(kg/m)区间段数(个)及所占比率(%)											
				<20		20～50		50～100		100～400		400～1 000		>1 000	
				段数	%	段数	%	段数	%	段数	%	段数	%	段数	%
下主排	Ⅰ	7	67	52	77.6	2	3.0	2	3.0	3	4.5	3	4.5	5	7.4
	Ⅱ	6	55	47	85.5	2	3.6	3	5.5	2	3.6			1	1.8
	Ⅲ	13	116	113	97.3	1	0.9					1	0.9	1	0.9
	小计	26	238	212	89.1	5	2.1	5	2.1	5	2.1	4	1.7	7	2.9
上主排	Ⅰ	6	56	56	100										
	Ⅱ	7	67	67	100										
	Ⅲ	13	120	120	100										
	小计	26	243	243	100										
中间排	Ⅰ	6	54	54	100										
	Ⅱ	6	57	57	100										
	Ⅲ	13	123	123	100										
	小计	25	234	234	100										
总计		77	715	689	96.4	5	0.7	5	0.7	5	0.7	4	0.6	7	0.9

由于灌前溶洞的回填封堵及临时帷幕进一步的充填，大漏量分布零散，但仍多沿 F_{173}、F_{152} 和一些裂隙性断层的交汇带分布，且集中在下主排Ⅰ序孔，其中 6 坝段的 6_{1-1-2} 孔在遇 F_{173} 与 Tf_{25} 之交汇带附近连续两个灌段单耗达 11.9 及 25.1t/m，但递减速度大，灌注效果好。当下主排灌注结束后，岩体中所有渗透空间均得到了充填，故上、中排所有灌段的单耗都小于 20kg/m，平均单耗仅 2kg/m 左右。经压水检查合格率达 100%，由此表明帷幕已形成且连续可靠。

6. 165～206m 连接段帷幕(包括 1～4 坝段)

基础岩体除 30 坝段末端至 206m 灌洞口段在 190～206m 高程之间为平善坝组 $\in_1^{4-1}$～$\in_1^{4-3}$ 段地层，属相对隔水岩体外，其余地段全为石龙洞组第三段 $\in_1^{3-3}$ 厚层斑纹灰岩。岩体中大小断层较多；岩溶强烈发育，主要有 F_{69} 系列、F_{632}、F_{166}、F_{67} 等及一些裂隙型断层纵横交错，沿这些断层及其交汇带多有溶蚀，特别是 F_{69} 系列在 3、4 坝段建基面及其之下全面溶蚀填泥。4 坝段 F_{69} 上盘已挖除，但下盘漏斗状溶水洞或溶缝十分发育，与其他断层之交汇处的溶蚀、串漏将不可避免。为该段帷幕顺利形成，沿 F_{69} 发育的岩溶洞穴在 100～167m 高程范围内已大部分清理回填，并在 1～4 坝段幕前 5～15m 设立阻浆键，防止浆液大范围串漏。上述措施将大大改善岩体中的渗透空间。不过，局部地段仍将会出现零星的大漏量。

该段帷幕 3、4 坝段布设三排灌孔；2 坝段及 1 坝段 0+0～0+8m 段布设双排；其余幕段为单排。灌孔深 20.32～78.87m。其中 4 坝段及 3 坝段 0+0～0+6m 段灌孔深入到 121.5m 灌洞底板下 5m，其余幕段只进入到 165m 灌洞底板以下 5m。单位注入量的分布情况见图 5-3-20 和表 5-3-54、表 5-3-55。连接段帷幕检查孔水泥结石充填情况见表 5-3-56。

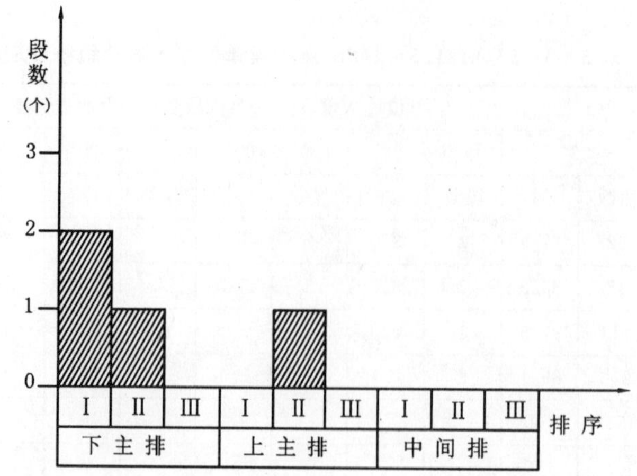

图 5-3-20　165～206m 连接段单位注入量大于 1 000kg/m 孔段递减直方图

表 5-3-54　165～206m 连接段单位注入量统计表

孔排	孔序	孔数(个)	灌浆长度(m)	灌入总量(kg)	单位注入量(kg/m)
下主排	Ⅰ	12	543.72	32 317.4	59.44
	Ⅱ	11	444.06	14 842.1	33.42
	Ⅲ	21	867.12	2 762.8	3.19
	小计	44	1 854.9	49 922.3	26.91
上主排	Ⅰ	7	287.35	913.8	3.18
	Ⅱ	8	362.57	24 228.3	66.82
	Ⅲ	14	583.65	1 534.6	2.63
	小计	29	1 233.57	26 676.7	21.63
中间排	Ⅰ	4	203.0	315.2	1.56
	Ⅱ	5	257.3	492.0	1.91
	Ⅲ	10	473.1	528.5	1.12
	小计	19	933.4	1 335.7	1.43
总计		92	4 021.87	77 934.7	19.38

表 5-3-55　165～206m 连接段单位注入量分级统计表

孔排	孔序	孔数(个)	段数(个)	单位注入量(kg/m)区间段数(个)及所占比率(%)											
				<20kg/m		20～50kg/m		50～100kg/m		100～400kg/m		400～1 000kg/m		>1 000kg/m	
				段数	%	段数	%	段数	%	段数	%	段数	%	段数	%
下主排	Ⅰ	12	119	110	92.4	3	2.5	2	1.7	2	1.7			2	1.7
	Ⅱ	11	101	94	93.0	1	1.0			3	3.0	2	2.0	1	1.0
	Ⅲ	21	199	199	100										
	小计	44	419	403	96.1	4	1.0	2	0.5	5	1.2	2	0.5	3	0.7
上主排	Ⅰ	7	64	63	98.4	1	1.6								
	Ⅱ	8	81	79	97.5			1	1.2					1	1.2
	Ⅲ	14	130	130	100										
	小计	29	275	272	98.9	1	0.4	1	0.4					1	0.4
中间排	Ⅰ	4	44	44	100										
	Ⅱ	5	54	54	100										
	Ⅲ	10	101	101	100										
	小计	19	199	199	100										
总计		92	893	874	97.9	5	0.5	5	0.5	5	0.5	2	0.2	4	0.4

表 5-3-56　各连接段帷幕检查孔水泥结石统计表

检查孔孔号	终孔孔深(m)	遇结石数(个)	水泥结石			备注
			孔深(m)	产出状态	厚度(mm)	
23—1	28.0	0				
23—2	29.0	1	26.7～26.8	沿高倾角裂隙充填	1	
24—1	30.3	4	8.6～8.8	沿高倾角裂隙充填	2	
			11.45～11.80	沿高倾角裂隙充填，呈网状分布于黏土中	单厚 1	2～3 条
			13.3～15.0	沿高倾角裂隙充填，呈网状分布于黏土中	1～5	
			27.6～29.5	沿断层面(f)充填，呈网状分布于黏土中	单厚 1	1～3 条
24—2	31.0	3	24.5～25.0	沿高倾角裂隙充填	1	
			27.7～27.8	沿层面充填	1	
			30.1～30.2	沿层面充填	2	
25—1	32.0	3	24.3～24.4	沿层面充填，呈网状分布	1	
			25.3～25.4	沿倾角 45°裂隙充填	2	
			28.1～28.2	沿层面充填	1	
25—2	33.0	2	27.6～27.7	沿高倾角裂隙充填	11	
			28.8～28.9	沿倾角 45°裂隙充填	3	
26—1	34.0	2	18.4～18.5	沿高倾角裂隙与方解石晶体胶结在一起	1～2.5	
			33.70～33.75	沿层面充填，呈网状分布	1	
27—1	37.5	3	38.8～38.9	沿高倾角裂隙充填	2	
			39.3～39.4	沿层剪面呈团块状分布	1～2.5	
			40.05～40.20	沿 f 碎裂岩中微裂隙充填，呈网状分布	<1	
27—2	39.0	0				
27—3	37.0	1	10.3～10.4	沿倾角 45°裂隙充填	1	
28—1	64.0	2	16.78～16.85	沿倾角 50°～65°裂隙充填，暗灰绿色，坚硬	1～3	28 检—2，孔原 61.4m
			21.95～22.00	沿倾角 50°～65°裂隙充填，坚硬	1～3	粗结石
29—1	65.0	1	37.70	沿层面充填，呈斑块状，较坚硬	3～5	
29—3	81.0	6	28.10～28.25	沿断层面充填，坚硬	3～7	
			5.6～5.7	沿倾角 70°～80°裂隙充填，坚硬，但呈斑块状，厚薄不均	1～3	
			22.0～22.1		1～5	
			41.6～41.8		1.5～2.5	
			72.9～73.1		1～4	
			64.15～64.30		1～2	

续表 5-3-56

检查孔孔号	终孔孔深(m)	遇结石数(个)	水泥结石			备注
			孔深(m)	产出状态	厚度(mm)	
30—1	81.0	9	5.6～6.0	沿倾角 70°～80°裂隙充填，呈膜状，强度低	1	30 检-2 孔深 81.12m 未见结石
			14.80～14.85		1	
			32.30～32.35		1	
			42.7～42.8		1	
			41.7～41.8		1	
			65.7～65.8	沿倾角 85°裂隙充填，结石呈深绿色	1～3	
			67.85～68.0	坚硬，与岩面结合牢固	1～3	
			79.5～79.8	坚硬，与岩面结合牢固	1～3	
			80.8～80.9	坚硬，与岩面结合牢固	1～3	
29—2	74.0	2	65.90～65.95	沿倾角 60°裂隙充填，坚硬，与岩面结合好	1～3	
			63.50～63.65	沿倾角 75°裂隙充填，坚硬，与岩面结合紧密	1～2	
			17.4～17.5	沿层剪面断续充填，呈斑块状，较坚硬	1～2	
			24.5～25.4	沿倾角 70°～80°裂隙断续充填，坚硬，与岩面结合好	1～1.5	
19—2	35.9	1	16.7～16.8	沿倾角 40°～50°裂面充填，呈斑块状，较坚硬	1～2	
21—1	54.0	5	9.12～9.35	沿倾角 70°～85°裂隙充填，结石坚硬，与岩面结合大部分紧密	1～1.5	
			10.3～10.5		5	
			11.2～11.4		1～1.2	
			14.5～15.0		20	
			26.7～26.8	沿 302 号夹层分布，共有 2～4 层，单厚 1mm，坚硬	2～4	
21—2	58.0	2	10.0～10.2	沿倾角 70°～80°裂隙充填，结石坚硬，与岩面结合好	2～5	
			12～128		1	
3 检—1	67.0	1	23.30～23.35	沿倾角 50°裂隙充填，强度较低	1～2	
4 检—2	61.0	1	11.6～11.8	沿倾角 50°～60°裂隙充填，膜状，呈斑块分布 2cm×4cm	1	7 检-1；2 检-2 未见结石
5 检—1	55.0	2	6.8～6.9	沿倾角 50°～60°裂隙充填	1～2	
			23.0～23.5	沿溶洞回填砼，与岩石结合紧密	500	
5—2	51.8	2	15.2～15.3	沿倾角 50°裂隙充填，结石坚硬	1	
			15.6～15.8	沿倾角 75°～80°裂隙充填，结石坚硬，与岩石结合好	2	

从图表看，该段岩体的吸浆量普遍不大，大于 1 000kg/m 者 4 段，分布在 F_{66} 与 F_{67} 断层之间，F_{69} 及其他断层带未出现大漏量灌段，这与断层和溶洞的处理密切相关，也证明“变岩溶化岩体为裂隙性岩体”的观点行之有效。该段下主排Ⅰ序灌孔单耗 59.44kg/m；第Ⅲ序孔仅 3.19kg/m，衰减明显；表明灌注效果好。但也有反常现象，上主排Ⅱ序孔平均单耗 66.82 kg/m，高出下主排Ⅰ序孔 11%，其主要原因是，3 坝段 3_2-2-10 孔于高程 128～132m 遇 F_{67}

断层，沿 F_{67} 的充填物在 5MPa 压力的反复作用下被击穿，导致该段单耗达 6 391kg/m。中间排所有灌段单耗均小于 20kg/m，平均单耗仅 1.43kg/m，再次表明共灌注效果好，帷幕也应连续可靠。

四、渗流渗压及幕后地下水位监测

渗流渗压及幕后地下水位监测，是帷幕的配套工程，是反映大坝帷幕形成后基础岩体性状、检验幕体的防渗效果、验证设计假定和评价工程安全的依据。根据主体建筑物的特点和渗控要求，将河床坝段、左岸 60m 及右岸 82.5m 灌洞作为重点观测部位；选择大坝基础廊道的主排水幕作为横向（横切河床）观测断面，并布设测压管（表），以检验大坝基础下扬压力；在 8～22 坝段的六个纵向（顺河流向）廊道内的辅助排水幕处，也布设有测压管（表），以推算坝基下扬压力顺流向的分布情况。60m、82.5m 灌洞幕前排水幕上布设测压管，以检查帷幕防渗效果；107.5m、166.5m、121.5m 和 165m 等灌洞幕前和末端未设排水孔部位的，幕后布设了测压管，以检验帷幕的防渗效果及绕幕渗流情况；同时还在幕后地表布设 8 个地下水位监测孔（左右岸各 4 个），以检验帷幕防渗效果及绕幕渗漏的情况。

排水孔孔距一般 1.8～2.3m，孔深为相应部位主帷幕底线深度的 $\frac{1}{2}\sim\frac{2}{3}$（约 40～65m），倾下游，倾角一般 75°；各灌浆平洞间从上而下逐层贯通，其孔向和倾角由平洞间的高差和平距计算确定。从 1992 年 1 月帷幕开始挡水，到 1994 年 12 月，两年时间内，由于多种因素，收集到有关渗流渗压的资料甚少，难以作出全面判断，现就从 60m、82.5m 及 107.5m 等地段的临时性观测和其他一些有关的零星资料简述如下。

(一)渗流

(1)河床（10～17 坝段）。总的看来渗流不大，但有随库水位的抬高而增大的趋势。1992 年 3 月 10 日，库水位在 101m 左右时，总渗流量 4.14～4.5L/min；当库水位升至 163m 左右时，总渗量为 25L/min；库水位升到 174.93m、181.44m、185.16m、190.71m 时，其渗流量分别为 27.14L/min、30.42L/min、33.85L/min、39.92L/min，总流量净增约 8.87 倍。而下游水位变化不大，始终保持在 77.44～77.7m 之间，可见渗流量的增加并非因下游水位引起。应当指出的是，15、16 坝段的渗流量始终较大，占该部位总渗流量的 73%～78%；单孔最大渗流量也出现在这两个坝段内，如 15-0-3 孔，库水位 162.7m 时，渗流量为 2.82L/min；当库水位升到 190.71m 时，渗流量亦随之增大为 3.84L/min。又如 16-0-2 孔，库水位 174.93m 时，渗流量为 3.3L/min；当库水位升到 190.71m 时，渗流量又随之增大为 4.3L/min，且 pH 值在 9 以上，最大达 11.1，为强碱性水，而库水的 pH 值为 7.5～8；下游江水 pH 值在 8～8.4 之间。其原因是多方面的，关键是帷幕连续性不够好，局部仍有少量渗透空间未完全堵死所致。

(2)左岸 60m 灌洞的渗流变化不大，总渗流量为 6.58～9.65L/min。单孔最大渗流量是 F_{10} 附近的 L-0-33 孔渗流量 1.68L/min，pH 值为 8.6，而渗量极小的 L-0-115 孔，pH 值却高达 11.65；其余排水孔 pH 值在 8.5～9 之间，大都看不出与库水位升降有明显的联系，不过排水孔的 pH 值大者应多加注意观测。

(3)82.5m 灌洞在 1992 年 3 月库水位 101m 时的一次观测中，该洞总排水量仅 0.56L/min。随着库水位的上升，排水量也随之增大，其幅度较 10～17 坝段还大。当库水位在 162.7m、174.93m、181.44m、185.56m、190.71m 时，其总的渗流量分别为 6.25L/min、6.83L/

min、7.4L/min、7.92L/min、9.74L/min。若以1992年3月所测量为基数(即0.56与9.74之比),约增大17.5倍之多。但pH值与江水的差值小,仅H-0-71孔的pH值达11.55,其渗流仅0.01～0.3L/min,单孔渗流量变化最大者是H-0-42孔,一般在1L/min以下。1994年9月25日测得渗流量为3.39L/min,pH值8～8.6,与江水近似。该洞在9月25日测得总的渗流量突增,达31.38L/min。

(4)左岸107.5m灌洞的渗流变化不大,该洞共95个观测孔,有水溢出的测孔74～84个。库水位升到190.71m时,单孔最大流量1.14L/min,大部分测孔的流量为0.06～0.75L/min,总的渗流量一般在4.25～8.22L/min之间变化。当库水位在高程162.71m、174.93m、185.56m、190.71m时,该洞总渗流量分别为6.49L/min、6.72L/min、7.43L/min、8.22L/min。库水位的抬升对渗流量影响甚微,但测孔水量增减对大气降水较为敏感,所以有部分测孔为间歇性出水。

(二)渗压

1. 幕前渗压

1994年10月24日库水位为192.99m、下游水位77.44m时的水头下,14坝段幕前测压管(表)G21-1和20坝段幕前测压管(表)G27-1,其读数分别为122.9m、131.6m,比库水位低70.09m和61.39m,扬压力系数为0.49和0.4,可能为测压管进口仍在幕体一定范围内所致。

2. 幕后排水幕处的渗压

(1)河床10～18坝段幕后排水处的测压管水位多低于60m廊道底板,也低于下游水位77.44m,渗压系数0～－0.125。20坝段幕后测压管水位较高,1994年10月24日,库水位192.99m时,G27-4测压管水位139.96m,比幕前G27-1的水位高8.36m,其渗压系数为0.48左右,略低于设计值。但该孔于1994年9月25日,库水位只有185.16m,下游水位77.44m时,所测幕前水位137.64m,幕后水位144.8m,幕后渗压系数0.574,大于设计值,应属操作读数有误所致,或属该部排水不畅造成。但因资料甚少难以判别,有待加强观测一定时期后,才能作出恰当的判断。

(2)左岸60m灌洞布设12个测压管,其中G39-3测压管在幕前,其余在幕后。1994年10月24日库水位192.99m时,G39-3的水位170.74m,比库水位低22.25m;幕后测压管口均无压,其水位低于下游77.44m水位,最大水位差7.05m,说明60m平洞排水效果极好。

(3)右岸82.5m灌洞布设7个测压管,其中G6-10位于幕前,其余在幕后。除幕前的G6-10(0＋224m)渗压水位与库水位接近外,其余测压孔在高程74m和高程100m集水井顺利抽排情况下,测压管口无压。

(4)左岸107.5m灌洞布设5个测压管,均在幕后。库水位在192.99m时,测压管最高水位156.4m,比库水位低得多,与下游水位的最大坡降值为2∶1。

(三)幕后地下水位监测

幕后地下水监测网由8个测孔组成,左右岸各4个测孔,除1号、6号分别位于左岸幕端和右岸幕前外,其余测孔均在大坝幕后,测孔深度随石龙洞灰岩的埋深决定,孔底高程均在63～(－57m)之间,比下游水位低十至数十米。从1994年10月开始监测至今所得资料看,幕后地下水位与勘察期间地下水位无明显变化,其坡降值为1.4∶1～1.75∶1。左岸在库水位

192.99m 时，各孔地下水位均低于库水位 46～62m；右岸各孔(除 6 号孔)地下水位低于库水位 31～61m。目前，还看不出与库水的升降联系，但对大气降水反应敏感，处于幕前的 6 号测孔地下水位高程 207.36m，比库水位高出 14.47m，可能因孔内集水尚未达到平衡(假水位)所致。左岸幕端的 1 号测孔内、外管地下水位均高，而且成上升趋势，1994 年 10 月为 191.62m，11 月为 239.33m，12 月为 273.88m，可能由大气降水引起。因为 11、12 月雨水较多，加上该孔处岩体中渗透界质与外界联系差，地下水不易外渗所致。

五、评价

(1)帷幕轮廓与边界。左岸、河床及右岸帷幕底线均按设计要求进入石牌页岩 5m 以上；左右岸幕头分别超出坝体端点所定范围；达到了幕体轮廓的全封闭图形，基本满足了地质上对帷幕边界的要求。其封闭上限高程：左岸约 202m，右岸均 201.5～203m。

(2)大量钻灌成果表明，帷幕地段岩体中的渗透介质和途径，与勘察期地质预测基本吻合，灌注顺利。整个帷幕注入水泥 14 785.4t，相当充填了 9 240m^3 的裂隙及岩溶洞穴。可以认为岩体中的渗透空间基本得到较好的充填。若原始资料准确，在投影剖面上幕体是连续的。

(3)坝基下渗流及扬压力测值均在设计允许范围内。目前在最高库水位 192.99m 时，河床 10～17 坝段最大渗流量为 39.92L/min；60m 灌洞最大渗流量为 9.64L/min，82.5m 灌洞最大渗流量为 9.74L/min；107.5m 灌洞最大渗流量为 8.22L/min。原幕后渗压系数较大的 G27－4，在最高水位 192.99m 时，渗在系数为 0.48，略低于设计值，其他坝段的渗压系数小，有的为负值(即扬压水位低于下游水位)。

幕后地下水监测网的初始资料表明，两岸幕地下水位无大的变化，其坡降值为 1.4∶1～1.74∶1，与建坝前地下水位近似。

第四节　升船机[①]

升船机布置在坝址左岸，其轴线与大坝近于正交，离岸边最远距离约 350m，由上游引航道、一级垂直升船机、中间错船池、二级垂直升船机和下游航道五个部位组成，统称为升船机。全长 1 309.5 余米。

升船机大部分建筑物对地基强度要求不高，主要问题是上下游引航道的人工边坡和自然边坡的稳定问题和中间错船池下段基础边坡的处理问题；其次是二级升船机墩基的抗滑稳定与沉陷问题。

一、地形地貌及第四系

升船机轴线与清江近于平行，又与岩层走向近于正交，加之长度较大，跨越了较多的微地貌单元。沿线地形起伏也较大，轴线通过段以上游引航道弧线段上段地形最高，高程达 220 余

① 引自《湖北省清江隔河岩水利枢纽技术设计阶段工程地质报告·升船机》，1989 年。

米，向两端延伸逐渐降低，最低至清江河床，沿线最大地形比差 142m，通过的主要地貌单元可分为低山丘陵区和河流阶地区。

(一)低山丘陵区

导流隧洞出口边坡以南至上游引航道均属该地貌单元；该段建筑物区地形最高点 220m，最低点 148m，最大起伏差 72m。分布的主要沟谷有杨家坪槽谷、水井湾干沟。

杨家坪槽谷：发育在石龙洞组灰岩分布区，槽底广布落水洞，主要有 K_{57}、K_{50}、K_{29}、K_{28}、K_{27}、K_{23}、K_{24}、K_{22}、K_{20}、K_{19} 等；大气降雨后，地面水流很快通过这些落水洞进入地下，坝区左岸最大的 I 号岩溶通道就发育其下。据勘探表明地下最大洞穴体积达 1 000 余立方米。杨家坪槽谷最大宽度达 50 余米，中间错船池恰横越该槽谷，错船池的底板高程 158m，比槽谷底高 5～10m。

水井湾干沟：该干沟沿水井湾小向斜轴线发育，主要地层有上峰尖组厚层斑纹灰岩及泥灰岩与灰岩互层，沟宽 30～50m，沟底高程 110～210m；上引航道横越该沟，通过段的沟底高程 160m，沟谷经过上峰尖组 $\in_2^{2-8}$ 段厚层斑纹灰岩区，地面岩溶特别发育，地面溶蚀率高达 40%，见图 5-4-1。

两沟相距 230～340m，沟谷两侧及沟谷间大都由侵蚀剥蚀为主的浑圆状的地形展布组成。

(二)河流阶地区

低山丘陵区以北，则为较宽阔的清江阶地区。二级垂直升船机、下游引航道均布置在该地貌单元上。阶地主要为 I 级阶地，台面高程 88.3～92.5m，高出清江枯水位 10.5～14.5m。台面平坦，其形状顺水流方向两端窄，中间宽。最宽处 150m，阶地长 500 余米。

在阶地区共打 11 个钻孔，揭露的阶地堆积物厚 11.52(260 号孔)～24.00m(335 号孔)，详见表 5-4-1。阶地堆积物均为二元结构：上部为壤土、粉砂质壤土，厚 5.20～17.23m；下部为砂砾石，厚 2.57～15.85m，砂砾石层之上往往有一层厚 1m 左右的胶结砾石层，有时尖灭。但据导流洞出口冲刷暴露，胶结砾石层分布稳定，抗冲刷能力强，可以认为在阶地的前缘部位，胶结砾石层分布是稳定的。

表 5-4-1 I 级阶地堆积物钻孔揭露分布表

钻孔号	地面高程(m)	第四系						备注
		总厚度(m)	壤土层		卵石层			
			厚度(m)	底板高程(m)	厚度(m)	顶板高程(m)	底板高程(m)	
287	94.03	19.70	13.30	80.73	6.40	80.73	74.33	
288	93.40	21.62	9.6	83.80	12.02	83.80	71.78	
340	89.37	18.80	6.88	82.49	11.92	82.49	70.57	
339	91.22	15.58	10.22	81.00	5.36	81.00	75.64	
289	93.38	22.45	10.90	82.48	11.55	82.48	70.93	
335	92.91	24.00	10.00	82.91	14.00	82.91	68.91	
266	94.21	20.95	13.00	81.21	7.95	81.21	73.26	
342	95.87	19.80	17.23	78.64	2.57	78.64	76.07	
207	92.17	20.70	7.50	84.67	13.20	84.67	71.47	
334	90.80	21.05	5.20	85.60	15.85	85.60	69.75	
260	86.58	11.52	6.10	80.48	5.42	80.48	75.06	

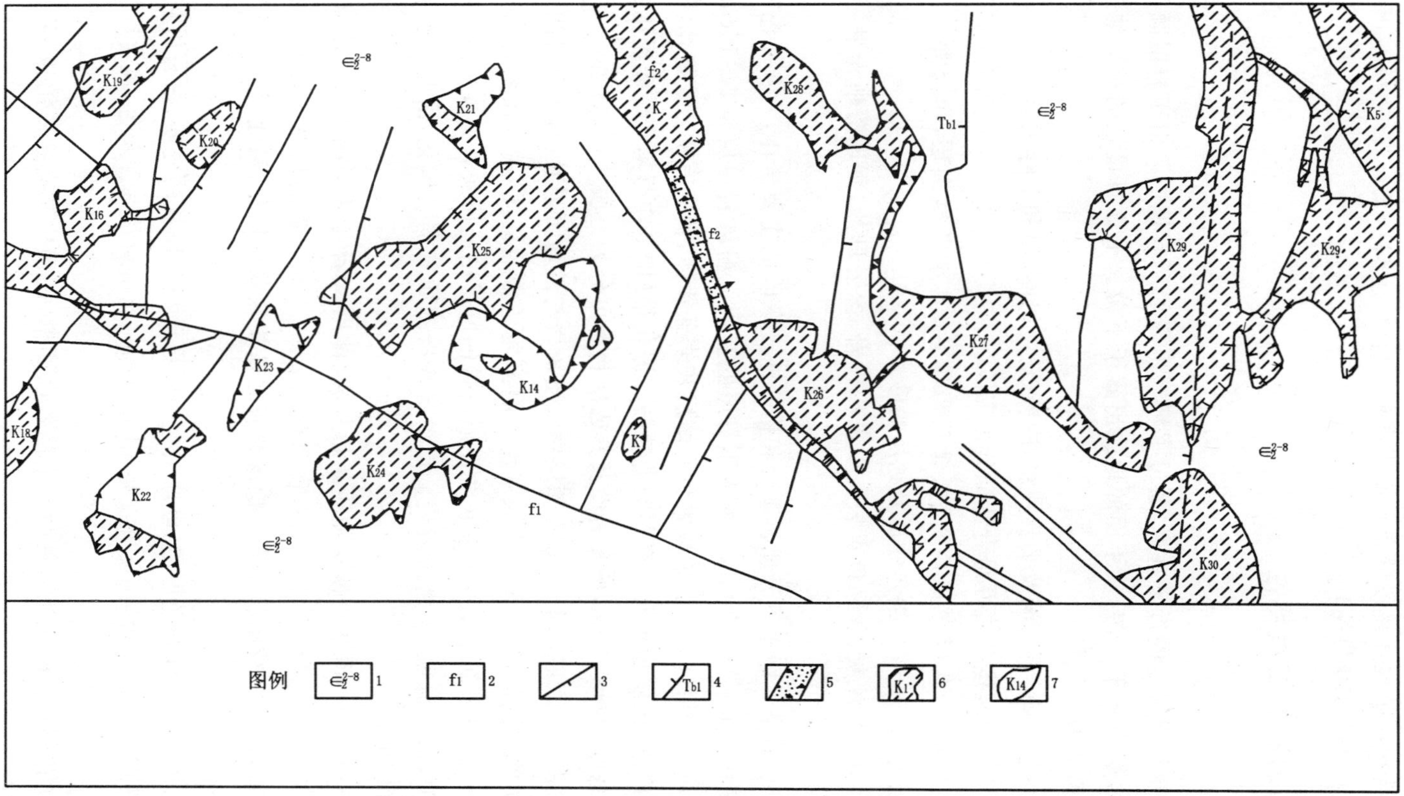

图 5-4-1　左岸低缆平台$\in_2^{2-8}$ 地层强烈溶蚀风化实测图

1. 上峰尖组第八层；2. 小型断层；3. 裂隙；4. 层面裂隙；5. 断层角砾岩；6. 充填黏土的溶洞及编号；7. 无充填溶洞及编号

上述两个主要地貌单元之间，由自然陡崖相接，陡崖高差一般为 80m 左右。该陡崖上部为石龙洞组灰岩，下部为石牌组页岩。导流隧洞出口开挖过程中，由于不适当的施工与设计，导致该自然边坡全部解体。升船机的中间锚船的地下段将要跨越该边坡段，形势严峻必须很好处理。自然陡崖的坡角与阶地连接段分布有崩积堆积层(col－dlQ)，主要为碎石块和黏土，厚 5.08(189 号孔)～17.1m(210 号孔)。

二、基础地质与岩石的工程特性

1. 地层岩性

升船机顺江布置并与岩层走向近于垂直，通过了坝区出露的所有地层。由于岩层倾向上游，所以较上位置的岩层出露于上游，较下面的地层出露于下游。下面自最老的一层地层开始，概要地描述各组、段的地层单元。

寒武系下统($\in_1$)：分石牌、石龙洞及平善坝组；中统($\in_2$)：分红溪和上峰尖组。

石牌组($\in_1^2$)：总厚 209m，按其岩性组合特征分为三段。

下段($\in_1^{2-1}$)：厚 106m，为灰绿色砂质页岩，含云母细片，具杂色微细层，单层厚 0.2～0.25cm，顶部夹有两层厚 3～4cm 的褐色铁质及钙质粉砂岩。

中段($\in_1^{2-2}$)：厚 45m，为深灰、灰绿色页岩夹少量粉砂岩，含云母片，页理清晰光滑，风化后呈淡黄褐黄碎片。

上段($\in_1^{2-3}$)：厚 58m，是二级垂直升船机基础和错船池支墩段的主要岩体，为灰绿色粉砂岩夹页岩，两者的厚度比为 6∶1～12∶1，可视为不等厚的互层。粉砂岩单层厚 2～15cm，页岩单层厚 0.5～2cm，最宽不超过 5cm。该段常见有薄层灰岩透镜体，偶夹有灰岩疙瘩体，沿页岩层面多有层间错动痕迹，该层顶板有一个层间剪切破碎泥化带(即 201 号剪切破碎泥化带)。

石龙洞组($\in_1^3$)：总厚 160～175m，按其岩性及其成层状态可分为三段。

下段($\in_1^{3-1}$)：厚 68～70m，底部 4～6m 为薄层白云质灰岩与砂质页岩互层，多具层间错动面(为广义 201 号剪切破碎泥化带)。下部为深灰色薄层泥质条带的硅质、白云质灰岩间夹薄层鲕状灰岩，厚 30 余米。中上部主要为深灰色含泥质条带的厚层白云质灰岩夹少量细粒鲕状灰岩。顶部有 0.4～0.7m 的砾状、疙瘩状灰岩。疙瘩状灰岩基质软弱易风化，沿此层多有层间错动迹象(301 号剪切带)。

中段($\in_1^{3-2}$)：厚 38～45m，深灰色薄层泥质条带灰岩、薄层灰岩与薄层泥灰岩互层状，灰岩单层厚度 2～5cm，泥灰岩单层厚 0.1～3cm，顶部有 0.2～2.2m 的疙瘩状泥灰岩或疙瘩状泥灰岩夹薄层泥质条带灰岩、细粒鲕状灰岩。疙瘩状灰岩基质软弱易风化，沿此层多有层间错动(302 号剪切带)。

上段($\in_1^{3-3}$)：厚 52～60m，深灰色厚层，巨厚层夹中厚层含泥质斑纹的硅质、白云质灰岩，岩性较单一，下部偶夹细粒鲕状灰岩，泥质斑纹略显顺层分布，新鲜斑纹为深灰色，风化后呈紫褐色。

本组沉积有暂短的沉积间断，顶面有凹凸不平的侵蚀凹槽，凹槽中常有铁质结核、黄铁矿晶体及页岩透镜体分布。

平善坝组($\in_1^4$)：一般厚 38～44m，为灰岩与页岩互层，假整合于石龙洞组灰岩之上，分为以下六段。

一段($\in_1^{4-1}$):厚2～4.5m,灰绿色、黄绿色板状砂质页岩及细砂岩,含薄层灰岩透镜体。所以全层剪切破坏严重,又称401号剪切破碎泥化带。

二段($\in_1^{4-2}$):厚3～7m,深灰色厚层粗粒鲕状灰岩,含橙黄色泥质条带,上部为含泥质条带的致密灰岩。

三段($\in_1^{4-3}$):厚5～7m,灰绿色页岩,含少量砂质,云母细片及黄铁矿晶体,局部显杂色微细层,风化后呈黄绿色碎片,沿该段顶或底常遭受剪切破坏,称为403号剪切破碎泥化带。

四段($\in_1^{4-4}$):厚4.5～7m,深灰色薄层泥质条带灰岩,泥质条带单层厚0.2～2.5cm,薄层致密灰岩单层厚1～4cm,泥质条带有富集或集中的特点。泥灰质集中时,具瘤状构造,强度低,易风化。两者(泥灰岩与薄层灰岩)累计厚度比约3∶2～3∶1,该层含少量黄铁矿晶体。

五段($\in_1^{4-5}$):厚5～8m,灰绿色钙质页岩,含少量灰岩疙瘩体,顶底常遭受剪切破坏,又称为405号剪切破碎泥化带。

六段($\in_1^{4-6}$):厚16～18m,灰色、深灰色薄层泥质条带灰岩含黄铁矿晶体,底部较为集中。泥灰岩条带单层厚度0.4～1.5cm,灰岩单层厚度1～4cm,顶部0.15～0.6m,为疙瘩状泥灰岩,质地软弱,多沿此层发生层间剪切破坏,又称406号层间剪切破碎带。此外,还应特别指出的是,该层中的薄层泥灰岩条带也常发生剪切破坏,构成本层中的弱面。

中统($\in_2^1$)红溪灰岩:厚60～70m,分三段。

一段($\in_2^{1-1}$):厚12～15m,深灰色厚层斑纹状硅质,白云质灰岩,呈致密-晶体结构,顶部有一层厚约0.2～0.4m细粒鲕状灰岩,单层0.4～1m,局部0.2～0.3m,层面稳定。该层底部上1～2m,中部7～8m处厚5～15cm的泥质条带集中带,并常见有局部沿其发生剪切破坏迹象。

二段($\in_2^{1-2}$):22～28m,下部5～6m为深灰色厚层具斑纹的微晶白云质灰岩,其上为深灰色薄层板状硅质灰岩。单层厚一般1～6cm,厚者10余厘米,层理发育,层面平直,多有紫红色铁、泥质薄膜,层间结合稍弱。

三段($\in_2^{1-3}$):厚23m,深灰色中厚层及厚层微-细晶硅质白云岩和白云质灰岩。

寒武纪中世,在本区曾有过海底冲刷,形成了一个规模较大的"海底沟槽"。据坝址左岸191号～128号孔勘探剖面和9号平洞揭示,海沟的深度约150～200m,宽100～200余米,"海沟"的沟底达到石龙洞组下段的顶部,见图5-4-2。当时,在海沟范围内红溪灰岩、平善坝组页岩与石龙洞组中、上段已全部被冲刷。嗣后,"海沟"接受了相当于上峰尖组下部岩层位的沉积。由于这一古地理环境的变化,沟内所沉积的泥质灰岩与上峰尖组成为一个整体,这一古海沟的北坡界线将在上航道的内坡壁面上出露。

上峰尖组($\in_2^2$):坝区可见,厚200m左右,下部以泥灰岩为主。

下段($\in_2^{2-(1+7)}$):厚80～90m。为泥灰岩、页状泥灰岩、白云岩、砂质白云岩、灰岩等相互成层,见图5-4-3。根据实测资料,泥灰岩、页状泥灰岩厚36.7m,占此段总厚的41.4%;白云岩厚19.7m,占此段总厚度的22.5%;灰岩厚31.55m,占此段总厚的36%。此段岩层软弱单层薄,又成互层状,柔皱发育。

中段($\in_2^{2-8}$):厚30m左右,以斑纹灰岩为主。

上段($\in_2^{2-9}$):厚度大于50m,以白云岩为主夹泥灰岩。

2. 地质结构

升船机布置地段的主要地质构造形态、形迹有褶皱、断层、剪切带和裂隙等。

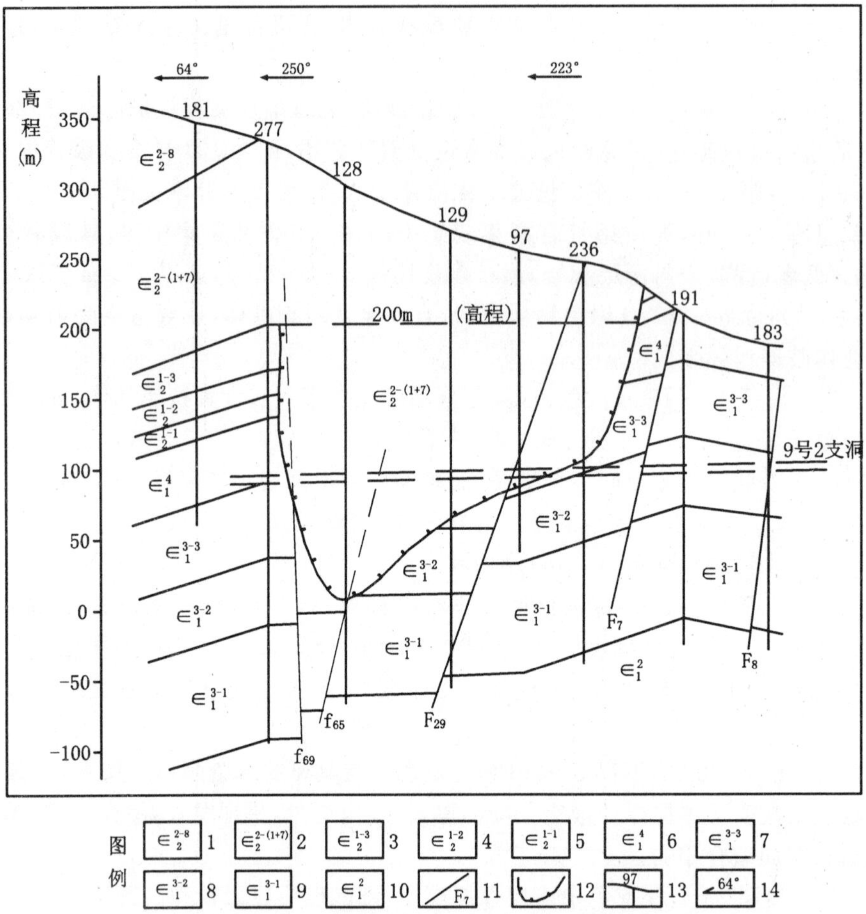

图 5-4-2 寒武纪下统上部发育的古海底冲沟

（坝址灰岩大量勘探证实的古海沟形态地质剖面图）

中寒武系上峰尖组：1. 斑纹灰岩；2. 泥质白云岩与泥灰岩，红溪灰岩；3. 深灰色中至厚层白云质灰岩；4. 深灰色薄层白云质灰岩；5. 斑纹灰岩；下寒武系平善坝组：6. 一、三、五层页岩，二、四、六层灰岩；石龙洞组：7. 斑纹灰岩；8. 薄层条带灰岩；9. 厚层灰岩夹薄层条带灰岩；10. 石牌组页岩；11. 断层及编号；12. 古海沟界线；13. 钻孔及编号；14. 剖面方向

(1)褶皱与岩层产状。

通航建筑物的轴线主体部分近南北向布置，经过的地质构造部位为一单斜构造并与岩层走向近于正交（交角 70°），岩层倾向上游。但是在上引航道进入上峰尖组地层分布区，次级褶皱发育，并伴有强烈的柔皱现象。其中主要的有一个小背斜和一个小向斜。背斜两翼产状分别为 166°∠18°；320°∠25°。向斜两翼产状分别为 320°∠25°；158°∠22°。F_{700} 逆掩断层上盘以泥灰岩夹灰岩为主的岩系，在推覆过程中，上盘岩系发生了强烈的柔皱现象。见图 5-4-4。上引航道下段以北的地段岩层产状恢复正常。岩层产状走向北东 70°，倾南东，倾角 25°～30°。

(2)断层。

升船机地段现已查出断层、裂隙性小断层 54 条，其性状见表 5-4-2。从表中可以看出，

地层代号	厚度 分段厚度(m)	厚度 分层厚度(m)	柱状 1:500	岩性	备注
$\in_2^{2-7}$	15.35	7.50		白云岩	有层间错动厚度偏小
		4.31		白云岩	
		2.14		白云岩	
		1.40		泥灰岩	
$\in_2^{2-6}$	22.35	1.45		灰质白云岩	
		1.00		砂质白云岩	
		6.10		含白云质灰岩	
		2.50		含白云质灰岩	
		3.20		厚层灰岩	
		1.50		砂质白云岩	
		3.50		厚层灰岩	
		3.10		致密灰岩	
$\in_2^{2-5}$	12.00	1.80		泥质白云岩	
		0.95		薄层泥灰岩	
		3.30		角砾状泥灰岩	
		1.10		砂质白云岩	
		3.45		薄层泥灰岩	
		1.40		叶片状泥灰岩	
$\in_2^{2-4}$	7.60	1.20		白云质灰岩	
		3.10		白云岩	
		0.80		白云质鲕状灰岩	
		0.80		含白云质灰岩	
		1.20		白云岩	
		0.50		斑纹灰岩	
$\in_2^{2-3}$	8.20	1.40		含白云质灰岩	
		2.00		角砾状泥灰岩	
		3.30		薄层泥灰岩	
		1.50		极薄层页片状泥灰岩	
$\in_2^{2-2}$	9.75	4.50		含白云质灰岩	
		0.30		薄层泥灰岩	
		3.15		含白云质灰岩	
		0.90		纯灰岩	
		0.90		泥灰岩	
$\in_2^{2-1}$	11.30	1.90		泥质白云质灰岩	红溪顶面有F_{27}断层经过地层厚度偏小
		0.35		薄层泥灰岩及页岩	
		1.20		泥质白云质灰岩	
		0.30		条带灰岩	
		1.40		薄层泥灰岩	
		4.85		砂质白云质灰岩	
		1.30		薄层泥灰岩含燧石	
纯灰岩厚31.55m占整个层厚度36.0%;泥灰岩厚36.30m占整个层厚度41.4%;白云岩厚19.70m占整个层厚度22.5%.					

图 5-4-3 上峰尖组$\in_2^{2-1}$—$\in_2^{2-7}$岩性柱状图

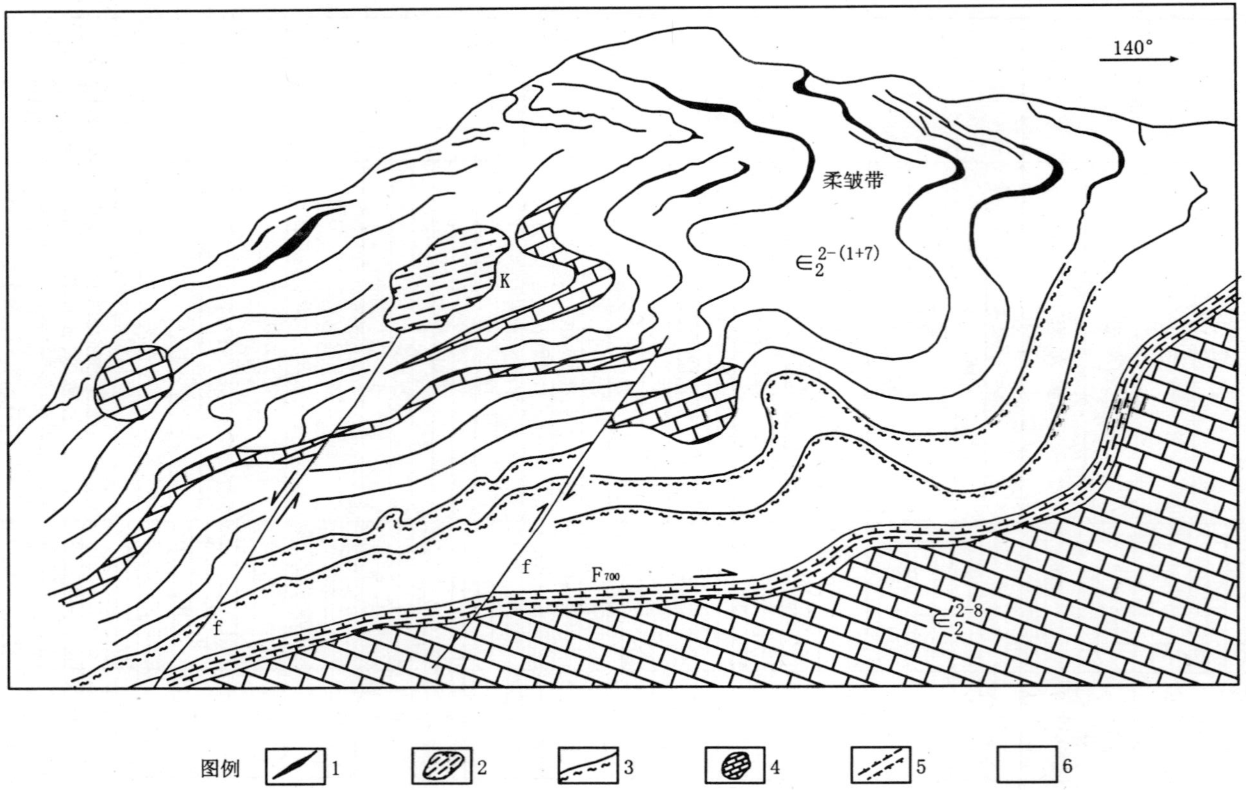

图 5-4-4　$\in_2^{2-(1+7)}$ 层中的层状风化素描示意图

1.顺层溶蚀；2.黏土充填溶洞；3.泥化夹层；4.残留较新鲜岩带(或球)；5.叶腊石化带(逆掩断层)；6.不同程度风化岩

断层主要有两组：近东西向组和北东向组，并多以高倾角断层为主。破碎宽度一般0.1～2m，最宽5.5m。沿断层多有不同程度的溶蚀。其中规模较大或与建筑物或与边坡稳定有关的断层有F_{700}、F_{10}、F_{29}、F_{95}、F_{31}、F_{701}、f_{10}、f_{11}、f_{12}、f_2等十余条。除F_{10}断层直接位于二级垂直升船机墩基下，破坏了基础的完整性外，其余断层主要是对边坡稳定有重要影响。

表5-4-2　升船机地段主要断层性状统计表

位置	断层编号	产状			规模		基本性状	溶蚀程度	工程意义
		走向	倾向	倾角	带宽(m)	地层断距(m)			
上游引航道	f_2	65°	335°	30°～50°	0.2		断面溶蚀破碎，两侧岩石风化呈浅灰黄色	溶蚀呈沟槽，充填黏土及黄泥面宽1～3m	是Ⅰ号危岩体的主要切割与滑面
	f_3	320°	50°	83°	0.2～0.5		断面粗糙，见泥钙质胶结的角砾成分为细晶灰岩及泥灰岩碎片，带内充填黄泥	溶蚀充泥，宽达0.50m	是组成Ⅰ号危岩体的主要破碎断层
	f_{25}	310°	220°	85°	0.1～0.4		断面弯曲，上部断面为褐色，充填黄色黏土，下部泥灰岩挤压破碎，风化呈浅灰黄色		分布在上航道西坡壁面上的裂隙断层
	f_{26}	55°	325°	70°	0.1～0.3		断面较平直，角砾为泥钙质胶结，成分为细晶的灰岩及泥灰岩风化呈土状黄色，断面见水平擦痕，方解石充填呈赤褐色		
	f_9	305°	25°	78°	0.15		断面较平直，充填黏土及方解石脉，泥钙质胶结较好	带中有灰华物质	
	f_{13}	290°	200°	80°	0.2～0.4		断面波状，产状倾向不一，充填黏土断面见褐黄色泥钙质膜和方解石	发育有一溶洞上小下大，可见深度10m，无填充，壁面见黄泥	
	F_{29}	270°～280°	S～SW	70°～80°	0.5～5.5	7.0	显破裂岩带，走向稳定，倾向偶见由S转N，断面弯曲，多呈波状	普遍溶蚀呈沟槽，地面及深部溶蚀宽度达5.5m。深部也多发育成溶洞，是坝区处典型的导水断层	是Ⅱ、Ⅲ号危岩体的后缘切割面
	F_{47}	335°	SW	85°		0.7	裂隙性破裂带，断面凹凸不平，未见构造岩，仅层位见明显的小错位	溶蚀成宽1～2m的沟槽	

续表 5-4-2

位置	断层编号	产状			规模		基本性状	溶蚀程度	工程意义
		走向	倾向	倾角	带宽(m)	地层断距(m)			
上游引航道	F_{700}	NW	SW	30°～40°	1～2	>10	是坝区发育相对较大的逆掩断层，发育在上峰尖组$\in_2^{2-(1+7)}$段中，没有明显的碎裂岩断层物质，下盘地层以灰岩为主；上盘地层以泥灰岩为主并发生强烈柔皱。沿断层带两者弥合十分完好。沿断层带泥灰岩有极典型的叶腊石化现象		上盘地层已全部呈不同程度的风化状态，对上航道边坡稳定有重要影响
	F_{84}	273°～290°	NE	65°～80°	0.2～0.3		断层产状不稳，浅灰色角砾胶结坚硬，其棱角明显，砾径一般2mm		
	F_{90}	290°	NE	80°～85°	0.1～0.7	0.87～1.10	断层被黏土碎石充填，仅见少量方解石	沿断层线溶蚀成宽0.5～1.0m沟槽	
	F_{97}	295°～315°	SW	75°～87°	0.3～1.2		角砾岩为方解石白云质矽质胶结	有溶蚀风化现象	
	F_{141}	330°	SW	63°～72°					
	F_{147}	55°	NW	85°	4～5	0.7～1.0	断面弯曲，方解石胶结的角砾岩	沿线溶蚀成沟	
	F_{612}	295°	NE	53°	0.4～0.8		断面清晰，角砾岩胶结良好		
	F_{145}	295°	SW	60°～76°	1～2.5	60	地表呈槽状，宽10～15m，两盘岩层陡立，片理柔皱发育，构造岩为角砾岩和糜棱岩，角砾成分为灰岩及泥灰岩，砾径1～3cm，呈棱角状，泥钙质胶结较好，地层重复具逆性	地表呈槽状溶蚀	
	F_{77}	350°～360°	SW	75°	2.0	1.0	泥灰质胶结的角砾岩		
	F_9	360°	E	85°		1.5～4	沿断层覆盖严重，未见断层面及构造岩性状	地面溶蚀严重	
	F_{611}	70°	NW	50°	20	0.4			

续表 5-4-2

位置	断层编号	产状			规模		基本性状	溶蚀程度	工程意义
		走向	倾向	倾角	带宽(m)	地层断距(m)			
上游引航道	F_{95}	290°	SW	62°～67°	0.4～1.5		呈破碎带形式展布，沿走向宽度变化大，时宽时窄。可见砾岩及构造块状岩，成分为上峰尖组下段岩性。角砾大小不均，大者5cm以上，小者不足1cm，以后者为多，方解石胶结较好	可见溶蚀充泥，宽10～20cm，沿断层向深部成溶隙性溶蚀可达10～20m	是组成Ⅲ号危岩体的主要破碎断层
上游引航道	f_{14}	270°	N	75°～80°	0.1		面波状，断层带为黄泥及泥钙质和方解石胶结的次棱角状角砾，角砾为灰岩，断层两侧风化宽度为10～25cm，为浅灰黄色		
上游引航道	f_{16}	290°	20°	60°			面弯曲，呈褐色，部分充泥	沿面溶洞呈串珠状，最大0.2m×0.3m，部分充泥	
上游引航道	f_{17}	290°	20°	75°	0.5		断面平直，发育有溶洞	溶洞呈串珠状，充填黄色黏土，最大1.0m	
上游引航道	f_{15}	315°	45°	70°～80°					
上游引航道	f_{18}	290°	20°	68°	0.03～0.07	0.3	面弯曲，带内充填黄色黏土，面见褐黄色泥钙质，两侧岩石风化呈浅灰黄色		
上游引航道	f_{19}	300°	30°	68°	0.3～0.4		面弯曲，充填黄色黏土，页岩中两侧岩石风化呈浅灰黄色，发育在页岩中		
上游引航道	f_{20}	294°	24°	64°	0.1		面弯曲，充填黄泥	$\in_1^{4-6}$ 地层中见0.3m×0.6m的溶洞	
上游引航道	f_{21}	305°	35°	60°～78°	0.1～0.2	0.2	面弯曲，见褐黄色泥钙质，带内充填黄泥，两侧岩石破碎，局部见页岩挤压呈鳞片状		
上游引航道	f_{22}	290°～300°	NE	60°～72°	0.03～0.07	0.3	面波状，见褐黄色泥钙质和方解石，局部见水平擦痕。角砾为灰岩、页岩碎块，呈次棱角状，部分黄色泥钙质胶结		

续表 5-4-2

位置	断层编号	产状			规模		基本性状	溶蚀程度	工程意义
		走向	倾向	倾角	带宽(m)	地层断距(m)			
上游引航道	f_{23}	322°	NE	65°	0.02～0.07		面平直，见褐黄色泥膜，带内充填黄泥		
	f_{24}	320°	NE	52°	0.1～0.15	0.2	面见褐黄色泥钙质，两侧岩石破碎，带内充填黄泥，两侧局部风化呈浅灰黄色		
	F_8	360°	W	75°～80°		2～10	面弯曲不平，见铁钙质胶结的角砾岩，胶结紧密坚硬	沿线冲溶宽1m左右沟槽，宽40cm的黏土充填，沿带发育有大溶洞	
	F_{40}	360°～15°	W—NW	65°～75°	0.02～0.1	0.3～1.0	为一裂隙性正断层，走向不稳定，从南至北，由10°转为15°，又转为360°，且断距加大，面弯曲呈波状，溶蚀成宽0.2m～1m的沟。沟内充填黏土及碎块	南端较北端溶蚀强烈，南段溶槽宽为2～3m，而北段溶槽宽仅为0.2～0.5m	
	F_{112}	275°	NE	73°～75°	0.1～0.5	2～3	岩层见牵引现象，上盘呈向斜，面附近方解石充填的微裂隙发育，构造岩不明显	溶蚀成沟，充填黏土	
	F_{100}	50°～70°	NW	67°～76°	0.1～1.0	1.2～1.7	构造岩不明显	沿断层线溶蚀成宽0.4～1.0m的沟槽	
	F_{53}	45°～50°	SE	60°～69°	0.7～1.0	2.7	沿断层线溶蚀，充填黏土及碎块，SW段较NE段强烈	溶蚀成宽0.7～1.0m的沟槽和宽0.03～2m的张开裂隙	
	F_{181}	80°	NW	86°			断层面呈弧形	有溶蚀现象	
	F_{37}	20°～25°	NW	70°～75°	0.5	1.0	面不平，可见290° NE∠55°方向的裂隙切过破碎带，呈顺扭，向北东延伸，断距变小	溶蚀成宽0.5～1.2m的沟槽，充填黏土及块石	
	F_{38}	10°～20°	NW	50°～75°		1.2	延伸到南端呈一裂隙状	溶蚀成宽0.5m的沟槽，充填黏土及岩屑	
	F_{39}	5°	NW	88°		1.2	为一裂隙性正断层，宽2mm左右	溶蚀成宽0.2～0.5m的沟槽，充填黏土及碎块	
	F_{213}	280°	NE	65°			断面弯曲，角砾岩带宽1m左右，胶结良好，受附近其他断层影响，两侧岩层普遍受到牵引	具溶蚀现象	

续表 5-4-2

位置	断层编号	产状			规模		基本性状	溶蚀程度	工程意义
		走向	倾向	倾角	带宽(m)	地层断距(m)			
一级升船机	F_{63}	65°～70°	NW	50°～70°	0.1	2.1	面不甚清楚，破碎带宽 0.1m	溶蚀成槽，有土及碎块石充填	
	F_{54}	70°～80°	NW	70°～75°	1.1	1.2	断层带主要为块状构造岩，次为方解石胶结的角砾岩	沿线大都溶蚀成沟，呈宽 0.1～0.8m 的溶缝	
	F_{41}	55°～70°	NW	60°～70°	0.03～0.25	1.5	断层线直，面不平，局部厚约 3cm 方解石胶结	溶蚀成宽 0.5～0.8m 的沟，充填黏土	
	F_{31}	280°～295°	NE	65°～80°		1.2～3.0	角砾多被溶蚀，局部地段可见平行断面的裂隙发育。该断层接近西端走向有所转折，产状走向 70°，倾向 NW，倾角 70°	断面多被溶蚀，顺其走向溶蚀成 0.5～1.0m 的沟槽，最窄也有 0.1～0.2m，沟内充满黏土及碎块石。在坝基下 94m 高程处，沿其发育有大洞穴	在 27 坝块的前缘，坝基下可以挖除，向深部延入坝基下
中间错船池	f_{11}	320°	NE	80°	0.5		显溶缝，充填黏土夹碎石		
	f_{10}	280°	SW～NE	83°	1.0		显溶缝，充填黏土夹碎石，西延成裂隙状	溶蚀成沟槽，因岩体边坡随其变形进一步拉开 1～2m	f_{10}、f_{11}、f_{12} 围限的规模较大的不稳定坡体
	f_{12}	25°	NW	80°	0.6		显溶缝，充填黏土夹碎石		
	f_4	355°	SW～NE	80°	1.04		充填黏土夹碎石，面波状或变弯曲成弧形	溶蚀成沟槽	
	T_{23}	320°	SW	80°	0.5～1.0		充填黏土夹碎石，有时断面呈梯坎状	溶蚀成沟槽	
	F_{45}	340°	SW	63°	0.2	3.2	局部见泥钙质胶结的角砾岩		
二级开船机	F_{10}	355°	SW	65°～70°	0.3～4.0	6～32	F_{10} 进入石牌组页岩，以碎裂及高片理化为其主要破坏方式		是坝区主要断层之一，但在升船机地段断层已完全进入石牌页岩中，是二级垂直升船机墩基下的主要断层，工程地质意义重大
晒鼓坪古滑坡	F_{701}						推断的埋藏断层		与晒鼓坪古滑坡的形成可能有密切关系
	F_{425}	300°	NE	70°		10～30	长度大于 260m，延伸较直，多呈沟槽及断壁出现，构造迹象十分明显		

此外，二级升船机及下引航道地段被一级阶地所覆盖，通过15个钻孔揭示，在石牌页岩中遇破碎带69次，一般钻孔岩心揭示破碎带的厚度3～5cm，最厚10～50cm。破劈理密集成片状破碎，并多泥膜。由此可见，下游引航道及二级垂直升船机基础下小型断裂是很发育的。

(3)剪切带。

剪切带是升船机地段的另一重要构造形迹。剪切破坏程度及其出现的频率与岩组条件密切相关。在灰岩与页岩的界面处，剪切破坏极为明显。出现在连续稳定的层间剪切破碎泥化带，性状最差，灰岩中多沿软弱的薄层发生，多见于石龙洞组灰岩第二段($\in_1^{3-2}$)中的泥灰岩条带，一般延伸不长，多为一滑面，断续有泥软化现象，是深部泥灰岩条带多易风化的主要原因。石龙洞组灰岩第一段($\in_1^{3-1}$)和第二段($\in_1^{3-2}$)顶部均有一层厚数十厘米疙瘩状泥灰岩，层位稳定，性质相对软弱，在构造变动中，常沿其发生层间错动，是石龙洞组灰岩中分布较稳定的层间剪切面。在页岩中，多沿泥质页岩产生层间滑动，以石牌页岩中的密度最大，密者0.2～0.5m一条，剪切面上附有1～2mm的白色塑性泥。

发育主要剪切带有201号、301号、302号、401号、403号、405号、406号共七层。

1)201号层间剪切破碎泥化带。发生在石牌组页岩与石龙洞组灰岩的接触界面处。左岸7号平洞揭露由一系列密集发育的层间剪切面组成，最密处15～25条/m，并伴生小的逆冲面及劈理带。错动面普遍夹白色软泥，厚1～5mm，有滑感，可沿临空面塑性流出。整个构造泥化带厚4～6m(相当于天河板组薄层灰岩与页岩互层岩组)，在宏观上形成一个较连续的剪切破碎泥化带，见图5-4-5。

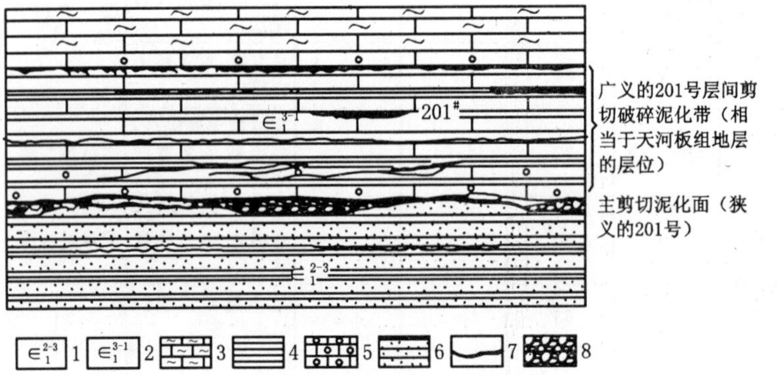

图5-4-5　14号平洞201号层间剪切破碎泥化带素描图

1.石牌组粉砂岩与页岩互层；2.石龙洞组灰岩；3.灰岩及泥质条带灰岩；4.页岩；5.鲕状灰岩；6.粉砂岩；7.塑性泥软化带；8.劈理带

2)301号层间剪切错动面。发生在石龙洞组灰岩下段($\in_1^{3-1}$)顶部的疙瘩状泥灰岩层中。错动面平直，有黄色糜棱岩，遇水易泥化，沿错动面有方解石充填，错动面上下劈理较发育，但据平洞在深部揭露(如10号平洞主洞掌子面处及1、3号下支洞)一般性状较好，沿错动面而无明显变异。但与断面相交后，错动处的疙瘩状泥岩的性状显著变坏，呈黄色，较破碎，还可以见到泥软化现象。总的来看，连续性较差，深部仅在断层面两侧性状才有变异。见图5-4-6。

结合地面露头调查及大量的勘探成果，根据301号层间错动面的剪切破坏程度、风化状态、有无泥化等综合因素，将其分为三个亚类。

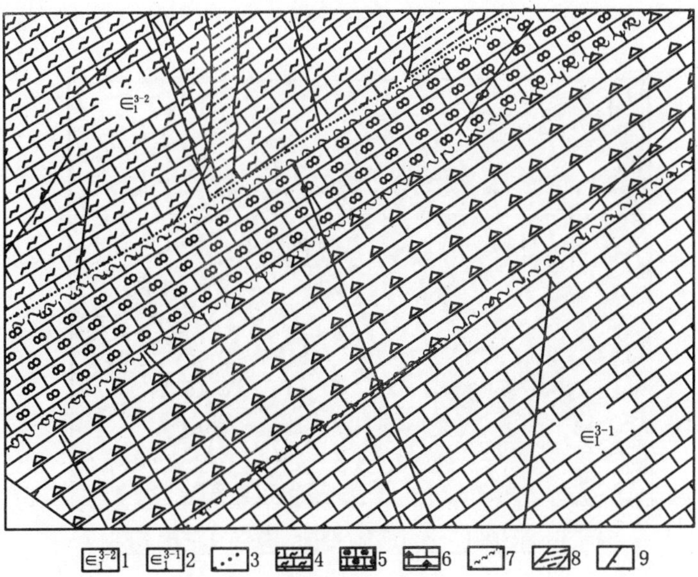

图 5-4-6　升船机中间锚船池壁面 301 号层间错动面素描图

1. 石龙洞组第二层；2. 石龙洞组第一层；3. 地层分界线；4. 薄层条带灰岩；5. 疙瘩状泥灰岩；6. 灰岩及角砾状灰岩；7. 顺层溶蚀充泥；8. 溶洞内充填的黄土；9. 裂隙及其倾向

Ⅰ类：剪切破坏严重，并形成在一定范围内的连续平直的主剪切面，沿此面普通泥化（泥厚几毫米至几厘米）。

Ⅱ类：剪切破坏明显，夹层显风化状尚未形成具有一定范围的连续的平直光滑主剪切面，但剪切裂隙已首尾相接，剪切面上普遍有泥化，泥厚数毫米至泥膜。

Ⅲ类：剪切破坏轻微，宏观上剪裂隙不连接，剪裂隙面上有泥膜，仅仅应在比未受构造破坏的原岩夹层在抗剪强度上有所降低。

3）302 号层间剪切错动面。发生在石龙洞组灰岩中段（$\in_1^{3-2}$）顶部的疙瘩状泥灰岩中。在地面大部分沿其风化成凹槽状。左岸大 2 孔孔深 15.05～15.60m 揭露疙瘩状泥灰岩的底部有剪切破坏的角砾岩。又据 15 号平洞揭示，在断层两侧性状也有变异，见图 5-4-7。

结合地面露头调查及大量的勘探成果，根据 302 号层间错动面的剪切破坏程度、风化特征有无泥化和溶蚀状态等因素，将其分为三个亚类。

Ⅰ类：剪切破坏明显，夹层显风化状，尚未形成具有一定范围连续的平直光滑的主剪面，但剪裂隙已首尾相接，剪裂面上普遍有泥化（泥厚数毫米至泥膜）。

Ⅱ类：剪切破坏轻微，宏观上剪裂隙不连接，剪裂面有泥膜，仅反映在抗剪强度比未受破坏的原岩夹层有所降低。

Ⅲ类：沿夹层普遍溶蚀，其溶蚀洞厚度一般 0.1～2.65m。

4）401 号层间剪切破碎泥化带。发生在平善坝第一段（$\in_1^{4-1}$）页岩中。据左岸 11 号、右岸 18 号平洞揭示分布稳定，性状差，由一系列的层间剪切面组成，尤以顶底面为严重。在厚 2～3m 的页岩中共见 6～8 条泥化面，单层破碎泥化带厚 0.5～2.6cm，局部灰白色塑性泥厚可达 4～5cm，见图 5-4-8。

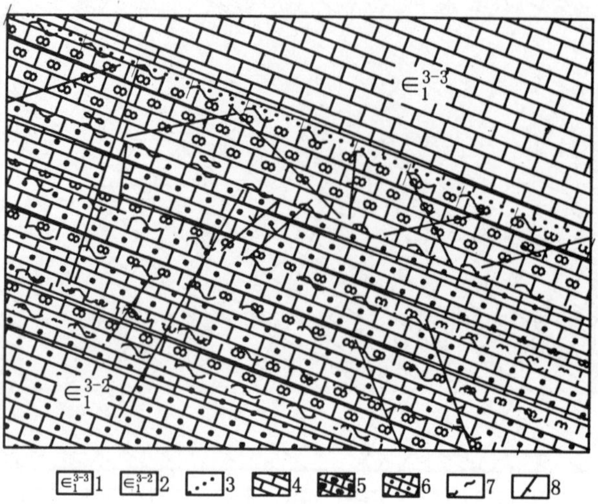

图 5-4-7　15 号平洞 302 号层间错动面实测图

1. 石龙洞组第三层；2. 石龙洞组第二层；3. 地层分界线；4. 灰岩；5. 疙瘩状灰岩；6. 鲕状灰岩；7. 顺层溶蚀充泥；8. 裂隙

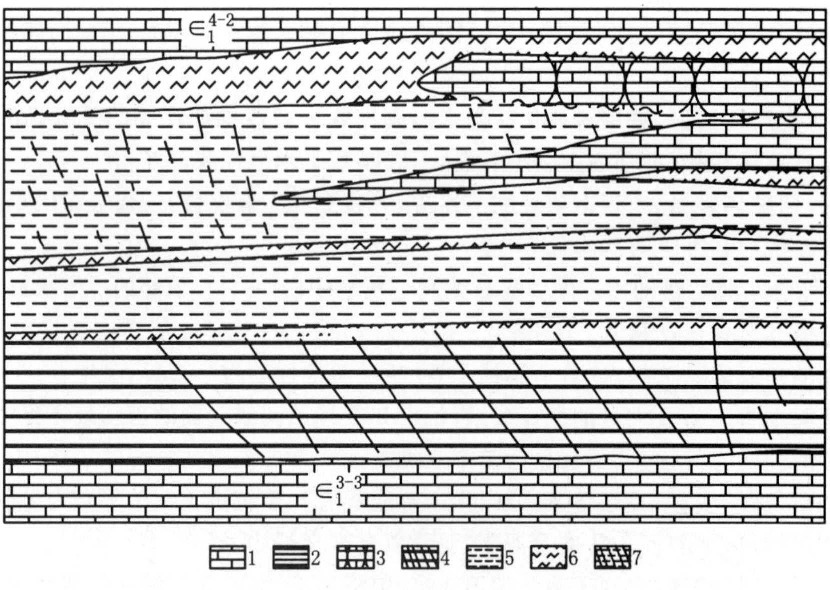

图 5-4-8　11 号平洞 3 号试验支洞 401 号层间错动面素描图

1. 深灰色薄层灰岩；2. 页岩；3. 灰岩挤压成香肠状；4. 页岩挤压呈菱块状；5. 页岩挤压呈云片状；6. 泥化带；7. 裂隙密集带

5)403 号层间剪切破碎泥化带。发生在平善坝组第三段($\in_1^{4-3}$)页岩中。左岸大坝重力墩开挖揭示，该层页岩厚 3.4～6m，顶底部剪切破坏较为严重，上下各有 2～3 个剪切面，沿剪切面已泥软化。泥化最厚 3cm，并在泥化光面底部见有挤压鳞片状碎裂现象，见图 5-4-9。

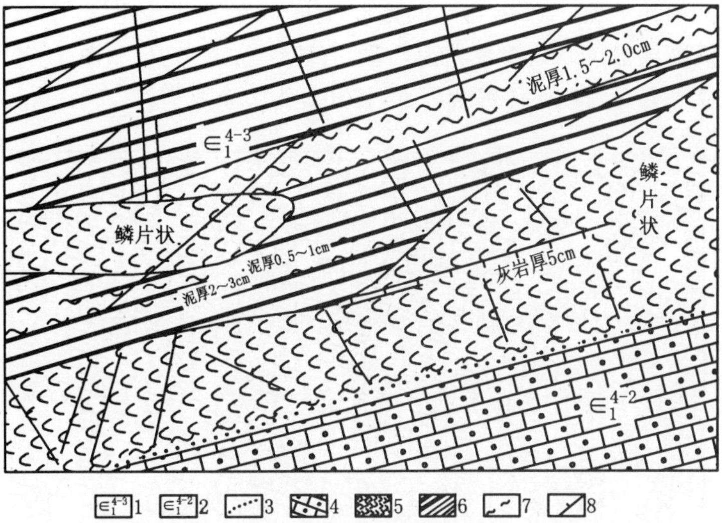

图 5-4-9　一级升船机壁面 403 号层间错动面实测图

1. 平善坝组第三层；2. 平善坝组第二层；3. 地层分界线；4. 粗粒鲕状灰岩；5. 页岩挤压呈鳞片状；6. 页岩；7. 顺层溶蚀充泥；8. 裂隙及其倾向

6)405 号层间剪切破碎泥化带。发生在平善坝组第五段($\in_1^{4-5}$)页岩中。页岩厚 4.25～7.5m，最厚 10m。据 11 号平洞和左岸大坝重力墩基础开挖揭示，该层常出现多个剪切破裂面并显泥膜。沿该层页岩顶部常出现一个连续稳定的剪切破裂面，并具泥化或泥化光面，泥厚 1～2cm。中部常出现一些断续泥化面，见图 5-4-10。

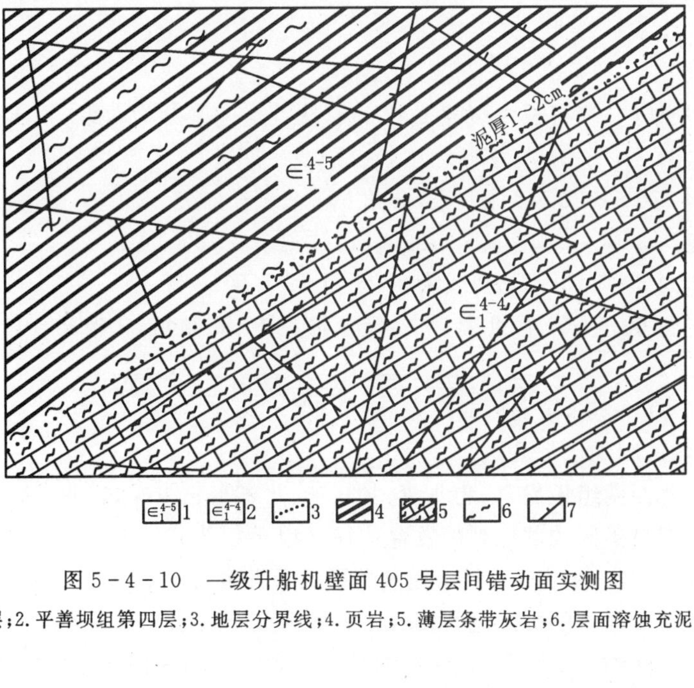

图 5-4-10　一级升船机壁面 405 号层间错动面实测图

1. 平善坝组第五层；2. 平善坝组第四层；3. 地层分界线；4. 页岩；5. 薄层条带灰岩；6. 层面溶蚀充泥；7. 裂隙及其倾向

7)406 号层间剪切带。发生在平善坝第六段($\in_1^{4-6}$)薄层条带灰岩顶部的 0.15～0.6m 的疙瘩状泥灰岩中。两岸上坝公路 18 号平洞揭示,该剪切带分布稳定,其中可见不连续的层间挤压面在近地表及断层部位风化溶蚀较为严重,有溶蚀黏土充填,见图 5-4-11。根据剪切破坏程度及风化状态有无泥软化等综合因素,将其分为 2 个亚类。

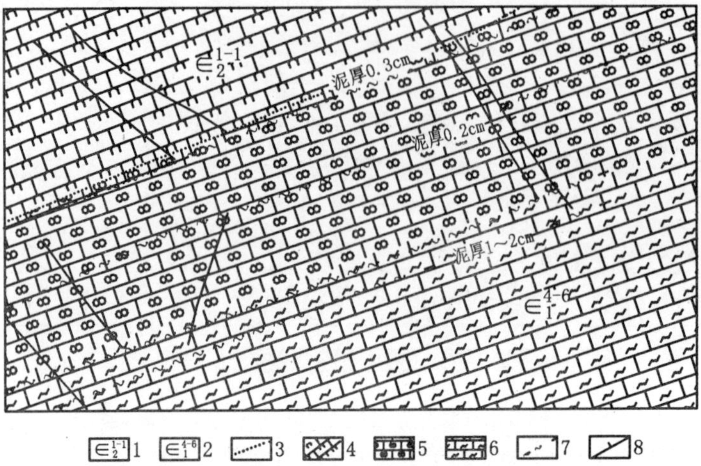

图 5-4-11　一级升船机壁面 406 号层间错动面实测图

1. 红溪组第一层;2. 平善坝组第六层;3. 地层分界线;4. 白云质斑纹灰岩;5. 疙瘩状泥灰岩;6. 条带灰岩;7. 顺层溶蚀充泥;8. 裂隙及倾向

Ⅰ类:剪切破坏严重,并形成一定范围内较连续的主剪切面,一般沿此面有 3～5mm 的泥化物,有时还见有方解石膜。

Ⅱ类:剪切破坏轻微,无主剪面或呈网纹状,仅岩体有破裂痕迹及风化现象,夹层抗剪强度有所降低。

(4)裂隙。

勘察期间在坝址区,测得长大裂隙 1 522 条,按其走向又分为六组。

北西西组:走向 280°～300°,多倾北东,倾角 62°～80°;

北西组:走向 310°～320°,多倾北东,倾角 60°～80°;

北北西组:走向 330°～350°,倾北东或南西,倾角 60°～80°;

北北东组:走向 5°～20°,倾北西或南东,倾角 60°～80°;

北东东组:走向 60°～80°,倾北西为主,倾角可见中、高倾角(中倾角 40°～50°,高倾角 70°～80°);

北东组:走向 40°～50°,倾北西或南东,倾角 60°～80°。

以上各组裂隙可归纳以下几点。

1)以北西西、北西两组最发育,北北西、北北东、北东东三组次之,北东组相对较少,这是总的裂隙发育状态,但在不同的部位裂隙发育往往又以某组为主。其中,高倾角裂隙最发育,占 83.3%,中等倾角裂隙次之,占 15.6%,缓倾角裂隙不发育,占 1.1%。

2)新鲜状态下,灰岩中的裂隙绝大多数为方解石充填,性状好;页岩中的裂隙多为闭合状,部分有泥膜(构造岩产物)。处于风化带中的灰岩裂隙大多因风化溶蚀,形成溶洞溶槽,其最大深度可达30～40m，一般8～10m。

3)页岩区裂隙密集。岩体块度变小，一般块体平面尺寸0.1m×0.1m，灰岩区裂隙相对稀疏，一般块体平面尺寸0.3m×0.6m。

4)上峰尖组泥灰岩，裂隙发育相对较少。不同岩性裂隙发育强度次序(由强变弱)，页岩→灰岩→泥灰岩。

5)左岸不同高程的平洞内，测得裂隙3 880条，以北西西组、北西组最发育。

此外，需特别指出的是，在晒鼓坪古滑体上游，花溪沟口一带，即花溪沟倒转小向斜的陡立岩层带中，在石龙洞组灰岩中见四组有较多的缓倾角裂隙。

NNE组：走向0°～34°，倾向NW为主，倾角10°～34°，此组有一条(走向0°⅄90°∠16°)长20余米。

NE组：走向40°～45°⅄NW～SE∠8°～30°。

近E～W组：走向280°⅄190°∠30°，见长20余米的一条呈舒缓波状。

NNW组：走向350°⅄80°∠8°～20°，长5m～20余米。

这些缓倾角裂隙一般长数米，有的较长大，达20余米。一般裂面无夹附物，只局部见有风化薄膜和方解石物质充填，面有擦痕，呈舒缓波状，性状较好。在这里强调这一点，对进一步认识晒鼓坪古滑坡形成的地质条件可能是有益处的。

(三)岩溶及水文地质

升船机远离岸边顺河分布，通过了左岸经多年勘探与水文地质研究所确定的7个岩溶通道，Ⅰ、Ⅲ、Ⅴ、Ⅶ、Ⅸ、Ⅺ、Ⅻ。其中Ⅰ、Ⅲ、Ⅸ、Ⅺ四个通道发育在石龙洞组灰岩中，Ⅴ、Ⅶ两个通道是发育在上峰尖组地层中，Ⅻ通道发育在红溪灰岩中。

Ⅴ、Ⅺ、Ⅻ三个通道均处于库内，规模也小，无重要意义。Ⅰ、Ⅲ、Ⅸ、Ⅺ四个通道均埋于航道底板以下较深，也无重要工程意义。

与通航建筑物关系密切的是地面的岩溶现象，其中以地面的溶沟、溶槽发育带即表层的强溶蚀风化带关系较密切。

表层溶沟、溶槽发育，因岩性条件不同而有明显差异。石龙洞组灰岩、红溪灰岩、上峰尖组第八段($\in_2^{2-8}$)灰岩为最发育。一般发育深度10～20m，最深可达30余米。

上峰尖组($\in_2^{2-(1+7)}$)段为泥灰岩夹灰岩或不等厚互层状，地面溶沟、溶槽相对发育较弱，深度也小，一般发育深5～10m。

红溪灰岩与上峰尖组地层，组成上引航道的岩体，溶沟、溶槽发育带大都形成两侧边坡顶部的岩体，对边坡的形成有不利影响，必须适当挖除或放缓边坡。

石龙洞组灰岩是中间错船池的主要基础岩体，溶沟、溶槽发育密度与深度均较大，无论是填方段或浅挖段均需考虑溶沟、溶槽的影响。

下引航道和二级升船机均布置在一级阶地区。据勘探揭露有一般厚6.4～11.9m的砂砾石层，最厚15.85m。在基坑形成或引航道开挖过程中，将遇有涌水问题。为此，在坝区勘察期间，对砂砾石层，作了必要的水文地质试验，抽水试验结果，渗透系数K为4.74～13.6m/d，见表5-4-3。但据导流隧洞出口围堰，通过砂砾石层的透水呈管道流的形式。下引航道还部分在河漫滩上开挖，漫滩砂砾石层的透水性远大于阶地下砂砾石层的渗透系数。漫滩砂砾石层的渗透系数(K)建议采用200m/d。

表 5-4-3　坝区阶地下砂砾石层钻孔抽水试验成果表

孔号	地面高程(m)	基岩面高程(m)	覆盖层厚度(m)	岩性	渗透系数 K(m/d)
139	84.78	72.98	11.80	砂砾石	4.74
140	90.37	72.29	18.08	砂砾石	1.3
				砂砾石	2.18
141	90.40	73.70	16.70	半胶结状态砂砾石	0.234
304				砂砾石	13.60

(四)岩石的风化特征

岩石的风化过程表现为不同性质岩石本身在自然界各种各样的风化营力作用下，在漫长的地质历史中，所进行的复杂的物理化学作用，所产生的综合结果。因而在不同性质的岩石及其岩组，就形成了形态各异、性状不同的风化类型。

通航建筑物所穿越的不同岩层有泥灰岩(页状泥灰岩)、条带泥灰岩、灰岩、页岩等。这些岩层大都有一定的厚度，可以构成独立的岩组。由不同岩性组成的岩组，主要表现在上峰尖组1～7段的地层里，呈泥灰岩与灰岩不等厚互层状，因而岩石及岩组的风化状态也表现得比较复杂，经过实地调查与研究，其风化类型可归纳成框图 5-4-12。

1. 溶蚀风化型

主要发育在广泛分布的灰岩区。石龙洞组灰岩、红溪灰岩、上峰尖组中、上段的厚层灰岩及厚层白云岩，它们一般不具颗粒风化的特点，但具有可溶性，因而沿裂隙断层在表层多形成疏密不一的溶沟、溶槽，而成溶蚀破碎状。这种溶蚀风化现象也具有由表层向深部逐渐减弱的特点，可以明显地分为两带，见图 5-4-13。

Ⅰ带：表层强烈溶蚀风化带。在此带各种结构面——断层、裂隙、岸剪裂隙、层面裂隙等被强烈溶蚀成宽缝，一般宽 0.1～2.0m 不等，呈上宽下窄的喇叭状，有的成空缝，多数则充以黏土和碎石。这些溶缝在一定深度内纵横交错，期间所包围的岩块已被溶缝分隔而成互不相连的孤立状，无岩体联结，严重者成为溶蚀块石带。

该带发育深度一般 5～20m，最深可达 30 余米，在$\in_2^{2-8}$(上峰组)地层和$\in_1^3$(石龙洞组)地层Ⅰ带发育十分强烈和完善。如在左岸低缆平台$\in_2^{2-8}$中，40m 长的开挖建基面上就发育有 29 个溶洞，它们多沿断层或裂隙发育，规模小者 0.5m×0.8m，大的 4m×8m，充填黄色黏土。其工程地质特性极差，见图 5-4-1、图 5-4-14。

Ⅱ带：裂隙性风化带。处于Ⅰ带以下，以裂隙风化为主，溶蚀作用已大为减弱，裂隙两侧大多有 1～2mm 的风化迹象，可以见到明显的地下水活动的痕迹，当其风化裂隙密集时，岩体的结构联结已明显降低，力学强度大为减小。

2. 层状风化型

是灰岩类岩石中的又一风化类型，属于此类型的风化，不具垂直分带。这一类风化，仅出现在特定的地层及岩组中。在这里所指的层状风化，主要是指上峰尖组下部泥灰岩与灰岩不等厚互层状的岩组和石龙洞组第二段薄层条带灰岩(薄层泥灰岩与薄层灰岩互层)中的风化现

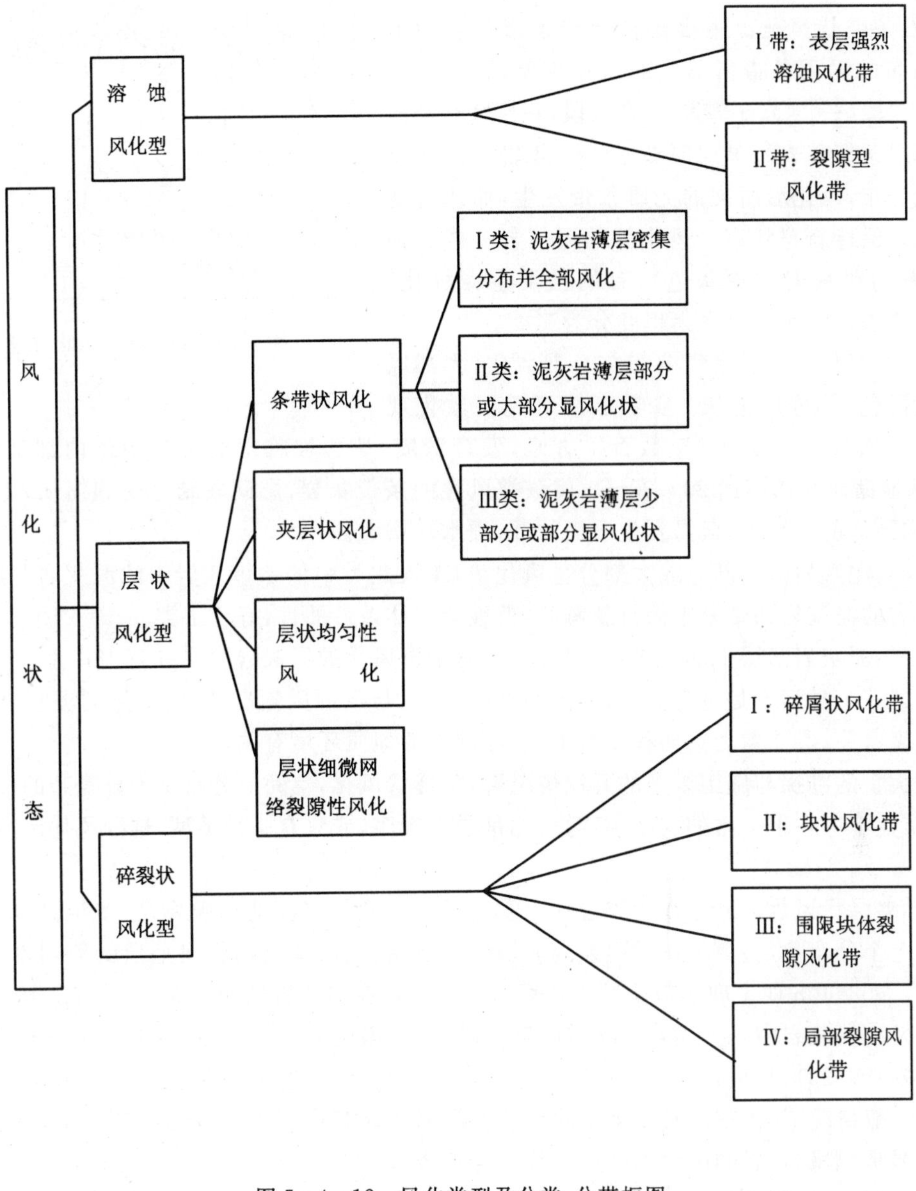

图 5－4－12　风化类型及分类、分带框图

象。由于泥灰岩性软，加之在褶皱过程中，沿着泥灰岩均有程度不同的层滑、剪损现象，而上下的灰岩相对刚度较大，又有透水裂隙存在，因而在边坡临空带以及地面露头处，在深部洞穴周围、大断层两侧，泥灰岩常受到不同程度的风化，而上下的灰岩则仍呈新鲜或较新鲜状，成为一种典型的层状风化特征。

当泥灰岩与灰岩成不等厚互层状，且单层厚度较大时，两者即泥灰岩与灰岩在地层剖面上呈明显的不同风化状态，宏观上也表现为层状风化的特征。属于层状风化型的还有沿夹层的风化。根据上述考虑，层状风化可以进一步划分为4个亚类风化型。

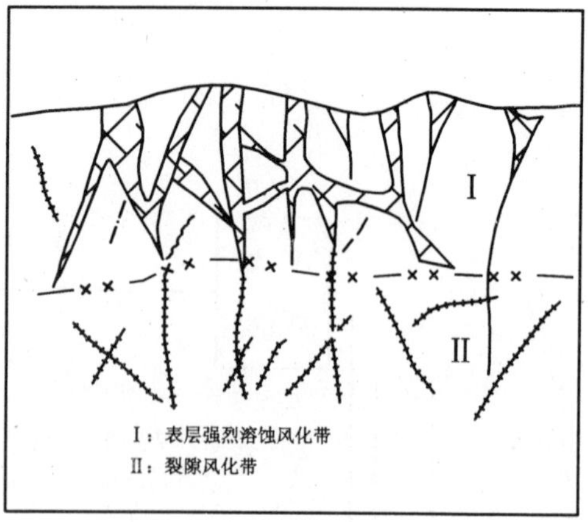

图5-4-13　灰岩风化分带

(1)条带状风化。主要是在薄层条带灰岩中沿密集分布的泥质条带所形成的风化现象，石龙洞组灰岩第二段($\in_1^{3-2}$)、平善坝组第六段($\in_1^{4-6}$)均是典型的薄层条带灰岩。单层厚2～4cm，灰岩和泥质条带相间分布，风化沿所夹的泥质条带发生，而灰岩薄层则基本保持新鲜状态。风化后的泥灰岩多成黄褐色(新鲜的泥灰岩为深灰色)，有的已发生泥软化。根据泥质条带的风化及密集程度分为三类。

Ⅰ类：泥灰岩薄层密集分布并全部风化，大都风化呈黄褐色，部分成土状。少数断续可见泥软化现象。平面分布面积由几十至数百平方米，发育深度，从边坡临空面可向山体内部延伸30～40m，从地面向深部可达20～30m。属该类风化的条带灰岩，层间联结已受到损伤，工程特性变坏，在卸荷的影响下，极易发生层面拉开，透水性增大。

Ⅱ类：泥灰岩薄层部分或大部分显风化状，圈入此类中的条带灰岩中的泥灰岩薄层，尚有50%左右的泥灰岩条带基本保持新鲜状，就整个岩体条件而言，好于Ⅰ类。

Ⅲ类：泥灰岩薄层少部分或部分显风化状，未遭风化的泥灰岩薄层占70%以上。

上述三个类型不是垂直关系，不同类型的存在，与下列因素有关：①与原岩泥灰岩条带的集中程度有关；②受剪切损伤程度有关；③与周围的地质环境有关。

据大量的勘探与施工以来的开挖情况看，条带状风化，空间的分布是十分复杂的。在垂直断面上，并不存在Ⅰ～Ⅲ的次序，有时可能是逆排次序，或只有一种类型，这种风化出现的规模也很不一致。

(2)夹层状风化。岩层在褶皱过程中发生了一系列的层间剪切破坏，经多年研究，在坝区共建立七个分布稳定、剪切作用明显的剪切带(不包括上峰尖组与红溪地层的剪切带)。其中201、401、403、405四个剪切带是发生在页岩并多出现在与灰岩接触带处；301、302、406三个剪切带是发生在灰岩中。上述各剪切带厚度都较大，一般为0.6～6m，最薄处有0.2m。它们完全顺层发育。201、401、403、405发育在页岩中的剪切带，发育最完善，大都成为剪切破碎泥化带。在一般情况下，大都沿其发生不同程度的深风化。其中以201剪切破碎泥化带的深风化最为明显，一般比页岩的风化深度要大数米至十余米。

(3)层状均匀型风化。上峰尖组($\in_2^{2-(1+7)}$)地层中的薄层状泥灰岩和页状泥灰岩的泥质成分较多，性软弱，抗风化力差，易于风化。当其泥灰岩的成层厚度较大时，比如1m至数米，风化是均匀的，风化后整个岩层呈风干黄土状。风化严重者，手能捏成细细的粉末，已成全风化性质。风化轻者，呈灰白色岩块状，手能掰成碎块，摸之污手，被染上一层粉末，具滑感，但上下的灰岩层又相对较新鲜。

(4)层状微细网络裂隙型风化。上峰尖组($\in_2^{2-(1+7)}$)段中以泥灰岩为主，夹有硬脆性的白云岩、砂质白云岩、薄层灰岩等，特别是白云质类灰岩网纹裂隙发育，网纹圈限的块体大者如同

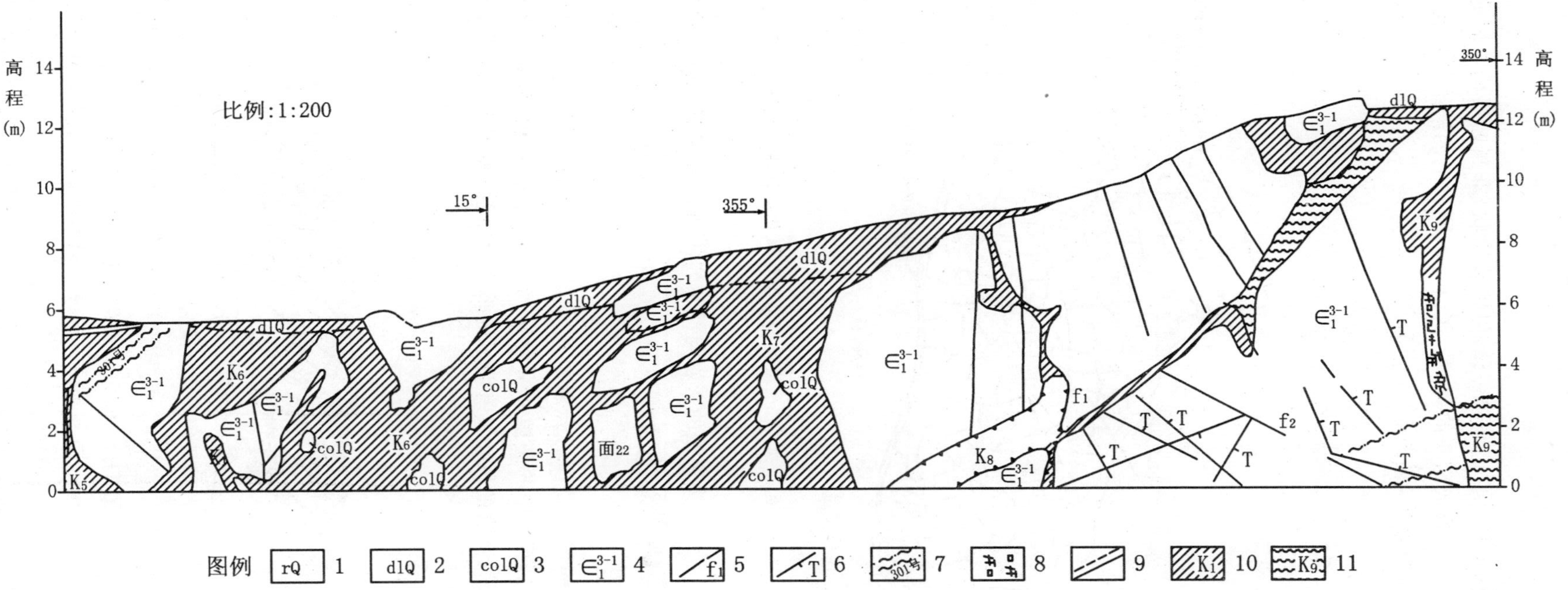

图 5-4-14 升船机错船池边坡($\in_1^{3-1}-\in_1^{3-2}$)表层强烈溶蚀风化带实测剖面图

1. 人工堆积块石;2. 坡积层,黏土夹碎石;3. 崩积层,块石堆;4. 寒武系下统石龙洞组:深灰色厚层灰岩及薄层条带灰岩,顶部有层疙瘩状灰岩;5. 断层及编号;6. 裂隙;7. 层间错动泥化面及编号;8. 断层影响带;9. 实测及推测地层界线;10. 紫红色黏土充填的溶洞及编号;11. 灰华充填的溶洞及编号蚕豆、黄豆，小者如同米粒。它们嵌在一起，似碎裂岩状（非指断层构造岩的碎裂岩）。风化往往沿微细网络裂隙发生，形成密布的黄、褐、灰白等不同颜色的网络状风化面。风化裂面所围限的细小颗粒状岩块较新鲜，见图 5－4－15。

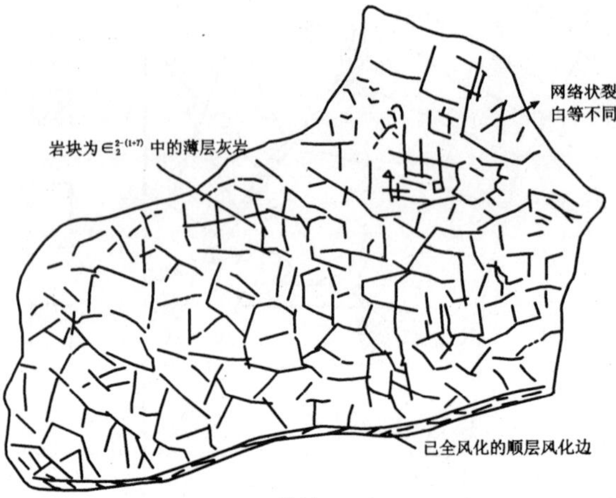

图 5－4－15　微细网络裂隙风化手标本印模图

上峰尖组（$\in_2^{2-(1+7)}$）段为典型的灰岩与泥灰岩不等厚互层状。其风化状态也表现为极其典型的层状风化状态，见图 5－4－4。

3. 碎裂状风化型

主要是指页岩的风化类型。升船机所通过的很厚的石牌页岩（$\in_1^2$）和平善坝组页岩（$\in_1^{4-1}$、$\in_1^{4-3}$、$\in_1^{4-5}$），页岩中的裂隙非常发育，裂隙密度很大，线密度达 10 条/m。据勘探与大量的开挖断面揭示，页岩的风化具有明显的垂直分带性，见图 5－4－16。

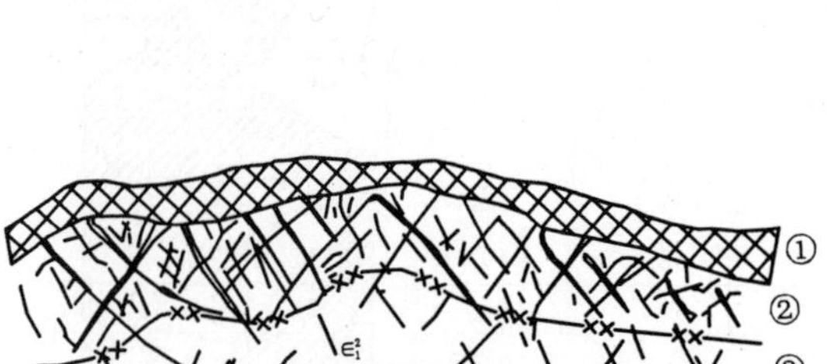

图 5－4－16　$\in_1^2$ 页岩裂隙性风化垂直分带图

①风化碎屑岩带（全风化带）；②块体风化带（强风化带）；③围限块体裂隙风化带（弱风化带）；④局部裂隙风化带（微风化带）

Ⅰ碎屑状风化带(相当于全风化带):在母岩的表层数十厘米至数米的深度,页岩已风化成土状。黄褐色的土状物中夹有细小的页岩碎片,它们覆盖坡体成为植被的生长场所或被辟为农耕。

Ⅱ块体风化带(相当于强风化带):见岩体普遍呈淡黄、褐色、裂隙全部风化,岩石被切成菱形小块,形成层状碎裂结构,岩块本身也风化变色,结构均破坏,见沿断层和长大裂隙及层间挤压带充以碎裂松散物或塑性泥,厚数毫米至数厘米不等。该带性状极差,不能作建基岩体。其一般深度 4～10m,但沿断层急剧加深。

Ⅲ围限块体裂隙风化带(相当于弱风化带):裂隙两侧有强风化特征,岩体结构已明显损伤,但裂隙间岩块一般保持新鲜状态。此带性状亦差,加上页岩本身就较软弱,故一般不适作建基岩体。

Ⅳ局部裂隙风化带:岩体新鲜,仅沿裂隙有局部风化的轻微变色现象,基本上可作为新鲜岩体考虑,建基岩体应选在此带上,而挖除Ⅰ～Ⅲ带。

(五)岩土的物理学性质

隔河岩工程,自 1969 年以来进行了大量的野外及室内物理力学试验。截至 1989 年 2 月完成岩石力学试验工作,见表 5-4-4。

表 5-4-4　1989 年 2 月以前岩石力学试验数量一览表

强度试验						变形试验				
岩块抗压	抗剪强度			试验		现场静力法			现场动力法	
	砼/岩石	岩体本身	岩体本身	岩体结构面		刚性垫法	柔性垫法	狭缝法	地震法	超声波法
	现场大剪	室内中剪	现场大剪	现场大剪	室内中剪					
块	块	块	块	块	块	点	点	点	测试条	段十号孔
257	13	12	7	42	149	25	4	13	196	14+19

注:土工试验未列入表内。

(1)室内岩块物理力学性质试验。

1)各类岩石的抗压强度及主要物理性质室内试验成果见表 5-4-5。

表 5-4-5　岩石物理性质及抗压强度室内试验成果表

地层代号	岩石名称	抗压强度				软化系数	相对密度 (g/cm³)	容量 (g/cm³)	吸水率 (%)
		干		湿					
		kg/cm²	MPa	kg/cm²	MPa				
$\in_1^2$	泥质页岩	123	12.05	171	16.76				
$\in_1^2$	粉砂岩	817	80.07	541	53.02	0.66	2.71	2.66	0.35
$\in_1^{3-1}$	薄层灰岩	722	70.76	561	54.98	0.78		2.70	0.33
$\in_1^{3-1}$	厚层灰岩	897	87.91	718	70.36	0.80	2.73	2.65	0.33
$\in_1^{3-1}$	鲕状灰岩	931	91.24	804	78.79	0.86		2.59	0.31
$\in_1^{3-2}$	泥质灰岩	671	65.76	491	48.12	0.73		2.67	0.24
$\in_1^{3-2}$	薄层灰岩	823	80.65	679	66.54	0.83	2.72	2.69	0.25
$\in_1^{3-3}$	斑纹灰岩	699	68.50	675	66.15	0.97	2.74	2.68	0.31
$\in_1^{4-1}$	砂质页岩	285	27.93	290	28.42			2.65	1.30
$\in_1^{4-2}$	鲕状灰岩	1 183	115.93	343	82.61	0.71		2.68	0.27
$\in_1^{4-3}$	泥质页岩	206	20.19	126	12.35	0.61		2.63	1.92
$\in_1^{4-4}$	薄层灰岩	866	84.87	687	67.33	0.79	2.78	2.69	0.27
$\in_1^{4-5}$	钙质页岩	210	20.58	249	24.40			2.67	1.00
$\in_1^{4-6}$	薄层灰岩	700	68.60	506	49.59	0.72	2.77	2.68	0.20
$\in_2^1$	灰岩	763	74.77	551	54.00			2.70	0.31

2)断层构造岩抗压强度的室内试验成果见表 5-4-6。

表 5-4-6　断层构造岩抗压强度室内试验成果表

断层编号	地层代号	试验组数	抗压强度				软化系数	备注
			干		湿			
			kg/cm²	MPa	kg/cm²	MPa		
F_{12}	$\in_1^{3-1}$	1	780	76.44	554	54.29	0.71	21 号孔
F_{12}	$\in_1^{2-3}$	1	11	1.08				34 号孔
F_{29}	$\in_1^{3-3}$	1	750	73.50	708	69.38	0.94	43 号孔
F_{10}	$\in_1^{3-2}$	1	407	39.89	499	48.90		
	$\in_1^{3-2}$	1	790	77.42	378	37.04	0.48	
	$\in_1^{3-2}$	1	694	68.01	304	29.79	0.44	
	$\in_1^{3-3}$	1	308	30.18	578	56.64		最小干抗压 16.9
	$\in_1^{3-3}$	1			454	44.49		
	$\in_1^{3-3}$	1	624	61.15	561	54.98		
	$\in_1^{3-3}$	1	496	48.61	491	48.71		
	$\in_1^{3}$	1	266	26.07	312	30.58		左岸水边
	$\in_1^{3-3}$	1	934	91.53	586	57.43		
	$\in_1^{3-1}$	1	611	59.88	509	49.88	0.83	
	$\in_1^{4-2}$	1	536	52.53	467	45.77	0.87	
	$\in_1^{4-2}$	1			822	80.56		

3)各类岩石(块)的强度试验成果归纳成表 5-4-7,以示各类岩石的相对强度差别(共 189 块统计)。可以看出,在单轴标准试验条件下,鲕状灰岩强度最高,依次为厚层灰岩、薄层灰岩、泥灰岩、砂粉岩、钙质页岩、泥质页岩。

表 5-4-7　各类岩石抗压强度归纳表

岩石名称 / 抗压强度	鲕状灰岩	厚层灰岩（含厚层斑纹灰岩）	薄层灰岩	泥质灰岩	粉砂岩	钙质页岩	泥质页岩
kg/cm²	800	600	500	400	300	200	100
MPa	78.4	58.8	49	39.2	29.4	19.6	9.8

(2)现场岩体抗剪试验及部分剪切带的室内抗剪试验。

1)砼/岩石现场抗剪试验(砼/$\in_1^{3-2}$)、(砼/$\in_1^{4-3}$)及$\in_1^2$本身、剪切带、断层等的试验值详见表 5-4-8、表 5-4-9。

表 5-4-8 现场抗剪强度试验成果表

岩层	试验位置	试验编号	垂直荷重 (kg/cm²)	成果整理方法	抗剪强度指标								地质简述及剪断面的状态素描
					f				c(kg/cm²)[①]				
					峰值	摩擦值	屈服值	比例值	峰值	摩擦值	屈服值	比例值	
石龙洞组灰岩与混凝土	左岸5号平洞	f_{501}	24.00	$\tau-\sigma$ 作图法	1.66	1.08		0.8	12.00	6.00		5.00	岩石较坚硬，裂隙较发育，一般胶结良好。试验沿混凝土与灰岩胶结面剪断。剪切面较平整，剪切面上局部砂浆被剪断
平善坝组页岩与混凝土	左岸11号平洞	f_{11-1}	20.36（抗剪断） 20.19（摩擦）	$\tau-\sigma$ 作图法	0.92	0.92		0.52	3.00	1.60		2.30	灰绿色页岩，较新鲜。裂隙发育多为方解石充填，其间距 2～12cm，致使岩石很破碎。剪切面大部分沿裂隙及层面裂隙切割岩石，少部分沿混凝土与基岩胶结面剪断。前者剪切面起伏甚大，切割深度达 0.3～0.6cm，最大 15.5cm，后者平整
				$\sigma_1-\sigma$ 作图法	0.96	0.95		0.55	2.96	1.68		2.13	
				莫尔作图法	0.94	0.93		0.56	3.00	2.50		2.00	
				最小二乘法	0.87	0.98		0.48	3.29	0.76		2.71	
石牌组页岩本身	右岸14号平洞	τ_{14-1}	12.2	作图法	0.73	0.73	0.54		1.3	1.3	0.70		试件基本上沿粉砂岩层面破坏，在剪切断面可以见到粉砂岩薄片及泥膜，其厚度小于 0.2cm，泥面光滑，剪切面起伏差较大，一般为 10cm，最大达 20cm，一般均有试件前部分凹下、后部分凸出的迹象

① $1kg/cm^2 \approx 9.8 \times 10^4 Pa$，下同。

表 5-4-9　结构面现场抗剪强度试验成果表

岩层	试验位置	试验编号	垂直荷重 (kg/cm²)	成果整理方法	抗剪强度指标						地质描述及剪断面的状态素描
					f			c(kg/cm²)			
					峰值	摩擦值	屈服值	峰值	摩擦值	屈服值	
401层间剪切带	左岸11号平洞	401-1	4.31	$\tau_1-\sigma$ 作图法			0.22			0.25	401夹层位于平善坝第一段页岩中，为灰色高塑性泥与菱形薄片状碎屑混合体，结构似峰状。碎屑大小不一，小于0.1～1cm不等，夹层厚度试验后一般为0.3～1.7cm，最厚3cm。剪切面多沿泥面、顶面与内部剪断面，起伏差为0.2～1cm，最大3cm
				$\sigma_1-\sigma_3$ 作图法			0.21			0.30	
				莫尔作图法			0.22			0.30	
				最小二乘法			0.22			0.26	
201层间剪切带	右岸14号平洞	τ_{14-2}	9.71	作图法	0.35	0.35	0.26	0.70	0.70	0.30	剪切破坏面沿粉砂岩层发生，剪断面较平整，起伏差0.2～3cm，剪切面上普遍见泥膜，厚约0.2～1.0mm，最厚达1.5mm。可以代表性状较好的201泥化抗剪强度
301层间剪切带	右岸2号平洞	τ_{2-1-2}	13.95	作图法	0.35	0.35	0.25	0.95	0.95	0.60	试体均沿301夹层的泥化面剪断，剪切面基本平直光滑，仅有2～5mm的起伏差。剪切面上均有夹泥和钙质薄膜泥，厚度一般为2～4mm，最厚8mm，钙质薄膜厚度一般为0.3～3mm，最厚8mm
302层间剪切带	左岸5号平洞	τ_{5-1}	6.93	作图法	0.46	0.44	0.39	1.0	0.60	0.40	试件均沿泥化而发生剪断，各试件剪切面的起伏差均各有所异，一般为0.5～2cm，最大约2.3cm。试面上夹泥厚度为0.1～0.3cm，钙质薄膜0.4～0.5cm。但另有三块试件不具连续泥化面，剪切时产生深层剪切破坏，剪切面起伏差一般为2～5cm，最大达10cm，剪切面上夹泥，厚度为0.1～0.2cm
F_4断层泥	右岸2号平洞	τ_{f_4}	3.27	作图法	0.22	0.18	0.19	0.20	0.10	0.15	试件均沿断层面发生破坏，剪断起伏差为1～1.5cm。试面上夹泥厚度为0.1～1cm。黏土含水率37.34%，相对密度2.74。黏粒含量37%，粉粒含量32.5%，砂粒含量21.5%

2)剪切带 201 号、401 号、403 号、405 号、406 号、301 号、302 号、g_9、g_{10}等的室内抗剪试验及变形试验和物理指标值详见表 5-4-10、表 5-4-11。

表 5-4-10　层间剪切破碎泥化带抗剪试验成果表(1988 年)

岩性	层间剪切面	试验(取样)位置	试验方法	试验编号	试验数量(个/组)	正应力范围(kg/cm²)	抗剪断峰值		摩擦值			剪切面性状
							f	c (kg/cm²)	f	c (kg/cm²)	N	
疙瘩状泥灰岩	301	2 号平洞	大剪	τ_{2-1}	6/1	1.83～10.17	0.31	0.90	0.31	0.90	6	面基本平直,充填泥厚 2～4mm,钙膜 0.3～3mm
				τ_{2-2}	7/1	3.42～13.95	0.39	1.0	0.39	1.0	7	
		5 号平洞	中剪	301A	6/1	10～50	0.32	7.7	0.42	4.3	27	面多数平直光滑,少数弯曲、粗糙,充软泥 1～3mm
		2 号平洞		301B	5/1	10～50	0.35	1.6	0.4	2.2	20	面较平光,面内充填泥厚 1～3mm,并有钙膜
	302	5 号平洞	大剪	τ^*_{5-1}	6/1	2.27～18.58	0.46	1.0	0.44	0.80	3	面内充泥厚 1～3mm,钙膜 4～5mm
			中剪	302A	6/1	10～50	0.47	0.6	0.40	2.7	27	面较平直,略显粗糙,充黄软泥 1～3mm,局部方解石充填
		2 号平洞		302B	6/1	10～50	0.41	2.6	0.49	1.9	24	面部分大致光滑,部分微弯粗糙,泥 1～2mm
	406	右岸 120 厂房	中剪	406A	5/1	4～20	0.57	2.9	0.55	3.0	22	起伏差 3～10mm,充黄泥粉厚 0.3mm
		18 号平洞		406B	8/1	4～20	0.28	2.6	0.31	2.4	12	面较平直光滑,充黄泥粉厚 1～3mm
薄层条带灰岩	g_9	左岸 70～80 m 高程	中剪	τ_{G9}	12/2	10～50	0.37	1.0	0.34	1.6	44	面平直较光滑,充黄软泥 1～3mm,起伏差 0.3～5cm
	g_{10}			τ_{G10}	6/1	10～50	0.41	5.5	0.40	5.5	25	面大致平直,起伏差 0.5～1.0cm,为泥软化、半软化物,条带 0.7～2.9mm

(3)现场岩石变形试验。

各类岩石(岩体)变形试验成果详见表 5-4-12,由于升船机的错船池和支墩主要座落在 $\in_1^3$ 和 $\in_1^2$ 之上,其墩基等的力学强度要求较高。从表 5-4-12 可知,新鲜较完整的 $\in_1^{3-2}$ 石龙洞灰岩第二段的薄层条带灰岩变形模量 $23\times10^4\sim36\times10^4$ kg/cm²。但因泥灰岩条带在地表浅部,断层附近,溶洞周围等风化变异其变形模量显著下降($9.45\times10^4\sim15.3\times10^4$ kg/cm²),为泥灰岩条带密集发育而风化,变形模量更低(3.62×10^4 kg/cm²)。受较大规模的开挖卸荷和爆破影响,据在左岸拱座反力架现场弹性模量试验其变形模量可低到 $1.2\times10^4\sim2.8\times10^4$ kg/cm²,石牌页岩($\in_1^2$)和平善坝组页岩($\in_1^4$)变形模量最低,且有明显的各向异性,如以

$\in_1^4$为例，垂直层面仅$0.99\times10^4\sim1.44\times10^4\mathrm{kg/cm^2}$，而平行层面为$4.56\times10^4\sim8.8\times10^4\mathrm{kg/cm^2}$；当夹泥层较多时，仅为600kg/cm²。错船池的部分支墩和二级升船机的基础岩体为石牌组页岩，其变形问题必须引起重视。

表5-4-11　各类岩石、软弱层带以及与混凝土胶结面的抗剪强度设计参考值表

岩性或软弱层、带	强度性质	抗剪强度 f	抗剪强度 c (kg/cm²)	抗剪强度 c (MPa)	备注
石龙洞组灰岩	混凝土与灰岩	1.0～1.2	10～12	0.980～1.176	
平善坝组页岩	岩体本身	0.6	1	0.098	
平善坝组页岩	混凝土与$\in_1^{4-3}$段页岩	0.6	1	0.098	
石牌组页岩	岩体本身	0.6	1	0.098	
石牌组页岩	混凝土与页岩	0.6	1	0.098	
页岩	页岩层面	0.5	0.5	0.049	
201	剪切破碎泥化带(主剪切泥化面)	0.25	0.2	0.02	
401	剪切破碎泥化带(主剪切泥化面)	0.25	0.2	0.02	
301层间剪切面	Ⅰ区：剪切破碎严重，并形成在一定范围内的连续平直的主剪切面，沿此面普通泥化(泥膜几毫米至几厘米)	0.30	0.6	0.059	详细分区见301层间剪切面顶板等高线图
	Ⅱ区：剪切破坏明显，夹层显风化状，尚未形成具有一定范围的连续的平直光滑的主剪切面，但剪裂隙已首尾相接，剪裂面上普遍有泥化，泥厚数毫米至泥膜	0.35	0.9	0.089	
	Ⅲ区：剪切破坏轻微，宏观上剪裂隙不连接，剪裂隙面上有泥膜，在抗剪强度上仅比未受构造破坏的原岩夹层有所降低	0.45	1.5	0.147	
302层间剪切面	Ⅰ区：剪切破坏明显，夹层显风化状，尚未形成一定范围连续的平直光滑的主剪切面，但剪裂隙已首尾相接，剪裂面上普遍有泥化(泥厚数毫米至泥膜)	0.40	0.9	0.089	详细分区见302层间剪切面顶板等高线图
	Ⅱ区：剪切破坏轻微，宏观上剪裂隙不连接，剪裂面上有泥膜，仅抗剪强度比未受破坏原岩夹层有所降低	0.5	1.5	0.147	
	Ⅲ区：沿夹层普遍溶蚀，其溶蚀洞高度一般0.1～2.65m				
F_4断层	断层泥	0.2	0.1	0.098	

注：此表仅适用于剪摩公式。

表 5-4-12 各类岩石(岩体)变形试验成果表(1982 年以后)

岩层	试验地点	加荷方向	最大压力(kg/cm²)	试验方法	试点编号	变形模量(×10⁴ kg/cm²)	弹性模量(×10⁴ kg/cm²)
石龙洞组中段薄层条带灰岩($\in_1^{3-2}$)	右岸 10 号平洞:条带灰岩风化明显	与岩层斜交	40	刚性承压板法	E_{10-1}	13.4	25.6
			40	刚性承压板法	E_{10-1}	15.3	23.6
			35	刚性承压板法	E_{10-2}	10.55	35.6
	右岸 10 号平洞:条带灰岩,泥灰岩条带为主,并具风化	与岩层斜交	40	刚性承压板法	E_{10-3}	3.62	5.8
石龙洞组中段薄层条带灰岩($\in_1^{3-2}$)	右岸 10 号平洞:条带灰岩	与岩层斜交	40	刚性承压板法	E_{10-4}	24.4	35.5
	右岸 10 号平洞:条带灰岩,微风化状		35	刚性承压板法	E_{10-5}	15.47	54.1
			40	刚性承压板法	E_{10-6}	17.0	23.1
			40	刚性承压板法	E_{10-7}	19.52	30.1
断层交汇带	右岸 10 号平洞	与岩层斜交	40	刚性承压板法	E_{10-8}	1.81	4.24
302 剪切面交汇带			35	刚性承压板法	E_{10-9}	0.22	1.10
			30	刚性承压板法	E_{10-10}	3.81	17.76
石牌组页岩($\in_1^{2-3}$)	右岸 14 号平洞:页岩	与岩层斜交	33	刚性承压板法	E_{14-5}	0.29	1.27
			30	刚性承压板法	E_{14-6}	0.17	0.32
	右岸 14 号平洞以夹泥层为主		10	刚性承压板法	E_{14-6}	0.058	0.29
	右岸 14 号平洞:页岩,并多夹薄泥层		40	刚性承压板法	E_{14-7}	0.20	0.67
石龙洞组中段薄层条带灰岩($\in_1^{3-2}$)	右岸 10 号平洞:条带灰岩,风化明显	与岩层斜交	40	刚性承压板法	D_{10-1}	9.45	12.9
301 剪切面与 F_{16} 断层交汇	右岸 10 号平洞	与岩层斜交	30	刚性承压板法	D_{10-2}	0.21	0.85
构造角砾岩新鲜、胶结良好			40	刚性承压板法	D_{10-3}	27.7	40.1
301 剪切面较新鲜		与岩层平行	40	刚性承压板法	D_{10-4}	6.44	11.6
302 剪切面性状有微变异		与岩层垂直	40	刚性承压板法	D_{10-5}	2.86	4.16
301 剪切面具明显风化状		与岩层斜交	40	刚性承压板法	D_{10-6}	1.34	2.78
石龙洞组中段薄层条带灰岩($\in_1^{3-2}$)	右岸 10 号平洞,新鲜条带灰岩	与岩层平行	40	刚性承压板法	D_{10-7}	34.0	

续表 5-4-12(1982 年以前)

岩层	试验地点	加荷方向	最大压力 (kg/cm^2)	试验方法	试点编号	变形模量 (×10^4 kg/cm^2)	弹性模量 (×10^4 kg/cm^2)
石龙洞组灰岩	5 号平洞$\in_1^{3-2}$条带灰岩(新鲜且条带少)	与岩层斜交	40	刚性承压板法	EV501	36.0	37.7
					EV502	36.0	38.0
	右岸 2 号平洞($\in_1^{3-2}$条带灰岩)	与岩层斜交	50	柔性板法	E_{1-1}	23.4	35.4
	2 号平洞	F_{16}断层影响带			E_{1-2}	15.0	22.1
		F_{16}断层角砾岩			E_{1-3}	14.5	26.3
	2 号平洞($\in_1^{3-2}$条带灰岩)	与岩层斜交	45	狭缝法	Ed_{1-1}	20.4	24.7
	左岸 5 号平洞($\in_1^{3-2}$条带灰岩)	与岩层平行	40		E_dH_{501}	13.3	19.5
	左岸 7 号平洞(灰岩夹页岩)	与岩层垂直	60		Ed_{1-3}	5.64	9.13
		与岩层平行	50		Ed_{11-4}		23.6
石牌组页岩	7 号平洞(201 号层间剪切破碎泥化带)	与岩层斜交	23.14	刚性承压板法	E_{7-1}	0.06	0.38
			33.08		E_{7-3}	0.32	0.78
			28.62		E_{7-4}	0.17	0.64
	7 号平洞(灰岩夹页岩)	与岩层垂直	35	狭缝法	Ed_{1-1}	上部 4.23	5.24
						下部 1.93	2.80
		与岩层平行	35		Ed_{1-2}	4.18	7.50
平善坝组页岩	左岸 11 号平洞	与岩层近于垂直	40	刚性承压板法	EV_{11-1}	0.99	1.37
			40		EV_{11-2}	1.14	1.73
		与岩层近于平行	40		EE_{11-1}	4.56	14.95
			40		EE_{11-2}	8.16	20.45
			40	柔性板法	EE_{11-2}	8.80	11.78
灰岩、粉砂岩夹页岩	右岸 14 号平洞	与岩层斜交	33	刚性承压板法	E_{14-1}	2.05	4.16
			40		E_{14-1}	2.21	5.06
灰岩夹页岩	右岸 14 号平洞	与岩层斜交	40		E_{14-2}	7.9	17.9
石牌组页岩	右岸 14 号平洞	与岩层斜交	33		E_{14-3}	0.79	2.08
					E_{14-4}	0.23	0.90
石龙洞组灰岩	右岸 14 号平洞	与岩层斜交	40	狭缝法	D_{24-1}	20.5	44

(4)上峰尖组泥灰岩及结构面的室内抗压强度、变形特征和抗剪试验成果见表 5-4-13 及表 5-4-14。

表 5-4-13　上峰尖组的风化泥灰岩 1988 年室内抗压强度、变形特征试验成果表

试验编号	取样地点	岩石名称	抗压强度(MPa)		软化系数	变形模量(GPa)		弹性模量
			干	湿		干	湿	
R_A	缆机平台	泥灰岩(风化)	14.0	11.45	0.82	3.68	2.05	7.4
R_B	缆机平台	泥灰岩(风化)	27.67	14.28	0.52	6.1	2.75	6.3

表 5-4-14　上峰尖组泥灰岩及各种结构面 1988 年室内峰值剪切强度试验成果

试验编号	地质说明	正应力范围(MPa)	抗剪断		单点摩擦综合		单点摩擦范围	
			f	c (MPa)	f	c (MPa)	f	c (MPa)
f_A	断层面具 0.5～2mm 软化物充填	0.39～1.96	0.58	0.29	0.58	0.29	0.54～0.60	0.25～0.29
f_B	裂隙面具 5～20mm 厚方解石充填	0.39～1.96	1.04	0.98	0.74	0.64	0.74～0.78	0.44～1.13
S_A	层面略有起伏,起伏差 5mm 左右	0.39～1.96	0.82	0.49	0.72	0.34	0.60～0.82	0.29～0.64
S_B	层面起伏差较大,一般为 5～10mm	0.39～1.96	0.92	0.83	0.72	0.74	0.70～0.88	0.49～0.74
τ_A	泥灰岩、土黄色风化较严重	0.39～1.96	1.20	1.13	0.78	0.62	0.63～0.90	0.34～0.98
τ_B	泥灰岩、浅黄色风化较轻微	0.39～1.96	1.60	2.50	0.82	1.39	0.70～1.10	0.74～1.76

(5)现将各类岩石(岩体)、软弱层(带)主要力学性质设计参考值列入表 5-4-15 中,供设计选用时参考。

表 5-4-15　各类岩石、软弱层(带)的主要力学性质设计参考值表

岩　性	变　形　性　质						
	变形模量		弹性模量		单位抗力系数		泊松比
	$\times10^4$kg/cm²	GPa	$\times10^4$kg/cm²	GPa	$\times10^3$kg/cm²	$\times10^6$kN/m³	
新鲜石龙洞组灰岩	20	19.6	25	24.5	1.2～1.6	11.76～15.68	0.25
石龙洞组灰岩中段($\in_1^{3-2}$)微风化、泥灰岩条带	10～15	9.8～14.7	15～20	14.7～19.6	0.8～1.2	7.8～11.70	0.25
石龙洞组灰岩中段($\in_1^{3-2}$)弱风化、泥灰岩条带	7～10	6.86～9.80	10～15	9.8～14.7	0.5～0.8	5.4～7.8	0.27
石龙洞组灰岩中段($\in_1^{3-2}$)强风化、泥灰岩条带集中	2～3	1.96～2.94	7～10	6.86～9.8	0.15～0.23	1.47～2.25	0.3
灰岩中的断层带及角砾岩带	1～2	0.98～1.96	3～5	2.94～4.90	0.07～0.15	0.68～1.47	0.35
平善坝组页岩	0.8～1.0	0.78～0.98	2～3	6.86～9.80			0.35
石牌组页岩	0.5～0.7	0.49～0.68	2～3	6.86～9.80			0.35
软弱破碎石牌组页岩	0.15～0.30	0.15～0.29	0.5～1.0	0.49～0.98			0.4
石牌组页岩中的断层带	0.05～0.10	0.05～0.10	0.2～0.3	0.20～0.29			0.4
301 剪切面 Ⅰ区	0.2	0.2	0.8	0.78			0.4
301 剪切面 Ⅱ区	0.8～1.0	0.78～0.98	1.5～2.0	1.47～1.96			0.35
301 剪切面 Ⅲ区	3	2.94	9	8.82			0.3
302 剪切面 Ⅰ区	0.8～1.0	0.78～0.98	1.5～2.0	1.47～1.96			0.35
302 剪切面 Ⅱ区	3	2.94	9	8.82			0.3
201 剪切破碎泥化带	0.05～0.10	0.05～0.10	0.2～0.3	0.20～0.29			0.4
401 剪切破碎泥化带	0.05～0.10	0.05～0.10	0.2～0.3	0.20～0.29			0.4

(6)钻孔中第四系七层取样室内土工试验成果见表 5－4－16。表中反应了Ⅰ级阶地台面砂质或粉质黏土的颗粒成分和物性指标及其水理性质、抗剪强度、压缩性指标等。土样主要是中等密实程度的中等压缩性土。

(7)各类土的物理力学参考值见表 5－4－16。

表 5－4－16　二级垂直升船机至引航道(Ⅰ级阶地)土工试验成果表

土样编号			335孔	340孔－1	340孔－2	340孔－3	207孔－1	207孔－2	207孔－3
取土深度		m	8.70～9.30	1.62～2.69	4.00～5.73	5.73～6.88	2.13～2.93	4.47～5.27	7.12～7.62
含水量	w	%	23	19	19	15	20	16	19
湿容重	γ	g/cm^3	2.04	2.0	2.03	2.05	2.03	2.08	2.02
干容重	γ_d	g/cm^3	1.66	1.75	1.70	1.78	1.70	1.80	1.70
孔隙比	e	—	0.657	0.560	0.606	0.551	0.618	0.522	0.606
饱和度	s_r	%	95.9	91.7	87.7	76.9	86.4	81.4	84.9
土粒相对密度	G	—	2.75	2.73	2.73	2.76	2.75	2.74	2.73
流限	w_L	%	28	28	29	24	26	21	25
塑性指数	w_P	%	16	16	17	14	16	12	16
塑限	i_P	%	12	12	12	10	10	9	9
土粒粒径(mm) 砂粒	>0.05	%	39.0	43.0	37.0	54.0	52.0	50.0	35
粉粒	0.05～0.005	%	30.0	26.0	31.0	22.5	26.5	28.5	35.0
黏粒	<0.005	%	31.0	31.0	32.0	23.5	21.5	21.5	30.0
黏粒	<0.002	%	23.0	22.0	20.0	15.0	14.0	17.0	21.0
按照土的塑性指数分类名称			粉质黏土	粉质黏土	粉质黏土	砂质黏土	砂质黏土	砂质黏土	砂质黏土
压缩 压缩系数	$a_r(1\sim 2cm^2/kg)$		0.029	0.017	0.016	0.030	0.030	0.023	0.032
固结系数	$c_r(2.0cm^2/kg)$		1.3×10^{-3}	5.9×10^{-3}	3.9×10^{-3}	8.1×10^{-3}	7.7×10^{-3}	8.0×10^{-3}	5.5×10^{-3}
直剪 凝聚力	$c(kg/cm^2)$		0.25	0.53	0.47	0.45	0.50	0.66	0.50
摩擦力	$\varphi(°)$		22.0	27.0	25.5	23.5	23.0	24.5	23.5

三、环境地质及合理的环境改造

升船机纵贯坝址左岸，顺江分布长达 1 309.5m，跨越了坝址出露的所有地层，又经过了不同的构造部分和微地貌单元。由于建筑物结构及运行的需要，沿线进行不同程度的开挖(总挖方量为 $140m^3$)。上引航道地段挖深最大 62m，下引航道左侧的自然边坡高达 200 余米，错船池下段座落在高差达 88m 的陡坡上。下挖最大的部位又是岩体条件较差的地段，高大的自然边坡上又有古滑坡体，建筑物直接座落的斜坡又是遭到施工以来强烈破环的边坡区。可以看出，升船机布置地段的环境地质问题，主要是空间稳定问题。

新开的人工边坡总体上必须是稳定的；高大的自然边坡不能打破其自然平衡状态；直接利

用作为建筑物基础的边坡地段，必须在边坡处理稳定的条件下利用，否则将因环境的不平衡，出现不同程度的滑坡之类的事件而影响建筑物的正常使用。

1. 晒鼓坪古滑坡

晒鼓坪古滑坡位于下引航道左侧山坡上，分布高程 94～300m，长 600 余米，整个滑体达 270 余万立方米，正处在二级垂直升船机和下引航道左侧，滑体前缘距下引航道的左侧开挖边坡最近距离仅 100 余米。其稳定与否，直接影响到下游引航道的通航环境，为此地质人员作了必要的研究，进行了专门性的 1∶1 000 的地质填图，并进行钻探以查明其内部结构。目前对古滑体的结构和稳定性均有了一定程度的认识。

(1)晒鼓坪古滑体地貌地质特征。

1)地貌特征。古滑体分布于一中等陡坡的岸坡地段。94m 高程以下为清江Ⅰ级阶地，台面高程 88.3～92.5m，为一宽缓的阶地平台。94～140m 高程，为新老公路(长火)之间成 35°的斜坡，个别达 40°，是属人工开挖的堆积边坡。140～160m，是新长火公路后缘开挖的，高达 15～20m，坡度 46°～58°的较陡的路堑边坡。上接 40°～45°的自然边坡，其间分布多处缓台。再后，地貌上显示一个十分清楚而明显的连续而成弧形状，高 15～20m 的陡崖(倾角 60°～70°)。总体倾向河床，中部高，两侧低，为一向西凸状的弧形，清晰地构成了整个古滑体的后缘边界。

2)地质特征。晒鼓坪滑坡如图 5-4-17 所示。发生在由石龙洞组灰岩与石牌组页岩组成的近南北向的逆向地质陡坡上。该滑坡的确定，除前述的地貌特征外，还有如下一些地质特征。

a. 滑体具有一定的整体性，并较完好地保留了原地层层序，但岩层产状已有较明显的变位。外围岩体，岩层走向 NE20°±，∠30°～50°，滑体内岩层走向 50°±，倾角大都为 20°左右，少数可见 40°～50°的倾角，属深层基岩滑坡的性质。

b. 滑坡形成的基本条件。在逆向坡中，形成深层基岩滑坡，在一般情况下，应有必要的结构面的组合条件，单靠各种力的空间组合的空间力系去剪断巨大岩体而形成剪断滑面，几乎是很少的。据勘探和小区的构造环境分析，本区可能存在顺坡分布的中-缓倾的逆断层，花溪湾倒转陡立小向斜的存在，是发生缓倾断裂面的构造条件。图 5-4-17 的 F_{701} 中Ⅰ—Ⅰ′剖面，就可能是这种缓倾断裂面。滑体中部，通过的 F_{425} 断层，又将滑体分割成两块，起着支解滑体的作用。地貌上反映的后缘弧形切割面，显然是岸剪裂隙进一步拉开所致。上述构造环境的某种组合可能是晒鼓坪滑坡形成的基本条件，即顺坡的岸剪裂隙组成了后缘切割面，F_{701} 断层可能构成了滑面的一部分。根据少量勘探钻孔推断的 F_{701} 断层，不可能是组成这个古滑坡体的唯一的断裂面，它可能是一组断裂规模不大的缓倾断层，该组断裂起着激发牵引的作用，加之上硬下软不利的岩体组合边坡结构。上述的组合因素，就是目前存在着这个发育并非十分完善的古滑坡。

c. 滑面确定及其特征。正如前述，在地貌特征上，显示出连续而又呈弧状分布的后缘陡坎(坎高 5～15m)，构成滑体的后缘张裂面。但滑面的地下展布情况是通过Ⅰ—Ⅰ′剖面上的三个钻孔(203 号、194 号、187 号、197 号)来确定的。

203 号孔：在孔深 43.14m 以上主要岩性为 C_1^{3-3} 斑纹灰岩，产状紊乱，以下为 $\in_1^{3-2}$ 薄层条带灰岩，产状正常。故其滑面深度为 43.14m。

194 号孔：在孔深 58.04m 为岩层倾角骤变处，以上岩心中的层面表面为缓倾，倾角 25°～

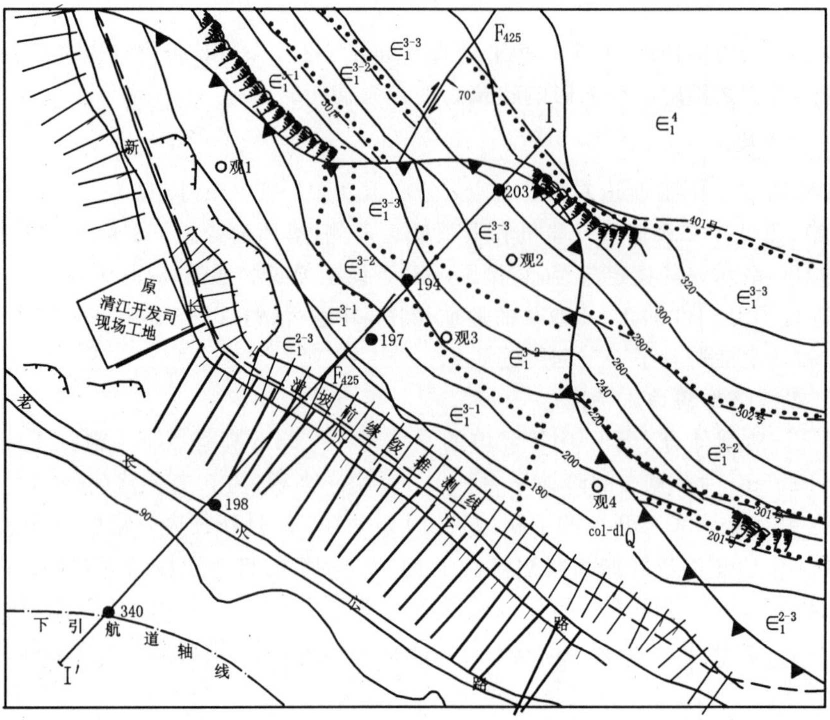

(a) 古滑坡工程地质平面图

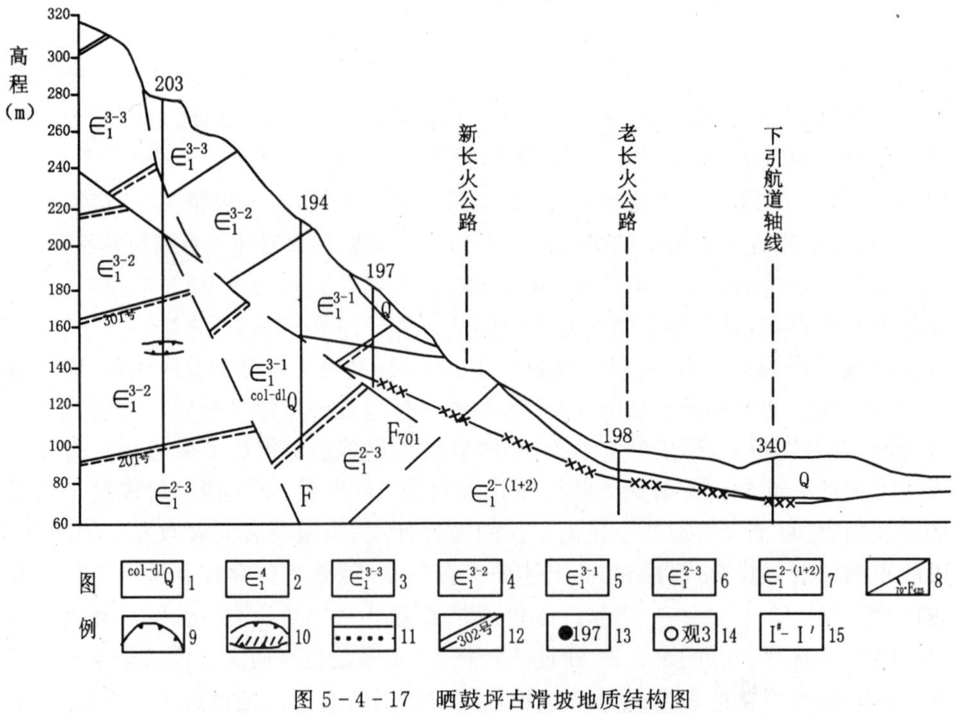

图 5－4－17　晒鼓坪古滑坡地质结构图

1. 第四系崩坡积；2. 平善坝页岩；3. 石龙洞第三段；4. 石龙洞第二段；5. 石龙洞第一段；6. 石牌第三段；7. 石牌第一、第二段；8. 断层产状及编号；9. 滑坡；10. 溶洞及充填物；11. 地层界线；12. 夹层及编号；13. 已打钻孔及编号；14. 现布观测孔及编号；15. 剖面线及编号

35°,以下为陡倾,倾角 70°,且在 58.04m 处见一破碎带。81.95m 以下为倾角 50°,岩层渐渐正常。综合各种特征,其可能滑面在孔深 58.04m。

187 号孔、197 号孔:孔深 27.85m 以上为产状紊乱,倾角 25°～65°;孔深 27.85～32.0m,见$\in_1^{2-3}$段页岩风化成土状,而以下岩石表现为强风化、弱风化和变得新鲜,风化分布明显的石牌页岩,故滑面可能在孔深 27.85～32m 范围内。以上三个孔的岩心特征详见表 5-4-17。

表 5-4-17　晒鼓坪古滑体Ⅰ—Ⅰ′剖面中钻孔滑面的判定及岩心特征

孔号	203 孔	194 孔	197 孔
滑面深度	43.14m 为滑面位置	58.04m 为可能滑面位置	27.85～32.0m 为滑面可能的位置
不同深度岩心的特征描述	0～1.6m 为块石夹棕色黏土。1.6～43.14m 全为灰岩,夹少量黏土和碎石,灰岩石为$\in_1^{3-3}$灰岩,并见溶蚀灰华。在 36.22～43.14m,见风化成浅紫灰色灰华,无成层性,产状紊乱。43.14m 以下岩心正常为基岩	0～3.3m 为黏土和碎块石,3.3～7.8m 为$\in_1^{3-2}$薄层条带灰岩,岩心中见岩层倾角 40°,7.8～8.19m 为$\in_1^{3-2}$底部含泥质灰岩,8.19～110.44m 为$\in_1^{3-1}$灰岩,110.44～121.64m 为$\in_1^{2-3}$石牌页岩。 8.19～58.04m 岩石倾角 25°～35°,而 58.04～81.95m 岩石为陡倾角,倾角 70°,81.95m 以下岩层倾角为 50°。在 58.04m 可能发育一断层。从以上孔内岩心综合判断,孔深 58.04m 为可能滑面的位置	0～9.45m 为碎块石夹黏土,9.45～27.85m 为$\in_1^{3-1}$灰岩,但本段岩心中岩层产状变化大,倾角变化范围由 25°变化到 60°。其中见 9.45～12m、倾角 60°,12～13.2m、倾角 25°～30°,13.2～15.07m、倾角 45°～50°,15.07～22.13m、倾角 25°～30°,22.13～27.85m、倾角 45°～65°,27.85～32.0m 见$\in_1^{2-3}$石牌页岩风化成土状,32～45.62m 为强风化页岩,45.62～47m 为弱风化页岩,47～51.5m 所见页岩较为新鲜。 从以上资料综合判断,其滑面位置在孔深 27.85～32.0m

由三个孔和地面部分露头所确定的滑面,带有推断性。这个推断的古滑面大体上呈波状起伏并近圆弧状。它穿越了灰岩、页岩的不同岩性带,从孔中岩心所见,滑体都有一定的整体性。其滑面除页岩段性状较差外,灰岩中可能存在的滑面处有胶结现象并有明显地溶蚀灰华存在,说明滑体长期处于稳定状态。

4)稳定现状。在自然状态条件下,古滑体是稳定的。从测量方面得知,在古滑体上有两个测量标(墩),经过两年的时间,还没有移动迹象。长江水利委员会在隔河岩 30 多年的勘探期间,也没有发现整体滑移变形迹象。整个滑体为逆向坡结构。古滑体上植被茂密,说明古滑体稳定情况较好,但尚不能排除某些不稳定因素。从连续稳定分布的后缘滑弧看,可能有过位移,边坡的岩体结构也不甚有利,为一上硬下软的边坡岩体结构,而下部页岩风化厚度较大。隔河岩工程开工以来,在古滑体的前缘 140m 高程左右通过的新长火公路,使强风化的页岩被开成高 15～20m、坡角 46°～58°的陡边坡。部分扰动了原来的自然边坡,结果在坡脚一线引起了几处小规模滑塌,并有两处较大的土溜。

土溜:明显的有两处,主要由不断失稳的饱和状的黄色黏土夹少量碎石构成。黏土饱水后成黏稠状和液流状,其中较大的一个土溜长 80m,宽 25m,体积 6 000 余立方米;较小的一个土溜长 40m,宽 20m,其体积弱 3 000m^3 左右。不仅大雨之际,就是平时亦常常发生失稳。这两处土溜目前已对其下住房及建筑物构成威胁,对整个古滑体的长期稳定也是不利的。

(2)稳定计算。

1)计算剖面的地质模型。选取Ⅰ—Ⅰ′为计算剖面，滑体的主要岩性是$\in_1^3$石龙洞组灰岩，仅在坡脚处见有少部分石牌页岩。其计算剖面考虑了两种情况，即干边坡并有一定地下水充水的条件见图5-4-18(a)。另一种情况，一次暴雨后，后缘张裂缝局部充水，见图5-4-19(a)。

2)计算滑面力学参数的确定。计算滑面通过了石龙洞灰岩和石牌页岩，故将以灰岩和页岩的力学参数及石龙洞组中的层间剪切带(301号、302号)和石牌页岩中的201号剪切带等作为参考参数，见表5-4-18。

表5-4-18 坝址区石龙洞组灰岩、石牌组页岩302号、301号、201号剪切带抗剪强度试验值

力学参数 / 岩层	抗剪强度指标						备注
	f			c(kg/cm²)			
	峰值	摩擦值	屈服值	峰值	摩擦值	屈服值	
201号	0.35	0.35	0.26	0.70	0.70	0.30	现场试验值
301号	0.35	0.35	0.25	0.95	0.95	0.60	现场试验值
302号	0.46	0.44	0.39	1.00	0.6	0.40	现场试验值
石牌页岩		参考值1.0			参考值1.0		根据试验后的设计建议值(作了折减)
泥灰岩微风化	1.6	0.82		25.5	14.2		根据试验后的设计建议值(未作折减)

3)计算公式的选择及不同方案的计算成果分析。本次计算采用“滑坡分块传递系数法”，对Ⅰ—Ⅰ′剖面各部位的古滑面的不同的倾角，分为六个计算条块，见图5-4-18(a)、图5-4-19(a)。由后缘至前缘逐块计算推力的传递，求得在不同稳定系数(K_c)条件下，干边坡及有水边坡滑面所需的抗剪指标值(f、c值)。

其中任意条块的受力见图5-4-20。

图5-4-20中，岩体自重W_i将产生：

垂直滑面的分量 $N_{Gi}=\overline{W}_i \cdot \cos a_i$

平行滑面的分量 $T_{Gi}=\overline{W}_i \cdot \sin a_i$

静水压力 $P_{Si}=\frac{1}{2}(h_{2i}-1-h_{2i})$

它将产生：

垂直滑面的分量 $N_{Si}=\frac{1}{2}(h_{2(i-1)}-h_{2i}) \cdot \sin a_i$

平行滑面的分量 $T_{Si}=\frac{1}{2}(h_{2i-1}-h_{2i}) \cdot \cos a_i$

计算块充水时，裂隙空隙中水重：

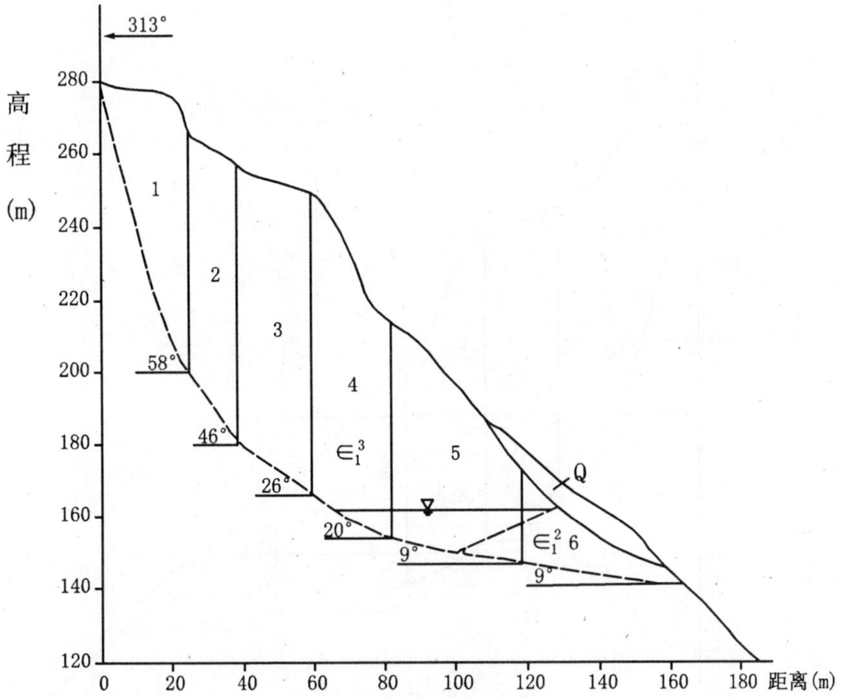

(a) 天然状态页岩坡脚常年充水

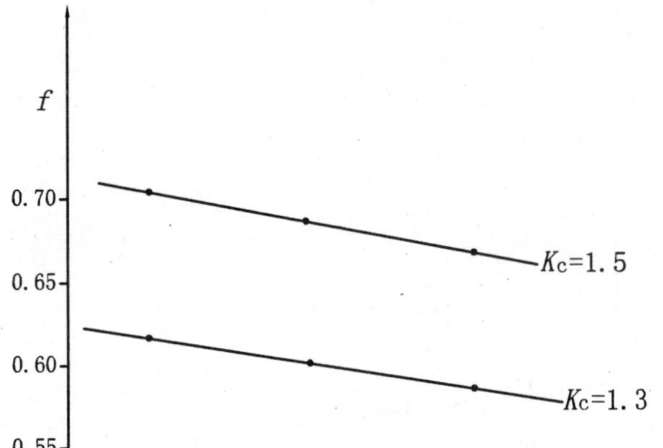

(b) 天然状态下 c、f 曲线

图 5-4-18 滑坡在天然状态下的地下水位及滑带土的力学参数图

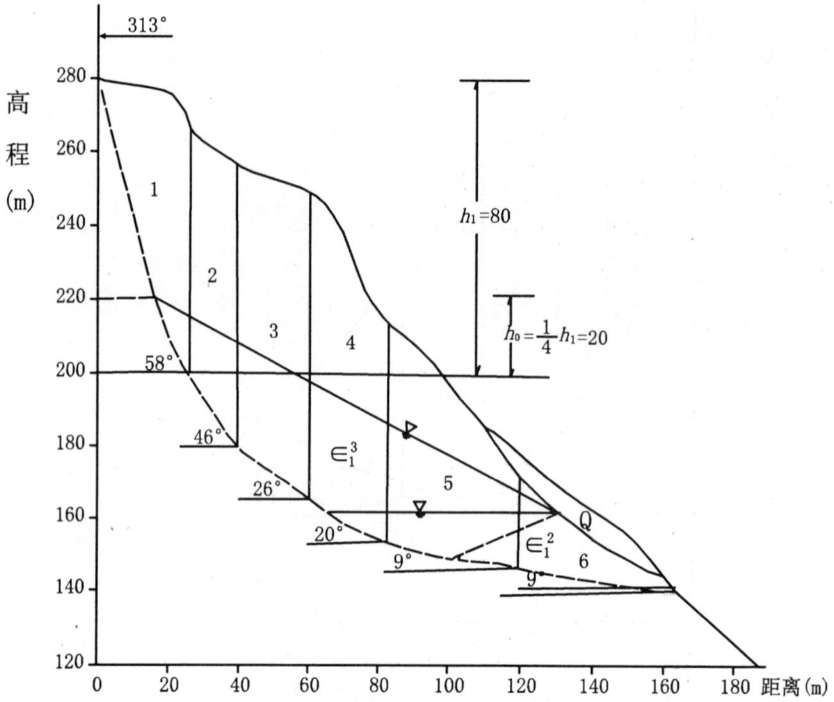

(a) 暴雨时后缘张裂1/4深充水

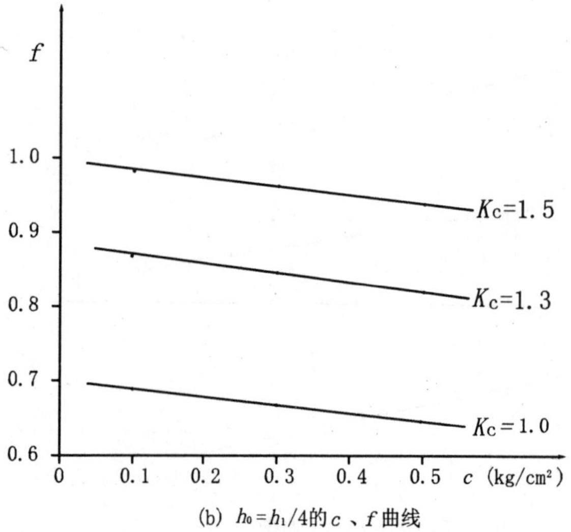

(b) $h_0=h_1/4$的c、f曲线

图 5-4-19 滑坡在暴雨状态下的地下水位及滑带土的力学参数图

$$P_{Di}=A_{Di}\cdot\gamma_W\cdot h$$

（γ_W 为水溶重，h 为孔隙裂隙率，暂定 0.2）。

此力将产生：

垂直滑面的分量 $N_{Di}=P_{Di}\cdot\sin a_i$

平行滑面的分量 $T_{Di}=P_{Di}\cdot\cos a_i$

水对滑体的浮托力 $N'_{Gi}=A\cdot D\cdot\gamma_w$

计算公式：$E_i=K_c(T_{Gi}+T_{Si}+T_{Di})-F(N_{Gi}+N_{Di}+N_{Si}-N'_{Gi})-c\cdot L+E_{(i-1)}\cdot\varphi_i$

式中：E_i为计算块的剩余下滑力；φ_i为传递系数，$\varphi_i=\cos(a_{(i-1)}-a_i)-\sin(a_{(i-1)}-a_i)\cdot F$；$L$ 为计算弧长；F 为摩擦系数；c 为黏结力。

各分条块的几何参数的计算成果见表 5-4-19。

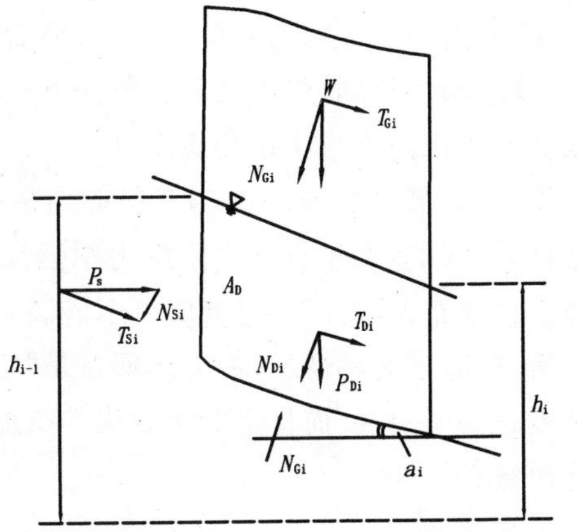

图 5-4-20 任意条块力的分解图

表 5-4-19 各计算分条块断面的几何参数表

计算块号	面积 A (m^2)	容重 γ (t/m^3)	自重 $\bar{\omega}=\gamma\cdot A$ (t/m^3)	滑面倾角 a_i (°)	滑弧长 L (m)	干坡条件下块体充水面积 $A_D(m^2)$	坡体后缘充水 $h_i=\frac{1}{4}h_1$	坡体后缘充水 充水面积 $A_D(m^2)$
0							77.25	
1	1 175	2.65	3 113.8	58		0	73.1	55.25
2	1 068.5	2.65	2 831.5	46	23	0	65.0	285
3	1 558	2.65	4 115.5	26	25	0	57.5	535
4	1 619	2.65	4 290.3	20	25	74	46.0	658
5	1 742	2.65	4 614.3	9	38	416.5	29.5	916
6	260 466	2.40 2.65	1 863.6	9	46	418	7.5	418

根据坡体充水条件的两种情况：自然坡（干边坡）条件，坡体后缘拉裂隙内无水，但坡体前缘部分常年有水，见图 5-4-18；一次暴雨后滑坡后缘张裂缝下部 1/4 裂缝深充水，见图 5-4-19(a)。两种条件的几何参数见表 5-4-19，其计算结果见表 5-4-20。

表 5-4-20 两种方案不同的 K_c 下所需 f、c 值

方案*	安全系数 / 抗剪值	$K_c=1$			$K_c=1.3$			$K_c=1.5$		
Ⅰ	c (kg/cm²)	0.5	0.3	0.1	0.5	0.3	0.1	0.5	0.3	0.1
	f	0.457	0.475	0.493	0.586	0.604	0.622	0.667	0.685	0.703
Ⅱ	c (kg/cm²)	0.5	0.3	0.1	0.5	0.3	0.1	0.5	0.3	0.1
	f	0.645	0.664	0.684	0.822	0.841	0.861	0.934	0.953	0.972

*：Ⅰ为干边坡（但坡脚附近常年有水）；Ⅱ为暴雨后后缘张裂缝下部 1/4 裂隙深充水。

现将计算结果作出 f、c 曲线见图 5-4-18(b)、图 5-4-19(b)。从上述图表得到的信息是：

第一，由力学试验成果表 5-4-18，若整个滑面取夹层的现场抗剪值(摩擦值)，$f=0.44$，$c=0.6\text{kg/cm}^2$ 只能勉强满足干坡条件下(Ⅰ方案)$K_c=1$ 的极限稳定，考虑有水条件(Ⅱ方案)是满足不了任何 $K_c \geqslant 1$ 的稳定条件。

第二，如果要求 $K_c=1.5$，其所能满足条件的 f、c 值分别为：f 值 0.667～0.972，c 值 0.5～0.1kg/cm²，这些值介于夹层的力学强度(摩擦值或屈服值)和岩石本身(即岩体)之间的强度值。也就是说，夹层的强度值是不能满足稳定要求的。

第三，鉴于观察情况，古滑体现在是"稳定的"或"基本稳定的"，信息反馈表明，古滑面的力学强度是高于夹层(而肯定低于岩块的抗剪断强度，不然稳不住)，否则古滑体的稳定现实就无法作出解答。

2. 解体边坡

由于导流隧洞出口边坡的开挖不当，导致原天然边坡在较大范围内解体，升船机中间错船池下段正通过这个已解体了的天然边坡段。该边坡属清江河道与花溪沟共同作用形成的侵蚀崖坡，坡高 70 余米，由坡脚至坡顶为 20°～70°的自然边坡地形。坡脚 93m 高程为平缓的清江一级阶地，坡腰 126m 高程为老长火公路，坡顶 160m 高程为平缓波状地形。岸坡岩体主要为 $\in_1^2$ 石牌组页岩和 $\in_1^3$ 石龙洞组灰岩组成，在坡脚及缓坡处有第四系松散堆积层。软弱的石牌页岩处于自然坡的下部位，形成上硬下软的不利边坡结构。

边坡岩体结构的主要特点是，上部灰岩虽为致密块状、坚硬，但岩溶化强烈，溶沟、溶槽密布，岩体溶蚀破坏充泥严重，表层强烈溶蚀，强风化带深达 10 余米。所见结构面主要有四组。

(1)NNE 组。8°～35°(优势走向 15°)，倾 NW～SE，倾角 80°。代表性断层有 f_{12} 等。该组不发育，斜切坡体。

(2)NEE 组。55°～85°(优势走向 76°)，倾 NW～SE，倾角 50°～82°，代表性断层有 f_1 等。该组较发育，斜切坡体。

(3)NW～NWW 组。275°～295°(优势走向 280°)和 296°～325°(优势走向 305°)，倾 NE—SW，倾角 70°～80°，代表性断层有 F_{203} 等。该组发育，平行切割坡体。

(4)NNW 组。345°～360°(优势走向 354°)，倾 NE—SW，倾角 70°，代表性断层有 F_{10} 等。该组最发育，斜切坡体。

这些断层或裂隙根据 1∶500 地质测绘统计，切割密度，密者间距 1～2m，稀者 3～8m，加上短小裂隙，岩体常呈块状或似块状结构，一般块度 0.5～1.0m，块度大者 2m。在表层一定深度的某些部位，灰岩不仅为上述块度状态，且结构面张开或充黄色黏土等，使得岩块成互不相连的析离体。而下部页岩本身软弱、风化严重，形成了一定深度的强风化岩体，而成数厘米至 0.3m 块度不等的层状-碎裂结构或手能扒动的强风化碎屑状岩体，且有 201 号层间剪切破碎泥化带及高、缓倾角的微细节理，强度低，条件差。

由于长期的岸剪卸荷，形成了一系列的岸剪裂隙，尤其是沿平行坡体发育的 NWW 组结构面，形成了宽 20～25m 的岸剪卸荷带，其后缘以 F_{203}—f_{17}—f_{11} 一线分界，见图 5-4-21、图 5-4-22。在岸剪裂隙发育带内形成了一系列的不利块体或离位体。一些块体的控制性结构面倾向临空面或倾向坡后，但都为 80°的高倾角或近于直立，构成了不利的滑塌体或可能产生座落或倾倒的不利块体。

鉴于上述情况，它既不利于边坡的稳定，更不利于直接作为中间错船池支墩的建基岩体。

上述边坡由于导流出口洞脸段的不正确施工，导致了该边坡的急剧变形和全面解体，由河岸向西200m形成了长150m、宽20～25m的边坡变形松动带。升船机的中间错船池恰通过此解体危岩边坡，将严重影响通航建筑物的兴建和将来的运行。

就边坡变形的原因和机理而言，是上部灰岩块体座落和向临空面倾伏或推移，下部页岩被压缩(包括本身自重)和被挤出。下部页岩坡脚在施工中的不适当掏挖，则直接诱发了该边坡的急剧变形，地下水(特别是暴雨后)则加速了变形发展，从而使整个边坡的岸剪卸荷带转化为沿 F_{203}—f_{17}—f_{11}一线为界的边坡变形松动带，使之解体而析离出若干块体。松动变形的明显块体有五个，见图5-4-21。各块体的沉降变形由60～80mm，水平位移几十到700余毫米不等，并多次发生中小型塌滑(数十至数百立方米)，其中变形最剧烈者又以正处中间错船池部位的第Ⅴ号块体为最严重。该块体由 f_{10}— f_{11}— f_{12}所围限，方量约5万 m^3(包括灰、页岩在内)。f_{11}为顺坡切割，倾角大于70°，f_{11}、f_{12}为侧向切割，处于高倾角微倾坡后。该块体在急剧变形中又分为若干亚块，以致有的呈散体状。通过手测点和高精密经纬仪测量，累计约3个月(1987/10/21～1988/02/02)的变形总量达(垂直下沉量)827mm、(水平位移)735mm。其实，变形量远不止此。因在监测系统建立前已明显位移变形，从 f_{11}下座手测达2m以上，张开达1～2m。某些部位见断层张开深不见底，直冒热气。

其变形松动带后缘边界以精测点 P_{15}(即新长火公路坎缘处)为界，见图5-4-21。该点无变形位移，故变形松动带后缘只限于 F_{203}—f_{17}—f_{11}一线。但随着变形的发展和时间的推移，张应力可能继续向后扩散。

因变形边坡即是导洞出口边坡，又已成为通航建筑物的中间错船池支墩的建基岩体，下面就Ⅴ号块体的稳定性作进一步分析。

首先论证稳定的边坡开挖角：地质人员建议石牌页岩按25°(强风化)和40°～45°(新鲜页岩)开挖，并设置宽5m的系列马道，灰岩按70°开挖；并建议先对上部灰岩削坡减荷，而后开挖下部页岩。这种边坡治理主要依据三条：其一，上述不利边坡岩体结构；其二，依据自然坡类比法，通过大量现场调查，自然稳定坡角是20°～30°～70°(由下部页岩—上部灰岩)，开挖后的永久边坡按25°～40°～45°～70°显然是合理的；其三，依据理论计算进行整体稳定坡角校算。校算这样考虑，因页岩中设有系列马道，开挖边坡又较缓，在削去上部灰岩减荷后，应力计算表明：页岩临坡附近应力迅速减小，只为原来的几十分之一或不足百分之一，故可略去上部灰岩压重，而只考虑页岩本身的边坡稳定。稳定计算的岩石力学取值见表5-4-21。

表5-4-21 石牌页岩抗剪强度试验值

项目 岩性	f			c (kg/cm²)			容重 γ (g/cm²)
	峰值	摩擦值	屈服值	峰值	摩擦值	屈服值	
页岩	0.73	0.73	0.54	1.3	1.3	0.7	2.6

按表5-4-21取定页岩的整体强度，从全饱水条件(即有大量的地面渗水)考虑，取 K_c=1.5，以霍克·伯雷圆弧滑动理论计算出页岩段的整体稳定边坡角如下：强风化页岩以屈服值

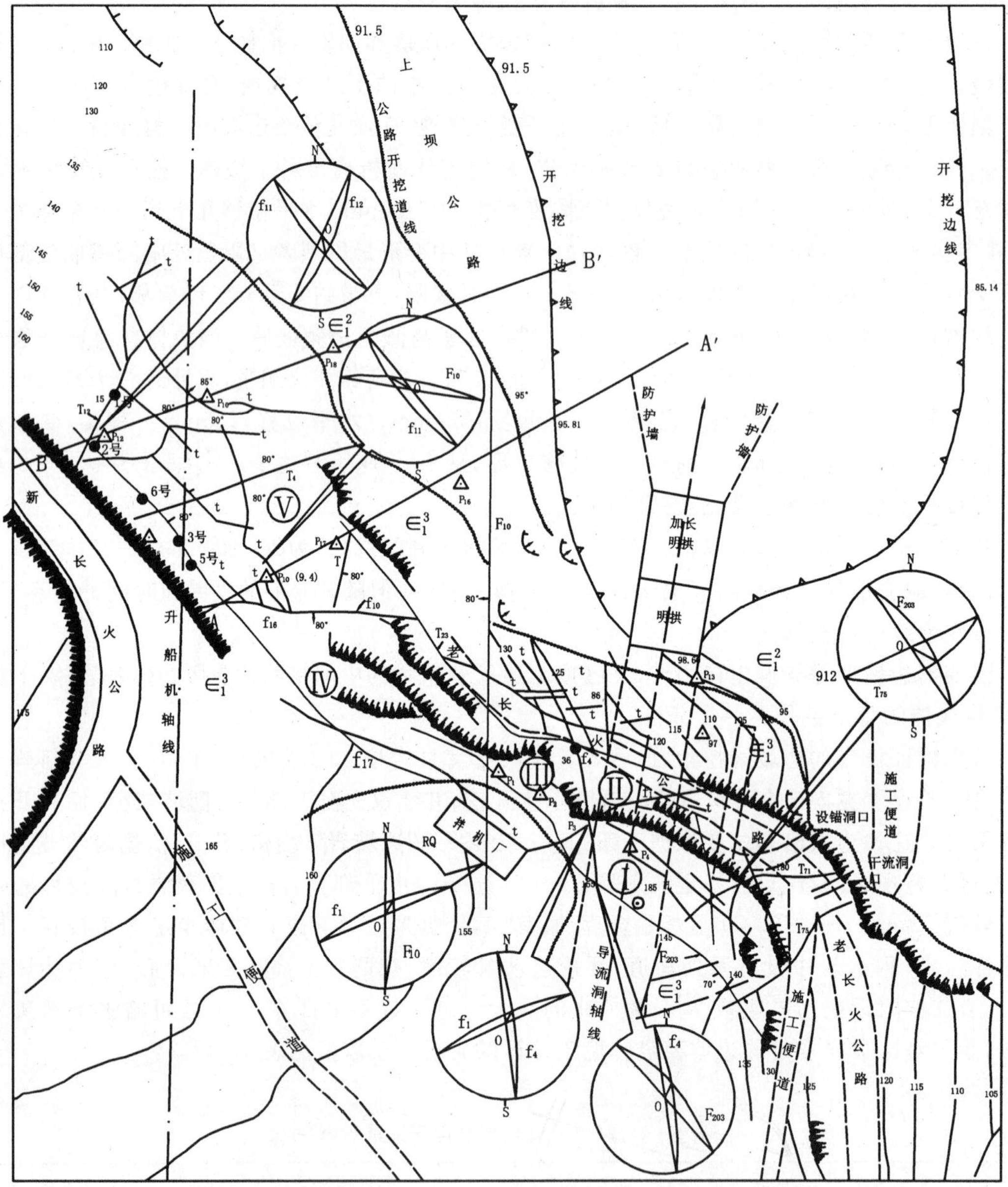

$\in_1^3$ 石龙洞灰岩　$\in_1^2$ 石牌页岩　F_{10} 断层及编号　f_1 断层及编号　T_{23} 裂隙及编号

t 变形张裂缝　Ⓘ 变形块体编号　▲P_{12} 精密经纬仪观测点号　●1号 手测点及编号　岩性界线、经常滑塌处

图 5－4－21　错船池下段通过导流洞出口边坡段的工程地质平面示意图(单位:m)

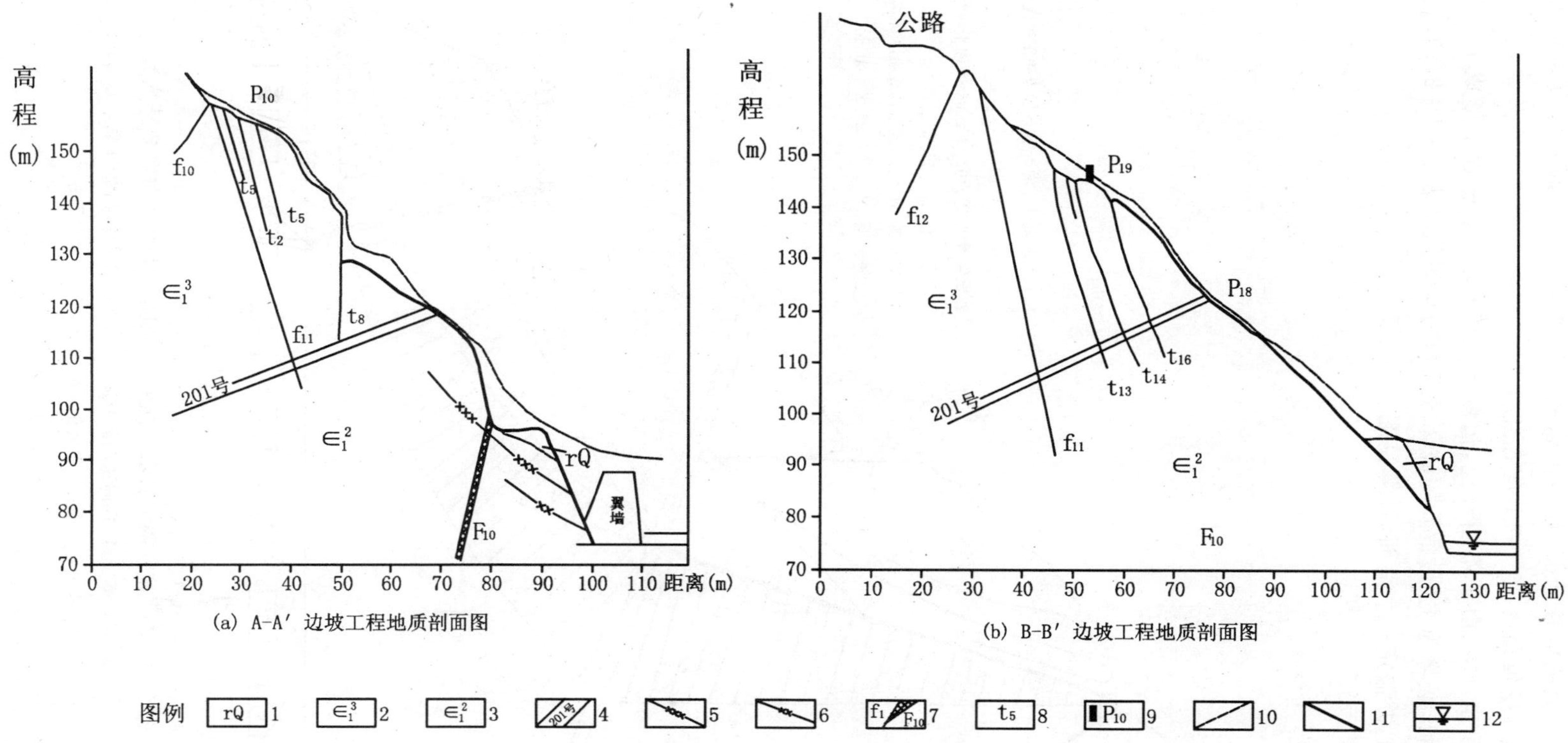

(a) A-A′ 边坡工程地质剖面图

(b) B-B′ 边坡工程地质剖面图

图 5-4-22　导流隧洞出口变形边坡 V 号块体工程地质剖面图

1. 人工堆碴；2. 石龙洞灰岩；3. 石牌页岩；4. 软弱夹层及编号；5. 强风化下限；6. 弱风化下限；7. 断层及编号；8. 变形张裂缝及编号；9. 变形精测控制点；10. 原地面线；11. 变形后的地面线；12. 渠道水位

计算的整体稳定坡角为 25°，新鲜页岩按峰值(峰值＝摩擦值)计算的整体稳定坡角为 48°。我们认为，强风化页岩只能取较低值(屈服值)，故开挖坡角为 25°，而新鲜页岩只能取峰值与屈服值之间的值，故开挖坡角为 40°～45°是恰当的。

V 号块体的稳定计算：由于不当开挖，边坡已变形，在变形过程中形成了 V 号块体(5 万 m^3)。假定仍以滑出破坏为主(最危险的破坏方式)，力学取值见表 5-4-21(灰岩段假设全部拉开，$f=0$，$c=0$)，并假定三个滑面，计算见图 5-4-23。

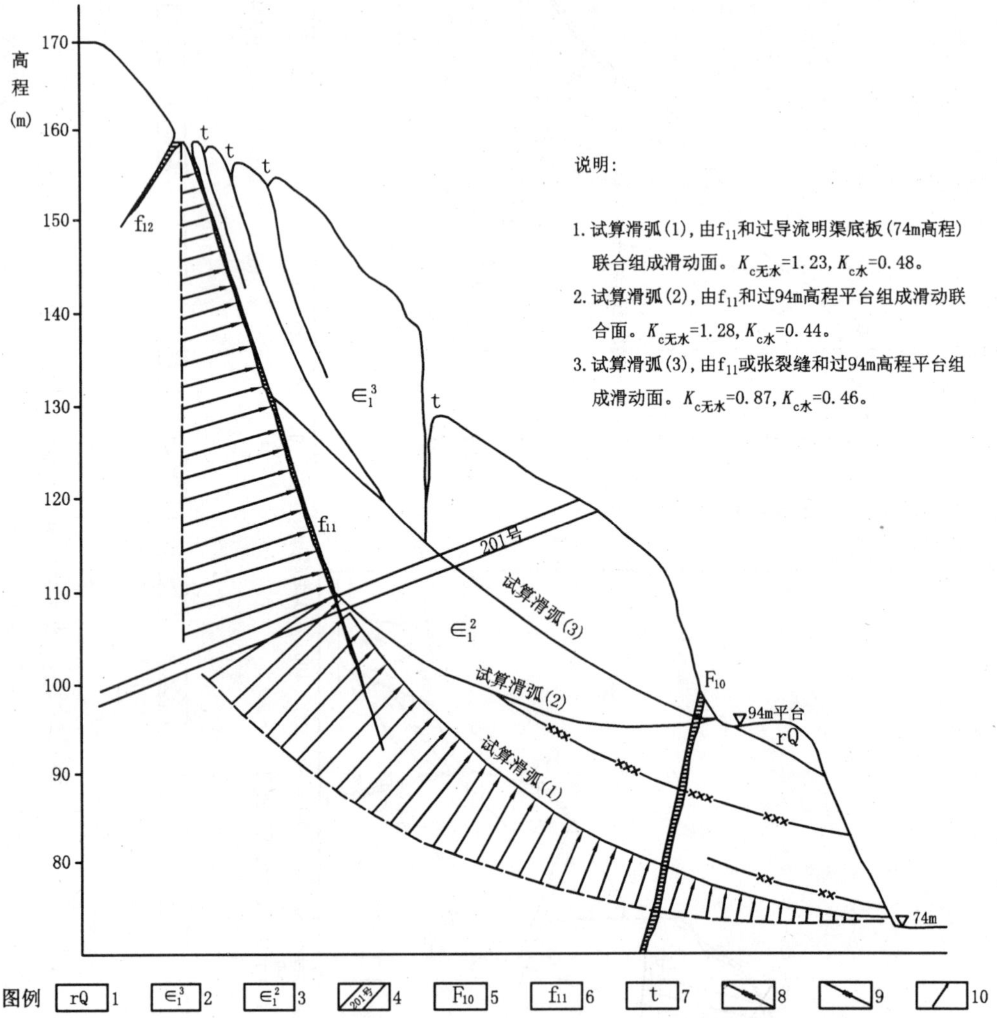

图 5-4-23 清江隔河岩水利枢纽下引航道斜坡段边坡稳定计算图

1. 人工堆积；2. 石龙洞灰岩；3. 石牌页岩；4. 层间错动面及编号；5. 大断层及编号；6. 小断层及编号；7. 变形张裂缝；8. 强风化下限；9. 弱风化下限；10. 地下水压力及方向

滑弧(1):$K_{c无水}=1.23$　　$K_{c水}=0.48$

滑弧(2):$K_{c无水}=1.28$　　$K_{c水}=0.44$

滑弧(3):$K_{c无水}=0.87$　　$K_{c水}=0.46$

这样在无水条件下,滑弧(1)、(2)都有一定的安全度,而滑弧(3)是不稳定的。滑弧(3)的剪出口在94m高程平台处,后缘以 f_{11} 为切割面,下半弧处于强风化页岩中,$K_c<1$。从变形观察看,在94m平台以上,不仅有一系列变形张裂缝,坡体迅速变形位移,还不时多次发生塌方,所以,此滑弧(3)是最不稳定的。在考虑全裂面(或滑面)贯通充水的情况下,滑弧(1)、(2)、(3),$K_{c水}$只有0.44~0.48。但实际上,这种情况仅在阵发暴雨和连续大雨时是相近的,这与雨后加速变形位移是相一致的。

可以看出,这样的边坡是不能维持永久稳定的,因而该斜坡段不能作为建筑物基础。

3. 危岩体

升船机上引航道是由人工开挖形成的航道,开挖最大坡高62m。由于地表的强烈溶蚀风化和断裂构造的组合,形成了三个危岩体。

Ⅰ号危岩体:位于上引航道弧线段,水井湾小向斜的核部北翼,发育在上峰尖组$\in_2^{2-8}$段斑纹灰岩中,岩层产状走向65°,倾SE,倾角40°,在水井湾沟的北侧边坡中,发育有 f_2 和 f_3 小断层并遭强烈溶蚀充泥。上部充泥宽度最大为0.4m,f_3 产状走向300°,倾向SW,倾角60°,顺坡分布,与临空层面构成切割面与滑面。当航道下挖至158m高程时,加之边坡的整治,Ⅰ号危岩体将基本临空。见图5-4-24。在库水消涨的影响下,该危岩体是不可能稳定的,施工期间的安全也可能受到威胁。建议在边坡开挖过程中予以挖除方量300余立方米。

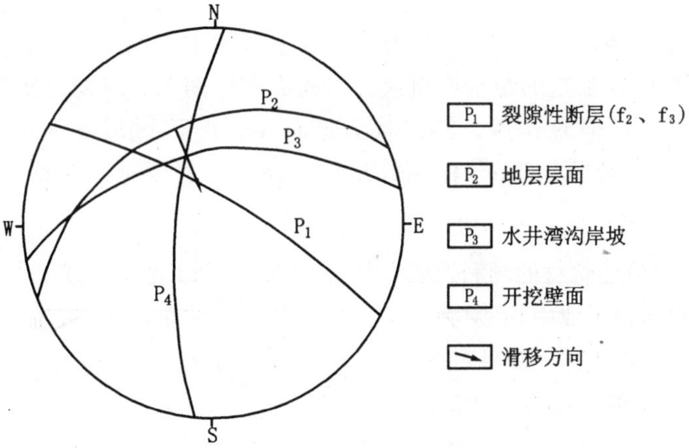

图5-4-24　Ⅰ号危岩体结构面北半球赤平投影图

Ⅱ号危岩体:位于上游引航道东坡与大坝重力墩上游坡相交地段,发育在红溪灰岩和平善坝灰页岩互层中。其形态见图5-4-25、图5-4-26。由于大坝重力墩结构的要求,建基面高程132m,致使该危岩体北侧边坡高达50m,且边坡下部主要为平善坝组页岩,上硬下软,边坡中还有401号、403号、405号、406号等层间剪切破碎泥化带。边坡顶部溶槽、溶沟发育,F_{29}断层平行北坡分布,溶蚀强烈,距大坝重力墩上游壁面10~35m,溶蚀深度达20余米,上宽下窄,地面溶蚀宽达5m,溶蚀带中有黏土和岩块。结构面之间的岩体大都由一些短小的裂隙和层面切割而成溶蚀破碎状。下部页岩在长期泡水的情况下,极易压缩变形,所以整个边坡存在倾覆破坏的可能。危岩体的总方量约6 500m^3,建议适当挖除。

Ⅲ号危岩体:位于上游引航道西坡与28~29坝块(重力坝段)上游坡相交地段,发育在红溪灰岩与平善坝组地层中。其形态见图5-4-25、图5-4-27。由于大坝结构的要求,28坝块建基面高程147m,坡顶高程195m,形成高48m的边坡。在顶坡有F_{29}、F_{95}断层平行大坝分布,距坝轴线分别为55~40m。在175m高程以上为强烈溶蚀风化带,严重者呈松散的块石带。F_{29}、F_{95}两条断层地表溶蚀充泥严重,宽者达1m。在175m高程下,F_{95}断层带中充填黏土和碎块石,宽者仍有0.5m。F_{29}断层带在175m高程以下也有0.1m宽的黄色黏土充填。在F_{29}断层以南还有一条走向近东西向分布的、倾北的中缓倾角的裂隙型断层。在长期水库消涨的影响下,175m高程以上的破碎岩体是不会稳定的。在开挖过程中,已经常有小规模块石下落,危岩体方量约8 400m^3,建议适当挖除。

4. 不稳定块体

据分析与实地开挖,在上游引航道左侧边坡中,存在两个明显的不稳定结构体。

(1)Ⅰ号不稳定块体。在205m高程平台以上的壁面,由三组结构面和开挖壁面构成。结构面的产状分别为P_1走向50°,倾北东,倾角50°~55°(为顺坡向分布的结构面,构成了该块体的滑移面);P_2走向90°,倾北,倾角80°(为上游侧面切割面),已张开0.1m左右;P_3走向90°,倾南,倾角80°(为下游侧向切割面),亦呈张开状。开挖壁面走向320°,倾北东,倾角73°(为临空面)。块体长10m,高7m,方量约200m^3。当该不稳定块体全部临空时,在大暴雨之际,有可能失稳,建议挖除。

(2)Ⅱ号不稳定块体。位于190m高程平台以上壁面中,发育在上峰尖组$\in_2^{2-8}$段斑纹灰岩中,由一组平行壁面并临空的结构面组成。结构面在壁面上的正视出露形态是圆弧状,起侧向切割和顺坡向滑动的双重作用。其产状为走向325°,倾北东,倾角56°,开挖临空面走向320°,倾北东,倾角73°,块体长10m,高5m,方量约150m^3,建议全部挖除。

5. 合理的环境改造

为确保隔河岩通航建筑物的顺利建成,并能长期安全运行,在环境方面主要应考虑下列一些主要的问题,在航道边坡形成中,必须有一个合理的开挖边坡角;解体边坡区必须进行彻底的挖除;下航道西侧自然边坡上的晒鼓坪古滑体不能因下航道的开挖而破坏它的自然平衡状态。

(1)各类岩石和土的开挖边坡角的建议,见表5-4-22、表5-4-23。

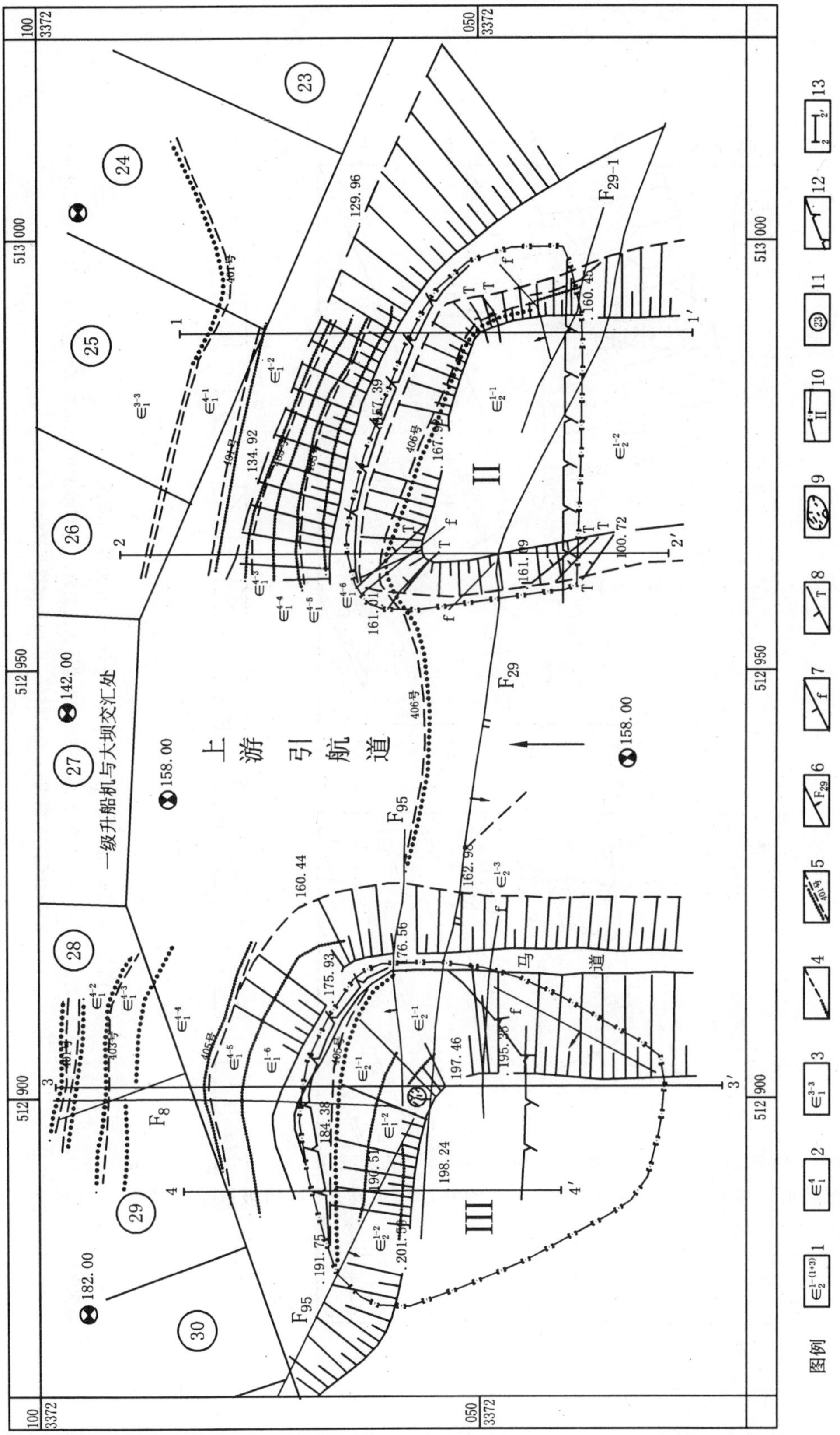

图 5-4-25 Ⅱ号、Ⅲ号危岩体工程地质平面示意图

1. 红溪灰岩（1～3 段）；2. 平善坝组（1,3,5 层为页岩，2,4,6 层为灰岩）；3. 石龙洞组厚层斑纹灰岩；4. 组段地层界线及推测地层分界线；5. 层间错动面及编号；6. 断层及编号；7. 裂隙性断层；8. 裂隙；9. 充泥溶洞；10. 危岩体范围线及编号；11. 大坝分块编号；12. 地质建议开挖线；13. 剖面线及编号

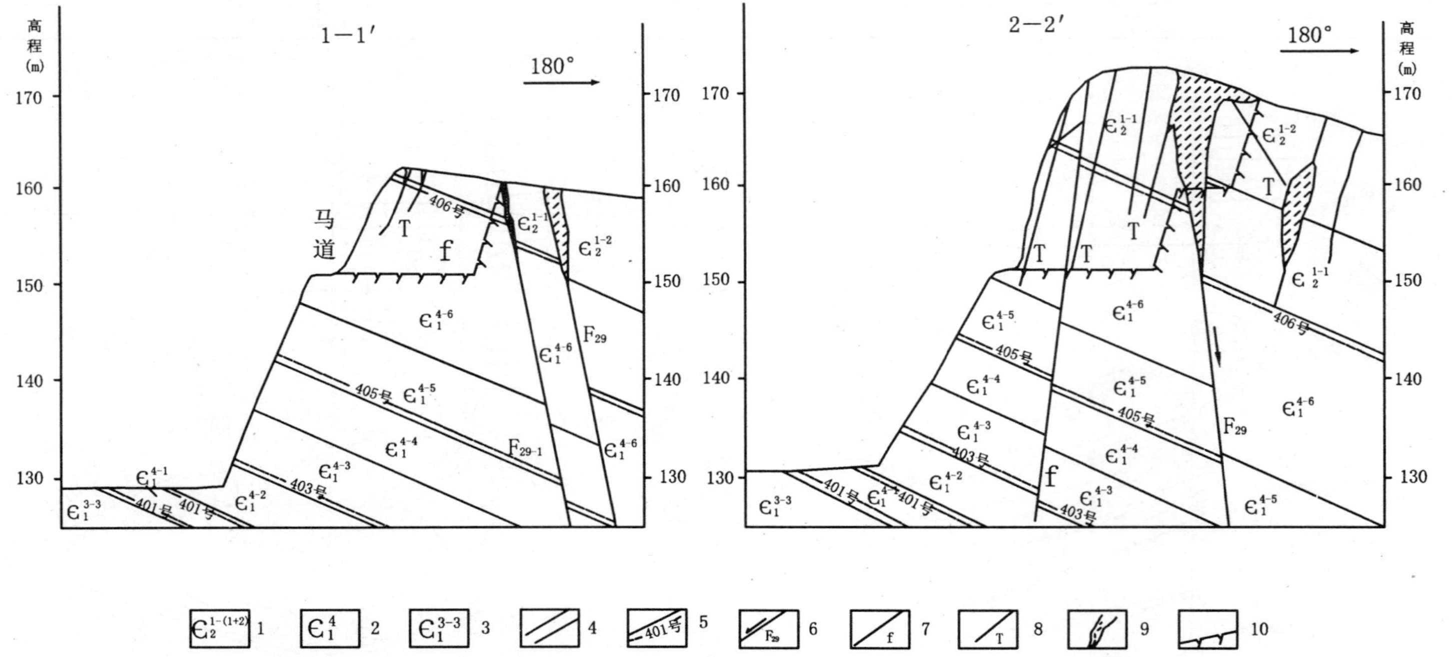

图 5-4-26　Ⅱ号危岩体(1—1′、2—2′)工程地质剖面图

1. 红溪灰岩(一、二段);2. 平善坝组:一、三、五为页岩,二、四、六为灰岩;3. 石龙洞组厚层斑纹灰岩;4. 组段地层界线;5. 层间错动面及编号;6. 断层及编号;7. 裂隙性断层;8. 裂隙;9. 充泥溶洞;10. 地质建议开挖线

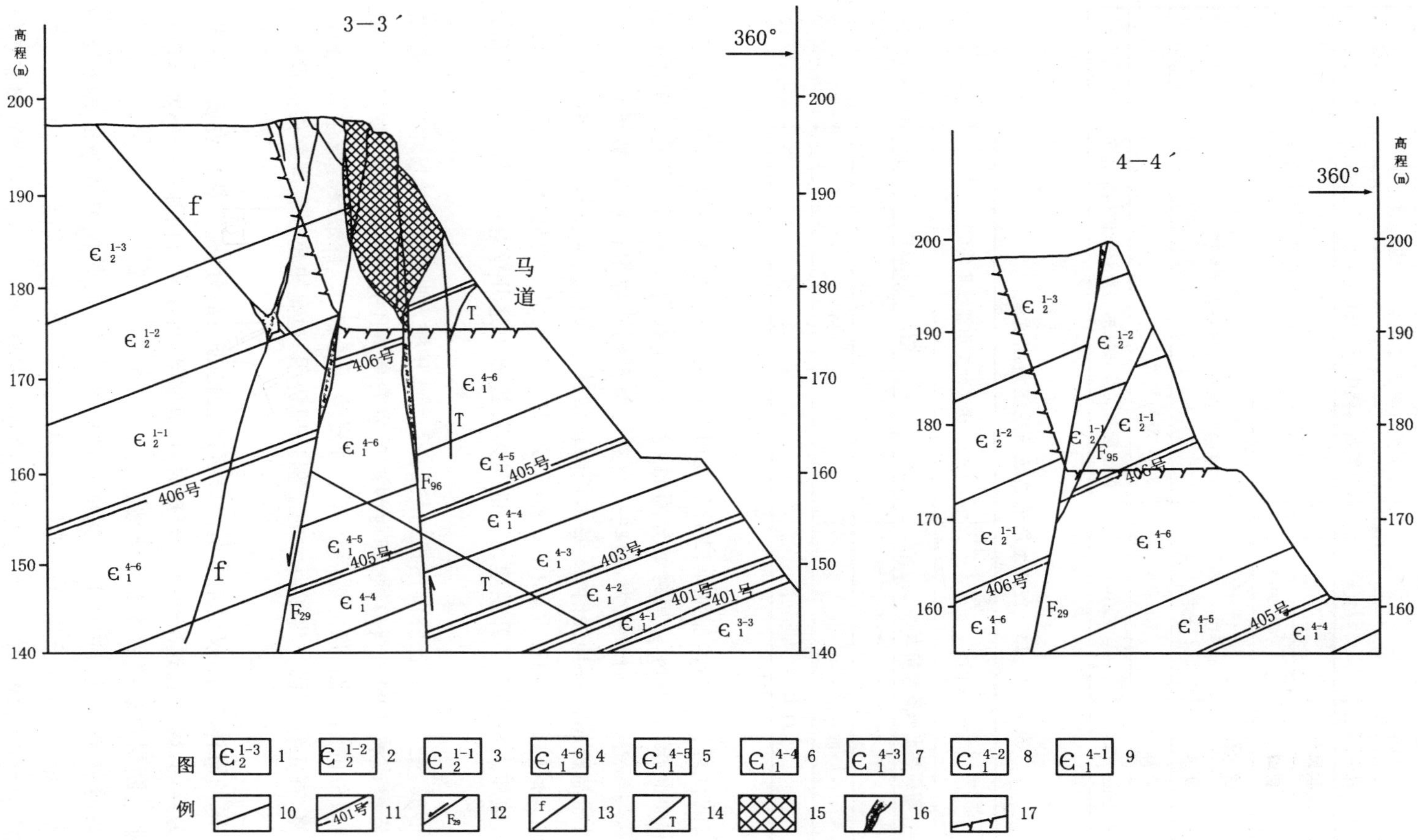

图 5-4-27 Ⅲ号危岩体(3—3′、4—4′)工程地质剖面图

1.红溪灰岩第三段灰岩;2.红溪灰岩第二段灰岩;3.红溪灰岩第一段灰岩;4. 平善坝组第六段灰岩;5. 平善坝组第五段页岩;6. 平善坝组第四段灰岩;7. 平善坝组第三段页岩;8. 平善坝组第二段灰岩;9. 平善坝组第一段页岩;10.地层界线;11.层间剪切带及编号;12.断层及编号;13.小型断层;14.裂隙;15.岩体破碎区;16.断层溶蚀角砾;17.开挖线

表 5-4-22　各类岩石的边坡开挖坡角建议值

岩石类别＼项目	风化程度	建议开挖坡角(°)	备注
页岩	强、弱风化	25	主要指石牌组($\in_1^2$)页岩的强弱风化带
页岩	新鲜	40～45	主要指石牌组($\in_1^2$)页岩
灰页岩互层	层状风化	40	主要为$\in_1^4$平善坝页岩与灰岩互层状的岩体段
	新鲜	50～60	
泥灰岩与灰岩互层	层状风化	45～50	上峰尖组泥灰岩与灰岩互层段
	新鲜	65	
灰岩	新鲜	70～75	各组、段的灰岩
表层强烈溶蚀风化带		40	各组段灰岩分布区的表层强烈溶蚀风化带

表 5-4-23　各类土层的边坡开挖坡角建议值

土类名称＼项目	建议开挖边坡坡角值(°)
粉质黏土或砂质黏土	20～25
砂层	20
卵石层	30
碎石土	25

(2)解体边坡段的处理。中间错船池下段的基础边坡段，是一个解体的边坡，在平面上，呈一典型的簸箕状，平面面积2 800m^2。周缘的分离面f_{10}、f_{12}大都拉开1～2m。分离体中还有次级拉裂缝，如T_{15}、T_{16}、T_4等。并初步认为，这些拉裂缝已发育到石牌组页岩，边坡正处于全面解体的状态，中间错船池跨越这一地段时，应基本挖除已解体的坡体。将错船池的各支墩基础置于完整新鲜岩石上，挖除的范围在9—9′、*A*—*A*′、*B*—*B*′、10—10′工程地质横剖面及升船机轴浅地质纵剖面中，地质人员都作了开挖建议。地质人员提出上述开挖意见，是出于以下几点考虑。

1)解体边坡的形成，是由于导流隧洞出口边坡的不适当开挖，加之原自然坡中的一些“先天”不足，诸如由灰岩组成坡体的强烈溶蚀，卸荷裂隙的发育等，但由于坡高不大，页岩基座庞大，坡体中没有倾向坡外的结构面，加之坡后又有Ⅰ号岩溶通道排水，自始没有发生大规模的边坡崩滑事件。当然，在工程上已付出了巨大的工程处理费用，也是未出现悲剧事件的重要原因之一。

由f_{10}、f_{11}、f_{12}围限的解体坡体，仅仅是导洞出口解体边坡的一部分，整个解体边坡的后缘，是以F_{203}—f_{17}—f_{12}为界的，因而在这个范围内开挖时，向东侧即向导洞方向开挖是不能形成边坡的，向西只能越过f_{12}断层拉裂缝后才能形成坡。

2)解体边坡的后缘拉裂隙f_{11}，由于拉开宽度及深度均很大，其外侧坡体亦沿其下座约2m，而f_{11}拉裂缝又是向南倾斜，对于f_{11}断层以南的岩体起到了一个新的临空面作用。在f_{11}拉裂缝以南的坡体中的平行边坡的原有裂隙，已有轻微的张开现象(张开宽度几毫米)，因而圈定了一个拉应力扩散区。为此，沿升船机轴线方向开挖时，其起坡线应在拉应力扩散区以南。

3）当基本将边坡中的解体岩体挖除后，考虑到边坡的岩体结构是上硬下软，为减少软弱的页岩承受较大的压应力与剪应力的作用，在沿轴线方向进入石牌组页岩时，要形成一个宽 30m 的大平台。灰岩坡向南后退时，要矮坡、宽台的形式向南开挖。

上述几点地质方面的考虑，应该作为边坡开挖的设计原则。

3. 晒鼓坪古滑体问题

晒鼓坪古滑体在自然状态下经历了发生、基本形成至自然稳定的过程，经历了地质历史时期的考验，现已处于稳定的状态。只要在下航道开挖过程中不破坏它的平衡条件，古滑体是不会复活的。但是，古滑体与航道间分别在 140m、94m 高程开挖了两条公路，又分别形成了高 20～44m 的路堑边坡，边坡坡度较陡 30°～40°，140m 高程公路的路堑边坡高达 50°。为此建议对路堑边坡进行适当整治，如加造挡土墙，做好滑体地面排水等。在可能的条件下，建议在滑体中适当做些深排水廊道。从现在起，应对滑体进行全面的监测，包括设置地面视准线、深部应力与位移的监测装置等。

在升船机布置段，只要充分注意上述的环境条件，并按地质方面建议的环境改造方案去做，就不会出现意外的环境问题。

四、升船机各部位工程地质条件及评价

1. 上游引航道

总长约 420m，底宽 45m，航道底高 158m。平面布置呈一弧形状。其中进口段长 200m，方向 320°；中间为弧形段，长 120m，圆心角 42°，半径 165m；然后进入直线段，长 100m，方向 3°与一级垂直升船机相接。上游航道地段，最大下挖深度 62m（东坡最大下挖深度 25m）。

（1）进口直线段。长 200m。通过的主要地层为上峰尖组 1～7 段（$\in_2^{2-(1\sim7)}$）泥灰岩夹灰岩，呈典型的层状风化，泥灰岩显强风化状。通过的主要断层有 F_{700} 逆掩断层，断层带宽 2 余米，片状碎裂，片状间已叶腊石化，此段的最大坡高 62m。

此段组成边坡的岩体均为风化岩，建议开挖坡角 45°，并建议每上升 10～15m 留一宽 5m 的马道，对 F_{700} 断层进行适当掏槽挖除，并加砼塞。

（2）弧线段。长 120m（200～320）。两端点的地面高程分别为 220m、205m，中间高程最低 175m。边坡高度 62～17m。该段通过小向斜核部，向斜两翼岩层对倾，倾角 20°～25°。内侧坡上部主要为 $\in_2^{2-8}$ 段厚层斑纹灰岩，下部为 $\in_2^{2-(1+7)}$ 段泥灰岩与灰岩互层；外侧坡上游段为 $\in_2^{2-(1+7)}$ 段泥灰岩与灰岩互层，下游段为红溪灰岩。泥灰岩大都显风化状，灰岩发育有不同程度的溶沟溶槽。开挖边坡建议泥灰岩 45°，灰岩 70°。1 号和 2 号不稳定块体，Ⅰ号危岩体均分布在该段的内侧坡上，建议全部挖除。

（3）直线段。长 100m（320～420）。该段地形高程内坡 205～195m，外侧坡高程 172～160m。由于低缆机过河缆索运行的需要，地面高程不能超过 195m，超出部分已挖除，所以内边坡的高度仅 37m。两侧边坡大部分由红溪灰岩组成，内侧坡靠上游侧，在古海沟界面以上为 $\in_2^{2-(1+7)}$ 灰岩夹泥灰岩，外侧坡靠大坝处出露部分平善坝组第六段（$\in_1^{4-6}$）薄层条带灰岩。岩体较好，开挖坡角建议 70°，每上升 15m 留一宽 5m 的马道。

该段与大坝相接部位（一级垂直升船机）出现双面临空边坡。在这双面临空地段有 F_{29}、F_{95}、F_{31} 三条断层横切航道，形成了Ⅱ、Ⅲ不稳定岩体。坝工方向已对两个危岩体进行了大部

分或部分挖除。

对未挖除的 F_{29}、F_{95} 断层及古海沟界面，要适当抽槽挖除回填砼塞。

2. 一级垂直升船机(相当于大坝的 27 坝块)

在坝工方面已作了妥善的基础处理，不再评价。值得提出的是航道底板(高程 158m)与大坝基础间(27 坝块建基面高程 132m)存在一个高 26m 陡坡，而这个坡体大部分由平善坝页岩组成。为此建议 27 坝块(包括 26 坝块和 28 坝块前缘)要进行很好回填，回填高程至 158m。

3. 中间错船池

全长 396m，错船池底板高程 158m。该建筑物的主要地质问题是下段要通过解体边坡，如何通过这一坡体段，详见环境地质部分的论证。挖除边坡的起坡线距一级垂直升船机 185m，所以，中间错船池可分为两段进行评价。

0～185m 段：为石龙洞组灰岩分布区，地面溶沟、溶槽发育，一般发育深度 15～20m，中段要穿过杨家坪溶蚀槽谷，槽底高程仅 147m，两侧地面高程分别为 165.77m、165m。地面高程不足 158m 的长度为 85m，尚需回填，称为基础回填段。鉴于大暴雨时，杨家坪溶蚀槽谷，有地面水流，需设置排水涵洞。回填段两侧为下挖段，挖深 2～9m。上述条件表明，错船池 0～180m 段基础是不均一的，主要是溶槽、溶沟发育并充填黏土碎石，还有回填段，建议错船池应有足够厚的砼底板。

斜坡段(185～396m)长 211m，最大高差(158～63m)95m，开挖方式见轴线地质剖面图。开挖论证见环境地质部分的叙述。该段中 185～235m 段、长 50m，为石龙洞组灰岩。235～396m 长 161m 为石牌组页岩。建议错船池支墩放在石龙洞灰岩段上一个，页岩段一个，灰岩段作为墩基条件很好，但墩基下灰岩厚度不得小于 10m。页岩段的支墩基础应进入页岩内 10m，其压强不能超过 $10kg/cm^2$。

4. 二级垂直升船机

位于中间错船池与下引航道之间，长 52m，宽 30m。长轴方向 NE 3°，建基面高程地质方面建议 63～65m，建筑物的总高度 122m。

二级垂直升船机布置在Ⅰ级阶地上，地面高程 92.91～94.21m。建筑物部位 5 个钻孔收集的信息见表 5-4-24。从表中可以看出，这一带阶地堆积物的厚度 19.70～24m，基岩面高程 68.91～74.33m。又从基岩面高程等值线图中看出，基岩面的高程以西南最高 80m，东北角部位最低 69m(335 号孔基岩面高程 68.91m)。

表 5-4-24 二级垂直升船机地段钻孔统计表

钻孔编号	钻孔地面高程(m)	孔深(m)	覆盖层厚度(m)			基岩面高程(m)	风化带厚(m)					平均岩芯获得率(%)	破碎带数(条)
							强		弱		强弱风化厚度(m)		
			总厚	土层	砂砾层		底板高程(m)	厚度(m)	底板高程(m)	厚度(m)			
335	92.91	39.15	24.00	10.00	14.00	68.91	66.44	2.47	65.91	0.53	3.00	14	2
288	93.40	70.71	21.62	9.60	12.02	71.78						43	2
287	94.03	71.11	19.70	13.30	6.40	74.33						39	1
266	94.21	70.48	20.95	13.00	7.95	73.26						63	6
289	93.38	52.51	22.45	10.90	11.55	70.93						32	

建基岩体均属石牌组第三段页岩。根据多年的地质研究，石牌页岩的岩体特性可概括为：页理发育，多层间错动泥化面，多高倾角裂隙及小破碎带，块度小，失水干裂，强度低，属薄层状碎裂结构岩体。从表 5－4－24 看出，基岩面高程最低(68.91m)的 335 号孔，强风化带厚 2.47m，弱风化带厚 0.53m，微新岩带的顶板高程 65.91m。可以判断现有钻孔揭示的岩面高程最低点并没有捕捉到，所以建基面高程不宜超过 65m，定为 63m 较为可靠。

从表 5－4－24 还看出，5 个钻孔共揭露破碎带 11 次。岩心获得率最低 14％(335 号孔)，最高 63％(266 号孔)，一般只有 20％～40％，可见岩石很破碎，按统计的 RQD 均属最劣岩体。

据地质判断与钻孔揭示，坝区内最大断层之一的 F_{10} 断层，纵贯升船机的基础部位，不仅宽度大，破碎更为严重，也可能出现沿断层的深风化现象。为此，地质方面建议，沿 F_{10} 断层要深挖 2～3m 后置换砼。

二级垂直升船机位于峡谷出口处的开阔阶地区。在这样的地理环境上，耸立着一个高达 120m 的独立建筑物，风力作用是非常敏感的，基础各角点的受力状态经常是不一致的，而石牌页岩层间泥化面又十分发育，各角点处基岩中的泥化厚度又不可能一致，所以不均匀沉陷问题必须引起重视。

5. 下引航道

大部分在 I 级阶地上开挖，航道底高程 76m，均在第四系河流堆积层中形成，地面高程 89.37～93.40m，最大下挖深度 17.4m，开挖坡角：土层 25°、砂砾石层 30°，并作好护面。应特别提出的是，在有限的钻孔中，就在 355 号孔高程 80m 处，发现有厚 2.23m 的纯砂层。这个信息说明，在下引航道边坡开挖中，可能遇有流砂层，遇有此种情况必须强化处理。

综上所述，下引航道的开挖(包括二级垂直升船机基础开挖)应注意下列问题：

(1)基坑涌水。

(2)边坡稳定问题。最应注意的是，可能在边坡中出现流砂层。

(3)边坡的扩散宽度不易太大，以防触及晒鼓坪古滑坡的稳定，为此航道应尽量向清江河边布置。

第五节　围　堰①

清江隔河岩水利枢纽 1986 年底正式批准兴建，为确保各建筑物顺利施工，共设计了四道主要围堰，即：上游土石围堰；上游碾压砼过水围堰；下游土石砼混合过水围堰及厂房土石砼混合围堰。堰顶高程分别为 95m，105～108m，84m 及 95m。这些围堰先后在 1988 年 2～5 月全部竣工。从各围堰建成到整个工程完工期间，运行正常，保障了各建筑物的顺利施工。

一、各围堰的工程地质条件

四道围堰分别坐落在第四系河流冲积层及下寒武石龙洞灰岩及平善坝组下部地层上。其

① 引自《清江隔河岩水利枢纽上下游及厂房土石围堰和上游碾压砼围堰竣工地质报告》，1994 年。

中下游围堰及厂房围堰采用砼心墙及黏土心墙防渗；上游土石围堰采用黏土斜墙防渗。

1. 地层岩性

各围堰基础涉及到的地层，从老到新有如下几组。

(1)石牌组页岩$\in_1^2$。厚209m，为灰绿色粉砂岩夹页岩，岩体中夹有深灰色灰岩透镜体，为良好的隔水岩体。主要分布在下游及厂房围堰段。

(2)石龙洞组灰岩$\in_1^3$，总厚约185m。

下段$\in_1^{3-1}$，厚67～78m，为深灰色厚层灰岩及薄层条带灰岩。

中段$\in_1^{3-2}$，厚35～50m，为深灰色薄层条带灰岩。

上段$\in_1^{3-3}$，厚51～60m，为深灰色厚层斑纹灰岩。上游碾压砼围堰主要建在该层之上。

(3)平善组$\in_1^4$，总厚约40m，为灰岩和页岩，呈互层状产出，为相对隔水岩体。

一段$\in_1^{4-1}$，厚2～3m，为灰绿色砂质页岩，主要分布在碾压砼围堰轴线及堰踵一带，为围堰的防渗岩体。

二段$\in_1^{4-2}$，厚4～7m，为深灰色中厚层致密灰岩与粗粒鲕状灰岩。

三段$\in_1^{4-3}$，厚约10m，为绿色页岩。

四段$\in_1^{4-4}$，厚5～10m，为深灰色致密条带灰岩。

五段$\in_1^{4-5}$，厚3～9m，为灰绿色钙质页岩，含灰岩疙瘩体。

六段$\in_1^{4-6}$，厚14～23m，为深灰色薄层条带灰岩。

其中$\in_1^{4-3}$～$\in_1^{4-6}$，主要分布于上游土石围堰轴线下游侧。

(4)红溪组灰岩$\in_2^1$，总厚约60m。

下段$\in_2^{1-1}$，厚10～20m，为深灰色中厚层白云质斑纹灰岩。

中段$\in_2^{1-2}$，厚11～20m，为深灰色薄—中厚层白云质灰岩。

上段$\in_2^{1-3}$，厚18～25m，为深灰色中—厚层白云质灰岩。

本组地层主要分布于上游土石围堰左堰段。

(5)第四系Q，厚度随地貌单元的差异而变化。河床与漫滩为冲积砂砾石层，厚1～5m，砂质黏土、坡积物——黏土夹石及人工堆碴，主要分布在各围堰的堰头段。厚一般1～3m，局部达5m。

2. 构造

堰基岩层走向60°～80°，倾SE(上游)，倾角23°～33°，岩体中构造形迹有断层、层间剪切、切损带及裂隙。

(1)断层。

除厂房围堰堰基下的F_{18}及上游土石围堰之下的F_{174}外，在碾压砼围堰建基面的编录中，共发现断层58条，其主要断层特征见表5-5-1。从表中看出规模较大者有F_{12}、F_{13}、F_{15}、F_{16}、F_{19}及F_{186}、F_{175}共7条。其中F_{12}、F_{13}在堰踵附近合二为一且规模变小，水平位移仅16m，且带内为方解石胶结的角砾岩充填，性状较好，一般无溶蚀，沿线仅局部见溶蚀短小狭缝，对围堰无大的影响。但F_{186}、f_{36}、f_{39}、f_{47}在碾压砼围堰左堰肩段溶蚀强烈，溶蚀洞缝呈网状分布。高程多在95m以上，将对堰基渗漏产生一定影响。

表 5-5-1 主要断层统计表

编号	产状			断层宽度(cm)	性状
	走向(°)	倾向	倾角(°)		
f_1	285	NE	85	0.5～40	断面平直,带内为方解石胶结的角砾岩,沿面串珠状溶蚀狭缝
f_2	280	NE	70	0.5～15	断面波状,平移断距 29cm,沿面呈槽状溶蚀,上宽 7～15cm,下宽 0.5～5cm
f_7	30	SE	68	1～60	断面弯曲,具分支,两断面间为碎裂岩,方解石胶结、紧密
F_{19}	320	SW	80	1～120	断面微曲,见斜擦痕,平移正断层,断距 3.6m。带内物质随岩性变化,软岩中为鳞片和泥;硬岩中为碎裂岩和角砾岩
f_9	60	NW	82	3～7	断面弯曲呈齿状,方解石胶结的角砾岩充填,呈透镜状分布,显正性
f_{10}	304	NE	65	5～20	断面弯曲不平,鳞片充填,局部有塑性泥
f_{175}	350	SW	74	1～15	见斜擦痕,侧伏角 26°,水平位移 11m,带内多为方解石胶结的角砾岩,在页岩段为鳞片及塑性泥充填
f_{11}	329	SW	84	1～5	断面较平直,水平位移 15cm,显正性,沿断面局部有方解石胶结的角砾岩
f_{13}	6	NW	78	3～16	断面弯曲,方解石胶结的角砾岩充填,显正性
f_{17}	312	SW	82	2～25	断面粗糙,角砾岩充填,交于 f_{16},垂直断距 1.6cm,显正性
f_{15}	57	SE	30	7～10	断面起伏不平,具溶蚀,稀泥充填,厚 0.5～10cm
f_{18}	40	NW	60	3～30	断面弯曲,为多个短小断面相互交截组成,交于 f_{19}。断带内为方解石胶结的角砾岩充填,显正性
f_{19}	50	NW	60	0.5～20	断面微弯曲,角砾岩充填,交于 f_{18},且将 f_{16} 错开,显正性
f_{21}	320	SW	82	0.5～20	断面平直,上盘岩体较破碎,鳞片状页岩及角砾岩充填,平移 4m
f_{22}	50	SE	78	2～12	断面波状,带内主要为角砾岩充填,两侧岩体破碎,裂隙线密度 12 条/m
f_{23}	6	SE	74	5～20	断面舒缓,有两个断面,见斜擦痕,侧伏角 28°,带内为鳞片状碎裂岩充填,显正性
f_{29}	280	NE	80	2.5～23	断面呈弧形,块状碎裂岩及角砾岩充填,水平位移 50cm
f_{30}	45	SE	32	3～12	断面较光滑,微波状起伏,方解石及角砾岩充填,显正性
f_{31}	52	NW	63	15～20	断面不规则,方解石胶结的角砾岩充填,呈透镜状产出
F_{12}	340	SW	76	150～200	两断面间为肉红色方解石胶结的角砾岩充填,上断面见斜擦痕,侧伏角 23°
F_{15}	300	SW	75	25～100	断面波状,附铁钙质,见斜擦痕,侧伏角 16°,带内为碎裂岩充填,方解石胶结
F_{13}	2	NW	53	15～17	断面舒缓波状,方解石胶结的角砾岩充填,局部具溶蚀,且填泥
F_{16}	10	NW	74	1～23	断面舒缓波状,碎裂岩、角砾岩充填,断续分布,沿面具溶蚀,黏土充填
f_{33}	5	NW	50	0.5～20	断面较平直,一般呈裂隙状,局部见暗绿色角砾岩,呈透镜状产出
f_{32}	317	NE	80	5～40	断面波状,见斜擦痕,侧伏角 26°,沿面溶蚀较剧,溶缝宽 5～15cm,黏土充填
f_{34}	320	NE	75	8～80	断面波状,方解石胶结的角砾岩充填,呈透镜状分布
F_{24}	350	SW	72	0.5～3	断面波状,见斜擦痕,侧伏角 38°,一般呈闭合状,局部具溶蚀,填泥
f_{36}	320	NE	63	2～5	断面波状,碎裂岩充填,溶蚀强烈,溶缝宽 25～45cm,黏土充填
f_{37}	290	SW	74	3～5	断面微弯曲,局部见方解石胶结的角砾岩,溶蚀强烈,溶缝宽 3～37cm,黏土充填
f_{38}	352	SW	80	0.5～5	断面波状,见斜擦痕,侧伏角 22°,局部有角砾岩及页岩鳞片,溶蚀轻微,黏土充填
f_{39}	350	SW	80	0.5～3	断面起伏不平,见斜擦痕,侧伏角 12°,局部见角砾岩及页岩鳞片
f_{41}	310	SW	80	1～2	断层限制在 F_{186} 与 f_{39} 之间,未见构造岩,溶蚀较强,溶缝宽 10～30cm,黏土充填
F_{186}	320	NE	70～80	20～40	断面较粗糙,角砾断续充填,沿断层呈串珠状溶蚀,最大宽 50cm,黏土充填
f_{35}	40	NW	70	1～5	被 f_{37}、f_{41} 限制,短小,碎裂岩充填,方解石胶结
f_{43}	10	SE	65	8～15	断面较平直,NE 段交于 F_{12},断面附灰绿色泥膜,见侧伏角 20°的斜擦痕
F_{14}	290	NE	80	0.5～1.0	呈闭合状,方解石充填,断层将 F_{12} 错开 50～80cm
f_{44}	290	SW	86	5～8	断面较平直,显逆性,带内为鳞片状页岩及泥钙质充填
f_{45}	85	SE	45	5～10	断层短,断带内主要为碎裂岩及鳞片状页岩,白色泥纹穿插其中
F_{16}	20	SE	77	37～78	断面波状,角砾岩充填,沿其溶蚀小沟,宽 8～10cm,深 30～40cm,黏土充填
f_{40}	60	SE	34	1～3	断面较平直,附铁锰膜,见斜擦痕,侧伏角 10°
f_{46}	48	NW	87	2～15	短小,面粗糙,碎裂岩充填,方解石胶结,紧密
f_{47}	80	SE	80	1～2	断面粗糙,溶蚀强烈,洞缝宽 0.2～1m,具很强的消水能力
f_{48}	295	NE	72	1～2	断面粗糙,碎裂岩充填,但胶结较好,沿断层呈串珠状溶蚀,一般宽 7～15cm,最大宽 50cm,黏土充填

(2)裂隙。

在碾压砼围堰建基面的编录中，测得裂隙738条，见表5-5-2。从表中看出，可以分五组：①10°～20°；②280°～300°；③350°～360°；④310°～330°；⑤60°～80°。以第①组最发育，约占总数的18%，第②组次之，其他组相对较少。裂隙多倾NE与NW，倾角以高、中等为主，充填物以方解石为主，泥质次之，泥钙质及张开无充填者相对不多，对堰基稳定的渗漏无影响。

表5-5-2 裂隙统计表

走向(°)		270	280	290	300	310	320	330	340	350	360	10	20	30	40	50	60	70	80	90	合计(个)	比率(%)
各方位总数(个)		11	37	68	44	36	47	31	20	54	43	60	71	37	23	24	33	39	38	22	738	
倾向		8/N	34/NE	58/NE	36/NE	26/NE	34/NE	19/NE	6/NE	13/NE	31/W(NW)	47/NW	59/NW	31/NW	18/NW	17/NW	25/NW	33/NW	30/NW	21/N(NW)	546	74
		3/S	3/SW	10/SW	8/SW	10/SW	13/SW	12/SW	14/SW	41/SW	12/E(NE)	13/SE	12/SE	6/SE	5/SE	7/SE	8/SE	6/SE	8/SE	1/S(SE)	192	26
倾角	70°～90°	3	13	42	29	27	34	26	13	32	23	33	32	25	15	10	14	20	20	11	422	57
	46°～69°	8	15	26	13	8	13	4	6	19	19	26	38	9	8	12	11	14	13	8	270	36.6
	<45°	0	9	0	2	1	0	1	1	3	1	1	1	3	0	2	8	5	5	3	46	6.15
充填物	方解石	3	12	22	26	19	25	18	16	38	35	53	58	22	16	20	21	23	22	11	460	62
	泥钙质	2	7	31	2	0	2	4	0	1	2	0	1	1	2	1	0	5	0	0	61	8.3
	泥质	5	14	3	10	10	11	5	2	12	1	7	10	11	2	2	12	7	12	9	145	19.6
张开无充填		1	4	12	6	7	9	4	2	3	5	0	2	3	3	1	0	4	4	2	72	10.1
说明																						

(3)层间剪切带。

与围堰有关的层间剪切带有401号、403号、405号及406号。其中401号与碾压砼围堰最为密切。401号发育在平善坝组第一段灰绿色砂质页岩中，一般具有多个泥化面，尤以与石龙洞灰岩交界处最强烈，软泥厚一般3～5cm，最大厚10cm，分布稳定，性状差。

另外，在编录中还测得层间剪损带88个。现将长度较大、性状较差者列于下表5-5-3。

从表中看，剪损带多溶蚀张开，为泥砂及细砾充填，特别是较大断层周围10～25m范围内，溶蚀张开宽度较大，一般宽1～5cm，最宽25cm。这些剪损面与其他构造面组合，将对堰基渗漏产生一定影响。

表 5-5-3　主要层间剪损带统计

编号	产状			宽度(cm)	性状	备注
	走向(°)	倾向	倾角(°)			
g_1	60	SE	17	0.5～1.3	张开,溶蚀填砂及细砾局部有黏土	
g_2	50	SE	24	0.2～2.0	张开,溶蚀宽 1～2cm,两侧岩体呈碎裂状,最宽 80cm	
g_3	60	SE	24	0.5～1.0	两侧岩体破碎,宽 10cm,褐黄色泥钙质充填	
g_4	70	SE	12	0.6～1.0	张开,溶蚀宽 0.5～1cm,泥砂及细砾充填	
g_5	50	SE	23	5.0	溶蚀,张开宽 5cm,泥及细砂砾充填	
g_6	50	SE	23	4.0	溶蚀,张开,泥及细砂砾充填	
g_7	60	SE	25	1～5.0	溶蚀,张开,泥砂充填	
g_8	65	SE	24	1～5.0	溶蚀,张开,泥砂充填	
g_9	65	SE	24	1～3.0	溶蚀,张开,泥钙质充填	
g_{10}	76	SE	24	0.5～5.0	带内主要碎裂岩,具溶蚀,黏土充填	
g_{11}	70	SE	25	1～4.0	溶蚀,张开宽 4～10cm,泥及砂砾石充填	
g_{12}	60	SE	25	1～5.0	溶蚀,张开宽 5～10cm,泥及细砾充填	
g_{13}	60	SE	24	0.2～5.0	带内为碎裂岩断续分布,具溶蚀,填泥	
g_{14}	61	SE	23	0.2～1.5	层面破碎,局部泥化,泥厚 0.1～1.5cm	
g_{15}	70	SE	30	2～3.0	张开,为黏土及细砾充填	
g_{16}	50	SE	27	3～5.0	溶浊,张开,砂砾石充填	
g_{17}	60	SE	30	1.5～3.0	溶蚀,张开,局部有方解石及砂砾石充填	
g_{18}	70	SE	32	5～10	溶蚀,张开,完全充填黏土	
g_{19}	78	SE	32	2～6.0	溶蚀,张开,黏土及细砾充填	
g_{20}	75	SE	32	1～3.0	溶蚀,张开,黏土及细砾充填	
g_{21}	65	SE	24	3～4.0	溶蚀,张开,细砾充填	
g_{22}	85	SE	24	1～2.5	溶蚀,张开,充填砂砾石	
g_{23}	85	SE	26	0.5～7.0	溶蚀,张开,黏土及细砾充填	
g_{24}	75	SE	33	0.2～7.0	溶蚀,张开,黏土及细砾充填	
g_{25}	70	SE	24	2～3.0	溶蚀,张开,砂砾石充填	
g_{26}	60	SE	24	1～3.0	微切层发育,张开,局部为泥钙质及方解石充填	
g_{27}	80	SE	21	0.2～10	带内为碎裂岩,大部分具溶蚀,填泥	
g_{28}	55	SE	32	0.5～1.0	局部溶蚀张开,泥与砂砾石充填	
g_{29}	50	SE	26	0.2～1.0	溶蚀,张开,泥砂充填	
g_{30}	50	SE	24	0.2～4.0	溶蚀,张开,褐黑色泥砂充填	
g_{31}	65	SE	22	0.5～4.0	沿面岩石呈碎裂状,黄色泥钙质充填	
g_{32}	75	SE	25	5～10.0	溶蚀,张开,黏土及细砾充填	
g_{33}	75	SE	32	3～8.0	溶蚀,张开,黏土及细砾充填	
g_{34}	75	SE	21	0.5～2.0	溶蚀,张开,表部泥砂充填,深部泥钙质充填	
g_{35}	50	SE	30	0.5～1.0	溶蚀,张开,充填浅黄色泥钙质	
g_{36}	70	SE	24	1～5.0	溶蚀,张开,两侧岩体呈碎裂状,泥砂充填	
g_{37}	65	SE	25	0.5～10.0	溶蚀,张开,两侧岩体呈碎裂状,泥砂充填	
g_{38}	70	SE	24	0.5～1.0	溶蚀,张开,宽 3～8cm,砂砾石充填	
g_{39}	80	SE	23	0.5～1.0	溶蚀,张开,有泉水涌出,局部填泥	
g_{40}	75	SE	12	1～1.5	溶蚀,张开,泥砂充填	
g_{41}	70	SE	21	1～2.5	岩体呈碎裂状,具溶蚀,泥砂充填	
g_{42}	50	SE	24	0.2～2.0	张开,溶蚀,宽 1～2cm,两侧岩体呈碎裂状,宽 80cm,泥钙质充填	
g_{43}	50	SE	22	5	层间破碎溶蚀,张开,充填泥及砂砾石	
g_{46}	50	SE	30	5	层间破碎溶蚀,张开,充填泥及砂砾石	
g_{48}	53	SE	25	0.2～1.5	沿层面溶蚀,张开,填泥	
g_{49}	62	SE	21	0.5～1.2	沿层面溶蚀,张开,填泥	
g_{50}	79	SE	22	0.2～1.0	沿层面溶蚀,张开,填泥	
g_{51}	85	SE	30	0.2～0.3	沿层面局部张开,充填黄色稀泥	
g_{52}	85	SE	26	0.2～0.4	沿层面局部张开,充填稀泥	

续表 5-5-3

编号	产状			宽度(cm)	性状	备注
	走向(°)	倾向	倾角(°)			
g_{53}	70	SE	32	5～30	张开，黄色稀泥，中粗砂及细砾充填	挖除 1.5m 后，其厚度略有减少
g_{54}	60	SE	40	0.5～3	沿层面溶蚀张开，黄色稀泥充填	
g_{55}	70	SE	30	1～25.0	溶蚀张开，黄色稀泥及砂砾石充填	
g_{57}	60	SE	28	0.1～1.0	沿层面溶蚀，张开，泥砂充填	
g_{61}	80	SE	30	0.5～1.0	沿层面局部溶蚀张开，泥砂充填	

3. *岩溶*

下游及厂房围堰下建基岩体为碎屑岩组，不存在岩溶问题；上游土石围堰下基岩体多为平善组灰页岩互层岩组，岩溶发育微弱。上游碾压砼围堰基础岩体为石龙洞组第三段、厚层斑纹灰岩，岩溶发育强烈。在上下游土石围堰所形成的基坑内，左岸有⑨号、⑪号、③号、①号及红溪组灰岩中的⑬号岩溶通道，其规模以①号为最大；右岸有②号、④号、⑥号岩溶通道，规模以②号为大。在碾压砼围堰建基面的编录中，还见岩溶洞缝 7 个，其规模与充填情况见表 5-5-4。

表 5-5-4 岩溶洞穴统计表

编号	部位	规模(cm)			充填情况	与构造关系
		长	宽	深(高)		
K_1	左堰头	5.0	0.2～0.5	>2.0	页岩、灰岩石碴及黏土充填	沿 NNW 向裂隙发育，与 K_2 连通
K_2	左堰头	>60	0.2～7.0	>15.0	页岩、灰岩石碴及黏土不完全充填，具强消水能力	沿 F_{186}、f_{36}、f_{47}、f_{39} 发育，在 360m^2 范围内呈环形展布，与Ⅲ号岩溶通道连为一体
K_3	左堰头	3.4	0.8	>3.0	页岩、灰岩石碴及黏土充填	沿 NW 向裂隙的 f_{47} 发育，下部与 K_2 相连
K_4	左堰头	6.0	2.0	>2.0	黏土全面充填，挖深 1m，下部略有变小	沿 f_{36} 发育，下部可能与 K_2 相通
K_5	左堰头	5.0	1.0～2.0	>2.0	黏土全面充填，挖深 0.8m，下部略有变小	沿 f_{34} 发育，下部可能与 K_2 相连
K_6	右堰头	15.0	0.3～3.6	>4.0	黏土全面充填，挖深 2.5m，下部略变小	沿 NWW 向裂隙发育
K_7	右堰头	>14.0	0.2～6.0	>17.0	页岩、灰岩石碴全面充填	沿 f_{48} 及 NW 向裂隙发育

从表中看出，岩溶洞缝集中分布于左右堰头，多有黏土及碎石充填，特别是左堰头 0+0～0+35m 段建基面上溶蚀洞缝呈网状分布，为 3 号岩溶通道南支。黏土碎石断续充填，其中 K_2 具强消水能力。右堰头 K_6、K_7 的下部为黏土充填。

4. *水文地质*

除下游围堰、厂房围堰堰基为石牌页岩，属隔水岩体；上游土石围堰堰基多为平善坝——灰页岩互层岩组，属相对隔水岩体，仅上游碾压砼围堰基础岩体为石龙洞灰岩，为强透水岩体。上下游土石围堰所组成的基坑均为该组岩体。在两层岩体中，所构成的岩溶通道 8 条，其排水口高程均在78～82m以下。谷坡无泉水出露。从碾压砼围堰建基面编录中见泉水点9个，如表5-5-5所列。水点多集中分布于河床中部堰段(即0＋158～0＋212m)，出水点高程64～72m，大部分沿裂隙或裂隙与层面的交汇处，呈自流状态流出，流量多在0.4～0.8L/min，其中w_3与w_8略具承压。

表5-5-5　泉水点统计表

编号	部位	高程(m)	出露地层	泉水类型	涌水量(L/min)	控制因素	备　注
w_1	堰址	65.0	$\in_1^{3-3}$	裂隙型下降泉	0.6	沿f_2与层面交汇处流出	
w_2	堰址	65.0	$\in_1^{3-3}$	裂隙型下降泉	0.5	沿f_2与层面交汇处流出	
w_3	堰址	64.0	$\in_1^{3-3}$	裂隙型上升泉	0.8	沿走向NE50°裂隙涌出，微具承压	
w_4	堰址	64.0	$\in_1^{3-3}$	裂隙型下降泉	0.5	沿g_{39}层间剪损面流出	
w_5	堰址	64.0	$\in_1^{3-3}$	裂隙型下降泉	0.4	沿g_{39}层间剪损面流出	
w_6	堰踵外	72	$\in_1^{4-2}$	裂隙型下降泉	0.6	沿f_6与裂隙交汇处流出	
w_7	堰踵外	72	$\in_1^{4-2}$	裂隙型下降泉	1.2	沿NEE与NW向裂隙交汇处流出	
w_8	轴线下5m	67.8	$\in_1^{4-1}$	裂隙型上升泉	0.5	沿f_{10}与层面交汇处涌出，微具承压	
w_9	轴线下3.8m	67.9	$\in_1^{4-1}$	裂隙型上升泉	0.5	沿F_{175}与f_{10}层面交汇处流出，微具承压	

从总体看，石龙洞灰岩，左右岸在78～82m高程以上由于岩体中溶蚀洞缝发育，地下水以垂直运动为主，且多集中到1号岩溶通道。78～82m高程以下岩溶发育相对减弱，地下水逐渐转为水平运动，以自流下降泉形式出露在河床中部地形较为低凹地段流出，且涌水量不大。

二、地质界面的检验

除上游碾压砼围堰外，其他围堰均采用砂砾石和导流洞开挖弃碴及黏土碎石等，逐层碾压至预定高程，再进行防渗处理。

1. 上游土石围堰

上游土石围堰于1987年12月4日开工，1988年1月完工，堰体为石碴及砂砾石混合料，逐层碾压堆积构成金字塔式直线形堰体。底宽102m，堰顶长245m，顶宽25～30m，堰体高21m。

堰体为混合料直接筑于覆盖上，采用黏土斜墙防渗。墙厚在水下部分为7m，水上部分为2m。斜墙清基采用索铲水下抽槽方式施工。技术设计地质报告中强调指出："堰体本身及其基础的遣水性较强，在采用斜墙或铺盖防渗时，必须将覆盖层清除干净，并将两岸堰头以刺墙形式深入到基岩1m，方能起到防渗作用。"但在斜墙的清基施工中，采用索铲水下抽槽，河床基岩面虽相对较为平坦，且多为平善坝地层，清基较好，但F_{174}以西为红溪组灰岩，溶蚀沟槽较发育，清基时不可能将沟槽砂砾石挖除。因此在垅口以西堰基普遍有江水涌入基坑，但量较小。两岸堰头未做刺墙，特别是左堰头堰基下的块石夹砂壤土，开挖不彻底，堰基产生集中渗漏。实测涌入量为 0.3～0.35m^3/s。

2. 下游土石围堰

下游土石砼混合围堰于 1987 年 1 月开工，11 月堵流，1988 年 3 月完工。围堰为砂砾石及石碴逐层碾压堆积而成的金字塔式直线型堰体，底宽 130m、顶宽 10m，堰顶长 190m，堰顶高程 84m，最大堰高 22m。

为满足过水需要，堰体表面全为砼护面，砼厚 1m。堰体直接填筑于第四系冲积和崩坡积层上，厚 6～12m。河床左侧砂砾石有架空，透水性强。其下为石牌组第三段，灰绿色粉砂岩夹页岩，属隔水岩体。

为防止堰体的渗漏，采用(YKC)防渗墙以堵截下游江水涌入基坑，防渗墙为砼构成，厚 1m，深入基岩 1m，基岩面程 62～80m。在防渗墙施工过程中，左堰段 21 号～41 号槽孔，高程 69～75m 段普遍坍孔，难以成槽，经多次增大围壁料浓度后，槽孔才进入基岩，说明该段覆盖层有架空，与勘测成果吻合较好。但 208 号孔以东(即右堰头段)，因施工干扰，有 20 余米堰体未做防渗墙，此段将是下游江水进入基坑的主要途径。

3. 厂房围堰

厂房土石围堰位于右岸河漫滩上，上下堰头接靠一级阶地。由砂砾石及碎石或碎石土逐层碾压堆积而成。底宽 70m、顶宽 10m，堰顶长 359m。最大堰高 24m，堰顶高程 95m。为防止江水淘蚀，在迎水面设置块石护面，堰脚设宽约 10m 的堆石体。

堰体直接填筑于砂砾石层及砂质黏土之上，厚 8～15m，其下为石牌页岩，属隔水岩体。堰体防渗由两部分组成。高程 85m 以下采用(YKC)砼防渗墙防渗，墙进入石牌页岩 1m，经众多槽孔鉴定基岩面，高程在 69～75m 间变化，与勘测期成果基本一致；85m 高程以上接黏土心墙至 95m 高程，基坑无涌水现象，防渗效果甚好。

4. 上游碾压砼围堰

围堰由砼逐层碾压构成，但充模线附近砼全部振荡捣实，其底宽 8～40m，顶宽 4.64m；堰顶长 303m，堰顶高程 105～108m，最大堰高 41m。

(1)地质界面的检验。

围堰基础岩体主要为石龙洞组第三段($\in_1^{3-3}$)深灰色厚层斑纹灰岩；平善坝组下部地层主要沿堰踵一线分布(0＋0～0＋259.2m)。经建基面编录及验收表明，堰基岩体大部分较完整，基岩面高程 64～76m，与技术设计报告吻合较好。岩体中虽有 F_{12}、F_{13}、F_{16}、F_{15}、F_{19}及 F_{186} 等大型断层穿过堰基，但多在河床部位，其高程在 66～75m，沿断层溶蚀微弱。对堰体稳定无也不会因此产生渗漏。但左堰头大小断层密集分布，有 F_{186} 北延段，f_{36}、f_{34}、f_{39}、f_{47} 等相互交织，溶蚀强烈，属 3 号岩溶通道南支，其中 K_2 还具强消水能力；右岸堰头 79m 高程以上，岸剪裂隙及溶蚀沟槽较发育，最大深达 17m，有黏土充填，未挖除。上述溶蚀洞缝的存在对堰体稳定虽无大的影响，堰基渗漏在一般情况下不会发生，但当上游水压力增大后，有将其充填物击穿产生较大漏涌的可能性。

(2)防渗。

从建基面地层出露情况看，堰轴线在 0＋0～0＋259.2m 段与平善坝组第一、二段分界线基本重合，利用平善坝第一段页岩防渗较为有利。平善坝组第一段厚2～3m，为灰绿色砂质页岩，岩体大部分微—新鲜状态，基本连续，仅 F_{12}、F_{19} 及 F_{186} 将其错开，错距最大者为 F_{12}，有16.3m，不能利用，余者错距只有2～3m或错覆于建基面下2～4m。其防渗形式有三种：其一，$\in_1^{4-1}$ 层直接置于堰体之下，使页岩与砼直接接触将江水阻隔在堰踵前缘，见图5-5-1。其二，是 $\in_1^{4-1}$ 层页岩距堰踵有一定距离时（一般2～5m），以铺盖形式，砼将 $\in_1^{4-1}$ 覆盖，并与堰体砼连。铺盖厚1m左右，将江水阻在堰踵以外，见图5-5-2。其三，F_{12} 及其以东堰段，由于 F_{12} 将 $\in_1^{4-1}$ 错开16m，无法利用。而穿过堰基的 F_{12}、F_{15} 及 F_{16} 断层，其断带内多有0.15～2.0m的角砾岩充填，方解石胶结，坚硬，溶蚀微弱。在堰基部位未做防渗处理，原设计了帷幕，但因工期紧迫，也未实施，而改成在堰踵前铺盖黏土防渗，铺盖厚8～10m。

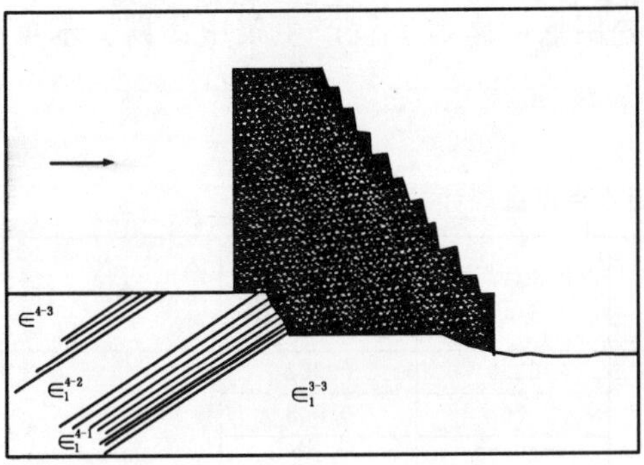

图5-5-1　碾压砼围堰防渗示意剖面图

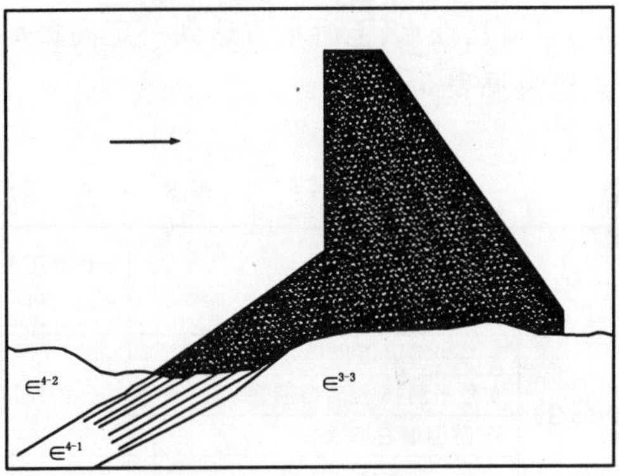

图5-5-2　碾压砼围堰防渗示意剖面图

运行期表明，不管哪种防渗形式，均起到了良好的防渗效果。

三、基坑涌水的检验

坝址附近两岸山体基岩大多裸露，地表溶沟、溶槽、落水洞发育。大气降雨多渗地下成为地下水沿各岩溶通道排入清江。在上下游土石围堰所构成的基坑范围内。右岸有2号、4号、6号岩溶通道；左岸有1号、3号、9号、11号、12号岩溶通道。2号通道被上游土石围堰将其出口全面堵截；左岸均因导流洞的贯通，而各通道中的地下水将沿导洞排走。因此基坑涌水形式及频率各不相同，大致可分两个时期。

1. 砼围堰施工时期

基坑涌水主要来源于上下游土石围堰堰基渗漏，另有少量山体来水及生活施工用水，前者占绝大多数，后三者其量甚微。

上游土石围堰左堰头在做黏土斜墙抽槽时，未将块石夹砂壤土层挖除，产生集中渗漏，实测流量为0.30～0.35m^3/s；坑口以西堰基岩体中溶蚀沟槽较发育，其中的砂砾石清除不彻底，沿此产生渗漏，总量约0.07～0.1m^3/s。

下游土石砼混合围堰，砼心墙进入 $\in_1^2$ 1m，防渗效果好，但左堰头有20m因施工干扰未做防渗亦产生集中渗漏，实测涌水量0.136m³/s。

2号岩溶通道出口处，因上游土石围堵截无水流入基坑，加上该时段为枯水期，4号、6号通道均无水流出；左岸因导流洞贯通，各通道中地下水均沿导洞排走，未见地下水排入基坑。基坑总的涌水量实际为0.50～0.57m³/s。

2. 砼围堰建成后

上游碾压砼围堰建成后，两岸通向基坑的岩溶通道左岸有1号、3号、9号、11号，因导洞贯通，一般不存涌水；右岸有4号及6号。在此期间基坑涌水来源主要为碾压砼围堰两堰头的绕堰渗漏，次为下游围堰未做防渗墙段的堰基集渗漏及两岸山体来水和生活、施工用水，大气降雨，地表径流等。此时期基坑涌水有两种情况。

(1)通常情况下，在上游江水位低于85m高程时，砼围堰的绕堰渗漏不存在，基坑涌水量很小，主要来自下游围堰右侧及6号岩溶通道的间歇性流水。实测流量为0.14m³/s。

(2)当清江涨水，上游水位达到一定高程后，砼围堰两岸堰头就产生集中渗漏。基坑内各出水点流量见表5-5-6。

表5-5-6　基坑出水点流量统计

时　间	部　　位	上游江水位(m)	出水点高程(m)	涌水量(m^3/s)	备　　注
1988/05/18	1号岩溶通道出口处	101.17	65.0	0.002	
	6号平洞(6号岩溶通道)		76	0.008	
	下游围堰右堰头		70～72	0.02	
	小计		0.03		
1988/06/11	1号岩溶通道出口处	102.7	65.0	0.15	2号、3号岩溶通道，于1988年5月19日被击穿，大量江水涌入基坑
	2号平洞(2号岩溶通道)$2K_4$		88.7	0.25	
	3号平洞(3号岩溶通道)		87.6	0.60	
	6号平洞(6号岩溶通道)		76.0	0.01	
	右堰头80m平台(2号岩溶通道)		80.0	0.03	
	下游围堰右堰头		70～72	0.17	
	围堰堰体裂缝(目估)		80.0～102.7	0.12	
	小计			1.33	
1989/04/12	1号岩溶通道出口处	103.7	65.0	0.30	1989年3月在2号及3号平洞中(即$2K_4$与$3K_2$下部)进行了堵截，不但无效果，而且还击穿新的通道，K_{891}及$2K_3$溶管被击穿，其流量比前期还大
	2号平洞(2号岩溶通道)$2K_3$		88.7	0.28	
	3号平洞及K_{891}(3号岩溶通道)		80～87.6	1.16	
	6号平洞(6号岩溶通道)		76.0	0.01	
	9号平洞		98.4	0.02	
	右堰头80m平台(2号岩溶通道)		80.0	0.04	
	下游围堰右堰头		70～72	0.20	
	围堰堰体裂缝		80～103.7	0.16	
	小　计			2.152	

从表中看出，2号、3号岩溶通道的水量较大，且有随上游江水位上涨而增大的趋势。1989年3月对2号、3号通道出水口进行了临时封堵。但当上游水位升到86～98m时，2号通道又击穿溶洞中充填物，沿$2K_3$流出，且水量不减；3号通道还开辟了新的出口K_{891}，其流量增大约

1倍,达1.16m^3/s。此时基坑涌水量总数达1.78～2.15m^3/s,与技术设计地质报告中计算值基本相同。1990年3～4月在绕堰渗漏的主要地段,左堰头0+5～0+20m,进行了灌浆堵漏,其效果明显,基本结束了因绕堰渗漏基坑被淹状态。

四、评价

(1)各围堰均按施工技术要求进行填筑,质量较好。

(2)从YCK的鉴定及开挖表明,基岩顶面高程与技术设计报告中所给的条件基本一致。

(3)所采用的YKE防渗墙、黏土斜墙及利用平善坝组第一段页岩等防渗方式,均行之有效地保证了工程进度。

(4)基坑涌水量在技术设计报告预测范围之内,但排水设施远远低于排除2m^3/s水的能力,故基坑形成前期出现绕堰渗漏时,基坑被淹。

第六节 关家冲副坝①

关家冲副坝是隔河岩工程的主要组成部分,坝顶长1 100m,最大底宽74m,最大坝高24m。副坝由砼防渗墙和碎石堆体两部分组成,防渗墙底宽2.25～11m。

副坝于1993年10月破土动工兴建,至1994年5月建基面全部覆盖完毕。由于前期地质勘察工作充分——精度高,开挖轮廓与地质方面提供的边界条件吻合,在整个工程建设中未出现任何异常的地质问题。施工过程中进行了地质跟踪现场值班,完成地基地质编录:其中防渗墙基础790m^2,堆体地基272m^2,地质剖面520.4m。仓位验收13仓次。若不存在重大的施工质量问题,副坝的安全稳定可以得到保证。

一、副坝工程地质条件

关家冲副坝位于隔河岩坝址南东9.5km的关家冲垭口,原始地面高程:沟底190～191.25m,山脊220～234m,属典型的丘陵区。坝基岩体为志留系下统龙马溪组下段第三层灰绿色含粉砂质页岩。

1. 岩性特征

坝体坐落在志留系下统龙马溪组下段第三层(S_{18}^{1-3})灰绿色含粉砂质页岩上。地层厚度148.9m。岩体内偶见薄层粉砂岩,呈透镜状断续分布,单层厚3～5cm。

含粉砂质页岩主要由黏土矿物(水云母、绿泥石、游离氧化物、泥层矿物等)组成,占94%,次为石英,占5%,少量绢云母及有机质,约占0.05%～1%。镜下鉴定显示岩石为含粉质结构。黏土矿物集合体顺层分布显微层理;石英粉砂呈不均匀状散布其基底中;绢云母碎片顺长轴方向零星分布。建基面岩体大部分呈新鲜状态,局部具微风化特征。但岩性较软弱,仍具失

① 引用清江隔河岩水利枢纽关家冲副坝竣工工程地质报告。

水、卸荷产生干裂剥落的特点。

2. 构造

副坝基础岩体岩层走向317°～325°，倾南西，倾角30°～35°，编录实测的构造形迹有断层、裂隙及层间错动带。

(1)断层。

勘测期间所勾绘的4条断层，有两条已被开挖所证实。另两条变为裂隙而消失。编录中实测断层8条，其性状见表5-6-1。这些断层按走向可分为三组。

表5-6-1 关家冲副坝断层统计表

断层编号	产状			规模		基本特征	工程意义及处理情况
	走向(°)	倾向	倾角(°)	带宽(m)	编录长度(m)		
f_1	330	SW	46～50	0.01	19.0	沿断层带充填不连续的方解石或页岩碎片，沿断面具0.03cm的灰白色泥化带	断层规模不大，均属裂隙性断层，对建筑物一般不构成威胁。但f_2、f_8性状略差，且分别处于坝趾与坝踵，对防渗坝稳定有一定影响，以抽槽形式予以挖除
f_2	10	NW	50	0.1～0.5	31.0	带内充填鳞片状页岩碎片，灰白色软泥沿断面呈树枝或网状分布，厚1～2mm。上盘岩体微裂隙密集发育	
f_3	330	NE	50	0.01～0.1	15.0	构造岩呈碎片状，具不连续的线状泥化条带	
f_4	310	NE	75	0.01～0.03	5.0	构造岩为灰白色软泥夹页岩碎屑及碎片(似碎斑岩状)	
f_5	南北	E及W	70～80	0.03～0.3	29.0	带内为灰白色塑性泥夹页岩碎片，碎片含量约30%～45%	
f_6	24	SE	65	0.03～0.1	10.0	断面波状弯曲，带内为灰色软泥夹碎石(似碎斑岩状)，断面两侧岩体较破碎	
f_7	320	SW	50	0.05～0.35	10.0	构造岩呈碎片状，灰白色塑性泥顺断面呈网状分布，泥宽一般0.1～0.3cm，宽者1cm，呈透镜状	
f_8	355	SW	85	0.1～0.6	16.0	挤压劈理发育，面附黄色钙膜，顶及底面见厚10～15mm软塑状碎斑岩	

1)10°～24°，倾北西或南东，倾角50°～65°，占总数的25%。

2)310°～330°，多倾南西，倾角50°～75°，占总数的50%。

3)350°～360°，倾东或西，倾角70°～85°，占总数的25%。

从表5-6-1看出，这些断层规模不大，均属裂隙型断层，中等倾角为主。以走向310°～330°者为多，其余数量相对较少，但断层物质性状基本相同。所有的断层带内均有灰或白色塑性泥及页岩鳞片，所不同的仅是泥的厚度和连续性略有差异。其中f_2、f_5南段及f_8断层带中软泥连续性好，厚度较稳定，性状差，对坝体稳定不利。

(2)裂隙。

坝体建基面编录中测得较长较大的裂隙85条(短小及微裂隙只作密度统计)。按其走向分为五组，见表5-6-2及图5-6-1、图5-6-2。

表 5-6-2　关家冲副坝，坝基岩体裂隙性状总表

性状＼走向		270°	280°	290°	300°	310°	320°	330°	340°	350°	360°	10°	20°	30°	40°	50°	60°	70°	80°	90°	合计
各组数量（条）			3	2	2	7	5	6	8	1	3	7	6	13	4	8	4	2	3	1	85
倾向	方位/数量	N/0	NE/1	NE/1	NE/1	NE/4	NE/4	NE/3	NE/6	NE/0	W/1	NW/3	NW/6	NW/7	NW/3	NW/3	NW/4	NW/0	NW/1	N/0	48
	方位/数量	S/0	SW/2	SW/1	SW/1	SW/3	SW/1	SW/3	SW/2	SW/1	E/2	SE/−1	SE/0	SE/6	SE/1	SE/5	SE/0	SE/2	SE/2	S/1	37
倾角	71°～90°		1	1	2	0	4	3	3	0	1	3	−1	8	3	5	1	0	1	1	47
	45°～70°		1	1	0	1	1	3	5	1	2	−1	1	5	1	3	2	0	0	0	31
	<45°		1	0	0	0	0	0	0	0	0		1	0	0	0	1	2	2	0	7
充填情况	泥质		1	2	2	3	2	3	3	1	2	6	5	11	2	6	1	0	2	1	53
	无充填		1	0	0	2	0	1	2	0	0	1	0	1	2	0	1	0	0	0	11
	其他		1	0	0	2	3	2	3	0	1	0	1	1	0	2	2	2	1	0	21
说明	充填情况其他栏内的充填物有泥钙质、页岩碎屑及钙和铁锰氧化膜等																				

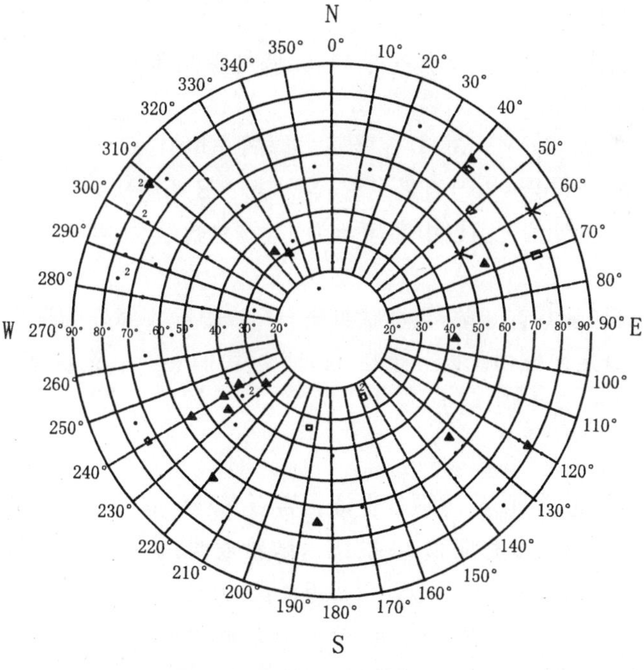

图 5-6-1　裂隙极点图

• 泥或泥质充填；× 钙（铁）膜充填；□ 页岩碎屑充填；▲ 无充填

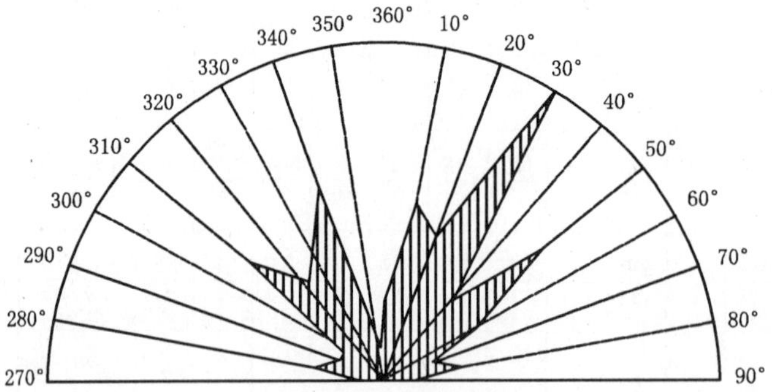

图 5-6-2 裂隙走向玫瑰图

1)270°～290°，倾南西或北东，倾角 60°～85°，偶见缓倾角。线密度 7～20 条/m。泥质充填者占 60%，张开无充填者占 20%，余者为页岩碎屑及泥钙质充填。

2)310°～340°，多倾北东，倾角 71°～90°居多，45°～70°者占 38%，无缓倾裂隙。软泥充填者 42%；张开无充填者 19%，余者为页岩碎屑、泥钙质及其他氧化物充填。线密度 5～20 条/m。

3)10°～30°，倾北西为主，倾角 70°以上者占 42%，偶见缓倾角。一般线密度 1～3 条/m，密者 10～20 条/m(分布于 5 坝块及 6 坝块下游侧)。软泥充填者占 85%以上，无充填少见，余者为页岩碎屑及泥钙质充填。

4)40°～60°，多倾北西，倾角 70°以上者占 56%，偶见缓倾角。线密度 0.7～1.5 条/m。大部分为软泥充填，少量无充填。

5)70°～90°，倾南，倾角多小于 45°，软泥及页岩碎屑充填。

上述各组裂隙以 NNE(10°～30°)组最发育，NW 及 NE 两组次之，其他方位相对较少。从表 5-6-2 及图 5-6-1 看出，裂隙以中高倾角为主，占总数的 91.8%。

(3)层间剪切带。

坝基发育的层间剪切带共有 8 条，其性状见表 5-6-3。大部分层间剪切带多有泥化，少部分为页岩细小碎片，具定向排列。以分布在 3、4、5 坝块的 g_1、g_3 及 g_2 规模较大。对坝体稳定有影响者为 3 坝块的 g_1 及 4 坝块的 g_3。

3. 水文地质

坝基岩体主要为含粉砂质页岩，属隔水岩体。岩石在新鲜状态下结构较密，透水性差。坝体基础范围内无泉水出露。据勘察期间 32 段压水试验表明：ω 值小于 0.01L/(min·m·m)者占 31%；ω 值大于 0.1L/(min·m·m)者仅占 6%，且分布在坝基以外岩体内。坝基范围内岩体中的 ω 值多在 0.011～0.04L/(min·m·m)之间，低于坝基设计防渗标准。但因开挖爆破及卸荷回弹，建基面下 3～5m 范围内的岩体中将有部分层面及裂隙松弛或局部张开，增大岩体的透水性。同时还将加快坝基岩体的风化速度。有必要布设一定深度的固结或帷幕灌浆孔，以增强坝基岩体的整体性，防止库水外渗。

表 5-6-3　关家冲副坝防渗墙基地段层间剪切带统计表

编号	分布位置	产状			规模		基本特征	工程意义及处理情况
		走向(°)	倾向	倾角(°)	宽(厚)(m)	长(m)		
g_1	3 坝块墙趾	308	SW	33	0.40～1.10	12.0	由两层平行发育的灰白色塑性泥夹页岩碎片组成，单厚 0.3～3cm，连续性好	剪切带规模大部分较小，但性状均较差。g_1、g_3 由于分布在墙踵，对墙体稳定有影响。进行一定深度的挖除处理。余者只作一般清基挖除
g_2	5 坝块中部	308	SW	33	0.20～0.75	10.0	由平行发育的两层灰白色软泥夹碎石组成，单厚 0.1～0.03cm，性状极差	
g_3	4 坝块下游角	312	SW	33	0.50～0.90	9.5	由 7 个平行发育的灰白色塑性泥面及鳞片带组成，泥单厚一般 0.1～0.3cm，厚者 1cm，呈树枝状或网状	
g_4	3 坝块墙踵	23	NW	35	0.003～0.005	2.6	沿层面具有 0.3～0.5cm 灰白色软泥夹页岩碎屑，连续性差	
g_5	3 坝块墙址	13	NW	40	0.001～0.003	3.2	灰白色软泥呈线状沿层面断续分布	
g_6	3 坝块墙踵	355	SW	44	0.003～0.005	3.4	灰白色软泥沿层面呈透镜状断续分布，泥厚 0.1～0.5cm	
g_7	2 坝块中部	12	NW	45	0.002～0.005	5.0	由鳞片状页岩碎石与灰白色线状软泥组成，泥厚 0.1～0.2cm，连续性差	
g_8	6 坝块左坝肩	310	SW	28～34	0.2～0.3	11.0	由灰白色软泥与磷片状页岩碎屑组成，碎屑含量 50%～60%，软泥呈条带状，长 0.6～1.2m，厚 0.1～0.3cm	

4. 岩体的风化特征

坝体基础岩体为志留系下统龙马溪组下段第三层(S_{1L}^{1-3})——灰绿色含粉砂质页岩，岩体性软，易风化。在技术设计报告中对该类岩体的风化类型、特征及分布作了极为详细的阐述。经 X 射线衍射、薄片镜鉴和化学分析表明：坝基岩体的化学风化、元素迁移和矿物蚀变等均较轻微。主要的蚀变矿物——绿泥石并未蚀变为最终的产物，仅部分转变为它的过渡型混层矿物；元素迁移主要表现为岩石中游离盐类的溶解淋失和低铁的氧化，其余矿物变化甚微。由此说明，岩石的化学风化不强烈，其风化分带也很不明显。但岩体中各风化带之间的物理性状变化确很明显，见表 5-6-4。

表 5-6-4　坝基岩体岩石矿物成分及物理、力学指标简表

项目 / 岩石状态	试验组数	物理性质				试验组数	单轴抗屈强度		岩石矿物成分(薄片镜鉴资料)
		相对密度	干容重(g/cm³)	孔隙率(%)	饱和吸水率(%)		MPa	kg/cm²	
新及微风化页岩	8	2.75～2.76	2.64～2.68	2.9～4.0	0～2.08	10	9.24～13.4	94.30～136.75	水云母 55%～60%，绿泥石 20%～25%，石英 15%，斜长石 4%，白云石 0.5%，黄铁矿 0.5%，其他 0.5%
弱风化页岩(部分碎块)	8	2.75	2.50～2.58	8.3	3.10	2	10.0～10.1	102.7～109.14	水云母 60%，绿泥石 20%，斜长石 < 4%，褐铁矿 0.5%，其他 0.5%
强风化页岩(球体及碎屑)	8	2.74	2.42	12.0	6.86	8	1.73～3.82	17.65～38.96	水云母 65%，绿泥石 15%，石英 15%，斜长石<4%，褐铁矿 0.4%，其他 0.6%
全风化页岩(碎屑)	8	2.74	1.90	30.6	15.90				水云母 65%，绿泥石 15%，石英 15%，斜长石 4%，褐铁矿及其他 1%

从表中看出：随着风化加剧，①岩石的孔隙率也随着逐渐增大，新鲜岩石的孔隙率为3%～4%，而全风化岩石则增至30.6%，增大8～10倍之多；②干燥样品的饱和吸水率亦相应增大7.6～10倍；③干容重与抗压强度均有不同程度的降低。由此表明：坝基岩体的风化主要表现为物理风化，且具明显分带性。

(1)全风化带。厚2～6m，主要分布在1、2、5、6坝块。土黄或黄褐色，岩体呈碎屑及碎块状，块间已失去连接力，但多无滚动。由于生、植物及雨水和风力等作用，表面部分多形成厚0.5～2m的"山皮土"。坝基下已全部挖除。

(2)强风化带。厚0.4～5m。整个坝基均有覆盖，黄-黄褐色。裂面全部风化呈张开状，为全风化所围限的块体，微裂隙密集出现，块体边缘呈碎裂状，基本无结构联系。核心部分一般都保持原岩结构。防渗墙建基面大部分已挖除，仅分布在1坝块坝肩203m高程以上及4坝块坝后堆体基础之下。

(3)弱风化带。厚1.1～2m，主要分布于1坝块坝肩201～203m高程范围内，裂隙面大部分呈黄绿色，裂隙两侧风化厚0.3～0.5cm，厚者1cm左右，大部分保持原岩结构联系。

(4)微新岩带。岩石呈灰绿色，裂隙大部分呈闭合状，但少数裂面局部有明显的氧化迹象。除1坝块坝肩201m高程以上地段外，防渗墙均坐落在该带岩体之上。

5. 岩石的物理力学性质

副坝坐落在志留系下统龙马溪组下段第三层——灰绿色含粉砂质页岩之上。技术设计勘察阶段对坝基岩体进行了多组物理力学等试验与测定，其主要指标见表5-6-4。从表中看出，弱-新鲜页岩的单轴抗压强度均在10MPa以上，动弹性模量也在9 000MPa以上，完全满足建设24m高的建坝要求。

二、坝基处理及评价

关家冲副坝为混合坝型，由砼防渗墙与碎石堆体两部分组成，整个坝体全部坐落在志留系龙马溪组下段第三层——灰绿色含粉质页岩之上。坝址地段的页岩风化强烈，分带明显。但风化厚度的分布受地貌单元的控制而有差异。总的规律是：山脊及山坡全、强、弱等各带分布齐全，总体厚度多在7～12m之间；谷底部位无全风化带，风化层厚3～5m，但上覆有第四系冲、坡积层厚3～5m，总体厚度也有7～8m，因坝体两个部分的地基要求差别较大，将分区进行开挖。现分别简述如下。

1. 建基面开挖及形态

副坝区的山包浑圆，沟谷较宽缓，谷坡坡角多在15°～30°之间。全面为风化岩体及第四系砂质黏土所覆盖。

(1)堆体坝段。

堆体坝段基础无承载力及防渗要求，故采用推土机从谷坡→谷底逐层剥离。谷底近墙段剥至强风化岩体；其余部位只剥去耕植土层及杂物，使堆石坝体坐落在全、强风化岩体上，其深度见表5-6-5。

(2)防渗墙坝段。

防渗墙最大坝高24m，弱风化岩体完全可以满足其建坝要求，但弱风化岩体属弱透水岩体，ω值一般在0.03～0.05L/(min·m·m)之间，局部达0.06～0.1L/(min·m·m)不能满足建坝防渗要求。固防渗墙坝体部位均以抽槽形式逐层挖至微新岩体，预留 0.1～0.3m 的保护层作为初始建基面。槽宽 5～11m，槽坡比全风化岩体为 1∶1；强、弱风化岩体为1∶0.75。槽底（即 3～5 坝块分布段）相对较为平坦，高程多在 184～194m 之间。1～2 及 6 坝块为倾向沟谷的缓坡，坡角 30°～70°，墙踵侧高程 183.8～187.4m，墙址侧高程 184.6～186.8m。边坡后退 6～18m，建基面不规则，起伏差 2.2～4.0m。地层产状与勘察期所测基本一致，仅局部因断层错动使其走向略向北偏转至 330°～337°。

表 5-6-5　关家冲副坝基础开挖深度及高程

部位		项目：深度（m）	项目：高程（m）
		挖除岩体	建基岩体
防渗墙基础	一块		
		大部分全、强、弱带	弱、微、新
	二块		
		全、强、弱带	微、新
	三块		
		全、强、弱带	微、新
	四块		
		全、强、弱带	微、新
	五块		
		全、强、弱带	微、新
	六块		
		全、强、弱带	微、新
堆体	谷坡		
		耕植层	全强带
	谷底		
		冲坡积层	强风化带

2. 地质缺陷的处理

砼防渗墙总长 89m，底宽 1.1～11.5m，分为 6 块。建基岩体大部分呈新鲜状态，且较完整，但因构造作用使其局部岩体破碎、泥化，性状极差。如 f_2、f_8 及 g_1 与 g_3 等，需进行适当清挖处理。

f_2 分布于 3、4 坝块，与坝轴线夹角 10°～25°，断层带宽 0.1～0.5m，主要为鳞片状页岩碎片和灰白色软塑状泥化条带组成。泥带宽一般 0.1～0.3cm，呈树枝状分布，连续性好；上盘岩体中微裂隙发育，似碎裂块状岩不能作为建基岩体，如图 5-6-3。以抽槽形式适当挖除，挖深 1.5～2m。

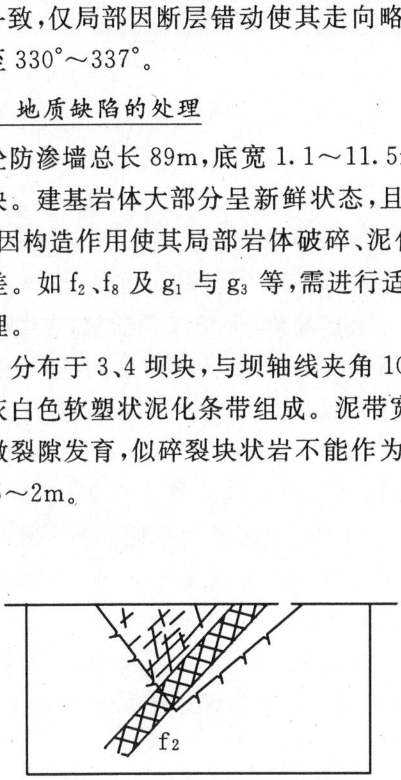

图 5-6-3　断层处理示意图

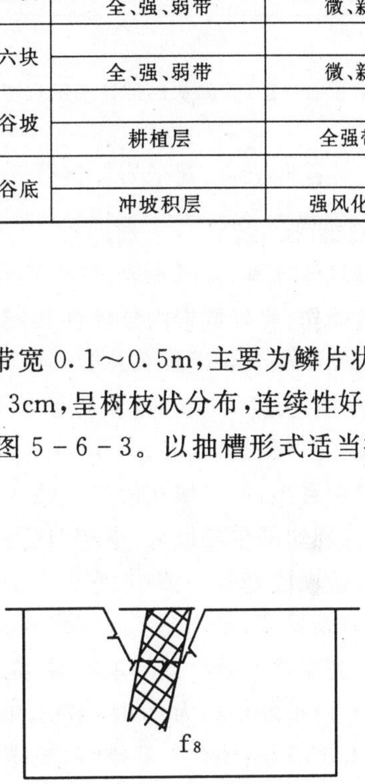

图 5-6-4　断层处理示意图

f_8 分布于 6 坝块墙踵附近，断层倾角陡立，带宽 0.1～0.6m，带内挤压劈理密集发育，其两侧各具有厚 0.1～0.3cm 灰白色软塑状泥化带，局部厚达 1～1.5cm，呈碎斑岩状。以齿槽形式挖深 1.2～1.5m，如图 5-6-4 所示。

g_1 分布在 3 坝块及 4 坝块右侧，紧临墙踵，剪切带宽 0.4～1.1m。由两层鳞片状页岩碎片夹灰白色塑性泥组成，单层厚 0.3～3cm，泥呈网状分布，厚 1～3mm，厚者 5mm，连续性较好，对墙体稳定不利。以抽槽形式适当挖除，挖深 1～2m，如图 5-6-5 所示。

g_3 分布于 4 坝块左下角，与坝轴线呈 40°～50°交角，紧临墙踵。剪切带厚 60cm，平面宽

1.2m。由7个平行发育的灰白色塑性泥面及鳞片带组成。泥单厚0.1～0.3cm，局部厚达1～2cm，呈树枝状或网状分布，性状极差，遇水呈糊状，对墙体稳定不利。以抽槽形式适当挖除，挖深1.5～2m，如图5-6-6所示。

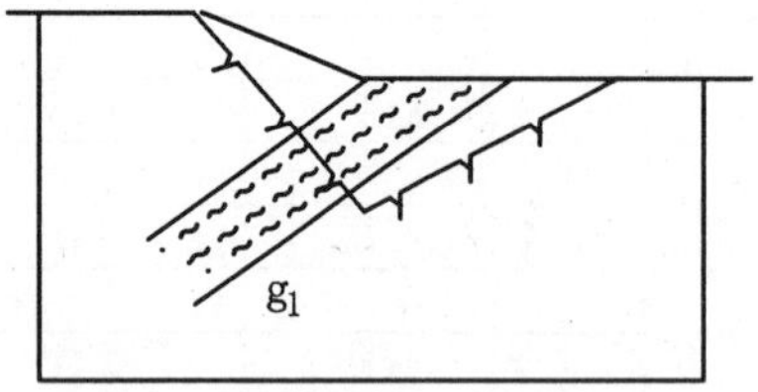

图5-6-5 层间剪切带处理示意图

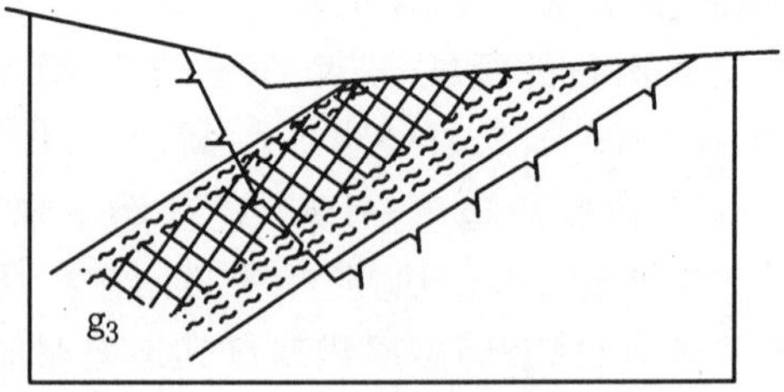

图5-6-6 层间剪切带处理示意图

经上述挖除处理，建基岩体符合建基面开挖验收标准。

3. 固结与防渗

墙基岩体新鲜，属隔水岩体，但因开挖、爆破和卸荷回弹引起的裂隙、层面张开及构造对岩体的局部损伤，将降低岩内整体性和隔水性能。为弥补上述缺陷、保证工程质量，在墙基岩体内进行了固结灌浆。灌浆孔总数74个，分为两排，排距1.5m，孔距2m，灌孔深(基岩内)5～8m，总的固结长度550m，兼作防渗帷幕用。灌浆压力一般是0.25～0.33MPa，最大压力为0.47MPa。灌浆成果见表5-6-6。

从表中看出，所有灌孔的单位注入量均极小，全坝区平均单位注入量为0.94kg/m。按坝块计，以6坝块的单耗最大，平均单位注入量为4.41kg/m。副坝区最大单耗的两个灌孔(段)都出现在该坝段基础岩体中，它们是：6_1-1-1孔，单耗11.6kg/m及6_1-1-3孔，单耗9.96kg/m；1坝块次之，平均单耗1.42kg/m；4坝块最小，平均单耗仅0.43kg/m。

再从先灌排与后灌排的单耗看，先灌排(第一排)各孔段平均单耗为1.2kg/m，后灌排(第二排)各孔段平均单耗为0.61kg/m，单耗平均减少了约50%。全坝区单耗大于1kg/m，有17个孔段，有13段出现在先灌排，后灌排仅有4段单耗大于1kg/m。

若再以先灌排第一序与第二序灌孔的单位注入量进行比较，一序孔平均单耗1.78kg/m；二序孔平均单耗只有0.63kg/m，平均减少65%。也就是说，当第一排灌注结束后，岩体中的裂隙及层面(张开)有50%～65%得到了充填、固结，其效果较显著。再经第二排各序孔的灌注，岩体中一定范围内的各类结构面或渗透空间应得到较全面地充填，充分起到了固结与防渗的作用。

上述说明：①在作为隔水岩体的页岩中进行灌浆，仍能将水泥浆液注入到各类结构面中，只不过是注入量的多少差别而已；②经灌浆处理后，岩体内完整程度及防渗性能均能得到改善。

表 5-6-6 关家冲副坝固结(兼作帷幕)灌浆成果统计表

坝块编号	排序		孔段数(段或个)	灌浆长度(m)	最小单位注入量(kg/m)	最大单位注入量(kg/m)	平均单位注入量(kg/m)	坝块内平均单位注入量(kg/m)
1坝块	第一排	第一序	4	20	0.98	3.70	2.07	1.42
		第二序	3	15	0.45	0.71	0.56	
2坝块	第一排	第一序	5	40	0.54	1.03	0.80	0.73
		第二序	3	24	0.26	1.03	0.54	
	第二排	第一序	5	40	0.61	1.10	0.86	
		第二序	2	16	0.31	0.73	0.52	
3坝块	第一排	第一序	5	40	0.53	1.01	0.78	0.60
		第二序	2	16	0.47	0.56	0.52	
	第二排	第一序	5	40	0.53	0.85	0.68	
		第二序	3	24	0.11	0.35	0.23	
4坝块	第一排	第一序	5	40	0.54	1.13	0.78	0.43
		第二序	3	24	0.12	0.56	0.31	
	第二排	第一序	5	40	0.21	0.56	0.30	
		第二序	2	16	0.17	0.19	0.18	
5坝块	第一排	第一序	5	40	0.80	1.15	0.98	0.84
		第二序	2	16	0.30	0.43	0.37	
	第二排	第一序	5	40	0.68	2.12	1.17	
		第二序	3	24	0.28	0.61	0.40	
6坝块	第一排	第一序	4	20	1.42	11.6	6.47	4.41
		第二序	3	15	1.00	2.44	1.66	
合计			74	550				
坝基总体	第一排	第一序	28	200	0.53	11.6	1.78	1.20
		第二序	16	110	0.12	2.44	0.63	
	第二排	第一序	20	160	0.21	2.12	0.75	0.61
		第二序	10	80	0.11	0.73	0.33	
合计			74	550				

4. 坝体填筑、碾压及排水

(1)坝体填筑与碾压。

坝体填筑按设计要求分区进行。迎水面是为防止墙基岩体的加速风化而设,填筑物质主要为粉质黏土及页岩石碴,填筑高程190～195m。背水面(即坝体)的填筑分为垫层(细颗粒)、过渡层(粗颗粒)及堆石区,见图5-6-7。垫层及过渡层水平厚度均为3m,为新鲜灰岩石碴,堆石区为页岩石碴,其粒径比例见表5-6-7。各区填料粒径均控制在表中范围内,逐层平行碾压上升,最大高程205m。每层铺料厚度:垫层及过渡层为40cm,堆石区为80cm。采用D_{80}推土机碾压,并适量加水,每层碾压6～8遍,碾压后各层指标见表5-6-8。从表中看,碾压后的平均干溶重在 2.07～2.13t/m³ 之间，略低于设计值(2.1～2.15t/m³)。合格率在 97.5%以上。

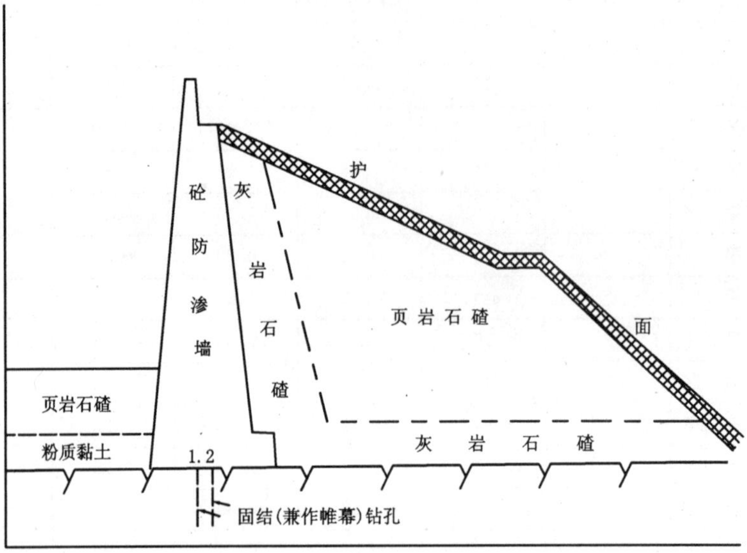

图 5-6-7　副坝填筑断面示意图

表 5-6-7　坝体填料粒径比例控制表

部位	最大粒径(cm)	<5mm 含量(%)	含泥量(<0.1mm)(%)
垫层	8	30～35	<5
过渡层	30	15～20	<5
堆石区	60	10～15	<5

表 5-6-8　关家冲副坝填筑、压实成果统计表

部位	填料名称	>20mm 颗粒含量(%)			铺料厚度(cm)	碾压遍数	干容重(g/cm³)			含水量(%)			统计组数(组)	合格率(%)
		最大	最小	平均			最大	最小	平均	最大	最小	平均		
防渗墙迎水面	砂质黏土				40	6	1.98	1.47	1.67	32.9	12.7	22.5	18	93.7
	页岩石碴	62.9	33.5	51.5	40	6	2.28	1.25	2.09	8.8	2.1	5.2	20	100
防渗墙背水面	灰岩石碴	81.8	72.5	77.5	40	6	2.22	2.00	2.07	2.74	1.10	1.94	4	100
	页岩石碴	68.0	35.4	54.2	80	6～8	2.21	1.92	2.13	9.6	3.3	6.1	40	97.5

(2)坝基排水。

坝基岩体为含粉质页岩，属隔水岩体。在一定深度范围内，由于施工爆破等因素所造成的松弛、张开的结构面，经固结已基本将其充填封堵。坝后按无水设计，只需将大坝渗水或积水排出。在临近坝脚长10m段，设1m×1m的浆砌块石排水暗沟，其后按100m沟埋式预制钢筋砼排水管，管径1m，排水沟管总长110m。两岸沿坝脚周边设有排水沟，将地表流排至下游。经一年观测，一般无水。

5. 评价

(1)副坝基坑形态及轮廓与地质预测基本一致，满足了设计要求。

(2)防渗墙基础岩体在202m高以下均呈微新状态。左右坝肩各有2.2～2.6m^2面积，防渗墙坐落在弱风化岩体上。

(3)基础固结孔(兼作帷幕用)74个，总进尺550m，提高了岩体的完整性及防渗能力。

(4)坝前坝后堆体的填筑与碾压，均按《碾压式土石坝施工技术规范要求》进行，平均干容重在2.07～2.13t/m^3之间，合格率在97.5%以上。

第七节 导流隧洞①

导流隧洞布置在左岸，距岸边40～170m，进、出口段以明挖方式与清江相接。隧洞断面为城门洞型，14m×16m或12m×17m，尚待最后确定。进口底板高程75m，出口底板高程74m。据(14m×16m断面)水力学模型试验，进口流速5～6m/s，洞内最大流速17m/s，出口流速14～15m/s。永久封堵的进口闸门为竖井闸门，导流隧洞为四级临时建筑物，不作永久泄洪用。使用年限为3～4a。

一、工程地质条件

1. 地形

导流隧洞通过地段除有松树湾(或水井湾)杨家坪宽、浅的溶槽(槽底最低高程分别为144m和140m)外，无深切的沟谷，上覆岩层厚度40～70m。进口段以基岩(灰岩)陡坡临江，出口段为崩坡物发育的地形相对比较凌乱的大斜坡，入江段还有高漫滩分布。

2. 地层岩性

导流隧洞通过地段分布的地层为寒武系中下统碳酸盐岩及碎屑岩，出口地段以及其下的下明渠段有较厚的第四系崩坡物及高漫滩堆积分布。其岩性特征分述如下。

寒武系下统($\in_1$)分石牌、石龙洞、平善坝三组和中统($\in_2$)红溪组、上峰尖组。

石牌组($\in_1^2$)：总厚209m，为页岩、粉砂岩，是导流隧洞口及下游明渠段 的主要岩体，根据岩性及其组合特点可分为三段。

下段($\in_1^{2-1}$)：厚106m，灰绿、黄绿色砂质页岩，单层厚0.2～2.5cm，含少量云母，具杂色微细层理，顶部夹有两层厚3～4cm褐色含铁质及钙质的粉砂岩。

① 引自《湖北省清江隔河岩水利枢纽技术设计阶段工程地质报告导流隧洞》(第六册)，1994年。

中段($\in_1^{2-2}$):厚45m,灰色页岩为主夹有少量粉砂岩,页理清晰、光滑,稍含云母细片,风化后呈淡黄色片状碎屑。

上段($\in_1^{2-3}$):厚58m,灰绿色粉砂岩夹页岩,两者的厚度比为6:1～12:1,可视为不等厚的互层状。粉砂岩单层厚2～10cm,页岩厚0.5～2cm,一般不超过1cm,也常见有薄层灰岩透镜体,偶夹灰岩疙瘩体,沿页岩多发生层间错动。

石龙洞组($\in_1^3$):总厚度154～185m,为灰岩,是导流隧洞通过的主要岩体。

下段($\in_1^{3-1}$):厚度67～75m,底部5m为薄层白云质灰岩与砂质页岩互层,下部为灰色薄层微晶含泥质、硅质及白云质条带灰岩,间夹薄层鲕状灰岩,此层厚度变化较大,薄者3～8m,厚者30余米(在区域地层划分中,又将其单独划出,定名为天河板组)。据出口段的185孔揭示,该层厚度5m,极易沿其发生剪切破坏。中上部主要为深灰色厚层的白云质灰岩,上部为2～5m厚层状粗粒鲕状灰岩,顶部为厚0.4m的砾状灰岩及厚0.4～0.7m的疙瘩状泥灰岩,疙瘩状泥灰岩岩性软弱易风化,沿此层多发生层间错动。

中段($\in_1^{3-2}$):厚35～50m,深灰色薄层条带状灰岩,条带为深灰色泥灰岩,上部单层厚3～4cm。泥质条带灰岩和细粒鲕状灰岩互层,下部单层厚2～3cm,泥质条带较多,顶部为厚0.1～0.8m的疙瘩状泥灰岩,性软易风化,沿此层也常见层间错动。

上段($\in_1^{3-3}$):厚52～60m,深灰色厚层或块状微晶含泥质、硅质、白云质斑纹灰岩,斑纹为泥灰质,略呈层状分布,新鲜者为深灰色,风化后为紫褐色,下部偶夹细粒鲕状灰岩。

本组沉积后,具有一次间断,顶面受侵蚀,凹凸不平,凹槽中常有铁质结核、黄铁矿晶体与页岩透镜体分布。

平善坝组($\in_1^4$):一般厚40m,为灰岩与页岩的互层,假整合于石龙洞组之上,分为六段。导流隧洞将全部通过该组地层,是导流隧洞在其洞内全部通过的含有页岩的岩组。

一段($\in_1^{4-1}$):厚1～4.2m,灰绿色、黄绿色板状砂质页岩夹泥质页岩及灰岩透镜体。

二段($\in_1^{4-2}$):厚1～8m,深灰色厚层,粗粒鲕状灰岩,含橙黄色泥质条带,上部多为致密灰岩。

三段($\in_1^{4-3}$):厚2～9m,灰绿色页岩,含少量砂质,黄铁矿晶体或条纹及云母片,风化后呈黄绿色碎片。

四段($\in_1^{4-4}$):厚3～9m,灰、深灰色薄层条带致密状灰岩,条带为橙黄色泥灰岩,泥灰质比较集中时,具瘤状构造。

五段($\in_1^{4-5}$):厚4～10m,灰绿色钙质页岩,上、下部富含灰岩疙瘩体。

六段($\in_1^{4-6}$):厚12～22m,灰、深灰色薄层条带灰岩,条带为泥灰质,上下部为薄层灰岩与泥灰岩互层,顶部为橙黄色含灰岩疙瘩体的泥灰岩,并夹有灰岩透镜体。

红溪灰岩($\in_2^1$):厚约60m,可分三段。导流隧洞将全部通过该组地层。

下段($\in_2^{1-1}$):厚17m,深灰色中厚层及厚层微晶-致密白云质斑纹灰岩,顶部有一层厚约0.2～0.4m的细粒鲕状灰岩。

中段($\in_2^{1-2}$):厚20m,下部为深灰色厚层夹薄层微晶条带状白云质灰岩,条带为紫褐色、深灰色泥灰岩;上部为深灰色厚层微晶含硅质白云质灰岩夹薄层板状硅质灰岩,缝合线发育,沿缝合线多有紫褐色泥膜,是本段岩层最突出的特点。

上段($\in_2^{1-3}$):厚23m,深灰色中厚层及厚层微-细晶硅质白云岩及白云质灰岩。

上峰尖组下段($\in_2^{2-(1+7)}$):厚80～90m,为灰岩、白云岩及泥灰岩互层,是导流隧洞进口段及上明渠段的主要岩体。据271、272、307等钻孔的资料统计，灰岩占层厚的60.72%～80.30%，白云岩占7.4%～22.2%，泥灰岩占18.64%～38.28%。泥灰岩性软，易风化，强度稍低。在成洞过程中，还应特别注意那些薄层页状泥灰岩层，其性质与页岩极为相似。

第四系(Q)岩性：主要为近代河流冲积之砂砾石层，高漫滩堆积和斜坡堆积之崩坡积物及洞穴堆积物等。

(1)河床砂砾石层：在导流隧洞进出口明渠和近河床段均有分布，一般厚2～5m，以砾石为主，含砂率一般为20%。

(2)高漫滩堆积物：主要分布在出口明渠段的尾部。据206孔资料，冲积层厚11.52m，上部为黏土及粉砂土，下部为密实度较好的砂砾石层。

(3)崩坡积物：主要分布在出口斜坡段，据189、205、210等钻孔揭示，厚5.08～17.1m，主要为碎石土夹块石。

(4)洞穴堆积物：主要指发育于灰岩中的某些岩溶洞穴中的堆积物，一般为粉砂土夹碎石，在开挖隧洞过程中可能遇到。如果这种堆积物在隧洞顶板出现，将会塌落，给施工带来麻烦。目前尚无法准确地预报这种堆积物可能出现的位置，但可以预计遇有这种情况的机会极少。

3. 地质构造

岩层走向北东70°左右，倾向上游(南东160°)，倾角25°～30°。岩层走向与导流隧洞轴线相交，进口段交角60°，中段交角70°，出口段交角55°。导流隧洞穿过段遇6条断层。各断层性状见表5-7-1。

表5-7-1　导流隧洞地段断层特征统计表

编号	产状			规模		性状
	走向	倾向	倾角	宽(m)	断距(m)	
F_{143-1}	80°	SE	75°	1		地面与钻孔中均反映为裂隙型破碎，但在地质剖面中常反映具有较大地层断距。尚未完全查清
F_{139}	320°	SW	68° 72°	0.5		沿断层溶蚀成沟槽，黏土及岩屑充填，局部可见构造块状岩
F_{29}	275°	SW	70° 80°	0.5 5.5	7	为黄色、灰色角砾岩，泥质胶结松软，方解石胶结坚实，溶蚀较强烈，在隧洞通过的地面处见沿其溶蚀宽4～5m的大溶槽，内填土夹少量碎石。又据11号平洞揭示沿F_{29}断层发育有较大的岩溶洞穴，并常年有水，13号岩溶通道就是沿该断层发育而成
F_{31}	292°	NE	65° 80°		1.2 3	地表溶蚀成沟槽，宽0.5～4m，据11号平洞揭示(在平善坝组地层中)断层胶结不好
F_{10}	355°	SW	65° 84°	0.3 4	6 32	见方解石胶结的角砾岩，胶结甚好，沿断层溶蚀剧烈，据9号、5号、3号勘探平洞，沿其追索的结果表明，溶蚀严重，线溶蚀率可达40%～50%
F_{203}	320°	SW	60° 80°			为裂隙型破碎，地表溶蚀呈沟槽，为黏土与碎石充填。断层带的详细性状不清

从表中可以看出，除 F_{10} 断层外，均为近东西向或北西向，与导流隧洞的轴线近于正交。F_{10} 在导流隧洞下段通过，与轴线斜交，交角 25°。断层与导流隧洞的交切关系是较为有利的。

这些断层均为陡倾角，破碎带宽度一般 0.5～3m，最宽达 5.5m，地表沿断层溶蚀成沟槽，为黏土及碎块充填。深部为方解石胶结的角砾岩及块状构造岩，一般胶结较好，但有的溶蚀较严重，线溶蚀率达 40%～50%，破坏了岩体的完整性，也易沿断层形成溶洞与集中渗漏通道，同时使深部裂隙充泥或性状发生变化，将成为影响导流隧洞局部稳定的主要因素之一。

裂隙主要有：北西西组，走向 280°～300°，多倾北东，倾角 60°～80°，此组裂隙规模长大（也是导致出口山坡石龙洞组灰岩倾伏破坏的主要结构面），以及北东东组，走向 50°～80°，倾北西或南东，倾角 60°～70°。缓倾角裂隙少见，约占总裂隙数的 7%～8%。此外在出口石龙洞灰岩组成的壁面上见有数条走向北东、倾向北西、倾角 50°左右的中等倾角的裂隙，并常构成陡壁上的不稳定岩体的滑面。

裂隙一般长 5～10m，深部除位于性状较坏的断层和溶洞附近有溶蚀填泥外，其他多为方解石充填，性状尚好。

岸剪裂隙：多发育在临江陡崖，并常沿其溶蚀成狭缝。

钻孔裂隙率为 0.4～0.92 条/m，倾角 65°～85°，充填 0.1～0.8cm 的方解石，胶结尚好，详见表 5-7-2。在进口段 271 孔，高程 57.83～76.87m 处见有裂隙密集带。

表 5-7-2　导流隧洞钻孔裂隙特征统计表

孔号	高程(m)	层位	岩心长(m)	裂隙条数(条)	缝隙宽度(cm)	倾角	裂隙率(条/m)	性　状
271	57.83～76.87	$\in_2^{2-(1+7)}$	密集带		0.1～0.2	70°～85°		方解石胶结
272	69.08～110.24	$\in_2^1$	41.16	38	0.1～0.2	70°～85°	0.92	方解石胶结
273	73.08～131.05	$\in_2^1$	57.97	34	0.1～0.8	65°～85°	0.59	方解石胶结
179	68.60～121.85	$\in_1^{3-2}$～$\in_1^{3-3}$	52.88	34	0.1～1.0	55°～85°	0.64	方解石及氧化膜溶蚀
188	62.34～110.85	$\in_1^{3-2}$	48.51	26	0.2～1.0	50°～85°	0.54	方解石及氧化膜溶蚀
186	68.18～117.74	$\in_1^{3-1}$	49.56	20	0.1～1.0	70°～85°	0.40	方解石
185	74.34～115.58	$\in_1^{3-1}$～$\in_1^{2-3}$	41.24	25	0.2～1.0	60°～85°	0.61	

层间错动：在灰、页岩相同的界面处，多出现层间错动破碎泥化带，性状坏；而灰岩中则很少，连续性差，性状好，无大的变异。在石牌页岩中密度大，密者 0.2～0.5 条/m，错动面上附有 1～2mm 的白色塑性泥。

与导流隧洞稳定有关的层间错动带主要有：隧洞中段平善坝组第一段页岩中的 401 号，隧洞出口石牌页岩顶部的 201 号层间破碎泥化夹层，以及隧洞中下段石龙洞灰岩中的 301 号、302 号层间错动面等。它们的性状见表 5-7-3。

表 5-7-3 主要层间错动带特征表

编号	特征	工程地质意义
401	层间剪切破碎泥化型，发育在$\in_1^{4-1}$层顶面及底面。左岸11号平洞揭示分布稳定，性状差，由一系列的层间错动面组成，尤以顶面为严重，在厚近2m的页岩中，共见6个泥化面，单个错动面的破碎泥化带厚0.5～26cm，此外，5号平洞揭露也呈此种性状	性状差，分布稳定，导流隧洞穿过它时应防拱顶沿其塌方，应予挖除
302	层间错动面为滑面型，发育在$\in_1^{3-2}$顶部疙瘩状泥灰岩中。如大2孔揭露，沿错动面有角砾岩，或有方解石充填，上下泥灰岩性状无变异，右岸2号平洞，47、28、29等孔一带，高程87～113m，普遍存在顺层溶蚀	连续性差，不构成连续的软弱面，应注意连续的溶蚀面及局部沿拱顶塌方
301	层间错动滑面型，发育在$\in_1^{3-1}$顶面，错动面平直，有黄色糜棱岩，遇水易软化，沿此错动面有方解石充填，错动面上、下劈理发育，受F_4断层的影响，性状较差	在未风化和溶蚀的情况下，性状好，但应注意局部及拱顶塌方
201	层间剪切破碎泥化型，分布在石牌页岩与石龙洞灰岩接触面附近，厚4.2～6.2m，主剪切破碎泥化带厚0.4～0.6m。页岩受构造变动严重，以高密度的劈理为主，并伴有厚1～5mm的塑泥，构成一个软化带。据大4孔和14号平洞揭示，在埋藏较深时，性状有转好的趋势	对导流洞出口影响较大，应作挖除处理

4. 岩石的风化特征及物理地质作用

中厚层灰岩一般没有明显的风化特征，仅在薄层条带灰岩（$\in_1^{3-2}$、$\in_1^{4-6}$、$\in_2^{1-2}$）中的泥灰岩条带见有风化现象。在深部这种条带的风化主要出现在断层两侧及大的岩溶洞穴周围。

与工程关系密切的岩石的风化现象分布于隧洞出口明渠段石牌页岩。据钻孔（205、210、286、189等孔）揭示，强风化层厚4～15m，呈黄褐色碎块状，部分呈土状；弱风化厚4～13m，呈浅灰黄色，裂隙强烈切割，岩石呈破碎状，块径5～10cm。同时岩体中还有很多的泥化层，在导流隧洞下明渠的开挖中，应十分注意其稳定性。

物理地质现象主要见于隧洞出口明渠斜坡地段，该边坡上部为坚硬厚层灰岩，下为软弱的页岩构成一个“头重脚轻”的不利岩体结构边坡，上覆灰岩岸剪裂隙发育，下伏页岩极易风化、剥落，在其边坡后退过程中导致上覆灰岩下座或崩落。目前仍保留有一些规模巨大的离位岩体。其中有一个离位岩体分布在明渠开挖范围内，长70m，宽15m，深35m，由石龙洞下段灰岩组成，产状已变位，后缘为一宽5～10m、深约15m的深槽，槽内被黏土及碎石充填。

5. 岩溶

导流隧洞通过岩溶发育的石龙洞组灰岩与红溪灰岩。据导流隧洞沿线的6个钻孔统计共揭露洞穴24个，见表5-7-4。大部分为棕色黏土充填，主要集中在Ⅰ、Ⅺ号通道及F_{10}断层附近。其中一个在导流隧洞底板以下，高程70.66～71.24m，四个在导流隧洞顶板附近，高程77.98～94.56m，洞径0.2～0.72m，其他19个均分布在隧洞顶板以上较高的部位。又据隧洞周围的钻孔统计，在石龙洞灰岩中的钻探进尺905.94m，累计铅直溶蚀洞穴长36.01m，钻孔平均溶蚀率3.97%，可见溶蚀是较强的。

表 5-7-4 导流隧洞钻孔岩溶统计表

孔号	地面高程(m)	洞数(个)	洞穴顶、底高程(m)		洞径(m)	层位	灰岩厚度(m)	溶蚀长度(m)	洞穴率(%)	充填及特征
			顶	底						
272	173.30	2	170.80	151.30	19.50	$\in_2^2$	117.50	13.48	11	黏土
			169.00	162.98	6.02	$\in_2^2$				黏土夹碎石
273	167.08	2	103.28	103.20	0.08	$\in_2^{1-1}$	273.57	0.8	0.3	黏土与细砂
			95.28	94.56	0.72	$\in_2^{1-1}$				灰华
179	166.88	1	77.98	77.78	0.20	$\in_6^{3-2}$	185.09	0.2	0.1	无明显充填
188	142.39	6	136.80	136.61	0.19	$\in_1^{3-3}$	138.48	14.85	10.70	无
			133.15	131.30	1.85	$\in_1^{3-2}$				黏土及碎石
			128.39	126.11	2.28	$\in_1^{3-2}$				无
			123.35	117.70	5.65	$\in_1^{3-2}$				下部棕色黏土及碎石
			117.50	114.77	2.73	$\in_1^{3-2}$				无
			113.00	110.85	2.15	$\in_1^{3-2}$				黏土夹碎石
186	146.18	8	142.46	137.98	4.48	$\in_1^{3-2}$	78	3.87	5	黏土夹碎石
			137.04	136.24	0.80	$\in_1^{3-2}$				方解石及灰华
			117.74	115.82	1.92	$\in_1^{3-1}$				无
			105.70	105.66	0.04	$\in_1^{3-1}$				无
			113.60	113.57	0.03	$\in_1^{3-1}$				无
			91.55	91.25	0.30	$\in_1^{3-1}$				无
			79.01	78.81	0.20	$\in_1^{3-1}$				无
			71.24	70.66	0.58	$\in_1^{3-1}$				中粗砂夹细砾石
185	147.76	5	145.26	144.31	0.95	$\in_1^{3-1}$	59.30	2.81	4.7	黏土夹碎石
			142.84	141.91	0.93	$\in_1^{3-1}$				黏土夹碎石
			141.31	140.31	0.12	$\in_1^{3-1}$				黏土夹碎石
			141.31	140.74	0.57	$\in_1^{3-1}$				黏土夹碎石
			118.18	117.94	0.24	$\in_1^{3-1}$				黏土夹碎石

导流隧洞所穿的岩溶通道是Ⅰ、Ⅲ、Ⅴ、Ⅶ、Ⅸ、Ⅺ六个。Ⅰ、Ⅲ、Ⅸ、Ⅺ发育在石龙洞灰岩中，其中Ⅲ是未进入导流隧洞范围，ⅩⅢ位于平善坝第六层灰岩中；Ⅴ位于红溪灰岩中；Ⅶ位于上峰尖组地层中。Ⅴ、Ⅶ两通道出口高程在100m以上，现将石龙洞灰岩左岸岩溶通道列于表5-7-5。上述情况表明，在隧洞开挖过程中将不同程度地遇到岩溶洞穴。

6. 水文地质

导流隧洞地段透水岩层(或含水层)有石龙洞灰岩、红溪灰岩。透水层上下均有隔水层或相对隔水层所隔。各含水层间一般无水力联系，是一个多层水文地质结构岩体。经地下水长期观测资料表明，在导流隧洞地段，石龙洞灰岩地下水位在80～92m间变化，红溪灰岩地下水位应高于100m。

表 5-7-5　左岸石龙洞组灰岩各岩溶通道说明表

通道编号	位置	长度(m)	方向	出口高程(m)	连通试验地下水流速(m/d)	地下水流情况	发育层位	各连通洞穴发育情况	控制因素	备注
Ⅰ	K_{29}、238 孔～ K_{20} { K_{42}、K_2、K_1 }	800	北西西向 290°～300°	79.5 78.5	312	终年有水流出，最小流量1L/s，雨后骤增	$\in_1^{3-1}$（上部）	地形地貌为一线状溶槽，沿线落水洞很多，较大的有 K_{29}、K_{20}，出口以 K_2 为最大。从现在发育的落水洞情况看，通道为阶梯状	受北西西组长大裂隙及层面控制	在导流隧洞下洞段穿越
Ⅱ	5 号平洞 3 号支洞 K_{12}—3 号平洞中的环形洞 W_{681}		近东西 近南北	78.0		环形洞西北角小厅终年见有滴水，雨后出口有水流出	$\in_1^{3-3}$	已发现较大洞穴，洞穴总长 200 余米，已有 160m 可进人，出口为溶隙	主要受近南北向和近东西向断层或长大裂隙控制	未进入导流隧洞范围
Ⅸ	9 号平洞深 52.9～59.90m K_{10} 灌水洞 W_{785}	220	一支近东西，另一支近南北	79.05	550	见有小股水流	$\in_1^{3-3}$	已发现较大溶洞，洞穴总长 170m，人均可进人，出口为裂隙	受北北西组裂隙或小断层及近东西向高倾角裂隙与层间错动面的交线控制	在导流隧洞中段通过
Ⅺ	237～191～183～11 号平洞的 K_9～K_3（大 3 孔）W_{786}	>450	北北西	79.60	400	雨季在 K_9 竖井中见有小水流，雨后出口有流水	$\in_1^{3-3}$	11 号平洞见一呈竖井状的溶洞（K_9），深 22m，与大 3 孔揭示的三个顺层倾斜溶洞（总长 40m）连通，191 孔压水，183 孔水位上涨。237 孔投萤光素，在 191 孔见到萤光素，191 孔投萤光素，河边 786 看到萤光素出来（沿线上 182 孔有风吹出）	主要受北西西向长大裂隙控制	在导流隧洞中段相遇

“石龙洞灰岩”为强透水岩体。左岸主要排水口为Ⅰ号岩溶通道的出口 K_2，位于清江枯水位一带，枯水季节排水口流量甚小（实测最枯流量 1L/s 或近于枯竭）。雨后，特别是暴雨后，排水口流量骤增，最大时可达 0.5～1m^3/s。据钻孔压水试验成果统计看出，导流隧洞岩体中强透水[ω 为 0.1～1L/(min·m·m)]试段占 21%，不透水试段占 43%。见表 5-7-6。

河边上下游围堰基础下覆盖砂砾石层抽水试验显示，渗透系数为 105～231m/d，而在导流隧洞出口明渠高漫滩砂砾石层 260 孔抽水试验渗透系数段 13m/d，显然偏小。通过第四系砂向基坑涌水量计算的渗透系数建议采用 50～100m/d。

清江河水和岸边岩溶水的水质类型均为 HCO_3—Ca 型，对混凝土无侵蚀性。

表 5-7-6　导流隧洞线钻孔压水试验成果统计表 [单位:L/(min·m·m)]

孔号	统计段数(个)	较强透水 $\omega=1\sim0.1$		中等透水 $\omega=0.1\sim0.05$		微透水 $\omega=0.05\sim0.01$		极微透水 $\omega<0.01$	
		段数(个)	比率(%)	段数(个)	比率(%)	段数(个)	比率(%)	段数(个)	比率(%)
272	5	2	40	1	20	2	40		1
273	22	2	9	2	9	5	23	13	59
179	14	3	21	4	29	3	21	4	29
188	9	2	22					7	28
186	9	4	44	4	44			1	12
185	11	2	18	1	9	3	28	5	45
合计	70	15	21	12	17	13	19	30	43

二、导流隧洞的主要地质问题

1. 页岩段的稳定性

导流隧洞通过的页岩有平善坝组灰岩与页岩互层中的页岩和石牌组页岩。平善坝组页岩在隧洞中部出现，是无法避开的，石牌组页岩出现在隧洞出口及下明渠段。

平善坝组：一、三、五段为灰绿色页岩或砂质页岩，总厚 9～18m，单层页岩最大厚度 4～10m，单层最小厚度 1～4m，在隧洞通过段，页岩在顶板的出露长度为 26m。平善坝页岩，裂隙密度大(线密度可达 10 条/m)，层理发育，岩体块度小。据导流隧洞附近钻孔岩心统计平善坝页岩 RQD 只有 3%～27%，在遇断层及层间剪切带处岩体更为破碎。11 号地质勘探平洞(2m×2m)中，实测平善坝页岩的塌落拱高为 1m，反馈其普氏坚固系数 $f=1$。导流隧洞穿越该层时，顶拱塌方，边墙坍落是极严重的。但平善坝页岩是间互出现，不会出现很大的塌顶高度，如果每层以塌到上覆灰岩为止计算，第一段页岩($\in_1^{4-1}$)最大塌落高为 4m，第三段页岩($\in_1^{4-3}$)最大塌落高为 6m，第五段页岩($\in_1^{4-5}$)最大塌落高为 7m。如果$\in_1^{4-2}$、$\in_1^{4-4}$ 段灰岩因其厚度小，无法起到支撑作用，那么大包方案的塌落高度，即$\in_1^{4-1}\sim\in_1^{4-5}$ 全部塌落下来，其极限高度为 25m，见图 5-7-1。只要施工过程中及时喷护就不会出现第二种情况，可按第一种情况设计其衬砌厚度。

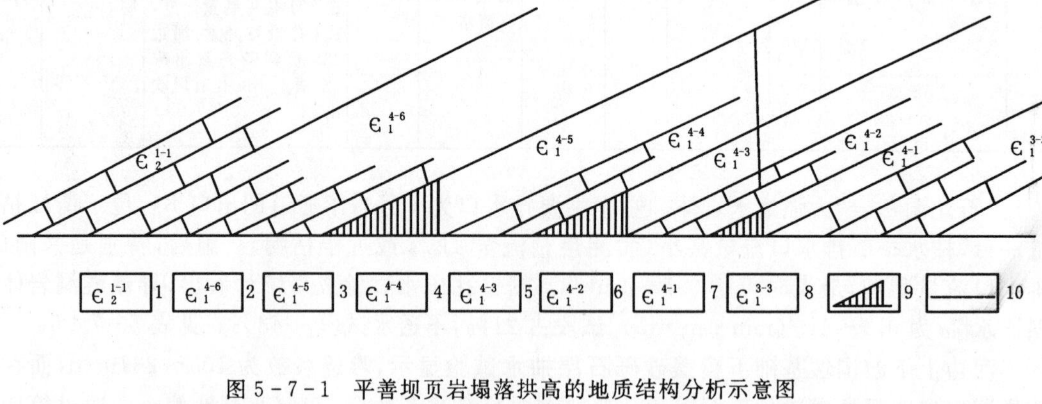

图 5-7-1　平善坝页岩塌落拱高的地质结构分析示意图

1. 红溪灰岩；2. 平善坝组第六段灰岩；3. 平善坝组第五段页岩；4. 平善坝组第四段灰岩；5. 平善坝组第三段页岩；6. 平善坝组第二段灰岩；7. 平善坝组第一段页岩；8. 石龙洞灰岩；9. 平善坝页岩的塌落拱高；10. 组合岩体塌落拱高的最大极限

石牌组页岩厚度大，与隧洞有关的主要是上部页岩。该岩层的特点是：页理发育，多层间错动泥化面，多高倾角裂隙及破碎带，块度小，失水干裂，强度低，具有薄层状及碎裂结构所兼存的岩体特征。从14号地质勘探平洞开挖中看出，石牌页岩的成洞条件很差。曾试图开挖不同洞径观察稳定的塌落拱高，反求普氏坚固系数，将开挖断面扩大到2m(高)×3m(宽)，洞长8m，很快就全面塌顶，并将整个扩洞段全部堵塞。所得塌落拱高为4m(尚未全部稳定)，计算普氏坚固系数 f 不足0.5，可见成洞性极差。导流隧洞尺寸大，隧洞将无法在石牌页岩中通过，为此地质方面建议：出口顶板以石牌页岩分布高程91m为准，即石牌页岩出露高程大于91m者全部挖除，而使出口洞顶全部为灰岩。但采取这种方案，将导致出口处的挖方量很大，很不经济，能否在出口洞段部分的保留石牌页岩，而减少明挖方量，这将取决于很多因素。地质方面的控制因素是石龙洞灰岩壁面的稳定状态。经实地边坡调查，185孔以外，即185孔与公路间的边坡，岸剪裂隙很发育，共实测到6条，在地面大都溶蚀成狭缝，并有两处明显的不稳

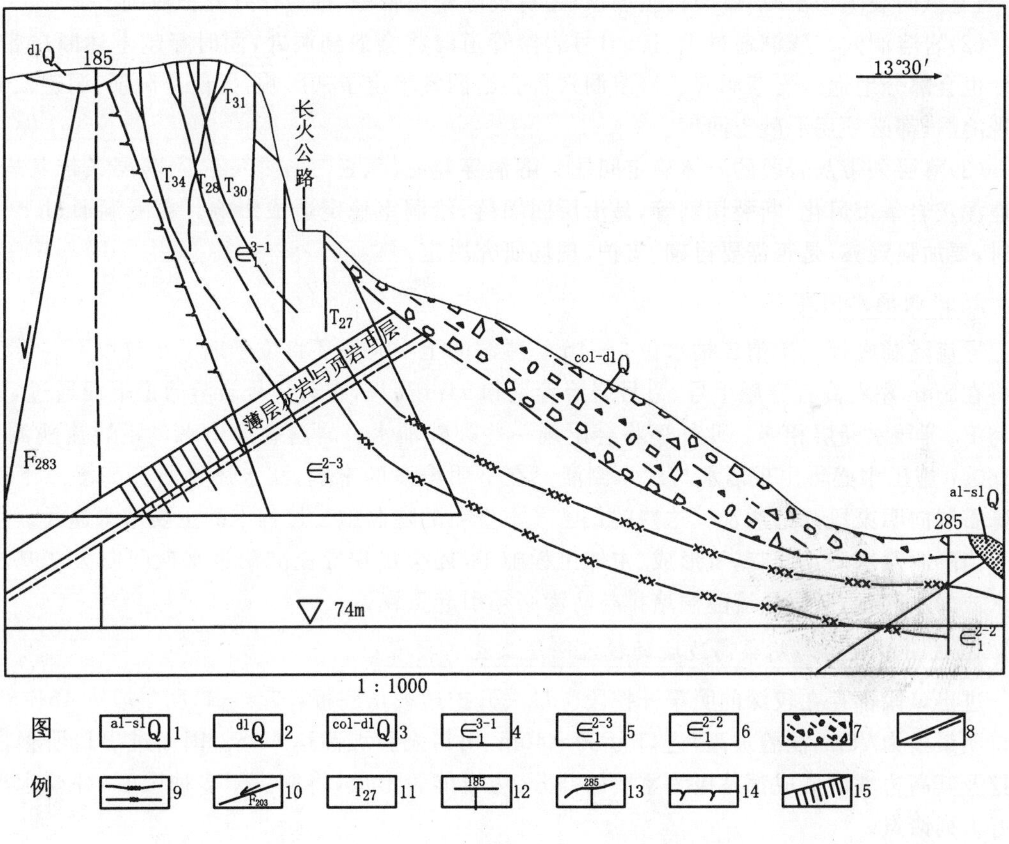

图5-7-2 导流隧洞出口洞段至明渠段岩体结构剖面图

1. 冲积层，砂壤土夹碎石；2. 坡积层，黏土夹碎石；3. 崩坡积层，块石、碎块石夹土；4. 石龙洞组第一段，深灰色厚层灰岩及薄层条带灰岩顶部有层疙瘩状灰岩；5. 石牌组第三段，灰绿色粉砂岩夹砂质页岩；6. 石牌组第二段，灰绿色页岩；7. 砂壤土、黏土夹碎石；8. 组段界线及推测地层界线；9. 强风化带及弱风化带下限；10. 正断层及编号；11. 裂隙及编号；12. 投影钻孔及编号；13. 钻孔及编号；14. 建议开挖线；15. 不稳定岩体

定岩体。岸剪裂隙带宽达15m。可以看出必须从185孔开始削坡(见图5-7-2),所以在隧洞出口洞顶板,最多可保留15m左右长的石牌页岩洞段。如何在成洞过程中通过这一洞段,这又将取决于施工工艺水平,但最终地质人员仍要求全部挖除而回填混凝土。这样洞顶以上的石龙洞灰岩也可减少很大挖方。最终如何确定,还可以与具体施工单位商定。隧洞出口以内的洞壁页岩段必须加厚支护。

下明渠段底板几乎全为石牌页岩,而这里的流速很大,为14～15m/s,必须设置抗冲混凝土垫层。

2. 灰岩段岩体稳定问题

灰岩洞段包括:石龙洞组灰岩、红溪灰岩和部分上峰尖组灰岩。灰岩洞段大部分岩体完整强度高,甚至无需衬砌(主要是防排水防渗问题),但在下列地段将会导致局部岩体的不稳定。

(1)结构面组合的不利岩体段。断层及其交汇带的洞段,如已查明的断层F_{143}、F_{139}、F_{29}、F_{31}、F_{10}、F_{203},当其破碎带比较宽时,将会影响洞室的稳定。301号、302号层间错动面都是软面,当有纵向裂隙切割时,就会发生塌顶,还有裂隙密集带等,都应作好支护衬砌。

(2)岩溶洞穴。隧洞通过Ⅰ、Ⅸ、Ⅺ号岩溶管道时将会遇到洞穴,同时穿越上述断层带时,预计也会部分地遇到岩溶洞穴。岩溶洞穴将会给洞室稳定带来影响,无论是洞顶、洞避及洞底出现溶洞,都必须用混凝土回填。

(3)薄层条带灰岩段的岩体稳定问题。隧洞穿越$\in_1^{3-2}$、$\in_1^{4-4}$、$\in_1^{4-6}$、$\in_2^{1-2}$薄层条带灰岩时,如遇泥灰岩条带风化、断裂切割等,易沿层面塌落,给洞室稳定造成影响。在隧洞通过上述岩层时,要加强观察,是否需要衬砌、支护,现场研究决定。

3. 隧洞涌水问题

导流隧洞底板低于清江枯水位3～4m。隧洞的上半洞段还将位于地下水位以下。导流隧洞将在80m左右高程穿越Ⅰ号、Ⅺ号岩溶管道和94m高程,在其Ⅸ号岩溶通道下面通过,同时将与F_{29}等导水断层相遇。此外还将会出现一些裂隙涌水。岩溶管道出水口距导流隧洞100～160m,施工中必将出现涌水与江水倒灌。在下明渠段的末端,江水还将通过高漫滩下部的砂砾石层向明渠段基坑涌水。这些就是已基本查明的隧洞施工过程中的主要来水途径。

当隧洞通水后,大江基坑形成、主体工程施工,还会出现导流隧洞过水期间向大江基坑的涌水或漏水问题,所以导流隧洞堵排与防渗必须引起重视。

4. 进出口洞脸与明渠高边坡的稳定问题及施工要求

进出口段都存在较深的明渠开挖段。最大开挖边坡从底板算起,进口明渠段为45～55m,出口明渠段为75m;洞脸坡高,进口为30～40m,出口洞脸坡高达60m。因而进出口明渠段的开挖及其高边坡的形成都是极为重要的部分,边坡能否形成,将取决于多种因素,并要求严格作好下列诸点。

(1)合理的选择开挖边坡角,施工单位应严格按设计人员建议的开挖边坡和边坡结构形式(如设置的马道等)进行施工。

(2)边坡形成后,应将那些不稳定的岩块和结构体(包括岸剪裂隙)清除或采取工程处理使之稳定。

(3)由于开挖卸荷,对是否有地应力释放并导致出现岩体位移的现象,应加强施工期间的监测并及时进行预报,以确定是否需要采取相应的工程处理措施。

(4)进出口明渠两侧边坡，在过水断面内(包括风浪作用的水流爬坡高度)及渠底都采用相应的防冲工程处理，以确保边坡的稳定。

(5)水面以上的页岩、泥灰岩(进口处可能存在)、土层边坡都应进行护面处理，并设置排水孔。

(6)坡顶要进行适当的清整，设置排水沟。

(7)出口明渠段边坡岩体结构复杂，两侧边坡为岩、土组合边坡和不同岩性的组合边坡，特别是洞脸以上边坡高陡，都应严格按设计要求进行施工和开挖。

(8)边坡开挖最好采用光面爆破，以不破坏岩体为宜。

三、导流隧洞设计及施工期的各种参数的建议

1. 岩石的物理力学参数

以大量的岩石物理力学及变形特性的室内外试验成果为主要依据，经地质、科研与设计人员共同研究商定，将各类岩石的主要物理力学及变形特性参数建议采用值列于表 5-7-7。

表 5-7-7　隔河岩左岸导流隧洞岩石力学参数建议值

岩层	代号	容重 (g/cm)	抗压强度 (kg/cm^2)	变形模量 ($\times 10^4 kg/cm^2$)	弹性抗力系数 ($\times 10^3 kg/cm^3$)	μ	岩石本身抗剪强度		岩石/砼抗剪强度	
							f	c (kg/cm^2)	f	c (kg/cm^2)
中厚层灰岩		2.65	600	15～20	1.1～1.6	0.25				
鲕状灰岩		2.65	800	>20	>1.6					
薄层条带灰岩		2.65	500	>10	0.55～0.80	0.27			1.0	15
泥灰岩		2.65	400	3～5	0.23～0.40	0.30				
粉砂岩	上峰尖	2.65	300	平行岩层 2.0～2.5	0.15～0.12	0.35				
钙质页岩	石牌页岩	2.65	200	垂直岩层 0.5～1.0	0.04～0.08		0.5～0.6	0.5～0.7	0.5～0.6	0.5～0.7
泥质页岩	石牌页岩	2.65	100							
201 剪切带	石牌页岩	2.65		0.05～0.20						
201 主剪切泥化面							0.30	0.20		
401 剪切带										
401 错动面							0.20	0.10		
301 错动面							0.30	0.20		
302 错动面							0.35	0.25		
F_{10}错动面							0.20			
F_4错动面							0.20	0.10		

2. 开挖边坡

进、出口段的开挖边坡因不同的岩土类别而不同。

灰岩明挖边坡角建议为 70°。

页岩 { 新鲜页岩，开挖边坡角为 40°～45°。
风化页岩，开挖边坡角为 25°。

新鲜页岩边坡高度超过 10m 者，风化页岩边坡高度超过 5m 者，即应设置马道。马道建议

宽 2～3m。

砂砾石层，开挖边坡 30°。

粉砂土—黏土层—碎石土，开挖边坡为 20°～25°。

3. 洞室衬砌的设计

页岩段及宽大破碎带可按散粒结构即普氏理论设计，页岩的坚固系数采用 $f=0.5\sim1$。灰岩段将不采用普氏理论，其稳定性取决于岩体结构的条件，在施工过程中临时决定挖、衬、锚等措施。

4. 可钻性

隧洞通过的岩层主要是灰岩(包括中-厚层灰岩、薄层条带灰岩、鲕状灰岩等)和少数泥灰岩及页岩。可钻性：灰岩—白云岩为 8 级；鲕状灰岩为 10 级(数量很少)；泥灰岩为 6 级；页岩为 5 级，可统一按 8 级可钻性考虑。

第四系各种堆积物可按 4 级岩石考虑。遇到巨大的块石，可按岩石开挖考虑。出口明渠段分布一些少数规模巨大的灰岩离位体，在其挖出时，就应按基岩开挖计算。

5. 外水压力问题

隧洞通过段有两个含水层，以平善坝页岩为界，其上为红溪灰岩与上峰尖组灰岩含水层，地下水位高程 120m，高山隧洞顶板 30m，平善坝组页岩以下为石龙洞组灰岩，由于岩溶发育，地下水位高程 80～92m，高于隧洞底板 5～17m。

6. 排水

隧洞在石龙洞组灰岩中通过时，将有三个岩溶通道可能与隧洞相通，将会导致河水倒灌和山上来水的补给，特别是在雨季，隧洞内的涌水问题将是十分明显的，还有出口明渠段，通过高漫滩向基坑内漏水(按砂砾石渗透系数 $K=100\text{m/d}$ 计算，渗入量约 $0.2\text{m}^3/\text{s}$)。经初步估计，雨季(指雨季中的暴雨天和河水猛涨天)隧洞内的总涌水量大约为 $2\text{m}^3/\text{s}$(出现这样的几率是不多的)。

如果在施工过程中采用遇水堵水(当然不是一般的封堵，要求能够承受一定水压力作用而不破坏)的办法，将可大大减少洞内的进水量，减少庞大的抽水机械设备。采取上述堵水办法后，仍建议在下明渠段挖一排水井，并考虑安装适当的抽排机械。

四、导流隧洞工程地质评价

导流隧洞进口明渠段在 271 孔以外 55m 处，轴线大约离岸边 40～160m 地段通过，出口在晒谷坪南侧江边(286 孔一带)。整个导流隧洞分上下明渠段及隧洞段，全长 906m，其中上明渠段长 98m，隧洞段长 608m(出口点定于石牌页岩在洞内洞顶留长 15m 计)，下明渠段长 200m(从洞口以下按护坦长度计)，各段的准确长度将取决于隧洞进出口位置的最终确定。

1. 进口明渠段

明渠段长 98m(按进口设在 271 孔以内 41m 计)，洞底、洞脸及两侧壁边坡均为 $\in_{2}^{2-(1+7)}$ 灰岩夹泥灰岩，工程地质条件较好。在洞脸及两侧壁边坡岩体中的泥灰岩，特别是受构造破坏的情况下，应进行掏挖回填混凝土。外侧边坡为顺向坡，应注意有无顺层分布的剪切带向顺层滑动。边坡成型后，仍有不稳定岩体，应予挖出或锚固处理。据 271 孔揭示，从底板至 65.5m 高程深度内，局部有裂隙密集带，岩石破碎，抗冲能力弱，应作混凝土垫层。

上述情况表明，进口段具备提前进洞的地质条件，进而可以减少明渠的挖方量。最终如何确定将取决于隧洞的结构要求和水力学条件。

2. 洞身段(可分为五段)

(1)进口。洞深62m段均为$\in_2^{2-(1+7)}$灰岩，白云岩夹泥灰岩。据307孔揭示，在高程86.36～91.06m及94.78～96.97m分布有厚4.70m，2.19m泥灰岩，在洞深18m(顶板)有F_{143}断层通过。上述地段应作好处理，如有纵向裂隙与F_{143}断层相切，对F_{143}断层以外岩体稳定不利。

(2)洞深62～202m段(长140m)。为红溪灰岩，工程地质条件较好。但应注意下列问题：①相遇的F_{139}断层与岩层层面组合构成不利的岩体结构，使性变差。沿断层岩溶发育可能遇到洞穴或洞内充泥，应注意洞室的稳定性，对洞穴应回填混凝土。②洞顶130m高程附近，有Ⅴ、Ⅵ号岩溶通道通过，可能有渗水，雨季可能出现较大；此外还将遇到裂隙性渗水。

(3)洞深202～302m段(长100m)。为平善坝页岩与灰岩互层，其中一、三、五段为页岩，出露总长26m，占该段长度的40%。一段在洞顶出露，最大长7m，高4m；三、五段在洞顶出露，最大长前者7m，后者12m，高7～8m，并有F_{29}通过，有涌水。沿断层及石龙洞灰岩与页岩接触处将会遇到较大洞穴，稳定性差，在页岩段顶拱塌方，边墙坍落严重，应作受力支护。

(4)洞深302～567m段(长265m)。此洞段洞壁四周均为石龙洞灰岩，工程地质条件较好。但应注意下列问题：①相遇的断层有F_{31}、F_{10}、F_{203}等主要断层。根据断层溶蚀规律，在洞挖深度不会出现大的溶洞，但在Ⅰ、Ⅺ、Ⅸ岩溶通道附近及F_{10}断层带遇到一定规模的洞穴是可能的，应注意其稳定性，并将洞穴回填混凝土。②通过Ⅰ、Ⅺ、Ⅸ岩溶通道时，可能出现较大涌水，特别是雨季，江水还将沿上述通道向洞内倒灌，应采取排水防水措施。③F_{31}、F_{10}、F_{203}断层，特别是F_{10}在洞内出露的长度较大，也是洞内最大的断层，均应做支护。④在洞深382～497m将通过$\in_1^{3-2}$段薄层条带灰岩，应特别注意其稳定，是否要做受力支护，应视情况而定。

(5)洞深567～608m段(长41m)。洞底全部为石牌页岩段，洞顶页岩出露长15m，两壁页岩呈三角形分布。洞顶页岩要求全部挖出置换混凝土，底板页岩无抗冲能力，应设置抗冲混凝土垫层，两壁页岩应加厚混凝土支护。

3. 出口明渠段(长200m)

明渠底板出口至115m段74m高程以下全部为页岩，后85m段74m高程以下尚有2～3m厚的砂砾石层。页岩分布段286孔一带74m高程以下尚有厚1～8m的强弱风化带。全应设置抗冲混凝土垫层。

明渠段的形态为撮箕状，从隧洞出口两壁逐渐向下游降低，近洞处两壁高，分别为内壁近80m，外壁相对较矮，坡高20余米。两壁岩石内壁下部为页岩，上为灰岩，外壁全为页岩。岩石之上还有厚度不等的崩坡积物，均应按要求和给定的边坡角开挖，其他工程处理按前述要求进行。

导流隧洞尺寸很大，横越大坝基础，上覆岩体有限，加之原勘探平洞在不同高程上纵横交错开挖，对坝基岩体是有影响的。完成导流任务后，应做全面完好的封堵，周围尚须进行灌浆封闭。

另外，尚需提出的是隧洞在大坝基础下仅40余米，一是对坝基有无影响，二是大坝应力是否传到隧洞，对隧洞的安全是否有影响，也应一并考虑。

还有隧洞在通过坝基地段时，其隧洞顶板距9号勘探平洞只有2m，对隧洞应力是否有影响，尚需设计与施工部门考虑。

五、施工期的地质要求

由于导流隧洞的开挖断面较大，虽然总体条件较好，但隧洞中将不同程度地遇到岩溶洞穴和岩溶通道，还有页岩洞段和断层，为此，地质方面建议以下几点。

(1)建议沿轴线在适当的高程上先开挖一个导洞(2m×2m)，以便将整个隧洞线路的地质情况了解清楚，有利于大断面加速施工。

(2)或者采用10～20m深超前钻探，更确切地掌握掘进方向的地质和地下水状况。

(3)由于断面尺寸很大，大部分又是不受力衬砌，开挖洞型最好采用椭圆形，有利于整个洞室周圈围岩的稳定。

(4)应采用新奥地利法施工。

(5)成立由地质、施工、设计和科研四方面组成的监测小组。

具体任务是：

1)及时观测近掌子面洞壁周围岩体位移，作出位移与时间关系曲线，以便确定最优的喷护时间(在页岩地段应先喷护具有柔性的喷护底层)。

2)测定韦斯曼圈的位置，以便确定需要锚杆支护的洞段所需要的锚杆长度。

3)研究结构体的组合及其稳定性等。

4)施工过程中的地质素描工作，应按有关规定正规进行，但要尽可能地简化。为此在快速施工过程中要为正常的地质工作创造一定的条件(包括素描段的洗壁，明显危岩的清除和地质素描时间等)。

6. 隧洞衬砌前，必须经过验收委员会或验收小组正式验收后才能进行。

第八节　罗家坳河间地块[①]

隔河岩是一个岩溶化程度很高的石灰岩坝址。建坝岩体石龙洞灰岩在坝前库首右岸横越罗家坳河间地块，由库内伸向库外，库内外200m高程以下的灰岩渗径仅2～3km。见图5-8-1。库内侧82m高程处有KW_{40}岩溶洞穴泉；库外侧87m和131m高程处有KW_{501}、KW_{502}洞穴泉。上述洞穴泉均发育在石龙洞灰岩中，库内外的洞穴泉溯源向河间地块中央部位延伸，其渗径将会更短，因此，罗家坳河间地块的渗漏问题是隔河岩建坝最突出的地质问题之一。库成后是否会沿石龙洞灰岩发生危害性的水库渗漏，是关系到工程的成败与确定建设规模最重要的控制因素。1969年，国家审查隔河岩枢纽时，曾因水库渗漏问题将其正常蓄水位定为160m，这对于清江流域水力资源的利用是非常不充分的，显然也是不够合理的。为此，自20世纪70年代末到80年代，用了十多年的时间对罗家坳河间地块岩溶渗漏的封闭条件进行全面的系统的论证，完成了大量的勘探、地质研究和科学试验。其中完成钻孔16个，总进尺近7 000m，单孔最大深度达630余米，这在国内水电工程地质勘探中是少见的深孔；压水试验230段，在孔深400～

① 引自《清江隔河岩水电站库首罗家坳河间地块蓄水后地下水动态特征及岩溶封闭程度验证报告》，1994年。

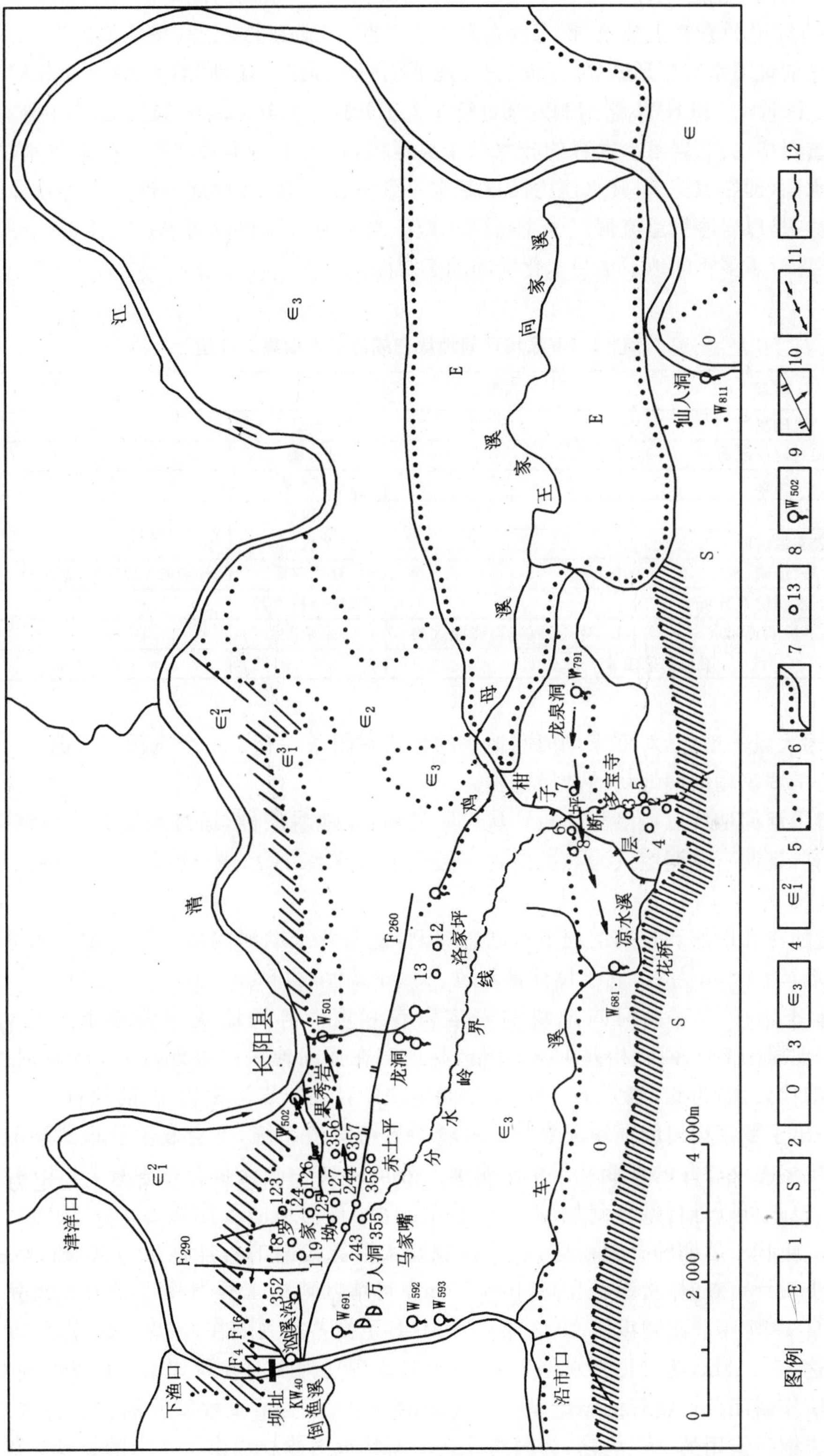

图5-8-1　罗家坳河间地块——多宝寺分水岭地段水系关系及地质略图

1. 白垩系；2. 志留系；3. 奥陶系；4. 寒武系；5. 石牌页岩；6. 地层界线；7. 不整合线；8. 钻孔及编号；9. 泉水点及编号；10. 断层；11. 岩溶通道；12. 地表分水岭

500m 的孔段仍然作了压水试验，这在国内也是少有的。同时，做了大量的物探工作，力图寻找岩溶发育强度在空间上的分区性。还作了大量的科学试验，在罗家坳河间地块作了 6 次大型连通试验，其中在 127 孔投食盐上吨级，投入萤光素数十千克，完成的主要工作量详见表 5-8-1。为了解岩溶地区的地下水富存形式，亦好证实是“地下统一水面说”，还是“地下水系说”我们分别沿 KW_{502}、KW_{501} 和 KW_{501} 和 KW_{40} 岩溶洞穴泉进行了人工开挖追索达 418m。这一工作十分有意义，得出了一个重要结论：在岩溶不发育的分水岭中央地段，地下水基本存在统一的地下水位（面），或者称等压水面（即裂隙充水，其水压力高度基本一致）；在径流区，特别是近岸岩溶发育区地下水储存及运移，是以岩溶管道流形式为主，符合“地下水系说”，即和地面水系一样，有干流、支流等。此外，还进行了多年的地下水与水化学的动态观测。

表 5-8-1　罗家坳河间地块完成的主要勘察工作量

项目	精度	单位	完成工作量	
地质测绘	1∶5 000	km^2	18	
实测地质剖面		m/条	17 000/11	
钻探		m/孔数	6 938.62/16	
压水试验		段	230	
连通试验		次	6	
水质、水量、水位		观测年限	蓄水前 12 年	蓄水后 4 年
地下水同位素分析		取样分析次数	4	
泉水长期观测点	W_{501}、W_{502} 均建堰观测	泉水数	2	
岩溶洞穴追索		m/个	418m/3 个	

通过上述大量的工作，对罗家坳河间地块的地质封闭条件有了一个飞跃的认识。

(1)查清了罗家坳河间地块的地质结构。

(2)查清了河间地块可能渗漏途径。从该区的地形、地貌条件，通过地质结构分析以及地下水均衡计算，证明石龙洞组灰岩与其他含水层无水力联系，库水通过河间地块的外渗只能是石龙洞组灰岩。

(3)大量的深孔勘探和长期的地下水动态观测，证明罗家坳河间地块存在地下水分水岭，但其高程较低，为 135m 左右，低于设计蓄水位（200m 高程）约 65m。

(4)基本查清了罗家坳河间地块的岩溶发育强度。河间地块中央地带钻孔岩溶率 0.12%，近岸地段为 2%，两者相差 15～20 倍，并证实在河间地块中央地段 200m 高程以下存在一个非岩溶化岩体，为此，建立了“岩溶化河间地块中存在非岩溶化岩块”的论点。

最后，得出了罗家坳河间地块无穿越分水岭的岩溶管道系统，不会发生管道式渗漏，但是尚不排出产生溶隙性渗漏的可能性。由于明确了外渗的唯一途径是石龙洞灰岩，即使发生较大溶隙渗漏，也是可以进行帷幕封堵的。当时确定用帷幕封堵的工作量为 $10\times10^4m^2$。又通过 20 世纪 80 年代中后期的补充研究认为：出现较大溶隙渗漏的可能性也不大，所以在 1987 年的补充初步设计审查时，将原预留的 $10\times10^4m^2$ 封堵帷幕的工程费用 2 千万元概算取消。隔河岩工程自 1987 年开工建设至 1993 年 4 月 10 日下闸蓄水到现在，水库已充水近 15 年，最高库水位已达 202.12m，超过正常水位 2.12m，没有发现任何岩溶渗漏现象。勘察期间对罗家坳河间地块所作封闭条件良好的结论是完全正确的，现已经受了工程实践的考验。这是地质判断在隔河岩枢纽运用的一大成功，为国内外在卡斯特地区建坝提供了丰富的经验与智慧。

一、河间地块地质结构及可能渗漏途径

罗家坳河间地块，位于坝址右岸，由清江河曲形成，见图 5-8-2。宽 3.5～4.2km，西侧发育近东西向的凶气沟，东侧有近南北向的叹气沟及北东东向的大水溪沟，构成地形分水岭，走向近南北，脊线大体位于河间地块的中部稍偏西侧，最高点 597.03m（天主观），低点高程 466.80m（柏树坳），高出河水位 400～500m，为侵蚀地貌形态。

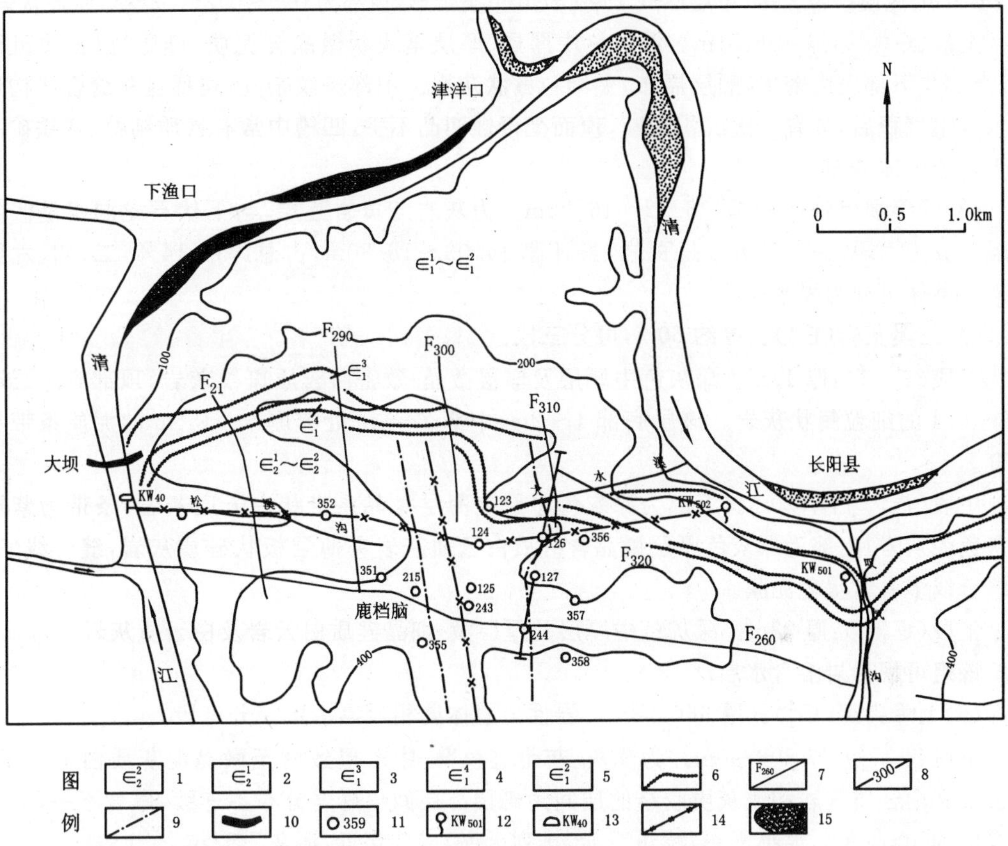

图 5-8-2 罗家坳河间地块地质略图

1. 上峰尖组；2. 红溪组；3. 石龙洞组；4. 平善坝组；5. 石牌组水井沱组；6. 地层界线；7. 断层及编号；8. 地形等高线；9. 裂隙型岩体区；10. 隔河岩大坝；11. 钻孔及编号；12. 泉水点及编号；13. 岩溶管道出口及编号；14. 地表分水岭脊线；15. 沙滩

1. 地质结构及可能的渗漏途径

河间地块为一单斜构造，岩层走向北东 70°左右，与分水岭脊线近于正交，倾向南东，倾角 25°～30°。从北向南由寒武系下、中统的石牌组、石龙洞组、平善坝组、红溪组、上峰尖组、黑石沟组等地层组成。岩性如下：

(1)石牌组（$\in_1^2$）。总厚 209m，为页岩、粉砂岩或互层。为可靠的隔水层。

(2)石龙洞组（$\in_1^3$）。总厚 142～175m，为灰岩，是大坝的基础岩体。为罗家坳河间地块最

主要的岩溶含水层，分为如下三段。

下段($\in_1^{3-1}$)：厚52～81m。岩性较为复杂，底部4～6为薄层白云质灰岩与砂质页岩互层。下部为深灰色薄层泥质条带的硅质、白云质灰岩间夹薄层鲕状灰岩，厚30余米。中上部主要为深灰色含泥质条带的厚层白云质灰岩夹少量细粒鲕状灰岩，顶部是0.4～0.7m的砾状、疙瘩状灰岩。

中段($\in_1^{3-2}$)：厚42～50m。深灰色薄层条带灰岩，条带为深灰色泥灰岩。上部灰岩单层厚3～4cm，夹细粒鲕状灰岩，单层泥灰岩条带厚0.1～0.3cm，连续性稍差，且呈线形。下部灰岩单层厚2～3cm，泥质条带较多，单层厚0.1～0.5cm呈条带形，顶部为0.5～0.8m的疙瘩状泥灰岩。

上段($\in_1^{3-3}$)：厚40～51m。深灰色中厚层、厚层至块状微晶含泥质、硅质、白云质斑纹灰岩，上部与下部斑纹密集，顺层展布，夹细粒鲕状灰岩。中部斑纹杂乱，稍稀且具缝合线构造。

本组沉积后，具有一次沉积间断，顶面受侵蚀凹凸不平，凹槽中常有铁质结核、黄铁矿晶体与页岩透镜体分布。

(3)平善坝组($\in_1^4$)。厚36.22～46.26m。为灰岩与页岩互层，与下伏石龙洞组呈假整合接触。分为六段，一、三、五段是页岩，累计厚14.03～18.80m，占总厚的14%，二、四、六段是灰岩。整体可视为隔水层。

(4)红溪灰岩($\in_2^1$)。厚约60m，可分三段。

下段($\in_2^{1-1}$)：厚17m。深灰色中厚层及厚层微晶-致密白云质斑纹灰岩，顶部有一层厚约0.2～0.4的细粒鲕状灰岩。该层底部1～2m，中部7～8m处有厚5～15cm的泥质条带集中发育。

中段($\in_2^{1-2}$)：厚20m。下部为深灰色厚层夹薄层微晶条带状白云质灰岩，条带为紫褐色深灰色泥灰岩，上部为深灰色厚层微晶含硅质白云质灰岩夹薄层板状硅质灰岩，缝合线发育，沿缝合线多有紫褐色泥膜。

上段($\in_2^{1-3}$)：厚23m。深灰色中厚层及厚层微-细晶硅质白云岩及白云质灰岩。

该组可视为岩溶含水层。

(5)上峰尖组($\in_2^2$)。厚366.28m。岩性上总体属相对隔水层。分三段。

下段($\in_2^{2-1}$)：厚80～90m。为浅灰、灰带红色薄-中厚层致密至微晶泥灰质白云岩、泥质白云岩夹白云质灰岩和泥灰质胶结的层间角砾层。层间角砾岩分布不连续，厚度不一，可见最大厚度约40m；角砾大小不一，棱角明显，排列无序，成分相近，泥灰质胶结。

中段($\in_2^{2-2}$)：厚63.86m，分两层。

第一层：厚22m。为灰色中厚层-厚层致密微晶条带灰岩、斑纹灰岩。

第二层：厚42m。上部为灰色巨粒鲕状、豆状、碎屑状白云质灰岩。中下部为灰色中厚-巨厚层硅质灰岩及微、细晶灰质白云岩。顶部也断续分布有沉积角砾岩，最大厚度达45m，特征同$\in_2^{2-1}$中层间角砾岩。

上段($\in_2^{2-3}$)：厚约240m，分四层。

第一层：厚约60m。为灰、灰带红色薄-中厚层灰岩、白云岩、泥质白云岩夹薄层泥灰岩，底部为碎屑状泥质、白云质灰岩。

第二层：厚约75m。为灰、灰带红色薄-中厚层白云岩、泥质白云岩夹薄-极薄层泥灰岩。

第三层：厚3～19m。为浅灰、灰红色细粒钙质砂岩，上部为砂岩、白云岩互层。

第四层：厚约96m。为灰带红色薄-中厚层泥质白云岩夹灰岩、薄层泥灰岩。

(6)黑石沟组($\in_2^3$)。厚 247.2m。岩性上总体属弱岩溶含水层-相对隔水层。分两段。

下段:($\in_2^{3-1}$)厚 168m,分两层。

第一层:厚约 93m。为深灰、灰白色中-厚层灰岩与泥质白云岩互层,夹叶片状或薄层状泥灰岩,炭质、灰质、泥质页岩和多泥质白云岩。

第二层:厚约 75m。为深灰、灰白色中-厚层灰岩及泥质白云岩互层夹薄层泥灰岩和多泥质白云岩。

上段($\in_2^{3-2}$):厚约 80m。为灰白、浅灰色厚-巨厚层致密微晶白云岩、灰质白云岩,近顶部夹少量泥质白云岩,具涡卷构造。

上述地层中的透水岩层从坝址右岸穿过河间地块至下游长阳县城对岸出露,高程低于 200m 的临空长达 1 700 余米,石龙洞灰岩底板在清江岸边及叹气沟出露,最低高程为 86m,红溪灰岩底板在叹气沟出露最低高程为 150m,均低于设计蓄水位。

红溪灰岩,厚度仅 60m,多数被南北向断层错开,不利于构成单独的渗漏通道。

石龙洞组灰岩厚度较大(147~190m),岩溶发育,出露高程最低。高程 200m 处,越过河间地块的水平宽度仅 3 000m,成为库水外渗的途径。

为进一步论证可能产生渗漏地段确定的可靠性,进行了地下水均衡计算。河间地块西侧(即库内一侧)石龙洞灰岩已直接下河,坝址右岸 W_{682}、KW_{40} 两泉水出口,洪水期时被淹,无法进行动态观测。东侧 KW_{501}、KW_{502} 两泉水,分别高出河水位 15~60m,建立了动态观测堰,因而,可对东侧进行均衡计算。补给范围见图 5-8-3,渗入量为 772 635.0m^3,排水量为 693 126.0m^3,两者基本相近,说明石龙洞灰岩含水层与其他含水层无水力联系。库水通过河间地块的外渗途径只能是石龙洞灰岩而无别的其他外渗途径。

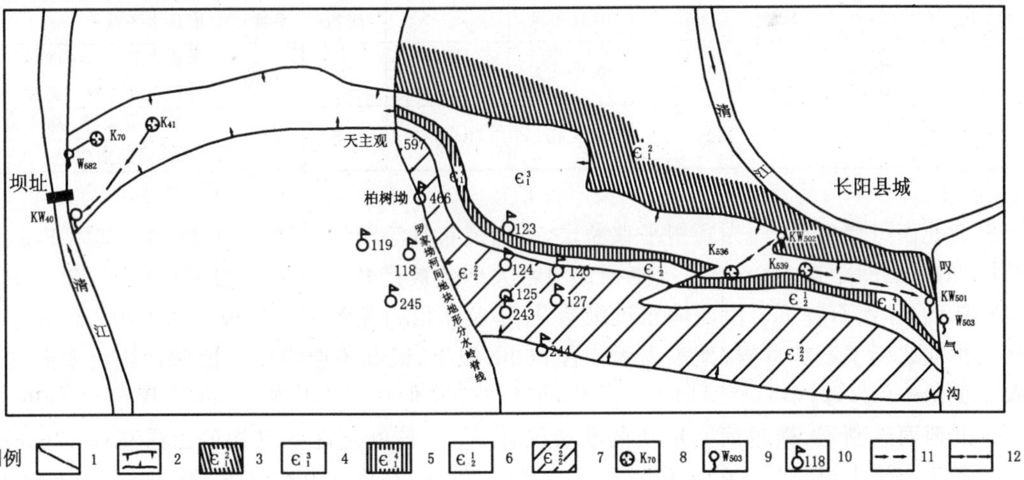

图 5-8-3 库水作用下的罗家坳河间地块东侧 KW_{501}、KW_{502} 两泉水均衡计算范围平面示意图

1. 地形分水岭;2. 地面汇水面积;3. 石牌页岩;4. 石龙洞灰岩;5. 平善坝页岩;

6. 红溪灰岩;7. 上峰尖组泥灰岩夹灰岩;8. 落水洞及编号;9. 泉水及编号;

10. 地下水长观钻孔及编号;11. 连通试验岩溶通道;12. 推测岩溶通道

二、岩溶渗漏封闭条件的论证

1. 断裂构造展布规律

河间地块断裂构造较发育，主要有北北西、北西西和北东东三组。主要断裂性状见表 5－8－2。

表 5－8－2　断层统计表

序号	编号	产状			断层宽(m)	断距(m)	类型		特征
		走向(°)	倾向	倾角(°)			力学	形态	
1	F_{21}	344～355	SW	70	4	40～50	张扭性	平移正	走向不稳定，局部断面倾NE，见方解石胶结的角砾岩
2	F_{22}	330～350	SW	80	2.4	45	张扭性	平移正	方解石胶结的角砾岩
3	F_{256}	0～10	W	85		4～5	张扭	正断	粗糙，方解石胶结的角砾岩
4	F_{257}	350	SW	75			张扭	正断	弯曲，方解石胶结的角砾岩
5	F_{260}	280	SW	55～75	0.5～10	300±		显正断	紫红色物质胶结的角砾岩
6	F_{290}	350	SW	70～85	0.5～0.6	175±	扭	平移正	方解石呈透镜体胶结的角砾岩
7	F_{299}	355	SW	65			扭	平移正	地貌反映明显，沿线槽状和长达 200 余米陡壁
8	F_{300}	0～20	NW	70	0.5	50～60	扭	平移正	面平直，方解石胶结的角砾岩
9	F_{301}	SN	E	75			扭	平移正	方解石，铁质胶结的角砾岩，具水平、垂直擦痕
10	F_{310}	0～70	NW	85	0.3～0.4		张扭	平移正	面具水平擦痕
11	F_{315}	70～80	SE	30±	0.6～45		压	逆断	泥质钙质胶结的角砾岩，沿沉积角砾岩发育而成
12	F_{320}	60～280	SE	30～60	1～40	80～225	压扭	逆断	面呈舒缓波状，具糜棱角砾岩，走向局部变化

北北西组最发育，均为顺扭平移断层，平面展布具等距性，规模一般较大。其中 F_{290}（洞湾断层）的地层断距达 150m 左右，使石龙洞岩大部分被错开。由于断层平行排列，剖面上呈阶梯状错动，导致石牌页岩由西向东逐级抬升，不利于沿石龙洞灰岩形成东西向的岩溶通道。沿断层再向北延至石牌页岩，地表高程均在 200m 以上，因此不会沿该组断裂产生由南向北的渗漏。见图 5－8－4。

北西西组断层，横越河间地块的断层仅有 F_{260}。该断层在叹气沟的出露高程 176.6m，地表出露于上峰尖组。分水岭一带下切至石龙洞灰岩的高程在 0m 以下，埋深达 300m 以上，可认为不具沿 F_{260} 断层形成贯穿整个河间地块岩溶的渗漏条件。

北东东组断层，规模较大者是河间地块东侧的 F_{320}，断距 80m，虽在南西方向延伸至 244 孔一带消失，但对河间地块东侧的水文地质条件仍起一定的控制作用。

2. 岩溶发育条件

石龙洞灰岩在河间地块的出露面积为 1.06km²，其中西侧为 0.285km²，东侧为 0.78km²。

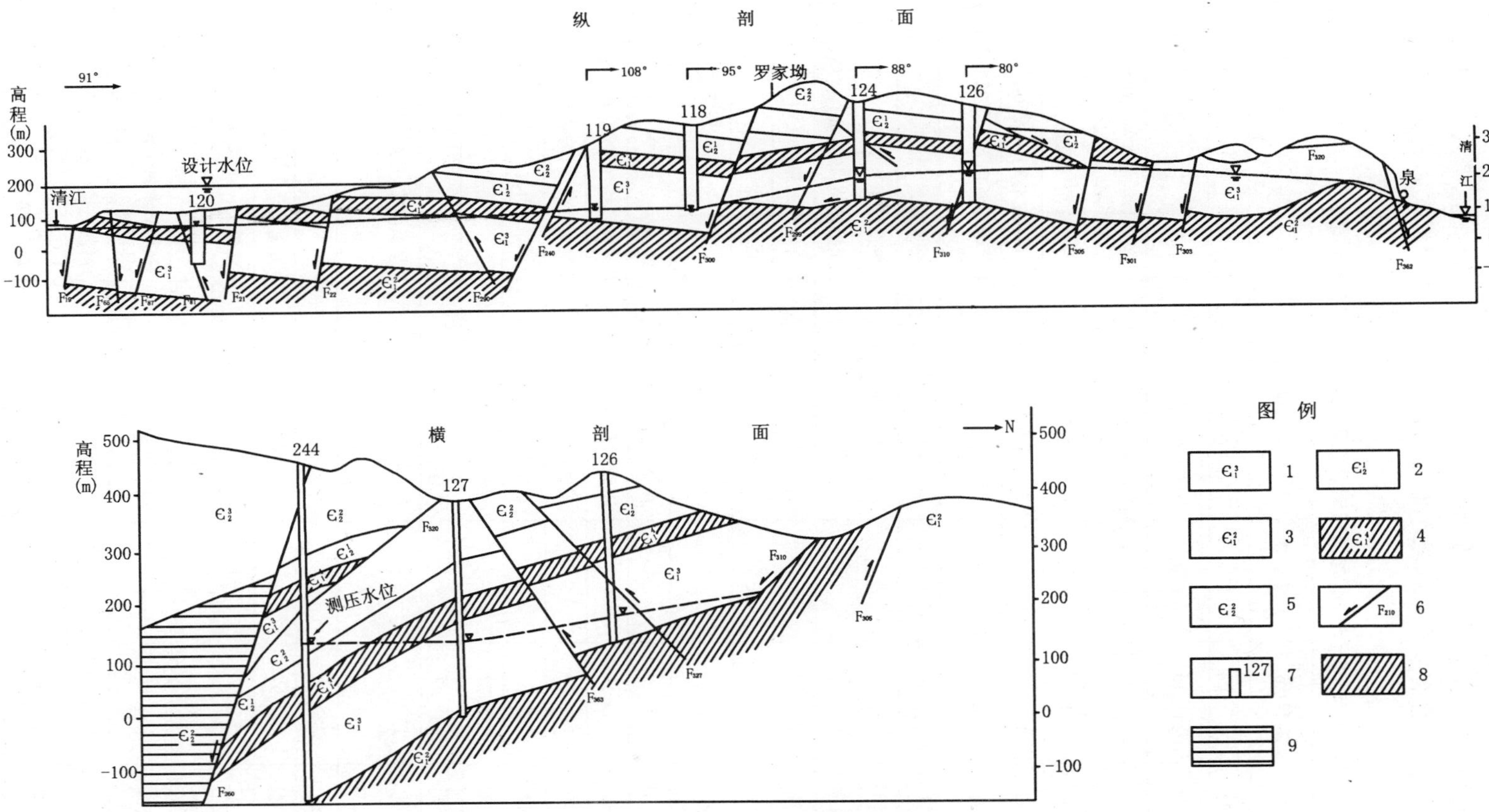

图 5-8-4 罗家坳河间地块水文地质剖面图

1. 石龙洞组灰岩;2. 红溪组灰岩;3. 石牌组页岩;4. 平善坝组页岩;5. 上峰尖组泥灰岩;6. 断层及编号;7. 钻孔及编号 .8. 隔水岩层;9. 相对隔水岩层

地表调查见有岩溶洞穴48个，东西两侧各24个(表5-8-3)，具有明显的分区性。分水岭中部宽700m的地段，未见岩溶洞穴，分水岭西侧径流区的上段和中段长1.35km，仅在洞湾悬崖上见有两上崖屋式洞穴，24个岩溶洞穴全部发育在近岸地段500m的范围内。东侧径流区的上段和中段长1.5km，发育有6个规模较小的溶洞，其余18个岩溶洞穴亦处在近岸地段。

表5-8-3　石龙洞灰岩及红溪灰岩地表岩溶统计表

位置	编号	类型	高程(m)	出露地层	规　模(m)	特　　征
分水岭东侧	K_{501}	溶洞	206.65	$\in_1^3$	长60，宽12，深5	内有溶蚀现象
	K_{502}	溶洞	143.10	$\in_1^3$	长70，宽2	大量灰华、钟乳石，少量黏土及块石充填，雨后没水流出
	K_{503}	溶洞	136.15	$\in_1^3$	规模大	溶洞发育方向由300°转340°。内有石灰华，黏土碎块充填，延伸远
	K_{504}	溶洞	221.41	$\in_1^3$	长10，宽2	两壁有溶蚀现象
	K_{506}	溶洞	129.34	$\in_1^3$	宽1，高0.6	洞口由大变小，无充填物
	K_{507}	溶洞	285.11	$\in_1^3$	长7，宽5，深7	该洞沿走向35°及320°两组裂隙发育
	K_{517}	溶洞	149.95	$\in_1^3$	长4，宽1	充填黏土
	K_{527}	落水洞	295.73	$\in_1^3$	深15，宽1，长5	表面较多灰华
	K_{529}	落水洞	294.91	$\in_1^3$		洞口被堵，落石很久才听到回声
	K_{531}	溶洞	291.79	$\in_1^3$	直径1	有水流痕迹
	K_{534}	落水洞	289.53	$\in_1^3$	可见深4～5	洞口小
	K_{535}	溶洞	325.04	$\in_1^3$		地表下1.5m沿两个方向发育，即垂直与水平，垂直深10m，水平较长
	K_{536}	落水洞	335.79	$\in_1^3$	直径3，深大于60	具溶蚀
	K_{537}	溶洞	289.16	$\in_1^3$	不能进人	洞口冒热气，雨季水量很大
	K_{538}	溶洞	291.38	$\in_1^3$	不能进人	洞口冒热气，雨季水量很大
	K_{539}	落水洞	292.89	$\in_1^3$	直径1，深60	在塌陷体中
	K_{540}	落水洞	179.77	$\in_1^3$	直径1，深10	
	K_{541}	落水洞	249.41	$\in_1^3$	直径1，深10	
	K_{542}	溶洞	218.76	$\in_1^3$	长50	呈裂隙状，弯曲分布
	K_{546}	落水洞	297.72	$\in_1^3$	直径0.5	
	K_{547}	溶洞	382.96	$\in_1^3$	长15，宽0.8，高7	
	K_{550}	落水洞	477.97	$\in_1^3$	长0.8，宽0.4，深10	有石灰华
	KW_{501}	溶洞	86.93	$\in_1^3$	长>80	规模大，泉流量为0.6～271L/s
	KW_{502}	溶洞	131.3	$\in_1^3$	长>180	规模大，泉流量1.3～1 300L/s
	K_{552}	落水洞	341.38	$\in_2^1$	洞口直径0.7	被块石及黏土充填，下雨洞口反水，具溶蚀
	K_{553}	落水洞	342.82	$\in_2^1$	长3，宽2，深10	洞底充填碎石，具溶蚀，无水
	K_{554}	落水洞	373.08	$\in_2^1$	长1，宽0.5，深60	顺北东65°，高倾角裂隙发育，无充填，具溶蚀

续表 5-8-3

位置	编号	类型	高程(m)	出露地层	规　模(m)	特　　征
分水岭西侧	K_{555}	溶洞	251.23	$\in_2^1$	高 20,宽 7,深 40	有钟乳石及石灰华,黏土,溶蚀严重,下雨有水流
	KW_{40}	水平溶洞	81.56	$\in_1^3$	长 130,宽 0.5～5,高 0.5～10	溶空体积 800m³,底部填泥,雨后有水流
	K_{41}	落水洞	259.09	$\in_1^3$	深 11	底有少量碎块石,是沿古塌陷及裂隙发育的,有水流出
	K_{43}		232.31	$\in_1^3$		充填黏土
	K_{44}	落水洞	230.43	$\in_1^3$	长 5.5,宽 0.25,深 3.4	沿 340°裂隙发育
	K_{45}	溶洞	149.1	$\in_1^{4-2}$	长 30,宽 1,高 0.5	顺层溶蚀
	K_{47}	溶缝	162.42	$\in_1^3$	长 5,宽 0.15,高 0.2	沿岸剪裂隙发育
	K_{48}	溶缝	128.82	$\in_1^3$	宽 0.3	沿岸剪裂隙发育
	K_{49}	落水洞	234.38	$\in_1^3$	长 4,宽 1.5,深 6	沿 55°裂隙发育
	K_{70}	落水洞	177.72	$\in_1^3$	宽 1,高 1.5,深 20	底部有碎块石,为消水洞
	K_{517}	溶洞	145.95	$\in_1^3$	长 4,宽 1	黏土充填
	K_{529}	落水洞	294.79	$\in_1^3$		洞口被块石堵闭
	K_{531}	溶洞	291.79	$\in_1^3$	直径 1	洞壁光滑
	K_{533}	落水洞	282.69	$\in_1^3$	深 4～5	不能进人
	K_{534}	落水洞	289.53	$\in_1^3$	深 4～5	不能进人
	K_{511}	落水洞	309.23	$\in_2^1$	深 5	沿裂隙发育,无充填
	K_{512}	落水洞	326.16	$\in_2^1$	长 10,宽 4,深 10	黏土,钙华部分充填
	K_{546}	落水洞	297.72	$\in_1^3$	直径 0.5,深 1～8	黏土及块石充填
	K_{547}	溶洞	382.96	$\in_1^3$	长 7,宽 0.8,高 0.7	有灰华,无水
	K_{551}	落水洞	447.97	$\in_1^3$	长 2.8,宽 0.4,深 10	无充填
	K_{527}	溶洞	295.73	$\in_1^3$	深 10,宽 1,长不清楚	表面有较多灰华

两侧近岸地段,不仅岩溶洞穴多,而且规模也较大,有深达数十米的落水洞和近水平的岩溶通道相通。近坝址处,高程 260m 的丁家湾洼地发育的 K_{41},深达 77m,连通试验 KW_{40}(Ⅱ号)岩溶通道相连;近岸高程 177.72m 的 K_{70} 落水洞,深达 22.5m;以及Ⅱ号岩溶系统(KW_{40}),洞口高程 82m,可见水平段长达 150 余米,体积约 200m³。坝址平洞及钻孔在近岸地段揭露有规模较大的岩溶洞穴,东侧近岸地段有 K_{536}(深 56m)、K_{539}(深 53m)、K_{527}(深 15m)等落水洞,洞口高程分别为 335.79m、292.89m 和 295.73m。连通试验证实 K_{539} 与吹气沟内高程 86m 的 KW_{501} 泉水相通,K_{536} 内的水流从 KW_{502} 泉水排出。KW_{502} 经人工追索 180 余米,均为沿北西西、北东东组小断层和裂隙溶蚀的狭缝(宽 0.3～1m,高 2～5m),底板高程 130～140m。

目前追索段仍属地下水主流段,除有规模较大的洞穴外,尚未见有分支。KW_{501} 经人工追索 80 余米也呈溶蚀狭缝状。

处于分水岭中部的 10 个钻孔揭示,除已被红层充填的古岩溶外,石龙洞灰岩及红溪灰岩地层中仅见 9 个规模小的岩溶洞穴,6 个见于石龙洞灰岩中,钻孔岩溶率小于 0.25%,高程

200m 以下者 3 个，见表 5－8－4。坝址右岸谷坡石龙洞灰岩，钻孔岩溶率为 1.2%，比分水岭地段高 10 余倍。仅分水岭脊线东侧 400 余米处的 127 孔，在高程 146.62～145.92m 揭示 1 个0.7m的洞穴。1980 年先后在该孔进行两次连通试验，均因注入水量过小，反应不明显。分水岭西侧的 355 孔揭示的岩溶洞穴均位于黑石沟组地层中，呈串珠状。孔内在 200m 高程以下作连通试验与库内 W_{691} 泉相通。

表 5－8－4　钻孔地下岩溶统计表

部位	钻孔编号	地面高程(m)	遇洞个数(个)	洞穴分布高程(m)		规模(m)	层位	充填情况	备注
				顶	底				
西侧	352	226.96	4	92.80	85.27	7.35	$\in_1^4$	部分充填黏土，碎块	水位与库水同步
				83.07	80.62	2.45	$\in_1^4$	无充填	
				77.07	71.62	5.45	$\in_1^{3-3}$	部分充填黏土，碎石	
				70.80	66.94	3.84	$\in_1^{3-3}$	部分充填黏土，碎石	
	351	425.26	4	326.45	321.85	4.60	$\in_2^{2-1}$	方解石充填	
				296.76	289.36	7.40	$\in_2^{2-1}$	无充填	
				202.39	202.18	0.21	$\in_2^1$	灰华充填	
				91.88	90.96	0.20	$\in_1^{3-3}$	掉钻	
	245	515.76	6	288	283.84	4.82	$\in_2^{2-1}$	充填黏土及碎石	对库水反应敏感
				282.99	281.42	1.57	$\in_2^{2-1}$	充填黏土及碎石	
				273.56	273.07	0.40	$\in_2^{2-1}$	充填黏土	
				269.50	269.07	0.43	$\in_2^{2-1}$	充填黏土及碎石	
				219.22	218.22	0.30	$\in_2^1$	充填黏土及碎石	
				209.96	208.76	1.20	$\in_2^1$	充填黏土及碎石	
	355	531.84	37	527.54	525.53	2.01	$\in_3^1$	无充填	
				525.29	517.64	7.65	$\in_3^1$	部分充填灰华	
				516.69	516.24	0.45	$\in_3^1$	无充填	
				466.41	465.91	0.50	$\in_3^1$	无充填	
				464.29	463 .96	0.33	$\in_3^1$	无充填	
				361.84	348.84	3.00	$\in_2^{3-2}$	泥夹碎块充填	
				348.27	344.97	3.30	$\in_2^{3-2}$	部分充填	
				341.49	341.19	0.30	$\in_2^{3-2}$	无充填	
				326.84	326.24	0.60	$\in_2^{3-2}$	无充填	
				293.59	292.42	1.17	$\in_2^{3-2}$	无充填	
				251.36	251.11	0.25	$\in_2^{3-2}$	无充填	
				250.53	249.78	0.75	$\in_2^{3-2}$	无充填	
				247.93	246.83	1.10	$\in_2^{3-2}$	无充填	

续表 5-8-4

部位	钻孔编号	地面高程(m)	遇洞个数(个)	洞穴分布高程(m)		规模(m)	层位	充填情况	备注
				顶	底				
西侧	355	531.84	37	245.23	243.48	1.75	$\in_{2}^{3-2}$	无充填	
						1.40	$\in_{2}^{3-2}$	无充填	
				241.88	235.30	0.70	$\in_{2}^{3-2}$	无充填	
				241.88	235.30	3.30	$\in_{2}^{3-2}$	无充填	
						0.80	$\in_{2}^{3-2}$	无充填	
				235.30	231.93	0.90	$\in_{2}^{3-2}$	无充填	
				235.30	231.93	1.50	$\in_{2}^{3-2}$	无充填	
				228.20	227.63	0.57	$\in_{2}^{3-2}$	无充填	
				219.14	218.84	0.30	$\in_{2}^{3-2}$	砂卵石	
				217.74	217.39	0.35	$\in_{2}^{3-2}$	砂卵石	
				214.35	211.89	2.46	$\in_{2}^{3-2}$	砂卵石	
						0.40	$\in_{2}^{3-2}$	泥夹碎石	与库水连通
				207.13	201.68	0.10	$\in_{2}^{3-1}$	泥夹碎石	
						1.05	$\in_{2}^{3-1}$	泥夹碎石	
				201.44	199.94	1.50	$\in_{2}^{3-1}$	无充填	
				198.29	197.79	0.50	$\in_{2}^{3-1}$	无充填	
				196.39	195.99	0.40	$\in_{2}^{3-1}$	无充填	
				195.64	194.44	1.20	$\in_{2}^{3-1}$	无充填	
				185.96	185.36	0.60	$\in_{2}^{3-1}$	无充填	
				191.84	189.84	2.00	$\in_{2}^{3-1}$	黏土砂	
				180.51	180.21	0.30	$\in_{2}^{3-1}$	充泥	
				151.84	116.84	35.00	$\in_{2}^{2-1}$	仅 4.4m 无充填,余为角砾岩	
				182.34	181.84	0.5	$\in_{2}^{3-1}$	无充填	
分水岭脊线	123	365.20	4	361.09	360.89	0.20	$\in_{1}^{3-3}$	无充填	
				359.85	359.55	0.30	$\in_{1}^{3-3}$	部分充填黏土	
				316.96	316.52	0.44	$\in_{1}^{3-3}$	底部沉灰华	
				270.12	269.70	0.42	$\in_{1}^{3-2}$	充填砖红色粉砂岩	古岩溶
	124	428.75	1	280.40	278.75	1.65	$\in_{1}^{4-2}$	充填砖红色黏土岩	古岩溶
	125	471.28	1	454.06	453.56	0.50	$\in_{2}^{2}$	充填塑性泥	
	243	474.81	3	209.41	208.72	0.69	$\in_{2}^{1}$	充填砖红色泥灰岩	古岩溶
				208.61	207.97	0.64	$\in_{2}^{1}$	充填砖红色泥灰岩	古岩溶
				36.11	35.25	0.86	$\in_{1}^{3-2}$	充填杂色泥钙胶结角砾岩	古岩溶

续表 5-8-4

部位	钻孔编号	地面高程(m)	遇洞个数(个)	洞穴分布高程(m)		规模(m)	层位	充填情况	备注
				顶	底				
东侧	244	440.41	4	399.82	399.67	0.15	$\in_2^2$	充填黏土类碎石	
				390.16	388.86	1.30	$\in_2^2$	充填黏土类碎石	
				384.06	353.96	0.10	$\in_2^2$	充填黏土类碎石	
				210.91	210.27	0.46	$\in_1^3$	充填黏土类碎石	
	127	379.77	2	148.62	147.92	0.70	$\in_1^{3-3}$	灰华，钻进中不回水	萤光素、食盐连通试验，反应不明显
				88.65	88.55	0.10	$\in_1^{3-1}$	灰华，钻进中不回水	
	358	380.22	3	366.81	362.72	4.09	$\in_2^3$	充填黄泥	
				350.92	348.92	2.00	$\in_2^3$	流沙	
				165.72	165.37	0.35	$\in_2^2$	充填黄泥流沙	

上述资料表明，横越河间地块的石龙洞组灰岩，在分水岭中部相当宽的范围内，岩溶发育微弱，以裂隙及溶隙为主，分水岭两侧至近岸地段，岩溶的发育则逐渐增强，因而不存在贯穿分水岭的岩溶管道系统。

3. 水文地质条件

罗家坳河间地块是由隔水层（石牌页岩、平善坝页岩），透水层（石龙洞灰岩、红溪灰岩），相对隔水层（上峰尖组泥灰岩）相间组成的多层水文地质结构岩体，尽管近南北向断层比较发育，由于石牌页岩和上峰尖组泥灰岩厚度都在200m以上，均未受到整体性的破坏。平善坝页岩、红溪灰岩由于厚度小，多被南北向断层错开（F_{290}、F_{310}、F_{320}等断层处），已失去整体性，但在各个局部地段仍具有多层水文地质结构特征。

石牌页岩厚度大，为可靠的隔水层。

上峰尖组岩性复杂，由泥灰岩、页状泥灰岩、白云岩夹灰岩、泥质白云岩、豆状灰岩、角砾状灰岩等组成，泥质白云岩、泥灰岩不溶物的含量高达45%～50%，氧化钙与氧化镁的比值为1∶2，抗溶蚀能力强。在河间地块所见的63个泉中，上峰尖组就有37个，占泉水露头的59%，多为季节性裂隙泉。岩溶不发育，透水性微弱，是一个良好的相对隔水层。

平善坝组页岩，虽厚度薄，几处被断层错开，但在分水岭一带，多处见有红溪灰岩的泉水在平善坝页岩顶面溢出，尚具有一定的隔水性能。红溪灰岩的地下水位，经长期观测，一般都在190m以上，见表5-8-5。由于厚度不大，又多处被断层错开，因而对库水外渗影响不大。

石龙洞灰岩，由于所在地貌单元和出露形态不同，以及岩溶发育的差异，水文地质条件也就不尽一致。

分水岭脊线一带及其两侧大部分都以陡崖形式出露，汇水面积甚小，大气降雨多以面流形式排泄，没有明显的地面水道；近岸地段的丁家湾洼地，发育有K_{41}落水洞，下渗水流通过坝址右岸高程82m的KW_{40}岩溶泉及其次一级通道（如高程78m的W_{682}泉）排入清江。

东侧细沙坡一带，由于沿平善坝页岩的剥蚀作用，石龙洞灰岩成为顺层坡，裸露地表面积

表 5-8-5　蓄水前罗家坳河间地块钻孔地下水长期观测综合成果表

孔号	钻孔地面高程(m)	孔深(m)	石龙洞组灰岩分布高程(m)		地下水分层	地下水高程(m)		长期观测起点时间			水位变幅(m)	最低地下水埋深(m)	取水样次数(次)	水文类型
			顶板	底板		最低水位 观测日期	最高水位 观测日期	起	止	历时(个月)				
118	355.21	248.85	224.21	未见底,终孔高程 106.36	内管($\in_1^3$)	121.41m 1980/01/17	137.69m 1980/09/01	1979/02/14	1980/12/24	22	16.28	233.80	2	M=407.19～2 113.49mg/L, $SO_4\cdot HCO_3$—MgCa・Na 型
					外管($\in_2^1$)	289.98m 1979/01/10	333.37m 1980/11/29	1980/01	1981/08/27	33	43.39	65.23		
119	318.78	231.88	259.96	未见底终孔高程 86.90	内管($\in_1^3$)	130.82m 1979/09/28	146.67m 1981/07/06	1978/09	1981 年 11 月底	35	15.85	187.96	6	M=377.01～418.35mg/L, HCO_3—CaMg 型
					外管($\in_2^1$)	291.19m 1978/09/08	315.66m 1981/07/12	1978/09/02	1981 年 11 月底	35	24.47	27.59		
123	365.20	180.00	365.20	189.66	$\in_1^3$	234.65m 1981/01/13	251.19m 1979/06/29	1978/11/07	1981 年 11 月底	36	16.54	130.55	9	M=263.22～326.49mg/L, HCO_3—CaMg 型或 HCO_3—Ca 型
124	438.75	309.07	276.65	142.25	内管($\in_1^3$)	153.48m 1981/01/10	168.79m 1981/07/04	1979/05/14	1981 年 11 月底	30	15.31	285.27	8	M=326.92～366.66mg/L, HCO_3—NaCa 型, HCO_3—NaCaMg 型
					外管($\in_2^1$)	329.50m 1980/02/10	379.31m 1981/06/10	1979/10/31	1981 年 11 月底	20	49.81	109.25		
125	471.24	491.65	160.74	−11.96		125.52m 1981/03/02	127.95m 1981/11/05	1981/11/05	1981/12/05	1	2.43	345.72		
126	432.09	307.34	277.52	129.79	综合 $\in_1^3+\in_2^1$	233.40m 1981/05/10	250.24m 1980/10/31	1979/07/24	1981 年 11 月底	27	16.84	198.69	9	M=287.01～334.03mg/L, HCO_3—CaMg 型
137	379.77	392.31	167.81	9.77	内管($\in_1^3$)	138.18m 1981/11/05	149.49m 1980/07/06	1980/04/28	1981 年 11 月底	19	21.09	241.59	7	M=141.63～262.28mg/L, HCO_3—CaMg 型, HCO_3—NaCaMg 型
					外管($\in_2^1$)	282.71m 1981/05/25	295.54m 1980/09/27	1980/04/28	1981 年 11 月底	19	12.83	97.06		
213	474.81	588.33	119.54	−71.89	内管($\in_1^3$)	125.47m 1981/12/05	132.74m 1981/09/25	1981/09/25	1981/12/05	2.5	7.27	349.34	2	M=140.8～246.54mg/L, $HCO_3\cdot SO_4$—Mg・K・Na 型, $Cl\cdot HCO_3$—K・NaCaMg 型
					外管($\in_2^1$)	188.45m 1981/09/25	190.59m 1981/12/05	1981/09/25	1981/12/05	2.5	2.14	286.36		

0.25km^2(F_{301}～F_{310}两断层间)，大气降雨大部分汇集于大水溪沟流经 K_{504}一带，越崖以瀑布形式注入清江。大水溪沟—叹气沟段，石龙洞灰岩分布面积较大，并汇集南坡大气降雨通过两个地面悬谷流入清江，一部分下渗和被 K_{536}、K_{539}等落水洞吸水分别从 KW_{502}、KW_{501}排入清江。

河间地块钻探表明，石龙洞灰岩存在一个低缓的地下水分水岭，其高程 135m 左右，见图 5-8-5。分水岭一带，石龙洞灰岩无泉水出露，入渗水流沿近南北向断层或层面以近 40%～10%的坡降向南运移，并东西向分流一定深度后，地下水趋于一致形成地下分水岭，因此，243孔、244 孔在地下水位以下，打穿平善坝页岩至石龙洞灰岩时，具承压性质，前者承压水头 6m，后者达 100 余米。

蓄水前地下水动态曲线(图 5-8-6)表明，分水岭一带地下水位的变化对降雨反应比较迟缓，水位变幅 10～15m，导水性差。石龙洞灰岩中的 28 段压水试验资料表明，单位吸水量大于 0.01L/(min·m·m)仅 5 段[0.031～0.45L/(min·m·m)]，亦表明分水岭地段岩溶不发育。

河间地块两侧近岸地段与分水岭地段地下水动态极为不同，东侧的 KW_{501}、KW_{502}泉水常年不干。KW_{501}实测流量 0.6～271L/s，KW_{502}实测流量 1.3～1 300L/s。泉水流量旱、雨季相差悬殊，而且对降雨反应敏感。观测到的流量峰值约滞后于最大降雨量峰值 6～8h，见图 5-8-7。

三、蓄水后地下水长期观测资料分析

1. 地下水位动态分析

隔河岩工程自 1993 年 4 月 10 日下闸蓄水后，在水库运行期间，对罗家坳河间地块进行了近四年的地下水动态观测，库水位从 90m 高程上升到 202.12m 高程，超出正常设计蓄水位(200m 高程)2.12m。由库内向库外侧的观测孔及泉点，西部(库内侧)有 352、245、355 孔，地形分水岭脊线及其中央地段有 243、127、244 孔，东部(库外侧)有 356、357、KW_{501}、KW_{502}泉共 10 个观测孔点。水库充水四年来的库水位运行状态为:200m 高程以上运行 3 天;195m 高程以上运行 85 天，连续运行最长 35 天;190m 高程以上运行 438 天，其中连续运行最长 182 天;185m 高程以上运行 558 天，连续运行最长 208 天;180m 高程以上运行 624 天，连续运行最长 230 天;170m 高程以上运行 845 天;160m 高程以上运行 1 257 天。库水位变化分为三个阶段，即:蓄水前阶段(1993 的 4 月 10 日以前)，库水位主要维持在 110m 高程以下;水库蓄水阶段(1993 年 4 月 10 日至 1993 年 5 月 20 日)，库水位由 110m 快速上升到 167m 高程;水库正常运行阶段(1993 年 5 月 20 日以后)，库水位维持在 160m 高程以上。其库水位及钻孔地下水位观测曲线见图 5-8-8、图 5-8-9。从图中可以看出:河间地块西部(库内侧)的 245、352、355孔，随库水位变化反应最为敏感，与库水几乎同步升降，可以认为是岩溶管道相通，河间地块的实际水库边界，已由地表移至地下 245、355 孔一线。地形分水岭中央地段的 243、244 孔地下水位呈缓慢上升趋势，反应迟缓，说明岩溶通道系统没有到达 243、244 孔一带。东部的 127、356、357 孔地下水位基本没有反应，说明河间地块东侧与库水联系甚微。上述钻孔不同库水位高程下的地下水位线见图 5-8-9，这个图形完全可以模拟不透水地基上心墙土坝的渗流模式图，见图 5-8-10。而且库水位与钻孔地下水位关系曲线图 5-8-11，也可以说明 352、355、245 孔与库水位连通极好，其曲线斜率为 1，其余钻孔地下水位与库水位联系就很差，也证明了上述分析。

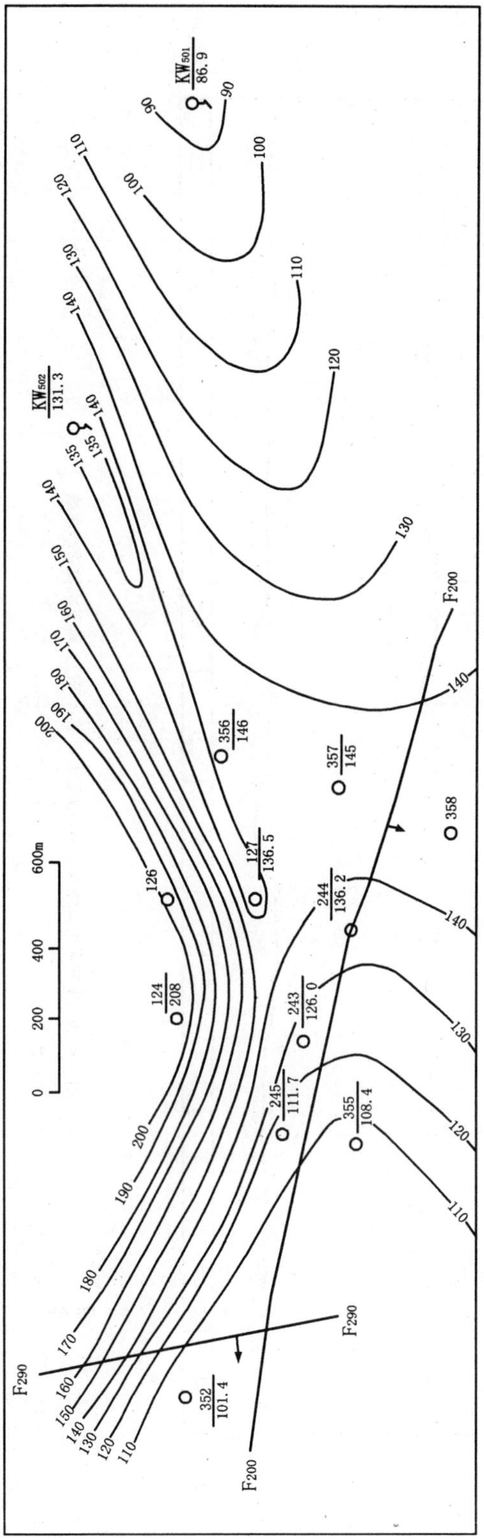

图 5-8-5　蓄水前罗家坳河间地块石龙洞灰岩等水位线图

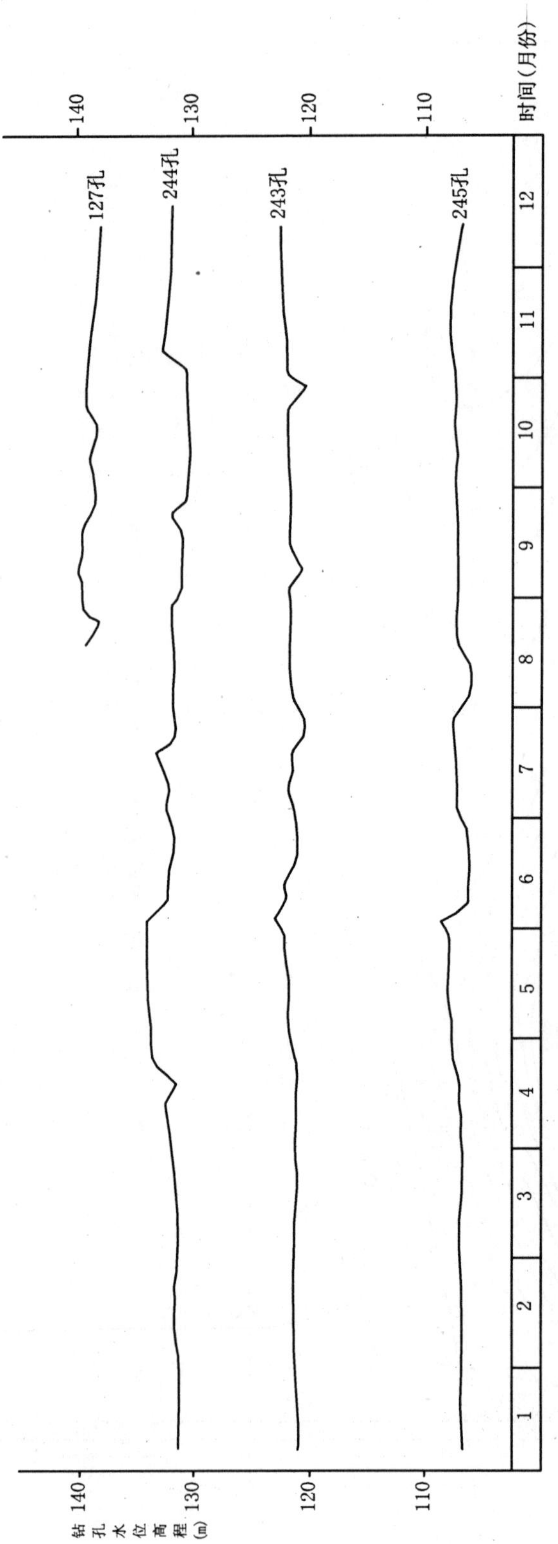

图5－8－6　罗家坳河间地块石龙洞灰岩蓄水前（1987）地下水位动态曲线

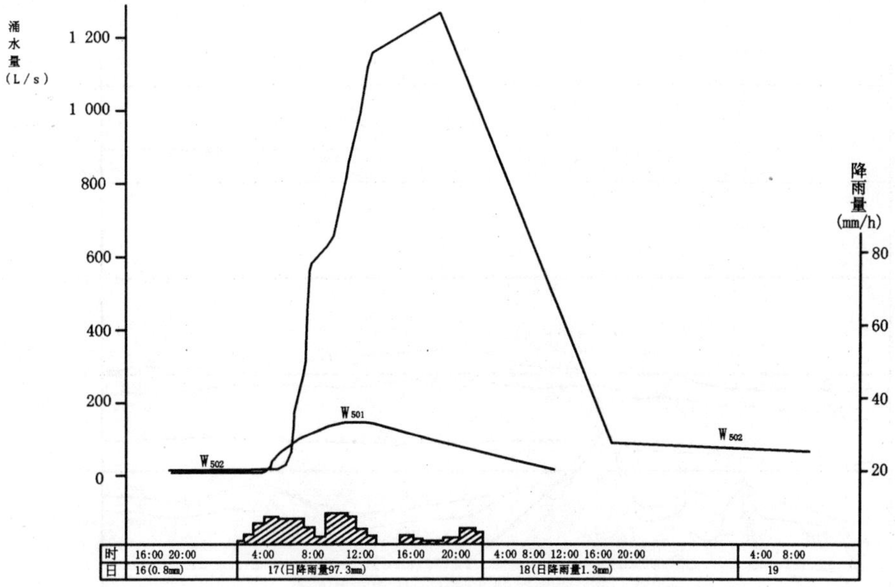

(a)KW501、KW502泉水涌水量动态曲线(1980年6月17日)

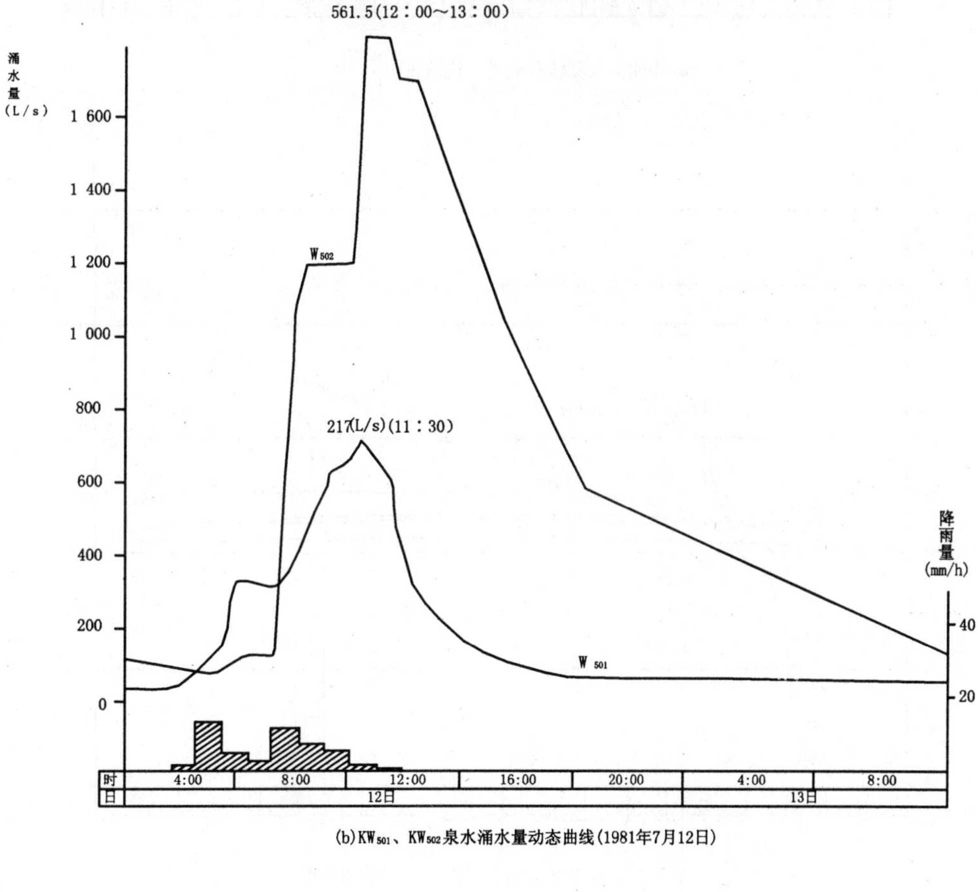

(b)KW501、KW502泉水涌水量动态曲线(1981年7月12日)

图 5－8－7　KW_{501}、KW_{502}不同时间泉水涌水量动态曲线图

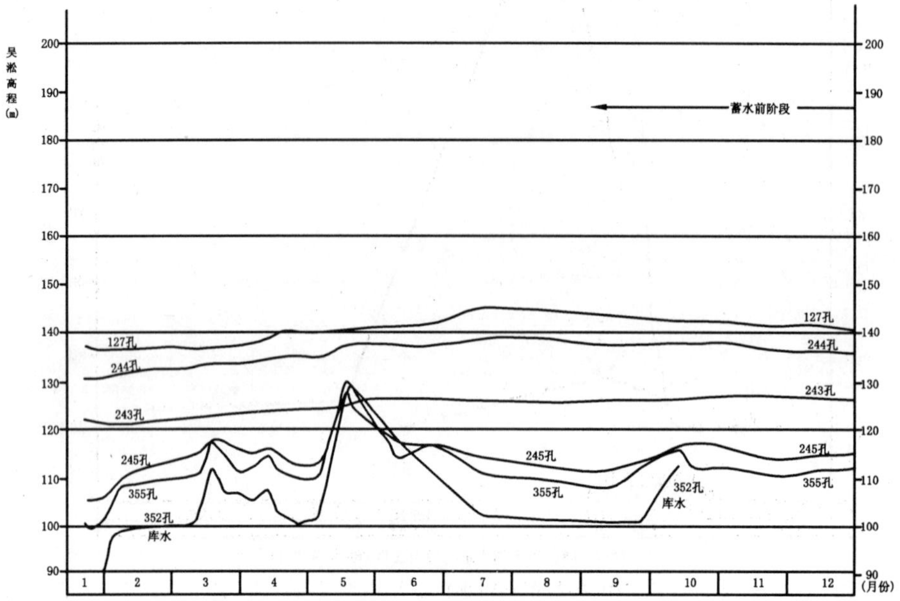

(a)1992年观测钻孔地下水位曲线图

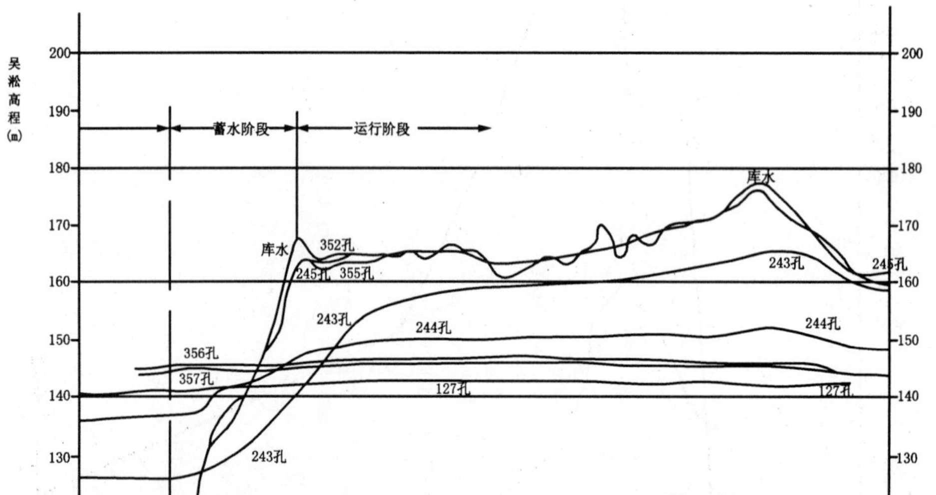

(b)1993年观测钻孔地下水位曲线图

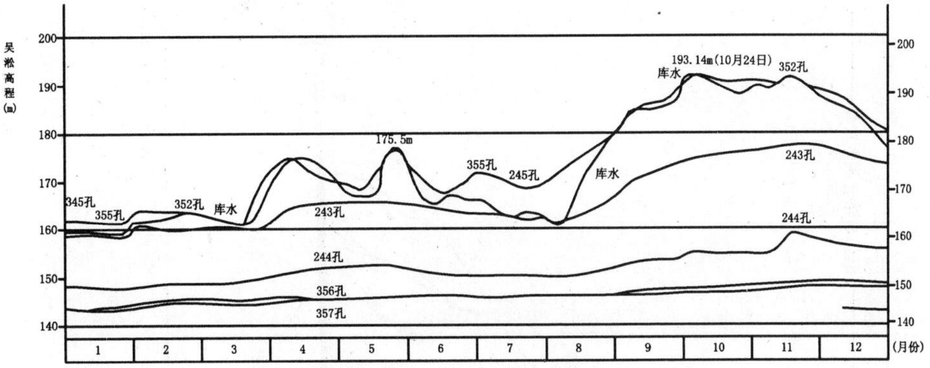

(c)1994年观测钻孔地下水位曲线图

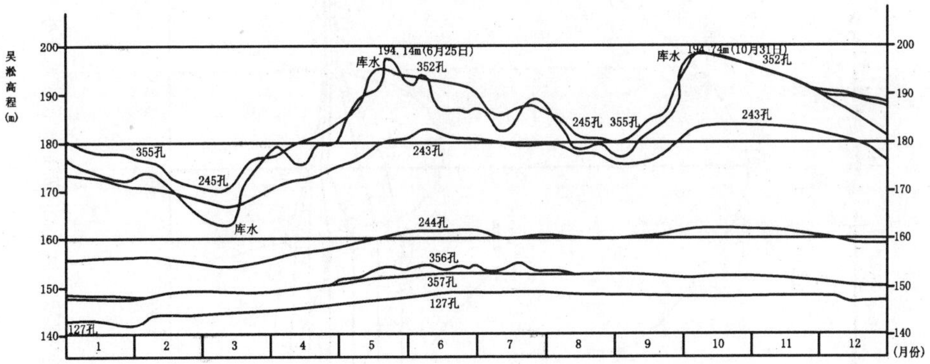

(d)1995年观测钻孔地下水位曲线图

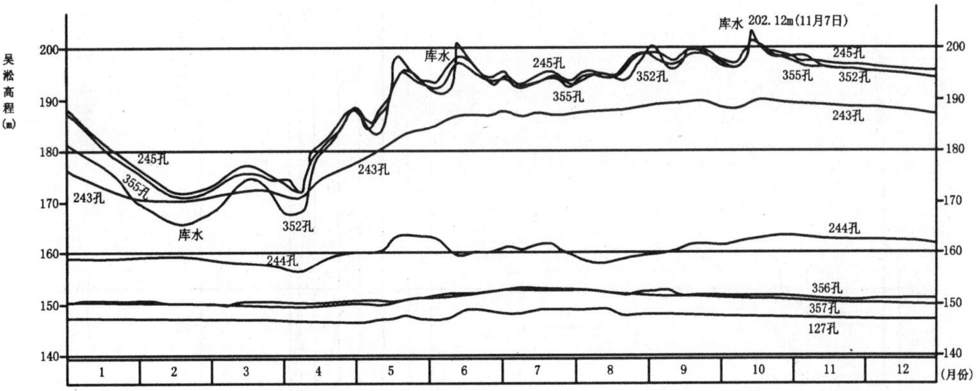

(e)1996年观测钻孔地下水位曲线图

图 5-8-8　罗家坳河间地块 1992—1996 年长期观测钻孔地下水位曲线图

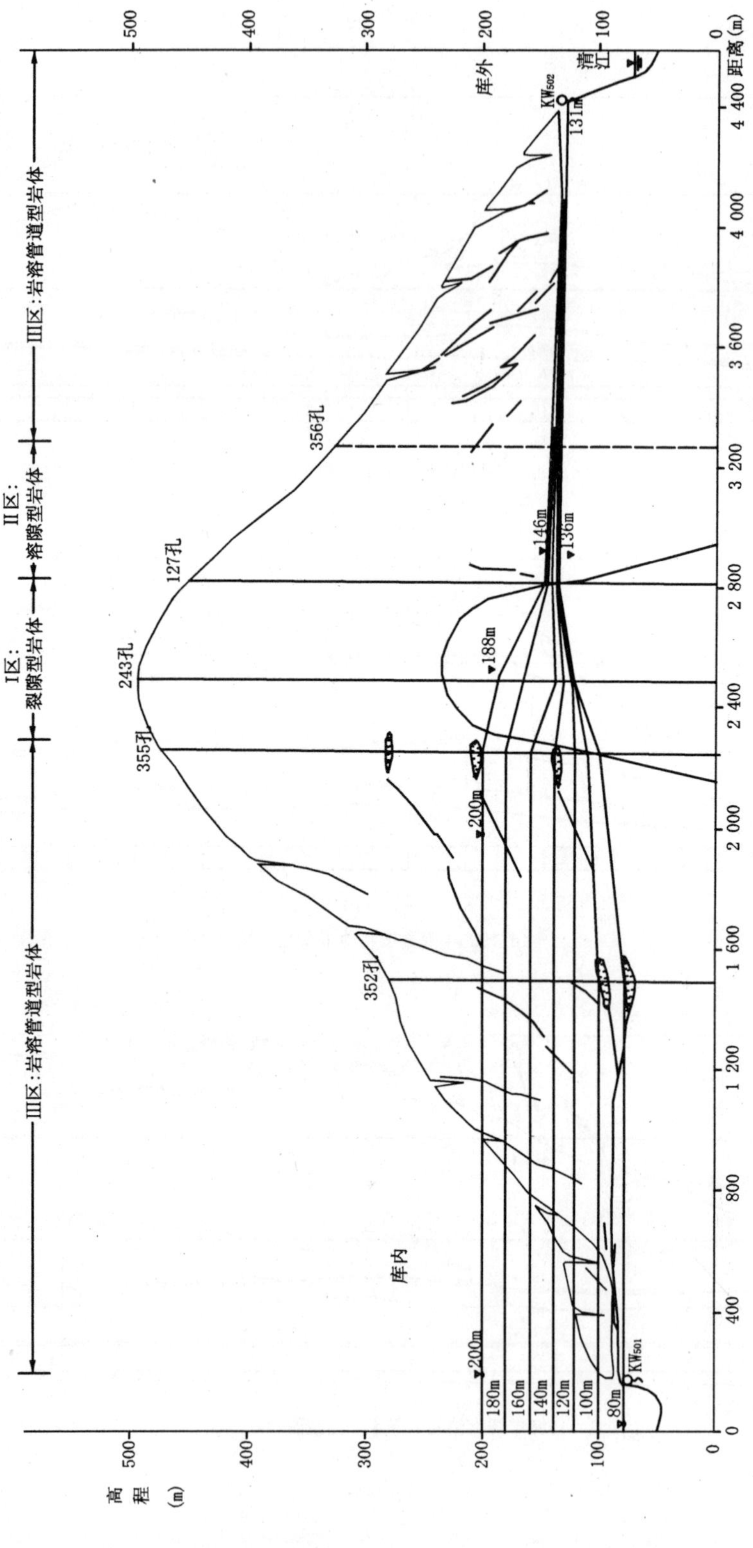

图 5-8-9 罗家坳河间地块不同库水位高程下的地下水位线图

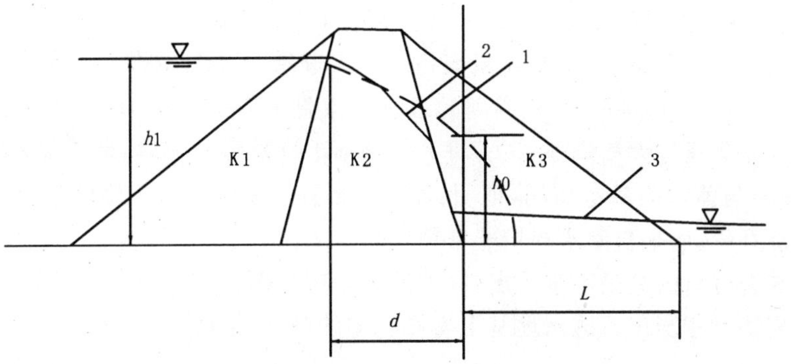

图 5-8-10　不透水地基上心墙土坝的渗流模式图

1. 基本抛物线；2. 心墙的浸润线；3. 下游坝壳浸润线

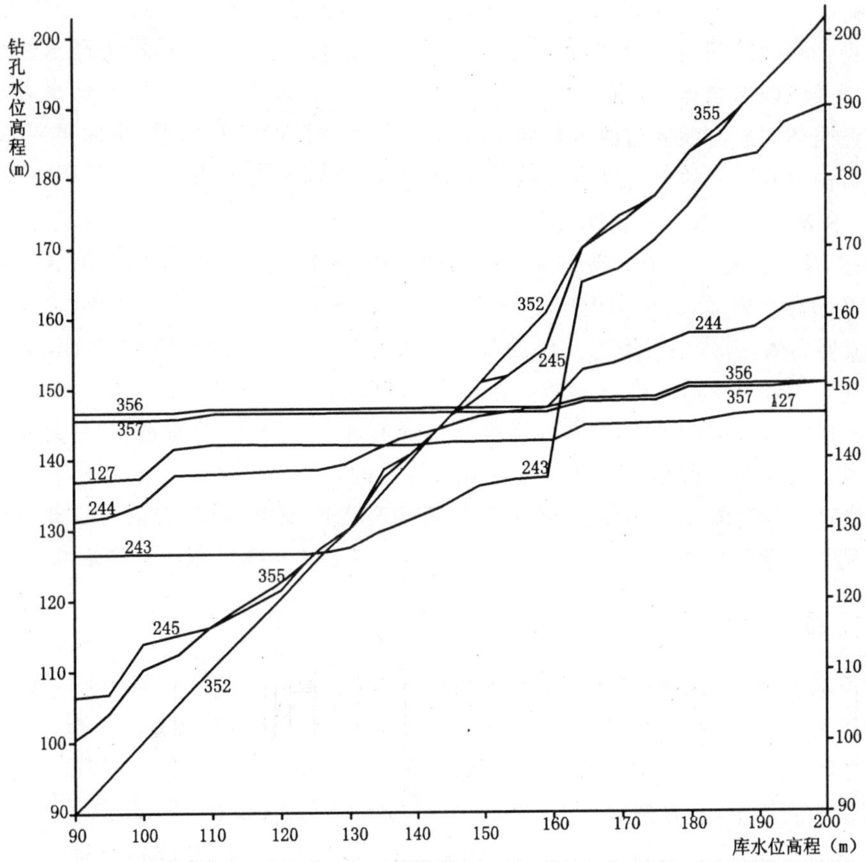

图 5-8-11　钻孔地下水位与库水位关系曲线图

河间地块东侧的 KW_{501}、KW_{502} 泉，在近五年的长期观测中，库水位从 90m 上升到 202.12m 高程，库水上升达 112.12m(比原河水位高 124.12m)，且库水在 190m 高程以上运行的时间长达 438 天，而 KW_{501}、KW_{502} 泉流量无增大迹象。在连续两个月未降雨后，于 1997 年元月 21 日库水在 190m 高程时，实测到的最枯泉流量 KW_{501} 为 0.4L/s、KW_{502} 为 3.5L/s。蓄水后泉流量的变化只与大气降雨有关，对大气降雨十分敏感。雨后，泉流量大增；久晴，流量骤减，其变化规律与蓄水前基本相同，证明：KW_{501}、KW_{502} 泉主要来自于地形分水岭东侧的大气降雨地表入渗补给，而来自库水补给非常微弱。

从上述综合分析的结果不难看出：在河间地块中央部位存在一个非岩溶化岩块的论证，这个非岩溶化岩块就相当于不透水地基上堆石坝中的黏土心墙。

2. 从地下水水力梯度分析

从 200m 高程库水下地下水等水位线图看：245、355 孔以西(库内侧)地下水与库水位高程一致，即实际库水位边界位于 245、355 孔一线。245、355 孔以东至 127、244 孔一线，地下等水位密集分布，其水力梯度值为 0.10；127 孔经 356 孔以北至 K_{536}、KW_{502} 一线存在一个地下水沟槽，其水力梯度值为 0.010 6；从 244 孔向 357 孔至 K_{539}、KW_{501} 泉为地下水的另一条运移途径，其水力梯度为 0.031～0.032。水力梯度值愈高，其岩体透水性愈小；反之，岩体透水性愈大。由此可见：245、355 孔至 127、244 孔之间的岩块为高水力梯度带，其岩体透水性小，不存在岩溶管道型及溶隙型岩体，表现为裂隙型岩体。127～357 孔以东的岩体为低水力梯度带，表现为溶隙型岩体向岩溶型体过渡。从两个排泄区的水力梯度值对比看，排向 KW_{502} 泉的水力梯度值比排向 KW_{501} 泉的水力梯度值低 3 倍，说明前者岩体透水性要比后者强。故即使有库水外渗，从 KW_{502} 泉排出的可能性极大。

综上所述，将河间地块 200m 高程以下的岩体可以划分为三种类型，即岩溶管道型岩体、溶隙型岩体及裂隙型岩体，其结构模型见图 5-8-12。各类型的岩体特征及分布情况如下。

Ⅰ. 裂隙型岩体：岩体中沿裂隙及层面没有溶蚀现象，岩体较完整，裂面大多闭合，岩体透水性微弱。主要分布在 245、355 孔一线以东至 127、357 孔一线之间。

Ⅱ. 溶隙型岩体：岩体中沿裂隙及层面有溶蚀现象，但不存在岩溶管道，岩体透水性较强。主要分布在 357、127 孔一线以东至 357、356 孔一线之间。

Ⅲ. 岩溶管道型岩体：岩体中沿裂隙及层面普遍有溶蚀现象，并与岩溶管道相互沟通，岩体透水性极强。主要分布在 245、355 孔一线以西和 356、357 一线以东的近岸地段。

四、封闭程度的验证

根据罗家坳河间地块钻孔地下水长期观测资料，从绘制的库水位在 200m 高程下的地下等水位线图可见，水库边界已由 352 孔附近移至 245、355 孔一线，在 245、355 孔一线至 127、357 孔一线之间，即裂隙型岩体中，水力梯度最大，为 0.1。在 127、357 孔一线以东的溶隙型岩体及岩溶管道型岩体中，水力梯度较小，为 0.010 6～0.032。其中在 127 孔至 KW_{502} 之间，水力梯度值最小为 0.010 6。河间地块由于石龙洞灰岩($\in_1^3$)在 200m 高程以下通向库内外，成为库水外渗的主要岩体。河间地块的北侧，存在石牌页岩($\in_1^2$)隔水层，南侧以 F_{260} 断层为界，存在上峰尖组泥灰岩($\in_2^2$)相对隔水层，使得河间地块渗漏只能在石牌页岩($\in_1^2$)与上峰尖组泥灰岩($\in_2^2$)所构成的狭窄通道中运移。见图 5-8-4。河间地块 0m 高程以下压水试验成果

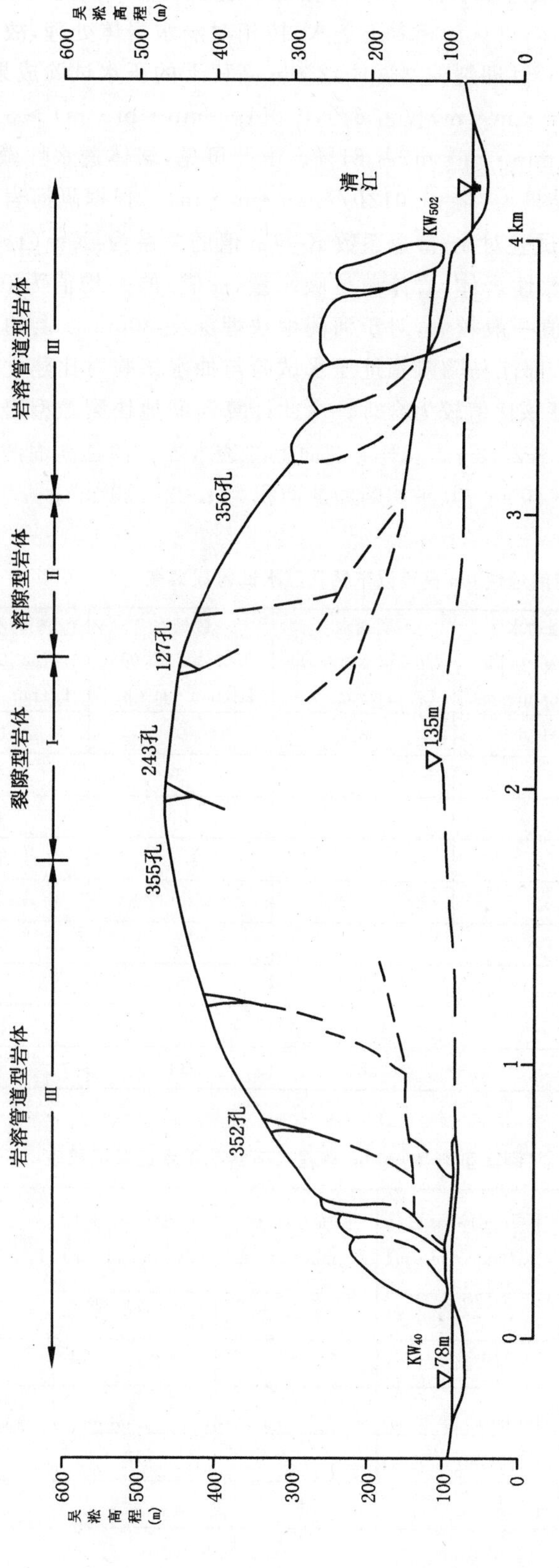

图 5-8-12　罗家坳河间地块地下水动力条件及岩溶发育程度示意图

见表 5-8-6。由表中可见，30%为微透水岩体，60%为相对不透水岩体。因此可以认定，0m 高程以下的岩体为闭合的裂隙型岩体，可认为相对不透水，按相对隔水岩体处理，故可能渗漏的透水层厚度为 200m。河间地块中部(即裂隙型岩体)200m 高程下的压水试验成果见表 5-8-7。由表中可见，$\omega>0.05$L/(min·m·m)仅占 6%，0.05L/(min·m·m)$>\omega>$0.01L/(min·m·m)占 13%，$\omega<$0.01L/(min·m·m)占 81%。由此可见，岩体透水性微弱。ω 值的平均值采用加权平均值计算，其结果为：$\bar{\omega}=0.012$L/(min·m·m)。根据隔河岩坝区在石龙洞灰岩中所作的压水试验与抽水试验对比，渗透系数 K 与 ω 值的关系为：$K=(1\sim88)\omega$，由于隔河岩坝区岩体，绝大多数为溶隙性岩体，岩体单位吸水量(ω 值)的平均值为 0.102 6L/(min·m·m)，因此，K 与 ω 的比值一般较大，对于河间地块埋深在 200m 以上的裂隙型岩体，其比值取 $K/\omega=1$ 较为合适。从郁江马骝滩坝址压水试验与抽水试验对比建立的经验关系式：$K=1.245W^{0.75}$，同样可以验证该比值较为合理。由此计算河间地块裂隙型岩体的渗透系数为：$K=0.012$m/d。在 1—1′、2—2′、3—3′、4—4′剖面上的透水岩体渗透断面的面积分别为 $1.08\times10^5m^2$、$1.2\times10^5m^2$、$1.6\times10^5m^2$，其平均断面的面积为 $1.22\times10^5m^2$。

表 5-8-6 河间地块 0m 高程以下钻孔压水试验成果表

孔号 \ 段数(个) \ ω值分级	强透水 ω>0.1 L/(min·m·m)	较强透水 0.1≥ω>0.05 L/(min·m·m)	弱透水 0.05≥ω>0.01 L/(min·m·m)	微透水 0.01≥ω>0.005 L/(min·m·m)	相对不透水 ω≤0.005 L/(min·m·m)
352		1	2	0	17
351				2	3
245					2
243					2
244				4	1
356					3
357			2	8	
合计		1	4	14	28
所占比率(%)		2	8	30	60

表 5-8-7 河间地块中部(裂隙型岩体)200m 高程以下钻孔压水试验成果表

孔号 \ 段数(个) \ ω值分级	>0.1	0.05～0.1 L/(min·m·m)	0.01～0.05 L/(min·m·m)	0.005～0.01 L/(min·m·m)	0.001～0.005 L/(min·m·m)	<0.001 L/(min·m·m)
243	2	1	1		11	3
244			4	7		13
127			1		2	
合计	2	1	6	7	13	16
所占比率(%)	4	2	13	16	29	36

从前述分析可知：127 孔至 KW_{502} 泉为库水外渗的主要排泄通道，因此，可以假定 127、357 孔东侧的溶隙型及岩溶管道型岩体透水性良好，地下水排泄畅通，上述两孔为河间地块渗漏地下水的排泄基准面。渗透断面的最大水力梯度值为 0.1%，根据卡明斯基公式

$$Q=KBHJ$$

式中：Q 为流量，m^3/d；K 为渗透系数，m/d；B 为透水岩体宽度，m；H 为透水岩体厚度，m；J 为水力梯度。

计算出的不同库水位高程下的库水渗漏量见表 5-8-8。

表 5-8-8　不同库水位高程下的库水渗漏量计算成果表

库水位高程(m)	水力梯度(%)	渗漏量(L/s)
200	10	1.7
190	8.4	1.4
180	6.7	1.1
170	4.8	0.8

罗家坳河间地块的地质结构类似于黏土心墙土坝的结构。不透水地基上黏土心墙土坝的结构见图 5-8-10，其设定条件为黏土心墙透水性极小，地基为不透水，坝壳为强透水且没有渗流水头损失，可采用 G. 施奈比水力学法计算公式：

$$q=k_2h_0=k_2\left(\sqrt{h_1^2+d^2}-d\right)$$

式中：q 为单宽流量，m^3/d；k_2 为黏土心墙渗透系数，m/d；h_0 为浸润线在下游黏土心墙面上逸出点的高度，m；d 为黏土心墙下宽度，即渗径，m。

罗家坳河间地块库水位作用下的实际渗流图形见图 5-8-13。由图可见，河间地块中部 355～127 孔间为裂隙型岩体，相当于土坝中的黏土心墙，透水性小，KW_{502} 为地下水的排泄基准点，可认为该排泄基准面以下的岩体透水性非常微弱，可视为相对不透水岩体。355 孔以

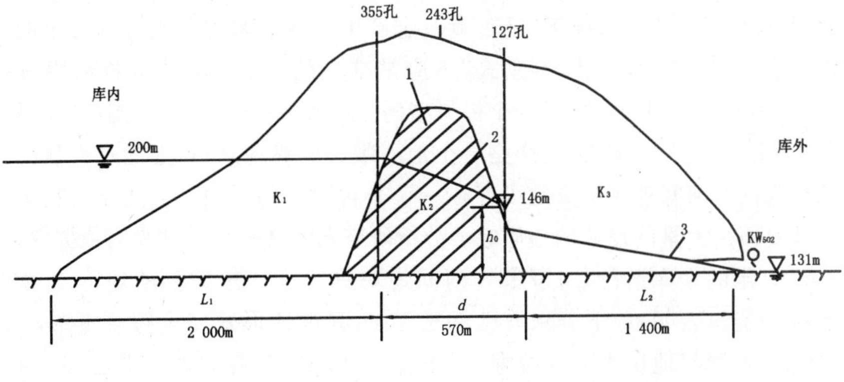

图 5-8-13　库水作用下的罗家坳河间地块实测渗流图

1. 裂隙型岩体分布区；2. 裂隙型岩体浸润线；3. 溶隙-岩溶管道型岩体浸润线

西，127孔以东岩体可视为坝壳，为强透水岩体。其结构模型与黏土心墙土坝非常相似，因此，可采用G.施奈比水力学法计算公式计算。式中的 h_0 可从127孔的观测值中得知，$k_2=0.012$m/d，黏土心墙的长度即裂隙型岩体的宽度 $B=600$m，总的渗漏量 $Q=qB$。

采用上述公式计算出的不同库水位高程下的河间地块渗漏量见表5-8-9。

表5-8-9 不同库水位高程下的库水渗漏量计算成果表

库水位高程(m)	h_0(m)	渗漏量(L/s)
200	15	1.25
190	14.5	1.21
180	14	1.17
170	13	1.08

上述两种不同的计算方法得出的计算结果非常相近，按实际情况计算出的理论渗漏量非常小，仅为1～2L/s。

蓄水前，KW_{501}、KW_{502}泉的最枯流量分别为0.6L/s和1.3L/s；蓄水后，观测到的KW_{501}、KW_{502}的最枯流量分别为0.4L/s和3.5L/s。将蓄水前和蓄水后两泉水的最枯流量对比后，可以发现：KW_{501}泉水的流量没有增高，反而略有降低，说明该泉水与库水没有联系。KW_{502}泉流量在蓄水后，增多了2.2L/s，增加的量应为库水的实际渗漏量。因此，河间地块的渗漏排泄点应为KW_{502}泉，而不是KW_{501}泉，且库水位在190m高程时的实际渗漏量为2.2L/s。这与计算的渗漏量1.21～1.4L/s十分接近。根据190m高程的实际渗漏量与理论计算渗漏量的差值分析，可以断定正常设计蓄水位200m高程时，最大实际渗漏量不会超过3L/s，即每天损失的水量仅260m^3。按每kW·h电需3m^3水量计算，每天损失电能仅80余千瓦·时。因此可以认为罗家坳河间地块不存在水库渗漏问题，这一成果与勘测期间的结论完全相同。

五、评价

判别水库渗漏与否，长期以来人们建立了两个简单的“判别式”：一是水库的构造封闭条件好，即水库周围有页岩或其他相对隔水层所封闭；另一个是水库两岸在高于库水的地下水位。那么，在不满足上述条件的情况下，是否就一定产生岩溶渗漏呢？回答是否定的。无论从理论上和工程实例上都已证明，上述“判别式”不应是唯一的。隔河岩水利枢纽库首右岸存在的岩溶化程度较高的罗家坳河间地块是一个极典型的工程实例，既没有页岩封闭，又没有高于枢纽正常蓄水位地下水位，从形式上看，完全是一个地下敞开的渗漏缺口，但通过大量的勘探与科学研究，找出了并确认在河间地块中央地段存在一个非岩溶化的岩块。当然作出这个结论又要被工程所接受，是要通过大量的仔细的地质综合分析研究和大量的科学试验为依据的。

通过近15年的水库运行，对罗家坳河间地块进行了比较完善的地下水动态观测网的监测，所收集到的资料表明：地下分水岭已不复存在，其渗透形式完全符合不透水地基心墙堆石坝的渗流图形，即河间地块中央部位存在“非岩溶化岩块”，就相当于堆石坝中的黏土心墙，因而存在渗浸型透水，其渗水量经过计算和实测为3L/s，相当于每天损失水量260m^3，所以可以认为隔河岩水库无外漏问题。

参考文献

北京大学地理系地貌专业遥感研究组.地球资源卫星像片的地质解译[M].北京:地质出版社,1978.

陈学波,等.长江三峡工程坝区及外围深部构造特征研究[M].北京:地震出版社,1994.

陈志明,等.中国地貌纲要[M].北京:中国地图出版社,1993.

邓起东.中国活动断裂[M].北京:地震出版社,1982.

丁国瑜.中国内陆活动断裂基本特征的探讨[M]//中国活动断裂.北京:地震出版社,1982.

丁国瑜.活断层分段——原则、方法及应用[M].北京:地震出版社,1992.

丁国瑜.中国岩石圈动力学概论[M].北京:地震出版社,1991.

杜东菊.区域稳定两级模糊综合评判[M].西安地质学院学报,1986(3).

高士钧.长江三峡地区地壳应力场与地震[M].北京:地震出版社,1992.

谷德振.岩体工程地质力学基础[M].北京:科学出版社,1979.

国家地震局地震研究所等.中国活动构造典型卫星影像集[M].北京:地震出版社,1982.

胡海涛,易明初.广东核电站规划选址区域稳定性分析与评价[M].北京:档案出版社,1998.

胡聿贤.地震工程学[M].北京:地震出版社,1988.

湖北省地矿局.湖北省区域地质志[M].北京:地质出版社,1990.

黄汲清.中国大地构造及其演化[M].北京:科学出版社,1980.

孔凡健,等.东南区岩石圈动力学特征[M]//中国岩石圈动力学地图集.北京:地图出版社,1989.

孔凡健,等.应用卫星图像分析我国东南地区的活动构造特征[C].湖北省地震学会.地震研究文集(2).北京:地震出版社,1992.

李坪,等.对长江三峡东段新构造的几点新认识[M]//构造地质问题.北京:科学出版社,1965.

李四光.地质力学概论[M].北京:科学出版社,1973.

李兴唐,许兵等.区域地壳稳定性研究理论与方法[M].北京:地质出版社,1987.

刘国昌.区域地壳稳定工程地质[M].长春:吉林大学出版社,1993.

马杏垣,等.中国及邻近海域岩石圈动力学图(1:400万)及说明书[M].北京:地质出版社,1987.

马杏垣,等.中国岩石圈动力学地图集[M].北京:中国地图出版社,1989.

马宗晋.鄂西中生代地质构造的力学分析[J].地质科学,1964(1).

马宗晋.论全球地震构造系统[J].地球科学,1982(3).

梅应堂,张众服.仙女山断层现今活动特点[C]//湖北省地震学会.地震研究文集.北京:地震出版社,1990.

秦兴黎.周坪定点观测与地震[J].地壳形变与地震,1982(2).

清江开发史编纂委员会.清江水利史[M].北京:水利电力出版社,1993.

邵云惠,吴金章,叶定衡,等.宁波地区区域稳定性研究[M].北京:地质出版社,1991.

吴树仁,陈庆宣.我国区域地壳稳定性研究的新进展[J].地质力学学报,1995(1):31～37.

吴树仁.长江三峡仙女山断层带微观构造及其变形环境探讨[J].地质科学,1994,29(3).
吴树仁.清江流域地壳稳定性工程地质研究[M].武汉:中国地质大学出版社,1995.
谢广林.长江三峡的活动断裂与边坡稳定性[C]//自然边坡稳定性分析暨华蓥山边坡变形研讨会论文集.北京:地震出版社,1992.
谢广林.地裂缝[M].北京:地震出版社,1988.
谢广林.仙女山断裂带的活动性[J].地震科学研究,1982(6).
谢广林.应用卫星图像对活动断裂进行新的分类[J].华北地震科学,1991b,4(4).
谢广林.应用卫星图像分析中国东部断裂活动的几点特征[J].地质学报,1991a,65(2).
谢广林.中国东部地区断裂的节奏性活动[J].华南地震,1993,13(3).
谢广林.中国断裂的遥感信息与活动性分析[C]//第二十九届世界地质学术大会.中国地质学进展论文集(英文版).北京:地质出版社,1993.
谢广林,蒋蔺珍,珠源明,等.活动断裂的影像标志[J].地震,1983(3).
谢和平.分形-岩石力学导论[M].北京:科学出版社,1997.
熊继平.湖北地震史料汇考[M].北京:地震出版社,1986.
徐瑞春,徐同海.清江隔河岩杨家槽滑坡稳定性工程地质研究[J].地质力学学报,1999(2).
徐瑞春.地质条件与工程建设:隔河岩水电站[M].北京:水利电力出版社,1995.
徐瑞春.清江流域水力资源的可持续开发利用:山的呼唤[M].北京:地震出版社,1999.
徐瑞春.水布垭坝址区环境地质研究[J].人民长江,1998(8).
徐瑞春.高坝洲水利枢纽工程地质研究[C].人民长江,1997(9).
徐瑞春,梅应堂.湖北省清江隔河岩水利枢纽水库诱发地震地质条件的初步分析[C]//湖北省地震学会.地震研究文集(2).北京:地震出版社,1992.
严尊国,等.长江三峡工程坝区及外围深部构造特征研究:长江三峡地区地震空间基本参数研究[M].北京:地震出版社,1994.
晏同珍.滑坡预测预报的基础及我国主要滑坡岩组特征的确定[J].地球科学,1985(2).
晏同珍,伍法权,殷坤龙,等.滑坡系统静动态规律及斜坡不稳定性空时定量预测[J].地球科学,1989(2).
杨怀仁.第四纪地质[M].北京:高等教育出版社,1987.
易顺民,唐辉明.活动断裂的分形结构特征[J].地球科学,1995,(1):58～62.
殷跃平,胡海涛,康宏达.重大工程选址区区域地壳稳定性评价专家系统[M].北京:地震出版社,1992.
虞廷林,等.湖北省现代地壳垂直形变图编制与解译[J].地壳形变与地震,1992,12(2).
袁登维,梅应堂.长江三峡工程坝区及外围地壳稳定性研究[M].武汉:中国地质大学出版社,1996.
云南省地震局.滇西北地区活动断裂[M].北京:地震出版社,1990.
赵鹏大,等.矿床统计预测[M].北京:地质出版社,1983.
Babaie H A, Hadizadeh J, Babaei A. Self - similar cataclasis in the Saltville thrust zone, Knoxvill, Tennessee[J]. J Geophys Res, 1995,139:18 075～18 084.
Cello G. Fractal analysis of a Quaternary fault array in the central Apennines, Italy[J]. Journal of Structural Geology, 1997,19(7):945～953.

Cowie P A, Knipe R J, Main I G, et al. Scaling laws for fault and fracture populations: Analyses and applications[J]. Journal of Structural Geology, 1996, 18:135～383.

Crone A J, Hallek K M. Segmentation and coseismic behavior of basin and range normal faults: examples from east - central Idaho and Southwester Moutanam U. S. A. [J]. J Struct Geol, 1991(13):151～164.

Cruikshank K. M., Zhao G. and Johnson A. M.. Duplex structures connecting fault segments in Entrada sand stone[J]. J. Struct. Geol, 1991(10):1 185～1 196.

Machette M N, Personius S F, Neison A R, et al. The Wasatch fault zone, Utah - segmentation and history of Holocene earthquakes[J]. J Struct Geol, 1991(2):137～149.

Olson J, Pollard D D. The initiation and growth of enechelon veins[J]. J Struct Geol, 1991 (13):595～608.

Peacock D C P. Displacements and segment linkage in strike - slip fault zones[J]. J Struct Geol, 1991(13):1 025～1 035.

Stewart I S, Hancock P L. Scales of structural heterogeneity within neotectonic normal fault zones in the Aegean region[J]. J Struct Geol, 1991(2):191～204.

Wallace M H, Kemeny J. Nucleation and growth of dip - slip faults in a stable craton[J]. J Geophys Res, 1992(97):7 145～7 157.

Wojtal S F. Fault scaling laws and temporal evolution of fault systems[J]. Journal of Structural Geology, 1994, 16:603～612.